“十二五”普通高等教育本科国家级规划教材
普通高等教育“十一五”国家级规划教材
普通高等教育“十五”国家级规划教材
全国高等农林院校教材名家系列
国家精品课程配套教材

作物育种学各论

第二版

盖钧镒　主编

中国农业出版社

内 容 简 介

《作物育种学各论》是普通高等教育"十五"国家级规划教材和面向21世纪课程教材，与《作物育种学总论》相匹配，供农学、作物遗传育种、种子科学与工程、植物保护等大学本科专业使用。本书在第一版基础上做了扩展，包括有我国各地主要的禾谷类作物（水稻、小麦、大麦、玉米、高粱、粟）、豆类作物（大豆、蚕豆、豌豆、绿豆、小豆）、油料作物（油菜、花生、芝麻、向日葵）、纤维类作物（棉花、苎麻、黄麻、红麻、亚麻）、块根（茎）类作物（甘薯、马铃薯）、糖料作物（甘蔗、甜菜）、特用作物（橡胶、烟草）和牧草类作物（黑麦草、苏丹草、紫花苜蓿、白三叶草），共8大类30种作物的育种，除绪论外，共8篇30章。为使各章内容相对平衡，便于相互比较，除少数情况外，每一种作物均大体按国内外育种概况、育种目标性状及主要性状的遗传与基因定位、种质资源的研究利用、育种的途径与方法、育种新技术的研究与应用、田间试验技术、种子生产技术、育种研究动向与展望等方面分节编写。本书着重介绍各种作物新品种选育的基本原理、方法和技术，力求反映现代育种科学发展的水平，文字简明，内容丰富，是一本理论与应用紧密结合的教材。鉴于各地种植业结构的调整和种植业日趋多样化，大作物与小作物的概念因地而异，各院校可选讲与本地经济发展有关的主要作物。本书亦可供各相关专业的教师、学生和研究人员参考。

第二版修订编审人员

主　编　盖钧镒（南京农业大学）

修订（编写）人员

绪　论	盖钧镒，赵团结（南京农业大学）
第一章　水稻育种	万建民（南京农业大学）
第二章　小麦育种	刘广田，孙其信（中国农业大学）
第三章　大麦育种	黄志仁（扬州大学）（新编）
第四章　玉米育种	邓德祥（扬州大学）
第五章　高粱育种	卢庆善（辽宁省农业科学院）
第六章　粟育种	程汝宏，王润奇（河北省农业科学院）
第七章　大豆育种	盖钧镒，赵团结（南京农业大学）
第八章　蚕豆育种	金文林（北京农学院）（新编）
第九章　豌豆育种	金文林（北京农学院）（新编）
第十章　绿豆育种	金文林（北京农学院）（新编）
第十一章　小豆育种	金文林（北京农学院）（新编）
第十二章　油菜育种	刘后利（华中农业大学）
第十三章　花生育种	万勇善（山东农业大学）
第十四章　芝麻育种	郑永战，张海洋（河南省农业科学院）（新编）
第十五章　向日葵育种	王庆钰（吉林大学）（新编）
第十六章　棉花育种	张天真（南京农业大学）
第十七章　苎麻育种	李宗道（湖南农业大学）
第十八章　黄麻育种	李宗道（湖南农业大学）
第十九章　红麻育种	李宗道（湖南农业大学）
第二十章　亚麻育种	王玉富（中国农业科学院麻类研究所）
第二十一章　甘薯育种	刘庆昌，陆漱韵（中国农业大学）
第二十二章　马铃薯育种	陈伊里（东北农业大学）

第二十三章　甘蔗育种　　　　谭中文（华南农业大学）
第二十四章　甜菜育种　　　　刘宝辉（哈尔滨工业大学）
第二十五章　橡胶育种　　　　郑学勤（华南热带农业大学）（新编）
第二十六章　烟草育种　　　　魏治中（山西农业大学）
第二十七章　黑麦草育种　　　沈益新（南京农业大学）（新编）
第二十八章　苏丹草育种　　　沈益新（南京农业大学）（新编）
第二十九章　紫花苜蓿育种　　沈益新（南京农业大学）（新编）
第三十章　白三叶育种　　　　沈益新（南京农业大学）（新编）

主审人　潘家驹（南京农业大学）

审稿人　智海剑（南京农业大学）

第一版编审人员

主　编　盖钧镒（南京农业大学）
副主编　陆漱韵（北京农业大学）　马鸿图（沈阳农业大学）
编　者

绪　论	盖钧镒（南京农业大学）
第一章　水稻育种	朱立宏（南京农业大学）　黄超武（华南农业大学）　申宗坦（浙江农业大学）
第二章　小麦育种	吴兆苏（南京农业大学）　张树榛（北京农业大学）　刘广田（北京农业大学）
第三章　玉米育种	秦泰辰（江苏农学院）　邓德祥（江苏农学院）
第四章　甘薯育种	陆漱韵（北京农业大学）
第五章　棉花育种	孙济中（华中农业大学）　曲健木（河北农业大学）
第六章　大豆育种	王金陵（东北农业大学）　盖钧镒（南京农业大学）　余建章（沈阳农业大学）
第七章　油菜育种	刘后利（华中农业大学）　傅庭栋（华中农业大学）　官春云（湖南农业大学）
第八章　高粱育种	马鸿图（沈阳农业大学）　罗耀武（河北农业大学）
第九章　粟（谷子）育种	王润奇（河北省农业科学院）
第十章　马铃薯育种	李景华（东北农业大学）
第十一章　花生育种	伍时照（华南农业大学）　万勇善（山东农业大学）
第十二章　甘蔗育种	谭中文（华南农业大学）　林彦铨（福建农业大学）　霍润丰（广西农学院）
第十三章　甜菜育种	田笑明（石河子农垦科学院）　由宝昌（塔里木农垦大学）
第十四章　韧皮纤维作物育种	李宗道（湖南农业大学）　郑云雨（福建农业大学）
第十五章　烟草育种	魏治中（山西农业大学）

（注：各章第一位作者为该章主编）

主审人　马育华（南京农业大学）　潘家驹（南京农业大学）

第二版前言

作物育种学是一门具有深厚生命科学和数理科学基础的应用科学，它支撑了一个新兴的种子产业；种子产业也正推动着作物育种科学的快速发展。作物育种的理论和方法有共性，各种作物的育种又有其个性。从事作物种子产业的工作者既要具有良好的育种学理论基础，又要掌握不同作物的育种特点。因此，高等农业院校的作物育种课程包括了作物育种学总论和作物育种学各论两方面内容，编写了《作物育种学总论》和《作物育种学各论》两本教材。

《作物育种学各论》自1997出版以来，我国农业生产种植业结构已发生很大变化，各地在保证主要粮、棉、油生产的同时因地制宜地发展了适应当地的具有良好经济效益的作物，与此同时，作物育种的现代技术也有了新的进展。因而从跨入21世纪便开始酝酿对《作物育种学各论》进行修订，以适应我国农业生产和农业教育发展的需要。本书此次修订的主要原则包括以下几方面：

1. 鉴于各省市种植业结构的调整和种植业的日趋多样化，为适应各地需要，增加一些以往被忽视的作物。“大作物”和“小作物”的概念因地而异，增加作物种类可使各地有机会选讲与本地经济发展有关的主要作物。本书作物总数增加到30个。

2. 按作物性质与用途归类，不以“大作物”和“小作物”排序。各院校可根据当地需要选讲不同类别的有关作物，不列入讲授计划的可以作为自学或参考材料。

3. 第二版在第一版体系基础上，做适当调整，增加育种新技术的研究与应用和育种新进展内容，删除陈旧内容。每一作物不论“大”“小”，除少数外一般均应包括①国内外育种研究概况；②育种目标性状及主要性状的遗传与基因定位；③种质资源的研究利用；④育种的途径与方法；⑤育种新技术的研究与应用；⑥田间试验技术；⑦种子生产技术；⑧育种研究动向与展望等方面。具体内容依各作物的实际情况及篇幅大小确定。

4. 要求从学生掌握该作物的实际育种技术出发，写出具有该作物特色的上述各节目有关内容，同时给学生指出进一步研究的思路与方向。因而各章编写的内容一方面要注重介绍该作物最基本的内容，另方面要介绍最新的发展。

5. 在第一版体系基础上，进一步改变不同作物习惯使用不同名词和术语的情况，各作物尽量使用统一的遗传学和育种学名词和术语。

6. 近年来我国种子产业化的发展和品种权的明确推动了种子生产体制的改革，我国农作物种子生产正向品种育成者指导下的四级种子生产体系过渡，原定的“四化一供”种子工作方针有待修订。鉴于目前许多作物还无定规，这部分内容在各个作物间很不一致，有待实践中完善后，在下一版充实。

鉴于本书自第一版问世以来，原作者队伍的情况发生了很大变化，按计划又增加了12个作物，因而重新组织了修订编写队伍，人员包括原各作物编写组中有原作者可继续参加修订的或该组有关单位的新秀可参加修订的以及各新增作物的新聘作者。和第一版一样，本书的作者均为国内各种作物的著名育种专家。本书第二版的工作是前后两版编写修订人员共同努力的结果，在落款时，凡属修订的“章”以原作者和修订人名义共同落款；凡新编“章”以作者名义落款。

本书主编十分感谢前后两组编、修作者的通力合作与共同努力，特别感谢年近90高龄的华中农业大学刘后利教授和湖南农业大学李宗道教授，他们不辞辛劳亲自提笔修订油菜育种和纤维类作物育种。他们的敬业精神为后辈树立了楷模。鉴于种子生产体制正处于由三级制向四级制过渡之中，各章原稿基本上为三级制体系，专请南京农业大学智海剑教授审阅并提供使各章作物种子生产体系新旧内容相衔接的修改意见。本书蒙原书主审人南京农业大学潘家驹教授惠允，继续担任全书主审工作，潘教授对书稿进行了反复推敲，提供了宝贵的修改意见。在本书统稿、清稿、编排、打印过程中赵团结副教授和李海旺、钱轶、李凯、王芳、王晓佳、王宇锋、张红梅、杨清华等博士生、硕士生协助做了大量工作，并协助编纂了名词对照表。因而，本书的编写是全体作者、审稿专家和师生们共同努力的成果。

本书主编尤其感谢中国农业出版社出色细致的工作，本书的编辑出版是作者和编辑相互配合、紧密合作的成果。

本书第二版原计划应在两年前完成，但由于种种原因拖延至今，统编工作虽然经过反复讨论、修改，但仍在仓促之间定稿，加上有些章节原稿文字超过计划甚多，为保持全书格局相对一致，减少各章相互间不必要的重复，统编过程中主编曾对有关章节及文字作了增删，尤其种子生产体系正处于变动之中，三级制、四级制两者并存，统稿时难于把握，更动较多，可能有许多不妥之处，敬请指正。

盖钧镒

2006年7月

第一版前言

《作物育种学各论》是与《作物育种学总论》相配套的农学类大学本科生教材。《总论》介绍了作物育种的基本原理和方法，它是从各种作物归纳出来的共性部分。认识的过程，总的说来是从感性到理性、从个别到一般的过程，然后经过再实践、再认识而不断深化。对于学习和掌握前人已有的认识来说，并不需要重复原始的从实践到理论的过程，而可以从学习已经概括起来的理论与方法，掌握一般规律开始，然后再进一步去掌握个别事物的特点，达到举一反三的效果。因此，在学习掌握《总论》的基础上，再学习《各论》，便是以具有普遍意义的作物育种原理与方法为基础，通过掌握各类各种作物的特殊性而更深刻、更全面地掌握作物育种学。这是本教材包括《总论》与《各论》两部分的缘由。当然，除学习书本外，真正的掌握作物育种学还在于实践，即通过实验、实习以及科学研究等加深理解甚至揭示新的规律，发现新的方法。

《各论》所包括的作物共15种类，写成15章。其中，小麦一章附有大麦的内容，韧皮纤维一章包括苎麻、红麻、黄麻等。作物种类入选的原则是：(1) 全国主要粮食、油料、纤维、糖料及特用的大田作物；(2) 自花授粉、异花授粉、常异花授粉以及无性繁殖等各种繁殖方式的代表性大田作物。

为使各种作物相对平衡，并便于相互比较，《各论》中的每一章都包括以下内容：(1) 国内外育种概况，(2) 育种目标及主要性状的遗传，(3) 种质资源的研究和利用，(4) 育种途径和方法，(5) 育种试验技术，(6) 种子生产，(7) 育种研究的动向与展望。仅棉花育种一章第七部分内容未单独列出，分散在前面有关部分中。这种写法的主要目的是使学生在比较中掌握各种作物的重点和特点。作为教材，本书特别强调作物育种的基本概念、基本理论、基本方法，同时注意到反映现代育种科学的水平；文字的表达力求简练，深入浅出，信息量丰富；与相关学科的术语力求一致，内容避免简单的重复；以介绍肯定性的内容为主，对于结论尚不明确或有争议的内容只择要介绍以拓宽视野、启发思路。

由于各种作物的遗传育种研究历史发展的特点不同，长期以来已形成的习惯用语不同，以及各位作者写作的思路与风格不同，因而各章的内容各有不同的侧重。一些能统一的术语，本书在编辑过程中已经尽量统一，但有一些在各作物研究中习惯应用的术语尚难强求一律。例如：家系与系统、家系群与系统群在本书中同义；育种试验圃的名称在不同作物中可具不同的含义，在有的作物中称杂种圃，但在别的作物中称之为选种圃；有些作物将育种后期试验称为品种比较试验，而有的只称为品系比较试验，因为一些作物习惯上将通过审定的品系才称为品种；种子生产中我国沿用原原种（超原种）、原种、良种，生产用种有时还扩繁到原种一代、原种二代、良种一代、良种二代等等，而在美国则分为育种者种子、基础种子、登记种子、检定种子等，《作物育种学总论》中虽曾提供一个相互对应方法，但在各个作物上却又有不同。凡此种种难以在此一一列出。看来，有关各作物习惯术语的统一还有待今后的努力。

本书的作者均为国内各种作物的著名育种专家，除少数作物外，都由2～3位专家组成编写小组，各章主编人负责各作物的统稿。本书聘请著名作物育种学家马育华教授、潘家驹教授为主审人。两位主审专家对书稿进行了反复推敲，提供了宝贵的修改意见。在本书统稿、清稿过程中南京农业大学高忠老师协助做了大量工作，并编纂了名词索引；在统稿过程的前期，南京农业大学万建民教师亦曾给予许多帮助。因而，本书的编写出版是全体作者、审稿专家和工作人员共同努力并与出版社编辑人员相互配合、紧密协作的成果。

本书原计划应在两年前完成，但由于种种原因拖延至今，统编工作虽然经过两次反复讨论、修改，但仍在仓促之间定稿，加上有些章节原稿文字超过计划甚多，为保持全书格局相对一致，减少各章相互间不必要的重复，统编过程中编者曾对有关章节及文字作了一些更动，因而难免存在一些不妥之处，敬请各位读者指正。

编　者

1995年2月

目录

第一篇 禾谷类作物育种

第二篇　豆类作物育种

第三篇 油料作物育种

第四篇　纤维类作物育种

第五篇　块根（茎）类作物育种

第六篇　糖料作物育种

第七篇 特用作物育种

第八篇　牧草类作物育种

绪　论

作物生产的发展，包括粮、油、纤维、糖、饲料以及其他特用作物产量提高与品质改进，决定于品种的遗传改进及栽培条件的改善。关于作物育种，许多学者认为是改良与经济利用有关的作物遗传类型的科学和艺术。作为科学，它有其客观的规律体系；作为艺术，它富有人工的创造力。现代作物育种应用了各种最新的科学技术，因而新品种实际是生产者和消费者感受"第一生产力""优惠"的介体。

开展一个作物的育种工作，首先要制定育种计划。广义的育种计划可以是全国的或某一地区的一个或多个作物的育种计划，如国家科技重点项目"主要农作物新品种选育技术"是包括有主要粮食作物、经济作物以及蔬菜作物的全国性育种计划。对于一位育种工作者来说，育种计划实际上指他的育种方案。育种工作具有艺术性质，育种计划自然将因人而异；育种工作既然是一门科学，育种计划也必将包括共同的科学内容。通常，育种计划所包含的最基本内容为：确定所要选育的品种类型；明确选育目标性状与要求；筹措育种性状遗传变异的来源及育种群体的创造；提出所拟采用的育种途径、方法、技术与策略；规划田间育种试验和试验测试的布局与配合；安排新品种审定和种子的扩繁与生产。

一、品种类型

作物种类随着人类对具有某种经济利益的植物资源的发掘与驯化而不断增加。目前世界上栽培植物约有230种，来自180属，64科；其中主要的有120～130种，来自91属，38科。禾本科、豆科、茄科、十字花科、菊科、葫芦科、锦葵科、苋科、藜科、旋花科、大戟科、蔷薇科等是最主要的科。本书所包括的大田作物和果、蔬、园艺作物大多数均出自上列各科。

一个作物所拟选育的品种类型主要取决于其繁殖方式。一个品种由许多个体组成，是一个群体。归纳起来品种群体可分为下述4类。

1. 无性繁殖系群体　其为无性系品种（clonal cultivar），个体间遗传基础一致，通常为杂合体，少数品种为纯合体。

2. 近交家系群体　其包括家系品种（line cultivar）及多系品种（multiline cultivar）。家系品种是单个植株的衍生后裔，个体间遗传上一致，为纯合体，包括自花授粉植物的自交家系、异花授粉植物的近交家系以及具有相同遗传背景的兼性无融合生殖单系（无融合生殖率95%以上或理论亲本系数在0.87以上）。从地方品种中选择自然变异个体育成的家系品种因个体间一致性程度高（通常高于杂交育成的家系品种），常称为纯系品种（pure line cultivar）。多系品种为多个家系（近等基因系）的混合体。

3. 异交群体　其包括异交作物的自由授粉群体品种（open - pollinated population cultivar）、

异交作物的综合品种（synthetic cultivar，一代综合品种或高代综合品种）以及自交作物的杂交合成群体。杂交合成群体因其遗传组成受自然选择作用而在不同世代间有所变动，难以保持一致，一般不称品种，但也有用于生产的。

4. 杂种品种群体　其主要指 F_1杂种品种（hybrid cultivar），个体间遗传上一致，均为杂合体。其他还包括 F_2杂种品种，为个体间遗传上不一致的杂合群体。

品种类型决定了种子大量生产的方式。从经济效益出发，一个作物的品种类型原则上应与该作物最经济有效的繁殖方法相一致。

大多数作物通过有性繁殖方式生产种子。按照天然异交率的多少，可区分为异花授粉植物、自花授粉植物以及常异花授粉植物。通常自花授粉植物自然地采用家系品种，而不便于使用杂种品种；异花授粉植物自然地使用天然异花授粉品种，使用杂种品种也较便利，但若要使用纯系则须进行人工强迫自交或同胞交配。当然，作物的繁殖方式亦可能有变异体出现，原来属自花授粉的植物，出现异交的花器结构和功能，因而适宜的品种类型将随之改变，例如，水稻中发现了质核互作雄性不育系及其相应的保持系与恢复系，成了自花授粉作物中应用杂种品种的范例。

种子植物花器的结构和发育有以下情况。

一朵花中雌性器官与雄性器官的表现：①雌雄同花，有雄性先成熟、雌性先成熟、雌雄同熟；开花授粉、闭花授粉。②同株上两种类型的完全花，有长花柱短雄蕊和短花柱长雄蕊。③雌雄异花，分雄性花和雌性花。

植物上花的分布，有：①雌花与雄花同株；②雌花与雄花异株；③雌花、雄花以及完全花（杂性花），分杂性同株和杂性异株。

除雌雄同花闭花授粉有利于自花授粉外，其他许多情况均有利于异花授粉。

植物的有性繁殖方式除取决于花器的结构与发育状况外，有些植物还与自交亲和性（或自交不亲和性）有关。自交不亲和性的机制有以下几种情况：①花粉在柱头上不发芽；②花粉管在花柱内生长受阻而不能到达子房；③花粉管不能穿透胚珠；④进入胚囊的雄配子不能与卵细胞结合。自交不亲和性的遗传控制，若花粉未能使雌配子受孕是由于其本身基因的缘故，称为配子体自交不亲和性；若是由于母本方面的缘故，称为孢子体自交不亲和性。自然界也存在部分自交不亲和性现象，其遗传机制尚不清楚。

另一种决定作物有性繁殖方式的机制是雄性不育性。雄性不育的遗传控制有核基因不育、细胞质与核基因互作不育、核基因间互作不育、核基因与环境互作不育等，当前用于杂种种子生产的主要是质核互作不育，也有用光、温敏核不育（核与环境互作不育），少数繁殖系数很高的植物也有利用核基因互作不育的报道。细胞质雄性不育（cytoplasmic male sterility，CMS）与质核互作雄性不育（cytoplasmic-nucleic male sterility，CNMS）是不同的概念。有人将后者简称为细胞质雄性不育，一些学者认为并不妥切，概念上有混淆。所以出现这种简称可能是因为单纯的细胞质雄性不育不能用于杂种种子生产，而能用于杂种种子生产的质核互作雄性不育的基本条件是细胞质应为雄性不育的。

无性繁殖方式包括两类情况：一类是使用非种子的植物其他部分繁殖个体，例如枝条、块根、球茎、鳞茎、地上匍匐茎、地下匍匐茎、块茎等；另一类是使用无融合生殖所获得的种子，例如直接由胚珠经无丝分裂形成二倍体胚囊的无孢子生殖、直接由大孢子母细胞经无丝分裂产生胚囊的无配子生殖、孤雌或孤雄的配子体无融合生殖、精卵未融合生殖或无融合结实、不形成胚囊的不定胚状体生殖、花粉蒙导无融合生殖等。此外，组织培养包括各种类型外植体乃至原生质体的培养，是正在成为具有生产利用价值的无性繁殖方式。

二、目标性状

可以通过遗传改良以满足人们经济要求的性状都可视为育种目标性状。随着鉴定方法与技术的改进，对育种目标性状的具体指标也越来越明确。通常一个作物的育种目标包括产量、品质、生育期、抗病虫性、对环境的耐逆性或适应性、遗传与环境互作特性（或适应范围）、繁育特性，以及一些特异要求如立苗性、扦插成活率、耐农药毒性等。对于一个作物、一个地区、一个育种单位来说，育种目标的侧重点还因现有材料的状况而异。因而一个育种家必须善于因时、因地、因材料制宜，提出明确的育种要求。

目前我国要求发展高产、优质、高效农业，联系到作物育种目标性状，产量、品质与高产、优质是相对应的，这两者加上其他目标性状都与提高效益有关，因此选育良种是实现高产、优质、高效农业的根本途径。

产量的鉴定易受环境影响，遗传率较低，因而须通过多年多点产量比较试验才能做决选，并以与标准品种相比的增产潜力作为指标。为便于及早判别育种材料的产量潜力，育种家注意到产量构成因素的改进。从生理角度出发，产量构成因素可分解为生物产量与收获指数（或经济系数、分配率）；从形态上则可分解为单位面积株数、单株结实数与不实数、单位子实重量等。归根到底，产量来源于单位面积上光能利用的效率，因而提出选育理想株型及其有关特性以提高产量潜力。许多育种家都在探索理想型（ideotype）的组成性状。但实际育种工作中产量鉴定最终还依赖于田间产量比较试验。

品质是品种所固有的特性，它与产品的商品状态（如完整率）不是同一概念。品质性状包括色、香、味、质地等感官性状，脂肪、蛋白质或其他诸如维生素、异黄酮等功能性化学物质的组成与含量等化学成分性状，糙米率、豆腐得率等加工性状，纤维长度、强度等机械性状，以及饲料报酬率等生物学性状等。品质性状的鉴定越来越向实验室分析的方向发展。对一个作物的品质要求可能是多方面的，有时品质性状间还是负相关的，因而必须按当地条件及利用方向确定适宜的目标与要求，有时可以选育不同方向的专用品种。

生育期性状的遗传与生理基础是对光周期和温度的反应特性。生育期性状与该品种所适合的地理范围及轮作复种制度有关。例如缩短或加长生育期可以推移种植纬度或海拔高度的界限，或充分利用生长季节以增加产量，或适于增加复种指数。确定一个地区的品种生育期要求时必须充分掌握当地的地理条件、气候资料以及轮作复种制度发展趋势。

抗病虫性因与高效农业及环境保护密切有关，正日益受到重视。早期主要为抗病性，近期抗虫育种又日益普遍，而且抗性的对象病种或虫种正在扩展。所利用的抗病机制包括垂直抗性或专化抗性、水平抗性或非专化抗性、慢病性、耐病性；抗虫机制包括抗选性、抗生性、耐害性等。各种作物的抗病虫性目标应因地制宜确定。病原和虫亦为生物体，在作物方面的选择因素作用下会产生新的生理小种、生物型，因而作物抗病、抗虫性育种是克服寄生物不断对寄主产生适应变异的持续过程。

耐逆性或适应性的要求与地区自然条件有关。主要的逆境有干旱、渍涝、低温、高温、盐碱、铝毒、低磷、缺铁等。立苗性也是一种重要的适应特性。逆境胁迫常作用于根区，因而根系性状也已受到重视。

环境因素中，施肥或肥力水平随着工业发展而不断改变，有的品种适于较窄的肥力范围，有的则能适于较宽的范围。从肥料利用效率和环境保护出发，近年又提出氮、磷、钾等高效利用的育种方向。联系到其他自然条件，品种能适应的地理范围亦有不同。因而遗传型与环境的互作反应亦成为育种目标性状。

由于杂种优势利用的需要，作物的繁育特性（育性）也已成为重要的育种目标性状，包括便于杂种制种的雄性不育性和自交不亲和性及便于固定杂种优势的无融合生殖等。

随着社会发展，人们的需求越来越多元化，环境污染、能源短缺等问题也日益受到关注，相应地对农药、重金属的耐性与低残留量特性、生物能源有关特性等均将纳入育种目标要求范围中。

三、育种性状遗传变异的来源

育种过程有两个最基本的环节，一是发现或创造含有比现有良种在一个或多个性状上更优良的变异个体的育种群体；二是从育种群体中把这种优良的变异个体鉴别、选拔出来，并繁殖扩大。

当地的地方品种常是具有多种自然变异类型的群体。早年的育种是从中选拔个别优良的变异个体或优良变异个体的集团，通过试验，繁殖成为一个新品种，称为自然变异选择育种。

进一步的方法是不限于仅仅利用自然变异的群体，而是通过杂交创造具有大量遗传变异的杂种群体。杂种群体的变异方向可以由选配亲本加以控制。从分离的杂种群体中选育家系或集团，经试验、繁殖为新品种。经改良的新品种可以用作为下一轮育种计划的亲本。杂交育种的亲本可以为2个、3个或许多个，通过各种交配方式，包括单交、三交、复交、互交、回交等创造杂种群体。当地亲本不能满足需要时，育种工作者便把注意力放在引进新的种质，扩大亲本范围上。亲本扩大的范围不限于在同种的遗传资源，而且发展到异种、异属等远缘的种质。

杂交育种常伴随有较长的分离纯合过程，重组类型繁多，育种时间较长，工作量较大。人工诱变所创造的变异个体一般为个别位点等位基因的突变，虽然变异频率不高，但容易纯合稳定。人工诱变的技术包括物理因素和化学因素两大方面。单一利用诱变方法育成的品种不很多，我国许多育种家采用诱变因素处理杂种群体的方法，虽然难以说清究竟是诱变因素的作用，还是杂交重组的作用，但的确育成了不少新品种。

通过花药或花粉培养产生单倍体，经染色体加倍为双单倍体，既可通过杂交得到重组型，又可避免冗长的分离过程，是杂交育种的新方法。但目前大豆等一些作物花药培养产生单倍体的技术尚未成功，故其应用还有待于技术的改进与发展。

随着20世纪“绿色革命”的禾谷类矮秆高产品种的大面积推广，大量农家品种和早先育成的品种被少数品种取代。一定地区内作物生产的遗传基础单一化倾向导致对突然袭击的逆境缺乏抗衡能力。20世纪70年代初美国玉米小斑病大流行导致绝产，促使作物育种家对“绿色革命”的反思，提出要防止因遗传基础狭窄导致的遗传脆弱性，并强调要拓宽作物生产的遗传基础，包括拓宽一个生态区内的遗传基础和一个育成品种的遗传基础。因而育种工作要建立在大量可利用的遗传资源基础上。遗传资源或种质资源有群体种质（包括纯合型的群体种质和随机交配群体种质）和个体种质（单一基因型种质），包括同种内的种质和近缘乃至远缘的异种种质。近代分子遗传学的发展，使种质资源的概念进一步延伸到DNA分子片段的基因资源的概念，进一步拓宽了种质资源或基因资源的内涵，相应地创造变异个体的技术发展到获得转基因植株的技术。尽管种质资源的概念有所拓宽，但自然界经长期考验保留下来的农家品种仍是最宝贵的育种资源。联合国十分重视生物多样性的保护，其中农作物种质资源是十分重要的一部分。当前应进一步搜集、保护散落在农家的种质资源，防止可能的遗传流失，加强对种质资源育种利用价值的研究，建立并完善种质资源的遗传信息库供育种家使用。

四、育种性状的遗传

对育种性状遗传体系的了解是育种工作者在育种时进行遗传操作的理论基础。育种目标性状可分为质量性状和数量性状两大类。质量性状或属性性状的界限明显，同一种性状的不同表现型在群体内呈现属性性质的变化。数量性状的变异以计量（连续）或计数（不连续）表示，无明显的分组界限，易受环境条件影响。

一个质量性状通常均为主基因控制的质量遗传性状。这类性状的遗传多采用孟德尔分离分析方法，通过 F_1 观察显隐关系，由 F_2 及其他分离世代观察表现型分离比例及基因型分离比例，从而推定其遗传体系（包括基因数量、效应、连锁与互作关系等）。

数量性状的遗传分析较复杂。传统的数量遗传学理论认为数量性状主要由微效多基因控制，可通过世代平均数法、方差分析法等方法估计微效多基因的总体加性、显性、上位性效应。同时，可估计育种群体的遗传潜势，包括群体遗传变异度、遗传率、选择响应等。所研究的群体可以是杂种群体的分离世代，或者是一定生态区域地方品种组成的自然群体。还可获得与确定育种方法、策略有关的遗传学信息，包括诸如亲本配合力（一般配合力与特殊配合力，在 F_1 代表现的亲本配合力用于杂种优势利用的亲本选配，在后期世代表现的亲本配合力用于纯系选育的亲本选配）、杂种优势的预测、性状的遗传相关等。一个数量性状并不一定是微效多基因控制的数量遗传的性状；而一个数量遗传的性状必定是数量性状。

以上数量性状与质量性状、数量遗传性状与质量遗传性状的划分是相对的。一些原认为是质量性状的，在一定的仪器、方法帮助下可以数量化。一些在某种环境条件下表现呈质量遗传的性状，在另一种条件下可表现出数量遗传。性状的遗传基础有多基因控制的，也有主基因控制的，还可能有多基因与主基因共同控制的。另一些性状的遗传是由细胞质基因控制的。盖钧镒等（2003）提出数量性状泛主基因-多基因假说，将植物数量性状看成由效应大小不等的基因所组成的遗传体系，其中效应大的表现为主基因，效应小的表现为多基因；主基因（主效QTL）与多基因（微效QTL）的区分是相对的，相对于试验的鉴别能力，误差小、鉴别能力强则效应较小的QTL能检测出来，误差大、鉴别能力弱则效应较大的QTL也可能混在微效QTL中检测不出来。QTL体系中可能均为主基因、均为多基因，或为主基因与多基因混合，后者具有普遍意义，前二者仅为后者的特例。在此假设基础上，发展了数量性状主基因＋多基因混合遗传模型分离分析方法。在定义数量性状主基因遗传率和多基因遗传率的前提下，利用统计学上的混合分布基因理论、极大似然估计、EM算法等推导出由单个分离世代（F_2、B_1与B_2、$F_{2:3}$、RIL）鉴别主基因+多基因模型的图形分析法及统计分析法；进一步推导出多世代联合分析法（P_1、P_2、F_1、B_1、B_2及F_2 6世代，P_1、P_2、F_1、F_2和$F_{2:3}$ 5世代，P_1、P_2、F_1、$F_{2:3}$、$B_{1:2}$和$B_{2:2}$ 6家系世代），从而鉴别主基因-多基因遗传模型，估计其相应的遗传参数。这种分析方法可以分析出数量性状的个别主效QTL的效应（1～3对）和微效QTL的总体效应。

经典遗传学对控制育种目标性状的基因的认识还只是总体的和概念性的。近年来基因组学的飞速发展使育种性状的遗传研究可以和基因组作图相结合进行基因定位，包括质量性状基因的定位和数量性状基因的定位，这为标记辅助选择和基因克隆与转移奠定了基础，为育种水平与效率的提高奠定了基础。

五、作物基因组与分子育种

作物基因组包括作物的全部基因或染色体，是性状遗传体系的物质基础。目前主要农作物均建立了高密度的遗传连锁图谱，大量的基因（含QTL）被标记定位；拟南芥等模式植物及水稻等作物全基因组测序已完成，部分重要性状的基因结构与功能已明确。总之，植物基因组学研究为作物育种提供了进一步的遗传信息，为作物分子育种奠定了基础。分子育种的研究与应用目前集中在基于DNA（基因）信息的分子标记辅助选择和转基因育种两方面。

分子标记具有不受环境及作物生长发育影响、种类和数量多、多态性高等优点，适合作为辅助选择指示性状，即利用与育种目标性状紧密连锁或共分离的分子标记对目标性状进行追踪选择。分子标记辅助选择（molecular marker assisted selection）有前景选择和背景选择两种策略。前景选择指对目标基因的选择，力求入选的个体都包含目标基因。除对单个基因选择外，还可通过杂交或回交将不同来源的目标基因聚集在一个材料中，包括同一表现型（如抗病性）的不同基因以及多个性状不同基因的聚合，可有效打破性状的负相关或不良基因的连锁，创造新种质。背景选择指对目标基因之外的其他部分（即遗传背景）的选择，背景选择是为了加快遗传背景恢复成轮回亲本基因组的速度，缩短育种年限，同时可以避免或者减轻连锁累赘。分子标记辅助选择是从常规表现型选择转向基因型选择的重要选择方法，它对难于检测的性状、易受环境干扰的性状，尤其是数量性状特别有用。目前已检测到大量与作物产量、品质、抗性等主基因或QTL紧密连锁的分子标记可用于辅助育种选择。大规模开展MAS，其成本与可重复性是首要考虑因素，采用稳定、快速的PCR反应技术，简化DNA提取方法，改进检测技术是使MAS在育种中实际应用的关键。

自从Monsanto公司的首例转基因大豆（抗大豆除草剂草甘膦）获得成功以来，转基因技术已成为作物育种的最重要的新方法之一。转基因育种过程包括根据育种目标从供体生物中分离并提取出控制某种性状的基因（目的基因）；经DNA重组与整合或直接运载进入受体作物的基因组，获得稳定表达的转基因株；再进入田间育种试验培育成农业生产上能应用的转基因新品种，并实现大面积推广。植物转基因方法主要可分为农杆菌介导法、植物病毒载体介导的基因转化、DNA直接导入的基因转化、种质系统介导等，各有优缺点和适用范围。转基因育种相对于传统的杂交育种、诱变育种而言，不仅缩短了育种周期，而且能有选择地将一个目的基因（植物、动物乃至人类）导入植物体，从而打破生物物种的界限，拓宽了作物遗传改良可利用的基因来源。应用转基因技术可获得自然界和常规育种难以产生、具有突出优良育种目标性状的有益变异，但转基因育种只是获得变异的新手段，并不是常规育种的替代，将转基因技术纳入作物育种的基本程序，两者相辅相成提高育种成效将是一种必然的发展趋势。从技术层面看，植物转基因仍处于初步发展阶段，转基因沉默或不稳定表达是育种应用的主要障碍之一，对一些作物高效的遗传转化与再生技术仍是关键问题。此外，转基因作物安全性的争论仍将受到人们关注。

六、育种途径、方法、技术与策略

以产量为例，通过一个育种周期，新品种比原有良种的遗传改进称为育种进度；若按该周期所需的年数进行平均，称为年育种进度或年遗传进度，它衡量了一个育种计划的相对效果。据对一些作物近60年来不同时期育成的品种在同一栽培条件下比较试验的结果，若无突破性的进展，年进度平均为0.5%～1%。年育种进度是育种计划所采用的育种途径、方法、技术的综合效应。

常规品种和杂种品种的育种进度都是以其本身有关育种性状的遗传改进体现的，但杂种品种亲本的育种进度则主要着眼于该性状配合力的遗传改进。不论何种类型品种的选育，各种育种途径（包括自然变异的选育、杂交重组、人工诱变，乃至遗传工程等）均可，并均有其应用。当然，近60年来各种作物所采用的主要是杂交重组，因它能创造大量可以预期的遗传变异。

每一条育种途径都发展了其相应的一系列育种方法，尤其是杂交育种。由于对杂交育种研究最多，围绕性状的直接改进和性状配合力的改进，提出了许多可供选用的方法，如各种亲本组配方法、杂种后代选择处理方法、轮回选择方法等。

一种育种方法的实施必须有多种育种技术的支持，如创造或诱发遗传变异的技术（包括生物技术）、性状在田间或实验室鉴定的技术、田间试验技术、试验资料的计算机处理技术、种子或杂种种子生产技术等。

其实，育种途径、方法、技术等词只是概念层次上的差别，育种家间能相互意会，但迄今并未给以明确的定义。从提高育种成效出发，育种家总是选取自己认为最佳的途径、方法、技术，组合起来形成各自的育种计划。一些育种工作者刚开始工作时，或刚接手前人工作时，可能主要为继承前人的计划，当他不满足于已有的计划时，便考虑宏观的革新，因而提出育种策略上的改进。育种策略这个词并无明确定义，育种工作者把它理解成为在人、物力消耗较少的情况下，为获得最佳的年育种进展而选取育种途径、方法与技术时的策略性考虑。例如，一些育种工作者鉴于育种周期长而提出近期和远期育种目标兼顾的育种计划；通过冬繁或其他加代方法以缩短育种周期提高年育种进度的育种计划；杂交育种中提高符合育种目标的重组型出现概率的亲本组配方案；考虑当地自然、栽培环境与基因型互作的多点试验计划等。

时代在发展，育种的目标、途径、方法和技术在改进，但迄今为止，农作物的产量仍然是主要目标，最终鉴定育种材料高产、稳产性能的基本方法仍然是田间比较试验，因而注重田间试验技术，保证试验准确性与精确性仍然是最基本的育种策略。

七、育种试验

育种过程是不断通过试验对各种育种目标性状进行鉴定、选择的过程。作物育种需有必备的田间和室内试验场所。田间试验场圃要具有代表性的土壤、气候及栽培条件，有良好的灌溉排水系统，使育种试验结果能代表服务地区的生态环境，宝贵的试验材料不致受旱涝灾害的毁灭性损失。室内工作场所除常规考种鉴定室外，还有相应的实验室系统，包括计算机室、品质分析室、抗病虫实验室、栽培生理实验室、应用生物技术实验室及配套的温室与网室等，实验室应配备有相应的仪器设备，视实际需要和本身条件而定。

田间试验设计的基本原则是力求试验处理品种、品系效应的惟一差异，即要保持供试材料间非处理因素（如环境条件及鉴定技术）的一致性，以使供试材料间具可比性。具体的品种选育试验设计与育种进程相对应，育种试验从早期的选种圃、鉴定圃到后期品系比较试验、区域试验，其参试材料数由多变少，每个材料可供试验的种子量则由小变大，对试验精确度要求也相应提高。初期往往有大量选系需要鉴定，限于选系的种子量和试验规模一般难以进行有重复的试验，多采用顺序排列法，利用对照矫正试验小区肥力差异，也可采用增广设计。育种中后期，供试材料较少时，一般可采用间比法设计、随机完全区组设计或分组随机区组设计等；参试品系数量仍较大时，除间比法设计、随机区组或分组随机区组外，还可采用分组内重复、重复内分组、格子设计等不完全区组设计进行试验误差的无偏估计与品系比较。大容量品系比较的误差控制一方面可通过试验设计，另方面还可通过统计分析技术（如根据相邻小区土壤条件的相似性采用近邻分析）来降低。育种试验后期参试材料较少，可通过随机区组设计进行精确的产量试验。育种试验后期及品种区域试验，因需鉴定品种的适应性，常需进行多年、多点的试验，一般均采用多年、多点随机区组设计。

保证育种试验的精确性和准确性一方面要控制土壤差异及竞争和边际效应等，以便能无偏地估计试验误差，另方面还要控制试验过程中多项操作、记载的系统偏差，以保证试验结果的准确性或可比性。育种既然有经验性，育种圃的设置、各圃小区的规格大小、重复数与试验地点（环境）数的多少在总原则一致的情况下具体办法可因人因条件而异。

试验记载总的原则是完整准确、简明易查。选择所依据的鉴定技术一般也由初期对大量选系的简易乃至目测法逐步转向后期精确的田间与实验室鉴定技术。理想的育种鉴定技术具有高效、准确、快速特点，这是影响育种成效的重要因素之一。

八、种子生产与品种保护权

经过区域试验，对新育成品种做出优劣与适用区域的评价后，要进行生产试验，验证其优越性与适应性。在我国新品种推广前必须经过国家或省品种审定委员会审定后，方准许推广。

1978 年确定的我国种子生产方针为“四化一供”：品种布局区域化，种子生产专业化，质量标准化，加工机械化，有计划组织供种。随着种子生产经营的商业化、市场化，供种方法也相应地由政府统一供种转向种子市场竞争供种，但是种子生产、推广必须严格按有关法律、规程执行。

国际上种子生产一般采用育种家种子（breeder seed）、基础种子（foundation seed）、注册种子（registered seed）和检定种子（certified seed）四级繁殖体系。为保护育种者的知识产权、防止品种混杂退化、保持品种原有种性，我国现正推广相应的四级种子生产程序，分别称为育种家种子（breeder seed）、原原种（pre-basic seed）、原种（basic seed）和良种（certified seed）。育种家种子即品种通过审定时，由育种者直接生产和掌握的原始种子，具有该品种的典型性、遗传稳定性和形态、生物学特性的一致性，纯度100%，产量及其他主要性状符合审定时的原有水平。育种家种子由育种者负责繁殖保存，在品种参加区域试验同时，建立育种家种子圃。在育种家种子圃内生产出原始的育种家种子和来自不同株行的单株种子。原始育种家种子低温干燥储藏、分年利用。利用单株种子和株行循环法（单株选择、分系比较、混合繁殖）可重复生产育种家种子。

原原种即由育种家种子直接繁殖而来，具有该品种典型性、遗传稳定性和形态、生物学特性的一致性，纯度100%，产量及其他主要性状与育种家种子基本相同。原原种生产和储藏由育种者负责，在育种单位农场或特约原种场进行。在原原种圃将育种家种子单株稀植，分株鉴定去杂，混合收获得到原原种。

原种即由原原种繁殖的第一代种子，遗传性状与原原种相同，产量及其他主要性状指标仅次于原原种。原种生产由原种场负责。在原种圃将原原种精量稀播生产原种。

良种即由原种繁殖的第一代种子，遗传性状与原种相同，产量及其他主要性状指标仅次于原种。良种生产由种子部门负责，在良种场或特约种子生产基地将原种精量稀播，生产良种。良种直接供应大田生产，大田收获的子粒作为商品粮，不再作种子使用。

育成新品种后可申请品种保护权，品种保护权又称育种者权利，是知识产权的一种形式。《中华人民共和国种子法》规定，我国实行植物新品种保护制度，授予植物新品种权，保护植物新品种权所有人利用其品种所专有的权利。除申请品种权，还可通过申请生产植物品种方法的发明专利权，间接保护由所申请的办法直接得到的植物品种。当前，越来越多高新生物技术应用于新品种选育，使植物新品种具备极强的可垄断性，在当今经济全球化发展的背景下品种保护权已逐步成为国际农业知识产权的焦点之一。我国已于1999年加入国际植物新品种保护联盟（UPOV），并执行《国际植物新品种保护公约》1978年文本，该公约规定育种者享有一定期限内从事商业生产、销售其品种的专用权。1991年文本扩大了植物新品种保护范围，延长保护期限。可以预见，随着知识产权保护制度的完善，品种保护权将在遗传改良乃至农业生产领域中发挥更大作用。

复习思考题

1. 试举例说明作物育种学为什么既是一门科学又是一种艺术。
2. 举例说明农作物品种有哪些群体类型。
3. 农作物育种目标性状涉及哪些方面？如何确定一个育种计划的目标要求？
4. 育种成功的关键是要拥有目标性状的有利变异，试讨论获得目标性状有利变异的途径和方法。
5. 育种目标性状的变异有其遗传基础，试举例说明育种工作者如何揭示目标性状的遗传规律。
6. 何谓作物的基因组？如何研究作物的基因组？它对作物育种有何意义？
7. 生物技术的发展为作物育种提供了新的方法和技术，试对其现状和前景进行讨论。
8. 根据你的理解，试举例说明育种途径、方法、技术和策略的概念。

9. 试说明育种工作的基本程序。各阶段有何特点？如何设计其相应的田间试验？

10. 试说明品种审定的基本条件。如何申请品种的保护权？品种审定后如何扩繁种子，并保持其优良的品种特性？

参 考 文 献

[1] 蔡旭主编．植物遗传育种学．第二版．北京：科学出版社，1988
[2] 盖钧镒，章元明，王建康．植物数量性状遗传体系．北京：科学出版社，2003
[3] 盖钧镒主编．试验统计方法．北京：中国农业出版社，2000
[4] 西北农学院主编．作物育种学．北京：农业出版社，1981
[5] Collard B C Y，Jahufer M Z Z，Brouwer J B E，Pang C K. An introduction to marker，quantitative trait loci（QTL）mapping and marker-assisted selection for crop improvement：the basic concepts. Euphylica. 2005（142）：169～196
[6] Fehr W R，H. H. Hadley（ed.）. Hybridization of Crop Plants. Am. Soc. of Agron.，Madison. 1980
[7] Fehr W R. Principles of Cultivar Development Vol. 1 Theory and Technique. New York：MacMillan Pub. Co.，1987
[8] Lörz H，G. Wenzel（ed.）. Molecular Marker Systems in Plant Breeding and Crop Improvement. Springer-Verlag，Berlin and Heidelberg. 2004
[9] Peleman J D，Van der Voort J R. Breeding by design. Trends in Plant Science. 2003，8（7）：330～334
[10] Simmonds N W. Principles of Crop Improvement：London and New York：Longman，1979

（盖钧镒原稿，盖钧镒、赵团结修订）

第一篇　禾谷类作物育种

第一章　水稻育种

第一节　国内外水稻育种概况

一、我国水稻育种简史

我国有计划地开展水稻（rice）育种研究，大约开始于20世纪的20年代。新中国成立前，我国农业生产水平低，设备差，规模小，技术力量薄弱，水稻生产和育种发展十分缓慢。抗日战争爆发前夕的1933—1937年5年平均，除辽宁、吉林、黑龙江、新疆和西藏等省区外的全国水稻面积仅为0.193×10^{8} hm^{2}，稻谷总产4.91×10^{10} kg，平均每公顷产量约2 535 kg。新中国成立后，我国的水稻生产和育种工作获得迅速的发展，取得了举世瞩目的成就。1950—2000年的51年间，全国水稻种植面积平均达到0.314×10^{8} hm^{2}，年产量平均达到1301.87×10^{8} kg，平均每公顷产量为4 152.7 kg。其中，2000年面积为0.30×10^{8} hm^{2}，总产为$1\,879.08\times10^{8}$ kg，平均每公顷产量为6 272 kg,育种研究对此做出了突出贡献。

50余年来，我国的水稻育种经历了3个重要的发展时期：品种的整理与评选利用、矮化育种和杂种优势利用。

新中国成立后的10年，是水稻品种整理和评选利用的时期，其目的在于将我国丰富的品种资源加以收集保存，选择优良品种，推广利用，以恢复和发展水稻生产。在这个时期中，全国收集水稻品种约4万份，其中评选出许多优良的地方品种和早期的改良品种，对水稻生产起到重要作用。例如，早籼品种南特号、中籼品种胜利籼、晚籼品种浙场9号和塘埔矮、中粳品种西南175和黄壳早廿日、晚粳品种新太湖青和老来青等。但是这些良种多表现为秆高易倒伏和不抗病，增产潜力有限。

我国的矮化育种开创于20世纪50年代后期。广东省从高秆的南特16号中选育出半矮秆的矮脚南特，培育成为我国第一个由半矮秆基因控制的矮秆品种。与此同时，广东省农业科学院水稻育种家黄耀祥从广西引进半矮秆品种矮仔占，采用杂交育种方法，在60年代初育成一批半矮秆高产早籼品种广场矮、珍珠矮等。推广种植这批以矮秆、株型紧凑为主要特征的高产良种，基本上解决了由于密植、中肥和自然灾害引起的倒伏减产问题，从而大幅度提高了品种的增产潜力。60年代起，各类矮秆品种先后在全国范围内推广，使我国成为最早实现品种矮秆化的国家之一。

在矮化育种的基础上，袁隆平等一批水稻育种家于20世纪70年代成功培育杂交稻（hybrid rice），有效地利用水稻的杂种优势，进一步大幅度提高水稻品种的增产潜力，是我国70年代以来的重大创举。我国杂交稻的研究晚于日本，但从1973年培育成三系，配制出第一批强优势组合，继而在南方稻区迅速推广，成为世界上第一个大面积应用杂交稻生产的国家。目前，我国杂交水稻的年种植面积约$1.533\,3\times10^{7}$ hm^{2}，约占水稻种植总面积的50%，产量约占稻谷总产的57%。自1976年以来，杂交水稻在我国累计推广面积超过2×10^{8} hm^{2}，共增产粮食3 000×

编者注：杂交稻即杂种稻（hybrid rice）。“杂交”含义广，而“杂种”涵义较专指，为与杂交育成家系品种不相混淆，称“杂种稻”更确切。但在我国“杂交稻”已沿用30多年，甚至还已用做研究机构的名称，为与习惯用法相一致，本章采用“杂交稻”一词，以代“杂种稻”。

10^8 kg 以上。80 年代开始开展籼粳交杂种优势利用研究，并取得巨大进展，近年来由江苏省农业科学院和国家杂交水稻工程中心育成的两优培九等籼粳交杂交组合，千亩试验田平均亩产近 800 kg（12 000 kg/ hm^2）。90 年代，我国水稻育种进入新的发展时期，多学科密切合作，常规育种与生物技术相结合，育成的品种不但继续保持了高产的优势，而且多数能抗、耐 2～3 种病虫害或逆境，稻米品质也有了显著的提高，如中国水稻研究所育成的中香 1 号、中健 2 号和江苏省里下河农业科学研究所育成的丰优香占等品种品质能与泰国名牌大米相媲美，而产量超过泰国米一倍。

二、国内外水稻育种发展动态及趋向

我国水稻育种的主要任务和目标，仍将着重在提高单位面积产量，改善稻米品质，同时增强品种适应各种生态和农业环境的能力。我国目前有大量产量低而不稳的稻田，低温、干旱、病虫猖獗和土质瘠薄等是主要的障碍，除切实改善其农业生产条件和种植技术外，选育适于这类稻田的适应性强的高产、稳产、优质品种，是育种需要解决的急迫问题。另一方面，随着人民生活水平的提高，水稻品质已越来越受到重视。

在育种途径上，常规杂交育种和杂种优势利用仍将是主要的育种途径，并重视诱变育种和花药培养等技术的应用。随着分子遗传学和分子生物学的发展，以分子标记辅助选择和转基因育种为核心的分子育种技术，将作为常规育种的辅助途径，愈来愈在水稻育种中发挥其作用。

由于育种所利用的遗传资源匮乏和遗传基础不断趋于狭窄，我国稻种资源的研究须继续深入加强，遗传评价利用亟待深入开展。随着农业生产和人们消费需要对水稻品种的要求不断增长，迫切需要水稻育种能在目前已有基础上取得突破，加强种质资源的创造和创新工作，显得尤为重要。除继续通过化学和物理方法诱变创造突变体外，还有必要利用转座子插入、基因捕获、T-DNA 插入突变和基因功能互补体系，建立相应的突变体筛选群体，大规模地创造、诱导、筛选新的优良突变体，并通过对突变体和插入位点进行分子生物学分析，逐步掌握这些突变体分子遗传的基本信息，为水稻育种提供新资源。

在世界上，90%以上的水稻产销集中在人口密集的亚洲。各国水稻育种目标都注意提高品种的产量潜力，改进稻米品质。日本生产粳稻，品种矮秆多穗，强调品质优良，抗倒伏和抗病虫，适于机械化种植和收割。20 世纪 80 年代开展籼粳杂交超高产育种，培育超高产品种，取得了很大进展。进入 90 年代，日本启动优质专用和功能性水稻育种计划，育成低直链淀粉含量、高直链淀粉含量、粉质、高蛋白、巨大胚、富铁化、降血压以及肾脏病人、糖尿病人专用水稻品种，深受消费者欢迎。近年来，日本着力于省力化栽培水稻的开发，特别是耐直播、抗倒伏、优质、抗病虫等以及适应有机栽培的品种选育工作越来越受到重视。

南亚和东南亚各国种植籼稻，世界上 90%以上的等雨稻田集中在这个地区，产量低而不稳，自然灾害频繁。设在菲律宾的国际水稻研究所（IRRI），对该地区以至世界稻作的发展起重要作用与影响。其育种方向为致力于选育高产、稳产并适于不同类型等雨田生态环境的品种，强调品种的耐旱及耐淹性；选育灌溉田的高产品种，注意进一步改善株型，提高光能利用效率和收获指数，抗主要病虫，耐盐碱和逆性土壤环境。

韩国的水稻育种颇具特色。20 世纪 70 年代与 IRRI 合作密切，进行南北穿梭育种，采用籼粳杂交方法，育成偏籼高产品种，使该国水稻平均产量跻于世界前列。品种强调抗稻瘟病和耐低温，近年来由于韩国的生活水平不断提高，优质已成为第一选育目标。

美国是世界稻米主要输出国之一，而其种植面积和总产较小。稻作采用大规模机械化集约作业。品种以长粒型（籼型）为主，稻米品质是首要育种目标，要求苗期长势强，耐低温，抗除草剂，适于直播，抗稻瘟和纹枯病，谷壳多无毛。

第二节　水稻育种目标及主要性状的遗传

一、确定育种目标的依据和涉及的有关内容

制订水稻育种目标，要从农业生产发展的现状和趋势、稻作的气候生态环境和耕作栽培制度、水稻生产的限制因素、社会需要、人民生活习惯等方面综合考虑。制订目标是育种的一个首要问题，应予慎重研究。

新中国成立以来，我国水稻品种单产水平的提高，为解决人民的温饱问题做出了巨大贡献，但稻米品质育种相对落后，还难以满足我国城乡居民日益提高的生活水平的需求，造成劣质米压库，优质米短缺，国外优质米大量涌入我国。同时，随着生态环境和城乡居民生活习惯的改变，我国出现了一些对稻米品质有特殊要求的人群。例如：肾脏病和糖尿病患者不能食用谷蛋白含量超过4%的稻米；缺铁性贫血病患者食用铁含量高的稻米可以有效缓解病症；高血压病患者食用γ-氨基丁酸含量高的稻米能起到显著的降压效果等等。因此，加强稻米品质育种，培育优质、专用和具保健功能性的水稻品种，以满足各类人群对稻米品质的要求，应是制订水稻育种目标首先要考虑的问题。

水稻是我国人民最主要的粮食作物，常年总产量占粮食总产量的40%以上，而面积不及粮食作物总面积的1/3。面对人口持续增长，人均耕种面积逐年下降的严峻形势，仍需持续地提高水稻品种单位面积生产潜力，以增加粮食产量。

低温、干旱、高温、土质瘠薄等是目前限制我国水稻生产的主要逆境因子，病虫危害猖獗、农药和化肥用量增大、成本提高、病虫抗药性增强、环境污染等问题突出，自然资源退化、剧减，生态环境恶化，对水稻育种提出了更高的要求，培育抗病、抗虫、适应环境和可持续发展需求的水稻品种，是当前水稻育种需要解决的急迫问题。

此外，我国的稻作区域广阔，气候、土壤、生态环境和耕作制度十分复杂，各稻作区有其生产特点和问题，对水稻品种利用有不同要求。华南稻作区地处热带亚热带气候，光、温、水等自然资源丰富，但台风和病虫等自然灾害较多，稻作复种制度以双季稻连作为主，主要为籼稻品种。华中单双季稻作区是我国最大的稻作地带，我国著名的水稻产区，如太湖流域稻区、洞庭湖平原稻区、川西平原稻区等均集中在本区，属于亚热带温暖润湿气候。本区长江以南以双季连作稻为主，一年三熟，品种属早籼和晚籼或晚粳，部分地区种中籼；长江以北以稻麦两熟为主，一年二熟，品种属一季中籼和中粳稻。本区有大片红壤、黄壤与丘陵山地，土质贫瘠，广大稻区病虫害流行。西南高原稻作区属于热带亚热带高原湿润季风气候区。本区云南稻作主要分布于海拔1 900 m以下，最高可达2 700 m；贵州稻作主要在1 400 m以下；稻作垂直分布明显，近距离之间的气候生态差异大；山高水冷，或湿热雾重，病虫猖獗；云南南部有双季田，一年可三熟，其余以一季稻二熟制为主，籼粳稻并存，品种类型复杂，是我国陆稻分布较多的稻区。以上华南稻作区、华中单双季稻作区、西南高原稻作区合称为我国的南方稻区，水稻种植面积占全国稻作面积的90%以上。

我国北方稻区包括华北稻区、东北稻区和西北稻区，地处长江黄河以北，稻作分散，稻田总面积约占全国稻作面积的6%～7%，均为一季稻，且属粳稻。北方生长季短，如黑龙江最短仅100～120d；西北干旱，5～9月稻作期间的相对湿度低，如银川和乌鲁木齐分别为48%～68%和44%～46%；北方昼夜温差大，稻米品质较好，但水资源紧缺，稻瘟病和低温冷害常是稻作发展的突出问题。

东北稻区的冷害和稻瘟病，华北稻区水资源缺乏和沿海土壤含盐分高；华中稻区的稻瘟病、白叶枯病和稻飞虱，西南稻区的黄矮病、稻瘿蚊和冷害；华南稻区晚稻的寒露风、台风和白叶枯病等均是各地的主要限制因素。各稻区在特定的范围内还有其独有的水稻生产问题。除改善生产条件外，通过育种能有效地消除或减轻这些限制因素的影响。

除上所述外，育种目标还涉及品种的生育期要适于作物茬口安排与轮作；杂交稻须改善不育系的繁殖和杂种种子生产的有关性状，如开花习性、雄性育性恢复性、结实率、纯度等。各类品种须具有适宜的脱粒性及其他重要形态生理特性等。

总之，选育优质、高产、多抗和适应性强的水稻品种，是我国长期的总体育种目标。我国水稻品种向来具有高产的特色，而目前我国水稻育种存在的主要问题是品质较差，因此，今后应在高产基础上，重点提高我国水稻品种的品质水平，并兼顾对主要病害、虫害和逆境的抗御能力和适应性。

二、育种目标的具体要求

稻米品质主要由碾米品质、外观品质、蒸煮食用品质和营养品质4个方面所组成。由于爱好和用途的差异，人们对稻米品质的评价有所不同，我国南方要求籼米粒型长至细长，无或极少垩白，油质半透明，直链淀粉含量中等，胶稠度中等至软，米饭口感佳，冷却后仍松软；粳米无论南北均要求出糙率、精米率高，粒形短圆，透明无腹白，直链淀粉含量低，胶稠度软，糊化温度低，米饭油亮柔软。1986年和1988年农业部分别颁布了部颁标准《NY122-86，优质稻米等级标准》和《NY147，米质测定方法》，对我国稻米品质育种和生产起了重要作用。为了更好地满足目前品种选育、品种审定和品种推广的需求，适应稻作品种结构调整的新形势，发展优质食用稻米产业化生产，农业部对该标准重新进行了修订，并参照GB1350-1999《稻谷》、GB/T17891-1999《优质稻谷》，于2002年颁布实施了新的行业标准《食用稻品种品质》，其主要指标见表1-1。

表1-1　食用稻品种品质（NY/T-593-2002）

品质项目		籼稻					粳稻				
		一等	二等	三等	四等	五等	一等	二等	三等	四等	五等
1. 整精米率(%)	长粒	≥50.0	≥45.0	≥40.0	≥35.0	≥30.0	≥72.0	≥69.0	≥66.0	≥63.0	≥60.0
	中粒	≥55.0	≥50.0	≥45.0	≥40.0	≥35.0					
	短粒	≥60.0	≥55.0	≥50.0	≥45.0	≥40.0					
2. 垩白度（%）		≤2.0	≤5.0	≤8.0	≤15.0	≤25.0	≤1.0	≤3.0	≤5.0	≤10.0	≤15.0
3. 透明度级		1	≤2	≤2	≤3	≤4	1	≤2	≤2	≤3	≤3
4. 直链淀粉含量（%）		17.0～22.0	17.0～22.0	15.0～24.0	13.0～26.0	13.0～26.0	15.0～18.0	15.0～18.0	15.0～20.0	13.0～22.0	13.0～22.0
5. 质量指数（%）		≥75	≥70	≥65	≥60	≥55	≥85	≥80	≥75	≥70	≥65

品质项目		籼糯稻					粳糯稻				
		一等	二等	三等	四等	五等	一等	二等	三等	四等	五等
1. 整精米率（%）	长粒	≥50.0	≥45.0	≥40.0	≥35.0	≥30.0	≥72.0	≥69.0	≥66.0	≥63.0	≥60.0
	中粒	≥55.0	≥50.0	≥45.0	≥40.0	≥35.0					
	短粒	≥60.0	≥55.0	≥50.0	≥45.0	≥40.0					
2. 阴糯米率（%）		≤1	≤5	≤10	≤15	≤20	≤1	≤5	≤10	≤15	≤20
3. 白度级		1	≤2	≤2	≤3	≤4	1	≤2	≤2	≤3	≤4
4. 直链淀粉含量（%）		≤2.0	≤2.0	≤2.0	≤3.0	≤4.0	≤2.0	≤2.0	≤2.0	≤3.0	≤4.0
5. 质量指数（%）		≥75	≥70	≥65	≥60	≥55	≥85	≥80	≥75	≥70	≥65

新标准还确定了食用稻品种品质的综合评判规则。等级判定以检测结果达到品种品质等级标准中一等5项指标的，定为一等；有1项或1项以上指标达不到一等，则降一等为二等；有1项或1项以上指标达不到二等，则降二等为三等；依此类推。品种品质三等以上（含三等）为优质食用稻品种。

此外，随着人民生活水平的提高和生活习惯的改变，三高类（高血糖、高血压、高血脂）、肥胖、动脉硬化等疾病的发生也相当普遍。另一方面，城市儿童的厌食、偏食及西部和边远的山区的缺铁症及其他原因而造成的贫血病患者也占有较大比例，这些特殊人群的存在，给当今的水稻品质育种提出了新的要求。

现代高产水稻品种要求半矮秆、株型良好、繁茂性强、对施氮反应敏感等。国际水稻研究所（IRRI）的科学家认为，要打破现有高产品种的单产水平，必须在株型上有新的突破。他们参照其他禾谷类作物的株型特点，经过比较研究，提出了新株型（new plant type）超级稻育种理论，并对新株型进行了数量化设计。我国水稻遗传育种学家，对水稻的高产育种进行了大量探索，强调株型在高产育种中的作用。广东省农业科学院在矮化育种的基础上，提出了通过培育半矮秆丛生早长株型来实现水稻超高产的构想。袁隆平强调株型在杂交稻超高产育种中的重要性，提出了选育超高产杂交籼稻的株型指标：株高100 cm，上部三叶长、直、窄、厚，V字型，剑叶长50 cm，高出穗层20 cm，穗弯垂。重点是发挥剑叶冠层在生育后期群体光合作用与物质生产中的作用，增加日产量。四川农业大学根据四川盆地少风、多湿、高温、常有云雾的气候特点，提出“亚种间重穗型三系杂交稻超高产育种”。沈阳农业大学对国内外最新育成高产品种的形态生理特征进行了深入、系统的对比分析，提出“增加生物产量、优化产量结构、使理想株型与优势利用相结合是获得超高产的必由之路”。

威胁我国稻作生产的主要病害包括稻瘟病（*Pyricularia oryzae* Cav.）、白叶枯病［*Xanthomonas oryzae* pv. *oryzae*（Ishiyama）Com. nov］、纹枯病（*Rhizoctonia solani* Kuhn）、黄矮病（*Yellow stunt virus*）、细菌性条斑病［*Xanthomonas oryzae* pv. *oryzicola*（Fang et al）Comb. nov.］、稻曲病［*Ustilaginoidea virens*（Cke.）Tak］、条纹

叶枯病（rice stripe，*Pseudomonas* spp.）、稻粒黑粉病［*Tilletia barclayana*（Bref）Sacc. et Syd.］等。主要虫害是三化螟（*Tryporyza incertulas* Walker）、二化螟（*Chilo suppressalis* Walker）、褐飞虱（*Nilaparvalta lugens* Stal.）、白背飞虱（*Sogatella furcifera* Horvath）、黑尾叶蝉（*Nephotettix cincticeps* Uhler）、稻瘿蚊（*Orseoia oryzae* Wood-Mansion）等。主要逆境条件有干旱、冷害、热害、沿海的台风、寒露风、低磷、低钾、铁毒等，各稻作区因气候环境差异，各种病虫危害和逆境胁迫的严重程度不同，因而抗病虫育种与耐逆性育种的侧重点也不同。

三、主要性状的遗传

围绕优质、专用、高产、多抗和适应性强的育种目标，研究有关性状的遗传对育种资源的选用和创新，提高选择效率和达到育种的预期目的和目标，有极重要的意义。

（一）品质性状　一般认为粒长、粒宽和粒形为数量性状，受多基因控制，以加性效应为主，遗传率较高，显性效应普遍存在。垩白也是多基因控制的数量性状，主要受二倍体母株基因型控制。胚乳透明度的表达以基因型作用为主，并存在地点与基因型的交互作用，遗传率较高。

稻米碾米品质的遗传表达比较复杂，受遗传效应、环境效应和遗传与环境互作的综合作用，遗传效应中又受母株基因型、种子胚乳基因型和细胞质基因的共同作用。

稻米蒸煮食用品质主要与稻米的直链淀粉含量、糊化温度、胶稠度等性质有关。不同消费要求，对稻米蒸煮食用品质及淀粉性质与组成具有不同的要求。

一般认为直链淀粉含量受一对主基因控制，高直链淀粉含量对低直链淀粉含量为显性，并受若干修饰基因的影响，还有认为属多基因控制的数量遗传。稻米的直链淀粉含量作为一种三倍体胚乳性状，在多数组合中存在显著的基因剂量效应。到目前为止，发现控制稻米直链淀粉含量的主基因都是 wx 位点及其等位基因。在非糯性品种中，wx 位点存在 2 个不同的野生型等位基因 Wx^a 和 Wx^b，Wx^a 的蛋白表达量是 Wx^b 的 10 倍以上。Wx^a 主要分布在籼稻中，Wx^b 主要分布在粳稻中，序列分析表明，Wx^b 表达水平低是由于第 1 内含子 5′端剪接位点的单个碱基 G→T 的替代所致。

糊化温度是受三倍体核基因控制的胚乳性状，其遗传大体上可归为两类：一类认为糊化温度遗传属简单遗传，只涉及少数主基因控制和若干微效基因的修饰；另一类认为糊化温度的遗传复杂，是多基因控制的数量性状。

胶稠度的遗传比较复杂，目前的研究结果很不一致。主要表现在两个方面，其一，遗传控制系统的结论不一。徐辰武等认为胶稠度同时受母体和胚乳基因型控制，以胚乳基因型作用为主；而石春海等认为主要受母体遗传效应影响。其二，控制该性状的基因数目也不一致。Chang 等认为胶稠度受一对单基因控制，硬对软为显性；汤圣祥等认为胶稠度受主基因的控制和若干微效基因的修饰。

关于香味的遗传，一般认为受 1 对基因控制，也有认为受 2 对或 2 对以上基因控制。

稻米营养品质主要指蛋白质和必需氨基酸含量。蛋白质含量的遗传控制很复杂，既有母体、胚乳和细胞质基因的控制，又有基因的加性和非加性效应的共同作用。Kumemaru 等认为，赖氨酸含量由 1 对基因控制，高对低为显性；石春海等认为受母体加性效应的影响，但以种子基因型作用为主，种子的遗传方差占总遗传方差的 95%。

（二）产量性状　水稻的产量是一个综合性状，主要由有效穗数、穗长、每穗粒数、结实率、千粒重（g）等性状构成，各性状间存在着不同程度的制约关系，同时还受其他性状影响，特别是与株型性状关系密切。例如，穗数受分蘖力和成穗率影响，粒数受穗长、穗分枝和着粒密度影响，千粒重受粒形大小和灌浆充实度的影响，着粒密度与穗分枝特性等有关系等。

产量性状属多基因控制的数量性状，易受环境条件的影响，遗传比较复杂。传统遗传学研究认为，水稻产量性状由加性效应和部分显性效应控制，极少数情况例外，显性方向随杂交组合而不同。产量性状的遗传率较低，其中穗数的遗传率最低。穗数不同的品种杂交，多穗呈部分显性，F_2 代表现连续变异。穗粒数的遗传率中等，栽培品种的多粒对少粒是部分显性，杂种第一代中间型，偏向多粒，其后代呈连续变异。栽培品种的千粒重多介于 20～30 g 之间，多数研究认为粒重的遗传率高于粒数和穗数。粒重大对粒重小是部分显性，基因的加性效应是主要的。Chandraratna（1960）报道，粒重遗传受母性效应影响。穗长的遗传率比较高，长穗与短穗品种杂交，F_1 表现为长穗，F_2 连续变异。穗形较短的密穗品种，与着粒密度较小的散穗形品种杂交，杂种第一代呈中间型偏于密穗，密穗呈部分显性。随着分子生物学的发展，利用分子标记技术来剖析水稻产量性状的多基因位点遗传效应及作用方式，已有较多研究，但由于研究所用群体的类型及遗传背景等方面的差异，许多结果还难以相互印证。

通过突变体分析，发现了几个产量性状的主基因，其中显性密穗基因 *Dn*-1 位于第 9（Ⅷ）连锁群，粳型密穗变异体“小粒 57”，受 1 对隐性基因控制。此外，在第 11 连锁群中有一短穗基因 *sp*，同质结合时表现穗短粒少。

（三）株型性状与抽穗期　水稻品种的株型与截取太阳光能有密切关系。株高、分蘖集散、叶片角度及着生姿态等是株型有关的主要性状。

株高基本上可划分为矮秆、半矮秆和高秆 3 种类型，现代高产品种多属半矮秆类型，株高多在 90～110 cm。株高表现为数量遗传性状还是质量遗传性状，视品种的遗传背景不同而异。株高同时还受光温反应特性的影响，低纬度地区引进的矮秆稻种，株高常趋于增加。一般认为矮秆受 1 对隐性基因控制，但也有受显性基因控制的（岩田伸夫，1977；杉本重雄，1923），其中显性矮秆基因 *D*-53，定位于第 11 连锁群上。大多数半矮秆籼稻品种均由一个隐性矮秆基因 *sd*-1 及其复等位基因控制，位于第 1 连锁群，与 RFLP 标记 RG109 或 RG220 的遗传距离为 0.8 cm，Monna 等（2002）已利用图位克隆的方法克隆了该基因。*sd*-1 是一个复合的基因位点，具有分蘖力强、耐肥抗倒等较优良的遗传多效性。现代粳稻品种的矮生性遗传与籼稻不同，根据控制矮生性基因对数可以将其分为两类，一类受与 *sd*-1 等位的半矮秆基因控制。如日本粳稻品种黎明和十石及其衍生的一些品种，另一类由多个矮秆微效基因所控制。而且，控制粳稻矮秆的主效基因一般为非等位关系。日本水稻基因命名委员会将矮秆基因及少数半矮秆基因统一以 *d* 为符号，根据被鉴定的时间顺序，已从 d_1 编录至 d_{61}，其中缺 d_8、d_{15}、d_{16}、d_{25}、d_{34} 和 d_{36}，因而共有 55 个以 *d* 命名的矮秆基因。这些矮秆基因大多数源于粳稻品种，而且这类品种的农艺性状较差，难以直接利用。

目前有关剑叶长、宽、长宽比、叶面积等的遗传研究较少，这些性状受微效多基因控制，杂交后代呈连续分布，并且各性状均存在一定数量的超亲遗传类型。

水稻的抽穗期是决定品种地区与季节适应性的重要农艺性状，选育早熟高产的水稻品种一直为水稻育种工作者所重视。水稻抽穗的早晚是由品种的基本营养生长特性及感光性决定的，它们分别由不同的基因控制，其数目、显隐性关系的综合作用决定了抽穗期的迟或早。目前，已鉴别出的与抽穗期有关的基因多达 20 余个。水稻感光性是影响抽穗期的最主要因素之一，主要由 *Se* 和 *E* 两类基因控制，起主效作用的分别是位于第 6 染色体上的 Se_1 位点和位于第 7 染色体上的 E_1 位点，而其他位点的效应较小。已鉴别出的 *Se* 类感光性位点包括 Se_1、Se_2、Se_3（*t*）、Se_4、Se_5、Se_6、Se_7、Se_9（*t*）。Se_1 位点存在 3 个等位基因，其中 $Se_1{}^e$ 为非感光性基因，可诱导较长的基本营养生长期及弱感光性；$Se_1{}^u$ 或 $Se_1{}^n$ 为感光性基因，可诱导强感光性。Se_1 位点上存在感光性基因间的互作现象，而 Se_1 与 Se_3（*t*）结合使感光性更强，要求的临界日长更短。因此，Se_1 感光性表现的强或弱除该位点本身的作用外，还与其他感光基因及修饰基因有关。E_1、E_2、E_3 是不同于 Se_1 位点的水稻感光性基因，其中 E_1 基因的作用远比 E_2 和 E_3 大，但 E_3 的存在，特别是 E_2 和 E_3 同时存在时，使 E_1 的感光性效应显著增强。

短基本营养生长期对长基本营养生长期为显性。蔡国海的系列研究认为，直接影响水稻基本营养生长期的基因有两个：位于第 10 染色体上的显性早熟基因 Ef_1 和位于第 3 染色体上的隐性迟熟基因 lf_1，此外，在第 10 染色体的 Ef_1 位点上还鉴别出 2 个早熟等位基因 $Ef_1{}^a$ 和 $Ef_1{}^b$。

迄今利用分子标记对多个分离群体进行了水稻抽穗期 QTL 的定位分析，共检测出水稻抽穗期的 QTL 接近 40 个。其中值得一提的是 Yano 等（1997）利用 Nipponbare 和 Kasalath 的籼粳交 F_2 群体，鉴别出 6 个抽穗期 QTL，其中 2 个主效 QTL（Hd_1 和 Hd_2）分别位于第 6 染色体中部和第 7 染色体末端，抽穗期的贡献率分别为 65% 和 15%，Hd_1 与标记 R1629 紧密连锁，Hd_2 与标记 C728 紧密连锁；而 3 个微效 QTL（Hd_3、Hd_4 和 Hd_5）均位于第 6 染色体；此后，用同样组合的回交高代群体，又在第 3 染色体上检测出一个 QTL Hd_6。利用图位克隆的方法，已克隆出了 Hd_1 和 Hd_6。

（四）抗病虫性状　水稻抗稻瘟病和白叶枯病的遗传研究较多。抗病多数表现显性，感病为隐性，由主基因控制。但也有由隐性基因或多基因控制的抗病性。在抗病育种中，利用显性主基因较方便。多基因控制的抗病性对致病力多变的病原菌比较稳定，但不容易将全部抗病基因转移到一个品种中，或抗性水平较低，防止病害损失的效果较差。

抗稻瘟病受1～4对基因控制，并有修饰基因参与作用，抗病性多属显性。根据基因间的不同关系，杂交后代可出现3∶1、9∶3∶3∶1、9∶7、15∶1、13∶3、63∶1等的抗感分离比例。有些品种的抗病性是受微效多基因控制的。例如，日本品种银河和黎明的抗叶稻瘟的田间抗性受微效基因的控制。日本对稻瘟病抗性进行了系统分析，鉴定出8个位点14个主效抗病基因。8个位点分别是*Pi-a*、*Pi-I*、*Pi-k*（等位基因有*Pi-k*、$Pi\text{-}k^{s}$、$Pi\text{-}k^{m}$、$Pi\text{-}k^{h}$和$Pi\text{-}k^{p}$）、*Pi-z*（*Pi-z*和$Pi\text{-}z^{t}$）、*Pi-ta*（*Pi-ta*和$Pi\text{-}ta^{2}$）、*Pi-b*、*Pi-t*和*Pi-sh*。这些抗病基因命名均以来源品种的第一个字母前冠以*Pi*。我国的籼稻品种窄叶青8号含有一个新的显性抗病基因*Pi-zh*。随着分子标记技术的发展，抗稻瘟病基因的定位取得了进展，目前至少已定位了32个抗稻瘟病基因位点。通过图位克隆策略，目前已克隆分离到一个抗稻瘟病基因*Pi-b*。

水稻抗白叶枯病随病原菌与寄主互作关系的变化而出现不同的遗传表现。当用特异性互作明显的菌株接种时，抗感品种杂交后代常出现1～2对基因的分离比例。水稻品种抗白叶枯病存在成株期抗病和全生育期抗病的差别，基因表达的机制尚缺乏研究。20世纪60年代以来，通过广泛筛选鉴定和遗传研究，已发现一批抗白叶枯病基因和抗源，但由于不同的国家地区所用的鉴别系统和菌系不同，其鉴定的抗性基因缺乏可比性。为此，日本和IRRI从1982年开始合作，采用统一的方案，利用近等基因系建立了一套国际水稻白叶枯病单基因鉴别系统，对早期命名的21个白叶枯病抗性基因进行整理和统一鉴定。由于等位测定，Xa_{6}、Xa_{9}和Xa_{3}系同一位点，且抗性反应类似，因此，目前国际上统一鉴定的白叶枯病抗性基因实际共有19个。其中Xa_{1}和Xa_{21}已经获得克隆分离。新的白叶枯病抗性基因还在不断地发掘和鉴定，新基因的命名已排至23个。近年来，采用形态标记和分子标记已把Xa_{1}、Xa_{2}和Xa_{12}定位在第4染色体短臂上，Xa_{3}、Xa_{4}、Xa_{10}和Xa_{21}定位在第11染色体短臂上，xa_{5}定位在第5号染色体上，xa_{13}定位在第8号染色体上，Xa_{7}和Xa_{23}定位在第11染色体上。

水稻纹枯病是稻田另一主要病害。品种间对病菌侵染的反应存在明显的差别。但品种的抗病仅表现中等水平，且易受环境影响，迄今尚无稳定高抗的抗源。水稻的中等抗病性受多基因控制，基因的加性效应占主要作用，遗传率偏低（朱立宏等，1990）。

水稻对条纹叶枯病的抗性主要由主基因控制，一般籼稻的抗病性普遍好于粳稻，粳稻好于糯稻。有些品种（如陆稻Minamihatamochi等）含有两对显性互补基因*Stv-a*和*Stv-b*，而许多籼稻品种（如Modan等）含有一对不完全的显性抗病基因*Stv-bi*。*Stv-a*和*Stv-bi*分别位于第6和11染色体上，*Stv-a*与*Wx*基因连锁。粳稻品种BL_{1}含有一个与*Stv-bi*不等位的不完全显性单基因。此外，也有研究认为水稻对条纹叶枯病的抗性表现为类似数量性状的特征（Hiroshi Nemato等，1994）。

遗传研究证明，抗虫表现显性或隐性，受1～2对主效抗虫基因控制。褐飞虱是最严重的一种迁飞性害虫，存在不同的生物型。20世纪60年代以后，亚洲各稻区相继暴发的褐飞虱危害促使遗传学家和育种家着手筛选和利用抗褐飞虱基因资源，选育抗褐飞虱水稻品种。迄今为止，已先后发现和鉴定了Bph_{1}～Bph_{13}（*t*）共13个抗褐飞虱主基因。抗虫品种Mudgo、Ruthu Heenati和Swarnalata等分别携带显性基因*Bph*-1、*Bph*-3和*Bph*-6。斯里兰卡水稻品种Kaharmana、Balamawee和Pokkali则含有同一个显性抗虫基因*Bph*-9。澳洲野生稻*Oryza australiensis*（2*n*=24，EE）和紧穗野生稻（*Oryza eichingeri*，2*n*=24，CC）对褐飞虱的抗性分别由显性基因*Bph*-10（*t*）和*Bph*-13（*t*）控制。药用野生稻*Oryza officinalis*（2*n*=24，CC）则同时含有两个抗虫基因*Bph*-11（*t*）和*Bph*-12（*t*）。抗虫品种ASD7、Babawee、ARC10550和T12等分别携带隐性抗虫基因*bph*-2、*bph*-4、*bph*-5和*bph*-7。泰国品种Col. 5 Thailand、Col. 11 Thailand和缅甸品种Chin Saba则含同一个隐性抗虫基因*bph*-8。*Bph*-1和*bph*-2紧密连锁或等位，*Bph*-3和*bph*-4紧密连锁或等位。这些抗虫基因的鉴定和遗传研究为抗虫品种的培育提供了基础，其中*Bph*-1、*bph*-2和*Bph*-3已被应用到抗虫育种中。

白背飞虱与褐稻虱同时侵害水稻，目前国际上已鉴定出5个抗白背飞虱基因$Wbph_{1}$、$Wbph_{2}$、$Wbph_{3}$、$wbph_{4}$和$Wbph_{5}$。除$wbph_{4}$为隐性遗传外，其余4个均表现为显性遗传。我国云南品种鬼衣谷、便谷、大齐谷和大花谷带有显性抗性基因$Wbph_{6}$（*t*）。

叶蝉既直接侵害水稻，又是某些病毒病传播的媒介。现在已有抗虫基因Glh_{1}、Glh_{2}、Glh_{3}、glh_{4}、Glh_{5}、

Glh$_6$、*Glh*$_7$ 和 *glh*$_8$。抗叶蝉育种也已取得显著进展（Khush，1984）。

稻瘿蚊是我国华南双季稻区的主要害虫之一，并广泛分布于南亚、东南亚和非洲各地。现代抗稻瘿蚊育种已取得成效，IRRI 利用印度的抗源品种 CR94－13，育成抗虫品种 IR36、IR38、IR40、IR42 等。目前已发现 3 个抗虫基因*Gm*－1、*Gm*－2 和 *gm*－3 控制水稻品种对印度稻瘿蚊生物型的抗性，*Gm*－1 和 *Gm*－2 位于第 9 连锁群（Kinoshita，1990）。

（五）抗非生物胁迫性状　根据冷害发生时期的不同，可将水稻的耐冷性分为低温发芽力、苗期耐冷性、孕穗期耐冷性、开花期耐冷性等。一般认为水稻的耐冷（低温）性受基因累加效应所控制，耐冷性高低不同的品种间杂交，F_2 接近正态分布，其平均值偏向于耐冷性强的亲本。在 F_2 遗传率较低，但在 F_3 遗传率较高。也有研究认为水稻的耐冷性受主基因控制，如在低于 15 ℃的低温下，粳稻品种的低温发芽力由 4 个基因所控制，分别与 *wx*（Ⅰ）、*d*（Ⅱ）、*d*－2（Ⅳ）、*I*－*Bf* 等连锁；在 10 ℃条件下处理 5 d，幼苗期耐冷性分离比例为 3∶1，耐冷性为完全显性。Chuong（1982）以 6 个籼粳交组合为研究材料，3 叶期在 10 ℃/6 ℃（昼/夜）低温下，处理 7 d 的卷叶程度分离比例为 15∶1，均由 2 对基因控制。

水稻、陆稻不同类型品种耐旱性总的趋势：水稻为糯＞籼＞粳，陆稻为粳＞籼＞糯。耐旱性强的水稻品种，碳酸酐酶的活性强，内源细胞分裂素类物质含量下降不明显，叶片相对含水量较高。干旱期间的叶片相对含水量可作为旱害等级的指示。碳酸酐酶活性对逆境的响应程度可能作为品种适应性强弱的指标之一。

淹涝胁迫会引起水稻发生一系列生理、生化和形态特征的变化，如内源激素失衡，有氧代谢途径受抑，缺氧代谢活性加强，光合作用减弱，细胞内活性氧增加和保护酶系统减弱引起膜脂过氧化产物丙二醛和膜渗透性的增加，生长受抑，干物质积累降低。一些研究表明，淹涝胁迫条件下水稻生长相对受害率、叶片的电导率和丙二醛（MDA）的增加率可以作为判断水稻受害程度的形态和生理指标。

水稻生长的不良土壤环境可分成缺素土壤（如缺钾、缺磷、缺锌）和毒素土壤（如盐碱、铁毒）。水稻对不良土壤环境的反应是一种复杂的生理、生长适应过程，涉及的因素多。水稻适应不良土壤环境的能力主要表现为多基因控制的数量性状。一般认为，磷吸收效率和利用效率由两个不连锁主基因分别控制，耐缺磷由多基因控制，具有上位性基因互作效应；耐缺锌由多基因控制或两对基因控制，具有显性效应；耐缺钾由多基因控制，加性效应为主；耐铁毒（分蘖盛期）由两对或三对基因控制；耐铝毒高遗传率，加性效应为主；耐盐由多基因控制，具加性和部分显性，也具母性效应，遗传率中等偏高。

美国 Wallace 等将重金属的联合作用分为协同、竞争、加和、屏蔽和独立作用。复合元素的迁移能力大于单元素的迁移能力，复合污染后促进了水稻作物对重金属元素的吸收。在水稻生长季节，重金属在水稻植株中迁移能力的大小依次为：Cd、Cr＞Zn、Cu＞Pb。重金属在水稻植株不同部位的积累分布是：根部＞根基茎＞主茎＞穗＞子实＞叶部。水稻分蘖期重金属在根部、茎秆部和叶片的积累量达到最大，随着时间的延长，在根部积累的重金属愈来愈少；在茎秆部积累的重金属在拔节期降至最小，随后含量又稍微上升；叶片上的重金属含量在拔节期迅速下降，随后趋于稳定。

第三节　水稻种质资源

一、稻属植物及其染色体组

（一）稻属植物的种、染色体数及染色体组　稻的学名为 *Oryza sativa* L. 属禾本科（Gramineae），稻属（*Oryza*）。1931 年 Roschevicz 根据稻属植物的形态和地理分布，将稻属分为 4 组：①普通野生稻（Sativa）、②颗粒野生稻（Granulata）、③紧穗野生稻（Coarctata）、④长喙野生稻（Rhynchoryza）。当今全世界稻属植物的种（野生稻及栽培稻）后经张德慈（1985）总结归纳为 22 种（表 1－2）。

野生稻分布于热带和亚热带地区（图 1－1），与栽培稻关系较密切的是分布于亚洲和大洋洲的普通野生稻（*Oryza sativa* L. f. *spontanea*）、非洲的非洲野生稻（*Oryza barthii*）和长雄蕊野生稻（*Oryza longistaminata*）。其中有一年生和多年生的，护颖为线状或披针状，颖花表面呈格子形。这些特征在栽培品种中都可见到。因此认为它是与栽培稻在系统发育上最接近的。

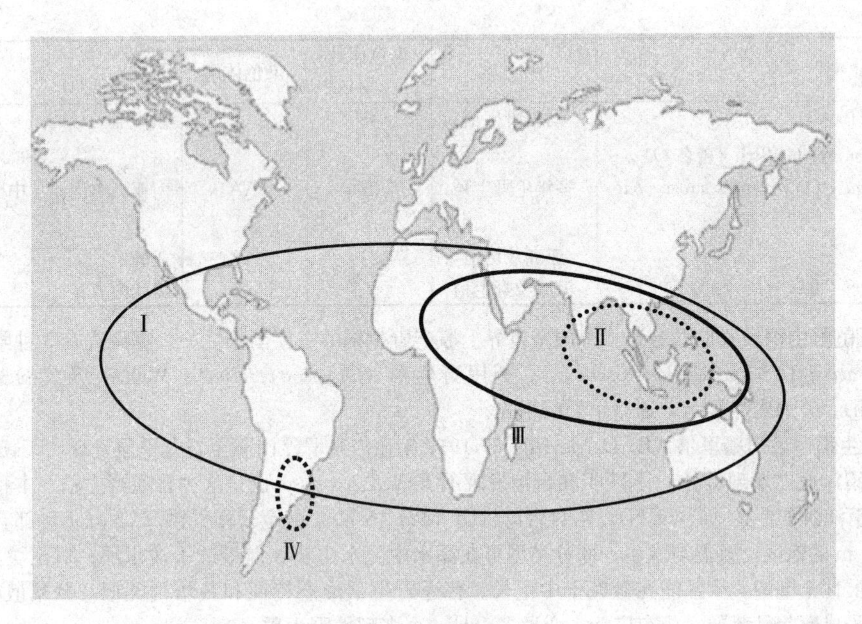

图 1-1　野生稻的分布

Ⅰ. Sativa 分布区　Ⅱ. Granulata 分布区

Ⅲ. Coarctata 分布区　Ⅳ. Rhynchoryza 分布区

表 1-2　稻属（*Oryza*）22 个种的名称、染色体数、染色体组和地域分布

（引自张德慈，1985）

种　名	中文名	染色体数（2n）	染色体组	分　布
Oryza alta Swallen	高秆野生稻	48	CCDD	中美、南美
Oryza australiensis Domin	澳洲野生稻	24	EE	澳大利亚
Oryza barthii A. Chev.（曾名 *O. breviligulata*）	非洲野生稻	24	A^gA^g	西非
Oryza brachyantha A. Chev et Rochr	短药野生稻	24	FF	西非、中非
Oryza eichingeri A. Peter	紧穗野生稻	24，48	CC，BBCC	东非、中非
Oryza glaberrima Steud	非洲栽培稻	24	A^gA^g	西非
Oryza glumaepatula Steud（曾名 *O. perennis* subsp. *cubensis*）	展颖野生稻	24	$A^{cu}A^{cu}$	南美、西印度群岛
Oryza gradiglumis（Doell）Prod	重颖野生稻	48	CCDD	南美
Oryza granulata Nees et Arn ex Hook	颗粒野生稻	24		南亚、东南亚
Oryza latifolia Desv.	阔叶野生稻	48	CCDD	中美、南美
Oryza longiglumis Jansen	长护颖野生稻	48		新几内亚
Oryza longistaminata A. Chev. et Roehr.（曾名 *Oryza barthii*）	长雄蕊野生稻	24	A^lA^l	非洲
Oryza meridionalis N. Q. Ng	南方野生稻	24		澳大利亚
Oryza meyeriana（Zoll. et Morrill ex Steud）Baill	疣粒野生稻	24		东南亚、中国南部
Oryza minuta J. S. Presl ex C. B. Preel	小粒野生稻	48	BBCC	东南亚
Oryza nivara Sharma et Shastry（曾名 *Oryza futua*, *Oryza sativa* f. *spontanea*）	尼瓦拉野生稻	24	AA	南亚、东南亚、中国南部
Oryza officinalis Wall. ex Watt	药用野生稻	24	CC	南亚、东南亚、中国南部、新几内亚
Oryza punctata Kotshy ex Steud	斑点野生稻	24，48	BB，BBCC	非洲

（续）

种　　名	中文名	染色体数（2n）	染色体组	分　　布
Oryza ridleyi Hook	马来野生稻	48		东南亚
Oryza rufipogon W. Griffith（曾名 *O. perennis*，*O. fatua*，*O. perennis* subsp. *balunga*）	多年生野生稻	24	AA	南亚、东南亚、中国南部
Oryza sativa L.	亚洲栽培稻	24	AA	亚洲
Oryza schlechteri Pilger	极短粒野生稻			新几内亚

（二）中国的野生稻及其地理分布　中国是世界上原产野生稻的主要国家之一。据调查有3种野生稻：普通野生稻（*Oryza sativa* L. f. *spontanea* Roschev.）、药用野生稻（*Oryza officinalis* Wall.）及疣粒野生稻（*Oryza meyeriana* Baill）。普通野生稻是普通栽培稻的祖先。

1. 普通野生稻　最初墨里尔（E. D. Merrill）于1917年在广东罗浮山麓至石龙平原发现，丁颖于1926年在广州郊区犀牛尾沼泽地也发现本种。1935年在台湾发现的 *Oryza formosa* 也是这种普通野生稻。本种南起海南崖县（18°9′N），北至江西东乡县（28°14′N），东自台湾桃园（121°15′E），西至云南景洪（21°52′E）都有分布；生长于海拔400～600 m的地区，喜温与水生；部分类型可在深水中随水生长，但最适于浅水层；对土壤具广泛适应性，一般生长于微酸性土壤中，少数能在微碱土中生长。普通野生稻形态特征和栽培稻类似，分蘖散生，穗粒稀疏，不实粒多，种子成熟前易落粒，分布广泛，变异多，是一个多型性野生稻。

2. 药用野生稻　分布于琼、粤、桂、滇4省（区），以海南分布较多，广东集中于肇庆市，个别分布在清远市，广西主要分布于粤桂交界处，云南主要分布于临沧和西双版纳州，少数在思茅地区。其分布北限为24°7′ N。本种有地下茎，多年生，植株高大；分蘖稍散；节间淡绿，节浓紫色；叶长而宽，两面密生细毛，叶尖柔软下垂，叶舌短，叶耳有缺刻和缘毛，叶耳、叶舌局部带紫色；穗大，穗梗特长，披散，穗颈长，小穗小，无芒；花药褐色，上端有裂孔；柱头深紫色，开花时外露；护颖和内外颖基部显深紫色；成熟谷粒紫褐色，易脱粒；感光性强。

该种喜温湿而阴凉的环境，适于pH5.5～6.5酸性土壤，分布于寡照的丘陵小沟旁、荫蔽潮湿和腐殖质丰富的林木灌丛之间。海拔分布50～1 000 m。

3. 疣粒野生稻　1932—1933年中山大学植物研究所最早在海南崖县发现。其后分别在云南车里（1936）和台湾新竹（1942）相继发现。该种分布于琼、滇、台三省，分布北限为24°55′N。本种为陆生的宿根性植物，有地下茎，颖面有不规则的疣粒突起。分布于灌木林、竹林及橡胶林边缘地带阳光散射不强或荫蔽山坡上，适于微酸性（pH 6～7）土壤。分布海拔为50～1 000 m，对温、光、土、湿要求严格。

二、栽培稻的起源、演化和亚种生态分类

（一）国外学者的研究　加藤茂苞（1928）把栽培稻种分为印度亚种（*Oryza sativa* subsp. *indica* Kato）和日本亚种（*Oryza sativa* subsp. *japonica* Kato）。松尾孝岭（1952）把稻种分为A型（日本型粳稻）、B型（印尼型或籼粳中间型）和C型（印度型籼稻）3个亚种。冈彦一（1953）把栽培稻分为大陆型（原产大陆）及海岛型（原产海岛）。中尾佐助鉴定洛阳汉墓出土稻谷属印度型，认为栽培稻起源于印度，中国没有原产稻谷。户刈义次（1950）认为中国稻是从印度支那经华南和西南扩展到全中国，其惟一论据是中国语Dao与越南语Gao、泰国语Kao为同一语源。Nair等（1964）在印度半岛的Malaber海岸发现5种野生稻，其中包括一年生和多年生的 *Oryza rufipogon*，并存在高度的变异性和多样性，因而认为这个地区是水稻的起源中心。林健一、中川原捷洋（1975）用酯酶同工酶电泳法对亚洲776个稻种进行分析，认为稻种起源变异中心为中国云南。

张德慈（1985）认为亚洲栽培稻（*Oryza sativa* L.）及非洲栽培稻（*Oryza glaberrima*）野生型的起源和进化，可追溯到大约1.3亿年前的超级大陆冈瓦纳大陆（Gondwana land）。在它未破裂和漂移以前，两个稻种各自按多年生野生稻→一年生野生稻→一年生栽培稻的进化路线平行分化与驯化。随着古大陆的分裂和漂移，被分隔在南亚大陆和非洲大陆板块，前者演化成籼亚种、粳亚种和爪哇亚种，并进一步演化成各种生态型变种（图1-2

和图 1-3)。

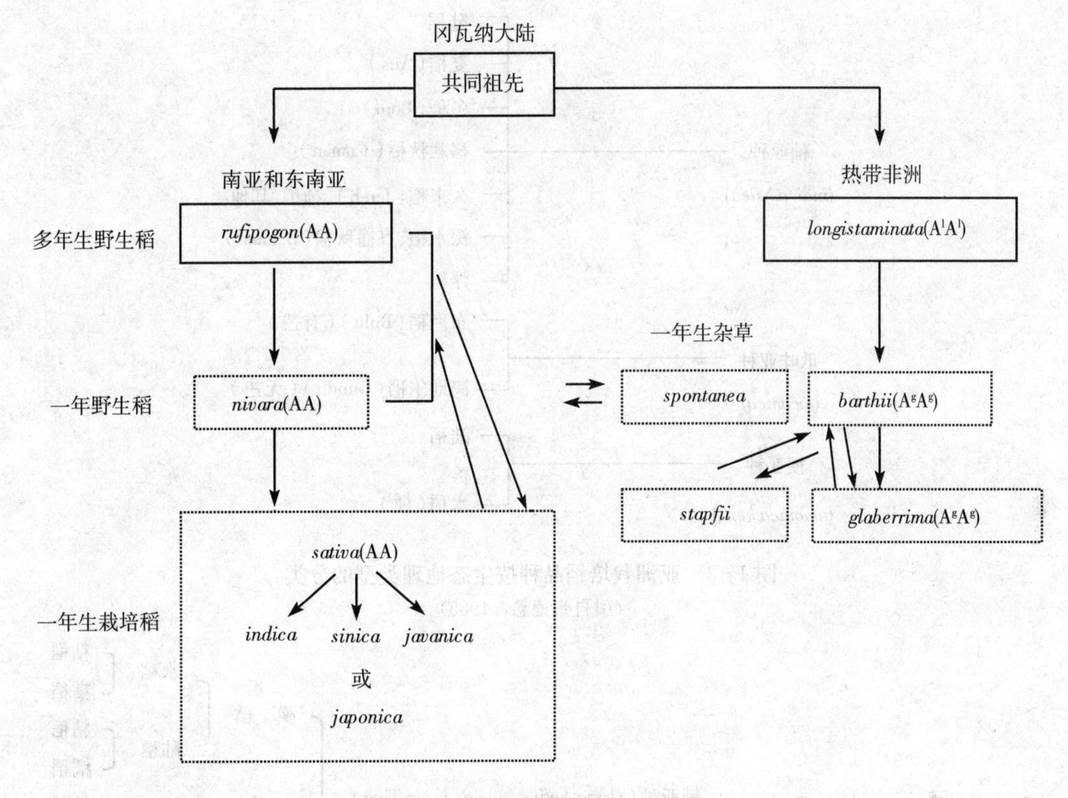

图 1-2　两个栽培种的进化途径
实线框代表多年生野生稻　虚线框代表一年生野生稻
(引自 Chang，1976)

多数学者认为亚洲栽培稻野生型的起源中心位于印度东北部的阿萨姆、孟加拉国北部及由缅甸、泰国、老挝、越南、中国华南（云南）等地形成的三角地带，由此向各方扩散和演变。

(二) 国内学者的研究　丁颖等（1934）通过研究野生稻与栽培稻杂种一代（F_1）的结实率，发现恶打占/W1-10F_1为 73%～93%，W6-3/竹占 F_1为 53%～74%，说明野生稻与栽培稻亲缘关系颇为密切。普通野生稻有匍匐、散生和直立 3 个类型。华南各地存在自然繁殖的野生性较强的栽培稻，如有匍匐水中易脱粒的深水稻和不易脱粒的深水莲以及直生于浅水的生须谷等可能与之有衍源关系。丁颖（1949、1957）根据我国野生稻和栽培稻的植物学、地理分布学结合历史学、语言学、古物学、人种学，认定华南一年生野生稻（*Oryza sativa* L. f. *spontanea* Roschev.）和多年生野生稻（*Oryza perennis* Moench）是我国栽培稻的祖先。中国栽培稻种起源于华南，稻作可能发轫于距今 5 000 年前的神农时代，扩展于 4 000 年前的禹稷时代。籼稻为栽培稻的基本型，适于华南和华中，粳稻受温度条件的影响分化形成特适于冷凉环境的气候生态（变异）型，分别定名为籼亚种（*Oryza sativa* subsp. *hsien* Ting）和粳亚种（*Oryza sativa* subsp *keng* Ting）。

丁颖根据我国栽培稻种的系统发展过程提出五级分类法。第一级为籼亚种和粳亚种，第二级为晚稻和早、中季稻群，第三级为水稻型和陆稻型，第四级为粘变种和糯变种，第五级栽培品种（图 1-4）。

1973—1974 年浙江余姚河姆渡遗址第四文化层出土稻谷，有籼有粳，^{14}C 测定的年代距今约 7000 年，对研究我国栽培稻起源和发展提供重要资料。

周拾禄（1948，1981）根据历史考证、考古和野生稻的研究，认为我国的粳稻起源于长江流域下游，籼稻是从南亚地区传进的，籼粳起源并非同源。柳子明（1975）认为我国稻种起源地可能是云贵高原。云贵高原处于热

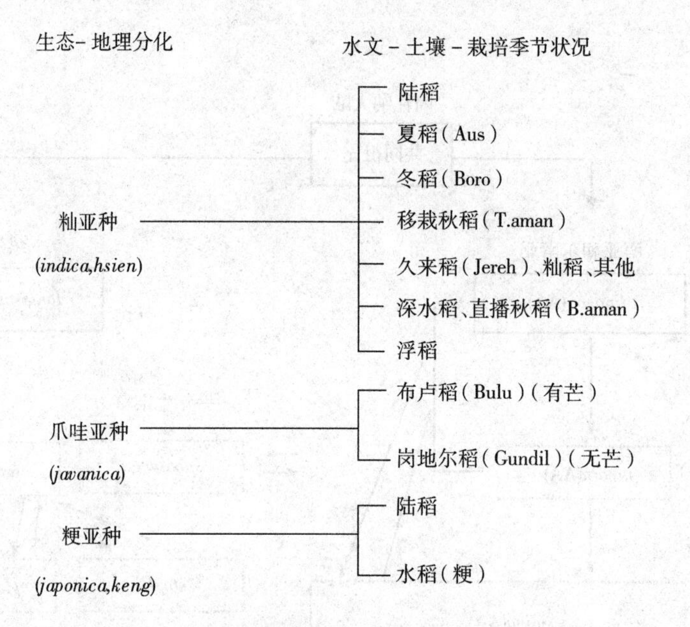

图 1-3 亚洲栽培稻品种按生态地理类型的分类
(引自张德慈, 1985)

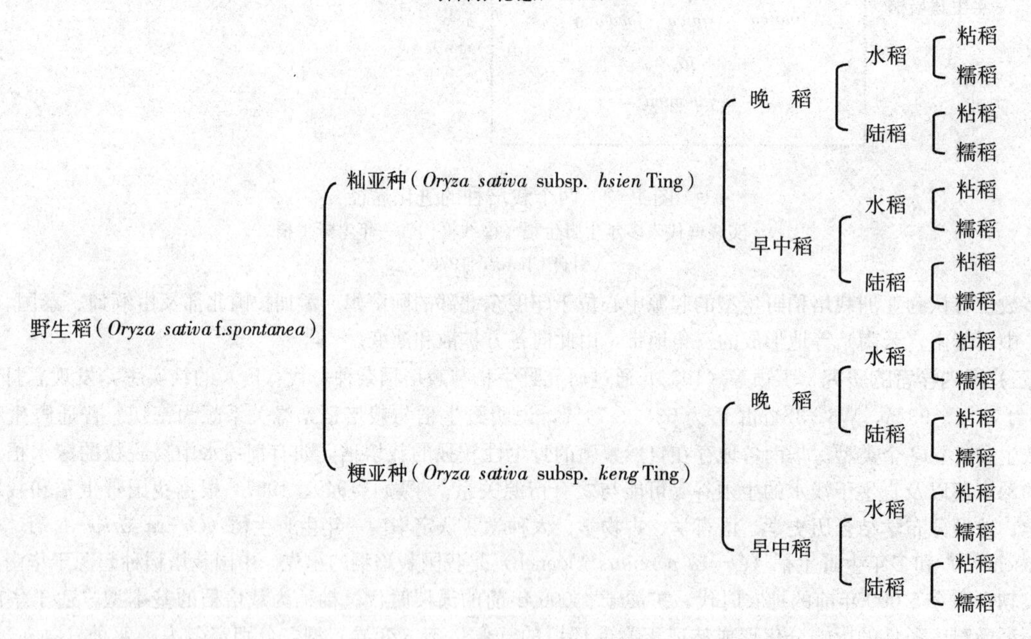

图 1-4 栽培稻五级系统分类法

带和亚热带，有野生稻分布，我国各大河流又发源于此。起源于云贵高原的稻种，可能沿河流分布于各流域下游各地，长江和西江流域应为稻谷驯化的两个地带。

三、稻种资源的性状鉴定

(一) 形态、农艺性状鉴定 包括生态型归属、株型、分蘖性、穗数、叶片性状、穗型及其组成性状以及谷粒外形、色泽、芒、粒重以及稻米性状等进行综合描述和鉴定，每份资源的鉴定数据输入计算机数据库，以备育种利用。

（二）抗病性鉴定

1. 稻瘟病　苗期人工接种，可在网室水泥池内旱播育苗，穴播或条播，池周边行播感病品种，同时播种中国稻瘟病菌生理小种鉴别品种以资对比。当稻苗3.5～4叶龄时，用全国或当地稻瘟病优势小种混合菌液进行人工接种，菌液浓度为每毫升20万个孢子左右。用1.96×10^5 Pa（2 kgf/cm^2）气压空气压缩机进行喷雾接种，保湿20～24 h。接种10 d左右稻苗充分发病时，按全国高抗、抗、中抗、中感、感、高感六级标准调查病情进行鉴定。1976—1979年全国30个稻瘟病鉴定圃对7万份材料多点鉴定，鉴定出一批在多数稻区表现抗病，抗性稳定的资源，如红脚占、砦糖（广西中籼）、赤块矮选（福建晚籼）、中系7604（北京粳稻）、Tetep、IR1110-67、IR160（国际水稻研究所）、粳稻砦1号、BL_2（日本）等。

2. 白叶枯病　每品种种植1行（或盆栽种植3～5盆，每盆3～5苗），于孕穗期用白叶枯病菌致病型的代表菌株进行人工剪叶法接种，菌龄72 h，菌液浓度为每毫升3～5亿。接种后20 d左右，按全国高抗（1级）、抗（2级）、中抗（3级）、中感（4～5级）、感（6～7级）、高感（8～9级）标准调查病情。20世纪70年代以来，我国各地对地方品种、育成品种及国外引进品种进行抗性鉴定，筛选出一批抗源品种，例如，DV85、DV86、DZ78、选2、BG90-2、BJ_1、DZ192和ASD_7等。有的兼抗稻瘟病和褐稻虱，如IR36、IR42、IR4563-52-1-3-6等。

3. 纹枯病　撒布带菌稻节或稻壳，或在孕穗期逐株插放带菌稻秆，人工接种，依据病斑扩展相对高度和被害程度，区分品种的抗感反应程度，迄今虽仍未发现高抗纹枯病资源，但品种间的抗感反应存在明显差别，例如Tetep、IET4699、Jawa14、IR64等抗性较好。

（三）抗虫性鉴定　褐飞虱和白背飞虱危害最严重，抗性鉴定可将供试品种播于水泥池中，设置重复，稻种发芽生长至3叶期后，均匀接入褐稻虱2～3龄若虫5～8只/株，待感虫对照品种枯死时，根据稻苗死伤程度，评定抗性等级。我国的稻飞虱以生物型Ⅰ为主，经过筛选，已获得一批抗源，例如，ASDT、Babawee、Mudgo、PTB_{33}等。

已知抗白背飞虱的品种有ARC10239、ARC_{52}、N_{22}（印度）、PodiwiA-B（斯里兰卡），我国云南品种鬼衣谷、便谷、大齐谷、大花谷也表现抗白背飞虱。

（四）耐逆性鉴定

1. 耐寒性鉴定　可在芽期、苗期和开花期分别进行鉴定。芽期鉴定，将浸种后的稻谷置5℃冰箱中，处理10 d,后在30 ℃室温中恢复10 d，观察其发芽率及耐寒表现。苗期鉴定，采用早期田间播种，或设冷水灌溉区，水温15～16 ℃，处理20 d，观察植株分蘖率、生长势。开花期鉴定，采用晚播，观察自然低温对出穗和结实的影响程度。鉴定材料少时，可采用人工气候箱（室）鉴定。1978—1984年中国农业科学院品种资源研究所和“七五”期间（1986—1990）全国水稻育种协作攻关，均鉴定出一批耐寒性强的稻种。

2. 耐旱性鉴定　在旱种情况下检查品种的发芽成苗率、生长量、生长势，受旱时叶片枯萎程度，灌水或遇雨后恢复能力，以及产量性状等的表现。国际水稻研究所采用气培法，研究品种的耐旱性状，发现根长、根量、根粗细和根/芽比等性状与耐旱性有关（Chang等，1986；IRRI，1989）。

3. 耐盐性鉴定　水稻幼苗对盐分最敏感，盐可引起叶片卷缩，枯萎以至死苗。国际水稻研究所设耐盐鉴定圃，进行耐盐品种的筛选，盐分浓度保持在电导率EC80～100 S/m（8～10 mmho/cm）水平。我国辽宁、山东、江苏等省的耐盐鉴定，将稻苗移植在含食盐0.2%的土壤中，灌溉水含盐0.2%至0.5%不等。根据各生育期耐盐表现及其产量筛选耐盐品种。

（五）品质性状的测定　在1986年我国农业部颁布的“优质食用稻米标准”的基础上，为了更好地满足品种选育、品种审定和品种推广的需求，国家和农业部分别发布实施《优质稻谷》GB/T17891-1999和《农业部行业标准》NY/T-593-2002（表1-1）。依据上述优质稻谷新标准，对稻种资源的各项米质指标进行分析和综合定级，为优质水稻育种提供材料。此外，品质鉴定还应包括稻种资源的特种和专用品质，以培育功能性水稻品种。

上述对稻种资源5个方面性状的鉴定，除可使用常规方法外，还可在分子标记定位的基础上，利用与控制某性状基因连锁或紧密连锁的标记，对大量的种质资源进行快速的鉴定和筛选。

四、稻种资源的育种利用

全世界保存的稻种资源约13万份，其中，国际水稻研究所保存约8万份，我国保存4万份左右，丰富的资源对现代水稻育种发挥着特殊的重要作用。

（一）矮源的利用　矮化育种的原始亲本主要为矮脚南特、矮仔占、低脚乌尖和花龙水田谷及其衍生的半矮秆品种。矮脚南特是1958年从高秆品种南特16系选而成的。青小金早、南早1号、矮南早7号都是矮脚南特衍生品种。浙江省从二九矮7号/矮南早7号杂交育成二九南，从二九矮7号/青小金早杂交育成二九青。

广东省以矮仔占4号/广场13于1959年育成广场矮；后来，以广场矮为矮源陆续育出广陆矮4号、广二矮、广秋矮等，在生产中曾发挥重要作用。广为应用的珍汕97不育系也与矮仔占有血源关系。

花龙水田谷/塘竹 F_4//鸡对伦杂交育成窄叶青；宽叶稻为母本用青二矮和鸡对伦的混合花粉杂交育成叶青伦56，叶青伦56/特矮育成特青2号。

国际水稻研究所以低脚乌尖/Peta杂交，于1966年育成IR8，以IR8为矮源育成IR20、IR22、IR24直至IR74等品种。

（二）抗源的利用　抗性育种的关键是抗源。中国农业科学院以抗稻瘟病品种Pi-5与喜峰杂交育成抗稻瘟病的中丹1号、2号、3号。华南农业大学以抗稻瘟的朝阳早18与红珍早和IR24复交育成高抗稻瘟病的红阳矮。广东省农业科学院以抗白叶枯病的华竹矮与（晚青×青蓝矮）F_4杂交育成抗白叶枯病的青华矮6号。

（三）野生稻资源的利用　丁颖于1933年利用野生稻自然杂交种子，育成中山1号。以后中山1号衍生成中山（包胎）红和中山（包胎）白；中山红又衍生包选2号和钢枝占。中山1号及其一些衍生品种在生产上至今仍在利用。

利用李必湖1970年在海南崖县发现的普通野生稻花粉败育株，杂交和回交育成二九南A、二九矮A、珍汕97A、威20A等不育系。

（四）育性亲和源利用　籼粳稻杂交育性亲和的资源有助于克服杂种不育性的障碍。日本池桥宏（1984）报道，Calotoc、CPSLO17、Ketan Nangka、Dular等品种，分别与籼稻IR36和粳稻秋光测交，杂种自交结实率正常，称之为广亲和品种，带杂种育性基因 S-5ⁿ，位于第6连锁群。此后，万建民（1997）又发现了 S-7ⁿ、S-8ⁿ、S-9ⁿ、S-15ⁿ、S-17ⁿ等广亲和基因。

第四节　水稻育种途径和方法（一）

——杂交育种

一、品种间杂交育种和籼粳亚种间杂交育种

（一）品种间杂交育种　品种间杂交指籼稻或粳稻亚种内的品种之间的杂交，而籼稻品种和粳稻品种之间杂交，则称亚种间杂交。亲缘关系近的不同生态型品种间杂交，也属于品种间杂交。

品种间杂交育种的主要特点：①杂交亲本间一般不存在生殖隔离，杂种世代结实率与亲代相似；②亲本间的性状配合较易，杂交性状稳定较快，育成品种的周期较短；③利用回交或复交和选择鉴定，较易累加多种优良基因，育成综合性状优良的品种。

我国根据高产或高产与优质多抗相结合的育种目标，从20世纪50年代迄今，采用品种间杂交育种方法，育成大批优良品种。早籼广陆矮4号（广场3784/陆财号）、二九青（二九矮7号/青小金早）、湘矮早9号（IR8/湘矮早4号）；中籼桂朝2号（桂阳矮49/朝阳早18）、南京11号（南京6号/二九矮4号）；晚籼余赤231-8（余晚6号/赤块矮）、青华矮6号（晚青/青蓝矮 F_4//华竹矮）；早粳吉粳系统品种和晚粳秀水系统品种等是部分典型事例。采用品种间杂交育种，品种的更迭较快，产量潜力、稻米品质和抗性逐步得到改善。

当今品种间杂交育种是选育高产多抗和优质品种的主要育种方法。杂交亲本的选配、优良种质资源的利用和早代群体优良性状的鉴定选择，均是品种间杂交育种最重要的环节。

（二）籼粳亚种间杂交育种　籼稻和粳稻是普通栽培稻的两个亚种，彼此间存在生殖隔离或育性不亲和。我国从 20 世纪 50 年代开始重视籼粳的杂交育种研究，期望把粳稻的耐寒性、耐肥抗倒、叶片坚硬、不易早衰、不易落粒、出米率高、直链淀粉含量较低、米胶较软等性状与籼稻的省肥、生长茂盛、谷粒较长等性状结合起来。70 年代初期浙江省农业科学院育成矮粳 23、湖北农业科学院育成鄂晚 5 号、江苏省农业科学院育成南粳 35、沈阳浑河农场育成辽粳 5 号、辽宁省农业科学院育成粳型恢复系 C57、浙江温州地区农业科学研究所和江西省农业科学院分别育成早籼品种早丰收和早籼 6001 等是籼粳杂交育成的部分代表品种。韩国开展的籼粳杂交育种，先后育成统一、水源、密阳等系统品种，都属于偏籼的品种；日本在 80 年代也采用籼粳杂交，育成秋力、明之星（中国 91）和星丰（中国 96）等粳型品种。

20 世纪 50 年代杨守仁等、60 年代朱立宏等对籼粳稻杂交的研究指出，籼粳杂交易获得杂交种，杂种常表现植株高大、穗大粒多、发芽势强、分蘖势强、茎粗抗倒、根系发达、再生力及抗逆力强等优良性状。但易出现结实率偏低、生育期偏长、植株偏高、较易落粒、不易稳定等不良性状。

结实率低是籼粳杂交育种的最大障碍。日本加藤茂苞（1928）最早报道籼粳杂种一代的结实率为 0%～29.9%，以后的研究基本与之一致。但是，我国在多年的育种实践中，常观察到籼粳杂种 F_1 结实率较高的事例。

要克服结实偏低和性状不易稳定，须进行多次杂交，通过回交、复交或桥梁亲本的应用，一般在早期世代即可出现不少结实正常的植株。鄂晚 5 号是由晚粳鄂晚 3 号//四上谷/IPR 的复交育成；恢复系 C57 通过 IR8/科情 3 号//三福（京引 35）三交育成；中作 9 号也是由丰锦//京丰 5 号/C4－63 的三交育成。籼粳杂种后代不育性，可随世代增加和选择而逐步下降。但是基因型自然淘汰明显，育种技术上必须注意扩大杂种后代群体。

籼粳杂交苗期耐冷性为完全显性，由 2 对重叠基因控制，F_2 可选出子粒较长、稃毛较少而耐冷的偏籼类型（徐云碧等，1989）。

利用长穗颈粳稻与籼稻不育系珍汕 97A 杂交，育成显著消除包颈现象的籼型不育系，并认为籼粳杂交可把籼稻的柱头外露性导入粳稻品种中（申宗坦等，1987、1990）。

杨守仁认为选育偏籼稻品种高产潜力大于偏粳品种，因一般籼稻光合效率高于粳稻，含有籼稻血缘，能提高光合效率。以籼粳 F_1 花药在 N_6 培养基上分化产生的花粉植株，可望加快杂种性状的稳定。近年来的研究发现，籼粳杂交亲和性品种资源对克服结实率低的障碍有重要意义。日本池桥宏等（1984）发现的 Ketan Nangka、CPSLO 等及我国相继发现的 02428、轮回 422 等均属这种类型。这些品种与籼、粳杂交 F_1 的结实率正常或接近正常。我国水稻育种工作者利用籼粳交育性亲和资源，已选育出中 413、T2070、9308、成恢 448、亚恢 420 等一批广亲和恢复系和 064A、培矮 64S 等广亲和不育系，以利用籼粳稻杂种优势。在直接利用籼粳稻杂交选育高产优质品种方面也已取得进展。

二、亲本选配和杂种群体

（一）选配亲本的原则　水稻育种工作者已有的经验可归纳为以下几点。

1. 双亲应具有较多的优点，较少的缺点，亲本之间优缺点互补　由于许多经济性状不同程度地属于数量遗传性状，杂种后代群体的性状表现与亲本平均值有密切关系，所以要求亲本的优点要多。据研究，在许多数量性状及产量上，双亲平均值大体上可用来预测杂种后代平均表现的趋势。

亲本间优缺点互补，是指亲本间若干优良性状综合起来应能满足育种目标的要求，一方的优点能在很大程度上克服对方的缺点。20 世纪 60 年代育成的水稻矮秆良种珍珠矮 11 号，其亲本为矮仔占 4 号和原产广东的惠阳珍珠早。前者为半矮生，分蘖力强，耐肥抗倒，但迟熟。后者为高秆型，分蘖力弱，易倒伏，但早熟，熟色好，穗大，结实率高。珍珠矮结合了双亲的优点：株型半矮生，分蘖力强，穗多穗大，结实率高，抗倒伏，具有丰产性和较广的适应性，在华南地区和南方稻区曾大面积推广。20 世纪 70 年代育成的桂朝 2 号，其亲本是桂阳矮 49 和朝阳 18。前者分蘖力强，分蘖集中，后期茎秆快长而整齐。后者叶片直立，光合功能较强。桂朝 2 号相当成功地把母本茎叶形态的株型特点和父本较强的光合功能结合起来，起到性状优缺点互补的作用，在穗粒数上超越双亲，千粒重高，丰产性强，适应范围广，华南稻区作早稻和晚稻、南方稻区作中稻种植。

2. 亲本中有一个适应当地条件的推广良种　适应性和丰产性是十分复杂的性状。品种对光、温等环境变化的适应能力，抗御当地病、虫、逆境的能力等，都影响水稻品种的高产稳产。为了使育成品种具有大面积推广的发展前途，亲本之中最好有一个适应当地条件的推广良种。以桂朝2号作亲本育成的双桂1号、36号，能在南方稻区各地适应种植，广西玉林地区以秋矮/包胎红杂交育成的晚籼稻包胎矮，能在桂、粤、闽三省（区）广大地区推广，都体现了亲本选配的这一原则。

3. 亲本之一的目标性状应有足够的强度　为了克服亲本一方的主要缺点而选用的另一亲本，其目标性状应有足够的强度，遗传率较大。华南农业大学育成的高抗稻瘟病的红阳矮4号，是用红珍早/IR24//朝阳18杂交育成的，朝阳18是一个高抗稻瘟病的亲本。国际水稻研究所育成多抗品种IR28和IR29，其抗稻瘟病源于GamPai15，抗白叶枯病源于TaduKan，抗丛矮病源于*Oryza nivara*，抗褐飞虱源于TKM-6，抗黑尾叶蝉源于Peta。亲本的目标性状具有足够强度，能遗传给后代。

4. 选用生态类型或亲缘关系或地理位置相差较大的品种组配亲本　珍珠矮的亲本矮仔占和惠阳珍珠早，国际水稻研究所育成的IR8的亲本低脚乌尖和Peta，其生态类型和地理位置，都有明显差别。根据对于早、晚生态型杂交的育种实践，把早稻的矮秆、大穗和早熟性和晚稻的叶片较窄、不易早衰和熟色调顺等性状相互配合，相对削弱其感光性，育成兼具早晚稻优点而适应性较广的品种，证明是可行的。

5. 亲本具有优异的一般配合力　亲本优良性状多，缺点少，并具有优异的配合力，亲本性状较易互补，易选育出兼具亲本双方优良性状的品种。例如广场矮、二九矮、桂朝2号、低脚乌尖等品种配合力较好。

（二）杂交组合数和杂种群体大小　一般而论，杂交的组合多和F_2代群体大，获得优良基因重组植株的机会多。但是组合多，杂种群体大，土地、经济、人力等条件相应要充裕。我国水稻育种多倾向于多组合、群体较小，早期淘汰劣势组合，选留优良组合，每个组合F_2群体种植数量一般为1 000～5 000株。当育种目标和具体要求明确，杂交亲本的系谱和特征清楚时，则杂交组合数不必多，品种间杂交的F_2世代的群体数量约为2 000株。遗传差异和生态类型差别大的品种间杂交，F_2世代的群体量则应适当提高到5 000～10 000株较妥当。

三、杂种后代选择

（一）产量性状的选择　杂种后代产量性状的遗传率有强弱之分；变异系数有大小差别。遗传率（h^2）高的性状，早代选择较好，否则高代选择才有效。水稻的抽穗期、株高、穗长、粒形、粒重等数量性状具有较高的h^2值，从F_2代起对这些性状进行严格选择，可收到较好的效果。水稻的分蘖数及穗数、每穗粒数、结实率、产量等性状，h^2值较低，一般在早代选择效果较差，但也要做具体分析。

水稻的遗传率随世代增加而加强，也因杂交组合、分析方法、试验年份和地点不同而有差别。我国籼稻矮化育种的研究表明，杂种后代矮秆植株分蘖力强，有效穗多，且穗型较大，早代进行穗数选择有良好的效果。此外，根据性状间的相关遗传，可提高选择效果。如穗长和着粒密度h^2值较高，早期选择较好。因此对穗粒数的选择，可于早代根据与其相关的着粒密度与穗长进行选择。开展这方面的遗传研究，有助于提高选择效果。

（二）抗病虫性的选择　抗病虫性多由单基因控制，适于从F_2代起。在人工接种或自然诱发情况下，采用系谱法选择。选择须与产量性状及其他目标性状结合进行。

（三）品质性状的选择　粒形、垩白、透明度等外观品质，在稻穗成熟期间可借助目测进行田间早代初选。品种间杂交F_3代筛选品系时进行复选。稻米在干燥时应无裂纹。我国的优质籼米要注意直链淀粉的适当含量，早代单株选择时，可采用单粒分析法进行测定，F_4代测定群体的直链淀粉含量及其他食用品质的性状。

四、育种程序

（一）系谱法　系谱法是逐代建立系谱进行株选的选择方法。现以早籼二九青的选育为例，说明系谱法的选育程序（表1-3）。

表1-3 早籼二九青的选育过程

种植年份	选择季节和地点	世代进程	主要工作内容
1966	春季（杭州温室） 夏季（杭州）	二九7号×青小金早 F_1	获得杂交种子17粒 种植16株
1967	春季（海南陵水县） 夏季（杭州） 秋季（福建同安县）	F_2 F_3 F_4	种植2 000株左右，入选107株，并混收一个群体 种植97个株系，共约1万株，入选40株，另在混合群体约8 000株中入选2株 种植42株系，从24个当选系中选得55株
1968	夏季（杭州） 秋季（福建同安县）	F_5 F_6	种植55个株系，从9个当选株系中选得28株，定型2个早熟株系（1）、（4） 种植23个株系，定型2个株系（2）、（3），繁殖夏季定型的早熟株系（4）
1969	夏季（杭州及宁绍地区） 秋季（杭州及宁绍等地）	F_7 加速繁殖种子	多点鉴定4个优良株系，入选株系（4），表现早熟、大穗、清秀、丰产，定名为二九青
1970	夏季（浙江各地）	区域试验，群众性试种示范，初步推广并在各地加速繁殖	证明二九青比当时推广的矮南早1号增产约一成，较抗病，迟熟1d
1971	夏季（浙江各地）	肯定二九青在浙江省的推广应用价值	种植约667 hm²（1万亩），经进一步加速繁育，到1972年已扩大到80 000 hm²（120万亩），开始省外示范推广

二九青的系谱法选育是与加速世代相结合的。我国水稻育种利用华南地区的高温短日自然条件，尤其是海南省冬季适合水稻自然生长的条件，加速世代进程，提高育种效率。近年来，广东省农业科学院从产生杂交组合到选出遗传上基本稳定的品系常仅需2～3年。采用系谱法与加速世代结合育成品种一般需5～6年。

（二）混合系谱法 混合系谱法是早代混合选择，高代单株系选的方法。国际水稻研究所是用这个方法育成IR8的。低脚乌尖/Peta杂种一代（F_1）混收种子，F_2淘汰高秆植株后再混收，直到F_4代开始进行株选，F_5株系比较，决选株系，最后育成品种。日本水稻育种重视混合系谱选择与加速世代结合，但是育成品种的年份一般较长。抗病虫和优质米育种中，须从F_2代起连续选择优良株系，严格鉴定，早代不能混合。我国的早籼育种在南方1年可繁殖3代，早代先采用一粒传方法传代，第二年或第三年再进行系谱选择，选育高产、抗病虫和优质的品种，也是可行的。

第五节 水稻育种途径和方法（二）

——杂交稻的选育

一、杂交稻简史

（一）杂交稻选育简史 1926年Jones首先提出水稻具有杂种优势。1958年日本东北大学的胜尾清用中国红芒野稻和藤坂5号杂交和回交育成藤坂5号雄性不育系。1966年日本琉球大学新城长有以Chinsurah BoroⅡ与台中65杂交，育成BT型台中65雄性不育系和同质恢复系，在国际上首次实现杂种优势利用的三系配套。后来，美国和菲律宾等国也相继育成各种胞质的不育系。虽然发现多种水稻细胞质雄性不育材料，但直到我国在生产上成功推广杂交稻，才引起全世界的足够重视。

1964年，袁隆平从洞庭早籼、胜利籼等品种中发现雄性不育株后开始杂交稻的选育研究。1970年他的合作者李必湖从海南崖县普通野生稻（*Oryza rufipogon*）群落中，找到花粉败育株（简称野败）。1972年利用野败这一材料育成珍籼97A、二九南1号A等不育系。1973年测得IR24、IR661、泰引1号等恢复系，从而成功地实现了三系配套。我国已育成的不育系有五大类：①野败型（WA型），如珍汕97A、V20A、V41A等；②冈型（G型）和D型，如朝阳1号A、D籼A；③包台型（BT型），如黎明A、农虎26A；④滇一型（DⅠ型）；⑤红莲型（HL

型）。生产中应用的以野败型为主，例如，威优 64、汕优 10 号、汕优 63 等籼型杂交稻。在北方稻区，选配了黎优 57 等杂交粳稻，其不育胞质属包台型。

（二）杂交稻的生产潜力 1973 年我国杂交稻的选育成功，明确了除异花授粉和常异花授粉的作物外，自花授粉作物也可以利用杂种优势，引起国际上的强烈反应，从理论到生产应用均给予很高的评价。

与一般常规稻相比，杂交稻具有以下特点：①发芽快，分蘖强，生长势旺盛；②根系发达，吸肥能力强；③穗大粒多；④光合同化和物质积累能力强；⑤遗传背景广，适应性强，尤其对不同土壤类型的适应性强，因而具有很大的增产潜力。推广初期，杂交水稻可较常规稻增产 20%左右，近年来随着常规稻品种增产潜力的不断提高，杂交稻的增产幅度有所下降。目前，我国杂交水稻的年种植面积约 $1.533\,3\times10^7$ hm²，约占水稻种植总面积的 50%，产量约占稻谷总产的 57%。自 1976 年以来，杂交水稻在我国累计推广面积超过 2×10^8 hm²，共增产粮食 $3\,000\times10^8$ kg 以上。

如何在进一步提高产量的同时，全面提高杂交稻的品质，是目前杂交稻育种迫切需要解决的问题。

二、选育杂交稻的途径

（一）核质互作型雄性不育性的利用 我国的杂交稻主要利用由细胞质和细胞核共同控制的雄性不育性产生杂交种，其机理已逐渐研究清楚。这类不育系具备胞质不育基因，同时具有保持不育的核基因。现在发现的野败型不育胞质具有 2 对保持不育的核基因 rf_1 和 rf_2 以及一些修饰基因。根据高明尉（1981）对南优 2 号（二九南 1 号 A/IR24）的后代结实率的遗传分析，IR24 有 2 对独立显性恢复基因（Rf_1Rf_2），杂种一代为 $Rf_1rf_1Rf_2rf_2$，在套袋的情况下结实率为 75.2%。F_2 的分离符合 1∶4∶6∶4∶1 的分离，表明显性恢复基因在基本结实率的基础上具有明显的剂量效应或加性效应（表 1-4）。杨仁崔等（1984）通过测定 V41A/IR24F_2 的花粉育性，认为野败不育系的基因型为 S（$rf_1rf_1rf_2rf_2$），保持系为 F（$rf_1rf_1rf_2rf_2$），恢复系 IR24 为 F（$Rf_1Rf_1Rf_2Rf_2$），Rf_1Rf_2 的恢复效应表现一强一弱。黎垣庆和袁隆平（1986）进一步研究认为 IR24 的两对恢复基因的 Rf_1 和 Rf_2 分别源于 Cina 和 CPSLO。

包台型不育系基因型为 S（rf_1rf_1），保持系为 F（rf_1rf_1），恢复系为 F（Rf_1Rf_1）。杂种一代花粉带有 50%Rf_1 可育的花粉和带有 50%rf_1 不育花粉，杂交二代只能产生 S（Rf_1Rf_1）和 S（Rf_1rf_1）两种基因型，Rf_1 位于第 10 连锁群。

表 1-4 南优 2 号 F_1 和 F_2 的结实率分布

（引自高明尉，1981）

结实率	0	0.001—5	5—10	10—15	15—20	20—25	25—30	30—35	35—40	40—45	45—50	50—55	55—60	60—65	65—70	70—75	75—80	80—85	85—90	90—95	95—100
组中值		3	8	13	18	23	28	33	38	43	48	53	58	63	68	73	78	83	88	93	98
P_1											1		1	4	3	1					
P_2	10																				
F_1							1			1	6	5	7	3	7	2					
F_2	3		6	2	1	5	2					5	5	5	7	8	3	2	1	2	
	3				16								22					14		2	
	1/16				4/16								6/16					4/16		1/16	
符合			1∶4∶6∶4∶1										$\chi^2=1.0402$								

（二）光（温）敏核雄性不育性的利用 湖北沔阳沙湖原种场石明松于 1973 年在粳稻农垦 58 大田中发现一株早熟 5～7 d 的雄性不育株，在武汉地区 9 月 3 日以前表现不育，9 月 4 日后抽的穗开始结实，9 月 8 日以后直至安全抽穗期前，结实趋于正常。当日长为 14 h 时表现不育，短于 12 h 则结实正常。在 16 h 的黑暗处理期间，用 5～50 lx 的光照中断 1 h 即可导致为不育，所以称为湖北光敏感核不育水稻（HPGMR）。张自国等（1990）在云南沅江县境内利用海拔 400 m、800 m 和 1 230 m 设试验点种植光敏不育系农垦 58S，分别在 7 月 25 日、26 日抽穗，日照长度相同，温度分别为 29.6 ℃、26.4 ℃和 23.9 ℃，结实率为 0%、0%和 22.3%，表明海拔在1 230 m以上因温度偏低，不能完全转换为不育，也说明农垦 58S 在长日和温度互作下导致不育。

迄今，农垦 58S 和衍生系统一般在年间气温变动较大的情况下还不能都保持稳定的不育性（99.5%的花粉不育）和可育性期间达到 70%～80%以上的结实率，其转育的早籼稻类型，一般更易受到较低温度的影响，导致在不育期间出现结实的现象。有些材料往往受温度高低比日照长短的影响更大，认为是一种温敏不育类型。自然条件下，日照长度因地球纬度高低而有规律地稳定地变比，气温则受到较多因素的影响，年度间不易保持相对稳定，所以在应用上温敏不育类型不如光敏不育类型方便可靠。育种工作者致力于选育不育临界温度较低又适于自交繁殖的光（温）敏不育系。迄今，以农垦58S为供体亲本，育成了N5088S（农垦58S/农虎26）、7001S（农垦58S/917）、培矮64S（农垦58S/培矮64）等一批光（温）敏不育系。其中培矮64S实用性较好，组配出两优培特、两优培九、培矮64S/E32等组合，增产潜力大，具有较大的应用面积。理论上，两系法杂交水稻在配组上不受恢保关系制约，如果育成良好的光（温）敏不育系，将使选育高产、优质和抗性好的杂交稻新组合具有十分重要的前景。

（三）化学杀雄剂的应用　化学药剂处理而导致雄性不育，将使产生杂交种子更为方便，不需要不育系和恢复系。但是化学药剂应无雌性损伤和开花习性异常的副作用。现有的化学杀雄剂（又称杀雄配子剂）以甲基砷酸锌（$CH_3AsO_3Zn \cdot H_2O$）和甲基砷酸钠（$CH_3AsO_3Na_2 \cdot 5 \sim 6H_2O$）的杀雄效果较好。当水稻吸收后，大部分集中在水稻茎、叶之中，小部分转移到穗部，即还原为三价砷化物，花药中巯基（→SH）化合物的活性减弱或消失，琥珀酸脱氢酶和细胞色素氧化酶的活性显著下降，呼吸强度仅为正常的1/2～1/3左右。游离氨基酸中的脯氨酸和色氨酸显著减少，丙氨酸和天冬氨酸有所增加，使蛋白质代谢发生一系列障碍性的生理变化，以致花粉发育及充实受到干扰，从而导致雄性不育。对籼稻品种，一般用0.015%～0.025%的甲基砷酸钠（或甲基砷酸锌）喷洒稻株，粳稻杀雄浓度可稍低。始穗前10 d，花粉母细胞减数分裂期间为有效杀雄期，杀雄生效后5～7 d会逐渐恢复散粉。所以一般喷药后7 d左右再以减半剂量喷洒第二次。我国曾育成和应用赣化二号（IR24/献党1号）、钢化青兰{钢枝粘/［（矮青/兰贝利）/百矮］}等化杀杂交组合，其中赣化二号一般8 250～9 000 kg/hm^2（亩产550～600 kg），最高14 182.5 kg/hm^2（亩产945.5 kg），曾创造了我国杂交稻最高单产记录。化学杀雄一般不易得到纯度高的杂交种子，加之甲基砷酸锌等无机化学杀雄剂对人畜毒性大，不易降解，危害环境，因而要大面积推广化杀杂交稻，还有待筛选出高效、低毒、环保的杀雄剂。

三、不育系及其保持系的选育

优良的水稻不育系（A）必须具备3个主要条件：①雄性不育性稳定，不因环境影响而自交结实，不育率

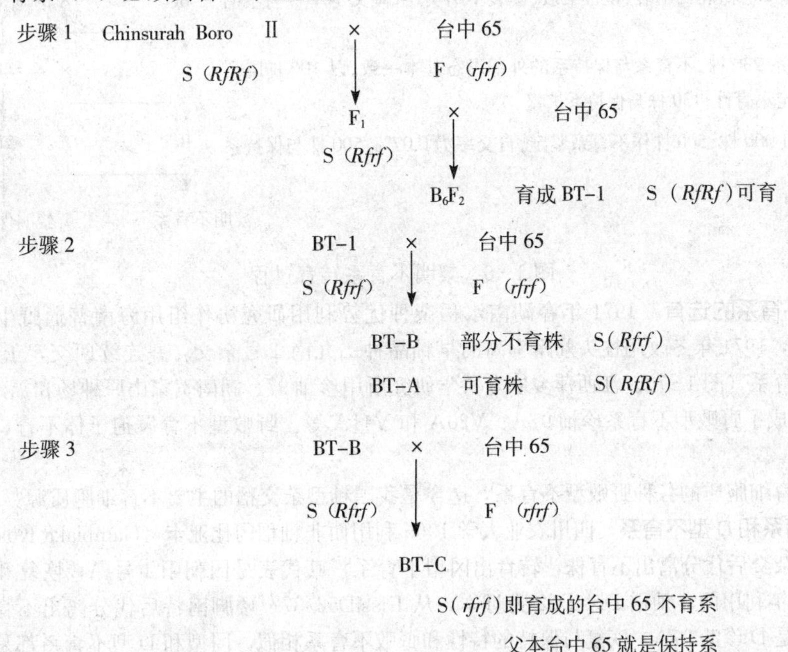

图1-5　BT型不育系选育过程

99.5%以上，以保证制成的杂种一代纯度高；②较易选得较多的优良恢复系；③具良好的花器结构和开花习性，开花正常，花时与一般恢复系相同，柱头发达，外露率高，小花开颖角度大而且持续时间长，稻穗包颈程度轻或不包颈，以利于接受外来花粉，提高异交率。

保持系（B）实质是不育系的同核异质体，保持系与不育系是十分相似的，只是雄性可育。优良的保持系应具有的特性是：①一定的丰产性和良好的杂交配合力；②花药发达，花粉量大，以利于提高不育系的结实率；③一定的产量、抗性和稻米品质。

（一）包台型（BT 型）不育系的选育　1966 年日本琉球大学新城长有用印度品种 Chinsurah BoroⅡ和粳稻台中 65 杂交回交转育成稳定的雄性不育系，选育的步骤包括 3 次杂交和回交，具体步骤见图 1-5。

BT-1 是恢复系，但上述三系具有相似的遗传背景，没有表现杂种优势。1972 年引入中国后，湖南省农业科学院转育成黎明不育系（图 1-6），配制出黎优 57 杂交粳稻，才在生产上应用。随后，辽宁、江苏、安徽省农业科学院和浙江嘉兴市农业科学研究所先后选育了 BT 型秀岭 A（黎明 A/秀岭转育）、六千辛 A（矮秆黄 A/六千辛转育）、当选晚 2 号 A（黎明 A/当选晚 2 号转育）和农虎 26A（桂花黄 46A/农虎 26B 转育）。包台型不育系属配子体不育，花粉败育发生于三核期。

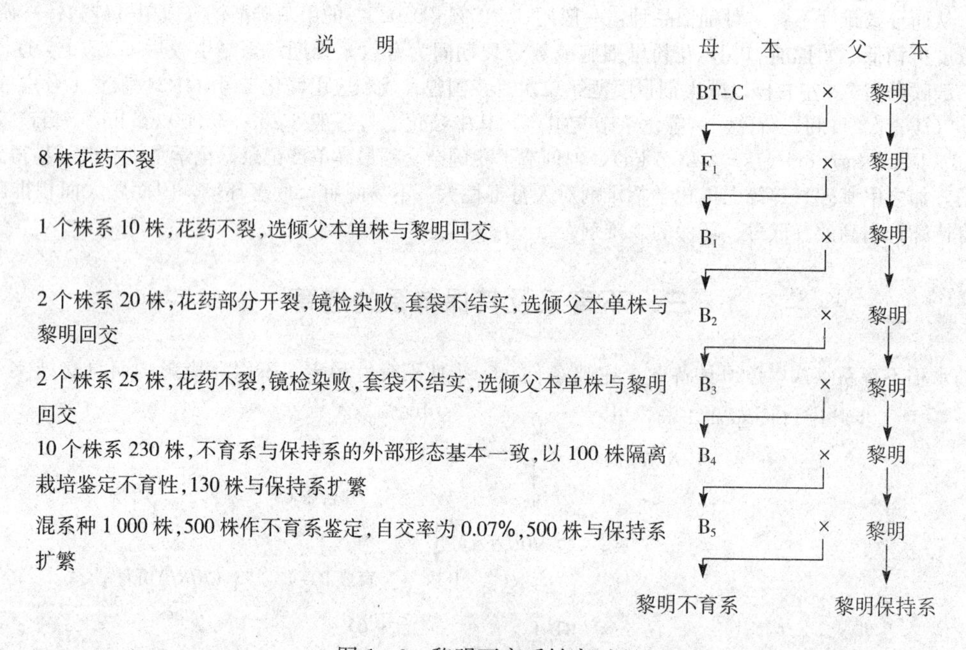

图 1-6　黎明不育系转育过程

（二）野败型不育系的选育　1971 年春湖南水稻杂种优势利用研究协作组用海南普通野生稻败育株（简称 WA）与 6044 杂交，1971 年冬改用柱头外露率高的早籼品种二九南 1 号杂交，并连续回交，于 1973 年育成了野败型二九南 1 号不育系（图 1-7）。江西萍乡农业科学研究所用珍籼 97、湖南贺家山原种场和福建省农业科学院用 V20 和 V41 先后育成了野败型不育系珍籼 97A、V20A 和 V41A 等。野败型不育属孢子体不育，花粉败育发生于小孢子单核期。

起源于野败不育细胞质的各种野败型不育系，迄今是我国籼型杂交稻的主要不育细胞质源。

（三）冈型不育系和 D 型不育系　四川农业大学 1965 利用西非籼稻冈比亚卡（Gambiaka Kokum）为母本，矮脚南特为父本，从杂交后代分离出不育株，转育出冈型不育系，其代表是冈朝阳 1 号 A，恢复和保持特性与野败不育系相似。1972 年利用西非籼稻 DissiD52 为母本，从 DissiD52/37//矮脚南特后代分离出不育株，转育而成 D 型不育系，其代表是 D 珍汕 97A，恢复与保持的特性和野败不育系相似，冈型和 D 型不育系都是采用籼稻与籼稻杂交方式育成的，均属孢子体不育，主要于花粉单核期败育。

（四）红莲型（HL）不育系的选育　武汉大学于 1972 年以海南的红芒野生稻与早籼莲塘早杂交和连续回交育

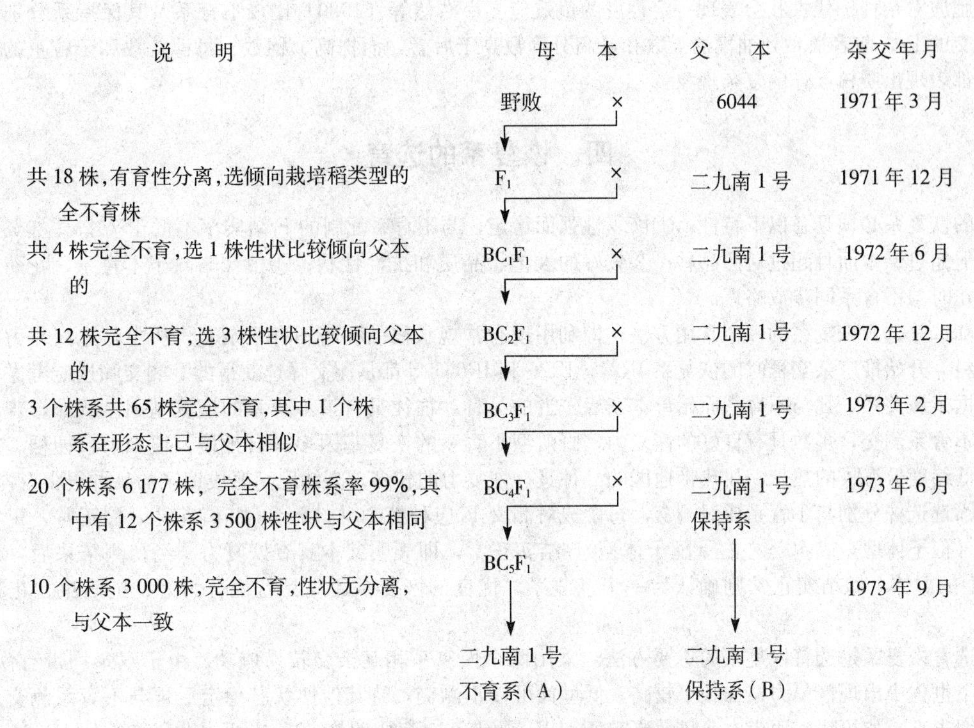

图 1-7　二九南 1 号 A 的选育过程

成红莲型不育系（即 HL 型），其恢复与保持性不同于野败不育系，属配子体不育，于花粉双核期败育，包颈程度较轻。水稻不育系选育在低世代选择高不育和全不育株为回交对象。注意开花习性、柱头外露、配合力、抗性及其他优良性状的选择。我国水稻雄性不育系的选育研究表明，远缘杂交较易产生不育的后代，例如野生稻与栽培稻杂交、籼粳杂交。

（五）不育系的分类及核质互作效应

1. 按不育花粉的形态分类　不育花粉的形态大致可分为典败型、圆败型和染败型 3 种。典败型的花粉形状不规则，呈梭形或三角形，对 0.2% I_2-KI 不呈染色反应，花粉败育主要发生在单核花粉形成阶段，故又称单核败育型，野败型不育系即属此类。圆败型的花粉呈圆形，对 I_2-KI 不呈染色反应，花粉败育主要发生在双核花粉发育阶段，故又称双核败育型，红莲型不育系即属此类。染败型的花粉呈圆形，对 I_2-KI 呈部分染色或浅染色反应，花粉败育主要发生在三核花粉发育阶段的不同时期，又称为三核败育型，BT 型不育系即属此类。各种不育系都可能同时出现三种类型花粉而以一种为主要类型。

2. 按遗传特点分类　花粉的不育有受到孢子体的基因型控制的孢子体不育类型，也有受花粉本身的基因型控制的配子体不育类型。野败型、冈型、D 型不育系均属于孢子体不育类型，BT 型和红莲型均属于配子体不育类型。

3. 按恢保关系分类　由于雄性不育是质核互作效应的结果，因此不同胞质不育系对一些恢复系的恢复基因的反应也是不同的。例如珍汕 97 不能恢复野败型不育系，但能恢复红莲型不育系；相反，泰引 1 号可以恢复野败型不育系，但不能恢复红莲型不育系。

不育系和保持系是同核异质，由于细胞质的差异，彼此雄性的育性不同，而且不育系的抽穗期推迟，植株较矮，分蘖数增多，抽穗不畅，出现包颈现象和柱头外露率提高等。同质异核的野败型不育系，如友谊 1 号、二九南 1 号和朝阳 1 号不育系，分别与 IR24 杂交，F_1 的结实率分别为 46.3%、68.6% 和 73.2%（万邦惠，1988）。同为冈型细胞质不育系的青小金早、雅安早和朝阳 1 号不育系，花粉不育类型分别为染败、圆败和典败类型。相应地，异质同核的不育系，例如野败型和冈型不育胞质的朝阳 1 号其性状上也有一定的差异。

不育胞质对杂种一代性状会表现一定程度的负效应。卢浩然等（1980）比较不育系及其保持系分别与同一个恢复系杂交的 F_1，前者播种到抽穗的天数和最高分蘖数高于后者，而株高、穗数、每穗粒数和千粒重的结果则相反。这些都表现出质核互作的复杂现象。

四、恢复系的选育

优良的恢复系必须具备以下特性：①恢复性强而稳定，与不育系配制的 F_1 结实率不低于 75%～80%；②配合力高，不但超过亲本而且超过对照品种；③较好的农艺、品质和抗性性状；④植株略高于不育系，花药发达，花粉量多，花时与不育系同步或略迟。

测交筛选是选育恢复系的一个常用方法，即利用现有常规水稻品种与不育系杂交，从中筛选恢复力强、配合力好的材料。开始推广杂交稻时的恢复系 IR24、IR26 和 IR661 等都是测交筛选获得的。测交筛选应考虑以下几方面：①根据亲缘关系，凡与不育系原始母本亲缘较近的品种，往往具有该不育系的恢复基因。例如，普通野生稻对野败型不育系测交，多数具有良好的恢复力。野败型不育系的恢复基因多来自籼稻，很少来自粳稻。②根据地理分布，低纬度低海拔的热带、亚热带地区的品种具有恢复力的较多，高纬度高海拔地区的品种很少有恢复力的。

测交筛选选株分别与不育系成对测交，每个成对测交 F_1 应种植 10 株以上，如 F_1 花药开裂正常，正常花粉达 80%以上（孢子体型）或 50%左右（配子体型），结实正常，即表明父本具有恢复力。经初测结果后，必须复测 100 株以上的群体，如结实正常则确认为一个恢复系。优良的恢复系还应具有配合力好、抗病虫、花粉量多等特性。

杂交选育恢复系是选育恢复系的重要方法。采用两个恢复系相互杂交较易成功。由于双亲均带有恢复基因，在杂种各个世代中出现恢复力植株频率较高，低世代可以不测交，待其他性状已稳定后再与不育系测交。这种方式的成功率很高，如福建三明市农业科学研究所用 IR30/圭 630 育成明恢 63；广西农业科学院用 IR36/IR24 育成桂 33 和桂 34。

不育系和恢复系杂交，育成同质恢复系，可以减轻繁重的测交工作。这种杂交方式可采用不育系/恢复系//其他保持系杂交并连续回交，在后代中选择育性良好的单株。利用恢复系和保持系杂交，从其稳定的杂交后代测交筛选也可以育成恢复系。如安徽省农业科学院从 C57/城堡 1 号的后代中选得 C 堡恢复系。

也可通过多个亲本复交综合选育恢复系。例如，湖南杂交水稻研究中心选用 IR26/窄叶青 F_2//早恢 1 号三者复交，育成恢复系二六窄早-3-1-2-9，与 V20A 配制了威优 35，表现早熟、抗性好和优势强。辽宁省农业科学研究院从 IR8/科情 3 号//京引 35 的复交后代中选得 C 系统恢复系，其中以 C57 表现较突出，从而配制了黎明 A/C57 的粳稻杂交稻黎优 57。

朱英国等（1988）根据恢复系所带有的恢复基因及其恢保关系将恢复系归纳为 4 种类型（表 1-5）。

表 1-5　恢复系类型及其特征

（引自朱英国等，1988）

类型	恢复系	原产地区	主要特点	假设的恢复基因	F_1 的正常花粉（%）	自然结实率（%）
Ⅰ	IR24	东南亚	强恢野败、冈型不育系；保持红莲、包台、滇一型不育系；不恢田野 28 型不育系	Rf_1Rf_1 Rf_2Rf_2	75.0～95.0	83.0～83.4
Ⅱ	泰引 1 号、皮泰、IR8、印尼水田谷、雪谷早	东南亚、中国华南	恢复野败、冈型不育系；保持红莲、包台、滇一型、田野 28 型不育系	Rf_1Rf_1	37.6～76.3	29.0～54.5
Ⅲ	珍汕 97、龙紫 1 号、2uP	中国长江流域、印度	恢复红莲、包台、滇一型不育系；弱恢田野 28 型不育系；保持野败、冈型不育系	Rf_3Rf_3	79.7～81.4	42.9～54.5
Ⅳ	5350、75P12、35661、300 号	人工合成恢复系	能恢复野败、冈型、红莲、包台、滇一型不育系，但恢复能力不强，保持田野 28 型不育系	Rf_2Rf_2 Rf_3Rf_3	44.1～59.8	76.1～77.4

五、杂种组合的选配

水稻杂交组合的选配与玉米、高粱等其他作物相同，应考虑双亲的亲缘关系、地理来源和生态类型的差异，双亲的一般配合力和特殊配合力，双亲的丰产性、抗性和稻米品质。迄今应用最广的不育系有二九南1号A、珍汕97A、V20A、V41A、D汕A、协青早A、Ⅱ3-2A、金23A、博A、黎明A、台2A、农虎26A、76-27A等，优良恢复系有IR24、明恢63、测64、桂99、R402、R818、R752、C57等。根据罗崇善（1988）不完全统计，生产上种植10万亩（6 667 hm^2）以上的杂交稻组合，主要是以三系配制的杂种组合81个，其中籼型和粳型组合分别占92.6%和7.4%；野败型不育系配制的杂种组合共60个，占总组合数的74.07%，占杂交稻的98.15%。

选配组合一般先行初测，杂交一代株数可以少些，但配制组合数应多一些，根据F_1的优势表现状况，选择少数组合进行复测，并进行小区对比试验。对有希望的新组合在对比试验的同时，可进行小规模制种，以供次年品种比较试验的用种；并探索制种技术（包括不育系与恢复系的花期相遇以提高异交率）和高产栽培技术。

杂交稻的育种程序概括于图1-8。

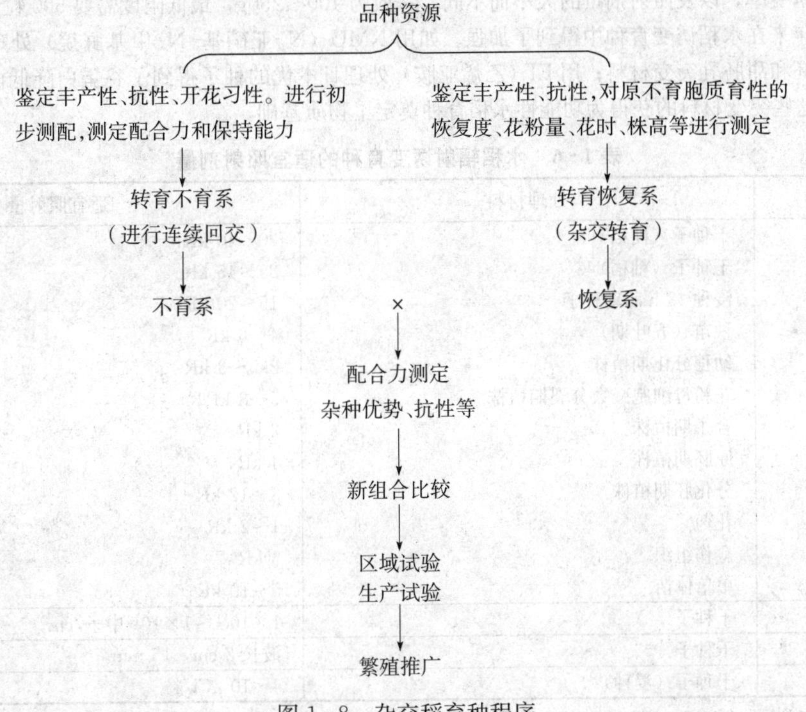

图1-8　杂交稻育种程序

第六节　水稻育种途径和方法（三）

——诱变育种和花药培养技术

一、诱变育种

诱变育种以水稻最多。截止到1993年，全世界经诱变育种方法育成了水稻品种317个，其中直接应用突变体育成的有279个。我国已用各类突变体直接或间接育成水稻品种114个，其中年种植面积在3.3×10^4 hm^2以上的有22个，6.6×10^4 hm^2以上的11个，超过66.6×10^4 hm^2以上的有2个。原丰早最大年种植面积达106.67×10^4 hm^2以上，浙辐802最大年种植面积在136.67×10^4 hm^2以上，先后成为长江中下游的主要早稻栽培品种之一。据估计，近年来，我国水稻诱变育成的品种年种植面积在333.3×10^4 hm^2以上，约占全国水稻种植面积的10%。水稻诱变育种仍以γ射线为主，占诱变育种的80%；其次是快中子和激光，分别占6.3%和3.8%。此外也有用β射线、微波、化学诱变剂和电子流育成的品种。最近应用离子束及空间诱变（航天育种）的方法也育成了优良的水稻品种（庞佰良等，2002；黄群策等，2002）。

（一）诱变处理方法　在一定的照射剂量范围内，突变率与照射剂量呈正相关，但照射的损伤效应也相应提高。目前广泛应用的是采用半致死剂量，即照射后植株成活率在50%左右，结实率在30%以下。根据64个用γ射线处理选育品种的分析，^{60}Co γ射线处理干种子所用的剂量范围为150～600 Gy（1 Gy=100 R），但以300Gy育成的品种数最多，约占57.8%。

籼稻和粳稻对辐射敏感性不同，籼稻抗辐射能力较强。品种间及不同发育阶段的辐射敏感性相差也很大，可以参考表1-6的水稻诱变育种的适宜剂量采用2～3个不同剂量处理。一般γ射线处理籼稻干种子采用300 Gy的剂量，粳稻干种子为250 Gy剂量，剂量率为100～150 R/min（0.83～0.415 Gy/min）。中子处理则以3×10^{11}中子/cm^2左右较好。如以发芽种子或秧苗进行处理，剂量为干种子处理剂量的1/10～1/12左右。处理种子数量视品种的辐射敏感性和诱变率，以及照射剂量的大小而不同。一般为100～250g，最低限度需要500粒。

化学诱变近年来在水稻诱变育种中得到了加强。如用NMU（N-亚硝基-N-甲基脲烷）处理水稻金南风的卵细胞获得了巨大胚和甜胚乳突变材料；用EI（乙烯亚胺）处理日本优的种子得到了谷蛋白降低而醇溶蛋白升高的突变体NM67，这些突变材料的获得为功能性水稻育种奠定了物质基础。

表1-6　水稻辐射诱变育种的适宜照射剂量

射线种类	处理材料	适宜照射量
γ射线	干种子（粳稻）	20～40 kR
	干种子（籼稻）	25～45 kR
	浸种48 h萌动种子	15～20 kR
	秧苗（五叶期）	4～6 kR
	幼穗分化期植株	2.5～3 kR
	花粉母细胞减数分裂期植株	5～8 kR
	合子期植株	2 kR
	原胚期植株	4 kR
	分化胚期植株	8～12 kR
	花药	1～2 kR
	愈伤组织	5 kR
	单倍体苗	5～10 kR
中子	干种子	1×10^{11}～1×10^{12}中子/cm^2
微波	干种子	波长3 cm，15 min
β射线（^{32}P）	干种子（浸种）	4～10 μCi/粒

注：R为非法定单位，$1R=2.58\times10^{-4}C/kg$；Ci也为非法定计量单位，$1Ci=3.7\times10^{10}B_q$。

空间诱变是随着航空技术的发展于20世纪80年代末开始的诱变育种新技术。以微重力、强辐射和高真空为特点的高空环境对水稻种子具有明显的诱变作用，其变异幅度大，有益变异频率高，通过高空诱变选育出培两优721等品种。随着分子生物学的发展，染色体工程、转基因T-DNA插入突变和转座突变将成为诱发突变的新方法。

（二）选育的方法

1. 照射材料的选择　诱变育种大多数是个别性状（如生育期、株高、稻米品质等）的改良，因此通常选用有优良性状的品种或推广品种作为材料。但也有的用杂种世代种子或愈伤组织处理，以增加变异幅度。

2. M_1代　一般都不进行选择，可以按株或单穗收获，或收获后混合脱粒。禾谷类作物的主穗突变率比分蘖穗为高，第一次分蘖穗比第二次分蘖穗高。这主要是种子经诱变处理时影响到种胚的生长点，分蘖穗仅包含生长点的部分分生组织的细胞群，因此发生突变的概率相对地少一些。为此，M_1往往采取密植等方法来控制分蘖。并且一般只收获每株主穗的部分种子，或混合脱粒，或留存单穗供作M_2种植穗行。

3. M_2代　单株种植，也可种植穗行或株行。由于M_2出现异常的叶绿素突变体较多，有育种利用价值的突变少，必须种植足够的M_2群体。

4. M_3代及以后世代　一般已很少分离，尤其是单基因突变体。M_3代均以株系种植，如株系内性状已稳定，可以混合收获。

5. 诱变与杂交相结合的选育　利用杂种一代或后代进行诱变处理，提高其后代的变异类型。由于诱变处理不仅引起基因突变，也增加了染色体交换的频率，打断性状间的紧密连锁，实现基因重组，扩大了杂种后代变异类型，提高诱变效果。王彩莲等（1990）用300 Gy的γ射线处理6个水稻杂交组合当代干种子及其亲本，结果表明，照射杂种一代可以明显提高染色体畸变率，GST-2/军84-86F_1和F_1M_1的染色体畸变率分别为0.82%和8.72%。F_2M_2性状突变率也较F_2明显提高。

广西农业科学院用红梅早/广南1号F_1经7.74 C/kg（30 kR）的γ射线处理，育成苗期耐寒、中熟、丰产和适应性广的品种红南。江西省农业科学院用5450/印尼水田谷的F_1经300 Gy的γ射线处理育成耐寒、抗白背飞虱的高产品种M112。戴正元等（1999）用扬稻4号/3021F_1经^{60}Co γ射线处理，育成优质高产水稻品种扬稻6号。

（三）一些性状改良的效果　根据天津市农业科学研究所（1975）的分析，用γ射线处理粳稻干种子（剂量为5.16～7.74C/kg）时，常见到的突变大致有：①生育期的早晚变异，一般迟熟变异的频率较高；②株高以变矮的类型出现的频率较高，也有呈半匍匐的特殊的突变体；③粒重的变异，以降低的较多，粒重增加的突变体较少；④粒形变异一般趋向于由长变圆，少数为顶部米粒外露的爆粒型；⑤穗型变短着粒密度变密为多；⑥叶型变厚的比较多，也有变窄的；⑦在M_2和M_3中都出现不同程度的不育性变异。诱变改良水稻品种的性状，已知有以下几方面成果。

1. 生育期的改良　应用诱变育种改良品种的生育期是十分有效的。二九矮7号在长江流域属于中籼品种，浙江省农业科学院和温州市农业科学研究所先后通过3.87 C/kg（15 kR）和7.74 C/kg（30 kR）γ射线处理，育成比原品种早熟10～15 d的辐育1号和二辐早。国际水稻研究所的IR8经福建、浙江农业科学院分别用强度为$10^{12}/cm^2$快中子和9.03 C/kg（35 kR）γ射线处理育成比原品种早熟30 d和45 d的早熟品种卷叶白和原丰早。根据韩国Lee的诱变试验（1990），M_2早熟突变体出现的频率为0.6%～2.3%，表明早熟类型的选育是有把握的，尤其在大田里容易加以鉴别。

2. 植株高度的改良　将高秆品种诱发得半矮秆类型突变体的频率也较高，突变率有0.29%～0.42%（Lee，1990）。1966年，我国首次对高秆品种莲塘早和陆财号，分别用X射线和γ射线诱变，得半矮秆品种辐莲矮和辐射31；用^{32}P处理广陆矮4号/IR8F_1种子，育成辐陆矮1号。日本于1996年用株高104.2 cm的富士埝经^{60}Co 5.16 C/kg的γ射线处理，育成比原始品种矮15 cm的黎明。美国用γ射线处理Calrose育成Calrose76，用这个矮秆突变体作杂交亲本又育成M7（Calrose76/CS-Ma）、M101（CS-Ma/Calorse76//D31）和Calpearl（Calrose76/Earlirose//IR1318-16）等。

3. 稻米品质的改良　稻米的粘性变为糯性在诱变育种中取得较大的成就。湖南省农业科学院用7.74 C/kg（30 kR）的γ射线处理二九青育成中熟糯稻品种湘辐糯。宜宾市农业科学研究所用2.58 C/kg γ射线处理IR8育成比原品种抗稻瘟和胡麻叶斑病的糯稻品种RD6，产量也高于原品种和推广品种。诱变也可改良稻米蒸煮品质。例如，浙江省舟山农业科学研究所经电子流处理红410，育成糙米长宽比为3∶2，直链淀粉含量16.3%～17.0%，胶稠度77 mm，糊化温度2级的优质早籼品种红突31。

4. 抗病性的改良　采用诱变育种方法在提高水稻抗瘟性方面也取得一些成效。广东省农业科学院用0.387 C/kg γ射线在合子期处理感稻瘟病的桂朝2号，育成高抗稻瘟病的早熟品种辐桂1号，用55个稻瘟病株鉴定时，其中81.8%表现抗病，桂朝2号只有27.2%。湖北蕲春县原种场以7.74 C/kg的γ射线处理台中育39，育成抗黄矮病的争光1号。但是抗病性诱变频率较低。据山崎和河并（Yamasaki和Kawai，1968）报道，M_2抗稻瘟病突变体频率仅为0.006%。

5. 突变体应用于杂交育种　利用突变体为杂交亲本选育品种，较为突出的事例是嘉兴市农业科学研究所利用γ射线处理农虎6号，选得辐农709作为杂交亲本，先后育成了秀水48（辐农709^2/京引154）、秀水24（辐农

709³/京引154)、秀水04（测21//辐农709²/单209）和秀水06（辐农709²/209）等品种。福建连城县农业科学研究所利用IR8的突变体与红410杂交育成早熟、分蘖力强、较抗稻瘟病的科辐红2号。广东省农业科学院育成的华竹矮（双华矮/辐竹二矮）和青华矮6号（晚青/青兰矮 F_4/华竹矮）中都利用了辐竹二矮，该材料是IR20/竹印2-C6965经诱变得到的突变体，对白叶枯病具有中等抗性。

6. 标记性状材料的获得　将具标记性状的材料应用于杂交稻生产，可在早期剔除假杂种，减轻混杂的种子给生产带来的严重损失。舒庆尧等（2001）用300 Gy ^{60}Co γ射线辐照龙特甫B干种子，育成了苗期第1～3叶表现周缘白化的全龙A。张集文等（2000）用 ^{60}Co γ射线处理W6154S种子，选育出苯达松致死的水稻光温敏雄性不育系8077S。

二、花药（花粉）培养技术

植物各部分分离的活细胞通常都能在试管中生长。水稻的穗、叶片、叶鞘等都曾在不同条件下培养成植株，这都支持分化的活细胞具有全能性的观点，即它们都有产生完整植株的遗传能力。

花药培养和花粉培养指花粉在合成培养基上改变其正常的发育途径，由单个花粉粒发育成完整植株的技术。只是花药培养的外植体为花药，而花粉培养的外植体是花粉粒（小孢子）。直接用花粉作为外植体就不会因花药的药壁、花丝、花隔等体细胞组织的干扰而形成体细胞植株。但花粉培养技术难度大，很难获得大量水稻花粉植株。

1964年印度Guha和Maheshwari首先用毛叶曼陀罗（*Datura innoxia*）的花药经培养获得正常的小植株。1968年日本新关宏夫和大野清春用水稻花药培养成单倍体植株。我国花药培养研究始于1970年，我国水稻花药培养植株的频率已显著提高，以接种花药计算，每接种100枚花药，粳稻一般可得绿苗4～5丛，籼稻可得1丛左右。通过花药培养育成的品种已很多，其中，中国农业科学院育成的中花9号推广面积较大，在北方稻区不仅表现产量高，而且高抗稻瘟病。浙江省农业科学院育成的浙粳66具有早熟、高产、抗白叶枯病等特点。黑龙江省农业科学院合江水稻研究所育成的合单76-085能种植在纬度48°N左右的松花江流域。这都说明花药培养已为水稻育种增添了一种有效的辅助技术。

（一）花药培养的一般操作程序　通常取小孢子处于单核中晚期的花药进行培养最为适合，其形态指标是当水稻的剑叶已全部伸出，叶枕距4～10 cm，幼穗的颖壳宽度已接近成熟的大小，颖壳呈现绿色，雄蕊伸长达颖壳的1/3～1/2。此时，取稻穗经低温处理，以提高愈伤组织和幼苗的分化频率。

接种前进行表面灭菌，一般用70%～75%酒精将表面擦洗，最好用新鲜漂白粉饱和液的上清液浸泡10～15 min，或用0.1%升汞（二氯化汞）浸泡10 min。灭菌后用无菌水反复冲洗3次，以彻底清除残留在稻穗表面的药液。随后在超净台上进行接种操作，采用直径3 cm的试管，每管接种花药50～100枚。花药在含有适当生长调节剂的脱分化培养基中，约30 d左右可诱导愈伤组织形成。当愈伤组织增殖到2～3 cm大小时，及时进行再分化培养，以获得花粉植株。再分化培养基要选择含适当水平的激素，经15～25 d就能诱导幼苗的分化。幼苗生长有3～4片叶后，根据根系生长良好情况即可移植到土中。

水稻花粉植株有50%～60%可自发染色体加倍成二倍体（即双单倍体），约有40%左右为单倍体，5%为多倍体或非整倍体。单倍体可采用0.025%～0.05%的秋水仙碱处理，促使染色体加倍。

（二）花药培养的方法　诱导愈伤组织的培养基通常采用 N_6 培养基（表1-7）。

表1-7　N_6 培养基的成分（mg/L）

成分	含量	成分	含量
KNO_3	2 830	H_3BO_3	1.6
$(NH_4)_2SO_4$	463	KI	0.8
KH_2PO_4	400	甘氨酸	2.0
$MgSO_4 \cdot 7H_2O$	185	盐酸硫胺素	1.0
$CaCl_2 \cdot H_2O$	.166	盐酸吡哆醇	0.5
$FeSO_4 \cdot 7H_2O$	27.8	烟酸	0.5
Na_2-EDTA（乙二胺四乙酸钠）	37.3	蔗糖	50 000
$MnSO_4 \cdot 4H_2O$	4.4	琼脂	10 000
$ZnSO_4 \cdot 7H_2O$	1.5	灭菌后pH	5.8

在N_6基本培养基的基础上，附加一定数量的生长调节剂，以维持并启动花粉细胞分裂、生长和愈伤组织的进一步分化。诱导愈伤组织的生长调节剂以2,4-D效果最好，IAA或NAA较差。2 mg/L的2,4-D用量对多数品种都是合适的；当浓度高于4 mg/L时，愈伤组织的结构松散，分化率低；而3 mg/L以下时，愈伤组织数量减少，但素质较好。

在附加2,4-D的培养基中的花粉粒，在26～28 ℃温度的黑暗条件下培养，不再继续按原来的分化方向分化为成熟花粉粒，而进入脱分化培养。核仁组织产生多种RNA，促进酶的合成，加强酶的活性，使花粉细胞分裂增殖形成不规则的细胞团，即愈伤组织。经3～4周愈伤组织可达2～3 mm大小，转移到降低了生长调节剂水平的再分化培养基上之后，方可分化形成芽和根，最后形成完整植株。

再分化培养基一般选用MS基本培养基（表1-8），并附加细胞分裂素，如KT（激动素，即6-呋喃氨基嘌呤）或6-BA（6-苄基氨基嘌呤）1.5～2.0 mg/L和IAA 0.1～0.5 mg/L，在28 ℃温度下每天14～16 h的1 000～2 000 lx光照，进行光培养。KT等细胞分裂素能促进细胞分裂，调节和启动细胞分化，特别是芽的分化。经过2～4周左右即陆续出现根、芽的分化。等有3～4片叶时即可移到土中。如幼苗瘦弱，尤其是根系不良，可将植株先移到不加细胞分裂素而含极低浓度生长调节剂的培养基上，再次培养，使其健壮后再移到土中。

表1-8　MS培养基的成分（mg/L）

成分	含量	成分	含量
NH_4NO_3	1 650	$CoCl_2 \cdot 6H_2O$	0.025
KNO_3	1 900	Na_2-EDTA	37.3
$CaCl_2 \cdot H_2O$	440	$FeSO_4 \cdot 7H_2O$	27.8
$MgSO_4 \cdot 7H_2O$	70	肌醇	100
KH_2PO_4	170	烟酸	0.5
KI	0.83	甘氨酸	2.0
H_3BO_3	6.2	盐酸硫胺素	0.4
$MnSO_4 \cdot 4H_2O$	22.3	盐酸吡哆醇	0.5
$ZnSO_4 \cdot 7H_2O$	8.6	蔗糖	20 000
$Na_2MoO_4 \cdot 2H_2O$	0.25	琼脂	10 000
$CuSO_4 \cdot 5H_2O$	0.025	灭菌后pH	5.8

（三）提高花药培养成植株的因素

1. 供试材料的基因型　一般情况下，花粉植株的培养频率以粳稻较籼稻为高。但用乙酰丁香酮处理籼稻愈伤组织，可提高籼稻的再生能力。

2. 花粉发育时期　水稻花粉发育在单核期时最有利于诱导，小孢子发育到这时候是脱分化的临界期。

3. 培养条件　水稻在25～28 ℃温度下形成花粉愈伤组织频率高（即出愈率高），在30 ℃温度下诱导的愈伤组织绿苗分化多（即绿苗分化率高）。在诱导花药的花粉脱分化形成愈伤组织时，需要黑暗条件培养；而诱导胚状体和芽形成时的分化培养，一般都要求有一定时间和一定光强（1 000～2 000 lx）的光照处理，否则会影响分化效果。

4. 培养基附加物　在培养基中添加马铃薯提取液、椰子汁及水解乳蛋白、酵母汁、脯氨酸等可提高籼稻的培养力。加入适量的S-3307可明显提高花药愈伤诱导率和绿苗分化率。苯乙酸可提高愈伤组织分化率。

（四）花药培养在水稻品种改良上的应用　在杂交育种工作中，应用花药培养可以加速育种进程，提高选育效率。其主要特点如下。

1. 提高获得纯合材料的效率　利用杂种一代花药培养产生的花粉植株，其基因型即为分离配子的基因型，经染色体加倍后均成为纯合的基因型（H_1）。将这些单株种成的株系（H_2）均为性状整齐一致的纯系，对于育种者来说只要鉴定H_2各株系的表现加以选优去劣，再经过进一步产量比较和有关性状的鉴定就可繁殖推广，故有助于缩短育种周期。

2. 提高选择效率　排除显隐性的干扰，使配子类型在植株水平上充分显现。由于成对基因在配子中分离频率为2^n（n基因对），而孢子体则为2^{2n}，从总体来看杂种一代培育的H_1所需的群体的数量可以减少很多。刘进等（1980）比较了宇矮/C245的102个H_2株系，335株F_2和150个F_3株系的生育期、株高、穗长、每穗粒数、着粒密度的变异系数，H_2的变异系数还高于F_2和F_3，表明H_2中能得到相当广泛的遗传组成。

3. 结合诱变处理提高诱变效果　花药培养产生愈伤组织时，用辐射线或化学诱变剂处理，不仅可增加H_1的变异范围，而且有利于当代或H_2代的选择。因处于单倍体状态的显性或隐性突变，都能在花粉植株上表现出来，所产生的双单倍体均属纯合的。

4. 推广品种通过花药培养可起到提纯选优的作用　长期推广种植的品种通过花药培养选择优良株系，可以提高原品种的纯度。

5. 尚存在技术难题　花药培养用于育种尚有一些技术问题有待解决，主要有如下几方面。

①还没有适合于各种不同基因型的培养基，以致某些杂交组合的F_1不易获得较多的花粉植株。

②绿苗分化率还不够高，因此也难以使每个杂交组合都达到足够数量的H_1植株数，限制了选择优良H_2株系的范围。

③不能在短期内成批产生较多的H_1植株，分化绿苗的时间过长，延误种植季节。

④产生花粉植株的程序较繁杂，人力、物力消耗较多，大规模产生花粉植株的技术尚待完善。

（五）花药培养在水稻遗传图谱构建上的应用　取F_1植株的花药进行离体培养，诱导产生单倍体植株，然后对染色体进行加倍产生双单倍体（DH）植株。构建DH群体所需时间短，并且DH群体是永久性群体，可长期使用。DH群体的遗传结构反映了F_1配子中基因的分离和重组，其作图效率较高。目前已构建了窄叶青8号/京系17、圭630/02428、圭630/热带粳等DH群体，并用这些群体定位了一些重要的质量和数量性状基因座位，如稻瘟病抗性、产量、米质、低温发芽、雄性不育恢复基因等。

第七节　水稻育种途径和方法（四）

——分子标记辅助选择和转基因育种

一、分子标记辅助选择育种

选择是指从一个育种群体中选择符合要求的目标基因型。传统育种往往通过目标性状的表现型对基因型进行间接选择。而分子标记辅助选择（或标记辅助选择，marker-assisted selection，MAS），则是利用与目标性状基因紧密连锁的分子标记对基因型进行间接选择。MAS其实是对目标性状在分子水平上的一种选择，与传统的表现型选择相比，它不受等位基因间显隐性关系、其他基因效应和环境因素的影响，选择结果可靠。同时，MAS一般可在植株生长发育前期和育种早代时期进行，提高选择效率和缩短育种周期。

（一）分子标记辅助选择的基本原理　在不同育种程序中，育种家根据育种目标和材料的不同，采用不同的育种方法和手段对目标性状进行改良，最终育成作物新品种。在此过程中，利用分子标记辅助选择的原理基本相同。

首先，通过基因定位或QTL分析，获得与目标性状基因或QTL连锁的分子标记。这主要是通过构建包含目标性状分离群体（F_2群体、回交群体、DH群体或RIL群体）和连锁分析，获得与目标性状基因连锁的共显性分子标记。适用于分子标记辅助选择的理想的分子标记是基于PCR技术的分子标记，如SSR标记、SCAR标记、CAPS标记、STS标记等。

然后，利用分子标记对目标基因型进行辅助选择。这是通过对分子标记基因型的检测间接选择目标基因型。分子标记与目标性状的连锁越紧密，选择效率越高。有研究表明，若要选择效率达到90%以上，则标记与目标基因间的重组率必须小于0.05。同时用两侧相邻的两个标记对目标基因进行选择，可大大提高选择的准确性。在回交育种程序中，除了对目标基因进行正向选择外，还可同时对目标基因以外的其他部分进行选择，即背景选择（background selection）（Hospital和Charcosset，1997），加快轮回亲本纯合进度。

（二）不同目标性状类型的分子标记辅助选择效率　在多数情况下，对质量性状的选择没有必要借助分子标记。但是，在以下几种情况下，利用标记辅助选择则可提高选择效率：①表现型测定在技术上难度较大或费用很高，如抗病虫性；②表现型只在个体发育后期才能测量；③目标性状由隐性基因控制，在杂合世代不表现；④回交转育过程中，还需同时对背景进行选择。

作物的许多重要经济性状属于数量性状，对这类性状的选择比单基因质量性状要复杂得多。这是因为，多基因选择不但技术上更复杂，成本更高，而且由于每个 QTL 的贡献率较小，效率也更低。尽管如此，一旦建立起 QTL 与分子标记的连锁关系，就有希望利用 MAS 进行改良。借助分子标记对 QTL 进行辅助选择的成败主要取决于对 QTL 的精确定位以及 QTL 受环境因素和其他基因型影响的大小。目前对 QTL 的分析在相当大的程度上还是建立在样本较小、试验精确性较低、统计分析未考虑上位性效应的基础上，仍须完善方法及其应用软件，从而更精确地估计 QTL 对表现型的贡献率。

（三）分子标记辅助选择在水稻育种上的应用实例 应用分子标记辅助选择的一个实例是对抗白叶枯病基因的育种利用。Abenes 等（1993）将带有 *Xa*-21 的 IR24 近等基因系 IRBB21 与不含抗病基因的另一个 IR21 近等基因系杂交，用与 *Xa*-21 连锁的 STS 标记（pTA248）检测得到的 3 株纯合抗性植株。以白叶枯病常规接种方法检测 $F_{2:3}$ 株系以确定 F_2 植株的基因型，结果为 31 株纯合抗病，仅 3 株为杂合抗病，准确率 91.2%，而已知 pTA248 与 *Xa*-21 的遗传距离为 1.2cM，近 9%的误差反映了选择群体和定位群体之间的重组频率的变化。Huang 等（1997）利用 MAS 将 4 个抗白叶枯病基因 *Xa*-4、*xa*-5、*xa*-13 和 *Xa*-21 聚合到 IRBB60 品系中。薛庆中等（1998）利用 MAS 成功地选育了抗白叶枯病的水稻恢复系，对杂交后代的 243 个品系进行 PCR 分子标记检测，从中筛选出纯合抗性系 46 个，进一步对这 46 个纯合抗性系进行人工接种鉴定，结果发现 43 株为纯合抗病，准确率高达 93.5%以上。Cheng 等（2000）利用 MAS 技术将广谱抗白叶枯病基因 *Xa*-21 导入优良恢复系明恢 63 中，并选择到在 *Xa*-21 两侧小于 1.0cM 内均发生重组的单株，通过一轮回交和自交，获得了除 *Xa*-21 外绝大多数位点上为明恢 63 等位基因的纯合单株。

（四）分子标记辅助选择应用前景 尽管迄今为止，成功地在水稻育种中应用的例子尚不多见，但是，由于分子标记本身的优点以及分子生物学的发展，分子标记辅助选择技术将在以下几个方面表现出其广阔的应用前景。

1. 利用分子标记辅助选择技术进行有用基因的聚合育种 基因聚合就是将分散在不同品种的有用基因聚合到同一个品种中。这是抗病虫育种的一个重要目标。抗性鉴定需要人工接种（虫），必须在一定的发育时期进行，并要求严格控制接种（虫）条件，而且在聚合过程中，必须对不同的抗性基因分别进行鉴定，技术上较为困难。利用分子标记辅助选择的方法进行抗性基因聚合则可避免上述困难。

2. 利用分子标记技术进行回交育种 在利用回交方法改良品种时，将分子标记辅助选择和常规育种手段结合可以加快育种进程。这是由于利用分子标记辅助选择技术对目标基因进行正向选择的同时，也可同时进行遗传背景的选择，提高了选择效率，加快了遗传进度，这是传统育种手段所无法比拟的。

3. 数量性状的分子标记辅助选择 利用回交高代 QTL 分析方法（Tanksley，1993），可以建立一套受体亲本的近等基因系，其遗传背景来自受体亲本，但个别染色体片段来自供体亲本。利用这些近等基因系就可以对有关 QTL 进行精细定位，大大提高数量性状的分子标记辅助选择的可靠性。Bernacchi 等（1998）即利用该策略成功地将番茄野生种 *Lycopersicon hirsutum* 中与果实性状有关的有利等位基因转入优良的番茄栽培种中。

但是，基因定位基础研究与育种应用脱节是限制分子标记辅助选择技术应用到育种中的一个主要原因。大部分研究的最初的目的只是为了定位目的基因，在实验材料选择上只考虑研究的方便，而没有考虑与育种材料的结合，致使大部分研究只停留在基因定位上，未能进一步走向育种应用。这是由于基因定位研究群体与育种应用群体的目的基因与标记之间的遗传距离往往不一致，当两者之间相距较远时，不同群体之间差异就较大，导致达不到标记辅助选择育种应用的要求。为使基因定位研究成果尽快地服务于育种，应注重基因定位群体与育种群体相结合。

二、转基因育种

水稻转基因育种就是将转基因技术与常规育种手段相结合，培养具有特定目标性状的水稻新品种。它涉及目的基因的克隆、载体的构建、转基因植株（遗传工程体）的获得及其在育种实践中的应用等多个过程，直至育成品种。与常规育种技术相比，转基因育种在技术上较为复杂，要求也很高，但是具有常规育种所不具备的优势。首先，由于转入的外源基因可以来源于植物、动物或者是微生物，能拓宽可利用基因资源的范围；其次，转基因育种还具有定向变异和定向选择的特点，因此可以大大提高选择效率，加快育种进程。此外，通过转基因的方法，还可将植物作为生物反应器生产药物等生物制品。例如，日本科学家将乙肝病毒抗体基因导入水稻中，并从该转基因水稻的叶片中提取乙肝疫苗。正是由于转基因技术育种具有上述强大的优势，使得转基因技术在问世后的短短30年内就得到了快速的发展。

（一）目的基因的种类 目的基因的获得是利用转基因进行水稻育种的第一步。根据基因用途的不同，可以将目的基因分为抗病虫、抗逆、提高水稻品质等的相关基因。目前常用的抗虫基因有来源于微生物苏云金芽孢杆菌的杀虫结晶蛋白（Bt）系列、农杆菌的异戊烯基转移酶基因、链霉菌的胆固醇氧化酶基因（*cho* A）等，来源于植物的消化酶抑制剂基因系列（包括蛋白酶和淀粉酶抑制剂基因）以及植物外源凝集素基因，但是当前真正可用于生产实践的抗虫基因仍以苏云金杆菌（*Bacillus thuringiensis*）的 *Bt* 基因为主。抗病基因的种类较多，包括抗病毒、抗真菌和抗细菌基因，其中来源于水稻的抗白叶枯病基因 *Xa*-21 是一种重要的抗细菌基因，含有该基因的转基因抗病水稻已经进入大田实验。

（二）常用载体及水稻受体系统 目的基因的获得只是为利用外源基因提供了基础，要将外源基因转移到受体植株，还必须对目的基因进行体外重组。质粒重组的基本步骤包括：从原核生物中获取目的基因的载体并进行改造；利用限制性内切酶将载体切开，并用连接酶把目的基因连接到载体上，获得DNA重组体。已经分离的目的基因一般都保存在大肠杆菌内的一类辅助质粒中，常用的有pBR322系列、pUC、pBluescript K＋（－）系列等。在进行外源基因转移前还必须将外源基因重组到合适的转化载体上，具体采用哪种载体要根据转基因的方法和目的而定。

受体是指用于接受外源DNA的转化材料。建立稳定、高效和易于再生的受体系统，是植物转基因操作的关键技术之一。良好的植物基因转化受体系统应满足以下条件：①高效稳定的再生能力；②有较高的遗传稳定性；③具有稳定的外植体来源，即用于转化的受体要易于得到而且可以大量供应，如胚和其他器官等；④对筛选剂敏感，即当转化体筛选培养基中筛选剂浓度达到一定值时，能够抑制非转化植株细胞的生长、发育和分化，而转化细胞、能正常生长、发育和分化形成完整的植株。水稻是开展组织培养研究较早的作物之一，至今已有几十年的历史，并从多种组织来源获得过再生植株。但是，还应该清楚地看到，现有水稻组织培养再生系统与转基因水稻育种所需的转化受体系统之间还存在很大的差距。目前水稻受体材料系统存在的主要问题有再生率低、基因型依赖性强、再生细胞部位与转化部位不一致等，因此还必须加大这方面的研究以利于水稻转基因育种的顺利进行。

表1-9 部分报道的通过农杆菌介导法获得的转基因植株

品种类型	受体组织	外源基因	参考文献
粳稻	幼胚	报告基因和标记基因（*Gus/hpt*）	Chan 等（1993）
粳稻	芽尖分生组织、悬浮系、幼胚盾片组织	报告基因和标记基因（*Gus/hpt*）	Hiei 等（1994）
籼稻	盾片愈伤组织	报告基因（*hpt/Gus*）	Rashid 等（1996）
粳稻	胚性愈伤组织	绒毡层特异启动子和报告基因（*Gus*）	Yokoi 等（1997）
粳稻	成熟（和幼）胚愈伤组织	*Bt* 基因和报告基因（*Gus*）	Cheng 等（1998）
籼稻	根（茎）尖及盾片愈伤组织	报告基因和标记基因（*Gus/hpt*）	Khanna 等（1999）
粳稻	悬浮细胞系	报告基因（*Gus/hpt*）	尹中朝等（1998）
粳稻	幼穗来源愈伤组织	抗虫基因（*Bt*）	项友斌等（1999）
籼稻	成熟胚来源愈伤组织	白叶枯病抗性基因 *Xa*-21	赵彬等（1999）
粳稻	未成熟胚来源愈伤组织	大豆球蛋白基因	张宪银等（2000）
粳稻	成熟胚来源愈伤组织	*Bt* 基因和 *CpTI* 基因	李永春等（2002）

（三）转基因方法 选择适宜的遗传转化方法是提高遗传转化率的重要环节之一。尽管转基因的方法很多，但是概括起来说主要有两类。第一类是以载体为媒介的遗传转化，也称为间接转移系统法。载体介导转移系统的基本原理是通过载体携带将外源基因导入植物细胞并整合在核染色体组中，随着核染色体一起复制和表达。其中，农杆菌Ti质粒（tumor-inducing plasmid）或Ri质粒（root-inducing plasmid）介导法是迄今为止植物基因工程中应用最多、机理最清楚、最理想的载体转移方法之一。表1-9列举了部分报道的以农杆菌为介导获得的水稻转化体。第二类是外源目的DNA的直接转化，主要包括基因枪法、电击法、超声波法、PEG介导法等。此外，由我

国学者周光宇发明的显微注射法也在包括水稻在内的多种作物上获得成功，该法的原理是利用琼脂糖包埋、聚赖氨酸粘连、微吸管吸附等方式将受体细胞固定，然后将供体DNA或RNA直接注射进入受体细胞。随着科技的不断发展，人们先后又发明了多种直接转化方法，如超声波介导法、脉冲电泳法、离子束介导等方法，但是由于上述方法技术还不成熟、有的原理不清楚或者是所需设备太昂贵，在实际应用中仍受到限制。

（四）转化体的筛选和鉴定

1. 转化体的筛选　外源目的基因在植物受体细胞中的转化频率往往是相当低的，在数量庞大的受体细胞群体中，通常只有为数不多的一小部分获得了外源DNA，而其中目的基因已被整合到核基因组并实现表达的转化细胞则更加稀少。因此，为了有效地选择出这些真正的转化细胞，就有必要使用特异性的选择标记基因（selectable marker gene）进行标记。常用选择标记基因包括抗生素抗性基因和除草剂抗性基因两大类，如卡那霉素抗性基因*npt*Ⅱ和潮霉素抗性基因*hpt*，除草剂抗性基因*bar*基因和Glyphosate抗性基因*epsps*等。在实际工作中，是将选择标记基因与适当启动子构成嵌合基因并克隆到质粒载体上，与目的基因同时进行转化。当标记基因被导入受体细胞之后，就会使转化细胞具有抵抗相关抗生素或除草剂的能力，在抗生素或除草剂存在的环境中非转化细胞被抑制、杀死，转化细胞则能够存活下来。

2. 转化体的鉴定　通过选择压筛选得到的转基因植株只能初步证明标记基因已经整合进入受体细胞，至于目的基因是否整合、表达还无从判断。因此，还必须对抗性植株进一步检测。根据检测水平的不同，转基因植株的鉴定可以分为DNA水平、转录水平和翻译水平的鉴定。DNA水平的鉴定主要是检测外源目的基因是否整合进入受体基因组，整合的拷贝数以及整合的位置，常用的检测方法主要有特异性PCR检测和Southern杂交。转录水平鉴定是对外源基因转录形成mRNA情况进行检测，常用的方法主要有Northern杂交和RT-PCR检测。为检测外源基因转录形成的mRNA能否翻译，还必须进行翻译或者蛋白质水平检测，最主要的方法是Western杂交。表1-10列出了各个时期具有代表性的水稻遗传转化实例。

表1-10　水稻遗传转化研究中的重要事件

代表事件	受体材料	转化方法	参考文献
瞬时表达	原生质体	PEG	Ou-Lee et al.（1986）
稳定转化的愈伤组织	原生质体	PEG	Uchimiya et al.（1986）
转基因粳稻	原生质体	电击	Toriyama et al.（1988）
	原生质体	电击	Zhang et al.（1988）
	原生质体	PEG	Zhang and Wu et al.（1988）
首次获得籼稻转化体	原生质体	PEG	Datta et al.（1990）
方法创新	幼胚	基因枪	Christou et al.（1991）
农杆菌转化体	愈伤组织	农杆菌	Hiei et al.（1994）
首次获得农艺性状（抗除草剂）	幼胚	基因枪	Oard et al.（1996）

（五）转基因水稻育种及生物安全性　通过转基因技术获得的转化植株很少直接作为品种进行推广应用，这是由于各类作物品种都具有一系列主要育种目标性状，这些性状又各有其组成因素及生理生化基础，将外源基因导入受体植株只能赋予该株具有特定的目标性状，对于其他目标性状是否符合生产的需要还不清楚。虽然可以从受体材料的来源上对所获得的转基因植株的性状加以推测，但是由于转基因目标性状是通过非常规手段获得的，外源基因的插入很有可能对原有基因组的结构发生破坏，并对宿主基因的表达产生影响，这势必会影响甚至改变该作物品种的原有性状，因此，通过转基因方式获得的植株只能作为育种的中间材料。如何对通过各种转基因手段获得的转基因水稻植株进行有效的利用将是影响转基因水稻育种的关键。通过转基因手段成功培育水稻品种的实例还很少，其中最有名的2000年瑞士科学家通过转基因技术将维生素A合成途径中的4个关键基因导入水稻使该水稻品种在没有胡萝卜素的条件下合成维生素A，解决了传统水稻品种缺少维生素A的难题，该品种被命名为Golden Rice。英国科学家将大豆铁蛋白基因导入水稻中，使所得的转基因水稻胚乳中铁蛋白的含量提高了3倍。我国科学家黄大年于1998年培育的转*Bar*基因水稻具有高抗除草剂的特性，该品种已开始推广试验。

随着大批转基因作物的产业化及其产品的不断上市，转基因作物的安全性问题已成为社会关注的焦点。关于转基因作物安全性的讨论在各类刊物中都有大量报道。综合来看，转基因作物可能存在的风险性主要有生态安全性和食用安全性两大方面。转基因生态安全性关注的焦点主要集中在转基因作物是否会转变为杂草、转基因漂流是否会导致新型杂草产生、转基因作物是否会导致新型病原体产生、转基因作物是否会对生态系统中的非靶标生物造成伤害等。对转基因食品食用安全性的担忧主要包括抗生素标记转基因是否会在人体内水平转移（horizontal gene transfer）而导致新致病菌的产生和外源基因（及其产物）是否有害于消费者的健康两方面。

产业化的转基因作物一方面是构成生态系统的重要元素，其安全性关系到人类生存环境的维护；另一方面又是食品加工的原料，其安全性直接影响到消费者的身体健康。为此，科学工作者正在努力开发各种切实可行的安全性转基因途径，力求将转基因作物可能带来的风险降低到最低水平。

第八节　水稻育种田间试验技术

一、试 验 地

试验用水稻田应选择土地平坦，保水性能良好，水源方便，灌排设施齐全的中等肥力水稻田，以便稻株正常生长，保证试验质量。试验地务求连片，并按试验的需要区划田块，各有固定的田埂。田块的灌排互相独立，以便对不同的试验材料分别进行管理。试验地的面积视育种规模及承担的育种任务而定，而试验田块，应能容纳完整的试验项目。例如，品种比较试验设有 10 个品系，每个品系种 1 小区，小区面积不小于 12 m^2，重复 3～4 次，则田块面积不应小于 667m^2（1 亩）。参试品系越多，面积也应越大，但面积也不宜过大，否则土壤肥力差异不易控制。育种规模大的育种机构，试验项目和育种材料多，则按育种任务和目标划区进行试验。试验区须注意轮作，培养地力。道路设施的安排应便于工作和运输，有利于提高工作效率。

二、世代群体的种植

水稻试验材料一般育秧移栽，形成整齐均匀的稻株生长空间，便于选择，减少误差，并有助于清除混杂。性状尚在分离的世代群体，须单苗和多苗种植。在优良的生长条件下，单苗种植可提高繁殖系数，加速种子的繁殖。但是，育秧移栽较费工，且在拔秧、运秧和插秧过程中，要防止差错。

由遗传纯合的亲本杂交产生的种子，属于杂种第一世代（F_1）。杂交种子若当年播种，常须打破种子休眠。种子用 50～55 ℃温度处理 72～120 h，对打破休眠有效，父母本之一有较强休眠特性的，其杂交种子往往要处理一周或更长时间。剪颖授粉产生的 F_1 种子，播种前宜剥除谷壳，浸种催芽，较易获得全苗。但是剥壳的种子直接播入土中，常容易霉烂，故须提高秧田耕整质量，播后不盖土。如用秧盘育秧，则须进行育秧土的消毒。种子消毒可用 0.1%的升汞处理 10 min，清洗后再浸种催芽。F_1 代单苗移栽，设亲本对照种植，去杂后，混合收获留种，产生杂种第二世代（F_2）。

F_2 代育秧移栽，单苗插秧，按组合排列，可种或不种对照和杂交亲本。稀播育秧，培育壮苗，移栽时株行距放宽，以利于不同基因型个体良好发育，提高选择效果。

F_2 群体大小视杂交组合性质及育种目标而定。远缘亲本杂交产生的 F_2 代，性状分离复杂，种植群体应加大。

水稻杂交育种从 F_2 代起一般采用系谱法选择，以进行性状的追踪。单株（穗）选择，次年（季）种成 F_3 株系。每个株系种成一小区，单株栽插，每 10～20 小区种植一个对照品种。每个株系一般种 100 株左右。从中选择优良株系，并继续在其中选株（穗）。次年（季）种成同源的 F_4 家系。如此循序前进，直至性状基本稳定，选择符合育种目标的优良株系，混收产生品系，进行品系鉴定试验。从试验的早期起，抗病、虫、逆害和稻米品质的鉴定，结合进行。

品系鉴定试验选用当地主要栽培品种作对照，设重复区，每个品系的面积稍加大，以比较鉴定其生产性能和适应性。育秧移栽，单苗或少苗插秧，单苗插秧便于继续选择，少苗插秧便于鉴定其生产性能。经过试验选出的优良品系，进一步参加省、区多点鉴定试验，然后推荐参加省、区或国家级的有重复的区域鉴定试验，直至育成品种，后经省、区或国家的品种审定委员会审定，给以命名推广。

三、杂交技术

水稻杂交技术主要包括人工去雄和人工授粉。水稻是自花授粉作物，雌雄同花，一个颖花有6枚雄蕊，1枚雌蕊，结一粒种子（颖果），须注意提高杂交的效率。

杂交亲本的性状及其遗传背景务求了解清楚，避免盲目杂交。杂交亲本宜集中种成亲本圃，精细管理，使之生长良好。为使杂交亲本的开花期相遇，一般通过分期播种调节花期，每期播种相隔2～3周，播2～3期。杂交的场所宜光照充足、能避风雨，保证充分授粉，稻株在去雄前一天从田间移栽至盆缸中，放置于避风而光照充足的场所再进行杂交，可提高杂交效果。

杂交母本的稻穗宜抽出剑叶叶鞘，去雄前先剪除穗上部已开花授粉的颖花和部分包裹在叶鞘内发育不全的颖花，剪去剑叶。去雄可于当日盛花前约1 h或午后开花结束进行。前者当日去雄当日授粉，后者当日去雄次日授粉。常采用的去雄方法是剪颖温水杀雄。整理好预备去雄的稻穗放入盛有43～45 ℃温水的保温瓶内，处理3～5 min,即可使雄蕊失去散粉能力，而不伤害雌蕊。杀雄后不论颖花开放与否，用尖头小剪刀逐一斜剪颖花上部约1/3的颖壳，一并挑去花药，便于授粉。为防止异花传粉，去雄后的稻穗应用纸袋套好，等候授粉。稻穗上悬挂小纸牌，标记母本名称（或编号）与去雄日期。

也有采用改良的剪颖去雄方法去雄的。在剪去水稻颖壳的同时，连同剪去花药的一半或一少半，然后立即向剪雄后的颖壳内浇水，将花药打湿，未完全成熟的被剪破的花药即丧失散粉能力。雄蕊被打湿后，花丝很快伸长，将干瘪的花药伸出颖壳，用手指把干瘪的花药弹掉，然后再套上纸袋，留待授粉。

也可利用真空吸雄法去雄。玻璃吸管用橡皮管连接到抽气电动机，在剪颖后立即用真空吸管吸除花药，吸雄后随即套袋或授粉，这种方法效率高，但须有相应的设备。适合于盆栽的稻株去雄。

人工授粉时须保证有足量新鲜的花粉，才能提高结实率。稻穗盛花时，花粉容易随风飘失，在避风不良的场所进行杂交，临盛花时可先剪取父本稻穗插在盛有清水的容器中，放置在母本近旁。待其开花时，即向去雄的稻穗撒布花粉。授粉后套袋，并用回形针固定，防止脱落或折伤，悬挂的纸牌上记上父本名称（或编号）和授粉日期。水稻柱头接受花粉发芽的能力可维持5 d左右，但一般以当天去雄当日授粉或隔日授粉为好。授粉后3～4 d，可见子房伸长膨大，表明已杂交结实。

四、隔　　离

隔离是防止自然异交保持种性的常用措施，根据需要可选择时间隔离或空间隔离的方法。水稻虽属自花授粉作物，但也会发生程度不同的自然异交，从而影响品种纯度。水稻的自然异交率因品种与地区而异，一般小于1%，高者可达4%以上（管相桓，1942）。核质互作雄性不育系的异交率可达35%～45%（Virmani和Edwards，1983），因此，不育系的繁殖和杂交稻的制种，在抽穗期间田块四周相当距离内不应有别的稻种同时抽穗散粉，严防串粉，以免影响繁殖和制种的纯度。繁殖区和制种区都须互相隔离。大规模的繁殖和制种在自然隔离区内集中进行，小规模的繁殖和制种可用人工屏障隔离，如繁殖或制种田四周围以适当高度的塑料布，或控制开花时间。采用时间隔离的方法，在抽穗前的15 d至抽穗后的20 d内无其他水稻品种开花。不育系选育要严格隔离，而保持系和恢复系的选育，则按常规杂交育种原理，严格选纯，可不隔离。

第九节　水稻种子生产

种子是最基本的农业生产资料，是农业依靠科技进步的重要载体，推广优良新品种是一项经济有效的增产措施。从水稻育种的全过程看，选育良种、繁殖良种和推广良种，是相互关联的有机整体。通过省级或国家级品种审定委员会审定的水稻品种，即可在指定生态区域内推广应用。育种者提供其培育的新品种的育种家种子，经过不断繁殖，并在繁殖过程中保持其优良种性，以生产出足够数量和质量的种子用于大田生产，这一过程称为种子生产，亦称为良种繁育。

一、水稻种子生产技术体系及其发展

建立和健全种子生产技术体系，是实现种子生产专门化、加速良种推广、防止品种混杂退化、提高大田用种质量的组织保证。我国的种子生产技术体系，随社会经济的发展，在不同历史时期已经发生了几次大的变化。如在20世纪50年代后期，中央提出“四自一辅”种子工作方针；而后逐步形成了“以县为单位生产原种，公社或大队繁殖良种，生产队设置种子田就地繁殖种子”的三级良种繁育体系；1978年以后，农业部提出了“四化一供”的种子工作方针：“品种布局区域化，种子生产专业化，加工机械化，质量标准化，以县为单位有计划供应良种”，在当时的计划经济时代为农业生产发挥了重要作用。

在新的历史时期，为了规范种子的生产与经营，加快良种推广应用进程，国家颁布了《中华人民共和国种子法》，其规定，国家鼓励和支持具有一定技术力量和生产条件的单位和个人从事种子生产。

二、常规水稻品种的繁育

早年我国在未考虑品种权的情况下推行种子生产原原种、原种与良种的三级程序，近年来在考虑到品种权的情况下国家推广种子四级生产程序，种子生产是按育种家种子、原原种、原种和良种四级进行，三级程序中的原原种相当于四级程序中的育种家种子，二者的良种一级相当，但其他级别难以一概而论。下文以种子四级生产程序为主线，介绍其方法。育种家种子是育种单位提供的最原始的一批种子，由育种单位生产。由育种家种子扩展为原原种，原原种可由育种单位或其特约单位生产。用原原种直接繁育出来的种子称原种。原种再繁殖一、二代的种子即为生产上应用的良种。原种的质量及数量直接影响到良种种子质量和数量。

育种家种子的生产由选育单位穗选或株选种植穗行或株行，根据品种的典型特性淘汰有变异的穗行或株行，将整齐一致的典型穗行（株行）混收即成为育种家种子。在混收之前，可从中选择一批典型性状的单穗（或单株）供下次种植穗行（株行），以生产下一代的育种家种子。育种家种子除了鉴定农艺性状外还应鉴定稻米品质和种子质量、检疫性病害等。为保持育种家种子的相对稳定性，要求生产一次后一部分扩繁为原原种，一部分冷藏，以分年供应。原原种、原种的生产主要是淘汰杂种、劣株，保持种性。良种生产主要是原种的扩繁，并去杂去劣。国家正在制定四级种子的生产标准和相应各级种子的质量标准。

长期以来，我国一直采用20世纪50年代从前苏联引进的“三圃制原种”（当时称的“原种”相当于现在的育种家种子）生产技术，该技术以改良混合选择法为基础，能有效地保证品种的优良性状，延长品种的使用年限，在我国水稻生产中发挥了较大作用。但近年来，随着经济的发展和育种水平的提高，“三圃制”生产技术也出现了一些较突出的问题。一是生产周期过长，跟不上品种更新的速度。二是“三圃制”提纯复壮要投入大量的人力、物力和资金，且技术性强、繁殖系数低，而受技术、资金等因素制约，所生产种子的质量很难保障，而且很可能产生选择偏差，使种子偏离原有种性。第三，就“三圃制”技术本身来讲，提纯复壮使品种的综合性状得到显著提高是比较困难的。为此，不少学者和育种家对我国良繁体系进行了探索。陆作楣等提出了自交混繁法，通过选择一定数量的典型株行，经连续多代自交和选择，提高品种个体的纯合性，同时保持多个自交系混合繁殖生产种子，使群体遗传基础得以保持。据研究，该方法对于保持原品种的产量和品质与“三圃制”相比毫不逊色，但其程序简单，投入少，省工60%以上，该法可供生产育种家种子时参考。

三、三系法杂交稻的种子生产

（一）杂交稻混杂退化的原因　三系杂交水稻的制种、繁殖均是将两个不同的品种（系）栽培于同一田块，故播、栽、收、晒过程中极易混杂。保持系和恢复系都是自交繁殖的，机械混杂可导致互相串粉，产生生物学混杂，引起退化。此外，不育系混杂退化是引起杂交稻的混杂退化的更主要的原因。不育系混杂了保持系，由于后者自交繁殖，不育系中的保持系将可逐渐增加。用混杂有保持系的不育系制种，杂交稻（杂交一代）将出现大量的不育株，影响杂交稻的优势。不育系繁殖时若受外界恢复基因花粉影响，不育系将可自交结实，用这种不育系制种，将导致杂交稻出现不育系和其他分离。因此，三系的原种生产均须进行严格选择。

（二）三系法种子生产的方法和程序

1. 三系法四级种子生产程序 种子的高倍扩繁，或对育种家种子再进行单株稀植、分株鉴定、混合收获的高倍扩繁；各级种子经营单位通过原种场或特约种子基地，对原原种精量稀播生产原种；良种在大田生产上一般仅用1～2年即行更新。从育种家种子开始到繁殖出大田用良种的整个繁育程序，每一轮大致经历4～6代。这一种子生产程序称为"四级种子生产程序"，其突出特点是把迁移、选择、突变等不良影响减少到最低限度，避免遗传漂变，最大限度地保持原有品种群体的遗传稳定性。现以三系杂交稻利用模式说明其生产程序。该模式对不育系、保持系和恢复系的育种家种子，根据各系的繁育特点，按照三系亲本的育种家种子→原原种→原种→（原种繁殖→）杂交制种的程序完成（图1-9）。三系的育种家种子圃和原原种圃均为单株稀植、整株鉴定去杂、混合收获。其原种圃和亲本繁殖圃则为稀播种植、整株去杂、混合收获。亲本繁殖和制种均应在严格隔离条件下进行。

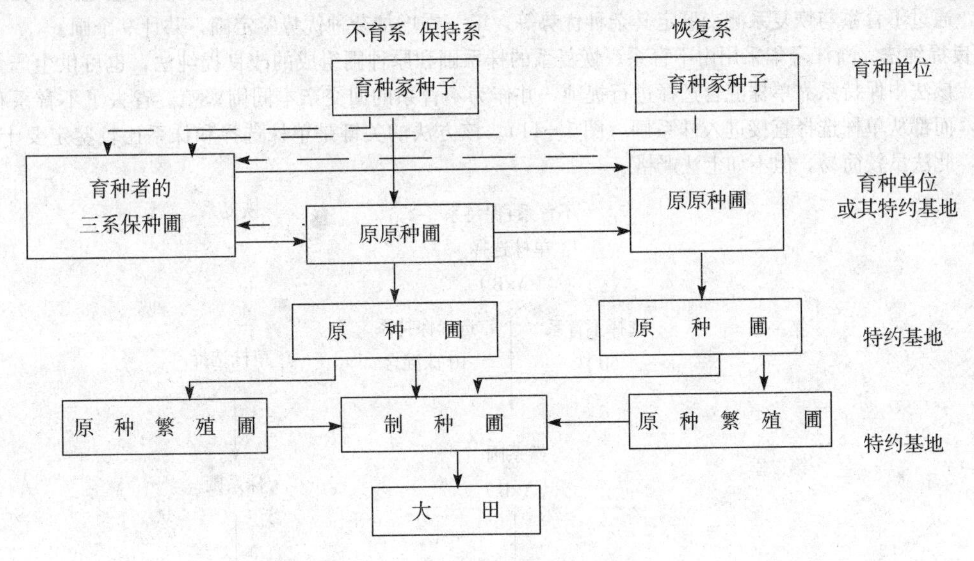

图1-9 三系法杂种稻四级种子生产程序

2. 三系七圃法 在提出种子生产四级程序前，南京农业大学陆作楣（1982）提出了杂交稻三系七圃法种子生产程序，该方法供四级程序生产育种家种子的参考。"原原种"相当于育种家种子。该方法包括选择单株、分系比较、混系繁殖。不育系设株行、株系和原种三个圃；保持系和恢复系设株行和株系两个圃，共7个圃（图1-10）。

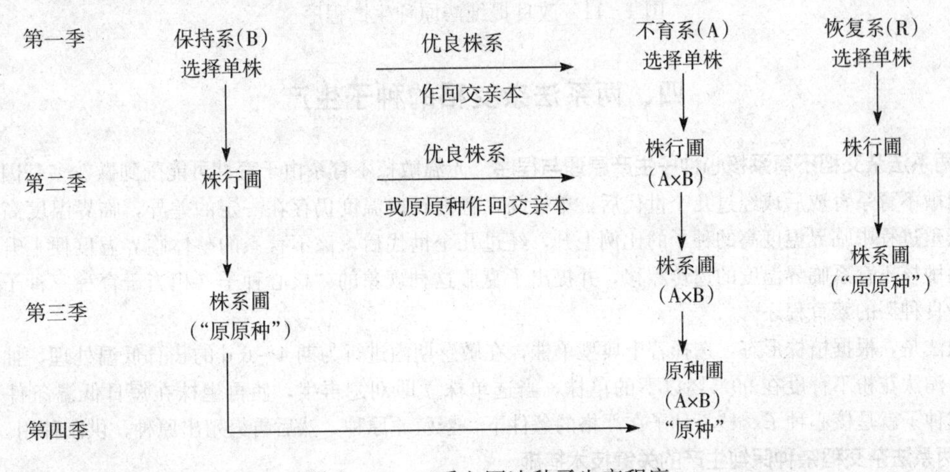

图1-10 三系七圃法种子生产程序

第一季，单株选择。保持系、恢复系各选100～120株，不育系选150～200株。

第二季，株行圃。按常规稻提纯法建立保持系和恢复系株行圃各100～120个株行。保持系每个株行种植200株，恢复系种植500株。

不育系的株行圃共150～200个株行，每个株行种植250株。选择优良的一株保持系作父本行。通过育性、典型性鉴定，初选株行。

第三季，株系圃。初选的保持系、恢复系株行升入株系圃。根据鉴定结果，确定典型的株系为"原原种"。初选的不育株行进入株系圃，用保持系株系圃中的一个优良株系，或当选株系的混合种子作为回交亲本。通过育性和典型性鉴定，确定株系。

第四季，不育系原种圃当选的不育系株系混系繁殖，用保持系"原原种"作为回交亲本。

江苏湖西农场采取单株选择，分系比较，测交鉴定，混系繁殖的方法，在三系七圃法的基地上，在第二季增加测交圃，通过不育系与恢复系测交鉴定其杂种优势等。第三季增加杂种优势鉴定圃，共计9个圃。

3. 改良提纯法　浙江金华采用由不育系、恢复系的株系圃和原种圃组成的改良提纯法，也可供生产育种家种子的参考。该法中保持系靠单株混合选择进行提纯，并作为不育系的回交亲本同圃繁殖。省去了不育系和恢复系的株行圃，而都从单株选择直接进入株系圃（图1-11）。该方法的关键是单株选择和株系比较鉴定要十分严格，必须选好，此法虽较简易，但不如上法严格。

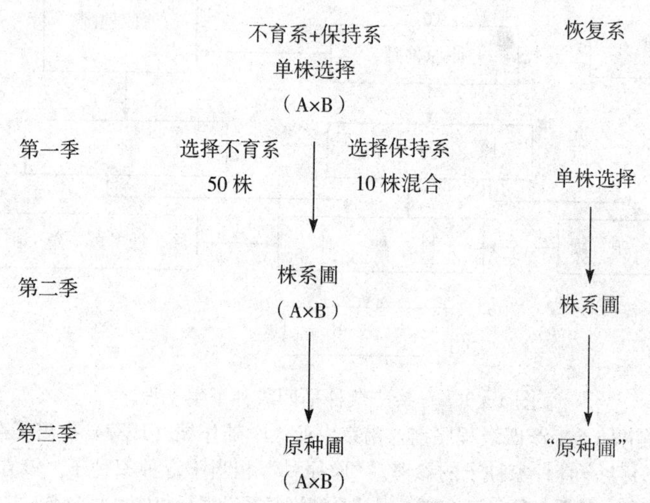

图1-11　改良提纯法原种生产程序

四、两系法杂交稻的种子生产

（一）两系法杂交稻不育系核心种子生产原理与程序　光温敏核不育系由于育性可能受到微效多基因的修饰作用，当光温敏不育系育成后或经过几个世代后，单株间在育性转换温度仍存在一定的差异，临界温度高的单株结实更高，繁殖过程中临界温度高的种子的比例上升，经过几个世代后，该不育系的整体临界温度便上升。这种现象称为光温敏核不育系临界温度的遗传漂移，并提出了克服这种现象的"核心种子（相当于育种家种子）→原原种→原种→良种"的繁育程序。

具体做法是，根据植株形态，选择若干典型单株，在敏感期内进行为期4～6 d的长日低温处理，抽穗时镜检花粉育性，淘汰花粉不育度在99.5%以下的单株，当选单株立即刈割再生，使再生株在短日低温条件下恢复育性，其自交种子就是核心种子。核心种子在严格的条件下，繁殖原原种，然后再繁殖出原种，供制种用。

（二）两系法杂交稻杂种保纯生产的关键技术措施

1. 选好制种基地，安排可靠的制种季节　温敏核不育水稻制种，要从严把握温度对母本育性敏感期的影响。

制种基地和制种季节的要求，除土壤肥力、灌溉条件外，更重要的是气候条件，不仅要有安全抽穗扬花的气候条件来保障制种产量，更要有安全可靠的温度条件来保障不育系育性敏感期的安全。

2. 搞好制种田的除杂与纯度检测　两系制种田，母本同株不同穗间或同一穗内的不同部位颖花，可能因育性敏感期的气温变化而存在育性差异，这些差异可能只在抽穗开花期一两天内表现，从株叶形态和抽穗特性上不能区别，必须严格去除。

3. 种子纯度种植鉴定　两系杂交种子中的不育株，是制种时不育系的自交种子，在纯度鉴定时其育性同样受温度条件影响，应尽量将育性敏感期避开低温的影响，使自交种子的不育性得到表现，以便识别。

复习思考题

1. 试简述我国水稻育种发展的历史，并讨论国内外水稻育种的动态与趋势。
2. 试讨论我国各稻区水稻育种目标的要求及其依据。
3. 举例说明水稻主要育种性状的遗传特点及其对水稻育种的指导意义。
4. 试述栽培水稻的分类学地位和生态类型，举例说明种质资源的遗传多样性及在水稻育种历史上起过重要作用的种质资源。
5. 试讨论水稻育种的主要途径和方法，并比较其优缺点。
6. 举例说明水稻杂交育种的基本程序，分析讨论杂交育种的关键性技术。
7. 试述水稻雄性不育的主要类型，选育一个水稻杂种品种需要开展哪些方面的工作，讨论其关键性技术。
8. 水稻杂交育种的亲本选配和杂交稻育种的亲本选配有何异同？
9. 试讨论水稻高产育种的潜在可能性和实现的途径。
10. 举例说明水稻诱变育种的方法和效果。
11. 举例说明水稻花药培养在育种中的作用和效果。
12. 何谓分子标记辅助选择？举例说明该技术在水稻育种中的应用效果，试讨论其利用的前景。
13. 举例说明水稻转基因育种的基本步骤，讨论转基因水稻的安全性措施。
14. 试述水稻育种田间试验技术的要点和特点。
15. 试述三系法与两系法杂种水稻制种技术的原理、程序及其优缺点。

附　水稻主要育种性状的记载方法和标准

1. 播种期。
2. 出苗期。
3. 三叶期。
4. 秧苗素质：在移植前或5叶期取5～10株测定从基部到最高叶片的高度和假茎宽度（cm）。
5. 移植期。
6. 回青期。
7. 分蘖数：回青期定点5～10株调查分蘖基本数，定期计算总分蘖数。
8. 叶色：分蘖盛期记载，分浅绿色、绿色和深绿色，叶尖紫色、叶缘紫色和全紫色。
9. 叶鞘色：分蘖盛期记载，分绿色、紫色线条、淡紫和紫色。
10. 茎态：分蘖盛期记载，分紧集、中集、偏散和松散。
11. 叶态：分蘖盛期记载，分直、中直、中、中弯和弯。
12. 生长势：分蘖盛期记载，分强、中和弱。
13. 始穗期：全区抽穗5%以上的时期。
14. 齐穗期：全区抽穗50%以上的时期。
15. 有效穗数：即有效分蘖数，在定点的5～10株调查，凡结实率10粒以上的分蘖为有效分蘖，白穗可视为受虫害的有效分蘖。

16. 成穗率：穗数/分蘖数×100%。

17. 露节：抽穗后记载，分有和无。

18. 抽穗整齐度：指始穗至齐穗的快慢，分整齐（始穗至齐穗 5 d）、不整齐（始穗至齐穗需 6 d 以上）。

19. 单株整齐度：主穗和分蘖穗高矮整齐，稻穗大小一致，熟期一致，分整齐、中和差。

20. 品种型态：分穗重型、穗数型和穗数穗重型。

21. 包颈：分包颈、部分包颈和不包颈。

22. 株高：调查定点的 5～10 株，由地面量至穗顶部（cm），芒不计。分高秆（120 cm 以上）、中秆（100～120 cm）、半矮秆（70～100 cm）和矮秆（70 cm 以内）。

23. 剑叶态：盛花期记载，分直立、中、水平和下垂。

24. 剑叶长：盛花期调查，定点 5～10 株，主茎叶枕至叶尖长度（cm），取平均值。

25. 剑叶宽：盛花期调查，定点 5～10 株，主茎剑叶最宽处（cm），取平均值。

26. 乳熟期：即灌浆期，粒实挤压流出乳浆。

27. 田间抗病性：目测，分抗、中抗和感，注明具体病害。

28. 倒伏性：成熟期调查，分直（植株直立或倾斜度不超过 15°角）、斜（倾斜 15°～45°角）、倒（倾斜 45°角以上，部分穗触地）和伏（全部茎穗伏地）。

29. 黄熟期：谷粒呈秆黄或其他正常熟色，无青米。

30. 后期熟色：成熟时调查，分好（茎叶青枝蜡秆）、尚好（熟色好）和较差（茎叶早衰）。

31. 稃色：成熟时调查，分白色、秆黄色、金黄色、褐斑秆黄色、沟褐条纹秆黄色、褐色（茶色）、淡红到淡紫色、紫斑秆黄色、紫条纹秆黄色、紫色、褐色等。

32. 稃端色：成熟期调查，分白色、秆黄色、褐色（茶色）、红色、紫色、黑色等。

33. 穗长：定点的 5～10 株收回晒干，量主茎或全部稻穗，从穗颈节至穗顶谷粒处的长度（cm），芒不计，取平均值。

34. 穗枝数：计算每穗的穗枝梗数，取平均值。

35. 复枝数：计算每穗第二次枝梗数，每一枝梗应有 2 粒以上，取平均值。

36. 每穗总数：调查定点的 5～10 株的每穗总粒数，取平均值。

37. 每穗实粒数：调查定点的 5～10 株的每穗实数，取平均值。

38. 结实率：每穗实粒数/每穗总数×100%。

39. 脱粒性：用手抓成熟稻穗给予轻微压力，分难（少或无谷粒脱落）、中等（谷粒脱落 25%～50%）和易（谷粒脱落 50%）。

40. 穗型：成熟期记载，分密、中和散，可再分大、中和小穗。

41. 着粒密度：单位厘米粒数，即穗粒数/穗长。

42. 生产率：单株的谷粒产量（包括空粒）（g）。

43. 千粒重：随机取干谷 1 000 粒称重（g），取样 3 次。

44. 粒型：分椭圆、阔圆、矮圆、细长。

45. 谷草比：晒干单株谷重/秆草重，取平均值。

46. 全生育期：由播种至收获的天数。

47. 谷粒长：取充实稻谷 10 粒，量其长度（mm），取平均值。

48. 谷粒宽：取充实稻谷 10 粒，量其宽度（mm），取平均值。

49. 谷粒长宽比：稻谷长除以宽（长/宽）。

50. 米粒长宽比：取完整米 10 粒，量其长度及宽度（mm），求长宽比（长/宽）。

51. 米粒光泽：分有光泽、无光泽和灰暗。

52. 米粒硬度：用刀片横切胚乳，试其硬度或破碎程度，分坚硬和易碎。

53. 胚乳透明度：用刀片横切胚乳，视横切面透明程度，分玻璃质（横切面胚乳无腹白，晶亮透明）、半玻璃质（横切面胚乳腹白很少，稍有透明光泽）和粉质（横切面腹白较多，无透明光泽）。

参 考 文 献

[1] 白新盛，周开达，李梅芳等主编．生物技术在水稻育种中的应用研究．北京：中国农业科技出版社，1999
[2] 丁颖．中国水稻栽培学．北京：农业出版社，1961
[3] 方宣钧，吴为人，唐纪良编著．作物 DNA 标记辅助育种．北京：科学出版社，2002
[4] 何月秋，唐文华．水稻抗稻瘟病遗传研究进展．云南农业大学学报．2000，15（4）：371～375
[5] 李欣，顾铭洪，潘学彪．稻米直链淀粉含量的遗传及选择效应的研究．谷类作物品质性状遗传研究进展．江苏科技出版社，1990
[6] 罗林广，翟虎渠，万建民．水稻抽穗期的遗传学研究．江苏农业学报．2001，17（2）：119～126
[7] 闵绍楷，申宗坦，熊振民主编．水稻育种学．北京：中国农业出版社，1996
[8] 钱君，姬广海，张世珖．稻白叶枯病抗性遗传基础研究进展．云南农业大学学报．2001，16（4）：313～316
[9] 申岳正，闵绍楷，熊振民等．稻米直链淀粉含量的遗传及测定方法的改进．中国农业科学．1990，23（1）：60～68
[10] 王象坤，孙传清，才宏伟等．中国稻作起源与演化．科学通报．1998，43（22）：2354～2363
[11] 薛庆中，张能义，熊兆飞等．应用分子标记辅助选择培育抗白叶枯病水稻恢复系．浙江农业大学学报．1998，24（6）：581～582
[12] 应存山主编．中国稻种资源．北京：中国农业科技出版社，1993
[13] 中国农业科学院主编．中国稻作学．北京：农业出版社，1986
[14] 中华人民共和国标准．优质稻谷 GB/T 17891-1999
[15] 朱立宏主编．主要农作物抗病性遗传研究进展．南京：江苏科学技术出版社，1990
[16] 佐藤洋一郎著．万建民等译．长江流域的稻作文明．成都：四川大学出版社，1998
[17] Abenes M L P，Angeles E R，Khush G S，Huang N. Selection of bacterial blight resistance rice plants in the F_2 generation via their linkage to molecular markers. Rice Genet Newslett. 1993（10）：120～123
[18] Bernacchi D，Beck-Bunn T，Emmatty D，et al. Advanced backcross QTL analysis of tomato. Ⅱ. Evaluation of near-isogenic lines carrying single-donor introgressions for desirable wild QTL-alleles derived from *Lycopersicon hirsutum* and *L. pimpinellifolium*. Theor Appl Genet. 1998（97）：170～180
[19] Bernacchi D，Beck-Bunn T，Eshed Y，et al. Advanced backcross QTL analysis of tomato. Ⅰ. Identification of QTLs for traits of agronomic importance from *Lycopersicon hirsutum* and *L. Pimpinellifolium*. Theor Appl Genet. 1998（97）：381～397
[20] Hospital F，Charcosset A. Marker-assisted introgression of quantitative trait loci. Genetics. 1997（147）：1469～1485
[21] Huang N，Angeles E R，Domingo J，et al. Pyramiding of bacterial blight resistance genes in rice：marker-aided selection using RFLP and PCR. Theor Appl Genet. 1997（95）：313～320
[22] Kumar I，Khush G S，Juliano. Genetic analysis of *waxy* locus in rice（*Oryza sativa* L.）. Theor Appl Genet. 1987（73）：481～488
[23] Kumar I，Khush G S. Inheritance of amylose content in rice（*Oryza sativa* L.）. Euphytica. 1988（38）：261～269
[24] Takahashi Y，Shomura A，Sasaki T，Yano M. *Hd6*，a rice quantitative trait locus involved in photoperiod sensitivity，encodes the a subunit of protein kinase CK2. Proc. Natl. Acad. Sci. USA. 2001，98（14）：7922～7927
[25] Tanksley S D. Mapping polygenes. Annu Rev Genet. 1993（27）：205～233
[26] Wan J，Ikehashi H. List of hybrid sterility gene loci（HSGLi）in cultivated rice（*Oryza sativa* L.）. Rice Genet

Newslett. 1996 (13): 110～114

[27] Yamamoto T, Lin H X, Sasaki T, Yano M. Identification of heading date quantitative trait locus *Hd6* and characterization of its epistatic interactions with *Hd2* in rice using advanced backcross progeny. Genetics. 2000 (154): 885～891

[28] Yano M, Katayose Y, Ashikari M, et al. *Hd1*, a major photoperiod sensitivity quantitative trait locus in rice, is closely related to the *Arabidopsis* flowering time gene CONSTANS. The Plant Cell. 2000 (12): 2473～2483

[29] Yano M, Harushima Y, Nagamura Y, Kurata N, Minobe Y, Sasaki T. Identification of quantitative trait loci controlling heading date in rice using a high-density linkage map. Theor. Appl. Genet. 1997 (95): 1025～1032

（朱立宏、申宗坦、黄超武原稿，万建民修订）

第二章　小麦育种

小麦（wheat）是世界上种植面积最广，总产量最多的粮食作物。据联合国粮农组织的多年统计，世界小麦收获面积和总产分别约占谷物收获面积和总产的32%和28%～30%，小麦的收获面积和总产量在谷物中均居首位。全世界有35%～40%的人口以小麦作为主要粮食；同时小麦子粒含有较多的蛋白质，并且具有其他作物所欠缺的面筋，可作多种主食和副食的加工原料；也是营养价值高，比较耐储藏的重要商品粮食，许多国家都把它列为战备储备粮。

第一节　国内外小麦育种概况

一、国内外小麦生产的发展与品种的作用

20世纪世界小麦生产有了显著增长，产量从 0.9×10^8 t增加到 6×10^8 t，这是由于种植面积和单位面积子粒产量共同增加的结果。扩大种植面积始于20世纪前半世纪。从1903到1954年，总产的增加几乎全部来源于种植面积的扩大。在这期间，小麦生产从 0.9×10^8 t增加到 2×10^8 t，此时，种植面积从 0.9×10^8 hm^2 增加到 1.9×10^8 hm^2。从1955年起，单位面积子粒产量的增加则是小麦总产量继续增加的主要原因（从 2×10^8 t到 5.5×10^8～6×10^8 t）。1955—1994年单位面积子粒产量从每公顷1.0 t上升到2.5 t，而面积只增加了20%。在20世纪后半叶这两个产量要素表现出不同的变化趋势，世界上所有地区都没有出现种植面积的增加（在欧洲还有明显的减少），而在所有的五大洲单位面积子粒产量都不同程度的增加。事实上，在过去15年中，世界范围的小麦播种面积持续下降，因此，将来产量增加完全依赖提高平均产量。然而，小麦平均产量增长近年来趋于停滞。有人认为这是小麦的平均产量接近达到最高的限度，以致产量作为选择目标的小麦育种，没有使其增产达到预期的目标，必须研究新的策略和应用新的技术以打破产量潜力的障碍。

据统计，从1960年到1980年，我国小麦总产和单产每年分别递增6.1%和5.3%，而面积递增率仅0.8%。我国在1980—1985年小麦总产和单产的年递增率分别为11.0%和10.0%，居世界领先地位（Klatt，1986）。从1984年开始，我国小麦总产已上升为世界第一位。1989年我国小麦面积近 $3\,000\times10^4$ hm^2，总产为 $9\,081\times10^4$ t，亩产为203 kg（3 045 kg/hm^2）；比1949年的面积扩大了1/3，总产增长了5.5倍，单产提高了近3.5倍。我国小麦总产量在1992—1999年间每年在10 000～12 000 kt间变动，但小麦的播种面积，自1990年起呈下降的趋势，特别是在2000年以后，小麦的播种面积锐减（表2-1）。原因是由于国家进行了种植结构调整，各省市压缩小麦播种面积，提倡可持续发展，逐步退耕还林、还草，加上近年来工业和城镇发展的用地增加造成的。但单位面积的产量在1990～1999年间呈上升的趋势（表2-1）。

从上述可知，世界各国和我国小麦总产的增长，在20世纪前半叶归因于种植面积的扩大继之为两者共同增加的结果，但在20世纪的后半叶则主要归因于单产的提高。品种改良在提高单产中起主要的作用，许多国家都通过研究做了评估。如在英国，近几十年来改良品种使小麦增产40%～50%，在高肥条件下增产作用较明显；美国的估计，小麦产量的提高，40%～50%或50%以上是由于品种改良的结果（Duvick，1984；Schmidt，1984；Peterson等，1985）。对我国长江中下游地区小麦品种更替中产量增长的研究结果表明，1970年以来推广的高产品种在中肥水平下比地方品种平均增产50%。总之，小麦产量的提高有一半左右决定于品种的增产潜力。

表2-1　近年来我国小麦生产情况统计（中国农业统计资料）

年　份	单产 kg/hm^2（kg/亩）	面积×10^4 hm^2（万亩）	总产量×10^4 t
1990	3 193.5（212.9）	3 075.3（46 129.8）	9 822.9
1991	3 100.5（206.7）	3 094.8（46 421.8）	9 595.3

（续）

年　份	单产 kg/hm²（kg/亩）	面积×10⁴ hm²（万亩）	总产量×10⁴t
1992	3 331.5（222.1）	3 049.6（45 743.7）	10 158.7
1993	3 519.0（234.6）	3 023.5（45 351.6）	10 639.0
1994	3 426.0（228.4）	2 898.1（43 470.9）	9 929.7
1995	3 541.5（236.1）	2 886.0（43 290.3）	10 220.7
1996	3 733.5（248.9）	2 961.1（44 415.8）	11 057.0
1997	4 102.5（273.5）	3 005.7（45 085.5）	12 328.7
1998	3 685.5（245.7）	2 977.5（44 662.7）	10 972.6
1999	3 945.0（263.0）	2 885.4（43 281.4）	11 387.9
2000	3 738.0（249.2）	2 663.3（39 979.9）	9 963.7
2001	3 805.5（253.7）	2 466.4（36 996.0）	9 387.6
2002	3 776.6（251.7）	2 390.8（35 862.6）	9 029.0

品种改良对小麦生产发展的作用，除了其具有较大的增产潜力外，还具有对病虫害及环境胁迫因素的抗耐性，使小麦在地区间和年份间保持稳定增产的趋势。墨西哥小麦品种在许多国家和地区的小麦生产发展所起的重大作用，号称“绿色革命”，除了其具有较大的增产潜力和较广泛的适应性外，还具有对小麦最普遍发生的锈病的抗性。我国小麦产量的稳定增长，主要由于陆续育成和推广丰产的品种，这些品种兼具抗锈、早熟、适应性好的特点，这对保持产量的稳定性也是很重要的。

小麦加工和贸易事业的发展以及人民生活要求的提高，使一些国家还很注意优质品种的选育和推广。我国从20世纪70年代以来也逐渐重视优质品种的选育，已取得显著进展，所取得成效必将更进一步促进我国小麦生产的发展。

二、国内外小麦育种的主要进展

近代国内外小麦育种最突出的进展是通过矮化育种显著地提高育成品种的增产潜力。其中来源于日本的两个矮源——赤小麦（具有矮秆基因 Rht_8 和 Rht_9）和农林10号（具有矮秆基因 Rht_1 和 Rht_2）的广泛利用起了很大的作用。意大利较早地利用赤小麦育成一系列的矮秆品种，不但成为其本国小麦育种的骨干材料，而且在世界许多国家都得到广泛的利用。这些品种引进我国后，在直接和间接利用上都发挥了巨大的作用。农林10号引入美国后作为杂交亲本，育成了创造世界高产纪录（14.06 t/hm²）的品种 Gaines；国际玉米小麦改良中心也利用了其原杂交组合的选系，通过进一步加工，育成了一系列半矮秆、适应性广泛的高产品种，推广到20个国家，种植总面积达 4×10^7 hm²，获得显著增产。

近代国内外小麦育种的进展还表现在育成品种的高产性兼具较广的适应性。国际上最典型的事例为前苏联品种无芒1号和墨西哥国际玉米小麦改良中心20世纪60年代所育成的一系列高产半矮秆品种。无芒1号在前苏联及其相邻的欧洲一些国家种植面积曾达 1.1×10^7 hm²，在世界上是空前的；墨西哥小麦的一些品种在低纬度的许多国家推广面积共达 4×10^7 hm² 也是前所未有的。国际冬小麦产量试验1969—1972年的资料表明，无芒1号平均产量居前列；国际春小麦产量试验1967—1969年的资料表明，墨西哥的上述品种兼具最高的平均产量和稳产性（Martinic，1973）。国际玉米小麦改良中心育成和推广的 Veery 选系，在多年国际试验中，产量大多属首位，表现高产和广阔的适应性（CIMMYT，1983，1985）。在我国，碧蚂1号的种植面积曾达 6×10^6 hm² 以上（9 000多万亩），创造了我国小麦品种种植面积最大的记录，后继品种泰山1号也推广到了 3.73×10^6 hm² 以上（5 600多万亩）；在我国南方，扬麦5号的推广面积已达 10^6 hm²（1 500万亩），创造了长江中下游地区小麦品种种植面积最大的记录。国内外这些产量高而适应性广的品种，都是遗传基础丰富的、来源不同的、发育特性有差异的亲本间杂交及复合杂交而育成的。

小麦对各种病虫害及环境胁迫的抗耐性育种，都分别有不同程度的进展，其中抗锈育种国内外都普遍地取得了显著成效。由于广泛地开展抗源的鉴定、筛选和创新，针对不同锈病及其病菌生理小种的变化动向，相应地及时选育和推广了一批又一批的抗锈品种，使我国和其他许多国家及地区的小麦锈病先后基本上得到了控制，从而保证小麦产量的相对稳定。国内外还注意兼抗几个病害的品种选育。此外，国内外对锈病、白粉病等病害除了继续进行垂直抗性育种外，还开展水平抗性育种；有的国家还选育和推广了多系品种，借以保持较长期的抗病性。在抗逆性的选育上有的已取得了较明显的成效，如从20世纪70年代初开始的国际玉米小麦改良中心和巴西合作的耐铝性育种，80年代育成的品种已在巴西推广。

欧美各主要产麦国为了满足其国内市场需要，增强在国际贸易市场上的竞争能力，政府和小麦育种家对提高和改善小麦品种子粒的营养价值和加工品质给予了极大的关注。美国农业部和内布拉斯加州州立大学从1996年起开展了小麦产量与蛋白含量的改良研究，围绕包括蛋白质含量在内的品质性状的遗传规律及其在育种上的应用方面进行了系统深入的研究，在理论和实践上均取得重大的进展。他们的工作对世界小麦品质遗传改良起了巨大的推动作用。

我国开展品质育种较晚，但发展进度很快，在优质小麦的培育以及优质小麦的生产上取得了显著成绩。

在育种的途径、方法和技术方面，国内外也都发展迅速、成效显著。如通过远缘杂交合成双二倍体和近缘植物的优异基因向普通小麦转移、采用各种诱变因素产生各种有利用价值的突变体、利用雄性不育性选育杂种小麦、单倍体的诱发和双单体育种，都富有成效。自20世纪70年代以后，由于细胞生物学与分子生物学技术的不断推陈出新，小麦基因分析研究得到迅速的发展。小麦遗传图谱的建立以及图谱所涉及的性状已从形态、生长发育、对病虫害抗性和环境胁迫的耐性扩展到各种蛋白质和酶以及核酸的分子标记，转基因技术的不断完善和转基因植株的培育以及分子标记辅助选择在小麦育种中的广泛利用等为小麦育种的发展增添了新的活力，是小麦研究和发展新的增长点。在我国，合成双二倍体，包括八倍体小黑麦、八倍体小偃麦等，有独特的成就；小麦花培技术在世界处于领先地位，通过花培所育成的品种已大面积推广；通过诱变所育成的小麦品种数目及其种植总面积居于世界的前列；在利用山羊草细胞质诱导新的不育类型选育杂种小麦以及小麦光（温）敏不育性的研究上，也取得令人注目的进展。利用我国所特有的太谷核不育基因进行轮回选择以改良群体，在国际上也处于领先地位。

另外，在组织培养技术（包括胚拯救技术）、产生单倍体和双单倍体育种技术、外源基因的导入技术（包括远缘杂交与染色体工程）、原生质体融合与体细胞杂种培育、基因工程与转基因植株的培育等方面的研究和应用，已取得长足的进展。

第二节　小麦育种目标及主要性状的遗传与选育

一、我国小麦品种种植区划和育种目标

要制定正确的育种目标，首先要了解我国小麦的品种种植区划及与之相适应的品种生态型特点，因为作物品种种植区划是以经济、自然（气候、土壤、生物）、栽培、管理条件和品种生态类型以及它们之间的关系制定的，它是制定育种目标的重要依据；品种生态类型是经过长期自然选择和人工选择而形成的，它能够比较全面而深刻地反映品种适应自然生态条件，特别是气候条件和各种自然病虫灾害的能力。因此，研究当地品种生态类型的优点和缺点，对于制定育种目标具有重要的作用。另外，制定育种目标，也必须结合生态条件和生产发展的要求，认真地分析当地现有推广良种的优点和缺点。因为优良品种是在一定的生态和经济条件下，经过人工选择和自然选择培育而成的，优良品种的性状表现是基因型与环境条件相互作用的结果。新育成的品种必须能适应当地生态环境，以求充分利用当地有利的生态条件，争取高产优质，同时克服不利的生态条件而争取稳产。新选出的品种要扬长避短，才能满足当地经济发展和栽培条件的需要。

（一）我国小麦品种种植区划　我国小麦分布地域辽阔，由于各地自然条件、种植制度、品种类型和生产水平存在着不同程度的差异，形成了明显的种植区域。1961年出版的《中国小麦栽培学》，根据自然条件（特别是年平均气温、冬季气温、降水量及其分布）、耕作栽培制度、小麦品种类型、适宜播种期与成熟期迟早等，将我国小麦的种植区域划分为3个主区、10个亚区。1979年出版的《小麦栽培理论与技术》，针对当时小麦生产发展变化情况，将我国小麦种植区域划分为9个主区（相当于亚区），并在两个主区内设置了5个副区。1983年出版的《中

国小麦品种及其系谱》，参照上述两书的划分依据改分为10个区（相当亚区）、21个副区。1996年出版的《中国小麦育种学》又在前人研究的基础上将全国小麦种植区域划分为3个主区、10个亚区和29个副区（表2-2、表2-3和图2-1）。

表2-2　中国小麦种植区域的划分

（引自金善宝，1996）

主　区	亚　区	副　区
春（播）麦区	Ⅰ东北春（播）麦区	1. 北部高寒区；2. 东部湿润区；3. 西部干旱区；
	Ⅱ北部春（播）麦区	4. 北部高原干旱区；5. 南部丘陵平原半干旱区；
	Ⅲ西北春（播）麦区	6. 银宁灌溉区；7. 陇西丘陵区；8. 河西走廊区；9. 荒漠干旱区
冬（秋播）麦区	Ⅳ北部冬（秋播）麦区	10. 燕太山麓平原区；11. 晋冀山地盆地区；12. 黄土高原沟壑区；
	Ⅴ黄淮冬（秋播）麦区	13. 黄淮平原区；14. 汾渭谷地区；15. 胶东丘陵区；
	Ⅵ长江中下游冬（秋播）麦区	16. 江淮平原区；17. 沿江滨湖区；18. 浙皖南部山地区；19. 湘赣丘陵区；
	Ⅶ西南冬（秋播）麦区	20. 云贵高原区；21. 四川盆地区；22. 陕南鄂西山地丘陵区；
	Ⅷ华南冬（晚秋播）麦区	23. 内陆山地丘陵区；24. 沿海平原区
冬、春兼播麦区	Ⅸ新疆冬、春兼播麦区	25. 北疆区；26. 南疆区；
	Ⅹ青藏春、冬兼播麦区	27. 环湖盆地区；28. 青南藏北区；29. 川藏高原区

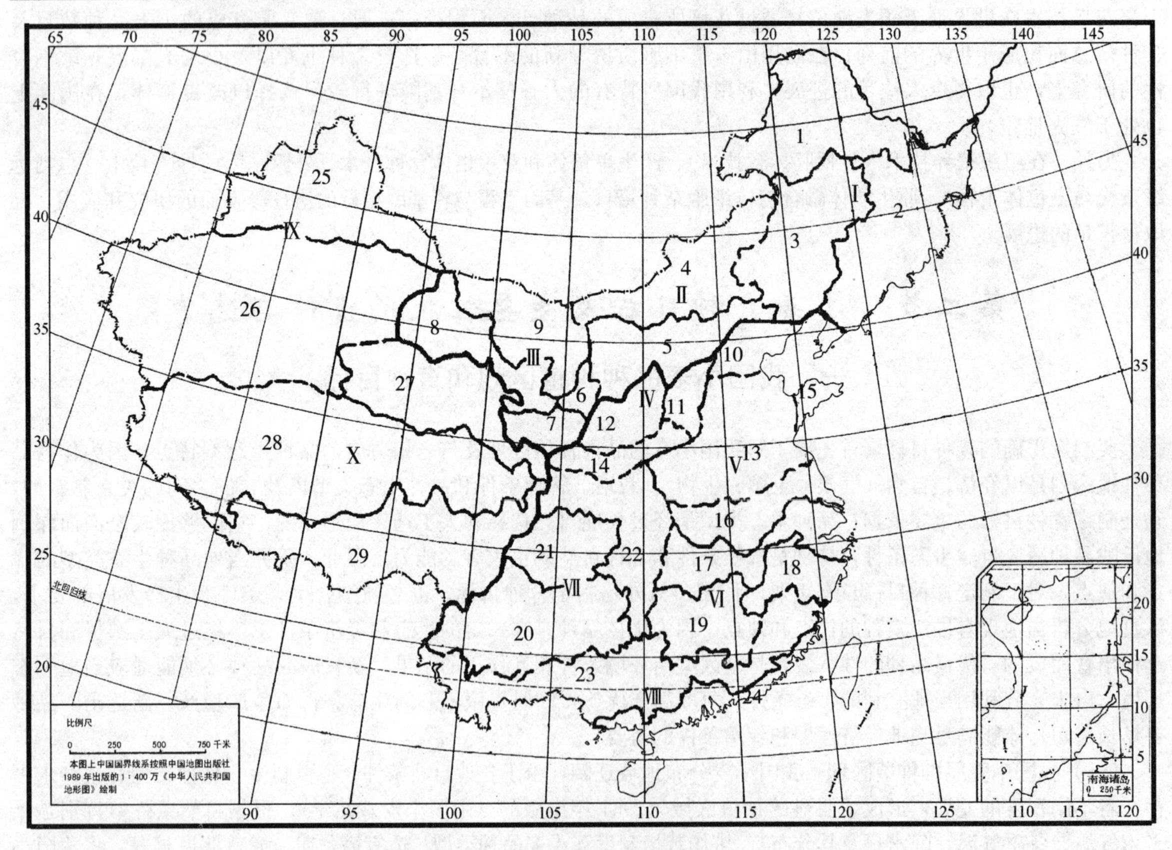

图2-1　中国小麦种植区划图

（引自金善宝，1996）

表 2-3　我国各麦区的自然条件及种植概况

（引自金善宝，1996）

主区	亚区		最冷月平均气温(℃)	极端最低气温(℃)	≥10℃积温(℃)	无霜期(d)	年降雨量(mm)	年日照(h)	品种类型	播期(旬/月)	熟期(旬/月)	种植制度	作物种类
一、春(播)麦区		Ⅰ东北春(播)麦亚区	−17.7	−35.7	2 729	128	616.0	2 671	春性	上/4～下/4	下/7～上/8	一年一熟	春小麦、大豆、高粱、马铃薯、玉米、水稻
一、春(播)麦区		Ⅱ北部春(播)麦亚区	−14.9	−33.7	2 599	118	349.5	3 004	春性	中/3～中/4	中/7	一年一熟	春小麦、马铃薯、胡麻、甜菜、向日葵、糜子、谷子、玉米、燕麦
一、春(播)麦区		Ⅲ西北春(播)麦亚区	−9.0	−26.5	3 152	140	267.4	2 942	春性	上/3～下/3	中/7～下/7	一年一熟	春小麦、糜子、谷子、豌豆、油菜、马铃薯、玉米、甜菜、水稻、大麦、青稞
二、冬(秋播)麦区	北方冬麦区	Ⅳ北部冬(秋播)麦亚区	−6.7	−24.1	3 477	168	577.7	2 634	强冬、冬性	上/9～下/9	中/6～下/6	二年三熟旱地一年一熟	冬小麦、玉米、高粱、谷子、豆类、糜子、马铃薯、棉花、水稻
二、冬(秋播)麦区	北方冬麦区	Ⅴ黄淮冬(秋播)麦亚区	−1.6	−17.9	4 094	190	734.4	2 420	冬性、弱冬、春性	上/10～中/10	下/5～上/6	一年二熟二年三熟	冬小麦、夏玉米、棉花、大豆、花生、水稻、油菜、烟草
二、冬(秋播)麦区	南方冬麦区	Ⅵ长江中下游冬(秋播)麦亚区	3.5	−11.1	5 305	255	1 335.3	1 910	弱冬、春性	下/10～中/11	中/5～下/5	一年二熟、三熟	水稻、小麦、棉花、油菜、麻类、绿肥
二、冬(秋播)麦区	南方冬麦区	Ⅶ西南冬(秋播)麦亚区	4.9	−6.3	4 849	268	1 107.9	1 621	春性	山区：下/8～上/10平川、丘陵：下/10～中/11	下/6～上/7，上/5～下/5	一年二熟、三熟	水稻、小麦、玉米、甘薯、棉花、油菜、蚕豆、豌豆、烟草
二、冬(秋播)麦区	南方冬麦区	Ⅷ华南冬(晚秋播)麦亚区	11.9	−1.0	7 189	346	1 542.5	1 933	春性	上/11～下/11	上/4～中/4	一年二熟、三熟	水稻、小麦、甘薯、油菜、大豆
三、冬、春麦兼播区		Ⅸ新疆冬、春兼播麦亚区	−11.5	−30.8	3 535	150	128.0	2 851	强冬、春性	冬麦：中/9～下/9	上/7左右	一年一熟	冬小麦、春小麦、玉米、甜菜、马铃薯、棉花、糜子、谷子、豌豆
三、冬、春麦兼播区		Ⅹ青藏春、冬兼播麦亚区	−8.1	−26.3	1 290	66	489.1	2 639	春性、冬性	春麦：下/3～中/4	春麦：下/8～上/9	一年一熟	春、冬小麦、青稞、豌豆、油菜、蚕豆、玉米、水稻

（二）中国主要麦区的育种目标

1. 冬麦区

（1）北方冬麦区　本区分为北部冬麦区和黄淮冬麦区两大麦区，是我国小麦主产区。仅黄淮麦区小麦面积即占全国小麦面积的55%以上，产量占全国总产64%以上。气候特点是冬、春雨雪稀少，干旱多风，相对湿度低、蒸发量大，小麦灌浆期间有不同程度干热风危害；北部冬麦区和黄淮冬麦区北片，冬季寒冷，雨雪偏少，小麦易受冻害。本区育种目标主要是选育适于大面积旱地、水浇地种植的丰产、稳产、优质的小麦品种，要求根系发达，耐旱、耐寒，越冬性好，且对早春温度反应迟钝、对光照反应较敏感的冬性或强冬性类型，同时要求起身拔节晚而灌浆速度较快的类型。北部冬麦区应以多穗型为主，水地6 000 kg/hm^{2}左右，大面积旱地要求3 000 kg/hm^{2}左右。黄淮冬麦区则应选育弱冬性或冬性类型，淮北平原地区宜选育弱冬性至偏春性类型，在水利设施好、肥力较高的麦田要求选育6 000 kg/hm^{2}以上并且具有7 500 kg/hm^{2}以上产量潜力的品种。条锈病是本区主要病害，尤以关中地区发生较为普遍。近年来白粉病、叶枯病和纹枯病日趋严重。抗上述病害应作为水浇地品种的重要育种目标。河南北部、西南部和陕西关中地区，近年吸浆虫回升，赤霉病间有发生，造成危害，应予以注意。

（2）南方冬麦区　本区分为长江中下游冬麦区、西南冬麦区和华南冬麦区3个麦区。长江中下游冬麦区高温、多雨、湿度大、日照少，赤霉病、白粉病容易发生，应以选育抗、耐赤霉病和耐湿性强的品种为主，同时要兼抗白粉病。四川是条锈病常发区，应将抗条锈病列为重要的育种目标。长江中下游冬麦区小麦成熟前常有30℃以上高温和旱风影响，往往造成高温逼熟，收获时常遇到阴雨造成穗上发芽，要求选育品种早熟和抗穗发芽。在太湖流域、成都平原等高产区，要选育产量潜力大，抗倒伏，叶片功能期长，光合效率高，幼穗分化较早，有利于形成多花、多粒的偏春性或弱冬性高产（6 000～7 500 kg/hm^{2}或以上）类型。在复种指数较高的地区，要求选育成熟早、生育期短、抗病、耐湿的春性品种。四川东北部、云贵高原以及华南部分丘陵，地形较复杂，土壤瘠薄，保水、保肥力弱，要求选育耐旱、耐瘠、较耐寒的弱冬性品种。华南冬麦区有一部分酸性红壤，要考虑抗、耐铝害。

2. 春麦区　本区分为东北春麦区、北部春麦区和西北春麦区3个亚区。除东北春麦区的东南部地区外，均为大陆性气候。冬季寒冷，夏季炎热，雨量稀少，日照充足，小麦生育期较短。东北春麦区是春麦主产区，约占全国春播小麦面积的一半，要求选育生长发育具有前慢后快，对光照反应敏感的类型。后期要求抗多种病害，如叶锈病、秆锈病、赤霉病、根腐病、叶枯病等。东部地区由于多雨、潮湿，常有内涝现象，要求品种抗赤霉病、白粉病以及抗倒伏、耐穗发芽。

北部春麦区的河套黄灌区、陕西榆林地区以及长城内外和北京市长城以北地区，小麦生育后期常有干热风危害，应该选育适应性强，后期耐高温、抗干热风和抗麦秆蝇的品种。山地、丘陵与高海拔地带，还应注意选择（育）耐寒、耐旱、适应性好的品种。

西北春麦区天气干燥，日照充足，昼夜温差大，春季多风沙，东部雨水较多，湿度大，抗条锈病是主要育种目标。青海省东部黄河、湟水两岸以及甘肃中部水地和宁夏引黄灌区产量较高，要求选育6 000 kg/hm^{2}以上品种。本区品种由于昼夜温差大，有利于光合产物积累，在产量结构上，一般千粒重较高，但因生育期短，分蘖与每穗粒数均较少，一般要依靠增加播种量来获得较多穗数。青海东部和甘肃南部部分地区，小麦生育后期常有阴雨、秆锈病、条锈病和吸浆虫危害，要求选育耐寒、种子休眠期长而不易穗发芽、抗病虫的早熟品种。河西走廊地区，春季风沙大，大气干旱，要求品种抗大气干旱，抗风沙，耐肥，抗倒，中早熟。

3. 冬、春麦兼种区　本区分为青藏春、冬麦区和新疆冬、春麦区。

青藏春、冬麦区为一年一熟制，是全国海拔最高，日照时数最长，温差大，小麦生育期最长，千粒重高的麦区。青海高原副区太阳辐射强，日照时数长，昼夜温差大，由于气候干燥，病虫灾害少，并有灌溉条件，可以充分发挥品种的产量潜力，高产小麦15 000～18 000 kg/hm^2（亩产可达1 000～1 200 kg）或以上。因此，要求选育大穗大粒，株型紧凑，抗倒伏力强的高产类型，同时还要具备成熟较早，能避霜害的特性。西藏高原副区海拔高达4 000 m以上，冬无严寒，夏无酷暑，加之夜雨较多，对小麦中后期生育极为有利。在海拔3 100～4 100 m高原冷凉半干旱地区，由于海拔高，太阳辐射强，日照充足，灌浆期长，昼夜温差大，千粒重常高达45 g以上，同时由于生育期及返青到拔节期长，有利于小穗、小花分化，较易形成大穗多粒，因此西藏冬小麦具有很高的产量潜力。主要病害有锈病、散黑穗病、腥黑穗病、根腐病、白秆病、黄条花叶病等。因此，要求选育耐寒性较强，抗黄条花叶病、白秆病、锈病的强冬性品种。在海拔 3 100 m 以下的高原温和湿润地区，一般一年两熟，要求选育抗条锈病、叶锈病、根腐病、腥黑穗病的早熟、丰产冬小麦和春小麦品种，对品种的耐寒性要求不严。

新疆冬、春麦区北疆以春小麦为主，南疆以冬小麦为主的冬、春麦兼种区。本区属典型大陆性气候，冬季严寒、夏季酷热，日照百分率高达 80%。北疆副区多为一年一熟，春小麦面积占 50%以上，大部分依靠河水或高山冰雪融水灌溉。要求选育春性、早熟、耐旱、抗干热风、耐盐碱、抗倒伏的品种。由于冬季极端低温可达－37～－42℃，只有冬季稳定积雪覆盖 20 cm 或气温不很低的地方，冬小麦才能安全越冬。因此，冬、春麦的分布，主要由气温和冬季有无稳定积雪层以及品种的耐寒性决定。南疆副区近年冬小麦面积占 70%～80%，春小麦占 20%～30%，平均海拔 1 000 m 以上，年平均气温及冬春气温低，全年降水量少，气候异常干燥，冻害、干旱、盐碱与病害是小麦增产的限制因素，小麦锈病发病范围广，黄矮病、丛矮病近年在部分地区有所发展。因此，冬小麦要求选育耐寒、耐旱力强，耐盐碱，抗条锈病、叶锈病和雪腐病的强冬性品种；春小麦则要求选育早熟、耐旱、抗干热风、耐盐碱、抗倒伏的春性品种。

二、小麦主要性状的遗传与选育

丰产、稳产和优质是小麦育种的普遍目标，涉及产量性状、抗病虫性、耐逆性、品质性状的选育。对不同性状的具体要求，因地因时而异，其选育方法也因不同性状的遗传特点的不同而有所不同。

（一）产量性状的遗传与选育　提高单位面积产量是小麦育种最基本的育种目标。小麦产量潜力是许多性状综合作用的结果，不但直接涉及产量构成因素，而且涉及一系列形态和生理生化性状，还包括对病虫害和不利的气候以及土壤条件的抗耐性。

1. 小麦产量构成因素的遗传与选育　从理论上讲，品种的产量是单位面积穗数、每穗粒数和每粒重量的乘积。高产育种从这个意义上讲，就是去寻找这 3 个产量构成因素的最大乘积的遗传组合。但是各产量构成因素间几乎一律呈负相关，当一个产量构成因素增加时，其余的将减少，因此企图单独改善其中一个因素提高产量是很困难的。单位面积产量的提高决定于其各产量构成因素的协调发展。

根据各地的经验，7 500 kg/hm^2 的产量结构有多穗、大穗和中间 3 种类型。在北部冬麦区常以多穗为基础以实现高产。在大穗型品种中以增加粒数和粒重为基础，根据品种特性和地区生态条件，或着重大粒，或着重多粒，而使穗粒重达到较高。中间型的品种则兼顾穗数、粒数、粒重的协调增长。

生态条件和生产条件不同的地区，其最适的产量结构类型应有不同。冬季寒冷、春夏晴朗干燥的北方地区常选育多穗型品种；而阴雨多、湿度大、日照少的南方地区，一般采用大穗型品种。但随着水肥条件的改善，我国北方小麦品种有逐步由多穗型向中间型或大穗型发展的趋势。

小麦的子粒产量是一个复杂的数量性状，遗传率低，杂种早代的选择效果较差，但可间接通过产量构成因素进行选择。

在产量构成因素中，株穗数的遗传率最低，早代选择效果差。关于每株穗数应该多少较为有利，有关学者的看法很不一致。实际上各种高产株型其分蘖数并不相同，有的品种的高产主要靠主茎穗，另一些品种则靠有效分蘖数，这与培育该品种的生态条件有关，决定于不同地区的育种目标。

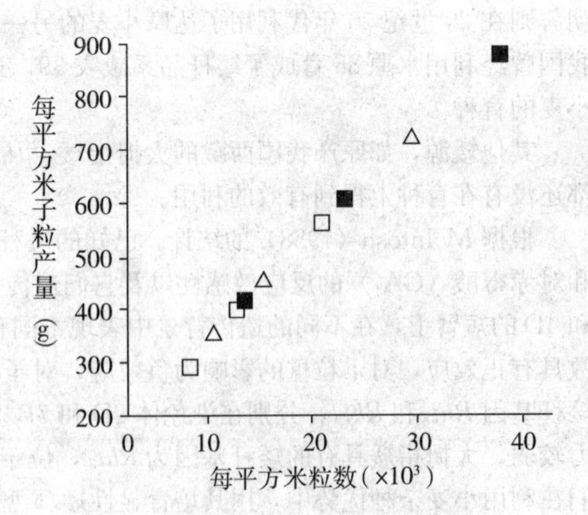

图 2-2　小麦子粒产量与粒数的关系
□代表 1920 年推广的：Klein Favorito；
△代表 1940 年推广的：Eureka F. C. S.；
■代表 1980 年推广的：Buck Pucara
数据来自 Slafer 和 Andrade 于 1989 年和 1993 年进行的 3 个试验。

国内外许多研究都表明，每穗粒数与产量呈很高的正相关，并认为小麦产量的提高大部分是由于单位面积内粒数增多的结果（图 2-2）；这主要是由于每穗粒数的增多。在长江下游丘陵地区 1964—1980 年品种产量性能的提高中，每亩穗数并未增加，而每穗粒数增长了 54%，千粒重提高了 19%（沈锡五等，1982）。因此，在产量因素中，增加每穗粒数是提高产量最重要而可靠的指标。

穗粒数的遗传率在40%左右，可间接通过增加穗长和有效小穗数或每小穗粒数达到增加穗粒数的目的。但以增加每穗有效小穗数比增加每小穗粒数较为有利。因为前者往往穗形较长、子粒较整齐而千粒重较高；后者往往穗形较密、子粒大小不匀而千粒重较低。穗长的遗传率较高，一般可达70%左右，早代选择有效。各地还有根据麦穗基部小穗的结实粒数、麦穗中部小穗的小花数以及减少基部不孕小穗数等以求增加每穗粒数的各种选择经验。

许多研究报道，产量构成因素中粒重的遗传率最高，一般在70%左右。早代对粒重的选择是很有效的，因而通过增加粒重可以提高产量。我国小麦品种更替过程中也表明了提高粒重对提高产量的重要作用。中国农业科学院作物品种资源研究所对我国的小麦品种及品系的分析结果表明，20世纪50年代初的小麦品种平均千粒重为31.4 g，而20世纪70年代的小麦品种已达40.5 g，增加9.1 g，即增长了28.9%。其他许多国家也有类似的趋势。华北北部冬小麦穗分化时间较短，增加每穗粒数困难较多，而千粒重的提高则潜力较大，因此在杂种早代选择千粒重高而稳定的材料有很大的作用。另外，粒重与穗数、粒重与每穗粒数之间表现负相关。为了使产量构成因素得以协调，有人认为，在高密度群体中选择穗粒重大的植株，可能是选育高产品种的有效方法。赵双宁等（1986）在北京的试验结果表明，在产量水平较高的情况下，穗粒重对产量的作用大于单位面积穗数。因此在产量育种中要重视穗粒重这一指标。

2. 小麦矮秆性的遗传及选育　降低小麦株高，不仅起到耐肥抗倒的作用，更重要的是提高收获指数，从而显著地提高产量。近年来世界各国小麦品种产量潜力的提高是与株高的降低和半矮秆品种的推广分不开的。例如，我国长江中下游地区从地方品种到近期推广的品种，株高由130 cm左右降至80～90 cm，收获指数由0.30提高到0.43，产量增长了50%；Austin等（1980）发现，过去70年间，英国小麦品种的株高从130 cm降至70 cm左右，收获指数提高到0.50左右，产量增加50%左右。

在世界上小麦矮化育种中得到广泛和最有效利用的是以日本赤小麦（Akakomugi）和由达摩小麦（Daruma）为矮源育成的农林10号。意大利的Strumpelli利用赤小麦育成了Ardito、Mentana等一系列品种，在世界许多国家都得到了广泛的利用。Ardito（矮立多）、Mentana（南大2419）、Funo（阿夫）、Abbondanza（阿勃）等意大利品种引进我国后，对我国小麦生产和半矮秆品种育种发挥了巨大的作用。在农林10号的利用上，美国Vogel在育成农林10号×Brevor选系14的基础上育成了创世界高产纪录的新品种Gaines。国际玉米小麦改良中心也利用农林10×Brevor选系育成了如Piticb 2、Penjamo 62、Lerma Rojo 64、Sonora 64等一系列墨西哥半矮秆小麦品种。在此基础上，印度、巴基斯坦等国也培育了本国的半矮秆小麦品种，对提高全世界小麦产量发挥了巨大的作用。朝鲜则在20世纪30年代利用了达摩小麦的另一类型赤达摩（Akadaruma）育成了水原85、水原86等矮秆品种，我国曾经利用水原86育成了矮秆品系咸农39，进而育成了半矮秆的矮丰3号等品种，推动了我国北方冬麦区矮秆小麦的育种。

其他矮源，如原产我国西藏的大拇指矮、从品种矮秆早中发现的自然突变系矮变1号、非洲的奥尔森矮等，都还没有在育种上得到有效的利用。

根据McIntosh（1988）的统计，已知的矮秆*Rht*基因达20个之多。不同的矮秆基因其所在的染色体、显隐性和对赤霉酸（GA_3）的反应敏感性以及它们遗传效应是不同的。如农林10号的Rht_1和Rht_2，分别位于染色体4B和4D的短臂上，在不同的遗传背景中表现不同程度的隐性，苗期对赤霉酸反应不敏感；它们对穗数、穗长和穗粒数具有正效应，对千粒重的影响为负效应，对子粒容重、蛋白质含量、耐旱和耐寒性均有一定不良影响。赤小麦矮秆基因Rht_8和Rht_9，分别在染色体2D和7B上，表现不同程度的隐性，苗期对赤霉酸反应敏感，它们的矮化能力较弱。大拇指矮具有的矮秆基因为Rht_3，位于染色体4B的短臂上，具有较强的矮化作用，表现为部分显性，人们在利用小麦杂种优势中，用其培育显性矮T型不育系，配制杂交小麦，其杂种一代表现矮秆，很好地解决了通常杂交小麦杂种一代植株太高的问题，但因显性矮不育系及其保持系株高过矮，且高矮相同，因此不易散粉和授粉，不育系异交结实率不高，不育系存在很大的繁种问题。苗期它对赤霉酸反应不敏感，对粒数为正效应，对粒重为负效应，对子粒的蛋白质含量有不利的影响。另外，具有Rht_3的小麦品种，其胚乳中α-淀粉酶的活性很低，不易穗发芽，不会因穗发芽造成面团发黏，品质变劣。矮变1号含Rht_{10}基因，位于4D短臂上，呈部分显性，苗期对赤霉酸反应不敏感，其矮化作用强于Rht_3。中国农业科学院作物研究所刘秉华等创造出太谷核不育基因*Tal*与Rht_{10}紧密连锁的显性核不育材料——矮败小麦，正常品种与其杂交后，后代中不育与可育之比为1∶1，凡是不育的植株均是矮的，极易区分不育株和可育株。这样的材料在回交育种，创造近等基因系和轮回选择中很有用处。Rth_{12}是一个部分显性基因，但其对赤霉酸反应敏感。具有Rht_{12}基因的矮秆系（保持系）及其不育系的育成。有助于解决不育系的繁种问题。试验表明，在不育系繁种时，于拔节至孕穗期对保持系以 50～80 mg/kg 的 GA_3 喷施，可使株高提高 15～25cm，不育系异交结实率，由对照小区的 20%提高到 60%。

Gale 等 1977 根据含 Rht_1、Rht_2 和 Rht_3 的品种苗期对 GA_3 不敏感，提出了把单子传（SSD）和 GA_3 不敏感性相结合的 SSD - GA_3 技术，能在杂种早代苗期快速分离和选择纯合的矮秆基因型。

除了 *Rht* 系列外，还有丛簇矮生性基因（D_1～D_4）、独秆矮生基因US_1和US_2等，因它们缺点很多，都还没有在育种上得到利用。

我国小麦矮化育种的成就十分显著。在育成和推广的小麦品种中，植株高度发生了明显的矮化。据中国农业科学院品种资源研究所的资料（1982），我国 20 世纪 50 年代以来所育成品种的株高在 30 年中降低了 18.8%，平均株高从 107.9 cm 降低到 97.1 cm。贾继增等（1990）采用系谱分析和赤霉酸反应相结合的方法，对我国小麦育种中的主要矮秆亲本进行了研究。结果表明，我国生产上所用小麦品种的矮秆亲本主要有水原 86、St2422/464、农林 10 号、辉县红、蚰包、阿夫等。这些矮秆亲本的矮秆基因大多直接或间接来自达摩小麦和赤小麦。

小麦株高的遗传率较高，据中国农业科学院作物研究所估算，其广义遗传率为 66.5%。在 F_2根据株高选择单株是有效的。但由于杂种优势和株间生长竞争的干扰，对 F_2的选株标准不宜过严，一般认为以 70～80 cm 较为适宜，不是越矮越好。

国内外小麦育种实践还表明，矮秆性状往往同各种叶病、青枯、早衰、千粒重和容重低、品质差等不良性状联系在一起。因此，除在亲本选配上注意矮秆基因所处的亲本遗传背景外，有必要加大 F_2和 F_3的群体，才能打破这种不良的联系，育成理想的矮秆高产品种。此外，在矮化育种时，还必须注意其他性状的改良。株高降低以后，叶层趋于密集，群体郁蔽，影响光能利用，而且下部叶片早枯，最终影响产量。因此，必须注意选育株型紧凑、叶片直立、各叶间距长短适宜、配置合理、有一定生长量且茎秆粗壮而有弹性的类型，才能改善群体环境，增加抗倒伏能力以具有较高的增产潜力。此外，还应注意因矮化而易于发生的各种病害，如锈病、白粉病、叶枯病等，因而要注意抗病基因的引入与选择。至于有些半矮秆小麦品种后期熟相不好、产量不稳、子粒不饱满、品质差等问题，则需要进一步研究解决。

3. 小麦生物学产量和收获指数的遗传与选育 在不改变收获指数的情况下，增加生物学产量，或在生物学产量不变的情况下提高收获指数，或者同时提高生物学产量和收获指数，都可以提高小麦品种的产量。Evans（1984）认为，近代小麦产量潜力的增大，是由于收获指数的提高而不是生物学产量增加的结果。

小麦收获指数与子粒产量间呈显著的正相关。收获指数属数量遗传性状，遗传率较高，在杂种早代选择是有效的。对杂种早代单株的收获指数与其相应的高代品系或小区的子粒产量间相关的大量研究表明，单株收获指数可以有效地反映品系的产量潜力。因此，大多数育种家主张把收获指数作为产量潜力的选择指标，但在按收获指数选择的同时，不能忽视对生物学产量的选择，这是因为现代高产品种的收获指数已由老品种的 30%～35%，提高到 40%～50%，进一步提高已有困难。虽然 Austin 等（1980）曾设想，在保持一定的生物学产量的前提下，仍可将收获指数提高到 62%，产量再提高 26%，但这样的设想被认为是难以实现的。

4. 株型育种与高光效育种 众所周知，经济产量＝（光合面积×光合时间×光合速率－呼吸消耗）×收获指数，所以高产育种从植物生理角度分析，要创造和培育光合产物形成多、消耗小、积累多并以最大的比例分配给经济器官的类型。

可通过耕作和栽培措施扩大叶面积，增大叶面积系数，延长生育期和后期小麦的叶片功能期，借以扩大光合面积和延长光合时间，从而提高光能利用率。此外，在育种上，可通过株型育种和高光效育种提高光能利用率，增加小麦的产量。

所谓株型，一般指植株地上部分的形态特征，特别是叶和茎在空间的存在状态，也就是植株的受光姿势。现代的株型概念已扩大到与产量形成有关的植株的一系列形态和生理性状的综合。株型育种，就是通过改进植株的一系列形态生理性状，改善冠层结构，增加叶面积系数，以截取更多光能，提高其光能利用率，以及改善同化物的运转分配性能，增大收获指数，从而提高单位面积子粒产量的育种途径。

20 世纪 60 年代末，Donald（1968）最早提出了理想型（ideotype）的概念，认为理想型应该能够保证群体内个体间的竞争尽量减少，而子粒的同化物积累尽量增大；并认为小麦的理想株型应是：较矮而强壮的茎秆、独秆、少而小的直立叶片、有芒的大穗、繁茂的种子根。这种设想引起了不少争议。许多学者指出，同一种作物在不同地区，甚至在同一地区，都有各种不同的适当株型。尽管Donald所提出的理想型和所列举的性状较为片面，但有关理想型的概念对各国小麦育种家在确定育种方向和深入认识不同环境条件下高产品种形成的途径有很大的启发作用，促使育种家考虑产量形成的生理基础和提高产量潜力的形态生理性状。

在小麦株型育种中，确定适宜冠层结构和理想的株型性状是极为重要的，但两者间又是相互关联的。为了增大叶层的光能利用率，需要使叶层截获尽可能多的阳光，而且使截获的阳光尽可能均衡地分布在各个叶片上，使上部叶片和下部叶片均能足够受光，这样要求冠层的消光系数尽可能要小些。冠层结构一个重要的参数是叶面积指数，最适宜的叶面积指数因不同环境和基因型而异，高产品种的叶面积指数在抽穗期多在6～10之间。研究表明，抽穗后的绿叶面积持续期与子粒产量呈显著正相关。它比叶面积指数更能表达品种的差异，是子粒产量选择的重要指标。

在小麦不同的株型性状中，植株高度和叶片角度最受关注。前述的小麦矮化育种，实际上是小麦株型育种的一个重要内容。株型性状对产量的作用和贡献的大小因环境条件及这个性状是否已转移到优良的遗传背景中而有很大的差异。一般认为，叶片直立较叶片平展的品种更有利于截获较多的阳光，因为它能增大群体叶片的受光面积和容纳更大叶面积指数，加大群体内的散射光的比例，使上部叶片和下部叶片较好地均衡受光，冠层的消光系数小，提高了光能利用率，一般产量较高。但在稀植和水肥土壤条件差的条件下，其产量反而不及叶片平展的品种。

了解小麦不同株型性状及不同性状间互作对产量作用的大小和影响，结合各地区的生态条件对不同的株型性状加以综合考虑，形成不同地区的理想株型或合理生理生态型，对小麦育种工作具有指导意义。如在我国北部冬麦区合适的水浇地高产株型应该具备：半矮秆、较多的有效穗数、上部叶片基部夹角较小、较短而宽的剑叶和较长的绿色面积持续期、穗粒重在1 g以上等性状。这里需要指出的，在进行小麦株型育种时，将不同株型性状组装到一个品种中，往往受性状间的连锁、基因多效性、器官间的平衡关系和补偿作用的影响和限制，不容易达到预期的目标。

高光效育种是指提高小麦叶片的光合速率，以提高光能利用率，增加小麦产量的育种。高光合速率的鉴定和筛选的指标很多，除直接测定不同小麦品种的光合速率、光呼吸的强弱和CO_2补偿点的高低外，还有许多指标（如比叶重、叶片厚度、叶片含N量、剑叶叶面积、气孔的大小和密度、生育后期茎叶功能期的长短、粒叶比等）与光合速率的高低有密切的相关性。根据育种经验，用单一的指标选择高光效的材料或进行高产育种，其效果很小，应该采用能反映与高产形成有关的综合性指标。山东省农业科学院借助粒叶比选育出优质而高产的品种济南17是一个很好的例子。但需要指出的是，目前的许多高产小麦品种，其光合速率是较高的，而光合速率高的品种或材料并不一定是高产品种或材料。因为光合速率高仅仅是形成产量高的一个因素，但不是惟一的产量决定因素，还要与其他对产量有关的性状很好结合，才能实现高产。

近年来，我国各地提出了超级小麦的概念及超级小麦的产量结构、生理特性、株型结构和它的育种途径。有关内容将在本章第七节进行讨论。

（二）抗病虫性的遗传与选育　在国内外小麦育种发展历程中，抗病虫育种是整个育种工作的重要内容。

小麦病害的种类很多，在我国以三种锈病、白粉病、赤霉病等流行范围较广，危害也较重。此外，还有纹枯病、全蚀病、土传花叶病、黄矮病、丛矮病等，分别在一些地区造成了一定的损失。在我国，小麦主要的害虫有吸浆虫、麦秆蝇、麦蚜等。

1. 小麦抗病性的遗传及选育

（1）小麦的抗锈性　在我国，小麦条锈病的发生比叶锈病及秆锈病更为普遍，对生产的威胁也最大。在华北、黄淮平原、西北和西南等地也经常发生危害。新中国成立后，上述地区先后育成和推广了数批抗病品种，使我国主要麦区的条锈病逐步得到控制，1965—1989年期间，未发生全国性大流行。秆锈病主要发生在东北、西北春麦区和江淮、山东沿海、福建等地。由于抗病品种的推广，秆锈病也得到了有效的控制。

每种锈病的病原菌又各有一系列致病力不同的生理小种，生理小种随地区和年代的不同而不断发生变化。不同的小麦品种对不同的生理小种表现不同的抗性。所谓抗锈品种是针对特定锈菌生理小种而言的。我国已鉴别出条锈病的生理小种 31 个，还鉴别出 40 多个不同的致病类型。目前的优势小种为条中 29（国际名称为 175E158）、条中 30（175E191）和条中 31（239E175）。截止到 1996 年，我国以全国统一鉴别寄主为基础并按叶中号命名的小麦叶锈菌生理小种已达 48 个（叶中 1 号至叶中 48 号）。为了充分反映寄主抗病性和病原物致病性的相互作用以及克服按时序命名小种类型的缺点，河北农业大学、中国农业科学院植物保护研究所先后改用八进法和密码法命名叶锈菌生理小种（或致病类型）。据此，1976—1996 年间，袁景顺等鉴定了来自全国 28 个省（市）的小麦叶锈菌标样 5 989 份，其中出现频率最高的为洛夫林 10 号小种群，包括 61（叶中 34）、261（叶中 46）、361（叶中 19）、363（叶中 45）、377（叶中 4 号）等生理小种，洛夫林 10 号小种群是所有小种中最危险的小种类群。其他主要的小种还有 60（叶中 38）、360（叶中 2 号）、260（叶中 1 号）、160（叶中 29）等小种。1991—1998 年间，中国农业科学院植物保护研究所选用以 Thatcher 为背景的抗叶锈病小麦近等基因系为鉴别寄主，对来自中国主要麦区的 858 份叶锈菌标样进行了测定，根据其在 12 个鉴别基因上的反应，共划分为 58 个生理小种（或致病类型），主要小种类型有 PHT、THT、DGD、PHP、PHR 等。在 1959—1989 年间，我国共分析鉴定了来自全国的秆中 17 号、秆中 19 号、秆中 21 号、秆中 21C1、秆中 21C2、秆中 21C3、秆中 34 号、秆中 34C1、秆中 34C2、秆中 34C3、秆中 34C4、秆中 34C5、秆中 40 号、秆中 116 号、秆中 194 号、秆中 207 号和柯太 1 型（Kota 1）17 个小麦秆锈病生理小种，秆中 21C3 发生频率最高，其次为秆中 34C2。1990 年，我国开始采用抗秆锈的单基因系鉴别生理小种，将我国小麦秆锈病生理小种区分为以 C 开头的 21 小种类群、以 M 开头的 34 小种类型、以 F 开头的 116 小种类群和以 N 开头的 40 号小种类群。

国内外选育的抗锈小麦品种绝大多数都是具有专化性抗性的品种，非专化性抗性虽然很少受病原菌毒性变异的影响，保持时间较久，但由于鉴定和选育都较困难，在育种和生产上常被忽视。人们由于多次遭受品种丧失抗锈性所造成的损失，逐渐认识到只利用专化性抗性的弱点，近年来越来越多地重视非专化性抗性的发掘和利用。

小麦品种对条锈病的专化性抗性大多受主效基因控制，不抗病品种的抗性基因有呈显性或不完全显性，亦有呈隐性的。有时同一个基因可以控制小麦品种对一个或几个小种的抗性，同一品种可有一个至几个抗病基因，有时几个基因互作控制对某个或某几个小种的抗性。除主效基因外，可能还涉及微效基因和修饰基因的作用。因此，杂种后代的抗锈性可能出现超亲现象。杂种后代的抗锈性的表现及分离常因抗病基因的种类和数目、基因所在的遗传背景及具体的杂交组合的不同而存在很大的差异。小麦抗条锈性的遗传率较高，早代应注意选择。小麦对条锈病的非专化性抗性的遗传远比专化性抗性复杂。

世界上已发现和定名的抗条锈病（Yr）基因 31 个，抗叶锈病（Lr）基因 52 多个，抗秆锈病（Sr）基因 60 多个。有些位点上常有一些紧密连锁的或等位的抗病基因。大多数定位的抗锈基因都是小种专化的。

（2）小麦抗白粉病性　白粉病是小麦专性寄生的白粉病菌（*Erygsiphe graminis* DC.）所致的病害。白粉病的分生孢子正常萌发伸长需在 98%以上的相对湿度，因此在阴雨、高湿度、光照不足的条件下发病严重。在我国，小麦的白粉病过去是一种经常发生但危害不重的病害。云南、贵州、四川和山东沿海地区比较普遍。近年来，各地随水肥条件的改善、种植密度的加大以及矮秆品种的种植，麦田过于郁蔽，白粉病危害加重，分布范围加大，成为小麦的重要病害。

小麦白粉病菌的变异性相当大，英、美等国已先后分别鉴定出 30～40 个生理小种。司权民等（1987，1992）对全国性的标样做了鉴定，先后确定了 67 个小种类型，其中出现频率较高的有 1 号、5 号、11 号、15 号等小种。11 号和 15 号小种对我国主栽品种携带的 Pm_8 基因有强致病力，也是当前的优势小种。

白粉病抗性可以是单基因、两基因或多基因控制的，抗性可表现为显性、部分显性或隐性，有的还存在着多基因效应。小麦与白粉病菌之间也存在着基因对基因的关系。目前国际上已定名并定位的抗白粉病基因有 30 个（包括复等位基因），分散在 23 个位点上，多数抗病基因是外源的，包括野生二粒小麦、栽培二粒小麦、波斯小麦、硬粒小麦、提莫菲维小麦、黑麦、山羊草、簇毛麦等物种。其中 Pm_{21} 是南京农业大学刘大钧等（1993）从簇毛麦导入普通小麦的抗病基因。Pm_{30} 是中国农业大学杨作民、谢超杰和孙其信等（2000）从野生二粒小麦 C20 中发现并予以定位的。他们还将来自野生二粒小麦等 G-305-M 的抗白粉病基因定位于 6A 长臂上，将来自野生二粒小麦 G-573-1 的抗白粉病基因定位于染色体 2B 上，根据基因的来源和位点分析，这两个基因是不同于已知抗白粉病基因的新基因。在我国也发现，10 多个农家品种（如新疆小白冬麦、万荣有芒瞎八斗、临汾蚂蚱麦、长安红头麦、云南小白麦、泰安白蝈子头等）对白粉病反应在苗期多为 0—O 型；部分为 1 型，在成株期表现为免疫或低反应型。但对这些抗源还没有进行详细的遗传分析。

对小麦白粉病的慢病性、成株抗性及持久抗性的遗传也有报道。Bennett 曾举例说明在一些品种中，可以看到数量抗性，其中一些表现一定的持久性。这些品种有英国的 Maris Huntsman、德国的 Diplomat、意大利的 Est Mottin、美国的 Knox 等。其中 Diplomat 的田间成株抗性已保持 10 年以上。

（3）抗赤霉病性　小麦赤霉病［*Gibberella zeae*（Schw.）Petch］是世界温暖潮湿和半潮湿地区广泛发生的一种毁灭性病害。在我国小麦病害中其重要性仅次于条锈病，以长江中下游、华南冬麦区和东北东部春麦区危害尤为严重，已成为最主要的小麦病害，近年来已扩展到关中地区和河南省。据估计全国发生赤霉病的麦区面积超过 6.67×10^6 hm^2（1 亿亩），约占全国小麦总面积的 1/4。

赤霉病发生流行的特点是暴发性、频率高、损失大。在长江中下游冬麦区，一般每两年发生一次大流行或中度流行。大流行年，病穗率达 50%～100%，减产 20%～50%；中度流行年，病穗率为 20%～40%，减产 10%～20%。赤霉病不仅会造成严重减产，而且会严重恶化子粒品质和种用价值，带病子粒含有毒素，用做粮食或饲料影响人、畜健康。因此，小麦赤霉病常发地区的育种单位，都把抗赤霉病列为主要育种目标之一，作为解决小麦赤霉病威胁的根本措施。

生产上迫切需要抗赤霉病的品种，但由于抗源缺乏和发病受环境条件影响大，鉴定结果不稳定，给小麦的抗赤霉病育种带来很大的困难。

小麦赤霉病主要是由多种禾谷镰刀菌（*Fusarium graminearum* Schw.）所致的病害，镰刀菌是一种兼性的、非专化性的寄生菌，其寄主范围很广。致病小麦除产生穗腐之外，还可产生根腐和茎腐，以穗腐对产量的影响最大。我国经多年分离鉴定研究，证实现有镰刀菌属的 18 个种或变种中，以禾谷镰刀菌（*Fusarium graminearum*）分布最广，遍及全国的 21 个省、市，是导致小麦赤霉病穗腐的优势种，一般都占 90%以上的比例。

小麦赤霉病的致病性是非专化的，寄主范围广泛，并且通过其有性世代产生的变异性很大，迄今尚未发现免疫品种，但不同小麦品种类型之间的抗性存在着显著的差异。新中国成立以来，我国在这方面做了大量工作，并在最近 20 年来取得显著进展，筛选出许多较好的抗源，为抗病育种提供了物质基础。我国各单位，经多年反复测定，证明我国小麦品种资源中存在一些抗性强而稳定的品种，如望水白、苏麦 3 号、苏麦 2 号、湘麦 1 号等，并有人认为小麦赤霉病抗源经常分布于世界上赤霉病流行地区，而中国长江中下游赤霉病频繁流行，因此是赤霉病抗源较丰富的地区之一。

对赤霉病抗性的遗传研究，国内外开始都比较迟，研究的深度和广度都还不够。由于赤霉病抗性遗传比较复杂，其抗性基因遗传方式，不同研究者所得结论不尽一致。较多的报道认为，赤霉病抗性为部分显性，属多基因控制的数量性状，遗传率偏低，主要呈加性效应。张乐庆等（1982）对小麦品种抗赤霉病扩展的遗传研究发现，F_1 的发病穗数接近双亲平均值，多数偏向抗病亲本，F_2 代的发病小穗数呈连续分布，广义遗传率平均为 58.5%，狭义遗传率平均为 30.8%。陈焕玉等（1989）的双列杂交分析结果认为，抗赤霉病性的加性效应极显著，非加性效应不显著，发病小穗数的广义遗传率为 30.1%，狭义遗传率为 27.9%。我国不同学者的研究结果表明，小麦对赤霉病抗性涉及许多染色体，不同品种的抗病基因在染色体上的分布也不一样。

2. 小麦抗虫性的遗传及选育　小麦的抗虫性研究及选育，远落后于小麦抗病性的研究及选育。20 世纪以来，小麦的抗虫性研究及育种有一定的进展。美国自 1941 年首次育成抗黑森瘿蚊（*Mayetiola destructor* Say.）的品种用于生产以后，至 1979 年已培育了 42 个抗黑森瘿蚊的品种，大大减轻这种害虫的危害。美国还培育了抗茎锯蜂［*Cephus cinctus* Norton，*C. pygmaeus*（L.）］和麦叶甲（*Oulema melanopus* L.）的品种。我国在 20 世纪 50 年代已开展了抗麦秆蝇的育种。

据研究，小麦的抗虫机制有拒虫性、抗虫性和耐虫性 3 种。如在我国内蒙古，一些生长期短和前期生长发育早的早熟及中早熟品种，以及叶片狭、叶片茸毛密长，叶片与茎交角大的品种，较抗麦秆蝇，其原因在于当麦秆蝇大量产卵时，这些品种着卵少，幼虫不易入茎，入茎后也不易成活。有时一个品种表现不止一种抗虫机制，如实秆小麦品种 Rescue 之所以抗麦茎蜂，是由于雌蜂不喜欢在该品种植株上产卵（拒虫性），幼虫蛀入后不易成活（抗虫性），麦秆受虫蛀后，不易折断、倒伏而影响产量（耐虫性）。

一些小麦害虫存在生物型（biotype）分化现象。如现在已知黑森瘿蚊至少存在 18 种生物型。麦二叉蚜（*Schizaphis graminum* Rondani）也存在生物型分化的情况。在寄主与害虫生物型的关系上，可能表现出生物型特异性抗性（biotype - specific resistance）和生物型非特异性抗性（non - biotype - specific resistance）。如一些小麦品种对黑森瘿蚊表现生物型特异性抗性，而另一些品种对麦茎蜂和麦叶甲的抗性则为明显的非生物型特异性抗性。

小麦的抗虫性可受单基因、二个基因或多基因控制。业已发现，有 19 个抗黑森瘿蚊的显性基因（H_1～H_{19}）和 5 个抗麦二叉蚜基因（Gb_1～Gb_5）。

3. 小麦抗病虫性的育种方法　抗病虫性育种包括病原菌（或害虫）的研究、品种抗性的鉴定和抗病虫品种的选育 3 方面。病原菌（或害虫）的研究和品种抗性的鉴定是基础环节，其中病原菌（或害虫）的研究虽属植物保护方面的范畴，但要做好抗病（虫）育种必须对其有足够的了解。

广泛收集抗源，进行抗病（虫）性鉴定，选出抗病（虫）亲本是抗病（虫）育种的重要环节。由于多数病原菌或害虫分化出毒性不同的生理小种或为害不同的生物型，故对收集到的材料都要用当时、当地乃至将要流行的该病原菌生理小种或害虫生物型进行抗病（虫）性鉴定。其鉴定方法依不同病虫害而异。

品种间杂交，通过选用适当亲本配置杂交组合，杂种后代在发病条件下，保持足够的选择压力，有目的地将抗病虫性和农艺性状结合起来，已成为小麦品种抗病虫性遗传改良的主要方法。

亲本选配应根据材料对病害不同生理小种或害虫不同生物型的抗性、所含的抗病虫基因及其抗性的遗传进行。应尽量选用抗当时主要生理小种的、遗传简单且抗性为显性的材料作为亲本。受多基因控制的抗病虫性，有时用两个中感的材料杂交后可能由于抗性基因的重组或累加，出现超亲分离现象，产生抗病的品种。如高抗赤霉病的苏麦 3 号是来自两个中感品种阿夫和台湾小麦；中抗赤霉病的扬麦 4 号来自 Mentana（中感）//胜利麦（感病）/Funo（中感）。尽可能考虑抗病虫亲本的农艺性状，当抗源农艺性状很差时，应先进行改造，采用复合杂交或阶梯杂交的方法，将所需的性状加以综合。亲本选配的其他原则在抗病虫育种中也是适用的。

应根据抗病虫亲本的遗传情况，掌握杂种后代的群体大小和选择标准。亲本抗性为简单遗传时，后代群体可以小些；复杂遗传时要大一些。亲本的抗病性为显性或偏显性时，选择标准要严些；为隐性时要放宽一些。关于抗病性的选择压力的问题，过去强调要选择全生育期免疫的后代，不适当地提高抗病性的选择压力而使丰产性、早熟性、株高等目标性状的选择做出牺牲。所以，要适当地掌握抗性的选择强度，对杂种后代的病害的反应型、严重度和普遍率进行综合的考虑。例如，对条锈病，只要严重度和普遍率不高，即使反应型为 2～3 级，甚至 4 级，但综合农艺性状优良的后代材料都可选留，对早熟的材料更应放宽选择的尺度。

利用自然变异选择育种，也可以选出抗病虫新品种或材料。如江西省万年县和江苏省武进县分别从南大 2419 和阿夫中选出抗赤霉病的品种万年 2 号和武麦 1 号。

回交是抗病（虫）育种经常使用的方法。通过回交可以把新的抗源或抗病虫基因导入农艺性状优良的品种中。中国农业大学采用滚动式回交方法，将一部分锈病和白粉病多样化二线抗源，导入到各地的主栽小麦品种和有希望发展的品系中。并在回交过程中应用分子标记进行辅助选择，进行多个抗病基因或多种不同病害的抗病基因的累加和聚合，取得了很大的成效。

此外，通过远缘杂交、染色体操作和基因工程，可将小麦近缘属种及小麦其他种的抗病虫基因转移到普通小麦中。如阿根廷用抗二叉蚜的黑麦与普通小麦杂交，育成了抗二叉蚜的冬小麦 Amigo。

（三）耐逆性的遗传与选育　通常将小麦生产过程中所遇到的不利气候、土壤等非生物因素环境的影响称为环境胁迫或逆境灾害。小麦品种对逆境灾害的忍受能力称耐逆性。通过耐逆育种可以从遗传上改良和提高品种对环境胁迫的耐性，从而提高产量的稳定性。作物对逆境并无能力去抵抗它，但可以避免或忍受胁迫，因而育种上将这种耐受性称为耐逆性（stress tolerance）。

1. 小麦耐寒性的遗传及选育　耐寒性指在小麦生长发育过程中对低温的忍耐性。低温对小麦的危害分冻害（freezing injury）和冷害（chilling injury），统称寒害（cold stress）。冻害指 0℃下低温所造成的伤害和死亡，主要发生在小麦越冬期和返青期，也包括拔节前后的霜害。冻害对小麦的伤害机制包括 3 方面：①对细胞膜体系的直接伤害，引起细胞生理生化过程的破坏；②细胞外结冰，原生质体内的水分透过质膜在细胞间隙和质壁分离的空间结冰，原生质体大量失水，严重时造成蛋白质变性和原生质体凝胶化；③细胞内结冰，原生质冻结、破裂、细胞死亡。冷害是 0℃以上不能满足小麦正常生长发育要求的低温对小麦的危害。它能使生长发育延缓，产量降低。小麦的耐冷性是指品种在低温下能维持正常生理机能，生长发育不延迟并能产生正常子粒的特性。小麦的越冬性（winter hardiness）是指小麦品种对一定地区越冬和返青期内各种不利因素（如冻、旱、风、雪、变温及土壤龟裂、掀耸等）的抵抗和适应的能力，是一个复杂的性状。由于近年来冬春气候较暖，水肥条件和栽培管理改善，我国北部冬麦区新育成的品种耐寒性趋弱，黄淮麦区半冬性和春性品种所占的比例增大，结果近年来冬春常有冻害发生，造成大面积死苗，严重影响了小麦的生产。

小麦耐寒性是一种复杂的生理特性，它与冬春性虽然关系密切，但在生物学上是不同的特性。一般强冬性和冬性品种比弱冬性和春性的耐寒性强；对光照反应敏感的品种，因其穗分化开始较晚，比反应不敏感的耐寒性强。大量的研究表明，小麦品种的耐寒性受多种内外因素的影响，包括分蘖节深度、锻炼阶段的条件、春化的进程、植株组织的持水力、结合水与自由水的比例、糖的含量、碳和氮及磷代谢的特性、呼吸强度、小分子蛋白质组分的含量、植株的激素含量与活性水平、酶系统的活性、膜的结构与功能等。在耐寒锻炼过程中，细胞液浓度增高，束缚水与自由水的比例增大，膜系统的选择渗透能力较强。最近的研究还指出，小麦品种耐寒性的强弱与叶片组织在耐寒锻炼过程中合成的特异膜蛋白或逆境蛋白的含量有关。幼苗匍匐、苗色深绿、叶窄小的品种，以及冬前分蘖多、分蘖节深而壮、根系发育好的品种，耐寒力比较强。

耐寒性为多基因控制的数量遗传性状，其遗传率较高，早代对其选择是有效的。杂种后代耐寒性的表现因组合而异，多数情况下 F_1 呈中间遗传或偏向耐寒亲本，为完全显性。F_1 代的耐寒性与双亲耐寒性的平均值的相关及回归系数均显著。F_2 则呈偏向于耐寒亲本的连续分离，有些组合在 F_2 能观察到正向的超亲分离。正反交的表现，一般认为没有差异；也有报道认为有明显的不同，存在着细胞质遗传。所以，有人建议应以耐寒性好的材料作母本。

小麦耐寒品种的培育多采用耐寒品种与丰产品种杂交。我国和前苏联的冬小麦品种中，有不少耐寒性很强的材料可以利用。也可以采用回交、复合杂交和阶梯杂交的方式，在提高和改善耐寒性的同时，改良其他性状。可通过远缘杂交创造耐寒种质和选育耐寒品种。长期以来，育种家认为黑麦最耐寒，企图通过远缘杂交将黑麦的耐寒基因掺入，改良小麦。结果，由于目前未明原因的阻碍，从黑麦向小麦掺入基因是困难的，获得的杂种后代并不像预期那样耐寒性强。偃麦草也是小麦远缘种属中耐寒性强的种属，国内外通过小麦与偃麦草杂交都育成耐寒性很好的品种及类型；山羊草属的多倍体种具有很好的耐寒性，尤其是有 CD 染色体的柱穗山羊草的一些品系，通过适当组配可望得到更耐寒的新类型。

应重视杂种后代的耐寒（越冬）性的田间选择和鉴定，特别是在有严重冻害的年份尤应注意。为此要做到土地平整、播种质量高，特别是播种深度、施肥和浇水均匀以及管理措施一致。F_2 代是选择耐寒性的最重要世代，应在临越冬前在匍匐性强、分蘖多、生长健壮的植株及返青时越冬好的植株旁边标上标签。对 F_3 代越冬好的家系也可采取类似的做法，再参照耐寒对照和高产对照品种的实际表现，选择农艺性状优良，而耐寒性强的植株或品系。这样做有利于将耐寒性和丰产性、抗病性、早熟性等重要性状结合起来，选育出耐寒性强的优良品种。

耐寒性的鉴定和选择，以在田间的直接鉴定和选择为主。可根据麦苗越冬或受寒害后的田间死苗率、死蘖率、叶片受冻枯死等冻害程度来评价。还可用人工冷冻和其他方法间接测定，如可用人工模拟冻害、霜害和冷害的条件，研究小麦群体、个体或器官受冻后的表现和变化，考察组织和细胞在低温下的特性和生理生化反应等。也可用低温种子发芽法，计算受冻种子的发芽率。还可用冷冻分蘖节法，统计经冷冻后分蘖节的成活率，从而判断品种的耐寒性。间接测定法除上面提及的分蘖节外，还可测定叶片的含糖量、在耐寒锻炼过程中叶片和分蘖节中细胞液的浓度、束缚水和自由水的比例、膜系统的透性变化等。在膜透性测定方面，国内外多采用电导率或 K^+ 外渗量比值来表示品种耐寒性，电导率比值越大，耐寒性越差。丁钟荣（1984）的研究表明，叶鞘电阻值大小能反映耐寒性的强弱，此法快速简便，不破坏样本，同一植株可重复多次测定，品种间电阻值差异比较稳定，可能在育种上有应用价值。由于耐寒性和越冬性复杂，将实验室鉴定与田间鉴定相结合，可提高鉴定的准确性。

2. 小麦耐旱性的遗传及选育 干旱是我国北方冬麦区和春麦区的重要环境胁迫，是小麦生产发展的重要限制因素。耐旱性（drought tolerance）是广大干旱地区小麦育种的基本目标性状。干旱包括土壤干旱、大气干旱及混合干旱 3 种类型。一个品种在特定地区的耐旱性表现是由自身的生理特性、结构特性以及生长发育进程的节奏与农业气候因素变化相配合的程度决定的。

小麦品种的耐旱性有 3 种机制：①避旱（drought escape），指在干旱来临前，已完成其生育期；②免脱水（dehydration avoidance），指在受旱小麦地上部水势下降时，借助强大的根系和输导系统吸收和输送更多的水分，以及借助叶片结构特点，通过气孔运动、卷叶、茸毛、角质化、膜质层等减少水分蒸发，并通过渗透调节，以保持地上部分较高的水势，免受旱害；③耐脱水（dehydration tolerance），指植株有较强的忍耐水势低的能力，原生质保水力强，受旱后复原能力强，新陈代谢活动仍能较正常地进行，仍能合成和积累一定数量的干物质。在进行耐旱性育种时，一定要注意了解干旱的类型和品种的耐旱性机制。

小麦品种在耐旱性机制及耐旱性状上存在广泛的遗传变异，如根系的深浅及数量多少、气孔透性、卷叶、蜡质的多少、能否在干旱条件下保持较高的水势、脱落酸（ABA）的积累能力、叶片相对的含水量、切叶的持水力、品种在干旱条件的渗透调节能力的强弱等，都存在广泛的遗传变异，而且这些性状是能够遗传的。但目前对这些性状的遗传研究不多。

耐旱性的鉴定方法分直接鉴定和间接鉴定（实验室鉴定）。直接鉴定是在田间干旱条件下或设置旱地和水浇地，或用装有不同水分含量土壤的盆钵，观察品种的植株形态性状、生长发育速度（如生长速率、开花的延迟或提前）、子粒灌浆速度和饱满度、产量高低等。间接鉴定（实验室鉴定）方法有：叶片含水量和相对含水量、切叶持水力、叶片水势、渗透调节强度、冠层温度的变化、幼苗或成株的根系长度和根量、ABA浓度变化、种子在高渗溶液中的发芽率、受旱后在高渗溶液（如聚乙烯乙二醇）的培养基上的幼苗存活率和生长速度的变化、细胞内电解质电导率（可知受旱细胞电解质渗漏情况和细胞膜的稳定性）等。还可在开花后，喷洒氯化钠和氯化镁溶液破坏叶片的叶绿素，考察光合作用受抑制后，茎中物质对子粒的供应和输送能力以及维持一定千粒重的能力等。但目前，还没有一种单独的方法和指标足以可靠地测定所有品种的干旱反应，最好根据不同耐旱类型和耐旱机制，综合应用这些指标，才能更真实地反映品种的耐旱性。

小麦品种间杂交是培育耐旱品种的主要方法。由于各地的干旱特点和程度以及品种间的耐旱机制不同，首先要确定育种的具体目标和要求，以及相应的耐旱类型。在广泛研究耐旱特性和耐旱机制的基础上，选用适应特定干旱条件的亲本进行杂交。选配亲本时，要注意亲本间性状互补和性状总水平要高。假如亲本具有所需的耐旱性而其他性状欠佳，则可用回交将耐旱性导入较好的遗传背景后，再用其选系为亲本，进行杂交，或用阶梯杂交使耐旱性与丰产性及其他目标性状逐步结合。杂交后代的选育环境条件，有人主张耐旱性和杂种后代的选育要在胁迫的条件下进行，才能产生耐旱的高产类型；另一种相反意见认为，在适宜的水分条件下的产量潜力也能反映胁迫条件下的产量潜力，因而要在水分条件好的环境进行选择。而Smith则认为，选择一个胁迫严重的地点供早代选择是错误的策略，因为在这样的环境下，小麦生长很差，很难区分开群体内不同基因型的差别，较好的策略是挑选一个胁迫中等的地点供早代选择，然后在有胁迫和无胁迫条件下同时进行后代的产量试验。一般认为，在非干旱条件下，选择高的产量潜力类型不一定产生干旱条件下高产的基因型。

陈新民（1990）提出我国小麦耐旱育种可分为两类：①旱薄地耐旱育种，将育种分离材料直接种在这种条件下进行鉴定选择；②旱肥地耐旱育种，首先在良好肥水条件下选择具有高产潜力的材料，然后在旱肥地条件下进一步鉴定选择，从而选育出适应这类地区的耐旱高产品种。如果条件许可，可以在水旱两地同时进行选育，也可以在两地之间进行穿梭育种。国际玉米小麦改良中心在耐旱育种中十分重视耐旱性与丰产性的结合，他们强调应将F_2代种植在肥水条件好的试验地上，以便选择丰产潜力大的单株，然后在旱地条件下考验这些F_3家系的表现。如此反复在水、旱地上交叉种植和选择，其入选后代理应是既丰产又耐旱，便于在生产上推广应用。

在干旱环境下，对耐旱性的选择可采用直接选择，或通过选择产量间接地选择耐旱性。在分离群体中，只能对那些与产量密切相关的，遗传率高而且测定方法简便、快速、准确的耐旱性状进行选择。

对多数的耐旱性状，早代进行单株选择几乎是不可能的，因为点播情况下的水分状况与群体下的情况有很大的不同。

除品种间杂交外，还可通过种属间的杂交或遗传操纵和基因工程方法，将近缘物种的耐旱性基因转移到小麦中。

3. 小麦耐湿性的选育　小麦湿害在世界上许多地区都有发生。我国长江中下游地区和东北东部地区的小麦时常遭受湿害。耐湿性为各地区小麦育种主要目标之一。湿害是土壤受渍后通气状况恶化，氧气亏缺使植物生理机能衰退而造成的伤害。湿害在小麦不同生育阶段有不同的影响，幼穗形成期和开花后10d对产量影响最大，前者表现穗粒数减少，后者表现千粒重降低。

对于耐湿性鉴定方法，一般归纳为圃场鉴定法（包括倾斜畦栽培法、水畦高畦法、地下水位法等）和幼苗鉴定法。幼苗鉴定法又可分为3种：①组织性状鉴定法，包括通气系统测定法、根部木质化组织配置测定法；②生理性状鉴定法，包括通气压的测定、根部吸氧量的测定、根内瓦斯含量的测定、根部氧化还原性的测定、地下部呼吸作用的测定；③生态性状鉴定法，包括发根力的测定、水中发芽力的测定、对土中还原物反应的鉴定等。也可以采用田间鉴定双重对照法，将试验地分成湿地和旱地两组，各设两个重复，各组内设置公共对照品种，在小麦生育期间定时灌水。为了消除品种间生育期差异，可采用盆钵鉴定法：把试验材料分为两组，种子露白后播于底部钻孔的塑料盆钵内，过湿处理时，将盆钵浸于盛水的塑料周转箱内或盛水的水泥池内，使土表渗水，以鉴定品种的耐湿性表现。

关于耐湿性的鉴定指标，较广泛应用的是各有关性状值在过湿条件下比在正常条件下下降的百分比。或将各有关性状衰退程度进行累加，用综合湿害指数为指标，评定其耐湿性。或根据受害后不同品种形态、生理及产量性状的变化来评价。不同品种受害后在叶片衰退、茎秆缩短、根系活力下降以及粒数、粒重降低等方面都有明显差异，因此，这些性状的变化可作为评定小麦品种耐湿性的综合指标。一般认为，在过湿条件下，根系发达、入土深、根系不发黑腐烂、植株不早枯、落黄正常、子粒饱满、产量下降幅度小的品种都是耐湿性好的类型。根据江苏省农业科学院粮食作物研究所近年来对小麦种质资源耐湿性的一系列鉴定研究，筛选出农林 46、Pato、水里占、水涝麦等孕穗期耐湿性强的品种。目前，国内外小麦的抗湿性育种尚未广泛开展，至今还没有通过育种明显地改良品种耐湿性的成功事例。

4. 小麦抗穗发芽的遗传及选育　小麦收获前期穗发芽（pre-harvest sprouting）指小麦在收获前遇阴雨或在潮湿的环境下的穗上发芽。收获前的穗发芽是一种世界性灾害，它不仅影响产量，而且严重地影响小麦的品质（尤其是加工品质）、储存及利用价值，可造成较大的经济损失。我国南方冬麦区的长江中下游冬麦亚区和西南冬麦亚区经常发生收获前遇雨造成大面积穗发芽的灾情。北方冬麦区虽无梅雨季节，但个别年份也曾出现这种灾害，如河南、陕西和河北省也曾因麦收季节阴雨造成大面积穗发芽的情况。因此，小麦穗发芽的研究和抗穗发芽品种的培育受到普遍的关注。

小麦的穗发芽是一个复杂的过程，影响因素甚多，主要包括穗部性状、种皮颜色、子粒结构、吸水特性、种子的休眠特性、激素、α-淀粉酶的含量和活性、影响发芽的环境因素（如水分和湿度）等。

小麦的抗穗发芽性基本上决定于种子的休眠特性。这种特性与种皮颜色呈高度相关，一般红皮种子比白皮种子的休眠期长。研究表明，种皮中存在着与色素有关的抑制物质，使氧消耗增加或透氧性降低，导致休眠。毛伯韧和吴兆苏（1983）的研究则表明，种皮的抑制作用并非主要决定于其通透性。有人认为，种子的休眠特性受种皮颜色的多基因所控制，随着红色的加深，种子休眠程度也加强；但也发现有些白皮种子也具有一定程度抗穗发芽的能力。种子休眠期的遗传，有人认为是单基因或两基因遗传，有的则认为是受 3 个基因控制。杂种第一代的休眠期倾向于母本、休眠特性表现为部分显性，显性程度受母本影响。有报道，休眠特性的遗传率为 60%～70%。

国内外许多研究证明，穗发芽与内部 α-淀粉酶含量的增高密切相关。合成 α-淀粉酶含量低的品种抗穗发芽，反之易穗发芽。

小麦子粒发芽时的 α-淀粉酶受两类基因控制。高等电点（pI）的 α-淀粉酶同工酶（α-AMY1）受位于第六组染色体长臂上的 *Amy*-1A、*Amy*-1B 和 *Amy*-1D 等位基因控制；低 pI 的 α-淀粉酶同工酶（α-AMY1）受位于第七组染色体长臂上的 *Amy*-2A、*Amy*-2B 和 *Amy*-2D 等位基因控制。通过等电聚焦电泳（isoelectric focusing electrophoresis，IFE）可以将它们分开。这两组 α-淀粉酶对淀粉都具有水解作用，但水解能力的强弱有差别，高 pI 的 α-淀粉酶同工酶的水解能力较强。过去多数学者认为，α-淀粉酶仅存在于发芽子粒中。近年来的研究结果表明，在小麦子粒形成过程中，伴随着营养物质的积累，α-淀粉酶也随之合成。在小麦子粒形成的不同时期，子粒中的 α-淀粉酶同工酶的种类及其在子粒中分布的位置不同。在子粒形成初期，分布于外果皮及种皮内不活跃的 α-AMY2 对储藏物质分解能力不强，而在子粒形成后期，分布于胚乳中的高 *pI* α-AMY1，有人把它称为迟熟 α-淀粉酶（late mature α-amylase，LMA），它的合成能够导致成熟子粒中含有较高的 α-淀粉酶活性。在适宜的外界条件下，α-AMY1 的活性大增，活跃地分解胚乳中的储藏物质，供给子粒发芽，造成穗发芽。α-AMY1 随子粒成熟度的增加而增多，这可能由于随着水分的散失，子粒干燥，ABA 水平降低，α-淀粉酶合成的障碍因子得以解除，使 α-AMY1 积累。

迟熟 α-淀粉酶的合成机制与发芽期间 α-淀粉酶亦有所不同，但其发芽期间合成的高 pI 的 α-淀粉酶同属受 *Amy*-1 基因控制的 α-淀粉酶同工酶。不同品种的 LMA 同功酶的谱带数量，存在很大的遗传变异，有些品种后期不产生LMA，它们的活性也有很大的差别。LMA的合成和表达与降水量、降水时期以及子粒发育程度有关。有人认为，LMA的表达是由GA_3（赤霉酸）的增多或糊粉层对GA_3的敏感性增大引起的，对GA_3反应不敏感的矮秆基因降低了LMA的表达（尤以Rht_3的影响最显著）。研究表明，Rht_3抑制了小麦糊粉层对GA_3的反应，使GA_3诱导的α-淀粉酶释放受阻，从而抑制LMA的表达，使其活性变弱，避免或减轻穗发芽的发生。

张海峰等（1993）的研究表明，α-淀粉酶的动态变化与穗发芽率的变化完全一致，呈显著或极显著正相关，认为抗穗发芽的主要机理是低α-淀粉酶活性。α-淀粉酶受两个主效互补基因控制，低α-淀粉酶为显性，高α-淀粉酶为隐性，遗传率属中等。

有关LMA的遗传，大量的研究结果表明，位于小麦6B染色体长臂上的一个基因能够通过调节GA_3来诱导由位于6A、6B和6D上的*Amy*-1基因控制高p*I*的α-淀粉酶的合成，有LMA的品种中也许就含有这种基因，或者说，这种基因可能影响LMA表达。初步的研究资料表明，该基因可被称为*LMA*基因。

此外，在麦类作物胚乳中还存在一种可抑制α-淀粉酶活性的α-淀粉酶抑制蛋白。α-淀粉酶抑制蛋白按其分子量和作用的对象分3类，其中一类对麦类作物的α-淀粉酶有抑制作用，同时对枯草杆菌蛋白酶也有抑制作用，故称α-淀粉酶/枯草杆菌蛋白酶抑制蛋白（α-amylase/subtilisin inhibitor，ASI），在麦类作物中对α-淀粉酶有抑制作用的基因称为α-淀粉酶抑制蛋白基因*Isa*-1。小麦的α-淀粉酶/枯草杆菌蛋白酶抑制蛋白的英文全称为wheat α-amylase/subtilisin inhibitor，简写为WASI，普通小麦中有3个编码α-淀粉酶抑制蛋白的基因位点（*Isa*-1）分别位于2A、2B和2D染色体的长臂上。大麦也有这种蛋白（barley α-amylase/subtilisin inhibitor，BASI），大麦的α-淀粉酶抑制蛋白基因$Isa-H_1$位于2H染色体的长臂上，BASI对α-淀粉酶的作用比WASI强。

根据原亚萍、陈孝和肖世和（2001）的研究，大麦的2H染色体添加到中国春染色体组中（中国春2H二体异附加系），大麦2H上的$Isa-H_1$基因，在小麦的遗传背景下能正常表达，编码产生α-淀粉酶抑制蛋白。BASI与小麦α-淀粉酶1形成复合物的形式，降低α-淀粉酶活性，同时也能降低α-淀粉酶2的活性。

抗穗发芽性的鉴定，最常用的方法是种子发芽试验，也可采用完整的麦穗，经水浸泡后，置湿砂或湿吸水纸上，或放于塑料袋中捆扎保湿，放置于恒温箱发芽，统计穗发芽率。更直接方法是置麦穗于人工模拟降雨装置中，诱发穗发芽，此法更能反映品种的实际抗性。α-淀粉酶活性测定，有分光光度法、凝胶扩散法、底物染色法和降落值（falling number，FN）测定法。其中降落值测定法，是广为使用的一种方法。降落值反映的是α-淀粉酶活性的大小，降落值高的品种，α-淀粉酶活性低，反之则高。降落值低的品种，其子粒内部的淀粉、半纤维素和蛋白质分解快，非常有利于子粒胚的萌发生长。穗上和培养皿发芽率只能反映子粒的发芽能力，而难以反映子粒的胚乳状况，尤其在穗发芽很轻，甚至不明显，但体内的α-淀粉酶活性已升高时，更难以反映，采用测定α-淀粉酶活性的方法能检验子粒的胚乳状况。酶联免疫吸附法（enzyme linked immunosorbent assay，ELISA）对收获前发生穗发芽的子粒以及含有LMA的子粒中所合成的高p*I*的α-淀粉酶同工酶的检测具有专一性，为小麦育种中早代筛选提供了有效的方法。用ELISA法测得的α-淀粉酶活性结果与降落数值法以及用其他方法测定所得到的结果相一致，此法适合大批量的测定，具有效率高、耗人力少等优点。

也可利用分子标记辅助选择筛选抗穗发芽品种。Anderson等利用195个低拷贝的RFLP克隆作探针，对两个群体的F_5重组自交系进行RFLP分析，发现小麦染色体的某些区域与穗发芽的抗性有关，这些区域为1AS、2A、2B、2D、3BL、4AL、5DL、6BL。另外，有的研究发现了6B和7D染色体上有与穗发芽耐性相关的STS标记。可根据RFLP标记及STS标记对抗穗发芽材料进行有效的选择。

在抗穗发芽育种中，可采取不同的育种途径。①广泛鉴定、筛选栽培和野生的种质资源，获得多种多样有价值的抗穗发芽材料，直接利用或作为育种材料加以利用。②利用品种间杂交选育抗穗发芽品种，在选配亲本时必须有抗性种质参与，同时应以抗性材料作母本，要想得到抗穗发芽白皮、高产、优质、抗病的基因型，则需要注意亲本选配和在较大的杂种群体中进行严格的选择。③回交法，即以抗穗发芽材料作母本和轮回亲本。④诱变育种，用农艺性状表现良好，但不抗穗发芽的材料进行诱变处理，包括化学诱变和物理诱变，从诱变后代中筛选抗穗发芽材料。通过诱变的方法，芬兰已育成了抗穗发芽品种。⑤将近缘种属的抗穗发芽的基因和α-淀粉酶抑制蛋白基因导入到小麦背景中。

（四）生育特性和早熟性的遗传与选育　研究小麦的生育特性和早熟性，选育早熟品种，对增加复种、提高粮食总产、防止或减轻小麦后期的病虫害及不利的气候因素造成的灾害具有重要意义。

1. 小麦阶段发育特性及其遗传　阶段发育特性是小麦品种最基本的生态特性，它影响着小麦品种的一系列性状，特别是生育期、早熟性以及适应性。其中，春化阶段和光照阶段是最基本的发育阶段。根据小麦品种在春化阶段对温度的要求和通过光照阶段时对日照长度反应的敏感性的差异，可将小麦分别分为春性、半冬性或弱冬性和冬性；迟钝型、中间型和敏感型。我国秋播小麦品种，从南向北，大体上由春性、弱冬性向冬性或强冬性转化；从东到西，随海拔的增高，冬性逐渐加强。南方品种大多数对光照反应迟钝，光照阶段较短。北方和高海拔地区大多数品种对光照长度的反应敏感，光照阶段较长。我国东北春麦区的小麦则属春性，一般对光照长度反应敏感，光照阶段较长。

一般认为，春性对冬性为显性，春性受 Vrn_1、Vrn_2、Vrn_3、Vrn_4 和 Vrn_5 5 个独立基因控制。这些基因分别位于 5A 染色体的长臂、2B 染色体、5D 染色体的长臂、5B 染色体的长臂以及 7B 染色体的短臂上。Vrn_1 对 Vrn_4、Vrn_3 和 Vrn_2 具有上位性，其强度顺序：$Vrn_1 > Vrn_4 > Vrn_3 > Vrn_2$。对日长反应不敏感对敏感为显性，受 ppd_1、ppd_2 和 ppd_3 3 个基因控制，它们分别位于第 2 部分同源群的 2D、2B 和 2A 染色体上。

2. 小麦的早熟性及其遗传　小麦的生育期可划分成出苗至拔节、拔节至抽穗和抽穗至成熟的前、中、后三期，其中抽穗至成熟还可分成抽穗至开花、开花至成熟两个明显的时期。这些时期的长短在品种间存在明显差异，并对品种成熟的早晚起着重要的作用。

一般用抽穗期早晚作为小麦熟性的指标。但它不能准确地反映成熟的早晚，因为开花的早晚、子粒灌浆和脱水的快慢对成熟期也有较大的影响。但由于抽穗期与成熟期高度相关，且观察方便和准确，育种家常乐于采用。

据研究，抽穗期受多基因控制，基因效应以加性效应为主。一般早抽穗为显性或部分显性，杂种 F_1 的抽穗期与中亲值呈高度相关。F_2 的抽穗期呈偏早的偏态分布，分离幅度大，常有超亲分离。F_2 平均抽穗期与 F_1 抽穗期高度相关。据中国农业科学院作物育种栽培研究所用 F_2 群体进行估算，抽穗期的广义遗传率平均为72%，说明 F_2 单株抽穗期的早晚与相应 F_3 及其后继世代的早晚有密切的关系。所以，根据抽穗早晚对 F_2 单株进行选择是很重要的。在 F_2 以后的世代中，抽穗期还继续分离，抽穗期在双亲差距不大时，到 F_3、F_4 就渐趋稳定。

3. 小麦早熟性的选育　选育早熟品种以品种间杂交为主。春性的、对日照长度反应迟钝或不敏感的品种，一般拔节较早，成熟也较早。因此，在亲本选配时，可采用阶段发育特性互补的亲本杂交，或冬春麦杂交，常可育成早熟品种。如以春性、对日照反应迟钝的弗兰尼与强冬性、对日照反应中等的早洋麦杂交，育成安徽 11 号；以半冬性、对日照反应迟钝的碧玛 4 号与强冬性、对日照反应中等的早洋麦杂交，育成北京 8 号；以春性品种欧柔与冬性品种北京 8 号杂交，育成灌浆快、早熟丰产的春小麦品种科春 14 等；这些都是突出的事例。

缩短拔节至抽穗、抽穗至成熟所需的时间，选用上述不同时期长短互补的品种杂交，有可能育成早熟品种。此外，采用生态类型差异较大的亲本间杂交常可出现超亲的后代。如南京大学用地方品种江东门与智利品种如罗杂交育成了比江东门早熟 2～3 d 的南大早熟 1 号。又如中国农业科学院以原产智利的欧柔与印度引进的印度 798 杂交，育成春小麦京江 1 号，比双亲都早熟。对杂种早代的早熟性需进行连续选择，或从早熟的后代中选择更早熟的，或从丰产的后代中选择早熟的材料，对提早成熟期的作用相当明显。

辐射诱变也是育成早熟品种的有效途径，对综合性状优良的中晚熟品种诱发早熟性，更具有实用价值，如山农辐 66、津丰 1 号等都得到大面积推广。此外，在早熟性育种中，轮回选择是很有潜力的途径，利用我国特有的太谷核不育基因，在丰产性的基础上广泛开展以提早成熟期为主的轮回选择，将促进我国小麦早熟性育种的进一步发展。

（五）品质性状的遗传与选育　优质是小麦重要的育种目标之一。我国的小麦育种工作，在 20 世纪 80 年代以前，只重视产量的提高，在培育高产、抗病和早熟品种上，取得了很大的成绩，但忽视了子粒品质的改良。加上没有必要的仪器设备，缺乏必要的人力和物力，致使我国的小麦品质研究和育种工作都落后于欧美诸国，导致我国目前各地主栽小麦品种的品质普遍较差。1997 年以来，我国小麦连年丰收，形成低质量的小麦，供大于求，积压，卖粮难，粮价低，影响农民的收入，但优质小麦供不应求。随着我国国民经济的发展，人民生活水平的提高，面粉和食品加工行业的迅猛发展，急需农业生产提供一定数量的优质小麦。

1. 小麦品质与小麦品质性状　小麦品质是一个综合的相对概念，由于小麦使用的目的和用途不同，其含义也不一。从营养角度考虑，以小麦蛋白质含量高低、蛋白质中必需氨基酸数量及其平衡情况（特别是限制性氨基酸的数量）作为衡量小麦营养品质好坏的标准；面粉厂则把小麦的出粉率高低、制粉和筛理过程中的能量消耗多少及有关的性状是否适应和满足制粉工艺所提出的要求视为品质；食品加工行业则以小麦面粉是否具有适于加工某种食品生产需要的性能、是否满足加工工艺和成品质量的要求作为衡量小麦子粒和面粉品质优劣的标准。可见，小麦品质是小麦品种对某种特定最终用途和产品的适合和满足程度，能适合于某种特定的最终用途，或满足制作某种面食品要求的程度好，这种小麦就可称为适合某种特定用途，或制作某种食品的优质小麦。所以，优质小麦是一个根据其用途而改变的相对概念。

小麦品质包括营养品质和加工品质两部分内容。

(1) 营养品质　营养品质指小麦子粒的各种化学成分的含量及组成，其中主要是蛋白质含量和蛋白质中各种氨基酸的组成，尤其是赖氨酸的含量。普通小麦子粒蛋白质含量在品种间变异幅度很大，据美国 Nebraska 大学 Johnson 等（1973）对世界 12 613 份普通小麦品种的分析结果，其变幅为 6.9%～22.0%，平均为 12.99%±2.019%。大多数的研究表明，子粒蛋白质是一个受多基因控制的性状，21 对染色体上都有影响它的基因；也有些研究认为它受少数主基因控制，但不排除其他微效基因的作用，不同高蛋白品种的高蛋白基因数目及其遗传方式不尽相同。子粒蛋白质含量的遗传率为 19%～90%，在大多数情况下为中等，早代对它的选择是有效的。

子粒蛋白质含量极易受环境的影响，它与产量、产量构成因素及其他一些重要农艺性状间常存在负相关。在育种中要注意协调各方的相互关系。

Johnson 等（1973）对 12 613 份普通小麦子粒赖氨酸含量的分析表明，赖氨酸在蛋白质中的含量，其变幅为 2.25%～4.26%，平均为 3.16%±0.231%；而赖氨酸占子粒干重的百分比，其变幅为 0.25%～0.66%，平均为 0.40%±0.09%。一般认为，子粒赖氨酸含量在小麦不同种间和种内的遗传变异小。研究表明，当赖氨酸含量以占蛋白质的百分比表示时，子粒赖氨酸含量与蛋白质含量间呈负相关（$r=-0.6779^{**}$），只有当蛋白质含量大于 15%以后，二者间的此种相关不复存在。因此，选育高蛋白和高赖氨酸的高产小麦品种难度较大。

(2) 加工品质　加工品质指小麦子粒对制粉以及面粉对制作不同食品的适合和满足程度。加工品质又可分为磨粉品质（或称一次加工品质）和食品加工品质（或称二次加工品质）。

①磨粉品质：指子粒在碾磨成面粉过程中，品种对磨粉工艺所提出的要求的适合和满足程度，要满足面粉种类、加工所用机具、加工工艺、流程以及效益对小麦品种及其子粒特性的要求。磨粉品质好的小麦品种，子粒出粉率高，灰分少，面粉色泽洁白，易于筛理，残留皮上的面粉少，能源消耗低，制粉经济效益高。磨粉品质的好坏与子粒的大小和整齐度、子粒的形状和颜色、皮层的厚薄、胚乳质地的软硬、容重等子粒形态结构性状有关。一定数量子粒磨粉后，面粉产量的高低即为出粉率。出粉率的高低不仅直接关系到面粉厂的经济效益，也是衡量小麦磨粉品质的重要指标之一。品种的出粉率高低取决于两个因素，一是胚乳占麦粒的比例，二是胚乳与其他非胚乳部分分离的难易程度。前者与子粒形状、皮层厚度、腹沟深浅及宽度、胚的大小等性状有关，后者与含水量、子粒硬度和质地有关。一般子粒硬度适中，容重高，接近球状，腹沟浅，皮层薄的小麦出粉率较高。在遗传上，低出粉率为部分显性，出粉率的遗传率较高，可在早代选择。

小麦子粒或小麦粉经完全灼烧后，余下不能氧化燃烧的物质称为灰分。灰分含量因品种、土壤、气候、水肥条件的不同而有较大差异。面粉中的灰分过多，常使面粉颜色加深，加工产品的色泽发灰，发暗。所以，一些国家规定用于制作食品的面粉灰分必须在 0.5%以下。我国规定，面包专用粉的灰分≤0.60%，面条和饺子专用粉≤0.55%。面粉中的灰分与出粉率和面粉加工精度以及容重的高低关系极为密切。

面粉色泽（白度）是衡量磨粉品质的重要指标。入磨小麦中杂质和不良小麦的数量、子粒颜色（红、白粒）、胚乳的质地、面粉的粗细度（面粉颗粒大小）、出粉率和磨粉的工艺水平，以及面粉中的水分含量、黄色素、多酚氧化酶的含量均对面粉的颜色有一定的影响。通常软麦比硬麦的粉色好。含水量过高或面粉颗粒过粗都会使面粉白度下降，新鲜面粉白度稍差，因为新鲜面粉内含有胡萝卜素，常呈微黄色，储藏日久胡萝卜素被氧化，面粉粉色变白。面粉中所含的叶黄素、类胡萝卜素、黄酮类化合物等黄色素，是造成面粉颜色发黄的主要原因。在遗传上，低色素含量呈部分显性或超显性，由 1～2 个基因控制。子粒的 PPO（多酚氧化酶）活性与面粉、面团的白度及面粉制品的外观品质关系密切，PPO 含量多、活性高的品种，其面粉及制品（特别是面条和馒头）在加工、储藏过程中易褐变，主要是由于 PPO 催化酚类物质发生氧化还原反应，产生醌类物质所致。PPO 主要分布在子粒的种皮和糊粉层上，面粉 PPO 平均含量仅占子粒总 PPO 的 3%左右。所以，出粉率高会增大变褐的程度，面粉蛋白质的含量与 PPO 的活性呈负相关。PPO 的活性受 2 个以上的主效基因和一些微效基因控制。PPO 的主效基因位于

第二部分同源群的2A、2B和2D染色体上，3B、3D和6B上也有些微效基因。

②食品加工品质：指将面粉进一步加工成不同面食品时，不同面食品在加工工艺上和成品质量上对小麦品种的子粒和面粉质量提出的要求，以及它们对这些要求的适合和满足程度。

不同面食品加工制作时的品质要求是不同的。例如，制作面包的小麦品种，要求它的面粉蛋白质含量较高，吸水能力大，面筋强度大，耐搅拌性较强，用此种面粉烘烤的面包体积大、内部孔隙小而均匀、质地松软有弹性、外形和色泽美观、皮无裂纹、味美可口；而用于制作饼干和糕点的小麦品种，要求其面粉的面筋强度弱，蛋白质含量低（9%～10%），吸水能力低。可见，适于制作面包的优质小麦对于多数糕点来说恰恰是不适合的或者说是"劣"质的。我国面食品种类繁多，多数是经蒸煮制成的，这些面食品对小麦子粒和面粉质量的要求，不同于面包和饼干、糕点。所以，食品加工品质好坏也是一个相对概念，适合于某种制品的小麦品种对另一种制品可能不适合。

小麦的食品加工品质主要取决于面粉中的蛋白质和面筋的含量和质量，与面粉中淀粉的糊化特性和α-淀粉酶的含量和活性也有关系。小麦蛋白含量除关系到营养品质外，也是决定食品加工品质的重要因素之一，优良的面包制作品质，常与高蛋白含量有关。一个品种烘烤出的面包体积，随这一品种的蛋白含量增加而增大，即使一个优质强筋和中筋小麦品种，只有在其蛋白质含量达到一定水平后，才能更好地发挥其优质的特性。

小麦的储藏蛋白主要包括醇溶蛋白和谷蛋白，分别决定面筋的延展性和弹性。两者比例的协调与否是决定加工品质好坏的重要因素。当蛋白质含量相当时，小麦的品质性状与谷蛋白/醇溶蛋白的比值显著相关，随着谷蛋白含量的增加，比值增大，面筋含量、面团稳定时间均明显增大，小麦品质变优；醇溶蛋白增加，比值小，烘烤品质变差。因此，对于面包制作品质来说，谷蛋白显得更重要一些。

谷蛋白根据其分子大小分为高分子质量谷蛋白亚基（HMW-GS）和低分子质量谷蛋白亚基（LMW-GS），二者是决定烘烤品质的重要因素。

国内外的研究表明，烘烤品质与面粉中的高分子质量谷蛋白的数量以及有无特定的高分子质量谷蛋白亚基关系密切。其中，在小麦1D染色体上的$Glu\text{-}D_1$位点编码的5+10亚基，对品质的作用最好。有人提出，借助SDS-PAGE技术，利用少量样品，甚至单粒种子，可以了解某一品种或杂种后代材料含有的HMW-GS谱带，从而推断其烘烤品质的好坏，作为育种亲本选配和后代选择及淘汰的依据。

根据我国的研究，在我国的小麦品种中，优质亚基的频率明显偏低，尤其是缺少5+10亚基，这是我国小麦加工品质差的重要原因之一。所以，在我国优质品种的育种中，应加强对5+10亚基和其他优质亚基的利用。

HMW-GS和LMW-GS交联在一起，形成谷蛋白多聚体。根据其分子大小可将其分成两部分：分子质量较大的谷蛋白多聚体和分子质量较小的谷蛋白多聚体。其中，分子质量较大的多聚体称为谷蛋白大聚合体（glutenin macropolymer，GMP）。研究表明，谷蛋白多聚体的数量及其分子质量分布（大聚合体与小聚合体的比例）对面包烘烤品质有重要的作用。研究发现，谷蛋白大聚体占比例大的品种，其面筋强度大，品质好。

面筋品质和烘烤品质优劣的评价一般通过测定面粉的某些化学特性或通过一些专门仪器测定面粉揉成面团的流变学特性的变化间接进行评定。这类仪器包括粉质特性测定仪（farinograph）、拉伸仪（extensograph）、和面仪（mixograph）、吹泡示功仪（alveograph）等。

沉淀值（sedimentation value）是指一定量的小麦面粉或全麦粉，放入置有水的刻度量筒中，经混合后再加进乳酸与异丙醇或SDS（十二烷基磺酸钠）混合溶液充分混合后所形成的絮状沉淀物，经静置一定时间的体积读数，用mL表示。它是衡量面筋数量和质量的综合间接指标。它与高分子质量谷蛋白的数量、面包体积均呈正相关；与蛋白质含量呈弱度正相关或无相关。在遗传上，高沉淀值呈显性，遗传率较高，早代选择有效。由于沉淀值测定简单、快速、微量，并能反映基因型间的遗传差异，所以它受到小麦育种和谷物化学家普遍重视。

面包的烘烤试验是对面粉烘烤品质直接的评定方法。一般认为面包体积是烘烤品质重要的标志。面包体积的遗传率中等，介于53%～83%。

目前我国消费的小麦，依据其用途可分为4种类型：强筋小麦、准强筋小麦、弱筋小麦和中筋小麦。

强筋小麦（相当于国标GB/T 17892-1999的强筋小麦1等）：子粒硬质，蛋白质含量高，面筋强度强，延伸性好。主要用于磨制加工优质面包和优质面条的强力粉。在我国，这类小麦更多用于搭配生产优质面条、饺子等的专用粉。我国面包用专用粉主要是用国产的强筋粉搭配进口的强筋硬质小麦生产的。

准强筋小麦（相当于国标 GB/T 17892－1999 的强筋小麦 2 等）：主要用作（或搭配磨制）面条（方便面、挂面）和饺子专用粉。其实，目前我国培育强筋小麦在大面积种植的条件下，其商品麦的质量只和此类小麦的标准相当。

弱筋小麦：子粒软质，蛋白质含量和湿面筋含量低（分别低于 10％和低于或等于 22％），面筋强度弱（要求稳定时间≤2min），延伸性要好，加工成的小麦粉筋力弱，适于制作蛋糕、酥性饼干等食品。

中筋小麦：子粒硬质或半硬质，蛋白质含量和面筋强度中等，延伸性好，适于制作面条和馒头的专用粉，成品要白。由于面条和馒头属蒸煮类食品，与淀粉特性关系密切，故中筋小麦淀粉特性要好，面粉和成品的白度要高。

除受蛋白质的数量和质量的影响外，小麦的品质还受小麦淀粉特性的影响。尤其是我国传统面食品（如面条、馒头、饺子等）的品质，受淀粉特性的影响更大。众所周知，小麦淀粉由两种不同的淀粉分子——直链淀粉和支链淀粉组成。它们的含量及其比例，对小麦的淀粉特性［包括糊化特性（糊化温度和糊化过程中吸水膨胀能力）、凝沉（回生）现象以及糊化和凝沉过程中黏度的变化等］有极大的影响，进而影响不同食品的加工过程及最终产品的质量，尤其对我国传统的蒸煮类食品（如馒头、面条及饺子）品质的影响更大。不同品种的直链淀粉、支链淀粉含量及其比例是不同的，所以品种的淀粉特性以及成品的品质也有很大的差异。

直链淀粉含量与高峰黏度、膨胀势（或膨胀体积）呈负相关。一般直链淀粉含量低，高峰黏度大、膨胀势（或膨胀体积）高，面条品质好。

据研究，膨胀势可用作评价面条品质优劣的指标。膨胀势的测定，具有迅速、用药品不多、用样小的特点，可在品质育种中应用。

在淀粉的合成过程中，首先在淀粉酶的作用下，合成直链淀粉分子，再在淀粉分支酶和分支抑制酶的催化下，产生支链淀粉。参与淀粉合成的淀粉酶最少有 3 种：①淀粉粒结合淀粉合成酶（granule bound starch synthas，GBSS）。②淀粉合成酶Ⅰ（SSⅠ）、淀粉合成酶Ⅱ（SSⅡ）和淀粉合成酶Ⅲ（SSⅢ），这 3 种酶都是可溶性的，统称可溶性淀粉合成酶。可溶性淀粉合成酶主要参与支链淀粉的合成，基本上不参与直链淀粉的合成。③分支抑制酶，它的主要作用是控制支链淀粉分子过度地分支。直链淀粉的合成是由 GBSS，或称糯蛋白（Wx 蛋白，waxy protein）控制的。直链淀粉含量减少的程度，既与 *Wx* 基因的数目（一个、二个或三个）有关，也受遗传背景的制约。当 3 个 *Wx* 位点均缺失时，胚乳中直链淀粉含量接近于 0，即为糯性小麦。糯性小麦的淀粉特性的表现显著地不同于一般的非糯性小麦，据国内外研究证明，缺少 4A Wx－B1 蛋白的品种，其面条品质好，多数澳大利亚的优质面条品种都缺少 4A Wx－B1 蛋白，可用 SDS－PAGE 电泳和分子标记判断是否缺失 4A Wx－B1，作为优质面条品种的选择指标之一。中国农业大学刘广田等在我国首先培育出糯性小麦，并提出糯性小麦和面条用优质小麦育种的综合辅助选择标记，并在育种实践中加以应用，取得很大的成效。

2. 优质品种的选育　一般认为，高产和优质是一对矛盾，高产的品种品质相对较差，而优质的品种产量相对较低。实际上有两种情况。倘若小麦育种或小麦生产是以提高子粒的蛋白质含量为主要目标时，常常会出现产量与子粒蛋白质含量的负相关，也就是说小麦的产量增加或具有高产性能的小麦品种，其子粒的蛋白质含量往往较低；相反，小麦产量水平低的品种，其子粒蛋白质含量往往较高，这时，高产与子粒蛋白质含量是一对矛盾。但是如以改善和提高小麦的加工品质为主要目的时，高产和优质不存在矛盾，因为决定食品加工品质的好坏，除蛋白质含量外，更重要的是蛋白质的质量及淀粉特性，这时，加工品质的优劣与产量的高低无关。

我国小麦的蛋白质含量和面筋含量一般不低于国外小麦。但与外国小麦相比，我国小麦面筋强度弱，质量差，表现为粉质仪形成时间和稳定时间短，拉伸仪的最大抗拉伸阻力、延伸性和图谱面积小，因而烘烤出的面包体积小、质量差。按软质弱筋小麦品质要求，我国现有品种蛋白质含量过高，不宜制作饼干、糕点。这正是我国小麦品种与外国小麦品种品质差距最大所在。

目前，在我国各地主栽品种中，缺乏两种类型的优质小麦：一是硬质、蛋白质含量高、面筋强度大、能磨强力粉和适于制作优质面包的强筋小麦；二是软质、低蛋白（低 8％～10％）、面筋含量低，能磨弱力粉和适于制作优质饼干、糕点的弱筋小麦。目前在我国小麦品种中筋类小麦品种居多，呈现“两头小，中间大”的局面。因此，优质小麦的发展方向，应以改善食品加工品质为主，以发展优质强筋小麦和弱筋小麦为重点，并发展馒头和面条的优质小麦品种。“抓两头带中间”（主攻弱筋、强筋小麦，带动中筋小麦）。其次，由于小麦的品质除决定于品种的遗传特性外，受种植地区的气候、土壤条件及耕作栽培措施影响较大，还可能存在较大的基因型与环境互作，环境条件会对品质产生较大的影响。所以，不同的地区适宜生产和发展不同品质类型的小麦。农业部 2001 年 5 月制定和颁发了《中国小麦品质区划方案》（试行）。各地区应根据这个方案，制定本地区优质小麦发展和生产的方向，依此制定育种目标，以充分地发挥地区生态条件对特定品质性状的促进作用。

品质育种最常用的是品种间杂交育种。根据本地现有品种的品质缺陷，从国内外广泛引入优质资源，在本地条件下鉴定筛选优质亲本，合理地进行组合的配置，一般以优×优的组合易选出优质的后代。对杂种后代的选择，按组合和世代的不同施加适当的选择压力。由于多数品质性状是数量性状，易受环境影响，对这一类的品质性状，早代选择不宜过严，但对遗传率较高的品质性状及高世代材料则要严格进行选择。要注意协调产量和品质性状的矛盾，一般在选择农艺性状优良的单株或品系的前提下，再根据品质性状的好坏决定取舍。由于品质优劣单凭目测很不可靠，必须依靠专门的仪器设备和训练有素的技术人员进行科学鉴评。因而，选用适当的测试指标和方法对品质育种至关重要。测试项目因地区、目标、实验室条件、材料特点和世代早晚而异，总的原则是由简单到细致，由微量到常量，由部分到全面，先间接后直接，从实验室到车间。要经常向粮食和食品加工部门了解对品质的要求和加工工艺的进展，不断修正测试内容与标准，并使之规范化。早代材料数目多，样品小，性状不稳定，选择效率低，测试项目宜少。早代材料一般可根据沉降值、蛋白质含量和硬度进行选择。进入产量试验阶段后，品系的种子量较多，可进行试验制粉、面团流变学测定和食品加工试验。对亲本材料和参加区域试验以及准备审定的品种（系），尽可能予以精细评价，为亲本选配和品种推广提供依据。

有穗发芽危害的地区要注意加测 α-淀粉酶活性，一般用降落值表示，也可在室内模拟人工降雨来筛选抗穗发芽材料。

小麦属中的其他种及其近缘属种中的有关品质性状存在着很大的遗传变异，对于小麦品质的改良具有很大的研究利用价值。

第三节　小麦种质资源研究与利用

小麦的遗传资源（genetic resources）又称种质资源（germplasm resources），我国俗称品种资源，是小麦育种的物质基础。小麦育种的进展和突破无不与优异遗传资源的发现和正确利用有关。随着小麦生产和育种的发展，育种家对遗传资源的要求日趋多样化，如提高对病虫害的抗性，特别是对新生物型的抗性；增强对逆境，包括不良土壤和气候因素的耐性；对新发展麦区的适应性；改进营养品质和加工品质；进一步提高单位面积产量潜力等，这些都需要有相应和适用的遗传资源。掌握充足的遗传资源是保证小麦育种和生产持续发展的重要条件。

小麦遗传资源包括当地和外来的地方品种、育成品种、有用的品系、稀有种（指小麦属内普通小麦以外的种）、野生亲缘植物（指小麦族内小麦属以外的野生植物）和特殊遗传材料（如非整倍体等）。在遗传多样性保护方面，收集、保存本地（本国、本省、本地区）材料应放在首位；在为育种服务方面，针对近期和中期育种目标而进行广泛收集和评价最为重要。

小麦遗传资源工作包括收集、保存、评价、创新和利用等环节。收集和保存是利用的基础，评价是利用的依据，创新是开拓新种质或创造更便于利用的原始材料。小麦遗传资源又是研究小麦起源、进化和分类不可缺少的材料。

一、小麦及其近缘植物的分类

小麦种质资源材料的分类地位及它们之间的亲缘关系，是小麦种质资源的研究和利用中首先需要掌握的知识。普通小麦属于禾本科小麦族（Triticeae）中小麦亚族（Triticinae）的小麦属（*Triticum*）的一个种（*Triticum aestivum*）。与小麦属同属小麦亚族的还有山羊草属（*Aegilops*）、黑麦属（*Secale*）、偃麦草属（*Roegneria*）等。与小麦属同属于小麦族的有大麦亚族（Hordeinae），其中有大麦属（*Hordeum*）、滨麦属（*Elymus*）等（图 2-3）。其他禾本科作物，燕麦、玉米、高粱、谷子、水稻等分别属于与小麦族不同的各个族，其与小麦的亲缘关系都较远。据各有关报道，小麦与小麦亚族内几乎所有种属都能杂交成功；其与大麦亚族内滨麦属及大麦属的一些种也已经杂交成功。迄今为止，最远缘的杂交则为小麦与玉米族的玉米的杂交，已获得初步成功（Laurie and Bennett，1986）。

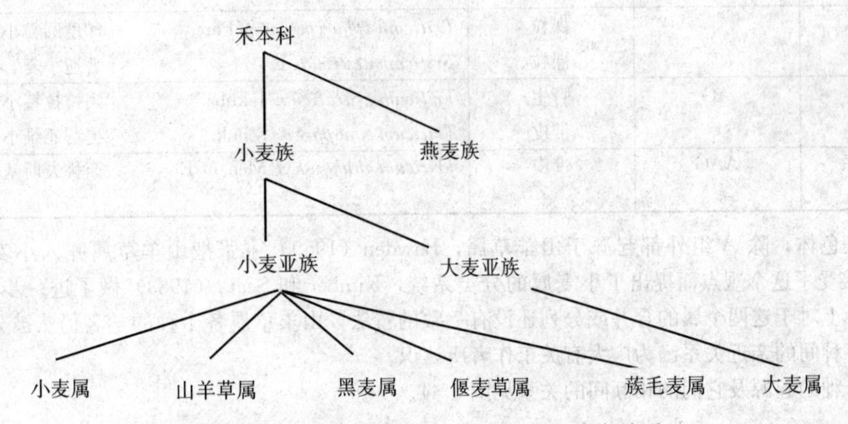

图 2-3 小麦及其主要亲缘物种间的分类关系

（引自 Georg H. Liang，1991，稍做修改）

小麦起源很早，在辗转广泛传播中经过很复杂的自然进化和栽培的过程，其遗传结构极为多样化；更由于其遗传进化的知识在逐渐丰富，对小麦分类方法随着时代的变迁而有所发展，也由于各有关学者在观点上的差异，迄今在小麦分类系统上还有分歧。对小麦属的较早、较系统的分类为 Schulz（1913）的分类，在这个分类中将小麦分为 3 个类群：一粒系小麦（Einkorn）、二粒系小麦（Emmer）和普通系小麦（Dinkel）。以后 Liliernferld 和 Kihara（1934，1976）在染色体分析基础上加以修订，明确表明上述 3 个类群的染色体组成分别为 AA，AABB 和 AABBDD，又增加了一个类群——提莫菲维类群（Timopheevi，AAGG），并增补了各类群内的种。Croston 和 Williams（1981）在前人分类的基础上做了更全面的分类，为国际植物资源委员会（IBPGR）所引用，也易被广大有关工作者所接受。我国董玉琛等（1966）等根据前人提出的小麦属内分系的办法，将形态分类与染色体组分类相结合，提出小麦属可分为 5 系 22 个种的分类系统（表 2-4）。

表 2-4 小麦属（*Triticum* L.）的分类

（引自董玉琛等，1966）

系	染色体组	类型	种	
一粒系 Einkorn ($2n=14$)	A	野生	*Triticum urartu* Tum.	乌拉尔图小麦
		野生	*Triticum boeoticum* Boiss.	野生一粒小麦
		带皮	*Triticum monococcum* L.	栽培一粒小麦
二粒系 Emmer ($2n=28$)	AB	野生	*Triticum dicoccoides* Koern.	野生二粒小麦
		带皮	*Triticum dicoccum* Schuebl.	栽培二粒小麦
		带皮	*Triticum paleocolchicum* Men.	科尔希二粒小麦
		带皮	*Triticum ispahanicum* Heslot	伊斯帕汗二粒小麦
		裸粒	*Triticum carthlicum* Nevski	波斯小麦
		裸粒	*Triticum turgidum* L.	圆锥小麦
		裸粒	*Triticum durum* Desf.	硬粒小麦
		裸粒	*Triticum turanicum* Jakubz.	东方小麦
		裸粒	*Triticum polonicum* L.	波兰小麦
		裸粒	*Triticum aethiopicum* Jakubz.	埃塞俄比亚小麦
普通系 Dinkel ($2n=42$)	ABD	带皮	*Triticum spelta* L.	斯卑尔脱小麦
		带皮	*Triticum macha* Dek. et Men.	马卡小麦
		带皮	*Triticum vavilovi* Jakubz.	瓦维洛夫小麦
		裸粒	*Triticum compactum* Host	密穗小麦

（续）

系	染色体组	类型	种	
		裸粒	*Triticum sphaerococcum* Perc.	印度圆粒小麦
		裸粒	*Triticum aestivum* L.	普通小麦
提莫菲维系 Timopheevii	AG	野生	*Triticum araraticum* Jakubz.	阿拉拉特小麦
		带皮	*Triticum timopheevii* Zhuk.	提莫菲维小麦
茹科夫斯基系 Zhukovskyi	AAG	带皮	*Triticum zhukovskyi* Men. et Er.	茹科夫斯基小麦

小麦中的染色体，除A组外都起源于山羊草属，Bowden（1959）主张把山羊草属并入小麦属，Morris 和 Sears（1967）接受了这个观点而提出了小麦属的分类系统，Kimber 和 Sears（1983）做了进一步的修订。但是，迄今为止，国际上对于这两个属的合并或分列还没有一致的看法，山羊草属各个种的学名仍然被分别采用。至少小麦与山羊草各种间的亲近关系已为广大有关工作者所认识。

小麦属各个种的起源及它们的相互间的关系见图2-4。

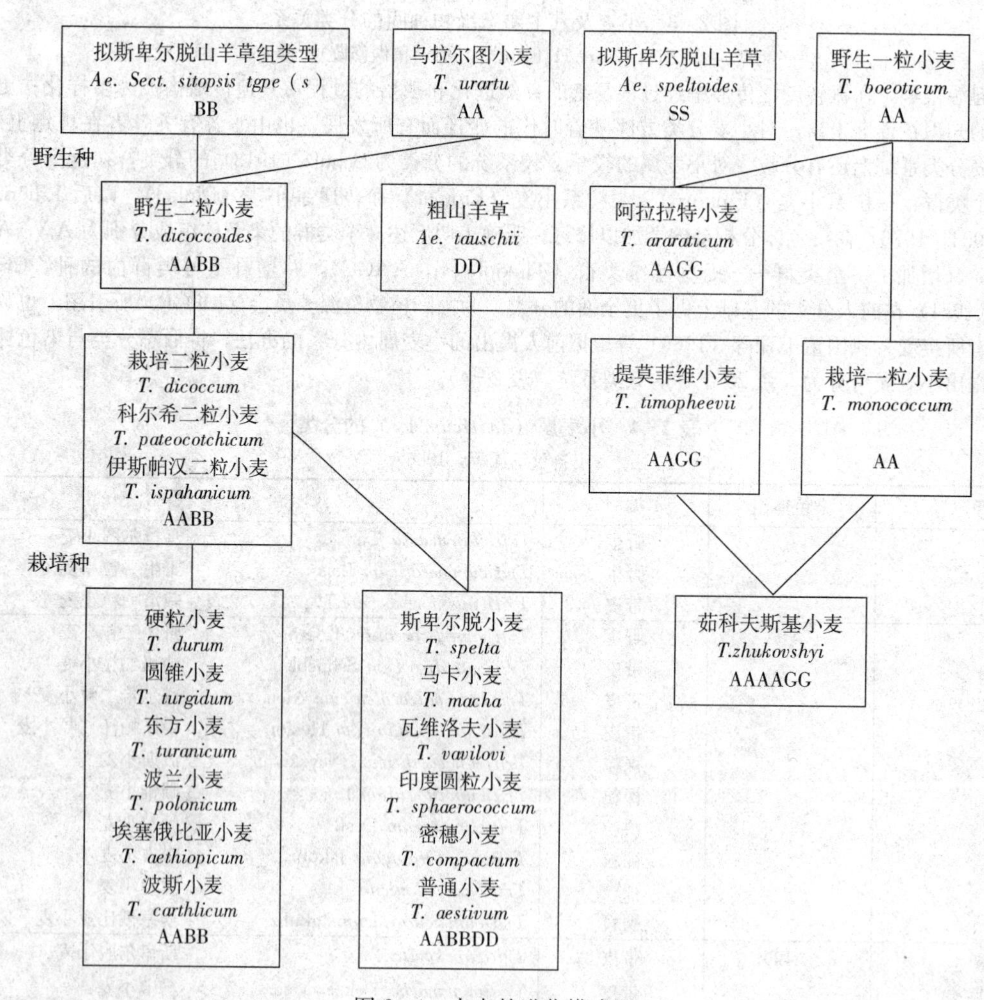

图2-4 小麦的进化模式图

（引自 F. G. H. Lupton，1988）

二、我国固有的小麦品种特性及其利用价值

我国栽培小麦的历史悠久，被公认为世界小麦起源的重要次生中心。继20世纪50年代发现独特的普通小麦云南小麦亚种之后，在西藏高原又发现了普通小麦原始类型——西藏半野生小麦；又继黄河中游麦田发现有节节麦之后，在伊犁河谷又发现有大片的粗山羊草原生群落。这些发现对研究我国小麦的起源、演化与传播具有重要意义。通过1981—1983年对新疆的小麦近缘植物的考察、搜集和研究，发现有小麦族植物10个属37个种。通过征集和考察，我国已掌握国内小麦属遗传资源19 600余份，其中地方品种12 897份，选育的品种（系）6 700余份。

我国固有的小麦种质资源中最丰富的还是普通小麦原始地方品种。在辽阔而多样的自然和耕作条件下，经长期的自然选择与人工选择，形成高度适应各种条件和要求的各种类型的地方品种。我国固有的小麦地方品种具有如下的突出特性。

1. 早熟性 我国的许多地方品种对日照的反应较不敏感，生长发育较迅速，子粒灌浆快，有助于减轻或避免小麦生育后期灾害，并有利于提高复种指数。大量的育种实践证明，用当地早熟品种与国外引进的优良品种杂交，可以育成综合性状良好的早熟品种。我国地方品种的早熟性在国外也得到表现，已被许多国家所利用。

2. 多花多粒性 我国小麦地方品种中有许多多花多粒的类型，特别是圆颖多花类及拟密穗的品种，一般每小穗结实5粒左右，多的有8粒。以这一类品种与引进的国外品种杂交，育成了许多每穗粒数较多的丰产品种。多粒性也是育性强的表现，我国品种易与黑麦杂交成功，这是国际上所公认的。有些品种还对提型（T型）不育系具有较强的育性恢复能力。这种特性在理论研究和实际利用上都有重要价值。

3. 特殊抗逆性 对异常环境的高度适应性，也是我国小麦地方品种的突出特性，特别表现在对环境胁迫因素的抗耐性上。在寒旱地区的一些冬小麦地方品种能够在冬季严寒而无积雪的条件下安全越冬；在干旱地区的一些地方品种能够在长期土壤及天气干旱条件下正常生长；在低湿地区则有耐湿性强的地方品种；在盐碱和红壤地区则分别有耐盐碱性和耐酸性强的地方品种。有些抗耐性与国外相应的抗源相比表现很突出。这对受环境胁迫严重地区的育种具有特别重要的利用价值。

新中国成立初期，各地区都曾经就地评选一些较好的地方品种或从中通过选择提高，加以推广。在小麦杂交育种开展的初期，各地区大都分别利用该地区综合性状较好的地方品种为亲本之一，与从外国引进的抗病丰产品种材料杂交，育成了首批杂交育成的品种，并分别得到大面积推广。以后在这些品种及品系的基础上通过渐进杂交，陆续育成了一系列在生产上占优势的后继品种。较典型事例为：以黄淮地区具有代表性的地方品种蚂蚱麦为亲本之一，育成了具有广泛适应性的碧蚂1号及其姐妹品种碧蚂4号；以后又以碧蚂4号为亲本之一，陆续育成了济南2号、北京8号、石家庄54、泰山1号等品种；又以北京8号为亲本之一，育成了冀麦1号等品种。这些衍生品种先后在黄淮麦区保持了主要地位。直到20世纪90年代初，由北京8号、石家庄54号参加的复合杂交而育成的冀84-5418，在黄淮麦区创造了大面积高产的记录。这些品种都继承了原始地方品种的多粒性及基本适应性，先后都在这个麦区得到大面积推广。

但是，我国固有的小麦地方品种较普遍地具有一些不良性状：植株偏高、茎秆软弱易倒伏、口松易落粒。在对品种的要求越来越高的形势下，不能像早期育种那样再以地方品种为亲本通过简单的杂交即能育成新良种。因此，对我国固有地方品种这样丰富多彩的种质资源应深入进行鉴定、筛选和研究，并采取有效方法加以利用，以充分发挥其作用。

三、从国外引进的小麦品种材料的利用

我国近代小麦品种改良可以说是从引进和利用国外品种开始的，而且在育种发展过程中一直利用着从国外引进的品种。

原产澳大利亚的碧玉麦（玉皮）是最早被引进并被较广泛利用的国外品种之一，早在20世纪30年代就开始在我国推广，其适应性较广。20世纪50年代在冬麦区和春麦区都有相当大的种植面积。也较早作为杂交亲本而

成功地分别育成了骊英号和碧蚂号小麦品种，并从中衍生出许多品种。

意大利品种秆较矮，抗条锈病，丰产性好，一般生育期较适中，能适应长江流域和黄淮麦区南部的气候土壤条件，因而在我国小麦生产和育种中起到了重要作用。如1932年前后从意大利直接引入的南大2419（Mentana）、矮立多（Ardito）和中农28（Villa Glori），由阿尔巴尼亚间接引入的阿勃（Abbondanza）和阿夫（Funo），自罗马尼亚引入的郑引1号（St1472/506）和St2422/464为代表的品种，它们不但大多可在生产上直接利用，而且是我国小麦杂交育种中的重要亲本。南大2419、阿夫、阿勃和郑引1号四大品种年最大种植面积都在6.67×10^5 hm²（1 000万亩）以上，矮立多在3.33×10^5 hm²（500万亩）以上，中农28在2×10^5 hm²（300万亩）以上，其中南大2419一度推广到4.67×10^6 hm²（7 000万亩）之多（1961年）。据中国农业科学院作物品种资源研究所对6 200个中国小麦品种系谱的分析，有30多个意大利品种曾被利用于育种，共育成700多个新品种（系），其中由阿勃、阿夫、南大2419和St2422/464衍生的品种（系）即分别为200、150、100和50个以上。用阿夫与台湾小麦杂交后选育出抗赤霉病扩展的苏麦3号，成为我国小麦抗赤霉病育种中首屈一指的抗源。据统计，我国推广品种中含有意大利品种血统的在25%以上，种植面积在3.33×10^5 hm²（500万亩）以上的就有21个，包括内乡5号、济南13、扬麦5号、百农3217、博农7023、鄂恩1号、繁6等著名品种。

加拿大和美国的春小麦品种优质，抗秆锈病，茎秆较高，对日照反应敏感。我国东北春麦区自20世纪40年代起，便成功地引用了北美洲品种。Thatcher（松花江1号）、Minn2761（松花江2号）、Merit（麦粒多）、Pilot（白骆驼）、Minn2759、Reliance、Reward以及Huron、Minn50-25、CI12268等都在我国东北春麦区小麦抗秆锈育种中起了奠基石的作用。追溯该地区推广的合作号、松花江号、东农号、合春号、克字号以及其他品种的系谱，大都离不开上述品种的血缘。美国春小麦CI12203于20世纪40年代后期引入甘肃后以其抗锈、丰产定名为甘肃96，在50年代曾是西北春麦区的主栽品种之一。

美国中西部的冬小麦品种分蘖力强，子粒大，较抗锈病，其中的早熟类型相对说来比较适应我国北部冬麦区的气候生态条件。1946年引入的早洋麦（Early Premium）和胜利麦（Triumph）在我国北方小麦育种中产生了巨大作用。据不完全统计，早洋麦在北京、河北、山西、山东、河南、陕西、安徽、江苏8省（市），通过一次杂交直接育成了32个生产品种，由这些品种又衍生出51个生产品种，包括北京8号、东方红3号、济南2号、济南4号、济南9号、石家庄43、徐州14等，这些品种及其衍生品种北京10号、农大139等，都先后得到大面积推广。胜利麦×燕大1817是中国与美国冬性品种地理远距离杂交中最早和最成功的一个例子，由它育成了农大183、农大311、华北187、石家庄407等11个品种在生产上应用。由这些品种又在北部冬麦区和黄淮冬麦区衍生出29个生产品种。此外，美国的Kanred（坎红）、Cheyenne×Early Blackhull（CI12122，钱交麦）等也曾在我国北方小麦生产上和早期育种中利用过。由此可见，美国硬红冬小麦品种在20世纪40～60年代曾对我国北部冬麦区的小麦育种起了重要作用。美国和加拿大的品种大多数品质优良，以它们作为优质亲本，在我国小麦的品质改良中将发挥很大的作用。

前苏联和东欧诸国的品种在我国的育种工作中也得以很好利用，如以早熟1号育成了徐州15、泰山一号、北京10号等10余个品种；以鹅冠186参加育成的品种有东方红3号等。

20世纪70年代初引进了一批1B/1R易位系，如罗马尼亚的Lovrin 10（洛夫林10）、Lovrin13（洛夫林13）、前苏联的Аврора（阿芙乐尔）、Кавказ（高加索）、Предгорная 2（山前）等，它们由于丰产性好，兼抗锈病和白粉病，兼耐后期高温，成了我国各地20世纪70年代小麦育种的骨干亲本。我国80年代育成和推广的品种中大部分带有它们的血统。自从条锈病新的生理小种条中29号流行后，它们及其衍生的品种便开始失去了抗性。

智利的欧柔（Orofen），1958年引入我国后在各地表现较好，曾在福建、广东、云南、内蒙古、新疆等省（区）推广，种植面积最多时曾达3.27×10^5 hm²（490多万亩）。由于它丰产性好，当时抗三锈，所以一度成为我国小麦育种的骨干亲本之一。据不完全统计，在我国19个省（市、自治区）从欧柔中选出或通过一次杂交直接育成的品种（系）有240多个，为我国迄今育成品种最多的亲本。其中，推广面积在6.67×10^3 hm²（10万亩）以上的有61个，如黄淮冬麦区的泰山1号、济南13（来自欧柔白），西南冬麦区的凤麦13、普麦5号，华南冬麦区的晋麦2148，东北春麦区的新曙光1号，西北春麦区的青春5号，北部春麦区的科春14、京红1号等，有的种植面积很大或成为新一轮的重要亲本。

墨西哥的国际玉米小麦改良中心（CIMMYT）育成的优良品种（系），其主要特点是春性、矮秆、抗锈、丰产性好、对光照反应不敏感和适应性广。20世纪60年代中和70年代初引进的Siete Cerros T66、Saric F71、Penjamo T62、Sonora 64、Cajeme F71、Tanori F71、Veery 5等曾在西北春麦区和西南冬麦区（云南）大面积生产种植。由于CIMMYT的品种适应性广，我国南北麦区多用它们作为矮秆、大穗亲本在育种上利用，曾间接育出一些品种在生产上应用。

此外，西北欧包括英、德、丹麦和瑞典等国的品种，强冬性，对日照反应敏感，极晚熟，穗大、秆强，丰产性好，大多抗条锈病和白粉病。原西北农学院首先成功地利用丰产性和抗锈性好的丹麦1号与推广品种西农6028杂交育成了丰产1号、丰产2号和丰产3号，不仅在黄淮流域面积很大，而且在我国小麦育种中起了重要作用。其后，德国品种Heine Hvede引入西藏作为冬麦大面积推广，并成为西藏冬、春麦育种的主要亲本。北京和河北利用该品种的丰产性于20世纪60年代末至70年代初分别育成了北京14、12057（冀麦1号）、12040（冀麦2号)、红良4号、红良5号、京双2号、冀麦23等品种。英国一些品种的产量潜力和高抗条锈病与白粉病的性能受到北部冬麦区小麦育种家的注意，如Norman、TJB系统的矮秆大穗性状和Maris Huntsman、C39等的抗白粉病性能已在育种上加以利用。山东农业大学通过矮丰3号//孟县201/牛朱特的三交于1970年育成了矮秆、大穗、抗锈的矮孟牛，各地先后以这个材料选择育成一系列品种，在生产上大面积种植。

亚洲的日本、朝鲜、印度、巴基斯坦等，也分别都有个别品种得到利用。随着我国小麦育种的发展，国外小麦种质资源的引进利用将越来越广泛，除少数可以直接利用外，大多数可以用做杂交亲本。除了引进国外育成的品种外，还要引进国外所创造的新的种质资源。对不断引进的国外种质资源应及时进行深入研究，鉴定筛选各种优异的资源，并研究其遗传特性，为育种提供有价值的材料和信息。

第四节　小麦育种途径和方法

一、杂交育种

杂交育种是当前我国小麦育种的主要方法。据统计，在1962—1982年的20年间，生产上推广应用的小麦品种有472个，其中杂交育成的324个，占70.8%。此外，年推广面积在6.67×10^5 hm²（1 000万亩）以上的碧蚂1号、济南2号、北京8号、内乡5号、石家庄54、泰山1号、丰产3号、济南9号、徐州14、繁6、百农3217、豫麦2号、绵阳11、小偃6号、扬麦5号、陕7859、冀麦30、豫麦13等品种也都是用杂交方法选育出来的。目前各地主栽小麦品种无一例外地是杂交方法育成的。

（一）亲本选配　小麦杂交育种包括亲本选配、杂交组合配置、分离世代选育、定型品系一系列评比、品种审定和推广等重要环节。亲本选配和杂交组合配置是杂交育种的首要环节。亲本选配不当，没有好的杂交组合，以后的一系列后代的选育无从谈起或选育工作都将劳而无功。《作物育种学总论》中所述亲本选配原则在小麦的杂交育种中均能适用，在此着重讲述以下几方面的问题。

1. 征集优秀种质资源　注意广泛征集国内外具有各种优异目标性状的种质资源，是杂交育种取得成功的必要条件之一。

纵观我国近代小麦杂交育种的发展史，每次从国外引进一些有用的种质，就能相应地育成一批新的推广良种。例如，20世纪30年代引自意大利的中农28、南大2419，40年代引自美国的胜利麦、早洋麦，50年代引自前苏联的早熟1号，60年代引自智利的欧柔和引自意大利的阿夫、阿勃等品种，这些品种不仅是不同时期杂交育种的重要亲本，衍生培育出一系列良种，而且在不同麦区的生产上都曾直接起过重大的增产作用。进入70年代，利用含有1B/1R血缘的洛夫林10、洛夫林13、高加索、阿芙乐尔、山前麦等所谓“洛类品种”作杂交亲本，更是风靡全国。分析我国20世纪80年代育成的许多大面积推广良种的系谱，几乎或多或少都含有1B/1R的血缘。综上所述，千方百计征集优良的亲本材料是杂交育种取得成功的前提。

据统计，我国20世纪60年代以来，推广的小麦品种当中，从地方品种或其系选品种衍生的品种有：蚂蚱麦196个、成都光头54个、燕大1817有53个、江东门50个、泾阳60有30个、蚰子麦17个；从外引品种衍生的品种有：南大2419有110个、阿夫98个、阿勃87个、早洋麦58个、欧柔110个。这种现象一方面说明骨干亲本与外引良种的重要性，但另一方面也说明了经过各地长年大规模选育，使用成功的亲本只限于少数品种，遗传基础愈益狭窄，长此下去会使千百年积累遗留下来的大量基因丢失，未来品种的适应性、稳定性、抗病虫性以及对未知灾害的抗御能力等都会受到影响。近十几年来北方麦区品种的抗条锈性抗源几乎全部为1B/1R易位系，条中289号小种上升，除亲缘关系复杂的繁6衍生系外，绝大多数品种丧失了抗条锈性，引致了1990年冬麦区条锈病大流行，这就是亲缘单一带来的一个教训。所以，在选配亲本时，应扩大国内外及野生近缘植物资源的利用，虽然这给育种工作带来了更大的难度，但从长远及宏观角度来说是十分必要的。

2. 尽可能注意双亲的性状水平　小麦许多性状（如产量、抽穗期等）都在不同程度上属于数量遗传性状，而且它们主要由许多具有加性效应的基因控制。研究证明，杂种后代的表现和双亲的平均值有密切关系。就主要性状而言，双亲具有较多的优点或某一性状上亲本间能互补，双亲性状总和较好，后代表现总趋势也会较好，从中选出优良材料的机会也较大。

但也不要以为参与杂交的亲本之间性状互补就一定能育出品种，因为综合性状好的个体在杂种后代出现的几率随着互补性状数目的增加而递减。如果亲本间需要互补的性状过多，常因杂种后代群体规模的限制而很难分离出综合性状优良的个体。即使杂种群体种植规模很大，要选出所有目标性状都结合起来的少数个体，也极为困难。

回顾我国近代小麦育种的历史，骨干亲本或中心亲本在各地新品种的育成中都起了很大的作用，它们当中有地方良种和改良品种，也包括一些从国外引入的品种。但它们都曾是有关麦区大面积推广的丰产、稳产和适应性好的良种，它们共同的特点是优点多，缺点少，且没有难以克服的严重缺点。所以，各地在小麦育种和生产实践中如能及时抓住和明确骨干亲本，必将有效地促进杂交育种的进展和提高育种的成效。

这里还要强调，并不是只有所有综合性状和适应性好、产量高的亲本才是好亲本。有些优点较多，但因有某些缺点而未能推广的品种或品系，只要亲本选配得当，也不失为有用的亲本。例如，碧蚂1号和碧蚂4号是来自同一杂交组合（蚂蚱麦/碧玉麦）的姊妹品种。前者曾是我国种植面积最大的品种，而后者种植面积却不大。但二者分别作为亲本使用，碧蚂1号只育成了徐州8号等个别推广面积不大的品种，而碧蚂4号却育成了济南2号、北京8号、石家庄54等一系列大面积推广良种。

3. 在亲本选配时还要注意亲本的性状传递力强弱和配合力的好坏　所谓亲本性状遗传传递力，是指亲本经杂交后将其某些性状传递给后代的能力。我国需要的是能够把优良性状有效地传递给杂种后代的亲本材料。如果亲本的某个特征、特性的遗传传递力强，则其杂种后代在这个特征、特性上的表现，不论是数量还是强度都将比较充分。例如，水源11的抗条锈性比较强，遗传传递力也强，它的杂种后代对条锈病大都表现免疫或高抗；而另一些品种虽然本身对条锈病免疫，但因遗传传递力弱，其杂种后代抗病的就不多。又如，一个亲本的优良性状和遗传传递力很强的严重缺点表现紧密连锁，利用起来就很困难。应该指出，一般寡基因控制的质量性状遗传传递力强，而多基因控制的数量性状遗传传递力弱，但后者可以通过基因累加而出现超亲类型。

小麦是自花授粉作物，大多数性状以一般配合力为主导。说某一个亲本配合力好，实际上是说它的许多性状，特别是经济性状的一般配合力好，容易分离出好的杂种后代，选出好的品种和品系。正如上面提及的双亲性状的平均表现并不一定都能预测其后代的性状表现，即有些亲本本身表现较好，而其杂种后代并不理想，而有些表现并不很好的亲本却能分离出一些较好的杂种后代。这是由特殊配合力造成的。选配亲本时要针对主要目标性状，注意选用一般配合力好和特殊配合力方差较大的亲本。一般研究和了解亲本配合力需要采用双列杂交或不完全双列杂交设计，但由于它的工作量大，可供参试品种数量有限，其使用有很大的局限性。从育种实际工作出发，可以有计划地分期分批采用测交的方法，将一些需要了解其配合力的材料，分别与某些有代表性品种进行试配，观察其 F_1 和 F_2 的表现，这样既可了解亲本优良性状的遗传传递力，也可了解它们的配合力好坏，是属一般配合力，还是特殊配力。

4. 注意亲本间的亲缘关系和地理生态差异　为了丰富杂种后代的遗传变异，在选配亲本时，还应考虑亲本间的亲缘关系、在地理上的距离和生态类型的差别。

亲缘关系不同表示遗传背景差别较大。用亲缘关系不同的亲本杂交，往往杂种后代的遗传变异比较丰富，可以分离出一些优异的类型。例如，河北省农林科学院粮油作物研究所在20世纪80年代末育成的冀麦30号（84-5418），在其亲本中包括地方品种蚂蚱麦及其选系泾阳302、美国品种早洋麦、澳大利亚品种碧玉麦、德国品种亥恩·亥德、朝鲜品种水源86、前苏联品种阿芙乐尔、智利品种欧柔。这些亲本来自世界五大洲，亲缘关系十分复杂，生态类型也有很大差别。冀麦30号综合了亲本的抗病、早熟、秆矮、秆强等优点，表现增产潜力大，稳产性较好，适应性较广，成为黄淮麦区主要推广良种之一。

采用不同生态型的亲本杂交，往往可大大地提高杂种后代遗传变异幅度，通过基因的分离重组，把亲本的许多优良性状结合在一起，甚至可能出现超亲类型或原来亲本所没有的新的优良性状。这是亲本选配的一个很重要的经验。当前国内外都很重视开展冬、春麦杂交工作，国内外都有许多成功的事例。如在我国，用蚂蚱麦/碧玉麦育成的碧蚂1和碧蚂4号、由西北60/中农28育成的西农6028、由早洋麦/南大2419育成的石家庄54，都是冬春麦的杂交后代。另外，许多小麦育种单位利用抗条锈病和白粉病、抗倒伏强、穗大、增产潜力大、对光照反应敏感、成熟晚的西北欧小麦品种与我国的早熟、对光照反应不敏感、冬性较弱或半冬性甚至春性的品种杂交选育高产品种。在我国，利用生态类型差别大的南、北品种杂交也取得了良好的效果。

地理上距离远的品种一般生态型和亲缘关系差别较大。但要强调指出的，有时两个地区虽相距甚远而生态条件却可能差别不是很大。例如，我国长江流域同意大利尽管地理上相距很远，但品种的生态类型却比较接近。特别是近年由于国内外小麦种质资源交流频繁和开展冬、春麦杂交，地理上远距离或生态型差别大的品种也很可能具有一定的亲缘关系。

保证亲本间有足够的遗传差异问题也有不少的研究。如Bhatt（1973）的研究指出，选择遗传差异较大的亲本进行杂交，能创造丰富的遗传变异，产生较多的超亲分离，提供更多的选择机会。大量的研究证明，遗传差异不但同地理距离的远近、生态类型的差异无必然的联系，甚至出自同一组合，系谱相同的品种或品系间也可能存在很大的遗传差异。

考虑到地理距离和亲缘关系都不能很好地说明遗传差异的实质，近年来育种工作者倾向于把遗传距离作为测定遗传差异的直接度量。根据遗传距离进行亲本聚类的结果指出，不同类群间的遗传距离与遗传差异成正相关，而同一类群内不同亲本间的遗传差异最小。俞世蓉等（1983）利用4个产量性状的资料，将长江下游地区30个小麦常用亲本进行聚类分析，分成两群、四类，在类以下区分为5个组。他们又根据当地历年所做的1 000多个杂交组合选育成功情况，从实践上印证了这种分类法对于指导亲本选配是有意义的。杂交组合质量的高低是评价亲本选配得当与否的依据，育种工作者对此都很感兴趣。许多小麦遗传育种家都曾提出鉴定小麦组合质量高低的方法。张爱民（1988）提出用群体平均值同育种目标平均值的离差平方和（*SSD*）来衡量组合的好坏。*SSD*越小，则组合质量越高，亦即杂种后代越符合育种目标要求。在此基础上，又提出用$CPI=D^2/SSD$来判断组合质量的高低。这里，*CPI*为组合表现指数，D^2为遗传距离。*CPI*大的组合优于*CPI*小的组合。*CPI*大的组合应是综合性状优良（距离育种目标离差小、*SSD*小）、分离幅度大（D^2值大）的组合。这些新的探索对亲本选配和组合预测有一定参考价值。

轮回亲本“血缘”在回交后代中所占的比重随回交次数的增加而递增。回交4次以上，除目标性状外，杂种的其他性状基本上接近轮回亲本。实际上，没有必要百分之百地恢复轮回亲本的农艺性状。因为非轮回亲本除特定目标性状外，可能它还有一些轮回亲本所缺乏的优良性状，所以进行一二次有限回交后再经过自交，尽管和轮回亲本的性状不尽相同，但由于基因重组，却有可能结合非轮回亲本的若干优良性状，从而丰富杂种后代的遗传基础。

回交育种成败的关键，首先是轮回亲本的选择。由于它是品种改良的基础，一定要选用增产潜力大、适应性较广、仅因存在个别缺点未能满足育种目标的品种或品系。其缺点一经克服，就有可能在生产上发挥其增产作用。其次，非轮回亲本必须具有轮回亲本所缺少的那个目标性状，而且这个目标性状必须是过硬的，其他性状最好也不要太差，以求提高回交成功的概率。同时，目标性状最好受少数显性主效基因控制，遗传传递力强，杂种后代的分离方式比较简单，便于针对目标性状跟踪选择。此外，控制目标性状的基因如果存在不良的多效性或与其他不良基因有紧密连锁关系，也将阻碍回交工作的进展。第三，每次回交后，下次回交前，一定要在杂种后代中注意选择具非轮回亲本的目标性状的植株。因为随着回交次数的增加，杂种后代的农艺性状将逐步倾向于轮回亲本。如果在回交后代中过早偏重农艺性状的选择，而忽视了从非轮回亲本转入的目标性状的选择，必将导致回交工作的失败。为此，必须创造必要的环境条件，促使供体亲本的目标性状在杂种后代中得以充分显示，以利选择。还可利用供体亲本目标性状的形态标记、生化标记以及分子标记进行标记辅助选择追踪目标性状，便于保证育种早代所选的杂种后代含有目标基因的性状，从而可提高回交后代选择的准确性，减少回交的次数和回交的株数，提高回交育种的效率。第四，回交一般要进行一至多次，而生产上品种使用的寿命又是有限的。因此，必须利用包括温室、异地或异季加代等一切必要的措施，力争尽快加速回交育种工作的进程。

（二）杂交方式的选择　小麦杂交方式由简到繁种类很多，要根据育种目标的要求以及手边掌握的亲本材料来选择。原则上，只要能用简单的杂交方式解决育种提出的任务时，就不必用复杂的杂交方式。从我国近代小麦育种历史来看，许多著名小麦良种都是用单交方式育成的。单交由于只需要做一次杂交，时间上最为经济，工作比较简单，分离世代杂种群体的规模也较易掌握，杂种后代的表现也相对容易预测，因而是一种最常用、也是最基本的杂交方式。近年来，不少育种单位利用育种中产生出的中间材料，按照育种目标的要求组配单交，这也是一种很好的方式。随着育种目标涉及的方面越来越广，采用两个亲本的单交难以满足育种目标多方面的要求，必须采用多亲本复合杂交将多个亲本的性状综合起来以满足育种目标的要求。20 世纪 60 年代以来，我国杂交育成的推广面积在 6.67×10^4 hm^2（100 万亩）以上的品种 105 个，其中用复合杂交方法育成的 30 个，占 28.6%；推广面积 3.33×10^5 hm^2（500 万亩）以上的 28 个，其中复合杂交育成的 10 个，占 35.7%。从时间上看，20 世纪 60 年代、70 年代和 80 年代复合杂交育成的品种数目呈上升趋势，分别占杂交育成品种总数的 44.3%、63%和 68.5%。在进行复合杂交时，涉及如何合理安排各个亲本的组合方式以及它们在各次杂交中使用的先后顺序。这就要全面地衡量各亲本的优缺点的互补，以及各亲本遗传成分在杂种后代中所占比重。一般参加复交的亲本其综合性状不能太差，要把综合性状好、适应性强的亲本放在最后一次杂交，使其在后代中的遗传成分占有较大的比重，以增强杂种后代的丰产性和适应性。为加强杂种后代某一方面的性状，可以在杂交中多次使用具有该性状的亲本。

近来许多育种单位利用回交育种的方法提高推广品种的抗病虫性和改善品种的品质，取得了很大的成效。有关这方面的进展详见本章第七节。

（三）杂种后代的处理和选择　亲本选配得当，只是为选育新品种提供了丰富的遗传变异，要想育成优良品种，还需要对杂种后代进行正确的处理和精心的选育。目前我国小麦杂种后代的选育主要采用系谱法，或系谱法和混合法兼用，单独采用混合法处理的较少。

为了提高育种效率，必须根据育种单位现有的土地、人力和物力考虑杂种各世代的种植和选育规模。首先是确定配置和保留杂交组合多少，尽管育种家都很慎重地选配亲本和配置组合，但组合成功率依然很小。尤其像小麦这样已经高度改良的作物，其组合成功率大约在 1/200～1/300。对杂交组合的数目，不同育种家有不同的见解，一种是以多取胜，一种则强调精选和少配组合。在实际工作中，杂交组合的多少应根据育种目标的难度、所掌握亲本的多少和对其了解的深度以及各育种单位的经济条件而定。目前，我国大多数小麦育种单位每年配置的组合在 200～300 左右。在这样多的组合中，必定有 F_1实际表现不好的组合，因此，育种工作者必须在第一代淘汰那些有严重缺点的组合，以便集中精力从事一些优良组合的选育工作。不少学者对杂交组合产量潜力的早期预测进行了研究，Cregan 和 Busch（1979）发现 F_2混合群体的产量和中亲值可以很好地预测 F_5品系的产量。Knott 等（1975）也认为 F_1的产量可以表示该组合的产量潜力。Nass（1979）建议采用中亲值、F_1和 F_2的产量进行预测，但这些做法只能表示一个组合的平均产量，不能反应该组合内的变异情况。中国农业大学在矮秆品种农大 146 的选育经验中认为，应根据分离群体中是否出现优良表现型而决定 F_2组合的取舍（张树榛等，1987），而不能采取过去根据 F_2平均表现优劣取舍的做法。

杂种各世代，尤其是 F_2群体大小问题，历来受到普遍重视。一般主张扩大群体，有些人主张大量淘汰 F_1组合，以保证优良组合的 F_2有尽可能大的群体。目前我国各小麦育种单位普遍存在 F_2群体偏小的情况，在一定程度上限制了优良单株的中选率。F_3家系种植数目决定于 F_2当选株数。一般说来，在既定的土地面积上，以增加 F_3家系数而减少家系内株数、最后保留较多的家系和在每家系中少选一些植株较为有利。同样，在 F_4代，以种植和最后保留较多的家系群比增加家系群内的家系数更为有利。自 F_4代以后，家系内选拔更优良单株的潜力越来越小，随着世代的推进，育种工作越来越集中于少数优良的家系和家系群。

在杂交后代分离群体中，控制性状的基因、遗传分离的复杂性、各性状的遗传率大小和稳定的世代不同，因此，各世代选择的对象和可考虑的性状不尽相同。简单的质量性状和简单的数量性状、遗传率较高的（如抽穗期、株高、某些抗病性、穗长、每小穗小花数和千粒重等）在早代选择，甚至根据肉眼或一些简易的方法进行选择效果明显；而一些遗传复杂，遗传率又较低的数量性状（如单株穗数、单株粒重及产量等）则早代选择的效果较差。F_2单株的产量选择，一直被公认是比较困难的，其原因在于产量受环境的影响很大，存在较大的基因型和环境的互作以及基因型间的竞争。另外，根据个体的性状表现进行选择的可靠程度很低，而在 F_3和 F_4根据家系或家系群的表现进行选择可靠程度最高。

育种试验地的地力和栽培管理水平，应该考虑将来生产发展需要。在当前当地生产水平的基础做适当的提高，这样才能使新育成的品种适应生产发展需要。另外，变换杂种不同世代种植条件或异地培育，对培育品种的广泛适应性具有很大的作用。墨西哥的国际玉米小麦改良中心（CIMMYT）的经验可以借鉴。我国黄淮麦区一些育种单位间开展的穿梭育种也是很好的做法。

二、小麦杂种优势和杂种小麦的选育

利用杂种优势大幅度提高产量是20世纪作物育种工作的一个重大突破。异花授粉作物玉米、常异花授粉作物高粱等杂种优势的生产应用已成为一种重要的育种途径，中国在杂交水稻研究和生产应用上的突破为自花授粉作物杂种优势利用展示了广阔的前景。开展小麦杂种优势的研究和利用对增加我国粮食生产具有重要意义。

（一）杂种小麦的研究概况　1951年木原均首先报道，将普通小麦的细胞核导入尾状山羊草（*Aegilops caudate* L.）的细胞质中获得了普通小麦的雄性不育系。1962年美国Wilson和Ross报道了提莫菲维小麦（*Triticum timopheevii* Zhuk.）的细胞质与普通小麦的核互作可导致完全和稳定的雄性不育，且对植株的生长发育无明显的不良作用。Sohimd和Johnson（1962，1966）证明了提莫菲维小麦具有其本身细胞质所致的雄性不育的育性恢复基因。随后，美国完成了具有T型细胞质的Bison不育系和T型恢复基因Marquis恢复系的“三系配套”。以后各国相继开展了T型雄性不育系及其恢复系的选育，并对杂种小麦的杂种优势及繁殖制种技术进行了研究。与此同时，各国也在寻找新的不育细胞质和新的恢复基因、研讨雄性不育与育性恢复机理和遗传、产生杂种小麦的新途径（如发展化学杀雄剂及其利用）等问题上，分别取得显著的进展。

我国1965年北京农业大学蔡旭教授从匈牙利引入核质互作T型不育系及其相应的恢复系后，经多年的全国性协作研究，取得了多方面的进展，如提高T型三系的农艺性状和产量水平、选配强优势组合、其他胞质新三系的选育、利用Rht_3培育显性矮秆基因的T型不育系、化学杀雄剂的应用、有关杂种小麦的基础理论研究等。主要表现在以下几个方面。

①形成了多种细胞质利用杂种优势、多种途径制种的新格局。选育出一批恢复度高且稳定的T型恢复系，T型不育系种子皱缩和穗发芽的缺点已基本解决；显性矮秆基因导入不育系并育成半矮秆杂种小麦，基本上解决了杂种小麦因株高而易倒伏的难题；选育出K型、V型等新型不育系；光、温敏不育系选育成功；研制、改进和筛选出几种高效无副作用的CHA新配方；化学去雄技术日趋完善。

②亲本的性状水平大幅度提高，产量接近或超过生产上推广品种；并选配出一批强优势组合，开始大面积试种示范。1992年全国杂种小麦秋播示范面积已超过万亩（667hm^2）。

③大面积繁种制种及高产栽培配套技术研究同步进行，并取得重要进展。

④应用基础研究不断深入。在亲本选配理论与方法、恢复性遗传、胞质效应、杂种优势预测、杂种小麦稳定性研究、化学杂交剂（chemical hybridization agent，CHA）诱导雄性不育机理等方面都取得了新的进展，为生产应用打下了基础。

（二）小麦雄性不育的类型及杂种小麦产生的途径　Sears 1947年曾将小麦雄性不育类型按遗传方式分为质核互作型、胞质型和核型不育，即“三型学说”。后来Edwardson提出纯粹的胞质不育客观上是不存在的，雄性不育只有核不育及核质互作不育两种类型，即“二型学说”。另外，还存在一种不育基因与特定的环境条件互作产生的雄性不育类型，有人称之为环境敏感雄性不育（如小麦的光敏或温敏不育系）。控制这种不育性的基因有核基因，也有细胞质基因，但它们只有在特定日照长度和温度条件下，才能表现雄性不育。上述的4种雄性不育类型属可遗传的，而由化学杀雄剂诱导的雄性不育以及异常环境条件诱发的雄性不育（如高温杀雄），其雄性不育只在当代表现，并不遗传给后代，是非遗传型的雄性不育类型。

各国研究认为，可以通过：核质互作雄性不育、细胞核不育性、光（温）敏感核雄性不育和化学杀雄剂诱发雄性不育等途径生产杂种小麦。目前，世界许多国家和地区已经利用核质互作雄性不育系统和化学杀雄剂系统生产杂种小麦种子，并在小面积试种或在一定地域内推广。下面简单介绍主要的雄性不育类型的特点及其研究和利用情况。

（三）质核互作雄性不育性和育性恢复的研究和利用　质核互作雄性不育性（cytoplasmic - nuclear male sterility 即 CNMS；也有简称为 cytoplasmic male sterility 即 CMS 的，不过后者易与单纯细胞质雄性不育的概念混淆），主要通过小麦与异属、异种间的核置换而产生的。其恢复基因主要来自提供细胞质不育性的种（同质恢复系），也存在于其他亲缘物种和普通小麦中（异质恢复系）。其中，提莫菲维小麦所导致的细胞质雄性不育和其育性恢复基因，是迄今世界上杂种优势研究中应用最广泛的。

1. T 型杂种小麦三系的选育、组配、制种及存在问题

（1）T 型不育系及保持系的选育　目前各国的 T 型三系选育都是在现有的不育系的基础上采用回交转育法进行选育的。所以，不育系的选育同时也是对保持系的选育。其要求如下：①保持系应能使转育的不育系达到 100%的不育，且能稳定持久；②不育系要易于恢复雄性育性；③农艺性状优良，丰产性和适应性好；④要有优良的制种性状，即要求不育系应具有较强的接受花粉的能力、开颖时间长、开颖角度大等性状，而保持系具有较强的散粉能力等。

在回交转育不育系时必须注意：①各世代回交时，都要选育具有保持系性状的绝对不育的植株作母本与保持系进行“株对株”回交；母本植株应同时套袋自交以检查其是否完全不育；②用于回交转育的品种或保持株，只有在其后代完全不育时，才能继续保留而成为保持系。

（2）T 型恢复系的选育　优良恢复系应具有的条件是：①雄性育性恢复能力高而稳；②配合力高，与不育系杂交后杂种优势强，产量高；③农艺性状优良，丰产性和适应性好；④制种性状好，即开颖开花、花药大、花粉多、花药外露、散粉好、生育期适合等。选育恢复系成为当前小麦杂种优势利用上的主攻目标。

恢复系选育的主要方法有：①广泛测交筛选，以已有的 T 型不育系作母本，广泛采用优良品种、品系及其他材料进行测交，根据 F_1 的结实率，筛选恢复能力强的品种为恢复系。在测交时要进行成对测交，并注意检查作母本的不育系的不育性是否可靠。②连续回交转育，用已有的恢复系作母本，用优良品种或品系作父本经连续回交转育新的恢复系。此法费时，而且往往随着回交世代的增加、群体的不足以及选择的疏忽而导致后代恢复力下降，甚至完全丧失。③杂交选育，利用 T 型恢复系与优良品种或不同恢复系间，乃至以优良不育系为母本，以恢复系为父本进行杂交，其杂种后代按系谱法处理，分离和选育结实性好，并兼具双亲优良性状的新恢复系。由于 T 型不育性的育性恢复性是多基因控制的，还涉及微效基因和修饰基因的作用，利用不同恢复系间相互杂交，可育成恢复基因得到累加、恢复力更强的恢复系。这种方法目前在我国是提高恢复系恢复力最有效的方法。许多恢复力强的恢复系都是利用此法选育的。

在选育恢复系的过程中，恢复力是首要的选择指标。原则上从 F_1 起到稳定的品系都要进行恢复力的鉴定。当农艺性状稳定后，恢复力达 85%以上时，还要进行配合力测定，当试配的杂种产量达到一定水平时，才算获得了优良的恢复系。

（3）组合选配及制种　杂种小麦产量的高低决定于不育系和恢复系本身的好坏和组合的选配。由于缺乏强优势的组合、恢复系的恢复力差以及亲本本身的产量水平低，目前杂种小麦存在“超亲容易，超标难”的问题。杂交育种中亲本选配的原则在杂种小麦组合的组配中也是适合的。最好利用具优良显性性状的材料作为亲本，如抗病性为显性的；但也要考虑杂种优势所带来的不利影响，如 F_1 植株过高、冠层过于繁茂等。

利用质核互作雄性不育系和恢复系生产杂种小麦时，每年要建立两个隔离区，分别用于不育系的繁殖和杂交制种。隔离条件应严格，一般周围 100～200 m 范围，不应种植除父本以外的其他品种，为了提高制种和不育系的产量，应注意采用适当的父母本行比、播幅和密度，以及父母本的花期是否相遇和人工辅助授粉等问题。此外，还应注意去杂，以保证种子纯度。

（4）存在问题　T 型细胞质雄性不育性和育性恢复系统最大的弱点是恢复源太少，在普通小麦中不易找到并选育出优良而稳定的恢复系，这是 T 型杂种小麦至今还未能在生产上广泛推广的重要原因之一。研究也发现，T 型不育系在灌浆后期 α-淀粉酶活性增强，导致一些不育系和杂种种子皱缩，出现成熟前穗发芽，发芽力低。上述问题已引起国内外研究者的重视。

2. 其他质核互作雄性不育性和育性恢复性的研究　日本常胁恒一郎（1988）将小麦属和山羊草属的细胞质分为 16 种、8 类型（表 2-5）。其中Ⅰ′～Ⅷ类的细胞质都能引起普通小麦雄性不育，但大多数细胞质都有不良的效应，而有应用价值的是 D_2、G、Mu 和 Sv 类的细胞质，其中 G 类（T 型细胞质属此类）已进行了大量的研究。经比较，他认为Sv类细胞质雄性不育性是最有利用前途的一种。属于此类细胞质的有：黏果山羊草（*Aegilops kotsohyi*）和易变山羊草（*Aegilops variabilis*）。

表 2-5　小麦属和羊草属 16 种胞质类型对普通小麦的主要遗传效应

（引自常胁恒一郎，1988）

胞质类型	育性分类	雄性不育	心皮化	降低发芽力	斑化（冬季）	生长受阻	抽穗延迟	单倍体与孪生苗	RuBP 羧化酶大亚基
B	Ⅰ	−	−	−	−	−	−	−	H
S		−	−	−	−	−	−	−	H
Sb	Ⅰ	−	−	−	−	−	−	−	L
D	Ⅰ	−	−	−	−	−	−	−	L
D_2	Ⅰ′	−（+）	+	−	−	−	−	−	L
Mu	Ⅱ	−，+	−	−	−	−	−	+	L
Sv	Ⅱ	−，+	−	−	−	−	−	+	L
Mt	Ⅱ	−，+	−	−	−	−	+	+	L
Si	Ⅲ	+，−	−	−	−	+	+	+	L
Cu	Ⅳ	+，−	−	−	+	+	+	+	L
Mo	Ⅴ	+，−	−	−	−	−	+	−	L
C	Ⅵ	+，−	+	−	−	−	−	+	L
G	Ⅶ	+，−	+	+	−	−	−	−	H
Mt_2	Ⅷ	+	−	−	−	−	−	+	L
A	Ⅷ	+	−	+，−	+	+	+	−	L
M	Ⅷ	+	−	+	−	+	+	−	L

注：−为不引起不育；−（+）为个别小麦在极长日照下高度不育；−，+为极个别小麦高度不育；+，−为大量小麦高度不育；+为所有小麦高度不育。

一般认为，CMS的主要决定因素是线粒体基因组结构发生变化，绒毡层、中层甚至小孢子内线粒体的瓦解，ATP酶活性降低，小孢子得不到足够的能量供应，不能正常发育，同时基因表达的产物失调，最终导致花粉败育。

对细胞质育性恢复的遗传研究比较深入，多个育性恢复基因已经定位（表2-6）。育性恢复除受显性、互补、累加作用的主效 *Rf* 基因控制外，还涉及多数的微效、修饰、抑制基因，分别对主效基因起到加性、促进和抑制作用。

表 2-6　小麦几种异质 CMS 类型育性恢复基因的染色体定位

（引自梁凤山，王斌，2003）

胞质类型	主效恢复基因	定位染色体
T	Rf_1～Rf_{11}	1A、1B、4A、4D、5A、5B、5D、6B、6D、7B、7D
K	Rfv_1	$1B_S$
Ven		$1B_S$、1D
D^2	*Rfd*	1D、$7B_L$
Aegilops umbellulta	Rfv_1、Rfv_2、Rfc_1	1B、2B
Aegilops ovata	Rfo_1、Rfo_2、Rfc_1	$5D_S$、1B
Aegilops umiaristata	Rfc_1、Rfc_2、Rfc_3	6B、1D
Aegilops cadata	$Rfun_1$	$1B_S$

我国原西北农业大学杨天章等，按照常胁恒一郎等关于小麦1B/1R易位系$1R_S$上的 rfv_1 基因与 *Aegilops krotsohyi* 或 *Aegilops variabilis* 细胞质互作可产生雄性不育的报道，利用了从美国引进的具有黏果山羊草细胞质的材料K-Chis与一些1B/1R易位系杂交，经核转换，于1988年获得了不育性稳定、易恢复、种子饱满的K型雄性不育系（图2-5）。他们还育成了具有易变山羊草和偏凸山羊草（*Aegilops ventricosa*）细胞质的两种V型不育

系。K型和V型不育系已实现了三系配套并投入了杂种小麦选育的应用研究。起初，人们以为K型和V型细胞质雄性不育系易保持，易恢复，恢复源广。但随着研究的不断深入，发现不是所有的含1B/1R易位染色体的都是保持系，也不是所有的非1B/1R易位染色体的都是恢复系，而是绝大多数恢复力都在70%以下，并且部分不育系育性随转育世代增高，表现育性不稳定现象；K型不育系仍存在苗期生长弱和产生较多单倍体的不良细胞质效应。为克服这些缺点，西北农业科技大学张改生等多年来致力寻找K、V细胞质雄性不育系的非1B/1R保持系，取得很有成效的结果。

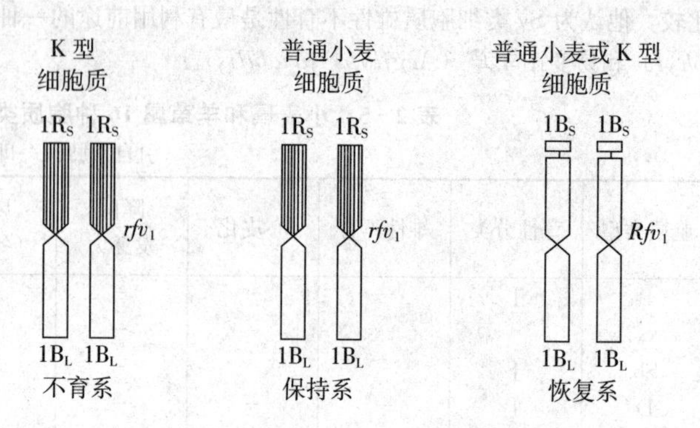

图2-5　K型小麦不育系及其保持系和恢复系的相互关系

国内外还育成了一些具有普通小麦细胞质的雄性不育系，这些不育系的恢复源广，但因其不育性是特定不育基因与特定细胞质互作的结果，大多要求特定的品种为其保持系，因而在转育保持系和保持系保纯上有一定困难。如中国农业科学院原子能利用研究所王琳清等结合远缘杂交和辐射处理育成了具有普通小麦细胞质突变的85EA和89AR雄性不育系，河南农业大学范濂、山东农业大学孙兰珍等研究了利用普通小麦Primepi细胞质创造的雄性不育系。

(四) 细胞核雄性不育的研究利用　细胞核雄性不育性（nuclear male sterility，NMS）由细胞核不育基因控制，其作用不受细胞质类型影响，没有正反交的遗传效应，其雄性不育的遗传、表达完全符合孟德尔遗传规律，一般由控制花粉正常育性的核基因发生突变形成。一般不育基因用*ms*表示，相对应可育基因用*MS*表示。

1. 隐性细胞核不育性　隐性核不育与任何育性正常材料的杂交一代均是正常可育的，即任何育性正常材料均是其恢复系，但找不到典型的保持系，不能产生大量不育系种子供制种之用，只能从F_1代杂合可育株的自交后代中分离得到不育株，因此隐性核不育系兼具不育系、保持系的功用。少数几个得到了深入研究和开发利用。Driscoll用γ射线辐射小麦花粉，授粉于4A单体材料，在后代中得到了雄性不育隐性单基因突变体Cornerstone（国际编号Ms_1），此突变体是4B染色体长臂上的一段缺失所致。Cornerstone在Driscoll（1972）提出的有名的生产杂交小麦的XYZ体系中，可做Z系，除少量用于X系杂交产生Y系外，大部分用来与普通品种杂交，生产杂交种小麦。但X系的不稳定性及很难得到纯系杂交种和标记性状的缺乏，使得其应用受到很大限制。

蓝标型不育系是用蓝粒做标记的一种隐性核不育类型，类似于Driscoll提出的XYZ体系。据黄寿松（1991）报道，该不育系的隐性不育基因来自72180×小偃6号的后代，蓝粒来自李振声选育的4E附加系，在4E染色体上具有蓝色胚乳基因和恢复基因。通过回交，将4E染色体导入不育系，形成带有该不育基因的蓝粒可育附加系。然后以正常染色体结构的不育株与该附加系杂交，得到浅蓝单体附加系，让其自交，后代便可分离出深蓝、浅蓝和白粒种子。凡白粒者，染色体数$2n=21''$，成株全部不育；深蓝粒者，染色体数$2n=22''$，成株全为深蓝粒，全部可育；浅蓝者，染色体数为$2n=21''+1'$，成株粒色和育性发生分离，其中大多数为白粒不育株（图2-6）。因此通过粒色分辨设备，则可将其筛选出来进行制种或繁殖，而一般普通小麦和蓝粒附加系均为其恢复系。

2. 显性细胞核不育性　控制雄性不育的基因为显性基因，这种核不育材料既找不到完全的恢复系，也找不到完全的保持系，不育系以杂合的（*Msms*）方式存在，无法自交，只有与育性正常的可育株或其他品种杂交，其不育性才能得以保持，杂交后代植株的育性按1∶1分离。显性核不育的遗传行为在许多方面与隐性核不育相似，但有两个明显区别：其一，显性核不育测交F_1代出现育性分离，而隐性核不育测交F_1代全部可育，F_2才出现育性分离；其二，显性核不育群体中的可育株的自交后代全部正常可育，而隐性核不育则出现育性分离。邓景扬等（1982）报道的太谷显性小麦不育系、Franckowiak和Sasakwna用EMS处理普通小麦Chris选出的Fs_6均属此类不育系。

刘秉华利用染色体定位、端体测验和端体分析等定位程序和方法，把太谷核不育小麦的显性雄性不育基因Ms_2（Ta_1）定位在4D染色体短臂上，而Fs_6为显性单基因Ms_3控制，Ma等将其定位在5A染色体的短臂上。

Qi等（2001）在小麦品种Chris中发现携带的显性雄性不育基因Ms_3与3个标记WG341、BCD1130、CD0677

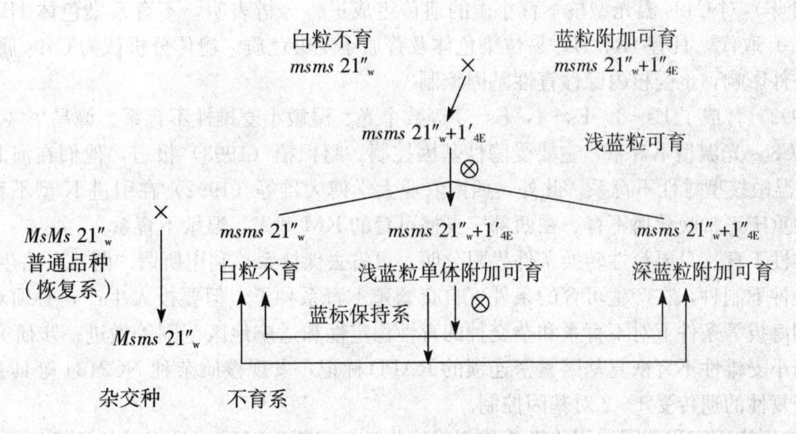

图 2-6　蓝标型小麦不育系及其恢保关系

紧密连锁。另外，2002 年 Klindworth 利用单体、端体分析，将一核雄性不育基因突变体 FS20 的不育基因定位于 $3A_L$ 远端，这一新的雄性不育基因定名为 Ms_5。

3. VE 型不育系　VE 型不育系属细胞核不育类型。据叶绍文（1980）和杨天章（1988）的报道，该不育系是一个异源代换不育系，其不育性是由于普通小麦的 7B 染色体被长穗偃麦草的 7E 染色体代换所引起的，染色体构型为 $20''w+1'_{7E}$，其二体附加系（$21''w+1''_{7E}$）和单体附加系（$21''w+1'_{7E}$或 $20''w+1'_{7B}+1'_{7E}$）均正常可育，因此一般品种与不育系杂交均可恢复其育性。由于 7B 单体的传递率很低，当可育单体附加系 $20''w+1'_{7B}+1'_{7E}$ 自交时，后代大约可以保持 90%的不育株（图 2-7）。

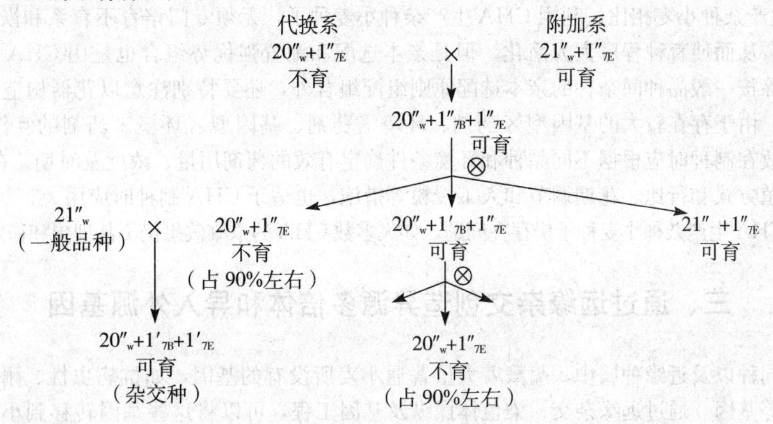

图 2-7　VE 型小麦不育系及其恢复保持关系

（五）光（温）敏感性不育性　这种不育性与异常条件引起的生理型不育是不同的，它受基因所控制，属于可遗传的类型。1979 年，Sasakuma 和 Ohtsuka 首次报道具有粗厚山羊草、牡山羊草和瓦维洛夫山羊草细胞质的农林 26 异质系遇到长日照和较大昼夜温差时表现为雄性全不育，在细胞学上表现为雄蕊心皮化，称为光敏感型细胞质雄性不育（photo period - sensitive cytoplasm male sterility，PCMS），后来相继发现了短日低温不育等多种光温敏雄性不育材料。徐乃瑜 1994 年报道获得了具有 D^2 胞质的光敏雄性不育材料，在 D^2 型细胞质中以牡山羊草细胞质对 24h 长光照最敏感，依次为粗厚山羊草细胞质和瓦维洛夫山羊草细胞质。在同一异质条件下，不同核对引起雄性不育也有不同影响，因此这种光敏感 CMS 仍是核质互作的结果。

有关这类光（温）敏感性不育性的恢复基因的研究也取得了很大进展。Murai 发现了粗厚山羊草细胞质（D^2 型胞质）光敏 CMS 的主效恢复基因位于中国春的 $7B_L$ 上，命名为 Rfd_1，这是在小麦中发现的第一个 PCMS 有效的 Rf 基因，进一步研究发现，染色体 4A、1D、3D、5D 上均存在育性恢复基因，同时发现育性恢复基因受多个微效不完全显性基因控制。1995 年薛玺等根据中国春缺体——四体的研究，推测在 1D 上存在 D^2 型胞质雄性不育恢复基因。

陈静等（2002 年）对 C49s 温光型核不育小麦的遗传组成进行分析表明，不育系染色体 1B 短臂（$1B_S$）已被黑麦 1R 短臂（$1R_S$）取代，具有 $1R_S/1B_L$ 易位染色体及普通小麦染色质。遗传分析认为 C49s 属生态型雄性不育，不育性既受环境条件影响，也受核内隐性育性基因控制。

何觉民等（1992）育成了 Es-3，Es-4，Es-5 等数个光、温敏小麦雄性不育系。谭昌华（1992）报道，他们所选育的 C49s 和 C86s 光温型不育系，主要受隐性基因控制。赵枫梧（1993）报道，他们在河北省衡水地区选育了 91-1 小麦光、温敏核型雄性不育系。此外，西南农业大学傅大雄等（1992）在引进 K 型不育系进行测交的后代中，选出 5 个在重庆正常晚秋播不育、在西部宁夏播可育的 KM 型光、温敏不育系。

这种类型的雄性不育，只要育性转换条件界限分明，可省去保持系，利用所谓“两系”法生产杂种小麦种子，即在产生不育的条件下制种，在产生可育的条件下自交繁殖不育系种子。但要投入生产，必须对其遗传基础以及在不同纬度、不同海拔等条件下对不育系和杂交种的育性稳定性和适应地区范围等做进一步研究。2002 年张爱民等筛选出了 4 个与小麦雄性不育恢复基因紧密连锁的 RAPD 标记，发现核质杂种 NC2134 等具有长日光敏雄性不育的恢复基因，恢复性的遗传受 1～2 对基因控制。

（六）化学杀雄剂的研究和利用　用化学杀雄剂或称化学杂交剂（CHA）诱发雄性不育，进行杂种小麦生产，是利用小麦杂种优势的另一重要途径。化学杀雄剂是一种能阻滞植物花粉发育、抑制自花授粉、获得作物杂交种子的化学药品或药剂。从 20 世纪 50 年代起，世界各国研制并鉴定出大量的 CHA，并对它们进行了深入的研究。但是它们的化学结构、作用机理以及使用方法的信息多属专利性质，未能公开。目前我国利用的化学杂交剂以乙烯利为主，还有 WL84811、HYBREX 和 Sc2053 等。尽管许多化学药品都可使小麦产生雄性不育，但理想的 CHA 应具备以下特点：①能导致大多数品种完全或接近完全雄性不育，而不影响雌蕊的育性；②药剂使用量及使用时限不严格；③与基因型和（或）环境的互作效应小，且效果稳定；④无残毒，不污染环境，对人畜无毒害；⑤成本低而使用方法简便。

与利用 CMS 生产杂种小麦相比，利用 CHA 生产杂种小麦种子，无须专门培育不育系和恢复系，省去不育系的保种和繁殖工序，从而使育种程序大为简化。但是亲本选配和配置强优势组合也是用 CHA 生产杂种小麦利用杂种优势的关键。除按一般品种间杂种的亲本选配原则组配组合外，还要特别注意以花器构造有利于异花授粉性状的材料作为亲本。由于存在较大的基因型×药剂、环境×药剂、基因型×环境×药剂的互作效应，影响 CHA 的效果和稳定性，故在制种时应根据不同品种和环境条件确定有效的药剂用量、浓度及时期。在利用 CMS 制种时所采用的父母本种植方式和行比、花期调节和人工授粉等措施，也适于 CHA 制种时应用。

应该指出，用 CHA 生产杂种小麦种子仍存在问题，如大多数 CHA 的杀雄效果仍不甚理想和稳定，且成本较高。

三、通过远缘杂交创造异源多倍体和导入外源基因

在小麦属的不同种以及近缘种属中，蕴藏着大量普通小麦所没有的基因，如抗病虫性、耐寒性、耐旱性、抗倒伏性以及高蛋白等基因。通过远缘杂交、染色体操纵及基因工程，可以将这些基因转移到小麦中，从而丰富小麦的遗传基础，为小麦育种提供各种各样的种质资源。

（一）小麦重要的亲缘种属及其与小麦杂交的有关特性　小麦远缘杂交包括种间杂交和属间杂交两部分。小麦属中有 20 多个种，包括 AA（一粒小麦）、AABB（圆锥小麦）、AAGG（提莫菲维小麦）、AABBDD（普通小麦）和 AAAAGG（茹可夫斯基小麦）5 种染色体组型。小麦种之间均可相互杂交，作为远缘杂交亲本材料。

试验证明，可与普通小麦杂交的有 13 个不同属的植物，其中包括：山羊草属（*Aegilops*）、黑麦属（*Secale*）、类麦属（*Thinopyrum*）、偃麦草属（*Elytrigia*）、簇毛麦属（*Haynaldia*）、大麦属（*Hordeum*）、赖草属（*Leymus*）、披碱草属（*Elymus*）、鹅冠草属（*Roegneria*）、冰草属（*Agropyron*）、旱麦草属（*Eremopyrum*）、新麦草属（*Psathyrostachys*）和芒麦草属（*Critesion*）等，共约 80 多个种。小麦与这些亲缘种属杂交时，常存在杂交不亲和性、杂种夭亡、杂种不育等困难。远缘杂交不亲和性又称生殖隔离，进行物种间的远缘杂交，必须打破生殖隔离才能获得成功。

1. 生殖隔离可以分为受精前障碍与受精后障碍两类　受精前障碍有授粉时间的隔离、空间隔离、授粉方式的隔离、花器构造的隔离、生理差异的隔离等。受精后的障碍发生在不同远缘亲本植物杂交受精后，常因异源细胞

核之间或异源细胞核与细胞质之间不协调而导致幼胚或胚乳不能正常发育，形成幼胚早期夭亡，或者虽能形成瘦瘪的种子，但无发芽能力。

研究表明，远缘杂交的亲和性是由可交配基因 *kr* 控制，起初人们发现小麦和黑麦的可交配性与 kr_1、kr_2 两个基因有关。显性基因 *Kr* 抑制普通小麦与黑麦的可交配性，而它的等位隐性基因 *kr* 促进普通小麦与黑麦可交配性。现已发现，除分别位于5B、5A和5D上的 Kr_1、Kr_2、Kr_3 3个基因外，在第一和第三部分同源群的染色体上也有 *Kr* 基因存在。郑有良等（1991）发现，J-11小麦具有 Kr_4 基因。许多研究表明，*Kr* 基因不仅仅和小麦与黑麦的可交配性有关，而且也影响小麦与其他近缘种属的可交配性。中国春由于具有 kr_1、kr_2、kr_3 基因，极易与其他种属杂交，近来在我国发现一些比中国春可交配性更好的小麦地方品种，它们具有一个新的可交配基因 kr_4。据罗明诚等（1992）报道，在864个中国地方品种中，有121个品种与黑麦可交配性和中国春相似，有50个品种显著高于中国春，分别占供测品种的14.0%和5.8%。一些日本品种与小麦近缘物种间也有很好的可交配性。有人认为，高交配性小麦品系（如中国春），*kr* 基因的作用大概是通过外源花粉进入胚囊促进受精而克服不亲和性。这些可交配基因对远缘杂种的胚和胚乳发育的影响还不清楚。小麦的 *Kr* 基因仅仅是影响小麦与其近缘种属不可交配的原因之一，实际上远缘杂交不可交配的原远比这复杂。

2. 远缘杂种不育也是远缘杂交中的普遍现象　其原因一般是双亲之间染色体的数目和结构等差异过大，在减数分裂时不能进行正常配对和分裂，因而不能形成正常的大小孢子，最后导致杂种不育，不能传留后代。此外，也有少数是因为核质关系不协调而导致不育的。

在《作物育种学总论》中所述的为了克服杂交不亲和性提高结实率所使用的方法，均可在小麦中针对不同情况灵活应用。如广泛测交、选择适当的亲本作母本、调整授粉方式（包括嫩龄柱头授粉和重复授粉、花粉蒙导等）、利用外源物质（如赤霉素）促进花粉管生长、桥梁品种及预先改变亲本的染色体的倍数性等，为了克服胚乳发育不良、胚与胚乳不协调所造成的杂种幼胚夭亡所使用的幼胚培养，以及为了克服杂种不育广泛应用的杂种染色体加倍和连续回交等。

了解普通小麦染色体的部分同源群及小麦染色体对异缘物种染色体间的部分同源性，以及部分同源染色体配对的遗传控制，对通过远缘杂交、染色体工程和基因操作，将异源物种的有益基因转移到普通小麦中具有重要的指导意义。

众所周知，普通小麦由A、B和D 3个染色体组组成。经多年反复研究，3个染色体组的21对染色体可归入7个部分同源群亦称7个同源转化群（表2-7），每一部分同源群内包括来自A、B与D 3个染色体组的一条染色体。根据已构建的普通小麦遗传图谱分析，除涉及易位较多的 $4A_L$、$5A_L$ 和 $7B_S$ 染色体臂外，属于同一部分同源群的3条染色体上的基因排列大体上是一致的，存在共线性关系，所以属于同一部分同源群的3条染色体具有相似的遗传功能，3条染色体彼此间具有程度不同的补偿能力，即同群内的任何一条染色体的功能在一定程度上可被群内其他染色体所代偿，而且在控制同源配对的基因缺失或失效时能够相互配对。

表2-7　六倍体小麦各染色体所属的染色体组及部分同源群

（引自 Sears and Okamoto，1956，稍加修改）

部分同源群	染色体编号及染色体组		
1	1A	1B	1D
2	2A	2B	2D
3	3A	3B	3D
4	4A	4B	4D
5	5A	5B	5D
6	6A	6B	6D
7	7A	7B	7D

小麦与其近缘种属的染色体间也存在部分同源性和共线性关系，并在一定程度上进行染色体代换和补偿，说明在小麦属和其近缘种属间进行远缘杂交具有可能性。

在普通小麦的染色体上存在一些促进和抑制染色体配对的基因，所以减数分裂中染色体配对的遗传控制是相当复杂的，配对的水平可能取决于这些抑制和控制基因的平衡。抑制部分同源染色体配对的基因称为 pairing homoeologous 简称为 *Ph* 基因。存在于 $5B_L$ 上的 Ph_1 基因对抑制部分同源染色体的配对具有决定作用。我们常指的 *Ph* 基因主要指这个基因。在 $3D_S$ 上也存在一个 Ph_2 基因，其抑制部分染色体配对的能力较 Ph_1 基因弱得多。*Ph* 基因为显性基因，当它发生突变或缺失时则表现为隐性 *ph*。有不少研究者用理化因素处理以诱导 *Ph* 基因的突变，迄今已获得定位在 $5B_L$ 的 ph_1a、ph_1b、ph_2a 和 ph_2b 等 4 个隐性突变体。在硬粒小麦中也发现一个定位在 $5B_L$ 上的突变体 ph_1c。

另外，在小麦属的一些近缘种属里如拟斯卑尔脱山羊草（*Aegilops speltoides*）、高大山羊草（*Aegilops longissima*）、尾状山羊草（*Aegilops caudate* L.）、长穗偃麦草（*Elytrigia elongatum*）及野生一粒小麦（*Triticum boeoticum*）、阿拉拉特小麦（*Triticum araraticum*）都具有抑制 *Ph* 作用的基因或能诱导部分同源染色体配对的基因。

当 *Ph* 基因处于显性状态时，配对仅限于在同源染色体间进行；当 *Ph* 基因缺失，或其作用为一些基因所抑制，或利用 *Ph* 基因的隐性突变系如 ph_1b、ph_2b、ph_2a 等，能诱导许多小麦亚族的染色体与它们的小麦部分同源染色体配对和交换（易位）。促进部分同源染色体在减数分裂时配对，对实现异源物种染色体片段及远缘种属的有益基因向普通小麦中转移具有重要的意义。

（二）双二倍体的产生　双二倍体是将具有不同染色体组的两个物种经杂交得到的 F_1 杂种再经染色体加倍后产生的。它虽结合了来自两个物种的整套染色体，并且能进行同源配对，但由于两个物种的染色体在减数分裂时表现某种程度的不一致和差异，常引起染色体的丢失和减数分裂的不稳定，产生不平衡配子和导致非整倍体的产生。加上核质互作和染色体组的不协调，常造成育性降低并影响子粒的饱满度和产量。另外，双二倍体虽将两个物种的优点结合在一起，但也不可避免地带有两个物种的缺点。

据不完全统计，小麦与其近缘物种人工合成的双二倍体已有 267 种，目前生产直接应用的只有六倍体小黑麦（AABBRR）和八倍体小黑麦（AABBDDRR）。由于导入了黑麦耐旱、耐涝、耐瘠薄、耐酸性土壤、抗多种病虫害等方面的优点，小麦已在非洲、南美、澳大利亚的贫瘠干旱土壤和波兰的低涝酸性土壤以及我国贵州的贫瘠高寒山地推广种植。其他人工合成的双二倍体，有的作为远缘杂交时的桥梁以克服杂交不亲和性和杂种不育；有的则作为育种用的原始材料。如我国刘大钧利用硬粒小麦——簇毛麦的双二倍体，将簇毛麦的一些有益基因转移到普通小麦中。Dyck 和 Kerber（1969，1970）报道将四倍体硬粒小麦——粗山草麦的双二倍体（AABBDD）与普通小麦杂交间接地将粗山羊草的 3 个抗叶锈基因和 1 个抗秆锈基因转给普通小麦。此外，双二倍体常常是培育异附加系和异代换系的基础材料。

（三）外源基因的导入　当含有有用基因的物种鉴定出来，并与小麦杂交后，进一步的工作是把这些有用基因转移到普通小麦中。而转移成功与否，取决于这些基因所在物种与普通小麦杂交的难易、染色体与普通小麦染色体配对的程度等。根据外源染色体与小麦染色体的配对情况，可将外源基因的转移分为两类：从具有同源染色体组物种间的转移和从具有部分同源染色体物种间的转移。

1. 从具有同源染色体物种中转移　具有与普通小麦同源染色体组的种包括 A 和 B 染色体的四倍体小麦种，分别为 A 和 D 染色体供体的二倍体种，以及其他一些分别具有 A 和 D 染色体组的小麦属和山羊草属的多倍体种。在大多数情况下，上述物种的染色体与普通小麦的同源染色体间能够完全配对和交换，将其基因转入普通小麦中。基因从具有 AABB 的四倍体种如硬粒小麦等转移到普通小麦相对简单，杂交后代可得部分可育的杂种，而且易于回交。但有时从这些四倍体种转移的基因在普通小麦上不能表达，如 Kimber 多次企图将硬粒小麦品种 Stewart 63 的抗叶锈性转移到一些小麦品种上均未获得成功。后来研究发现，D 组染色体上存在抑制抗病性表达的基因。普通小麦与野生一粒小麦或栽培一粒小麦，或方穗山羊草之间的杂种高度不育，但用普通小麦给 F_1 授粉后可获得少量的种子，再与普通小麦多次回交后可将有利基因渐掺到小麦的 A 或 D 染色体中。带有 A 或 D 染色体的其他属、种的多倍体种可与小麦直接杂交或在产生双二倍体后再杂交。通过与普通小麦多次回交，可将这些物种 A 或 D 染色体上所携带的有用基因转移，如已成功地将提莫菲维小麦（AAGG）对白粉病、叶锈病和秆锈病的抗性基因，以及偏凸山羊草（*Aegilops ventricosa*，DDUnUn）的抗眼斑病基因转移到普通小麦中。

2. 从具有部分同源染色体的物种中转移　近代研究已证明，小麦族的一些种的染色体间存在不同程度的部分同源性。通过远缘杂交和个别染色体附加或代换及染色体的易位，可以将基因从具有部分同源染色体的物种中转移至普通小麦。

(1) 外源染色体的附加 在小麦原有染色体组的基础上增加一条或一对外来染色体的系称异附加系（alien addition line），视其附加外来染色体数目分别称为单体附加系和二体附加系。异附加系的育性和农艺性状一般比正常的小麦差，没有生产利用价值，其附加的外源染色体常易丢失。

(2) 外源染色体的代换 异种的一条或一对染色体取代小麦中相应的染色体所得的家系称异代换系（alien substitution line），一般异种的染色体只能代换与其有部分同源关系的小麦染色体。单体代换系表现不稳定，生长发育不良，结实率很低；二体代换系较稳定，表现基本正常，其中一些在生产上有直接利用价值。这取决于供体染色体能够补偿小麦所丢失染色体的程度。

(3) 外源染色体的易位 当小麦染色体中的任何片段与异种属的染色体发生易位时，称异染色体易位，发生了易位的系称为易位系（translocation line）。无论是异附加系还是异代换系，由于异种属的整条染色体转入小麦，除有用基因外其他基因也随之带入，而且异代换系失去了一条或一对小麦染色体，无疑对小麦的生长发育有巨大的影响。异附加系和异代换系在遗传上都有一定程度的不稳定性。易位系只导入异种属的含有利基因的染色体片段，而且其遗传稳定。易位系可以自然发生，也可以人工诱发。现在已有许多人工诱发染色体发生易位的技术。

利用 *Ph* 基因缺失、抑制 *Ph* 作用的或隐性的 *ph* 突变系诱导部分同源染色体配对和易位。当普通小麦与外源物种人工合成的双二倍体或异附加系和异代换系等与单体 5B、单端体 $5B_L$、或缺体 5B-四体 5D 杂交后，都会产生缺失 Ph_1 基因的后代，这些后代在减数分裂时部分同源染色体间能相互配对和交换（易位）。如薛秀庄等利用中国春 5B 单体与奥地利黑麦杂交再与中国春回交，得到了抗条锈、农艺性状优良的 M8003，它是 $2B_S/2R_S$，$3A_L/5R_L$ 的易位；Sears（1972，1973）利用普通小麦——长穗偃麦草 3D（3Ag）、7D（7Ag）异代换系先与中国春的 5B 单体，再与缺体 5B-四体 5D 杂交得到了 21 个 3D/3Ag 和 12 个 7D/7Ag 的易位系。梁学礼（1979）采用相似的方法用小麦天兰偃麦草异代换系育成了 4B（4Ai）易位系。或将普通小麦的异附加系或异代换系与具有抑制 *Ph* 作用的拟斯卑尔脱山羊草、无芒山羊草或高大山羊草杂交，则在杂种后代中会发生部分同源配对。Riely（1986）首先用顶芒山羊草和普通小麦的杂种 F_1 与普通小麦回交，选择具有普通小麦全套染色体和带有顶芒山羊草抗条锈基因 *Yr* 的 2M 染色体的异源附加系，然后和拟斯卑尔脱山羊草杂交，其杂种后代因为有拟斯卑尔脱山羊草能抑制 *Ph* 基因活性的基因，2M 染色体与其部分同源染色体 2D 间发生交换和易位，然后与普通小麦杂交，选择抗条锈的植株进行自交，便育成了具有纯合易位抗条锈基因的普通小麦品种 Compair。利用隐性的 *ph* 突变系，诱发部分同源染色体配对和易位，有两种利用方式：①直接与近缘种杂交。这种方法的优点是导入外源基因的范围大，不需代换系，缺点是盲目性较大，纯合稳定慢，杂种回交结实也困难，有妨碍这种方法的广泛使用。樊路（1992）利用中国春 *Tal Kr* ph_1b 基因的综合体与中国偃麦草杂交将抗白粉病基因转移到普通小麦。②ph_1b 突变体与异附加系或代换系杂交。首先用 5B 单体与异代换系杂交，从后代选出 5B 为单体的二体异代换系或 5B 为单体的单体异代换系与 ph_1b 突变系杂交，F_1 中部分同源染色体发生配对，通过染色体易位或基因交换，可以将外源有益基因转移到小麦染色体上，然后用标准品种连续回交选择。

这种方式的优点是目的性强，获得目标基因的可能性大，稳定纯合快。但需要在杂交前转育 5B 单体的异代换系，增加了工作环节，而且转移基因有限。Lang 等（1979）成功地将中间偃麦草抗小麦条纹花斑病毒基因导入小麦，Knott 等（1983）将长穗偃麦草抗秆锈基因成功地导入小麦，Koebrer（1986）将黑麦的抗锈基因、Ccoloni（1988）将高大山羊草的抗白粉病基因 Pm_{13} 导入了小麦中。

通过调控 *ph* 基因的作用诱发部分同源染色体易位具有时间短、易见效的优点，在小麦与近缘种属的杂交利用中有明显的优势，但用此法育成的易位系和品系多数因农艺性状太差而推广应用价值不大。原因在于 *ph* 基因的操作多数是在中国春的遗传背景中进行的，而中国春的农艺性状较差，因而所育成的品系和品种推广受到限制。将 *ph* 基因的调控系统转育到农艺性状好的普通小麦品种中，其应用前景大有可为。

为了更有效地利用 *ph* 基因这一遗传工具来诱导部分同源染色体片段的转移，郑成木和吴兰佩（1988）把 ph_1b 突变体转育到农艺性状优良的京红 1 号中；中国农业大学王新望、刘广田等（1997）利用改进的桥梁法以阿勃 5B 缺体为桥梁亲本，分别与受体（冬小麦推广品种农大 95、京 411 和京冬 8 号）以及供体中国春 ph_1b 突变体杂交，后代选单体互交并同时将受体单体与受体品种回交，经过多次这样的杂交转育得到了近似农大 95、京 411 和京冬 8 号的纯合 ph_1b 基因系。在杂交转育 ph_1b 基因的过程中，他们应用了 *ph* 基因的 SCAR 标记对 $5Bph_1b$ 单体进行标记辅助选择，加速了转育的进程，实现了将 ph_1b 基因转移到优良品种的遗传背景中。部分同源染色体配对主要限制在染色体的末端或次末端部分，不易转移近中心部分的基因。并且，在普通小麦与其亲缘关系更远的属、种杂交时，即使在缺失 *Ph* 基因的情况下，部分同源染色体间也很少配对。此时，通过电离辐射、组织培养或遗传方法诱导易位可能更易实现基因的转移。

3. 利用电离辐射诱导易位　辐射能使染色体随机断裂，断片以新的方式重接，外源片段可以接在与其部分同源或非同源的小麦染色体上。对携有外源基因的异附加系或异代换系进行辐射处理，可产生插入易位或相互末端易位，插入易位比较少见，而且迄今所发生的大多数易位，极少涉及同源染色体。Sears 首先用电离辐射的方法将小伞山羊草携有抗叶锈病基因的染色体片段，易位到小麦染色体上，获得了易位系 Transfer，它是著名的应用很广的小麦叶锈病的抗源。我国李振声利用长穗偃麦草和普通小麦远缘杂交，采用^{60}Co γ 射线辐射诱变，获得了1B-4Ael、3B-4Ael、5A-4Ael 易位系，并育成了小偃 4 号、小偃 5 号、小偃 6 号等品种。特别是小偃 6 号，抗病性好，适应性广，稳产高产优质，是 20 世纪 80～90 年代黄淮麦区代表品种之一，成为中国小麦远缘杂交育种中表现最突出的品种。南京农业大学细胞遗传研究所（2002）报道，以抗赤霉病的小麦——大赖草 Lr2 单体异附加系花粉经^{60}Co γ 射线辐射处理后给扬麦 5 号授粉，杂交后代连续进行赤霉病抗性鉴定，并结合 C 分带，荧光原位杂交，筛选易位系 NAU601。

4. 由细胞、组织培养诱导易位　种间或属间杂种经细胞、组织培养可增加亲本染色体的遗传交换，再生植株经常发生包括易位在内的各种染色体的结构变异，从而促进外源基因的转移。Mccoy（1982）和 Benzion（1984）等人认为再生植株染色体变异与异染色质在组织培养的有丝分裂过程中延迟复制有关，由于常染色质通常在 DNA 合成期（S 期）复制，而异染色质在 S 期的后期复制，同一染色体上片段复制的不同步到了细胞分裂的后期形成染色质桥，最后引起染色体断裂，形成具端着丝染色体和无着丝染色体的片段。这样，部分同源或非部分同源染色体可能在断头处连接从而形成相互易位。在异缘染色体存在的情况下，将杂种幼胚进行培养，利用培养过程中细胞分裂时异源染色体和小麦染色体的断裂和错接，从而可能获得具有目标性状的易位系。Lapitan（1984）在小麦×黑麦杂种组织培养中，发现有 4D/1R、2R/?、2B/3R、6B/5A 4 种易位，不但有小麦与黑麦的染色体易位，而且还存在普通小麦染色体组间的易位。另外，发现细小的染色体缺失以极高的频率出现向小麦的转移。Dore 等（1988）的结果也表明，通过组织培养能促进小麦与黑麦染色体片段的交换。在澳大利亚利用小麦-中间偃麦草异附加系 L_1 为抗源，与当地栽培品种 Millewa 进行杂交，F_1 幼穗离体培养，多次继代分化后选择抗病再生植株，和当地品种 Sunstar 回交，从 BC_1F_2 中选择出黄矮病抗性稳定的 $2n=42$ 小麦易位系 TC_5、TC_6 和 TC_7。徐惠君等（1994）以附加系 L_1 为抗源和普通小麦品种 8601 杂交，进行幼胚培养，从再生植株中育成抗小麦黄矮病的A768A-3 易位系。陈孝等（1995）报道，将硬粒小麦-簇毛麦双二倍体与普通小麦回交杂种胚进行组织培养，从再生植株育成了一些抗白粉病的品系。

研究表明，组织培养结合理化诱变，可大大提高变异频率，其中将会出现许多易位。用带有目标性状的附加系、代换系、双二倍体与农艺亲本的杂种 F_1 进行细胞培养、组织培养，结合诱变会大大提高有用基因转移的效率（陈佩度，1990）。

5. 着丝点断裂融合诱导易位　Robersonian（1916）发现，在减数分裂后期Ⅰ，两个非同源的单价体同时发生错分裂，产生端着丝点染色体。如果来自不同单价体的端着丝点染色体分配到同一末期子核，则其着丝点有可能融合而形成一条整臂易位染色体，如果其中一个单价体为异源染色体，则有可能形成异源易位染色体（Sears，1972，1973）。这种易位方式也称罗伯逊易位。将异源代换系与整倍体小麦杂交，在其自交或回交后代中可能出现异源易位。

Sears（1968）首次报道了可能由着丝点断裂融合而产生的异源易位系（$2A_L/2R_S$），又在严格排除部分同源配对的条件下证实了这一过程，得到了小麦-黑麦易位（$6B_L/5R_L$）（Sears，1972，1973）。

在小麦与近缘种属杂交回交过程中，由于大量单价体的存在，减数分裂时着丝点错分裂并融合，会自发地产生许多易位。另外，也可人为地定向诱导着丝点错分裂融合，产生新的易位系。

6. 杀配子基因诱导易位　当载有杀配子基因（*GC*）的染色体处于半合子或杂合状态时，不含该染色体的雌雄配子无受精能力，而含有半合子或杂合体者则自身优先传递。同时有一种抑制杀配子效应的基因 Igc_1 和杀配子基因互作，产生染色体断裂和重接，并可用于诱导易位，而且杀配子基因引起染色体断裂后还可产生染色体缺失变异。

现已证明离果山羊草（*Aegilops triuncialis*）、柱穗山羊草（*Aegilops cylindrica*）、尾状山羊草（*Aegilops caudata*）的3C染色体（Endo，1975，1978，1982），高大山羊草（*Aegilops longissima*）的4S′染色体、沙融山羊草（*Aegilops sharonensis*）的$4S^{sh}$染色体（Mann，1975；Miller，1982）以及拟斯卑尔脱山羊草的4S染色体（Tsujimoto，1984），还有彭梯长偃麦（*Elytrigia pontica*）的7el染色体（Marais，1990）、中间偃麦草等偃麦属的染色体上，均载有杀配子基因。Tsujimoto（1985，1986，1988）研究发现，日本普通小麦品种农林26的3B染色体上，带有抑制杀配子效应的基因Igc_1，该基因和杀配子基因（4S′和3C染色体上）互作，产生染色体断裂重接，诱导易位发生。Endo（1988）利用离果山羊草的杀配子基因得到了小黑麦易位系，如$1B_S/1R_L$、$4A_L/4R_S$、?$/1R_S$和$6B_S/1R_S$（图2-8）。

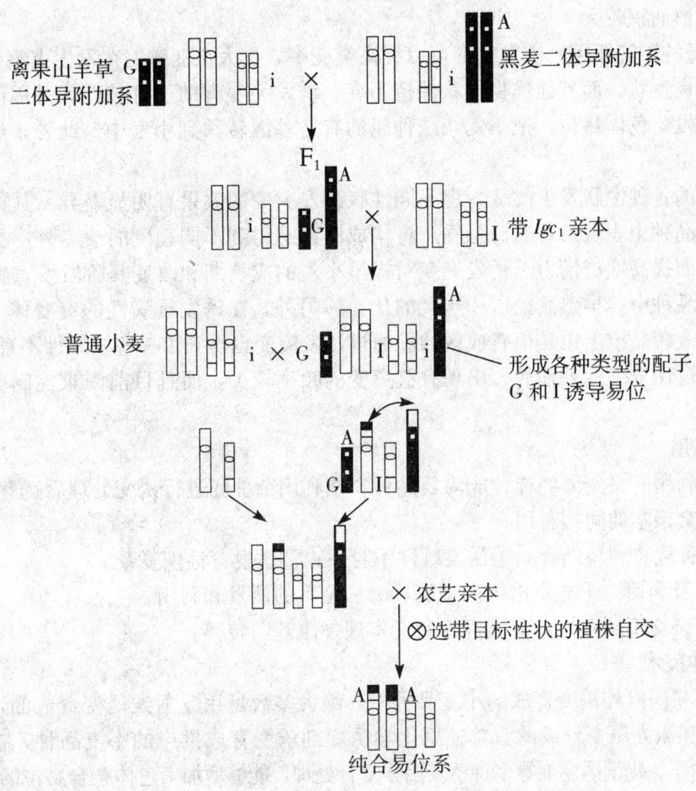

图2-8　用杀配子基因转移外源基因示意图

我国王献平、张相岐等（2003）以小麦-滨麦异代换系M8724-8-13做母本与普通小麦Norin26-离果山羊草3C染色体附加系杂交，从后代中获得了一些小麦-滨麦易位系。南京农业大学（2002）报道，利用普通小麦农林26-离果山羊草3C异附加系与普通小麦-簇毛麦4V（4D）代换系杂交，再用普通小麦回交，在回交后代鉴定出涉及4V染色体的易位系、端体、等臂染色体变异植株。

此外，还可利用重建基因诱导易位，这类基因能诱发高频率的染色体断裂和重接。

Feldman和Strass（1983）在一个高大山羊草品系中发现了一个类似调控染色体组重建的基因，该品系呈现出包括许多易位在内的广泛染色体异常。在该系与普通小麦杂交的F_1杂种中和由该系衍生的双倍体中观察到类似的异常现象。有关染色体重建基因的机制和应用，还要进行深入的研究。

四、诱变技术在小麦育种中的应用

诱变育种是利用X射线、γ射线、β射线、中子、激光、电子束、离子束、紫外线等物理诱变因素，烷化剂、叠氮化物、碱基类似物等化学诱变剂，以及某些生物因素等诱发基因突变，促进基因重组并提高其重组率，使小麦性状发生多种遗传变异，然后根据育种目标进行选择，从而育成新品种或获得新的种质资源。它是一门育种技术，对提高育种效率、促进农业增产有很大潜力。

育种实践证明，诱变育种是获得新种质资源和选育新品种的有效途径之一，是杂交育种的重要补充和难以取代的育种技术。它与常规育种和生物技术结合，更能提高育种效率和水平，我国的诱变育种正迅速的发展，取得很大的成绩。我国诱变育成的小麦品种无论在数量和种植面积上均居世界首位。

20世纪60年代以来，世界各国的诱变育种和技术有了很大的发展，并取得了显著的成就。据王琳清（1985）报道，至1983年的不完全统计，我国诱变育种育成的小麦品种已有51个，其中直接利用突变体育成的品种有44个，间接利用突变体育成的品种7个，其中山农辐63、鄂麦6号、鲁麦1号、新曙光1号、宁麦3号、原冬3号、津丰1号和小偃6号种植面积较大。

（一）诱发突变在育种中的作用　诱发突变可以提高突变率，扩大突变谱。在发生点突变的情况下，它可以有效地改良品种的单一不良性状，而其他优良性状保持不变。诱发突变有助于打破性状基因间紧密的不利连锁，促进基因的重组，并能诱发染色体易位，把小麦亲缘种属的有益基因转移到小麦中。此外，经诱变得到的有价值的突变性状在遗传上较稳定。

诱发突变能使小麦的各种性状发生改变，但不同性状诱发突变的效果有明显差异。其中对小麦产量潜力的改进在诱发突变育成推广品种中表现最普遍。除在产量构成因素上得到不同程度的改良外，更多的是通过降低品种的株高和增强抗倒伏性而提高增产潜力。诱发突变对提早小麦的成熟期和改变其阶段发育特性日益受到人们的注意。在我国诱变育成的品种中，早熟品种占相当大的比重。另外，在诱发抗病性的突变体、改变子粒的颜色、提高子粒的蛋白质含量、改善品质上也是很有成效的。通过诱发突变也得到了一些核雄性不育的突变体。

需要指出的是，通过诱发突变处理后，出现有益突变的频率较少，而且目前尚难控制变异的方向和性质。诱发突变的利用途径如下。

1. 诱发点突变及利用

（1）突变体的直接利用　突变体经选育成为新品种，或利用杂种胚进行诱变处理后选育新品种。

（2）突变体作为杂交亲本的间接利用。

（3）诱发突变与杂种优势利用结合　①诱发雄性不育系；②诱发育性恢复系。

2. 诱发染色体变异及利用　①非整倍体的诱发；②易位系的诱发和利用。

3. 改变育性　克服杂交不亲和性，促成远缘杂交实现外源基因转移。

（二）小麦诱变育种技术

1. 诱变因素的利用　国内外诱变育成的小麦品种中，绝大多数是用γ射线诱变育成的，只有少数品种是用X射线、热中子、快中子和激光诱变育成的。单独用化学诱变剂诱变育成推广的小麦品种，在国内外还很罕见。实验表明，利用γ射线、中子、化学诱变剂等多种诱变因素复合处理，能够增加染色体杂合易位的机会，提高突变率，扩大变异范围。如我国的宛原75-6就是用γ射线加化学诱变剂DES复合处理杂种后代的种子育成的。

2. 正确选择辐射亲本和提高诱变效率　诱变处理亲本的遗传背景对诱变效果有重要关系。基因型差异能够影响突变性状的诱发、突变频率和突变谱。亲本选择是否正确是诱变育种成败的关键。

选用在当地表现优良、综合性状良好而一二个性状需要改良的品种或高世代品系进行处理，效果较好。我国1980年以前育成推广的突变品种60%以上是处理优良品种育成的。如鄂麦6号、鲁滕1号、郑6辐和津丰1号就是分别选用当时的良种南大2419、辉县红、郑州6号和石家庄63经γ射线辐照选育而成的。它们保持了原品种综合性状和适应性好的优点，又改良了其主要缺点。这种选择辐射亲本方法最有成效，目前仍普遍应用。近年来也有用杂交当代种子或低世代材料进行处理，以提高诱变效果和丰富变异类型。如首批推广的突变品种太辐23（1968）、新曙光1号（1971）等就是辐射处理杂合材料育成的。据1991年不完全统计，1984年以来利用杂合材料辐照育成的品种为直接利用突变体育成品种的58.6%。如通过审定的大面积推广品种龙辐麦2号、龙辐麦3号、龙辐麦4号、新春2号、原冬3号、晋辐35、川辐2号、川辐3号、浙麦5号等都是诱变处理杂合材料育成的。

辐射处理杂合材料的诱发突变频率比辐射处理纯合材料一般可提高20%以上，高的可达30%；比未经辐射处理的相应杂种后代的变异频率随组合不同而异，提高幅度为6%～20%。

3. 辐射处理的对象　诱变处理一般多以种子为对象，但种子的辐射敏感性比活体植株弱，种子的胚为多细胞的，诱变处理后往往形成嵌合体和导致二倍体细胞在选择上的优势，从而降低突变频率，改变其突变谱。为了克服这个问题，提出处理孕穗植株和选用单细胞雌雄配子和合子、单倍体组织培养物进行诱变处理，这样不仅有效地提高了诱发突变频率，而且在第一代即可获得均质突变（即不出现嵌合体的突变体）。施巾帼等（1987）利用理化诱变因素处理小麦雄配子和合子，M_2代突变频率均高达17.0%，有益突变频率分别为4.8%和12.5%，并提出雄配子的适宜处理时期在二核期和三核期。诱变处理花粉，亦有良好的诱变效果。

小麦单细胞合子期比配子对辐射更敏感，这时期处理，诱变频率最高。判定小麦授粉时间及合子的持续时间是诱变处理的关键。根据报道，小麦合子的辐射敏感高峰期为合子细胞DNA合成期，纯合子在受精后8～10 h，杂合子在受精后11～13 h。在合子辐射敏感高峰期辐照，M_2代的突变频率显著提高。有研究报道，γ射线辐射处理受精后12 h的杂合子，其性状总突变频率和有益突变频率分别达到16.6%和4.4%，相当于处理种子的2.5倍；周祉祯等（1980）用化学诱变剂EMS处理春小麦合子，后代诱发突变频率比处理干种子提高了1.6倍。

小麦离体培养物有较强的辐射敏感性，利用各种理化诱变剂处理离体培养物诱发突变已受到广泛重视。郑企成等（1991）利用γ射线辐射处理小麦幼穗外植体，其再生植株的育性、株高、子粒、蜡质等发生了变异，这些变异大部分可以遗传。组织培养加上γ射线处理可提高突变频率。辐射处理小麦成熟的花粉，采用花药培养技术诱导成植株，突变细胞的特征能直接在花粉植株中表现出来，其表现型变异频率比未经培养的花粉植株提高几倍，大部分表现型变异能够遗传。而且避免了显隐性的干扰，使后代易于选择。

4. 诱变剂量的选择　在一定范围内，随着剂量的增加，突变体增加，辐射的损伤也增加，而单一点突变频率显著减少。一般认为，采用半致死剂量为宜。由于不同品种、不同器官和组织、不同的发育阶段和不同生理状态对不同辐射处理的敏感性不同，适宜的辐射剂量高低也随之而异。

表2-8　小麦辐射处理适宜诱变剂量范围

（引自金善宝，1996）

处理材料		γ射线（Gy）	中子注量（中子数/cm^2）	
			用量范围	常用量
种子	干种子	200～300	10^{10}～10^{12}	1×10^{11}～1×10^{12}
	萌动种子	50～100	10^{9}～10^{10}	1×10^{10}～5×10^{10}
雄配子	减数分裂期	5～10		
	单核期	10～15		
	二核期	10～20		—
	三核期	10～25		
	花粉	20～40		
雌配子	子房	8～12		—
合　子		5～8		—
孕穗期植株		15～20		—

表2-9　几种常用的化学诱变剂处理小麦的适宜剂量范围

（引自金善宝，1996）

诱变剂种类	处理器官	诱变剂处理		
		浓　度	时间（h）	缓冲液pH
甲基磺酸乙酯（EMS）	风干种子	0.2%～0.4%	6～24	7
硫酸二乙酯（DES）	风干种子	0.2%～0.6%	—	—
亚硝基乙基脲（NEH）	风干种子	0.015%～0.05%	12	8
乙烯亚氨（EI）	风干种子	0.02%～0.04%	12～18	<7
叠氮化钠（NaN_3）	风干种子	1～4 mmol/L	—	3

根据国内研究结果提出常用的γ射线和中子处理小麦的适宜剂量范围见表2-8，供使用时参考。

需要注意，辐照处理时的外界条件，如氧气、温度、种子含水量、光照，以及辐照后种子的储存时间和条件对小麦的辐射敏感性和诱变效果均有影响。

适宜的诱变量取决于诱变剂的特性和小麦本身。重要的是选择确定诱变剂的浓度、处理时间、温度、诱变剂溶液的pH。常用的几种化学诱变剂的适宜剂量范围见表2-9。

5. 诱变后代培育和选择　诱变一代（M_1代）植株主要表现为生物学损伤效应，如出苗率低、出苗慢、生长势弱、生长发育延迟、株高降低、结实率降低、出现一定数量的畸形株和嵌合体等。诱变处理引起的突变多数为隐性，所产生的形态畸变大多不遗传到后代，因此M_1代一般可不进行选择。

种植M_1代时，由于被处理的主穗或低位分蘖穗的种子出现突变性状的频率较高，嵌合体也较多，而高位分蘖穗的种子突变频率较低，为了提高后代的突变频率，收获时宜多选用M_1代植株主穗或少数低位分蘖穗。M_1代的种植方式以适当密植为好，这样既可抑制后生分蘖，又能节约土地。M_1代植株中往往出现相当数目的不育株或半不育株，为了避免自然异交，造成M_2代群体的生物学混杂，掩盖M_2代隐性突变的显现，必须注意M_1代群体隔离种植或套袋的问题。

M_1代的收获方法，须根据M_2代的群体规模和选择方法等要求来确定。可采用单穗法、单株法、混收法、一穗一粒法等。收留材料（包括种子）的数量，应以保证下一代有足够数量可供选择的群体而定。M_1代如果出现显性有利突变株要单独选留，以供M_2代进行株系鉴定。此外，M_1代还应注意除去生理性不育株、高度不育株、畸形株和伪杂株。

M_2是诱变后代中分离最大、出现变异类型最多的一个世代，能遗传的变异一般在这一代的植株上显现出来，但多数为不利突变，有益变异仅占0.1%～0.2%，尤其是诱变处理强度不大和剂量低的情况下更是如此。所以，应加大M_2群体，以增加获得所需突变的机会。

一般情况下，若目标性状的突变频率较高，如早熟、矮秆、穗形变化等，则M_2代群体可适当小些；突变频率较低的性状，如抗病、抗逆、优质等，则M_2代群体应扩大。对某些重点材料也应适当扩大M_2代群体规模。

诱发产生的突变大多属隐性突变和不完全显性突变。多数突变尤其是早熟、矮秆等性状大多在M_2代显现。因此，M_2代是选择优良突变株的关键世代。根据育种目标，在生育期间进行观察、比较，选择那些表现早熟、矮秆、抗病、品质好，其他综合性状也比较好的变异单株。

小麦是异源多倍体，而且存在基因上位作用，有些突变性状要在M_3代才能显现；有时M_2代显现的突变性状不一定都是纯合的，有时虽已纯合，但其他性状仍继续分离，因此突变体的选择往往要延续到M_4代。M_3、M_4代以后，大多数的品系一般可以基本稳定。稳定的优良品系可以进行产量试验。M_3代及以后世代的种植和选育方法及程序基本与常规育种相同。

五、小麦单倍体及花药（花粉）单倍体育种

小麦双单倍体是通过产生单倍体，单倍体经人工或自然加倍，使植株恢复正常育性，迅速获得稳定新品种或品系的育种方法。通常所说的花药（花粉）培育和花药（花粉）单倍体育种是目前产生单倍体和进行双单倍体育种的一种主要方法。这种方法减少了杂种后代的分离，可缩短育种年限；还可排除杂种优势和显隐性关系对后代选择的干扰，提高选择效率。此外，在花药（花粉）培养过程中，经常出现染色体断裂和重组，借此在远缘杂交中可以导入所需外源基因和获得附加系、代换系、异染色体易位系等。

我国自1971年首先用花药培养小麦花粉植株成功后，在小麦花培技术和育种上都取得了较大的成绩，利用花培技术已培育了20～30个优良的小麦品种和品系，其中有些已在大面积上推广并发挥了增产效益。如北京市农林科学院培养的京花1号、京花3号和京花5号，河南省农业科学院育成的花培28号和花培26号，河南洛阳农业科学研究所育成的豫花1号，河北省农林科学院育成的花555，甘肃省农业科学院育成的花培764，甘肃省张掖地区农业科学研究所育成的张春11号以及甘肃农业大学选育的甘麦16号等。我国在利用花粉（花药）培育和通过普通小麦与球茎大麦杂交，以及小麦与玉米杂交，产生小麦单倍体，进而加倍产生DH系，用于小麦遗传研究也有很大的发展。

(一) 小麦单倍体的产生和诱导　众所周知，小麦的生命周期包括两个交替的世代。从受精卵开始直到花粉母细胞、胚囊母细胞至减数分裂是孢子体世代，即无性世代，其细胞核的染色体数为 $2n=42$。自减数分裂后，从花粉粒和胚囊开始形成，到发育成精子和卵子，属配子体世代，即有性世代，其细胞核染色体数为 $n=21$，含有 A、B、D 3 个染色体组，每组各有 7 条染色体。具有配子体染色体组成的孢子体植株称为小麦单倍体。通过单倍体的途径选育小麦新品种，称为小麦单倍体育种，更准确地说是双单倍体育种（图 2-9）。

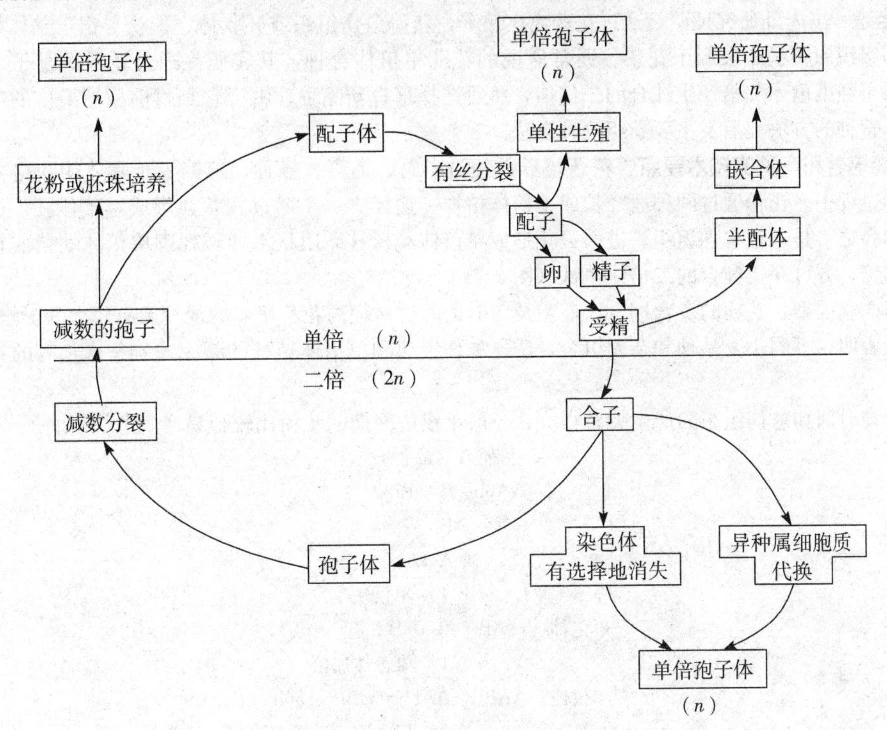

图 2-9　小麦单倍孢子体起源示意

（仿 Rieger，Michaelis 和 Green，1968）

单倍体小麦与其所由来的纯合二倍体因携有同样成对基因的一半，所以表现型性状相同，只是在形态结构上相应地缩小而已，如植株较矮、茎秆变细、叶片较小而薄、花器微小等。由于单倍体在减数分裂时一般不能形成含有一整套 ABD 染色体（21 条）的生殖细胞，因而严重败育，必须使其染色体组成加倍后才能结实。

小麦单倍体的自然发生频率很低，为 0.48%。诱导产生小麦单倍体的途径很多，概括地可分为孤雌生殖和孤雄生殖两大类。

1. 孤雌生殖

(1) 未授粉子房（胚囊）培养　这是指在离体条件下由未受精的子房产生单倍体。目前，未授粉技术离实际应用距离较大。主要受诱导频率和可容纳培养的子房数目少的限制。

(2) 体细胞染色体消失　1975 年 Barclay 用中国春小麦品种为母本和二倍体或四倍体球茎大麦杂交，获得普通小麦单倍体植株，并且频率较高，引起研究者的注意，试图将此技术应用于小麦育种。随后 Snape（1979）等的研究表明，只有中国、澳大利亚、日本、韩国的一些小麦品种与球茎大麦有较好的亲和性，能杂交结实，而供试的另一些欧洲、南美洲的小麦品种与球茎大麦杂交则不结实，因此限制了此项技术在小麦育种上的应用。这项技术的原理是，普通小麦与球茎大麦杂交后，在受精卵（合子）有丝分裂发育成胚的过程中，来自球茎大麦的染色体逐渐消失，形成的幼胚只含有普通小麦的染色体。授粉十余日取下幼胚离体培养，长成单倍体普通小麦，再经染色体加倍就得到纯合的小麦植株。所以，这种技术称为球茎大麦技术。

英国学者 Laurie 和 Bennett（1988）发现玉米、高粱与小麦杂交，都能受精，在玉米与小麦杂交中，它们的合子中期分裂相有21条小麦染色体与10条玉米染色体。在最初的几个细胞周期中，所有的玉米染色体消失，产生小麦单倍体幼胚，这些幼胚进行离体培养后能形成单倍体植株。不同小麦品种与球茎大麦杂交获得单倍体频率由于受位于小麦第5部分同源群染色体上的显性可交配 *Kr* 基因的影响，不同基因型间存在较大差别，而小麦与玉米或高粱杂交获得单倍体的频率不受小麦基因型的影响，而且较小麦与球茎大麦杂交获得单倍体的频率高。上述两种技术目前主要用于产生DH系，供进行小麦遗传研究，特别是小麦数量性状的QTL定位。

2. 孤雄生殖　国内外研究证明，通过花药离体培养，获得愈伤组织或胚状体，能诱导出单倍体植株。同时证实，这些愈伤组织和胚状体来源于花粉。通常所说的花药单倍体育种，其实质是通过诱导雄配子，产生单倍体（孤雄生殖），再经染色体加倍产生纯合的二倍体，然后选择培育新品种。由于它是目前应用最广的产生单倍体和进行双单倍体育种的方法，后文主要介绍这种方法。

（二）花药培养和育种的技术要点　花药培养需经过取材、消毒、接种、培养等步骤才能获得再生单倍体植株。花药培养过程中，花粉通过两种途径长成单倍体植株。途径之一是通过胚状体形成单倍体胚，进而长成单倍体小植株。途径之二是通过愈伤组织，进而分化形成单倍体小植株。用秋水仙碱处理单倍体幼苗或在培养过程中染色体自然加倍，方可获得纯合的二倍体植株（图2-10）。

试验材料的基因型、花粉的发育期、培养基及培养的条件对提高花药培养的成功率有较大的影响。

大量试验表明，不同小麦品种和杂交组合，诱导愈伤组织和单倍体植株的频率差别很大，有的甚至诱导不出愈伤组织。

花粉的发育时期和愈伤组织的产生关系很大，一般单核中晚期的花粉比较容易产生愈伤组织。

品种A×品种B
AAbb　↓ aaBB
F_1
AaBb
↓　单倍化
单倍体　AB　Ab　aB　ab
↓　染色体加倍
双单倍体　AABB　AAbb　aaBB　aabb
↓　田间鉴定选择和测产
新品种　AABB

图2-10　利用 F_1 代花药进行双单倍体育种的程序

在诱导小麦花粉长成植株的过程中，要用两种培养基：诱导小麦花粉长成愈伤组织的培养基和诱导愈伤组织分化成幼苗的分化培养基。花粉植株诱导频率高低的关键在于第一种培养基上能否产生数量多、质量好（质地致密、分化能力强）的愈伤组织。另外，单倍体植株的诱导频率还与分化培养基关系很大。因此，选用适当的培养基是花药培养成败的关键。

目前采用的诱导花粉愈伤组织的基本培养基主要是加以修改后的MS培养基。我国研制的N6培养基和马铃薯简化培养基，用于小麦花药培养效果很好。

在上述基本培养基中去掉2,4-D，添加一定浓度的吲哚乙酸或萘乙酸和激动素，并将蔗糖浓度加以改变，即成分化培养基。一般认为较高浓度的生长素和较低浓度的激动素有利于根的分化，反之有利于芽的分化。

此外，培养条件对提高花培的成功率也有较大的影响。在培养过程中，应特别注意温度和日照的调节，不同基因型对温度和日照的反应不尽相同。

单倍体绿苗要及时安全地从培养基瓶里移到土壤中。要掌握逐渐过渡的原则，使幼苗逐渐适应自然条件。移栽后要加强管理。根据我国小麦的生长季节，一般在4～5月份接种花药，单倍体植株移栽时正值夏季高温，容易死亡，出现所谓“越夏”问题。各地在解决“越夏”问题上积累了许多成功的经验。有的采用在培养瓶里抑制幼苗生长，有的在愈伤组织阶段或者在愈伤组织刚分化绿苗前后放在低温条件下度夏，秋季再移入土中。

小麦的单倍体植株高度不育，虽然有时在花药培养过程中有些植株染色体自然加倍，但其频率极低，必须进行染色体加倍处理。常用的方法是用0.03%～0.05%的秋水仙素溶液浸根，进行染色体加倍。

染色体经自然加倍和人工加倍的植株是纯合的二倍体，其后代一般没有分离现象。但同一杂交组合不同花粉培养的纯合二倍体植株受染色体加倍和移栽过程中的影响不同，此时一般不进行选择，在下一年株行试验时才开始选择。

虽然利用花药（花粉）单倍体育种具有提高育种效率、缩短育种年限等效果，但它迄今未在小麦育种中广泛的采用。主要原因是愈伤组织、单倍体植株以及纯合的二倍体植株的诱导率低，只有3%左右，不能提供大量的可供选择的纯合二倍体。这种方法不仅绿苗的诱导率低，而且易产生白化苗。不同品种的绿苗频率差异很大，存在基因型的差别，有些农艺性状好的材料很难诱导出绿苗，因而限制了它的广泛利用。

第五节　小麦品系和品种的评价和产量试验

小麦品种选育，不论是采用何种育种方法，实际上均包括：亲本的选择和创造变异、（杂种）分离后代的选择、定型品系的一系列评价、品种的审定和推广等环节。

杂种经过分离世代的多代选育和自交纯合，性状不再分离，趋于稳定和定型，最后还要经过鉴定圃、品种预备试验、品种比较试验、生产试验等一系列育种程序，才能逐步对它们的丰产性和稳产性评出优劣。当然，上述育种程序也不是一成不变的，而是要根据各参试品系的具体表现来决定它是越级提升还是留级察看或淘汰，甚至必要时还可以采取边试验、边繁殖、边生产示范、边提纯的措施，把育成的新品种尽快转化为生产力。

小麦杂种定型品系的选拔并不是完全取决于产量的高低，尚需综合参考熟期、抗病性、抗倒伏能力、品质等性状的表现，然而产量无疑总是应该首先考虑的性状。因而科学地、正确地评定各参试品系的产量是育种工作最后也是最重要的工作。

杂种品系在开始定型时常常为数很多，这些品系是育种工作者多年辛勤劳动的产物，来之不易，如不能科学地测定实际产量就轻易淘汰，是十分可惜的。杂种定型品系经过由初级到高级的一系列产量试验的逐步筛选，参试品系数目由多到少。因此，在不同的试验阶段，只有循序渐进，根据参试品系数目的多少，采用与之相适应的试验设计进行评比，才能取得较好的结果。

一、产量试验

自选种圃升级的品系要经过一系列合乎规格的产量试验。

（一）试验年限与重复次数　鉴定圃、品种比较试验阶段一般在育种单位内进行，对有苗头的品种还要及早进行生产试验。关于试验年限，大多数学者认为，基因型×年份的互作比基因型×地点的互作大，最理想的是能增加试验的年限，但这会延迟小麦品种的推广年限。另有意见认为，可用增加试验地点数来弥补缩短试验年限所带来的不利，也可增加试验的地点数而减少每试验点的重复次数。

对已经稳定，从选种圃升级的品系都要在鉴定圃进行1～2年的品系产量试验，对这些品系的一致性、综合农艺性状和产量进行考察和比较分析，从中选出优良的品系参加品种比较试验。在鉴定圃阶段，一般材料较多（数十乃至一二百份或更多），种子数量较少，且只能在本育种单位一个地点上进行，小区面积不大，重复次数2～3次，条播。

鉴定圃升级品系，还要参加2年品种比较试验和生产试验与栽培试验。当鉴定圃升级的品系太多时，还要增加品种预备试验。参加品种比较试验的品种数目一般较少（20～30个），种子数量较多，小区面积较大（20～40 m^2），条播。试验的精确性要求较高，一般重复3～5次。通过详细的调查记载及与对照进行全面的比较，认为确实优良、具有推广价值的品种，可以加速繁殖，同时送交区域试验。

（二）试验小区的面积和形状　在参试品种数目不多、试验地面积较大以及种子数量多时，尽可能加大小区面积。在一般情况下，试验小区较大，可以减少因试验地土壤肥力的差异对试验结果的影响，提高试验的精确性，但要注意因小区面积增大后，造成工作量增大，有时会使田间管理难以做到及时、细致和各重复内的均匀一致。同时，过分增大试验面积，会使土壤类型、质地、肥力等在一个重复内存在较大的变化，反而增加试验误差。一般长条形比方形的试验小区可以获得较大的精确性，但要注意小区的伸长方向应与土壤的肥力和坡度变化的走向一致。

试验小区可为单行区或多行区，行长视条件而定。采用单行区时，应适当加宽行距或根据品种的高矮、成熟的早晚等分类后再进行排列，以避免和减少因供试材料或品系间的相互干扰而影响参试材料或品系的表现。当种子的数量足够时，应采用多行区进行试验，小区的种植行数可为3～12行，行距与大田生产所用的相同。

（三）试验设计　在进行新品系鉴定时，由于品系的数目多，常用顺序排列，即在各重复之内品系的排列顺序相同。也可根据参试品种的特点有意识地进行更替排列，减少品系间的相互影响。顺序排列虽不能估算试验误差，但可利用对照考察品系，一般每隔9个品系设一对照。在品种比较试验中，品种数目少，常用随机区组设计，可估算试验误差，适于进行精确的产量分析。

近年来，国外在进行小麦品系的初级产量试验时，采用增广设计（augment design）。这种试验设计中，参试品系数目不受太大的限制。参试品系要分成数目相等的若干组，每组参试品系随机分布在一个区组内，多少组品系就有多少个区组。每个区组要加入本生态区内在生产上表现最好的2～3个品种作为对照。这种设计一般不设重复，由于每个区组内都有相同的对照品种，也就是说对照品种是有重复的，故可以通过由对照品种估计得到的试验误差用来测定参试材料间以及参试材料与对照品种间的差异显著性。

（四）试验条件的代表性和一致性　试验地不论在气候、地形、土壤类型、土壤肥力、生产条件等方面，都要和育种服务地区大田条件相接近；试验地应地势平坦，形状整齐，土壤肥力均匀；除参试品种或品系不同外，试验各小区的一切栽培管理措施都应相同，同一措施都应在同一时期内，以同样的操作方法，按同样的质量标准完成，这样才符合“惟一差异的原则”的要求。

（五）资料的分析、利用和管理　在试验过程中，要经常深入田间进行细致的田间观察记载，以了解和掌握品种整个生育期及在各种条件下的表现和优缺点，对出现的其他偶发情况（如霜冻、倒伏、干旱、病虫害等）也要详细地记录。同时还要利用田间记载册中的记录资料对各品种的优缺点及产量表现做出评价，以防单纯根据小区产量来衡量品种优劣的片面做法。对多年多点的品种试验的结果，应用方差分析方法，估算基因型与环境互作的大小以及一些与品种稳定性和适应性有关的参数，借以了解品种的稳定性和适应性的表现。

目前，电子计算机已广泛地应用于小麦育种的各个环节中。在品种试验中，可利用计算机辅助系统，进行田间试验设计，绘制田间种植图，编制田间记载册；进行试验资料的收集、管理和分类，试验结果的统计分析以及全部试验资料的储存等，这样大大地提高了育种工作效率。

近年来不少育种单位已装备育种用的小型机具，如点播机、小型联合收割机、单穗、单株或小区脱粒机等，在使用这些机具时要严格注意清理、防杂。种子一旦混杂不仅影响将来的推广，而且恢复纯度也是很困难的。

二、小麦品种的区域试验

品种的区域试验是由种子管理部门统一组织的，在一定的自然区域内进行的多年多点的品种比较试验。

进行区域试验，首先要正确地划分区域并选择有代表性的试验点。国外利用聚类分析方法对试验地点加以分类，借以确定区域划分和参试地点的地区代表性，从而确定试验地点及试点的数目。美国Campbell和Lafever（1980）利用一套小麦品种在7年中12个地点上的产量资料，计算出地点间的相关系数，加以聚类分析，提出美国东部地区小麦品种的布点意见，并认为不能用增加地点数目代替多年的田间试验。

目前我国的小麦品种区域试验分全国和省（市、自治区）两种。参试品种是各育种单位经品种比较试验2年及生产试验后推荐出来，又由主持试验的机构审查批准的。试验期限一般为3年。

我国小麦品种区域试验在推广新品种中起着巨大的作用。各省市的区域试验对本地区小麦品种的更新换代、品种的合理布局以及产量的提高都起着重要的作用。

总结我国近年来小麦品种区域试验有以下几点经验及做法。

①按生态条件划分试验区，选择试验点。目前我国的区域试验主要是以协作区的方式组织进行。参考全国不同小麦生态区划，在各麦区选择有代表性的试验点进行品种区域试验，并提出良种示范和推广意见，供各省市品种审定委员会和种子部门参考。各省市的区域试验，也在本省市内划分区域进行。

②按栽培条件水平和品种的不同类型分组，分别进行试验。如将品种分为高肥组和中肥组，分别在相对一致的条件下进行鉴定。

③与生产示范、栽培试验结合进行。这样能迅速地摸清品种的特征及其对不同栽培条件的反应，为品种的合理布局和搭配以及良种良法配套提供科学依据。

④设置合适的对照品种。为了保证试验的可比性，应以当地大面积推广的品种为各试验点的共同对照品种。在条件特殊的试验点上，还可以附加一个当地推广良种为第二对照。

⑤保持试验点和工作人员的相对稳定和试验设计的统一性，定期观摩评比。

第六节　小麦种子生产

一、小麦种子生产的体系与程序

小麦种子生产的任务有二：一是迅速而大量地繁殖经过审定、确定推广的小麦新品种，扩大其种植面积，使其在农业生产中发挥增产作用；二是保证品种的纯度和种性，为生产上提供大量的优良种子。

建立科学而完善的良种生产制度是保证完成小麦种子生产任务的前提。改革开放后，我国小麦种子工作上实施的是“四化一供”的良种繁育推广体系。中央、省（市）和县，建立健全种子机构，成立种子公司，负责有关的种子工作业务；各地种子机构和种子公司，建立相应的种子生产基地，除充分发挥现有良（原）种场的作用外，县种子公司根据需要选择若干生产条件和种子工作基础好、具有一定小麦种子生产知识人员的生产单位或种子生产专业户作为特约的种子生产基地，以逐步实现以县为单位的统一供种。我国育种、繁殖、推广经营分属不同部门，因而在品种利用方面常常存在决策难、周期长、速度慢的被动局面。近年来，随着品种权的立法，种子成为产业，走上市场，种子公司大量建立，新的种子生产体系正在形成。国家确定建立种子生产四级程序的制度，并在制定标准。种子生产是按照育种家种子（breeder seed）、原原种（pre - basic seed）、原种（basic seed）和良种（certified seed）四级程序进行的。按照中华人民共和国国家标准GB/T3543.5 - 1995规定，育种家种子由育种单位提供，是最原始的一批种子。由育种家种子扩繁为原原种，可由育种单位或其委任的单位生产，要求严格保纯。用原原种繁育出来，纯度不低于99%、等级不低于一级的种子称原种。原种繁育一二代的，符合质量标准供大田生产播种的种子称良种。小麦的育种家种子可采用低温干燥储藏，分年利用；利用单株种子和“株行循环法”可重复生产育种家种子。

二、加速繁殖小麦种子的技术

此处只简述以下两点。

①稀播高倍繁殖。选择肥地，采用精量播种法，如15～37.5 kg/hm^2（每亩播种1～2.5 kg），适时早播，利用小麦的分蘖特性，增加单株成穗数，可以大大提高种子的繁殖倍数。冬小麦可以提高200～300倍。

②异地繁殖，一年多代。对育成新品种异地繁殖，一年多代，是加速繁育小麦良种的有效措施。目前我国各地的做法有：北方冬小麦在黑龙江或青海等地春播，在当地秋播；北方春小麦当地春播，去云贵高原夏繁，到海南省冬繁；南方冬麦在当地冬播，到东北等地春繁等。北方冬麦还可利用温室条件进行加代繁殖。此外，还可利用剥蘖分株移栽的方法，加速繁殖。

第七节　小麦育种研究动向与展望

一、小麦的产量与超级小麦育种

对小麦的理论产量潜力，各国学者都分别做了估计。Austin（1982）指出，在英格兰东部种植的最优冬小麦品种的产量潜力可达12～14 t/hm^2。美国育种家Krongstad（1996）估算，最佳条件下的小麦产量可达21 t/hm^2。前苏联Федоров（1984）认为，在提高生物学产量，保持50%的收获指数，延长叶片光合功能期，并保证每平方米有200～800个有效穗、增加穗粒数、并在提高抗病性等情况下，小麦产量潜力可从已达到的10 t/hm^{2}提高到15

t/hm^2。印度Sinha等（1980）估计小麦产量的上限为17 t/hm^2。汤佩松（1963）计算了稻麦的光能利用率仅为2%，小麦的最高理论产量为12.75 t/hm^2。翟风林等（1983）估计，北京地区小麦的产量潜力为12.83 t/hm^2。山东省小麦的最高理论产量为18 t/hm^2（梁作勤等，1994）。中国许多学者认为，华北地区小麦潜在产量为12 t/hm^2。

迄今为止，世界小麦高产记录为美国华盛顿州1965年7 hm^2平均单产14.1 t/hm^2和中国青海省香日德农场1978年0.26 hm^2的春小麦高产试验田平均单产15.2 t/hm^2。2000年河南兰考华农种业公司利用豫麦66分别在0.08 hm^2和1.33 hm^2面积上实打平均单产达到了13.26 t/hm^2和10.812 t/hm^2。英国和智利种植的几个小麦品种的子粒产量已达到了15 t/hm^2；在人工全保护栽培条件下，荷兰还创造了19.995 t/hm^2的小面积高产典型。因此，通过遗传改良在现有品种产量水平基础上育成10.0 t/hm^2以上产量潜力的超级小麦品种不仅在理论上是可行的，而且在实践上也是可能的。

国内各地提出的超级小麦产量指标差别很大，概念不一。一般认为，超级小麦品种应是肥水利用率高、抗逆性好、品质优良的一类高产品种的总称，其育种目标可概括为“产量超级、品质专用和多抗稳产”，即光合物质生产率高，经济系数高，穗数、穗粒数和粒重三要素高度协调，子粒产量有“超越性”增加，超级小麦意味着整体性的超越，既包括超高产，还包括优质、多抗。田纪春认为，抗倒、抗病、大面积连续两年单产稳定在9.75～10.5 t/hm^2，即比目前高产品种（以7.5 t/hm^2为基数）增产30%～40%，并且加工品质优良的小麦品种即为“超级小麦”。许为钢等（2001）提出，河南省目前超级小麦的育种目标应设定为9.75 t/hm^2以上，且品质指标符合要求的小麦品种。王德民等（2001）提出，黄淮麦区和山东省超级小麦的产量指标应在高产示范中达11.25 t/hm^2以上，大面积稳定在8.625 t/hm^2以上。姚金保等（2001）提出，江苏省超级小麦的育种目标为大面积生产上稳定在7.5 t/hm^2，产量潜力在9.0 t/hm^2以上。由此可以看出，超级小麦品种应是一个动态的概念，在原有品种基础上的突破与创新，是对现有小麦品种类型的超越。2002年5月在河南开封召开的“超级小麦遗传育种国际学术研讨会”上，与会的中外专家通过论证，提出了我国黄淮冬麦区不同阶段超级小麦的具体指标，从当时起到2005年为第一阶段，产量将达到10.5 t/hm^2，较当时品种增长20%以上；第二阶段到2020年，产量达到12.75 t/hm^2，较现有品种增长40%以上；第三阶段到2030年，产量达到13.5 t/hm^2，较现有品种增长50%以上。

有关超级小麦的产量结构模式看法很不一致。国内外的研究结果均认为，不同地区的产量结构类型并非一成不变的，在同一地区也会出现不同产量构成因素的高产类型。不过，多数学者注意到，随着水、肥投入的加大和单产水平的逐步提高，高产品种的产量结构有从多穗型向中间型再到大穗型发展的趋势。由于产量是一个非常复杂的性状，各产量因素间会存在一定的负相关关系，单独突出某一点产量构成因素优势不一定能提高产量。目前一些多穗型或中间型品种在高产的条件下，田间群体已达到或渐近饱和，极易造成大群体而引起倒伏，使穗粒重下降，产量降低；大穗型品种往往由于成穗率低，单位面积有效穗数没有保障，仅靠单穗重的提高不能弥补穗数不足，高产没有保障，如果通过栽培的调控达到一定穗数，会引起单穗重的急剧下降，最终影响产量潜力发挥。所以，景东林（2002）认为，在保证一定穗数基础上，稳定粒重，以增加穗粒数为突破口，提高穗粒重，从而实现超高产是较为稳妥的途径。这样的看法与国外有关的研究结论一致。

关于超级小麦的生理特性和株型结构的看法国内外学者也是众说纷纭。大多数人认为，选育超级小麦品种，必须在进一步提高收获指数的同时，注意生物产量的增加，协调好影响产量的源（叶片等）、库（产量器官）、流（输导组织）之间的关系，使其具有“源”足、“库”大、“流”畅的生理特性。通过改变株、叶型来控制群体LAI过度发展，提高穗叶比、粒叶比来达到增穗、增粒，“扩库增源”。实现“大群体、小叶（株）型”，可能是超级小麦育种的一种模式。增加叶片中的叶绿素含量，使叶片分布均匀，以利于截获更多光能，提高光合生产率，增加光合产物，是选育超级小麦新品种重要的突破口。我国的超级小麦育种，目前只处于探索阶段，许多设想需要在今后育种实践中验证和完善。

二、小麦品质的遗传改良及产量与品质协调改进

20世纪80年代中期以前，我国小麦育种工作，重视产量的提高，在培育高产、抗病和早熟品种上取得了很大的成绩，但忽视了子粒品质的改良。研究表明，中国小麦品种的蛋白质含量与国外面包小麦基本接近，但蛋白质

质量差或面筋强度普遍偏弱，不仅无法制作优质面包和饼干，也达不到机械化生产面条和馒头的品质要求，因此我国小麦品质改良的重点是提高面筋强度，改善食品加工品质。

为了改变我国小麦品质和优质小麦生产的落后局面，适应人民生活水平日益提高及食品加工发展的需要，积极应对我国加入WTO后的挑战。在国家和农业部的积极支持下，小麦的科研育种部门、生产部门及食品加工行业做了大量的工作，并取得成效，主要体现在以下几个方面。

①选育了一批优质品种。我国优质小麦的选育始于20世纪70年代末80年代初，20世纪80年代开始，一些省市纷纷开始了以强筋小麦（以面包用小麦为代表）为主的育种工作，同时进行了一系列基础研究，包括我国主要栽培小麦品种品质的基本情况、不同类型加工食品（面包、面条、馒头、饼干）与小麦品质的关系，品质生态问题。栽培条件对小麦品质的影响、优质小麦的标准等。在此基础上选育了一批优质小麦品种。

②制定我国小麦品质区划方案，对优质小麦初步进行了分区规模化种植，形成一批生产基地。一些主要产麦区在20世纪80年代末到90年代初，对不同地区生态条件对小麦品质的影响进行了试验，调查后初步进行了分区规划，农业部在此基础上于2001年5月颁布了《中国小麦品质区划方案》，对优质小麦生产基地的科学布局起到了重要的指导作用。

③初步制定优质小麦的国家标准。1999年11月国家质量技术监督局制定了新的小麦标准，将优质小麦分成强筋小麦和弱筋小麦，于2000年4月1日开始实施。新的标准为优质小麦的按质论价，不同等级的小麦分别收购、储存和销售提供了依据和保证。

④初步探索出了以“订单农业”为代表的优质小麦产业化途径。优质小麦生产已跳出就生产论生产的模式，而是以销定产，通过产销结合，把农业部门与粮食部门和加工企业结合起来，有的已组成不同形式的联合体。使优质小麦的规模化生产、优质优价和提高企业经济效益相互结合。

但我国优质小麦生产仍存在下列问题：①优质小麦生产总量不足，单产低，品质与产量存在矛盾；②总的品质水平低于外国品种；③品质不稳定；④成本居高不下，效率下降，影响市场竞争力和农民种植优质小麦的积极性；⑤产、供、销脱节，农、工、贸分离，难以实现优质优价。

从小麦育种工作来说，我国开展小麦品质研究已有20年左右的历史，总体来说，进展较为缓慢。主要表现在以下几个方面：一是缺乏优质高产的亲本资源，现有材料多为中作8131-1的衍生系，因此优质小麦的遗传基础十分狭窄；二是应用基础研究落后，诸如我国小麦品种的品质尚缺乏系统分类，馒头和面条的品质要求还不够明确，有关磨粉品质的研究几乎空白，一些重要品质性状（如面筋强度和淀粉品质）遗传规律的研究十分有限，对杂种后代品质性状进行鉴定缺乏快速、准确、微量的分析方法和手段，至于品质性状的分子标记近乎空白；三是质量稳定是优质小麦规模化生产的前提，因此研究优质小麦适宜的生产地区、环境因子对品质性状的影响，以及如何通过栽培措施改善和保证优质小麦的质量十分必要，而我国在这些方面的研究都十分薄弱。

前文已述及，一般认为高产和优质是一对矛盾，实际上有两种情况，高产与子粒蛋白质含量是一对矛盾，但是如以改善和提高小麦的加工品质为主要目的时，高产和优质不存在矛盾。Mesdag（1985）列举了西北欧的英、法、德和荷兰等国半个世纪当中的代表性品种，研究其产量与品质的关系，得出了高产与优质可以兼得的结论；Cox等（1989）研究了美国从1919—1988年期间的代表性品种，也证实培育品质不变，产量提高，或产量不变，品质提高，或二者都得到改良的新品种是可能的。中国农业大学1992—1998多年的研究结果也明确了①品质与产量无关（尤其是食品加工品质），可育成优质、高产品种；②小麦加工品质的好坏，与子粒蛋白质含量无必然联系；③通过后代的选择可同时提高蛋白质含量和改善加工品质及农艺性状。中国科学院西北植物研究所培育的小麦品种小偃6号，以其质优而著称，而且稳产、高产，在生产上大面积推广达10多年之久，是一个很好的例证。

三、基因型与环境互作及稳产、适应性广的品种选育

小麦育种工作者无不希望育成的品种表现高产而又稳产，并对所在麦区内各种环境条件都有较好的适应能力。这样的品种才有可能在生产上大面积推广利用。品种的稳产和适应性好坏与品种基因型与环境互作有密切的关系，一般基因型与环境互作小的品种，年份间产量稳定（稳产性），适应性广，性状稳定。相反，基因型与环境互作大

的品种，产量年份间波动大，不稳产，适应地区范围窄，性状在年份间和地区间变化幅度大。

品种基因型与环境互作的大小以及品种的稳产和适应性的好坏，只能通过许多品种的多年多点试验通过方差分析和品种相互的比较才能加以了解。品种的稳产性和适应性是可遗传的特性，但这些特性在杂种早代是无法进行精确的鉴定和选择的，只能通过一些与这些特性有关的性状进行间接的选择。因此，要加强对品种稳产性和适应性的机制以及对这些性状的育种方法进行深入细致的研究。在实际育种工作中下述一些方法有助于解决基因型与环境互作，增强品种的稳产与适应性。

（一）多点选育和异地选育　育种工作从单交组合的 F_2代开始就在几个点上同时选育。采用多点选育的办法，在杂种分离世代就可大致了解其适应性。我国小麦育种单位一般都没有试验分场，只在本单位内进行多年选育直至定型，在这个过程中可能已无意识地丧失了一些有希望在生产上被利用的杂种材料。也可以把本单位的一些尚未定型的选系送交有关单位继续进行异地选育，往往能取得良好的效果，这种实例不胜枚举。20 世纪 50 年代初，原华北农业科学研究所和河北省农业综合试验站利用北京农业大学胜利麦/燕大 1817 的未定型杂种材料，分别育成华北 187 和石家庄 407，这两个品种都曾在生产上大面积推广利用。又如 20 世纪 50 年代末，中国农业科学院作物育种栽培研究所和徐州地区农业科学研究所利用河北省农业科学研究所碧蚂 4 号/早洋麦和碧蚂 1 号/苏联早熟 1 号的未定型杂种材料，分别育成北京 8 号和徐州 8 号。由于基因型和环境互作的存在，再加上育种工作者选拔杂种后代的观点和手法不同，在原选育单位没有引起重视的杂种材料，送交其他单位却能育成良种。

（二）多点测产　我国小麦育种单位选育的定型品系一般都要在本单位经过多年逐级的产比，才提出来参加区域试验。这种做法不但延长了评选时间，也不能及时了解定型品系的适应范围。因此，如果没有条件进行多点选育，也应在 F_5代或 F_6代及早把一些接近纯合或基本定型的选系进行多点测产。

（三）穿梭育种　穿梭育种是 CIMMYT 创导的一种成功的小麦育种方法。他们原来为了缩短育种进程一年种植两个世代，来回穿梭育种。一个世代种在位于北纬 28°，海拔 40 m 的奥不勒冈城（Ciudad Obregon），11 月播种，4 月收获，出苗后一个月正值一年中日照最短的时期，以后日照由短变长；中选材料的下一个世代种在位于北纬 17.4°，海拔 2 640 m 的托鲁卡（Toluca），5 月播种，10 月收获，出苗后一个月正值一年中日照最长的时期，以后日照由长变短，中选材料的下一个世代又种在奥不勒冈。如此两地往返穿梭选育，杂种后代分别经受了日照由短变长和由长变短的经历，选出的品种因对日照长度反应不敏感而扩大了地区适应的范围。托鲁卡和奥不勒冈的环境条件也不同，前者冷凉多雨，有利于针对条锈、叶斑、根腐等病害和抗倒伏能力进行选择；后者温暖干旱，肥水条件好，可以筛选叶锈、秆锈的抗病性和评价产量潜力。利用这种穿梭育种的方法，不但缩短育种时间，更重要的是导致了广泛适应性和稳产性的良好结合。

四、持久抗病性的选育和抗源多样化

鉴于小麦锈菌、白粉菌等专性寄生病菌小种组成时常发生变化而使已大面积推广的原抗病品种抗性无效，对小麦产量的稳定性造成很大的威胁，国内外广大植物病理和小麦育种工作都很重视对这类病害的持久抗性的研究和选育。对垂直抗性的利用，主要有以下的设想和措施：抗源的合理部署（抗病基因部署）方面，由于牵涉问题较多，世界各国都还没实行；选育和推广多系品种及利用混合品种方面，实践证明有一定效果，但由于都有一定局限性和不习惯等问题，前者只有在美国、印度等，后者只有在英国等小面积种植；抗源积累工作方面，国外和国内都在广泛地进行，并取得了实际效果，这方面工作似乎较有发展前途。

抗病育种的历史表明，由多个抗病基因组成的复杂抗性比一两个抗病基因的抗性较为持久。澳大利亚 20 世纪 60 年代先后推广的抗秆锈品种 Timgalen 和 Timson 都具有 Sr_5、Sr_6、Sr_8、Sr_{36}及其他抗秆锈基因，直到 20 世纪 80 年代还保持抗性。加拿大 20 世纪 50 年代初从美国引进推广抗锈品种 Selkirk，大面积种植了 30 年一直保持成株抗性。遗传分析表明，该品种至少具有 6 个抗秆锈基因（Sr_2、Sr_6、Sr_7、Sr_9d、Sr_{17}、Sr_{23}等），其中成株抗病基因 Sr_2 可能起主要作用。对叶锈病的持久抗性，国际玉米小麦改良中心的有关工作者认为，抗叶锈基因 Lr_{13}如同抗秆锈基因 Sr_2，分别起着类似水平抗性的作用。对条锈病的持久抗性的选育问题，在美国以同一抗源 PI 178383 为亲本，与品种 Omar 杂交而育成的品种 Moro，很快就丧失抗性；而与 Westmont 杂交而育成的品种 Crest，则具有持久抗性；原因是后者系主效抗性基因与微效抗性基因相结合的产物。在国际玉米小麦改良中心的有关工作中，还把选育慢锈性作为积累抗源的补充途径。

从发展来看，国内外都在加强多基因的水平抗性的研究和选育，借以较有效地解决持久抗性的问题。选用适当的抗病亲本，通过轮回选择，将有助于选育具有水平抗性的品种。

抗源多样化对防止品种抗性丧失，延长品种使用寿命以及控制病菌流行，减小其为害和造成生产的损失具有重要的作用。中国农业大学杨作民等，针对我国锈病和白粉病生理小种消亡和新生理小种的产生、品种抗病性过早和过快的丧失以及抗源单一化的状况，建议加强二线抗源的收集、研究和利用。所谓“二线抗源”是指用非 1B/1R 抗源和目前各地常用的其他抗源。他们采用滚动式回交的方法将这些二线抗源（基因）转至目前各地大面积推广的品种及农艺性状优良的后备品种或品系中。“滚动式回交”即在回交过程的每一阶段，根据生理小种的消亡情况，随时采用当时综合性状最好的品系作轮回亲本，每一轮回亲本回交的次数不同，根据情况做适当的变更。中国农业大学应用这种方式在新的抗病品种和品系的选育上取得显著的成绩。

黄淮冬麦区江苏省里下河地区农业科学研究所程顺和等（2003）采用滚动回交与遗传标记相结合的方法，把抗白粉病基因 Pm_4a、Pm_2、Pm_6、Pm_{21}以及 Compton 的慢白粉病性等转入综合性状较好的轮回亲本背景，与背景材料的丰产、早熟、优质、抗病等数量性状相结合，育成了一系列优良的近等基因系，其中扬麦 10 号、扬麦 11 号、扬麦 12 号等已经通过品种审定，在生产上大面积推广。他们提出，将其他各种农艺性状通过滚动回交转育成相应的综合性状优良的近等基因系（简称“分项转育”），然后在这些不同目的性状的近等基因系之间逐一回交，这样可以把不同目标性状聚合到一起（简称“聚合提高”），从而得到聚合多个优异农艺性状的突破性品种。

东北春麦区沈阳农业大学张书绅等（2002）根据抗源多样化和抗病基因积累的持久抗病育种路线，提出了多样化抗源鉴定、筛选和遗传分类，抗病基因滚动式加代回交转育，高产及优质种质导入，多基因积累，多抗性合成 5 个环节紧密结合的高产、优质、多抗的育种程序和方法。创造出一批以辽宁生产良种为遗传背景，农艺性状和品质优良，并且对秆锈病、叶锈病和白粉病含有多样化抗病基因的单抗基因系、多基因积累系和兼抗三种病害的多抗品系，加速了多样化抗源的利用，提高了育成品系的持久抗病性。

五、生物技术和转基因技术在小麦育种中的应用

在生物技术中，20 世纪 70 年代初小麦花药培养在我国首先取得突破，有关理论与方法的研究，我国在国际上处于领先地位。为了使小麦花药培养技术更好地应用于小麦育种，还要对方法与理论做进一步研究，如进一步提高花粉植株诱导率，发展比较简便高效的染色体加倍技术等，使花药培养成为普遍应用的小麦育种的速效方法。

20 世纪 80 年代以来的大量资料表明，这样再生的植株中存在广泛的遗传变异。如在培养基中添加相应的选择剂，则可以将组织和细胞培养物中目标性状的细胞突变体筛选出来，用于育种或有关研究。国内外对小麦体细胞组织培养都已能成功地进行，对突变体的筛选也分别取得了成效。在我国，对小麦抗赤霉病、抗根腐病、抗除草剂、高赖氨酸含量等的筛选，都已分别取得初步结果。梁学礼和 McHugher（1987）指出，在小麦中利用无性系变异的优点是开发在良好遗传背景中的遗传潜力。利用适应良好的品种所产生的无性系变异，可以在细胞水平上对额外所需要的性状（如对病虫害及环境胁迫因素的抗耐性），进行筛选。这方面工作的发展将开拓出小麦育种的新途径，并提高小麦育种的效益。

基因工程改良作物品种越来越受人们的重视，小麦转基因工作受转化技术的制约起步较晚。自 1992 年 Vasil 等利用基因枪介导法获得世界第一例小麦转基因植株以来，随着新的选择标记基因（*bar* 基因）和高效特异性启动子（ubi，RssI）等的选用、小麦转化体系的完善以及小麦遗传转化受体的拓宽，小麦转基因研究已取得长足的进步。但是迄今为止，大部分转化的是报告基因或标记基因，转化优良农艺性状目的基因的甚少。我国北京市植物细胞工程实验室张晓东等（1997）用基因枪将除草剂 Basta 抗性基因与小麦 IDx_5 和 IDy_{10} 基因亚克隆重组质粒导入小麦幼胚和幼穗获得转基因植株，从中培育一些优质的转基因品系已投入生产试验。中国农业科学院作物研究所的庞俊然、徐惠君等（2002）利用基因枪共转化技术将小麦土传花叶病毒外壳蛋白基因 CWMV-CPI 和筛选基因 *Bar* 导入扬麦 158 获得了转基因小麦；徐琼芳、陈孝、辛志勇等利用基因枪介导法将雪花莲凝集素（*Galanthus nivali* agglutinin，GNA）基因和 *bar* 基因转化京 11，经 PCR 扩增和 Southern 杂交证明，已获得含有编码 *bar*/GNA

基因的转基因植株。近年来小麦转基因研究基本上是借助基因枪介导法。据统计，在获得小麦转基因植株的报道中，基因枪法占90%左右，其他方法仅占10%。原因在于基因枪介导体系相对比较成熟，农杆菌介导法尤其是转化禾本科植物有相当的难度。但是，与基因枪介导法相比，农杆菌介导法具有操作简单、成本低、转化效率高、重复性好、可以导入大片段DNA等优点，且导入的基因一般为单拷贝整合。小麦农杆菌介导基因转移一直是世界上的难题。直到1997年Cheng等才利用农杆菌介导法获得了转基因植株，我国夏光敏（1999）等也报道利用农杆菌介导法获得转基因植株。尽管如此，小麦农杆菌介导法仍然存在转基因效率低的问题。今后需要对农杆菌介导法转化小麦的技术环节进行更深入的研究，以便建立更成熟的转化体系，促进小麦基因工程育种的发展。

随着小麦转基因技术和转化体系日益提高和完善，转化优良农艺性状的目的基因愈来愈多，如何将这些基因从转基因植株上转移到优良品种的遗传背景上，培育生产上大面积推广应用的高产、稳产和品质优良的品种，是值得加以重视和深入研究的问题。

六、分子标记和小麦标记辅助育种

标记育种是利用与育种目标性状基因紧密连锁的遗传标记，对目标性状进行跟踪选择的一项育种技术。与育种有关的遗传标记主要有3种类型：形态标记（morphological marker）、生化标记（biochemical marker）和分子标记（molecular marker）。由于用做主基因的形态标记有限，而且许多形态标记对育种家来说是不利性状，因而该方法难以广泛利用。生化标记曾被成功地利用于植物育种实践中，然而由于生化标记的数目有限，也不能满足标记育种工作的需要。分子标记具有以下优越性：①直接以DNA的形式表现，在植物体的各个组织、各发育时期均可检测到，不受季节、环境限制，不存在表达与否的问题；②数量极多，遍及整个基因组；③多态性高，自然存在着许多等位变异，不需专门创造特殊的遗传材料；④表现为“中性”，既不影响目标性状的表达，与不良性状也无必然的连锁；⑤有许多分子标记表现为共显性（co-dominance），能够鉴别出纯合基因型与杂合基因型，提供完整的遗传信息。

利用分子标记对育种材料进行选择，称为分子标记辅助育种（molecular marker assisted breeding）。目前，与标记育种有关的分子标记主要有RFLP、RAPD、AFLP、SSR等。

进入20世纪80年代以来，分子标记的迅速发展大大促进了遗传连锁图的构建。目前小麦的RFLP连锁图目前主要有两套。一套为英国剑桥实验室所绘制，到1992年底，该图谱上的标记数有520余个，平均每条染色体上为25个。另一套为美国康奈尔大学与法国等合作绘制，其标记数多达850个（Nelson 1995），已较为“饱和”。但是目前小麦的连锁图谱是用RFLP构建的，需要用更易为育种家们接受的经济、实用的分子标记（如SSR、RAPD等）来构建新的连锁图，或者利用STS-PCR的方法，将RFLP连锁图中的RFLP标记转换成PCR标记。

小麦的RFLP连锁图指示了小麦进化过程中，染色体的演变和小麦染色体组与其他禾本科作物染色体组间的部分同源关系（共线性关系）。不同作物间部分同源关系的研究不仅在起源演化研究上具有重要意义，而且在分子标记育种、基因克隆等方面也有重要的作用。如果几种作物具有部分同源关系，那么这几种作物的遗传信息（含连锁图）及探针就可以共享。分子标记在小麦育种的应用日益广泛，在实际育种中显露其优越性，如：①绘制品种（品系）的指纹图谱（fingerprinting），鉴别品种、品系（自交系）；②在杂种后代中对目标性状进行跟踪，选留具有目标性状的杂种后代，准确地育成具有目标性状的品种；③加速回交育种的进程和提高育种的效率；④在性状（基因）的阶梯杂交和聚合杂交中加速多个目的性状的累积；⑤对导入的外源染色体（片段）和基因进行检测和基因定位。

尽管分子标记在小麦育种中的应用取得较大的进展，但与小麦育种工作实际利用还有距离。如提高标记的多态性和稳定性、简化检测和操作程序、减少药剂用量和昂贵仪器使用、降低标记使用的成本等还需要不断的改进，才能使分子标记真正在育种中应用。最后需要强调，分子标记一定要与传统的育种工作相结合。以前的许多研究都是将目标基因的标记与育种分开进行的。以后应使二者结合起来，纳入育种工作中，同时进行。只有这样才能真正发挥分子标记技术在小麦育种中的作用。

复习思考题

1. 试评述近半个世纪来国内外小麦育种的进展。
2. 试述我国小麦品种的种植区划，并分析主要麦区的育种目标。
3. 试讨论小麦的理想株型及其在高光效、高产育种中的意义。
4. 试从我国消费小麦的主要类型及用途讨论我国小麦的优质育种。
5. 试述小麦的分类学地位和主要的近缘物种，举例说明小麦育种的主要遗传资源类型及其应用效果。
6. 试述小麦杂交育种过程中亲本选配的原则和杂种后代处理的方法。
7. 试讨论杂种小麦研究的现状。如何进行杂种小麦三系的选育、配组及制种？
8. 试述从具有部分同源染色体的物种中转移外源基因的途径及各自的特点。
9. 试述诱导产生小麦单倍体的主要方法及花药培养育种技术的要点。
10. 试讨论选种圃升级的品系进行产量试验应注意的问题。
11. 试述种子四级生产体系的环节和内容。
12. 如何鉴定与选育基因型与环境互作小、稳产和适应性广的品种？
13. 举例说明标记辅助选择在小麦育种中的作用。
14. 试列举从小麦高产、优质、多抗育种出发需要进一步研究的主要育种学问题。

附 小麦主要育种性状的记载方法和标准

一、生育期

1. 播种期：以“月/日”表示（各生育期同此）。
2. 出苗期：全试区中第一叶在地面上展开的苗数达50%以上的日期。
3. 分蘖期：全试区中第一分蘖芽露出叶鞘1 cm的苗数达50%以上的日期。
4. 拔节期：全试区中主茎基部第一节离地面1～2 cm（手指压摸）的苗数达50%以上的日期。
5. 抽穗期：全试区中顶小穗露出叶鞘的株数达50%以上的日期。
6. 开花期：全试区中麦穗出现花药的株数达50%以上的日期。
7. 成熟期：全试区中麦穗中部子粒内呈蜡质硬度的株数达75%以上的日期。
8. 全生育期：从出苗到成熟的日数。

二、苗株性状

9. 幼苗生长习性：出苗后45 d左右观察，分别为直立、匍匐和中间3种类型。

10. 基本苗数：每试区取有代表性的1～2行或3～5个取样段，于出苗后计算苗数，进而折合每亩($1/15\ hm^2$)苗数。

11. 分蘖数：可就上述查苗数的行或段中进行计算：(1) 越冬前分蘖数，(2)（返青后）最高分蘖数，(3)（抽穗后）有效分蘖数，三者分别折算成万/亩表示；有效分蘖数/最高分蘖数，乘100，得成穗率%。

12. 植株和叶片的姿态：按主茎与分蘖茎的集散程度，株型分为紧凑、松散和居中3类；按茎叶夹角及叶片长势，叶姿分为挺直、披散和居中3类。

13. 植株高度：成熟前测量，从地面到穗顶（不计芒）的高度（cm）；其整齐度可按目测分为整齐、不整齐和中等3级。

三、穗部和子粒性状

14. 芒：分为全无芒、顶芒（顶部小穗有短芒、下部无芒）、短芒（芒长4 cm以内）、长芒（芒长4 cm以上）、曲芒等几类。

15. 穗形：一般有纺锤形（中部稍大而两端尖）、圆锥形（下部大而上部小）、棍棒形（上部大而下部小）、长方形（上下部大小基本上近似）。

16. 穗长及穗密度：穗长为从穗基节到顶小穗（不连芒）的长度（cm）；穗密度的计算公式为

$$穗密度（D）=\frac{总小穗数（包括不育的）-1}{穗\quad 长}\times 10$$

17. 每穗小穗数：每穗小穗总数包括不育小穗数，另计每穗有效（结实）小穗数。

18. 每穗粒数和小穗最多粒数：前者指全穗粒数，后者以穗中部最多粒数的小穗为准。

19. 粒色：一般分红色和白色（包括黄色）两类；另有琥珀色、紫色等。

20. 粒型：一般分长圆、卵圆、椭圆及圆 4 种类型。

21. 粒质：一般分硬质（角质）、软质（粉质）和半硬质 3 类。

22. 饱满度：一般凭目测分饱满、中等、不饱满和瘪粒 4 类。

23. 千粒重：两份 1 000 粒干粒重量（g）的平均数。

24. 容重：每升容积内的干子粒克数，以 g/L 表示。

四、抗耐性

25. 抗倒伏性：抽穗后经风雨后的表现：（1）直立至稍倾斜（＜15°）的为抗，（2）大部分茎秆倾斜达30°～45°的为中抗，（3）大部分茎秆倾斜达 45°以上的为不抗。

26. 抗落粒性：按颖壳包合松紧和受碰撞时落粒的难易分为抗、中抗和不抗（易落粒）3 级。

27. 抗穗发芽性：成熟收获期遇雨或人工雨湿条件下，检查穗中发芽粒数：（1）不发芽至发芽率＜5%的为抗，（2）发芽率为 5%～20%的为中抗，（3）发芽率＞20%的为不抗（易发芽）。

28. 耐寒性、耐旱性、耐湿性、耐盐碱性、耐酸性等：根据在受到各该因素胁迫下小麦关键性状的反应，分抗、中抗和不抗 3 级；或按受害程度分轻、中和重 3 级。

29. 抗锈性：按条锈、叶锈、秆锈病分别在其发病盛期观察记载，项目包括普遍率、严重率和反应型。（1）普遍率指感病叶片（茎）数占总叶片（茎）数的百分率；（2）严重率指病斑所占面积的百分比，比照通用图样，分为 8 级；（3）反应型：根据受侵染点坏死反应的有无、强弱和孢子堆发展程度，国内外较一致地分为 7 级：0 型（免疫）、0; 型（近免疫）、1 型（高抗）、2 型（中抗）、3 型（中感）、4 型（高感）、X 型（混杂型）。可参看有关图及说明。

30. 抗白粉病性：项目和标准大致如抗锈病。

31. 抗赤霉病性：在成熟中期调查病穗百分率。抗感程度分：发病部分占全穗 1/4 以内的为抗，1/4～1/2 的为中抗，1/2～3/4 的为中感，3/4 以上的为重感；较准确的分级则根据每穗病粒占全穗总粒数的百分率。

参 考 文 献

[1] 北京农业大学作物育种教研室编．植物育种学．北京：北京农业大学出版社，1989

[2] 胡含，王恒立主编．植物细胞工程与育种．北京：北京工业大学出版社，1990

[3] 金善宝主编．中国小麦品种及其系谱．北京：农业出版社，1983

[4] 金善宝主编．中国小麦学．北京：中国农业出版社，1996

[5] 沈天民主编．超级小麦遗传育种研究．北京：中国农业科学技术出版社，2003

[6] 吴兆苏编著．小麦育种学．北京：农业出版社，1990

[7] 西北农学院主编．作物育种学．北京：农业出版社，1979

[8] 张正斌编著．小麦遗传学．北京：中国农业出版社，2001

[9] 庄巧生，王恒立主编．小麦育种理论与实践进展．北京：北京普及出版社，1987

[10] Heyne E G (ed)．Wheat and Wheat Improvement. Second Edition. Madison Wisconsin，WSA，1987

[11] Lupton F G H (ed)．1987. 北京农业大学小麦遗传育种研究室译．小麦育种的理论基础．北京：北京农业大学出版社，1988

（吴兆苏、张树榛、刘广田原稿，刘广田、孙其信修订）

第三章　大麦育种

大麦（barley）是古老而分布广泛的农作物之一。与小麦相比，它具有生育期短、耐逆性（旱、寒、瘠薄等）强和适应性广的特点。其主要用途为饲料，其次为酿造啤酒和食用，作为保健品具有很好的开发价值。目前在粮食作物中其产量仅次于小麦、水稻、玉米而位居第四。

第一节　大麦生产与育种概况

一、世界大麦生产与育种概况

大麦在全球分布广泛，从南纬40°的阿根廷到北纬70°的挪威均有栽培，种植的垂直高度在我国西藏海拔达4 750 m，为世界上作物种植的最高限。

第二次世界大战后饲养业和啤酒工业的迅速发展推动了大麦生产，从20世纪40年代末的4.5×10^7 hm^2到70年代的8.5×10^7 hm^2，增长几近一倍，1977年最高，达9.5×10^7 hm^2。80年代起略有下降，到90年代为7.4×10^7 hm^2，到20世纪末又降到5.4×10^7 hm^2。单产从40年代末的1 092 kg/hm^2到90年代初2 520 kg/hm^2，此后近10年来几无变化。总产由40年代末的0.995×10^8 t到1990年1.8×10^8 t，此后因种植面积减少单产停滞而使总产降到1.4×10^8 t左右。

大麦生产在世界上的分布以欧洲最多，1999—2002年平均占全球总面积的51.31%，总产占64.42%；其次为亚洲，面积和总产分别占22.20%和14.44%；再次为中美洲和北美洲，其面积和总产分别占11.46%和13.18%；非洲和大洋洲种植面积各为7.54%和6.05%，总产各占2.39%和4.58%。2002年栽培面积最大的前五位是俄罗斯8.0×10^6 hm^2、乌克兰3.8×10^6 hm^2、土耳其3.6×10^6 hm^2、加拿大3.55×10^6 hm^2和西班牙3.1×10^6 hm^2。总产的前5位是俄罗斯1.866×10^7 t、法国1.093×10^7 t、德国1.092×10^7 t、乌克兰1.036×10^7 t、西班牙0.833×10^7 t。单产最高为比利时和卢森堡7 055 kg/hm^2，其次为瑞士6 729 kg/hm^2，再次为法国6 654 kg/hm^2，以下为沙特阿拉伯和津巴布韦。

国外大麦育种已有100多年的历史，最早可追溯到1857年开始经系统选择育成的切万力尔（Chevalier）品种。20世纪上半叶已有相当数量的性状遗传与育种研究。60～70年代由于品质性状测试技术的改良如赖氨酸筛选技术的发展，对所收集的大麦品种资源进行了大量的品质鉴定，筛选出来自埃塞俄比亚的蛋白质和赖氨酸双高的Hiproly品种，此后又诱变育成高赖氨酸品系RisΦ1508等突变体，为以后的高蛋白高赖氨酸育种奠定了基础。大量利用诱变技术选育品种或用突变体作亲本使大麦育种得到迅速发展。20世纪80年代以来，在矮秆、啤用品质与饲用品质、抗病等性状遗传研究的基础上，利用传统的杂交育种方法，并与现代生物技术相结合，使育种水平得到很大提高。如加拿大育成的Harrington被认为世界性啤用标准品种，不仅在加拿大为主栽品种，还推广到美国等地，我国甘肃近年亦有种植。以后又育成Stein、Manley、Oxbow、AC麦特卡夫等，连同澳大利亚育成的Schooner、Chebec、Arapiles、Fraklin、W1287，日本的甘木二条，法国的Esterel，德国的Scarlett，英国的Optic等均在生产上发挥很大的作用。

二、我国大麦生产及育种概况

大麦在我国古代是主要粮食作物之一。20世纪初全国大麦面积为8.0×10^6 hm^2，约为世界总面积的23.6%。此后略有下降，但在40年代仍居世界各国之首，种植面积6.07×10^6 hm^2，总产6.26×10^6 t，分别占全世界的

13.4%和12.6%。新中国成立后，大麦食用减少，种植呈下降趋势。60～70年代由于各地提高复种指数，大麦具晚播早熟的特点又得到发展，70年代中期种植面积为6.5×10^6 hm^2，为全球总面积的7.44%；总产达9.9×10^6 t，占全球总产的5.74%。80年代为3.3×10^6 hm^2，总产7.0×10^6 t，分别占世界总量的6.30%和4.12%。单产2 100 kg/hm^2，与世界平均持平。20世纪末我国大麦面积1.619×10^6 hm^2，总产3.44×10^6 t，分别为世界总量的2.17%和2.02%。单产高于世界平均7%，种植面积最大的为江苏省，其次为浙江、四川、安徽、云南、河南、甘肃、黑龙江等。

我国大麦育种开展较晚，20世纪40年代浙江和台湾通过从国外引种分别育成浙农光芒二棱和台中特1号两个品种，并以这两个品种为起点，50年代后期通过农家品种评选，推广了一批优良地方品种。与此同时，大麦主产区江苏、浙江、四川、西藏等地开展品种改良，于60年代初期开始育成一批品种，如甘孜809、拉萨紫青稞、南湖1号、早熟41、盐城1号等。70年代到80年代中期，农家品种与改良品种并存，主产区则以改良品种当家为主。1986年起大麦育种纳入国家重大科技攻关项目，品种改良转入啤用、饲用、食用等专用型选育。在国家和各省市科技攻关资助下，经过近20年的努力，在品种资源的收集与筛选、鉴定、性状遗传研究和育种方法途径探讨方面均取得显著成效。后来，大麦育种又并入863计划，从而得到了更大的资助。各大麦主产区均已育成一批专用型新品种，如西藏的食用品种藏青系列，浙江的啤用品种浙农大系列，江苏的啤用品种港啤1号、单二、扬农啤2号和饲用的扬饲麦1号、扬饲麦3号、88-91，河南的驻大麦系列，黑龙江的垦啤麦系列，甘肃的甘啤系列，新疆的新啤1号，湖北的啤用、饲用鄂大麦系列等。

第二节　大麦的起源、演化与分类

一、大麦的起源与演化

一般认为从近东的小亚细亚到中东的所谓新月沃地乃至外高加索的广大地区是大麦的起源中心。其依据是这里历史文化悠久，定居农业早，栽培大麦的近缘野生大麦（*Hordeum spontaneum*）不仅有广泛的分布，且有野生群落。考古研究也在该地区的土耳其、叙利亚、伊朗、巴勒斯坦等发现公元前6000年到公元前8000年的地下大麦遗物。在该地区的南部埃及阿斯旺地区甚至还发掘到公元前15000年的大麦碳化物。

然而，也有许多证据表明，中国可能也是大麦的起源中心地之一。最早是瑞典的Aberg（1940）根据来自中国四川的野生六棱大麦的研究，将其定名为*Hordeum agriocrithon* E. Aberg。并认为六棱大麦是大麦的原始类型而确认中国西藏为大麦的起源中心，但因当时对西藏的实情了解不多而引起争议。中国的程天庆和徐廷文、邵啟全等于20世纪60年代和70年代分别在西藏、四川发现二棱、六棱和中间型大麦等多种野生类型，经研究后徐廷文等根据西藏野生大麦的春性基因型（Sh_2）与中东和欧洲的春性基因型多数分别为（$_-sh_2sh_3$）和（$shsh_{2-}$）的差异；我国的小穗轴长毛（S）和深色（B、Re、B_1）等基因以及存在独特的退化野生二棱型都是东亚大麦的特点而与近东的野生大麦不同。此外，野生大麦的碎穗性由$BtBt_2$所控制，而栽培大麦的坚穗性则为$Btbt_2$和$btBt_2$两种基因型。经TaKahashi研究，中国、日本等栽培大麦为$Btbt_2$，即东方型；而西南亚、欧洲、埃及等栽培大麦为$btBt_2$，即西方型。这也说明中国的栽培大麦不可能由西方引进。因而，推论我国青藏高原是中国栽培大麦的起源中心。这与Vavilov初期认为中国西藏是六棱大麦的起源地也是相符的。

郭本兆等（1987）在我国内蒙古发现的大麦新种（*Hordeum innermongolium*）其中间小穗含不育的第二花。蔡联炳（1990）根据各大麦种间叶表皮细胞结构变化、种子胚乳中淀粉粒的分布和形状演化、传播机制、地理分布等特点认为双花组在大麦属中为最原始的类型，而内蒙古又具有大麦属的古老类群，因而，该属的其他类群均源自内蒙古大麦；加之，内蒙古是古陆地，植物区系古老，具备大麦属繁衍的历史条件，从而推测内蒙古是大麦属的起源中心。从考古资料看，20世纪80年代甘肃民乐县东灰山遗址发现距今5 000年的炭化子粒。总之，根据我国青藏地区具有独特而丰富的近缘野生大麦类群以及内蒙古大麦新种的确定和考古资料，为我国可能是大麦起源中心积累了丰富的资料。

栽培大麦由何种棱型演化而来是另一个有争议的问题。对此有二棱起源说、六棱起源说和二、六棱双源说以及多阶段进化系统说。从1848年Koch首次描述野生二棱大麦，并认为是扇形大麦的祖先种以后，de Candolle认为栽培的二棱大麦和六棱大麦均起源于野生二棱大麦而成为二棱大麦起源说的先导。20 世纪 50 年代前后，许多学者发现，除伊朗和小亚细亚考古发现过公元前 6000 年的六棱大麦外，更早的大麦考古遗址全是二棱型；二棱对六棱为显性，一般显性为原始类型，在遗传上，二棱转为六棱只需要简单的隐性突变，而六棱转为二棱则至少有一个或二个稀有的显性突变，所以，大麦起源于二棱型。

早在 19 世纪就有人根据形态学比较提出，栽培大麦来自六棱型，二棱型则是六棱型侧小穗退化所致。因为花部的退化在禾本科作物中有普遍性，而 Aberg 对西藏六棱野生大麦的发现为此提供了物证。

除了上述两种观点外，还有二、六棱双源说。他们认为在二棱大麦的杂交中从未分离出六棱型大麦，也缺少二棱型向六棱型过渡的证据；血清反应也断定二棱与六棱间存在显著差异，在埃及、瑞士的史前时期发现的大麦全是六棱的，且不能证实其起源于二棱大麦。所以，二棱大麦和六棱大麦各有其独立的起源。

根据西藏考察收集到的丰富的野生大麦类型，经过形态特征、生物学特性、细胞学、生物化学和遗传学分析，邵啟全（1975，1982）提出，目前的二棱栽培大麦不大可能由二棱野生大麦直接进化而来，栽培大麦的进化可能是棱型由二棱到六棱，小穗由有柄到无柄，子粒由有稃到裸粒，穗轴由碎穗到坚韧的过程，其中经历了几个阶段。因此，其原始种是二棱野生大麦，在距今 7 000～10 000 年人类驯化大麦时开始了第二阶段，大麦相继产生六棱有柄、六棱无柄及六棱裸粒等野生大麦，第三阶段才演变为六棱栽培大麦，而栽培二棱大麦则是人们选育大穗大粒的结果。这就是多阶段进化系统学说。这一学说肯定了野生六棱大麦是由野生二棱大麦进化而来，又强调了六棱大麦在进化中的作用，并论证了中国青藏高原是野生大麦的起源地之一。

二、大麦的分类

大麦分布广泛，生态条件各异，所以种群多，类型丰富，在众多的分类研究中以 R. von Bothmer 的分类较有代表性。他根据大麦的外部形态性状、地理分布，兼顾细胞学、解剖学、杂交不亲和性等，把大麦分成 4 个组 28 个种（表 3-1）。

我国蔡联炳（1987）则依据大麦的形态性状（如花序构造、三联小穗颖、稃性状及其长度等）、叶表皮解剖性状（如叶片下表皮细胞类型及脉间刺毛有无）、种子胚乳中淀粉粒性状（如淀粉粒大小、数量、形状）等把我国存在的 15 个大麦种分成 3 个组：Ⅰ. 双花组（Sect. Ⅰ. *Biflora* Kuo et L. B. Cai），该组只有一个种内蒙古大麦（*Hordeum innermongolicum* Kuo et L. B. Cai）；Ⅱ. 直刺颖组（Sect. Ⅱ. *Stenostachys* Nevski），包括短芒大麦、小药大麦、短药大麦、布顿大麦、黑麦状大麦、硕德大麦、芒顿大麦、微芒大麦、智利大麦、平展大麦和海大麦共 11 个种；Ⅲ. 禾谷组（Sect. Ⅲ *Hordeum*），包括大麦、球茎大麦和地中海大麦（即灰鼠大麦）3 个种。

大麦（*Hordeum vulgare*）种以下经徐廷文（1982）确定为 5 个亚种：野生二棱（ssp. *spontaneum*）、野生六棱（ssp. *agriocrithon*）、栽培二棱（ssp. *distichon*）、栽培六棱（ssp. *vulgare*）和中间型大麦（ssp. *innermedium*），其中包括 2 个近缘野生亚种和 3 个栽培亚种。亚种以下按有稃、裸粒两个变种群，每一变种群再按小穗着生密度、护颖宽窄、芒形和芒性、穗和芒的颜色、粒色、侧小穗的缺失和育性等分成若干变种。近缘野生大麦的变种除按上述标准外，再加穗轴碎性、二棱大麦侧小穗顶端形状和内外稃有无、六棱型小穗基部有柄无柄等划分变种。据中国大麦学资料，我国栽培大麦共有 544 个变种，其中 425 个是国外未报道的，占 78.1%；我国近缘野生大麦变种 418 个，占全世界已报道的 428 个的 97.7%。可见，我国具有丰富的栽培大麦和近缘野生大麦资源，尤其是西藏高原的变种数最多，占总数的 60%。我国栽培大麦变种类型的特点为多棱大麦变种，占 82%，中间型仅 5 个变种；二棱大麦全为有侧小穗，无退化类型；几全为窄护颖；具显性基因 K、Ke 的变种数占 38%，具显性基因 B、Re、Re_2、BL、BL_2 的深色颖壳和子粒的变种数占 69%，具显性长毛小穗轴变种数占 78%。据张启发、戴先凯对西藏栽培大麦 6 个同工酶遗传多样化的研究，与世界其他栽培大麦相比，其等位基因的频率和多位点基因组合均有较大差异。在近缘野生大麦中的裸粒型、无芒型、微芒型，野生二棱中的退化型、光芒型、野生瓶形大麦中的宽护颖、钩芒型、光芒型，以及野生六棱中的钩芒型、宽护颖、多芒型等新变种均属中国特有的珍稀资源。

表 3-1　Bothmer 等的大麦属（*Hordeum*）分类系统

（摘自卢良恕，1996）

中文名称	拉丁学名	最常见异名
组Ⅰ. 禾谷组 Sect. *Hordeum*（3 个种）		
大麦	*Hordeum vulgare* L.	*Hordeum distichon* L. *Hordeum hexastichon* L. *Hordeum deficiens* Steud. *Hordeum agriocrithon* Aberg *Hordeum spontaneum* C. Koch
球茎大麦	*Hordeum bulbosum* L.	*Hordeum strictum* Desf. *Hordeum nodosum* L.
灰毛大麦	*Hordeum murinum* L.	*Hordeum leporinum* Link *Hordeum hrasdanicum* Gandilyan *Hordeum leporinum* var. *simulans* Bowden *Hordeum glaucum* Steud. *Hordeum stebbinsii* Covas
组Ⅱ. 异颖组 Sect. *Anisolepis* Nevski（8 个种）		
微芒大麦	*Hordeum muticum* Presl.	*Hordeum andicola* Griseb.
科多大麦（拟）	*Hordeum cordobense* Bothm. et al.	（*compressum*，misapplied）
毛穗大麦（拟）	*Hordeum stenostachys* Godr.	*Hordeum compressum* Griseb.
智利大麦	*Hordeum chilense* Roem. et Schult.	*Hordeum cylindricum* Steud.
弯曲大麦（拟）	*Hordeum flexuosum* Nees	*Hordeum bonariense* Par. et Nic.
宽颖大麦（拟）	*Hordeum euclaston* Steud.	*Hordeum pusillum* ssp. *euclaston*（Steud.）Covas
圣迭大麦（拟）	*Hordeum intercedens* Nevski	
窄小大麦（拟）	*Hordeum pusillum* Nutt.	
组Ⅲ. 弯软颖组 Sect. *Critesion*（Rafin.）Nevski（6 个种）		
芒颖大麦	*Hordeum jubatum* L.	*Hordeum caespitosum* Scribn. *Hordeum adscendens* H. B. K. *Hordeum jubatum* ssp. *intermedium* Bowden
长毛大麦（拟）	*Hordeum comosum* Presl.	*Hordeum andinum* Trin.
毛花大麦（拟）	*Hordeum pubiflorum* Hook. f.	*Hordeum halophilum* Griseb.
李氏大麦（拟）	*Hordeum lechleri*（Steud.）Schenck	
硕穗大麦	*Hordeum procerum* Nevski	*Hordeum hexaploidum* Covas
亚桑大麦（拟）	*Hordeum arizonicum* Covas et Stebbins	
组Ⅳ. 直刺颖组 Sect. *Stenostachys* Nevski（11 个种）		
黑麦状大麦	*Hordeum secalinum* Schreb.	*Hordeum pratense* Huds.（*nodosum*，misapplied）
海大麦	*Hordeum marinum* Huds.	*Hordeum pubescens* Guss.（*maritimum*，misapplied） *Hordeum gussoneanum* Parl. *Hordeum geniculatu* All. *Hordeum hystrix* Roth
布顿大麦	*Hordeum bogdanii* Wil.	
小药大麦	*Hordeum roshevitzii* Bowden	*Hordeum svbivicum* Rosh
短芒大麦	*Hordeum brevisubulatum*（Trin）Link	*Hordeum macilentum* Steud. *Hordeum nevskianum* Bowden *Hordeum turkestanicum* Nevski *Hordeum violaceum* Boiss. et Hohen
短药大麦	*Hordeum brachyantherum* Nevski	*Hordeum boreale* Scribn. et Sm. *Hordeum californicum* Covas et Stebbins *Hordeum jubatum* ssp. *breviaristatum* Bowden
平展大麦	*Hordeum depressum*（Scribn. et Sm.）Rydb.	
南非大麦	*Hordeum capense* Thunb.	
帕氏大麦（拟）	*Hordeum parodii* Covas	*Hordeum tetraploidum* Covas
毛稃大麦（拟）	*Hordeum mustersii* Nicora	
巴哥大麦（拟）	*Hordeum patagonicum*（Haum.）Covas	*Hordeum santacrucense* Par. et Nic. *Hordeum setifolium* Par. et Nic. *Hordeum chilense* var. *magellanicum* Par. et Nic.

第三节　大麦的生态区划与主要育种目标

一、生态区的划分

我国地跨温带、亚热带、热带三大气候带，在不同气候带甚至同一气候带内又由于温、光、水、土等自然条件和耕作栽培制度的不同，大麦的生长条件有极大的差异。因此，大麦进行生态区的划分对确定耕作制度、种质资源的引进与利用、育种目标的确定和栽培管理措施的制订都有重要的意义。

我国大麦生态区的划分始于20世纪50年代的中期，曾分为裸大麦春播区、皮麦裸麦春播区、春、冬大麦混合区和皮麦裸麦冬播区。60年代中期在上述基础上又划分为12个大麦品种生态型。80年代又通过生态区划的研究将全国分为三大区12个生态区。

（一）裸大麦区

1. 青藏高原裸大麦区　包括西藏、青海、甘肃的甘南、四川阿坝、甘孜和云南的迪庆藏族自治州。海拔2 000～4 750 m，无霜期4～6个月，高海拔地无绝对无霜期。大麦生育期≥0 ℃以上积温1 200～1 500 ℃，降水量200～400 mm，日照800 h左右，日温差大、辐射强。大麦为主要作物，一年一熟。本区大麦品种类型丰富，已收集3 000份左右，200个以上变种，也是近缘野生大麦分布区。品种以春性多棱裸大麦为主，少量皮大麦，对光照反应敏感。子粒深色的较多，病害以条纹病、锈病为主。代表性地方品种有肚里黄、查果蓝、白六棱等，目前种植的有藏青号、喜玛拉号、阿青号、康青3号等。

（二）春大麦区

2. 东北平原春大麦区　包括黑龙江、吉林、辽宁（除辽南以外）全部、内蒙古东部。本区海拔40～600 m，山地1 000 m左右，大麦生育期≥0 ℃积温1 500 ℃左右，降水量200 mm，时有春旱，日照时数1 400 h，日照充足。一年一熟，大麦品种类型少，以春性多棱皮大麦为主，穗长粒多，病害以条纹病、根腐病为主。代表性农家品种有哈在来、新民大麦等，目前主栽品种有垦啤麦系列、红日啤等。本区为我国三大啤麦主产区之一。

3. 晋冀北部春大麦区　包括河北石德线以北、山西北部到长城以南、辽宁南部沿海地区。海拔600～1 260 m，平原地为几十米。大麦生育期≥0 ℃积温1 600～1 800 ℃，降水50～100 mm，春旱重，日照时数950～1 000 h。一年二作，原有品种春播以春性多棱皮大麦为主，秋播的品种冬性强。农家代表性品种有小站芒大麦、六担准等。现有品种为阿恩特13、垦啤麦3号、甘啤3号等。

4. 内蒙古高原春大麦区　包括内蒙古中西部和河北张家口坝上地区。本区海拔1 000～2 400 m，大麦生育期间≥0 ℃积温1 400～1 600 ℃，降水量150～300 mm，旱年在150 mm以下，日照时数800～900 h，光照充足。一年一作，品种以春性二棱、六棱皮大麦为主，也有半冬性品种，地方品种有察中洋大麦、察中当地草大麦等，推广品种有付8、京竹1号等。

5. 西北春大麦区　包括宁夏、陕北部分地区、甘肃大部分地区。本区为黄土高原的丘陵沟壑区，海拔800～2 240 m，大麦生育期间≥0 ℃积温1 500 ℃左右，日温差大，降雨量少（仅几十毫米），辐射强，日照时数800～1 000 h，有利于大麦子粒灌浆。种植制度一年一作。主要病害为条纹病，原有农家品种皮裸兼有，也有二棱皮大麦和多棱裸大麦，代表性地方品种为永登白大麦、山丹六棱大麦等，现有引进的品种匈84、Harrington以及育成品种甘啤2号、3号等。本区为我国三大啤麦主产区之一。

6. 新疆干旱荒漠春大麦区　包括新疆、甘肃酒泉地区。本区海拔200～1 000 m，大麦生育期间≥0 ℃积温1 500 ℃左右，降雨100 mm左右，南疆气温高、雨量少，北疆气温低、雨水多，日照时数800 h左右，辐射强度大。种植制度一年一作为主，全疆因降雨少属灌溉农业。原有农家品种以春性裸大麦为主，代表性地方品种有塔城二棱大麦、伊宁四棱、昭苏六棱等。目前种植甘啤3号、新啤1号等。本区也属西北啤麦主产区。

（三）冬大麦区

7. 黄淮冬大麦区　包括山东、江苏和安徽的淮河以北、河北石德线以南、河南除信阳地区外全部、山西临汾以南、陕西安塞以南和关中地区、甘肃的陇东和陇南地区。本区地势西部高，海拔500～1 300 m，东部100 m左右，大麦生育期间≥0 ℃积温1 600～2 000 ℃，降水量100～200 mm，总日照时数1 000～1 400 h，日照资源充足。种植制度棉麦两熟或两年三熟。原有农家品种类型以半冬性、冬性皮大麦为主，如塔大麦、郑州大麦、泰安农种等。目前品种有苏引麦2号、驻大麦系列、西引2号、山农大系列等。本区的生态条件适宜发展啤麦生产。

8. 秦巴山地冬大麦区　包括陕西省南部、四川和甘肃的部分地区。本区海拔500～2 000 m，大麦生育期间≥0 ℃积温1 600～1 800 ℃，降水量200～300 mm，日照时数不足1 000 h，但辐射强。种植制度一年一熟或两年三熟。大麦种植较少。原有品种类型以半冬性多棱居多，皮裸兼有。代表性品种有柞水毛大麦、安康米大麦、宁强大麦等，较抗赤霉病和白粉病；现有品种有西引2号等。

9. 长江中下游冬大麦区　包括江苏和安徽的淮南地区、上海和湖北的全部、浙江温州以外、江西赣南以外和湖南湘西以外的全部。本区平原地区海拔100 m以下，丘陵山地300～700 m，大麦生育期间≥0 ℃积温1 600～1 800 ℃，雨量自南部的400～600 mm到北部的200 mm左右，日照时数自南向北递增，长沙最少为500 h左右，北线盐城达1 350 h。种植制度一年二熟或三熟，品种类型农家品种以半冬性或春性多棱大麦为主，皮裸兼有。其代表性品种有肖山立夏黄、常熟矮脚早、江陵三月黄等，目前推广品种有浙农大系列、浙皮系列、沪麦16、花30、港啤1号、单二、单95168、扬饲麦1号、扬农啤2号、西引2号等。本区为我国最大的大麦生产区，也是主要的啤麦生产区。

10. 四川盆地冬大麦区　包括除广元、南江、阿坝、甘孜、凉山以外的全部。本区平原海拔在500 m以下，盆地500～1 000 m，大麦生育期≥0 ℃积温1 900 ℃，降雨量400 mm左右，日照时数500 h左右，种植制度一年二熟或三熟。原有地方品种以半冬性或春性多棱皮大麦为主，代表品种有光头六棱谷大麦、资阳寸金子等，目前品种有威24、嘉陵江号等。

11. 西南高原冬大麦区　包括贵州、云南除迪庆藏族自治州外全部、四川凉山彝族自治州和湖南湘西土家族苗族自治州。本区海拔1 000～2 000 m，云南大麦生育期间≥0 ℃积温1 800 ℃，降雨量130～150 mm，日照时数1 200 h。贵州比云南积温略少，降雨量多一倍，日照时数仅500 h左右。种植制度以一年二熟为主。原有品种类型以多棱皮大麦为主，亦有二棱皮大麦和多棱裸大麦，云南的春性为多，贵州以半冬性为主。代表性地方品种有红芒大麦、文山大麦、安顺毛大麦等。目前种植品种有威06、威24等。

12. 华南冬大麦区　包括福建、广东、广西、海南、台湾、浙江的温州和江西的赣州地区。本区多为山地和丘陵，只有10%是沿海平原。平原海拔100 m以下，丘陵200 m左右，山地1 000 m左右，大麦生育期间≥0 ℃积温2 000 ℃左右，热量丰富，雨量150～400 mm，日照时数400～600 h，种植制度以一年三熟为多，也有稻麦两熟。原有农家品种类型以春性多棱皮大麦为主，亦有多棱裸大麦和二棱皮大麦。代表品种有早黄大麦、六棱白肚等。当前栽培品种有莆大麦系列和闽大麦系列。

二、主要育种目标

大麦育种的主要目标为高产、优质、早熟、抗病、耐逆等。

从总体来说，高产是第一位的，但在不同生态区或同一生态区的不同地区高产指标亦有很大的差异，应以当地主栽品种为对照提出合适的高产指标。大麦有皮裸与棱型的不同。皮大麦的子粒包有稃壳，而裸大麦子粒在成熟时与稃壳分离，故皮大麦的产量应比裸大麦高10%左右。大麦有棱型的差别，二棱类型中，相对于多棱型而言，因品种间穗粒重的差异较小，故产量的提高重点放在穗数上。多棱型因分蘖不如二棱强，而每穗粒重差异大，故产量的改进应侧重于每穗粒重的改良。产量的提高不仅取决于产量构成因素，有些品种不是穗数不多或每穗粒重不高，而是抗倒伏能力不强而不能取得高产，故矮秆强秆和发达的根系也是高产所必须考虑的。

我国自20世纪80年代中期已进入了大麦专用型品种的选育，根据饲用、啤用和食用（包括保健）品质要求的不同而有不同乃至截然相反的选育目标。饲用品种要求谷壳薄、千粒重高以提高饲用百分率，子粒的蛋白质和赖氨酸含量高（分别为13%以上和0.4%以上）以提高营养价值，β-葡聚糖含量低以利于禽畜的消化吸收。大麦在啤用时，其子粒先要经加水浸渍在一定温度下制成麦芽，然后烘干去根粉碎进行糖化、发酵才能酿制啤酒。由于大麦原料制啤时需经过这样一系列的工艺过程，所以对大麦不仅有理化性状的品质要求，还有制麦芽、制啤时的工艺要求。所以，作为啤用品种对子粒品质有严格的要求。啤酒大麦国家标准列于表3-2。

啤用大麦的主要指标为子粒的蛋白质含量较低（9%～11%）以提高淀粉含量；糖化力高以利于淀粉分解为可

溶性的低分子物质；β-葡聚糖含量低以有利于麦芽汁过滤和防止β-葡聚糖的沉淀；花色素含量低以提高啤酒的稳定性防止混浊；浸出率高以提高出酒率。对子粒要求粒形短圆、谷壳薄、千粒重 40 g 以上。食用大麦则要求蛋白质和赖氨酸含量高，并富含食用纤维、β-葡聚糖等多糖以防治心脑血管病和肥胖症。藏族同胞作主食时要求食味好。早熟性虽是大麦的特性，但仍为育种的主要目标之一，因不仅可以提高复种指数增加全年产量，还可以减少后期病虫害和环境胁迫造成的损失。早熟性的选择应缩短其抽穗到开花期的时间和子粒灌浆的时间。病害是影响大麦产量的重要因素之一，各麦区最普遍的病害是条纹病，其次如华南冬麦区的白粉病、赤霉病，长江中下游麦区的大麦黄花叶病、白粉病、网斑病，北方春麦区的锈病、根腐病等，这些均为抗病的主要目标。在耐逆性方面，我国的育种尚未全面展开，南方冬麦区和长江中下游麦区的生育期雨水过多，加之稻麦轮作，地下水位高，排水不良易造成湿害。据研究，耐湿品种在苗期渍水下对产量基本无影响，对生育后期的湿害也有一定的耐性；而北方的春旱往往制约大麦的生长，故需培育耐旱品种。长江中下游和四川等地的倒春寒和冷害对大麦容易造成冻害和空壳现象，对产量影响很大。大麦的耐盐碱和瘠薄是其优良特性，加强这方面的选育有利于我国广大滩涂和荒地的开发，以扩大种植面积并减轻大麦与别的粮食作物争地的矛盾。

表 3-2　啤酒大麦国家标准 GB/T 7416-2000

<table>
<tr><td rowspan="2">1. 感官要求
指标</td><td colspan="6">二棱、多棱</td></tr>
<tr><td colspan="2">优　级</td><td colspan="2">一　级</td><td colspan="2">二　级</td></tr>
<tr><td>感官指标</td><td colspan="2">淡黄色具有光泽，有原大麦固有的香气，无病斑粒，无霉味和其他异味</td><td colspan="2">淡黄色或黄色，稍有光泽，无病斑粒，无霉味和其他异味</td><td colspan="2">黄色，无病斑粒、无霉味和其他异味</td></tr>
<tr><td rowspan="2">2. 理化要求
指标</td><td colspan="3">二　棱</td><td colspan="3">多　棱</td></tr>
<tr><td>优级</td><td>一级</td><td>二级</td><td>优级</td><td>一级</td><td>二级</td></tr>
<tr><td>夹杂物（%，≤）</td><td>1.0</td><td>1.5</td><td>2.0</td><td>1.0</td><td>1.5</td><td>2.0</td></tr>
<tr><td>破损率（%，≤）</td><td>0.5</td><td>1.0</td><td>1.5</td><td>0.5</td><td>1.0</td><td>1.5</td></tr>
<tr><td>水分（%，≤）</td><td colspan="2">12.0</td><td>13.0</td><td colspan="2">12.0</td><td>13.0</td></tr>
<tr><td>千粒重（以绝干计，g）≥</td><td>37</td><td>34</td><td>32</td><td>36</td><td>32</td><td>28</td></tr>
<tr><td>3 d 发芽率（%，≥）</td><td>95</td><td>92</td><td>85</td><td>95</td><td>92</td><td>85</td></tr>
<tr><td>5 d 发芽率（%，≥）</td><td>97</td><td>95</td><td>90</td><td>97</td><td>95</td><td>90</td></tr>
<tr><td>蛋白质（以绝干计，%）</td><td>10.0～12.0</td><td>9.5～12.0</td><td>9.0～13.0</td><td>10.0～12.0</td><td>9.5～12.0</td><td>9.0～13.0</td></tr>
<tr><td>选粒试验(≥2.5 mm)(%,≥)</td><td>80</td><td>75</td><td>70</td><td>75</td><td>70</td><td>65</td></tr>
<tr><td>水敏感性（%）</td><td colspan="2">≤10</td><td>10～25</td><td colspan="2">≤10</td><td>10～25</td></tr>
</table>

第四节　大麦种质资源

种质资源是育种的物质基础。育种上大的突破无不依赖于优良的种质资源。如捷克高产育种的成就在于对矮秆品种 Diamant 的利用；高赖氨酸突变系 RisΦ1508 的育成为高赖氨酸育种奠定了基础。大麦是世界上种质资源研究较为广泛而深入的作物之一。世界粮农组织（1996）对全世界粮食和农业的植物遗传资源状况的报告中认为，大麦遗传资源占全世界遗传资源的 8%，仅次于小麦的 13%而居第二位。照此计算，应该有 48 万份之多，但据 Von Hintum 等（2000）统计只有 37 万多份。其中，保存 1 万份以上的国家有 9 个，最多的为加拿大植物基因资源萨斯卡通研究中心（有 42 899 份），美国农业部国家小谷物种质库有 29 470 份，叙利亚国际干旱中心亦达 25 024份，对这些材料均具有农艺、抗病虫、生理抗性、品质等性状资料。我国于 20 世纪 40 年代末开始收集、研究地方品种，50 年代进行全国性征集达 3 249 份，1974 年为 8 712 份，1979 年召开全国大麦品种资源科研会议作为全面进行大麦种质资源研究的新起点，到 90 年代末，已有 18 132 份。据出版的大麦品种资源目录所载共 13 126 份，其中国内品种 8 310 份，近缘野生资源 1 321 份，国外引进 3 491 份，半野生大麦 4 份。Bothmer（1995）把大麦的基因库分成 3 类，第一类为普通大麦（*Hordeum vulgare*）和近缘野生大麦（*Hordeum vulgare* ssp. *spontaneum*），第二类为球茎大麦（*Hordeum bulbosum*），第三类为大麦属内所有的野生种。第一类和第二类见表 3-1 和远缘杂交的相关内容。以下就第一类关于我国大麦种质资源的特点做一介绍。

一、早 熟 性

由于我国西部海拔高、气候冷凉无霜期短，而东部主产区复种指数高，故大麦早熟资源丰富。早熟的标准是比当地中熟品种早熟 5 d 以上。极早熟品种在苗期均具耐低温（－7.3～－9.0 ℃）的特点。如西藏的祝久玛生育期特短，仅 70 d。从鉴定的 9 801 份国内材料中，早熟品种占 39.8%；而 6 336 份国外品种中，早熟类仅占 18.1%。

二、农艺性状

（一）矮秆性　一般以 91～110 cm 为中秆，71～90 cm 为半矮秆，≤70 cm 为矮秆。植株矮化对单产的提高是显著的，如 19 世纪初，欧洲大麦株高为 100 cm 以上，产量为 3～4 t/hm^2；到 20 世纪 70 年代，株高降到 80 cm，单产达 7～8 t/hm^2。我国原有品种植株偏高，据孙立军报道，从 9 816 份资源中，100～110 cm 的品种占总数的 25.2%，80 cm 以下的仅 100 多份；而国外的 6 338 份材料中 80～90 cm 占 20.8%。这是由于国外以改良品种居多所致。目前国内利用最多的矮秆基因为涡性基因（*uz*），该基因隐性位于第三染色体上，除降低株高外兼具芽鞘、穗、穗节、叶片缩短的多效性。我国的地方品种萧山立夏黄、江苏的尺八和河北的沧州裸大麦均具 *uz* 基因。据张京报道（1994）在编入大麦目录的 147 个矮秆和半矮秆品种中，有上述 3 个品种亲缘的共 93 个，占总数的 64.2%。另一个矮秆基因为 Erectoides（简称 *ert*），系直立密穗型突变体，因形似二棱密穗、直立型变种 Erectum 而得名。该矮秆基因已涉及 31 个位点，其中 9 个已分别定位于 1、3、4、5 和 7 共 5 条染色体上，其中含 *ert*－K^{32} 的 Pallas 因丰产而在欧洲广泛栽培。我国四川的甘孜 809 和 813 亦含有 *ert* 矮秆基因，由甘考 813 又育成 34 青稞、康青 2 号、康青 3 号、康青 5 号等新品种。再一个有名的矮源是 Diamant，含半矮秆基因，由 Valticky 品种经 X 射线处理育成的突变体，二棱，春性，株高仅 50 cm，穗多粒大，已成为欧洲主要的矮源。另外，还有 *sdw* 半矮秆（定位于染色体 3）和 *br* 矮秆（定位于染色体 1 和 4）等基因。据张京（1998）报道，对株高不超过 70 cm 的矮源经多点鉴定，大多属随环境变化的生态型矮秆，遗传稳定型只占 15%左右，在对这些矮源的研究中，在西藏的矮秆种质中新发现 4 对矮秆基因。此外，黄志仁等（1999）从矮秆多节材料中分离出新的矮秆基因（暂名 *dw*－*x*，已定位于染色体 4 上）。这些矮源的发现与应用，有可能克服我国矮源单一化的问题。

（二）大粒资源　粒大可增加内含物的比例，故有利于啤用大麦和饲用大麦。我国原产大麦品种几乎全为多棱型，粒重较低。据孙立军（2001）研究，国内品种平均千粒重 34.7 g，50 g 以上的仅占 2.5%；国外品种平均 40.8 g，50 g 以上占 9.5%。粒重高低与生态环境亦有一定关系，高海拔、高纬度和昼夜温差大的地区如（东北、内蒙古、青藏高原）千粒重高，反之则低。我国随着品种改良的加速，二棱型得到推广，粒重在上升。千粒重在 50 g 以上的国内品种有哈铁系 1 号、凉城大粒、大粒麦等；国外品种有 S－096、S－097、也门二粒大麦、953、Teran 等。大粒型在遗传上为微效基因所控制。

（三）多花多实性　大麦的多花多实主要为六棱型，由于三联小穗排列紧密而小穗退化少而形成大穗。据孙立军研究，我国的多花多实类型由 3 部分品种组成，一是长江流域含有 *uz* 基因的半矮生类型，表现抗倒，粒小，千粒重仅 25g 左右；二是黄河流域的极密穗类型品种，不抗倒，子粒亦小；三是青藏高原的春性和冬性大麦，因其生育期长，生长缓慢，穗分化期长，昼夜温差大，形成大穗。在西藏大麦品种中，每穗 80 粒以上的品种占 3.4%，如紫钩芒青稞，穗粒数可达 100 粒。所以多花多实主要指该地区的这类资源。

三、品质性状

（一）蛋白质含量　大麦作为饲用和食用（包括保健品）时均要求蛋白质含量高。而在啤用时则要求低蛋白含量。据中国农业科学院原品种资源研究所对 6 841 份国内资源和 2 639 份国外资源的测定，蛋白质平均含量分别为 13.48%和 13.51%，相差不大，但其不同含量的分布频率差异较大。蛋白质超过 18%的品种国内品种为总数的 5.73%，而国外仅占 1.97%。以国内地区分布看，东北、西北、华北地区的品种蛋白质含量高，四川、云贵高原的次之，长江中下游及华东、华南的品种较低，而以西藏品种的蛋白质含量最低。吕潇等根据大麦品种资源的蛋白质含量与当地气候等生态条件将大麦蛋白质含量划分为4个生态区：北方高蛋白大麦区、南方低蛋白大麦区、滇川中蛋白大麦区和青藏低蛋白大麦区。并指出，在低蛋白区内，品种间蛋白质含量的变异较大。国内突出的高蛋白且农艺性状好的有紫光芒裸二棱（含蛋白22.6%）、黄长光大麦（含蛋白20.2%）淮安三月黄（含蛋白21.1%）、宽颖裸麦（含蛋白20.2%）等。国外著名的高蛋白高赖氨酸品种Hiproly已为各国培育高蛋白新品种所采用。

（二）赖氨酸含量　在食用或饲用大麦中，就营养平衡而言，高赖氨酸含量甚为重要。据林澄非等对国内外大麦品种的测定，在6 830份国内品种和2 657份国外品种中，含量以0.40%～0.45%的品种频率最高，国内品种占总数的30.4%，国外品种占31.8%；0.45%～0.50%的品种频率分别为28.5%和25.20%；0.50%～0.60%的品种频率则国内品种高出国外一倍。据孙立军以高蛋白、高赖氨酸品种在5个不同生态区重复种植的结果表明，遗传上比较稳定的高赖氨酸资源来自长江流域低蛋白区和滇川高原中蛋白区。如江苏淮安三月黄、云南的紫光芒裸二棱和宽颖裸麦的赖氨酸含量均为0.62%，京裸11为0.60%，Hiproly为0.74%，突变系RisΦ1508和新育成的CA429202等赖氨数含量均在0.70%左右。

（三）啤用品质　啤用大麦的主要品质性状为蛋白质含量9%～11%、糖化力250WK以上、库尔巴哈值40%、微粉浸出率80%以上。这一类主要为国外品种，如加拿大的Harrington、B1215、Oxbow、Stein，澳大利亚的Schooner、Chebec、Franklin，法国的Esterel、Alexis，日本的甘木二条等。国内如江苏的苏引麦2号和港啤1号、甘肃的甘啤系列、黑龙江的垦啤系列，其啤用品质亦已接近国外啤用品种。

四、抗 病 性

我国大麦的主要病害有大麦黄花叶病、赤霉病、条纹病、白粉病等。

（一）大麦黄花叶病　该病是由禾谷类多黏菌为介体，通过土壤传播的病毒病。该病以江苏、上海、浙江为害最烈。20世纪80年代已由上海农业科学院鉴定出150多份抗源。并主要存在于六棱大麦中，四棱型中亦有但少，二棱型中更少。经过育种工作者的努力，已将黄花叶病毒病的抗性由多棱型中成功地转到二棱大麦中。高抗的品种8-2、三墩红四棱、尺八大麦、立新1号、木石港3号以及日本的鹿岛麦、Ea52等。

（二）赤霉病　本病由赤霉病菌（*Gibberella zeae*）侵染而发，主要发生在淮河以南的长江中下游麦区和华南麦区，近年在黑龙江牡丹江地区也有发生。由于该病兼具腐生性，没有免疫品种，故抗源较少。陈宣民等对国内外8 166份大麦品种的测定，穗发病在5%以下的耐病品种仅23份。其中，国内品种19份占总数的0.32%，国外品种4份仅占总数的0.18%。抗源主要存在于浙江、江苏、湖北高发病区品种中。代表性品种有上虞红二棱、义乌二棱、永康二棱等。

（三）大麦条纹病　该病由禾蠕孢菌（*Helminthosporium gramineum* 无性世代）和麦类核腔菌（*Pyrenophora graminea* 有性世代）引起的真菌病害。据浙江省农业科学院陈宣民等对5 100份国内外品种的鉴定结果表明，国内抗性品种38份，占国内品种的0.96%；国外56份，占国外品种的4.9%，其中以欧洲抗源最多，其次为日本、美国和墨西哥。代表品种有德国的Konel、法国的ZF2262和ZF2510、日本的冈12和行幸大麦、美国的Compana和Betzes等。国内有二棱型的草麦、义乌二棱、豫大麦1号；六棱类型有定县农种、乌米大麦、上虞早大麦、临海老来红等。

（四）白粉病　白粉病由白粉病菌（*Erysiphe graminis* DC. f. sp. *hordei* Marchal）侵染而发，具专化性。由于病菌在有性过程中进行毒力基因重组，故易出现新的生理小种。抗源有早熟3号、早熟5号、S-096等。

五、耐 逆 性

大麦是抗逆性强的作物之一，其耐湿、耐旱、耐盐碱、耐瘠薄的特性极为优良。

（一）耐旱性　耐旱性是指大麦对土壤或大气干旱的抵抗能力。中国农业科学院从7 000份材料中通过直接鉴定和反复干旱法鉴定出：1～2级耐旱资源650份，其中国内品种402份。国内耐旱品种的地理分布为陕西、内蒙古、西藏等干旱或半干旱地区。代表性品种有陕西的四棱大麦和秃和尚露仁大麦、内蒙古的凉城大粒洋大麦、西藏的六棱青稞和旱地兰、四川的福鼎和尚、云南的文山大麦等。

（二）耐湿性　在长江中下游麦区和华南麦区的部分地区常有秋涝和春夏的湿害影响大麦生产。仇建德、高达时等人从 8 000 多份国内外大麦品种中鉴定出 1～2 级高耐湿品种 620 份，主要来自江苏、浙江和上海三地，占耐湿品种的 65%，如江苏的红壳大麦、脱芒大麦，上海的上海三月黄、宝山六棱大麦和老脱須，浙江的慈溪懒黄种、浙农大 3 号等。

（三）耐盐性　大麦的耐盐性很强。据美国盐土实验室测定，大麦的耐盐临界浓度高于棉花、大豆、小麦和水稻而居首位，因土壤盐分浓度增加而导致减产的幅度最小。中国农业科学院曾在 2 715 份品种中鉴定出芽期 1 级耐盐品种 44 份、2 级 91 份，苗期 2 级耐盐品种 13 份。代表性品种有黑龙江的东宁皮 4 号、辽宁的二棱裸粒、内蒙古的准格尔草麦、青海的长芒白青稞、西藏的几察扎刮、山东的青岛芒大麦、江苏的盐 007 等。国外品种有美国的 CM72、加拿大的 C2118、丹麦的 Erie、前苏联的敖德萨 100 等。

六、国外引进种质资源

根据近 20 多年来的引种情况，日本的品种较易应用。原因是日本的生态条件与我国较为接近，故有的品种可直接在生产上应用，作亲本亦较好。如半矮生类的西引 2 号（原名线间麦）、鹿岛麦等，抗倒性好，熟期中早，抗大麦黄花叶病，是很好的饲用大麦资源。甘木二条、冈二等二棱型啤用品种产量中等，抗倒性略差，但啤用品质较为优良，也可在生产上直接应用或作为优质资源。欧洲的晚熟垂穗型品种则在原产地因系春播、生育期日照长达 16～18h，在我国秆细易倒，晚熟，适合我国北方春麦区应用。如内蒙古推广的付八（Norai）、黑龙江推广的黑引瑞（Harry），其啤用品质均较好。在我国南方因日照短、雨水多而宜用直穗型品种，晚熟垂穗型较难应用。北美的中、晚熟类型多为春性、多棱或二棱或稀穗六棱皮大麦，以来自美国和加拿大的品种为好。如美国的蒙克尔（Manker）为稀穗六棱皮大麦，啤用品质较好，在我国北方应用。再如 Morex，已用之育成新品种麦特 B23（MaytB23）、莫特 44（Mpytl 44）在新疆种植。加拿大的康奎斯特（Conquest）和博南扎（Bonanza）等多棱啤用大麦和二棱啤大麦哈林顿（Harrington）均已在生产上和育种中应用。此外，澳大利亚的斯科纳（Schooner）亦为优质啤用品种，但引种到我国因晚熟、不抗倒等而不能直接应用。

第五节　大麦主要性状的遗传与选育

一、大麦产量性状的遗传与选择

一般认为，大麦的高产性状是根系发达，不早衰；株型紧凑，叶片配置合理，通风透光；茎秆较矮，坚韧，基部节间短，穗下节长；穗、粒和重三因素结构合理；源库关系协调。

大麦的根系对产量起一定的作用，大麦的初生根多，可以促进幼苗的生长。有报道，在二棱大麦中，单茎或单株次生根多，可增加单位面积根数，增加每穗粒数，并与产量有显著相关，还可提高抗倒性。而在六棱大麦中，单茎或单株根数虽对每穗粒数有作用，但不如二棱型显著。株型紧凑，冠层形态合理，可以建立良好的高产群体，协调个体与群体的矛盾，充分利用光能，从而提高单产。据测定，紧凑型植株基部 1/3 的光强比披散型高 1.5～2.0 倍，因而增加了光合面积及其产物。冠层形态是指植株上部器官如叶片、叶鞘、茎秆、穗部等的分布情况。研究表明，大麦剑叶虽比小麦小，但与穗长、每穗粒重呈显著相关；穗下节长度与穗粒数、千粒重亦有密切相关。另外，穗下节长的类型，其基部节间较短，有利于抗倒，熟相也较好。

大麦产量的穗、粒和重三个构成性状均为数量性状。据原江苏农学院对 30 个二棱型和 20 个六棱型组合的研究，其 F_1 三个性状的杂种势在六棱大麦中为 10%～11%，而且组合间杂种优势的变幅大于二棱型。在二棱型中则只有千粒重达到 11%，且在 F_2 代有较大的杂种势衰退，表明千粒重的 F_1 有较大的显性成分；单株穗数和每穗粒数的杂种势则不足 4%，到 F_2 代衰退到 2%以下。亲子相关在六棱大麦中单株穗数、每穗粒数与粒重在 F_1 到 F_4 代仍为显著或极显著的正相关，而千粒重则有一定的变化。这表明，前两个性状可以通过双亲的表现型预测其杂种组合的表现。杂种组合的遗传率在六棱大麦中以每穗粒数最高，h_B^2 为 77%，$h_N^2$63%；其次为单株穗数，分别为 64%和 45%；千粒重的 h_B^2 为 64%，而 h_N^2 则仅 36%，也说明这一性状非加性遗传成分比前两个性状大。因此，组合产量的亲子相关和遗传率均较高。但如以单株为单位时，其遗传率则要小得多。

根据各产量性状的遗传特点，单株穗数的遗传率较低，故在 F_2 单株选择时，不宜严选，应在 F_3 根据株系的群体表现加以选择。在不同棱型中，二棱型以单株穗数对产量的相关最密切，故尤应选择每株穗数多的类型。每穗粒数和千粒重在 F_2 代有 40%～70%的遗传率，故可作较为严格的选择。而在六棱型中，每穗粒数对产量的作用大于单株穗数，故应多重视穗粒数或穗粒重的选择。另外，单株穗数与每穗粒数间往往存在负相关，故应考虑二者兼顾。

大麦高产性状的选育是复杂而困难的。首先，这些性状为数量性状，受微效多基因控制，在杂种群体中集中所有有利基因的植株频率低。因而 F_2 群体越大，则期望值基因型的频率越高，而过大的群体在实践中较为困难。其次，控制性状的基因作用微小，对有利基因数相近的植株间因差异不大而不易为目测所识别，加之，易受环境条件的修饰，更增加选择的难度。同时，由于产量性状间有正的或负的相关，难以使各性状平衡而达到最高产的效果。

二、大麦品质性状的遗传与选育技术

（一）大麦品质性状的遗传

1. 蛋白质含量 大麦品种间子粒蛋白质含量差异很大，据原江苏农学院对 600 多份品种的测定，蛋白质含量在 8.4%～15.7%之间。研究表明，在多数情况下，蛋白质含量低为显性，高为隐性。黄志仁等（1991）对 F_2 与 F_2、F_3 两年 3 个杂种世代的测定，除个别组合有微弱的正向优势外，余均为负向优势（－10.81%～－16.92%），说明负向优势较大。据王林济等（1986）报道，蛋白质含量的广义遗传率为 54.86%。综合国外研究，遗传率差异很大，h_B^2 为 5%～8%，h_N^2 为 6%～8%（Russmuson，1985）。对蛋白质含量的配合力分析，有的试验结果显示一般配合力和特殊配合力均极显著，有的仅一般配合力显著，但一般配合力方差在多数试验中大于特殊配合力方差。因此，多数情况下，基因作用以加性为主，但也有以显性为主的报道。考虑到蛋白质含量属于胚乳性状，而胚乳是三倍体，黄志仁等（1991）用同一材料经二倍体模型和三倍体模型进行遗传分析，结果表明，两种模型均符合加性-显性模型。但二倍体模型为部分显性，而三倍性模型为超显性。

子粒蛋白质含量与赖氨酸含量、淀粉含量及浸出率均为负相关，而与糖化力为正相关。许多试验表明，子粒蛋白质含量与单株产量呈负相关，与千粒重的相关则有正有负。控制醇溶蛋白质的 *Hrd*A、*Hrd*B、*Hrd*C、*Hrd*D、*Hrd*E、*Hrd*F 和 *Hrd*G 7 个基因均在第 5 染色体上。

2. 赖氨酸含量 王林济等研究，子粒中赖氨酸含量的杂种优势平均为－8.9%，仅少数组合为正向优势，说明低含量为显性，遗传上符合加性-显性模型，基因作用以加性为主，其遗传变异容易在杂种后代中固定。

赖氨酸含量与蛋白质含量存在负相关，因子粒蛋白质含量增高时，增加的主要是醇溶蛋白，而醇溶蛋白的赖氨酸含量低。已知的赖氨酸基因为 *lys*、lys_3（染色体 7）、lys_2（染色体 1）、Lys_4（染色体 5）、lys_5 和 lys_6（染色体 6）6 个。另有 $notch_1$ 和 $notch_2$ 两个基因尚未在染色体上定位。

赖氨酸含量高是由于其蛋白质组分中醇溶蛋白低而清蛋白、球蛋白和麦蛋白的比例增高所致。高赖氨酸突变体（如 RisΦ1 508）的醇溶蛋白仅占蛋白总量的 9%，而其原始品种 Bomi 则为 29%，清蛋白、球蛋白在 Bomi 中占 27%，而 RisΦ1 508 则为 46%。高赖氨酸基因 lys_3，除提高赖氨酸含量外，尚具多效性，如减少胚乳中淀粉含量、改变胚乳细胞的亚显微结构以及胚乳中酶的含量和活性等，以致种子皱瘪影响产量。但经过杂交改良，这一缺陷可以得到克服。丹麦的 Rang - Olsen 等（1986，1991）通过赖氨酸育种，已得到保持 RisΦ1 508 高赖氨酸水平而产量与正常品种相近的 Ca429202 等新品种。

3. 淀粉含量 Torp（1980）报道，春大麦品种间淀粉含量变动在 43%～63%之间，据原江苏农学院的测定，淀粉含量以二棱型高于多棱型，裸大麦高于皮大麦，h_B^2 达 90%以上。

淀粉高含量为隐性，在三倍体胚乳中表现剂量效应。如 Hiproly 品种中的 *Stb* 基因（染色体 7）控制胚乳淀粉凝结，随着 *Stb* 基因的增加，淀粉凝结成块状，相反，则淀粉逐渐成颗粒状。

4. 子粒饱满度 子粒饱满度属数量性状，故易受环境条件影响。其 h_B^2 为62%左右，h_N^2 为41%左右，遗传进度达18%左右，故改良潜力较大。子粒饱满度的一般配合力与特殊配合力均显著，但亦有仅一般配合力显著的报道。

5. 糖化力与淀粉酶 糖化力是由α-淀粉酶和β-淀粉酶的活力所组成的淀粉水解特性指标。子粒糖化力的基因 *Dip* 位于染色体6上。已有试验表明，h_B^2 平均为82%，$h_N^2$58%，遗传进度也较高（为20%）。国内研究在多数情况下，低糖化力为显性，但也有人认为其显隐性因亲本而异。

α-淀粉酶是大麦子粒发芽后由赤霉酸诱导而在糊粉层中形成的，已定位的是 Amy_1（染色体6）和 Amy_2（染色体1）。基因效应以加性为主或加性显性同时存在。陆美琴（1990）报道，h_N^2 可达85%，国外报道为65%。该性状与麦芽浸出率和库尔巴哈值均呈显著正相关而与千粒重负相关。β-淀粉酶有游离状态和结合状态，前者存在于糊粉层中，后者存在胚乳中。Allison等（1973）报道，该酶的同工酶有3种类型（SD^a、SD^e 和 SD^5）由一对共显性等位基因控制。Hejgaard等（1979）发现，衍生于Hiproly的高赖氨酸品系，其淀粉酶活性比正常品种高5倍，因此，β-淀粉酶活性高可作为分离群体中选择高赖氨酸的标记。

6. 库尔巴哈值 库尔巴哈值又称蛋白质溶解度，是麦汁中可溶性氮与麦芽中全氮的比值，一般要求40%左右。大麦子粒发芽时蛋白质的分解与合成异常复杂，如胚乳中蛋白质分解后又移动到胚中为芽和根的生长合成新的蛋白质，是一个动态过程。库尔巴哈值的 h_B^2 仅31%，选择效果较差。配合力分析结果，有的仅一般配合力显著，有的一般配合力与特殊配合力都显著，基因效应以加性为主。但麦汁氮和麦芽氮含量均存在显著的遗传变异，故选择的余地较大。

库尔巴哈值与麦芽浸出物、α-淀粉酶呈极显著的正相关，与蛋白质含量则呈负相关。

7. β-葡聚糖 β-葡聚糖是大麦胶的主要成分。据杨煜峰等（1986）研究，该性状以低含量为显性，h_B^2 为74%，h_N^2 为37%，遗传上符合加性-显性模型，基因效应以加性为主。β-葡聚糖与淀粉含量为负相关，故降低其含量有利于提高淀粉含量。

8. 原花色素 原花色素在啤酒中与蛋白质结合会引起沉淀，是影响啤酒质量的重要因素。原花色素含量品种间差异不大，化学诱变以 NaN_3 最有效，可以得到无或少含原花色素材料。到1991年已发现700多个突变体，通过等位基因分析共有 ant_1～ant_{28} 共28个基因位点，我国杨煜峰（1994）亦从甘木二条等12个品种中诱发出49个突变体。其中 ant_1，ant_2，ant_{13} 和 ant_{17}，分别位于染色体1、2、6和5上。其中，ant_{13} 基因具有较高的糖化力和子粒饱满度以及较低的蛋白质含量，其浸出率也高于 ant_{17}，更有利于育种利用。

9. 浸出率 浸出率在品种间差异很大，由于属数量性状，易受年份、地点、氮肥的影响。大麦子粒浸出率 h_B^2 为57%，h_N^2 仅12%，在 F_1～F_3 代存在显性和上位性等非加性效应。其一般配合力和特殊合力均显著。陆美琴（1990）对麦芽浸出率的配合力与遗传率研究亦得到类似结果。

麦芽浸出率与蛋白质含量呈极显著的负相关。因此，为求得高浸出率，啤用大麦子粒的蛋白质含量不能高。

（二）大麦品质性状的选育技术 大麦的品质育种，首先应根据专用型育种目标选择优质资源，如饲用的高蛋白含量和高赖氨酸资源，啤用的低蛋白含量和高浸出率，食用的高蛋白质、高赖氨酸、高β-葡聚糖含量等。其次，啤用的品质性状多，如果以啤用品种与饲用品种杂交，则杂种后代很难选到各啤用品质性状均符合要求的材料。因此，应用啤用品种间杂交，以使多数啤用品质性状分离不大，而仅个别或少量性状得到改良而育成新品种。再次，品质性状与产量性状之间存在一定的相关，在选育时应尽量利用有利相关而避免不利相关，以提高育种效果。

饲用品质的改良应选取蛋白质、赖氨酸含量高的品种，与农艺性状好、抗性高的品种杂交。如泾大1号与Hiproly杂交育成蛋白质含量达15%以上的扬饲麦3号。亦可以高蛋白质、高赖氨酸含量亲本作为非轮回亲本，与高产品种杂交，再用高产品种作为轮回亲本通过回交把双高性状转入高产品种。对杂种后代的选择应根据蛋白质、赖氨酸高含量的显隐性决定选择世代。当蛋白质高含量为隐性时，因早期显性作用大，杂种蛋白质含量偏低，故应推迟选择世代，期待隐性纯合高蛋白质材料的出现而避免在早代被淘汰。

对蛋白质含量的选择，应注意克服其与产量之间的负相关，应考虑蛋白质含量不是特别高但子粒产量高而单位面积收获的总蛋白量高的材料。

在高赖氨酸育种中，由于已鉴定的高赖氨酸基因均有降低淀粉合成和降低醇溶蛋白的作用，从而形成胚乳皱瘪的种子，需通过与农艺性状好的品种反复杂交，并选择大胚种子逐渐加以克服。

在食用品种选育中，除要求高蛋白、高赖氨酸等营养品质外，还要求食味好，而有的高产品种（如藏青稞）食味较差。因此，在应用高产品种作亲本时，对杂种后代选择应兼顾高产与食味的选择。

在啤用品质选择时，对众多的性状可以分在不同世代进行选择。对遗传上较为简单的性状（如皮壳率）可从早代选择粒型短圆、腹径大、皮壳薄而有横向皱纹的类型，千粒重和饱满度的选择可通过目测。

糖化力和浸出率，多数研究认为遗传率高，早代可以选择。据 Taya 等（1979）报道，从 F_5 代开始麦芽浸出率的测定，每年测定 2 000～3 000 个样本，F_5、F_6 世代每样本 60 g，F_7 每样本 270 g，同时结合子粒含氮量和淀粉酶活性的测定，使大麦的浸出率得到有效的提高，同时，糖化力也得到了改进。

在许多啤用品质性状中，应以蛋白质含量为主要指标。因该性状与其他品质性状（如糖化力、浸出率以及制麦工艺）有密切关系，并直接影响啤酒的产量与质量。由于低蛋白的含量在多数情况下为显性，F_2 单株种子少，F_3 株系性状尚在分离，故除少数优系外，可在 F_4 代开始测定。

随着测试技术的改进，多种微量、快速而较为实用的测定技术在品质育种中得到应用，如近红外谷物分析仪在 F_3 家系用 20 g 麦芽即可测定蛋白质、库尔巴哈值、浸出率等重要性状。用改良的折光计检测浸出率只需 1.25 g 子粒样本。

三、大麦抗病性的遗传与选择

（一）大麦黄花叶病　大麦黄花叶病的抗性有显性、部分显性和隐性之分。上海农业科学院用 117 个高抗品种与重感品种早熟 3 号杂交，结果完全显性的 27 个，不完全显性的 43 个，隐性的 47 个。原江苏农学院研究表明，大麦黄花叶病的显隐性较为复杂，因组合不同而异。日本的研究发现，原产我国的抗源木石港 3 号的 *Ym* 基因为显性，而诱变品系 Ea52 中的 ym_3 为隐性。因而，许多研究认为，大麦黄花叶病抗性为主基因所控制。俞志隆则认为杂种后代的抗病性级别和发病率呈数量性状遗传。其依据为抗性易受气温、光照等环境条件影响；亲本和 F_1 群体抗性不一致；F_2 代抗性分离不符合孟德尔比例而呈连续性变异，且符合加性-显性模型但以加性作用为主；h_B^2 也较高，F_1 达 86%，F_2 高达 93%。朱睦元、黄志仁等研究表明，大麦黄花叶病的抗性既有主基因，也存在修饰基因，黄志仁发现 3 个免疫品种间互相交配的 3 个组合中有两个组合的 F_2 代出现轻微病株分离但又不符合孟德尔分离比例。已经确定的抗病主基因为木石港 3 号的 ym_1 存在染色体 4 的短臂上，呈显性，与三叉芒基因 *K* 有 29.4%的重组值。木石港 3 号另有一个较弱的抗性基因。在御掘裸品种中存在一个显性抗病基因 ym_2 位于染色体 1 上，它和裸粒基因（*n*）的重组值为 31.4%。另也有一个微弱抗性基因，在突变体 Ea52 上为隐性抗病基因 ym_3；在欧洲品种 Ragusa 中的抗性基因为 ym_4，已定位于第 3 染色体上。另外，朱睦元等通过 24 个隐形抗病品种与 Ea52 的正反交发现 3 个与 ym_3 不同的抗病隐形基因（暂定名 ym_5、ym_6、ym_7）。

由于大麦黄花叶病的抗源主要存在于六棱型中，而目前应用的又是二棱型，在用抗病的六棱型与感病的二棱型杂交时，后代容易产生不能应用的棱型的中间型和密二棱型，从而增加了抗性与优良农艺性状结合的困难。通过多年转育，目前已育成抗性高而优良的二棱类型。

在杂交选育抗病品种时应考虑如下几点：①杂种应种在发病重而均匀的病田中，以使杂种的抗性得到正确的鉴定。同时，应适期早播、少施肥以利于发病，提高选择效果。②对杂种早代抗性的选择不宜过严，以免把抗性稍差而农艺性状优良的材料淘汰掉。而且，轻微发病的品种，只要不影响产量即可应用。据此，原江苏农学院对抗病性的选择程序为：F_1 种于重病田中，以确定各亲本抗性的显隐性，淘汰亲本抗性较弱而 F_1 病重的组合；F_2 种植在无病田中以选择农艺性状优良的材料；F_3 株系种重病田中，以淘汰严重感病的株系，而对感病但农艺性状特优的可以保留。经过 F_3 代株系选择，为所选材料的抗病性奠定基础。继后世代可在无病田或轻病田内选择，到品系鉴定时，可在重病田内再做一次抗性鉴定。经过这一程序，既可保证所选品系的抗病性，又可使抗性稍差而农艺性状好的材料得到保留。③由于病毒出现株系分化有多种类型，故所选的品种应通过多点鉴定，以明确其抗性的广谱性。

（二）白粉病抗性的遗传与选育　大麦白粉病的抗性已知有小种专化性和非专化抗性。在 17 个抗性基因中，只有 *ml*-0 为隐性，其余均为显性，而 *ml*-0 的特点是抗已知所有的生理小种。

在进行抗性选育时，应创造多湿而重肥的环境条件，以利于诱发病害。对专化抗性的选择可从苗期开始，而对水平抗性的选择在成株期更为有用。对抗性的鉴定除目测外，根据已知抗病基因在染色体上的定位可以采用分子标记辅助选择。有人认为，利用酶联免疫吸附法可以客观地估测对白粉病的水平抗性而加以选择。

第六节　大麦主要育种途径与方法

一、引　种

大麦引种的直接应用依据是地区间温、光、雨量等生态条件的相似性和品种生态类型的适应性。但在引进种质资源时不受这一条件的限制，可通过温室等条件加以利用。一般而言，春性而对光照不敏感的类型，其适应性较强，引种较易成功。20 世纪 60 年代我国生产上仍以地方品种为主时，从日本引进的早熟 3 号即因具春性、适应性较广而取得成功，从长江下游沿江而上直到四川以至后来引到北方春麦区均能种植，1977 年全国最大面积达 9×10^5 hm^2（1 350 万亩）以上，并为我国从种植六棱型转为二棱型、从种植地方品种转为改良品种大幅度提高单产方面起到巨大作用。其后，以它作亲本育成的品种多达 59 个。再如从丹麦引进的矮秆齐，对北方春麦区产量的提高也起到很大作用，以其作亲本育成新品种 24 个，仅次于早熟 3 号。还有如蒙克尔（Manker）、博南扎（Bonanza）、黑引瑞（Harry）、西引 2 号等引进品种在我国也得到广泛种植。

在引种后的生产过程中，由于生态条件与原产地的差异或品种本身异质性得到表达而产生新的变异，也为系统选育提供了可能。

二、杂交育种

杂交育种是我国目前大麦育种的基本育种方法。

（一）确定育种目标　根据当地当时生产及以后发展所需的饲用、啤用或食用等用途，对未来品种定出高产、优质、抗病、抗逆性等方面的具体目标。如高产的育种目标在江苏、浙江、甘肃等主产区应在 6 000 kg/hm^2 以上，同样的产量水平，对不同类型品种的产量构成性状的要求亦有差异，在二棱型中每公顷穗数应在 900 万左右，而在六棱型中则至多 750 万。再如对子粒蛋白质含量的要求，在啤用中以 9%～11%为好，而在饲用中则应在 13%以上。对抗病性、抗逆性等各种抗性目标亦因不同地方的具体情况而定。

（二）亲本选配　在杂交育种中，首先应确定主体改良品种，这一品种必须是产量、品质、抗性等综合性状优良而仅个别或极少数性状需要改良，然后选择另一或几个能补足其缺点的品种，配制单交、双交或三交等组合。这是一般原则，在具体选择时，还应根据不同用途等考虑。如在高产育种时，可以选择不同棱型不同来源的亲本进行杂交，以增大杂种群体的遗传变异。据原江苏农学院（1992）的研究，不同棱型间杂交的 F_2 代的遗传变异显著大于同棱型间的杂交。不同地理来源间的杂交同样也优于相邻地区品种间的杂交。而在以啤用品质为目标的杂交选育时，由于啤用品质性状多而要求严格，则尽量在啤用品种中选择亲本。

（三）杂种后代的处理　杂种后代的处理基本上为系谱法和混合法两种，当然也有一些派生法。目前我国大麦育种绝大多数采用系谱法。其实混合法也是一种很好的方法，其优点是方法简便，工作量小，每年只需对杂种分离当代的组合混种混收，经 3～4 年待群体中各性状基本纯合后再进行单株选择，进而进行品系比较，育成新品种。采用这种方法在理论上必须解决两个问题：在混合种植中能否依据组合的产量水平选出高产组合而淘汰不良组合；同时，高产组合是否比低产组合有较高的高产基因型频率和产量潜力。

扬州大学农学院从 20 世纪 80 年代起经过 10 年的试验证实了以上两个问题。他们以六棱大麦为材料，用 8 个大麦品种组成 15 个杂种组合，从 F_2 代开始，经过连续 5 年的组合产量比较（表 3-3），尽管各组合的产量在不同年份间有一定的变化，但各年各世代产量高低的趋势是一致的，表明通过组合产量比较可以有效地筛选出高产组合并淘汰低产组合。而且只需经过 2～3 年的组合产量比较即可确定所需的高产组合。例如分析 1982—1984 的 F_2～F_4 共 5 次测验产量比较中，以 15 个组合的产量平均为分界，则有 5 个组合的产量每年均高于平均数，4 个组合每年均低于平均数，1 个组合 3 次高于平均数，2 个组合 3 次低于平均数，总体上有 12 个组合可以肯定为高产或低产，占总组合的80%。若以产量的$\overline{X}+0.5LSD$作为选择标准，则有4个组合高于$\overline{X}+0.5LSD$，占15个组合的27%，这样通过早代产量比较，可淘汰73%的组合，如结合株高、抗病等其他性状加以选择，则选取率还要低一些。因此，通过早代产量比较是可以选择到优良高产组合的。第二个问题是在高产组合中是否有较多的高产基因型。他们从上述15个组合的F_6代中，选取高、中、低产各一个组合，从每组合中随机抽取30株共90株经过连续3年株系产量比较（表3-4），高产组合通元1号×鹿岛的30个株系的平均产量、最低株系和最高株系产量均高于中产和低产组合，表明在高产组合中存在较多的高产基因型，其产量潜力也高于中产和低产组合的株系。因而，混合法处理杂种后代的方法是可行的。

表3-3　杂种组合在不同年份和世代的小区产量（g/小区）

组　合	1982	1983		1984		1985		1986		平均
	F_2	F_2	F_3	F_3	F_4	F_4	F_5	F_5	F_6	
8023白×765	603.3	285.0	278.3	546.7	642.3	435.3	576.7	515.0	560.0	493.6
8023白×72-44	541.3	280.0	243.3	621.7	624.3	608.3	450.0	505.0	435.0	478.8
8023白×鹿岛	620.7	441.7	398.3	738.3	711.7	632.7	531.3	451.7	613.3	571.1
村农元麦×765	303.3	290.0	248.3	535.0	588.3	441.0	475.0	540.0	426.7	427.5
村农元麦×72-44	602.0	431.7	385.0	718.0	668.3	526.3	505.7	538.3	683.3	562.0
村农元麦×鹿岛	793.3	526.7	436.7	833.3	688.3	672.0	577.7	490.0	528.3	616.3
757×765	627.3	461.7	341.7	783.3	690.0	703.3	527.0	460.0	567.3	573.5
757×72-44	578.7	376.7	335.0	696.7	710.0	665.3	635.0	503.3	498.3	555.4
757×鹿岛	910.7	580.0	445.0	758.3	656.7	541.3	729.0	526.7	628.7	641.8
通元1号×765	596.3	592.7	293.3	648.3	633.3	459.3	578.3	500.0	470.0	530.2
通元1号×72-44	803.7	421.7	420.0	754.0	713.3	630.3	666.7	668.3	480.0	617.6
通元1号×鹿岛	935.9	533.3	628.3	778.3	688.3	698.0	751.3	573.3	640.0	691.9
机械禾×765	563.0	450.0	343.3	815.0	671.7	641.0	466.7	551.7	565.0	563.0
机械禾×72-44	690.7	493.3	388.3	786.7	778.3	527.7	494.3	630.0	625.0	601.6
机械禾×鹿岛	739.7	548.3	425.0	833.3	721.7	701.0	708.3	551.7	626.7	650.6
平均$\overline{X}$	660.7	447.5	374.0	723.1	679.1	592.0	578.2	533.7	556.5	571.6

表3-4　不同产量水平组合内30个株系的产量分布（g/小区）

年份	组　合	最低株系产量	<200	201～250	251～300	301～350	351～400	401～450	451～500	501～550	551～600	601～650	>650	最高株系产量
1987	通元1号×鹿岛	366.5					4	11	10	4	1			586.9
	通元1号×765	221.3		2	4	7	6	8	3					500.0
	8023白×鹿岛	213.5		1	10	11	5	3						416.3
1988	通元1号×鹿岛	234.5		1	1		2	10	9	3	1	2	1	680.5
	通元1号×765	174.4	1	1	4	6	12	2	1	3				578.3
	8023白×鹿岛	181.4	2		4	6	8	8	2					452.4
1989	通元1号×鹿岛	257.3			2	11	12	3	1		1			504.2
	通元1号×765	172.2	1	2	10	6	6	3	2					486.8
	8023白×鹿岛	177.5	1	5	9	5	6	2	2					489.6

三、诱变育种

应用物理化学因素诱发遗传变异，具有提高变异频率、打破不良性状连锁、有效地改变某一性状并使变异迅速稳定的特点。所以，诱变育种不仅是对杂交育种的补充，并具有其不可替代性。特别是大麦为二倍体作物，经诱发产生的变异容易得到表现和稳定。所以，大麦是很适宜于诱变育种的作物。在实际应用上，大麦早在1942年就育成抗白粉病的突变体。半个多世纪以来，大麦的理化诱变已取得了很大的成就。据统计，到1975年，经突变育成36个品种，1987年增加到77个，占粮食作物诱变品种数539个的14.3%，位于水稻、小麦后居第三位。1995年增至240个，为粮食作物突变品种828个的29.0%，仅次于水稻而居第二位。著名的是瑞典用X射线照射干种子，于1962年育成新品种Mari比原品种早熟8 d且矮秆，使大麦的种植区域向北推移。再如原捷克斯洛伐克用X射线处理Valtcky干种子于1965年育成矮秆抗倒、抗病、高产的啤麦品种Diamant，1972年其种植面积占该国的43%。并且上述两品种成为重要的骨干亲本，Mari的衍生品种达14个，在北欧得到广泛种植；Diamant的衍生品种达135个，其种植面积占全欧大麦面积的54.6%，达2.56×10^6 hm^2，其中包括德国著名的啤麦品种Triumphy。我国经辐射育成的盐辐矮早三也得到广泛种植，曾占江苏大麦面积的40.8%。

（一）大麦的辐射敏感性　大麦的辐射敏感性与诱变效率有密切的相关。因此，了解辐射的敏感性对选择剂量和具体材料有密切的关系。大麦类型间和品种间的辐射敏感性有很大的差异，裸大麦比皮大麦敏感，六棱大麦的敏感性大于四棱大麦更大于二棱大麦。王彩莲等（1990）、冯志杰等（1991）把大麦划分为极敏感型、敏感型、中间型、迟钝型和极迟钝型5类。辐射育成品种和农家品种常属迟钝型或极迟钝型，杂交育成品种常属敏感型和中间型。有人在大麦中发现，敏感性差异在遗传上受一对等位基因控制。在不同的器官、组织、细胞间辐射敏感性也不同，正在生长的部分比老熟的敏感，根比芽敏感，在各种组织中以分生组织最敏感，分生组织中以性细胞比体细胞敏感，性细胞中卵细胞比花粉细胞敏感，合子休眠期细胞更敏感，离体培养组织中愈伤组织比种子敏感，花粉愈伤组织敏感性大于体细胞愈伤组织。

不同生长发育时期敏感性也不同。生长旺盛期对辐射最敏感，生殖生长期比营养生长期敏感，开花期比幼苗期敏感，减数分裂期敏感性大于幼穗形成期，雄配子的敏感性由强到弱依次为减数分裂期、单核期、二核期、三核期，合子期的中期为对辐射敏感的高峰期。据冯志杰等（1991）在个体、细胞、分子水平上研究品种敏感性后指出，品种辐射性强弱与诱发突变频率的高低有明显的对应关系，即敏感性强则诱发突变的频率高。

（二）不同诱变因素的诱变效果　理想的诱变是定向诱变，即通过一定的诱变因素和剂量处理会出现期望的性状，但目前还做不到。据日本报道，不同诱变源对大麦的诱变效果为甲基磺酸乙酯＞氮丙烷＞中子＞γ射线（长期照射）＞γ射线（辐照种子）。Nilan（1981）则认为，用于大麦的诱变因素主要为γ射线、X射线、EMS、DES、NMV和NaN_3，并认为NaN_3是最有潜力的诱变剂。就大麦的不同性状而言，许多试验表明，γ射线对早熟性的诱变效果最好，鹈饲保雄（1983）比较了γ射线、热中子、EI、EMS、NMU等理化因素诱发早熟突变的频率，从选得的61个早熟突变体中，31个是γ射线诱发的。美国和瑞典的研究指出，NaN_3是大麦半矮秆最好的诱变剂，其突变频率最高。丹麦用EI处理Bomi种子育成高赖氨酸的RisΦ1 508。Bushkyaviehyus（1987）认为，用2.58×10^8～3.87×10^8 C/kg（10～15kR）γ射线照射种子和0.03%EI溶液浸泡种子是获得高蛋白突变体最有效的方法。在大麦雄性不育的诱变研究中，日本农技水产研究情报（1971）报道，用甲基磺酸乙酯或氮丙烷处理比γ射线辐射更为有效。山下淳则提出，EI诱发大麦雄性不育突变的效果优于γ射线。诱变还可用于克服远缘杂交不亲和性。杨平华等（1990）利用γ射线慢照射使大麦的正反交结实率分别提高了53.8%和57.6%。抗病性突变是育种家所期望的，第一个抗大麦白粉病的突变基因*ml*-0就是用X射线照射所得。据认为，用γ射线长期慢性照射植株的效果最好；其次为γ射线照射种子和EMS或EI处理。但山口勋夫（1985）用EI和γ射线处理3个大麦品种，获得的16株抗白粉病的二棱大麦突变体均来自于EI处理。提高产量是育种最重要的目标，前民主德国于1955年用1.29×10^8 C/kg X射线育成的第一个突变品种Jutta就是高产品种，捷克用2.58×10^8 C/kg X射线育成的Diamant更是特高产品种，但这些品种的高产并非完全是由于产量性状的改良而是包括了抗倒能力的增强。产量性状由微效基因控制，因此应归之于微突变的作用。有人认为诱发产量的提高，EMS的效果要高于γ射线。还有的认为高产诱变的效应其大小顺序为NED＞DES＞EI。以上这些结果仅是实验性的，还有待今后的验证。

（三）诱变育种的发展趋势

1. 诱变育种与各种育种方法的结合　诱变与杂交结合可进一步为育种提供高产、优质、抗病等优良种质资源乃至育成新品种，如瑞典自1928年开始以大麦为主要对象的诱变育种研究，除育成品种外，还获得近万份突变资源保存于北欧基因库（Nordic Gene Bank）并对其进行遗传、生理、品质、抗性、农艺性状和生态特性以及育种利用价值的研究。诱变与离体培养等生物技术的结合，对离体培养组织等进行理化诱变的效果大于对植株种子等的处理，因而更易诱发遗传变异，提高育种效率。大麦在与其他种属的远缘杂交难度很大，而诱变可以克服远缘杂交的不亲和性，从而容易实现外源基因的导入，创造新种质和育成新品种。

2. 诱变因子的综合应用　诱变因子的综合应用，可起到相互配合的作用。如俞志隆用γ射线加 NaN_3 处理沪麦6号，使种子的蛋白质从10.68%提高到11.24%～21.95%，赖氨酸含量为0.41%～0.64%的各种突变体。毛炎麟等用γ射线、快中子和 NaN_3 处理矮秆齐得到优质、早熟的突变体。

四、加倍单倍体育种

大麦的加倍单倍体育种技术已较为成熟，目前在大麦育种中应用的主要为两种方法：花粉培养和球茎大麦法。

（一）花粉培养　利用大麦花粉培养产生单倍体植株由Clapham于1973年首次报道。在大麦花粉的离体培养中其影响因素很多，大体分为供体本身和培养条件两方面，前者为基因型、供体植株的生长状况、花粉发育时期等；后者为培养基成分、培养的光、温等条件、培养方式等。

1. 供体本身

（1）基因型　研究证明，在大麦花粉培养中，不同基因型之间愈伤组织的诱导率和植株再生率有很大的区别，大多数品种的愈伤组织诱导率较低，在10%以下，甚至为零。再生植株率则更低，多数品种在0%～1.5%之间。黄剑华等（1989）以10个品种为材料，7个二棱大麦的平均出愈率为4.03%（1.44%～9.64%），3个多棱型为1.17%（0.75%～1.85%），而绿苗率分别为1.03%（0～2.32%）和0.13%（0～0.31%）。故二棱型优于多棱型，并以早熟类优于晚熟类。

（2）供体植株的生长条件　Foroughi-Wehr等（1979）在不同生长条件下种植供体大麦以研究生长条件对花粉诱导的影响时发现，光照14 h、温度12 ℃，黑暗10 h、温度5 ℃下花粉培养的效果最好（有人认为这与E花粉粒有关，因为E花粉粒具有雄性发育潜力而与愈伤率及绿苗率密切相关。而E花粉粒的多少既与基因型有关，又受环境条件的影响）。黄剑华报道，用早、中、晚熟大麦通过分期播种、减数分裂前期追施N肥能提高出愈率。

（3）花粉发育时期　花粉母细胞从开始发育到花粉成熟要经过一系列发育过程。研究表明，以单核靠边期花粉的愈伤组织诱导率最高。除花粉发育时期外，对大麦花药在培养前进行低温处理也能提高出愈率。一般认为，处理低温为3～5 ℃，时间为21～28 d效果最好，但其效果与品种的基因型、花粉的发育阶段甚至主穗或分蘖穗的不同有关。

关于低温预处理提高出愈率的原因可能为通过预处理使尽可能多的小孢子转化为E花粉粒；促使花粉脱落酸（ABA）以外的内源激素的变化，从而影响愈伤组织的形成；破坏小孢子与绒毡层的联系，使小孢子孤立，诱导花粉胚胎的发生。

2. 培养基及培养条件　常用的马铃薯培养基、N_6、改良的MS、LS培养基等都可用于大麦的花粉培养。经多年探索，在基本培养基中加入0.5～1.5 mg/L的2，4-D以及0.2～0.5 mg/L的激动素能显著提高出愈率。还有研究表明，在无激素的MS培养基中增加2 mg/L的L-丙氨酸、2～12 mg/L的天冬氨酸能提高出愈率和植株分化率。有的认为，培养基中的琼脂含有抑制性物质，使花粉粒转成胚状体时受影响。Sorvari（1986）曾用玉米、大麦等5种作物的淀粉取代琼脂，结果以大麦淀粉的效果为好。其原因可能是愈伤组织能分泌分解大麦的淀粉物质以供其生长所需。

（二）球茎大麦法　球茎大麦为多年生野生大麦，有二倍体和四倍体两种类型，花药大而外吐，属异花授粉。当球茎大麦与栽培大麦杂交后，其合子在生长发育过程中由于球茎大麦的染色体在细胞分裂中逐步消失而只剩下栽培大麦的染色体而得到单倍体，对单倍体进行染色体加倍即可得到纯合的二倍体。此法在国外已应用于育种，如加拿大农业部育种站即以此作为主要的育种方法。我国江苏省农业科学院和原浙江农业大学均做过研究。据仲裕泉报道（1988），其育种过程大致为以下几个步骤。

1. 杂交　栽培大麦为二倍体，球茎大麦也应选二倍体。因四倍体球茎大麦与栽培大麦杂交后其合子内有两套球茎大麦染色体，不易消失。杂交时，因球茎大麦的细胞质会给杂种带来生长慢、育性低、种子小的影响，而其花药大而花粉数量多，故应以球茎大麦作父本而以栽培大麦的 F_1 或 F_2 代作母本。但球茎大麦为冬性，生育期长，开花迟，故应在杂交当年春季1～2月份把球茎大麦移入温室，每天给予18 h光照使其提早开花以与栽培大麦花期相遇，授粉后翌日用75mg/L GA_3或40mg/L 2，4-D喷雾，连续处理3 d，促使其杂种种子发育。

2. 幼胚培养　在授粉后12～14 d取下杂种种子，此时种子呈黄色、皱缩，胚体内充满液体（如幼胚发育正常则为自交的种子），取下的种子经75%的酒精表面消毒1～2 min，然后浸入漂白粉10 min，取出后用无菌水冲洗3～4次。在解剖镜下无菌操作剥取幼胚置于授粉后14 d左右的母本栽培大麦胚乳上，接种于试管的B_5培养茎上，可加5 g/L活性炭和15 mg/L多效唑，在20～25 ℃、12 h光照下培养半个月即可出苗。当小苗两张叶片时移到0～4 ℃冷库中越夏，10月上旬出库，在阳光充足处生长，植株转绿后，移到Knop溶液中培养，经3～4 d可长出新根。如不在冷库中越夏也可去南方夏繁。

3. 染色体加倍　长成的幼苗为单倍体，其自然加倍率为1%～3%，故应对其人工加倍。将已发根的幼苗直接放在秋水仙碱浓度为0.04%的Knop溶液中处理4 d，或具2～4个分蘖时从土壤中取出洗净剪去根颈3 cm以下的根系，置于0.05%秋水仙碱加上2%二甲基亚砜（DMSO）的溶液中浸泡根部和部分叶片，在白天20 ℃下处理5 h，然后清水冲洗后移回土壤。经加倍处理后幼苗单倍体和二倍体并存。其中，未加倍的单倍体植株矮小、叶片和花药均较小，花期长而不育或部分不育。已加倍的二倍体植株则生长正常。

五、远缘杂交

大麦属内有29个种，其中，只有普通大麦是栽培种，其余均为野生种。具有100多年历史的大麦品种改良，主要利用的是栽培种内的变异。随着改良品种的推广，其遗传基础日益狭窄，而野生种不仅数量多，且分布极为广泛，在各种自然选择条件下形成许多优良特性，已鉴定出的就有对网斑病、叶锈、根腐、叶斑、黄花叶病等抗性以及抗寒、耐涝、耐旱、耐盐碱和雄性不育性等，通过种间或属间杂交，将其优良特性导入普通大麦就有可能育成许多优异的种质资源，进而育成突破性的新品种以至创造出新的物种。

（一）大麦远缘杂交的障碍　在大麦种间和属间的远缘杂交中存在许多障碍，表现为花粉不亲和性、杂种夭亡、杂种不育、染色体消失等，从而不能产生生活力正常的杂种。

不能正常受精或受精后胚不能正常发育是普遍的，在普通大麦（*Hordeum vulgare*）与黑麦（*Secale cereale*）的属间杂交中，Khvedynich等（1970）曾指出受精过程出现父母本生殖核不能融合或精核只能与卵细胞或极核之一融合。Cooper等（1940，1977）发现大麦×黑麦受精后胚发育前4 d正常，此后细胞有丝分裂中产生染色体的微核，而胚乳细胞从受精后有丝分裂就不正常，以至养分不足导致颖果败育。他把这称为体质不亲和性（somatic imcompatiblity）。有些远缘杂交能得到幼苗，但在几周内即死亡。这在大麦为母本而与黑麦的杂交中更为普遍。即使长成植株也是不育的。

在大麦与球茎大麦的种间杂交中，经常发现球茎大麦染色体的消失以至产生单倍体。染色体的消失是逐步完成的，在多数情况下，受精后3 d消失的速度最快，受精后8 d球茎大麦的染色体完全消失。但这种染色体消失不限于普通大麦（$2x$）与球茎大麦（$2x$）的杂交，在球茎大麦与其他10个种的杂交中，球茎大麦的染色体也消失而剩下其他种的染色体。这种消失也不一定是球茎大麦的染色体，如在球茎大麦（*Hordeum bulbosum* $4x$）与黑麦状大麦（*Hordeum secalinum* $4x$）杂交时，后者的染色体消失而留下球茎大麦的双单倍体。杂种中一个种染色体的消失会导致两个种间基因转移的困难。

染色体消失在细胞遗传上的解释为有丝分裂细胞周期的不同步；有丝分裂节律的不同步；核酸酶使外源DNA失活（指*Hordeum. bulbosum*）；纺锤体或中心粒异常；差别的随体丧失等。

关于花粉不亲和性的遗传控制，已知在大麦品种Luke和Vada中有一个显性基因，当授以球茎大麦花粉时，该基因能使其花粉管破裂，从而不能受精。在二倍体球茎大麦中，其自交不亲和性是由S和Z两个基因座控制的，每个基因座有若干个导致花粉不亲和的基因组成，这些基因使花粉可以在柱头上萌发但花粉生长后与柱头上乳状突起粘连而不能继续生长。

此外，在普通大麦种内也发现有Benton（CI1227）、Abate（CI3921）和CI1237来自埃塞俄比亚的3个品种，当对其去雄后即使授以同株花粉也不能结实。这一特性受隐性的小花敏感基因*fls*所控制。该基因还能影响由内外颖输送到胚中的生长调节物质的利用能力。而这种生长调节物质对胚细胞的连续分裂是必需的。

（二）大麦的种间杂交 大麦属内有29个种，分属4个组，见表3-1。其中，以禾谷组内的种间杂交较为容易。尤其是普通大麦与球茎大麦的杂交最为成功。据Rickering（2000）认为，在普通大麦与球茎大麦的杂交中，球茎大麦的花粉管生长是正常的，授粉前的不亲和性不是主要问题，但授粉后胚乳衰退是普遍存在的，通过胚培可以长成植株，不过存在染色体不稳定的问题。除二倍体大麦与球茎大麦杂交时会产生染色体消失问题外，在适宜的基因型与环境条件下很容易得到普通大麦与球茎大麦的二倍体，但其染色体配对水平很低。而在一组普通大麦染色体和二组球茎大麦染色体组合时，能得到稳定的杂种。但如是二组普通大麦和一组球茎大麦染色体的三倍体时染色体非常不稳定。因此，他认为应该重视大麦与球茎大麦杂交的研究，特别是对其重组系的利用研究。

禾谷组种与其他组种间杂交的成功程度因组合不同而有很大的差异。Jacobsen和von Bothmer（1981）曾对大麦属内大部分种与普通大麦种做了62个杂交组合。在以普通大麦为父本的37个组合中，有22个组合得到幼苗。其中，15个组合的幼苗是亚倍体和超倍体；3个组合得到真正的杂种；3个组合为母本单倍体；1个组合既有单倍体也有杂种。在以普通大麦为母本的25个组合中，只有3个组合得到幼苗。在这一研究中，除球茎大麦外没有发现其他种与普通大麦种的染色体有同源性。

在大麦属内除了普通大麦以外的各个种间杂交都存在杂交亲和性差现象，一般很难杂交成功，即使得到种子也很难长成植株，长成的植株均为自交不育，因而很难获得种间的基因转移。

（三）大麦的属间杂交 属间杂交有很多研究，如大麦属的芒颖大麦（四倍体）与偃麦草的杂交既有天然合成的杂种，也有人工合成的杂种，定名为*Agrohordeam macsunic*。再如普通大麦与滨麦草属的杂交通过与普通大麦的回交选育出抗大麦黄矮病的品系（Schooler等1980）。在大麦的属间杂交中，最系统而有效的是大麦与小麦的杂交。

早在1896年，Farrer开始了小麦与大麦的杂交，未获成功。后又有多人尝试均告失败。直到1973年Kruce用二、四和六不同倍数的小麦给大麦授粉分别得到0.25%、1%和3%的结实率，经过胚培养得到植株。此后，Islam用了多个大麦品种与小麦品种做了杂交，以大麦为母本、小麦为父本的杂交结实率平均为5.8%，其中以大麦品种Betzes与中国春小麦的杂交效果最好，结实率达15.4%，但其F_1与BC_1表现雄蕊雌蕊化，即雌蕊状结构代替了正常的1个雌蕊和3个雄蕊，亦称为心皮化小花。这一现象随着世代的增加而越来越显著，据认为这是小麦染色体组和大麦细胞质之间的不亲和性所致。以后尝试以小麦为母本进行反交，但比正交更为困难，最好的组合仍为中国春×Betzes，其结实率为1.3%。原定的目标为得到小大麦杂交的双二倍体，但未能成功。不过通过多年的努力，从F_1分别为22条、25条和28条染色体的后代中终于育成小麦-大麦附加系，分别为附加大麦的染色体1、2、3、4、6、7等。但当大麦染色体5附加到小麦基因组后，由于该染色体长臂上的基因导致其减数分裂不正常而产生不育。但以后从染色体5、6两条染色体的双单体附加系来保持和繁殖大麦染色体5的附加系。小麦-大麦附加系在遗传上可用于基因定位、染色体的进化分析和有利基因的转移。例如，在研究小麦与大麦染色体的同源性时，通过同工酶检验确定大麦的染色体4、6与小麦的染色体4、6、7同源。用直接替代法确定大麦染色体1、3、6与小麦的7、3、6同源。从而明确大麦的1～7条染色体与小麦的7、2、3、4、1、6、5染色体相同源。故把大麦的1～7染色体分别命名为7H、2H、3H、4H、1H、6H和5H。此后，Islam又分离出小麦-大麦端体附加系（ditelosomic addition line）。目前除5L外的所有13个端体附加系均已得到。端体附加系在遗传上可用于确立着丝粒的位置和染色体的方向，并用于基因在染色体上的定位。

复习思考题

1. 试述国内外大麦产区的分布和主要利用方向。
2. 试按我国大麦生态区域分别讨论其相应的育种方向和目标要求。
3. 试述大麦的分类学地位，说明麦穗棱型的变异及其进化关系。
4. 以啤用大麦为例，其主要育种目标性状有哪些？各有何遗传特点？
5. 大麦常用的品种类型为家系品种，其育种途径有哪些？各有何特点？
6. 大麦的主要病害有哪些？试说明大麦抗病育种的主要方法和已经取得的成就。
7. 我国大麦育种中，诱变育种曾起重要作用，试举例说明其关键技术和取得的成就。

附　大麦主要育种性状的记载方法和标准

（生育期、苗株性状和抗耐性与小麦部分同这里仅列出穗、颖、芒、粒的记载方法和标准）

一、穗

1. 抽穗习性：分全抽出、半抽出和不抽出3种。

（1）全抽出：穗子全部抽出旗叶鞘。

（2）半抽出：穗子半个抽出旗叶鞘。

（3）不抽出：旗叶鞘只裂开，穗子不抽出旗叶鞘。

2. 开花习性：分开颖授粉和闭颖授粉两种。

3. 穗基部（穗脖）长相：分弯垂、半弯和直立3种。

4. 穗本身长相：分弯垂、半弯和直立3种。

5. 穗长：从穗轴基部至穗顶部（不连芒）的长度，以cm表示。

6. 穗型：分长方形、纺锤形、塔形、圆锥形和圆柱形5种。

7. 花序和棱型：根据三联小穗结实和排列的情况不同，可分为二棱（有侧、无侧）、四棱、六棱、中间型、不规则型和分枝类型6种。

（1）二棱：穗轴每个节片上的三联小穗仅中列小穗可育结实，两侧小穗不结实，穗断面呈扁平形。

（2）四棱：三联小穗全部可育结实，中列与侧列不等距排列，穗断面呈四角形或长方形。

（3）六棱：三联小穗全部可育结实，中列与侧列等距离排列，且整齐紧密，穗断面呈规则的六角形。

（4）中间型：三联小穗中列小穗全部可育结实。侧列小穗有的结实，有的不结实，不规则，中列大，侧列小。

（5）不规则型：三联小穗能正常可育结实的1～3个不等。

（6）分枝类型：有小穗分枝和穗轴分枝两种。

8. 二棱侧小穗有无：分有侧二棱和无侧二棱两种。

（1）有侧二棱：两侧小穗不结实，有内颖、外颖、护颖和花丝。

（2）无侧二棱：两侧仅有护颖。

9. 二棱侧小穗顶部形状：二棱不结实的两侧小穗顶部形状分钝、尖和芒3种。

（1）钝：侧小穗顶部呈钝圆头形。

（2）尖：侧小穗顶部呈三角形锐角。

（3）芒：侧小穗顶部呈芒状。

10. 小穗密度：分疏、中和密3种。

（1）疏：穗中部4 cm内不到14个小穗着生节。

（2）中：穗中部4 cm内有15～19个小穗着生节。

（3）密：穗中部4 cm内有20个以上小穗着生节。

二、颖

1. 壳色（穗色）：指蜡熟期所呈现的各种正常颜色，分黄、褐、紫、黑等颜色。

2. 外颖脉颜色：指蜡熟期所呈现的各种正常颜色，分黄、褐、紫、黑等颜色。

3. 护颖宽度：分宽、窄两种。

（1）宽：护颖宽度在1 mm以上。

（2）窄：护颖宽度为1 mm或小于1 mm。

三、芒

1. 芒长：根据穗中部小穗芒长度，分长芒、短芒、等穗芒、长颈钩芒和短颈钩芒等6种。中列和侧列芒的形状不同，可分别描述。

（1）长芒：芒长超过穗子的长度。

（2）短芒：芒长短于穗子的长度。

（3）等穗芒：芒长等于穗子的长度。

（4）无芒：全部见不到芒。

（5）长颈钩芒：芒呈戴帽三叉钩状，基部颈长于1 cm。

（6）短颈钩芒：芒呈戴帽三叉钩状，基部颈短于1 cm。

2. 芒性：分齿芒和光芒两种。

（1）齿芒：芒有锯齿。

（2）光芒：芒光滑。

3. 芒色：分黄、紫、黑等色。

四、粒

1. 带壳性：分皮大麦和裸大麦两种。

（1）皮大麦：子粒与颖壳不能脱离。

（2）裸大麦：子粒与颖壳能脱离（又名青稞、元麦、米大麦）。

2. 粒色：分黄、红、褐、紫、绿（蓝）、灰、黑等颜色。

3. 粒型：分长形、卵形、椭圆形、纺锤形4种。

4. 饱满度：分饱满、中等和不饱满3级。

5. 品质：观察子粒横切面，以透明玻璃质的多少，分硬质、半硬质和软质3级。

（1）硬质：子粒的透明玻璃质在70%以上。

（2）半硬质：子粒的透明玻璃质在30%～70%。

（3）软质：子粒的透明玻璃质在30%以下。

参 考 文 献

[1] 黄志仁．大麦育种．见：郭绍铮等主编．江苏麦作科学．南京：江苏科学技术出版社，1994

[2] 卢良恕主编．中国大麦学．北京：中国农业出版社，1996

[3] 孙立军编著．中国大麦遗传资源和优异种质．北京：中国农业科技出版社，2001

[4] 翟凤林等主编．作物品质育种．北京：农业出版社，1991

[5] 浙江农业科学院，青海省农林科学院主编．中国大麦品种志．北京：农业出版社，1989

[6] 朱睦元，黄培忠等著．大麦育种与生物工程．上海：上海科学技术出版社，1999

[7] D.C. 拉斯姆逊主编．许耀奎等译．大麦．北京：农业出版社，1992

[8] Pickering R. Do the world relatives of cultivated barley have a place in barley improvement. In：Loguy S（ed.）. Barley Genetics VIII，Proceedings of 8th International Genetics Conference. Vol. 1. GRDC，Adelaide Univ.，Australia，2000：223～230

[9] von Hintum T J L，Menting F. Barley genetic resources conservation - Now and forever. In：Loguy S（ed.）. Barley Genetics VIII - Proceedings of 8th International Genetics Conference Vol. 1. GRDC，Adelaide Univ.，Australia，2000：13～20

（黄志仁编）

第四章　玉米育种

第一节　国内外玉米育种概况

一、国内玉米育种概况

玉米（corn）是我国主要粮食作物之一，1990年以来，年种植面积均在 2×10^{7} hm^2 以上。1996年，我国玉米播种面积达到 $2.449\ 8\times10^{7}$ hm^2，单产 5 203 kg/hm^2，总产 $1.274\ 7\times10^{9}$ t，种植面积与总产均仅次于水稻，居粮食作物第二位。1952—2003年，玉米增产总额在谷类作物增产总额中占40.5%，远高于水稻的26%和小麦的22%。在玉米增产的诸因素中，遗传改良的作用占35%～40%。在世界上，我国玉米种植面积与总产仅次于美国，居第二位。玉米自16世纪初引入我国以来，已有近500年的种植历史，目前全国各省（市）、自治区都有种植。在长期的自然选择和人工选择下，形成了丰富的地方品种资源，但玉米品种的改良以及杂种优势的利用，仅是从20世纪初才开始的。

1900年，罗振玉建议从欧美引入玉米优良品种，设立种子田，“俾得繁殖，免远求之劳，而收倍获之利”。该建议受到了重视。1902年直隶农事实验场最先从日本引入玉米良种。1906年奉天农事试验场把研究玉米品种列为六科之一，从美国引进14个玉米优良品种进行比较试验；同年，北平农事试验场成立，着手搜集和整理地方玉米品种，并从国外引进玉米品种。1927年和1930年分别由美国引入优良品种白鹤和金皇后在生产上大面积推广应用。1925年南京中央大学农学院赵连芳最早从事玉米杂交育种工作，1926年南京金陵大学农学院的王绶、1929年北平燕京大学农学院卢纬民、河北省立保定农学院杨允奎等人开始了玉米自交系选育和组配杂交种的工作。在20世纪30年代中期，范福仁、杨允奎分别在广西和四川开始了系统的玉米自交系选育和杂交种选配工作，并育成了优良自交系可36、多39等。1946年，蒋彦士从美国引入一批自交系和双交种，吴绍骙于1947年在南京从事品种间杂交种的选育。从1926年到1949年，是我国近代玉米育种的启蒙和创建时期，在玉米品种的改良、自交系以及杂交种的选育等方面，都曾取得一些成果，如北平燕京大学农学院沈寿铨选育的杂交种杂-236，比当地品种增产47%。1936—1940年，范福仁等选育的最优双交种产量超过当地品种的56%。但因处于战争时期，这些成果未能在生产上广泛应用。

新中国成立后，玉米育种工作取得长足进展。1950年3月，农业部召开全国玉米工作座谈会，制定了“全国玉米改良计划”（草案），明确提出培育玉米杂交种、利用杂种优势是玉米育种的主要途径和主要措施，为我国玉米育种的发展奠定了基础。在收集、评选农家品种的基础上，我国在20世纪50年代育成了400多个品种间杂交种，在生产上应用的有60多个，全国玉米品种间杂交种种植面积达 1.6×10^{6} hm^2。1957年，李竞雄发表了题为“加强玉米自交系间杂交种的选育和研究”一文，推动了玉米育种的进展。20世纪50年代末到60年代初，双交种双跃3号、新双1号等相继问世，尤以双跃3号，遍布全国19个省市，种植面积达 2.0×10^{6} hm^2 以上。我国首先应用于生产的单交种新单1号，是由张庆吉在20世纪60年代初育成的，累计种植面积达 1.0×10^{7} hm^2。由于单交种表现生长整齐，增产潜力大，全国各地开始大规模选育和推广单交种。

20世纪60年代以来，许多单位相继育成一批配合力高，抗病性和适应性强的自交系，如自330、黄早4等，加之引入优良自交系Mo17、C103等，组配了一批优良单交种，如丹玉6号、中单2号、丹玉13号、掖单2号、吉单118等，在生产上大面积推广种植，大幅度提高了我国玉米的产量。从1949年以来，我国玉米生产用品种从农家品种到品种间杂交种、顶交种、双交种、三交种以及单交种，已更新6次。而单交种也经历了5次更新：第一代单交种以新单1号、白单4号为代表；第二代单交种以群单105为代表；第三代单交种以丹玉6号、郑单2号、吉单101为代表；第四代单交种以中单2号、烟单14号、丹玉13号等为代表。目前正处于第五次单交种的更新过程中，代表品种有：农大 108、沈单 10 号、豫玉 22、郑单 958 等。在生产上推广面积累计超过 1.0×10^7 hm^2的杂交种有：中单 2 号、四单 8 号、掖单 2 号、掖单 13 号、烟单 14 号和农大 108。其中，中单 2 号从 1978 年开始推广以来，累计推广面积超过 3.0×10^7 hm^2。由于优良杂交种在生产上大面积推广，使我国的玉米生产大幅度提高，单产由 1952 年的约 1 350 kg/hm^2提高到 1996 年的 5 203 kg/hm^2。

我国从选育到普及玉米自交系间杂交种大约用了 15 年时间，速度是很快的，这与我国幅员辽阔，利用各地气候差异，实行南北方交替种植，加速玉米自交系和杂交种的选育是分不开的。吴绍骙于 1956 年提出把北方玉米材料在南方加速培育成自交系，以丰富杂交种的亲本材料资源，并进行自交系南北异地培育试验，证实了异地培育自交系对其主要性状和配合力没有不利的影响，肯定了南北异地进行玉米自交系加代育种的可行性，后来经过多方面的探索和实践，冬季到海南岛、广东、云南、广西等省区进行玉米育种的加代繁殖，得到了普遍应用。这对于加速玉米育种进程，扩大新杂交种的推广利用，起到了很大的推动作用。

我国由于复杂的地理气候和耕作制度，造成了多种玉米病害的发生和流行，给玉米生产造成严重的威胁。经多年的努力，我国玉米抗病育种研究取得了较大的进步，一大批具有兼抗或多抗的杂交种先后应用于生产，成为玉米高产稳产的重要保证，使我国玉米抗病研究和育种达到或接近世界先进水平。

我国玉米品质育种工作开展较迟，但进展较快。从 20 世纪 80 年代开始，品质育种和专用玉米品种的育种工作有了较快的进展，选育出了高赖氨酸玉米杂交种中单 201、中单 205 和中单 206，其子粒中赖氨酸含量达 0.47%，产量较中单 2 号仅低 3%。高油玉米杂交种有高油 1 号和高油 2 号，其中，高油 1 号含油量达 8.2%，比普通玉米高 1 倍，这两个品种均已在生产上大面积推广种植。一批普通甜玉米、超甜玉米（如农梅 1 号和甜玉 2 号）、糯玉米［如烟单（糯）5 号、苏玉（糯）1 号］、爆裂玉米、青饲、青贮玉米杂交种等也相继问世，既扩大了玉米的利用范围和价值，又丰富了人民的生活。全国各类专用玉米的种植面积已超过 1.0×10^5 hm^2，取得了显著的社会效益和经济效益。

种质资源的搜集和保存工作在 1952 年就已经开始，20 世纪 50 年代，全国共搜集玉米种质资源 2 万多份。以后又分别在 1982 年和 1994 年，全国联合攻关，在原有的工作基础上，搜集、整理、鉴定、保存玉米种质资源 15 961份，其中，国内地方品种 11 743 份，群体 57 份，自交系 2 112 份；国外引入品种 977 份，自交系1 012份，这些种质资源大部分是硬粒型、马齿型和中间型，也包括糯质型、甜粉型、爆裂型、甜质型、粉质型和有稃型。此外，还根据育种需要，鉴定评价出一些矮秆、早熟、多穗行、大粒、双穗、大穗、特殊粒色、抗大斑病、抗小斑病、抗丝黑穗病、抗矮化花叶病、耐寒、高蛋白质含量、高脂肪含量、高淀粉含量、高赖氨酸含量等特殊性状的种质资源。

在种质资源的改良和创新方面，我国于 20 世纪 70 年代开始有关工作，在李竞雄等倡导下，种质改良和创新被列为国家“六五”、“七五”和“八五”重点攻关计划，经过各参加单位十多年的努力，培育出一大批各具特色的种质资源群体，并从这些群体的不同改良轮次中，选育出一大批优良的自交系。此外，我国还引进和驯化了一批热带和亚热带群体，从引进的种质中选育出一批优良的自交系，极大地丰富了我国的玉米种质库，拓宽了种质基础。

用轮回选择方法改良群体的工作在 20 世纪 70 年代相继开展，近年来，许多育种单位加强了群体改良工作，创建了很多综合群体，并通过多种轮回选择的方法对其进行改良，在群体改良的过程中也育成了一批优良自交系，同时也育成了含有热带种质的自交系，为进一步开展育种工作奠定了良好的基础。

在利用基因工程进行玉米新品种的选育工作方面，我国于 20 世纪 80 年代后期开展有关工作，原北京农业大学率先把组织培养技术引入玉米育种程序，用体细胞无性系变异筛选技术育成抗专化小种的雄性不育系，1992 年我国获得了第一批转 *Bt* 基因的抗玉米螟的玉米，1995 年建立了完整的玉米转基因工程技术体系，已培育出抗玉米螟玉米自交系，组配的抗玉米螟的杂交种在生产上的推广面积已达 1.0×10^5 hm^2以上。同时，将苏云金杆菌杀虫蛋白基因、马铃薯蛋白酶抑制基因（Pin_2）和 GANGDOU 胰蛋白酶抑制剂基因（*CpTI*）转入玉米，获得了高度抗虫的转基因植株；用基因枪轰击法将大肠杆菌中分离的 *gut*D、*mtl*D 基因和大麦胚发育后期基因 *HVA*-1 转入玉米，其后代具有一定的耐盐性；克隆了玉米矮花叶病毒（MDMV），并将其转入玉米，获得的转基因植株对 MDMV 的抗性明显提高。我国的抗虫转基因玉米大规模商业化生产已经指日可待。除了转基因技术之外，我国在分子标记辅助育种、杂种优势群的划分、分子标记连锁图的构建、杂种优势的分子基础、C组和S组雄性不育的分子基础、功能基因的分子标记定位和克隆等基础性研究等方面均取得了较大的进展。

从“六五”到“九五”期间，我国就高产、优质、多抗紧凑型玉米杂交种的选育，特殊玉米品质育种，玉米育种素材改良和创新，玉米种子生产技术等项目，开展了全国性的攻关协作研究。经过数十个单位的共同努力，已取得重大进展，使我国的玉米育种研究具有了比较雄厚的基础。

近半个世纪以来，我国的玉米生产发展大体上可分为2个阶段。第一个阶段，1949—1977年，播种面积从1.106 6×10^7 hm^2增加到1.965 7×10^7 hm^2；单位面积产量由1 060 kg/hm^2增加到2 510 kg/hm^2，平均每年增加51.8 kg/hm^2，总产量由1.175×10^7 t增加到4.938 5×10^7 t。这一阶段总产量的增加约40%是靠扩大播种面积，60%是由于提高了单位面积的产量。第二阶段是从1978年到现在，其总产量的增加约92%是靠单产的提高，8%是靠扩大播种面积。目前，我国玉米生产的发展已进入第三个阶段，即提高单产、改善品质的新阶段。同时按市场的需求，加强了玉米品质育种研究，包括营养品质、加工品质、食用品质、商品品质、安全品质等。

二、国外玉米育种概况

世界玉米生产近30多年来有了很大的发展，1968—2003年，世界玉米播种面积从9.936×10^7 hm^2增加到1.426 852 95×10^9 hm^2；玉米总产量从2.278 1×10^8 t增加到6.380 4×10^8 t；单产从2 293 kg/hm^2增加到4 472 kg/hm^2。美国是世界上第一生产大国，2003年其收获面积达2.878 9×10^7 hm^2，总产量达2.569×10^8 t，占世界玉米总产量的39.2%，单产达8 924 kg/hm^2。全世界玉米种植以北美洲面积最大，其次是亚洲。玉米的种植区域北界已达48°N，青饲玉米可达60°N，南界达到40°S。

自1850年前后美国印第安人开始原始的育种工作以后，美国的早期玉米育种家采用混合选择法育成了一些品种，如著名的Reid Yellow Dent品种、Krug品种等。自交系与杂交种的选育开始于20世纪初（East，1907；Shall，1909）。自20世纪30年代起，美国开始在生产上推广杂交种。在1935—1960年这段时间内，美国生产上主要是利用双交种；1960年后，单交种的利用逐年增加，目前生产上90%的杂交种是单交种。从20世纪30年代到80年代，除了杂交种株型、穗部性状有较大的变化以外，产量提高了近3倍，玉米的高产记录由1914年7 116 kg/hm^2提高到1985年的23 310 kg/hm^2。法国的玉米产量，由于育成并推广了一批优良的杂交种，单产由1950年的1 260 kg/hm^2提高到2001年的8 664 kg/hm^2，原来每年需大量进口玉米，现在跃为世界上重要的玉米出口国。

美国在玉米遗传育种研究方面处于世界领先地位，从20世纪40年代起，开始了玉米群体改良工作。从轮回选择入手，对数量性状进行改良，以提高群体中优良基因的频率，并分离优良自交系。例如：从群体BSSS及其改良群体中先后选出了B14A、B37、B73、B84等优良自交系，并由它们组配了众多的杂交种，对提高美国的玉米产量起到了较大的作用。同时，开展了自交系选育工作中的早代测验、自交后代数量性状的遗传特点、农艺性状的指数选择法、群体的产量差异等研究工作，对进行高产育种起了极大的推动作用。

抗病遗传与育种以大斑病和小斑病为重点，研究工作已进入分子水平，并确定了抗性的基因位点。品质育种在墨西哥国际玉米小麦改良中心以高赖氨酸O_2为材料，已由软胚乳高赖氨酸材料选育出硬胚乳的高赖氨酸材料，并选育出一批子粒产量较高的硬胚乳高赖氨酸杂交种，已引种到发展中国家推广种植。高油玉米育种方面，美国已育成含油量达13%的自交系以及8%的杂交种。巴西也是世界上玉米生产大国，通过广泛利用热带种质Tuxpeno，培育了一批适应高氮肥、高密度和对普遍性病害、虫害高抗的自交系与杂交种。

玉米转基因育种工作以美国进展最快，主要是以抗玉米螟和抗除草剂的转基因育种工作为主，到目前为止，世界各国玉米生产上推广种植的转基因玉米面积已超过1.0×10^7 hm^2。

玉米分子标记研究开始于1975年，到目前为止，共有2 389个RFLP和1 800多个SSR标记及一些已知基因被定位在染色体图谱上。由于EST（expressed sequence tag）和SSR标记的应用，大大缩短了玉米基因组上的空白区，为了解玉米基因组的结构、进一步定位功能基因、功能基因的图位克隆和解读都提供了极大的方便，也促进了各国普遍开展分子标记辅助育种工作。美国是世界上最大的玉米生产国，在玉米基因组研究方面投入了巨大的人力、物力和财力，在2005年又正式启动了耗资巨大的玉米全基因组测序计划，欧盟、法国和英国也设立了玉米基因组研究项目。

第二节　玉米育种目标及主要性状遗传

一、玉米育种目标

育种目标是育种工作者依据生产需求、种质的状况以及技术改进的特点来制定的，这不仅是一项技术工作，更显示出对育种工作的策略性管理艺术。玉米是异花授粉作物，现代玉米生产上主要是利用自交系间杂种一代，因此，育种程序中包含了选育自交系与组配杂交种过程。开展育种工作时，必须从总体上考虑，形成总的育种策略，并用于指导育种工作。

Hallauer（1979）与Bauman（1981）对与育种有关的9个重要性状的分析，一致认为9个性状中，子粒产量是最重要的，而且在今后若干年依然会受到关注，其次为抗病、抗虫以及熟期。这项调查，与我国的实际也基本相符。

根据我国玉米生产和育种现状以及国民经济发展的趋势，我国在当前乃至今后一段较长的时期内，玉米育种总的策略为：大幅度提高产量，同时改进子粒品质，增强抗性，以充分发挥玉米在食用、饲用和加工等方面多用途特点，为国内市场提供新型营养食品。具体可分为两类：一类是高产、优质、多抗普通玉米杂交种的选育。要求：新选育的杂交种比现有品种增产10%以上或产量相当，但具有特殊的优良性状，大面积单产达9 000 kg/hm^2以上，产量潜力12 000 kg/hm^2以上，子粒纯黄或纯白，品质达到食用、饲用或出口各项中的至少一项。要高抗大斑病（春玉米尤为重要）、小斑病（对夏玉米应严格要求）、丝黑穗病，耐病毒病，不感染茎腐病。另一类是特殊品质杂交种的选育，如高赖氨酸玉米，要求子粒中赖氨酸的总量不低于0.4%，单产可略低于普通玉米推广杂交种，不发生穗腐或粒腐病，抗大斑病和小斑病，胚乳质地最好为硬质型；高油玉米杂交种，子粒中的含油量不低于7%，产量不低于普通推广种5%，抗病性同普通玉米；适时采收的普通甜玉米乳熟期子粒中水溶性糖含量不低于8%，超甜玉米则要求达18%以上，穗长在15 cm以上，分别符合制罐、速冻或鲜食的要求，单产鲜果穗11 250 kg/hm^2以上；青贮和青饲玉米的绿色体产量达52.5 t/hm^2以上，并且适口性较好。此外，还应适当进行爆裂玉米、糯玉米的育种工作，以满足食品行业的需要。同时，要开展雄性不育系的利用与鉴定工作。

我国地域广阔，自然条件复杂，玉米栽培遍及全国。根据自然条件、栽培耕作制度等特点，可将我国玉米区划分为8个区，各区的自然条件、栽培耕作制度不同，应根据各区的具体情况，制定适宜于本区的具体的玉米育种目标。

二、主要性状遗传

有关玉米性状的遗传，已进行了大量的研究，现已明确：玉米的籽粒品质（甜度、糯性、不透明状）、胚乳物质的组成成分（蛋白质、油分、糖分、淀粉等）、植株的某些形态特征（如矮秆、无叶舌等性状）是由单一主基因控制的质量性状，这些基因的表达受环境的影响很小。还有许多性状是由微效多基因控制的数量遗传性状，受环境条件影响较大。另有许多性状则受主基因和多基因的共同控制。

（一）农艺性状的遗传　Hallauer等（1981）对一些农艺性状的遗传率（h^2）的估计值做了归纳（表4-1），子粒产量与产量构成性状的h^2值较低，植株性状的h^2值除茎粗的遗率较低外均中等，与生育期有关的性状的h^2达58%，而子粒含油率的h^2值最高达77%。还有些性状，如植株高度、对某些病害的抗性等，则兼有质量性状与数量性状两类遗传特点。

玉米产量是数量性状。产量因素包括穗长、穗粒行数、行粒数、粒重、单株果穗数等，各产量因素也都是数量性状。

表 4-1　玉米 17 个性状遗传率（h^2）平均估计值

（引自 Hallauer，1981）

性　状	遗传率（h^2,%）	性　状	遗传率（h^2,%）
子粒产量	19	子粒含水量	62
穗长	38	至开花天数	58
穗粗	36	株高	57
果穗数	39	穗位高	66
子粒行数	57	分蘖数	72
穗粒数	42	苞叶伸长	50
穗重	66	苞叶落痕	36
着粒深度	29	含油率	77
茎粗	37		

1. 果穗长度　玉米大多数杂交组合 F_1 代的果穗长度都表现出明显的超亲优势，其优势指数在 16%～56%之间。果穗长度的遗传是多种遗传效应互作的结果。在决定穗长的遗传中，基因的显性为主，其平均遗传率较低。果穗长度与每行子粒数是紧密相关的，果穗长，则每行子粒多，因而行粒数的遗传也是多种遗传效应互作的结果，并且以基因的显性效应为主，加性效应所占的比重较小。

2. 穗粒行数　玉米穗粒行数的遗传是比较稳定的。大量的杂交试验表明，杂种 F_1 代果穗的子粒行数介于亲本之间，杂种优势不明显。穗粒行数的遗传中，基因的加性效应占主导地位。在育种工作中，如要选育出穗粒行数较多的杂交种，则双亲的穗粒行数必须较多，否则难以奏效。

3. 单株果穗数　玉米杂交种的单株果穗数基本上不表现出杂种优势，其遗传主要取决于基因的加性效应。

4. 粒重　玉米杂种 F_1 粒重的优势很明显，超亲优势也很突出。但 F_1 的粒重优势与双亲粒重差异的大小有密切的关系。当亲本粒重的差异较小时，F_1 的粒重的优势较低；亲本之间的粒重差异较大时，则 F_1 的粒重优势较大。基因的加性效应在粒重的遗传中占主导地位，但显性效应也很明显，粒重的遗传率中等。

（二）子粒性状的遗传　玉米子粒性状的遗传除果皮属母体组织外，有的主要与胚乳有关，受胚乳基因型控制为主；有的主要与种胚有关，受种胚基因型控制；当然，有的还有可能受母体基因型的影响。

1. 子粒类型的遗传　玉米的子粒根据其形状、胚乳的质地可分为不同的类型，它们大多呈简单遗传，由 1 对或 2 对基因控制，除普通玉米（即马齿型或硬粒型）呈显性遗传外，其他类型均呈隐性遗传。

（1）糯质玉米　糯玉米是由一个隐性基因突变及自并纯合而产生的。当核基因为 $wxwx$ 时，胚乳表现为糯质，胚乳中几乎 100%为支链淀粉，胚乳像均匀的大理石一样，较硬，用 I_2-KI 染色呈红棕色。但普通玉米（基因型为 $WxWx$）与糯玉米杂交时，由于胚乳直感，杂交当代果穗上的子粒就为普通型，F_1 的果穗上的子粒出现 3 普通（非糯）：1 糯的分离比例。Wx 基因位于玉米的第 9 染色体上（9.03）。

（2）甜质玉米　甜质玉米有普通甜玉米和超甜玉米之分。前者在蜡熟期前子粒中可溶性糖分含量在 8%～12%之间，后者则可达 18%以上。普通甜玉米是由隐性纯合基因 su_1su_1 或 su_2su_2 控制的，这两种基因型的玉米成熟子粒多具有较好的透明度，而且呈皱缩不规则的形状，极易区别于其他类型的玉米子粒。su_1 基因位于玉米的第 4 染色体上（4.05），su_2 基因位于玉米的第 6 染色体上（6.04）。超甜玉米是由纯合隐性基因控制的，具 sh_2sh_2 基因型的玉米子粒，在蜡熟期前像充满流质的液囊，淀粉较少，可溶性糖分含量很高，而且变成高糖含量的时间比普通甜玉米长，蜡熟期其子粒开始皱缩，成熟时，种子呈明显的凹陷，表面结构粗糙。sh_2 基因位于玉米的第 3 染色体上（3.09）。普通甜玉米和超甜玉米与普通玉米（马齿型或硬粒型）杂交时，由于胚乳直感，杂交当代果穗为普通非甜玉米，F_1 植株自交的果穗上的子粒呈现 3 普通非甜：1 甜的分离比例。甜质基因不同的基因型玉米，其子粒的表型不一。$Su_1\_Sh_2\_$ 为普通玉米，$su_1su_1Sh_2\_$ 表现为普通甜玉米，$Su_1\_sh_2sh_2$ 为超甜玉米，$su_1su_1sh_2sh_2$ 则介于普通甜玉米与超甜玉米之间。在普通甜玉米的自交系中也发现有类似于 sh_2sh_2 含糖量高的材料，后来证明这是由一个加强糖分的隐性基因 se（sugary enhance）控制的。se 是 su_1 的主效修饰基因，只有在

su_1su_1的遗传背景下才能表达。但 se 与 su_1 是独立遗传的。此外，位于第 5 染色体上的 bt_1（5.04）和第 4 染色体上的 bt_2（4.04）也有甜质的作用。

（3）粉质玉米　粉质玉米是由位于第 2 染色体上的粉质胚乳基因 fl（2.04）控制的。该基因使胚乳不透明，松软。fl 有剂量效应，当马齿型（或硬粒型）玉米与粉质玉米杂交时，杂交当代子粒并不出现直感现象，而是在 F_1 的果穗上分离出比例相等的马齿型（或硬粒型）与粉质两种类型的子粒。由于 fl 基因的数量不同，引起胚乳不同性质的表现，$flflfl$、$Flflfl$ 表现为粉质，$FlFlfl$ 或 $FlFlFl$ 为马齿型（或硬粒型）。

不同类型玉米之间杂交，其遗传表现不同。糯质玉米与甜质型杂交时，杂交当代果穗上的子粒表现为粉质，F_1 植株果穗上的子粒呈现 9 粉质：3 糯质：4 甜质的比例分离，其中有基因的互补效应。粉质玉米与糯质玉米杂交时，F_1 籽粒为粉质，F_2 则出现了 3 粉质：1 糯质的分离。

控制胚乳的不透明和粉质特性的基因有 O（4－）、O_2（7.01）、O_5（7.02）、O_7（10.06）、fl（2.04）、fl_2（4.04）、h_1（3.02）和 wx（9.03）等，任何一对基因为隐性纯合状态时都具有不透明的胚乳，其外貌和结构像粉笔。利用 O_2、O_7 和 fl_2 基因对改进蛋白质中的赖氨酸和色氨酸成分很有成效，蛋白质成分的改变不仅与 O_2、O_7 和 fl_2 有关，与 su、sh_2、bt 和 bt_2 的修饰也有关系。

2. 子粒色泽的遗传　子粒的色泽受果皮、糊粉层和淀粉层 3 个部分的影响。

果皮颜色性状的遗传主要受果皮色基因 P 和 p 与褐色果皮基因 Bp 和 bp 所控制。

果皮颜色有红色（$P\_Bp\_$）、花斑色（一般为白底红条纹，$Pv\_Bp\_$）、棕色（P_bpbp），白色（$pp\_\_$，不管是 $ppBp\_$ 或 $ppbpbp$ 均为白色），其中 P、Pv、p 为 3 个复等位基因（1.03），其显隐性关系为 $P>Pv>p$。p 基因位点在第 1 染色体上，bp 在第 9 染色体上。属于两对基因的遗传。

果皮色无花粉直感作用，因果皮是由子房壁形成，属母体组织，故果皮色泽决定于母体基因型。玉米的马齿型（$D\_$）与硬粒型（dd）性状也属果皮性状，通常当代并不立即表现花粉的影响，而是在 F_1 植株果穗的子粒上才表现出前者为显性，后者为隐性。

糊粉层颜色性状，有紫、红、白等颜色，主要为 7 对基因所控制：花青素基因 A_1a_1（3.09）、A_2a_2（5.04）、A_3a_3（3.08）；糊粉粒色基因 Cc（9.01）、Rr（10.06）、$Prpr$（5.06）；色素抑制基因（i）。当 A_1、A_2、A_3，C、R、Pr 均有显性等位基因存在，而抑制基因又是呈隐性纯合时，则表现为紫色（$A_1\_A_2\_A_3\_C\_R\_Pr\_ii$）。当 A_1、A_2、A_3、C、R 均有显性等位基因存在，而 pr 及抑制基因 i 呈隐性纯合时，则表型为红色（$A_1\_A_2\_A_3\_C\_R\_prprii$），或所有色素基因均为显性，抑制基因 I 也为显性状态时，仍表现为白色。其显隐关系为紫＞红＞白。

胚乳淀粉层颜色性状，有黄色胚乳（$Y\_$）与白色胚乳（yy）之分，为一对基因所控制。普通常见的黄玉米和白玉米即为这一层的颜色。前者为显性，后者为隐性。

胚有紫色胚尖（$Pu\_$）和无色胚尖（$pupu$）。主要受一对基因控制。紫色胚尖属于当代显性性状，可用以检查子粒是否为孤雌生殖的标记性状。无色胚尖为隐性。

糊粉层和淀粉层（胚乳）均有花粉直感现象，但必须是父本为显性性状时才能表现出来，若父本为隐性则不能表现。如用杂合株自交则胚乳性状在 F_1 代的果穗上即可分离出来，如黄胚乳×白胚乳的 F_1 代植株的果穗上即可分离出黄白粒。

3. 子粒其他品质性状的遗传

（1）赖氨酸含量的遗传　1963 年美国 Mertz 发现 opaque－2 受隐性基因控制，并测定出 opaque－2 中赖氨酸含量比普通玉米高 70%，普通玉米每百克蛋白质含赖氨酸为 2.54 g，而 opaque－2 达 3.40 g，并且色氨酸的含量也较高。1964 年以后还发现突变体 fl_2、O_7 等，这些单基因主宰着胚乳内整个蛋白质谱平衡的变化，使其朝着人类有利的方向改变。Misra 等（1972）报道，不仅 O_2、O_7、fl_2 具有改变蛋白质的潜能，而且甜质基因 su_1、sh_2 等也具备这种潜能。影响玉米子粒胚乳品质的还有 ae、al、du 等基因，它们均为隐性突变基因，且产生的表现型也互不相同，这些基因间还有互作效应。

（2）含油量与脂肪酸组成的遗传　玉米子粒品质的另一个方面是含油量及其脂肪酸的组成。玉米子粒中的油脂主要存在于种胚中，而胚乳中含量很少。玉米子粒的含油量有较为广泛的变异，对 342 个美国自交系的油分分析表明，含油量的变幅是 2.0%～10.2%（Alexander 和 Creech，1976）。经过 76 个世代选择的伊利诺高油品系

(IHO) 和低油品系 (IHL) 的含油量分别是 18.8%和 0.3% (Dudley, 1977)。含油量的变异大部分是可以遗传的。例如，在 Bauman 等 (1965) 的研究中，F_1 和 F_2 家系子粒的含油量相关系数为 0.75，F_1 和 F_2 家系的相关系数变化在 0.54～0.84 之间。含油量的遗传受到许多基因的控制，至少有 55 对基因与含油量有关。在这些基因中，既存在高油对低油是显性的，也有低油对高油是显性的现象 (Dudley, 1977)。Miller 等 (1981) 对轮回选择群体 Reid Yellow Dent 含油量的分析结果表明，加性的遗传变异显著，而显性的遗传变异不显著，即基因的加性效应对含油量的影响比显性效应大。

玉米油质量的高低取决于各类脂肪酸的相对比例，而各类脂肪酸的含量同样受遗传的控制。对于软脂酸、油酸和亚油酸，加性基因效应起着最重要的作用。各种脂肪酸的含量除了受到多基因体系的控制外，同时还与某些主效基因的作用有关。在第 4 染色体的长臂上，有一个控制高亚油酸的隐性基因，第 5 染色体的长臂上有一个影响亚油酸和油酸含量的基因 (Widstrom 和 Jellum, 1984)。Jellum 和 Widstrom (1983) 的研究证明，来源于尼泊尔地方品种的 3 个自交系，带有一个高硬脂酸的隐性基因，它可以使硬脂酸含量提高到 10%，为普通玉米的 5 倍。

(三) 植株性状　玉米的营养器官在形态上存在着广泛的变异，这些变异除了由微效多基因体系控制以外，通过研究，还标定了 70 多个基因位点。

能使株高降低的单基因有 *br* (1.07)、br_2 (1.06)、br_3 (5.09)、*bv* (5.04)、*cr* (3.02)、*ct* (8.02)、ct_2 (1.05)、*na* (3.06)、na_2 (5.03)、rd_2 (6.06)、*td* (5.04) 等。在遗传背景非常一致的等基因系之间，可以鉴别出他们的遗传效应。*br* 可以使植株节间变短，特别是果穗以下的节间变短，但成熟时的叶片大小与正常植株相同，而且茎秆粗壮，因此在抗倒、密植、育种中可能有利用的价值。*na* 基因可以使植株生长素的合成水平降低。基因型为 br_2br_2 的植株，叶片发育速度减慢，成株后，果穗以下节间数减少，全株节间变短。

d (3.02)、d_3 (9.03)、d_5 (2.02)、d_8 (1.10)、d_9 (5.02) 纯合基因型的株高变矮，宽皱而缩小的叶片像玫瑰瓣一样，分蘖增多，Stein (1955) 证实 *dd* 胚内子叶发育速度减慢，成株叶片减少，除显性矮生基因 D_8 外，其他隐性矮生株对施用赤霉素反应敏感。

lg_1 (2.02)、lg_2 (3.06) 和 lg_3 (3.04) 基因除降低株高外，可以使叶片上冲、挺立，叶耳消失，叶舌变短或消失。*rs* (1.05) 影响叶鞘表面特征。*Lala* (4.03) 植株缺少正常的直立型，发育成匍匐茎秆。

玉米植株性别发育也明显受若干基因的支配。*An* (1.08)、*d*、d_2、d_3、d_5、d_8 这些矮化基因还可以使雌花序发育成具有花药的矮化雄株。Ts_1 (2.04)、ts_2 (1.03)、Ts_3 (1.09)、ts_4 (3.04)、Ts_5 (4.03) 和 Ts_6 (1.11) 能使雄花序发育成雌雄同穗的两性花序或形成完全的雌花。*ba* (3.06) 和 ba_2 (2.04) 可以使雌花序发育受阻，只有顶端雄花序发育。因此，不同基因型的玉米植株，会表现出不同的性别。*Ba - Ts -* 是正常的雌雄同株异花；*Ba - tsts* 的顶端雄花发育成雌花并能受精结实成为全雌株；*babaTs _* 的叶腋雌花序不能发育，成为全雄株；*babatsts* 叶腋无雌花发育，但顶端雄花序发育成雌花序成为完全的雌株。如果让雄株 *babaTsts* 与雌株 *babatsts* 杂交，F_1 出现雌株与全雄株呈 1∶1 的分离。雄穗分枝数的多少是一些自交系或品种的重要性状。Ra_1 (7.02)、ra_2 (3.02) 的雄穗和果穗具有较多的分枝，*ba* 植株果穗的小穗分化为分枝所代替，分枝又长出小穗，从而形成果穗分枝的类型。

(四) 抗病遗传　20 世纪 60 年代以来，栽培条件改善，种植密度增加，以及随着单交种的普及与生产上种植的玉米遗传基础狭窄，导致一些原来次要的病害上升为主要病害。20 世纪 80 年代以来，大斑病、丝黑穗病和茎腐病成为我国春玉米产区的主要病害，而小斑病、茎腐病和矮化花叶病则成为夏玉米产区的主要病害。其他病害如纹枯病、丝黑穗病、灰斑病等均有所发展。通过研究，已探明了一些病害抗性的遗传规律，为抗病育种工作提供了理论指导。

1. 对小斑病的抗性遗传　玉米小斑病是由 *Helminthosporium maydis* Nisik et Miyake 引起的。在温暖湿润的地区以及夏、秋玉米上发生较重，玉米生产国都有不同程度的发生，20 世纪 60 年代随着玉米 T 型雄性不育胞质引入我国，逐步成为我国玉米主要病害之一，玉米从苗期到成株期都可发病，通常从下部叶片开始向上蔓延，先在叶上产生褐色小病斑，后扩大成 2～3 cm 左右的病斑，病斑因受叶脉的限制常呈长方形，除叶片外，还危害叶鞘、花丝、苞叶和果穗。小斑病菌的生理小种已确定的有 2 个，即 O 小种与 T 小种。O 小种仅危害玉米叶片，在叶片上产生褐色病斑，病斑大小 0.2～0.6 cm ×0.3～2.2 cm，有浅黄色至褐色边缘。病斑的大小和形状随寄主的遗传背景而不同，通常是椭圆形，其横向扩展受叶脉的限制，呈现为平行的边缘。T 型细胞质玉米上，T 小种不仅危害叶片，同时还危害叶鞘、茎秆、果穗的苞叶、穗柄、果穗和穗轴。它在 T 型细胞质玉米叶片上产生褐色病斑，大小 0.6～1.2 cm × 0.6～2.7 cm，纺锤形或椭圆形，具有黄绿色或褪绿晕圈，以后，病斑具有暗灰红色至暗褐色边缘。受 T 小种侵染的果穗和穗轴可能腐烂，若 T 小种在早期侵入穗柄，则会造成果穗在成熟前死亡并可能掉落。在正常细胞质玉米的叶片上，T、O 两小种成熟的症状难以区分，O 小种在 T 型细胞质玉米和正常细胞质玉米上的反应没有差别。在 T 小种的消长过程中，T 型细胞质玉米是其哺育品种。

玉米对小斑病 O 小种的抗性是受细胞核控制的。大多数玉米品种对 O 小种的抗性是由多基因控制的水平抗性，杂种一代的表现趋向于抗病亲本。在抗性遗传中，基因的加性效应是主要的，显性效应也显著，广义遗传率较高，垂直抗性也存在。Smith（1973）指出：玉米对 O 小种的垂直抗性受隐性主基因 *rhm* 控制。

由于小斑病菌 T 小种对玉米 T 群不育系的细胞质具有专化侵染性，因此玉米对 T 小种的抗病性主要受细胞质控制，但也涉及核质的互作遗传。就核遗传而言，玉米对 T 小种的抗病性为水平抗性，属数量遗传。细胞质抗病性是针对某个生理小种的，易为新生理小种产生而导致抗病性的丧失，也表现出垂直抗性，Lin（1975）报道，玉米对小斑病 T 小种的抗性遗传包含质核两个方面，核基因对 T 小种的抗性遗传，主要表现为加性效应，但尚有部分显性效应，秦泰辰等（1992）用 8 组含有 P_1、P_2、F_1、F_2、B_1 和 B_2 的玉米家系材料，在成株期接种小斑病菌 T 小种。结果表明，抗性的遗传主要表现为加性和显性效应，同时也显示出核质遗传中相互关系的复杂性。研究也发现，同质异核的 T 型不育系，对小斑病菌 T 小种的抗病性有差异，即使核抗性较高，但由于受质的影响，其抗性也显著降低。例如，自交系 C103 对 T 小种抗性较强，但将其转育成 T 型不育系 Cms-TC103 后，其抗病性大大低于自交系 C103。对小斑病的抗性遗传基础研究，已进入线粒体 DNA（mtDNA）分子水平。

2. 对大斑病的抗性遗传　玉米大斑病是世界普遍发生的一种病害，在我国主要分布于北方春玉米区和南方玉米产区的冷凉山区，是玉米主产区最重要的病害之一。20 世纪 60 年代以来，发生过多次大流行，1974 年仅吉林省发生面积就达 7.0×10^5 hm^2 以上，减产 20%。大斑病主要危害叶片，也可危害叶鞘与外层苞叶，但不危害果穗。植株通常自基部叶片开始发病，发病初期，叶片上出现青灰色斑点，长 1～2 cm，随病斑的扩展变为灰褐色或褐色，病斑呈梭形或长纺锤形，大小 1～2 cm×15～20 cm。在适宜的发病条件下，向上扩展，严重时病斑遍及全株，导致植株成熟前死亡，并产生大量的灰黑色的分生孢子。在中等感染时，植株还易遭茎腐病菌的侵染，造成复合损失。除了侵染玉米外，大斑病菌还能侵染禾本科的其他植物。大斑病菌对不同寄主种的专化致病性分为两种寄主专化型，仅对玉米致病的玉米专化型和仅对高粱致病的高粱专化型。此外，还有对玉米、高粱均能致病的菌系，称为非专化型。专化致病性由遗传控制。

根据对单基因抗病玉米的毒性的差异，到目前为止已发现大斑病菌 5 个生理小种。玉米对大斑病的抗性遗传有两种类型，一是主基因抗性，另一是多基因抗性。主基因抗性有两类，一为褪绿斑反应抗性，一为无斑反应抗性。已知抗性基因有 Ht_1、Ht_2、Ht_3 和 Htn_1（以前称为 *HtN*），这 4 个显性基因的抗病效应大体相似，但对大斑病菌的 5 个生理小种的反应有各自的特点，可用毒力公式示之（有效基因/无效基因），即 1 号小种（又称 0 小种）为：Ht_1、Ht_2、Ht_3、Htn_1/0；2 号小种（又称 1 小种）为：Ht_2、Ht_3、Htn_1/Ht_1；3 号小种（又称为 23 小种）为：Ht_1、Htn_1/Ht_2、Ht_3；4 号小种（又称为 23N 小种）为：Ht_1/Ht_2、Ht_3、Htn_1；5 号小种（又称 2N 小种）为：Ht_1、Ht_3/Ht_2、Htn_1。玉米大斑病各生理小种，当对含 *Ht* 基因的玉米表现为无毒时，出现褪绿斑（以 R 示之）；表现为有毒时，出现萎蔫斑（以 s 示之），其中 Ht_1 基因位于玉米第 2 染色体上（2.08），Ht_2 基因位于玉米第 8 染色体上（8.05），Htn_1 基因位于玉米第 8 染色体上（8.06）。各显性抗病基因对生理小种的反应见表 4-2。

表 4-2　玉米显性抗大斑病基因对生理小种的反应

生理小种	抗病基因			
	Ht_1	Ht_2	Ht_3	Htn_1
1 号小种	R	R	R	R
2 号小种	S	R	R	R
3 号小种	R	S	S	R
4 号小种	R	S	S	S
5 号小种	R	S	R	S

多基因抗性表现为病斑数量型，即控制病斑的数量与大小。关于玉米大斑病的多基因抗性遗传，Hugha

(1981)、徐明良（1990）、陈瑞清（1990）等提出，其主要基因作用为加性效应，非加性效应甚微，不同材料的遗传背景对抗性的表现有较大的影响，但细胞质效应不显著。

第三节　玉米种质资源研究与应用

一、玉米的分类

（一）玉蜀黍族属的亲缘关系　根据植物学分类，玉米属于禾本科玉蜀黍族（Maydeae），玉蜀黍族中包含 7 个属。起源于亚洲的有 5 个属：薏苡属（*Coix*），硬皮果属（*Schlerachne*），三裂果属（*Trilobachne*），流苏果属（*Chionachne*）和多裔黍属（*Polytoca*）。起源于美洲的有 2 个属，即玉蜀黍属（*Zea*）和摩擦禾属（*Tripsacum*）。摩擦禾属中包括 7 个种，其体细胞具有 18 对或 36 对染色体。它们也能与栽培玉米进行杂交，但比较困难。在玉蜀黍属中包括两个亚属，即繁茂玉米亚属（*Section Luxuriantes*）和玉蜀黍亚属（*Section Zea*）。繁茂玉米亚属中有 3 个种，它们是繁茂玉米种（*Zea luxurians*，$2n=20$）、多年生玉米种（*Zea perennis*，$2n=40$）、二倍体多年生玉米种（*Zea diploperennis*，$2n=20$，）；玉蜀黍亚属中只有 1 个种即玉米种（*Zea mays*）。玉米种中有 3 个亚种，即栽培玉米亚种（*Zea mays* ssp. *mays*）、墨西哥玉米亚种（*Zea mays* ssp. *mexicana*，$2n=20$）和小颖玉米亚种（*Zea* ssp. *parviglumis*，$2n=20$）。栽培玉米亚种与玉蜀黍属中的其他 4 个种或亚种能进行自然杂交，但它们之间的雌花序具有截然不同的形态。

（二）栽培玉米亚种的分类　依据玉米子粒形状、胚乳淀粉的含量与品质、子粒有无稃壳等性状，可将栽培玉米亚种分为 9 个类型（表 4-3）。

表 4-3　玉米亚种检索表（根据胚乳和颖壳的性状）

检索项	类型
1　子粒包在较长的稃壳内	有稃型（*Zea mays tunicata*）
1-1　子粒外露，稃壳极短	
2　子粒加热时有爆裂性，果皮坚厚，全部为角质胚乳，种粒较小	爆裂型（*Zea mays everta*）
2-1　子粒无爆裂性	
3　子粒无爆裂性，子粒无角质胚乳，全是粉质淀粉，顶部不凹陷	粉质型（*Zea mays amylacea*）
3-1　子粒有角质胚乳	
4　干时皱缩，胚乳多含糖质淀粉	
4-1　子粒几乎全部为角质透明胚乳	甜质型（*Zea mays saccharata*）
4-2　子粒上部为角质胚乳，下部为粉质胚乳	甜粉型（*Zea mays amylacea-saccharata*）
5　胚乳由 78%的支链淀粉和 22%直链淀粉组成	
5-1　角质淀粉分布在子粒四周，中间至粒顶为粉质，胚乳干时粒顶凹陷，呈马齿状	马齿型（*Zea mays indentata*）
5-2　角质胚乳分布在粒的四侧及顶部，整个包围着内部的粉质胚乳，干时顶部不凹陷	硬粒型（*Zea mays indurata*）
6　胚乳全部为支链淀粉组成，角质与粉质胚乳层次不分，子粒呈不透明状	糯质型（*Zea mays sinensis*）

注：半马齿型（*Zea mays* L. *semindentata* Kulesh）可列入表 4-3 中的 5-3。

二、玉米种质资源的研究

（一）玉米种质遗传基础的狭窄性问题　目前全世界玉米杂交育种工作中都普遍存在着种质资源遗传基础狭窄性的问题，最突出的是美国育种工作。早在 200 多年以前印第安人培育出北方硬粒型玉米，James Reid 于 19 世纪 70～80 年代育成了 Reid Yellow Dent 品种。以后 George Krug 又将 Reid Yellow Dent 与 Iowa Gold Mine 杂交，通过选择，获得了另一优良品种 Krug 玉米；而另一美国早期育种家 Isaac Hershey 于 1910 年育成了 Lancaster Sure Crop 玉米，并成为应用面积最大的品种之一。Reid Yellow Dent 与 Lancaster 就是目前美国玉米育种与生产上应用最多的两大种质。20 世纪 20 年代开始，从这些品种（综合品种）中育成许多自交系，但仅有 5 个自交系（B14、B37、C103、Oh43 和 B73）在生产上占主要地位。20 世纪 80 年代美国生产上应用的 80%的杂交种都含有 Reid Yellow Dent 种质血缘（39.2%）和 Lancaster 种质血缘（42.4%），其他种质血缘仅占 18.4%。

我国玉米育种工作的瓶颈现象也很突出。20 世纪 80 年代生产上主要利用的骨干自交系有自 330、获白、Mo17 和黄早 4，其应用十分广泛。在百万亩以上的杂交种中，4 大系组成的杂交种由 1978 年的 10 个增加到 1987 年的 24 个，占 70.5%，其所占的面积（包括不足百万亩杂交种的面积）已超过 60%。其中，Mo17 和黄早 4 在 1987 年占 6.7×10^4 hm^2以上杂交种的组合数分别为 28.3%和 14.6%，迄今仍处于顶峰盛期。目前，我国玉米生产上种植的品种的种质基础主要是来自美国的 Reid Yellow Dent、Lancaster、旅大红骨和塘四平头这四大种质，虽然相继引进了一批热带和亚热带玉米种质，使我国的玉米育种工作种质基础狭窄的危机有所缓解，但种质资源遗传基础狭窄问题仍很严重。

（二）育成玉米自交系的种质系统的特点　据 Darrah 等报道（1985），美国生产上应用的玉米种质资源，按种子产量统计，有 Reid Yellow Dent 种质的自交系占 44%，Iodent 种质 22.4%，Lancaster 种质占 13%，比早年有所下降。从培育新自交系亲本来源来看，有 41.8%是来源于单交组合，来自改良的群体占 7.8%，利用综合种、复合种选育新自交系的占 11.2%，利用回交育成的新自交系占 20.1%。与 1979 年的资料相比，单交种作为新的自交系来源略有减少，而回交选系却成倍增长。但仍可看出，以单交组合选系仍是当前育种的一个主要手段。上述情况表明，美国育成自交系的种质集中在 Reid Yellow Dent 种质和 Lancaster 种质基础上，同时还采用以单交组合为主的方式选育新自交系，这必然带来种质基础贫乏的后果。尽管有人认为 Reid Yellow Dent×Lancaster 是杂种优势表现的最佳模式，其遗传变异性极为丰富（Smith 等，1985），并且，大部分由 Reid Yellow Dent 的自交系组成的 BSSS 以及 Lancaster 仍然具有较大的遗传潜力，但扩大种质利用范围及基础仍是育种工作迫切需要解决的问题。

我国育成的自交系的种质来源，1990 年曾三省（1990）报道，在 3 轮全国玉米区试参试杂交种中，绝大部分是单交组合，170 个单交组合共有 340 亲本，重复利用系有 9 个占 14.4%，在 296 个自交系中，选自单交组合的占 42.3%，选自改良群体或综合品种的占 13.4%，来自农家品种的占 12.6%，用回交选育的系占 10.6%，而用其他方法选育的新系占 21.1%，与美国的情况类似。其中种质来源，从自交系的来源分析，约有一半来自于美国，如 Mo17、C103、B37、B73、B84 等，另一半为国内选系，如黄早 4、获白、自 330、二南 24 等；但从系谱分析，大部分可追溯到美国的 Lancaster 与 Reid Yellow Dent 种质，如 Mo17、C103、二南 24 具有 Lancaster 血缘，B37、B73、B84、E28、原武 02 等具有 Reid Yellow Dent 种质，其他自交系则主要来自于我国的旅大红骨、金皇后、塘四平头和获嘉白马牙 4 大种源。因此，我国的玉米种质也是贫乏的。吴景锋等（2001）报道，国家"八五"攻关后，对我国生产上的玉米种质遗传基础的再分析表明，在种植 1.3×10^5 hm^2以上的 24 个杂交种中，由 9 个自交系组配成的杂交种占 79.9%。这 9 个自交系中，除吉 63（只占 1.9%）外，其余 8 个均来源于四大核心种质（也称"类群"）：Lancaster（选系为有 Mo17 等，占 34.7%）、Reid Yellow Dent（选系有 478、5003、掖 107，占 28.5%）、旅大红骨（选系有丹 340、E28，占 20.6%）和塘四平头（选系为黄早 4，占 14.4%）。这说明我国玉米生产上种质的亲本遗传基础是很狭窄的。刘新芝等（1990）对我国常用的 50 个玉米自交系遗传分析中指出"优良自交系加性方差变小的趋势日渐严重"。

三、玉米种质资源利用

（一）拓宽种质资源培育自交系　美国的 Reid Yellow Dent 和 Lancaster 两大种质是目前世界各国普遍利用的种质，大量研究表明，Reid Yellow Dent 与 Lancaster 两类种质中的遗传变异较丰富，并且这两类种质为优势配对，因此，仍须充分利用这两类种质，从中选育自交系。我国种植玉米的历史虽然不足 500 年，但玉米引入我国以来，由于自然条件的复杂性，形成了丰富的遗传多样性，充分利用我国的玉米种质也是选育自交系的主要途径之一，我国由地方品种塘四平头中育成的优系黄早 4 是一个突出的事例，迄今仍在应用。

依阿华坚秆玉米综合种（BSSS）是Sprague和Jenkins在1933年利用16个茎秆坚硬的自交系合成的。70年来从原始的BSSS及其衍生的群体中，经过轮回选择育成了一大批自交系，诸如B14、B37、B73、B78、B84、B89、N28等。从BSSS中选出的自交系作组配的杂交种后代中也选育出A632、A634、A665、B14A、B68、NC205、B88、H84、H100、R71等优系。美国在1984年具有BSSS血缘关系的自交系所产生的杂交种占玉米种子总需要量的30%以上。BSSS的种质还被培育成糯质型（*wx*）、高赖氨酸型（O_2）和甜质型（sh_2）加以利用，并被引入其他国家，如意大利配制的杂交种XL72A（B73×Mo17）占其全国玉米种植面积的80%。关于杂种优势类群与杂种优势利用模式，国外进行了大量研究，并建立了主要的杂种优势利用模式，例如，美国玉米带的Lancaster群×Reid Yellow Dent群、欧洲的早熟硬粒自交系×美国玉米带马齿自交系、热带的ETO×Tuxpeno。这对于玉米新自交系以及杂交种的选育具有重要的指导意义。我国应用6.7×10^4 hm^2以上的杂交种，从组配杂交种的方式来看，主要是由国内系×国外系组成的，这说明利用地理和种质基础远缘的材料与国内系组配，易于获得优势强的杂交种。

（二）开拓玉米种质的途径　现代玉米育种就是利用杂种优势的育种。获得优势杂种，除了自交系的选育方法以外，还牵涉到种质资源的问题。据Darrah和Zuber等研究，美国用于杂交玉米的种质来源可归为4大群，第一群为Reid Yellow Dent种质以及近似种质，占总量49%左右；第二群为Lancaster种质及其近似种质，约占32.6%；第三群为Iodent种质及其近似种质，约占5.6%；第四群为其他种质，包括拉丁美洲、非洲、东南亚热带和亚热带的外来种质，约占13%。上述4类种质中，Ried与Lancaster种质是优异的杂种优势配对，来自它们的自交系在商品杂交种生产中所占的比重高达约81.5%，这两个杂种优势群，从20世纪30年代起一直到现在，仍然是利用玉米杂种优势的主要种质基础。我国的玉米育种工作者，也注意利用不同来源的种质作亲本组配了一批优势强的杂交种。例如，丹玉6号（旅28×自330）、掖单2号（掖107×黄早4）利用了地方品种与外来的不同种质。由于玉米育种工作中的瓶颈现象，玉米育种工作者迫切需要拓宽遗传基础，扩大对种质资源的利用。美国从世界各地收集地方品种并进行自交系的选育。在欧洲，玉米育种家则利用美国马齿型玉米的丰产性和欧洲硬粒型玉米的早熟性来选育杂交种。值得指出的是，墨西哥的玉米是很重要的种质，例如，ETO综合品种和Tuxpeno地方品种。关于热带种质的利用，Goodman列举了10种杂交的材料，如Cuban（硬粒型）×Tuxpeno等较其他组合表现出更大的优势；同时，他指出，Tuson×美国南部马齿型也具有潜在的优势。热带种质已引入我国，这些种质除可直接利用其综合品种在低产地区（如广西）种植外，也可以通过合理的组配和选择，将其有利性状导入我国地方品种种质中去。

利用近缘属、种的种质虽有一定的困难，仍须继续开发，尤以在*Teosinte*（类玉米）和*Tripsacum*属中，要把有利基因引入玉米的种质。其次，要加强种质基础研究工作，采用近代遗传学的手段，在分子水平上阐明近缘物种的血缘关系，探讨玉米种质的遗传特性，以利育种应用。第三，发掘各类种质资源，引入国外新的种质，以拓宽种质基础。第四，加强群体改良的研究工作，应在战略的高度上重视改良群体的重要意义，把长远目标与当前任务很好地结合，使玉米的种质资源不断更新，推出一批又一批的高产、优质、抗性良好的新组合。第五，建立自交系的发放制度，以电脑档案定期向有关育种单位通报，避免育种工作的盲目性。

第四节　玉米育种途径和方法（一）
——自交系及其杂交种的选育

玉米的育种方法在20世纪以来取得了迅速的发展。在玉米育种史上，最初采用不控制授粉的育种方法，这种方法对于改进玉米品种的生育期、植株高度以及穗部性状有一定的效果，但对提高产量的作用甚微。后来发展到控制授粉的育种方法，但开始时，主要是进行品种间杂种的选育，由于玉米品种群体遗传基础复杂，品种间杂交种虽然在产量上有较大幅度的提高，但群体内个体间的差异甚大，群体的整齐度差，因而限制了群体的产量潜力。1909年，Shull指出："玉米育种学的任务不仅是寻找最好的纯系，而且要探索和选育最好的杂交组合。"他首先指出选育玉米自交系间杂交种，这为玉米自交系以及自交系间杂交种的选育奠定了策略性的指导思想。20年后，他的观点引起了人们的重视，从而使玉米育种跃上了一个新台阶。20世纪30年代，美国首先在生产上大面积推广双交种。20世纪60年代以来，世界上各玉米生产国都以推广单交种为主，而选育单交种的第一步工作就是选育优良的自交系。

一、优良自交系应具备的条件

玉米自交系是指从一个玉米单株经过连续多代自交，结合选择而产生的性状整齐一致，遗传上相对稳定的自交后代系统。由于自交系是人工自交选育出来的，就每一个系来说，其生长势、生活力比自交的原始单株减弱了，但在自交过程中，通过自交纯合以及人工选择，淘汰了不良基因，并且使系内每一个个体都具有相对一致的优良基因型，因而在性状上是整齐的，在遗传基础上是优良的。来源不同的自交系，由于各自的遗传基础以及性状表现互不相同，当它们进行杂交时，就可以使两种基因型间的加性和非加性遗传效应在杂种个体上得到充分表现，从而使杂种 F_1 表现出强大的杂种优势。杂交种经济性状的优劣，抗病性能的强弱，生育期的长短，取决于其亲本自交系相应性状的优劣以及自交系间的合理组配。因此，选育优良自交系是选育出优良杂交种的基础，也是玉米育种工作的重点与难点。优良的玉米自交系必须具备下列基本条件。

1. 农艺性状好　自交系的许多农艺性状将在杂交种中表现出来，因此，自交系必须具有较好的农艺性状。

（1）植株性状　株型要紧凑，株高中等或半矮秆，穗位适中偏低，茎秆紧韧有弹性，根系发达，抗茎部倒折与根倒。

（2）穗部性状　要长穗型与粗穗型兼顾，穗上子粒行数10～20行，果穗上苞叶严实不露尖、不过长，子粒中等或大粒。果穗轴较细，质地结实。

（3）抗逆性　对当地主要病（虫）害的一种或多种（如大斑病、小斑病、茎腐病、丝黑穗病、玉米螟等）具有抗性或耐性。对当地特殊的灾害性气候条件（如暴风雨、干旱、低温、盐碱地等）有抗性或耐性。

2. 配合力高　自交系配合力的高低是衡量自交系优劣的首要指标。优良自交系必须具有较高的一般配合力，在此基础上，通过优系之间的合理组配，获得较高的特殊配合力，才有可能选育出具有较强杂种优势的杂交种。

3. 产量高　目前国内外玉米生产上都以推广单交种为主，由于自交系一般生活力弱，产量较低，使其繁殖与杂交制种面积增大，增加了种子生产成本。为了便于繁殖与杂交制种，优良自交系必须具有种子发芽势强、幼苗长势旺、易于保苗、雌雄花期协调、吐丝快、结实性好的特性；作父本的自交系还必须散粉通畅，花粉量大，子粒产量高，从而减少繁殖与杂交制种面积。

4. 纯合度高　自交系基因型的纯合度要高，只有这样，性状的遗传较稳定，群体才能整齐一致。这样，在繁殖与杂交制种时，便于去杂去劣，保证种子质量，并使杂交种的遗传基础一致，群体整齐，从而充分发挥其杂种优势。

二、选育自交系的方法

（一）选育自交系的基本材料　选育自交系的基本材料有：地方品种、各种类型的杂交种、综合品种以及经轮回选择的改良群体。从这几种基本材料中都曾选育出优良的自交系用于生产。例如，Reid Yellow Dent 育成后，经过各地玉米育种家的选育和改良，先后出现了若干个衍生群体，它们均成为筛选自交系的主要亲本材料，从中育成了许多优良的自交系，如B14、B14A、B37、B73、B84、1205、Qs420、A632等，这些自交系都是众多杂交种的亲本，在美国的玉米杂交种的遗传背景中约占50%。Lancaster S. C. 是 Hershery 家族于1910年前后育成的品种群体。1949年 Jones 用 Lancaster S. C. 群体育成 C103 自交系，C103 自交系以后成为第一个大面积种植的单交种的亲本。1964年，Zuber 又育成了著名的二环系 Mo17。以后许多育种家又从 Lancaster S. C. 的衍生群体中选育出了一系列优良自交系，例如 C14－8、L9、L289、L317、Oh43 等，这些自交系是美国许多优良杂交种的亲本，现在 Lancaster S. C. 优势群中的自交系基本上是从一环系之间的杂交种中选育的二环系。我国的玉米育种工作者从地方品种金皇后中选出了金03、金04等自交系，从单交种 Oh43×可利67中选出了自330。从经轮回选择的 BSSS 改良群体中选出了 B14、B37、B73、B84 等自交系。在育种上，通常将从地方品种、综合品种以及改良群体中选出的自交系称为一环系，将从自交系间杂交种后代中选育出的自交系称为二环系。目前，我国玉米生产上大面积推广的玉米杂交种的亲本自交系绝大多数都是从自交系间杂交种后代中选出的二环系。育种工作者采用哪种基本材料，应视育种目标、育种单位所拥有的种质资源基础、育种工作者的技术水平和经验来确定。

（二）选育自交系的方法　选育玉米自交系是一个连续套袋自交并结合严格选择的过程。一般经5～7代的自交和选择，就可以获得基因型纯合，性状稳定一致的自交系。选育自交系的方法有系谱法、回交法、聚合改良法、配子选择法以及近20年来发展起来的诱变育种法和花药培养法。而系谱法仍是选育自交系中应用最多的方法，其方法如下。

1. 按农艺性状进行选择　按育种季采用相应的选择方法。

（1）第一季　根据育种目标要求，选择适当的基本材料。在能力可以承受的范围内应尽可能地种植较多的基本材料，每种材料一般种植500株以上，种成一小区，在生长期间认真观察，按育种目标选择优良单株套袋自交。每种材料自交10～30穗，优良材料还应增加自交穗数。收获前进行田间总评，淘汰后期不良单株，收获的果穗经室内考种，根据穗部性状进行选择，当选的自交穗分别收藏并予以系谱编号。

（2）第二季　将上季当选的自交穗，按基本材料的来源以及果穗的编号，分别种成小区（或穗行）。在自交系选育的自交早代（S_1～S_3）尤其是自交1代（S_1），相当于自花授粉作物的杂交2代（F_2），是性状发生剧烈分离的世代，因此，田间每一小区（或穗行）内都会发生各式各样的性状分离，一般表现植株变矮，生活力衰退，果穗变小，产量降低，还会出现各种畸形与白化苗。这是对自交系直观性状进行选择的最佳世代，要按育种目标对自交系的要求，在小区内以及小区间进行认真选择。抽雄时，在优良的小区中选优良单株套袋自交。再经田间与室内综合考评，当选的自交穗分别收藏并继续予以系谱编号。

（3）第三季及其以后世代　按系谱种植上季当选的自交穗，继续在田间观察评选，淘汰劣系或杂系，在优系内选优良单株套袋自交，经田间与室内综合考评，当选果穗分别收藏。一般经5～7代自交，其植株形态、果穗大小、子粒色泽类型、生育期等外观性状基本整齐一致，就可获得一批自交系。当自交系选择进行到后期世代，基因型基本纯合，系内性状稳定并整齐一致时，一般可不再进行外观性状的选择与淘汰，而是在系内选择具有典型性的优良植株自交保留后代。在每一世代，对当选的个体均予以系谱编号。当自交系性状完全稳定时，则可以采用自交与系内姊妹交或系内混合授粉隔代交替的方法保留后代，这样做，既可以保持自交系的纯度，又可避免因长期连续自交而导致自交系生活力严重衰退而难以在育种中应用的问题。

在自交系选育过程中的各世代，不同的穗行来自上代不同的基本株，穗行间的性状变异常大于穗行内的变异，因此，在田间选择时，应将重点放在穗行间。通常是先选择表现优良的穗行，再在优良的穗行内选择优良单株套袋自交。自同一原始S_0单株或同一个S_1穗行的S_2穗行称为姊妹行，姊妹行选择到后期所得到的自交系互称为姊妹系。近年来，为了提高单交种的制种产量，常用姊妹系配制改良单交种，因此，要重视姊妹系的选育。

按农艺性状目测选系，这主要凭经验，但是，自交系的优劣并非完全由表现型决定的，配合力的高低则是评价自交系优劣的首要条件。因此，在目测选系过程中，一方面可根据性状相关性来确定自交穗的选留与否，另一方面则应对选系进行配合力的测定。

2. 自交系配合力的测定　对农艺性状进行选择，仅是选育自交系的一个方面。自交系优劣的另一个重要条件是配合力的高低，这是无法目测的，而只能通过测定才能对选系的配合力高低进行可靠的判断。配合力与其他性状一样是可以遗传的，具有高配合力的原始单株，在自交的不同世代与同一测验种测交，其测交种一般表现出较高的产量，反之，测交种的产量较低。

（1）配合力大小的趋势　配合力的遗传是复杂的，很多问题还在探讨中，但就现有的研究结果来看，表现出下列趋势。

①自交原始材料的群体产量水平和选系配合力的高低有密切关系，群体的优良性状多，产量高，就说明这个群体的优良遗传因子也多，因而有较大的可能性选出高配合力的自交系。故自交系的配合力高低和原始群体产量水平有直接关系。

②自交系配合力的高低和一些产量性状及其遗传率有着密切的关系。一些高配合力的自交系常具有突出优良的产量性状，如自交系525穗大、粒重，获白粒大、结实性好，Mo17具有长穗，自330的果穗长大，二南24的双穗性强。而且它们的这些性状具有较强的传递力，常能在杂交组合中表现出来。自交系配合力的高低通过杂交种表现出来，其表现程度除自交系本身因素之外，还要受杂种亲本间亲缘关系远近、性状互补、环境条件等因素所制约，所以自交系产量性状只能说明其配合力的一个方面。

③原始单株（S_0）的配合力的高低和其自交各代配合力高低是基本一致的，由同一原始单株所选育出的不同

姊妹系间的配合力的变异远远小于不同原始单株之间的变异。因此，在 S_0 代进行一般配合力测定是可取的，这样便于及早淘汰低配合力单株，集中力量在高配合力的单株后代中选择优系。但是配合力高的原始单株自交后代中也能分离出少量配合力不高的植株，因此，在选育自交系过程中应保留一定数量的姊妹系，并对自交系配合力进行晚代测定，以提高选择效果。

（2）配合力的测定　对配合力的测定，通常需考虑以下几个方面。

①配合力测定的时期：测定配合力的时期一般有早代测定和晚代测定两种。前者指自交当代至自交 3 代（S_0～S_3）测定。由于提早测定了自交系的配合力，不但可以减轻以后的工作量，而且还有助于提早对自交系的利用。后者是在自交 4 代（S_4）及以后世代进行测定，由于遗传性已较稳定，容易确定取舍，但工作量较大，且肯定优良自交系较晚，往往要影响自交系的利用时间。

早代测定自交系配合力的根据有二：第一，基本株之间的配合力有显著的差别；第二，配合力的高低决定于基本株，来源于同一基本株的不同自交世代，具有大致相同的配合力。在测定了 S_0 或 S_1 的配合力而选出的一群自交早代材料中去自交和选择，较之在同一群随机样本中仅凭目测选择自交的方法，能更有把握地获得有价值的高配合力的自交系。其做法是：S_0 株自交的同时，各自交株分别与一测验种杂交，并分别成对编号，测交种产量的高低作为是否继续自交的取舍标准，大量淘汰配合力较低的早代自交穗，集中力量在高配合力后代内继续自交和选择。

②测验种的选用：用来测定自交系配合力的品种、自交系、单交种等，统称为测验种。这种杂交称为测验杂交，简称测交，其杂种一代称为测交种。

选用哪类测验种测得的结果较为可靠，到目前为止还没有一致意见。以往有人主张，在测定一般配合力时，用品种或品种间杂交种做测验种，因其遗传基础复杂，包含很多不同基因型的配子，可以测出一般配合力。近来很多育种工作者，主张用当地常用的几个骨干优良自交系作测验种，不仅能测出一般配合力，而且也可以测出特殊配合力，这样可以提早确定高产组合，提高育种效果。一般是在早代测定时为了减少测交工作量，常采用品种或杂交种作测验种以测定一般配合力；晚代测定采用几个骨干自交系测定其特殊配合力。

目前生产上广泛利用单交种，各地进行晚代测定时常用若干个优良自交系作测验种，同时测定新自交系的一般配合力和特殊配合力，使配合力的测定和新组合的选育相结合，以提高育种工作的效率。为了提高测交的效果，用作测验种的骨干自交系必须是在当地表现优良的、与被测系无亲缘关系的高配合力自交系。同时，自交系测验种数目不应过少，这样才能比较可靠地反映被测系的一般配合力和特殊配合力。

在测定自交系配合力时，也应注意所选测验种的类型，只用同类型的测定（马齿×马齿或硬粒×硬粒），其结果就偏低；而用异类型的测定（马齿×硬粒），其结果就偏高，测验结果由于自交系类型不同而有差别。为了纠正这种偏高和偏低的影响，可以采用中间型测验种进行测定，如用中间类型的品种、品种间杂交种或单交种以测定一般配合力，其测交产量结果比较可靠。但当目的在于既测定配合力又要获得高产的杂交组合时，就不受上列测验种类型的限制。

③配合力测定的方法：自交系配合力的测定，通常先测定一般配合力。方法多用顶交法，即用一个品种或杂交种作测验种，如在早代测交，则用测验种作母本，用被测材料作父本，一边自交，一边测交，并要成对编号，以便根据测交种鉴定结果，进行选择与淘汰。如在晚代测定，因被测系已稳定，可作为母本和测验种进行测交。如被测系较多时，可设置隔离区，父母本相间种植，抽雄时拔除被测母本的雄穗，其植株上所结种子即为测交种。下一年进行测交种产量鉴定，根据产量水平，判断各系配合力的高低。如采用测用结合方式时，就须用多个自交系作测验种进行测交工作，设置几个隔离区进行测交制种。

在测定一般配合力之后，再将高配合力的自交系进行特殊配合力测定。一般采用轮交法，即将这些自交系彼此一一相交。测交种的产量比较试验结果，既表示这些系间的特殊配合力的高低，又可获得新的优良杂交种。经过配合力的测定，优良自交系确定后，就可组配杂交种，再经过产量比较和区域试验，表现优异的杂交种即可在生产上推广利用。

为尽快选育出优良自交系，20 世纪 60 年代开始应用花药培养法加快自交选系的纯合，Goodsell、谷明光、Kermble 等利用遗传标记性状来区分单倍体和加倍后纯合的双单倍体已获成功。利用花药培养加速玉米自交系的纯合的技术现已有很大的改进，出穗率和绿苗率都有提高，但是培养出单倍体植株和加倍的成功率仍然偏低。另外，尽管花药培养单倍体具有快速获得纯合的玉米自交系的优点，但这些自交系属于随机的基因型样本，最终育出配合力高、性状优良的自交系的概率不高，这是花药培养在玉米自交系选育中尚需继续研究的课题。

在20世纪80年代初，开辟了玉米自交系选育的新途径，即在自交系内产生的变异中进行选择，从而免除通过自交系间杂交诱导遗传变异的工作。在组织培养实际工作中，表现型发生明显变异的往往属于单基因控制的性状（如白化苗），而由多基因控制的性状的变异则接近正态分布。目前，组织培养也有其自身的缺陷，如利用的种质受到限制，加之经培养的组织产生的变异是随机的，难以控制，还需借其他育种方法来鉴定所获得的材料的利用价值，尽管如此，从玉米育种角度来看，通过组织培养利用体细胞变异来扩大变异来源，对开拓玉米种质具有一定的意义。

三、自交系间杂交种的选育

现代玉米生产上主要是利用杂交一代的杂种优势。玉米育种工作除了自交系的选育外，就是杂交种的选育。玉米杂交种有多种类别：品种间杂交种、品种与自交系间杂交种（即顶交种）和自交系间杂交种；自交系间杂交种则包括单交种、三交种、双交种和综合杂交种。由于目前玉米生产上主要是自交系间杂交种，并且以单交种为主，因此世界各国玉米育种工作的重点是选育单交种。

经过农艺性状的多次选择和一般配合力测定所获得的较好的自交系，根据育种目标，考虑亲本选配原则，进行人工控制授粉产生杂交种子，经产量鉴定和比较，就可选育出新杂交种。

（一）单交种的选育　单交种的组配实际上是结合自交系配合力测定时完成的，当采用双列杂交法和多系测交法测定自交系配合力时，就可选出若干个强优势的单交种，在此基础上对这些单交种进一步试验，并对这些单交种及其亲本系的有关性状和繁殖制种的难易程度进行分析，最后决选出可能投入生产的几个最优单交种。在进行单交种的选育时，根据杂种优势群和杂种优势模式对亲本进行选择，可减少选配工作的盲目性。

经过配合力的测定选出优良自交系后再组配单交种的方法主要有以下两种：

1. 优良自交系轮交组配单交种　经过一般配合力测定的优良自交系，可将它们用套袋授粉的办法，配成可能的单交组合，组合数目为$n(n-1)/2$，其中n为自交系数目。

2. 用“骨干系”与优良自交系配制单交种　在优良自交系数目很多时，可选取特别优良自交系作“骨干系”，分别与其他系杂交，进行产量鉴定，选出符合育种目标要求的杂交种。

组配的单交种经过严格的产量比较试验，包括品比试验、区域试验等，从中决选出最优者供生产上应用。单交种是当前在生产上利用最广的一种类型，它具有优势强、性状整齐一致、亲繁制种程序比较简单等优点。但制种产量偏低、成本较高是它的主要缺点。因此，可利用改良单交种的方式来克服上述缺点。

改良单交种是通过加进姊妹系杂交的环节来改良原有的单交种的。例如单交种A×B，它的改良单交种有（A×A′）×B，A×（B×B′）和（A×A′）×（B×B′）等3种方式，A′和B′相应为A和B的姊妹系。利用改良单交种的原理有两点，一方面是利用姊妹系之间近似的配合力和同质性，以保持原有单交种的杂种优势水平和整齐度；另一方面是利用姊妹系之间遗传成分中微弱的异质性，获得姊妹系间一定程度的优势，使植株的生长势和子粒产量有所提高。所以利用改良单交种，既可保持原单交种的生产力和性状，又可增加制种产量，降低种子生产成本。1987—1988年河南农业大学玉米研究所和四川省农业科学院作物研究所玉米研究室合作配制的中单2号、73单交的改良单交种，多点试种结果，改良单交种的产量和原单交种持平，而改良单交种的制种产量则比原单交种的制种产量有较大幅度的增长。

（二）三交种和双交种的选育　三交种和双交种都是根据单交种的试验结果组配的。1934年Jenkins经过周密的试验后，提出了利用单交种产量预测双交种产量的方法，第一种方法是根据4个亲本系可能配制的6个单交种的平均产量预测双交种的产量，公式如下

$$(AB\times CD)=1/6\,(AB+AC+AD+BC+BD+CD)$$

第二种方法是根据6个可能的单交种中的4个非亲本单交种的平均产量预测双交种的产量，公式如下

$$(AB\times CD)=1/4\,(AC+AD+BC+BD)$$

按同样的原理，也可预测三交种的产量，公式如下

$$(AB\times C)=1/2\,(AC\times BC)$$

上述方法都是以一组当选的优系，采用双列杂交法取得单交种的产量结果后再按产量测交方法配制出相应的双交种和三交种。除此之外，还可用优良的单交种作测验种，分别和一组无亲缘关系的优系和单交种测交，配制出双交种和三交种。

（三）综合杂交种的组配　综合杂交种是遗传性复杂、遗传基础广阔的群体。组配综合杂交种必须遵守下列原则：①群体应具有遗传成分的多样性和丰富的有利基因位点；②群体在组配过程中，应使全部亲本的遗传成分有均等的机会参与重组，并且达到遗传平衡状态。综合杂交种的亲本材料是按育种目标的需要选定的，一般是用具育种目标性状的优良自交系作为原始亲本，也可加进适应性强的地方品种群体作为原始亲本。为了获得丰富的遗传多样性，作为原始亲本的自交系数目应较多，一般用10～20个系，多者可达数十个系。例如，著名的依阿华硬秆综合种（BSSS）是用16个优系组成的，陕综1号（长穗大粒群体）是用19个优系组成的，陕综3号（硬粒群体）是用21个系和地方品种组成的，云南省农业科学院81-17综合种也是由地方品种和自交系组成的。组配综合杂交种可采用下列方法。

1. 直接组配　把选定的若干个原始亲本自交系(含地方品种)各取等量种子混合后,单粒或双粒点播在隔离区中,精细管理,力保全苗,任其自由授粉,并进行辅助授粉。成熟前只淘汰少数病株、劣株和果穗,不进行严格选择,尽量保存群体的遗传多样性。以后连续在隔离区中自由混粉繁殖4～5代,达到遗传平衡,就获得了综合杂交种。

2. 间接组配　把选定的若干原始亲本自交系（含地方品种）按双列杂交方式套袋授粉，配成可能的单交组合，在全部单交组合中各取等量的种子混合，以后连续在隔离区中自由混粉繁殖4～5代，每代只淘汰病株和劣株穗，不进行严格选择，逐渐达到遗传平衡。

此外，还可采取成对杂交的方式，配成单交种和双交种。例如，用16个原始亲本系，可先套袋授粉配成8个单交种，再配成4个双交种。从双交种中各取等量种子混合，然后在隔离区中自由授粉，收获群体。有时为了特殊的育种目的，需要加强某一原始亲本的遗传成分。例如，在改良地方品种群体时，可用地方品种作为母本，用选定的若干优系分别和地方品种授粉，获得若干顶交组合，然后从顶交组合中各取等量种子混合，然后在隔离区中自由授粉，收获群体。

以上各种方法合成的综合品种，若要用其遗传平衡群体，可在隔离区内连续自由授粉4～5代，再作生产用种。

（四）玉米育种工作中的杂种优势群和杂种优势模式　在进行玉米杂交种的选配工作中，根据杂种优势群和杂种优势模式选择适当的亲本组配杂交种，可达到事半功倍的效果。

杂种优势群是指在自然选择和人工选择作用下经过反复重组，种质互渗而形成的遗传基础广泛、遗传变异丰富、有利基因频率较高、有较高的一般配合力、种性优良的育种群体。从杂种优势群中可不断分离出高配合力的优良自交系。杂种优势模式是指两个不同的杂种优势群之间具有较高的基因互作效应，具有较高的特殊配合力，相互配对可产生强杂种优势的配对模式。从配对的两个杂种优势群分别选出强优势杂交种的概率也相应较高。因此，杂种优势群不是一般的人工合成群体和开放授粉群体，也不是任何杂种优势群之间均能组配成杂种优势模式。对杂种优势群和杂种优势模式的研究是玉米育种工作一项具有战略意义的基础性工作。

美国1947年就提出了杂种优势群和杂种优势模式的概念。迄今为止，利用时间最长、使用范围最广的是两大杂种优势群和杂种优势模式：ReidYellow Dent和Lancaster S. C.，这是玉米育种者公认的温带地区的基础杂种优势群和杂种优势模式。现在，在墨西哥和中南美地区，以CIMMYT为中心，研究开发了热带、亚热带地区的杂种优势群和杂种优势模式。墨西哥地方品种群体Tuxpeno和哥伦比亚的合成群体ETO是热带、亚热带地区的两个基础杂种优势群及其杂种优势模式。Vasal等（1992）提出了7个热带、亚热带杂种优势群及其杂种优势模式，并用CIMMYT选自热带种质的92个自交系，分别组成了两个广基群体：THG“A”（热带杂种优势群A）和THG“B”（热带杂种优势群B），这两个群体又配对成杂种优势模式。他们用同样的方式又将亚热带种质的数十份自交系分为两群，分别重组成STHG“A”（亚热带杂种优势群A）和STHG“B”（亚热带杂种优势群B），两群又成为杂种优势模式。上述杂种优势群不仅为热带、亚热带地区提供了玉米育种丰富的种质资源，也为温带地区玉米育种拓宽了种质基础。有学者对适应非洲中高地带和东部、南部非洲亚热带地区和欧洲的杂种优势群和杂种优势模式进行了研究。

中国从20世纪80年代中期开始对国内玉米杂交种的种质基础进行研究。吴景锋（1983）和曾三省（1990）

先后分析了当时国内主要玉米杂交种的血缘关系和种质基础。王懿波等（1997，1999）对国内“八五”期间全国各省审（认）定的115个杂交种及其234个亲本自交系进行了遗传分析，结合育种实践，将我国主要自交系分为5大杂种优势群、9个亚群。他认为，在1980—1994年间，我国玉米的主要种质为：改良Reid、改良Lancaster、塘四平头和旅大红骨等4个杂种优势群。利用的主要杂种优势模式是：改良Reid×塘四平头、改良Reid×旅大红骨、Mo17亚群×塘四平头、Mo17亚群×自330亚群。李新海等利用RFLP、AFLP、SSR和RAPD 4种分子标记的方法，结合双列杂交和NC-Ⅱ杂交试验结果，将我国的玉米分为3个杂种优势群，并进一步分为5个亚群，它们是：

我国玉米育种中最常用的两个杂种优势模式是：在东北和华北春玉米区主要是旅大红骨×Lancaster，其典型组合是Mo17×E28（丹玉13号）和Mo17×自330（中单2号），另一个近似的表现形式为塘四平头×Lancaster，代表品种是烟单14号（Mo17×黄早4）；在黄淮海夏播玉米区的主要杂种优势模式一个是塘四平头×Reid，典型组合为U8112×黄早4和掖L107×黄早4，另一个近似的杂种优势模式为旅大红骨×Reid，典型组合为丹340×掖478。进一步概括北方春播和夏播两个玉米主产区的杂种优势模式，都属于国内种质×国外种质，其他玉米产区的杂种优势模式也基本与此相似。

种质渐渗与自然选择和人工选择是玉米进化的基本原因，遗传物质的重组和分化是玉米进化的必然过程。从进化的观点看，杂种优势群仅具有相对的稳定性，不是一成不变的，而是处在不断发展变异之中。玉米育种界应将杂种优势群的保存和开发作为重要课题，不仅要探讨保存和延续国内两大地方品种杂种优势群塘四平头和旅大红骨丰富的生命力，而且要加强新杂种优势群及杂种优势模式的开发，特别是从南方玉米区丰富的地方种质中开发新杂种优势群，探讨组建高级杂种优势群的途径及其机理，促进玉米育种取得突破性的进展。

第五节　玉米育种途径和方法（二）

——主要目标性状育种

一、高产育种

玉米的高产性能，一般是指群体的生产力，而不是指单株生产力，当然，单株生产力是杂交种高产的基础，但并非群体获得高产的惟一因素。从高产育种的角度出发，高产杂交种应考虑以下几个方面的因素：①单株生产力，即单株为叶片上冲的紧凑型，具备良好的生理、生化代谢的内在素质并且穗粒结构合理；②群体内个体生长协调；③群体与环境的协调。具备上述3个条件的杂交种，在一定的生态条件下，可以获得高产、稳产。但是，高产是一个复杂的问题，这里仅就株型和杂种（基因型）与环境的关系作一简述。

（一）株型　株型是高产育种的一个重要方面。自1968年Donald提出理想株型概念后，这方面的研究进展很快。我国玉米育种家李登海培育了株型紧凑的掖单号玉米单交种，把我国玉米高产育种工作推向了新的阶段。紧凑型玉米叶片上冲，叶片匹配合理，叶向值大，其受光效率高，对CO_2的同化强度大，因而具有代谢旺盛，后期不早衰、子粒灌浆快、单株生产力高、适宜密植等特点。通过育种手段，培育紧凑型玉米杂交种是近年来培育高产杂交种的主要途径之一。目前我国玉米生产上大面积种植的杂交种约有1/3是紧凑型的杂交种，使玉米的种植密度由45 000～60 000株/hm^2提高到75 000～90 000株/hm^2。李登海培育了株型紧凑的掖单13号玉米单交种，则创下了我国夏玉米单产的最高记录，达到16 940.5 kg/hm^2。

株型涉及叶夹角的大小、叶长、叶宽、叶片数、株高、穗位高、雄花序大小等性状。这些性状基本上都是数量性状，受多效基因控制。因此，株型的遗传是一个复杂的问题。但是，利用适宜的种质，选育出株型紧凑的自交系与杂交种并非难事。需要指出的是，高产育种并非要求所有的杂交种都必须是紧凑型的，非紧凑型的杂交种在适宜的条件下也可以获得高产，这要根据玉米产区的自然生态环境、耕作制度及生产水平的高低来确定是否需要选育紧凑型的品种。

（二）杂种与环境　高产育种涉及另一个方面是杂种（基因型）与环境的关系，即基因型与环境的互作。同一基因型在不同的环境条件下表现不尽相同，高产育种中经常遇到这样的情况，某一杂交种在一定的地区表现产量很高，但换一个地区则表现不高，但也有些杂交种，在不同的环境下表现相对较一致，产量变幅小。由于基因型与环境的这种互作，要求育种工作者在多种环境下评价杂交种，以获得重演的最优杂种（基因型），在高产育种的中间试验阶段，应明确某个杂交种的高产潜力和所要求的外界条件。高产育种仍是当前玉米育种工作的突出目标，但也要兼顾品质和抗逆性，以保证优质和稳产。

综合国内外5家权威机构的预测，2020年我国的玉米总产量将达到1.6×10^{11} t，与需求量相近，并将由现在的玉米出口国变为进口国。按需求分析，如果种植面积仍保持在2.5×10^7 hm^2，到2020年，玉米单产应每年递增150 kg/hm^2，这一增长速度超过前50年任一时期的增长速度（1980—1996年间，我国的玉米单产年均增长速度约为132.9 kg/hm^2）考虑到增加化肥及其他技术的潜力已相当有限，无疑增大了遗传改良的压力。我国是世界第二大玉米生产国，是世界第一大玉米消费国，不应该也不可能指望国际市场来满足我国对玉米的需求，因此玉米育种工作者必须把高产作为育种工作的第一位目标。

二、抗病育种

世界范围内，玉米的病害有100种以上，在我国经常发生的病害有30多种。在一定的地区和年代，流行频率高而危害严重的病害只有几种。20世纪90年代以来，在某些地区，大斑病危害加重；在高肥水条件下，对一些杂交种，穗粒腐病、青枯病、玉米弯孢菌叶斑病、灰斑病、锈病、纹枯病、疯顶病（霜霉病）等已在局部地区由次要病害上升为主要病害。玉米矮花叶病、粗缩病在华北玉米产区大面积流行，1996年全国10个省（市）、自治区发病面积达2.0×10^6 hm^2，估计产量损失5×10^8 kg，仅河北、山东就有2.7×10^4 hm^{2}玉米田因病害而毁种。1996年，山东玉米粗缩病发病面积达4.0×10^5 hm^{2}以上，重病田病株率达80%～90%。玉米矮花叶病造成山西省中部和南部春玉米大面积受害，不断发生制种田绝收事件。1998年，山西省全省发病面积达4.5×10^5 hm^2，占玉米种植面积的51.2%，减产约5×10^8 kg。在华北玉米产区，多年前已得到控制的玉米黑粉病近年来又逐年增加，有的地块病株率达30%，也严重影响玉米的生产。玉米病害种类较多，主要病害有：大斑病、小斑病、丝黑穗病、茎腐病、病毒病等。目前危害较严重的是大斑病、小斑病、茎腐病。有些病害的抗性遗传已在本章第二节做了介绍。不同病害的抗性遗传规律不同，抗病育种的方法也不尽相同。

（一）抗小斑病育种

1. 对O小种抗病系的选育　由于玉米对O小种的抗性主要是受多基因控制的，同时也受隐性单基因*rhm*的控制，皆属核基因抗性。对O小种抗病系选育，由于遗传基础的差别应采用不同方法：

（1）多基因抗病系的选育　常用的方法有：①从地方品种中选育抗病系。地方品种是一个复杂的群体，抗病基因分散于不同植株之中，应采取大群体样本和严格鉴定抗性的方法，在大群体内严格挑选抗病植株进行自交。在自交后代中选择抗性单株的数量也应较多并对抗病性进行严格鉴定，例如北京市东北旺试验站，在小斑病流行年份，在133.3 hm^2（2 000亩）农家品种墩子黄中，经多年自交选择育成抗小斑病自交系墩子黄和黄3-4。②用二环系法选系。辽宁省丹东市农业科学研究所用仅抗小斑病的自交系Oh43和只抗大斑病的自交系可67杂交，从中选育出兼抗大斑病和小斑病的自交系自330。③系统选择抗病系。如北京市农业科学院由感染小斑病的塘四平头的杂交穗中育成了高抗小斑病的自交系黄早4。④辐射选系。山东省农业科学院以武单早为材料，经过辐射育种程序，育成了抗病自交系原武02。⑤从群体改良的材料中选育。如从BSSS的改良群体中选出的B37、B84等都是抗小斑病的优系。

（2）单基因抗病系的选育　抗性基因 *rhm* 属隐性，选抗病系的方法应把带有 *rhm* 的材料与自交系、杂交种或地方品种杂交，在杂种的后代中，要进行严格苗期鉴定，凡带有抗性基因的，都呈褪绿斑反应，挑选抗病的单株连续自交、回交选择，从严鉴定，选育抗小斑病的优系。

2. 对T小种抗病系的选育　T小种能产生对T型不育系胞质有特殊毒力的 Hm（即T毒素），导致抗病力的丧失。对T小种的细胞核抗病性研究发现，核基因背景不同的T群不育系，对T小种的抗性有差异，但是较高的核抗性小于感病胞质的影响。为此，在选育抗T小种的自交系时，可采用常规选系的方法。

（二）抗大斑病育种　大斑病的抗性遗传有两种，一是属多基因抗病性，系数量遗传性状，呈水平抗性；一是单基因抗病性，由主基因控制，属质量遗传性状，其抗病基因有 Ht_1、Ht_2、Ht_3、Htn_1。

1. 多基因抗病性的选育　常用的方法有：①由地方品种中选系。例如抗病自交系旅 28 是由地方品种旅大红骨中选出的，由地方品种镆铆小粒红和英粒子中都育成抗大斑病的自交系。但应指出，这都是在早年育成的自交系，目前地方品种种植很少，群体经受自然和人工选择压力变小，抗病单株出现的概率随之降低。②用二环系法选系仍不失为一种有效的途径。这里的二环系应该有意识在杂交环节上增大抗大斑病出现的频率，选用抗大斑病的优系进行杂交，再从优良单交（双交）组合中进行自交分离。选择极为重要，应置于发病年份或在诱发病害的条件下进行严格选系。③在改良群体中选系。经过轮回选择的改良群体，虽是一个杂合的基因型，但在不同轮次中，都可能选得抗病的优良自交系。B37 等自交系就是在第一轮中选出的。

2. 单基因抗病系的选育　这种抗性被认为是植物保卫素（phytoalexin）、H^2 浓度和（或者是）氧肟酸（hydroxamic acid）循环产生。由于退绿斑（即大斑病）抗性基因属显性遗传，培育易于收效。方法有：①采用回交法。以农艺性状优良，配合力好的自交系作轮回亲本，在回交世代，用人工接种鉴定，选表现退绿斑的单株，连续回交，可以选育出抗性强的自交系。原北京农业大学和原江苏农学院都选育出抗病的自交系，如扬80-1等。②二环系法选育抗病自交系。杂交种的亲本必须带有抗病（*Ht*）基因，在自交一代，同样要进行人工接种鉴定，凡具有退绿斑的单株，结合优良农艺性状的选择，可得抗病系。这里应指出，显性单基因控制的抗大斑病的材料属垂直抗性，若把 *Ht* 基因与水平抗性结合，在生产实践中更具有利用价值。但在回交转育既具有垂直抗性又具有水平抗性的优系时，常易使水平抗性丧失。这是因为垂直抗性抗病程度显示较强，会使水平抗性不易识别而被丢失。为此，在回交时，应选用具有多基因抗性的轮回亲本，进行多次回交，在鉴定抗病性上要注意选择水平抗性的子代。

（三）抗病毒病育种

1. 三种病毒病的特性

（1）玉米矮化花叶病毒病　玉米矮化花叶病毒（maize dwarf mosaic virus，MDMV）于 1965 年定名，是一种直径 12～15 nm、长 750～800 nm 的线状粒子，属于 *Potyvirus* 病毒组的一种 RNA 病毒。现已鉴定出 MDMV 具有 7 个株系（A、B、C、D、E、F 和 O），各株系侵染植物有差别。玉米矮化花叶病的症状，在幼苗上发生花叶或斑驳，继而沿叶脉形成窄而带有浅绿色至黄色条斑，也可以在叶片、叶鞘和苞叶上发生。患病株呈矮化现象，穗小结子少。蚜虫作为介体传毒。Johnson 等（1971）指出，玉米矮化花叶病抗性遗传属显性基因控制。MiKe 等（1984）报道，有 2～5 个基因与抗病性有关。利用染色体定位法，其抗性基因位于第 6 染色体的双臂上。

（2）玉米退绿矮化病毒病　玉米退绿矮化病毒（maize chlorotic dwarf virus，MCDV）于 1973 年定名，是一种直径 32 nm，含 RNA 的病毒粒子，能通过叶蝉半持久性传播。这种病毒不能机械传播。侵染症状是出现叶片退绿，在生育后期一般叶色退绿或发红，植株顶部节间缩短而矮化。玉米对 MCDV 抗性表现为显性遗传。

（3）玉米粗缩病　玉米粗缩病由玉米粗缩病毒（maize rough dwarf virus，MRDV）侵染引起的。该病毒颗粒为球形，直径为 75～85 nm，具双层衣壳。其主要寄主是单子叶植物，如玉米、水稻、小麦、高粱、大麦、谷子、稗草等，不能侵染双子叶植物。患玉米粗缩病的玉米植株叶片的背面、叶鞘及苞叶的叶脉上具有粗细不一的蜡白色条状突起，有明显的粗糙感。叶片宽短僵直，叶色浓绿，节间粗短、植株矮化，顶叶簇生，重病株雄穗严重退化或不能抽出，雌穗畸形不结实或子粒很少。玉米粗缩病毒由灰飞虱传播。玉米苗期是对粗缩病敏感的时期，感病越早，病情越重，拔节后感病的产量损失较小。若气候条件适合灰飞虱繁殖，且玉米对粗缩病毒的敏感期与灰飞虱的盛发期相吻合，则玉米粗缩病的发生严重。

2. 抗病育种　对以上三种玉米病毒病，从抗病育种入手是解决病毒病的主要途径。由于对病毒病的抗性遗传多属显性，仅少数基因控制抗性，在人工诱发病害的条件下，采用回交育种，把抗病基因导入农艺性状优良的自交系是有效的。

（四）抗玉米弯孢菌叶斑病育种　玉米弯孢菌叶斑病在20世纪70年代以前是玉米上的一个次要病害，20世纪90年代以后成为我国华北和东北主要玉米产区的主要病害之一，危害面积逐年扩大，其危害程度有超过大斑病和小斑病的趋势。该病害的病原菌为弯孢菌［*Cuevularia lunata*（Walk）Boed］，不同的菌株之间的致病力存在极显著的差异。该病害主要发生在玉米的叶片上，发病初期叶片上出现点状退绿斑，病斑逐渐扩展，呈圆形或椭圆形，中央黄白色，周缘褐色并带有退绿晕圈，有的品种在病斑周围出现大片褐变区域。病斑大小一般为1～2 mm×2 mm，在某些品种上可达4～5 mm×4～7 mm。在感病品种的叶片上，病斑可密布全叶，并可联合，形成大面积组织坏死，导致叶片枯死。玉米不同生育期对弯孢菌叶斑病的抗性不同，苗期抗性程度最高，随着生育进程的推进，抗病性逐渐降低，孕穗期前后抗病性最弱。如遇高温高湿气候，在种植感病品种时，可在短期内造成严重流行。

玉米的不同品种、不同自交系之间对弯孢菌叶斑病菌的抗性存在着显著差异，抗病水平从高抗到高感。赵君等（2002）研究指出，玉米对弯孢菌叶斑病的抗性遗传以基因的加性效应和显性效应为主，自交系P138和P131B可作为玉米对弯孢菌叶斑病的抗性育种材料。在育种工作中，选用抗性较强的自交系可组配出对弯孢菌叶斑病有较强抗性的杂交种。

（五）抗丝黑穗病育种　玉米黑穗病在世界上广泛流行，在某些国家给玉米生产造成较大的经济损失。20世纪70年代后期以来，我国玉米丝黑穗病危害上升，已成为我国春玉米产区的主要病害。

玉米丝黑穗病的病原菌为丝轴黑粉菌（*Sphacelotheca reiliana*（Kuhn）Clint）。早在1890年，美国就发现丝黑穗病，病原菌有2个变种，其中一个变种有5个生理小种，其中4个生理小种侵染高粱，一个侵染甜玉米；另一个变种侵染玉米，无生理小种。但2个变种有的后代对高粱和玉米均可致病。丝黑穗病最初症状是患病幼苗上叶出现退绿斑点，较明显的症状是在抽穗时期，患病株的果穗为黑粉孢子团侵染。Frederiksen（1977）指出，对丝黑穗病抗性遗传显示为部分显性。用抗病自交系配制的杂交种显示出抗病的效应。由于丝黑穗病是由带菌土覆盖接种，连年淘汰感病株可以获得抗病自交系。

（六）抗茎腐病育种　茎腐病是几种由真菌或细菌危害玉米茎秆基部引起相似症状的病害的总称。其中腐霉菌和细菌在抽穗前侵害玉米，其他大多数真菌在植株接近成熟时才侵害根部，造成根腐。玉米茎腐病主要发生在乳熟后期，如果发生在子粒生理成熟之前则影响灌浆，导致子粒不充实，形成轻穗，直接导致减产。如果病害发生较晚，虽对灌浆的影响较小，但降低了茎秆强度，导致茎秆破裂或严重倒折，影响收获而间接造成减产。发病的玉米常常成片地萎蔫死亡，枯死的植株呈青绿色，故在我国俗称青枯病。茎腐病在世界各地都是重要的病害，20世纪70年代以来，在我国发生日趋严重，已成为我国玉米生产的主要病害。由于茎腐病是由多种病原菌引起的，抗性的遗传研究有很大的困难，抗性以数量方式遗传，有基因的加性效应，又有基因的显性效应与上位性效应，目前，尚未发现有抗性主基因存在。不过，F_1的抗性通常高于双亲的平均值，一般具有明显的杂种优势。由于抗性的数量遗传方式，用混合选择和轮回选择法改良玉米对茎腐病的抗性是有效的，并且在保持适当的群体大小的条件下，对抗性的改良不会影响群体的产量潜力。

三、品质育种

（一）高赖氨酸玉米育种　在谷类作物中，普通玉米子粒中赖氨酸含量是最低的，每百克中仅含有赖氨酸0.254 g。提高玉米子粒中赖氨酸含量，改进蛋白质品质是品质育种的任务，因此目前对于优质蛋白质玉米的育种工作主要集中在高赖氨酸玉米的育种上。

1. 高赖氨酸玉米的价值

（1）高赖氨酸玉米的食用价值　据报道，高赖氨酸玉米营养价值相当于脱脂牛奶的85%～95%，对营养不良患儿有辅助治疗作用。表现水肿、毛发变脆变白、腹泻等严重营养不良症的儿童，食用高赖氨酸玉米都有助于恢复健康。

（2）高赖氨酸玉米的饲用价值　由于高赖氨酸玉米含有较高的赖氨酸和色氨酸，有利于动物吸收。用这样的玉米做饲料可大大提高饲料转化效率，并减少污染。试验表明，用高赖氨酸玉米替代普通玉米或普通饼粕类蛋白质饲料，猪的总增重和日增重提高，可节约饼粕类饲料，降低消耗增重比。美国普渡大学报道，断奶猪食用高赖氨酸玉米，经 20 d，体重由开始时的 13.85 kg 增到 25.8 kg，增长率为 86.9%；而喂普通玉米的断奶猪，体重由 14 kg 增到 17.3 kg，增长率为 23.6%，差异悬殊。中国农业科学院等单位试验指出，选用 95 日龄一代杂交猪，高赖氨酸玉米组日均增重 0.5 kg，普通玉米组仅为 0.22 kg，二者均在粗蛋白质水平 9%的条件下进行试验。他们计算得出这样一个结论：用高赖氨酸玉米饲喂，生猪体重每增加 1 kg，可省饲料 2.13 kg，其效果相当于普通玉米加 10%豆饼。

2. 高赖氨酸玉米育种　高赖氨酸的种质Opaque-2 玉米问世以后，为玉米高赖氨酸育种开辟了新径。Opaque-2 受隐性单基因控制，在育种中，可按其遗传特点采取回交选系、群体改良选系、二环系选系等方法进行自交系和杂交种的选育，不再多述，现提出两个问题，做一简要介绍。

（1）产量　在美国，应用高赖氨酸玉米杂交种的面积很小，约 2.0×10^5 hm^2。主要原因是高赖氨酸玉米杂交种产量较低，比普通杂交种低 8%左右；其次是子粒含水量较高，比正常玉米高约 20%，粒重比正常玉米低 50%。同时，农民采用机械收获，高赖氨酸玉米子粒损伤率高达 89%。此外，高赖氨酸玉米在田间和储存期间易受病虫危害，因此难以推广。在我国，1985 年育成了第一个高赖氨酸玉米杂交种中单 206。两年测试结果平均单产 8 265 kg/hm^2，仅比普通玉米中单 2 号低 3.06%，但同样存在子粒含水量较高、播种品质差、易遭病虫危害等问题，仅在部分地区推广种植。

（2）育种技术　高赖氨酸玉米产量较低，其原因是配合力低。由于高赖氨酸玉米受隐性单基因控制，种质材料贫乏，并多以转育选系，难以获得高配合力的组合。因此，在开展优质蛋白质玉米的育种工作中，一是要合理地利用种质资源，目前既可以利用国际玉米小麦改良中心（CIMMYT）培育的优质蛋白质玉米材料 Pool 33（中群 13)、Pool 34（中群 14)、Pob 69 和 Pob 70；二是要根据杂种优势群和杂种优势模式创建和利用半外来种质，但要注意选择适于发展单交种的种质，注意各种质的来源、特点及其具体的农艺性状，并且在某些主要病害的抗性基因位点上，构建半外来种质的两个材料应至少有一个为抗性基因。选育的方法仍然是以系谱法为主，但在选育的过程中的每一世代，都必须重视对子粒品质的鉴定。还要通过群体改良，解决胚乳柔软问题，以硬胚乳高赖氨酸玉米投入生产。当然，除育种技术原因外，还因单粒生化测定技术尚未解决，给寻找硬质胚乳的高赖氨酸突变系带来了很大的困难。另外，优质蛋白质玉米的病害较严重，尤其是穗腐病，优质蛋白质玉米的经济价值又不能体现，种植优质蛋白质玉米的农民得不到应用的利润，影响了农民种植优质蛋白质玉米的积极性，这些成为优质蛋白质玉米发展的主要瓶颈。

我国优质蛋白质玉米的研究虽然从 1973 年才开始起步，但是经过玉米育种工作者的努力，我国优质蛋白质玉米育种已达到国际先进水平。以中单 9409 为代表的一系列优质蛋白质玉米杂交种的产量水平已接近或超过普通玉米，全子粒的赖氨酸、色氨酸含量比普通玉米高 80%左右。

（二）甜玉米育种　目前生产的甜玉米主要是普通甜玉米和超甜玉米，前者用于制作罐头食品，后者多作鲜穗食用。甜玉米育种工作一般与常规育种结合，把甜玉米的基因导入遗传背景优良的材料，结合育种目标，选育甜玉米自交系。

选育甜玉米自交系的方法有多种，可直接引入国外、国内优良甜玉米自交系，经观察选育优系；可用国外、国内甜玉米品种自交分离选系或回交选系，组成综合群体再行选系；可用人工诱导新突变基因等方法选育一批优良甜玉米自交系，再按常规的方法组配杂交种。

社会的需求在不断发展，就品质育种来看，高油玉米育种、糯玉米育种、高淀粉玉米育种、爆裂玉米育种、青饲、青贮玉米育种等都已列入育种项目。

第六节　玉米育种途径和方法（三）

——群体改良

一、群体改良的意义

性状的遗传变异是育种工作的基础，育种工作能否取得成就，在很大程度上依赖于育种群体中遗传变异的丰富程度以及群体中优良基因的频率。而一个育种群体的优劣决定于该群体具有优良基因（或增效基因）的位点数及每一位点上优良基因（或增效基因）的频率。通常优良或增效基因往往分散在群体内不同的个体中，通过异交可使优良或增效基因得到重组。由于优良或增效基因有可能与不良基因或减效基因连锁，要通过多次异交才能尽可能多地打破不良连锁。在一个随机交配群体中有利重组与不利重组都可能发生，为增加有利重组，减少不利重组的机会，在反复异交的过程中须不断淘汰不良个体，降低不良或减效基因频率。这样，通过对群体内个体的鉴定、选择、异交重组，并反复再鉴定、再选择、再重组使群体内优良基因（或增效基因）频率逐步增加，不良基因（或减效基因）频率不断降低，便是轮回选择的过程。在此基础上，选择符合育种需要的优良基因型，可以增加入选的数量。经过改良的群体可以直接用于生产，或从中选育优良的自交系。对于产量育种来说，通过轮回选择所改良的性状可以是群体内个体的产量本身，也可以是个体产量的配合力，这取决于鉴定并选择的目标。此外，如果要改良的原始群体来自多个异源种质，则经过反复选择、重组，还可以使群体内各个体的遗传基础都得到拓宽。

轮回选择的概念最初由 Hayes 等（1919）提出，并在玉米育种工作中应用。Jenkins（1940）首次报道了对玉米自交系一般配合力选择的试验结果。Hull（1945）叙述了玉米自交系特殊配合力的轮回选择方案。Comstock（1949）又提出了相互轮回选择的程序，同时对两个基本群体进行改良。1970 年，Hallauer 等以玉米双穗群体为材料，采用相互全同胞轮回选择的程序，同时改良两个群体。目前在玉米育种工作中，主要是通过轮回选择的程序来改良群体。

二、轮回选择

轮回选择是反复鉴定、选择、重组的过程，每完成一次鉴定、选择、重组过程便称为一个周期或一个轮回。改良一个群体通常需要经过若干个周期，具体依材料和目的而定。玉米最简单的轮回选择是混合选择。在田间鉴定优良单株，混合选择，到下年混合种植，进行互交，历时一年便完成一个周期。此处的选择依据是个体的表现，因而混合选择可理解为表现型轮回选择。为了提高选择的准确性，可对单株进行自交或测交，通过对其后代的试验鉴定其优劣，此时便为基因型轮回选择。玉米中常需选择个体的配合力，因而从其测交种的试验表现推断该个体的配合力，这时便称为配合力轮回选择。配合力轮回选择可在一个群体内进行，用一个测验种，测定入选个体的配合力。配合力也可在两个群体之间进行，各群体分别作为另一群体的测验种，这时便称为相互轮回选择。按群体内和群体间的类别，可把轮回选择概括为 11 种（表 4-4）。现仅介绍重要的几种。

表 4-4　群体内和群体间轮回选择方法的类别

（引自 Hallauer，1981）

类　别		作者和年份
群体内的轮回选择	1. 表型或混合选择	Gardner，C. O. 1961
	2. 改良的穗行选择	Lonnquist，J. H.，1964
	3. 半同胞选择（一般配合力的选择）	Jenkins，M. T.，1940
	4. 半同胞选择（特殊配合力的选择）	Hull，F. H.，1945
	5. 全同胞选择	Hull，F. H.，1945
	6. 自交系选择（S_1、S_2 等）	Hull，F. H.，1945
群体间的轮回选择	7. 相互轮回选择	Comstock，E. R.，1949
	8. 用自交系作测验种的相互轮回选择	Russell，W. A. 和 Eberhart，S. A.，1975
	9. 改良的相互轮回选择Ⅰ	Paterniani，E. 等，1977
	10. 改良的相互轮回选择Ⅱ	Paterniani，E. 等，1977
	11. 相互全同胞选择	Hallauer，A. R 和 Eberhart，S. A.，1970

（一）半同胞轮回选择　半同胞轮回选择（half-sib recurrent selection）每轮要历时 3 年共 3 代。

第一代，自交和测交。从基本群体（C_0）中，选择百余株至数百株自交，同时以自交株的花粉与测验种组配对应的百余个至数百个测交种。

第二代，测交种比较。室内保存与测交种对应的自交株种子，对测交种（已获得对应自交株种子的测交种）进行综合鉴定（包括异地鉴定），选约 10%最优测交种。

第三代，组配杂交种。把当选的约 10%最优测交种对应的室内保存的自交株的种子种成穗行，按 $n(n-1)/2$ 配成单交种。或用等量种子混合，种在隔离区内，任其自由授粉，繁育合成改良群体（C_1），即完成第一轮的选择。再以 C_1 为基础群体，重复上面的过程，进行第二轮的选择（图 4-1），以后可进行多轮。在每轮中对当选的自交株，可择优株继续自交，育成新自交系。

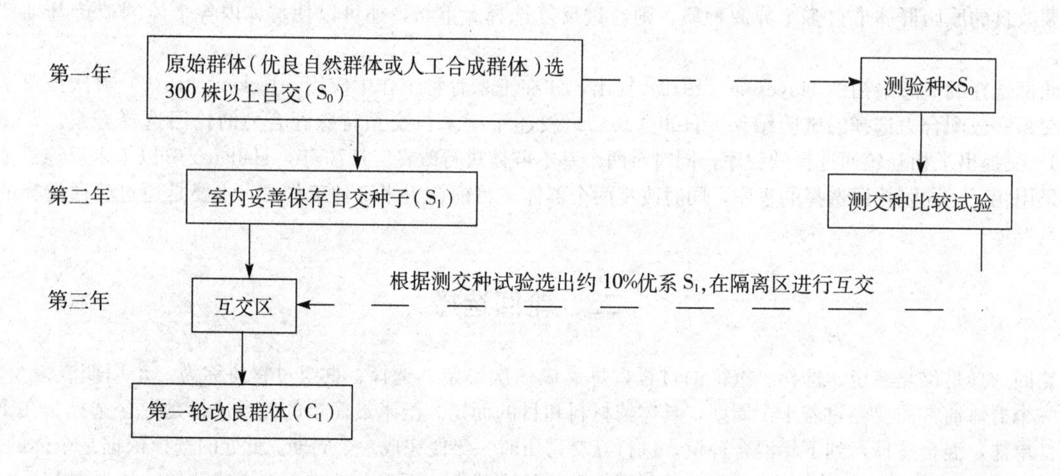

图 4-1　半同胞轮回选择模式图

在进行半同胞轮回选择过程中，所选用的测验种如果是杂合的群体（杂交种或综合品种），测交种鉴定的结果，可以显示出加性遗传的效应，即反映了所选自交单株的一般配合力；如果选用的测验种为纯合的自交系，则显示出非加性的遗传效应，即反映了自交单株与测验种间的特殊配合力，有可能选育出优良的单交种。

用半同胞轮回选择法改良群体的典型例子是衣阿华坚秆综合种 BSSS 的改良工作。BSSS 是 1933—1934 年由 16 个自交系合成的综合种。从 1939 年开始进行半同胞轮回选择，当年从 BSSS 中选出 167 株自交，用双交种 Iowa13 作测验种，用每个 S_0 株的花粉与测验种测交 10 株，得 167 个（Iowa13×S_0）测交种。1940 年，对 167 份自交 S_1 代和其相应的 167 个测交种做鉴定试验，主要按测交组合产量性状及其他性状选出 10 份最优组合（测交种）的亲本自交系 S_1。用这 10 份优系轮交，配成 45 个单交种，再用这些单交种的等量种子在隔离区中自由授粉，就获得了经过一轮半同胞选择的改良综合种 BSSS（HT）C_1，完成第一轮半同胞选择。以后大致以相同方式连续进行到第七轮，每轮均按测交组合鉴定结果选出 10 份优系合成新的改良综合品种，即 BSSS（HT）C_2、BSSS（HT）C_3…BSSS（HT）C_7。

为了鉴定各轮的选择效果和遗传进展，将各轮种子储存于冷藏库中，在 1969 年制成所需要的测交组合，于 1970—1971 年经过多点试验，获得的结果列于表 4-5。从表 4-5 可以看出，经过 7 轮半同胞选择后，综合品种本身产量从 5.48 t/hm^{2}提高到 5.96 t/hm^2，平均每轮增长量为 68 kg/hm^2，而 BSSS（HT）C_7×Iowa 13 比 BSSSC_0×Iowa 13 增产 1.17 t/hm^2，平均每轮增长量为 167 kg/hm^2，和另一测验种 BSCB$_1$（R）C_n配制成的各轮测交种也表现出逐轮增长，BSSS（HT）C_7×BSCB$_1$（R）C_n比之 BSSSC_0×BSCB$_1$（R）C_n增产 1 550 kg/hm^2，平均每轮增长量为 220 kg/hm^2，因而从各轮的改良综合种选育出的自交系在一般配合力上也优于从原始综合种选育（出）而成的自交系。例如自交系 B73 和 B78 是分别从第五轮和第六轮改良的综合种选出的，比来自原始综合种 BSSSC_0

的自交系 B14 和 B37 有较高的一般配合力。

表 4-5　经 7 轮半同胞轮回选择后衣阿华坚秆综合种（BSSS）及其测交种的产量（t/hm²）

群　体　轮　次	综合种本身产量	测交组合产量	
		与 Iowa13	与 $BSCB_1$（R）C_n
原始综合种 $BSSSC_0$	5.48	6.31	6.11
第二轮改良综合种 BSSS（HT）C_2	5.45	6.74	6.33
第三轮改良综合种 BSSS（HT）C_3	5.57	6.77	6.59
第四轮改良综合种 BSSS（HT）C_4	5.17	6.84	6.50
第五轮改良综合种 BSSS（HT）C_5	5.49	7.16	7.08
第六轮改良综合种 BSSS（HT）C_6	5.83	7.34	7.45
第七轮改良综合种 BSSS（HT）C_7	5.96	7.48	7.66

Hull 在 1945 年就提出了以纯合自交系做测验种的特殊配合力轮回选择法。此后，Lonnquist 用单交种 WFG×M14 作测验种，对品种群体 Krug 进行两轮选择，平均每轮获得 4.2%的产量增长。Russell 等用自交系为测验种，在对品种群体进行的 5 轮选择中，平均每轮产量增长 4.4%。Sprague 等在第一轮用单交种 WFG×HY 为测验种，第二轮用自交系 HY 为测验种，分别对品种群体 Lancaster 和 Kolkmeier 进行轮回选择，平均每轮分别得到 4.1%和 13.6%的增长。以上试验结果表明用纯合的或遗传基础狭窄的材料作测验种进行轮回选择对一般配合力和特殊配合力都是有效的。

（二）全同胞轮回选择　全同胞轮回选择（full-sib recurrent selection）每轮也是进行 3 代。第一代，成对杂交。在基本群体中，选择优良单株成对杂交百余至数百个组合，即 $S_0 \times S_0$ 全同胞家系。第二代，杂交种鉴定。将成对杂交的全同胞家系种子，约一半进行种植鉴定，另一半储藏于室内。根据鉴定结果，选择 10%左右的最优杂交种。第三代，合成改良群体。把上代当选的 10%左右杂交种的储存种子，按组合等量混合播种于隔离区内，任其自由授粉，合成第一轮改良群体。在各轮选择过程中，都可择优株自交，育成新的自交系。

Moll 和 Stuber（1971）采用全同胞轮回选择用以改良品种 Jarvis 和 Indian Chief 以及这两个品种间杂交种和综合种的产量性状，以原始品种为对照，结果每个选择周期的有效增产率 Jarvis 为 21%，Indian Chief 为 17%，品种间杂种为 15%，综合种为 17%。

（三）相互半同胞轮回选择　相互半同胞轮回选择（reciprocal half-sib recurrent selection）是一种同时改良两个基本群体的半同胞轮回选择。

第一代，自交并相互杂交。用 A、B 两个群体互为父本、母本，互作测验种。在 A 群体中，选择百余或数百个优良单株进行自交，并以自交株的花粉，给 B 群体中的 3～5 个优株授粉，得相对应的测交种（B×A）。同时，从 B 群体中选百余个或数百个优良单株自交，以自交株的花粉给 A 群体中的 3～5 个优株授粉，得相对应的测交种（A×B）。

第二代，测交种比较鉴定。对 A、B 群体自交单株测配成的测交种进行综合鉴定（包括异地鉴定），同时储存 A、B 两群的自交穗种子。

第三代，合成改良群体。根据上代鉴定之结果，选择 10%左右最优测交种相对应的储藏于室内的自交穗种子，分别等量混合种在隔离区内繁育成 A、B 两个改良群体（AC_1 与 BC_1）（图 4-2）。并可在两个群体中选优株自交，育成自交系。Fakorde 等（1978）报道对 BSSS 和 $BSCB_1$ 两个群体进行了半同胞相互轮回选择，通过 7 轮选择，群体内杂交种单位面积的产量与单株产量都得到了显著的提高，如单株产量由 $C_0 \times C_0$ 的 66 g 增加到 $C_7 \times C_7$ 的 92 g，产量组成性状（如穗长、穗粒行数、粒重）都有明显的增加。

（四）相互全同胞轮回选择　相互全同胞轮回选择（reciprocal full-sib recurrent selection）是由 Hallauer（1970）提出的轮回选择程序，采用这种程序，也是同时对两个群体进行改良，但要求所用的两个群体均为双穗类型。

第一代，选株自交和杂交。选择群体 A 中双穗单株，一穗自交，另一穗与群体 B 中双穗优株上的一穗成对杂

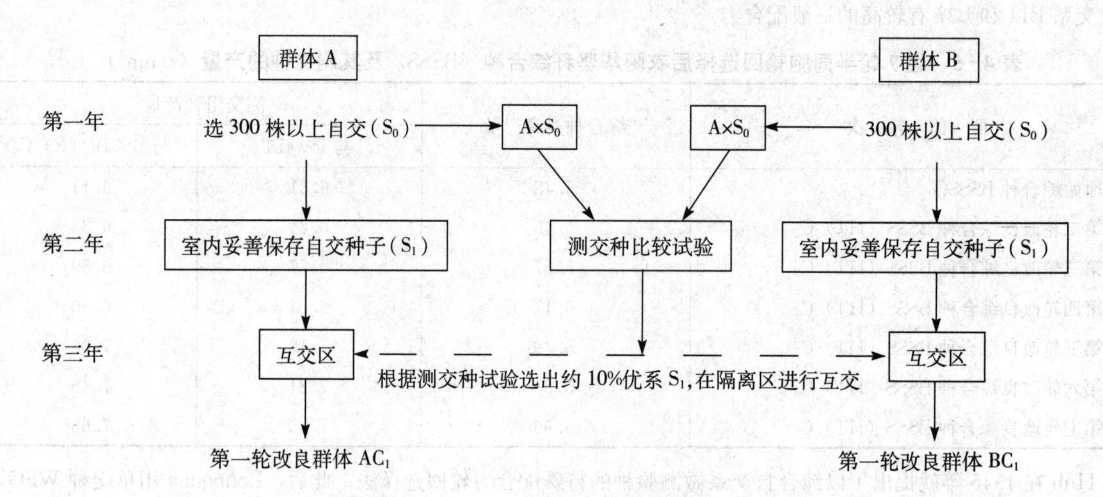

图 4-2　相互半同胞轮回选择模式图

交；群体 B 优株上的另一穗自交，再以该株花粉给 A 群体中的对应株的另一穗授粉，配成百余个至数百个成对 $S_0 \times S_0$ 杂交组合（即全同胞家系）。

第二代，杂交种比较。分别储藏 A、B 两群体中的自交穗种子，而对成对杂交的全同胞杂交种进行综合鉴定。

第三代，组配单交种和合成改良群体，根据上代鉴定结果，选择 10%左右的最优杂交种相对应的 A、B 两群体自交穗（储藏的种子），一部分种子等量混合，分别种在隔离区内繁育，或按 $n(n-1)/2$ 配成单交种后等量混合，分别合成改良群体 AC_1 与 BC_1；另一部分种子分别种成穗行，配成 A×B 单交种，通过对单交种的鉴定可选育出优良单交种（图 4-3）。

全同胞相互轮回选择的优点有：①可同时改良两个群体；②可在改良群体的任何阶段，选出优良自交系和杂交种。

Hallauer 以 BS10 与 BS11 为两个基础群体，进行全同胞交互轮回选择，得表 4-6 所示结果。由表 4-6 可知，BS10 群体经过 4 轮全同胞相互轮回选择，产量比 C_0 群体增加 7%；BS11 经过 4 轮选择后，产量提高 8%；并且 4 轮后群体内杂交种比原始群体杂交种增产 7%。同时也可看出，除这两个群体产量提高外，他们的单株平均穗数也有所增加，抽丝期也略有提早。

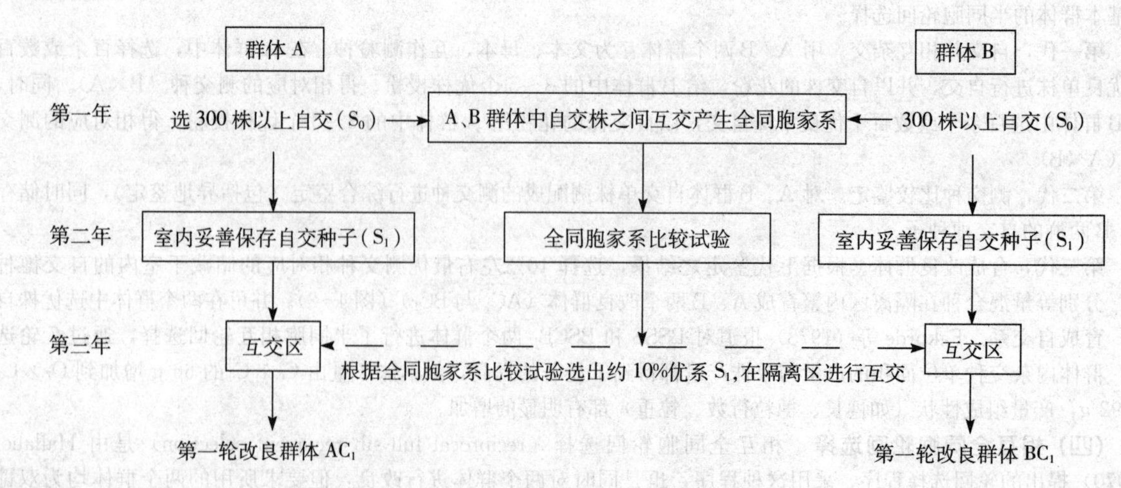

图 4-3　相互全同胞轮回选择

（引自 Hallauer，1970）

表 4-6　全同胞相互轮回选择的效果

（引自 Hallauer，1987）

群　体	产量（t/hm^2）	单株穗数	播种到抽穗丝的天数
$BS10C_0$	5.99	1.1	74.5
$BS10C_4$	6.41	1.5	73.0
$BS11C_0$	5.82	1.2	79.5
$BS11C_4$	6.28	1.4	77.4
$C_0 \times C_0$	6.80	1.2	75.8
$C_4 \times C_4$	7.28	1.5	75.5

三、群体改良的效果

20世纪初就对作物群体的改良开始了探讨，但大量的工作，还是近20年来开展的。在玉米方面，由于种质资源相对贫乏，加之近缘植物难以利用，欲打破玉米育种工作的瓶颈现象，应走群体改良的路子。对此，多年来进行了大量有益的探讨。轮回选择的主要目的，在于进行一项长期的改良工作，以便为育种实践提供能选出优良自交系和杂交种的原始材料。假设每轮选择可以得到2%～4%的遗传增益，经过若干轮选择，就能期望从改良群体中得到较好的杂交种。

Sprague报道，早期的轮回选择工作，一个玉米综合品种，原始群体含油量为4.2%，通过两次轮回选择，含油量上升到7%；而对自交系系统选择，经过5代自交，含油量由原始的4.97%上升到5.62%。Russell报道，以品种Alph作为原始群体，测验种用自交系B14，经过5轮特殊配合力的选择，B14×Alph的每轮增产309 kg/hm^2（4.5%）。Eberhart等在玉米BSSS（R）和BSSS1（R）群体中，进行了5轮相互轮回选择，每轮增益为273 kg/hm^2（4.6%），以Iowa13双交种为测验种，用半同胞轮回选择改良群体BSSS7（H），每轮增益为165 kg/hm^2（2.6%），在组配的杂交种中，$C_0 \times C_0$优势效应为15%，而在BSSS（R）C_5×BSCB1（R）C_5组合中增长达37%。在改良群体的各轮中，还可以选得优良自交系，如从BSSS的每轮选择的改良群体中，分别获得了一系列优良自交系。如自交系B14和B37，是在BSSS（R）原始群体中得到的，而B73和B84分别是由BSSS（HT）的C_5与C_7群体中选育得到的。在自交的同时，也进行杂交种产量等性状的比较（表4-7）。从表4-7中可看出，从B14到B84，每更换一个新自交系，相应测交种的产量就有明显的提高，说明从高轮群体中选出的自交系比从原始群体选出的自交系具有更大的增产潜力。

表 4-7　从BSSS不同轮回群体中选择的4个自交系组配单交种产量比较

（引自 Hallauer，1978）

杂 交 种	产量（t/hm^2）	比B14×Mo17增产（%）
B14×Mo17	7.25	
B37×Mo17	7.79	6.2
B73×Mo17	8.44	16.4
B84×Mo17	9.48	30.8

我国自20世纪70年代起，我国各省有关科研单位也相继开展了玉米群体改良的工作，中国农业科学院作物育种栽培研究所用半同胞轮回选择法对中综1号进行改良，从C_0轮到C_3轮，每轮的遗传增益为7%。江苏农学院（1989）研究指出，对基础群体M_4与M_5进行全同胞轮回选择，经过一轮选择，产量分别提高了12.9%与14.1%，这与ТУРБИН（1976）研究指出“一般认为全同胞轮回选择对改良产量是最成功的育种程序”以及赖仲铭（1983）的报道“全同胞轮回选择只须少量的选择世代，就能对产量取得一定的改良效果”是吻合的。

第七节　玉米育种途径和方法（四）

——雄性不育性的应用

玉米是最早应用雄性不育性的作物之一。现代玉米生产中主要是利用 F_1 的杂种优势。这就需要每年进行大面积的杂交制种。尽管玉米是异花授粉作物，雌雄异花，去雄工作方便，容易进行杂交制种，但毕竟要花费大量人力。其次，由于种种原因，还会因去雄不干净而造成种子混杂，降低种子纯度而影响大面积生产。利用雄性不育性于杂交制种工作，不仅能节省大量去雄人工，降低种子生产成本，而且可以减少因去雄不净所造成的混杂，避免大面积生产上的损失。自 1950 年第一个玉米雄性不育系杂交种问世以后，玉米雄性不育的研究与育种工作有了较大的发展，1970 年，美国玉米生产上的雄性不育系杂交种的种植面积已达总面积的 80%左右。由于当时所用的不育系几乎全部属于 T 群不育系，而玉米小斑病菌 T 小种对 T 型细胞质有专化侵染性，结果导致玉米小斑病大暴发，使玉米生产蒙受巨大损失。1970 年以后，各国玉米育种家陆续开展了新型不育系的选育，使雄性不育的育种工作又有了新的发展。目前美国玉米生产中，雄性不育系杂交种的面积约占播种总面积的 40%左右。

我国也是开展玉米雄性不育研究和育种较早的国家之一，李竞雄等在 20 世纪 60 年代初就开展了这项工作，当时所用的不育系大多数是从国外引进的 T 型不育系。20 世纪 70 年代以来，我国加强了新型不育系的选育，部分育种单位先后育成了一批高抗玉米小斑病的新型不育系，如双型（辽宁昭乌达盟农业科学研究所）、唐徐型（华中农业大学玉米研究室）、L2 型（辽宁省农业科学院）、ZI A 型（河北省农林科学院）、Y_{II-1} 型（江苏农学院）等。雄性不育的育种工作也取得了可喜的进展，现已大面积用于生产的雄性不育系杂交种有 C 豫农 704、S 中单 2 号、华玉 2 号、C 掖单 3 号、丹玉 12 号、C73 单交、苏玉 6 号、苏玉 12 号等。

一、玉米雄性不育细胞质的类别与特性

（一）玉米细胞质雄性不育系的类别　自 1931 年 Rhoades 发现玉米雄性不育现象以来，已得到百余种不育类型。Beckett（1971）从世界各地引进 30 个玉米细胞质雄性不育系进行鉴定分群，方法是：先以携带不同恢复基因的恢复系测定各不育系的恢保关系；然后，用玉米小斑病菌 T 小种接种，鉴定各不育系的抗性反应。据此，将所测定的不育系分为 3 大群：T、C 和 S（表 4-8）。1972 年，Gracen 又对 39 种来源不同的雄性不育系用测定恢保关系等方法研究，也将其分成与 Beckett 相类似的 3 群。后来经进一步研究，原先无法归类的少数几个类型雄性不育系 B、D、ME 均被归为 S 群。

郑用琏（1982）和温振民（1983）根据 Beckett 提出的恢复专效性原理，研究了我国若干细胞质雄性不育系的育性反应，提出了一组相应的细胞质分类测验系，从而建立了我国自己的雄性不育胞质的分类体系。按照郑用琏提出的分类体系，凡是被恢 313 恢复的属于 S 组；被恢 313 保持、而被自风 1 恢复的属于 C 组；对恢 313 和自风 1 均表现不育的属于 T 组。李小琴（2000）鉴定出了 1 个能恢复 T、C 和 S 3 组不育胞质的全效恢复系 HZ32，以及 C 组的专效恢复系吉 6759、P111 等，S 组的专效恢复系恢 313、801，对 C 组和 S 组均有恢复能力的双效恢复系 S7913、牛 2-1 等。我国选育的双型、唐徐型、二咸型等不育系也被归为 S 群（表 4-8）。

表 4-8　玉米雄性不育细胞质的分群

（引自 Beckett，1971；刘纪麟，1979；郑用琏，1982；李建生，1993）

组群	不育细胞质类型
T	HA、P、Q、RS、SC、T、1A、7A、17A 等
S	B、CA、D、RK、F、G、H、I、IA、J、K、L、M、ME、ML、MY、PS、R、S、SD、TA、TC、VG、W、双、小黄、大黄、WB、唐徐、二咸等
C	Bb、C、ES、PR、RB 等

（二）各群雄性不育系的主要特性

1. T 群　T 群雄性不育系的不育性极其稳定，花药完全干瘪不外露，花粉败育较彻底，败育花粉形状多种，以菱形、三角状为多，并呈透明空胞，比正常花粉粒小。来自美国得克萨斯的地方品种 Mexican June（1945 年）的 T 型不育系是其代表。T 群不育系最显著的表现型特征是对玉米小斑病菌 T 小种高度专化感染，因此生产上难以应用，仅在高纬度的冷凉地区有少量使用。T 群不育系的恢复受两对显性基因 Rf_1 和 Rf_2 控制，Rf_1 基因位于第 3 染色体的短臂上，Rf_2 基因位于第 9 染色体上。Rf_1 与 Rf_2 表现为显性互补的效应，不育性的恢复需要同时具有 Rf_1 和 Rf_2 这两个显性基因，但两个基因可以是纯合的，也可以是杂合。如果这两个基因中的任何一对为隐性纯合，雄花育性便不能被恢复。T 群不育系属孢子体型雄性不育，育性的反应取决于孢子体（母体）的基因型，而与配子体（花粉）的基因型无关。因此，当不育系与恢复系杂交后，F_2 代出现一定比例的不育株。对 T 群不育系与恢复系的大量研究表明，大多数 T 群不育系与恢复系均带有 Rf_2 基因，不育系与恢复系之间往往仅存在一对基因（Rf_1 与 rf_1）之间差别，因此，不育系与恢复系杂交后，F_2 的育性常呈现 3 可育：1 不育的分离比例。

2. S 群　S 类群的雄性不育系雄穗上的花药由不露出颖壳到完全露出颖壳，花药大多数不开裂，有少数半裂到全裂。花粉败育多呈不规则的三角形，花粉败育不彻底，以至花药裂开时，可能还有少数正常可育的花粉，其数量因遗传背景和环境而有差别。当环境变化时，育性反应也随之变化。一般在温暖而干燥的地区，不育性表现稳定；在冷凉湿润或日照较短的地区，不育性表现不稳定。因此，是不育性不太稳定的类群。S 群不育系对玉米小斑病菌 T 小种不专化感染。这种类群的不育系最早来源于美国（1937 年），又称 USDA 型。S 群不育系的不育性的恢复受显性基因 Rf_3 控制，该基因位于第 2 染色体的长臂上。S 群不育系属配子体型雄性不育，其育性反应由花粉（配子体）的基因型决定。不育系与恢复系杂交，其 F_1 雄花育性被恢复，但 F_1 植株上的花粉发生分离，其中 50%花粉可育（带有 Rf_3 基因），50%花粉败育（带 rf_3 基因），原因是含有 rf_3 基因的花粉是败育的，不能参与授粉受精，只有含有 Rf_3 基因的花粉能参与受精。因此，F_1 自交产生的 F_2 不会出现不育株。S 群中不育系的类型较多，不同类型之间的恢复性有差异，因此，在生产上应用时应持慎重态度。

3. C 群　C 群雄性不育系雄穗生长正常，但花药不开裂，也不外露，花药干瘪，花粉败育，呈透明三角形，属稳定的不育群，对玉米小斑病菌 T 小种具有较强的抗性。其典型代表是来自巴西的地方品种 Charrua 的 C 型不育系。C 群不育系是孢子体型雄性不育。据 Laughnan、陈伟程等研究，不育性的恢复，由两个恢复基因 Rf_4、Rf_5 控制，且 Rf_4 与 Rf_5 表现为基因的重叠作用，其中 Rf_4 基因位于第 8 染色体的长臂上。也有人认为，C 群不育系的恢复性受 3 对或 3 对以上的基因控制。由于 C 群不育系的不育性稳定且抗小斑病，因此，是目前玉米育种与生产上应用的主要类群。美国利用 C 群不育系配制的杂交种的比例已达 40%以上，我国也在四川、河南、辽宁、江苏等省应用。

（三）玉米不育胞质的鉴别　Beckett、郑用琏、温振民等用普通生物学方法对玉米不育胞质进行鉴定分群，具有一定的可靠度。随着分子遗传学的进展，已探明雄性不育性的表达与细胞器线粒体 DNA（mtDNA）有密切联系。Levings 和 Pring（1977）报道，利用限制性核酸内切酶（如 *Hin* dⅢ，*Bam* HⅠ、*Sa*1Ⅰ等）消化线粒体 DNA，经过凝胶电泳，形成电泳谱带，根据电泳谱带的差异，可以鉴别不育系胞质的类群，玉米 T、C 和 S 三群不育系 mt DNA 酶切后在电泳谱带上有极明显的区别。随着一大批线粒体功能基因的克隆，以线粒体功能基因为探针的 RFLP 技术已被广泛地用于玉米雄性不育胞质的分类研究，用这种方法对不育胞质进行分类不必进行大量的田间育性测验，具有快速、简便的特点，已成为鉴别玉米雄性不育胞质分类的主要手段。

二、玉米不育系与恢复系的选育技术

（一）选育不育系的方法

1. 回交转育的方法　这种方法以现有的雄性不育系为基础，用优良自交系作转育对象，经过多次回交结合定向选择，把优良自交系转育成雄性不育系。具体方法是：以现有的稳定的雄性不育系作母本，用优良自交系作父本进行杂交，再以优良自交系作轮回亲本，进行多次回交，在回交后代中选具有父本优良性状的不育株进行回交，一般经过 4～5 代回交和选择，即可将优良自交系转育成不育系。

2. 早代测验转育的方法　这是选育新自交系并同时获得相应不育系的一种方法。先从两个自交系间的单交种中选株自交，自交株同时与不育系成对测交，测交种中的不育株经选择后再与优良的对应自交株后代中的优株成对回交。这样，经过4～5代的回交，就可选出若干对新的不育系及其同型保持系（图4-4）。

3. 利用具有不育细胞质的恢复系与保持系杂交选育不育系　江苏农学院报道（1984），采用具有不育细胞质的恢复系与保持系杂交，在F_2世代中可以分离出不育株。用若干自交系与不育株杂交，选能保持不育性的自交系连续回交，即可获得不育系。但是，欲选育出抗小斑病强的优良不育系，则需在较多组合以及较大的群体中进行选择，才有可能获得成功。江苏农学院秦泰辰等从1978年开始该项工作，进行了大量的测交并进行对小斑病菌T小种抗性鉴定，选得一个$Y_{Ⅱ-1}$不育系。该不育系的不育性稳定，抗小斑病性强，易于“三系”配套，能恢复其育性的自交系较多。该不育系现已应用于生产。

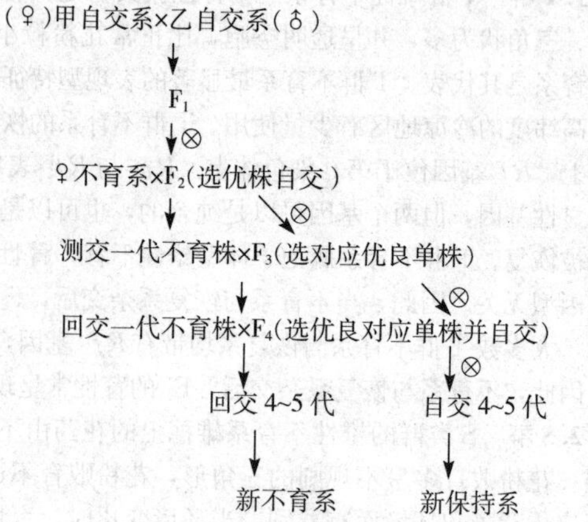

（♀）甲自交系×乙自交系（♂）
↓
F_1
↓⊗
♀不育系×F_2（选优株自交）
↓　↘⊗
测交一代不育株×F_3（选对应优良单株）
↓　↘⊗
回交一代不育株×F_4（选优良对应单株并自交）
↓　↓⊗
回交4~5代　自交4~5代
↓　↓
新不育系　新保持系

图4-4　早代测验转育不育系的方法

（二）选育恢复系的方法

1. 测交筛选恢复系　这是最常用的一种方法。选用一批自交系分别与雄性不育系测交，如果某一测交种的雄花育性恢复正常，则说明其父本自交系就是相应不育系的恢复系。再经配合力的测定，就可选出优良的恢复系。

2. 利用不育系和恢复系杂交，再用自交系回交转育新的恢复系　在利用玉米雄性不育性育种工作中，为了获得一个具有良好配合力的恢复系D_R，可先用不育系A_S与恢复系B_R杂交，得到可育杂交种，再用欲转育成恢复系的优良自交系D与可育杂交种杂交，在后代中选可育株与自交系D回交4～5代后，选株自交2代，这样就可以得到具有自交系D优良性状的恢复系。这种方法在转育过程中不需要进行测交工作，仅需选择可育株进行回交就可以确保其后代中具有恢复基因。同时，在细胞质中也得到了不育基因（图4-5）。

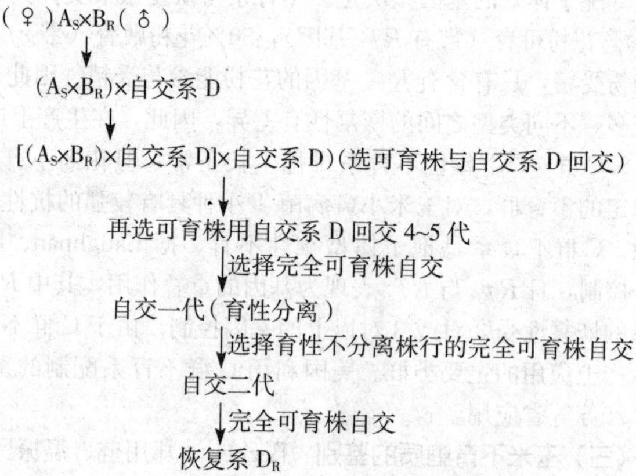

（♀）A_S×B_R（♂）
↓
（A_S×B_R）×自交系D
↓
[（A_S×B_R）×自交系D]×自交系D）（选可育株与自交系D回交）
↓
再选可育株用自交系D回交4~5代
↓选择完全可育株自交
自交一代（育性分离）
↓选择育性不分离株行的完全可育株自交
自交二代
↓完全可育株自交
恢复系D_R

图4-5　用不育系与恢复系杂交，再用自交系回交转育新的恢复系

3. 利用不育系和恢复系反回交转育新的恢复系　如需要把玉米自交系A转育为恢复系，而自交系A正好已得其同型不育系A_S，转育过程则较为方便。先用不育系A_S与一个恢复系B_R杂交，再用不育系A_S与杂种一代反回交。在回交后代中选择具有不育系A_S性状的可育株，与不育系A_S反回交4～5代。这时回交后代的植株，细胞质内已获得不育基因，细胞核内不仅转育得到恢复基因，同时也转育了不育系A_S基本性状的基因（也就是自交系A基本性状的基因）。在高代回交的后代中，还要选择和不育系A_S性状相似的可育株自交2代，育性不分离者，即为恢复系A_R（图4-6）。

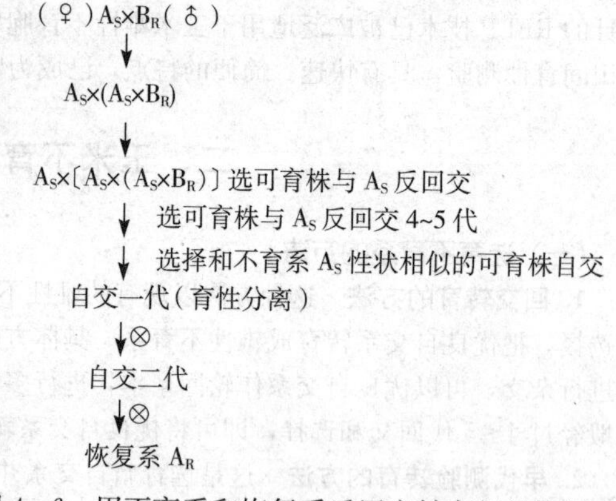

图4-6　用不育系和恢复系反回交转育新的恢复系

4. 利用不育系和具有恢复力的材料杂交选育二环恢复系　以优良玉米不育系或不育单交种作母本与具有恢复力的农家品种或综合品种杂交，从第二代开始结合自交系的选育，在分离的群体中选择性状优良、抗病的单株自交，以期获得二环恢复系。选育过程中要在自交早代的群体中选株测配恢复力。同时可按选育新的自交系的要求选株自交，在早

代进行配合力的测定。因此，这种选配方式，可以使选育二环恢复系的过程与具有恢复力材料的育性测定以及自交系配合力的早代测定工作一举并行。

此外，结合配子选择法，在自交一代的同时，用可育株的花粉与同一不育材料测交，按测交种的育性和产量的表现，在自交早代进行严格选择和鉴定，从而挑选出性状优良的二环恢复系。最后以二环恢复系与优良不育系试配新组合，这样使二环恢复系的选育过程与新自交系和雄性不育新组合的选育工作紧密结合，可以提高雄性不育杂种选配的效率。

三、玉米雄性不育系制种的技术

（一）三系制种的方法　育成三系配套的优良杂交种后就可用简便的制种方法将其投入到生产上。不育系的繁殖和杂交种程序见图4-7。在图4-7中，一是不育系繁殖区，另一是杂交制种区。在杂交制种区内，利用不育系A与恢复系B杂交，在隔离条件下无需人工去雄，可以得到优质、纯化的单交种子。在这个隔离区内，若种子纯度高，隔离条件符合制种要求，则恢复系B经同胞交配可以得到繁育，就无需再设隔离区繁殖恢复系B。但是，不育系A要另设隔离区，与保持系A交配，繁育不育系A，即不育系繁殖区。同理，在这个隔离区内保持系A经同胞交配也得到了繁殖。

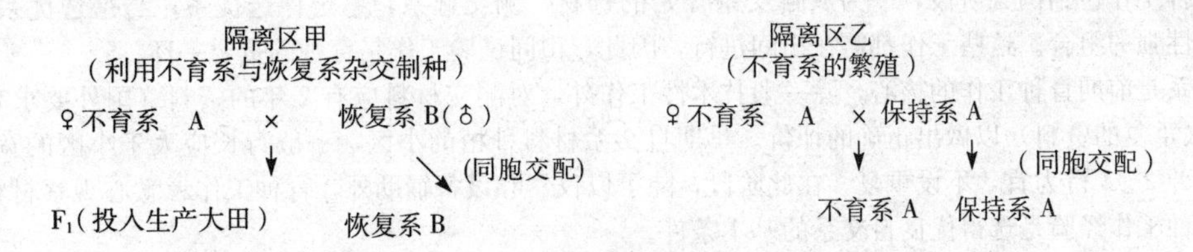

图4-7　玉米雄性不育系繁育和杂交制种的方法

（二）二系掺和制种的方法　这是指仅利用雄性不育系和保持系进行玉米自交系、不育系的繁殖以及配制单交种。这个方法可以迅速而有效地把配合力高、农艺性状优良的有苗头的单交种，在短时间内利用雄性不育性育种方法转育为不育系及其保持系。并用掺和法应用于生产。例如，原江苏农学院选育出的优良杂交种J7×黄早4不育单交种表现突出，经审定通过，并定名为“苏玉6号”。其中，J7是不育系，而黄早4是保持系，黄早4不能恢复J7的雄花育性，因此J7×黄早4不育单交种不能直接用于生产，而必须用L107×黄早4给J7×黄早4提供花粉，L107是J7的同型保持系。采用掺和法即将不育的J7×黄早4与可育的L107×黄早4混合后用于生产（图4-8）。

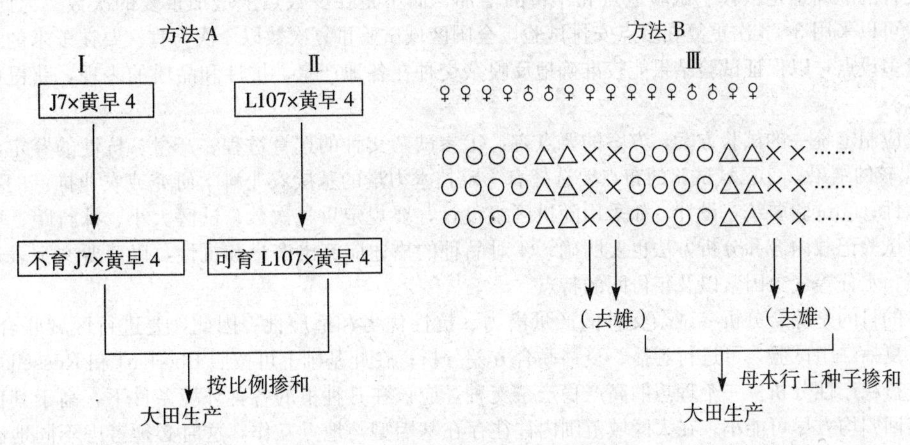

图4-8　利用不育系J7配制杂交种

（○代表J7不育系，△代表黄早4，×代表自交系L107）

图4-8的左半图（方法A）是设置两个制种隔离区Ⅰ和Ⅱ。Ⅰ区是由J7×黄早4得到的不育单交种，Ⅱ区是由L107×黄早4得到的可育单交种，将不育的单交种与可育的单交种按比例掺和（一般供粉单交种占1/4到1/3），用于大田生产。

图4-8的右半图（方法B），是把不育系J7、自交系L107和黄早4集中于一个隔离区内制种，仅需在自交系L107植株上去雄，这样可在母本行上得到两类种子，一为不育单交种J7×黄早4；一为可育单交种L107×黄早4，收下种子混合后即可投入生产。

采用二系掺和法制种，不仅最低减少2/3的去雄工作量，更重要的可以得到纯净优质的种子，同时由于掺和了可育单交种，可以放心使用，不会像三系法那样由于恢复系的恢复力因环境、纯度等因素影响，造成花粉量不足而减产。在二系掺和法繁育、制种过程中，要对不育系纯度严加检查，并且要在掺和的过程中严格按比例进行掺和，以确保质量。

第八节　玉米育种试验技术

一、玉米育种田间试验

玉米育种工作包括两大阶段，一为从自交系开始的选材，测交选系，鉴定评选优系；二是选优系组配高产、优质、抗逆性强的组合。这些工作都需在田间进行，因此，田间试验工作是育种的重要一环。

测交选系是前期育种工作的核心，除一般技术性工作外，对测交材料应有2年的资料（国外要求有2年4个地点2～3次重复的资料）以做出正确的评价。早期自交系材料种植的小区，一般行长应大于小区的宽度，为此，每一个小区种2～4行为宜，不设重复。在此阶段，除了以仪器和设备辅助外，育种工作者悉心观察材料，熟悉材料和积累育种工作经验是选得优良自交系的基本条件。

育种后期是对优良杂交组合的评选，一般采用随机区组设计，重复3～4次，提供组合不应过多，小区长度应大于宽度，每一小区种植4～6行，最好能在多点进行，以得到可靠的评价。组合评选试验一般进行2年，评选出优异组合提供区域试验和生产试验。

二、玉米区域试验和生产试验

（一）玉米区域试验　区域试验是对参试杂交种高产、抗性和优良品质进行的中间试验和评价。当前以推广单交种为主，据分析，单交种比双交种对环境反应显示更大的多变性，同时单交种与环境的互作效应比双交种大。因此，对单交种的准确鉴定依赖于试验地点和年份的增加，而不是在少数点上增加重复的次数。为此，省（市）区域试验一般可以采用3～4次重复在多点安排试验，全国区域试验重复次数以4次为宜。要在玉米的不同生态地区设点，尽量多设点，以保证试验结果能较准确地反映杂交种在各地产量、抗性和品质的表现，获得可信赖的数据，以利推广。

区域试验应制定统一的试验方案，方案的要点有：①参试杂交种的选育过程、产量、抗性的鉴定，产量应有1～2年小区比较的结果；②区域试验的布点要选择有一定技术力量的基层农业科学研究或农业推广的单位，以保证试验的可靠性；③试验要统一设计，如采用随机区组设计，要规定重复次数、试区大小、株行距、单位面积种植株数等，对试验记载内容和分析方法也要明确；④对品种的描述应突出产量和抗性，以简要文字表达；⑤应分析温度、日照、水分等气象因素以及年份间的特点。

区域试验的目的是综合分析参试杂交种的产量潜力、抗性优劣和适应性。因此，要进行区域联合方差分析；若进行春播、夏播二组试验，可进行春播、夏播联合方差分析；在此基础上可按照Eberhart和Russell等提出的回归分析方法进行稳产性分析。一个理想的高产稳产杂交种，应该在其种植的各种环境条件下，高于其他杂交种的产量，并且离回归均方尽可能小。在大区域范围内往往存在基因型与地点互作，这时必须考虑不同地区各自的最佳品种。

区域试验应由主持单位总结，写出年度报告，若两年为一轮的区域试验，主持单位要写出两年的综合报告。

(二) 玉米生产试验　生产试验是把经过区域试验评选出的杂交种，再于较大面积上进行产量、抗性和适应性的鉴定。一般参加生产试验的杂交种以1～2个为宜，用生产上大面积种植的杂交种为对照进行比较，试点一般以3～5个为宜，试区面积每个杂交种应为333.5～667m^2（0.5～1亩），可采用对角排列，2次或2次以上重复，最后由主持生产试验的单位写出总结报告。

在生产试验的同时，可对组合进行栽培试验，目的是了解适合新杂交种特点的栽培技术，做到良种良法一起推广。

这里，必须强调指出，玉米杂交种的鉴定和试验程序并非一成不变，要注意试验、繁殖和推广相结合。对特别优异的杂交组合应尽快越级提升，加速世代繁殖，以缩短育种年限。此外，对有希望推广的优良新杂交种，在试验示范的同时，对亲本自交系也应观察鉴定，以了解其特性，供繁殖制种时参考。

三、加速育种世代进程的技术

玉米杂交种育种，需经过选材自交分离优良自交系，测交鉴定自交系配合力，测配杂交组合，参加区域试验与示范推广，程序繁多，年限较长。为了加速育种进程，可用下列方法加速育种进程。

1. 加速育种程序　从选育自交系开始到杂交种应用于生产，一般要经历十多年。为此，加速育种进程，在当前育种工作竞争日趋激烈的形势下，尤显重要。除了一般采用早代自交系、以自交系为测验种采用测配结合的方法以及加速进程、采取多点示范、对表现突出的组合越级提升参加试验等措施以外，还应分析育种资源的亲缘关系，避免盲目测配组合。

2. 南繁加代和繁殖　南繁加代是通过利用我国海南省自然条件，一年繁殖2代到3代，以利自交系世代加快，尽早达到纯合化。对有苗头的优势组合，则可于冬季在海南省扩大繁殖亲本种子，缩短育种年限。同时，还可以利用海南省配制少量杂交种子，以加速育种的进程和示范推广的速度。

第九节　玉米种子生产

玉米生产上主要是利用杂交一代种，这就需要年年配制杂交种。玉米又是异花授粉作物，植株高、花粉量大、花粉可随风远距离飘散，在玉米种子生产过程中，杂交制种的质量受到一系列技术措施的影响，极易发生串粉，造成种子的生物学混杂，降低种子质量，影响大田生产。为了保证玉米亲本自交系的纯度，提高玉米杂交种种子的质量，充分发挥杂交种的增产作用，在玉米种子的生产过程中，无论是对亲本自交系进行繁殖，还是配制杂交种，都必须严格按一定的技术规程进行。

一、配制玉米杂交种的技术

为了提高制种质量，提高种子纯度，在整个杂交制种过程中，必须做到安全隔离，规格播种，严格去杂去劣，及时去雄，分收分藏。

1. 隔离防杂　隔离方式有空间隔离、时间隔离、屏障隔离与作物隔离4种。为确保隔离区安全，一般采用空间隔离与时间隔离的方法。隔离区采用四种隔离方式的安排方法如图4-9所示。

隔离区除了要符合安全隔离条件以外，还要求土壤肥沃，旱涝保收，田块成片、方整。同时，管理要精细，

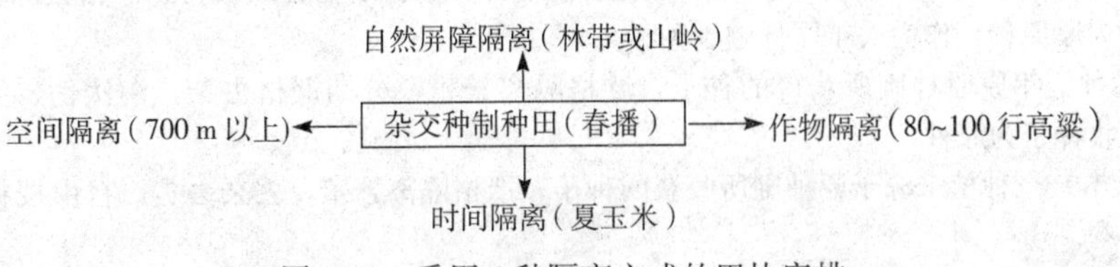

图4-9　采用4种隔离方式的田块安排

力求达到高产。

2. 规格播种

（1）播种方式　繁殖自交系和配制单交种的隔离区，一般应采用单作的种植方式。父母本行数的比例，原则上是依父本花粉量而定，采用1行父本、2～4行母本；2行父本、4～8行母本间隔种植的方式。原则上是在保证有充足的父本花粉量的前提下，尽可能地增加母本行数，以提高制种产量。为防止花期不遇现象，应在隔离区上风头的一侧安排采粉区。

（2）播种期　在隔离区内配制杂交种，如果母本抽丝期与父本散粉期一致，则可同期播种，在父本与母本花期相差较大，需错期播种时，宁可以雌待雄，而不能以雄待雌。

3. 去杂去劣　常见的杂株、劣株有以下几种：①优势株，这类杂株表现生长势强，植株粗壮、高大，极易识别；②混杂株，这类杂株一般不具有亲本自交系的性状，也易识别；③劣势株，常见的有白苗、黄苗、花苗、矮缩株、其他畸形株等，这类植株数量不多，易于识别；④怀疑株，这类植株很像亲本自交系，一般较难识别，需认真检查，若在苗期不能肯定，则应在拔节期加以鉴别拔除。

4. 彻底去雄　母本的去雄必须做到及时、彻底、干净。所谓及时，就是在母本的雄穗未散粉之前，即予拔除；所谓彻底，就是母本的雄穗抽出一株，就拔去一株，直至整个隔离区内的母本雄穗被完全拔去为止；所谓干净，就是母本的雄穗要全部拔去，不能留下雄穗基部的小枝梗。去雄所拔下的雄穗，应立即携出田外，去雄工作必须做到定田到人，建立责任制。

5. 分收分藏　配制杂交种的隔离区在收获时，可先收父本行，将父本行果穗全部收完校核无误后，再收母本行。母本行上收获所得到的即为杂交一代种，供大田生产上应用。在隔离条件很好、母本行去雄干净彻底的情况下，父本行上收获的种子即为父本同胞交配繁殖的种子，可作下一年杂交制种田的父本自交系使用。父本行与母本行应严格分收、分藏，防止与其他自交系或杂交种混杂。

二、自交系种子生产

亲本自交系是杂交制种的物质基础，要保证杂交种的质量，就必须保持自交系的优良遗传特性和典型性。因此，要建立严格的自交系的原种生产和繁育程序，利用高纯度的自交系配制杂交种。

玉米新品种选育成功后，为了充分发挥新品种的增产效益，必须采取严格的措施，保持自交系的种性和纯度。玉米自交系种子的生产可采用图4-10所示程序。

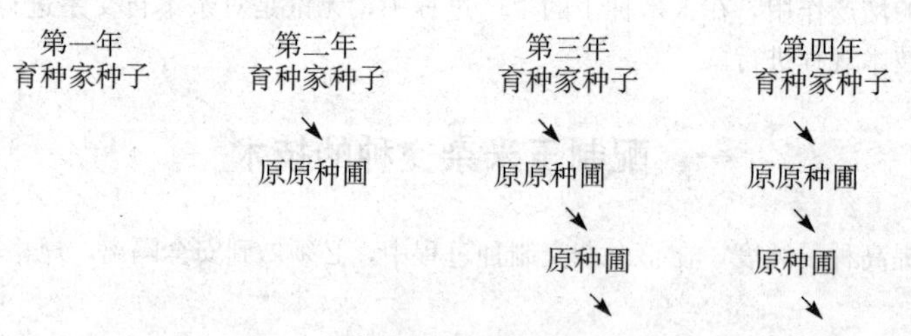

图4-10　玉米自交系的生产程序

1. 原原种圃　将育种家种子或育种单位人工套袋繁殖的自交系种子播种成穗行，严格去除伪、劣、杂株后套袋自交，所获种子为原原种，作为次年原种圃用种。

2. 原种圃　播种上年原原种圃所获得的种子，严格隔离繁殖，分期严格去杂，淘汰伪、劣、杂株，自由授粉，混合收获，所收种子为原种。

3. 良种圃（亲本）　种植来源于原种圃所收获的种子，严格隔离繁殖，去杂去劣，自由授粉所收的种子作为下年杂交制种的亲本。

自交系投入生产以后，严格隔离和彻底去杂是自交系繁育中的两个关键环节。若自交系发生混杂退化（如已有5%以上植株高低不齐，果穗形状、粒型等都有差异），就必须进行提纯工作。玉米自交系的提纯可采用下列方法。

（1）选优提纯法　此法适用于混杂程度较轻的自交系的提纯。在自交系繁殖提纯中，选择具有典型性状的优良单株100～150株套袋自交，收获时按穗形、粒型和轴色等性状严格选穗，当选的果穗混合脱粒。第二年隔离繁殖，在生育期间严格去杂、去劣，并挑选出典型的优良单株100～120株套袋自交。收获后进行严格穗选，从中精选数十个典型的优良果穗混合脱粒，产生的种子即为选优提纯种。

（2）穗行提纯法　此法适用于混杂程度略重的自交系的提纯。在自交系繁殖田中，选择具有典型性状的优良单株100～120株套袋自交，收获后严格穗选，选择优良的典型穗数十个，单穗脱粒保存。第二年在隔离的条件下，种成穗行。在生育期间按自交系典型性状严格去杂、去劣，逐行鉴定比较，淘汰非典型穗行和典型穗行中的杂株，剩下来的当选植株收获后再进行严格穗选，当选穗混合脱粒。

第十节　玉米遗传育种研究动向与展望

近10年以来，生物技术突飞猛进，玉米的全基因组的测序工作已全面展开，许多基因已被克隆和测序，这必将把玉米育种推向全新的阶段。

一、玉米遗传育种研究动向

群体改良是一项新的遗传育种体系，为各国育种工作者所采用。国际玉米小麦改良中心（CIMMYT）做了大量群体改良工作，已育成自交系并配制综合品种和杂交种，通过多种轮回选择的方法进行群体改良，培育了一大批优良的群体，并发放给各国使用，为各国的玉米育种工作做出了巨大的贡献。中国农业科学院作物育种栽培研究所也从CIMMYT引进了一大批改良群体，并在进行了进一步的改良后发放给国内许多育种单位，已取得了良好的效果。但必须指出，行之有效的选育二环系的育种工作，仍具有十分突出的应用价值，不可忽视，二者是相辅相成的。

新种质的利用日益显示其独特的经济效应，如能把热带、亚热带的种质引入温带种质，可解决存在的适应性、丰产性和抗病等问题。目前已采用半同胞轮回选择的方法开展工作，并组织了国际间的合作研究。就玉米育种来讲，利用种质就是要选出优良的自交系。选育优良自交系的素材，无论从我国育种实践来看，或者从国际间的合作研究工作来讲，其战略是：长期应以群体改良为中心，开展理论研究与实践选系，突出解决轮回选择方法的方案和选育自交系的关键技术；短期应在改良种质的基础上，突出从二环系入手，结合组织培养等技术进行选系。

抗病虫的遗传与育种研究日益深入。玉米小斑病T小种对细胞质有专化性侵染，涉及核、质的关系，而细胞质遗传与小斑病抗性关系十分密切，进行抗病育种必须与雄性不育性结合起来。玉米雄性不育胞质抗小斑病的基础已从细胞学水平、亚细胞学水平进入到分子水平的研究，普遍应用线粒体DNA（mtDNA）电泳分析，来探讨不育胞质抗性的原因。进入20世纪80年代，利用分子杂交技术研究玉米可育胞质与不育胞质的关系，在探讨细胞质克隆片段DNA序列的研究中，从亲缘关系来阐明T、C、S不育类群相互间的差别以及与可育胞质的关联。对玉米螟抗性研究，取得一定的进展，由墨西哥、巴西和其他拉美地区搜集的近1 000份材料中，经对玉米螟田间放虫鉴定，Anticva材料具有良好的抗性，并已育成抗螟自交系。

高赖氨酸玉米的育种工作多采用软胚乳O_2为背景的材料，而软质胚乳子粒成熟时脱水慢，穗腐严重，产量低，因而难以大面积投入生产。现已转入硬胚乳高赖氨酸玉米材料的研究，但进展缓慢。

玉米雄性不育系的应用，由于1970年美国玉米小斑病暴发而进入低潮。在美国自1970年以后，恢复了人工与机械去雄。现正探索引入新的胞质材料，C群不育系对小斑病有一定的抗性，但应用C群不育化杂交种面积甚微。魏建坤报道，在中国发现了C小种，引起从事雄性不育性的育种工作者的关注。雄性不育性的理论探讨，在国际范围内广泛开展研究，在线粒体和叶绿体分子水平的研究取得快速进展。研究表明，线粒体基因组比玉米质粒基因组表现稳定，1984年已建立了玉米线粒体基因组的图谱，目前玉米线粒体基因组已有20个功能基因被定序。未来将深入探讨细胞器基因的定序结构问题，就玉米线粒体来讲，将可能实现体外转录，细胞器内基因的表达以及细胞器基因突变和调节，从而使细胞器的转化工作得到发展。

二、新技术和高技术应用

新技术和高技术的迅猛进展，日新月异，为玉米的遗传育种提供了极为有效的工具。

在玉米遗传研究和育种中，有关细胞与组织培养已做了大量的研究。Tomes 等（1985）初步认为自交系 A188 与 B73 相比，前者形成愈伤组织的频率要高。在玉米中还进行了细胞液体悬浮培养、原生质体培养等工作。在组织培养材料中常发现胞质的变异，现已探明与线粒体 DNA 变异有关。因此，用组织培养技术，可以筛选出抗小斑病的不育材料。在进行组织培养时，对 T 毒素的选择结果表明，抗性系对毒素的敏感性为对照的1/40，在后期选择的抗病幼苗，其再生植株均可转化为不育株。Wise 等（1987）对线粒体 DNA 电泳分析结果指出，线粒体 DNA 片段的变化直接与玉米苗对 T 毒素的敏感性有关。对玉米组织培养还进行了抗各种除草剂特性的筛选。

转座子（transposon）是因染色体断裂造成的，现已认为是一种普遍现象。就玉米来讲，主要是在探讨 Spm、dspm、Uq、Ac、Ds、Mu 等转座子的调控效应，即这些因子上的一些胞嘧啶（cytosine）上被甲基化以后，其功能就被钝化。若因子被转到另一品系，因子的已甲基化的 cytosine 被去甲基后则又恢复活性。因此，甲基化与失活有一定的相关性。潘永葆（1988）认为，转座子 Uq 的失活与甲基化有关，并指出，可以利用 Uq 来分离玉米有关控制发育的基因。这就是说，DNA 的甲基化与基因表达的调控是一个值得研究的问题。

限制性片段长度多态性（RFLP）是确定基因在染色体的位置、进行数量性状的基因定位以及基因效应研究的一种新方法。例如在印第安废墟中，玉米穗轴保存良好，有 8 个穗轴是属于 13 世纪的。由穗轴的 DNA 电泳分析，存在高分子的 DNA，与现代玉米品种比较，仅呈现中度降解。经 RFLP 分析，来自废墟的 5 个样品，都可以查到一种杂交的信号。但比现代样品弱。经克隆揭示，这些样本间有相同的变异。说明这 5 个样本是一样的，即为相似的品种。David 等（1988）指出，数量性状（株高、穗位高）的遗传具有复杂性，应用 RFLP 来鉴定数量性状的基因位点已获成功，他还指出玉米株高、穗位高的基因位点有 7～10 个。

DNA 分子标记辅助选择的核心是把常规育种中的表现型选择转化为基因型选择，从而大大提高育种的选择效率。特别是对那些不能或很难进行表现型选择的性状，或者必须通过复杂的接种和诱导才能进行的表现型选择的性状，采用分子标记间接选择，更是事半功倍。DNA 分子标记具有不受环境影响、世代间稳定遗传的特点。不论目标性状多么复杂，DNA 分子标记选择适用于任何性状的育种选择。但对于形态选择比较困难的数量性状，则有更大的应用潜力，特别是对于那些容易受到环境影响而无法进行表现型选择的性状的育种技术带来了革命性的进步。所以，DNA 分子标记辅助育种为玉米杂种优势育种研究提供了新的途径。DNA 分子标记技术在作物育种中已经用于种质资源研究、亲本的亲缘关系分析、自交系与杂交种的纯度鉴定、自交系的选育与群体改良的辅助选择、杂种优势模式的创建和杂种优势的预测研究。

玉米基因组的大小约 2 500 Mb，为水稻基因组的 6 倍，小麦基因组的 1/6。根据预测，玉米基因组约有 5.9 万个基因。美国在 2005 年正式启动了耗资巨大的玉米全基因组测序计划，按 BAC by BAC 策略，计划在两年时间内完成自交系 B73 的全基因组测序。英国和欧盟也设立了玉米基因组研究计划，在法国“植物基因组计划”中，玉米位居五大作物之首。近年来，玉米结构基因组研究主要集中在玉米的高精度遗传图谱、基因组物理图谱和基因组测序上，目前共有 2 389 个 RFLP 和 1 800 个 SSR 标记及一些已知基因被定位在染色体图谱上，从美国玉米自交系 B73 中发掘的 85 万个基因组纵览序列（genome survey sequence，GSS）、大量的表达序列标签（expressed sequence tag，EST）、3 500 多个基因的插入缺失多态性标记（InDel polymorphism，IDP）也已整合到 IBM（Intermated B73×Mo17Map）图谱上。

玉米全基因组物理图谱也是以 B73 为材料构建的。第一代物理图谱是基于琼脂糖凝胶电泳的图谱，经过改进，这一图谱已包括 292 201 个 BAC 克隆，整合成 760 个重叠群（contig），覆盖 17 倍基因组，整合的各种分子标记达 19 291 个。第二代物理图谱是基于更为准确的荧光标记和毛细管测序电泳进行的高信息量指纹图谱（HICF），使用了更多的 BAC 克隆（464 544 个，覆盖 30 倍基因组）。虽然目前这一物理图谱还没有最终完成，但是它比第一代图谱有重大改进。

美国的“玉米基因发掘计划”项目和其他一些功能基因组研究项目已产生大量的 EST 数据，到 2005 年 2 月止，NCBI数据库收集的来源于玉米不同组织的EST已经达到41万条、Maize GDB数据库达到17万条。这些数据为分子标记的发掘、基因表达谱的基因芯片设计等奠定了基础，如建立在大量EST信息基础上的玉米基因芯片技术已渐趋成熟，已开发的玉米cDNA芯片已有14张，特别是Arizona大学正式推出的70mer寡核苷酸芯片，已包含了EST数据库中所有的57 452个基因。玉米基因芯片的使用将大大推动玉米功能基因组的研究。

令人瞩目的生物工程的进展，将为玉米育种工作打破瓶颈现象。1984年第一株烟草转基因植株的成功后，Rhodes采用电击法把NPT-Ⅱ基因的质粒转入玉米原生质体并得到再生植株。Kiein利用粒子轰击法，也获得15株转基因的植株。这些都为育种工作提供了新种质，可望培育出优良的杂交种。植物的遗传转化研究是20世纪80年代发展起来的新技术，已在许多作物上应用。虽然玉米的遗传转化研究起步较晚，但进展很快。1990年Frorrn报道了第一例转基因玉米以来，转基因玉米已成为重要的商品类型。利用转基因的方法将外源基因导入玉米，已经培育出一大批抗虫、抗病、抗除草剂、耐盐、抗旱、优质等多种玉米品种或新种质。特别是将苏云金杆菌的δ毒蛋白基因导入玉米，培育出了高抗玉米螟的*Bt*杂交种，抗玉米螟和抗除草剂的转基因玉米杂交种已在生产上大面积推广种植，更多地免除了玉米田间的作业，减轻了农业劳动强度，促进了机械化程度的提高和免耕法在玉米上的进一步推广。

复习思考题

1. 我国玉米育种的现状和水平如何？与发达国家相比有哪些差距与不足？
2. 玉米育种的主要方向有哪些？各方向的主要目标性状是什么？
3. 说明玉米主要育种性状的遗传特点，对确定育种方法有何指导意义？
4. 试述玉米的分类学地位，分析我国玉米品种的主要种质基础。如何拓宽我国玉米品种的遗传基础？
5. 何谓自交系的配合力？如何测定并改良自交系的配合力？
6. 试说明选育一个优良玉米自交系的基本程序和关键技术。
7. 杂种优势群及杂种优势模式在玉米育种中有什么应用？
8. 半同胞家系轮回选择和半同胞相互轮回选择法的程序各是什么？各有何特点？
9. 玉米细胞质雄性不育系的类别及特点各是什么？在玉米上有什么应用价值？
10. 如何利用玉米雄性不育系选育杂种品种？
11. 玉米有哪些主要病害？如何改良玉米杂交种的抗病性？
12. 玉米育种试验中一般应包括哪些试验圃？说明其田间的技术特点。
13. 玉米自交系和杂交种生产的关键技术有哪些？
14. 生物技术在玉米育种中有哪些具体应用？前景如何？

附　玉米主要育种性状的记载方法和标准

一、生育时期

1. 播种期：播种的日期，以月/日表示（下同）。
2. 出苗期：每小区幼苗出土，苗高约3 cm的穴数达50%以上的日期。
3. 抽雄期：小区50%以上的植株的雄穗顶端露出顶叶的日期。
4. 散粉期：小区50%以上植株的雄穗主轴开始散粉的日期。
5. 抽丝期：小区50%以上植株的雌穗花丝抽出苞叶的日期。
6. 成熟期：小区90%以上植株的子粒硬化，并呈现成熟时固有颜色的日期。
7. 生育期：从出苗期到成熟期的总天数。

二、抗逆性和对病虫害的抗性

8. 抗旱性：根据叶片和生殖器官的表现目测鉴定，分抗、一般和不抗3级。

①天气干旱时，在下午2时左右观察叶片卷曲、萎蔫的程度和下部叶片变黄变干的程度。

②抽穗、开花期干旱，不抗旱的玉米上部节间缩短，包雄散粉，雌穗抽丝推迟，造成花期不遇。干旱严重时，雌穗不能抽丝，甚至雄穗不能从叶鞘伸出。

③不抗旱的玉米，在开花后干旱，果穗形状扭曲，生长不正常，秃顶严重。

9. 抗倒伏和倒折性：抽雄后因风雨及其他灾害，植株倒伏倾斜度大于45°作为倒伏的指标。用目测法，分4级记载。

（1）不倒。

（2）轻：倒伏数占调查总株数1/3以下。

（3）中：倒伏株数在2/3以下。

（4）重：倒伏株数超过2/3。

抽雄后，果穗以下部位折断叫倒折。记载倒折植株占调查总株数的百分比（倒折率）。

10. 叶斑病（包括大斑病和小叶斑病）：在乳熟期，目测植株下、中、上部叶片，观察大斑病和小斑病病斑的数量及叶片因病枯死的情况，估计发病程度分无、轻、中和重4级记载（有条件的可按全国规定的7级标准记载）。

（1）无：全株叶片无病斑。

（2）轻：植株中、下部叶片有少量病斑，病斑占叶面积的20％～30％。

（3）中：植株下部有叶片枯死，中部叶片病斑约占叶面积的50％左右。

（4）重：植株下部叶片全部枯死，中部叶片部分枯死，上部叶片有中量病斑。

11. 茎腐病：乳熟期和蜡熟期调查发病株数，用百分数表示。

12. 丝黑穗病、黑粉病：乳熟期调查发病株数，用百分数表示。

13. 玉米螟：在“喇叭口”时期和成熟时观察受害株数，用百分数表示。

14. 其他病虫害：根据受害程度，分无、轻、中和重4级记载或用百分数表示。

三、生长势和整齐度

酌情在苗期、抽雄期和成熟期分期记载。

15. 生长势：指植株健壮程度，分强、中和弱3级。

16. 缺苗断垄：记载缺苗的穴（株）数或断垄的长度。

17. 整齐度：记载植株和果穗的整齐度，分整齐、中等和不整齐3级。

四、形态特征和产量构成因素

18. 株高：开花后选取有代表性的样本数十株，测量自地面至雄穗顶端的高度，以厘米表示，求其平均数，或用目测法，分高、中和低3级记载，对矮化玉米要特别注明。

19. 穗位高：在测量株高的植株上，测定自地面至第一果穗着生节位高度，以厘米表示，求其平均数，或分高、适中和低3级目测记载。

20. 主茎叶数：与生育期长短有关系，一般主茎叶片数少的生育期短，从苗期开始，在第5、10、15叶片上做标记，抽雄后连同上部叶片合计总数，统计数十株，求其平均数。

21. 叶色：在苗期和抽穗后记载，分深绿、绿和淡绿3级，有些玉米成熟时茎叶仍保持青绿，应特别注明。幼苗基部叶鞘分绿、紫等色，在苗期记载。

22. 叶相：指叶片伸展角度，在苗期和抽雄后分斜上挺、平伸和披叶3级记载。

叶舌分有、无两级。

对叶片特长或特短、特宽或特窄的玉米应注明。

23. 雄穗特点：开花时根据雄穗分枝的多少和长短，记载雄穗发达程度，分发达、中等和不发达3级，对自交系还要注意记载散粉是否正常和花粉量多少。护颖分红、绿等色，花药色有红和黄两种。

24. 苞叶和花丝特点：苞叶的长短和包穗松紧与果穗受病、虫、鸟害和烂顶有关。成熟时分长度适当包顶紧密、过长、过短穗顶外露3级记载。

花丝有深红、浅红、黄、青白等色。对花丝很短和花丝不易吐出的玉米（个别自交系）要注明。

25. 双穗率：收获时，计数全区（或样本）结双穗的株数，用占总株数的百分数表示。并注明双穗整齐度。

但第二个果穗太小、结实不超过10粒或子粒未成熟尚处于乳熟期者不作双穗看待。

26. 空秆率：收获时计数全区（或样本）空秆（包括有穗无粒及10粒以下和未熟的植株）株数，用占总株数的百分数表示。

27. 穗长：收获后取有代表性的果穗数十穗（第一穗），测量穗长（包括秃顶），以厘米表示，求其平均数。

28. 秃顶长度：用测量穗长的果穗，量其秃顶长度，以厘米表示，求其平均数。

29. 秃顶果穗率：用测量穗长的果穗，以秃顶的果穗数所占的百分数表示，秃顶果穗率＝（秃顶穗数/调查穗数）×100％。

30. 穗型：分长筒、短筒、长锥、短锥等型。

31. 穗粗：用量穗长的果穗，量其中部的直径，以厘米表示，求其平均数。

32. 轴色：分紫、红、白等色。

33. 每穗行数：用测量穗长的果穗，计数果穗中部的子粒行数，求其平均数，也可用众数或变异幅度来表示。

34. 每行粒数：用测量穗长的果穗，每穗数一行中等长度的子粒，求其平均数。

35. 千粒重：用干燥种子两份，每份数500粒，称重后相加即为千粒重，以克表示。若两份种子的重量相差4～5 g（根据籽粒大小）以上时，须称第三份，以相近的两个数相加得千粒重。

36. 粒型：普通的栽培玉米分硬粒型、马齿型、半硬粒型和半马齿型4类。

37. 粒色：分黄、白、紫、红等色。

38. 出子率：用全区或样本调查，以百分数表示，计算公式为：出子率＝子粒干重/果穗干重×100％。

五、产量和品质

39. 每区实收株数和缺株数。

40. 每区子粒产量（kg）并折算成单位面积产量（kg/hm^2）。

41. 品质：根据当地食用习惯和粒型，分好、中和差3级。有条件的可测定蛋白质和油分含量。

参 考 文 献

[1] 白金铠等．玉米大小斑病及其防治．上海：上海科学技术出版社，1985

[2] 陈瑞清，陈贺芹，谢俊良．玉米抗大小斑病的遗传研究．见：主要农作物抗病性遗传研究进展．南京：江苏科学技术出版社，1990.273～281

[3] 陈伟程等．玉米C型胞质雄性不育恢复性遗传研究．郑州河南农业大学学报．1986（20）：125～140

[4] 佟屏亚主编．当代玉米科技进步．北京：中国农业科技出版社，1993

[5] 佟屏亚编．中国玉米科技史．北京：中国农业科技出版社，2000

[6] 廖琴主编．国家玉米区试、预试、生试调查项目和标准（试行）．见：中国玉米品种科技论坛．北京：中国农业科技出版社，2001.291～301

[7] 廖琴主编．国家玉米品种区域试验管理办法（试行）．见：中国玉米品种科技论坛．北京：中国农业科技出版社，2001.283～290

[8] 黄梧芳等．不同胞质玉米对小斑病侵染的反应．河北农业大学学报．1982（5）：60～70

[9] 李竞雄．雄花不孕性及其恢复性在玉米双交种中的应用．中国农业科学．1961（6）：19～24

[10] 李竞雄．玉米群体改良．安徽农业科学．1980（1）：8～16

[11] 李竞雄主编．玉米育种研究进展．北京：科学出版社，1992

[12] 刘纪麟主编．玉米育种学．第二版．北京：中国农业出版社，2001

[13] 李明顺，张世煌，李新海等．优质玉米（QPM）选育方法和发展策略．见：玉米生物技术与育种高级研讨会论文集．北京：中国农业科学院作物育种栽培研究所，2002.81～84

[14] 刘仲元编著．玉米育种理论与实践．上海：上海科学技术出版社，1964

[15] 马奇祥，李正先编著．玉米病虫草害防治彩色图说．北京：中国农业出版社，1999

[16] 秦泰辰编著，作物雄性不育化育种．北京：农业出版社，1993

[17] 秦泰辰，邓德祥．雄性不育性的研究——Ⅱ.Y型不育系的若干特性．江苏农学院学报．1986，3（1）：1～10
[18] 秦泰辰，徐明良．玉米对小斑病抗病性的遗传（综述）．见：主要农作物抗病性遗传研究进展．南京：江苏科学技术出版社，1990.254～259
[19] 宋秀岭．高配合力玉米自交系选育．中国农业科学．1977（4）：13～17
[20] 吴景锋，于香云．我国玉米种质资源的研究利用和发展方向．见：廖琴主编．中国玉米品种科技论坛．北京：中国农业科技出版社，2001.121～131
[21] 吴绍骙．对当前玉米杂种育种工作三点建议．中国农业科学．1962（1）：1～10
[22] 西北农学院主编．作物育种学．北京：农业出版社，1981
[23] 徐明良等．玉米抗小斑病O小种遗传分析．作物遗传研究通讯．1988（2）：41～44
[24] 玉米遗传育种学编写组．玉米遗传育种学．北京：科学出版社，1979
[25] 张连桂，李先闻．玉米育种的理论与四川杂交玉米的培育．农报．1947，12（1）：3～13
[26] 赵君，王国英，胡剑等．玉米弯孢菌叶斑病抗性的ADAA遗传模型分析．作物学报．2002，28（1）：127～130
[27] 中国农学会等编．21世纪玉米遗传育种展望——玉米遗传育种国际学术讨论会文集．北京：中国农业科技出版社，2000
[28] A. R. 哈洛威讲．中国农业科学院作物育种栽培研究所编．玉米轮回选择的理论与实践．北京：农业出版社，1989
[29] Beckett J B. Classification of male-sterile cytoplasma in maize. Crop. Sci. 1971，11（5）：772～773
[30] Fehr W R. Principles of Cultivar Development. New York：Macmiuan Publishing Company，A Division of Macmiclam Inc.，1989
[31] Gracen V E. Cytoplasmic and mitochondrial complementation. Seed Trade Assoc. Proc. 27th Corn Res. Conf. 1972，80～92，Aner
[32] Levings C S. Ⅲ. et al. Molecular studies of cytoplasmic male sterility in maize. Phil. Trans. Roy. Soc. London. 1988（319）：177～185
[33] Prings D R，et al. Evidence of chloroplast and mitochondrial DNA variation among male-sterile cytoplasm. Plant Breeding Abstract. 1977，47（12）：967
[34] Qin T C. et al. Study on male sterility. Ⅷ. Identification of a group of $Y_{Ⅱ-1}$ type male-sterile cytoplasm. Maize Genetics Cooperation Newsletter. 1992（66）：116～117
[35] Sprague G F，et al. Corn and Corn Improvement. 3rd ed. American Society of Agroromy，Inc，1988

（秦泰辰、邓德祥原稿，邓德祥修订）

第五章　高粱育种

高粱（sorghum）[*Sorghum bicolor*（L.）Moench] 起源于非洲，在我国有悠久的栽培历史。高粱是C4作物，光合效率高，光能利用率和净同化率超过水稻和小麦；高粱抗逆性强，具有耐旱、耐涝、耐高温、耐盐碱、耐瘠薄、耐冷凉等多重耐逆性；高粱杂种优势强，并具有实现强大杂种优势的保障体系，在粮食作物中是最早实现三系配套，把杂交种应用于生产的作物。高粱用途广泛，既可食用、饲用，又可酿造用、加工用。

世界上五大洲85个国家种植高粱。据FAO 1999年的统计资料，世界高粱种植面积 4.474×10^{7} hm^{2}，总产 6.581×10^{7} t，单产为1 470 kg/hm^{2}。种植面积最大的国家是印度，面积为 1.025×10^{7} hm^{2}，总产为 8.68×10^{6} t，单产为847.5 kg/hm^{2}；其他依次是尼日利亚，面积为 6.678×10^{6} hm^{2}，总产为 7.52×10^{6} t，单产为1 126.5 kg/hm^{2}；美国，面积为 3.458×10^{6} hm^{2}，总产为 $1.511\,8\times10^{7}$ t，单产为4 372.5 kg/hm^{2}；墨西哥，面积为 1.913×10^{6} hm^{2}，总产为 5.72×10^{6} t，单产为2 989.5 kg/hm^{2}；中国，面积为 9.86×10^{5} hm^{2}，总产为 3.274×10^{6} t，单产为3 322.5 kg/hm^{2}，为第五生产大国，平均单产在5个国家中仅次于美国而居第二位。

第一节　国内外高粱育种概况

一、国内外高粱育种成就

（一）我国高粱育种成就　我国高粱的现代育种始于20世纪20～30年代。甘肃省陇南农业试验场于1933年育成了陇南330和陇南403两个品种。公主岭、熊岳城农事试验场先后开展高粱系统育种和杂交育种，选育出牛心棒、黑壳蛇眼红等品种。新中国成立后，高粱育种大致经历了农家品种整理、自然变异选择育种、杂交育种和杂种优势利用4个时期。农家品种整理始于1950年前后，评选农家良种就地推广，如辽宁的打锣棒和关东青、吉林的红棒子、河北的竹叶青、山东的香高粱、河南的鹿邑歪头等都是这时期评选推广的农家良种。以后开展了自然变异选择育种，到1957年育成熊岳253，以后又育出锦粱9-2、跃进4号、熊岳191、分枝大红穗、护2号、护4号、护22号等。其中由乔魁多主持选育的熊岳253成为辽宁省主栽品种，并在华北、西北等地推广，是当时很有影响的代表性品种。我国的高粱杂交育种开始比较晚，不久即转入杂种优势利用。到20世纪60年代才育出119、锦粱5号、7 313、7 348等高粱品种。

1956年，我国留美学者徐冠仁先生回国时，将美国新育成的世界上第一个高粱雄性不育系TX3197A引入我国，从此我国开始了高粱杂种优势利用的研究。我国杂交高粱育种经历了4个阶段。第一个阶段，从20世纪50年代末到70年代中期，以我国高粱品种作父本恢复系与外引不育系组配高粱杂交种，遗杂号、晋杂号、忻杂号、原杂号、黑杂、吉杂号等杂种高粱相继育成，并在70年代大面积种植。其中，由牛天堂主持育成的晋杂5号表现高产、稳产，适应面广，在高粱春播晚熟区推广面积最大，是当时最有影响的杂交种。第二阶段，从70年代中期到70年代末，是优质育种阶段。针对第一阶段育成杂种高粱品质差的问题，开展了优质育种。经过短短几年，一大批高产优质杂交高粱育成，如晋杂1号、冀杂1号、铁杂6号、沈杂3号、沈农447等。第三阶段，从80年代初到90年代中期，以杂交选育恢复系为主与自选和引进雄性不育系组配杂交种。例如，利用中国恢复系与从国外引进的TX622A、TX623A、421A雄性不育系组配的辽杂1号、辽杂4号、沈杂5号、铁杂7号、桥杂2号、锦杂83号、熊杂3号等。其中，由梅吉人主持选育的辽杂1号和由王文斗主持选育的沈杂5号表现高产、米质优，栽培面积最大。第四阶段，从90年代后期开始，主要应用自选不育系和恢复系组配杂交种，并向专用型育种方向发展。

（二）国外高粱育种成就　美国高粱育种开始较早，但早期育种基本上是对引进品种的变异、天然杂交的后代进行选育。杂交育种开始于1914年，Vinall H. N. 等用菲特瑞特（Feterite）与黑壳卡佛尔（Kafir）杂交，选育出

Chiltex 和 Promo 两个品种，前者更耐旱，后者更高产，并于 1923 年推广。以后又选育出 Bonita、Westland、Kalo、Akrom10、Redbine58、Ck60 等。

美国高粱育种的最大成就莫过于 Stephens 和 Holland（1954）在迈罗×卡佛尔的杂交 F_2 代中发现了细胞核和细胞质互作型的雄性不育性，选育出世界上第一个雄性不育系 TX3197A，完成了三系配套，并组成了世界上第一个商用高粱杂交种应用于生产。从此开创了高粱杂种优势的广泛利用。

美国早期杂交种 RS610 已证明是最成功的杂交种，子粒产量比普通品种提高 20%以上，并很快推广开来。到 1960 年，美国杂交高粱种植面积已占该作物的 95%，基本上普及了杂交高粱。

美国高粱育种的另一个重大成就是热带高粱转换计划（conversion of tropical sorghum)。该计划是美国农业部和得克萨斯农业试验站于 1963 年启动的，其目的是把引进的高株、晚熟或不能开花的，但具有许多优点的热带高粱转换成矮株、早熟类型，使其能在世界温带地区利用。到 1974 年底，来自热带的 183 个高粱资源系转换成功，并发放应用。60 年代后期，美国高粱生产发生了摇蚊、蚜虫、霜霉病和矮花叶病毒病等。育种家从高粱转换系中鉴定出一批抗摇蚊、蚜虫、丝黑穗病、炭疽病、霜霉病等抗性系，解决了抗性育种问题。其中选育出的雄性不育系 TX622A、TX623A，恢复系 TX430、TAM428 等都是著名的代表系。之后，每年提供给高粱研究者60～80 个转换系。

印度一直是世界高粱种植面积最多的国家。早期高粱研究的最大贡献是在遗传学上，高粱育种也取得了一定进展，如 Tamil Nadu 邦选育的 C_0 系列品种，Andhra 邦选育的 Nanday 1、Gunter 和 Anakapalle 高粱，Maharashtra 邦选育的 M35-1、M47-3、M31-2 等都是很有名的，这些品种产量高于农家品种 10%～15%。

印度独立以后，国家加强了高粱改良工作。1987 年成立了国家高粱研究中心（NRCS)，先后选育出CSH1～CSH14 杂交高粱和 CSV1～CSV7 等高粱品种应用于生产。而且，非常重视抗芒蝇、螟虫、霜霉病、锈病、粒霉病等病虫害的选育，筛选出一批抗病虫的抗源材料，如 SPV351、IS14332、CSV10、CSH9、SPV462 等。此外，印度对粮饲兼用型饲料高粱的选育也很重视，并开展了高粱群体改良的研究。

二、国内外高粱育种动态和最新进展

近年来，国内高粱育种进入新的发展阶段，高粱杂交种选育向专用化方向发展，育种目标确定为优质、高产和多抗，并以自选亲本系组配杂交种，尤其以自选雄性不育系为主组配杂交种。例如，有代表性的雄性不育系有 TL169A、7050A、5212A、9132A、5134A、原 2A、301A、哲 15A 等，利用这些育成系组配出各种用途的专用杂交种。例如，酿酒用高粱杂交种有辽杂 5 号、辽杂 11 号、吉杂 75 号、吉杂 76 号、龙杂 6 号、泸杂 4 号、晋中 405、晋杂 86-1 等；饲用杂交种有辽饲杂 1 号、辽饲杂 2 号、辽饲杂 3 号、龙饲 1 号、吉甜 2 号、沈农甜 2 号等；饲草高粱杂交种有皖草 2 号、晋草 1 号、辽草 1 号等。上述杂交种的共同特点是优质、高产、综合抗性好、专用性强。

此外，在 A_2 细胞质雄性不育性的研究和应用、高粱无融合生殖研究方面也取得了较大进展。雄性不育系 V_4A_2、$7050A_2$ 先后选育成功，组配出杂交种晋杂 12 号、龙杂 6 号、辽杂 10 号、辽杂 11 号、辽杂 12 号等，并大面积推广应用于生产，改变了高粱生产上 A_1 细胞质一统天下的局面，克服了单一细胞质杂交种的遗传脆弱性。高粱无融合生殖固定杂种优势研究，已选育出 296B、SSA-1、1094 等无融合生殖系，其中 1094 有较好的固定杂合性能力。

在国际上，美国、国际半干旱热带作物研究所（ICRISAT)、澳大利亚、印度等国家在高粱育种研究上代表了较高的水平。总的育种动态是注重种质资源的搜集与创新利用，例如，美国已收集到高粱资源 3.8 万多份，ICRISAT 有 3.3 万多份。对这些资源进行鉴定，从中筛选出优质源和各种抗源材料。在高粱育种上，除注意高产性状选育外，还加强对抗逆性的选择，如抗生物因子（病、虫、杂草、鸟等）和非生物因子（干旱、盐碱、风、酸土、冷凉等）的抗、耐性育种。

在高粱育种技术上，采取热带高粱转换、群体改良、远缘杂交、生物技术等育种方法和手段，尤其是生物技术在高粱育种上应用取得了一定的进展。利用转基因技术进行抗性育种，美国堪萨斯州立大学为防治高粱叶斑病，把抗病的几丁质基因转移到高粱中，其产生的几丁质酶使真菌的细胞壁降解而杀死病菌。利用 DNA 技术分析高粱种质资源的多态性、利用分子标记技术测定杂种优势和进行辅助育种等方面都取得了一定进展。

三、高粱品种类型

高粱是典型的常异交作物。天然杂交率常因品种不同、穗型不同以及开花授粉时的天气条件不同而异，多数在5%左右，最高的可达50%左右。吉林省农业科学院试验，紧穗品种老母猪不抬头的杂交率为3.03%，散穗品种喜鹊白的杂交率为5.62%。

高粱的常异交开花授粉特点决定了高粱品种群体的遗传结构，大部分植株是具有本品种特征特性的纯合体，也经常会有因天然杂交使基因型发生变异的植株，这样的植株多为纯合体，也有杂合体。自然变异选择育种、杂交育种和杂种优势利用是高粱育种的主要方法，因此，生产上用的品种类型主要为家系品种和杂种高粱。杂种高粱都是利用质核雄性不育系为母本与恢复系杂交组配的。

目前，我国高粱育种采用的高粱类型，从原产地和生态型上分析，主要有7种类型。

1. 中国高粱（Kaoliang） 中国高粱为一年生，子粒食用。特点是：产量性状好，品种资源丰富，品质好，茎内髓部较干燥，一般均为白质叶脉，易受不良气候和病害的感染，多数品种叶片有早衰现象。品种有盘陀早、三尺三、矮高粱、北郊、鹿邑歪头等。

2. 卡佛尔高粱（Kafir） 卡佛尔高粱也称南非高粱（非洲南部地方称高粱为卡佛尔），原产非洲南部，一年生，品种资源丰富，子粒食用，大部分品种子粒为白色，穗细长而小，抗黑穗病，成熟时茎叶鲜绿，茎秆充满汁液，是优良的青饲草，与TX3197A不育系杂交，杂种一代表现为不育类型的较多。品种有永41、永36等。

3. 都拉高粱（Durra） 都拉高粱也称北非高粱（非洲北部地方称高粱为都拉），原产非洲北部埃及尼罗河流域一带，一年生，子粒食用，成熟时茎叶较鲜绿，抗黑穗病，品质优良。品种有角质都拉、巴纳斯都拉等。

4. 迈罗高粱（Milo） 迈罗高粱也称西非高粱（非洲西部地方称高粱为迈罗），原产非洲西部，一年生，子粒食用，大部分子粒为黄红色，成熟时茎叶鲜绿，抗黑穗病，植株较矮。穗型一般有两种：一种为卵圆形，茎秆汁液少，与TX3197A不育系杂交，杂种一代多为恢复类型；另一类型为长棒形或长纺锤形，茎秆充满汁液，与TX3197A不育系杂交，杂种一代多为不育类型。品种有黄迈罗、马丁迈罗、西地迈罗等。

5. 菲特瑞塔高粱（Feterita） 菲特瑞塔高粱也称中非高粱（非洲中部地方称高粱为菲特瑞塔），原产非洲中部，一年生，子粒食用，目前常见者子粒大而疏松，在低温条件下容易粉种，根茎短，不易捉苗。单秆品种植株高大，茎秆髓内干燥；分蘖品种多为矮秆，含有汁液，成熟时茎秆鲜绿，较抗黑穗病。品种有永22、白色菲特瑞塔、红色菲特瑞塔等，恢复类型的品种较多。

6. 赫格瑞高粱（Hegari） 赫格瑞高粱为一年生，多为卡佛尔与都拉高粱或卡佛尔与迈罗高粱的人工杂交后代，子粒食用。特点是：穗多为纺锤形，白粒分蘖性强；苗期匍匐，生长细弱；成熟时茎叶鲜绿，茎内充满汁液，是优良的青饲草；抗黑穗病；与不育系TX3197A杂交，杂种一代一般均表现为恢复类型。品种有早熟赫格瑞、矮生赫格瑞、赫格瑞高粱等。

7. 印度高粱（Shullu） 印度高粱（印度称高粱为沙鲁）原产非洲和印度，一年生，子粒品质优良，食用；植株清秀，成熟时叶片颜色淡绿，青枝绿叶；抗丝黑穗病。品种有CSV_4、M35-1、M47-3等。

第二节 高粱育种目标及重要性状遗传与基因定位

一、高粱育种目标和性状指标

高粱变异类型多，用途广泛。它既是粮食作物、经济原料作物，又是饲料作物。随着市场经济的发展，高粱育种应满足各种不同需要，现在多将高粱育种分为4个主要方向：食用高粱、酿造用高粱、饲用高粱和糖用型（能源）高粱。

1. 食用高粱 高粱在我国北方的一些地区目前仍作为粮食食用，因此要求选育有较高营养价值和良好适口性的高粱品种。具体指标是：蛋白质含量在10%以上，赖氨酸含量占蛋白质的2.5%以上，淀粉含量67%左右，单宁含量在0.2%以下，出米率80%以上，角质率适中，不着壳，有米香味。

2. 酿造用高粱　我国在国际享有盛誉的白酒都取材于高粱。高粱白酒风味不同于清香型、酱香型等，对酿造用品种没有统一的标准，但有其共同点，即淀粉含量要高，因出酒率与淀粉含量呈正相关，至少不低于子粒重量的70%，最好支链淀粉占淀粉总量的90%以上；单宁含量应比食用的高一些（一般应在0.8%左右），脂肪含量在4%以下。

3. 饲用高粱　这是我国高粱用途正在发展的一个方向，可分为子粒饲用高粱和饲草高粱。

（1）子粒饲用高粱　高粱子粒用作饲料因饲养对象不同，品质标准要求不同，总的来说饲养单胃畜禽的标准比饲养草食畜禽的标准高。如饲喂牛、羊、鹅等草食畜禽，只要求高粱子粒中蛋白质含量高。饲喂猪、鸡等单胃畜禽，要求高粱子粒中单宁含量在0.2%以下。因为单宁可与蛋白质形成络合物，影响对蛋白质的吸收利用。由于单宁多集中在红种皮中，因此要求白粒高粱。除要求子粒中高的蛋白质含量外，还要求氨基酸平衡。具体指标可参考食用高粱。

（2）饲草高粱　这种高粱一般是不收子粒的，要求生长繁茂，绿色体产量高，茎秆中含有一定糖度，锤度（BX）13%左右；不含或微含氰氢酸，一般300 mg/kg以下；蛋白质占干重2%～3%。

4. 糖用（或能源）高粱　甜高粱既可制糖又可转化为能源酒精。可再生能源作物品种筛选已引起各国政府的重视，高粱是应用潜力最大的能源作物之一。甜高粱要茎秆产量高，茎秆榨汁率在60%以上，含糖量（BX）在16%以上。

高粱是高产作物，又是适应性很强的作物，因此，不管哪种用途的育种目标，都应包括丰产性和适应性。我国高粱大多种植在干旱地带和低洼盐碱地区，国外也是如此，如美国和前苏联都是在雨水少、干旱，不适合种植玉米的地带种植高粱。所以，一个好的高粱品种必须适应性强而高产。

高粱蚜虫、玉米螟虫、高粱丝黑穗病和叶部斑病是当前高粱最严重的4大病虫害，也是影响高粱高产稳产的主要因素之一。选育出的高粱品种要具有一定的抗病虫害能力。

二、高粱重要性状的遗传

（一）高粱品质性状遗传　与高粱品质有关的性状很多，对子粒颜色、胚乳性状、单宁含量、蛋白质含量等研究的比较多。

1. 子粒颜色的遗传　至少有6对基因影响子粒颜色。Grahan提出，果皮红、黄、白色是由两对基因互作，并表现为隐性上位遗传，*RRYY*红，*rrYY*黄，*RRyy*和*rryy*都是白色。Ayyangar又补充了*I*基因，能使颜色加浓。Stephens报道有两个基因位点控制种皮，并表现互补遗传，只有B_1和B_2并存时有褐色种皮，当$B_1\text{-}b_2b_2$，$b_1b_1B_2\text{-}$和$b_1b_1b_2b_2$都无褐色。此外，还有一个基因位点起着种皮褐色素的传播作用，当褐色种皮存在时，如果存在显性*S*基因，则外果皮也呈褐色，如果是隐性*s*基因时，则种皮的褐色素不在外果皮上表现。Martin从上述6个基因位点研究，提出了一些高粱品种基因型和子粒颜色，见表5-1。

表5-1　高粱子粒颜色的基因型

（引自Martin，1959）

品种类型	种子颜色	外果皮	种　皮	种皮传播基因
黑壳卡佛尔	白	*RRyyII*	$b_1b_1B_2B_2$	*SS*
白迈罗	白	*RRyyii*	$b_1b_1B_2B_2$	*SS*
棒形卡佛尔	白	*RRyyII*	$b_1b_1B_2B_2$	*ss*
沙鲁	白	*RRyyii*	$B_1B_1b_2b_2$	*SS*
菲特瑞塔	青粮色	*RRyyii*	$B_1B_1B_2B_2$	*ss*
黄迈罗	橙红	*RRYYii*	$b_1b_1B_2B_2$	*SS*
博纳都拉	柠檬黄	*rrYYii*	$b_1b_1B_2B_2$	*SS*
红卡佛尔	红	*RRYYII*	$b_1b_1B_2B_2$	*SS*
Sounless Sorgo	浅黄	*RRyyii*	$B_1B_1B_2B_2$	*SS*
施罗克	褐色	*RRyyii*	$B_1B_1B_2B_2$	*SS*
达索	浅红褐	*RRYYII*	$B_1B_1B_2B_2$	*SS*

Ayyangar 报道了 E 基因控制中果皮厚度影响高粱子粒光泽，显性基因 E 产生一薄层中果皮，子粒呈珍珠白光泽；隐性基因 e 则产生厚层中果皮，子粒丧失光泽。

2. 胚乳性状遗传　胚乳包括多种性状，蜡质胚乳的淀粉组成全为支链淀粉，在遗传上由一对隐性基因（$wxwx$）决定，由直链淀粉组成的胚乳为粉质胚乳（$WxWx$）。黄色胚乳表现为显性性状，有胚乳直感现象，并且由于胚乳是三倍体，黄胚乳性状还表现出剂量效应。糖质胚乳含有糖分，具有甜味，为一对隐性基因（$susu$）支配。子粒凹陷受一对隐性基因支配。

3. 单宁含量的遗传　单宁主要存在于种皮内，子粒的其他部位也含有少量单宁。单宁属多元酚化合物，形成色素，所以具有一定单宁含量的高粱子粒，种皮都是有颜色的，而且随种皮颜色加深单宁含量增高。单宁遗传受几对主要基因控制，又受微效多基因影响。

4. 着壳率遗传　高粱的着壳是指脱粒后子粒附有高粱颖壳，它与小穗柄和颖壳特性有关。据吉林省农业科学院研究，粒用高粱的壳型分为硬壳型和软壳型两种类型，硬壳型表现为圆形壳，光亮，常附有茸毛；软壳型表现椭圆形颖壳，无光亮和茸毛，多有绿色条纹。硬壳型着壳率高，软壳型着壳率低（常在5%以下）。壳型受一对基因控制，硬壳为显性，软壳为隐性。

5. 蛋白质含量遗传　蛋白质含量为典型数量遗传性状，F_1 介于双亲之间，杂种后代为连续变异。

在食用高粱中，以白色子粒为佳。粒白单宁含量低，适口性好。由于控制这一性状的遗传比较简单，且白色为隐性，在育种中要注意亲本选择，选育白粒优良品种的目的是容易达到的。一般而言，双亲是白粒的，杂种高粱也是白粒的。目前推广的许多白粒杂种高粱都是这样按粒色选择亲本的。但是，有时双亲都是白粒的，如白色粒 TX3197A 与白色粒大红穗高粱杂交，产生的杂种高粱沈杂 1 号却是褐色粒的。这是由于双亲的白粒遗传基础不同造成的，TX3197A 的种皮基因型 $b_1b_1b_2b_2$，传播基因为显性的 SS，而大红穗高粱则为 $B_1B_1B_2B_2$ 和隐性 ss，杂种基因型 $B_1b_1B_2b_2$ 和 Ss，因此杂种为褐色粒。

黄色胚乳高粱含有较高的叶黄素，用来喂饲鸡产生美观的肤色。选育黄胚乳高粱杂交种也是容易的，因为黄胚乳为显性性状，只要亲本之一是黄色胚乳就可以了。软壳为隐性遗传，双亲都是软壳型的，杂种高粱才是软壳的，极少着壳。我国于 20 世纪 60 年代育成的杂种高粱红粒，着壳率高，单宁含量高和适口性很差。后来根据遗传规律选择亲本，很快于 70 年代中期育出了一大批白粒优质杂种高粱。

（二）株高和生育期遗传

1. 株高遗传　Karper（1932）得出迈罗高粱中有两对基因控制株高；Sielinger（1932）研究出帚用高粱中也有两对基因控制株高。但是，经典的研究株高遗传的是 Quinby 和 Karper（1954）发表的研究结果，确定有 4 对非连锁的矮化基因控制高粱株高的遗传，高秆对矮秆为部分显性。植株高度分为 5 个等级（表 5-2），0-矮等级的株高可达 3～4m，4-矮基因型的株高可矮到 1m。一般来说，一对矮基因可降低株高 50cm 或更多些。但是，当其他位点上有株高矮化基因存在时，其降低的数量会少一些。3-矮与 4-矮基因型之间株高相差不大，只有10～15cm。

表 5-2　高粱不同株高基因型鉴定结果

基因型	品　种
$Dw_1Dw_2Dw_3Dw_4$	0-矮
	未查出
	1-矮
$Dw_1Dw_2Dw_3dw_4$	S1170 迈罗、短枝菲特瑞塔、中国东北黑壳高粱、沙鲁、苏马克
$Dw_1Dw_2dw_3Dw_4$	标准帚高粱
$Dw_1dw_2Dw_3Dw_4$	未查出
$dw_1Dw_2Dw_3Dw_4$	未查出
	2-矮
$Dw_1Dw_2dw_3dw_4$	黑壳、红卡佛尔、粉红卡佛尔、卡罗、早熟卡罗、中国山东黑壳高粱
$Dw_1dw_2Dw_3dw_4$	波尼塔、赫格瑞、早熟赫格瑞
$dw_1Dw_2Dw_3dw_4$	矮生黄迈罗、矮生白迈罗、快迈罗

（续）

基 因 型	品 种
$Dw_1dw_2dw_3Dw_4$	阿克米帚高粱
$dw_1Dw_2dw_3Dw_4$	日本矮帚高粱
$dw_1dw_2Dw_3Dw_4$	未查出
	3-矮
$Dw_1dw_2dw_3dw_4$	未查出
$dw_1Dw_2dw_3dw_4$	CK60、TX7078、马丁、麦地、卡普洛克、TX09、红拜因、瑞兰
$dw_1dw_2Dw_3dw_4$	各种迈罗、熟性基因型莱尔迈罗
$dw_1dw_2dw_3Dw_4$	未查出
	4-矮
$dw_1dw_2dw_3dw_4$	SA403、4-矮马丁、4-矮卡佛尔、4-矮瑞兰

株高受节数、节间长、穗茎长和穗长的影响，生长条件也影响株高的表现。Quinby 和 Karper（1954）测量的株高是从地面到旗叶附近，所以他们关注的只是节数、节间长的因子。在得克萨斯的齐立柯斯报道了包括迈罗、卡佛尔、都拉、苏马克等高粱和帚用高粱的株高（表 5-3）。

表 5-3　矮化基因和株高的关系

（引自 Quinby 和 Karper，1954）

基 因 型	品 种	株高幅度（cm）
$Dw_1Dw_2Dw_3dw_4$	都拉、苏马克、沙鲁、短枝菲特瑞塔、高白快迈罗、标准黄迈罗	120～173
$Dw_1Dw_2dw_3Dw_4$	标准帚高粱	207
$Dw_1Dw_2dw_3dw_4$	得克萨斯黑壳卡佛尔	100
$Dw_1dw_2Dw_3dw_4$	波尼塔、早熟赫格瑞、赫格瑞	82～126
$Dw_1dw_2dw_3Dw_4$	阿克米帚高粱	112
$dw_1Dw_2Dw_3dw_4$	矮快白迈罗、矮快黄迈罗	94～106
$dw_1Dw_2dw_3Dw_4$	日本矮帚高粱	92
$dw_1Dw_2dw_3dw_4$	马丁、平原人	52～61
$dw_1dw_2Dw_3dw_4$	双矮生白快迈罗、双矮生黄迈罗	53～60

2. 生育期遗传　已鉴定出控制生育期的 4 个基因位点：Ma_1、Ma_2、Ma_3 和 Ma_4。在每个基因位点上还有很多等位基因。Quinby（1967）报道了在 Ma_1 位点上有 2 个显性和 11 个隐性等位基因；在 Ma_2 位点上有 12 个显性和 2 个隐性等位基因；在 Ma_3 位点上有 9 个显性和 7 个隐性等位基因；在 Ma_4 位点上有 11 个显性和 1 个隐性等位基因。当然，还有其他等位基因的存在。表 5-4 列出了品种、基因型和开花日数之间的关系。

表 5-4　不同高粱品种的基因型和开花日数

（引自 Quinby，1967）

品 种	基 因 型	开花日数
100 天迈罗（100M）	$Ma_1Ma_2Ma_3Ma_4$	90
90 天迈罗（90M）	$Ma_1Ma_2ma_3Ma_4$	82
80 天迈罗（80M）	$Ma_1ma_2Ma_3Ma_4$	68
60 天迈罗（80M）	$Ma_1ma_2ma_3Ma_4$	64
快迈罗（SM100）	$ma_1Ma_2Ma_3Ma_4$	56
快迈罗（SM90）	$ma_1Ma_2ma_3Ma_4$	56
快迈罗（SM80）	$ma_1ma_2Ma_3Ma_4$	60
快迈罗（SM60）	$ma_1ma_2ma_3Ma_4$	58

（续）

品 种	基 因 型	开花日数
莱尔迈罗（44M）	$Ma_1ma_2ma_3Ma_4$	48
38 天迈罗（38M）	$ma_1ma_2ma_3Ma_4$	44
赫格瑞（H）	$Ma_1Ma_2Ma_3ma_4$	70
早熟赫格瑞（EH）	$Ma_1Ma_2ma_3ma_4$	60
康拜因赫格瑞（CH）	$Ma_1Ma_2ma_3Ma_4$	72
波尼塔	$ma_1Ma_2ma_3Ma_4$	64
康拜因波尼塔	$ma_1Ma_2Ma_3Ma_4$	62
得克萨斯黑壳卡佛尔	$ma_1Ma_2Ma_3Ma_4$	68
康拜因卡佛尔 60	$ma_1Ma_2ma_3Ma_4$	59
瑞兰	$ma_1Ma_2Ma_3Ma_4$	70
粉红卡佛尔 C1432	$ma_1Ma_2Ma_3Ma_4$	70
红卡佛尔 PI19492	$ma_1Ma_2Ma_3Ma_4$	72
粉红卡佛尔 PI19742	$ma_1Ma_2Ma_3Ma_4$	72
卡罗	$ma_1ma_2Ma_3Ma_4$	62
早熟卡罗	$ma_1Ma_2Ma_3Ma_4$	59
康拜因 7078	$ma_1Ma_2ma_3Ma_4$	58
TX414	$ma_1Ma_2ma_3Ma_4$	60
卡普罗克	$ma_1Ma_2Ma_3Ma_4$	70
都拉 PI54484	$ma_1Ma_2ma_3Ma_4$	62
法戈	$Ma_1ma_2Ma_3Ma_4$	70

（三）抗性性状遗传

1. 高粱对蚜虫抗性的遗传 危害高粱的蚜虫有麦二叉蚜（*Schizaphis graminum* Rondni）和甘蔗黄蚜（*Aphis sacchari* Zehnter）。美国利用同工酶方法已鉴别出麦二叉蚜的多种生物型。Johunson 指出，抗蚜性为显性和不完全显性。罗耀武以抗的和不抗的材料杂交，F_1 表现高抗，F_2 出现抗与不抗的 3∶1 分离。檀文清等研究指出，主效单基因控制高粱的抗蚜性。马鸿图等研究了一个杂交组合 F_3 的 93 个家系，杂交所用抗蚜亲本为 TAM428，感蚜亲本 654，结果是 17 个家系一致感蚜，26 个家系一致抗蚜，50 个家系出现分离，得出主效单基因控制抗蚜性的结论。

2. 高粱对黑穗病抗性的遗传 高粱有坚黑穗病［*Sphacelotheca sorghi*（Link）Clint.］、丝黑穗病［*Sphacelotheca reiliana*（Kühn）Clint.］和散黑穗病［*Sphacelotheca cruenta*（Kühn）Pott.］。Swonson 和 Parker（1931）发现对Ⅰ型坚黑穗病的抗性，在红琥珀和菲特瑞塔的杂交中表现为简单隐性，表明抗病性与茎秆多汁-干燥基因对连锁。Marcy（1937）发现在矮黄迈罗与感病高粱的杂交中，抗黑穗病（Ⅰ型）为显性，他用符号 *R* 表示该基因，后来被 Casady 换成 *Ss*，以避免与颜色基因混淆。Marcy 在矮黄迈罗与标准菲特瑞塔的杂交中，发现枯萎病基因 *b*，*R*（Ss_1）对 *B* 是完全上位性，两者均是显性抗性基因。由此他得出结论，感病是显性，因此又提出一个基因 *S*，表示显性感病性，*S* 基因由于环境不同，或者对 *B* 表现为上位性，或者对 *B* 表现为下位性。

Casady（1961）报道了对坚黑穗病的 1 号、2 号和 3 号生理小种的抗性遗传，发现抗病性是由 3 个分别的基因对控制的，每对抗一种生理小种，记作 Ss_1ss_1、Ss_2ss_2 和 Ss_3ss_3。短枝菲特瑞塔抗全部 3 个小种，带有这 3 个基因为纯合显性。Casady（1963）指出，这对 Ss_1 是上位性。他把 *Bs* 作为正常黑穗病Ⅰ型的等位基因，*bs* 有枯萎性反应。在矮菲特瑞塔（Ss_1ss_1bsbs）和粉红卡佛尔（ss_1ss_1BsBs）的杂交中，他得到 6 个正常黑穗病带枯萎性，3 个只是正常黑穗病，3 个只是枯萎病，4 个抗病的，因此各种类型的抗病和感病均为 1∶3。这可能解释了 Swonson 等的感病性说法。这也与 Marcy 的两基因 *R* 和 *B* 结果一致，但是他没有完全阐明正常感病和枯萎病的显性关系。

到目前为止，在中国能引起高粱丝黑穗病的病菌有 1 号、2 号和 3 号生理小种。中国学者对高粱丝黑穗病的抗性遗传也做了一些研究工作。马忠良（1985）研究表明，高粱品种资源中有完全显性和不完全显性的抗性类型材料。由于显性表现在正反交中没有明显差别，因此选育显性的不育系和恢复系对杂种一代的抗性具有同等作用。

（四）育性遗传

1. 雄性不育性遗传　1936年，Karper和Stephens报道了苏丹草上无花药的雄性不育现象，控制无花药的基因为a_1。1937年，又报道了两种高粱遗传性雄性不育，一种在印度，为ms_1；另一种在美国，为ms_2。实际上，ms_2于1935年在印度就已被发现了。第3个遗传性雄性不育性ms_3是于1940年在品种Coes中发现的，它结实很好，没有表现出ms_2那样的雌性不育，而且不受修饰基因的更多影响，对植物育种具有实用价值，已广泛用于高粱的随机交配群体的群体改良中（Ayyangar和Ponnaiya，1937；Stephens，1937；Stephens和Quinby，1945；Webster，1965）。以后，又陆续发现和报道了ms_4、ms_5、ms_6、ms_7等遗传性雄性不育性。一般把上面的雄性不育性称为细胞核雄性不育，是由细胞核基因控制的。显性是可育的，隐性是不育的。

Stephens等（1952）、Stephens和Holland（1954）在迈罗与卡佛尔的杂交中，发现了细胞质雄性不育性。细胞质雄性不育基因后来被鉴定为Msc。这种雄性不育是由卡佛尔的细胞核和迈罗细胞质互作的结果，所以又称为核质互作雄性不育。

马鸿图和钱章强的研究都指出，高粱A_1型质核雄性不育系是由细胞质不育基因与两对重叠隐性核不育基因共同作用的，当恢复系有一对核显性恢复基因时，F_2出现3∶1分离；而恢复系有两对核显性恢复基因时，则F_2出现15∶1分离。此外，还存在几对修饰基因影响结实率。

2. 雌性不育性遗传　Casady、Heyne和Weibel（1960）报道了两个控制雌性不育的显性基因Fs_1和Fs_2，它们在双杂合条件下为互补效应导致雌性不育。3种基因型$Fs_1fs_1Fs_2fs_2$，$Fs_1Fs_1Fs_2fs_2$和$Fs_1fs_1Fs_2Fs_2$中，后两种产生没有穗的矮株。Fs_1和Fs_2在单独存在时不表现效应。

三、主要性状的基因定位

主要性状的基因定位见表5-5。

表5-5　高粱主要性状基因定位表

基因符号		性　状	连锁群序号	文　献
建议符号	最初符号			
Aaa	Aa	芒：无芒对长芒为显性	第三	Ayyangar，1942
bm	bm	蜡被：无	第六	Ayyangar，1941
Bw_1	B_1	种子和干花药色：显性为棕冲洗色（与B_2为互补），B_1为浅棕冲洗色种子，而B_1和B_2在w存在时为完全棕色	第一	Ayyangar等，1934
	Bw_1	种子颜色：棕冲洗色，建议代替Ayyangar等的B_1		Stephens，1946
Bw_2	B_2	种子和干花药颜色：显性为棕冲洗色（与B_1互补），B_2使种子为浅棕冲洗色，而B_1和B_2在w存在时为完全棕色		Ayyangar等，1934
	Bw_2	种子颜色：棕冲洗色，建议代替Ayyangar等的B_2		Stephens，1946
dw_1	dw_1	高度：矮迈罗		Quinby和Karper，1954
dw_2	dw_2	高度：矮迈罗	第八	Quinby和Karper，1945
dw_3	dw_3	高度：矮卡佛尔		Quinby和Karper，1954
Dw_4	Dw_4	高度：高帚高粱		Quinby和Karper，1954
E	E	茎秆：直立对弯曲为显性	第七	Coleman和Stokes，1958
$Epep$	$Epep$	茎秆颜色：$epep$对or为上位性	第七	Coleman和Dean，1963
gs_1	gs	叶：绿色条纹		Stephens和Quinby，1938
gs_2	gs_2	叶：绿色条纹	第三	Stephens，1944
ls	ls	对炭疽病的抗性：感病	第九	Coleman和Stokes，1954
Ma_1	e	熟性：早熟	第八	Martin，1936
	Ma	熟性：晚熟，Ma影响Ma_2和Ma_3的表现		Quinby和Karper，1945
	Ma_1	熟性：对Ma，晚熟		Quinby和Karper，1961

（续）

基因符号		性　状	连锁群序号	文　献
建议符号	最初符号			
Ma_2	Ma_2	熟性：晚熟，受 Ma 的影响而影响 Ma_3 的表现		Quinby 和 Karper，1945
Ma_3ma_3	Ma_3	熟性：Ma_3，显性		Quinby 和 Karper，1945
$Ma_3{}^R$	$Ma_3{}^R$	晚熟：受 Ma 和 Ma_2 的影响		Quinby 和 Karper，1945
$Ma_4Ma_4{}^E$	Ma^e	熟性：在 ma_3 位点上为早熟等位基因		Quinby 和 Karper，1961
ma_4	Ma_4	熟性：早熟赫格瑞的早熟性		Quinby 和 Karper，1961
	$Ma_4{}^E$	熟性：复等位基因		Quinby 和 Karper，1948
无	ma_4	Ma_4 赫格瑞，$Ma_4{}^E$ 早熟赫格瑞，ma_4 迈罗		Quinby，1948
	Ma_4	熟性：早熟卡罗的早熟性		Quinby 和 Karper，1948
or	or	茎秆和中脉颜色：橘色对 $Epep$ 为下位性		Coleman 和 Dean，1963
Pa_1	Pa_1	圆锥花序：散对紧为显性	第七	Ayyangar 和 Ayyar，1938
Pa_2	Pa_2	圆锥花序：枕状分叉的第二组分枝对枕状邻近紧贴的为显性	第一	Ayyangar 和 Ponnaiya，1939
Rs_1	R	幼茎：红色显性，9∶7（二因子）	第二	Woodworth，1936
Rs_2		幼茎：红色显性，9∶7（二因子）		Woodworth，1936
Ss_1	Ss_1ss_1	对坚黑穗病菌 1 号生理小种的反应：抗性为不完全显性	第五	Casady，1961
Ss_2	Ss_2ss_2	对坚黑穗病菌 2 号生理小种的反应：抗性为不完全显性	第五	Casady，1961
Ss_3	Ss_3ss_3	对坚黑穗病菌 3 号生理小种的反应：抗性为不完全显性	第五	Casady，1961
tl	tl	茎秆：分蘖为隐性	第三	Webster，1965
wx	wx	胚乳：糯性	第六	Karper，1933
Y	Y	种子颜色：有色对白色为显性（R- Y-为红色，rrY-为黄色，-yy 为白色）	第四	Graham，1916

第三节　高粱种质资源研究与利用

一、高粱起源和分类

（一）栽培高粱起源　Condolle（1882）首先提出高粱起源于非洲。Snowden（1936）认为，高粱栽培种在非洲是多元起源的，一些种起源于野生的埃塞俄比亚高粱（*Sorghum aethiopicum*），一些种起源于野生的轮生花序高粱（*Sorghum verticilliflorum*），另一些种起源于野生的拟芦苇高粱（*Sorghum arundinaceum*），还有一些种起源于野生的苏丹草（*Sorghum sudanense*）。

关于中国高粱的来源或起源问题，主要有两种说法，一种说法是高粱起源于非洲后，由非洲经印度传入中国；另一种说法是中国起源。中国高粱起源于中国的理由是，从发掘的文物中，已证明我国远在 3 000 年前的西周时代就种植高粱；在中国南方的一些省份也发现了野生高粱，中国高粱是世界栽培高粱中的独特类型。因此，中国高粱的来源问题，是中国原产还是从非洲引入，还有待进一步研究。

（二）高粱分类

1. 历史上的分类　最早的 Ruel（1537）将高粱划归臭草属，命名为 *Melica*。以后又有人将高粱划归漆姑草属（*Sagina*）、黍属（*Panicum*）或粟草属（*Milium*）。

1737 年，著名的植物分类学家 Linnaeus 将高粱归属于绒毛草属（*Holcus*），称之为 *Holcus glumisglabris* 或 *Holcus glumisvillosis*。

1794 年，Moench 将高粱列为一个独立的属。

1805 年，Persoon 把高粱定名为 *Sorghum vulgare* Pers.。后来，一些学者又认为这种高粱命名不甚合理，重新修正为 *Sorghum bicolor*（Linn.）Moench。这种命名和划分已逐渐为更多的学者所承认（Celarier，1959；Clayton，1961）。

2. 栽培高粱分类　1936年，Snowden对全世界的栽培高粱做了详细的研究和分类。他将栽培高粱分成6个亚系（或称为群），31个种。

1972年，Harlan和de Wet发表了栽培高粱的简易分类法。他们从高粱研究的实用角度出发，将栽培高粱分为5个类型和10个中间型（表5-6）。

表5-6　Harlan和de Wet的栽培高粱简易分类

（引自Harlan和de Wet，1972）

基本族		中间族	
（1）双色族	（B）	（6）几内亚-双色族	（GB）
（2）几内亚族	（G）	（7）顶尖-双色族	（CB）
（3）顶尖族	（C）	（8）卡佛尔-双色族	（KB）
（4）卡佛尔族	（K）	（9）都拉-双色族	（DB）
（5）都拉族	（D）	（10）几内亚-顶尖族	（GC）
		（11）几内亚-卡佛尔族	（GK）
		（12）几内亚-都拉族	（GD）
		（13）卡佛尔-顶尖族	（KC）
		（14）都拉-顶尖族	（DC）
		（15）卡佛尔-都拉族	（KD）

（三）高粱的近缘植物　栽培高粱的染色体数目都是$2n=20$。其近缘植物有草型高粱、体细胞40个染色体高粱和体细胞10个染色体高粱。

草型高粱，如苏丹草（*Sorghum sudanense* Stapf.）和突尼斯草［*Sorghum virgatum*（Hack）Stapf.］，都是$2n=20$，能与栽培高粱正常杂交结实。

约翰逊草［*Sorghum halepense*（L.）Pers.］和丰裕高粱（*Sorghum almum* Parodi）属体细胞40个染色体的高粱，$2n=40$，能够与$2n=20$的高粱杂交产生三倍体，虽结实少，但营养体强大，而且根茎非常发达。细胞遗传学研究已经查明约翰逊草是由栽培高粱与突尼斯草杂交之后，染色体加倍形成的。而丰裕高粱则是约翰逊草与栽培高粱杂交的后代分离产生的。

体细胞具有10个染色体的高粱，包括*Sorghum purpureo-sericeum* Aschersdet Schweinf、*Sorghum versicolor* J. N. Andress、*Sorghum intrans* F. Muell等，它们的染色体比*Sorghum bicolor*和上述的其他种类高粱的染色体都大，而且杂交未能成功，同工酶研究结果显示出它们之间差异极大。

二、国内外高粱种质资源的搜集、保存和研究

（一）我国高粱种质资源的搜集和保存　新中国成立以前，全国仅有少数农业科学研究和教学单位进行高粱品种资源的搜集、整理、保存和研究。公主岭农事试验场于1927年搜集、记载了东北地区的高粱品种228份，并进行了登记保存。1940年，当时晋察冀边区所属第一农场对地方品种进行了征集和鉴定，结果表明，从非洲传入的多穗高粱产量高、适应性好，较耐旱，并于1942年在边区内推广。

1956年，全国首次进行大规模、有计划、有目的的高粱地方品种征集工作。在高粱主产区共收到16 842份材料，其中东北各省6 306份，华北、西北、华中各省10 536份。1978年，又在湖南、浙江、江西、福建、云南、贵州、广东和广西8省（自治区）组织短期的高粱品种资源考察征集，收到地方高粱材料300余份。1979—1984年，再一次在全国范围内进行了高粱品种资源的补充征集，共征集到2 000余份。此外，还在西藏、新疆、湖北神农架、长江三峡地区以及海南农作物种质资源考察中，搜集到一些高粱地方品种，已基本上集中到各级科研单位。除青海省外，全国其余30个省、直辖市、自治区均有高粱地方品种的发现和保存。全国范围内的高粱品种资源征集的完成不但有效地保存了这些宝贵资源，而且还为全面开展高粱种质资源的研究奠定了可靠的基础。

中国现已登记的10 414份高粱品种资源（表5-7），有地方品种9 652份，育成的品种、品系762份。这些高粱品种来自28个省、直辖市、自治区。如果按用途分，这些高粱资源中绝大多数是食用高粱品种，有9 895份；

饲用、工艺用高粱品种有 394 份；糖用高粱品种有 125 份。

表 5-7　全国登记高粱资源的注册分布

（引自《中国高粱品种资源目录续编》，1992）

登记处	总份数	地方品种	育成品种（系）				品种来自省数
			合计	改良品种	成对A、B系	恢复系	
《中国高粱品种志》	1 048	962	86	46	11	18	23
《中国高粱品种资源目录》	6 549	6 334	215	69	36	74	27
《中国高粱品种资源目录续编》	2 817	2 356	461	94	90	187	28
合　计	10 414	9 652	762	209	137	279	

中国高粱品种资源实行中央和地方双轨保存制度。现已注册登记的全部高粱品种资源皆放入中国农业科学院国家种质库长期保存。国家种质库采用低温密封式保存法。保存的种子纯度为 100%，净度 98%以上，发芽率 85%以上。预计保存期长达 30 年。国家种质库设有数据库，对入库的种质资源实行电子计算机管理。

（二）国外高粱种质资源的搜集和保存　20 世纪 60 年代，在美国洛克菲勒基金会召集的世界高粱搜集会议上，确定由印度农业研究计划搜集世界高粱种质资源。此后，印度从世界各国搜集了总数为 16 138 份高粱种质资源，定名为印度高粱（Indian Sorghum），编号 IS。这些高粱种质资源当时保存在印度拉金德拉纳加尔的全印高粱改良计划协调处（AICSIP）。1972 年，国际半干旱热带作物研究所（ICRISAT）在印度海德拉巴成立。1974 年，由全印高粱改良计划协调处转给 ICRISAT 8 961 份 IS 编号的种质资源，其余 7 177 份在转交之前，由于缺乏适宜的储藏条件而丧失了发芽力。此后，ICRISAT 从美国普杜大学、全国种子储存实验室、波多黎各和马亚圭斯等处补充搜集了上述已丧失发芽力的 7 177 份中的 3 158 份。这样，储存在 ICRISAT 的高粱种质资源库的有 12 119 份。

据 Plucknett（1987）统计，全世界已搜集的高粱种质资源有 98 438 份，其中，美国 29 000 份，印度和中国分别为 15 000 份和 10 414 份（表 5-8）。

表 5-8　世界已搜集的高粱种质资源和保存地点

国家和单位	保存地点	份　数
国际半干旱热带作物研究所（ICRISAT）	印度海德拉巴	31 929
印度农业科学院（IARI）	印度新德里	15 000
美国国家种子储藏实验室	美国科林斯堡	14 000
中国农业科学院	中国北京	10 414
美国佐治亚试验站南部地区植物引种站	美国亚特兰大	9 815
原苏联植物研究所	俄罗斯圣·彼得堡	9 615
植物遗传资源中心	埃塞俄比亚	5 000
植物育种研究所	菲律宾洛斯巴·尼奥斯	2 072
其他		593
合　计		98 438

（三）高粱种质资源的鉴定和研究

1. 中国高粱种质资源的鉴定和研究　自开展高粱品种资源征集工作以来，各有关农业科研单位结合品种整理进行了性状的初步鉴定工作。从“六五”开始，高粱品种资源的性状鉴定在全国范围内有计划地进行，实行全面规划，统一调查标准，在分工负责的基础上密切协作。对全部注册登记的品种资源鉴定的性状有农艺性状、营养性状、抗性性状等。农艺性状包括芽鞘色、幼苗色、株高、茎粗、主脉色、穗型、穗形、穗长、穗柄长、颖壳包被度、壳色、粒色、穗粒重、千粒重、生育期、分蘖性；营养性状有粗蛋白质、赖氨酸、单宁含量和角质率；抗性性状有抗倒伏性和抗丝黑穗病。对部分品种资源进行鉴定的抗性性状还有抗干旱、抗水涝、耐瘠薄、耐盐碱、耐冷凉、抗蚜虫、抗玉米螟等。

（1）农艺性状　中国高粱地方品种与典型的热带高粱（如非洲高粱、印度高粱）有明显不同。中国高粱的平均生育期日数为113 d，大多数为中熟种。生育期日数最长的是新疆吐鲁番的甜秆大弯头，为190 d；其次是黑壳高粱（云南蒙自）为171 d；青瓦西（新疆鄯善）和绵秆大弯头（吐鲁番）为170 d。有约900份中国高粱地方品种生育期日数少于100 d，其中最短的棒洛三（山西大同）从播种至成熟仅为80 d；新育成的夏播改良品种商丘红为81 d。

中国高粱品种普遍高大，平均植株高度为271.7 cm，最高的大黄壳（安徽宿县）为450 cm。植株高度低于100 cm的极矮秆品种共有38份，例如黏高粱（吉林辉南）为63 cm、澎湖红（台湾）为78 cm、矮红高粱（新疆玛纳斯）为80 cm。

中国高粱的穗型和穗形种类较多，其分布也是颇有规律的。北方的高粱品种多为紧穗纺锤形和紧穗圆筒形；从北向南，逐渐变为中紧穗、中散和散穗。穗形为牛心、棒形、帚形和伞形。在南方高粱栽培区里，散穗帚形和伞形品种已占大多数。紧穗品种的穗长在20～25 cm，几乎没有超过35 cm的；散穗品种的穗较长，一般在30 cm以上，多在35～40 cm。工艺用的品种穗更长，可达到80 cm，如绕子高粱（山西延寿）。

中国高粱品种的子粒颜色主要有褐、红、黄和白4种，以红色粒最多，共3 541份，占34%。从北方到南方，深色子粒颜色品种的数量越来越少。

（2）子粒营养性状　中国高粱品种长期以来用作粮食，因此食用品质、适口性普遍较好。在《中国高粱品种志》所列1 048份品种中，食味优良的品种有400多份，占38.2%。据现有子粒营养成分分析结果，中国高粱品种子粒的平均蛋白质含量为11.26%（8 404份平均数），赖氨酸含量占蛋白质的2.39%（8 171份平均数），单宁含量为0.8%（7 173份平均数）。

（3）抗性性状　高粱是耐逆境能力较强的作物，耐旱、耐冷、耐盐碱、耐瘠薄，抗高粱丝黑穗病、蚜虫和亚洲玉米螟等性状品种间是有差别的。

用反复干旱法测定高粱品种苗期水分胁迫后恢复能力时，从6 877份品种中筛选出229份有较强的恢复能力。这些品种经3～4次反复干旱处理后，存活率仍达70%以上。

利用低温发芽鉴定中国高粱品种资源的耐冷性结果查明，在5～6℃的低温条件下发芽率较高的品种有平顶香（黑龙江双城）、黑壳棒（黑龙江呼兰）等。用2.5%氯化钠（NaCl）盐水发芽，以处理和对照的发芽百分率计算耐盐指数，根据耐盐指数划分抗盐等级，对6 500多份中国高粱品种资源做芽期耐盐性鉴定表明，耐盐指数为0%～20%的，属1级耐盐的品种有528份。

中国高粱种质资源抗病、虫资源较少。对已登记的9 000余份中国高粱品种进行丝黑穗病的人工接种鉴定，对丝黑穗病免疫的仅有37份，约占鉴定品种总数的0.4%。采取人工接种高粱蚜鉴定了近5 000份中国高粱品种资源，其中只有极少数（约0.3%）的品种对高粱蚜有一定的抗性。经反复鉴定证明，5-27是抗蚜虫的，它是一份近年育成的恢复系，其抗高粱蚜的特性与美国品种TAM428的抗蚜性有关。

同样，采用人工接种玉米螟虫和自然感虫的方法对5 000份中国高粱资源进行抗虫性鉴定，结果表明，约有0.2%的品种对玉米螟具有一定的抵抗能力。

2. 国外高粱种质资源的鉴定和研究　ICRISAT在20世纪80年代鉴定了19 363份高粱种质资源材料，包括农艺性状、生理性状、抗性性状等，主要农艺性状变异幅度列于表5-9中。

表5-9　高粱种质资源农艺性状变异幅度

（引自ICRISAT年报，1985）

性　状	最低值	最高值	性　状	最低值	最高值
株高（cm）	55.0	655.0	子粒大小（mm）	1.0	7.5
穗长（cm）	2.5	71.0	千粒重（g）	5.8	85.6
穗宽（cm）	1.0	29.0	分蘖数	1.0	15
穗颈长（cm）	0	55.0	茎秆含糖量（%）	12.0	38.0
至50%开花日数（d）	36	199	胚乳结构	全角质	全粉质
粒色	白	深棕	光泽	有光泽	无光泽
落粒性	自动脱粒	难脱粒	穗紧实度	很松散	紧
中脉色	白	棕	颖壳包被	无包被	全包被

与此同时，还对上述高粱种质资源抗病虫、杂草性进行了鉴定，结果列于表5-10中。通过鉴定，能够把种质资源中的抗病、抗虫、抗杂草等抗性基因型筛选出来，供高粱育种利用，以便选出更加优异的新品种和杂交种。

在美国，对高粱种质资源鉴定的性状有穗形、穗整齐度、穗紧密度、穗长、株高、株色、倒伏性、分蘖性、茎秆质地、茎秆用途、节数、叶脉色、粒色、芒、生育期；抗病性有抗炭疽病、霜霉病、紫斑病、大斑病和锈病；抗虫性包括抗草地夜蛾、甘蔗黄蚜等。其他鉴定的性状还有光敏感性、铝毒性、锰毒性等。

美国已建立起比较完整的、分工合作的高粱种质资源鉴定和研究体系。在得克萨斯州，主要进行配合力和霜霉病、炭疽病、黄条斑病毒、麦二叉蚜抗性资源的鉴定和筛选；在佐治亚州，主要进行抗草地夜蛾、耐酸性土壤资源的鉴定和筛选；在俄克拉何马州，主要进行抗甘蔗黄蚜资源的鉴定和筛选；在堪萨斯州，主要进行抗长椿象和麦二叉蚜资源的鉴定和筛选；在内布拉斯加州，主要进行早熟性和耐寒性资源的鉴定和筛选。这样一个分工明确和相互配合的种质资源鉴定筛选系统，能有效快速地筛选出各种高粱优质源和抗源材料，并在育种中加以应用。

表5-10　高粱种质资源抗病、虫、杂草鉴定结果

（引自ICRISAT年报，1985）

抗性性状	鉴定数目	有希望数目	所占比例（%）
粒霉病	16 209	515	3.2
大斑病	8 978	35	0.4
炭疽病	2 317	124	5.4
锈　病	602	43	7.1
霜霉病	2 459	95	3.9
芒　蝇	11 287	556	4.9
玉米螟	15 724	212	1.3
摇　蚊	5 200	60	1.2
矮脚特金（striga，杂草）	15 504	671	4.3

三、高粱特异种质资源及其遗传基础

（一）农艺性状　在中国高粱种质资源中，特异资源较多。如植株最高的大黄壳（安徽宿县）达450 cm，最矮的黏高粱（吉林辉南）仅63 cm；国外最高者655 cm，最矮者55 cm。中国最大单穗粒重大弯头（新疆鄯善）达163.5 g，特大粒重的黄壳（黑龙江勃利）千粒重达56.2 g；国外最大千粒重达85.6 g。

（二）品质性状　中国高粱品种以食用为主，除适口性好以外，子粒营养成分含量也较高，蛋白质含量最高的老爪登（黑龙江巴彦）达17.1%，赖氨酸在蛋白质占比例最高的矮秆高粱（江西广丰）和湖南矮（湖南攸县）达4.76%。美国普杜大学发现了来源于埃塞俄比亚的高蛋白、高赖氨酸突变系IS11 167和IS11 758，它们的蛋白质含量分别为15.7%和17.2%，赖氨酸在蛋白质中的含量分别为3.3%和3.13%。前苏联也发现了高赖氨酸源褐粒481Ф和褐粒481C，其蛋白质和其中赖氨酸含量分别为9.84%、4.3%和12.67%、3.6%。还在苏丹草类型高粱里发现蛋白质含量25%的材料。蛋白质为典型的数量性状遗传，赖氨酸受多基因支配，主要是加性基因效应。

此外，在印度还发现了一种具有典型芳香味的特殊高粱，这种高粱各器官都具香味，香味受隐性基因控制。

（三）抗性性状　国际热带半干旱地区作物研究所已筛选出大量抗病源、抗虫源、耐旱源（表5-10）。美国在高粱蚜虫（green bug）鉴别出多种生物型的基础上，已从突尼斯草（*Sorghum virgatum*）找到了抗C型并兼有抗B型的抗源，中国筛选出1份抗蚜源。在抗病性状上，中国有37份抗丝黑穗病抗源，短枝菲特瑞塔是抗坚黑穗病和散黑穗病的抗源。另外，从来自埃塞俄比亚适应温带的高粱品种中找到了抗高粱小穗螟的抗源。中国高粱品种具有发芽温度低，出苗快，幼苗生长快，长势强的特点，有20多份品种资源能在5～6℃下发芽，其中4份能在4 ℃下发芽。美国将高粱耐旱分为花前和花后两种类型，并鉴定出一批耐旱材料，如TX7 078、TX7 000、

BTX623 属前者，属后者有 Sc33-14、Sc35-6、NSA440 等，中国筛选出 62 份资源达一级耐旱指标。

（四）育性性状　为克服高粱单一细胞质杂交种的遗传脆弱性，先后筛选出 A_2（IS12662C）、A_3（IS1112C）、A_4（IS7920C）、A_5（IS12603C）、A_6（IS6832）、9E 等不同细胞质雄性不育特异资源，其雄性不育性的表现受细胞核和细胞质的双重控制。

四、种质资源的育种利用

（一）直接利用　鉴定筛选品种资源中的优良品种直接用于生产，是利用资源的最经济有效的途径。

1951 年，全国开展了优良地方高粱品种的鉴评活动，科技人员深入生产第一线与农民群众一起，直接从大量的高粱地方品种中鉴定、评选出一批优良品种用于生产。高粱品种资源鉴选之后，一些地方的农业科学研究单位陆续开展了高粱新品种的系统选育，例如辽宁省熊岳农业科学研究所育成了熊岳 334、熊岳 360；黑龙江省合江地区农业科学研究所育成了合江红 1 号；内蒙古赤峰农试场育成了昭农 303 等新品种。在这之后，有些单位采用秆行制的系统选育或混合集团法，选育出熊岳 253、跃进 4 号、锦粱 9-2、护 2 号、抗 4 号、护 22 号、平原红、处处红 1 号、昭农 300、分枝大红穗等品种。

我国开展高粱杂交育种的工作较晚，时间也短。20 世纪 50 年代末 60 年代初，辽宁省农业科学院利用双心红×都拉选育成功 119；锦州市农业科学研究所选育出锦粱 5 号。

1956 年，我国开始了高粱杂种优势利用的研究。首先就是利用高粱地方品种作为恢复系组配杂交种。1958 年，中国科学院遗传研究所利用地方品种育成的遗杂号杂交种就是例证。例如，薄地租是遗杂 1 号的父本；大花娥是遗杂 2 号的父本；鹿邑歪头是遗杂 7 号的父本。中国农业科学院原子能利用研究所利用地方品种矮子抗组配了原杂 2 号杂交种。而山西省汾阳农业科学研究所利用当地品种资源三尺三组配的晋杂 5 号是最成功的例子之一。

外国高粱种质资源的引进对我国高粱育种起了直接的促进作用。20 世纪 50 年代后期，在中国北方地区广泛种植的八棵杈、大八棵杈、小八棵杈、白八杈、大八杈、九头鸟、苏联白、多穗高粱、库班红等均是由国外引进的。这些高粱品种分蘖力强，丰产性好，子粒品质优，茎秆含糖量高，综合利用价值高，很受当时农民的欢迎。

我国杂交高粱的推广应用就是在美国第一个高粱雄性不育系 TX3 197A 引进的基础上发展起来的。据不完全统计，20 世纪 80 年代前我国推广的 144 个杂交种，其母本雄性不育系几乎都是 TX3 197A，只有少数应用的是其衍生系。

1979 年，辽宁省农业科学院高粱研究所从美国引进了新选育的高粱雄性不育系 TX622A、TX623A、TX624A 等，经过鉴定分发全国应用。这些不育系农艺性状优良，不育性稳定，配合力高，而且抗已经分化出的高粱丝黑穗病菌 2 号生理小种。利用 TX622A 很快组配了一批高粱杂交种应用于生产，例如具有代表性的辽杂 1 号成为春播晚熟区的主栽杂交种，已累计推广 2.0×10^6 hm^2 以上。利用 TX622A 和 TX623A 已组配了 10 多个高粱杂交种用于生产，累积种植面积 4.0×10^6 hm^2。

20 世纪 80 年代初期，辽宁省农业科学院高粱研究所卢庆善从国际热带半干旱地区作物研究所引进的 421A（原编号 SPL132A）不育系，表现育性稳定，配合力高，农艺性状好，抗高粱丝黑穗病 1 号、2 号和 3 号生理小种。用它组配的高粱杂交种辽杂 4 号（421A×矮四），每公顷最高产量达到 13 356kg；辽杂 6 号（421A×5-27），每公顷最高产量达 13 698kg。辽杂 7 号（421A×9 198）、锦杂 94（421A×841）、锦杂 99（421A×9 544）等先后通过品种审定推广应用，表现产量高，增产潜力大，抗病、抗倒伏，稳产性好。

（二）间接利用　选用高粱地方品种作杂交亲本，采取有性杂交进行后代选择，是间接利用高粱品种资源的重要途径之一。

龚畿道等（1964）选育的分枝大红穗，就是八棵杈高粱天然杂交后代的衍生系。分枝大红穗分蘖力强，一株可以成熟 4～5 个分蘖穗，子粒产量高，一般可达 4 500～5 250 kg/hm^2，高产地块可达 7 500 kg/hm^2 以上；子粒品质优，适应性广，抗病、耐旱、耐涝、抗倒伏，表现出较高的丰产性和稳产性。

在杂交种恢复系的选用上，20 世纪 70 年代中期以前是以直接采用我国地方品种为主选配杂交种。70 年代中期以后开始采用中国高粱地方品种与外国高粱品种杂交选育恢复系，主要有中国高粱与赫格瑞高粱，中国高粱与卡佛尔高粱，中国高粱与菲特瑞塔、台奔那高粱等。例如，用中国高粱护 4 号与赫格瑞高粱九头鸟杂交选育的恢复系吉恢7384，与黑龙11A组配的同杂2号，成为我国高粱春播早熟区一个时期的主栽品种。卡佛尔高粱TX3197A与中国高粱三尺三组配的晋杂5号经辐射选育的晋辐1号，与TX3197A组配的晋杂1号，与TX622A组配的辽杂1号，这些杂交种都是我国高粱春播晚熟区种植面积最大的杂交种之一。

据不完全统计，20世纪80年代以前，在主要应用的90个恢复系中，中国高粱地方品种63个，占70%；杂交育成的22个，占24%；辐射育成的3个，占4%；外国恢复系2个，占2%。80年代以后，在主要应用的30个恢复系中，中国高粱地方品种1个，占3.3%；杂交育成的22个，占73.4%；外引恢复系7个，占23.3%（表5-11）。

1981年，卢庆善从ICRISAT引进ms_3和ms_7两个基因。并利用ms_3转育的24份恢复系组成了LSRP高粱恢复系随机交配群体，开创了我国高粱群体改良的研究。随机交配群体的轮回选择可以快速打破不利的基因连锁，加速有利基因的重组和积累，是加快高粱改良和资源创新的途径。

表5-11 中国高粱地方品种在杂交种中应用的情况

（引自王富德等，1985）

时 期	组合数	恢复系个数	恢复系育成类型及所占比例（%）			
			中国高粱地方品种	杂交育成	辐射育成	外引
20世纪80年代前	152	90	63	22	3	2
20世纪80年代后	35	30	1	22	0	7

第四节 高粱育种途径和方法（一）

——自然变异选择育种

一、自然变异选择育种在高粱育种中的重要意义

自然变异选择育种是利用高粱栽培品种群体中的自然变异株为材料，通常进行一次单株选择育成新品种的方法。自然变异选择育种与杂交育种相比，方法简便，容易掌握，是选育新品种的重要方法之一。

由于高粱是常异交植物，加上自然突变的发生和育成品种的某些不纯分离，使得高粱的推广品种中比其他自交作物有更多的变异，这些变异为育种提供了选择的源泉。因此，自然变异选择育种方法在高粱育种中占有比较重要的地位，在过去曾选育出许多品种。如美国一百多年前从非洲引入的品种都是高秆晚熟类型，后来美国农民从中选出了美国早期生产上应用的早熟矮秆品种矮生迈罗、卡佛尔等。我国许多高粱品种也是通过自然变异选择育种法选育的，如我国早期推广的熊岳253是熊岳农业科学研究所从盖县农家品种小黄壳中选育的，分枝大红穗是沈阳农学院从八棵杈中选育的，护2号和护4号是吉林省农业科学院从地方品种护脖矬中选育的。在杂交高粱推广以后，自然变异选择育种仍然是选育杂交高粱亲本的有效方法，如黑龙11A保持系是从库班红中选育的，盘陀早恢复系是从盘陀高粱中选育的。我国高粱品种资源丰富，栽培历史悠久，蕴藏着丰富的变异类型，因此采用自然变异选择育种方法选育新品种，不论在过去还是未来都是有用的。

二、自然变异选择育种技术

自然变异选择育种的本质是利用自然变异，进行单株选择，分系比较，从中选出优良的纯系品种。在选育方法上，可依具体情况确定。在材料较少时，可采用我国农民长期育种实践中创造的一穗传方法。所谓一穗传，就是当高粱成熟时在田间细致观察，选取优良的单株或单穗分别收获，再在室内考种，进一步选择，然后将最好的单株（穗）保存，以后再根据分离情况或继续单株选择，或将收获的穗子混合脱粒，最后与当地的主栽品种比较，如果比对照表现好，即可进行繁育推广。自然变异选择育种在材料较多时可采取五圃制法，即原始材料圃、选育圃、鉴定圃、预试圃和品种比较试验圃。以熊岳253的选育程序为例，1950年秋从辽宁省的盖县、营口、海城、

辽阳等县的农家品种中收集到846个优良单株（原始材料），通过室内考种保留了486个单株。1951年将486个单株分别脱粒种成穗行（选育圃）。从中选取100个优系，1952年将100个系分别种成小区，进行4行区试验（鉴定圃）。又从中选20个整齐一致的优系，1953年进行预试圃试验，从20个系中选出9个优系，1954年进行品种比较试验，从9个系中选出最优的系1-51-253，1955—1957年在几个县进行生产试验，结果证明高产，稳产，命名为熊岳253，以后大面积推广。

我国农民和育种单位在自然变异选择育种方面积累了丰富的经验，可归纳以下几点：①育种目标要明确，对材料要熟悉；②开始收集材料时群体应尽可能大些，并应更多重视从当地种植的优良品种中选择变异株；③选育后期可将农艺性状一致的系混合，以提高品种的适应性并缩短育种年限；④对于优异的材料可不受程序限制越圃提升，加速育种进程。

第五节 高粱育种途径和方法（二）

——杂交育种

品种间杂交育种，在杂种高粱推广以前，是培育新品种的常用方法，在杂种高粱推广以后，它又是选育杂种高粱亲本的重要方法。

美国1914年开始了高粱品种间杂交育种，先是在迈罗和卡佛尔高粱之间进行单交，以后把杂交亲本扩大到菲特瑞塔，再以后又利用赫格瑞高粱作亲本。在推广杂种高粱以前，美国利用杂交育种方法选出了一些新品种，具有矮秆、抗病、适于机械化收获等优点。我国杂交育种开始于20世纪50年代末60年代初，当时育成的品种有119、锦粱5号等。我国广泛开展杂交育种并取得丰硕成果是在20世纪70年代以后，在这期间选育了许多恢复系，如忻粱7号、忻粱52、晋粱5号、7384、白平、铁恢6号、锦恢75、447、0-30、、铁恢157、654、矮四、LR9198等。这说明杂交育种不论在直接育成新品种方面，还是在选育优良杂交种的亲本方面都是十分重要的。育种实践表明，杂交育种在改善质量性状、数量性状以及通过复交将几个亲本优良性状组合在一起，都是有效的。杂交育种的关键是杂交亲本选配和杂种后代选择。

一、杂交亲本选配原则

在进行杂交育种时，根据各地积累的经验，一般应坚持如下选配亲本的原则。

1. 应以当地推广的优良品种作为主要亲本之一，另一亲本应具有改良该品种缺点的基因 因为高粱品种对温、光反应敏感，适应地域较狭小，只有亲本之一是当地优良品种，将个别性状改良，这样育成的新品种，才会很好地适应当地条件，表现出优良种性。如119高粱的选育，亲本之一是辽宁的当地品种铁岭双心红，而另一亲本则是非洲高粱都拉。

2. 杂交亲本性状的平均值要高 大量的研究指出，高粱的许多经济性状都表现出显著的亲子回归关系或相关关系。如河北省沧州地区农业科学研究所测定高粱的抽穗期，亲子相关系数$r=0.81$，回归系数$b=0.81$；对株高测定，亲子相关系数$r=0.97$，回归系数$b=1.24$。辽宁省农业科学院测定了30个杂交组合，在株高、生育期和千粒重3个性状上都看到了亲子的显著回归关系；在穗长、穗径、轴长、分枝数、分枝长、粒数、穗粒重等性状上也都测定出显著亲子回归和相关关系。在品质性状上，一些单位测定了单宁、蛋白质和赖氨酸性状，也都测定出显著亲子回归和相关关系。杂交育种利用基因重组，只有双亲性状值高，才有可能将更多的优良基因结合在同一个体中。

3. 要正确利用亲本之间的亲缘关系 实践证明，高粱同一类型间杂交，如中国高粱品种间杂交，后代分离范围小，分离世代短，到F_4代就可选得优良稳定系。而类型间杂交，特别是亲本之一有赫格瑞高粱，杂种后代在株高、生育期、千粒重、茎秆强度等方面都会有广泛分离，而且分离世代长。因此，在杂交亲本的选择上，只要类型内有能满足改良性状所需要的基因，就不必用类型间杂交。但在某些情况下，如在选育杂交种的亲本时，为了加入较远亲缘，更好地利用杂种优势，有时类型间杂交也是必要的。

4. 要注意性状搭配和配合力的选择　辽宁省农业科学院的研究指出，穗粒数与千粒重之间没有相关关系，表明它们各受独立的遗传因素制约，因而可用一个多粒型亲本与一个大粒型亲本杂交，在杂种后代有可能获得多粒大粒的大穗型个体。河北省唐山市农业科学研究所利用两个高秆白粒品种白253和平顶冠杂交，选育出矮秆抗倒恢复系白平。两个品种表现型虽都为高秆，但都有矮秆的基因，杂交以后，通过基因重组选出了超亲的矮秆植株。山西省农业科学院玉米研究所在早熟杂交组合中选出特早熟626品系，也是这方面的例证。这说明选择杂交亲本时，仅仅看亲本的表现型有哪些优良性状是不够的，还要了解亲本本身具有的潜在遗传基础。

二、杂种世代选择

长期以来，高粱杂交育种后代的选择都采用系谱选择法。第一年采取人工去雄法进行杂交，将获得的杂种种子单独收获、保存。第二年将通过杂交获得的杂种种子按组合种成 F_1，生育期间分别细致观察记载，F_1 一般不进行单株选择，但是 F_1 要去掉伪杂种，对没有希望的组合及早淘汰，如不抗黑穗病的、植株倒伏的、千粒重低的组合都可考虑淘汰。F_1 的穗粒重一般不作为组合鉴定的标准，因为穗粒重是表现杂种优势最大的器官，主要是基因非加性效应的作用，随着进代便不复存在了，据此选择效果不大。

第三年可将上年入选的 F_1，按组合排列种成 F_2，F_2 群体应根据条件尽可能大些，一般种1 000～2 000株左右。对 F_2 根据高粱育种目标性状进行单株选择，如生育期、株高都是遗传率很高的性状，其他性状（如低单宁含量、白色子粒、低着壳率）又都是隐性性状，抗丝黑穗病虽是显性性状，但它是单基因控制的简单遗传性状。显然，这些性状在 F_2 代选择都是很有效的。至于穗粒重，在 F_2 选择仍然比较困难，因为在 F_2 代很多植株仍保留部分杂种优势。另外，F_2 群体株高分离也比较大，高的植株常常穗较大，矮的植株由于被遮阴常常穗较小，在株间差异如此大的群体中进行穗粒重的选择也是很不准确的。据此，穗粒重的选择可在以后世代的优良系统中进行。

虽然在 F_2 群体内直接根据穗粒重进行选择的可靠性小，但是根据与穗粒重有显著相关的其他性状进行选择却是可能的，如千粒重、穗型等。千粒重与穗粒重成显著正相关，而千粒重本身的遗传率比较高。紧穗型是高粱丰产特性，紧穗较散穗又是隐性特征。因此，在 F_2 群体里选择紧穗型和千粒重较高的个体将是对高粱穗粒重的有效间接选择。

第四年、第五年种成 F_3 和 F_4，在 F_3 和 F_4 应更多注意产量性状（如穗粒重等）的选择，山西省忻县地区农业科学研究所和吉林省农业科学院的杂交育种经验都认为，在 F_3 和 F_4 世代的重点优良单系中大量入选，可育成好的品种。

第六年，F_5 以后大部分品系的性状已趋于稳定，除继续进行必要的选择外，可进行产量初步鉴定，以便最后做出决选。

在杂种后代选择过程中，为确保自交，对入选穗要进行套袋。

第六节　高粱育种途径和方法（三）

——杂种优势利用

一、高粱杂种优势的表现

Conner和Karper（1927）最先对高粱杂种优势进行了研究。他们用株高有显著差异的迈罗和菲特瑞塔高粱杂交，结果发现 F_1 代的株高高于最高亲本66%，在叶面积、叶绿素含量、子粒产量上也表现出杂种优势。后来许多学者先后研究了高粱的杂种优势表现，结果证明高粱的杂种优势不仅表现在子粒产量上，而且还表现在形态学和生物学性状、抗逆性、成熟期等多方面（Sieglinger，1932；Karper和Quinby，1937；Gibson和Schertz，1977）。

（一）子粒产量及其组分的杂种优势表现　Stephens和Quinby（1952）认为杂种高粱子粒产量的增加无疑是杂种优势的一种表现。他们在8年时间里，采取两种播期，将得克萨斯黑壳×白日人工杂交种子的 F_1 植株与标准品种进行比较，其杂种产量超过最好品种10%～20%，超过11个对照品种平均产量27%～44%。

张文毅（1983）研究了高粱穗粒重、千粒重、穗粒数、一级分枝数等产量性状的杂种优势，结论是产量性状的优势表现高而稳定。在75个杂种一代中，70个的穗粒重超过中亲值，占93.3%；1个等于中亲值，占1.3%；4个低于中亲值，占5.4%。其中有66个杂种一代的穗粒重超过高亲值，占88%。穗粒数的研究结果也一样，在75个F_1杂种中，有71个超过中亲值，占94.7%；其中61个超高亲值，占85.9%。

在该研究中，穗粒重的平均超中亲优势为75.3%，穗粒数为55.9%，千粒重为12.6%，一级分枝数为4.5%。这一结果表明，虽然各产量性状的杂种优势表现不尽相同，有高有低，但都表现为正优势，因此对高粱子粒生产来说，杂交高粱的子粒产量优势具有很大的实用价值。

卢庆善等（1994）研究了中美高粱杂种优势的表现。选用美国培育出的10个高粱雄性不育系与中国培育的8个高粱恢复系杂交，共得到80个杂种一代，分析测定了7种性状的杂种优势表现（表5-12），包括小区产量在内的7种性状的总平均优势为128.6%；最高是株高，为173.7%；最低是出苗至50%开花日数，为94.6%，杂种优势的平均幅度为85.6%～188.5%。

表5-12　高粱种性状的杂种优势表现

（引自卢庆善等，1994）

性状	平均优势（%）	幅度（%）	位次	优势分布次数			正负优势（%）		超亲优势分布次数		
				总数	F≥MP	F<MP	正	负	F>HP	HP>F>LP	F<LP
小区产量	138.3	70.4～226.1	3	80	68	12	85.0	15.0	67（83.8）	5（6.2）	8（10.0）
穗粒重	116.4	76.2～168.4	5	80	62	18	77.5	22.5	48（60.0）	23（28.8）	9（11.2）
千粒重	106.0	73.3～156.7	6	80	47	33	58.7	41.3	31（38.8）	34（42.5）	15（18.7）
穗粒数	146.2	83.3～221.9	2	80	76	4	95.0	5.0	64（80.0）	14（17.5）	2（2.5）
穗长	125.1	100.8～155.0	4	80	80	0	100.0	0.0	69（86.3）	11（13.7）	0（0.0）
株高	173.7	113.6～276.6	1	80	80	0	100.0	0.0	72（90.0）	8（10.0）	0（0.0）
开花期	94.4	81.8～114.5	7	80	10	70	12.5	87.5	6（7.5）	27（33.8）	47（58.7）
总平均	128.6	85.6～188.5		80	60.4	19.6	75.5	24.5	51（63.8）	17.4（21.8）	11.6（14.4）

注：括号内数字为超亲优势分布次数占总数的百分数。F为杂交种表型值，MP为中亲值，HP为高亲值，LP为低亲值，开花期为出苗至50%植株开花的日期。

（二）植株性状的杂种优势表现　张文毅（1983）研究了包括中国高粱、卡佛尔、双色、都拉等粒用和帚用高粱以及部分野生高粱的杂交种各种性状的优势表现。在77个杂交组合中，株高高于中亲值的有70个，低于中亲值的有7个。其中，高于高亲值的有51个，株高低于低亲值的有2个，介于高亲与低亲值之间的有24个。株高杂种优势平均超过中亲值23.5%。

同时，还研究了节间数、穗柄长、穗长等性状的杂种优势表现。节间数的杂种优势平均超过中亲值5.0%，其中高于中亲值的有45个，等于中亲值的有16个，低于中亲值的有16个；如果与高亲值、低亲值比较，则高于高亲值的有24个，低于低亲值的有8个，介于高亲值与低亲值之间的有45个。

在研究穗柄长的50个杂交种中，其杂种优势平均超过中亲值3.3%，大于中亲值的有25个，等于中亲值的有3个，小于中亲值的有22个；大于高亲值的有12个，小于低亲值的有6个，介于高亲值与低亲值之间的有32个。

穗长杂种优势的表现与穗柄长有同样的趋势，但其杂种优势表现比穗柄长更强，平均高于中亲值12.9%。在52个杂交种中，有41个超过高亲值。

Karper和Quinby（1937）报道的在美国得克萨斯州奇利科斯试验站种植的杂交高粱及其亲本的饲草产量和子粒产量，杂交种的饲草产量超过高产亲本11%～75%，子粒产量超过高亲值58%～115%。

潘世全（1990）研究发现，杂交高粱的茎叶产量有很强的杂种优势。如TX623A/wey69-5的茎叶产量比对照Rio高19.2%。但许多研究都发现，子粒产量的杂种优势高于茎叶产量优势。Quinby（1963）观测了美国初期种植面积较大的一个杂交高粱RS610，其子粒产量比双亲平均值高82%，而茎叶产量仅高31%。

（三）子粒品质性状优势表现　张文毅（1983）研究了高粱子粒蛋白质、赖氨酸、单宁含量的杂种优势表现。

结果表明，F_1杂种与中亲值比，蛋白质含量杂种优势为－11.9%，赖氨酸的杂种优势为－22.2%，单宁的杂种优势为－17.9%，3种品质性状优势均为负值；约有2/3的F_1杂种低于中亲值，近1/2的杂种低于低亲值。高粱子粒品质性状杂种优势的这种表现给高产优质杂交种选育带来一定困难。因此，必须选择蛋白质、赖氨酸含量更高的亲本。在研究中发现，也不是全部F_1杂种的优势都为负值，例如在测定的25个F_1杂种蛋白质含量中，有2个超过中亲值和高亲值；同样，在25个F_1杂种中，也有2个F_1杂种的赖氨酸含量超过中亲值，其中1个超过高亲值。因此，只要注意亲本的选择，也能选出子粒品质高杂种优势的杂交种，只是概率较低。

孔令旗等（1992）研究了高粱子粒蛋白质及其组分的杂种优势表现。结果表明，粗蛋白、清蛋白、球蛋白、谷蛋白、色氨酸的F_1杂种超高亲和中亲优势均为负值，超低亲优势均为正值。说明这5种蛋白质含量优势居于双亲之间，偏向低亲本。醇溶谷蛋白超高亲优势为负值，超中亲优势为正值，这表明F_1杂种醇溶谷蛋白的优势表现居于双亲之间偏向于高亲本。F_1杂种赖氨酸含量为超低亲优势，表现了超低亲遗传。

中国农业科学院原子能利用研究所做了较大规模的高粱子粒品质性状优势表现研究。他们利用19个亲本，配制33个杂交组合，对蛋白质、赖氨酸、色氨酸、总淀粉、直链淀粉、支链淀粉、单宁和含氰势等性状进行研究。结果指出，蛋白质有24.24%的组合表现杂种优势；赖氨酸有21.21%的组合有杂种优势；色氨酸的优势组合为24.24%；总淀粉的优势组合为78.78%；直链淀粉的优势组合为61.53%；支链淀粉的优势组合为46.15%；单宁的优势组合为18.18%；含氰势优势组合为60%。中国科学院西北水土保持研究所和沈阳农业大学对甜高粱茎秆汁液含糖量杂种优势的研究，都指出F_1是负优势。

二、高粱三系及其创造

（一）高粱三系的概念及其特点 高粱三系指高粱雄性不育系、雄性不育保持系和雄性不育恢复系，简称不育系、保持系和恢复系。不育系的遗传组成为*S*（*msms*）。不育系由于体内生理机能失调，致使雄性器官不能正常发育，花药呈乳白色、黄白色或褐色，干瘪瘦小，花药里无花粉，或有少量无效花粉，无生育力；而不育系的雌蕊发育正常，具有生育力。

保持系的雄性是可育的，其遗传组成为*F*（*msms*）。不育系和保持系是同时产生的，或是由保持系回交转育来的。每一个不育系都有其特定的同型保持系，利用其花粉进行繁殖，传宗接代。不育系与保持系互为相似体，除在雄性的育性上不同外，其他特性、特征几乎完全相同。

恢复系是指正常可育的花粉给不育系授粉，其F_1代不但结实正常，而且不育特性消失了，具有正常散粉生育的能力。换句话说，它恢复了不育系的雄性繁育能力，因此叫做雄性不育恢复系，其遗传组成有*F*（*MsMs*）和*S*（*MsMs*）两种。

在隔离区里，用恢复系作父本，与不育系母本杂交制种时便可得到杂种种子，而且杂种一代能正常开花散粉，授粉结实。

（二）高粱三系的创造 Stephens早在1937年就提出了在高粱上应用雄性不育配制杂交种的可能性，然后他研究了在美国田纳西州白日（Day）品种里发现的雄性不育株，明确了雄性不育的细胞质来自迈罗高粱。以后他又用双重矮生快熟黄迈罗和得克萨斯黑卡佛尔高粱杂交，在1952年首先得到了高粱细胞质雄性不育材料，并完成了对其证明的研究工作。他的部分研究资料见表5－13和表5－14。

表5－13 亲本品种和杂种F_2群体的套袋穗结实率的分布

（引自Stephens，1954）

年代、品种或杂交	各种结实百分率的植株数														结实平均数（%）	植株总数
	96～100	91～95	81～90	71～80	61～70	51～60	41～50	31～40	21～30	11～20	6～10	1～5	0.1～0.9	0		
1951迈罗（M）	7	6	7	4					2	1					81.9	27
1952迈罗（M）	40	12	1	1	1										95.7	55
总数	47	18	8	5	1				2	1					91.1	82

（续）

年代、品种或杂交	各种结实百分率的植株数														结实平均数（%）	植株总数
	96～100	91～95	81～90	71～80	61～70	51～60	41～50	31～40	21～30	11～20	6～10	1～5	0.1～0.9	0		
1951 卡佛尔（K）	16	6	3	1	1		1								91.8	28
1952 卡佛尔（K）	36	8	1	1	1										95.7	47
总数	52	14	4	2	2		1								94.2	75
1951（M×K）F_2	262	17	37	14	16	3	7	11	3	5	4	23	5		82.7	407
1952（M×K）F_2	147	26	21	7	3	2	5	1	5	8	5	8	2	5	81.8	245
总数	409	43	58	21	19	5	12	12	8	13	9	31	7	5	82.4	652
1951（K×M）F_2	250	10	8	6	2	1	2	1		1		1		1	95.0	283
1952（K×M）F_2	213	18	7	5	2		2		1		3	1	1		94.1	253
总数	463	28	15	11	4	1	4	1	1	1	3	2	1	1	91.6	536

表 5-14　第一次回交后代的结实率比较

（引自 Stephens，1954）

杂　交	各种结实百分率的植株数														结实平均数（%）	植株总数
	96～100	91～95	81～90	71～80	61～70	51～60	41～50	31～40	21～30	11～20	6～10	1～5	0.1～0.9	0		
（M×K）F_1×M	28	1													97.8	29
（M×K）F_1×K	13	3	1	1	1			1	1	1	1	3	1	1	66.9	28
（K×M）F_1×M	17	3	2	1											95.3	23
（K×M）F_1×K	57														98.0	57
（M×K）F_2×M	96	11	15	3	4		1	2	1	1		2			90.9	136
（M×K）F_2×K	1	2	14	6	1	1	4	4	5	14	9	48	91	208	7.3	408

从表 5-13 和表 5-14 中可见，在迈罗和卡佛尔不同类型高粱的正反交 F_2 群体间，表现了明显的育性差异，这种差异在不同的回交后代里更明显，其中（M×K）F_2×K 的后代中出现了大量高度不育植株。从而，Stephens 提出了雄性不育是由迈罗细胞质和卡佛尔的细胞核结合在一起，它们之间相互作用引起不育的理论。

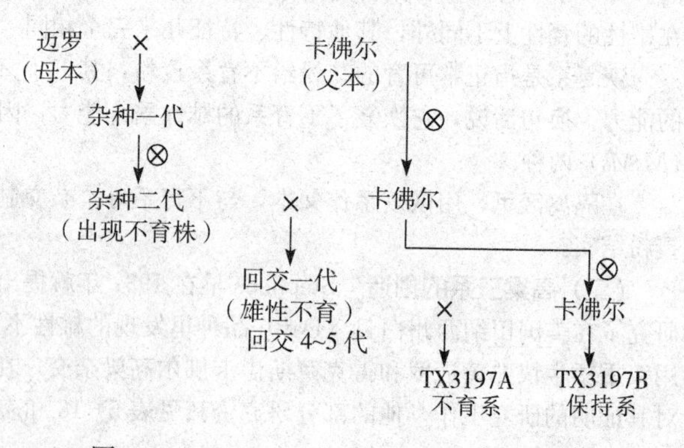

图 5-1　TX3197A 雄性不育系选育过程

1949 年，得克萨斯州拉巴克试验站用具有迈罗细胞质的白日的雄性不育材料与康拜因卡佛尔 60 杂交并回交，从中选出了康拜因卡佛尔 60 雄性不育系，1955—1956 年对康拜因卡佛尔 60 及其相应的不育材料进行了选择和繁殖，从中选出了 TX3197A 和 TX3197B。TX3197A 的选育原理和过程简示于图 5-1。这就是世界上第一个核质互作型雄性不育系及其保持系创造的过程。而恢复系就是具有迈罗高粱细胞核的品种。

三、不育系和保持系选育技术

（一）保持类型品种直接回交转育不育系和保持系　保持类型品种的育性基因型是细胞质有可育基因，而细胞核里是不育基因，当其给雄性不育系授粉，F_1 是雄性不育，如用该品种连续回交，所得到的回交后代就成为新雄性不育系，而该品种就成为新不育系的保持系。黑龙7A、黑龙11A、黑龙21A、黑龙30A、矬1A、矬2A和原新1A，都是用这种方法转育来的雄性不育系，它们的细胞质都是来自迈罗高粱。以矬1A选育为例，其过程见图5-2。具体做法可分3个步骤。

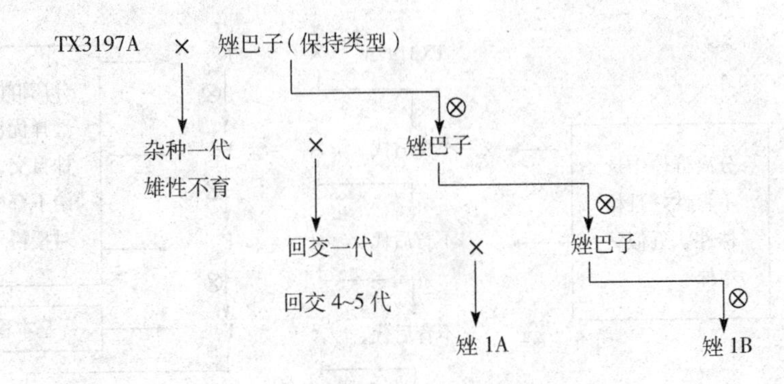

图5-2 矬1A选育过程

1. 测交 利用现有的雄性不育系作母本，与优良品种或品系进行测交，以测定是否具有保持性。测交材料播种时就注意调节播种期，使与母本花期相遇，抽穗后选生育正常、无病虫害、株型典型的父母本各3～5穗套袋，开花时进行成对测交，测交后拴挂标签，按对写明编号。成熟后，单独收获，脱粒，成对保存。

2. 回交 将上年获得的测交种子及其相应父本种子相邻种植。抽穗开花后，在测交一代不育的组合中，选取全不育穗，用原父本进行成对回交。成熟时分别脱粒，成对保存。

3. 连续回交选择 把回交获得的种子和相应的父本相邻种植，开花时选不育的并在植株性状上倾向父本性状的植株与相邻父本连续回交，直到母本达到株型、长相以及出苗期、开花期、成熟期等主要物候期都与父本相似时，新不育系就回交转育成功了。

利用保持类型品种连续回交转育不育系的优点是方法简单易行，收效又快。转育成的不育系与测交品种完全相同。因此，转育一开始就应选择农艺性状好，配合力高的品种进行转育。

（二）保持系间或保持类型品种间杂交选育保持系和不育系（简称保×保） 本法是当已有的保持系或保持类型品种直接转育产生雄性不育系，在农艺性状上或配合力等方面仍不能满足需要时应用的，其目的显然是为了将不同品种的优良性状结合在一起，选育出具有更多优点的新不育系。这是目前常用而有效的选育不育系方法，如赤10A、117A、营4A、晋6A、忻革1A、7050A等都是用此法育出的。该法首先是选好亲本进行杂交，然后在杂种后代采用系谱选择法，按育种目标要求，选择性状合乎要求且基因型稳定的保持类型新品系，然后再同雄性不育系进行回交转育，便可育出新不育系来。显然，这里包括两个育种过程，其一是杂交选育保持系，其二是回交转育不育系。所需年限两者加起来，至少要10年以上。为缩短育种年限，许多育种单位都在寻找加速育种进程的方法，目前普遍采用边杂交（自交）稳定边回交转育法，即把上述杂交选择稳定保持系的过程和回交转育不育系的过程结合起来进行，具体做法见图5-3，分4步。

①人工有性杂交，获得杂交种子，第二年种植F_1植株。

②F_2杂种单株选择并与不育系做成对杂交。在F_2群体中选择合乎要求的单株给不育株授粉，并各自套袋，挂标签按对编号。单独收获脱粒，成对保存。

③下一年将成对材料邻行种植，在父本行里继续按育种目标进行单株选择，同时在不育行里选择植株性状近于父本的不育株，继续用父本行入选株给不育行的入选株成对授粉。继续做好套袋、挂牌、收获和成对保存工作。

④按上述方法连续做几年，当成对交的父本行已稳定，不育行也已稳定并与父本行农艺性状一致时，即培育出了新的保持系和不育系。

（三）不同类型或亲缘关系远的品种间杂交选育雄性不育系和保持系 前述采用迈罗与卡佛尔杂交创造的雄性不育系和保持系就是用不同类型高粱杂交的成功事例。后来，Schertz用IS12662C（♀）×IS5322C（♂）杂交并回交，选出了雄性不育系TX2753及其保持系。如将迈罗型细胞质称为A_1型，这里将新的细胞质雄性不育

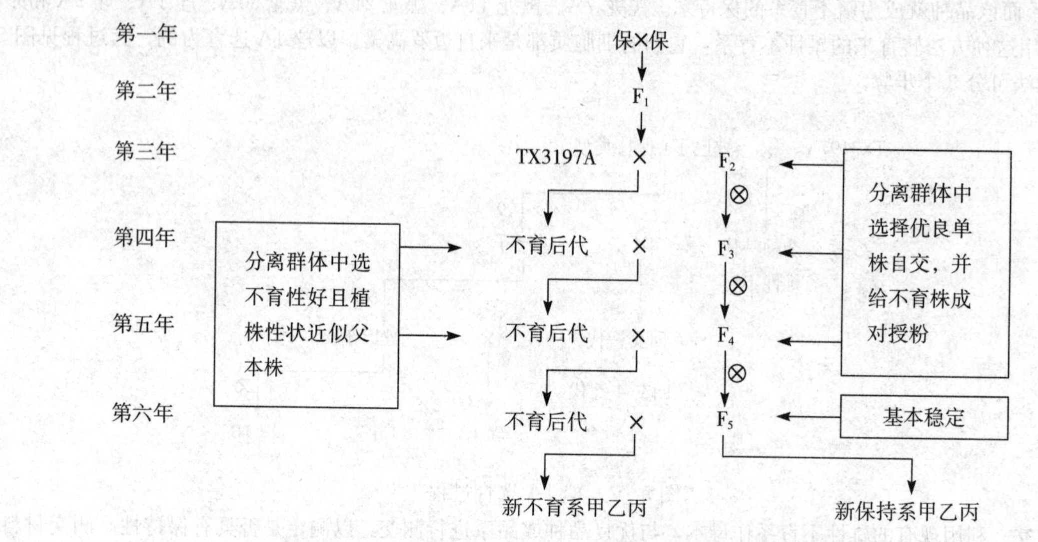

图 5-3　边杂交（自交）稳定边回交转育不育系程序

TX2753 称为 A_2 型雄性不育。上述杂交亲本 IS12662C 来自埃塞俄比亚，父本 IS5322C 来自印度。研究表明，IS5322C 是 A_1 型的保持系也是 A_2 型的保持系；但是恢复性差异较大，对 A_1 恢复的对 A_2 不一定能恢复。用 A_2 型不育系组配的杂交种已在我国生产上应用。以后又相继选育出 A_3、A_4、A_5、A_6 和 9E 型雄性不育系。

四、恢复系选育技术

选育恢复系与选育雄性不育系一样重要，选出一个好的恢复系同样会把杂种优势利用提高一步。

（一）从原始材料中筛选恢复系　利用原始材料与不育系杂交，进行测交试验，观察并测定 F_1 的自交结实率和杂种优势情况。如 F_1 自交结实率高，说明该材料具有好的恢复性。杂种优势大说明具有应用潜力，就可成为该杂交种的恢复系。这是高粱杂种优势利用初期主要的选育恢复系方法，如三尺三、康拜因 60、鹿邑歪头、大花蛾、平罗娃娃头等，都是用这种方法从高粱原始材料中筛选出来的。

原始材料一般多采用套袋自交繁殖保存，每种材料的基因型一致。但如从农家品种进行筛选，一般要用品种的混合花粉给不育株授粉，这样可对该品种的育性进行总的评定。因为农家品种在长期种植中，由于天然异交、自然突变等原因，群体内株间的基因型不一致，采用个别植株测定难以得到准确结论。

应该指出，我国过去只为粒用育种目标在原始材料中筛选恢复系，今后从多种专用化育种目标需要出发，在原始材料中筛选恢复系也是很有效的方法，如沈阳农业大学、辽宁省农业科学院近年从甜高粱原始材料中筛选出 Roma 和 1022 作为恢复系，与 TX623A 杂交分别育出沈农甜杂 2 号和辽饲杂 1 号，它们的杂种优势强，植株高大，茎秆含汁率高，汁液中含有较高的糖度，是良好的青贮饲料作物和用茎秆制酒精的优良杂交种。

（二）恢复类型品种间杂交选育恢复系　恢复类型品种间杂交选育恢复系，简称恢×恢选恢复系法，已是国内外广泛采用而有效的方法，我国利用此法已选育出大量的恢复系，如 7313（护 4 号×九头鸟）、7384（护 4 号×九头鸟）、忻粱 7 号（九头鸟×盘陀高粱）、忻粱 52（三尺三×忻粱 7 号）、晋粱 5 号（忻粱 7 号×鹿邑歪头）、同粱 8 号（7384×三尺三）、白平（白熊岳 253×平顶冠）、铁恢 6 号（熊岳 191-10×晋辐 1 号）、4003（晋辐 1 号×辽阳猪跷脚）、锦恢 75（恢 5 号×八叶齐）、447（晋辐 1 号×三尺三）、矮四（矮 202×4003）、LR9198（矮四×5-26）等。因为一个好的恢复系必须具备充分的恢复性和高的配合力，而这些都是继承杂交亲本的。所以，恢×恢选育恢复系法的成败，关键在于杂交亲本的选择。杂交后代采用系谱选择法，待杂种后代出现基本稳定的穗行时，及早进行早代测交试验，从中选出恢复性好，配合力高的父本，就成为新的恢复系。

（三）杂种高粱后代中分离恢复系　高粱杂交种是由不育系和恢复系杂交产生的。在 F_2 群体里可分离出全育株、半育株和不育株。在全育株的连续自交分离后代里，可获得稳定的全育株系。由于杂交后代的细胞质里都有雄性不育基因，自交结实良好的个体，细胞核内必然有恢复基因。所以，在结实良好的个体中选择时，不必考虑育性问题，只要集中精力选择农艺性状，便可选出较好品系，然后通过测交试验，从中选出恢复系。如山西省吕梁地区农业科学研究所从晋杂5号后代中选出了晋辐1号恢复系。河北农业大学从美国引入的杂交种NK222的后代中选出了优质抗蚜恢复系河农16-1。山西省农业科学院玉米研究所从美国高粱杂交种C_{42}y中选出了优质黄胚乳的恢复系。

(四) 回交法选育恢复系　在选育恢复系时，常常会发现有些测交种杂种优势表现很好，但是父本恢复性差，致使该杂交组合不能在生产上利用。为了解决这个问题，可采用回交的方法，把恢复基因转入到恢复性差的父本中去，使其成为恢复性强的恢复系（图5-4）。具体方法是：选用恢复性强的杂交种作母本，与需要改良育性的品种杂交，目的是能使回交后代保留有不育细胞质基因，这样可以达到在后代中自行鉴定恢复基因是否保留的目的。另外，为减少后代分离的范围，所选用的母本杂交种最好是在亲缘上和性状上与父本相近的。在回交转育时，应在每次回交后代中选育性好的、性状近于父本植株的作母本并进行人工去雄，取父本花粉进行回交，如此回交4～5代，回交后代便可达到恢复性强，且农艺性状与父本相同。以其为父本与不育系成对杂交，进行测交鉴定，便可获得结实性好，杂种优势与原组合一样的穗行，其父本行就是恢复性被改造好的恢复系。

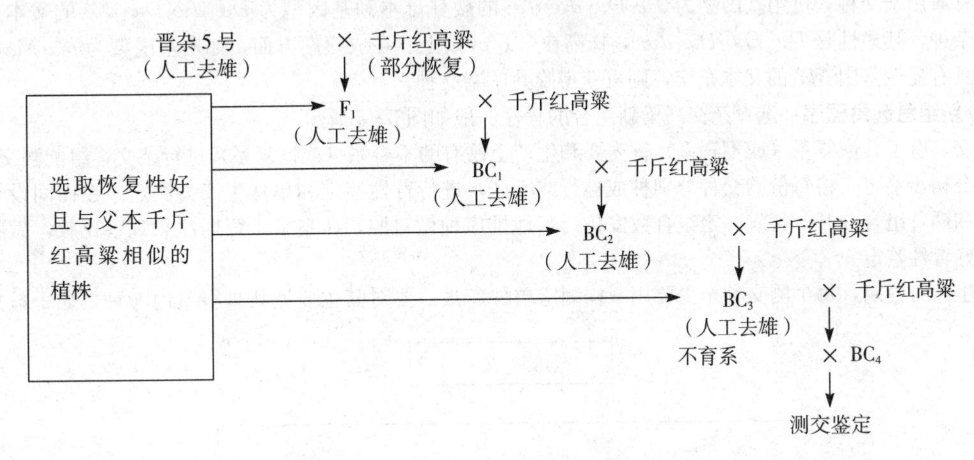

图5-4　回交转育法提高恢复性育种程序

五、杂种高粱新组合选配原则

(一) 新组合选配原则　杂种高粱新组合的选配，各地的经验认为一般应遵循以下原则。

1. 亲本要有较大的亲缘差距　一般亲本亲缘差距愈大杂种优势表现愈强。但优势强并不等于配合力高，因为有的优势并不表现在我们所需要的经济性状上，如赫格瑞高粱与中国高粱杂交或与南非高粱杂交，优势很大，但都表现在植株高大、茎叶繁茂、迟熟且倒伏，粒小且常早衰。而中国高粱与南非高粱或与西非高粱杂交，虽然优势不及赫格瑞与中国高粱杂交那么大，但子粒优势最大，配合力高。而同一类型品种间杂交，杂种优势明显小，配合力也低。我国目前生产推广的杂交种，主要是南非高粱和中国高粱或赫格瑞与中国高粱杂交后代。实践证明，这些杂交组合表现单株优势强，株型较大，丰产性较好，即具有中秆大穗特点，适合我国栽培要求。

国外为了适应机械化收获，粒用高粱都种植较矮秆的，一般株高不超过1.2～1.3 m。因而要求单株优势较弱，株型较小，穗头也小些，但适于密植，群体产量仍然比较高。美国配制杂交种主要是利用南非高粱和西非高粱，还有菲特瑞塔以及赫格瑞高粱。前苏联配制杂交种多以卡佛尔为不育系，恢复系用中国高粱、黑人高粱和面包高粱。前苏联还利用高粱与苏丹草杂种，认为该杂交种不仅绿色体产量高，而且蛋白质含量也高。

2. 亲本的平均性状值应高　杂种F_1的性状值不仅与基因显性效应有关，也与基因加性效应有直接关系。高粱在形态性状、产量性状以及品质性状、亲子之间都表现出显著的回归关系，即亲本的性状值高，杂种F_1的性状值也高。辽宁省农业科学院研究了高粱8个性状（穗长、穗径、轴长、分枝数、分枝长、粒数、千粒重和穗粒重）的亲本差值与杂种优势之间的相关性，除中轴长表现显著的正相关，穗粒重表现显著的负相关外，其他性状不存在相关关系。故在亲本选配时，考虑两亲差值之大小，似不如考虑两亲均值之高低。特别是有些性状不存在杂种优势或杂种优势小，如蛋白质含量、赖氨酸含量、千粒重等，亲本值不高，杂交种的性状值也不高。因此，必须重视亲本性状平均值的选择。我国在杂交亲本选择上都十分重视大穗紧穗性状。美国杂种高粱改良的事实也证明了这一点。Miller比较了美国推广的新老杂交种及其亲本，结果老杂交种每公顷产4 737 kg，新杂交种每公顷产7 002 kg，相应的老亲本每公顷产3 672 kg，新亲本每公顷产4 252 kg，显然亲本性状值的提高促成了杂交种产量的提高。但是，大穗高产亲本生育期长，使制种田收获晚，对种子生产不安全。亲本生育期长，产生的杂交种生育期也常常延长。

3. 亲本性状互补　通过正确的亲本性状选择会使有利性状在杂交种中充分表现。如抗丝黑穗病是显性性状，只要亲本之一是抗病的就会使杂交种抗病。因此，不必双亲都要求抗病。如单宁含量高对低是显性，要使杂交种单宁含量是低的，则杂交双亲的单宁含量都不能高。如双亲蛋白质含量都高，杂交种的蛋白质含量也会高。如一个亲本的穗子长紧，另一个亲本穗子宽紧，杂交种的穗子才能大而紧，穗粒数多，穗粒重增加。如大粒亲本与多粒亲本相配，杂交种表现粒大粒多。在株高和生育期方面，利用互补作用则更容易控制，如为获得高秆的饲用杂交种或粮秆兼用杂交种，可用基因型为$dw_1Dw_2dw_3dw_4$的矮秆母本和基因型为$Dw_1dw_2Dw_3dw_4$的父本杂交，这样生产的杂种，其显性是$Dw_1Dw_2Dw_3dw_4$，株高在2.5 m以上。在成熟期方面，如用基因型为$ma_1Ma_2Ma_3Ma_4$的母本和具有显性基因Ma_1的父本杂交，则可获得晚熟的杂交种。

（二）新组合选育程序　选育杂交高粱新组合的程序一般如图5-5所示。

①测交。有了新恢复系（或不育系）首先要和生产上已有的不育系（或恢复系）进行杂交，组配测交种。

②组合初步鉴定，将每份测交种分别种成穗行或小区，进行育性鉴定和单株生产力测定。在田间设计时要将高秆组合和矮秆组合分开，每隔一定组合数安排一当地推广种做对照。在整个生育期注意观察比较，做物候期记载，并做好育性鉴定。

单株生产力鉴定，每个测交种至少要用5株测定单株产量。要对其主要性状进行室内考种，如千粒重、角质

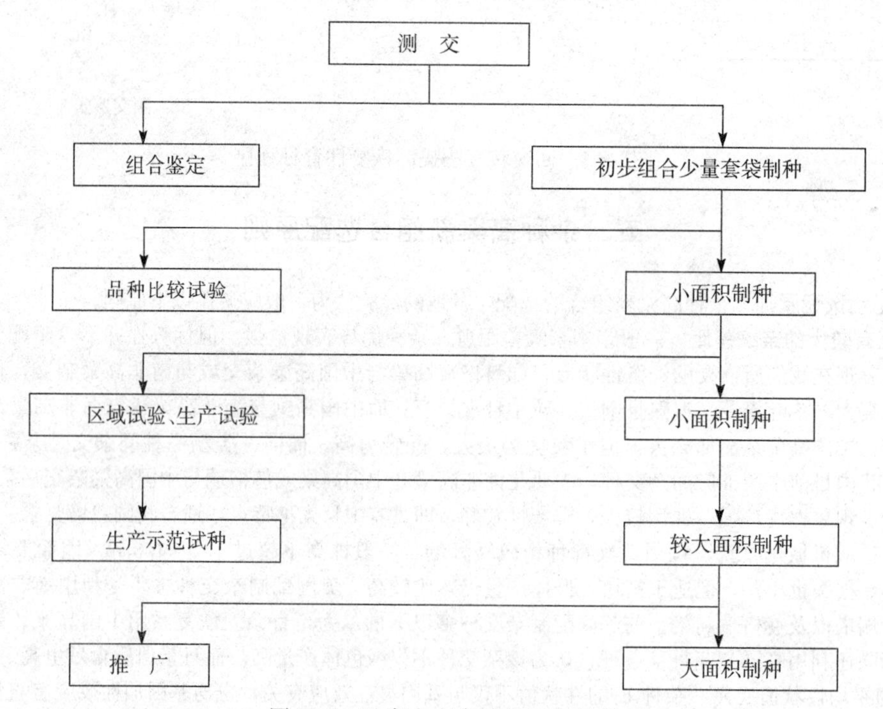

图5-5　选育杂交高粱新组合程序

率、着壳率、粒色等，并与对照品种进行比较，对组合的好坏做出评价。对那些与对照相比明显低产或感病或倒伏的测交种，收获前根据目测鉴定就可淘汰。

③品种比较试验。对通过产量鉴定的组合进行品种比较试验。

④区域试验。

⑤生产试验。

第七节　高粱育种新技术的研究与应用

植物生物技术是近年来发展起来的一项高新技术。高粱在生物技术领域进行了大量的探索研究工作。例如组织培养、转基因工程、分子标记技术等对高粱育种表现出很大的应用潜力和前景。

一、组织培养的研究和应用

高粱组织培养包括花药、胚、幼叶、种子等外植体的培养。1973 年，Gambarg 首先用高粱幼胚培养从盾片组织诱导成再生植株。锦州市农业科学研究所采用八叶齐×红粒卡佛尔等 24 个组合，采用花药培养，从 7 479 枚花药中诱导产生了 41 块愈伤组织，再从 41 块愈伤组织中诱导产生出 36 株绿苗，并生长为高粱花粉植株。

郭建华（1989）对高粱幼胚小盾片进行培养，并诱导成株。经分析发现，1836 和 1836×熊岳 191 再生株系（F_2）的生育期、株高、穗长、穗型、粒色、粒重、育性等性状都发生了一些变异。1836 再生株系（F_2）的蛋白质含量显著高于亲本，单宁含量显著低于亲本。

马鸿图（1985，1992）采用幼胚培养，获得 158 株再生植株，而且产生了植株矮小和不结实两种突变体。矮株突变体的株高为 0.5～1.2 m，原亲本 401 - 1 的株高为 2.8 m；矮株突变体的茎秆直径只有亲本的一半，叶片也变得窄短。

美国得克萨斯州立大学 Smith 用组织培养方法筛选突变，已获得了耐盐高粱植株。

二、转基因技术的研究与应用

从 1983 年转基因技术首次在烟草上获得成功以来，转基因技术、方法和应用得到了迅速发展，取得了令人瞩目的科技成果。在高粱上，Johnson 和 Teetes（1979）报道了把杂草高粱中的抗青虫基因转移到栽培高粱中。Harris（1979）和 Franzmann（1993）利用澳大利亚土生高粱（*Sorghum australiense*）的抗摇蚊基因和抗芒蝇基因进行基因转导，使这两种抗性基因转入到栽培高粱中去。

美国堪萨斯州立大学采用基因枪法把抗叶斑病的几丁质基因转移到高粱中去，这种几丁质基因能产生几丁质酶，可使真菌的细胞壁降解而死亡，从而使品种达到防病的目的。美国佐治亚大学通过转基因技术，培育出耐酸土的高粱品种，推广到拉丁美洲的一些国家应用。

中国农业科学院通过转基因技术使品种的蛋白质含量增加，例如通过转移编码高硫氨酸含量或高赖氨酸含量的种子储存蛋白的基因来达到目的。一些市场要求高粱适于烘烤和酿造，有可能通过这种方法达到这种品质性状。

三、分子标记技术的研究和应用

由于高粱的分子标记研究起步较晚，且高粱与玉米同属禾本科，单倍染色体数目都为 10，因此都以玉米为研究参照物。Pereira 等（1994）用玉米基因组探针、玉米 cDNA 探针和高粱基因组探针进行 RFLP 分析，发现 41% 的探针检测到重复位点；而在 Whitkus 等（1992）的实验中，有 38%的探针检测到重复位点。玉米和高粱基因组非常相似，如位点顺序很保守，53 个位点中仅鉴定出 6 个倒位；遗传距离相似。

美国普杜大学 Bennetzen 的研究组用玉米 DNA 探针定性了高粱基因组，发现 105 个探针中的 104 个能与高粱 DNA 杂交。衣阿华州立大学的 Lee 研究组采用玉米和高粱 cDNA 克隆探针在高粱上标记了 85 个 RFLP 位点，证明约1/3的高粱基因组保存在玉米有关的连锁群上。意大利米兰大学研究组发现，在159个玉米探针中，158个能与高粱DNA杂交，其中58个（占36.5%）表现多态性（Binelli等，1992）。

Xu等（1994）研究发现，用玉米基因组DNA克隆作探针没有用高粱基因组DNA克隆作高粱RFLP标记效果好。据统计，至少有11%的高粱克隆与重复位点进行了杂交，说明高粱中存在不少的重复基因。Ragab等（1994）用高粱和玉米的DNA克隆作探针，发现这两个种的染色体间存在一定的关系。如高粱连锁群A与玉米染色体2和7有关，高粱连锁群B与玉米染色体1、5和9有关，高粱连锁群E与玉米染色体2和10有关，高粱连锁群F与玉米染色体3有关，高粱连锁群1与玉米染色体6、8和10有关。

李月莹等（2002）采用BTAM428×ICS-12B杂交后代建立的抗感群体为试材，运用RAPD技术筛选500个随机引物，共扩增了1 614条DNA谱带，首次获得了与高粱抗蚜基因紧密连锁的RAPD标记。共分离分析证明，$OPN-07_{727}$和$OPN-08_{373}$与抗蚜基因紧密连锁；在克隆测序后表明，两片段长分别为727 bp和373 bp；并首次将RAPD标记成功地转化为SCAR标记。在此基础上，还构建了抗蚜基因的连锁群，为克隆抗蚜基因打下了基础。

分子标记技术已开始应用于育种。通过分子标记帮助鉴定遗传变异，测定基因组，提高杂种优势和回交育种效率，扩展外源种质的利用，构建分子遗传图谱等。高粱已有11张分子图谱公开发表（表5-15）。其中多数图谱是应用RFLP标记构建的，仅有2张图谱中含有RAPD标记。由于RAPD方法稳定性差，因此研究者更倾向用RFLP方法。

表5-15 高粱分子图谱概况

作　者	年份	作图亲本、群体	世代	植株数目	标记数目	覆盖基因组大小（cM）	涉及连锁群数目	分子标记类型
Hulbert等	1990	Shanqui Red×M91051（Kaoliang×Zera Zera）	F_2	55	37	283	8	RFLP
Whitkus等	1992	IS2482C×IS18809（ssp. *bicolor* race Bicolor×ssp. *arundinaceum* race Uirgatum	F_2		92	949	13	RFLP
Binelli等	1992	IS18729×IS24756（*caudatum-bicolor*×*durra-caudatum*）	F_2	149	21	440	5	RFLP
Melake Berhar等	1993	Shanqui Red×M91051（Kaoliang×Zera Zera）	F_2	55	96	709	15	RFLP
Chittenden等	1994	BTX623×*S. propinquum*（*Sorghum bicolor*×*Sorghum propinquum*）	F_2	56	276	1445	10	RFLP
Xu等	1994	IS3620c×BTX623［Guinea×（Zera Zera×Kafir）］	F_2	50	190	1789	14	RFLP
Ragab等	1994	BSC35×BTX631（ssp. *bicolor*×ssp. *bicolor*）	F_2	93	71	633	15	RFLP
Pereira等	1994	CK60×PI229828（ssp. *bicolor*×ssp. *drunmondii*）	F_2	78	201	1530	10	RFLP
Pammi等	1994	IS3620c×BTX623［Guinea×（Zera Zera×Kafir）］	F_2	50	10		6	RAPD
Tuinstra等	1996	TX7078×B35（*bicolor*×*bicolor*）	F_2	98	170		17	RAPD
Dofour等	1996	IS2807×Nbs249，IS2807×Nbs379（*caudatum*×*guinea*）	F_2	110 91	42	248 (?)	3	RFLP RFLP

第八节 高粱田间试验技术

高粱育种的田间试验和技术与一般作物相似，不再赘述，只着重指出一些特别之处。

一、田间试验

（一）小区设计　高粱株高差异较大，高秆的在3 m以上，中秆的多在1.5～2.0 m，矮秆的在1.5 m以下。高粱的边行效应也很明显，因此高粱田间试验要特别注意不同株高品种的田间排列，尽量做到株高相差不大的品种相邻种植。做产量试验的小区至少要有28.8 m^2，行数不少于6行。

（二）套袋隔离　高粱为常异交作物，为了保持品种或试材的纯度以及杂交后代自交纯合过程，都要采取套袋隔离，即在抽穗后开花前套上羊皮纸袋。为了防止穗子发霉和长蚜虫，开花后10 d可摘去纸袋或打开纸袋的下口放风。

（三）测定茎秆含糖量　一般用手持糖度计测定茎秆汁液锤度（BX）。具体做法：先用钳子夹茎秆，汁液流出后，取其汁液在糖度计上测定，读锤度数字，如此可一节一节地夹压汁液测定之。如用压榨机对整株茎秆压榨汁液，便可测出该株的汁液含糖锤度。

（四）育性鉴定　在开花期可以直接观察花粉的多少和花粉发育情况，用KI溶液染色，显微镜观察记数。但在育种上最有效的鉴定方法是用套袋自交结实率测定法，即在出穗后开花前严格套袋（最好用双层纸袋），收获后记数每穗结实数，然后计算结实率，公式为

$$自交结实率(\%) = 全穗套袋自交结实的粒数 / 全穗可育小花数 \times 100$$

一般每个测交种至少要自交套袋5穗以上，套袋结实在0.1%以下的定为不育型，80%以上的定为可育型，介于其间的为半育型。只有达到可育型的测交种才有应用价值。

二、病虫抗性鉴定试验

（一）高粱丝黑穗病抗性鉴定　一般采用0.6%菌土。播前6 d左右筛表土，按比例拌匀菌土。加塑料布覆盖，保持一定湿度令菌种萌发。采用穴播，先在穴内播6～7粒种子，其上覆盖100 g菌土，随后覆土厚4 cm左右。播下的种子要集中，菌土要覆盖严密。待病症明显后，调查每小区总株数和发病株数，发病率的计算公式为

$$病株率(\%) = 发病株数 / 总株数 \times 100$$

（二）高粱蚜虫抗性鉴定　试材顺序排列，行长4～5 m，每区最低30株。在蚜虫盛发期调查2～3次。在首次调查前10～15 d（如辽宁为6月下旬）取感染无翅若蚜20头的小块叶片，去掉天敌，卡在接蚜株下数可见叶的第三片叶叶腋间。每区从第三株起连续接蚜10株。从蚜虫盛发始期起调查2～3次，计数10株最重被害株的单株蚜虫数量和蚜虫群落数，亦可调查底部3～4片可见叶的单叶蚜量。依蚜量划分抗性等级。

（三）玉米螟抗性鉴定　试材顺序排列，单行区，5 m行长，每行最低30株。试验地周围种植大豆多行以诱虫。在二代玉米螟排卵高峰期，把人工养育的黑头卵的卵块约50粒，装入长2 cm、直径5 mm的塑料管内，将之放在1 m高的叶腋间。每区从第三株开始接卵，连续接10株。高粱成熟后，调查全区株数、被害株数、透孔数、鞘孔数及透孔直径，计算透孔率、被害株透孔平均数、透孔株最大孔径平均数，据此确定抗性等级。

第九节　高粱种子生产技术

一、高粱常规品种种子繁育技术

高粱单穗粒数在2 000粒以上，繁殖系数高。以往常规品种良种繁殖采用三圃制，现正推广由育种家种子、原原种、原种和良种4个环节组成的四级种子生产体系。各级种子生产都应在隔离区内进行。由于高粱植株较高，花粉量大且飞散距离远，隔离距离要在300 m以上，育种家种子和原原种田要在1 000 m以上。

二、高粱杂交种种子生产技术

现在生产上都采用雄性不育系作母本以恢复系为父本配制杂交种子，这就要求三系（雄性不育系、保持系和恢复系）和二田（不育系繁殖田和杂交制种田）配套。由不育系繁殖田繁殖雄性不育系和保持系种子，通过杂交制种田生产杂交种子，在恢复系行里选择性状典型且健壮植株混合脱粒供下年作恢复系用。搞好制种必须掌握如下技术要点。

1. 安全隔离　不育系繁殖田隔离距离至少为500 m，杂交制种田隔离距离为300 m以上。

2. 适当行比　不育系繁殖田里种植的不育系和保持系株高相同，父母本行比一般采用2∶4。杂交制种田种植的不育系和恢复系之间的行比，因恢复系株高和花粒量多少而异，常用的为2∶6、2∶8和2∶10。

3. 分期播种确保花期相遇　由于不育系较保持系生长发育缓慢，在不育系繁殖田，母本比父本早播1周左右。在杂交制种田，由于不育系和恢复系生育期常不相同，要进行分期播种，安排播种期的原则是将不育系置于最适合的播期一次播完。然后再考虑父本较母本生育期的长短来做提前或延后播期处理。为了确保父母本花期相遇和在母本的整个花期父本都能提供充足的花粉，制种田恢复系最好分两期播种，第一期播种稍提前几天，第二期播种稍延后几天，每期播一行，两期间隔1周左右。

4. 除去杂株　不管是不育系繁殖田还是杂交制种田，都要进行去杂，母本行里混有保持系植株，会极严重影响杂种质量，成为去杂工作的重点。不育系和保持系农艺性状相同，惟一不同的是不育系花药不正常，不散粉，因此要抓住刚开花那段短时间去辨别，将混在不育系行内的保持系植株拔除，所以它是去杂的难点。凡有别于父母本的植株都是杂株，在开花散粉前拔除效果最佳。

5. 花期预测与调节　采取分期播种的目的是使父母本花期能够相遇，但由于父母本对土壤肥力、干旱、气候条件等的反应不一样，生育过程中会造成差异而使花期不遇，因此必须进行预测和调整。花期预测有叶片计算法、观察幼穗法等。叶片计算法要定点定株标定叶数，计算父母本的叶片差数，以预测花期能否相遇。观察幼穗法是在幼穗开始分化以后，每隔5～7 d观察父本和母本幼穗分化所处的阶段，以预测花期能否相遇。如发现父本与母本花期不能相遇时，要进行调整。具体措施，可采取偏肥水和加强田间管理，以促进生育缓慢的亲本赶上去；如在穗分化之后发现花期不遇的可能，可用九二〇药液喷洒叶片，可根据情况连续喷洒2～3次；也可用九二〇与磷酸二氢钾液混合后喷洒，效果更好。开花后如发现整个地块不完全相遇，可采取人工辅助授粉，每早露水消失后人工摇动已开花的父本或用吹风机吹已开花穗，使花粉飞起来，让花粉在更大空间有效利用。

6. 适时分期收获，严防混杂　在北方种子田要比生产田早收，以便充分利用秋日阳光加速种子干燥，确保天冷上冻之前种子水分含量降至安全水分。对父本和母本要做到分别收割、运输、脱粒和储藏，严防混杂。

第十节　高粱育种研究动向和展望

高粱是具有高产潜力并有多种用途和抗性的作物，高粱育种任务就是要充分挖掘出高粱的这些性状的潜力。高粱育种方法的总趋向是常规育种与新技术相结合，如诱变育种、倍数性育种、生物技术应用等。采用高压磁场穿孔引入外源DNA在高粱上也取得了成果。我国高粱原生质体诱导再生植株成功，为把基因工程有效用于高粱育种开通了道路。近年来RFLP技术已开始在高粱的遗传和育种上应用。

从20世纪60年代起，美国应用了轮回选择方法进行高粱育种，已取得了成效。抗性育种如抗病虫害、耐旱和耐盐育种虽取得一些成果，但仍是今后的主要育种方向。我国高粱生产上利用杂交种已有30多年历史，新杂种高粱较老的杂种高粱生产能力已有明显提高，但也仅在15%左右，为了充分发挥高粱增产潜力，高粱高产育种研究是备受重视的。品质育种、专用育种（如酿酒高粱、甜高粱、饲草高粱等）将受到重视。

一、新技术在高粱育种上的应用

（一）诱变育种　诱变育种已在高粱的矮秆、早熟、品质改良和雄性不育性方面获得了肯定的效果。中国农业科学院原子能利用研究所用^{60}Co的γ射线处理忻梁7号，育成了比忻梁7号早熟15 d的辐忻7-3恢复系。在品质改良方面，美国普杜大学Mohan利用化学诱变剂硫酸二乙酯处理高粱种子，获得了高赖氨酸突变体721，其蛋白质含量为13.9%，赖氨酸占蛋白质的3.09%（未处理则分别为12.9%和2.09%）。前苏联全苏作物栽培研究所库班试验站也用硫酸二乙酯诱变，获得了蛋白质和赖氨酸含量显著提高的突变体。匈牙利用X射线处理高粱种子，并在幼苗期注射秋水仙碱诱发出核雄性不育，定名为ms_5和ms_6。美国从Kaura race高粱中，经^{60}Co的γ射线处理高粱种子，也获得了核雄性不育突变，定名为ms_7。

（二）多倍体育种　用秋水仙碱处理高粱，可得到四倍体高粱。乌干达已取得成功，四倍体高粱具有大粒和蛋白质含量高的特点。我国河北农业大学开展高粱多倍体育种，已经实现了同源四倍体杂交种制种的三系配套。他们的研究还指出，四倍体杂交种可以显著提高四倍体的结实率，已有几个四倍体杂交种（如四622AX高丰、四622AX四丽欧等），其结实率都在95%以上，已在生产上试种。四倍体高粱较其二倍体亲本在子粒上有明显巨大性，在蛋白质含量上也有明显提高。如二倍体千粒重为26.8 g，而四倍体的千粒重为37 g；前者蛋白质含量是10.7%，而后者是15%，且四倍体19种氨基酸含量每种都高于二倍体。此外，河北农业大学还利用四倍体高粱与约翰逊草杂交，获得具有强大杂种优势的杂种一代植株。

（三）无融合生殖育种　无融合生殖（apomixis）首先于1841年在一些热带草本植物中被发现（Schertz，1997）。Rao和Narayana（1968）、Hanna等（1970）在高粱中发现了兼性无融合生殖系。Murty等（1981）对高粱无融合生殖系R-473进行了深入研究，其无融合生殖频率为30%～50%。由于无融合生殖有专性和兼性之区别，前者母体植株所产种子均由体细胞衍生而来，后者则只有部分种子是由无融合生殖产生的，因此只有专性无融合生殖才能被用来固定全部杂种优势。

牛天堂等（1991）以R-473为亲本之一，用多亲本聚合杂交的方法获得了稳定的无融合生殖系SS-1，其无融合生殖频率稳定在50%左右。张福耀等（1997）育成的两个无融合生殖系2083和N^+SSA-1，其无融合生殖频率可达60%～70%。

由于尚未发现专性无融合生殖系，因此有人提出用品种杂交种（vybrid）来固定部分杂种优势的假设。即，在两个无融合生殖系间杂交F_1代自交的F_2群体中，由于无融合生殖不完全，应包括两种类型的植株，一种是无融合生殖的杂合体产生的后代，其保持不分离；另一种是通过有性过程产生的F_2代类型的植株，其将产生分离。如果在由两个无融合生殖系杂交种F_1后代群体中选择具有F_1代表现型的植株留种，其下一代产量会比F_1代杂交种略低，却比普通品种高。但是，这一设想目前尚未付诸实践。

二、高粱群体改良

通过轮回选择实行高粱的群体改良，以培育遗传基础广泛的品种和杂种优势明显的杂交种，已成高粱育种的新方法之一。美国自1972年以来已培育出了几个改良群体，如堪萨斯州1974年投放的KP_6BR群体，是抗麦二叉蚜的。我国高粱群体改良研究起步较晚，但进展较快。卢庆善等（1995）选用24份国内外高粱恢复系，经细胞核雄性不育基因（ms_3）转育、细胞质转换、随机交配等一系列育种程序，已组成了我国第一个高粱恢复系随机交配群体LSRP。

高粱群体改良包括3个基本环节，一是组建随机交配群体，二是对群体实行轮回选择，三是从群体内分离优势家系。

（一）组建随机交配群体　随机交配群体的组成大体分为3个步骤，第一步是选择亲本；第二步是向亲本转入雄性不育基因；第三步是使中选亲本之间尽可能地随机交配，充分打破不利基因连锁，实现优良基因的重组（图5-6）。因此可以说，随机交配群体中是否含有足够数量的遗传变异，是能否取得选育成功的先决条件。

（二）对群体实行轮回选择　轮回选择是在随机交配群体的基础上进行的。轮回选择法有混合选择法（M）、半同胞（H）、全同胞（F）家系选择法，自交一代（S_1）、自交二代（S_2）家系选择法以及交互轮回选择法（R）等。轮回选择的程序由鉴定和重组两个环节组成，每完成一次鉴定和重组称为一轮。采取哪种方法要根据育种目标、每年收获季数等来确定。

例如IAP_1R（M）C_4群体，是以种质NP_3R（以带有ms_3的Coes品种同30个恢复系杂交而得的）为基础，因

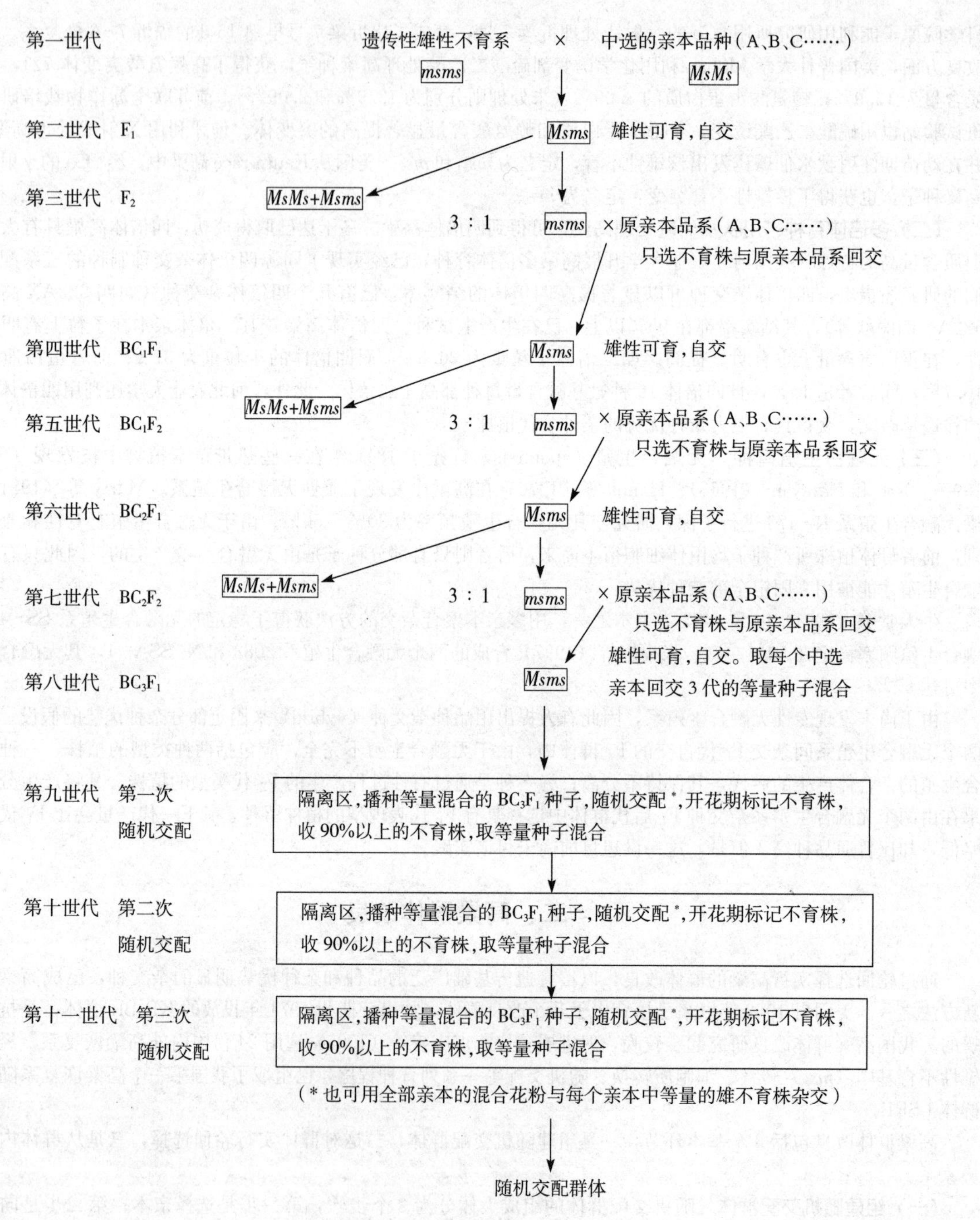

图5-6　随机交配群体组成示意图

（引自卢庆善等，1999）

为它含有 ms_3 基因，所以后代可以分离出雄性不育株，再同10个恢复系杂交后，经混合选择而完成。选育过程如下。

1973年，以10个恢复系为父本，同NP_3R分离出的雄性不育株为母本进行杂交。

1974年种植F_1，F_1是可育的。

1975年，种植从F_1每穗上收的等量混合种子，在隔离区内种植6 000株，让其自由授粉，在开花时标记

650～700 株雄性不育株，收获时把隔离区划分成 30 个小区，每个小区内选 10 个最重的雄性不育株穗子，作为下一年隔离区的种子来源，如此种植收获直到 1977 年。

1978 年，从 450 个雄性不育穗上收获种子，供下一自由授粉隔离区用。IAP_1R（M）C_4 群体，是经过轮回选择 4 次的群体，可为选育恢复系提供良好种质资源。

（三）从群体内分离优良家系　经过建立随机交配群体和随后的轮回选择而获得的改良群体，这种群体并不能在高粱生产上直接利用，还需经过一定选择程序，从中选择优良个体不断自交而产生优良家系，如从 IAP_1R（M）C_4 群体中，可选育新的恢复系。

复习思考题

1. 试归纳高粱优质育种的方向及其相应的目标性状，说明其遗传特点。
2. 与国际先进相比，中国高粱种质资源研究的差距在哪？进一步研究的重点应在哪些方面？
3. 我国高粱抗虫育种相对落后，亲本资源匮乏，举例讨论抗高粱蚜虫、玉米螟虫的基因资源发掘、创新与利用途径。
4. 归纳高粱重要育种目标性状的遗传规律。如新发现一个抗丝黑穗病的高粱地方品种，如何进行抗性遗传与育种利用研究？
5. 举例说明高粱育种中自然变异选择育种和杂交育种的基本程序。
6. 高粱不育细胞质类型有哪些？如何选育高粱“三系”？“三系”应具备哪些优良特性？
7. 高粱杂种优势表现如何？选配优势组合的基本原则有哪些？
8. 试述高粱杂种品种选育的主要田间试验技术。
9. 讨论生物技术应用于高粱育种所取得的进展与发展趋势。
10. 简述高粱群体改良的基本方法、关键技术及其应用范围。

附　高粱主要育种性状的记载方法和标准

一、物候期和植株生育情况调查

1. 播种期：实际播种的日期，以月、日表示。
2. 出苗期：全区 75%幼芽钻出土面（钻锥）的日期。
3. 拔节期：全区 75%植株基部第一节间伸长之日（即穗分化开始之日）。
4. 抽穗期：全区 75%植株穗子抽出旗叶鞘之日。
5. 开花期：全区 75%植株开始开花之日。
6. 成熟期：全区 75%植株穗基部背阴面第一枝梗的子粒进入蜡熟的日期。
7. 出苗日数：从播种次日到出苗日之天数。
8. 生育日数：从出苗次日到成熟的天数。
9. 芽鞘色：真叶未展开前经日光照射后的芽鞘色，分白、绿、红和紫 4 种。
10. 幼苗色：第四片真叶展开前观察幼苗叶片颜色，分绿、红和紫 3 种。
11. 有效分蘖数：成熟期调查，随机选取 10 棵典型株记录结实茎数，按下列公式计算

$$有效分蘖数=（结实茎数-主茎数）/主茎数$$

12. 茎粗：灌浆期调查典型株茎秆中部节间（不包括叶鞘）直径，取 5～10 株的平均值（以 cm 表示，精确度取 0.01）。
13. 茎秆髓部质地与汁液：成熟期调查中部茎节，分 4 类：蒲心无汁、蒲心多汁、半实心多汁和实心多汁。
14. 汁液品质和含糖量：用手持糖度计测定茎秆汁液锤度（BX），分不甜（BX≤8）、中度甜（BX 8～17）和甜（BX>17）。
15. 株高：开花之后随机取 10 株测量从地面至穗顶的主茎平均高度（cm），分为 5 级：特矮（100 cm 以下）、

矮（101～150 cm）、中（151～250 cm）、高（251～350 cm）和极高（351 cm 以上）。

16. 秆高：随机取 10 株测量由地面至穗颈（叶痕）的高度的平均值（cm），即株高与穗长之差。

17. 穗柄长：自茎秆上端茎节处至穗下叶痕处的长度，取 5～10 株平均值（以 cm 表示，精确度取 0.1）。

18. 穗柄径：穗柄中部的直径，取 5～10 株平均值（以 cm 表示，精确度取 0.01）。

19. 叶片数：每区定点选 5～10 株，从第一片起，每隔 5 片叶标记一次，待旗叶抽出后，计数每株叶片数，取其平均值。

20. 叶片着生角度：开花时测量植株中部叶片与茎秆间的生长角度（用度表示）。

21. 叶片中脉质地与颜色：开花时植株中部叶片的中脉质地和颜色，分 4 类：白、浅黄、黄和绿。

22. 倒伏率：成熟时田间目测倒伏情况，分 5 级：1 级（0%～10%植株倒伏）、2 级（11%～25%植株倒伏）、3 级（26%～50%植株倒伏）、4 级（51%～75%植株倒伏）和 5 级（76%～100%植株倒伏）。

23. 丝黑穗病［*Sphacelotheca reiliana*（Kühn）Clinton］抗性：抽穗后设点调查，每点数 100 株，计算受害株所占百分数。

24. 高粱蚜（*Aphis sacchari* Zehnter）抗性：在危害盛期调查，分 5 级：1 级（没有受害）、2 级（1%～10%植株有一片或多片叶受害）、3 级（11%～25%植株有一片或多片叶受害）、4 级（26%～40%植株有一片或多片叶受害）和 5 级（40%以上植株有一片或多片叶受害）。

25. 玉米螟（*Ostrinia furnacalis* Guenee）抗性：成熟时调查，分 5 级：1 级（没有钻孔）、2 级（钻孔限制在 1 节内）、3 级（钻过 1 节）、4 级（钻过 2 节或 3 节）和 5 级（钻过 4 节或更多节）。

26. 恢复和保持类型：测交种 F_1 开花前套袋，结实后调查结实率，分恢复（F_1 自交结实率达 85%以上，花药正常）、部分恢复（F_1 自交结实率达 0.1%～84%）和保持（F_1 自交结实率为 0～0.1%）3 种类型。

二、室内考种

27. 穗长：自穗下叶痕处至穗尖的长度，取 10 株均值（以 cm 表示，精确度取 0.1）。

28. 穗形：成熟时期的实际形状。分纺锤形、牛心形、圆筒形、棒形、杯形、球形、伞形和帚形，帚形内又分短主轴帚形、无主轴帚形。

29. 壳色：成熟时颖壳的颜色，分白、黄、灰、红、褐、紫和黑。

30. 子粒颜色：成熟时的子粒颜色，分白、乳白、白带斑点、黄、黄白、橙黄、红、紫、褐和其他。

31. 粒形：成熟子粒的实际形状，分圆、椭圆、长圆、扁圆和卵形。

32. 单穗粒重：随机取 10 株典型穗，自然风干后，全部脱粒称其重取均值（以 g 表示，精确度取 0.1）。

33. 千粒重：自然风干后测定 1 000 个完整子粒的重量（以 g 表示，精确度取 0.1）。

34. 子粒大小：以千粒重为度量，分 5 级：极大粒（35.1 g 以上）、大粒（30.1～35 g）、中粒（25.1～30 g）、小粒（20.1～25 g）和极小粒（20 g 以下）。

35. 着壳率：测量 1 000 粒中带壳粒的数，以百分数表示。

36. 角质率：纵切子粒目测角质所占的百分率，分 5 级：全角质（角质占 100%）、大部角质（角质占 70%以上）、部分角质（角质占 30%～70%）、大部粉质（角质占 30%以下）、全粉质（角质为零）。

37. 出米率：取 5 kg 子粒按国家规定的一等米标准碾米后称重，重复 3 次，求平均值，以百分率（%）表示。

38. 适口性：以当地习惯做法制成食品进行品尝。依品尝者打分的分数分级。1 级（81～100 分）、2 级（61～80 分）、3 级（41～60 分）、4 级（21～40 分）和 5 级（1～20 分）。

39. 淀粉的类型和比例：用标准法测定子粒中直链淀粉和支链淀粉的百分数。

40. 蛋白质含量：用标准法测定子粒干物质中蛋白质的百分率。

41. 赖氨酸含量：100 g 蛋白质中赖氨酸含量。

42. 单宁含量：用标准法测定子粒干物质中单宁的百分率。

参 考 文 献

[1] 何富刚等．高粱抗高粱蚜的生化基础．昆虫学报．1991，34（1）：38～41

[2] 卢庆善．美国高粱品种改良对产量的贡献．世界农业．1989（9）：31～32
[3] 卢庆善，宋仁本等．LSRP 高粱恢复系随机交配群体组成的研究．辽宁农业科学．1995（3）：3～8
[4] 卢庆善，高粱学．北京：中国农业出版社，1999
[5] 卢庆善，孙毅，华泽田．农作物杂种优势．北京：中国农业科技出版社，2001
[6] 李月莹等．高粱抗蚜基因的 RAPD 分析．生物技术．2002，12（4）：6～8
[7] 罗耀武．高粱同源四倍体及四倍体杂交种．遗传学报．1985，12（5）：339～343
[8] 马鸿图．高粱核-质互作雄性不育系 3197A 育性遗传的研究．沈阳农学院学报．1979，13（1）：29～36
[9] 马鸿图等．高粱幼胚培养及再生植株变异的研究．遗传学报．1985，12（5）：350～357
[10] 马鸿图等．粒用高粱生产力及光合能力比较研究．作物学报．1993，19（5）：412～419
[11] 牛天堂等．中国高粱品种资源抗旱性、耐瘠性鉴定研究．高粱研究．1984，6（1）：1～36
[12] 钱章强．高粱 A_1 型质核互作雄性不育性的遗传及建立恢复系基因型鉴别系可能性的商榷．遗传．1990，12（3）：11～12
[13] 王富德等．我国主要高粱杂交种的系谱分析．作物学报．1985，12（5）：339～343
[14] 西北农学院主编．作物育种学．北京：农业出版社，1981
[15] 张文毅．美国高粱遗传育种研究近况．辽宁农业科学．1986（2）：46～51
[16] 张桐．世界农业统计资料．世界农业．1993（5）：63
[17] 张福耀等．高粱 SSA-1 无融合生殖特性及遗传分析．作物学报．1997，23（1）：89～94
[18] Edmunds L K，Eummo N. Sorghum diseases. Agricultural Research Service，USDA. 1975
[19] Fehr W R. Genetic contributions to yield gains of five major crop plants. American Society of Agronomy and CSSA. 1984
[20] Gu Min-Hong，Hong-tu Ma，and George H L. Karyotype analysis of seven species in the genus sorghum. The Journal of Heredity. 1984（75）：196～202
[21] House L R，Mughogho L K，Peacock J M. Sorghum in the Eighties. In：Proceedings of International for Symposium on Sorghum. Patancheru P. O. Andhra Pradesh，India：ICRISAT，1981

（马鸿图、罗耀武原稿，卢庆善修订）

第六章 粟育种

第一节 国内外粟育种与生产概况

一、国内外粟生产概况

粟（foxtail millet）学名为 *Setaria italica*（L.）Beauv.，属禾本科，狗尾草属。粟在中国栽培历史悠久，已有7 900年以上。我国北方称粟为谷子，南方称之为粟谷、小米或狗尾粟，以区别于南方的稻谷。粟在中国作为粮食作物栽培，兼作饲草；其他国家多作饲料，子粒供食用。

粟类是许多小粒食粮或饲料作物的总称，除粟外，还包括珍珠粟、黍稷、龙爪稷、食用稗、小黍、台夫、圆果雀稗、马唐、臂形草、薏苡等。在我国种植的粟类主要是粟和黍稷。粟类作物主要分布在亚洲、非洲和欧洲的干旱地区。

粟属于自花授粉作物，以有性繁殖方式繁衍后代。其花器结构有利于自花授粉，但也有少量的异交，平均异交率为0.69%，最高可达5.6%。粟主要分布在中国和印度，韩国、朝鲜、俄罗斯、尼泊尔、澳大利亚、巴基斯坦、日本、法国、美国等也有少量种植。粟在中国分布比较广泛，北自黑龙江，南至海南岛，西起新疆、西藏，东至台湾均有种植，种植面积较大的省区依次是河北、山西、内蒙古、辽宁、陕西、黑龙江、河南、山东、甘肃和吉林。

二、我国粟育种简史

我国粟品种选育历史悠久，在长期的劳动生产中，中国农民自发地培育了大量的粟品种。在古文献中最早提及粟品种的是距今已有2 200多年秦代的《吕氏春秋》（公元前239年），该书提及早熟或晚熟的粟品种。最早正式介绍粟品种的古书是晋代的《广志》一书，该书介绍了11个粟品种。北魏时期的《齐民要术》（公元534年）则对粟品种做了更详细的介绍，不仅介绍了87个粟品种，还对品种进行了分类：“早熟、耐旱、免虫的有十四个”；“有毛耐风、免雀暴的有二十四个”；“味美的二个、味恶的三个”等。清朝的农书《授时通考》记载了粟的品种251个。

千百年来，尽管中国的粟育种都是农民自发的行为，但却培育出了千姿百态的粟品种，其名称民俗化、形象化，例如十石准、乌里金等。还育成了许多品质优异的品种，如号称四大贡米的沁州黄、桃花米、金米、龙山米等。这些古老农家品种有的流传至今仍广为种植，如大白谷等。

三、我国现代粟育种的发展与现状

我国有组织有计划的现代粟育种工作始于20世纪20年代，其发展历程大体可分为3个阶段：自然变异选育阶段、杂交育种阶段和多途径育种阶段。

（一）自然变异选育阶段 20世纪20年代，原金陵大学、燕京作物改良试验场、华北农科所等单位先后育成了燕京811、开封48、华农4号等粟品种。解放战争期间，晋察冀边区农林牧殖局所属的灵寿县马家庄农场选育出了边区1号等。50年代初期开展了大规模的地方品种整理评选工作，系统提纯选育并推广了一批优良品种，到50年代末60年代初，自然变异选育的粟品种已在生产上占主导地位，代表品种有晋谷1号、花脸1号、安谷18、磨里谷、新农724等。60年代初期，全国粟单产提高到1 100 kg/hm^2。

(二) 杂交育种阶段 1935年，李先闻等研究了粟人工单花去雄方法。1956年，任惠儒、陈家驹研究了粟温汤去雄方法。1959年，河南省新乡地区农业科学研究所张履鹏等在世界上首先采用杂交方法育成了粟新品种新农冬2号。此后，杂交育种在我国普遍开展起来，60年代采用杂交方法育成的品种已占同期育成品种总数的30%左右，70年代达50%。70年代后期，全国粟平均单产达1 600 kg/hm^2。

(三) 多途径育种阶段 20世纪80年代初，河南安阳市农业科学研究所采用杂交方法育成了具有重大突破意义的豫谷1号，进一步确立了杂交育种的主导地位。同时，诱变育种、杂种优势利用也在80年代取得了突破性进展，使我国的粟育种形成了以杂交育种为主，其他育种手段为辅的多途径育种局面。1963年，河北省张家口地区坝下农业科学研究所首次采用^{60}Co γ射线诱变方法育成了新品种张农10号，70年代诱变育种得到广泛开展，80年代诱变育种取得突破，采用诱变方法育成的品种已占同期育成品种的30%。1973年，河北省张家口市坝下农业科学研究所在世界上首次育成了具有实用价值的高度雄性不育系蒜系28，1980年组配出强优势组合蒜系28×张农15和黄系4×1007，并应用于生产。此后，我国又先后育成了*Ms*显性核不育系、核隐性光敏不育系等，使粟杂种优势利用成为粟育种的又一新途径。20世纪90年代以来，河北省农林科学院谷子研究所等单位开展了离子注入诱变育种、轮回选择育种、组织培养、转基因、远缘杂交、分子标记辅助育种等，并取得了较好进展，进一步形成了粟多途径育种的局面。

新中国成立以来，我国已采用多种手段育成粟品种300多个，使我国的粟平均单产由新中国成立初期的不足750 kg/hm^2，提高到2 359 kg/hm^2，小面积单产达7 500 kg/hm^2以上。例如，河北省农林科学院谷子所育成的谷丰1号小面积单产达9 153 kg/hm^2。

近年来，我国粟育种目标已由高产向优质、专用方面转变，并取得了较好的进展，优质、专用品种在品质、产量、抗性、适应性方面均实现了突破。例如，河北省农林科学院谷子所育成的优质新品种小香米和冀谷19以及富硒保健品种“冀谷18”、山西省农业科学院谷子研究所育成的晋谷35号等。在产量方面，小香米在区域试验中产量与高产对照持平；冀谷18、冀谷19和晋谷35号在区域试验中分别较高产对照增产10.54%、14.5%和11.2%，打破了优质与高产的矛盾，使优质育种上了新台阶。在品质方面，这些新品种商品性和适口性均好，被评为全国一级优质米。而且，这些新品种在多种环境条件下，直链淀粉、糊化温度、碱消指数等主要品质指标稳定，克服了金谷米、四大贡米等必须在特定区域种植才表现优质的不足。冀谷18小米含硒达180.1μg/kg，是一般品种的2倍左右。在抗性方面，这些新品种均具有良好的抗性，如小香米抗谷瘟病、白发病和红叶病，高度耐旱；冀谷19的抗倒性、耐旱性、耐涝性均为1级，高抗谷锈病、谷瘟病，抗纹枯病；晋谷35号高抗谷瘟病。

四、国外粟育种现状

国外粟育种主要在印度、法国、美国、俄罗斯、朝鲜、日本、澳大利亚、南非、阿根廷、捷克、匈牙利、摩洛哥等国家进行，但这些国家的粟育种规模都很小，育种手段多数也比较落后。对我国粟育种影响较大的是印度、日本、朝鲜、法国和澳大利亚。印度早在20世纪20年代就开展了有计划的粟品种选育，Youngma（1923）介绍了粟授粉方法，对我国的粟杂交育种起到了借鉴作用，但直到目前，印度仍以自然变异选育方法为主。近年来，印度培育出具有D_1、D_2、D_3、D_4矮秆基因的品种，作为培育耐水肥、高产、抗倒品种的亲本。日本和朝鲜与我国北方气候条件相似，从这两个国家引进的品种资源对我国粟育种起到很大的作用。例如，我国目前许多品种都有日本品种日本60日的血缘。日本学者Ben等（1971）在世界上首次进行了花药培养，成功地诱导出愈伤组织，并完成植株再生。澳大利亚粟品种对我国的粟杂种优势利用具有特殊的作用，内蒙古自治区赤峰市农业科学研究所胡洪凯等从杂交组合澳大利亚谷×吐鲁番谷中发现了Ms^{ch}显性核不育系。河北省张家口市坝下农业科学研究所还从澳大利亚谷×中卫竹叶青后代中选育出光敏显性核不育系光A_1。

目前粟遗传育种研究开展较好、且对我国粟遗传育种影响最大的是法国。20世纪80年代，法国的Darmency、Till等在粟的起源、进化、性状遗传、鸟饲品种选育等方面取得了一系列成就。特别是1981年Darmency等发现的青狗尾草抗除草剂突变材料，1993年引入我国后，通过与我国粟品种杂交，已将青狗尾草的抗除草剂基因转入粟品种中，育成了大量的抗除草剂粟资源材料和苗头品系，有的已进入生产应用阶段，这对于解决粟不抗除草剂、长期依赖人工除草的难题将起到巨大的促进作用。

第二节　粟育种目标和主要性状遗传与基因定位

一、我国粟主要生态区划与生态条件概况

粟在我国栽培范围很广，所处的自然条件复杂，栽培制度和栽培品种类型不同。了解粟的生态区划，对于正确的制定育种目标和引种应用具有指导意义。

中国粟主要集中在北方，目前品种管理中采用的是三大区划分法，按华北平原夏谷区、北部高原春谷区和东北平原春谷区组织品种区域试验。三大主产区均属干旱、半干旱或半湿润易旱地区。华北平原夏谷区包括山东、河南、河北中南部、山西南部、陕西南部，无霜期200 d左右，≥10 ℃积温4 000～4 500 ℃，年降雨量500 mm左右，海拔多在400 m以下，半数在100 m以下，以平原为主，一年两熟，以夏播粟为主，一般在小麦收获后播种，生育期90 d左右，种植面积约占全国的35%。北部高原春谷区包括山西大部、陕西大部、内蒙古、甘肃、河北北部和辽宁西部。大部分是海拔500～1 500 m的山区和高原，无霜期150～180 d，≥10 ℃积温2 000～4 000 ℃，年降雨量300～600 mm，粟生育期110～125 d，种植面积约占全国的50%。东北平原春谷区包括黑龙江、吉林和辽宁部分地区，无霜期100～180 d，≥10 ℃积温低于3 000 ℃，年降雨量400～700 mm，海拔200 m以下，以平原为主，除辽宁南部可两年三熟外，其余地区均一年一熟，生育期100～135 d，种植面积约占全国的15%。

二、育种目标

粟在中国作为粮食作物栽培，兼作大牲畜饲草和禽鸟饲料。粟育种的重点是以培育优质米用型和高产多抗型品种为主，兼顾保健专用品种、鸟饲专用品种选育，在我国西部高寒农牧结合区，重点是培育早熟、粮草兼用型品种。粟育种目标还包括抗病虫害、耐逆性、抗除草剂、耐宜密植、适宜机械化栽培等。由于气候和生产条件的差异，全国各区育种目标有一定差异。华北平原区应选育适合于麦粟两熟的中早熟品种，着重增强品种的耐肥抗倒和抗纹枯病、谷锈病、白发病、线虫病能力。同时，该区苗期草害严重，抗除草剂是育种的重点之一。北部高原区在水肥条件较好的晋中、关中地区应着重提高品种的抗倒、耐肥和抗白发病、抗粟瘟病、抗红叶病、抗黑穗病能力。东北平原区气候寒冷，无霜期短，应选育早熟，抗粟瘟病、白发病和粟灰螟，苗期及灌浆期耐低温品种。特别是提高抗粟锈病、纹枯病和粟瘟病的能力。内蒙古高原地区应选育抗倒、耐旱、耐寒、早熟、穗大、粒多、粒重的品种。

三、主要性状遗传与基因定位

（一）质量性状遗传　粟的性状遗传研究始于20世纪30年代初期，到目前，已对许多形态性状、颜色性状、生化性状进行了研究，但是，由于从事遗传研究的人员较少，各研究者对同一性状划分标准不同，而且有些性状遗传较复杂，加之粟杂交困难，观察的组合数有限，因此，仅有少数性状已明确了基因组成和杂种后代分离规律，而对多数性状的研究还只是初步的。

王润奇等（1994）首次培育出粟初级三体系列（$2n+1=19$），为粟的性状遗传和基因定位研究奠定了基础。目前，王润奇等已利用三体将胚乳粳糯、青色果皮、白米、矮秆、雄性不育、黄苗等基因进行了染色体定位。王志民（1998）与英国约翰英纳斯中心剑桥实验室合作，构建了180个位点的RFLP连锁图谱，并将粟抗除草剂（Trifluralin，茄科宁）主基因之一*Trirl*定位于第9染色体距Xpsml76位点1 cM处。该连锁图谱的建立为粟主要性状的基因精确定位和分子标记辅助育种奠定了基础。但是，受研究条件的限制，已定位的基因还很少。

1. 苗色遗传　根据遗传学分析，粟的苗色受四对基因控制，显性*PPVVHHII*（隐性*ppvvhhii*），其中*PP*为紫色基因，*II*加强颜色深度，*VV*使植株显紫色，*HH*使穗部显紫色。粟的苗色分8个等级。具有全部显性基因*PPVVHHII*的品种自穗到茎叶全株深紫，以P_1表示。基因型*PPVVhhII*的除穗部外，其余部分均显紫色，以P_2

表示。具 $PPVVHHii$ 的表现型和 P_1 相似，但因缺 II 深色基因，故成熟时株色显浅紫色，以 P_3 表示。具 $PPVVhhii$ 基因型的除穗部外其余均呈浅紫色，以 P_4 表示。具 $PPvvHHii$ 基因型的，只穗部紫色，其余均为绿色，以 P_5 表示。具 $PPvvHHII$ 基因型的只穗部显浅紫色，余均绿色，以 P_6 表示。不具 PP 基因而具其他基因的，全株呈绿色，以 P_7 表示。$PPVVhhII$（或 $PPVVhhii$）为黄绿苗，以 P_8 表示。它们之间颜色由深至浅的顺序为：P_1、P_2、P_3、P_4、P_5、P_6、P_7、P_8。王润奇等已将 P_8 基因定位在第 7 号染色体上。

2. 子粒颜色遗传 成熟的粟种子由内外稃硬化形成的外壳包裹，因而是假颖果。子粒色泽受基因互作的多基因控制，根据遗传学分析，粟子粒颜色主要有白、灰、黄、深红、红、褐黑、黑共 7 个等级，受 3 对基因 $BBIIKK$（$bbiikk$）的控制，其中 BB 单独存在使谷粒呈灰色，II 能使色素加深，KK 能使子粒呈深黄色，如果 $BBIIKK$ 三者在一起就使子粒呈黑色，$BBIIkk$ 则呈褐黑色，$bbiiKK$ 和 $BBiiKK$ 呈粟黄色，$bbIIkk$ 呈红色，$BBiiKK$ 呈赤黄色，$BBiikk$ 呈浅黄色，而只有隐性纯合基因 $bbiikk$ 呈白色。

3. 果皮颜色和米色遗传 谷粒去壳后即为颖果，俗称小米，其果皮很薄，与种皮不易分清。白米 W 对黄米 w 属简单的孟德尔遗传，白米为显性，位于 3 号染色体上。青果皮基因由两对等位基因控制，青果皮对黄果皮，F_1 果皮为黄色，F_2 黄果皮与青果皮的比例接近 13∶3，控制青果皮性状的基因位于第 6 号染色体上。果皮黑色对黄色 F_1 为黑色，F_2 黑果皮与黄果皮比例为 9∶7。果皮灰色对黄色 F_1 为黄色。

4. 粳糯性遗传 米质的粳糯性受单基因控制，以粳性 Wx 为显性，糯性 wx 为隐性，控制粳糯性的基因在第 4 号染色体上。

5. 雄性不育遗传 核隐性雄性全不育系延 A、核隐性高度雄性不育系（不育度 95%）蒜系 28、1066A 以及光敏核隐性不育系 292A 的不育性受一对隐性基因控制。“1066A”的不育基因位于第 6 号染色体上。内蒙古赤峰市农业科学研究所 1984 年确定了显性单基因控制的 Ms^{ch} 雄性不育系，同时还培育了一个特殊恢复源 185-1 Ms^A，可以使该显性不育系得到恢复，即 Ms^A 对 Ms^{ch} 为显性，表型为可育，Ms^{ch} 对一般粟品种 Ms^N 为显性，表现型为不育，构成了 $Ms^A > Ms^{ch} > Ms^N$ 复等位基因序列。

6. 株高遗传 一般高秆为显性。据内蒙古农业科学研究院的观察，株高第一代介于双亲之间，多为中间类型，但显著倾向于高秆亲本，并有超亲现象，其遗传率为 67%，早期选择有效。矮生性（95 cm 以下的品种）多属于隐性，但不同的矮秆材料遗传表现不同。郑矮 2 号的矮秆基因由 2 个基因控制；安矮 3 号的矮秆基因为隐性单基因；位于第 3 号染色体上；延矮 1 号的矮秆基因同安矮 3 号的矮秆基因是等位基因；延矮 2 号和济矮 12 号的矮秆基因同安矮 3 号的矮秆基因是非等位基因。赤峰市农业科学研究所发现的 D^{ch} 粟显性矮秆基因，其后代发现有纯合矮秆植株。研究表明，多数矮秆品种表现早衰，早枯，秕粒多。

7. 穗型遗传 纺锤型为显性，筒型为隐性，F_2 分离比例为 3∶1；紧穗型对普通型为显性，F_2 分离比例为 3∶1；掌状穗对普通穗 F_1 为掌状穗，F_2 表现 9∶7 分离。

8. 其他性状遗传 花药橙色对白色 F_1 为橙色，F_2 橙色与白色花药比例为 3∶1。茎基红色对绿色 F_1 为红色，F_2 红色与绿色茎基比例为 3∶1。刚毛红色对绿色 F_1 为红色，刚毛长对短 F_1 为长刚毛，这两个性状遗传较复杂。

（二）数量性状遗传 粟的经济性状多为数量性状，由微效多基因控制，受环境影响较大。不同的性状受环境影响的程度和遗传给后代的能力不同，且诸多数量性状间存在着复杂的相互联系。

1. 粟主要数量性状的遗传率 李荫梅（1975）在国内首先报道了夏粟主要农艺性状的遗传率，结果表明，遗传率由高到低的顺序依次是小区产量、码数、株高、千粒重。刘子坚（1990）等研究了春粟主要数量性状，认为主穗长、株码数、出苗至抽穗天数、千粒重、穗粗、生育期、主茎高和根数遗传率较高，株穗重、株粒重遗传率较低。古世禄等（1996）报道，粟的耐旱性遗传率较低，但 F_2 超亲遗传十分明显，平均超亲率达 71.2%，其中超高亲率 37.9%。杂种 F_1 株高介于双亲之间，多为中间类型，但显著倾向于高秆亲本，F_2 有超亲现象，其遗传率为 67%，早期选择有效。杂种 F_1 穗长表现中间型偏向较长的亲本。杂种 F_1 单株粒重表现为中间型，并有正向超亲现象，后代分离变化大，遗传率较低，估算为 47.3%，早代选择效果不大。千粒重遗传率稍高，为 56.5%，早代选择较为有效。生育期亦为数量遗传，F_1 生育期的长短主要受双亲生育期平均数的影响，中×早、中×晚、晚×早、晚×中、晚×晚等不同组合的 F_1 的生育期变异大多数组合倾向于早熟亲本，其中也有超亲早熟的出现，F_2 超亲遗传明显。遗传率高的性状在早代直接选择效果显著，而遗传率低的性状应通过间接选择逐步实现目标。

2. 粟主要数量性状的遗传相关 段春兰等（1990）认为，株高与穗长、码数、穗粒重呈极显著正相关；穗长与码数、千粒重呈极显著正相关，与穗粒重呈显著正相关；码数与穗粒重呈显著正相关；千粒重与穗粒重呈极显著正相关。刘晓辉（1990）认为，单株产量与穗粒重、穗粒数和千粒重呈极显著正相关，但穗粒数与千粒重呈极显著负相关。李荫梅等（1987）认为，粟蛋白质含量与子粒产量呈负相关，与千粒重呈正相关。古世禄（1990）研究了粟杂种后代蛋白质、脂肪含量与双亲蛋白质、脂肪含量的相关性，结果为，76.9%的组合杂种 F_1 蛋白质含量介于双亲之间，且高于中亲值；23.1%的组合 F_1 蛋白质含量超高亲；21.6%的 F_2 个体蛋白质含量超亲，一般亲本蛋白质含量变异大的组合易在 F_2 分离出超高亲个体。粟杂种 F_1 脂肪含量多数组合略高于双亲平均值，部分组合超高亲，也有少数组合低于双亲平均值。F_2 的脂肪含量变异丰富，超高亲现象普遍存在，但组合间有差异，双亲脂肪含量均高的组合，F_2 出现超高亲的个体较多。通过相关分析，粟子粒脂肪含量中亲值与 F_1、F_2 脂肪含量呈极显著正相关，F_1 脂肪含量与 F_2 平均脂肪含量呈极显著正相关，双亲差值与 F_1、F_2 平均含量相关不显著。

第三节　粟种质资源研究和利用

一、粟的起源和分类

（一）粟的起源　许多外国学者，如前苏联学者茹可夫斯基、瓦维洛夫（1935）等，认为粟起源于中国，在古代中国和其他国家交往中，将粟传到国外。普遍认为是由阿拉伯、小亚细亚、奥地利传入欧洲。语音上也提供了佐证。印地语称粟为秦尼，俄语称齐米子，格鲁吉亚语称谷米。中国学者也以大量证据证明粟起源于我国。代表新石器时代早期文化的裴李岗遗址（距今估计 7 500 年左右）、磁山遗址和西安半坡遗址（距今都在6 000～7 300 年或以上），这些地方都有炭化的粟谷和粟米出土，有的还有古文字记载。几个遗址之间沿太行山东麓到嵩荠山东麓，有不少遗址把裴李岗和磁山文化相连接，还出土了新石器时代晚期文物，分布的范围相当广泛，足以证明早在新石器时代就形成了中原种粟的农业区。

粟是由野生粟狗尾草进化而来。其证据有 3 个：其一，日本人研究了狗尾草属植物的护颖和内外颖的灰相（即将护颖置于载玻片上加热灰化、镜检），认为大狗尾草、普通狗尾草、金色狗尾草、紫狗尾草的灰相和粟的灰相非常相似；其二，同工酶分析结果表明，粟与狗尾草的酯酶谱带也很相似；其三，狗尾草与粟在植物形态解剖上相似，体细胞染色体基数相同，都是 $x=9$，而且核型相近，相互之间可以进行有性杂交，也能产生育性不完全的杂种。这些均证明粟是由狗尾草进化来的。至于和粟关系最近的谷莠子，形态上，很像是粟和狗尾草的中间型，但是根据下列事实证明并非如此：①一些深山原始地区，只有普通狗尾草、金色狗尾草和紫色狗尾草而没有谷莠子。②只有种过粟的地方，其沟边、路旁、坡地等才有谷莠子的分布。同时，谷莠子有许多外部特征近似原地块种过的粟品种，特别是穗形、粒色等非常相似。例如，种过龙爪型粟品种的地块上，谷莠子的穗型也是龙爪型的。③粟和谷莠子的杂交较与狗尾草杂交容易且杂种后代育性也高。把上述 3 个方面联系起来，说明谷莠子不是狗尾草进化到粟的过渡类型。

（二）粟分类及其在植物学分类中的地位

1. 粟类的植物学分类　粟［*Setaria italica*（L.）Beauv.］属禾本科，禾亚科，黍族，狗尾草属（或粟属）。Beauvois（1750—1820）在 1812 年把有刚毛特征的这一类植物定为一属，且沿用至今。近年来，由于植物学特别是细胞遗传学的研究，杂交育种的发展证明了这种分类是正确的。为了区别各种小粒作物的植物学差别，掌握它们的亲缘关系，列成表 6-1 所示检索表。

表 6-1　粟属植物检索表

A. 小穗呈圆锥花序，各小穗下无总苞
　B. 圆锥花序下垂，空颖苞无芒……………………………… 黍，糜（$2n=36$）（*Panicum miliaceum* L.）
　BB. 圆锥花序直立，为排成总状花序的短穗状花序而成，空颖苞有芒或芒刺
　　C. 芒长，小穗白色 ……………………………… 稗（$2n=36$、54）［*Echinochloa crusgalli*（L.）Beauv.］
　　CC. 芒短，小穗灰褐色 ……………………… 湖南稷子，栽培稗（$2n=36$、54）［*Echinochloa crusgalli* L. var. *frumentacea*（Roxb）Wright］
AA. 小穗呈穗状花序，各小穗下有或无刺毛状总苞

（续）

B. 穗状花序单生，各小穗下有刺毛状总苞

　C. 粟粒在成熟时包在内外颖苞之内，穗状果序疏松

　　D. 果穗直径通常在 1 cm，刺毛总苞；小穗长 2 mm …… 狗尾草（$2n$=18、36、54、72）[*Setaria viridis*（L.）Beauv.]

　　DD. 果穗直径 1～3 cm，刺毛紫色；小穗长 2.5～3 cm …………… 粱，粟（$2n$=18、36）[*Setaria italica*（L.）Beauv.]

　CC. 谷粒圆形，在成熟时晚掉颖苞，打谷时脱粒，果穗密 ……………………… 御谷（$2n$=14）[*Pennisetum glaucum* R Br.]

BB. 穗状花序指状丛生，各小穗无刺毛状总苞 ……………………… 穇子，龙爪稷（$2n$=36）[*Eleusine coracana*（L.）Gaertn]

2. 粟的品种分类　根据我国汉代分类观点（汉以前称春粟为粱，夏粟为粟）认为粟应分为两型：一为粱型（或大粟），另一种为粟型（或小粟）。主要粱粟型的分类如下。

粟，又名北方粟或匈牙利粟，果穗小而紧密，种子淡黄至黑色，芒褐色；粱，又名东方粱或亚奴粱，果穗细长，松散不下垂，子实成球状；粟，又称西方粱或德国粱，果穗大，种子小而呈黄色，种子群较明显；普通粱，又称普通粟，果穗小，子粒大，种子群不明显；金色奇粱，又称金黄粱，刚毛少，穗大；赤粱粟，又称东北粱、西伯利亚粱，种子赤或浅红。

根据穗部性状又可把粟分成两大类：异穗型（或分枝型）和普通型。粟粒色分为白、黄、杏黄、红、褐黄、黑、灰等色。米质可分为粳、糯两种。米色可分为黄、乳白、青灰、绿几种颜色。与其他性状互相结合就构成了各种不同的品种类型。在生产上较少见的就成了稀有类型。

二、粟的染色体与核型

狗尾草属的单倍体体细胞染色体数是 $n=9$。粟的染色体总长度是 36 μm 左右，每条染色体长度范围是 3.59～5.74 μm，其中第 7 号染色体是随体染色体。单倍体核型均是 $n=9=7\ \mathrm{m}+1\ \mathrm{sm}+1\ \mathrm{st}$ (SAT)。粟和狗尾草中都有四倍体，也发现有六倍体，其核型与上式相同，说明粟和狗尾草亲缘关系很近。

三、种质资源的研究利用

（一）种质资源收集与保存　我国对粟品种的研究可追溯到 20 世纪 20 年代，但当时只限于少数地区。1958 年全国第一次普查，共有粟品种资源 23 932 份，以后又经过多次征集补充、整理合并、创新，至 2000 年，全国共整理编目了粟资源 27 059 份（含国外材料 386 份，其中 14 个糯质），其中粳质材料 24 225 份，占 89.5%；糯质材料 2 834 份，占 10.5%。

（二）种质资源鉴定、创新与利用　"六五"以来，我国开展了大规模的粟种质资源鉴定评价工作，鉴定出一批耐旱、抗病等优异资源材料。"八五"和"九五"期间，对 5 138 份资源材料进行了抗白发病、黑穗病、粟瘟病、粟锈病、线虫病、粟芒蝇、玉米螟及耐旱性等性状的综合鉴定。另外，对部分品种也进行了营养品质和食用品质等方面的研究。主要鉴定结果如下。

蛋白质含量：≥16%，79 份；≥20%，5 份；最高 20.82%。

脂肪含量：≥5%，203 份；≥6%，4 份；最高 6.93%。

赖氨酸含量：≥0.35%，15 份；≥0.38%，3 份；≥0.4%，1 份；最高 0.44%。

耐旱性：2 级以上 465 份，1 级 231 份。

抗谷瘟病：R 级以上 640 份，HR 级 137 份。

抗谷锈病：MR 级以上 40 份，R 级 5 份。

抗黑穗病：R 级以上 86 份，HR 级 23 份。

抗白发病：R 级以上 713 份，HR 级 286 份。

抗线虫病：≤1%，5 份；≤5%，57 份；≤10%；178 份。

抗玉米螟：MR 级以上 42 份，R 级 4 份。

抗粟芒蝇：0。

其中，对2种以上病害抗性达R级以上的材料123份；对2种以上病害抗性达HR级的材料8份；对3种以上病害抗性达R级以上的材料3份；1级耐旱且对2种以上病害抗性达R级以上的材料14份；蛋白质含量≥16%，且对2种以上病害抗性达R级以上的材料3份。

从上述结果可以看出，我国粟品种资源中不乏抗白发病、抗谷瘟病和耐旱材料，但缺乏抗谷锈病、抗线虫病、抗玉米螟、高脂肪、高赖氨酸的材料，更缺乏抗纹枯病、抗粟芒蝇和多抗材料。具有抗性的材料，多数农艺性状较差，难以直接在育种中应用。同时，目前的粟种质资源研究还很肤浅，亟待开展核心资源及骨干亲本的遗传研究。

河北省农林科学院谷子研究所针对粟锈病机制不明、抗性材料缺乏的状况，经十几年的努力，首次将我国粟锈菌区分为7群32个生理小种，其中强毒性小种是A77、A73、A57和B37，优势小种是E3和D7，并鉴定出89份抗源，同时明确了11份抗源的遗传规律，为粟锈病抗性鉴定和育种应用奠定了良好基础。

我国也越来越重视粟种质材料创新研究。“九五”期间，“谷子育种材料与方法研究”列入国家科技攻关课题，培育出抗锈的石96355和郑035、抗黑穗病的94-57、耐旱的915-216、抗倒伏的石97696等一批农艺性状较好的抗性材料。“十五”以来，河北省农林科学院谷子研究所针对近年纹枯病逐渐上升的形势，又将抗纹枯病作为育种材料创新的主攻目标，并育成石98622、石02-66等抗纹枯病、农艺性状优良的育种材料。同时，针对商品经济条件下人们需求的多元化，创制出一批乳白、灰、青等不同米色的育种材料。并育成一批特早熟材料、茎秆高糖分的饲用材料。

鉴定、创新出的优异种质资源和新材料在我国粟育种中发挥了积极作用。“八五”以来，培育出了一批高产、优质、多抗的粟新品种，例如，高抗白发病、高抗倒伏、中抗谷锈病和纹枯病的高产多抗新品种冀谷14号；优质、兼抗谷锈病和纹枯病、1级耐旱、1级抗倒伏的优质多抗新品种冀谷19；抗倒伏抗锈病的豫谷9号；优质抗白发病的晋谷35号；高产抗谷瘟病的公谷68号、龙谷31号等。由于这些新品种的推广应用，使在华北平原夏谷区一度严重流行的谷锈病和春谷区流行的白发病、谷瘟病得到较好的控制，产量明显提高。

第四节　粟育种途径与方法

一、自然变异选择育种

任何一个粟品种，在栽培过程中都会产生基因突变，育成品种也存在着变异和少量异交。因此，在粟的生产田中，精细选优，可以选出符合生产需要的优良品种。粟的自然变异选择育种在粟新品种选育中是一种简便易行的有效方法。选择育种的优点是简便易行，育种周期短，一般在选株后通过1～2年的株行试验即可进入产量试验。缺点是变异源有限，变异幅度一般较小，难以出现较大突破。我国粟大规模进行系统育种始于新中国成立初期，20世纪50年代后期至70年代中期多数推广品种都是采用系统法选育的，对于提高粟产量发挥了重要作用。选择育种以在推广品种和新育成品种中选株效果最好。

自然变异选择育种有两种基本的选择方法：一种是单株选择法，收获前在田间选择穗部丰满健壮，青秆黄绿叶，子粒饱满，无病虫害的变异单株单穗，经单穗脱粒、编号、登记，妥善保存。第二年种穗行，行长3 m，行距0.40 m为1小区，10小区设对照1个。以后逐年选择符合要求的穗行。粟单株选择的关键是在穗型、植株高度、抗逆性、生育期、幼苗颜色等方面重点选择。以往推广的公谷6号、长农1号、衡研130、鲁谷2号等都是由单株选择法育成的。第二种是混合选择法，当变异较多时，根据性状分离的特点将变异分为几个大的类型。收获前在田间选择属于同一类型的植株，混合脱粒，第二年和原品种及当地推广种（或对照种）在同一地块上种植，进行对比。增产效果显著或具备突出优点，性状整齐一致的，就可以留种并繁殖推广。实践证明这个方法有较好的效果。例如，以往推广的华农4号、白沙971、昌潍69、鲁谷4号等都是用混合选择法选出来的。选择上述两种方法的哪一种，要根据具体情况灵活掌握。可以把单株选择法和混合选择法结合起来，或交错进行。

二、杂交育种

杂交育种是通过品种间有性杂交创造新变异而选育新品种的方法，是目前我国粟育种中普遍采用的、成效最显著的育种方法。20世纪20年代开始就有粟杂交的报道，1923年，印度的Youngma介绍了粟授粉方法；1935年，李先闻等研究了粟人工单花去雄方法；1956年，任惠儒、陈家驹研究了粟温汤去雄方法。1959年，河南省新乡地区农业科学研究所张履鹏等在世界上首先采用杂交方法育成了粟新品种“新农冬2号”。70年代以后，采用杂交方法育成的品种逐步增多，80年代中期以来，我国70%的粟推广品种是采用杂交方法育成的。

（一）杂交亲本选配 亲本选配是杂交育种成败的最重要的环节。亲本选配应遵循的原则是：母本的综合性状好，缺点少，且主要性状突出；父本要具有母本缺少的突出优点，即双亲优缺点能够互补；双亲生态类型差异较大，亲缘关系较远，且一般配合力好；双亲之一是当地推广品种。

（二）杂交技术 粟杂交一般要经过整穗、去雄、授粉3个过程。

1. 整穗 粟是小粒多花作物，单穗花数达数千枚，且单穗小花发育不一致，花期持续一周左右。因此，为了提高小花杂交率，应在去雄前去掉已开花、授粉和发育尚不完全的小花，只留下翌日将开花者，整穗宜在当天开花结束后进行。

2. 去雄 粟去雄的方法有多种，如温汤集体杀雄、人工单花去雄、水浸人工综合去雄、化学杀雄等，但目前应用较多的是温汤集体杀雄和人工单花去雄。

温汤去雄是利用雌蕊和雄蕊对温度反应的不同，用温水浸泡母本穗杀死雄蕊而使雌蕊不受伤害的去雄方法。该方法去雄速度快，可操作时间长，能在短时间内大量进行，但杀雄不彻底，真杂交率低。适宜的水温和浸泡时间与品种对温度的敏感性和栽培环境有关。在我国北方，一般用45～47 ℃温水浸泡7～15 min。

人工单花去雄是在授粉前人为地摘除雄蕊的方法。该方法的优点是真杂交率高，但去雄速度慢，技术要求高。粟人工单花去雄在盛花期小花开花后至花药开裂散粉前进行。

3. 授粉 可在盛花期人工采粉授粉，也可用透光、透气性好的羊皮纸袋将父母本穗套在一起，辅以人工敲袋自由授粉。要注意调节父母本花期，保证花期相遇。

（三）杂交方式 杂交方式有多种，如单交、复交、回交等，应根据育种目标和亲本特点选择合适的杂交方式。一般应尽可能采用单交方式，目前的粟品种绝大多数是采用单交育成的。如果单交不能实现育种目标，应选用复交或回交。

（四）杂种后代的变异和选择 杂交所得的种子首先要通过种植选择真杂种株，淘汰假杂种株，同一组合混收杂交穗，如亲本不纯，应按类型分别收获杂种株。以后各代按组合分别种植选择，可采用系谱法、混合法、集团混合法等方式进行选择，目前的粟育种中多采用系谱法选择。

粟各种杂交技术都难以保证得到完全的真杂交种子，可利用F_1代的杂种优势和遗传显性性状去鉴别假杂种，将其去掉。对抗病虫能力差，优势差，早枯的组合，要严格淘汰。其他性状上则可适当放宽，以免漏选和误选。

杂种第二代（F_2）的性状分离比较复杂，特别是双亲的遗传差异悬殊的组合，分离范围更大。因此要扩大群体数量，以增加选择机会。在性状选择上要以熟期、抗病虫能力、株高、粒色、米色、茎秆强度（即抗倒性）为重点，淘汰不良组合。在优良组合中，大量选择各种不同类型的单株。实践证明，综合性状优良的品系多数来源于优良亲本组合。

杂种第三代（F_3）的主要经济性状继续分离，还可能出现前两代没有的新性状，部分组合植株外观性状差异比前代有较明显缩小趋势，有的品系趋于稳定。在熟期、抗逆性符合育种目标的基础上，应以遗传因子复杂的产量性状作为选择重点。严格、大量地淘汰那些不良组合株系。对性状仍在分离的优良株系要继续进行单株选择，但应注意品系一致性，以缩短育种过程。对少数符合育种目标，性状稳定一致的优良新品系，要结合测产进行考种。粟的F_2和F_5，是选择的关键时期，正确的选择是按既定目标进行，要求认真选出优良品系，又不保留过多的材料。

杂种4～7代，随着世代的增加，分离范围越来越小，5代以后，大部分株系趋于稳定，个别株系仍有分离。F_4、F_5代以选系为主，同时注意选择特殊优良单株并且严格淘汰不良株系。从F_4起，可将稳定的株系进行产量鉴定，最后进行品种比较和区域试验。对于稳定且表现优良的品系，应及早繁殖种子和分区鉴定其适应性，不要受代数限制。

三、诱变育种

我国粟诱变育种始于20世纪60年代，目前在粟育种中应用广泛且成效显著。1963年，河北省张家口地区坝下农业科学研究所用^{60}Co γ射线照射农家种红石柱干种子，从中选育出新品种张农10号，这是我国也是世界上第一个诱变育成的粟品种。到70年代，粟理化诱变育种在我国广泛开展起来，30多年来，共育成40多个粟新品种，许多品种在生产中发挥了重要作用，如，冀谷14号、辐谷3号、龙谷28号、鲁谷7号、赤谷4号、晋谷21号等均成为生产上的主栽品种，其中，冀谷14号曾创单产8 649 kg/hm^2 的高产纪录。

（一）诱变方法和诱变材料的选择

1. 诱变材料的选择　育种目标确定后，选用适宜的诱变材料是诱变育种成败的关键。一般应选择当地推广品种和综合表现较好但存在个别缺点（如晚熟、秆高、不抗病等）的品系效果较好。也可选用杂种作为诱变材料，以增大变异类型。

2. 诱变方法　诱变方法包括物理诱变和化学诱变。在粟育种上应用最多的诱变方法是^{60}Co γ射线照射干种子，育成品种数约占诱变育成品种总数的85%，如张农10号、冀谷14号、辐谷3号、鲁谷7号等；其次是快中子处理干种子，育成品种数约占诱变育成品种总数的15%，如龙谷27号，龙谷28号、赤谷4号等。近年也开展了重离子束诱变育种，如河北省农林科学院谷子研究所应用氮离子束注入粟干种子，育成了新品种谷丰1号。

不同的粟品种对^{60}Co γ射线辐射处理的敏感性差异较大，一般认为，适宜的剂量是照射后植株成活率50%左右。伊虎英等（1991）认为，我国黄河中下游粟品种的半致死剂量在$3.6\times10^2\sim10\times10^2$ Gy之间，多数品种（53%）适宜的剂量是$4.7\times10^2\sim7.9\times10^2$ Gy。一般同一材料应同时用2～3个剂量处理，每个剂量处理的种子量应在1 000粒左右。

（二）诱变后代的选育　M_1代的突变多数呈隐性，形态的变化多数不能遗传，但有时也出现显性突变。一般认为在M_1代不进行选择，而按材料、剂量单株收获或混收，仅对符合育种目标的显性突变进行选择。M_2代为分离世代，但大部分变异是无益突变，应注意微小变异的选择，可进行单株选择或集团选择。M_3及以后各代要根据育种目标进行严格的选择，表现优异者下年进入产量试验。

四、目标性状基因库育种

利用现有的显性核不育系、隐性核不育系以及化学杀雄技术，根据育种目标要求，筛选出某个目标性状突出的一批育种亲本材料与上述不育系或化学杀雄不育材料一起组建目标性状基因库，如优质基因库、抗病基因库、特早熟基因库等，该方法不仅省去了人工去雄环节，而且可利用基因的累加效应选育出目标性状更突出的育种新材料和新品种，还可根据育种目标要求，根据性状互补的原则采用从不同基因库选育的育种材料进行有性杂交或组建新的混合基因库，实现多个目标性状的重组。

五、杂种优势利用

要在生产上大量应用杂交种，必须利用雄性不育或化学杀雄。在粟化学杀雄方面，国内许多单位进行了探索，结果表明，小规模应用效果尚可，但大规模应用尚有很大难度，主要原因是粟群体花期长达两周左右，彻底杀雄较为困难。在粟雄性不育方面，1942年Takahahi首先报道粟雄性不育受一对隐性核基因控制，但此后并未见到粟不育系选育的报道。1967年，我国首次发现粟雄性不育现象，并相继利用自然突变、人工杂交、理化诱变等手段选育出了多种类型的雄性不育系，如核隐性高度雄性不育系、*Ms*显性核不育系、光敏隐性核不育系、光敏显性核不育系、核隐性全不育系、细胞质不育系等。核隐性高度雄性不育系已用于两系杂交种生产，*Ms*显性核不育系、光敏隐性核不育系的应用研究也取得了较好进展。

（一）核隐性雄性不育系及其应用　1969年，河北省张家口市坝下农业科学研究所从红苗蒜皮白谷田中发现了雄性不育株，1973年冬育成了不育率100%，不育度95%的高度雄性不育系蒜系28，其不育性受一对隐性主效基因控制，一般可育材料均是其恢复系。由于修饰基因的作用，不育株有5%左右的自交结实率，产生的种子仍为雄性不育，因此，省去了保持系。此后，许多单位先后通过品种间杂交、理化诱变等手段育成了数十个核隐性高度雄性不育系。我国已利用粟核隐性雄性不育系测配出多个优势杂交组合，如河北省张家口市坝下农业科学研究所组配的蒜系28×张农15，河北省农林科学院谷子研究所组配的冀谷16号（1066A×C445），黑龙江农业科学院作物育种研究所组配的龙杂谷 1 号（丹 1×南繁 1 号）等，这些杂交种较常规对照品种增产 17.2%～33.42%。

利用核隐性雄性不育系进行粟两系杂交种选育的关键是不育系和恢复系的选育，不仅要求不育系和恢复系综合性状优良、配合力高、遗传稳定，同时要求不育系柱头外露、易接受外来花粉且异交结实率高；要求恢复系花粉多、开花持续时间较长、与不育系花期接近、恢复能力强、株高略高于不育系。由于雄性不育系具有 5%左右的自交结实能力，因此，应用杂交种时，需在苗期拔除假杂种，这就要求真杂种与假杂种在苗期要有明显的区别，目前一般通过两种途径实现，一是利用基部叶鞘颜色作指示性状，如，不育系为绿叶鞘，恢复系为紫叶鞘，由于紫色对绿色为显性，真杂种为紫叶鞘，假杂种为绿叶鞘。另一种途径是培育矮秆不育系，恢复系采用中高秆类型，由于矮秆类型在苗期发育缓慢，间苗时留大苗去小苗即可去除绝大部分假杂种。

（二）*Ms* 显性核不育系及其应用　1984 年，内蒙古赤峰市农业科学研究所胡洪凯等从杂交组合澳大利亚谷×吐鲁番谷的 $F_3$78182 穗行中发现了 Ms^{ch} 显性雄性不育基因，随后选育出显性核不育纯合系，纯合一型系只含一种 *MsMs* 基因型。大量测交结果表明，在普通粟品种中难以找到 *Ms* 显性雄性不育系的恢复系，通过与原组合中同胞系进行同胞交配，发现了抑制显性雄性不育基因表达的 *Rf* 上位基因，得到特殊的恢复系 181-5。*Ms* 纯合不育株的花药内有 11.7%左右的正常花粉，但在北方花药不开裂，自交结实率仅 0.6%左右；而在海南省和广东省湛江市不育株部分花药开裂，自交结实率达 6%～10%，自交后代仍为纯合不育，从而解决了纯合不育系的繁种保持问题。此外，*Msms* 杂合不育株自交后代中的隐性纯合可育株与不育株形态相似，与纯合一型不育系杂交得到的杂合一型系育性仍保持 100%不育，这种杂合一型系用作杂交种制种的母本系，解决了不育系繁种问题。*Ms* 显性核不育系应用于杂交种选育的主要障碍是上位恢复系选育，恢复源狭窄大大制约了组合测配的数量，增大了优势组合选育的难度。*Ms* 显性核不育系的应用模式如图 6-1 所示。

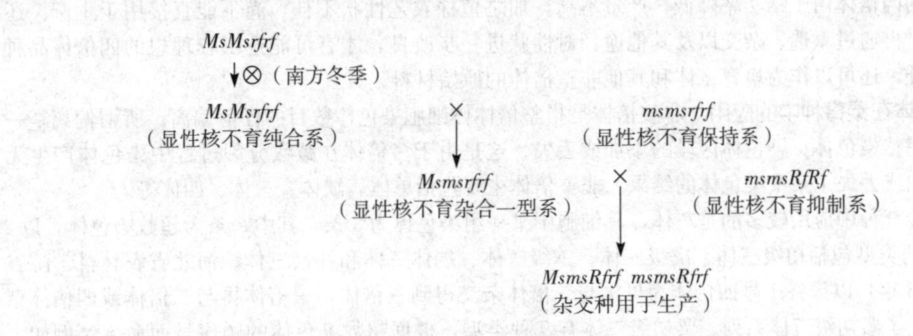

图 6-1　粟 *Ms* 显性核不育系应用模式图

（三）光敏隐性核不育系及其应用　1987 年，河北省张家口市坝下农业科学研究所崔文生等从杂交组合材5×测 35-1 F_5 群体中发现一不育株，经海南岛-张家口连续选育，于 1989 年育成了在海南岛可育，在张家口不育的光敏核隐性不育系 292A，为粟杂交杂优利用又开辟了一条新途径。遮光处理研究表明，该不育系在长日照下（14.5 h）为不育，不育率 100%，不育度 99.4%，在短日照下（11.2 h）为可育，结实正常，且育性转换稳定。光敏隐性核不育系不育基因易转育，不育系易繁种，具有广泛的恢复源，同时，避免了其他类型不育系因细胞质单一、遗传基础狭窄造成的抗性的脆弱性。但是，现有的光敏隐性核不育系，育性除受光照长度控制外，还具有一定的温敏特性，气温变化易引起育性不稳定，因此，在实际应用中还有一定的难度。

（四）其他类型的不育系　1967 年，陕西省延安地区农业科学研究所在宣化竹叶青品种的繁种田中发现粟雄性不育现象，并育成了不育率、不育度均为 100%的延型不育系，经研究，其不育性受一对隐性基因控制，属全不育类型。1968 年，中国科学院遗传研究所用化学诱变方法处理粟品种水里混，育成了水里混不育系，该不育系育性和遗传行为与延型不育系相同。核隐性全不育系育性易恢复，但缺少保持系。

1985 年，陕西省农业科学院粮食作物研究所以轮生狗尾草四倍体种为母本，与粟同源四倍体种进行种间杂交，再以粟二倍体种进行 9 代回交，育成了不育率 100%，不育度 99%～100%的 Ve 型异源细胞质不育系，但未能选育出相应的恢复系。

1989 年河北省张家口市坝下农业科学研究所还从澳大利亚谷×中卫竹叶青后代中选育出在长日照下（14.5 h）

表现高不育（不育度99%～100%），在短日照下（11.2 h）为低不育的光敏显性核不育系光 A_1。但是，一般品种对光敏显性核不育系不具恢复能力，到目前仅通过同胞交配找到一个光敏显性核不育系的恢复源。

六、多倍体与非整倍体在粟育种中的应用

（一）多倍体在粟育种中的应用　我国粟多倍体育种始于20世纪70年代，内蒙古农业科学院等单位通过人工诱变育成毛谷2号、乌里金、佳期黄、朝阳谷同源四倍体粟品种；陕西省农业科学院利用同源四倍体粟品种与法氏狗尾草进行远缘杂交，获得异源四倍体粟材料。四倍体粟染色体数目为 $2n=4x=36$，其特征是叶片变宽、变短、变厚，表面呈泡泡纱状，皱缩、表面粗糙，气孔保卫细胞和花粉粒变大，花和籽粒明显变大，生育期延长，植株高度降低，穗子变紧变短。一般结实率降低。

诱导产生四倍体粟的方法有药物处理法和变温处理法。

1. 药物处理法　种子用0.02%～0.05%秋水仙碱水溶液处理3～5 d。用富民隆1～5 mg/kg水溶液处理24 h以上，用1%～2%乙醚水溶液处理24 h，处理后将种子放入清水24 h，洗净药液，然后播种在精细整过的苗床上。

2. 变温处理法　选择盛花期的穗子或细胞分裂正在盛期的幼苗用0 ℃和45 ℃的水交替处理，各处理3次左右，每次3～5 min。亦可以只用45 ℃温汤处理粟穗。采用这个方法，也可获得粟的同源四倍体。

除以上两种方法外，还可用秋水仙碱处理幼芽或组织培养的愈伤组织来获得粟的四倍体。

经过处理后的材料，可根据四倍体粟的特征在苗期查叶片，花期查花和花粉粒大小，成熟期查子粒大小。最后检查染色体是否加倍，以确定是否诱变成四倍体。

目前诱变成的四倍体由于结实率降低，产量不高，加之植株农艺性状不佳，尚不能直接用于生产。还要在大量诱变的基础上，再通过系选、杂交以及其他途径对性状进一步改良，才有可能选出较理想的四倍体品种。四倍体除应用于育种外，还可以作为培育三体和其他非整倍体的原始材料。

（二）非整倍体在粟育种中的应用　非整倍体是指整倍体体细胞染色体数目的任何偏离。所谓偏离，一般是指一条或一条以上完整染色体、染色体区段的添加或丢失。这是由于多倍体在减数分裂过程中染色体产生无规律分裂，体细胞中增加或丢失了某些染色体的结果。非整倍体主要包括单体、缺体、三体、四体等。

目前在粟遗传育种中应用较多的是三体，其细胞中某一组染色体为3条，其中一条为超数染色体，以 $2n+1=19$ 表示。粟三体的类型包括初级三体、次级三体、三级三体、端体三体和补偿三体。河北省农林科学院谷子研究所王润奇等（1993年）以豫谷1号四倍体为母本与二倍体杂交得到三倍体，三倍体再与二倍体或四倍体杂交，经细胞学鉴定，建立了粟初级三体系列。粟初级三体有9种类型，根据超数染色体的顺序号而命名，例如，三体Ⅰ即第1号染色体有3条，其中一条为超数染色体；三体Ⅱ即第2号染色体有3条，其中一条为超数染色体。初级三体的各种类型在植株形态、育性等性状存在一定差异，各类型特征特性如下。

三体Ⅰ（卷叶型）：叶片短又窄，除基部2～3个叶片以外，其他叶片都上冲，卷曲。无分蘖。穗呈圆筒型，较小，穗部紧密，结实率很低。

三体Ⅱ（深绿型）：叶片短，下垂，呈明显的深绿色。少数植株有分蘖。穗呈短纺锤型，子粒较大为椭圆型。

三体Ⅲ（丛生型）：植株最矮，分蘖多。叶片呈黄绿色，下垂。穗短小，呈短纺锤型；穗顶部小花退化形成大量刚毛，使穗部呈秃尖并保持到成熟。结实率较低。

三体Ⅳ（长刚毛型）：植株较高，有分蘖。叶片宽而短，下垂。穗呈短纺锤型，穗部松散，刚毛最长，结实率较高。

三体Ⅴ（细秆型）：植株较矮，茎秆较细。穗呈细纺锤型，穗部紧密，结实率很低。

三体Ⅵ（扭颈型）：植株较矮，茎秆粗壮。叶片宽又大，有波纹，叶色深绿。大部分穗颈节扭曲，穗部紧密，呈粗短纺锤型。

三体Ⅶ（匍匐型）：植株长出5～6个片叶后开始呈匍匐状，茎秆较细，较软，抽穗以后又渐渐挺立起来。有分蘖，叶片很长。穗呈长纺锤型或异穗型，刚毛较长，穗松散。

三体Ⅷ（尖穗型）：植株形态与二倍体相似。穗基部谷码不整齐，末端尖细，抽穗早，结实率较高。

三体Ⅸ（拟正常型）：植株和穗与二倍体都很相似，结实率较高。

三体是性状遗传研究的工具，王润奇等已利用粟初级三体将胚乳粳糯、青色果皮、白米、矮秆、雄性不育、黄苗等基因进行了染色体定位。

高俊华等（2000）在粟初级三体群体中发现了四体Ⅳ、四体Ⅷ和四体Ⅵ，其染色体数均为$2n+2=20$，两个额外的染色体与其同源的两个染色体形成四价体的稳定结构。四体Ⅷ和四体Ⅵ植株形态便于鉴定，在子代中传递率较高，可代替相应的三体用于遗传分析。此外，在四倍体粟材料中也已经发现缺体，染色体数为$2n-2=4x-2=34$，其植株与四倍体很相似，但育性很低，结实很少。四体和缺体的结合可以抵消缺体的某些形态表达，在研究同源转化中具有重要意义。

第五节　粟育种新技术的研究与应用

一、粟的生物技术育种

（一）组织培养育种技术研究　以N_6、MS等为基本培养基，添加2 mg/L的2，4-D、2 mg/L的KT和50 g/L的蔗糖，以粟的成熟胚、萌发种子或幼穗为外植体，很容易诱导出愈伤组织。刁现民等（1999）通过研究认为，粟体细胞无性系R_2变异频率达10%，变异涉及性状包括株高、出苗至抽穗天数、旗叶长、穗长、出谷率、千粒重、穗粒重等，变异的方向是双向的，既有正的也有负的。这些变异具有较高的遗传率和育种应用价值。在R_1表现半不育或高不育的单株，其R_2出现变异的频率高于R_1代结实正常的单株。河北省农林科学院谷子研究所利用体细胞无性系变异，已培育出一些农艺性状得到改进的新品种、新品系，如矮秆大穗新品种冀张谷6号已于1996年通过河北省审定，还有一些中秆紧凑型创新材料已提供给育种工作者应用。

（二）花药培养、细胞悬浮培养和原生质体培养　日本学者Ben等（1971）在添加酵母提取物的Miller培养基上，对处于四分体到单核小孢子期的花药进行了培养，通过转换培养基，成功地诱导出愈伤组织，并完成植株再生。以后许多学者以幼穗（许智宏等，1983；Rao等，1988；Reddy等，1990）或幼叶（Osuna-Avila等，1995）为外植体，均获得了大量成熟再生植株；董晋江等（1989）用成熟种子为外植体，获得了原生质体再生植株。赵连元等（1991）对谷子原生质体培养技术进行了改进，建立了易操作、重复性高的的培养技术，获得了大量原生质体再生植株。

细胞悬浮培养和原生质体培养一般以幼穗为外植体诱导的愈伤组织为材料，采用添加2 mg/L的2，4-D、5%的椰子汁及适量水解酪蛋白的UM培养基或MS液体培养基，在150 r/min的摇床上，较易建立粟的胚性细胞悬浮系。悬浮细胞再经由液体到固体的培养基转换，即可完成植株再生。用粟胚性愈伤组织或悬浮胚性细胞系为材料，在含有2%纤维素酶（cellulase）和0.1%果胶酶（pectolase）的酶液中酶解即可分离得到原生质体，原生质体在培养2 d后形成细胞壁并开始分裂。通过继代和转换培养基可形成细胞团并完成植株再生。

目前粟花药培养和原生质体植株再生虽已成功，但方便实用的技术体系仍需进一步完善。

二、粟转基因技术研究

1990年以来，河北省农林科学院谷子研究所开展了粟转基因育种研究，已建立完善了基因枪转化粟的技术体系，双质粒平行转化、农杆菌共培养转化方面也取得显著进展。

在基因枪转化粟的技术研究方面，以GUS基因的瞬时表达为指标，建立并完善了基因枪转化粟的以下各项操作参数：质粒DNA加入量为3 μg/mg钨粉，$CaCl_2$浓度为1.5 mol/L，亚精胺浓度为30～50 mmol/L，JQ-700基因枪样品室高度为7 cm，粗弹头为微弹载体，每皿愈伤组织用量为1～2 g，钨粉用量50 μg，轰击前高渗处理4 h，轰击后处理16～20 h，然后转入正常培养基进行培养。采用该方法已获得了抗性稳定的抗除草剂bialaphos材料。

在双质粒平行转化方面，用含选择标记基因*bar*的质粒pAHC 25，和含目的基因*Bt*的质粒pCD21等比例混合，用JQ基因枪按操作参数转化，已获得了抗性愈伤组织。

在根癌农杆菌共培养转化方面，初步建立了粟农杆菌共培养转化技术体系：以粟幼穗诱导的愈伤组织为转化材料，农杆菌浓度OD_{600}为0.5，乙酰丁香酮为100 μmol/L，浸菌附加超声波或真空处理，22 ℃共培养2～3 d后水洗 2 遍，于含羧苄西林钠和头孢唑林钠各 250 mg/L 的 0.1%甘露醇浸泡 30 min 除菌，接于选择培养基上进行筛选并继代和再生，最后于 1/2 MS 中生根成为完整的小植株。用含 *Bt* 基因的双元载体农杆菌 LBA4044 和 EHA101，按所建立的转化程序，对一些优良品种的愈伤组织进行了转化，已获得 35 株抗性再生植株。

三、分子标记辅助育种技术

河北省农林科学院谷子研究所王志民与英国约翰英纳斯中心剑桥实验室合作，构建了 180 个位点的 RFLP 连锁图谱，为分子标记辅助育种奠定了技术基础，并进行了粟抗除草剂 trifluralin（茄科宁，又名氟乐灵）基因的分子标记研究，将抗除草剂主基因之一 *Trirl* 定位于第 9 染色体距 Xpsm176 位点 1 cM 处。牛玉红、马峙英等对粟抗除草剂拿扑净（sethoxydim）基因进行了分子标记研究，找到了与该基因连锁的两个 AFLP 标记 AP1284（M55/15）和 AP2350（M55/14）。它们位于抗拿扑净基因的一侧，与该基因的遗传图距分别为 6.3 cM 和 2.9 cM，二者的遗传距离为 3.4 cM。更多性状的基因定位仍在进行中。

第六节　粟育种试验技术

一、田间试验技术

粟育种工作的田间试验是比较和鉴别优良种性的重要步骤。采用正确的田间试验技术，是提高育种水平、及时为生产提供优良品种的重要措施。

（一）试验地的选择和田间管理　粟在禾谷类作物中子粒最小，试验除要求土质、肥力、前作均匀一致外，还要求整地精细。在田间管理上，同一试验，除试验设计上所规定的不同措施外，其他措施一定保持一致，如播种、间苗、定苗、锄草、追肥、防治病虫害、观察记载、收获时间、考种等，要尽量避免人为因素造成的损失和差错。

（二）田间试验设计　粟田间试验的重复次数要根据土壤和管理的具体情况而定。条件差的重复次数要多，地力均匀的可以适当减少重复。小区面积的大小及形状可根据土壤地块条件和试验要求而定。品种比较试验，小区面积至少要 15 m²，地块形状以长方形最好，要设置对照和保护区。粟的杂交育种一般经历下列圃区：①杂交圃，用于种植杂交亲本，每隔 1 行或 2 行母本种 1 行父本，行距 40～50 cm，行长 3 m，株距 5～8 cm。②杂种 1 代圃，每个杂交组合种 1 行，每组合两边各种父母本 1 行，以便于鉴别真假杂种。③杂种选种圃，因杂种二代是分离最复杂的世代，应尽量多种，如果亲本显隐性状不明显，两边分别种植父母本，以便于比较。要求行距 40～50 cm，行长 3 m。④鉴定圃，经 2～3 代选育，优良株系基本稳定，此时可进入鉴定圃，进行产量鉴定，粟的品系鉴定通常是 3～4 行区，面积 6～10 m²，顺序排列，可设置 2～3 次重复，每 5～10 区加一个对照区。⑤品种比较圃，新的品系经鉴定后表现好的，可以升入品种比较试验，一般采用随机排列法，设当地推广品种为对照，3～4 次重复，小区面积 15 m² 左右，小区收获面积不少于 13.3 m²，表现突出者可进入区域试验和生产示范。

二、粟主要目标性状的鉴定与选择

粟主要经济性状，生育的日数、抽穗期、千粒重、株高、茎节数、穗长和穗数遗传率比较高，宜早代选择；而穗粒重和小区产量遗传率低，变异系数高，早代选择效果较差，宜隔代选择。

粟对环境条件的变化反应比较敏感，要尽量在条件差异较大的地点种植杂种后代，以选出对环境不敏感的株系，最后培育出能较广泛适应外界环境的粟品种。由于栽培条件对杂种后代有明显选择作用，必须根据育种目标使杂种种植在相应条件下，以便更快地选择出适宜当地种植的优良品种。

后代要选择的性状很多，应根据各性状的遗传特点进行选择。

（一）丰产性状的选择　粟的产量构成因素包括单位面积有效穗数、穗粒数、千粒重，由于粟粒小，不易计算穗粒数，因此，在千粒重相近的情况下，可通过比较穗粒重间接比较穗粒数。我国粟的产量潜力还很大，在近期内，提高上述产量构成三因素的某个、某两个或三者协调提高均能实现产量的提高，其中三者协调提高最易实现丰产性的突破。

1. 单位面积有效穗数的选择 单位面积有效穗数属于数量性状，受多个微效基因控制，遗传率较低，因此应在中高世代（F_3 以后）进行选择，但在早代可通过对株型、株高、穗下茎节长度等与之密切相关的性状进行间接选择。一般情况下，叶片上冲、中矮秆、分蘖、穗下茎节较短的类型成穗率较高。对成穗率的直接选择应采用加大选择压力和连续定向选择的方法，一般自 F_4 代开始，各代加大种植密度，选择成穗率高、结实性好、抗倒性强的类型。对多年国家夏谷新品种区域试验资料的分析统计结果表明，在留苗密度 75.0 万株/hm^2 的情况下，高产夏粟品种有效穗数一般在 67.5 万/hm^2 以上。

2. 单穗粒数和穗粒重的选择 单穗粒数和单穗重均属于数量性状，受多个微效基因控制，遗传率较低，因此均应在中高世代（F_3 以后）进行选择，但与二者密切相关的穗长、穗粗、穗码数、码粒数遗传率较高，可在早代通过对这些性状的间接选择来提高单穗粒数和单穗重。研究表明，穗长、码数与穗粒重呈显著正相关。高产品种一般为穗中等偏长、粗穗、穗码数中等但码粒数较多的类型。

3. 千粒重的选择 粟千粒重一般在 2.0～4.0 g 之间，推广品种多在 2.5～3.5 g 之间。千粒重大于等于 3.0 g 者称为大粒类型，小于 2.0 g 为小粒类型。千粒重高低具有一定的地域性，在我国一般黄土高原和内蒙古高原的粟品种子粒较大，华北平原夏谷区粟品种以中小粒为主，推广品种千粒重一般在 2.5～2.8 g。千粒重具有较高的遗传率，可在早代选择。实践证明，华北平原夏谷区粟千粒重的提高有很大潜力，通过选用大粒亲本和后代选择可以明显提高千粒重，而且能够选育出超亲的类型。

（二）品质性状的选择 粟的品质性状包括营养品质、外观品质、食味品质、蒸煮品质、环境敏感性等。

1. 食味品质 粟子实 90%以上以初级加工产品（小米）的形式消费，因此，食味品质是粟品质的最重要指标，也是消费者最重视的指标。育种实践表明，提高食味品质应首先选用优质亲本，杂种后代普遍存在超亲现象，双亲亲缘关系越远，出现超亲的比率越高。食味品质可采用两种方法进行评价和选择，一是蒸煮品尝直接评价，二是通过间接指标进行评价。后代选育应在综合性状好的前提下，在 F_4 以后就进行食味品质检测或直接蒸煮品尝。

蒸煮品尝直接评价的方法是，以已知优质品种为对照，各品种用相同的米和水，用相同的灶具和相同的时间进行蒸煮，然后根据米粥香味、黏稠度、口感、冷却后回生情况等多个项目进行评分，总分达到或超过优质对照者为优质类型。

间接评价指标包括直链淀粉含量、糊化温度（碱消指数）和胶稠度。直链淀粉含量较低的，米饭黏性大、柔软、有光泽；直链淀粉含量高的（25%以上），米饭干燥、蓬松、色泽暗、适口性差，且有回生现象。直链淀粉含量中等偏低的（14%～17%），一般米饭既保持蓬松又柔软可口，且有光泽。胶稠度是通过 3.3%～4%冷米胶延伸的长度来反映米胶软硬的。米胶长度小于 80 mm 的为硬，80～120 mm 的为中，大于 120 mm 为软。一般情况下，胶稠度软的适口性较好。目前育种中一般要求胶稠度大于 100 mm。

2. 营养品质 粟具有营养全面平衡、易消化等优点，是孕妇、儿童和病人的良好营养食物，这已为全世界所公认。目前，由于肉蛋奶等蛋白源供应丰富，而且蛋白质含量高的小米往往食味品质欠佳，因此，目前粟育种中一般不将高蛋白质、高脂肪作为育种目标，粟育种的目标是进一步提高小米的特色保健营养成分。与小麦、水稻、玉米等粮食作物相比，粟最突出的优点是含有丰富的维生素 B_1、维生素 B_2 和微量元素硒（Se），这些成分具有提高人体免疫力，防治皮肤病、克山病、大骨节病、癌症等作用。因此，应将维生素 B_1、维生素 B_2 和微量元素硒作为粟营养品质的主攻目标。我国粟品种小米含硒平均为 71 μg/kg，维生素 B_1 平均含量为 6.3～7.1 mg/kg，维生素 B_2 平均含量为 0.9～1.08 mg/kg。近期保健粟品种的技术指标为：自然栽培条件下，小米含硒 100 μg/kg 以上；含维生素 B_1 8 mg/kg 以上，维生素 B_2 1.2 mg/kg 以上。

在育种过程中，营养品质的提高主要依靠目标性状强的亲本之间杂交，通过基因的累加效应来实现，后代选育应在综合性状好的前提下，依靠化验分析来选择。

3. 外观品质 外观品质包括小米色泽、色泽一致性、腹沟深浅、碎米多少等。小米色泽是指粟去壳后的果皮色泽，属于质量性状，可在 F_2 开始选择，通过多代自交实现纯合。优质品种要求色泽鲜艳（金黄、鲜黄、橘黄）或具有特殊色泽（乳白、青、灰等），色泽一致，腹沟浅、碎米少。外观品质是消费者能直接评价并首要选择的指标，因此，外观品质优劣是粟品质育种成败的关键之一。

4. 蒸煮品质　蒸煮品质是指小米蒸饭或煮粥所需的时间。一般人们欢迎蒸煮需时短、耗能少的类型。蒸煮品质可以通过蒸煮来实测，目前一般要求优质品种的蒸煮时间在 15 min 左右。蒸煮品质也可通过测试糊化温度来间接衡量。糊化温度是淀粉在热水中开始做不可逆膨胀的温度范围，它与适口性无关，但可以衡量小米的蒸煮品质。目前多用碱消指数来测定糊化温度，碱消指数低的糊化温度高，蒸煮一般需时较长。目前多数品种的碱消指数在 2.0～3.0 之间。在实际工作中我们发现，碱消指数有时并不能完全代替实际的蒸煮测试，如豫谷 1 号和豫谷 2 号的碱消指数分别为 2.1 和 3.4，但实际蒸煮试验，豫谷 1 号却比豫谷 2 号蒸煮省时 5 min 以上。因此，间接测试只是反映可能的趋势，一般要求碱消指数 2.0 以上即可，应尽可能进行实际的蒸煮测试。

5. 环境敏感性　品质性状的环境敏感性是指优质品种在不同土质、气候、水肥条件下品质差异的程度。传统的"四大贡米"对环境表现敏感，必须在特定区域种植才表现优质。1990 年通过河北省审定的冀特 2 号（金谷米）也对环境较敏感，在同属石家庄地区的赵县和无极县两地种植品质差异极显著，在赵县表现为一级优质米，在无极县则品质明显变劣，甚至不如普通品种。但有些优质品种（如豫谷 1 号）对环境表现不敏感，在各地均表现优质。当前的优质育种，应努力培育出品质性状对环境不敏感的类型，以适应大面积推广和大批量开发的需要。实践证明，在高世代采用异地同步鉴定的方法，可选育出品质性状对环境不敏感的类型。具体做法是，F_4 及以后各代在 3 种以上不同环境条件下对品质性状的稳定性进行大群体的鉴定筛选，从中筛选出在不同环境条件下均表现优质且综合性状较好的类型。

（三）抗病性的选择　粟病害有 40 多种，发生较重的有黑穗病、白发病、锈病、谷瘟病、线虫病、纹枯病、褐条病、病毒病等，其中危害严重的世界性病害是锈病。我国粟主产区主要病害是谷锈病、纹枯病（主要发生在夏谷区）、谷瘟病、白发病和黑穗病（主要发生在春谷区）。

主要病害对粟类产量的影响是十分严重的，甚至造成绝收。减轻病害危害的最经济有效的方法是培养抗病品种。目前，粟类病害研究还仅局限于抗病资源搜集鉴定、病害生理小种分化、流行规律研究和抗病品种选育，遗传研究极少。

抗病育种的前提是选用抗性稳定、综合性状较好的亲本材料，通过与高产亲本杂交、回交培育高产抗病品种。注意杂交双亲的抗病性要能够互补，不可感同一病害，提供抗源的亲本的目标抗性要强；也可采用综合性状较好的抗病亲本进行诱变育种。分离后代应进行人工接种鉴定抗性，对于气传病害（如锈病）还应设立诱发行。要注意水平抗性和耐病类型的选育。

（四）适应性选择　粟品种光温反应比较敏感，尤其是对光照长度反应敏感，一般不能跨生态区种植。高纬度、高海拔的品种引种到低纬度、低海拔地区生育期缩短，产量水平降低；反之，则生育期延长，有的不能正常成熟甚至不能抽穗。传统的粟育种，针对粟地区敏感性强的特点，从每个生态区特定的生态条件出发，制定适宜本区的育种目标，认为粟育种是特定的生态条件下特定的生态类型的改造和不断完善，育种目标实质上是一个具体的生态目标。因此，从亲本到分离世代，均在当地进行定向选择，以在本生态区表现好坏作为取舍的惟一标准。采用这种方法育成的粟品种，有其区域适应性强的优点，表现在本区生长良好，但跨区种植适应能力往往较差，从而使其推广范围受到限制。即使在本区，一旦生态条件改变或遇上灾害性天气，则导致大幅度减产。因此，应培育适应性广、能够跨区大面积种植的粟品种，使新品种发挥最大效益。

选育光温反应不敏感的品种应首先选用光温反应不敏感的亲本，在此基础上，辅以正确的选择方法。山西省农科院谷子研究所的研究表明，有 8.1%的品种对短光照不敏感，25.6%的品种对长光照不敏感，12.5%的品种对长短光照均不敏感，对光温综合反应不敏感的品种也占有一定比例。这表明，尽管粟具有光温敏感特性，但仍存在着一些相对不敏感的类型。这为培育适应性广泛的粟品种提供了材料基础。在育种方法上，一般可采用两种方法，一是采用李东辉等提出的动态育种法，即跨生态区对后代进行交替选择；另一种办法是就地进行遮光（14 h）短日照处理或加光（16 h）长日照处理，处理条件下的出苗至抽穗日数与自然条件下出苗至抽穗的日数之比值称为光反应度，光反应度越接近于 1，说明光反应越不敏感，其适应性越广。在育种实践中，我们常利用冬春南繁或温室加代将上述两种方法结合使用，不同环境下均表现突出的类型一般都具有良好的区域适应性。

（五）鸟饲类型的选择　粟是鸟类喜食的谷物，欧美地区的鸟类饲料主要靠从我国进口谷穗和谷粒。随着各国对环境的重视，鸟类自然保护区在逐年增多，对鸟饲谷的需求必将逐渐增加。鸟饲品种包括穗用和粒用两种类型。穗用型要求谷穗较长，便于挂在树上；刺毛较短，以免刺伤鸟类眼睛。一级品要求穗长 30.4 cm（12 英寸），二级品穗长 25.4 cm（10 英寸），三级品穗长 20.32 cm（8 英寸），刺毛要求不长于 4.5 mm。粒用型品种要求谷粒色泽鲜艳，以便于鸟类发现，以红粒为主，黄粒、白粒也可，千粒重 3.0 g 以上。近期鸟饲品种的技术指标是：穗用品种在正常栽培密度下产量与高产品种持平，且有一定比例的谷穗符合出口标准。谷穗二级品率 25%以上，三级品率 50%以上。粒用型品种要求产量与高产品种持平，多点平均千粒重 3.0 g 以上。

三、区域试验制度和技术要点

（一）区域试验体制 粟品种区域适应性试验大致分如下 3 级进行：①全国性品种区域联合试验，主要根据自然条件、品种生态特性与栽培制度划分。目前全国分为西北、华北、东北 3 个大的试验区。全国粟品种区域试验由全国农业技术推广服务中心组织，各区委托实力较强的科研单位主持。②省（市、自治区）级品种区域试验，根据本省（市、自治区）各地条件确定试验点，由相应的种子管理站主持，并由当地农业科学院协助或联合进行。③地区（盟）级品种区域试验，试验点分设在县级有关农业研究所或有关推广部门。

（二）区域试验的技术要点

1. 区域试验点选择 选择生态代表性强、技术水平较高的试验点承担试验。一般由科研院所、高等院校、农业技术推广站、原种场承担。地区级试验点要与有代表性的生产示范点相结合，这样有利于提早确定推广的良种。

2. 参试品种 一般以 10 个左右参试品种为宜，供试种子均由各品种选育单位供给合格种子。统一对照品种为区域内的推广品种，各试验点可根据当地情况另加设当地对照品种。

3. 试验方法 分小区试验和大区试验（生产试验）两个步骤。小区试验采用随机区组排列，重复 3～4 次，6～8 行区，小区面积 15 m^2 左右，小区收获面积不少于 13.3 m^2。大区试验面积每个品种 200 m^2 以上，不设重复，顺序排列。

4. 试验周期 试验周期 2～3 年，其中小区试验 1～2 年，大区试验 1 年。经 1～2 年小区试验表现突出的品种可进入大区试验。

5. 耕作栽培管理 除水肥条件应与当地生产水平接近外，还要采用先进的措施，各项作业要求及时一致，各重复要一天内完成。试验地的选择必须有代表性，地力接近大田水平，不能相差过大。

6. 试验数据 观察项目记载标准、室内考种等，要求按区试统一的规定执行。

7. 试验总结 生长季节由主持单位组织专家进行田间考察，收获后由主持单位进行试验数据汇总，并定期召开阶段性区试总结会。

第七节 粟良种繁育

粟子粒小繁殖系数高，繁育比较简单，因此良种繁育工作往往被忽视。粟品种在一个地方多年连续种植，由于机械混杂、少量的自然杂交和变异以及不良环境影响造成品种变异，常表现抗逆力减退、产量降低和品质变劣。因此，如果不及时进行品种提纯和良种繁殖，将大大缩短粟良种的使用年限。

一、我国粟良种繁育技术的发展

新中国成立后，我国的粟良种繁育工作较长时间采用“三圃制”繁殖良种，“三圃制”对我国的种业发展起到了促进作用，但随着农业的发展，“三圃制”的弊端不断暴露，育繁推三方互不联系，优良品种的种性得不到保持。针对“三圃制”的不足，1985 年河北省农林科学院谷子研究所提出了育种单位负责育种家种子、原原种、原种三级谷种繁殖，少数集中产区县级种子公司繁殖良种的四级谷种繁殖供种体系。原种由育种单位负责繁殖、加工、包衣，制成 0.5～0.6 kg 的小包装，包装上印有品种说明和栽培技术要点，使良种和配套栽培技术一起推广，新品种的增产潜力得到充分发挥，效果良好，在河北、河南、山西、山东、吉林、黑龙江等粟主产区迅速推广。

尽管“粟良种良法技术小包装”四级谷种繁殖供种体系较传统的“三圃制”有了较大的改进，但这种粟良繁体系还很不健全，主要体现在育种家种子来源上，育种家种子是在保种圃中采用年年进行株系比较的方法获得的，在年际间气候条件变化较大和人员交替情况下，极易出现偏差。特别是引进的品种，往往引进后即由引进单位进行株系选择，更易出现偏差。因此，推广以现代四级良种生产技术为主旨的粟良种繁殖技术体系成为当前的首要任务。

二、防杂保纯、防退化技术

1. 防止机械混杂　由于粟是小粒作物，从种子准备、播种、收获、晾晒、脱粒、运输、加工直到储存，都容易造成机械混杂，因此，要建立严格的种子繁育技术规程，做到一个繁种村只种一个品种，且连片种植，播种、收获、晾晒、脱粒、运输、加工均统一进行，并单独储存，严防机械混杂。

2. 防止生物学混杂　防止粟品种生物学混杂的主要措施，一是采取隔离措施，二是合理的轮作倒茬，三是及时拔除杂株和谷莠子。在地块的选择上，不同粟品种最好不要相邻种植，若必须相邻种植，收获时两个品种相邻处要各去掉 2 m 宽作为商品粮处理；或两个品种间要种植其他作物进行隔离，一般应相距 10 m 以上，隔离作物最好采用高秆作物。轮作倒茬也是防止粟生物学混杂的有效措施，一般粟繁种田应选择 3 年内未种过粟的地块，且不施谷草、谷脑、谷糠沤制的肥料。在粟抽穗后和开花前，及时连根拔除杂株和谷莠子，是防止粟生物学混杂的重要措施。

3. 异地换种防退化技术　异地换种是防止退化、保持推广品种种子活力的有效措施，这是我国农民多年来在生产实践中总结出的宝贵经验。这种做法在目前良种繁育体系比较健全的情况下虽然不应提倡，但由于粟种植分散，且多种植在丘陵山区和交通不便的地区，农民难以做到年年购种或当地很难买到谷种，因此，仍有一定的现实意义。其做法是，每隔 3 年左右将同一品种的种子按不同的地势和土质进行“旱调水、沙调黏、高山下平原”的串换。实践证明，在保证种子纯度的前提下，粟异地换种可使种子活力、植株生长势和抗逆性增强，平均增产10%左右。当然，异地换种要注意不要相隔太远，平川一般在 50 km 以内，丘陵地区在 10～15 km 左右，山区要在 5 km 以内，同时还要注意病虫检疫。

4. 适度选择防退化　一个优良品种即使没有混杂，若连续多年进行穗行选择，也会导致一些优良基因的丢失，引起退化。因此，在保持种性的前提下，应尽可能减少穗行选择的代数，可利用粟耐储存和繁殖系数高的特点，在新品种推广之初，在低温低湿种子库中储存一定数量的育种家种子，每年或每隔 2 年取出一部分进行原原种繁殖。河南省推广豫谷 1 号的实践证明，这是保持种性防退化的有效措施。

三、粟四级种子生产体系与质量标准

要保持优良品种的种性，必须建立起规范的供种体系，保证生产上每 2～3 年更换一次种子。四级种子生产技术体系是我国新兴的与国际接轨的农作物种子生产技术体系，有育种家种子（breeder seed）、原原种（pre - basic seed）、原种（basic seed）、良种（certified seed）四个级别。

由于粟用种量仅 7.5～10 kg/hm^2，繁殖系数高达 500 左右，且目前全国粟种植面积仅 1.1×10^6 hm^2，品种的地域性又较强，一个优良品种的年推广面积一般仅为 3×10^4～1.0×10^5 hm^2，因此，建立四级粟种子生产技术体系具有很好的操作性。按一般粟品种使用寿命 10 年，特别优良的品种使用寿命 15～20 年，年种植面积 1.0×10^5 hm^2，农民每 2 年更换一次种子，各级繁殖田播种量 10 kg/hm^2，各级繁种田单产 3 500 kg/hm^2，农民生产播种量 15 kg/hm^2，每年备种为实际用种的 2 倍推算，育种家种子仅需保存 350 g、特优品种 700 g 即可满足 10 年、20 年的需要，每年仅需原原种繁殖田 35 m^2、原种繁殖田 1.2 hm^2，良种繁殖田 430 hm^2。由于原原种繁种任务轻，同时粟又具有良好的耐储存特性，在干燥通风的常温种子库中储存 2 年发芽率仍可达 85%以上，因此，原原种可由育种者每 2 年繁殖一次，每次繁殖 25 kg 即可满足 2 年的原种繁殖需要。粟四级种子生产技术要求如下。

1. 育种家种子　育种家种子是在新品种审（认）定或开始推广的第一年，由育种者直接生产和保存的原始种子，其世代最低，具有该品种的典型性状，遗传稳定，纯度 100%，净度 99%以上，发芽率 90%以上，含水量 12%以内，产量和其他主要性状符合推广时的原有水平。用白色标签作标记。育种家种子的生产在育种家种子圃进行，应由单株繁殖而来，每品种至少种植 20 个株系，四周设置 3～5 m 同品种育种家种子隔离带，行长4～5 m，3～5行区，每隔1个株系空1行作为观察道。生育期间按农业部制定的粟DUS［特异性（distinctness）、一致性（uniformity）和稳定性（stability）］测试标准严格调查各个性状，选择最具典型性的株系的中间行单收单打。收获后储存于低温低湿种子库中备用，当储存条件不具备时，可由育种者从优系种子开始建立保种圃，以株行循环法的形式生产育种家种子，保种圃的种植形式、收获方式与育种家种子圃相同。

2. 原原种　原原种由育种家种子直接繁殖而来，一般由育种者直接生产。原原种具有该品种的典型性，遗传稳定，纯度100%，净度99%以上，发芽率90%以上，含水量12%以内，比育种家种子多一个世代，产量和其他主要性状与育种家种子基本相同。用黄色标签作标记。繁种田实行单株稀植，不分株行，行长5～6 m，周围进行严格隔离。

3. 原种　原种是由原原种繁殖的第一代种子，由指定的原种场或特约基地繁殖。原种的遗传性状与原原种相同，产量等主要性状仅次于原原种，纯度99.8%以上，净度99%以上，发芽率90%以上，含水量13%以内。用紫色标签作标记。繁种田周围设置严格隔离。生育期间加强管理，开花前由专业技术人员严格去杂去劣，单收单打，严防生物学混杂和机械混杂。

4. 良种　良种是由原种繁殖的第一代种子，在专业技术人员指导下由特约基地繁殖。良种的遗传性状与原种相同，产量和其他主要性状仅次于原种，纯度98%以上，净度99%以上，发芽率85%以上，含水量13%以内。用蓝色标签作标记。繁种基地要严格做到一村一个品种，并连片种植，周围设置隔离带。统一播种，统一田间管理，开花前在专业技术人员指导下严格去杂去劣，统一收获、脱粒、晾晒、加工和储存，严防生物学混杂和机械混杂。

各级繁殖田要求选择沙壤土或壤土、排灌便利、土壤肥力较高、3年以上未种过粟、鸟害轻的地块。底肥以农家肥为主，适量增施磷钾肥。种植方式可采用等行距或两密一稀，夏谷行距0.4～0.5 m，春谷行距0.5～0.6 m。机播、耧播均不要太深，以5.0 cm左右为宜，播种量7.5～10 kg/hm^2，播后适当镇压，达到一播全苗、苗全、苗壮。4～5叶间苗，单株单行均匀留苗，留苗密度低于大田。苗期多中耕，促根发育。7叶时进行一次清垄，拔出杂草和谷莠子，孕穗初期和开花期各追肥浇水一次，及时防治病虫害。

第八节　粟育种研究动向与展望

目前，制约我国粟育种因素主要包括三个方面：第一，间苗、除草难；第二，杂交制种难；第三，基础研究薄弱，育种手段落后。预计今后一个阶段我国的粟育种将重点针对上述难点开展攻关。

一、抗除草剂育种研究动向与展望

粟是小粒半密植作物，精量播种困难，且农民形成的“有钱买种无钱买苗”的思想难以克服，因此，使得间苗成为一项繁重的劳动。此外，粟不抗除草剂，长期以来，除草一直依靠人工作业。间苗、除草稍不及时或遇连阴雨天气就会造成苗荒和草荒，常年因此减产30%左右，不仅制约着粟产量的提高，也难以实现集约化栽培和经济效益的提高。

1981年，法国在野生狗尾草（*Setaria viridis*，$2n=2x=18$）群体中发现了抗除草剂的突变体，经过筛选和遗传研究，先后得到受细胞质基因控制的抗阿特拉津（atrazine）材料、受2对隐性核基因控制的抗氟乐灵（trifuralin）材料以及受核显性单基因控制的抗拿扑净（sethoxydim）材料。Darmency等通过杂交、回交等手段，将狗尾草的抗除草剂基因转移到粟中。1993年，河北省农林科学院谷子研究所与法国国家农业科学院进行合作研究，将抗除草剂基因引入中国栽培粟品种中，河北省农林科学院谷子研究所已育成综合性状接近高产品种的细胞质抗阿特拉津新品种R219和03-815等新品种；河北省坝下农业科学研究所育成细胞核显性除草剂拿捕净的新品种坝谷214。药剂试验表明，这些品种对除草剂的抗性与原始基因供体无显著差异，抗性基因表达稳定，可在除草剂使用推荐剂量20倍的剂量下存活，而普通品种在使用推荐剂量的1/32剂量下即开始死亡。

抗除草剂基因在粟杂种优势利用中有良好的应用前景，可利用现有显性抗除草剂基因培育新型恢复系，使其配制的杂交种携带显性抗除草剂基因，可通过喷施除草剂解决粟杂交种去除假杂种、非目的杂种和杂草的难题，获得整齐杂交种群体。将核隐性抗除草剂基因转移到优良不育系中，不育系扩繁时可喷施除草剂去除杂株和杂草，不仅保证不育系纯度，还降低繁种隔离条件，简化不育系繁种程序。

河北省农林科学院谷子研究所通过回交方法将抗除草剂基因转入推广品种冀谷 14 号，育成了细胞核抗除草剂拿扑净的冀谷 14 号基因系，该等基因系与冀谷 14 号性状基本一致，二者按适当比例混合播种，苗期通过喷施除草剂可同时解决间苗和除草难题。

总之，抗除草剂粟品种的选育与应用，将改变传统的依赖人工间苗除草的粟生产局面，大大减轻杂草危害和劳动强度，使集约化栽培成为可能，预期推广前景十分广阔。

二、杂种优势利用研究动向与展望

利用杂种优势是提高作物产量最为有效的途径之一。我国粟杂种优势利用已开展 30 多年，处于世界领先地位，育成的核隐性高度雄性不育两用系（不育株率 100%，不育度 95%）其不育系易转育，易恢复，易利用，育成的冀谷 16 号、龙杂谷 1 号等组合已通过审定，较常规对照品种增产 15%以上，但一直未能大面积应用于生产，主要是制种产量低、纯度差（真杂交率通常只为 40%～80%），去除假杂种困难。

河北省张家口市坝下农业科学研究所育成杂种优势强、制种产量高的新杂交种张杂谷 1 号，在国家粟品种区试中较对增产 19.78%～21.11%，而且该杂交种突破了长期困扰粟杂交种应用于生产的制种产量关，制种产量达 1 500 kg/hm^2，纯度 80%左右，制种田与生产田比例达到 1∶100，这标志着粟杂交种达到了生产应用和产业化生产的技术要求。该杂交种采用抗除草剂的优良恢复系冀张谷 1 号与核隐性高度雄性不育系 A_2 组配而成，可用推荐剂量除草剂去除不育系、杂株和杂草。该杂交种已在河北、山西、陕西、宁夏、内蒙古等地示范推广，使粟两系杂交种首次实现了大面积生产应用。

张杂谷 1 号的育成与推广，初步扭转了 30 多年来粟杂种优势利用的被动局面，将有力地带动粟杂交种选育，使我国粟育种实现由常规品种选育向杂交种选育的飞跃。

三、育种新技术研究动向与展望

粟已建立由 180 个位点构成的 RFLP 分子标记图谱，并已完成株高、抽穗期、千粒重、分蘖性、种皮色等重要农艺性状定位或 QTL（数量性状位点）分析，为粟的分子标记辅助育种奠定了初步的基础。随着 SSR 标记、AFLP 标记等更简单方便技术的应用，以及高密分子标记图谱的建立，更多重要的农艺性状、品质性状、抗性性状必将找到高度连锁的分子标记，从而实现粟育种目标性状的标记辅助选择，使更多的优良性状得以聚合，培育出更优良的品种。

农作物转基因技术已成功应用于抗虫棉花、抗虫玉米、抗除草剂大豆、水稻等商用品种的培育，并且已在世界多个国家推广。粟转基因育种相对落后，利用基因枪转化法成功地获得了抗 Basta 除草剂的工程植株，说明利用基因工程改造粟遗传性状的可行性；利用农杆菌共培养转化具有稳定性好，转入目的基因为单拷贝有利于遗传和表达等优点。河北省农林科学院谷子研究所已利用 LBA4404、EHA101 等菌株开展了粟的农杆菌共培养转化研究，建立了初步的技术方法，高效性和稳定性正在改进。由此可以预料，随着更多目的基因的克隆和转化方法的改进提高，转基因育种技术在不久即可应用粟材料创新和育种实践中，这对于培育具有特殊有益性状的专用品种意义重大。

复习思考题

1. 简述中国粟育种历史，讨论今后我国各产区粟生产的发展方向及育种任务。
2. 归纳粟主要育种性状的遗传特点，举例说明在育种上如何利用这些遗传信息。
3. 粟、谷莠子、狗尾草分类学地位及进化关系如何？如何认识这些类群的育种利用价值？

4. 试设计以选育优质粟品种为目标的杂交育种方案（从亲本选配开始）。

5. 简述通过粟显性核雄性不育及光敏隐性核雄性不育系统利用杂种优势的育种程序。与细胞质雄性不育系统相比，核雄性不育系在杂种优势利用中的优缺点是什么？

6. 简述我国粟良种繁育体系和防杂保纯的主要技术。

7. 讨论生物技术在国内外粟改良中的应用现状及发展趋势。

附 粟主要育种性状的记载方法和标准

一、物候性状

1. 播种期：注明年、月、日。

2. 出苗期：幼苗猫耳展开第一片真叶露出叶鞘为出苗。目测各品种小区出苗数占全区应出苗数的50%的日期，以月、日表示。

3. 抽穗期：全区50%植株的主穗尖端已抽出剑叶鞘时的日期，以月、日表示。

4. 开花期：当全区50%的植株穗中部开始开花时记载。

5. 成熟期：全区90%以上的主穗的谷粒已显现原品种成熟时的颜色，且谷粒内含物呈粉状而坚硬时，为成熟期，以月、日表示。

6. 生育期：从出苗的次日算起，到成熟期之日止的天数，以天数表示。

7. 收获期：收获的日期。

二、植物学性状

8. 植株色泽：

（1）幼苗叶色：叶片分绿、浅绿、黄绿、紫绿、紫色等，定苗前观察记载。

（2）幼苗叶鞘颜色：分为绿、紫、浅紫等色，定苗前记载。

（3）穗刺毛及护颖色：在开花盛期（抽穗后5～7 d）记载，分绿、紫、深紫、褐黄4种。

9. 茎秆性状：

（1）分蘖性：用有效茎数和无效茎数来说明。在全区稀密均匀有代表性的地段调查25株的总茎数和无效茎数，计算平均一株有效茎数和无效茎数。

（2）主茎长度：收获后取样测量由分蘖节到穗基部的长度（cm），求20株平均值。

（3）主茎节数：成熟时主茎的可见节数，求10株平均值。

10. 穗部性状：

（1）穗形：一般分纺锤、圆锥、圆筒、棍棒及异形（佛手、龙爪、猫爪、鸭嘴等）。同一穗形中，如有明显差异应加以说明。

（2）主穗长：由主穗基小穗到穗尖（包括无效码）的长度（cm），求20株平均值。

（3）单穗重：单穗的重量（g），求20穗平均值。

（4）单穗粒重：单穗子粒的重量（g），求20穗平均值。

（5）出谷率：单穗粒重占单穗重的百分比。

（6）穗刺毛长短：分为无、短（1～4 mm）、中（5～8 mm）、长（9 mm以上）4级记载。一般试验目测即可，或在穗中部测10～20条刺毛长度，记载平均值。

11. 子粒性状：

（1）谷粒色：分白、黄、红、粟灰、黑等色。

（2）千粒重：称谷粒2 g，计其粒数，重复3次，取其相近二数求平均值，换算成千粒重（g）。

12. 米质：

（1）粳或糯：鉴定方法有目测法：米质透明玻璃状的为粳，不透明粉质为糯。碘化钾液测定法：粳性者呈蓝色，糯性者呈红色。

（2）米色：分为黄、白、灰、青色。

（3）米饭的感官性状：用煮粥或焖饭，由6人以上品尝评定。

（4）理化品质测定：包括直链淀粉含量、胶稠度、糊化温度的测定。

三、生物学特性

13. 抗倒伏性：粟生育期间，于风雨灾害后及成熟前目测各品种倒伏程度、倒伏面积、倒伏后的恢复情况及对产量的影响，将倒伏性分为5级，分别以0、1、2、3和4表示。

0级：无倒伏症状或者稍微倾斜，但能很快恢复直立，对产量无影响。

1级：倾斜角度≤30°，倒伏面积15%以上，对产量有轻微影响。

2级：30°≤倾角≤45°，倒伏面积为30%以上，对产量有影响。

3级：45°≤倾角≤60°，倒伏面积为50%以上，对产量有较大影响。

4级：倾角60°以上，倒伏面积为50%以上，并严重减产。

调查时记明倒伏时间、倒伏原因、倒伏部位和生育阶段，并记以后恢复情况。注意钻心虫等虫害及人为因素造成的倒伏与健株倒伏的区别。

14. 耐旱性：遇旱害年份记载，根据植株萎蔫程度、抽穗情况、穗部秃尖情况分别记载为：1（强）、2（中）和3（弱）共3级，并根据具体情况，记述各级受害的现象。

15. 病害：于病害发展高峰期，取样调查各小区计产行数，根据不同病害，分别以病株、病叶率和病害严重率表示。

（1）白发病、黑穗病、线虫病、病毒病等类型病害：均以病株率表示。

（2）谷锈病：于病害盛发期，目测各品种病株率和严重率，分别予以记载，严重率分5级，分别以0、1、2、3和4表示。

0级：全株叶片无病斑点（高抗）。

1级：植株下部叶片有零星病斑（抗）。

2级：植株中部中叶片有中量病斑，下部叶片有枯死（中抗）。

3级：上部叶片有中量病斑，中部叶片有枯死（感）。

4级：上部叶片有多量病斑，全株基本枯死（重感）。

（3）谷瘟病：于病害盛发期，目测病斑占总叶面积的百分数，分5级，以0、1、2、3和4表示。

0级：植株叶面无病状（高抗）。

1级：病斑占叶面积的10%以下（抗）。

2级：病斑占叶面积的11%～25%（中抗）。

3级：病斑占叶面积的26%～40%（感）。

4级：病斑占叶面积的41%以上（重感）。

（4）纹枯病：此病目前尚无统一调查标准，暂时按下达标准记载。于灌浆中后期调查，分为5级，分别以0、1、2、3和4表示。

0级：无发病症状（高抗）。

1级：主茎茎部1～2片叶叶鞘有轮纹状病斑（抗）。

2级：主茎地上部3～5片叶叶鞘有轮纹状病斑（中抗）。

3级：主茎地上部6片叶以上叶鞘有轮纹状病斑（感）。

4级：全株叶鞘均出现轮纹状病斑（重感）。

16. 虫害：主要指钻心虫蛀茎，于成熟前调查100株，计算蛀茎株占总株数的百分比。

四、生产力特性

17. 亩穗数：收获时调查小区有效穗数，折算成亩穗数，以万/亩表示（注：亩为非法定计量单位，1亩＝1/15 hm^2）。

18. 子粒产量：小区产量折算为亩产量，以kg表示。

19. 谷草产量：把小区谷草产量折算为kg/亩（以自然干燥为标准）。

20. 出米率：用5 kg谷碾得小米的千克数折算为碾米百分率。

参考文献

[1] 程汝宏，杜瑞恒．谷子育种新途径——氮离子注入诱变育种．河北农业大学学报．1993，16（4），257～260

[2] 程汝宏，刘正理．谷子育种中几个主要性状选育方法的探讨．华北农学报．2003，18（院庆专辑）：145～149

[3] 程汝宏，刘正理．我国谷子育种目标的演变与发展趋势．河北农业科学．2003，7（增刊）：95～98

[4] 崔文生，孔玉珍，杜贵等．谷子光敏型显性核不育材料“光 A_1”选育研究初报．华北农学报．1991，6（增刊）：47～52

[5] 崔文生，孔玉珍，赵治海等．谷子光敏型隐性核不育材料“292”选育初报．华北农学报．1991，6（增刊）：177～178

[6] 刁现民，陈振玲，段胜军等．影响谷子愈伤组织基因枪转化的因素．华北农学报．1999，14（3）：31～36

[7] 刁现民，段胜军，陈振玲等．谷子体细胞无性系变异分析．中国农业科学．1999，32（3）：21～26

[8] 董晋江等．小米原生质体再生植株．植物生理学通讯．1989（2）：56～57

[9] 高俊华，毛丽萍，王润奇．谷子四体的细胞学和形态学研究．作物学报．2000，26（6）：801～804

[10] 高俊华，王润奇，毛丽萍等．安矮3号谷子矮秆基因的染色体定位．作物学报．2003，29（1）：152～154

[11] 胡洪凯等．谷子显性雄性不育基因的发现．作物学报．1986，12（2）：73～78

[12] 金善宝，庄巧生等编．中国农业百科全书．农作物卷（上、下册）．北京：农业出版社，1991

[13] 李东辉等主编．谷子新品种选育技术．西安：天则出版社，1990

[14] 李荫梅等编著．谷子育种学．北京：中国农业出版社，1997

[15] 牛玉红，马峙英等．谷子抗除草剂“拿扑净”基因的AFLP标记．作物学报．2002，28（3）：359～362

[16] 山西省农业科学院主编．中国谷子栽培学．北京：农业出版社，1989

[17] 王润奇等．谷子初级三体的建立．植物学报．1994，36（9）：690～695

[18] 王润奇等．谷子粳糯、矮秆及青米性状基因的染色体定位．云南大学学报（自然科学版）．1999，21（增刊）：111～112

[19] 王润奇，高俊华，毛丽萍等．谷子雄性不育系1066A不育基因和黄苗基因的染色体定位．植物学报．2002，44（10）：1209～1212

[20] 王天宇，辛志勇．抗除草剂谷子新种质的创制、鉴定与利用．中国农业科技导报．2000，2（5）：62～66

[21] 王天宇，杜瑞恒，陈洪斌．应用抗除草剂基因型谷子实行两系法杂种优势利用的新途径．中国农业科学．1996，29（4）：96

[22] 王永芳，李伟，刁现民．根癌农杆菌共培养转化谷子技术体系的建立．河北农业科学．2003，7（4）：1～5

[23] 许智宏，卫志明，杨丽君．谷子和狗尾草的幼穗培养．植物生理学通讯．1983（5）：40

[24] 俞大绂．粟病害．北京：科学出版社，1978

[25] 赵连元，纪芸，段胜军等．高效谷子原生质体培养体系的建立．华北农学报．1991，6（增刊）：53～58

[26] Till-Bottrand等．王天宇译．谷子与青狗尾草种内与种间杂交某些孟德尔因子的遗传．粟类作物，1992（2）：8～16

[27] Darmency H，Pernes. 程汝宏译．应用种间杂交方法进行谷子驯化的遗传研究．粟类作物．1992（2）：24～28

[28] Ben Y，Kokuba T，Miyaji Y. Production of haploid plant by anther culture of *Setaria italica*. Bull Fac. Agri. Kogoshima Univ. 1971（21）：77～81

[29] Norman R M，Rachie K O. The Setaria Millet，A Review of the World Literature. Neb. USA：Experiment Station，University of Nebraska College of Agriculture，1971

[30] Rao A M，Kavi Kishor P B，Ananda Reddy L，Vaidyanath K. Callus induction and high frequency plant regeneration in Italian millet（*Setaria italica*）. Plant Cell Reports. 1988（7）：557～559

[31] Reddy L A，Vaidyarath K. Callus formation and regeneration in two induced mutants of foxtail millet（*Setaria*

italica）. J. Genet. and Breed. 1990（44）：133～138

[32] Riley K W，Gupia S C，Seetharam A，Mushonga J N. Advances in Small Millets. New Delhi，India：Dxford and IBH Publish Company，1993

[33] Wang Z M，Devos K M，Liu C J，Xiang J Y，Wang R Q，Gale M D. Construction of RFLP-based maps of foxtail millet，*Setaria italica*. Theor Appl Genet. 1998（96）：31～33

（王润奇原稿，程汝宏、王润奇修订）

第二篇 豆类作物育种

第七章 大豆育种

第一节 国内外大豆育种概况

大豆（soybean），学名*Glycine max*（L.）Merrill，原产于中国。在公元前就已传布至邻国及东亚，但18世纪才开始在欧洲种植。19世纪初引入美国，以后又扩展到中美洲及拉丁美洲，近一二十年才在非洲种植。历史上中国的大豆生产一直居世界首位，至1953年美国跃居首位，由此美国的大豆生产一直领先，这与以往中国强调自给而美国强调世界贸易的政策有关。近来，南美大豆生产发展迅猛，2003年南美大豆生产已超过北美，当年美国大豆生产约占世界的34.0%；巴西约占28.0%；阿根廷约占18.0%；中国约占9.0%，退居世界第4位；印度居第5位，约占4%；巴拉圭约占2%，居第6位；其他大豆生产较多的国家还有加拿大、墨西哥、前苏联地区、印度尼西亚、朝鲜等30多个国家，但都不足世界总产的1%。上列前5个大豆生产国的单产水平依次约为2.30 t/hm^2、1.92 t/hm^2、2.23 t/hm^2、1.38 t/hm^2和1.00 t/hm^2。

大豆种子约含20%油脂及40%蛋白质，为世界提供了30%脂肪及60%植物蛋白来源。大豆在中国及东方的传统利用和加工包括①豆腐类制品；②酱和酱油类制品；③直接食用（与粮食混合食用、毛豆、豆芽等）；④榨油，油脂食用、豆饼作饲料或肥料等。随着加工业的发展，大豆加工利用的途径日益增多。豆油经精制后可进一步加工为色拉油、起酥油、马其林等产品。豆粕可加工为豆粉作饲料用，进一步可加工制成浓缩蛋白、分离蛋白、组织蛋白等食用蛋白产品。豆油及大豆蛋白还有多种工业用途。此外，大豆磷脂、异黄酮、维生素E、低分子多肽是重要保健品，是新兴的大豆精深加工产业。

一、大豆的繁殖方式与品种类型

大豆是自花授粉的种子繁殖作物，通常其异交率小于1%。

大豆的花为完全花，具有5裂萼片、5个花瓣、1个雌蕊、10个雄蕊（其中9个连成雄蕊管、1个单独）。大豆开花时间很短，开花次日即开始凋萎。大豆花冠开放前一天，整个花冠由旗瓣紧裹，稻粒大小，微露于花萼之中，此时柱头已成熟具有良好的接受花粉能力，但花药中的花粉成熟迟于柱头，通常在开花前一天的半夜或开花日凌晨才具正常发芽受精能力。自然温度和湿度条件下花粉生活力保持时间甚短，一般仅开花当天有生活力，露水重更易使花粉黏结。人工快速干燥、降低温度至0 ℃左右的条件下可以延长花粉生活力保持的时间，10 d以后还能使雌蕊受精结荚，2～3个月以后还具有发芽力。

大豆花着生在叶腋及茎顶的花序上。叶腋中的主芽，在下部节上可发育为分枝，上部节上发育为花序；叶腋中的侧芽可发育为小分枝或小花序。主茎及分枝顶端生长点均发育为花或花序，但由营养生长转为生殖生长的相对时间在品种间有很大差异。无限结荚习性类型（或称无限生长习性类型）在茎中下部节开始开花后，茎上部继续保持相当长时期的营养生长，茎顶无明显花序而只着生个别花朵，茎粗与叶片大小由初花节起向上减小，顶节极小，由下而上陆续开花结荚，但同时成熟。有限结荚习性类型则在茎顶花序形成后才在中上部节开始开花，营养生长期与生殖生长期重叠时间较短，茎顶有明显的花序，茎粗与叶片大小在上、下部节间差异不如无限结荚习性类型悬殊，各节虽陆续向上开花，但成荚时间相差不明显。亚有限结荚习性类型的表现介于两者之间，但中部与上部节的粗细及叶大小相差亦悬殊，而茎顶又有明显花序。不论何种生长习性类型，大豆开花由最下一二个花节上主芽形成的花序开始，依次向上发展，侧芽形成的花序开花较迟，同一花序上亦由下部向上开花。一般条件下，始花后3～4 d全株进入开花盛期，约持续10 d左右，以后每天开花数逐渐减少，全株开花历期可达1个月左右。大豆作为复种制度中的短季作物时，因生育期短，其开花历期亦相应缩短。结荚习性具有明显的生态特点，北方、春播、肥水条件较差时常为无限结荚类型或亚有限结荚类型，反之南方、夏播、肥水充足时常为有限结荚类型。

大豆杂交，一般在开花前一天下午去雄，同时用上午采集的当日开花的花药授粉；在不易保持花粉生活力的地方或季节，则在去雄次日上午授粉。

迄今，生产上应用的大豆品种类型有两类。一类为地方品种或农家品种；另一类为家系品种，包括纯系品种。在国外也有将多个家系品种按一定比例合成为混合品种。

我国大豆生产有悠久的历史，广阔的产区分布，多种多样的复种制度，导致形成多种多样的农家地方品种。迄今，我国一些大豆生产零星分布的地方，尤其小批量生产的地方，包括菜用豆，所用的大豆品种仍以地方品种为主。20世纪20年代起，我国开始了有科学计划的大豆家系品种选育。早期的家系品种选育主要是从地方品种的自然变异群体中分离选育纯系，例如东北的黄宝珠、紫花1号、小金黄1号，江南的金大332等。后来进一步开展杂交育种，从杂种后代选育家系品种。杂交育种预见性强，育成优良品种的机会多，我国近40年来育成的新品种大部分来自杂交育种。

二、我国大豆主要育种区域、育种计划与育种进展

（一）育种区域　一定区域内由于相近的自然条件（包括地理、土壤、气候等）、耕作栽培条件及利用要求，导致当地品种具有相对共同的形态、生理、生化特点，形成了特定的品种生态类型。反之，特定的生态类型适应于特定生态区域或生态条件。不同生态类型间主要的性状差异与某些主要生态因子有关。大豆的主要生态性状有生育期及其对光周期和温度的反应特性、结荚习性、种粒大小、种皮色等。

从全国大范围着眼，大豆品种生态因子主要是由地理纬度、海拔高度以及播种季节所决定的日照长度与温度，其次才是降水量、土壤条件等。因而品种生育期长度及其对光、温反应的特性是区分大豆品种生态类型的主要性状。中国大豆品种生态区域的划分是研究种质资源和进行分区育种的基础。我国大豆生态区的划分曾有多种方案，经相互取长补短，将全国划分为3大区（北方春作大豆区、黄淮海流域夏作大豆区和南方多作大豆区）10亚区。盖钧镒、汪越胜（2001）研究认为，南方地域广大，各地复种制度及品种播种季节类型不一致，据此将南方区进一步划分为4个区，从而提出6个大豆品种生态区及相应亚区的划分方案（图7-1）。其划分与命名均打破行政省区的界线，以地理区域、品种所适宜的复种制度及播种季节类型而命名，并缀以品种生态区或亚区，以表示这是根据各地自然、栽培条件下品种生态类型区域的划分，即：

Ⅰ　北方一熟制春作大豆品种生态区（简称北方一熟春豆生态区）；

Ⅰ-1　东北春豆品种生态亚区（简称东北亚区）；

Ⅰ-2　华北高原春豆品种生态亚区（简称华北高原亚区）；

Ⅰ-3　西北春豆品种生态亚区（简称西北亚区）；

Ⅱ　黄淮海二熟制春夏作大豆品种生态区（简称黄淮海二熟春夏豆生态区）；

Ⅱ-1　海汾流域春夏豆品种生态亚区（简称海汾亚区）；

Ⅱ-2　黄淮流域春夏豆品种生态亚区（简称黄淮亚区）；

Ⅲ　长江中下游二熟制春夏作大豆品种生态区（简称长江中下游二熟春夏生态区）；

Ⅳ　中南多熟制春夏秋作大豆品种生态区（简称中南多熟春夏秋豆生态区）；

Ⅳ-1　中南东部春夏秋豆品种生态亚区（简称中南东部亚区）；

Ⅳ-2　中南西部春夏秋豆品种生态亚区（简称中南西部亚区）；

Ⅴ　西南高原二熟制春夏作大豆品种生态区（简称西南高原二熟春夏豆生态区）；

Ⅵ　华南热带多熟制四季大豆品种生态区（简称华南热带多熟四季大豆生态区）。

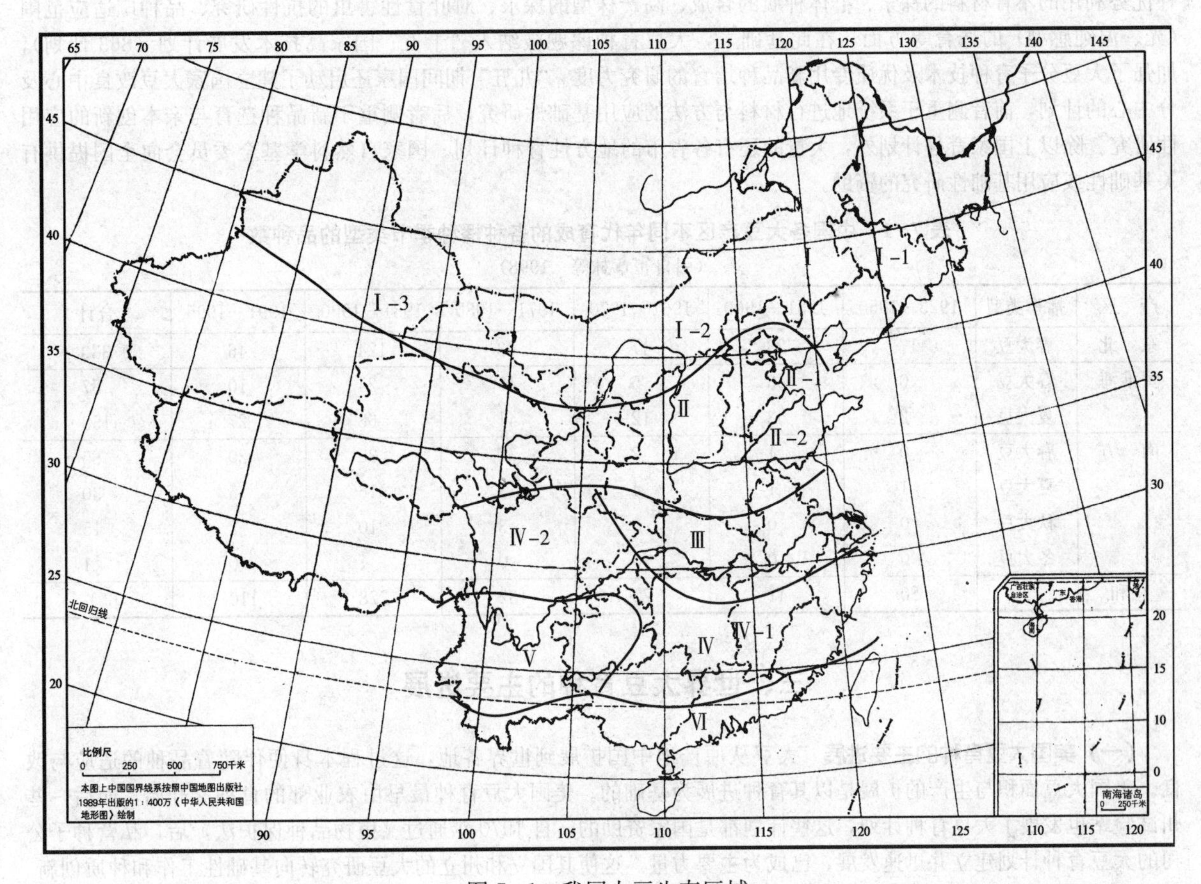

图7-1 我国大豆生态区域

虽然大豆品种生态区域和栽培区域间概念上有所区别，但由于两者均涉及复种制度，因而有其共同基础。上述大豆生态区域的划分与大豆栽培区域的划分是一致的，每一区域或亚区有其相对一致的品种生态类型或性状组合。

显然，大豆育种方向及要求和生态区域特点是有关的，主要大豆生态区域亦即主要大豆育种区域。大体上东北（Ⅰ-1)、黄淮海流域（Ⅱ-2）和长江流域（Ⅲ）分别占全国大豆生产的54%、27%和12%，是我国大豆育种最主要的区域。

（二）育种计划与进展 “六五”以前并无全国统一的大豆育种研究计划，只有各级（中央、省、地）单位各自的计划。据统计，全国从1923—1995年共育成651个品种，分年代分地区的品种数见表7-1。“六五”开始，国家组织大豆育种攻关研究，全国共有14个单位纳入高产、稳产大豆新品种选育计划，由中国农业科学院作物研究所主持，“六五”期间共育成42个大豆新品种；其他大批单位纳入地方性的育种计划。“七五”期间，国家委托南京农业大学大豆研究所主持“大豆新品种选育技术”攻关课题，组织全国19个单位参加。这项计划将研究内容分为3个层次的专题。“高产稳产大豆新品种选育”为第一层次，旨在选育综合性状优良，增产10%以上的新品种，以服务于近期生产。“优质大豆新品种选育”和“抗病虫大豆新品种选育”为第二层次，期望育成产量与推广品种相仿或较高的优质品种、抗病虫品种以及优良中间材料，一方面用于生产，另一方面作为改良的亲本材料用于育成新一轮高产优质多抗的新品种。“大豆育种应用基础和技术研究”为第三层次，一方面为产量突破性育种探索高产理想型的形态和生理特性；另一方面针对品质性状及抗病虫性与耐逆性研究育种用的鉴定技术，筛选新种质，揭示遗传规律并选育优异育种材料。“八五”和“九五”期间国家分别组织23个和19个单位参加大豆育种攻关，与“七五”计划相衔接，仍有第一、二层次的3项内容，但第三层次更偏向于选育特异新材料，包括用于杂种优势利用的不育材料的探索、群体种质的合成、高产株型的探求、对叶食性害虫的抗性研究、品种广适应范围（光、温纯感型）的选育等方面。在此基础上，大豆育种课题被纳入“十五”国家高技术发展计划（863计划），加强了大豆分子育种技术及优质专用新品种培育的研究力度。“九五”期间国家还启动了建立国家大豆改良中心及分中心的计划，前者侧重于系统地进行材料与方法的应用基础性研究，后者侧重于新品种选育与亲本创新的应用性研究。除以上国家育种计划外，大量的还有各省市的地方性育种计划。国家自然科学基金委员会向全国提供有关基础性或应用基础性研究的资助。

表7-1 中国各大豆产区不同年代育成的各种播种季节类型的品种数

（引自崔章林等，1998）

产 区	播季类型	1923—1950	1951—1960	1961—1970	1971—1980	1981—1990	1991—1995	合计
东 北	春大豆	17	23	47	63	124	46	330
黄淮海	春大豆	0	3	5	15	24	10	57
	夏大豆	2	3	12	41	68	27	153
南 方	春大豆	0	1	2	7	35	20	65
	夏大豆	1	1	4	3	16	5	30
	秋大豆	0	0	0	3	10	2	15
	冬大豆	0	0	0	0	1	0	1
总和		20	41	70	132	278	110	651

三、世界大豆育种的主要进展

（一）美国大豆育种的主要进展 大豆从原产地中国扩展到世界各地，这过程本身便伴随着品种的适应与改良。美国大豆面积与生产的扩展是以其育种进展为基础的。美国大豆育种最早由农业部的育种家开始，而后一些州试验站也发展了大豆育种计划，这些计划都是国家资助的。自1970年通过《植物品种保护法》后，私营种子公司的大豆育种计划建立并迅速发展，已成为主要力量。这使其国立和州立的大豆研究转向基础性工作和种质创新。美国大豆育种的主要进展有以下诸方面。

1. 生育期类型的扩展 早期美国仅划分成Ⅰ、Ⅱ、Ⅲ…Ⅷ共8个生育期组，适应于与纬度线近乎平行的8个地带。随着特早熟及特晚熟品种的育成，已将品种生育期组及地带划分为北起加拿大，经美国，南至赤道附近的哥伦比亚、委内瑞拉的000、00、0、Ⅰ、Ⅱ…Ⅹ共13个生育期组类型。

2. 产量的遗传改进 在现代农业的同一栽培条件下比较各年代育成的大豆品种，50年间产量的遗传改进约为每年0.5%～0.7%，进展是卓有成效的，但并未出现禾谷类作物那样的飞跃。

3. 抗裂荚性与抗倒伏性的改进 现代品种已在此方面适于机械化作业。

4. 抗病性的进展 突出的进展是育成抗两个全国性病害（疫霉根腐病、孢囊线虫病）及地方性病害（褐色茎腐病、猝死综合征）的品种。

5. 抗虫性的进展 育成抗叶食性害虫（大豆夜蛾、棉铃虫、墨西哥豆甲等）的品种。

6. 耐胁迫育种的进展 抗碱性土壤缺铁黄化和抗酸性土壤铝离子毒性的育种均已有显著进展。

7. 品质性状的改进 最突出的是将油脂的亚麻酸含量从8%降低至1.1%，将油酸含量从25%增加至60%～79%，创造出崭新的种质。

8. 抗除草剂转基因大豆的育成 美国孟山都公司将细菌变异中的抗草甘膦靶标酶（5-烯醇丙酮酸莽草酸-3-磷酸合酶，EPSP）基因导入大豆，获得抗草甘膦转基因大豆。1995年获准在美国大规模推广，到2003年种植面积占全球转基因大豆总面积的55%，占全球转基因作物总面积的61%。

（二）其他国家育种的主要进展 巴西的大豆生产是20世纪70年代才迅速发展的。早期从种子到耕作栽培技术都是从美国南部引入的。经过多年研究，通过以美国品种为基础适当地引入热带亚热带国家大豆品种配置组合，已培育了适应当地的（包括赤道附近的）新品种100多个，尤其突出的是，育成了抗臭椿象的新品种。阿根廷的大豆生产也是20世纪70年代兴起的，主要品种均由美国引入，也有少数巴西品种。美国的种子公司在阿根廷设有许多分公司，进行大豆育种和种子生产。日本、韩国大豆育种更突出品质改良，主要包括纳豆和豆芽用小粒品种以及直接食用的大粒型品种，强调品种外观品质、营养或保健品质性状的改良。

第二节　大豆育种目标及主要目标性状的遗传

一、大豆育种目标

（一）育种目标与目标性状　与高产、优质、高效农业发展方针相应的大豆育种目标包括生育期、产量、品质、抗病虫性、耐逆性、适于机械作业特性以及其他特定要求的特性（如育性等）。

1. 生育期　生育期性状主要指全生育期或熟期，可分解为前期与后期，前期指播种至初花的营养生长期，后期指初花至成熟的生殖生长期。品种的生育期是表现型，其遗传基础是对光周期与温度等主要生态条件的反应特性。来源于较低纬度的品种比较高纬度的品种具有较强的短日性；来源于同一地区的品种，夏秋播类型比春播类型具有较强的短日性；高纬、高海拔来源的品种比相对低纬度、低海拔的品种具有更强的感温性。在同一条件下，品种生育期长短的比较反映了品种生育期特性的遗传差异。大豆育种对生育期性状要求依其推广使用地区的地理、气候条件及其在复种制度中的季节条件而异。美国大体按纬度将大豆品种分为13组，每组品种在其适应地区早晚相差10～15 d。北美品种熟期组的划分逐渐为世界各国所采纳，成为国际通用方法，尤其适用于一熟制大豆的地区。我国由于轮作复种制度复杂，品种生育期长短不但与纬度有关，还受播种季节类型影响，以往并未直接采纳北美的熟期组制，各地区都有早、中、晚等的划分，但全国并无统一的划分标准，不便于相互比较和国内外交流。盖钧镒等（2001）根据北美13个熟期组大豆代表品种及我国地方品种生育期试验结果将我国大豆品种归属为相应的000、00、0、Ⅰ…Ⅸ共12个熟期组，未发现Ⅹ组品种；并按同一熟期组品种生育前期变异的地理分布，在0、Ⅰ～Ⅲ熟期组内各划分为秦岭淮河线以北亚组（前期较短）与秦岭淮河线以南亚组（前期较长），从而将我国大豆品种进一步划分为熟期组000、00、0_1、0_2、$Ⅰ_1$、$Ⅰ_2$…Ⅸ共12组16种熟期类型；还提出我国大豆品种熟期组、亚组归属的鉴定方法、标准和各地鉴定的标准品种名录。该大豆熟期组方法可体现我国不同复种制度下形成的品种特性，又可与国际接轨。

2. 产量　产量作为育种目标的重要性是显然的。产量的最根本最可靠的测度是实收计产，产量可以分解为构成因素进行考察。一种分解是单位面积一定株数下的单株荚数、每荚实粒数（或每荚理论粒数×实粒率）、百粒重。另一种分解是单位面积生物量与收获指数（或经济系数）。由于大豆成熟时落叶，收获时一部分根留在土中，由收获的粒、茎部分算出的称为表观收获指数或表观经济系数。大豆育种对产量及产量性状的要求依育种地区及其相应复种类型的现有水平而定，通常要求增产10%以上。目前认为产量突破的水平，东北为4 875 kg/hm^2（325 kg/亩），黄淮海为4 500 kg/hm^2（300 kg/亩）。南方为3 750 kg/hm^2（250 kg/亩），西北干旱地区灌溉条件下为5 625 kg/hm^2（375 kg/亩）。各地品种产量构成因素各有其特点与弱点，因而有各地的具体要求。

3. 品质　品质与利用方向有关。随着加工利用方向的拓展，大豆品质性状要求日趋多样化。大豆的品质性状可概括为以下5方面。

（1）子粒外观品质　除特殊要求外，通常希望黄种皮，有光泽，百粒重18 g以上；近球形，种脐色浅，种皮无褐斑及紫斑（紫斑由*Cercospora kikuchii* Matsum et Tomoy致病引起），种粒健全完整。作纳豆用要求小粒，百粒重8～10 g或以下。作菜用豆则要求特殊种皮色及子叶色，大粒。

（2）油脂与蛋白质含量　大豆品种的生态特点是北方油脂含量较高，南方蛋白质含量较高。一般品种北方春大豆区要求油脂含量20%以上，高油脂品种要求在23%以上。一般品种，黄淮海地区要求蛋白质含量42%以上，南方多熟制地区43%以上，高蛋白品种要求44%～46%或以上。蛋白质与油脂双高型品种要求蛋白质含量42%以上、油脂含量21%以上。

（3）油脂品质　亚麻酸含量现有资源为5%～12%，降到2%以下可解决豆油氧化变味问题。增加油酸和亚油酸等不饱和脂肪酸含量有益于人体心血管系统。用于保健品还需要卵磷脂含量高。

（4）蛋白质品质　大豆蛋白质的氨基酸组成较齐全，但与牛奶等相比含硫氨基酸（蛋氨酸与半胱氨酸）的含量偏低，仅2.5%左右，希望能提高至4%或以上。蛋白质加工行业要求凝胶性好，需提高储存蛋白11S/7S比值，从现有的平均1.12提高到3.0左右，11S组分中Ⅰ组亚基含硫氨基酸含量高，因而提高比值将可同时改善含硫氨基酸含量。生豆子粒中存在胰蛋白酶抑制物（主要为SBTI-A2），不利于直接用作饲料，希望选育无SBTI-A2的品种。

不同利用方向的豆乳、豆乳粉、豆腐类食品加工行业的得率，有些还要求缺失脂肪氧化酶，该酶导致生成豆腥味（不饱和脂肪氧化过程中产生的己醛、己醇等物质）。饲料行业要求缺失胰蛋白酶抑制剂。特殊活性物质异黄酮具抗癌、保鲜作用，希望从4 mg/g提高到6～8 mg/g。低聚糖有益于乳酸杆菌生长，因而有利于人体消化，希望有所提高。菜用毛豆另有其形态、食用品质和营养品质的要求。随着人类对食品营养要求的科学化，大豆品质育种将是未来育种的主要方向。

4. 抗病虫性　抗病虫性是大豆与另一种生物的关系。我国全国性的主要病害，列为育种目标的已有大豆花叶病毒（soybean mosaic virus，SMV）和大豆孢囊线虫（*Heterodera glycines* Ichinohe），地方性的病害有东北的灰斑病（*Cercospora sojina* Hara）和南方的锈病（*Phakopsora pachyrhizi* Syd.），近年纳入育种计划的有东北的菌核病［*Sclerotinia sclerotiorum*（Lib.）de Bary］及黄淮的根腐病［*Macrophomina phaseolina*（Tassi）Goid.］等，疫霉根腐病（*Phytophthora megasperma* Drechs. f. sp. *glycinea* Kuan et Erwin）也受到重视。我国抗虫育种已有计划的为东北的食心虫（*Leguminivora glycinivorella* Mats.）与大豆蚜（*Aphis glycines* Mats.）；关内的豆秆黑潜蝇（*Melanagromyza sojae* Zehntner），豆荚螟（*Etiella zinckenella* Treitschke）及一些叶食性害虫，包括豆卷叶螟（*Lamprosema indicata* Fabricius）、大造桥虫（*Ascotis selenaria* Schiffermuler et Denis）、斜纹夜蛾等（*Prodenia litura* Fabricius）。各国各地区主要病虫害不同，抗性育种的病虫种类自然不同。美国的主要抗病育种对象为大豆孢囊线虫病和疫霉根腐病，抗虫育种对象为叶食性害虫，但虫种主要为造桥虫、墨西哥豆甲、棉铃虫等。

5. 耐逆性　耐逆性与适应性是同一性质的育种目标。国内外的主要耐逆育种性状有耐旱性（习称抗旱性）、耐渍性、耐酸性土壤的铝离子毒性、耐碱性土壤的缺铁黄化性、耐盐碱性、耐低温性等。适应性表现为对地区综合条件的平稳反应特性。

6. 机械化作业特性　适于机械化作业的特性主要涉及一定的分枝与结荚高度（通常要求12 cm以上）、成熟不裂荚和种子不易破碎。

7. 育性　育性是相应于杂种优势利用的特殊育种目标。目前已育成质核互作雄性不育及配套的保持系和恢复系材料，但异交结实性还不够，有待改良后用于杂种种子生产。

（二）我国主要大豆产区的育种目标

1. 北方一熟春豆区　本区包括东北三省、内蒙古、河北与山西北部、西北诸省北部等地，大豆于4月下旬至5月中旬播种，9月中下旬成熟。育种的主要目标有：①相应于各地的早熟性。②相应于自然和栽培条件的丰产性。大面积中等偏上农业条件地区品种产量潜力3 375～3 750 kg/hm²（225～250 kg/亩）；条件不足、瘠薄或干旱盐碱地区，产量潜力为2 625～3 000 kg/hm²（175～200 kg/亩）；水肥条件优良、生育期较长地区，产量潜力为3 750～4 500 kg/hm²（250～300 kg/亩），希望突破4 875 kg/hm²（325 kg/亩）。③本区大豆出口量大，子粒外观品质甚重要，要求保持金黄光亮、球形或近球形、脐色浅、百粒重18～22 g的传统标准。本区以改进大豆油脂含量为主，一般不低于20%，高含量方向要求超过23%。亦有要求提高蛋白质含量，高含量方向要求44%以上。双高育种的要求，含油脂21%以上、蛋白质42%以上。④抗病性方面主要为抗大豆孢囊线虫、大豆花叶病毒，黑龙江东部要求抗灰斑病、根腐病。抗虫性方面主要为抗食心虫及蚜虫。⑤适于机械作业的要求。

2. 黄淮海二熟春夏豆区　本区夏大豆的复种制度有冬麦—夏豆的一年二熟制和冬麦—夏豆—春作的二年三熟制。夏大豆在6月中下旬麦收后播种，9月下旬种麦前或10月上中旬霜期来临前成熟收获，全生育期较短。主要目标有：①相应于各纬度地区各复种制度的早熟性。②丰产性，在一般农业条件要求有3 000～3 750 kg/hm²（200～250 kg/亩）的潜力，希望突破4 500 kg/hm²（300 kg/亩）。③子粒外观品质要求虽不能与东北相比，但种皮色泽、脐色、百粒重都须改进，油脂含量应提高到20%，蛋白质含量不低于40%。高蛋白含量育种应在45%以上，双高育种油脂与蛋白质总量应在63%以上。④抗病性以对大豆花叶病毒及大豆孢囊线虫的抗性为主。抗虫性包括抗豆秆黑潜蝇、豆荚螟等。⑤耐旱、耐盐碱是本区内部分地区的重要内容。⑥适于机械收获的要求在增强之中。

3. 长江中下游二熟春夏豆区、中南多熟春夏秋豆区、西南高原二熟春夏豆区、华南热带多熟四季大豆区　这几个区大豆的面积分散、复种制度多样，春播大豆的复种方式有麦—套种春豆—水稻、麦—套种春玉米间作春大豆—其他秋作等。夏播大豆有麦—夏大豆、麦—玉米间作夏大豆等。秋播大豆有麦—早稻—秋大豆、麦—玉米—秋大豆等。此外，广东南部一年四季都可种大豆，除春、夏、秋播外，还有冬播大豆。总的说，长江流域还是夏大豆居多，以南地区则以春、秋大豆为主。主要育种目标为：①相应于各地各复种制度的生育期。②丰产性，在一般农业条件下有 2 625～3 000 kg/hm^2（175～200 kg/亩）的潜力，希望突破 3 750 kg/hm^2（250 kg/亩）。③子粒外观品质，包括种皮色泽、脐色、百粒重都均须改进，油脂含量提高到 19%～20%，蛋白质含量不低于 42%。高蛋白含量育种要求在 46%以上。蔬菜用品种在种皮色、子叶色、百粒重、蒸煮性、荚形大小等有其特殊要求。④抗病性以抗大豆花叶病毒和大豆锈病为主；抗虫性则以抗豆秆黑潜蝇、豆荚螟、叶食性害虫为方向。⑤间作大豆地区要求有良好的耐阴性；一些地区要耐旱、耐渍；红壤酸性土地区要求耐铝离子毒性。⑥适于机械收获亦将愈益重要。

以上所列各主要大豆产区的育种目标是总体的要求。各育种单位需在此基础上根据本地现有品种的优缺点及生物与非生物环境条件的特点制定具体的目标和计划。丰产性的成分性状组成、生育期的前后期搭配、抗病虫的小种或生物型、耐逆性的关键时期等都可能各有其侧重。

二、大豆育种性状的遗传

大豆育种性状，尤其经济性状，多数为可以测度或计数并用数字表示的数量性状；有些为属性性状或称质量性状。一个数量遗传的性状必定是数量性状。一个质量性状，若其变异的尺度没有程度上的连续性，则通常均为主基因控制的质量遗传性状。一个数量性状肯定由主效基因与多基因共同控制或其特例（单纯主效基因或单纯多基因）数量遗传的性状。数量性状与质量性状，数量遗传性状与质量遗传性状的划分是相对的。一些原认为是质量性状的，在一定的仪器、方法帮助下可以数量化。一些在某种环境条件下呈质量遗传的性状，在另一种条件下可表现出数量遗传性状。有一些性状的遗传是由细胞质基因控制的。围绕大豆育种应用而进行的性状遗传研究，主要涉及以下 3 方面内容：①控制性状的遗传体系、基因效应以及基因间的连锁。②估计育种群体的遗传潜势，包括群体遗传变异度、遗传率、选择响应等。所研究的群体可以是杂种群体的分离世代，也可以是一定生态区域地方品种组成的自然群体。③与确定育种方法、策略有关的遗传学信息，诸如亲本配合力（一般配合力与特殊配合力，在 F_1代表现的亲本配合力用于杂种优势利用的亲本选配，在后期世代表现的亲本配合力用于纯系选育的亲本选配）、杂种优势的预测、性状的遗传相关等。此外，分子水平上数量性状位点（QTL）的连锁与定位工作也在发展中。

质量遗传性状的研究方法按孟德尔方法进行，通过 F_1观察显隐关系，由 F_2及其他分离世代观察表现型分离比例及基因型分离比例，从而推定其遗传体系。数量性状连续变异尺度上，若分离世代出现单峰态分布，表明属多基因控制的性状；若出现多峰态分布，表明有主基因作用或主基因与多基因共同作用，此时须排除环境干扰才能确定其性质。质量遗传的性状只要看到基因符号便可推测出其遗传表现；数量遗传的性状则依两亲本的遗传相差情况而定，通常由分离分析进行遗传模型测验，并估计其基因数量与相应的效应。

一些主要的大豆质量遗传性状和数量遗传性状的研究结果见表 7-2、表 7-3 和表 7-4。

表 7-2　大豆主要质量遗传性状的基因符号

（引自 Palmer 等，2004）

性　状	显性基因符号	表 现 型	载体材料	隐性基因符号	表 现 型	载体材料
开花成熟期	E_1	晚	T175	e_1	早	Clark
	E_2	晚	Clark	e_2	早	PI86024
	E_3	晚，对荧光敏感	Harosoy	e_3	早，对荧光不敏感	Blackhawk
	E_4	对长日敏感	Harcor	e_4	对长日不敏感	PI297550
	E_5	开花、成熟晚	L64-4830	e_5	开花、成熟早	Harosoy

（续）

性　状	显性基因符号	表现型	载体材料	隐性基因符号	表现型	载体材料
	E_6	早熟	Parana	e_6	晚熟	SS-1
	E_7	开花、成熟晚	Harosoy	e_7	开花、成熟早	PI196529
	J	长青春期	PI159925	j	短青春期	常见材料
结荚习性	Dt_1	无限性茎	Manchu	dt_1	有限性茎	Ebony
				dt_1-t	高有限茎	Peking
	Dt_2	亚有限茎	T117	dt_2	无限性茎	Clark
茎形状	F	正常茎	常见材料	f	扁束茎	T173
叶柄长	Lps	正常叶柄	Lee68	lps	短叶柄	T279
节间长	S	短节间	Higan	s	正常节间	Harosoy
				$s-t$	长节间	Chief
分枝	Br_1Br_2	中下节均有分枝	T327	br_1br_2	基部节有分枝	T326
花序轴	Se	有花序轴	T208	se	近无花序轴	PI84631
矮化	Df_2-Df_8	高秆	常见材料	df_2-df_8	矮秆	特定突变体
	Mn	正常	常见材料	mn	微型株	T251
	Pm	正常	常见材料	pm	不育、矮秆、皱叶	T211
落叶性	Ab	成熟时落叶	常见材料	ab	延迟落叶	Kingwa
叶形	Ln	卵形小叶	常见材料	ln	窄小叶、四粒荚	PI84631
	Lo	卵形小叶	常见材料	lo	椭圆小叶、荚粒数少	T122
小叶数	Lf_1	5小叶	PI86024	lf_1	3小叶	常见材料
	Lf_2	3小叶	常见材料	lf_2	7小叶	T255
叶柄长	Lps_1	正常叶柄	Lee68	lps_1	短叶柄	T279
	Lps_2	正常叶柄	NJ90L-2	lps_2	短叶柄，叶枕异常	NJ90L-1sp
茸毛类型	Pa_1Pa_2	直立	Harosoy	pa_1Pa_2	半匍匐	Scott
	Pa_1Pa_2	直立	L70-4119	p_1p_2	匍匐	Higan
	P_1	无毛	T145	p_1	有毛	常见材料
	P_2	有茸毛	常见材料	p_2	稀茸毛	T31
	Pd_1Pd_2	超密茸毛	L79-1815	pd_1	正常密度	常见材料
	Pd_1 或 Pd_2	密茸毛	PI80837、T264	pd_2	正常密度	常见材料
花色	W_1	紫色	常见材料	w_1	白色	常见材料
茸毛色	T	棕色	常见材料	t	灰色	常见材料
荚色	L_1l_2	黑色	Seneca	l_1L_2	棕色	Clark
	L_1L_2	黑色	PI85505	l_1l_2	褐色	Dunfield
种子颜色	G	绿种皮	Kura	g	黄种皮	常见材料
	O	褐种皮	Soysota	o	红棕色种皮	Ogemaw
	R	黑种皮	常见材料	$r-m$	褐种皮有黑斑纹	PI91073
				r	褐种皮	常见材料
	I	淡色种脐	Mandarin	$i-j$	深色种脐	Manchu
				$i-k$	鞍挂	Merit
				i	脐皮同为深色	Soysota
	K_1	无鞍挂	常见材料	k_1	种皮有深鞍挂	Kura

（续）

性　状	显性基因符号	表 现 型	载体材料	隐性基因符号	表 现 型	载体材料
	K_2	黄种皮	常见材料	k_2	种皮有褐鞍挂	T239
	K_3	无鞍挂	常见材料	k_3	种皮有深鞍挂	T238
子叶色	D_1 或 D_2	黄子叶	常见材料	$d_1 d_2$	绿子叶	Columbia
（细胞质因子）	cty-G_1	绿子叶	T104	cyt-Y_1	黄子叶	常见材料
育性	Ms_0	雄性可育		ms_0	雄性不育	NJ89-1
	Ms_1	雄性可育	常见材料	ms_1	雄性不育	T260
	Ms_2	雄性可育	常见材料	ms_2	雄性不育	T259
	Ms_3	雄性可育	常见材料	ms_3	雄性不育	T273
	Ms_4	雄性可育	常见材料	ms_4	雄性不育	T274
	Ms_5	雄性可育	常见材料	ms_5	雄性不育	T277
	Ms_6	雄性可育	常见材料	ms_6	雄性不育	T295、T354
	Ms_7	雄性可育	常见材料	ms_7	雄性不育	T357
	Ms_8	雄性可育	常见材料	ms_8	雄性不育	T358
	Ms_9	雄性可育	常见材料	ms_9	雄性不育	T359
	Msp	雄性可育	常见材料	msp	部分雄性不育	T271
抗大豆花叶病毒	Rsv_a	抗 Sa 株系	7222	rsv_a	感 Sa 株系	1138-2
	Rsv_c	抗 Sc 株系	Kwanggyo	rsv_c	感 Sc 株系	493-1
	Rsv_g	抗 Sg 株系		rsv_{cg}	感 Sg 株系	Tokyo
	Rsv_h	抗 Sh 株系		rsv_h	感 Sh 株系	493-1
	Rsc_7	抗 SC-7 株系	科丰 1 号	rsc_7	感 SC-7 株系	1138-2
	Rsc_8	抗 SC-8 株系	科丰 1 号	rsc_8	感 SC-8 株系	1138-2
	Rsc_9	抗 SC-9 株系	科丰 1 号	rsc_9	感 SC-9 株系	1138-2
	Rn_1	抗 N1 株系	科丰 1 号	rn_1	感 N1 株系	1138-2
	Rn_3	抗 N3 株系	科丰 1 号	rn_9	感 N3 株系	1138-2
	Rsv_1	抗 S-1、1-B、G1～G6	PI96983	rsv_1	感 S-1、1-B、G1～G6	Hill
	rsv_1-t	抗 S-1、1-B、G1～G6	Tokyo			
	Rsv_1-y	抗 G1～G3	York			
	Rsv_1-m	抗 G1、G4～G5、G7	Marshall			
	Rsv_1-k	抗 G1～G4	广吉			
	Rsv_1-n	对 G1 出现顶枯	PI507389			
	Rsv_1-s	抗 G1～G4、G7	Raiden			
	Rsv_1-sk	抗 G1～G7	PI483084			
	Rsv_3	抗 G5～G7	OX686	rsv_3	感 G5～G7	Lee68
	Rsv_4	抗 G1～G7	LR2、Peking	rsv_4	感 G1～G7	Lee68
抗大豆孢囊线虫	Rhg_1 或 Rhg_2 或 Rhg_3	感病	Lee、Hill	$rhg_1 rhg_2$ rhg_3	抗病	Peking
	Rhg_4 rhg_1 rhg_2 rhg_3	抗病	Peking	rhg_4	感病	Scott
	Rhg_5	抗病	PI88788	rhg_5	感病	Essex
抗灰斑病	Rcs_1	抗 1 号小种	Lincoln	rcs_1	感 1 号小种	Hawkeye

（续）

性　状	显性基因符号	表 现 型	载体材料	隐性基因符号	表 现 型	载体材料
	Rcs_2	抗2号小种	Kent	rcs_2	感2号小种	C1043
	Rcs_3	抗2、5号小种	Davis	rcs_3	感2、5号小种	Blackhawk
抗大豆锈病	Rpp_1	抗	PI200492	rpp_1	感	Davis
	Rpp_2	抗	PI230970	rpp_2	感	常见材料
	Rpp_3	抗	PI462312	rpp_3	感	常见材料
	Rpp_4	抗	PI459025	rpp_4	感	常见材料
抗细菌性叶烧病	Rxp	感	Lincoln	rxp	抗	CNS
抗细菌性斑点病	Rpg_1～Rpg_4	抗1～4号小种	Norchief、Merit	rpg_1～rpg_4	感1～4号小种	Flambeau
抗大豆霜霉病	Rpm_1	抗	Kanrich	rpm_1	感	Clark
	Rpm_2	抗	Fayette	rpm_2	感	Union
抗大豆黑点病	Rdc_1～Rdc_4	抗	Tracy等	rdc_1～rdc_4	感	J77-339等
抗白粉病	Rmd	抗（成株）	Blackhawk	rmd	感	Harosoy63
	Rmd-c	抗（各时期）	CNS	rmd	感	L82-2024
抗褐色茎腐病	Rbs_1	抗	L78-4094	rbs_1	感	LN78-2714
	Rbs_2	抗	PI437833	rbs_2	感	Century
	Rbs_3	抗	PI437970	Rbs_3	感	Pioneer 9271
抗疫霉根腐病	Rps_1～Rps_7	抗	特定抗源	rps_1～rps_7	感	常见材料
抗黄化花叶病毒	Rym_1	抗	PI171443	rym_1	感	Bragg
	Rym_2	抗	PI171443	rym_2	感	Bragg
抗除草剂	Hb	耐Bentazon	Clark63	hb	敏感	PI229342
	Hm	耐Metribuzin	Hood	hm	敏感	Semmes
抗豆秆黑潜蝇	Rms	抗	江宁刺文豆	rms	感	邳县天鹅蛋
对根瘤菌反应	Rj_1	结瘤	常见材料	rj_1	不结瘤	T181
对铁素反应	Fe	有效利用铁	常见材料	fe	低效	PI54619
对磷素反应	Np	耐磷	Chief	np	对高磷敏感	Lincoln
对氯化物反应	Ncl	排斥氯化物	Lee	ncl	累积氯化物	Jackson
棕榈酸含量	Fap_1	平均含量	常见材料	fap_1	低含量	C1726（T308）
	Fap_2	平均含量	常见材料	fap_2	高含量	C1727（T309）
				fap_2-a	低含量	J10
				fap_2-b	高含量	A21
	Fap_3	平均含量	常见材料	fap_3	低含量	A22
				fap_3-nc	低含量	N79-2077-12
	Fap_4	平均含量	常见材料	fap_4	高含量	A24
	Fap_5	平均含量	常见材料	fap_5	高含量	A27
	Fap_6	平均含量	常见材料	fap_6	高含量	A25
	Fap_7	平均含量	常见材料	fap_7	高含量	A30
				$fapx$	低含量	ELLP-2、KK7
				fap?	低含量	J3、ELHP
硬脂酸含量	Fas	平均含量	常见材料	fas	高含量	A9

（续）

性　状	显性基因符号	表现型	载体材料	隐性基因符号	表现型	载体材料
				fas-a	高含量	A6
				fas-b	高含量	A10
	St_1	平均含量	常见材料	st_1	高含量	KK2
	St_2	平均含量	常见材料	st_2	高含量	M25
油酸含量	*Ol*	平均含量	常见材料	*ol*	高含量	M-23
				ol-a	高含量	M-11
亚麻酸含量	Fan_1	平均含量	常见材料	fan_1	低含量	PI123440、A5
				fan1-b	低含量	RG10
	Fan_2	平均含量	常见材料	fan_2	低含量	A23
	Fan_3	平均含量	常见材料	fan_3	低含量	A26
				fanx	低含量	KL-8
				fanx-a	低含量	M-24
	Ti-a	Kunitz型条带	Harosoy	*Tia-s*	胰蛋白酶抑制剂 Ti-a变异谱带	
	Ti-b	Kunitz型条带	Aoda	*Tib-f*	Ti-b变异谱带	
	Ti-c	Kunitz型条带	PI86084	*Tib-s*	Ti-b变异谱带	
	Ti-x	Kunitz型条带		*ti*	酶谱带缺失	PI157440
	Pi_1	BBI'酶谱带	常见材料	pi_1	酶谱带缺失	PI440998
	Pi_2	BBI'酶谱带	常见材料	pi_2	酶谱带缺失	PI373987
	Pi_3	BBI'酶谱带	常见材料	pi_3	酶谱带缺失	PI440998

表7-3　大豆主要数量性状的遗传率估计值（%）（综合资料）

性　状	单株		家系		性　状	单株		家系	
	变幅	经验平均	变幅	经验平均		变幅	经验平均	变幅	经验平均
产量	4～76	10	14～77	38	全生育期	32～69	55	71～100	78
百粒重	35～62	40	46～92	68	生育前期	66～95	60	65～89	84
单株荚数	约36	—	25～50	—	生育后期	42～72	40	43～77	65
单株粒数	约8	—	19～55	—	株高	35～93	45	55～91	75
每荚粒数	—	—	59～60	—	倒伏性	10～42	10	17～75	54
秕粒率	—	—	约40	—	底荚高度	—	—	29～63	52
主茎分枝数	约3	—	38～73	—	荚宽	—	—	69～92	—
主茎节数	约47	—	64～69	—	油脂含量	49～64	30	51～78	67
表观收获指数	—	—	82	—	蛋白质含量	约70	25	39～83	63
表观冠层光合率	—	—	41～65	—	蛋脂总含量	—	—	67～78	74

表7-4　产量、蛋白质含量、油脂含量与其他性状相关系数估计值（综合资料）

性　状	产　量		蛋白质含量		油脂含量	
	变　幅	经验估值	变　幅	经验估值	变　幅	经验估值
全生育期	0.01～1.00	0.40	−0.05左右	0.00	−0.45～0.22	−0.20
生育前期	−0.16～0.87	0.00	0.20左右	0.10	−0.47～0.28	−0.20
生育后期	−0.28～0.89	0.20	−0.25左右	0.00	−0.09～0.32	0.10
株高	−0.52～0.82	0.30	0.00	0.00	−0.54～0.00	0.00

（续）

性　状	产　量		蛋白质含量		油脂含量	
	变　幅	经验估值	变　幅	经验估值	变　幅	经验估值
百粒重	−0.59～0.66	0.20	−0.13左右	0.00	−0.46～0.18	0.00
产量	—	—	−0.64～0.35	−0.20	−0.23～0.68	0.10
蛋白质含量	−0.64～0.35	−0.20	—	—	−0.70左右	−0.60
油脂含量	−0.23～0.68	0.10	−0.70左右	−0.60	—	—

三、主要育种性状的遗传

（一）产量性状的遗传　产量及其组成因素，单株荚数、单株粒数、每荚粒数、空秕粒率、百粒重，均属数量遗传性状，受微效多基因控制，环境影响相对较大。产量、单株荚数、单株粒数的遗传率均甚低，尤其当选择单位是单株时平均仅约10%，选择单位为家系时遗传率增大至38%左右，有重复的家系试验阶段遗传率增大至80%左右。因此，产量的直接选择常在育种后期有重复试验的世代进行。产量、百粒重的基因效应主要是加性效应，通过重组常存在加性×加性上位作用可资利用。杂种一代产量存在明显的超亲优势，国内外7个研究的平均超亲优势为3.3%～20.9%。自交有明显的衰退。产量的杂种优势与单株荚数及单株粒数的杂种优势有关。亲本的产量配合力在杂种早期F_1～F_4世代的表现不一致，存在显著gca×世代和sca×世代的互作，但在后期F_5～F_8世代则上述两项互作并不显著，因而在杂种早代表现配合力高的亲本，不一定在以后世代表现出高配合力，利用F_1代杂种优势与利用后期世代稳定纯系将可能有不同的最佳亲本及其组合。百粒重在早代及晚代上述两项互作均不显著，因而F_1优势和后代纯系两种育种方向的亲本组成有可能是一致的。产量与全生育期有正相关，与蛋白质含量有负相关，其他有实质性意义的相关甚为鲜见。

（二）品质性状的遗传　大豆种子蛋白质与油脂绝大部分存在于种胚，特别是两片子叶中。种胚的世代与当季植株的世代分属于两个世代，因种胚是经雌雄配子融合后的下一世代。种子包括种皮及种胚，种皮由珠被发育而成，属亲代，因而与种胚亦分属两个世代。鉴于一粒种子绝大部分为种胚，种皮只占极少分量，所以对种子化学成分性状研究时将种子（实为种胚）算作子代。例如两个亲本杂交，母本上结的种子（主要属种胚）为F_1，F_1植株上结的种子为F_2世代。按以上方法划分世代称为种胚世代法。由于实验分析技术难于测定单粒或半粒种子的成分，而需用较大样品，因而只能以F_1所结种子算作F_1的结果；相应地F_2植株所结种子为F_2的结果。这种划分世代的方法为植株世代法。上述F_2单株所结种子在种胚世代法中将属F_3家系世代。由于微量分析技术的应用，可测定单粒种子的成分，因而文献中有植株世代的结果，也有种胚世代的结果，应注意区分。

种胚世代法的研究结果，蛋白质含量的遗传存在母体效应，包括母体核基因作用的影响及母体细胞质效应，而以前者为主；油脂含量的遗传，有母体核基因作用的影响，但未发现细胞质效应。

植株世代法的研究结果表明，蛋白质含量与油脂含量两个性状均以加性效应为主，显性效应不明显，亦有加性×加性可资利用。两个性状的遗传率均较高，单株约分别为25%与30%，家系分别为63%和67%。综合以上两方面情况，这两个性状的选择可于早期世代进行，中亲值及早代可以预测后期世代的平均表现，早代单株及株行结果可用于预测其衍生家系的表现。但蛋白质含量与油脂含量存在负相关，经验估值$r=-0.60$，因而选择一个性状时要注意另一性状的劣变。这两个性状，除蛋白质含量与产量存在负相关外，与其他农艺性状未发现有实质性的相关。但Sebolt等（2000）检测到2个来源于野生大豆的蛋白质含量QTL位于I连锁群上的一个与产量存在显著负相关，另一个在E连锁群上则不能确定是否有负相关。

大豆种子蛋白质的含硫氨基酸，即甲硫氨酸与胱氨酸含量的遗传率分别为55%及67%。沉降值11S的蛋白中含有较多的含硫氨基酸，因此有人提议通过选育11S蛋白以提高含硫氨基酸含量，已发现由单显性基因控制的7S球蛋白亚基缺失种质。有无胰蛋白酶抑制物呈单基因遗传，有SBTI-A_2对无SBTI-A_2为显性（表7-2）。

F_1种胚亚麻酸含量有明显母体效应，而植株世代的正反交F_1间并无明显差异。种粒、单株、株行和小区平均的遗传率值分别约53%、61%、70%和90%。目前已发现Fap_1～Fap_7等基因控制棕榈酸含量，*Fas*和*St*位点控制硬脂酸含量。对于不饱和脂肪酸，发现已 *Ol* 位点控制油酸含量，Fan_1～Fan_3 等控制亚麻酸含量的基因。控制脂肪酸的不同位点（包括控制同一种脂肪酸的不同位点和控制不同脂肪酸的基因）基因间存在互作。

（三）抗病虫性状的遗传　大豆抗病虫性状的遗传是相对于抗、感类型划分的标准而言的。抗病性的鉴定有的从反应型着眼，有的从感染程度着眼，因为有的抗病性状可以明显区分为免疫与感染，有的抗病性状未发现免疫而只有感染程度上的区别。抗虫性亦有类似情况。因而抗性鉴定的尺度有的是定性的，有的是定量的。例如，对大豆花叶病毒株系的抗性，接种叶的上位叶若无反应为抗，若上位叶有枯斑、花叶等症状为感；对豆秆黑潜蝇的抗性以主茎分枝内的虫数为尺度，以一套最抗、最感的标准品种茎秆虫量为相对标准，划分为高抗、抗、中等、感和高感共 5 级。

已报道的抗病性的遗传均侧重在主基因遗传。表 7－2 中列有对主要病害抗性的主基因符号及抗、感的代表性材料，读者自然明了其涵义及应用。这些病害为：大豆花叶病毒、大豆孢囊线虫、灰斑病、大豆锈病、细菌性叶烧病［*Xanthomonas phaseoli* var. *sojensis*（Hedegs）Starr et Burkh］、细菌性斑点病（*Pseudomonas glycinea* Coerper）等。其中，我国大豆品种对长江下游大豆花叶病毒 Sa、Sc、Sg 和 Sh 共 4 个株系的抗性属一个连锁群；对 N1、N3、SC－7、SC－8、SC－9 株系的抗性也均各由一对显性基因控制并与 *Sg*－*Sh*－*Sa*－*Sc* 属同一连锁群，在 N8－D1b＋W 连锁群上排列的次序为 Rsc_8—Rn_1—Rn_3—Rsc_7—Rsa—Rsc_9。大豆对东北 SMV 1 号株系成株抗性与子粒抗性是由不同基因控制的并存在连锁关系，抗 SMV 1 号和 3 号株系的种粒斑驳基因也不等位。对大豆孢囊线虫的抗性涉及多对主基因，通过回交恢复到抗源亲本 Peking 的抗性程度很不容易。表中还列有对其他一些病害的抗性，包括大豆霜霉病［*Peronospora manchurica*（Naum.）Syd.］、大豆黑点病［*Diaporthe phaseolorum*（Cke. et Ell.）Sacc. var. *caulivora*］、白粉病（*Microsphaera diffusa* Cke. et PK.）、褐色茎腐病（*Phialophora gregatum* Allington et Chamberlain）、疫霉根腐病（*Phytophthora megasperma* Drechs. f. sp. *glycinea* Kuan et Erwin）、黄化花叶病毒（yellow mosaic virus）等。

抗虫性遗传的报道甚少。尽管已经选育出抗叶食性害虫、抗食心虫的品种，但其遗传规律都未有确切结果。南京农业大学大豆研究所研究了抗豆秆黑潜蝇的遗传，其结果为无细胞质遗传，有一对核基因控制，抗虫为显性，可能有微效基因的修饰。对斜纹夜蛾植株反应和虫体反应的抗性遗传均属 2 对主基因和多基因的混合遗传模型。

（四）生育期性状的遗传　生育期性状通常为数量遗传性状，由多基因控制。但遗传表现与环境有关，将 7206－934×泰兴黑豆的分离群体在南京春、夏、秋不同季节播种都表现为单峰态的多基因遗传，但宜兴骨绿豆×泰兴黑豆组合在夏、秋季播种下表现单峰态的多基因遗传，而在春播条件下却表现为二峰态的一对主基因加多基因的复合遗传方式。这对主基因在不同条件下表现的基因效应显然不同，春播时主基因效应突出，夏、秋播时主基因效应与微效基因相仿而难以辨认。但在另一些组合中生育期性状又表现为明显的主基因遗传，表 7－2 中列出 E_1e_1、E_2e_2、E_3e_3、E_4e_4、E_5e_5、E_6e_6 和 E_7e_7 共 7 对主基因的结果，其中 E_3 对 E_4 还有上位效应。所以，同一性状的遗传机制与组合、环境有关。

生育期性状的生理基础是对光周期及温度条件的反应，这种反应特性的遗传一般也是数量遗传的；但也有报告 E_4 是对长日反应敏感的基因。

（五）其他育种性状的遗传　主基因遗传的形态、生理性状已列于表 7－2。此处着重说明育种中常用的结荚习性、种皮色以及雄性不育性状的遗传。

（1）结荚习性由 2 对基因控制　Dt_1 为无限结荚习性，dt_1 为有限结荚习性；Dt_2 为亚有限结荚习性；dt_2 为无限结荚习性；dt_1 对 Dt_2 与 dt_2 有隐性上位作用。因而 $dt_1dt_1dt_2dt_2$ 及 $dt_1dt_1Dt_2Dt_2$ 为有限结荚型，$Dt_1Dt_1Dt_2Dt_2$ 为亚有限结荚型，$Dt_1Dt_1dt_2dt_2$ 为无限结荚型。此处有限结荚型有两种纯合基因型。复等位基因 dt_{1-t} 则控制高的有限结荚型。

（2）种皮色的遗传与种脐色的遗传有关（表 7－5）　大豆种皮色可概括为黄、青、褐、黑及双色 5 类。双色包括褐色种皮上有黑色虎斑状的斑纹及黄、青色种皮脐旁有与脐同色的马鞍状褐色或黑色斑纹。大豆脐色可由无色（与黄、青种皮同色）、极淡褐、褐、深褐、灰蓝以及黑色。种皮上另有褐斑或黑斑，由脐色外溢，斑形不规则，其出现有时与病毒感染有关。

表 7-5　大豆种皮色、脐色的基因型及其表型

基 因 型	表 现 型	代表品种（前者为东北品种，后者为江淮品种）
$Itrw_1g$	黄种皮、无色脐、灰毛、白花	四粒黄、徐州 333
$ItRW_1g$	黄种皮、灰蓝脐、灰毛、紫花	小蓝脐、苏协 4-1
i^itRw_1g	黄种皮、淡褐脐、灰毛、白花	满仓全、白毛绳圃
i^iTRW_1g	黄种皮、黑脐、棕毛、紫花	大黑脐、穗稻黄
i^iTrOW_1g	黄种皮、褐脐、棕毛、紫花	十胜长叶、岔路口 1 号
i^iTRW_1G	绿种皮、黑脐、棕毛、紫花	内外青豆、宜兴骨绿豆
i^iRW_1g	黄种皮、浅黑脐、灰毛、紫花	呼兰跃进 1 号、Beeson
i^kTRw_1G	青种皮、黑鞍、棕毛、白花	白花鞍挂、绿茶豆
$iTRW_1$	黑种皮、黑脐、棕毛、紫花	青央黑豆、金坛隔壁香
$itRW_1$	不完全黑、黑脐、灰毛、紫花	佳木斯秣食豆、如皋羊子眼
$iTrOW_1$	褐种皮、褐脐、棕毛、紫花	新褐豆、泰兴晚沙红
$itRw_1$	黄褐皮、黄褐脐、灰毛、白花	猪腰豆、沙洲蛋黄豆

注：G 控制青（绿）色种皮；g 控制黄色种皮。R 控制黑色种皮（与 T 基因共存时）；r^m 控制褐色种皮上有黑色虎斑状斑纹；r 控制褐色种皮（与 T 基因共存时）。O 控制褐色种皮；o 控制红褐色种皮。T 除控制棕毛外，促成产生黑色或褐色种皮；t 除控制灰毛外，还能冲淡皮色的作用，产生不完全黑色（即黑斑）或黄色种皮。W_1 除控制紫花外，又能使不完全黑色表现出来；w_1 除控制白花外，又能冲淡 R 的作用，呈现黄褐色种皮。I 使色素全被抑制冲淡造成淡色脐，当黑色基因存在时产生灰蓝脐，当褐色或黄褐色存在时造成淡色脐；i^i 将黑色或褐色限制于脐内；i^k 将黑或褐色限制于脐两侧，造成马鞍状双色；i 无抑制作用，使黑或褐色遍及全种皮而成黑或褐种皮。以上 I、i^i、i^k、i 依次前者对后者为显性。

显然，育种上以 $Itrw_1g$ 基因型最为理想。如将 $Itrw_1g$（黄）与 $iTRW_1g$（黑）杂交，F_1 将为黄种皮、淡脐、紫花、棕毛类型。F_2 将分离出黄、褐、黑种皮及多种脐色。

（3）雄性不育是育性异常的一种　不育性包括联会不育、花器结构阻挠的不育、雄性不育以及雌性不育，多为单隐性不育。雄性不育已报道的均为核不育，其不育机理均为孢子体基因型控制的不育。已发现有 ms_1～ms_9 9 个不育位点分别都可表现雄性不育（花粉败育），其中 ms_2、ms_3 和 ms_4 均伴有良好的雌性育性。msp 为部分雄性不育基因，其作用可能有温敏效应。研究表明，质核互作雄性不育系 NJCMS1A 和 NJCMS2A 的育性恢复性由两对显性重叠基因控制。

（六）连锁群　大豆共有 20 对染色体，应有 20 个完全的连锁群。目前已报道过 22 个连锁群。由于分子遗传图谱的快速发展，大部分连锁群已被整合在分子图谱上。

四、细胞遗传

（一）单倍体、多倍体与非整倍体　大豆的染色体小，数量多，形状差异不如其他物种大，因而细胞学的研究发展较缓慢。对染色体归类的研究结果并无定论，有从大小上区分（2 大，14 中，4 小），有从着丝点的位置区分（2 个中央着丝点，6 个近中央着丝点，1 个近端着丝点）。关于有随体的染色体数，有的观察到 1 对，也有观察到 4 对。用 Giemsa 染色的结果，3 组，每组 6 对染色体具单带；另一组 2 对染色体均具双带。

大豆的二倍体为 $2n=40$，四倍体为 $2n=80$。单倍体与多倍体既可来自单胚实生苗，也可来自多胚实生苗，大多数单倍体获自 ms_1ms_1 后代。多倍体可由秋水碱诱发产生，也有在 ms_1ms_1、ms_2ms_2 植株的后代中发现，还有在联会突变体中发现。

四倍体大豆的后代中异常植株可能是非整倍体。不联会突变体 T241 及 T242 的后代中可出现多倍体与非整倍体。通常三倍体是产生非整倍体的好材料，但大豆中将四倍体与二倍体杂交，未能获得三倍体，而在 ms_1ms_1 的后代中曾出现过三倍体。Palmer（1976）报道了 3 个主要的三体：三体 A、三体 B 和三体 C，并已用于连锁遗传研究。这 3 个三体中，额外染色体通过胚珠传递的百分率依次为 34%、45%和 39%，通过花粉传递的百分率依次为 27%、22%和 43%。鉴于三倍体植株具有较高的育性及额外染色体传递率，因而大豆能忍受非整倍体，诸如单三体、双三体、四体等。目前已鉴定获得一套初级三体（Triplo1～Triplo20），发现一些四体。

Singh 等（1998）成功利用栽培大豆 Clark63×四倍体 *Glycine tomentella*（$2n=118$）组合育成大豆异附加系，具体过程为：*Glycine max*（$2n=40$，基因组 GG）×*Glycine tomentella*（$2n=78$，基因组 DDEE）→F_1（$2n=59$，GDE）→胚培养→（$2n=118$，GGDDEE）×*Glycine max*→BC_1（$2n=76$）→×*Glycine max* BC_2（$2n=58$，56，55；GG+D，E）×*Glycine max*→BC_3～BC_6（$2n=40+1$，2，3；GG+1D 或 1E，2E…）。可育单体附加系的发展将使多年生大豆有益基因向栽培大豆渗入成为可能。

（二）相互易位和倒置 Palmer 和 Heer（1984）明确了由 Williams 于 1948 年报道的 *Glycine max*×*Glycine soja* 中出现的花粉与胚珠的半不育性是由于染色体相互易位的缘故。Sadanaga 和 Newhouse（1982）列出 Clark T/T、L75-2083-4、PI189866、KS-171-31-2、KS-172-11-3 和 KS-175-7-3 共 6 个纯合的易位体，这些易位体可用于进行连锁研究。

Ahmad（1984）等曾报道一例臂内倒置。Delanmay（1982）等报告发现 7 个倒置材料来自 361 个 *Glycine max*×*Glycine max* 组合；20 个倒置材料来自 142 个 *Glycine max*×*Glycine soja* 个组合，其中产生倒置材料的组合，野生亲本均来自韩国与日本。倒置材料的研究与利用尚待进行。

五、大豆基因组与分子标记

大豆是一个古四倍体，其基因组经过长期进化而二倍体化。大豆基因组（$2n=40$）染色体较小（1.42～2.84 μm），在有丝分裂中期难以区分单个染色体。大豆基因组包括约 1.1×10^9 bp，为拟南芥的 7.5 倍，水稻的 2.5 倍，玉米的 1/2，小麦的 1/14。大豆基因组学的研究在美国开展较早、发展较快。以下是在大豆遗传图谱、大豆重要性状基因的分子标记与定位等方面研究进展。

（一）大豆遗传图谱 大豆遗传图谱是基因定位和图位克隆的基础。美国自 1990 年起分别采用不同群体、不同标记类型建立了大豆遗传图谱。Cregan 等（1999）将已有的 3 张图谱加入 SSR 标记后进行整合，获得包括 23 个连锁群、总长度为 3 003 cM 的高密度图谱，到 2004 年，该图谱已有 1 845 个标记。我国张德水等（1997）以长农 4 号×新民 6 号的 F_2 群体为材料，构建了国内第一张大豆分子遗传图谱，包含有 20 个连锁群、71 个标记，总长度为 1 446.8 cM。吴晓雷等以科丰 1 号×南农 1 138-2 的 201 个重组自交系为材料，构建了含有 25 个连锁群、3 个形态标记、192 个 RFLP 标记、62 个 SSR 标记、311 个 AFLP 标记、1 个 SCAR 标记，总长度为4 710.05 cM的图谱。在此基础上，王永军提出了 RIL 群体与理论群体相符性检验的模拟群体抽样标准法，将群体调整为 184 个家系后，采用 189 个 RFLP 标记、219 个 SSR 标记、40 个 EST 标记、3 个 R 基因位点、1 个形态标记共计 452 个标记获得 21 个连锁群，总长度为 3 595.9 cM。这项工作有待扩展。若通过已建立的 BAC 文库构建转录图谱，有希望对大豆基因组进行全序列分析，最后将遗传图谱与转录图谱、物理图谱整合，从而为育种性状的改良提供分子信息依据。

（二）大豆重要性状基因的分子标记与定位 国外除对大量质量性状主基因进行标记定位外，还对包括抗病虫性、形态生理性状、农艺性状、种子成分、豆芽等 40 个数量性状 QTL 进行标记定位（表 7-6），国内也对大豆农艺、形态性状、大豆花叶病毒、孢囊线虫抗性基因进行定位，结果大部分数量性状均存在效应大（$R^2>10\%$）的 QTL。南京农业大学和中国科学院遗传研究所合作，在建立遗传图谱的基础上利用科丰 1 号×南农 1138-2 的 RIL 群体进行了大豆农艺性状、品质性状的 QTL 定位，结果检测到 9 个性状的 63 个 QTL，分布于 12 个连锁群。大部分 QTL 均成簇分布，大豆农艺性状、品质性状的 QTL 主要位于 N3-B1、N6-C2、N12-F1、N13-F2、N14-G 连锁群上，而抗 SMV 的基因主要位于 N8-D1b+W 上，说明不同连锁群的功能不同。一些 QTL 被定位在同一位点，具多效性，一个 QTL 最多可影响到 5 个性状，发现一些与开花期紧密连锁的 EST 标记。

表 7-6 国外已报道的大豆育种性状 QTL 汇总表

（引自 Orf 等，2004）

性状		群体数	QTL 数目	性状		群体数	QTL 数目
抗病虫性	玉米螟	5	16（12）	抗病虫性	大豆孢囊线虫病	12	20（11）
	南方根节线虫	1	2（2）		突然死亡综合征	4	7（7）
	花生根节线虫	1	2（2）		褐色茎腐病	1	2（1）

（续）

性状		群体数	QTL 数目	性状		群体数	QTL 数目
抗病虫性	爪哇根节线虫	1	2 (2)	抗病虫性	疫霉茎腐病	6	29 (2)
形态、生理性状	水分利用效率	2	5 (2)	形态、生理性状	叶灰分含量	1	5 (2)
	耐铝毒	1	6 (1)		植株生活力	1	5 (3)
	耐土壤渍水	1	1 (1)		叶长	3	6 (4)
	叶质重	2	6 (4)		叶宽	4	10 (4)
	叶面积	3	6 (3)				
种子成分	蛋白质含量	14	32 (18)	种子成分	棕榈酸含量	1	3 (3)
	油脂含量	14	24 (13)		油酸含量	1	3 (3)
	亚麻酸含量	2	3 (3)		蔗糖含量	1	7 (3)
	亚油酸含量	1	3 (3)				
农艺性状	株高	5	14 (4)	农艺性状	种子粒重	6	23 (6)
	成熟期	6	10 (7)		产量	2	4 (2)
	倒伏性	7	10 (5)		冠层高	2	3 (3)
	裂荚性	2	5 (3)		Chlorimuron ethyl 敏感性	1	3 (1)
	硬实特性	1	5 (5)		缺铁黄化	3	7 (1)
	开花期	5	8 (4)		茎粗	1	3 (3)
	生殖生长期	3	8 (5)				
豆芽	豆芽产量	1	4 (2)	豆芽	异常苗率	1	3 (0)
	胚轴长	1	3 (2)				

注：括号内为效应值大于10%的 QTL 数量。

第三节　大豆种质资源研究与利用

一、大豆的分类

大豆属豆科（Leguminosae）、蝶形花亚科（Papilionoideae）。进一步的分类学地位从 1751 年 Dale 起 200 多年中曾有 10 多次变更，后定为大豆属（*Glycine*），经 Verdcourt、Hymowitz 等多人的研究整理，特别是澳大利亚的 Tindale 等人扩展了多年生野生种，大豆属现分为 2 个亚属 24 个种（表 7-7）。*Glycine* 亚属内的 22 个种为多年生野生种，它们与栽培大豆（*Glycine max*）在亲缘上较远。大豆属物种的染色体组被分为 A 到 I 共 9 组，一年生野生大豆和栽培大豆属于 GG 组；A 组包括 AA、A_1A_1、A_2A_2 和 A_3A_3，B 组包括 BB、B_1B_1 和 B_2B_2，C 组包括 CC 和 C_1C_1，H 组包括 HH、H_1H_1 和 H_2H_2，I 组包括 II 和 I_1I_1 等类型（表 7-7）。A 组和 B 组内各物种间杂交结实正常，不同基因组间物种杂交存在障碍。*Soja* 亚属内的 *Glycine soja* 为一年生野生大豆，常简称野生大豆，蔓生，缠绕性强，主茎分枝难区分，百粒重 1～2 g，种皮黑色有泥膜。*Glycine soja* 与 *Glycine max* 具有相同的染色体组型，杂种结实良好。因此一致认为栽培大豆是由野生大豆在栽培条件下，经人工定向选择，积累基因变异演化而来的。由于变异的积累，类型的演变是连续的，在 *Glycine soja* 与典型栽培大豆之间便存在一系列不同进化程度的类型。其中百粒重 4～10 g，种皮多黑色或褐色，蔓生性仍较强的中间过渡类型，Skvortzow（1927）曾定名为 *Glycine gracilis* 种，习惯上称为半野生或半栽培大豆。生产上种植的泥豆、小黑豆、小粒秣食豆等，即属此类型。田清震等发现 AFLP 标记可将栽培豆与野生豆区分，而半野生类型与栽培类型一致，因而支持不宜另列一个半野生种的意见。

国际公认，栽培大豆起源于中国，但起源于中国何处，已有东北起源、南方起源、多起源中心、黄河流域起源等多种假设。一些日本学者则认为，有些日本栽培大豆可能不是从中、朝传播过去而是直接由日本本地野生大豆群体驯化的。由于关于大豆最古老的文字记载多在黄河流域，结合考古和一些形态性状农艺性状比较分析，黄河中下游起源学说得到较广泛支持。盖钧镒等（2000）对中国不同地区代表性栽培大豆和野生大豆生态群体进行形态、农艺、等位酶、细胞质（线粒体和叶绿体）DNA RFLP、核 DNA RAPD 分析，结果发现，南方野生群体群体多样性最高，其中各栽培大豆群体与南方野生群体遗传距离近于与各生态区域当地的野生群体，从而认为南方原始野生大豆可能是目前栽培大豆的共同祖先亲本，并由南方野生大豆逐步进化成各地原始栽培类型，再由各地原始栽培类型相应地进化为各种栽培类型，性状演化表现为从晚熟（全生长季节类型）到早熟的趋势。

表 7-7　大豆属内亚属与种的分类及其地理分布

（引自 Hymowitz，2004）

种　名	代号	$2n$	染色体组	地理分布
Glycine 亚属				
1. *Glycine albicans* Tind. et Craven	ALB	40	II	澳大利亚
2. *Glycine aphyonota* B. Pfei	APH	40	—	澳大利亚
3. *Glycine arenaria* Tind	ARE	40	HH	澳大利亚
4. *Glycine argyrea* Tind	ARG	40	A_2A_2	澳大利亚
5. *Glycine canescens* F. J. Herm	CAN	40	AA	澳大利亚
6. *Glycine clandestina* Wendl.	CLA	40	A_1A_1	澳大利亚
7. *Glycine curvata* Tind.	CUR	40	C_1C_1	澳大利亚
8. *Glycine cyrtoloba* Tind.	CYR	40	CC	澳大利亚
9. *Glycine. dolichocarpa* Tateishi et Ohashi	DOC	80	—	中国台湾
10. *Glycine falcata* Benth.	FAL	40	FF	澳大利亚
11. *Glycine hirticaulis* Tind. et Craven	HIR	40	H_1H_1	澳大利亚
		80	—	澳大利亚
12. *Glycine lactovirens* Tind. et Craven	LAC	40	I_1I_1	澳大利亚
13. *Glycine latifolia* Newell et Hymowitz	LAT	40	B_1B_1	澳大利亚
14. *Glycine latrobeana* Benth.	LTR	40	A_3A_3	澳大利亚
15. *Glycine microphylla* Tind.	MIC	40	BB	澳大利亚
16. *Glycine peratosa* B. Pfei et Tind	PER	40	—	澳大利亚
17. *Glycine pindanica* Tind. et Craven	PIN	40	H_2H_2	澳大利亚
18. *Glycine pullenii* B. Pfei，Tind et Craven	PUL	40	—	澳大利亚
19. *Glycine rubiginosa* B. Pfei，Tind et Craven	RUB	40	—	澳大利亚
20. *Glycine stenophita* B. Pfei et Tind	STE	40	—	澳大利亚
21. *Glycine tabacina* Benth.	TAB	40	B_2B_2	澳大利亚，中国台湾
		80	A 与 B 异源多倍体	澳大利亚，南太平洋岛屿
22. *Glycine tomentella* Hayata	TOM	38	EE	澳大利亚，巴布亚新几内亚
		40	DD	澳大利亚，巴布亚新几内亚
		78	D 与 E，A 与 E 异源多倍体	澳大利亚，巴布亚新几内亚
		80	A 与 D 异源多倍体	澳大利亚，巴布亚新几内亚，印度尼西亚，中国台湾
Soja 亚属				
23. *Glycine soja* Sieb. et Zucc	SOJ	40	GG	中国、俄罗斯、日本、朝鲜
24. *Glycine max*（L.）Merr.	MAX	40	GG	栽培品种

注：“—”示情况不明。

王金陵（1976）从实用性出发，提出栽培大豆分类时首先将全国大豆产区划分为栽培类型区，于各区再按种皮色（黄、绿、褐、黑、双色）分类，对每类种皮色再按各区生产上播种到成熟日数的长短进一步分类。在一定复种制度下的生育期大致上能表达该品种对光温反应的生态特点。在以上分类基础上再按百粒重分为大粒（$x \geqslant$ 20 g），中粒（13 g$\leqslant x <$20 g），小粒（$x<$13 g）。进一步再按结荚习性（无限、亚有限、有限）分类。以上层次的分类便基本能反应品种的生态适应及生产特点。然后再按花色、茸毛色及叶形去进一步鉴定认识品种。

二、大豆的栽培资源与野生资源

图 7-2 列出大豆基因库的构成。大豆初级基因库种质（GP-1）包括栽培大豆育成品种（系）、地方品种和一年生野生大豆。育成品种（系）和地方品种作为已经或正在生产上利用类型，是育种家首先利用的类型。按 Harlan 和 de Wet 的划分依据，次级基因库为可与 GP-1 杂交而其 F_1 部分可育的物种，在大豆方面未发现 GP-2。大豆的三级基因库 GP-3 目前已知主要为多年生野生种。

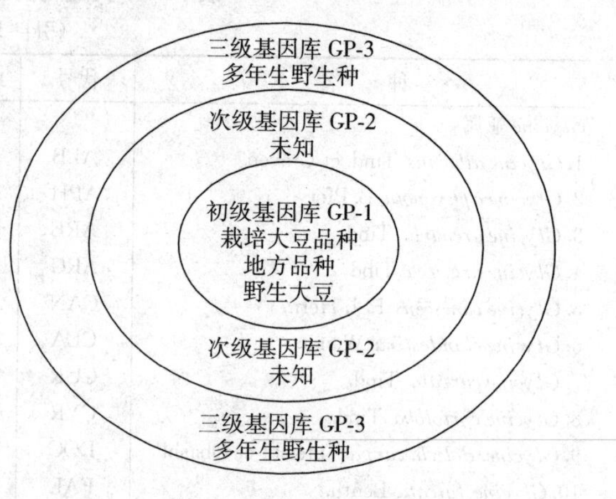

图 7-2 大豆的基因库

世界上，自北半球高纬度的北欧瑞典，至赤道地区，再到南半球，均有能适应的大豆品种类型。因此，大豆的种质资源是极其丰富多彩的。尤其起源地中国，长期栽培历史过程中形成了大量的农家地方品种。以下简述栽培大豆种质资源分布的概势。

中国东北地区，为一年一熟春大豆区。最北部为短光照性极弱的极早熟品种，往南短光照性逐渐加强，南部大豆的生育期可达 160 d 以上，此区主产地的大豆多窄长叶，四粒荚，株型好，多为亚有限结荚习性或无限结荚习性，主茎发达，高大不倒伏，不裂荚，百粒重 18～21 g，油分含量高，亦有蛋白质高达 45%的品种，种粒外观品质好，是世界上著名的丰产、质佳、适于机械化栽培管理的大豆种质资源来源地。金元 1 号、黄宝珠、紫花 4 号、丰地黄等是东北地区生产上当家品种的主要种质来源。美国北半部大豆生产上的品种，95%的种质来自中国东北地区的 6 个地方品种。东北偏西部地区的秣食豆类型，是耐旱、耐碱、抗孢囊线虫有潜力的种质资源。

中国陕晋北部中部黄土高原地区，分布着小粒黑豆、褐豆及黄豆，分枝多，生长势强，是耐旱、耐瘠薄、抗逆性强的重要种质资源。

中国黄淮平原地区的夏大豆，在适应晚播、早熟、旱涝不稳、抗孢囊线虫、抗花叶病毒方面以及丰产株型方面，有丰富的地方种质资源。小油豆、天鹅蛋、水里站、铁竹竿、爬蔓青以及丰产型的大茧壳、平顶黄、齐黄 1 号、鲁豆 2 号都是代表性的种质资源。

中国长江流域及其以南地区，大豆品种生育期的变异幅度极广，有春、夏、秋、冬各种播种期类型，种粒大小差异亦大，蛋白质含量高。有限结荚习性资源多，秆强、荚密、高产。粒荚在发育过程中，耐高温多湿，抗真菌病性强。酸性土壤地带的品种，有的抗铝离子毒害。

日本偏北方及朝鲜、韩国，在大粒性、高蛋白质含量、多荚丰产性、抗倒伏等方面较为突出。日本北海道的早熟品种是重要的早熟源。“上春别再来”品种明显地耐花荚期低温。

美国的多年大豆育种工作，形成了一批繁茂又抗倒伏，光合效能高，丰产性好，油分含量高，适于机械化栽培，抗特定病害的优良资源材料。

北欧与加拿大的品种，在弱短光照性、耐低温和成熟早方面，是突出的资源材料。

大豆育成品种是经过长期育种和生产实践积累下来的宝贵材料，与一般种质资源相比，这些材料蕴涵系谱、亲本选配、性状特点等方面丰富信息，可视为一个经过选择的优良基因库。掌握了这批育成品种的种质基础，对指导不同区域间基因交流、拓宽品种遗传基础有重要作用。各国均重视品种的系谱分析。南京农业大学大豆研究所对中国 1923—1995 年育成的 651 个大豆育成品种进行系谱及遗传基础分析，归纳出 348 个祖先亲本，将其视为原始基因库；并将 651 个育成品种归属为 348 个细胞核家族和 214 个细胞质家族，估计出每一品种的祖先亲本细胞核和细胞质遗传贡献值，计算出每一个祖先亲本对 651 个品种的细胞核和细胞质遗传贡献；根据祖先亲本的细胞核与细胞质遗传贡献、育成品种平均祖先亲本数等指标，揭示中国大豆育成品种的遗传基础，归纳出不同生态区的主要祖先亲本及其在育成品种中所占相对遗传份额和不同地区的 75 个主要祖先亲本及其在育成品种中所占相对遗传份额；分析了育成品种亲本选配的趋势，提出了加强地区间特别是与东北进行基因交流、拓宽遗传基础的迫切性（表 7-8）。

表 7-8　中国、日本、北美大豆育成品种的遗传基础比较

（引自 Zhou 等，2000）

项　目	中国（1923—1995 年）	日本（1950—1988 年）	北美（1947—1988 年）
育成品种数	651	86	258
祖先亲本数	339	74	80
引自国外的祖先亲本数	47	16	80
对育成品种贡献达 50%时的祖先亲本数	35	18	5
对育成品种贡献达 80%时的祖先亲本数	190	53	33
育成品种平均占有祖先亲本数	0.53	0.86	0.32
育成品种平均实际包含的祖先亲本数	3.79	3.20	6.7

一年生野生大豆主要分布在东亚，包括中国、俄罗斯、朝鲜、日本等地。在中国，除广东、广西南部、海南省及青藏、新疆高寒地区有待进一步考查外，凡有大豆栽培的地区均有野生大豆的分布，已采集到近 7 000 份野生大豆样本。栽培大豆与野生大豆及半野生大豆杂交，在利用野生大豆、半野生大豆的高蛋白质含量（42.3%～54.0%）、多荚性及充实栽培大豆丰产性能方面遗传潜力很大。

一年生野生大豆（*Glycine soja* Sieb. et Zucc.）和栽培大豆（*Glycine max*（L.）Merr.）间一般不存在杂交障碍，目前人们日益重视利用野生大豆拓宽栽培大豆遗传基础，从亲本的选配、F_2代及以后世代性状的选择技术、回交改良技术等方面已建立了一套比较完善的技术体系，并利用一年生野生大豆选育出具高产、高蛋白质、小粒等优良性状的品种或品系。但由于研究侧重于选育小粒特用或者针对丰产、抗性、优质等育种目标性状，选配组合基本是用本地栽培大豆与野生大豆杂交。

多年生野生大豆资源方面，*Glycine* 亚属内的资源，虽然具有难得的抗大豆锈病与黄化花叶病毒病及白粉病的抗源，并且具有耐霜、旱、碱及对光照长短不敏感的特点，但与栽培大豆杂交不孕及杂种不实问题仍在攻克中。Singh 等（1990）通过胚挽救技术用 Clark63×四倍体 *Glycine tomentella*（$2n=118$）组合中得到回交种子。大豆异附加系的发展将使多年生大豆有益基因向栽培大豆掺入成为可能（Singh 等，1998）。Riggs 等（1998）报道，将 *Glycine tomentella* 的抗 SCN 特性转到大豆双二倍体中。已有多例栽培大豆与多年生野生种杂交实例。随着大豆有性杂交和体细胞杂交技术的不断深入，可望应用现代遗传学和细胞遗传学的方法克服种间杂交的不亲和性，获得可育的 F_1杂种，这是需要加强的领域。

三、大豆资源的搜集、鉴定、保持、创新与利用

耕作制度及生产条件的变更常导致一些地方品种的绝灭。因而全世界均十分重视遗传资源的搜集与保持。我国政府已委托中国农业科学院品种资源研究所负责此项工作。全国性的大豆资源搜集、鉴定、保持、创新与利用的计划及办法已形成专门文件。作为一个育种单位，从加强育种的遗传基础出发亦需进行种质资源方面的工作。种质资源的搜集要按育种任务首先从与本地生态类型相近似的地区开始，每样本有 200～300 粒即可。一般以地方品种为主。应当把资源产地的详细地点、自然情况、栽培条件、材料的特殊用途与特点、来源等，确切而又简明地记载，并给以搜集编号。

鉴定时首先按材料的名称、产地，结合种粒性状进行鉴定，淘汰重复材料，并按搜集地区顺序，编制田间种植计划书，田间每样本种 3～5 短行，在夏、秋大豆地区，宜比生产播期适当提早播种，以便各材料能在较长光照下充分展现出品种的特征特性。通过田间观察调查，仍可淘汰一些重复材料。对于有明显变异的材料，也可于成熟时采取单株分离纯化的办法，以便于日后的鉴定与利用。经整理后的材料，宜按产地、生育期、种皮色重新编排登记，并给以固定代号。我国国家库以 ZDD，美国以 PI（plant inventory），再加上编号作为大豆资源的统一代号。对于田间生育表现及一般特征特性的调查，进行两年即可。对于育种研究任务要求的抗病性、品质等鉴定，应当方法准确严格，材料系统全面，并由专家承担。

我国拥有大量地方品种，除逐个鉴定外，还可研究同一地域内地方品种的群体特点，与地域生态条件的关系，以及群体内、群体间经济性状的遗传变异和选择潜力。例如，盖钧镒等（1993）对南方大豆品种群体主要经济性

状的遗传变异与选择潜力研究，该群体及所属亚群体在生育期性状有极丰富的变异与潜力，向高低两个方向选择，均数±5%ΔG，开花期与全生育期分别为42.6～86.2 d及96.1～169.3 d，产量、蛋白质含量、油分含量、百粒重也有较大变异与潜力，均数+5%ΔG分别为2 t/hm^2、47.4%、22.1%、24.7 g，但每荚粒数的变异与潜力很小，均数+5%ΔG仅1.9粒/荚，比之东北2.5～3.0粒/荚少得多，因而每荚粒数少数可能是南方品种产量提高的限制因子，有必要引进东北多粒性的种质。

我国作物种质资源由国家农业部统一管理，由中国农业科学院作物品种资源研究所统一种植入库、保持、并供应。各省农业科学院保持本省材料的复本。各地研究单位与院校，根据需要与条件，保留一定量的大豆资源。大豆地方品种常是含有多种基因型的群体，要保持群体中稀少基因型在繁种过程中不因随机漂变而丧失，通常应种植300～350粒种子，保证160～200个单株，收获保存2 500～5 000粒种子，并尽量延长在冷库中保存的年限以减少繁种次数。美国大豆种质资源统一由农业部农业研究局（ARS）管理，而将000～Ⅳ成熟期组的材料于伊利诺斯州Urbana市，Ⅴ～Ⅹ成熟期组的材料于密西西比州的Stoneville，设专人负责保持与分发。对保持的资源，在4 ℃、40%湿度的冷库内，每代号资源保存300 g种粒。每份材料还分一份送往科罗拉多州总库，在－18～－20 ℃、40%湿度的库中作长期保存。美国农业部在全国组织了大豆种质资源顾问委员会，对大豆资源的技术问题及选育与利用问题提供咨询；还成立了大豆遗传委员会，负责统一基因符号，并管理遗传研究材料。

人工创造大豆新资源的潜力是很大的。通过有性杂交，尤其用地理或类型上远缘材料间杂交，可以累积增效等位基因。例如用极早熟的东农47－1D与北欧极早熟的Fiskeby杂交，积累早熟性基因，便得到超早熟的东农36号。通过栽培类型大豆与野生大豆杂交，曾得到单株粒数达到1 127粒的材料（李文滨，1985）。辽宁省锦州农业科学研究所1956年用百粒重5～6 g的半野生大豆与百粒重18～19 g有限结荚习性的栽培大豆丰地黄杂交，于后代选得百粒重12～13 g，分枝多，丰产抗病的新资源材料5621。用它与栽培大豆亲本杂交，育成了铁丰9、铁丰10、铁丰17、铁丰18、铁丰19、铁丰20等多个优良品种。此外，理化因素诱变亦是资源创新的重要途径。

大豆资源利用的途径是多方面的。通过引种而直接用于另一地区的生产，要从生态类型相似的地区引用，特别要注意到品种的光温反应特性、抗病性及对气候土壤条件的适应性。直接引用于生产，应经多年多点田间比较试验的鉴定才能大面积推广。新疆曾成功地引用了东北的铁丰18、黑农33等品种，为大豆在新区的发展做出贡献。大量的引种工作主要在于为育种提供基因资源。利用大豆地方品种自然变异选择育种，仍有潜力，下节将作介绍。大豆种质资源最广泛的应用是作为杂交亲本。在东北地区，伪满统治时期曾利用黄宝珠与金元杂交，育成了著名的满仓金、满地金及元宝金。新中国成立后，用满仓金作亲本育成了东农4号、合交6号、合交8号等在生产上起过重大作用的品种。用东北地方抗虫品种铁荚四粒黄与丰产的金元1号杂交，育成了抗食心虫丰产品种吉林3号。我国1923—1992年间育成的564个大豆品种可追溯到308个祖先亲本，其中230个为地方品种，39个为主要来自美国的国外引种，其余39个为遗传来源不详的国内育种品系。表7－9列出了最主要的祖先亲本；表7－10列出了3大主产区衍生品种数量最多的育成品种；表7－11列出了各主产区育成品种的亲本来源相对比重。

表7－9　主要祖先亲本及其衍生的品种数

（引自崔章林等，1998）

东　北		黄淮海		南　方		国外引进品种	
祖先亲本	衍生数	祖先亲本	衍生数	祖先亲本	衍生数	祖先亲本	衍生数
金元（辽）	243	滨海大白花（苏）	62	奉贤穗稻黄（苏）	20	Mamotan（美）	61
四粒黄（吉）	218	铜山天鹅蛋（苏）	61	51－83（苏）	19	十胜长叶（日）	52
白眉（黑）	131	即墨油豆（鲁）	55	武汉地方种（鄂）	18	野起1号（日）	20
嘟噜豆（吉）	93	齐黄1号亲本（鲁）	53	上海六月白（沪）	9	Amsoy（美）	19
铁荚四粒黄（吉）	89	益都平顶黄（鲁）	53	泰兴黑豆（苏）	5	Clark63（美）	13
克山四粒荚（黑）	57	铁角黄（鲁）	49	邵东六月黄（湘）	5	Beeson（美）	12
熊岳小黄豆（辽）	58	邳县软条枝（苏）	15	浦东大黄豆（沪）	5	Wilkin（美）	10
铁荚子（辽）	30	山东四角齐（鲁）	15	猴子毛（鄂）	5	Williams（美）	9
小金黄（辽）	29	沁阳水白豆（豫）	14			Magnolia（美）	9
小金黄（吉）	27	滑县大绿豆（豫）	12			黑龙江41（俄）	8

表 7-10　3 大主产区衍生品种数最多的育成品种

（引自崔章林等，1998）

东　北		黄淮海		南　方	
品种名称	衍生品种数	品种名称	衍生品种数	品种名称	衍生品种数
黄宝珠	217	齐黄 1 号	61	农 493-1	18
满仓金	140	58-161	58	南农 1138-2	12
紫花 4 号	129	新黄豆	54	矮脚早	10
元宝金	99	莒选 23	52	苏豆 1 号	5
丰地黄	92	徐豆 1 号	52	湘豆 3 号	4
丰收 6 号	68	河南早丰 1 号	19		
金元 1 号	61	齐黄 13	16		
荆山朴	51	晋豆 4 号	13		
5621	56	郑州 135	12		
集体 2 号	24	晋豆 1 号	6		

表 7-11　我国大豆育成品种的亲本来源

（引自盖钧镒、崔章林，1994）

育成品种所在产区	亲本来源地区			
	东北	黄淮海	南方	外国
东北	91%	1%	0%	8%
黄淮海	10%	80%	3%	7%
南方	2%	13%	76%	9%

美国大豆育种所用的亲本，追溯其来源，主要与少数原始亲本有关，北部诸州主要品种的血缘有来自中国东北的 Mandarin（黑龙江绥化四粒黄）、A. K.（东北大豆）、Manchu（黑龙江宁安黄豆）、Richland（引自吉林长岭）、Mukedn（沈阳小金黄）、Dunfield、PI54610、NO171、PI180501，中国中部的 CNS，日本的 Tokio 等；南部诸州主要品种的血缘有来自中国东北的 A. K.、Dunfield，PI54610、Patoka，中国中部的 CNS、Palmetto、Peking，日本的 Tokio、PI81041、朝鲜的 Arksoy、Harberlandt 等。以 Lincoln×Richland 育成了 Clark、Chippewa、Ford 和 Shelby 4 个品种，1965 年曾占美国 31%大豆面积。其中 Lincoln 是由 Mandarin×Manchu 育成的，这 3 个原始亲本都来自中国东北。美国大豆育成成就方面，以抗病育种最突出，在这方面来自中国的抗性资源是决定因素。用从 2 000 多份材料中筛选出抗孢囊线虫的北京小黑豆（Peking）作杂交亲本，育成了丰产抗病的品种 Custer、Dyer、Pickett，挽救了美国南部的大豆生产。

引用短日性强的资源育成能适应低纬度短光照条件的品种，从而使低纬度的巴西等地区盛产大豆，以及引用短日性弱的早熟资源作杂交亲本，育成能适应高纬度地区条件的更早熟品种，是大豆引用种质资源进行育种的重大贡献，扩大了大豆生产范围，改变了世界大豆生产的面貌。

经整理鉴定后的大豆种质资源，应建立资料档案并输入电脑保存。美国以生育期组作为归类登记的首要项目；我国盖钧镒等（2001）也提出了与国际衔接的中国大豆熟期组归类方法与标准，可按熟期组登记国内外资源，在此类型上还可进一步按栽培区和播种期型归类登记国内的资源。对大豆种质资源鉴定研究结果，应及时编印目录向利用的单位与人员通报。

中国农业科学院作物科学研究所国家种质库保存的栽培大豆种质已有 2.3 万余份，一年生野生种质约 0.7 万份，还有国外引种和多年生野生材料近 0.2 万份等（常汝镇等，1998）。各省大都自行搜集保持了本省大批的大豆资源材料，例如，贵州保持了 2 068 份，山西 1 932 份，黑龙江 730 份等。至 2004 年，美国也已保存 2.1 万多份大豆资源，其中栽培大豆 1.9 万份，一年生野生大豆 0.1 万份、多年生野生大豆 0.1 万份，同时保存特殊遗传材料及育种亲本等有用种质。美国北方搜集中心保持 000～Ⅳ成熟期组大豆资源 7 627 份，野生大豆 675 份，多年生野生大豆 66 份；南方搜集中心保持Ⅴ～Ⅹ成熟期组栽培大豆资源 3 000 多份。此外，日本保持有3 741份，印度4 615份。还有 18 个国家 20 个中心都保持在 1 000 份以上。由于大豆品种资源的交流，在国际上已成惯例，因此各搜集保持中心的材料，有相当一部分是各中心间相互重复的。设立在中国台湾的亚洲蔬菜研究发展中心（AVRDC）所保持的 11 926 份大豆品种资源材料，其中一大部分是自美国交流引入的。

第四节　大豆育种途径和方法

一、家系品种选育的主要途径和一般步骤

大豆家系品种选育一般包括以下步骤：产生具有目标性状遗传变异的群体；将群体进行天然自交，从中分离优良个体并衍生为家系；多年、多点家系试验，鉴定其产量及其他育种目标性状，从中选拔优异家系；繁殖种子，审定与示范、推广。

遗传变异群体的来源有自然发生的，但育种中更重要的则是人工创造的。

不论变异群体的来源如何，选育家系品种最基本的环节是从中选择具有各种育种目标性状的优良纯合个体，包括优良单株或由其衍生的优良家系。主基因性状由表现型推测基因型的可靠性较高，尤其在纯合度高的情况下更有把握；但多基因性状因受环境修饰作用较大，由表现型估计基因型的可靠性（遗传率值）较低。不同性状常具有不同遗传率值，同一性状的遗传率值也因选择试验单位大小不同而不同，单株的、株行的、株系的、有重复小区的遗传率值依次增大些。如前所述，大豆产量以及产量性状中的单株荚数、单株粒数遗传率较低，尤其在选择试验单位较小时；其他如百粒重、每荚粒数、生育期性状、品质性状等遗传率相对较高。

育种目标是综合的，目标性状的遗传率各不相同。育种试验选择单位总是由单株、株行、株系逐级扩大。因而从变异群体中选择综合优良个体时，常常对主基因性状、遗传率高的性状在早期世代、选择单位较小时即进行严格的选择，而对遗传率低的性状，尤其是产量，在后期世代、选择单位增大，遗传率值提高后再进行严格选择。这样，不同育种时期或不同世代将可安排不同的选择重点性状或性状组。

理论上对于多个目标性状进行选择有以下 3 种方法：①逐项选择法（tandem selection），每一世代或几个世代只按一个性状进行选择，以后再换其他性状。②独立选择法（independent culling），同一世代对各性状均进行选择，有任一性状不达标准的个体均淘汰。③指数选择法（index selection），同一世代对各性状按一定权数做综合评分，或按一定公式计算综合指数，不达标准分数或指数者淘汰。前面按遗传率大小安排在一定世代做严格选择的方法有点类似于逐项选择法。实际育种工作中往往综合运用上述 3 种方法的原则，而且往往具有一定的经验性质。

二、自然变异选择育种

自然变异选择育种，以往曾称为纯系育种法、系统育种法、选择育种法。为避免与杂交育种中用系谱法进行个体选择选育纯系品种相混淆，此处不再沿用旧称。自然变异选择育种方法，我国在 20 世纪 50 年代、60 年代应用较多，曾育成许多优良品种，例如北方春豆区的东农 1 号、荆山璞、九农 2 号、晋豆 1 号，北方夏豆区的徐州 302、58-161，南方多播季大豆区的金大 332、南农 493-1、南农 1138-2、湘豆 3 号、湘豆 4 号等。

（一）基本步骤　自然变异选择育种的基本步骤包括：①从原始材料圃中选择单株；②选种圃进行株行试验；③鉴定圃进行品系鉴定试验；④品种（系）比较试验；⑤品种区域适应性试验（表 7-12）。农民荆山璞育成荆山璞大豆品种，其过程虽然很简单，由在满仓金品种地里选得一株长叶大豆衍生而来，亦属于自然变异选择育种的一例。育成过程均包括单株选择、建立品系、评比试验、繁殖扩大 4 个环节。由于自然变异群体一般经过多代自交，变异个体大都纯合或只具有较低的杂合度，因而通常只须经过 1 代或 2 代单株选择便可获得纯系，育种年限较短。

（二）技术关键

1. 选用适当的原始材料　我国各地均有丰富的地方品种，群体间、群体内均有丰富的自然变异；尤其大豆的天然异交率达 0.03%～1.10%，将不断提供重组、变异的机会；再加上近期育成的品种多数为杂交育种的成果，

多少带有一点杂合或异质的可能性，因而自然变异选择育种这条途径的可行性是始终存在的。关键在于选用适当的原始材料。通常相近生态条件范围内的地方品种、育成品种对当地条件具有较好的适应性，从中选得的变异个体亦将有较佳的适应性，是常用的原始材料。

表 7-12 南农 493-1 选育过程

选育程序	试验年限	选育工作内容
原始材料圃	1	1955 年播种 456 个地方品种，选 475 株，单脱单藏
选种圃	1	1956 年每株后代种 1 行，与对照品种比较，选出 42 个优良株行
鉴定圃	1	1957 年按成熟期分为早熟组、中熟组试验，各有 21 品系的 3 次重复随机区组设计，选拔出 6 个早熟品系和 3 个中熟品系
品种（系）比较试验	1	1958 年将所选 9 个品系加对照种进行 4 次重复随机区组试验，经产量比较，肯定 493-1 最优
区域试验	2	1959—1960 年新品种 493-1 在江苏淮南区试中表现最优，繁殖种子
区试与推广	2	1961—1962 年进一步区试，生产示范，繁殖与推广

2. 有效的单株选择 并非变异个体都入选，而应选择有优良特点，有丰产潜力的单株。生育期、抗病性、主茎节数、每荚粒数、百粒重等，单株时期的遗传率较高，表型选择的效果较好。整个生长发育过程中，大豆单株选择一般分 3 个阶段进行：①生长期间按开花期、抗病性、抗逆性、长势长相等进行初选。初选一般只在记载本上说明，特好的可以挂牌标记。②成熟期间按成熟期、结荚习性、株高、株型、丰产性进行复选，将入选单株拔回。③室内考种后，按子粒品质和单株生产力结合田间表现进行决选。

株行时期可以根据株行的群体表现进一步鉴定选株后代的各种性状，从而选择具有综合优良特点的株行。株行产量的误差较大，并不能准确反映选株后代的丰产性优劣，通常只作为选择株行的重要参考。

3. 精确的产量比较试验 自然变异选择育种最重要的性状还在于群体产量。产量的鉴定主要是精确的田间试验。本章第六节将专门介绍大豆育种的田间试验技术。

三、杂交育种

杂交育种是迄今大豆育种最主要、最通用、最有成效的途径。我国自 20 世纪 60 年代以来育成的新品种，大都由杂交育成，美国 40 年代以来育成的品种亦均由杂交育成。我国“六五”、“七五”期间通过杂交育种又育成了 218 个新品种（表 7-13），例如北方春豆区的合丰 25、东农 36、黑农 35、吉林 21、铁丰 4 号等，北方夏豆区的冀豆 4 号、豫豆 8 号、鲁豆 7 号、中豆 19 等，南方多播季区的南农 73-935、浙春 2 号、湘春豆 13 等。

表 7-13 中国采用不同育种途径分年代育成的大豆品种数

（引自盖钧镒、崔章林，1994）

育种途径	1923—1950	1951—1960	1961—1970	1971—1980	1981—1990	1990—1992	合计
自然变异选择育种	17	26	21	35	30	3	132
杂交育种	3	15	42	93	218	31	402
诱变育种或杂交+诱变育种	0	0	7	2	17	4	30

（一）亲本及杂交方式 杂交育种的遗传基础是利用基因重组，包括控制不同性状的有益等位基因的重组和控制同一数量性状的增效等位基因间的重组。后者所利用的基因效应包括基因的加性效应和基因间的互作效应，即上位效应。因而一个优良的组合不仅决定于单个亲本，更决定于双亲基因型的相对遗传组成。各亲本基因间的连锁状态也影响一个组合的优劣。一个亲本的配合力是其育种潜势的综合性描述，大豆育种中实际利用的是亲本的特殊配合力，一般配合力只是预选亲本的参考依据。

常用的大豆杂交育种亲本均为一年生栽培种，只在少数特殊育种计划中（例如选育小粒豆类型）将一年生野生种作为亲本。随着野生亲本中优良基因的发掘，其应用或将会增加。迄今尚未有正式利用多年生野生种作亲本的报告。

育种家所利用的亲本范围较广泛，尤其常利用最新育成的品种或品系为亲本。上节已说明这些亲本的原始血缘常来自少数原始亲本。

重组育种须选配好两个亲本，育种家的经验可以概括为以下要点。

①选用优点多、缺点少、优缺点能相互弥补的优良品种或品系为性状重组育种的亲本。这类材料在生产上经多年考验，一般具有对当地条件较好的适应性，由它们育成的新品种将有可能继承双亲的良好适应性。适应性的好坏须有多年、多种环境的考验才能检验出来。通过亲本控制适应性是一捷径。

②转移个别性状到优良品种上的重组育种时，具有所转移目标性状的亲本，该目标性状应表现突出，且最好没有突出的不良性状。否则，可以选用经改良的具有突出目标性状但没有突出不良性状的中间材料作亲本。

③育种目标主要为产量或其他数量性状，着重在性状内基因位点间的重组，所选亲本应均为优良品种或品系，各项农艺性状均好，通过重组而累积更多的增效等位基因并产生更多的上位效应。不同亲缘来源（包括不同地理来源或生态型差异较大）的亲本具有不同的遗传基础，因而可以得到更多重组后的增效位点及上位效应，这种情况下亲本表现有良好的配合力。

据 Fehr 于 1985 年的调查，北美大豆育种者所选用的亲本，56%为育成品种，39%为优良选系，只有 5%为引种材料，因其杂种后代产量常较低，优系率不高。通常引种材料只作为特异性状的基因源使用。我国 1923—1992 年间 402 个杂交育成品种采用育成品种及育种品系为双亲的占 55.3%（表 7-14）。

表 7-14　中国 402 个杂交育成大豆品种亲本组配及其使用频率

（引自崔章林等，1998）

母　本	父　本			
	育成品种	育种品系	地方品种	国外引种
育成品种	16.7%	13.6%	10.3%	9.2%
育种品系	11.2%	13.8%	3.7%	5.3%
地方品种	7.5%	1.3%	3.7%	2.2%
国外引种	0.7%	0.4%	0.2%	0.2%

Fehr 于 1985 年的调查结果，北美大豆育种者采用的杂交方式，79%的杂种群体为双亲本杂交后代，7%为三亲本杂交后代，4%为四亲本杂交后代，3%为多于 4 个亲本的杂种后代，2%为回交一次杂种后代，2%为改良回交（修饰回交）杂种后代，3%为回交 2 次或多次的杂种后代。迄今大豆育种者主要还是采用单交方式；三交的应用正在扩大之中。三交的优点是拓宽遗传基础，加强某一数量性状，改造当地良种更多的缺点，这些依所选亲本性状或基因相互弥补的情况而定。转移某种目标性状的回交育种，通常回交多次。但修饰回交法的应用正在扩展，其优点不仅可转移个别目标性状，而且可改良其他农艺性状。4 个亲本以上的复合杂交在育种计划中应用尚不多，但常用于合成轮回选择的初始群体。以上所说的各种交配方式均指亲本为纯系或已稳定的家系。一次交配后，进一步的交配均指以一次交配所获群体或未稳定家系为亲本之一或双亲。一次交配后从中选得稳定家系再与另一纯系亲本交配，虽然类似三交，但实质上只是单交而已。否则，目前许多品种的亲本均涉及多个原始亲本，由此而进行的单交均类似复交了。

（二）杂种群体自交分离世代的选择处理方法　为选育纯合家系，所获杂种群体不论来自多少亲本、何种杂交方式，均须经自交以产生纯合体。自交后群体必须大量分离。理论上亲本间有多个性状、多对基因的差异，加之基因间又可能存在连锁，分离将延续许多世代，最后形成大量经重组的纯合体。但实际上这依亲本间差异大小而定，通常 F_4、F_5、F_6起植株个体便相对稳定。这里的“相对稳定”，主要指个体不再在形态、生态期等外观性状上有明显的自交分离，至于细微的，尤其数量性状上的自交分离在高世代仍是难以检测的。

为尽早完成自交分离过程，节省育成品种所需时间，除一年一次在正常季节播种外，还可采取加代措施。加代的方法通常有温室加代及在低纬度热带短日条件下加代两种，后者在北美习称冬繁，在中国习称南繁。目前国内外大多数大豆育种计划均采取加代，主要是南繁（冬繁）措施。我国南繁地点一般在海南省南部，美洲一般在波多黎各、佛罗里达、夏威夷等地。这些地方在 10 月至次年 5 月间可以再连种 2 个世代，大约 85d 便可完成1个世代，有时为赶时间可收获已充实饱满的青荚，或在成熟前喷布脱叶剂加速成熟。南繁自然条件下生育期短、植株矮小，只适于加代，通常不可能得到很多种子，除非人工延长光照时间以推迟开花，增加营养生长时间。南繁自然条件下通常难以进行人工杂交，主要限制在于花少、开花期太短、花小、多数花开花前已自花授粉，人工增加光照时间可以克服这种困难。由于南繁地点与育种单位地点在自然和栽培条件上的差异，在南繁地点进行成熟期、株高、抗倒性、产量等方面的选择是无正常效果的；但对种子大小、种子蛋白质及油脂含量、油脂的脂肪酸组成、对短日条件反应敏感性（生长与开花方面）等性状的选择则常是相对有效的。限于规模，利用温室加代通常只能容纳少量材料，但许多育种工作者常利用温室进行人工控制条件下的抗病虫性鉴定，这种鉴定只是在下年播种前先做一次抗性的后代（家系）试验，并不要求收获种子。

杂种群体自交分离过程中，须保持相当大的群体才不致丢失优良的重组型个体。但育种规模是有限制的，为使规模不过大，可在早代起陆续淘汰明显不符目标的个体乃至组合，但选择强度应视性状遗传率值的大小而定。大豆育种者对杂种群体自交分离世代的选择处理方法大致可归为两大体系，一是相对稳定后在无显性效应干扰下再做后裔选择，包括单子传法、混合法、集团选择法等；另一是边自交分离，边做后裔选择，包括系谱法、早代测定法等。

1. 单子传法　单子传法（single seed descent，SSD）根据杂种群体自交分离过程中上一世代个体间的变异大于下一代相应衍生家系内个体间的变异，尽量保证F_2世代个体间的变异能传递下去，每一F_2单株只收1粒，但全部单株都传1粒，各自交分离世代均按此处理直至相对稳定后从群体中进行单株选择及后裔比较鉴定。采用单子传法的群体受自然选择的影响极小。

典型的单子传法是每株只传1粒（为留后备种子可以收获不止1套种子）。但单粒收获仍较费时，且由于成苗率的影响，每经一世代群体便将缩小，一些个体的后代便绝灭，因而有一些变通的方法。其一是每株摘一荚，规定每荚为3粒型或2粒型，这实际上为一荚传。每群体可以摘重复样本以留后备。另一方法为每株摘多荚，统一荚数，混合脱粒后分成数份，分别用作试验或储备。有时需保留每株的后裔，可采用每株一穴播种，按穴取1粒或若干粒种子。

单子传法无须做很多考种记载，手续简便，非常适于与南繁加代相结合，因而能缩短育种年限。表7-15所示为单子传法的应用实例。我国黑龙江省的东农42号亦是用摘荚法育成的。

表7-15　应用单子传法育成品种Preston的过程

（引自Fehr，1987）

年份	选　育　工　作　内　容
1	3月在波多黎各冬繁圃延长光照条件下配制组合S48×Max（代号A×2357），目标为选育农艺性状优良的高产品种
1	5月在衣阿华州立大学种A×2357的F_1世代
1	11月在波多黎各冬繁圃种A×2357的F_2群体，每株混收3粒种子
2	2月在波多黎各冬繁圃种A×2357的F_3群体，每株混收4粒种子
2	5月在衣阿华州立大学宽距种植A×2357的F_4群体，按早、中、晚3期分别收获单株，并按株单脱单藏
3	5月在衣阿华州2个地点，每点各2次重复条件下进行$F_{4:5}$家系的产量鉴定，小区为1 m×1 m的穴区。收获农艺性状优良的50%家系，并测产
4	5月在衣阿华州3个地点对A×2357的$F_{4:6}$家系做产量鉴定，每点均为2行区，2次重复，编号为A81-257031的选系即为以后的Preston
5	A81-257031参加美国北部9州11地点的区域试验。同时在校试验场开始提纯，选择植株和种子性状一致的48个单株，分别脱粒、保存
6	A81-257031参加美国北部与加拿大12州（省）共20个地点的区域试验。在校试验场种48个单株后代，分收其中表现一致的47株系，获种子总产合计约120 kg
7	A81-257031继续参加美、加共20地点的区域试验。经州审定推广，定名为Preston。47个繁育株系中有2个因脐色不典型而淘汰；其余45个仍分别繁殖，合计种3 hm^2，生育期间鉴定均一致，混收得7.2 t种子，作为育种家种子（breeder seed）分发至3个州
8	分州种育种家种子以获得基础种（foundation seed，相当于我国的原原种）。该基础种以后再经繁殖2代便推广到农家

2. 混合法与集团选择法　混合法（bulk method）收获自交分离群体的全部种子，下年种植其中一部分，每代如此处理，直至达到预期的纯合程度后，从群体中选择单株，再进行后裔比较鉴定试验。用混合法处理的群体自然选择的影响甚大，因不同基因型间在特定环境下存在繁殖率差异。自然选择的作用可能是正向的，也可能是负向的，依环境而定。例如，在孢囊线虫疫区，群体构成将可能向抗、耐方向发展；在无霜期较长的地区，群体构成将可能向晚熟方向发展。

对自交分离群体可以按性状要求淘汰一部分个体后再混收或选择一部分个体混收，下年抽取部分种子播种，直至相当纯合后再选株建立家系，这种方法即为集团选择法（mass selection）。例如，对群体只收获一特定成熟期范围的植株。集团选择均为表现型选择，建立家系后才能做基因型选择。

混合法和集团选择法手续更简便，但在南繁或冬繁条件下易受与育种场站不同环境的自然选择的干扰，所以近来许多大豆育种者宁愿采用单子传法。

3. 系谱法　系谱法（pedigree method）从杂种群体分离世代开始便进行单株选择及其衍生家系试验，然后逐代在优系中进一步选单株并进行其衍生家系试验，直至优良家系相对稳定不再有明显分离时，便升入产量比较试验。所以，系谱法是连续的单株选择及其后裔试验过程，保持有完整的系谱记载。系谱法简单明了，易于理解接受，对所选材料经过多代系统考察鉴定把握性较大，但由于试验规模的限制，在早代便须用较大选择压力，这在诸如抗病性等在早代便可做严格选择的性状是适宜的；而对于诸如单株生产力等遗传率较低的性状，往往由于早代按表现型选择时易误将一批优良基因型淘汰而葬送一些优良材料或组合。其次，由于一些育种性状不宜在南繁或冬繁条件下做严格选择，因而这种情况下系谱法将难以充分利用冬繁加代缩短育种年限的好处。国内以往大多数大豆育种者均采用系谱法，近已减少。表 7-16 所示为系谱应用实例。

表 7-16　应用系谱法育成品种铁丰 23 的过程

（引自辽宁铁岭大豆所）

年份	选　育　工　作　内　容
1	夏季配置组合铁丰 19×秋田 2 号（代号 7447），获 34 粒种子
1	冬季在海南种 F_1 世代，实收真杂种 15 株
2	种 F_2 世代，每株 F_1 的种子分别种植，在第 3 株 F_1 的后代中入选 4 株
3	种 $F_{2:3}$ 家系，在第 3 株行中入选 1 株
3	冬季在海南种 $F_{3:4}$ 家系，从上季入选 1 株的后代中选得 5 株
4	种 $F_{4:5}$ 家系，从第 4 株行中入选 3 株
5	种 $F_{5:6}$ 家系，田间从第 3 株行中入选 3 株，保留 2 株
6	种 $F_{6:7}$ 家系，本年安排为选种圃试验，入选编为 3 的株行
7～8	参加品种比较试验
9～11	参加辽宁省大豆品种区域试验
10～12	参加全国北方春大豆中熟组区域试验
11	进行生产试验和示范试验

4. 早代测定法　早代测定法（early generation testing）的基本过程是在自交分离早代选株并衍生为家系，经若干代自交及产量试验，从中选出优良衍生子群体，再从已自交稳定的子群体中选株并进行其后裔比较试验。理论上，此法可通过早代产量比较突出最优衍生系群体，然后优中选优进一步分离最优纯系。但实际上，早代产量比较受规模的约束，不可能测验大量衍生群体，一大批优秀材料可能在产量比较前便已丢失。关于早代测定法中多少衍生群体参加产量比较，每群体进行几个世代产量比较等，各人均有自己的设计，并不一致。相对较一致的是，一般均用 F_2 或 F_3 衍生群体进行早代测定。鉴于早代表现的产量差异包含有一定的显性及其有关基因效应成分，一些大豆育种家顾虑它不足以充分预测从中选择自交后代的潜力，再加上此法手续不如其他方法简易，因而此法的使用者并不多。表 7-17 所示为早代测定法应用的实例。

表 7-17　应用早代测定法育成品种 Sprite 的过程

（引自 Fehr，1987）

年份	选　育　工　作　内　容
1	夏季在伊利诺斯大学试验场配置组合 Williams×Ransom 母本为熟期组Ⅲ、无限结荚类型，父本为熟期组Ⅶ、有限结荚类型。目的为育成高产、抗倒、有限结荚类型、熟期组Ⅲ的新品种
1	11 月在波多黎各种 F_1 世代，延长光照以增加种子收获量
2	种 F_2 世代，分别选择熟期适宜的有限性单株
3	种 $F_{2:3}$ 家系。本组合计 10 个家系，单行区无重复，从中选择 3 家系，其中包括家系 L72U-2569
4	L72U-2569 参加 $F_{2:4}$ 家系比较试验，4 行区，有重复，中间 2 行计产，在 2 侧边行中选得 54 个 F_4 单株
5	种 $F_{4:5}$ 家系，单行区，无重复，从 L72U-2569 中选得优良家系
6	34 个由 L72U-2569 衍生的 $F_{4:6}$ 家系参加 4 行区有重复的比较试验，行距 75 cm
7	19 个由 L72U-2569 衍生的 $F_{4:7}$ 家系参加 4 行区产式试验，行距 75 cm，同时进行 10 行区产比试验，行距 17cm。每家系均选 50 个 F_7 单株用于种子提纯
8	其中的一家系 HW74-3384（以后即 Sprite）参加美国北部区域试验，9 个地点。该家系的 42 个 F_7 单株种成无重复的 $F_{7:8}$ 株行区，混收其中 37 个表型一致的株行，作为 HW74-3384 纯种
9	HW74-3384 继续参加美国北部区试，26 个点
10	HW74-3384 继续参加美国北部区试，24 个点。俄亥俄州农业试验站审定，命名为 Sprite。第 8 年所获纯种已繁殖为 2 t 育种家种子，并分发至北方 7 个州的种子场圃
11	7 个州繁殖基础种（我国称原原种）
12～13	私人种子生产者种植基础种以得到登记种（registered seed，我国称原种），下年繁殖检定种（certified seed，我国称良种），用于生产

（三）回交育种

1. 回交育种方法及其应用　回交育种主要用于将个别目标性状转移到优良的推广品种上去，最常见的是抗病性的转移，例如 Harosoy63 是经 7 次回交将 Blackhawk 的抗疫霉根腐病 Rsp_1 等位基因转移到 Harosy 上育成的新品种；Williams82 是经 5 次回交将 Kingwa 的抗病霉根腐病 Rsp_1 等位基因转移到 Williams 上育成的新品种。回交育种所转移的性状一般为主基因性状，尤其是单基因性状。这种情况下，通过将杂种与轮回亲本的回交，加强轮回亲本综合优良性状的遗传基础，同时选择具有所要转移的目标性状的个体。若所转移的是单个显性等位基因，而且在开花季节前便表现，那么 BC_xF_1 世代，便可选株回交，选择过程最简单；若在开花季节后才表现，那么 BC_xF_1 世代回交时因无法按转移的目标性状选株，必须加大杂交量以保证有一定量的目标性状植株得到回交种子。若所转移的是单个隐性等位基因，则常须在 BC_xF_2 世代选择具有该性状隐性纯合的单株进行回交，否则若于 BC_xF_1 世代回交便必须大大增加回交数量。若转移的性状是几对主基因，由于目标性状内诸对基因的重组与分离，回交育种的效果有时难以兼顾到所转移性状的最佳基因组合及完全恢复轮回亲本综合优良性状两方面。例如，北京小黑豆的抗孢囊线虫由 3 对抗性基因控制，回交育种后代往往不容易达到北京小黑豆的高抗程度。转移多基因性状的回交育种尚不多见，要实现所转移的性状，并保持轮回亲本的综合优良性状更困难。这种情况的效果与轮回亲本选用是否得当、自交后代的测验和选择是否准确等因素有关。

2. 回交育种的技术要点　除亲本选择外，以下几点常须在计划时明确。

（1）回交育成的新品种应具有哪一亲本的细胞质　为实现所定的要求，至少应将该亲本作为最后一次回交的母本。

（2）由所转移的目标性状基因或基因型在回交后代中存在的理论频率估计所需足够的回交种子数　例如，若通过回交，带有目标基因的频率为 1/2，则在置信系数 95%保证下，要有 5 粒种子才能保证其中有 1 粒具有该目标基因，8 粒中保证有 2 粒，16 粒中保证有 5 粒；若置信系数为 99%，则要有 7、11 和 19 粒回交种子才能保证分别有 1、2、5 粒具该目标基因。除此以外，还须考察成株率的影响。

（3）回交次数的确定　轮回亲本在回交后代中所占的平均种质：F_1 50%，BC_1F_1 75%，BC_2F_1 87.5%，BC_3F_1 93.75%，BC_4F_1 96.87%，BC_5F_1 98.437 5%，BC_6F_1 99.218 8%，BC_xF_1 $[1-(1/2)^{x+1}]\times100\%$。若希望尽量回复轮回亲本的种质，一般至少回交 4、5、6 次。

(4) 轮回亲本可以更换　若回交育种过程中有更优良的品种出现，综合性状优于原轮回亲本，可用该优良品种作为后期回交的轮回亲本。这种方法称为修饰回交法或改良回交法。

(5) 所转移的目标性状由多基因控制时的回交育种技术　一种方法是选用具有比育种目标性状要求更高的非轮回亲本，通过回交植株的自交以分离出具有目标性状强度的纯合体，并进行后代鉴定。另一种方法是采用双向回交得 $A^n \times D$ 及 $A \times D^n$ 再将分别具双亲遗传基础的后代杂交。

四、诱变育种

诱变育种的基础材料通常是纯合家系，便于鉴别所诱发的突变体。人工诱发的突变，大部分为基因突变或点突变，从分子的角度解释是DNA分子的突变；也有染色体或DNA链的交换、断裂、缺失、重复、倒置、易位等突变。突变育种中所观察到的突变性状通常是单个或少数基因的性状，例如抗病性、生育期、株高、品质性状等，其育种成效较明显；产量类的多基因性状，其变异个体难以明确鉴别，育种成效众说不一。诱变育种的基础材料也可以是杂合体，以促进杂合位点之间的交换或重组，所选育的后代只求性状优良，不必深究其遗传变异的确切缘由。国外文献报道多数为通过诱变以选育新遗传资源；国内则多用于实际的新品种选育，尤其用于与杂交相结合的育种程序。

(一) 诱变方法

1. 诱变剂与处理方法　大豆辐射育种常用的有^{60}Co γ射线、X射线和热中子流。这类射线通常用于外照射，所照射的器官多为大豆种子，剂量常为半致死剂量，^{60}Co γ射线的剂量为3.87～6.45 C/kg（1.5×10^4～2.5×10^4 R），以出苗后一个月的存活率为指标。此外，也有照射植株或花器官的。

化学诱变剂方面，秋水仙素应用最早，主要为诱发多倍体。处理萌动的大豆湿种子时，浓度大致为0.005%～0.01%，时间为12～24 h。诱变育种中广泛利用的为烷化剂，通过使磷酸基、嘌呤、嘧啶基烷化而使DNA产生突变。常用于大豆的有甲基磺酸乙酯（EMS）、硫酸二乙酯（DES）和亚硝基乙基脲（NEH），处理萌动的大豆湿种子时，浓度大致分别为0.3%～0.6%、0.05%～0.1%和2 μg/mL，时间为3～24 h。大豆上也有使用抗生素类药物如平阳霉素（重氮丝氨酸PYM）作诱变剂的报告，浓度为2.5 mmol/L。为促进诱变处理的效果，在使用诱变剂后可再使用DNA修复抑制剂作进一步处理，这类药剂有咖啡因（50 mmol/L）、乙二胺四乙酸钠（0.5 mmol/L）等。烷化剂等药物与水能起化学变化而产生无诱变作用的有毒物质，应随配随用，不宜搁置过久。药剂处理后应将种子用水冲洗干净以控制后效应。为便于播种，可将种子干燥处理，一般为风干，不宜加温处理，以免种子内部所吸药剂在变浓状况下损伤种子。化学诱变剂对人体常有毒或致癌，使用过程中应防止与皮肤接触或吸入体内。

2. 基础材料的选用与样本含量　若目的在于育成综合性状优良的品种，而当地已有良种但有个别性状须改进，则可用当地良种（通常为纯合家系）供诱变处理。如黑龙江以满仓金为基础材料，通过X射线处理，从后代中育成黑农4号、黑农6号等品种，克服了原品种秆软易倒的缺点，成熟期提早10 d，脂肪含量亦有所增加。若当地良种的综合性状不够满意，要求育成更高水平的良种，基础材料可选用优良组合的早代分离群体，在杂合程度较高的情况下，可以获得更多的重组类型。例如用^{60}Co γ射线处理五项珠×荆山璞F_2群体，从后代中选育成的黑农16具有许多原亲本所没有的优点。若目的并不在于育成新品种，而在于创造某种特殊变异，例如期望诱发自然界原未发现的质核互作不育种质，则基础材料将不限于优良品种或其组合，而须有范围较广的筛选。不论何种育种要求，供诱变处理的基础材料均宜避免单一，因不同遗传材料对诱变剂反应可能不同，有的能诱发出有益突变，有的则难以获得理想的变异个体。

理化诱变的突变方向，迄今尚难预测，通常有益变异的频率仅千分之几，因而诱变育种的成功与否仍受概率的约束，必须考虑诱变处理的适宜样本含量。样本过大，试验规模不允许；样本太小，低频率突变个体难以出现。权衡两方面，实际上要求M_1世代有足够数量成活植株和突变个体，M_2世代能分离出较多有益变异个体，通常每材料每处理有500～2 000粒种子，视材料数及可提供的种子数而定。

(二) 诱变后代的选育　经诱变处理的种子所长成的植株或直接照射的植株称诱变一代，代号为M_1；M_1代所获种子再长成的植株称诱变二代，即M_2；M_2代所结种子再长成的植株称诱变三代（M_3）；以此类推。

种胚由多细胞组成，诱变剂处理后常仅有部分细胞产生突变，由突变细胞长成的组织所获的种子才将突变传

至 M_2 代。而且成对的染色体也往往只有其中之一发生突变，因之 M_1 代突变位点可能处于杂合状态。据统计，大量突变是属隐性的，M_1 代并不表现出来，当然显性突变 M_1 代可表现。至于细胞质突变的性状，在 M_1 是可能表现的。M_1 代在田间所表现的差异，一部分是遗传变异，大量的是由于诱变所致的生理刺激或损伤造成的生长发育差异，是不能遗传的，如发芽延缓、生育不良、畸形、贪青晚熟等。M_2 代是突变性状表现的主要世代。若每一个 M_1 植株的种子按株行播种，衍生为 $M_{1:2}$，则不仅有株行间的变异，还有株行内分离的变异。若用 $M_{2:3}$ 表示 M_2 植株衍生的株行，则株行内仍可能有分离。但一般到 $M_{3:4}$ 则株行已基本稳定。

根据上述诱变后代遗传变异及其表现的特点，其选育方法简述如下。

(1) 诱变一代（M_1）　按材料及处理剂量分小区种植，注意各种保证存活率的措施。收获方法有单株收脱法、每荚一粒法、每株一粒法、混合收脱法等。

(2) 诱变二代（M_2）　M_1 代单株收脱者，可种植 $M_{1:2}$ 株行，按其他方法收获者则均按群体处理，种成小区。突变频率通常在 M_2 代计算，公式为

$$突变频率＝（发生有突变的 M_{1:2} 株行数/总 M_{1:2} 株行数）\times 100\%$$

$$突变频率＝（发生有突变的 M_2 植株数/总 M_2 株数）\times 100\%$$

两个公式并不相同，前者较确切，后者较简便而常用。

在 M_2 代的选择方法，按株行种植者，可在选择优行的基础上进一步从中选择优良变异单株，还可再在其他株行增补选择其他优良变异单株。按群体种植者则直接选择优良变异单株。

(3) 诱变三代（M_3）　按 M_2 选株种成 $M_{2:3}$ 株行。表现稳定的株行，按行选优；表现有分离的株行则继续在优行中选优良变异单株。

(4) M_4 及以后世代　纳入常规的品系鉴定和比较试验。

以上诱变后的选育方法，主要指基础材料为纯合家系的情况。若所处理的材料为杂种早代，由于杂合程度较高，需有较多世代才能达到稳定，可参照杂种后代选育的方法进行。

五、群体改良与轮回选择

育种工作者为了创造具有丰富遗传变异的群体，并在群体中集中尽量多的有益基因或增效基因，将亲本从两个扩展到多个甚至数十个，即将许多亲本通过充分的互交、重组，合成一个群体，然后通过育种措施尽量将不良基因剔除，形成一个遗传变异丰富，遗传组成优良的种质群体（或称人工合成的基因库），供分离、选育新品种（系）。人工合成种质群体包括群体合成与群体改良两个环节。

大豆通过轮回选择进行群体改良，关键性的技术包括两方面，一是互交技术，二是选择技术。美国于 20 世纪 70 年代初期便将轮回选择应用于大豆种质创新；我国于 80 年代末才开始这类工作。Fehr 及其同事们育成的注册群体 AP6 是由成熟期组 0～Ⅳ的 40 个高产材料合成的。

大豆的互交技术，一是人工杂交，另一是利用雄性不育基因进行天然杂交。Fehr 用人工杂交，他合成 AP6 时每一轮互交包括连续 3 次交配，第一次为双列杂交，第二次为杂种间的二二成对杂交，第三次为杂种间的链式杂交。另一种人工互交是单交、复交、连续复交。理论上要求基因间充分重组，因而要求各种基因型包括杂种类型间的充分互交，这便要求有大量的交配及多代交配。人工杂交是很费工的，在杂交成活率低的地区和季节便难以实现。Burton 与 Brim 利用雄性核不育基因 ms_1 的天然杂交进行轮回选择。雄性不育材料在一个保持系（maintainer）中保存，这种保持系是杂合子 Ms_1ms_1 的后裔，第一代自交后为 $1/4Ms_1Ms_1+1/2Ms_1ms_1+1/4ms_1ms_1$，保留不育株 ms_1ms_1 上的种子，下代为 $1/3ms_1ms_1+2/3Ms_1ms_1$，再保留 ms_1ms_1 上的种子，下代为 $1/2ms_1ms_1+1/2Ms_1ms_1$，代代如此便获相对稳定的保持系 $1/2ms_1ms_1+1/2Ms_1ms_1$，即 1/2 雄性不育，1/2 雄性可育植株。应用 ms_1 进行互交的方法是将待互交的亲本分别通过连续多次回交转育为保持系。然后将各亲本的保持系种子等量混合在田间进行随机互交，从不育株上收获种子再继续田间随机互交。为避免不育系的细胞质，可在回交转育亲本时用各可育亲本作母本进行一次人工杂交。迄今已定名的雄性不育有 6 个位点，ms_1、ms_2、…ms_6。新发现许多雄性核不育材料，但有待于鉴定与已报道位点的等位性。目前实际用于育种的为 ms_1 和 ms_2 两种不育材料，从外部形态鉴别不育株，除花粉镜检与发芽试验外，主要看后期是否因结荚少而贪青晚熟，ms_2 材料的子房育性比 ms_1 材料好些。

轮回选择中的选择技术与所需改进的性状有关。对一些遗传率较高的性状，如脂肪含量、蛋白质含量、耐缺铁性等，一般从群体中选株，在株行世代进行严格选择，即可得到很好的效果，周期间有显著选择进展。但对遗传率较低的性状，尤其产量本身，选择效果与试验单位有关。在人工杂交的合成群体中选株后建立株行，然后进行1～2年家系产量比较试验，按产量做决选，再将入选优系进行下一轮互交。在用雄性核不育材料的合成群体中，因从不育株上所获种子其花粉来自群体，由不育株衍生的家系实际为半同胞家系；由可育株自交而衍生的家系为S_1自交家系，若继续选株自交便为S_2、S_3、S_4…自交家系。这时进行产量比较的家系可用半同胞家系或用S_1家系…或S_4家系等。比较试验可进行1年或2年，然后做决选并推进至下一轮互交。产量选择的周期间进展，有的报道很明显并能持续进展，有的报道有波动，选择试验技术尚有待研究与改进。

第五节　大豆育种新技术的研究与应用

一、性状鉴定技术

对任一育种目标性状进行选育，首先要建立快速、经济、有效的鉴定技术体系。对于抗病虫性，由于涉及两方面的生物类型，因此鉴定技术不但要考虑植株本身抗性反应，还要考虑病虫的类型。如对于大豆花叶病毒病抗性鉴定，由于SMV株系群体具有高度变异特性，而东北、黄淮、南方大豆株系各自有一套鉴别寄主体系，不利于抗源交流和育种效率的提高，因此南京农业大学综合选拔8个代表性鉴别寄主组成一套新鉴别体系，并确定了南方和黄淮地区的10个新株系（SC-1～SC-10），发掘出科丰1号等21份高抗种质。又根据豆秆黑潜蝇发生与危害特点，提出花期自然虫源诱发，荚期剖查的抗性鉴定方法，全面鉴定我国南方4 582份资源的抗蝇性获得优异抗源。在查明南京地区食叶性害虫主要虫种为豆卷叶螟、大造桥虫、斜纹夜蛾的基础上，提出一套利用自然虫源及网室接虫的植株反应（叶片损失率）以及人工养虫下虫体反应（虫重、发育历期）的抗性鉴定方法与标准，通过连续10年鉴定从6 724份资源中筛选得吴江青豆3号等6份高抗材料。

品质性状鉴定方面，近红外光谱测定技术可快速测定大豆蛋白质、脂肪等成分含量。在提出小样品和微样品豆腐（豆乳）测定方法基础上，研究了我国各地600多份大豆地方品种豆腐产量的遗传变异，揭示我国大豆地方品种豆腐产量、品质及有关加工性状的选择潜力，预期遗传进度可达15%以上。针对美国大豆感官品质鉴定提出了一套鉴定方法，包括鉴定人员判断能力评定、样品制备方法、主观偏差检测，以及感官模糊综合评价4个环节和口感、口味、外观、色泽、香味、手感6个评价因素，还有相应的5级评价标准。

随着育种目标性状的不断扩展，性状鉴定技术将是首先要研究的关键技术。

二、分子标记辅助选择与基因积聚

分子标记是继形态标记、生化标记和细胞标记之后发展起来的以DNA多态性为基础的遗传标记，具有数量多、多态性高、多数标记为共显性、可从植物不同部位提取DNA而不受植株生长情况限制等优点。应用于大豆种质资源鉴定及育种的分子标记主要有限制性片段长度多态性（RFLP）、随机扩增多态性DNA（RAPD）、扩增片段长度多态性（AFLP）、简单重复序列（SSR）、单核苷酸多态性（SNP）等，已应用于大豆的遗传图谱构建、种质资源遗传多样性和遗传变异分析、重要性状的标记定位、分子标记辅助选择、品种指纹图谱绘制及纯度鉴定等。

分子标记辅助选择（或标记辅助选择，MAS）就是将与育种目标性状紧密连锁或共分离的分子标记用来对目标性状进行追踪选择，是从常规表现型选择逐步向基因型选择发展的重要选择方法。研究表明，通过MAS能从早代有效鉴定出目标性状，缩短育种年限。Walker（2002）借助于MAS开展了大豆抗虫性的聚合改良，亲本PI229358含有抗玉米穗螟的QTL，轮回亲本是转基因大豆Jack Bt，在BC_2F_3群体中用与抗虫QTL连锁的SSR标记和特异性引物分别筛选个体基因型，同时用不同基因型的大豆叶片饲喂玉米穗螟和尺蠖的幼虫。结果表明，抗虫QTL对幼虫的抑制作用没有*Bt*基因明显，但同时含有*Bt*基因和抗虫QTL的个体对尺蠖的抑制作用优于仅含有*Bt*基因的个体。

分子标记与目标性状基因或QTL连锁关系、目标性状遗传率、供选群体大小等因素是影响MAS选择效率的重要因子。一般要求精细定位目标基因（QTL），如在5 cM以内，还要考虑到连锁群上的标记数、QTL数目及二者是相引相连锁还是相斥相连锁等。一些研究认为，当遗传率在0.1～0.3时，MAS优于表现型选择；当遗传率大于0.5时，MAS优势不明显。遗传率太小则QTL的检测能力下降，从而使MAS效率下降。群体大小是制约选择效率的重要因素。在QTL位置和效应固定的情况下，MAS的重要优势之一是能显著降低群体的大小。欲大规模开展MAS，其成本与可重复性是首要考虑因素。因此，采用稳定、快速的PCR反应技术，简化DNA抽提方法，改进检测技术是努力的方向。

基因积聚是分子标记辅助选择的重要应用方面之一。因为作物中有很多基因的表现型不易区分，传统的育种方法难以区别不同的基因，无法弄清一个性状的遗传机制。通过分子标记的方法可以检测与不同基因连锁的标记，从而判断个体是否含有某一基因，这样在多次杂交或回交之后就可以把不同基因聚集在一个材料中。如把抗同一病害的不同基因聚集到同一品种中，可以增加该品种对这一病害的抗谱，获得持续抗性。Walker等（2004）基于标记数据成功地把外源抗虫基因*cry*$_1$*Ac*、抗源PI229358中位于M和H连锁群上的抗虫QTL（SIR-M、SIR-H）分别聚合获得不同组合的基因型（Jack、H、M、H×M、Bt、H×Bt、M×Bt、H×M×Bt）。抗性基因的积聚可提高大豆对玉米穗螟和大豆尺夜蛾的抗性。

三、转基因技术与应用

自从Monsanto公司的首例转基因大豆获得成功以来，转基因大豆及其产业化已在美国获得巨大成功。转基因技术包括遗传转化和再生植株两个主要技术环节。植物转基因方法主要可分为农杆菌介导法、植物病毒载体介导的基因转化、DNA直接导入的基因转化、种质系统介导等。在大豆上应用的有基因枪法、农杆菌介导法、电激法、PEG法、显微注射法、超声波辅助农杆菌转化法、花粉管通道法等。目前以农杆菌介导法和基因枪轰击大豆未成熟子叶法报道最多。

农杆菌介导法是农杆菌在侵染受体时，细菌通过受体原有的病斑或伤口进入寄主组织，但细菌本身不进入寄主植物细胞，只是把Ti质粒的DNA片段导入植物细胞基因组中。1988年Hinchee等首次以子叶为外植体，经农杆菌侵染后，诱导不定芽再生植株。他们从100个栽培大豆品种中筛选出3个对农杆菌较敏感的基因型（Maple Presto、Peking和Dolmat），用含有pTiT37 SE和pMON9749（含*NPT*Ⅱ和*GUS*基因）或pTiT37 SE和pMON894（含*NPT*Ⅱ和Glyphosate耐性基因）的农杆菌与子叶共培养进行了转化，经在含卡那霉素的筛选培养基上筛选得到含*NPT*Ⅱ和*GUS*基因共转化的不定芽，以及*NPT*Ⅱ和Glyphosate耐性基因共转化的转基因植株，经检测转化率为6%。对两种类型的转基因植株后代进行的遗传学分析表明，外源基因是以单拷贝整合进大豆基因组的。此外，以子叶节、子叶、下胚轴和未成熟子叶等为外植体，用农杆菌介导法将*Bt*基因、几丁质酶基因、*SMV CP*基因、*Barnase*基因、玉米转座子*Ac*基因导入大豆中。

我国已有众多报道，通过花粉管通道将包括不同品种或种属乃至不同科的外源DNA直接导入大豆获得有用变异，并育成优质、高产新品种。郭三堆等成功构建了同时带有*cry*$_1$*Ac*和*Cpti*两个基因的pGBI4ABC植物高效表达载体，通过花粉管通道法导入苏引3号获得有抗虫能力的植株，已形成5个品系。尽管学术界对花粉管通道导入总DNA的机制尚有争议，但大量实验至少已证实这种方法作为诱发遗传变异的手段是有实效的，而且已经证实将克隆的基因由花粉管导入，得到了标志基因的表达。除花粉管通道法因技术简单使用较普遍外，我国较多地应用农杆菌介导法，基因枪方法尚在试用之中。国外已报道利用基因枪法成功将外源目的基因的转化，仅有*Bt*基因和牛酪蛋白基因。

大豆的组织培养体系主要包括经器官发生和体细胞胚胎发生两个途径再生植株，报道已获得大豆转基因植株的转化受体主要有胚轴、未成熟子叶、子叶节、胚性悬浮培养物（细胞团）、原生质体、子房等。Gai和Guo（1997）提出用最便利的外植体（成熟种子萌发子叶及其他组织）通过器官发生及体细胞胚胎发生的高效植株再生技术，成功率达30%；明确大豆愈伤组织的形态发生类型及其与分化能力的关系，找出典型的器官发生型愈伤组织和体细胞胚胎发生型愈伤组织的形态特征，用以进行早期鉴别。吕慧能等（1993）提出不同激素条件下原生质体培养的愈伤分化效果和植株再生技术，并获得再生植株。

目前由大豆子叶节经器官发生诱导不定芽产生再生植株和大豆未成熟子叶经体细胞胚胎发生诱导体细胞胚萌

发植株两种再生体系除本身技术上的不足外，还存在对大豆基因型的差异表现，同时存在转化率低、重复性差的问题。因此建立新的、高效稳定的大豆组织培养和高转化率的技术体系十分必要。

四、新技术与常规育种程序的结合

以DNA分子技术为基础的标记辅助选择、转基因技术大大丰富了常规育种中获得变异及检测、选择的内涵。利用分子标记辅助选择育种已成为植物育种领域的研究热点，分子标记技术只是起辅助表现型选择，即使是基因型选择时也不能替代育种实践中要实施的综合性状选择技术以及育种经验，因此标记辅助选择离不开常规育种。利用转基因技术可以打破物种界限，突破亲缘关系的限制，获得自然界和常规育种难以产生、具有突出优良育种目标性状的有益变异。但要获得最终生产推广品种仍需要常规选育技术。植物基因工程和现代生物技术已不断取得令人瞩目的进展，但它毕竟还在成长之中，不够成熟，而且研究成本高，距离实际应用还有一段路程。即使将来生物技术育种或分子育种在技术上已臻成熟并达到实用化，也仍然要以常规育种（包括杂种优势利用）为基础，并与之密切结合，才能充分发挥高新技术的作用，把作物育种科学推向更高的水平。

生物技术育种不是常规育种的替代，两者相辅相成将是一种必然的发展趋势。常规育种已积累基因利用、重组和诱变等相结合的丰富经验，基因工程需要有细胞工程作基础，且细胞工程、分子育种的产品都需要通过田间试验个体和群体的表现考验，才能进入生产应用。为了发挥各种方法的互补潜力，提高育种效率和效益，需要进一步促进常规技术与高新技术的结合，建立综合的育种技术体系。

第六节　大豆育种试验技术

一、大豆育种程序的小区技术

育种要求是多目标性状的，由于产量的遗传率低，对它的决选主要通过多年多点有重复的严格比较试验；对于生育期、种子品质等遗传率稍高的性状可以在株行（区）阶段加大选择压力。选育过程中，参试材料数由多变少，每个材料可供试验的种子量及试验小区由小变大，选择所依据的鉴定技术由简单的目测法逐步转向精确的田间与实验室鉴定技术。育种既然有经验性，育种圃的设置、各圃小区的规格大小、重复数与试验地点（环境）数的多少在总原则一致的情况下具体办法因人因条件而异。

从变异群体中选择单株的世代，为保证株间的可比性，行、株距条件应保持一致。并适当放大以使单株充分表现。为防止边际效应干扰，行端单株一般少选或不选，因而行长不宜太短，一般3～5 m，以有效利用土地及试验材料。分离过程中的群体若不做选择而只加代，种植密度可略加大。至于杂交亲本圃的设置通常以方便工作为原则，可以组合为单位父母本相邻种植；也可以一个亲本为主体，接着种植拟与之杂交的其他亲本。为方便行走减少损伤，杂交亲本圃的行距应放宽至0.66 m左右，或在两亲本间空一行，亦可宽窄行种植。杂种圃F_1代，因杂种种子量少，常须宽距离精细种植，以保证有较大的F_2群体。亲本差异大的组合，F_2及以后分离世代每组合应有1 000～2 000个单株；亲本差异小的组合F_2及以后分离世代群体可小些。

株行（区）世代，限于单株种子量，一般种植长3～5 m的单行区，无重复；也可种成穴区，每穴间距离0.5～1 m，每穴播10～15粒种子，留8～10株苗。株行（区）世代的选择主要为形态、成熟期、种子品质等性状，株行（区）的产量因误差大只能作参考而不能依产量做严格选择。对明显不合格的材料可在田间淘汰，减少收获工作量。一些育种家同时在温室或病圃做抗性鉴定以增强株行世代的选择强度。

入选株行（区）升入产量比较试验。第一年产量比较试验在我国习称为鉴定圃试验，其目的在于从大量家系中淘汰不值得进一步试验的材料。第二年和第三年产量比较试验在我国习称为品系比较试验，也有称为品种比较试验的，但因现行制度须审定后才定名品种，容易和定名后生产上的品种比较试验相混淆，仍称品系比较试验较合理，不过简称品比试验时也便避免了矛盾。第二年和第三年产量比较试验的目的在于从已经收缩了的供试家系中挑选出值得用以替换现有良种的最佳材料。

第一年产量比较试验的供试材料数为50～12 000个家系，国内规模较小，一般在50～100，很少超过200；美国因小区试验机械化，规模较大，种子公司有多至39 000份的。一般的考虑是供试材料尽量来自多个组合，不全集中在少数组合，以保持相当大的分散性，增大选择余地。不同熟期组的材料可分组试验。我国通常在1～2个地点，每点重复2～3次，小区长3～5 m，3～5行区。美国的情况因供试材料多，小区较小，试点数常较多而每点重复数略少些，还有用穴区的。育种者间差别甚大。鉴于小区间可能出现的边际影响，一些育种者在收获时常除去两个边行及一定长度的行端再计产。

第二年、第三年乃至第四年产量比较试验的供试材料已紧缩至10～200，常按熟期组分组试验，这2～3年间，供试材料一般不变，以观察其年份间的综合表现。我国通常仍在1～2个地点进行，每点重复3～4次，小区长3～5 m，4～7行区。美国大豆育种者进行第二年和第三年产量试验时试点数较多，一般在本州设有3～5个点。这与他们试验的机械化程度较高有关。

产量比较试验所采用的设计，除第一年试验有用顺序排列的间比法设计外，一般均采用随机区组设计，参试材料多时可用分组随机区组设计。亦有采用简单格子设计以及其他各种变通的设计。

经育种单位产量比较试验，从中育成的优良品系在正式推广前须申请参加品种区域适应性试验，从区域试验中选出的品种须报请省或国家品种审定委员会审定认可，同时亦受知识产权的保护。

二、大豆育种的田间和实验室设计

开展大豆育种必须有一定的场所和设备。必备的场所包括：①试验场圃，具有代表性的土壤、气候及栽培条件，有良好的灌溉排水系统，使育种试验结果能代表服务地区的情况，宝贵的试验材料不致受旱涝灾害的毁灭性损失。②工作场所，包括仓库、晒场、挂藏室、考种室、种子室、机具室、物资储藏室及其相应的设备等。③实验室，包括计算机室、品质分析室、抗病虫实验室及配套的温室与网室，以及简易的栽培生理实验室等，实验室应配备有相应的仪器设备。

大豆育种工作田间试验的设备在不断发展更新，除传统的人畜力工具外，现已向试验机械化方面发展。拖拉机及其配套的耕作与开沟机械、机引或手扶的播种机械、试验用小区康拜因或收割与脱粒机械、施肥与施用农药机械等逐步完善。各厂家备有型号、规格介绍可供选购时参考。国外有专门的农用试验机械厂，国内则有待于发展。

大豆育种的实验室设备，因育种目标侧重不同而需有不同的配置。微电脑是现代育种必需的设备。品质分析实验室中需配备油脂测定仪、蛋白质测定仪等。抗病虫实验室中需配备放大镜、显微镜、温箱、冰箱等。栽培生理实验室中需配备生长箱、温箱、冰箱、叶面积测定仪等。实验室设备的配置并无定规，依工作的进展程度而逐步完善。为保持实验室分析、测定结果的准确性、可比性，应配备专职技术人员。

三、大豆的品种区域试验制度与品种评定

品种区域试验是品种区域适应性试验的简称，通过在一定地域范围内多地点、2～3年的新育成品种与现行推广品种的比较试验，评价每个材料的推广应用价值及其适应范围。

大豆对光温反应比一般作物更敏感，在各地复种制度中的地位多种多样，因而一个大豆品种的适应范围相对较窄，尤其南北纬度范围较窄而东西范围则稍广。因而区域试验应按生态区域分组实施。我国大豆区域试验体系已基本形成，主要分两级，以各省分别组织的区域试验为主，全国组织的区域试验在于促进品种的跨省区推广。省级区试由省农业厅与省农业科学院组织，还有一些省份下设市、区级的区试。国家级区试由农业部种植业司组织，划分为4大片，每片分别委托有关单位主持。北方春大豆片委托吉林省农业科学院主持，北方夏大豆片委托中国农业科学院作物研究所主持，长江流域大豆片委托中国农业科学院油料作物研究所主持，南方多熟制片委托华南农业大学主持。各片又分设若干组区试。为促进区域试验点工作的连续性、评价的准确性和客观性，农业部在全国范围内物色一些条件较好的研究单位和生产单位投资建设了一批相对固定的大豆区域试验点。国家级的区域试验每组常设有十多个点，省级区域试验则一般设有5～8个点。

各育种单位推荐新选育的品种参加省级区试，须有完整的历年产量比较试验并超过标准种达一定水平，或有

突出的优点。省级区试表现优异的才能推荐参加国家级区试。目前条件下，区域试验规模不宜太大，因而参试品种数需适当控制，通常在10～20个范围内。

同一组品种区域试验年限一般为2年或3年，通常采用随机区组设计，按多年、多点随机区组方差分析法分析试验结果。有些区域试验单位对统计分析方法时有误解，有的只注重品种的平均效应而忽视品种与地点的互作效应。区域适应性试验，顾名思义，要考察一个品种在哪些地方表现更好，因而特别应在那些地方推广。如若只看平均数，不分析具体情况，有可能将一些品种错判，尤其在较大地域范围内的试验会出现这种情况。区域试验中除考察产量外，还要着重考察对各地病害小种的抗性和差异反应，考察品种对各地旱、涝、复种制度等自然条件与栽培条件的适应性，以便有充分依据正确地评定一个品种的推广价值及适应区域。

在区域试验中表现突出的品种，通常于区域试验后期便可开始参加各省组织的生产示范试验。示范试验是大区对比试验。参试品种一般1～3个，另附对照种。每品种试区面积667～2 000 m^2（1～3亩），不设或设置少量重复，但试验点数较多，应分布在预期推广的地区。生产试验的同时便开始扩繁种子以准备生产试验结束后报请审定推广。

我国品种审定制度已经建立，分国家和省两级。根据新品种在区域试验中的优异结果、生产试验的增产效果以及准备好的推广用种子可向省品种审定委员会报请审定推广。一个大豆品种可向不同省报审，凡有3个省审定的品种，可以向国家品种审定委员会报审。经审定通过的品种应加速繁殖种子，同时应研究其最佳技术，以便良种良法一起推广。

第七节　大豆种子生产技术

一、大豆种子生产的程序

大豆生产过程中，由于机械混杂和天然杂交，很易使生产用的品种失去应有的纯度和典型性；大豆结荚成熟期的高温多雨或早霜、病虫害侵染以及粗放的收获脱粒与储藏措施，又易使种粒霉烂、破损，活力下降；大豆种子比其他作物种子更易在储存过程中降低发芽率与活力。因此，应该强调大豆种子的质量，严格要求大豆种子的生产和管理。1978年确定的我国种子生产方针为“四化一供”，即品种布局区域化，种子生产专业化，质量标准化，加工机械化，有计划组织供种。近年来随着种子产业的市场化，供种的方式主要由市场决定。

新品种推广的过程伴随着种子繁殖的过程。原已推广品种为保证纯度及典型性，必需提纯更新并繁殖扩大。各国都有其种子生产的标准程序。我国提出了从大豆新品种审定到应用于大田生产全过程的四级种子（育种家种子、原原种、原种和良种）的生产技术规程，基本与美国的大豆种子生产标准对应。关于四级种子生产，前文已有叙述，这里再次予以强调。①育种家种子（breeder seed），是在品种通过审定时，由育种者直接生产和掌握的原始种子，具有该品种典型性，遗传稳定，形态特征和生物学特性一致，纯度100%，产量及其他主要性状符合审定时的原有水平。育种家种子用白色标签做标记。②原原种（pre - basic seed），是由育种家种子直接繁殖而来，具有该品种典型性，遗传稳定，形态特征和生物学特性一致，纯度100%，比育种家种子多一个世代，产量及其他主要性状与育种家种子基本相同。原原种用白色标签做标记。③原种（basic seed），是由原原种繁殖的第一代种子，遗传性状与原原种相同，产量及其他主要性状指标仅次于原原种。原种用紫色标签做标记。④良种（certified seed），是由原种繁殖的第一代种子，遗传性状与原种相同，产量及其他主要性状指标仅次于原种。良种用蓝色标签做标记，直接用于大田生产。有时种子量不够还可再繁殖一代用于大田生产。我国由于农家自己留种，实际上所获二三级良种主要用于留种田，经自己繁殖后扩大到全部生产大田。

生产育种家种子的方法通常为三圃法（单株选择圃、株行圃、混繁圃），美国称后代测定法（progeny test）。于该品种典型性最好的种植地块中，选拔200～300典型植株，分别脱粒，按种粒性状再淘汰非典型植株。每株各取30粒种子，次年分别种成一短行。生育及成熟期间淘汰不典型株行，将余下株行分别收获脱粒，经过室内对各行种粒的典型性鉴别淘汰后，混合一起，繁殖一次即成为高纯度的育种家种。为进一步提高育种家种子的纯度，可自典型株行中，再选拔一次典型单株，作为下一轮株行的材料。所生产的育种家种子，按合同每三四年轮流向一定的省、地（市）原种场供种一次。育种单位也可在进行一次株行提纯后，连续3～5年用混选法或去杂去劣法生产育种家种。待纯度有下降倾向时，再进行一次三圃法提纯。

二、大豆种子生产的主要措施

大豆种子生产除育种家种子的产生采用三圃法外，其他各级种子均为繁殖过程。在这一系列过程中，个别环节的失误与差错，会造成全部种子质量等级下降，甚至失去作种子的价值。因此种子生产要注意规范化。

1. 种子田的建立 大豆种子生产应设置等级种子田制，采用指定级别的种子播种。

2. 土地选择 大豆种子田用地应肥力均匀，耕作细致，从而易判别杂株。品种间应有宽 3～5 m 的防混杂带。

3. 播种 大豆种子田的播种密度宜略微偏稀，做到精量、点播。行距宜便于田间作业及拔杂去劣。播期略提早。整地保墒良好，一次全苗。

4. 田间去杂去劣 豆苗第一对真叶开放后，根据下胚轴色泽及第一对真叶形状去杂，开花时再按花色、毛色、叶形、叶色、叶大小等去杂、拔除不正常弱小植株，并结合拔除大草。成熟初期，按熟期、毛色、荚色、荚大小、株型及生长习性严格去杂。

5. 杂草病虫害防除 应通过中耕除草或施用药剂把杂草消灭在幼小阶段。结荚期须彻底清除大草，降低种子含草子率。我国黄淮流域一向把菟丝子视为重要大豆杂草，苍耳在东北地区危害普遍，且不易从豆种中清除。美国中北部大豆田中野苘麻杂草严重。

紫斑病是全国性种子病害；灰斑病、霜霉病在东北危害植株及种粒；荚枯病、黑点病及炭疽病在南方高温多雨条件下使大豆出现霉烂；大豆花叶病毒病（SMV）使豆粒出现褐（黑）斑。东北地区的大豆食心虫和关内地区的豆荚螟，使豆粒破碎残缺，虽然大豆种粒不携带、传播此类虫害，但严重危害种子产量和质量。对以上病虫害应及时防治。

6. 收获 大豆种子田须于豆叶大部脱落进入完熟期，种粒水分降至 14%～15%时适期早收。用机械脱粒大豆时须防止损伤豆粒，尤其种子水分在 12%以下时。因此，在东北地区，对留种用大豆强调于晒场结冰后用磙压法脱粒。收获豆株的运送、堆垛、晒场及脱粒机械与麻袋仓库的清理，务必细致彻底，防止混杂。

7. 储存 大批大豆种子储存，水分应在 13%以下。大豆种子水分含量较其他作物种子易受储存条件的影响。在 30 ℃及 60%的湿度下，种子内外温度平衡后，水稻种子含水 11.93%，小麦为 12.54%，玉米为 12.39%，大豆为 8.86%。于 30 ℃及 90%的湿度下，水稻种子含水量为 17.13%，小麦为 19.34%，玉米为 18.31%，大豆则上升到 21.15%。在 10 ℃条件下，含水 15%～18%的大豆种子，一年后基本不失发芽力；但在 30～35 ℃条件下，水分须降至 9%才能妥为保存一年。因此，大豆种子的保存要求严格而又稳定的条件。

三、大豆种子质量检验

完备的大豆种子检验体系与法定检验标准是大豆种子生产的保障条件。表 7-18 是 1983 年黑龙江省颁布实施的标准。表 7-19 是 1983 年美国颁布的修订标准。为了按规程做到客观并有程序地进行种子检验工作，检验机构应当自成体系。以下说明大豆种子检验的主要环节。

表 7-18 黑龙江省标准计量管理局大豆种子分级标准

（引自黑龙江省企业标准黑 Q/NY220-83）

	纯度（%）	净度（%）	发芽率（%）	水分（%）	收购加成（%）
原种一代	99.9	97.0	90.0	13.0	18
原种二代	99.5	97.0	90.0	13.0	15
一级良种	99.0	97.0	90.0	13.0	12
二级良种	98.0	97.0	90.0	13.0	8

说明：①纯度以田间检验为主，并经室内检验，以最低纯度定级；②净度（%）=［1－（废种子+杂质总量）/样品重］×100；③废种子是指幼根突破种皮的、饱满度不及正常 1/2 的、青子叶 1/2 以上的、虫口损伤子叶达 1/8 以上或子叶横断的、种皮破裂的、吸湿膨胀粒、透明粒、子叶僵硬粒，病粒点 1/3 以上的；④各级种子均要求色泽和气味都正常；⑤1983 年 6 月实施。

表 7-19　美国大豆种子检定标准（%）

（引自美国种子检定协会，1983）

	纯种子（最低限）	夹杂物（最高限）	杂草子（最高限）＋	检疫杂草子（最高限）Δ	其他作物种子（最高限）			发芽率（最低限）
					总	异品种	异类作物*	
基础种子（白标签）	NS	NS	0.05	0.00	0.20	0.10	0.10	NS
登记种子（紫标签）	98.00	2.00	0.05	0.00	0.30	0.20	0.10	80.0
检定种子（蓝标签）	98.00	2.00	0.05	0.00	0.60	0.50	0.10	80.0

注：表中字母及符号的含义：NS为尚无标准；＋为每454 g大豆种子中，杂草子不得超10粒（除按重量计%外）；Δ为由各州检定机构指定种类；*为各级每454 g种子中不得超过3粒，对杂入的玉米与向日葵种子，基础种子无杂入，登记种子为0，检定种子为1。

1. 取样　不论对大批还是对小批种子，取样点均应均匀分布。经过分样后的均匀样品量为1 kg，并分为3份，一份作为净度、纯度检查用，一份供发芽率、水分检验用，一份供抽查复查备用。

2. 纯度检验　通过对种子的脐色、粒大小、种皮色泽等性状，进行室内大豆纯度检定。但主要应依靠田间花期与成熟期的检验。因为田间性状区别明显，差异性状多，可比性大。必要时还可通过同工酶乃至分子生物技术进行区分。

3. 发芽率及活力测定　发芽率测定通常是每样品取出200粒完整种粒，分4组置放在具有3层浸足水的吸水纸或脱脂棉的培养皿中，置于20～25 ℃条件下，8 d后计发芽率，于第3～5 d，还可计一次发芽势。具有健壮下胚轴、初生根和次生根，子叶着生良好的种子，才算作发芽种子。种子活力除了可用田间出苗后3 d，高3～4 cm的壮苗率计算外，更多的是采用种子老化测定法，该法把大豆种子于41 ℃及100%相对湿度下处理3～4 d，随即进行通常发芽率测定，取得结果与田间出苗率结果相关性很高。活力低温测定法为将田间表土与等量沙混合，加水至持水量的60%，播种后置于10 ℃下5～7 d，然后移至25 ℃适温下，4 d后计出苗率。此外，四唑（tetrazolium）测定法是室内方便又与田间出苗率有高度相关的大豆种子活力测定法。

4. 夹杂物　在我国，目前以100 g样品，减去筛出的草子、沙土、破碎粒、霉烂粒、虫尸、碎荚皮、茎秆等杂物重量后，剩余的重量来计算。美国是把夹杂物、杂草子、异类作物种子分开计算的。

5. 种子水分检验　1983年黑龙江省颁布的标准规定，不分大豆种子的级别，水分均不得超13%。美国规定，作为大豆种子，水分均须在10%～12%左右。可用电子种子水分测定仪测定，或将种子于烘箱内以105 ℃的温度烘干3～4 h，然后折算。

第八节　大豆育种研究动向与展望

一、产量突破育种途径的探索

未来产量突破的途径，对于常规育种来说，高产株型及其生理基础是根本性的；跳出常规育种而设法利用杂种优势是另一途径。今后将两者结合在一起便更有可能达到品种产量的跳跃。为谋求产量的持续稳步提高，育种家还采用增加增效基因频率的策略，因而发展了群体改良的轮回选择技术。

（一）高产理想型　美国于20世纪60年代后期起便致力于高产理想型的探索，但因只局限在倒伏性、结荚习性等少数性状方面，而未获成功，即使Cooper坚持有限结荚习性的半矮秆、高密度育种亦未见产量突破。我国“七五”大豆育种攻关从物质积累与分配等生理性状方面发展了高产理想型的概念：大豆理想型指在一定栽培地区环境条件下，不同生育时期植株的形态特点、光合特性、物质积累与分配等在个体及群体水平上的协调表现；理想株型则主要指植株高效受光态势的茎叶构成。从叶片、个体和群体水平上进行的研究，初步提出了理想型的群体构想：①群体成熟时生物产量高，收获指数大；群体产量在垂直方向的分布为均匀型，水平方向的分布为主茎与分枝并重型。②群体生育动态过程中，前期叶面积扩展快，达叶面积峰值时期短，持续时间长；后期叶面积下降缓慢；鼓粒期中上位叶片功能期长，叶片光合速率高。③植株中等偏高，亚有限结荚习性或有限结荚习性，有一定分枝，叶片不大而厚实，叶质重较高，多荚多粒。理想型的研究离不开高产实践，因而必须创造出高产典型才能来验证、探讨理想的株型。

(二) 杂种优势利用 杂种优势利用的关键问题，在于尚未发现有效的杂种种子的生产手段。一些研究者试图用化学杀雄方法获得杂种种子，但尚未获得成功。探求大豆雄性不育以解决大豆杂种种子生产问题，可能是最有希望的方向。我国已有多家单位报道获得大豆质核互作雄性不育系并实现三系配套，为基于质核互作雄性不育三系的大豆杂种优势利用提供了可能，但目前所得到的不育材料均存在异交结实性差的问题。通过选育异交结实性高的不育系和促进昆虫传粉来提高大豆异交结实性，实用的杂种繁殖制种技术仍是今后的研究重点。

二、生育期性状育种

未来生育期的育种将更多地注重充分利用光、温、土地资源，避免不利的气候和生物因子的干扰，从而最充分利用自然资源。

(一) 早熟性育种 大豆早熟性育种中，特早熟育种，其有特殊意义。如相当于美国的成熟期组 000 的东农 36，全生育期仅 84 d 左右，适于黑龙江省第六积温带种植，使我国种植大豆的区域向北延伸了 100 km。泰兴黑豆是南方的特早熟品种，其生育期结构与北方春豆是不同的，前期较长而后期较短，北方春豆难以代替。迄今尚未育成更早熟的优良品种。此外，高海拔地区也有特早熟育种的需要。大豆杂种后代有超亲分离出现，超早亲少于超晚亲，这为超亲育种提供了遗传基础。

(二) 广适应性育种 Miyasaka(1970)等在成熟组Ⅷ组中发现了 Santa Maria，Hartwig(1979)等发现了 PI159925，这两个材料在短日照下有较长的从播种到开花的时间，即所谓长青春期(long juvenile)性状，而且在光周期超过 16 h 还能开花、成熟。PI159925 的长青春期性状受一对隐性基因控制。通过二次回交，Hinson(1989)把此基因转移到栽培品种 Forrest(熟期组Ⅴ)和 Foster(熟期组Ⅷ)等中除去，培育成理论上具有 87.5%的 Forrest 和 Foster 种质的、具有长青春期性状的类型。通过回交把长青春期性状转移到南方品种中去可以获得广泛的播期适应性。

三、品质性状育种

(一) 蛋白质和油脂含量 20 世纪 80 年代中期以前，世界大豆育种的主要目标集中在产量的提高。有了高的产量，蛋白质和油脂的产量自然增加，这是一种策略。80 年代末期，鉴于现代快速测定仪器的发展，美国提出将实行按大豆油脂及蛋白质含量调整价格的政策，因而促进了这两种成分的新品种选育。问题是如何将优质基因与其他优良性状基因组合在一起，关键是克服各种不良连锁的障碍。近年来，国内外都很重视大豆高蛋白质含量和高油脂含量的基因库配制及其轮回选择，Wilcox 等通过轮回选择获得蛋白质含量达 55%的栽培大豆新种质，这将为提高大豆蛋白质含量和油脂含量育种提供源泉。

(二) 蛋白质与油脂品质 据已有报道，用亚麻酸含量低的材料相互杂交，利用雄性不育进行轮回选择，采用 X 射线及 EMS、叠氮化钠等诱导突变，均可出现脂肪酸组分的遗传变异，并获得一些低亚麻酸含量的选系。利用亚麻酸含量低的材料相互杂交，获得了超亲分离类型，已育成亚麻酸含量低于 1%的品种。Mazur 等 (1999) 利用转基因技术获得了种子油酸相对含量高达 85%的大豆新品系，比原来提高了 3.4 倍，而且农艺性状优良。

已鉴别出缺脂肪氧化酶 1、脂肪氧化酶 2 和脂肪氧化酶 3 的等位基因 (lx_1、lx_2、lx_3)，我国已选育出脂肪氧化酶全缺失的大豆新品种。一些研究者试图选育脂肪氧化酶和胰蛋白酶抑制剂全缺失的新品种。已获得大豆低植酸含量、高异黄酮、高维生素 E 含量等新种质，其育种计划也开始起步。

国内外已经开展目标性状为大豆储存蛋白组成及豆腐加工特性的另一类品质育种，这对消费大豆豆腐类产品的东方国家是特别重要的。

四、抗病虫性和耐逆性育种

(一) 抗病育种

1. 抗大豆花叶病毒 (SMV) 育种 国内外鉴别寄主体系未统一，各种鉴别结果只具有相对意义。大豆对

SMV的株系专化抗性和非株系专化抗性都存在。大量有关株系专化抗性的研究结果表明，抗性由单个显性基因控制，少数结果为单隐性基因遗传及两对基因重叠作用等。非株系专化抗性的遗传研究鲜见报道。成株抗性与种粒斑驳受不同基因控制，种粒斑驳为感染SMV所致的症状反应。种子带毒以种皮最高，胚芽最低，但导致实生苗带毒的是胚芽。初步提出低种传种质筛选的相对生理指标。鉴于种子带毒在SMV流行中起主导作用，因而大豆抗种传育种是又一途径。

2. 抗大豆孢囊线虫（SCN）育种 国内外均采用Gooden等（1970）的鉴别寄主体系（Pickett、Peking、PI88788、PI90763、Lee等）。Gelden在美国鉴定出1、2、3、4号等生理小种。日本曾鉴定出5号小种。我国黑龙江有3号小种，辽宁有1号小种，山东西部、安徽、山西、河南有4号小种，山东北部有2号小种，山东南部、江苏北部有1号小种。陈品三等曾报告中国有新的小种。Riggs和Schmitt（1988）按同一鉴别寄主体系进一步划分成16个小种。Dropkin（1985）认为，田间取土所鉴别的小种实际上只是不同群体，而群体内还有其遗传变异。Peking、PI88788、PI90763、PI89772是美国使用的主要抗源，属小黑豆或秣食豆类型。我国黑龙江、山西、山东等均筛选到了一批优异抗源，如ZDD2315是4号小种的重要抗源。抗源中还包括有黄种皮类型。抗SCN遗传研究还不够充分，据报道，Peking由3个隐性基因rhg_1、rhg_2和rhg_3及1个显性基因Rhg_4控制。其他研究提出的一些基因符号未曾得到公认。最初的抗SCN育种打破了抗性基因与黑色种皮基因连锁的障碍，获得黄种皮抗性材料。Hartwig（1985）认为，选系很难恢复到Peking等抗源的抗性水平，尽管等级属“抗”，但总不如亲本。另外，抗性亲本农艺性状较差，不易获得产量与抗性俱佳的后代。鉴于以上情况，可考虑的育种策略为筛选或育成农艺性状较好的新抗源，并采用改良回交法或双交法。

持久抗性或程度抗性将进一步受到人们的重视和利用。

（二）抗虫育种 1970年以来，国外大豆抗叶食性害虫育种已发展成为一个剔除稳产限制因子和降低生产成本的引人注目的方向。在我国北方有大豆食心虫，南方有豆秆黑潜蝇、叶食性害虫、豆荚螟等重要害虫。这是我国大豆抗虫育种今后的主要对象害虫。

1. 抗叶食性害虫育种 大豆抗虫性的研究，在国外主要为抗叶食性害虫，包括黧豆夜蛾、大豆尺蠖、墨西哥豆甲、绿三叶草螟、玉米穗螟（棉铃虫）等。迄今世界上主要抗源为20世纪60年代筛选得到的PI171451、PI227687和PI229358，这3个材料均原产日本。70年代又增加了一些抗源，包括PI90481、PI96089、PI157413等。抗性的性质主要为抗生性，表现为幼虫及蛹滞育、发育不良以至死亡，并降低生殖率。利用这些抗源选育抗性品种已见成效，首批广谱性抗叶食性害虫大豆新品种如Crockett、Lamar等已于80年代末推广应用。南京农业大学从1983年起观察大豆地方品种对大豆叶食性害虫的抗性，认为我国大量的地方品种中存在抗虫性优于原产日本的3个抗源的材料。

2. 抗大豆食心虫育种 大豆食心虫为东北主要害虫，关内也有危害。郭守桂（1981）等在吉林进行的资源抗性鉴定，获得吉林1号、吉林3号、吉林16、早生、国育100-4、铁荚豆、铁荚青、国育98-4等抗源。抗性除与结荚期的避虫有关外，还与成虫产卵选择性有关（选择有茸毛豆荚产卵），至于是否有抗生作用则尚待研究。

3. 抗豆秆黑潜蝇育种 我国台湾Chiang（1980）等曾鉴定6 775份资源对豆秆黑潜蝇的抗性，未发现免疫材料，获得4份高抗野生豆材料。盖钧镒（1989）等鉴定我国南方4 582份大豆地方品种资源，获得10份高抗材料，提出以茎秆虫量为筛选指标的标准品种分级法，利用自然虫源在大豆开花期进行抗性鉴定的鉴定技术。研究发现，豆秆蝇成虫具有产卵选择性，进一步研究发现产卵选择性与大豆叶片中某种水溶性或醇溶性物质有关。研究还发现，大豆对豆秆黑潜蝇存在抗生性及耐害性，同时鉴定出一些耐虫品种。

（三）耐逆性育种 随着全球生态条件与环境的恶化加剧，耐逆育种将越来越显得重要。一些全球性的逆境（如干旱、涝渍、高温、盐碱、矿物质缺乏、酸雨等）的耐性研究及品种选育工作已在一些国家陆续开展工作。美国于20世纪70年代筛选出耐寒性（耐低温发芽）、耐缺铁性黄化等资源，并进行选育工作。由于1988年美国大豆生产遭受特大干旱而导致大幅度减产，因而进一步强调耐旱育种，并期望从其他国家搜集抗性资源。在我国诸多逆境胁迫中，干旱是最为普遍而重要的；其次，东部沿海、东北西部及内蒙古等地有大片盐碱荒地需开发利用，大豆作为先锋作物之一，耐盐育种也是一个重要方向。其他方面，如我国南方红壤地区耐酸性育种也是一个有潜力的方向。

五、生物技术的育种应用

生物技术的发展促进了大豆遗传研究，自 1986 年起已经在美国召开过 9 次“大豆分子与细胞生物学”讨论会。从遗传工程获得分子水平上的新品种出发，大豆方面开展的工作包括以下各方面：有益性状的基因鉴别与分离（首先是主基因性状）；植株再生技术研究；基因转移技术的研究。据报道，大豆的组织培养（包括原生质体培养）已能成功地再生植株并正常结实，这为遗传工程奠定了良好的基础。此外，利用农杆菌的 Ti 质粒作载体已能将抗卡那霉素基因转入大豆愈伤组织。以分子遗传为基础的遗传工程有广阔前景，当然，尚需付出更大的努力。

利用限制性片段长度多态性（RFLP）作遗传标记是一项新的生物技术。由于内切酶的不同，探针的不同，可以形成大量多态现象，从而产生大量的遗传标记，这种标记受环境影响小而稳定，通常存在共显性现象，从表现型直接可判断 AA、Aa 和 aa 3 种基因型，而且可能存在复等位基因，因而通过这种遗传标记鉴别其他基因的能力强，具有十分可观的潜力。

大豆 RFLP、SSR 等分子标记的研究目前涉及以下几方面：①建立分子遗传图谱。Keim 等已报道，在 *Glycine max*×*Glycine soja* 组合中发现 1 200 多个遗传标记组成 26 个连锁群。②用这些遗传标记去标记育种性状，已报道有用于标记抗疫霉根腐病基因，以及种子硬粒、油脂与蛋白质含量的数量性状位点（QTL）。③利用分子遗传图谱研究品种的亲缘关系。

美国在 2000 年大豆基因组白皮书中提出在分子标记、遗传转化、功能基因组、生物信息学等方面的工作目标，在分子标记研究方面，近期的重点是开发 SNP 和 STS 标记，以逐步使已有大豆分子图谱和物理图谱能逐步对应，并将这些新型标记用于比较基因组、基因发掘和利用。计划到 2007 年获得 5 000 个 SNP 标记，并逐步定位到现有的作图群体；同时，获得 1 500 个 STS 标记用于大豆、*Medicago truncatula*、菜豆的共线性比较基因组学研究。

据估计，大豆基因组含 50 000～100 000 个基因。目前 GenBank 已得到 30 万条以上的大豆 EST 序列，基于反义遗传学的基因筛选、鉴定方法［如定向诱导基因组局部突变技术（targeted induced local lesions in genomes，TILLING)］受到人们重视，大豆遗传材料（包括 RIL、NIL、突变体）的创造和选育是一项基础而又必需的工作。

抗草甘膦（Roundup - Ready）转基因大豆已大面积推广种植，一些新的变异（高油酸、抗虫）也已见报道，今后转基因技术将更广泛地应用于大豆种质创新与新品种选育过程。目前仍需提高大豆转化与再生效率。而随着大豆基因组学发展，转化与再生技术日益成熟，花药（小孢子）培养、体细胞无性系变异筛选、胚拯救以及优异种质微体快繁技术将进一步深入研究与应用。

复习思考题

1. 试述中国东北、黄淮、南方三大主产区大豆生产特点和主要育种目标。
2. 试述中国大豆生态区域及其相适应的大豆品种资源特点。
3. 如何进行大豆质量性状和数量性状的遗传研究？两类性状存在何种联系？
4. 举例说明大豆重要性状基因（QTL）定位研究对大豆育种的意义。
5. 试述大豆光温反应特性变异和熟期组划分方法，讨论其在大豆引种上的意义。
6. 试论述大豆育成品种遗传基础拓宽的概念、意义及国内外大豆育成品种遗传基础现状。
7. 栽培大豆起源有哪些假说？作物起源进化研究有何意义？
8. 试列举不同育种方法在大豆育种中的作用。
9. 比较大豆杂交育种计划中杂交分离后代（F_2～F_5 或 F_6）主要选择处理方法的优劣。
10. 针对你所在区域大豆主要病虫害，设计一个从亲本筛选、发掘开始的抗性育种计划。
11. 试比较大豆育种计划不同时期主要田间试验技术的特点。
12. 试述大豆种子生产和检验的基本程序和相应规程，并说明育种家种子生产的主要方法。
13. 试述大豆生育期调查的方法与标准。
14. 试述分子标记辅助选择的基本原理及其在大豆上的应用前景。

15. 试回顾20世纪20年代以来国内外大豆育种研究及生产等方面变化特点，并探讨今后中国大豆育种方向。

附　大豆主要育种性状的记载方法和标准

大豆主要育种性状的记载包括田间及室内两部分。田间记载时间性强，错过时间一些性状难以明确区分，须按时观察，必要时难辨性状应由两人以上相互评议记载。田间与室内记载均须事先制定计划，备好记载册簿，按统一标准，按规定时间进行，以保证所记资料的准确性与可比性，便于相互交流，形成共识。

1. 播种期：播种当天的日期，以月、日表示。

2. 出苗期：子叶出土的幼苗数达50%以上的日期。

3. 出苗情况：分良（基本出苗，整齐不缺苗）、中（出苗有先后，不齐相差不大，有个别3～5个株的缺苗段）和差（出苗不齐，相差5 d以上，有多段3～5株的缺苗）3级记载。

4. 生育时期：国际上通用Fehr（1977）提出的大豆生育时期的划分标准与符号（表7-20）。对于群体材料，凡50%以上植株达到该时期为该群体达到的日期。

通常所指成熟期即为完熟期R_8。此期95%的豆荚转为成熟荚色；豆粒呈现本色及固有形状，手摇植株豆荚已开始有响声；豆叶已有3/4脱落；茎秆转黄但仍有韧性。对不炸荚育种材料的收割，宜再后延2～3 d。

5. 生育日数：大豆的生育日数，是大豆的光温生理特性，在一定的地区与一定的播种期下的反应。因此，对大豆生育日数（即成熟期）的记载标准，可分为下述两类。①统一纬度，30°～32°平原地区4月上旬播种，使各育种材料在日趋延长的光照与适宜温度条件下，能展示其光温生理特性的基因型特点，因而在生育期长短上，材料间便明显表现出差别。此类标准宜采用美国大豆科学工作者提出，国际上大都采用的成熟期组（maturity group，MG）记载标准（表7-21）。②结合我国不同大豆栽培区域不同播种期类型的生产实际，以当地生产上的实际播种至成熟（或出苗至成熟）的日数为标准。

（1）北方春大豆区：极早熟（120 d以下），早熟（121～130 d），中熟（131～140 d），晚熟（141～155 d），极晚熟（156 d以上）。

（2）北方夏大豆区

①夏大豆：早熟（100 d以下），中熟（111～120 d），晚熟（121 d以上）。

②春大豆：早熟（105 d以下），中熟（106～120 d），晚熟（120 d以上）。

（3）南方大豆区

①春大豆：早熟（105 d以下），中熟（106～120 d），晚熟（120 d以上）。

②夏大豆：早熟（120 d以下），中熟（121～130 d），晚熟（131～140 d以上），极晚熟（141 d以上）。

③秋大豆：早熟（100 d以下），中熟（100～105 d），晚熟（106 d以上）。

表7-20　大豆生育时期

（引自Fehr，1977）

代号		时期	上下时期间		说明
			平均天数	变幅	
营养生长时期	播种		0（天）		
	VE	出苗期	10	5～15	子叶出土面
	VC	子叶期	5	3～10	第一节单叶开始展开
	V_1	第一叶期	5	3～10	第一节单叶充分展开
	V_2	第二叶期	5	3～8	第二节复叶充分展开
	V_3	第三叶期	5	3～8	第三节复叶充分展开
	V_4	第四叶期	5	3～8	第四节复叶充分展开
	V_5	第五叶期	5	3～8	第五节复叶充分展开
	V_6	第六叶期	3	2～5	第六节复叶充分展开
	⋮	⋮	⋮		⋮
	V_n		3	2～5	第n节复叶充分展开，成株已有n节充分展开的复叶

（续）

代号		时期	上下时期间		说明
			平均天数	变幅	
生殖生长时期	R_1	初花始			主茎任何节出现花朵
	R_2	盛花期	3（无限结荚类型） 0（有限结荚类型）	0～7	无限结荚类型主茎顶部两个充分开展复叶的节上，有一个节开了花，有限结荚类型的 R_1 与 R_2 可同时出现
	R_3	初荚期	10	5～15	主茎顶部有充分展开叶的 4 个节以上，其上有一个节着生 5 mm 长的荚
	R_4	盛荚期	9	5～15	同上位置有一节着生 2 cm 长的荚
	R_5	鼓粒始期	9	4～26	同上位置有一节荚内豆粒 3 mm 长
	R_6	鼓粒足期	15	11～20	同上位置有一节的荚为青嫩豆粒鼓满
	R_7	初熟期	18	9～30	主茎上有一个正常荚转为成熟荚色
	R_8	完熟期	9	7～18	95%豆荚变为成熟荚色。自此起至豆粒含水降到15%以下，需 5～10 个晴天

表 7-21　美国大豆成熟期组的划分及其代表性品种

成熟期组	代表性品种	成熟期类似的中国品种
000	Maple Presto，Pando	早黑河
00	Altona，Maple Arrow	黑河 3 号
0	Minsoy，Clay	丰收 10 号
Ⅰ	Mandarin，Chippewa	东农 4 号
Ⅱ	Corsoy，Amsoy	吉林 3 号
Ⅲ	Williams，Ford	铁丰 18 号
Ⅳ	Clark，Custer	通县大豆
Ⅴ	Hill，Dare	齐黄 1 号
Ⅵ	Davis，Lee	徐州 424
Ⅶ	Bragg，Ransom	南农 493-1
Ⅷ	Hardee，Improved Pelican	鄂豆 6 号
Ⅸ	Jupiter，Santa Rosa	秋豆 1 号
Ⅹ	Tropical，PI274454	浙江马料豆

6. 株高：自子叶节至成熟植株主茎顶端的高度（cm）。

7. 主茎节数：自子叶节为 0 起至成熟植株主茎顶端的节数。

8. 分枝数：主茎上具有两个节以上，并至少有一个节着生豆荚的有效一次分枝数，分枝上的次生分枝不另计数。4.1 以上为多，2.1～4 为中，2 以下为少。

9. 结荚习性：国外常称生长习性（growth habit）或茎顶特性（stem termination），分有限结荚习性、亚有限结荚习性和无限结荚习性 3 类。对于十分典型的有限结荚习性与无限结荚习性，可附上“+”号。该标准是综合性的，判别结果间有波动。刘顺湖等提出以茎顶有无花序及主茎开花节位相对值两性状作判别，较稳定，简易，其判别标准见表 7-22。

表 7-22　大豆茎生长习性划分方法

（引自刘顺湖等，2005）

播期	无限型		亚有限型		有限型	
	顶花序	上部节数相对值	顶花序	上部节数相对值	顶花序	上部节数相对值
夏播	没有	≥0.2	有	≥0.2	有	<0.2
春播	没有	≥0.25	有	≥0.25	有	<0.2

注：上部节数相对值指上部节数除以主茎总节数所得数值（上部节数为主茎最大展开复叶着生节位以上节数），可在开花后期至成熟期间调查。

10. 株型：分竖立型（矮小、茎硬）、直立型（直立，主茎发达）、立扇型（主茎明显，分枝较发达，稀植的成熟植株状若扇面）、丛生型（分枝发达倒伏倾向明显）、蔓生型（分枝很发达，植株细茎蔓生，有缠绕倾向，倒伏明显）。

11. 倒伏性：于初荚期至盛荚期（R_3～R_4）及完熟期（R_8）各记载一次，标准分：1（直立）、2（有15°～20°的轻度倾斜）、3（有20°～45°的倾斜）、4（45°以上的倾斜倒伏）、5（匍匐地面，相互缠绕）。

12. 裂荚性：于完熟期（R_8）后的晴天5d左右，于田间目测计数：1（不炸荚）、2（植株上有1%～10%荚炸裂）、3（10%～25%荚炸裂）、4（25%～50%荚炸裂）、5（50%荚炸裂）。室内鉴定法是：将每份材料有代表性的（二粒荚或三粒荚）新成熟豆荚50个，置于布袋中，于80℃烘箱中烘干3h，然后于室温下放置2h，计数炸荚百分率。Caviness（1965）提出，将供鉴定材料置于32.5℃及15%～20%相对温度下36h，即可明显地表现出炸荚性的区别。

13. 叶形：分长叶和宽叶两类。

14. 花色：分白花和紫花两类。

15. 茸毛色：分灰毛和棕毛两类。

16. 收获指数：以单株或小区的"种粒重量/全株重×100%"得出的百分率表示。由不计叶重在内的全株重所得出的值称为表观收获指数。

17. 荚熟色：分草黄、淡褐、深化褐、经褐和黑共5类。

18. 种皮色：分黄（对白黄与浓黄应指明）、青（分青种皮与种皮子叶均青色两类）、褐（分褐与红褐两类）、黑、双色（分鞍挂与虎斑两类）。有明显光泽者可注明。

19. 脐色：分无色、极淡褐、淡褐、褐、深褐、黑色。

20. 粒形：分圆、椭圆、扁圆、扁椭圆、长椭圆、肾脏形。

21. 百粒重：随机数取完整正常的种粒100粒的克数。

22. 褐斑粒率：种粒上褐斑覆盖占5%以上种粒所占的百分率。

23. 粒质：按种粒的青粒、霉粒、烂粒、皱损、整齐度、光泽度与破损情况总的评价，分优、良、中、差和劣5级。

24. 产量：水分下降到13%～15%时的每亩千克数（折算前为小区克数）（1 kg/亩=1/15 kg/hm^2）。

25. 田间目测总评：成熟时结合生育期间的病害、倒伏、成熟期方面的记载，综合总评为优（√）、良（O）、中（△）、差（×）作为田间淘汰差及一般材料的重要评审。

26. 抗孢囊线虫病性：采用病土盆栽种植或田间病圃种植。于孢囊线虫第一代显囊盛期，根据平均每株根系上孢囊数目，划分抗性等级：免疫（0）、抗（0.1～3.0）、中感（3.1～10.0）、感（10.1～30.0）和高感（30.0以上）；或以待测材料根系的孢囊线指数分级，<10%为抗，≥10%为感。

孢囊指数=待测材料根系的平均孢囊数/感病对照品种的平均孢囊数×100%

27. 抗灰斑病性：于病圃以喷雾法将指定的菌种，于花期分2～3次进行接种。记载标准：0级为免疫，叶片无病或偶有小病斑；1级为高抗，多数植株仅个别叶上有5个以下的小病斑；2级为抗，少数叶片有少量中央呈灰白色的病斑；3级为感，大部叶片有中量至多量大并中央呈灰白色坏死的病斑；4级为高感，叶片普遍有多量灰绿色大病斑，病斑连片叶早枯。

28. 花叶病毒病抗性：可用苗期叶面毒液摩擦接种法，或者田间自然发病于花期调查。分5级记载：0级为免疫；1级为高抗，叶片轻微起皱，出现花叶斑，明脉，群体的花叶值在50%以下，生长正常；2级为抗，花叶较重，叶轻度起皱，病株占50%以上，植株尚无明显异常；3级为感，叶有泡状隆起，有重皱缩叶的植株占50%以上，植株稍矮；4级为高感，叶严重皱缩，有的呈鸡爪状，矮化、顶枯植株占50%以上。

29. 食心虫率：一般于室内考种时，以虫食粒重/全粒重×100%所得的百分数表示。也可通过检查标准品种豆荚内被害粒率作为对照，分为5级进行记载：1级为高抗，2级为抗，3级为中抗，4级为感，5级为高感。

30. 豆秆黑潜蝇危害率：于大豆初花期，每品种取10株，剖查主茎与分枝内的虫（幼虫、蛹、蛹壳）量，以高抗品种的平均虫量为a，高感的为b，$d=(b-a)/8$。高抗者$<a+d$，抗者$a+d\sim a+3d$，中间者$a+3d\sim a+5d$，感者$a+5d\sim a+7d$，高感者$>a+7d$。

31. 抗豆荚螟性：在当地的适应播种期下，播种鉴定材料。于大豆结荚期自每份材料采200豆荚，剥荚调查被害荚百分率。高抗（HR）者为0%～1.5%，抗（R）者为1.6%～3.0%，中（M）者为3.1%～6.0%，感（S）者为6.1%～10.0%，高感（HS）者为>10.0%。于室内考种时，以"虫食粒重/全种粒重×100%"所得的百分数，也可作为参考。

32. 蛋白质与油分含量测定：以烘干样本为试品，用近红外分光光度计测定各样本的含量百分数。

参 考 文 献

[1] 卜慕华，潘铁失．中国大豆栽培区域探讨．大豆科学．1982，1（2）：105～121

[2] 蔡旭主编．植物遗传育种学．第二版．北京：科学出版社，1988

[3] 常汝镇．国内外大豆遗传资源的搜集、研究和利用．大豆科学．1989，8（1）：87～96

[4] 崔章林，盖钧镒，Carter TE Jr. 邱家驯，赵团结．中国大豆育成品种及其系谱分析（1923—1995）．北京：中国农业出版社，1998

[5] 盖钧镒．美国大豆育种的进展和动向．大豆科学．1983，2（3）：225～231；1984，2（4）：327～341；1984，3（1）：70～80

[6] 盖钧镒主编．大豆育种应用基础和技术研究进展．南京：江苏科学技术出版社，1990

[7] 盖钧镒，崔章林．中国大豆育成品种的亲本分析．南京农业大学学报．1994，17（3）：19～23

[8] 盖钧镒，汪越胜，张孟臣，王继安，常汝镇．中国大豆品种熟期组划分的研究．作物学报．2001，27（3）：286～292

[9] 盖钧镒，汪越胜．中国大豆品种生态区域划分的研究．中国农业科学．2001，4（2）：139～145

[10] 吉林省农业科学院主编．中国大豆育种与栽培．北京：农业出版社，1987

[11] 吉林省农业科学院主编．中国大豆品种志．北京：农业出版社，1988

[12] 吉林省农业科学院大豆研究所主编．中国大豆品种志（1978—1992）．北京：农业出版社，1993

[13] 刘顺湖，王晋华，张孟臣，盖钧镒．大豆茎生长习性类型鉴别方法研究．大豆科学．2005，24（2）：81～89

[14] 王金陵．大豆的遗传与选种．北京：科学出版社，1958

[15] 王金陵．大豆生态类型．北京：农业出版社，1991

[16] 王金陵．王金陵大豆论文集．哈尔滨：东北林业大学出版社，1992

[17] 西北农学院主编．作物育种学．北京：农业出版社，1981

[18] 中国农业科学院油料所作物研究所主编．中国大豆品种资源目录．北京：农业出版社，1980

[19] Boerma H R，J E Specht（eds）. Soybeans：Improvement，Production and Uses. 3rd ed. Agronomy No. 16. Madison，WI，USA：ASA CSSA SSSA Publishers，2004

[20] Burton J W. Qualitative genetics：results relevant to soybean breeding. In：J R Wilcox（ed.）Soybeans：Improvement，Production，and Uses. 2nd ed. Madison，WI，USA：ASA CSSA SSSA Publishers，1987：211～247

[21] Fehr W R. Principles of Cultivar Development，Vol. 1. Theory and Technique. NY，USA：Macmillan Publishing Compamy，1987

[22] Fehr W R.（ed.）Principles of Cultivar Development，Vol. 2. Crop Species. NY，USA：Macmillan Publishing Compamy，1987

[23] Fehr W R，CE Caviness Stages of Soybean development. Special Report 80. Iowa，USA：Iowa State University Ames，1997

[24] Fehr W R，H H Hadley（eds.）Hybridization of Crop Plants. Madison，WI，USA：Am. Soc. of Agron，1980

[25] Hymowitz T and RJ Singh. Biosystems of the genus Glycine. Soybean Genetics Newsletter 1992（19）：184～185

[26] Palmer R G. T W Pfeiffer，G R Buss，T C Kilen. Qualitative genetics In：R Boerma，J E Specht（eds）Soybeans：Improvement，Production and Uses. Madison，WI，USA：ASA CSSA SSSSA Publishers，2004：137～

234
［27］Pascale A J. （ed.）World Soybean Research Conference Ⅳ Proceedings（1），（2），（3）. Buenos Aires，Argentina：AASOJA，1989
［28］Shibles R（ed.）. World Soybean Researsch Conference Ⅲ. Proceedings. Boulder，Colo. USA：Westview Press，1985
［29］Wilcox J R（ed.）. Soybeans：Improvements，Production and Uses. 2nd ed. Madiosn，WI，USA：ASA CSSA SSSA Publishers，1987

（王金陵、盖钧镒、余建章原稿，盖钧镒、赵团结修订）

第八章　蚕豆育种

蚕豆是最古老的栽培植物之一。其学名为 *Vicia faba* L.，英文名为 broad bean 或 faba bean，日文名为空豆（ソラマメ）。染色体 $2n=12$，但在日本种植的蚕豆栽培种中发现有 $2n=14$。蚕豆俗名较多，蚕豆因其荚状如老蚕，又蚕时始熟而得名；俗称胡豆、佛豆、南豆、罗汉豆、寒豆、川豆、倭豆、仙豆、湖豆、夏豆、马料豆等，由于它的子粒较大，也有地方叫它为大豆等。据《太平御览》记载，西汉张骞出使外国，得胡豆种归，而传入中国，至今已有 2 000 多年的栽培历史。蚕豆在日本、葡萄牙等 40 多个国家普遍栽培，亚洲是世界上蚕豆最大产区，面积和产量约占世界的 55%，其次是非洲和欧洲。蚕豆也是埃及、埃塞俄比亚、摩洛哥、墨西哥、秘鲁、中国等发展中国家人们日粮中重要的蛋白质资源，欧洲发达国家用蚕豆代替大豆作饲料。中国是世界蚕豆生产大国，主要分布在长江以南各省，西北高寒地带也有栽培，华南部分地区可作秋播。

第一节　国内外蚕豆育种研究概况

一、国内蚕豆育种研究进展

中国蚕豆育种工作始于 20 世纪 50 年代，和其他作物相比，起步较晚。60 年代后，部分省相继开展了蚕豆新品种的选育工作。据不完全统计，到 1992 年，全国 16 个省、区、市先后选出优良地方品种 61 个，引种 19 个，自然变异选择育种品种 22 个，杂交育种 13 个，合计 115 个。如浙江慈溪大白蚕、浙江上虞田鸡青、浙江利丰 1 号、四川成胡 10 号、云南昆明白皮豆、江苏启豆 1 号、甘肃临夏马牙、甘肃临夏大蚕豆、青海湟源马牙、青海 3 号等品种在我国蚕豆生产中发挥了重要作用。后来，通过引种、选育等方法又培育出一批新品种（系），如浙江省农业科学院的利丰 2 号（H219）、利丰 3 号（H8096 - 1），江苏沿江地区农业科学研究所的启豆 3 号、启豆 4 号和南通三白，四川省农业科学院的成胡 13，云南省农业科学院的 K0729 和 K0697，云南省大理白族自治州农业科学研究所的凤豆 4 号和凤豆 5 号，甘肃省临夏回族自治州农业科学研究所的临蚕 3 号（英 175）、临蚕 4 号（加拿大 321 - 1）、临蚕 5 号（8013 - 1 - 2 - 2）和马牙等、青海省农林科学院作物研究所的青海 10 号等。

郎莉娟等利用国际干旱地区农业研究中心（ICARDA）提供的花梗内具有独立维管束供应的蚕豆种质资源为亲本，通过杂交育种，对浙江省的蚕豆地方品种加以改良，经过 7 年的研究，于 1993 年选育成花梗内具有独立维管束供应的蚕豆新品系 2 个，表现荚多、粒多、粒重、单株产量高，明显优于浙江省地方品种。

二、国外蚕豆育种研究进展

据联合国粮农组织统计，法国是世界蚕豆单产最高的国家，1990 年平均单产达到 3 785 kg/hm^2，其次是德国（为 2 842 kg/hm^2）、埃及（为 2 641 kg/hm^2）。近年来，各国蚕豆生产有较大发展，蚕豆育种工作有了很大进步。

在新品种选育上，各国都优先注意产量，同时也非常注重抗性育种，增强蚕豆品种的稳产性能。德国的高产、早熟春蚕豆 Afred 和英国的冬蚕豆 Bourdon 产量虽都提高，但蛋白质含量较低。根据德国选育蚕豆品种的经验，可以通过选择大粒种和晚熟种来提高产量潜力，在产量选择中要扩大亲本选择范围，使用多次循环选择、利用适宜环境鉴定产量来选择后代。

为适应蚕豆品种改良的需要，各国都十分重视蚕豆遗传资源的搜集、保存、鉴定和利用工作。据不完全统计，蚕豆主要生产国至少掌握 23 000 份材料，最大的收集单位是叙利亚阿勒颇的国际干旱地区农业研究中心（International Center for Agricultural Reasearch in the Dry Areas，ICARDA)。ICARDA 的主要任务之一是蚕豆品种改良，专门设有种质资源研究机构，从埃塞俄比亚、德国、土耳其、阿富汗、英国、西班牙等 50 余个国家搜集蚕豆种质资源，对搜集的蚕豆品系进行归类、整理和编目。由于搜集的蚕豆品系都是自由授粉的异质杂合群体，性状表现变化大，难以进行鉴定和评价。他们采用了一套新方法——纯合品系法，解决了对国际蚕豆品系鉴定和利用的困难。此新方法的原理是控制传粉媒介蜜蜂，使蚕豆杂合体连续多代自交，逐渐纯合，然后对蚕豆纯系（BPL）进行性状鉴定，编印出蚕豆 BPL 资源目录。在这些种质资源中，已鉴定出抗蚕豆赤斑病、线虫病、锈病和软腐病等材料。

ICARDA 在抗病育种方面，主要开展了对蚕豆赤霉病、褐斑病和锈病的抗性育种。其抗病性鉴定和筛选过程十分严格，除了在 Lattakia 试验站重点鉴定抗病性外，在多点试验中，各点都必须评价杂交后代的抗病性。为了提高筛选效果，必要时还进行人工接种病原，诱发致病。已经搜集到的有用抗性资源有抗褐斑病的 BPL410（来自厄瓜多尔）、抗锈病的 BPL261、抗茎枯病的 BPL472、抗列当草的 F402（来自埃及）。其中有些品系具有水平抗性，有些品系具多抗性，如 BPL269 抗锈病、黑斑病、茎枯病和褐斑病。还有中抗蚕豆卷叶病毒和黄化花叶病毒的品系。ICARDA 育成的新品种（系），一般都要在 Lattakia 试验站经历 2 次以上的抗病性鉴定，有希望的品系才送入国际蚕豆筛选圃进行多点抗性鉴定，以确定新品系对病原不同生理小种的抗性，并获得了一批抗病性强的蚕豆种质材料和选系。在抗杂草育种方面也取得了较大进展，在北非、中东和南部欧洲，列当草（*Orobanche crenata*）是一种毁灭性的蚕豆寄生性杂草，被寄生蚕豆植株全株干枯死亡，导致严重减产乃至无收，许多蚕豆产区不得不放弃蚕豆生产。ICARDA 通过多年鉴定，从 600 多份材料中筛选出对列当草具有抗性的材料 BPL2830，还发现 BPL2756 和 BPL2916 等 9 份材料具有中度抗性，已进行抗性转育工作。已经选出抗茎秆线虫（*Ditylenchus dipsaci*）的抗源 BPL1、BPL10、BPL11、BPL12、BPL23、BPL26、BPL27、BPL40、BPL63、BPL88 和 BPL183，并用于育种项目。对蚜虫的抗性机理开始研究，大力筛选抗源材料。

据 Dantuma 等（1983）报道，小粒品种比大粒品种产量稳定性好。冬蚕豆综合品种 Atlas（IB15）在 16 个系列试验中，变异系数较小，说明其稳定性也得到了改进。如德国中早熟品种 Afred 在某些地区产量同其他品种相当，但在西北欧的春蚕豆中名列第一。西亚品系的大粒种在德国南部产量比小粒地方种高，说明广泛杂交，可以显著改良品种。

法国、英国、德国部分地区，秋播用耐寒性品种不多，其中筛选出产量虽低，但最耐寒品种 Cotedor。Troy 在高产受限的地理区域属较早熟品种。德国也筛选了 600 份材料用于抗黄化花叶病（BYMV）和丛枝病（BBWB）的育种，其中有一个品系对 BYMV 的 14 种分离株系具有很强的抗性。

Laws 等（1978）研究了宿主基因型×根瘤菌株系交互作用对干物质生产和固氮作用的影响。Shukla 等（1986）对根瘤菌进行诱导遗传变异，表明可以改良固氮作用。Duc 等（1986）从印度的搜集品种中鉴定出一个基因具有超常固氮作用，可用于蚕豆的固氮研究。

Gates 等（1981）指出，总状花序上除底部花外，花是靠分支维管束（BVS）供给营养的。当第二、三位坐荚时，常导致高位花脱落。ICARDA 于 1984 年开始了独立维管束供给型的杂交育种。北非和西亚的蚕豆育种非常注重烹饪品质和引起蚕豆中毒的葡萄糖苷。在欧洲培育无单宁品种，英国和德国将白花品种进行国家试验，法国也已列入计划。已有多个白花品种用于生产蔬菜罐头，有些小粒品种正做动物饲料试验。高蛋白质含量选择也有报道，已选出干物质中蛋白质含量达 38%的品系。

第二节　蚕豆育种目标及主要目标性状的遗传

一、主要方向及育种目标

确定育种目标是开展蚕豆育种工作的前提，是关系到亲本材料的选择和尽快达到预期目标的关键。育种目标的确定，既要反映人们对蚕豆生产的要求，又要符合蚕豆本身的遗传变异规律。培育的新品种在特定生产条件下，能取得最大的光合生产率，能稳定可靠地提供最大量的优质产品。确定育种目标时应注意如下几个问题。

1. 抓住生产中存在的突出问题确定育种目标　蚕豆是常异花授粉植物，在我国蚕豆产区生产中存在着品种退化、产量低而不稳等突出问题。在育种中应突出高产、大粒、适应性强的育种目标，并实施良种良法配套的高产栽培技术。

2. 针对产区的自然条件和耕作制度确定育种目标 如甘肃高寒阴湿区，海拔高、气候冷凉，蚕豆不能很好成熟，因此，育种目标的重点应放在选育早熟性和稳产性上，同时又要考虑株型（有限生长类型）及丰产性能。这个地区近年育成了植株较矮、早熟、较耐寒、稳产性好、适于高寒阴湿区种植的临蚕3号，其百粒重高于150 g。蚕豆生态适应性较窄，应设法打破蚕豆适应范围小的固有特性，培育具较广泛适应性的新品种。

3. 根据商品经济发展的要求确定育种目标 优质、高产、商品性好的育种目标作为商品蚕豆产区的主攻方向。如甘肃地区推广应用的临蚕2号赖氨酸含量高达2.67%，去皮后子粒蛋白质含量达32.06%，单产4 200 kg/hm^2，百粒重165 g左右，种皮乳白，子粒饱满，商品性好。

4. 根据用途确定育种目标 蚕豆是一种多用途的作物，它有粮用、菜用、饲用、绿肥用等多种用途，选育蚕豆新品种时，要考虑用途的主次。粮用型蚕豆品种要求子粒品质好、蛋白质含量高、粒大而高产；绿肥用品种，则要求早发、分枝多、根瘤发达、固氮能力强、生物学产量高。

二、质量性状的遗传

华兴鼐（1962）通过298个杂交组合研究了50个蚕豆性状的遗传规律，并初步明确24种性状（分别为花形3种、花色3种、株型4种、叶色7种、叶形2种和种皮色5种）为单基因控制的遗传。如花形中的强旗瓣花和强龙骨瓣花，花色中的全白花、全黑心花，叶色及叶形中的白绿纹叶、4种黄绿色叶、嫩绿叶、卷曲叶、皱缩叶，株型中的不孕株、2种黄绿高株、常绿高株和矮株，脐色中的白脐等均为一对隐性基因遗传。而花色中的黄色花和尖旗瓣花，以及各种蚕豆种皮颜色的遗传均受3对重复因子支配。

1. 花色 深色花和浅色花杂交，深色花为显性；紫黑色斑花与纯白色花杂交，紫黑色斑花为显性；旗瓣深紫花与浅紫或白色花杂交，深色花为显性；深紫色花与纯白花杂交，F_1翼瓣正面呈深紫色，但其背面之下端及花萼为深紫色中嵌有白色条斑，F_2紫花分离情况较复杂。Moreno（1981）对花色遗传的研究表明，深紫×白色的杂种后代产生9淡紫∶3深紫∶4白色的分离比例，可见紫色对白色为显性，并表现出两对基因的隐性上位互作效应。

2. 株高 株高既是质量性状又是数量性状。据甘肃省临夏州农业科学研究所的研究报道，一般相同类型品种间杂交，其F_1株高介于两亲本之间，F_2株高分离呈连续性变异，表现为数量性状遗传。但不同类型品种间杂交则表现为质量性状遗传。如用临夏马牙（株高140 cm以上）与荷兰181变异株（株高仅30 cm）杂交，F_1表现高株，F_2高株和特矮株分离符合3∶1的比例，表明高株和矮株可能受一对基因控制，高株为显性。

3. 种皮颜色 Ricciardl等（1985）对6个不同种皮颜色的亲本和正常颜色种皮亲本杂交，结果表明，所有花色种皮亲本与其他不同颜色种皮亲本杂交，其F_1植株均产生花色种子，花色对其他单一颜色（种子本身颜色）为显性。紫色种子亲本与黑色、绿色、红色、浅色及正常种子亲本杂交，其F_1为紫色。与紫色种亲本杂交时，棕色种子亲本产生中间型F_1（棕-紫），在其他情况下（即与黑绿和正常颜色种子亲本杂交）F_1为棕色，黑色和红色表现为隐性。绿色与紫色、棕色和花色亲本杂交时表现为隐性，与黑色、红色和正常颜色种子亲本杂交时表现为显性，正反交无任何差异。在F_2代的分离群体中，有色种×正常颜色种组合（紫、棕、红、黑和花色与正常颜色杂交）其F_2代分离为明显的3有色（紫或棕或红或黑或花色）∶1正常颜色的比例，表明这些有色种皮与正常颜色种皮可能分别受一对基因控制。紫×绿组合表现12紫∶3绿∶1米色，绿×黑和绿×红组合F_2分别表现为9绿∶3米∶4黑和9绿∶3米∶4红的分离比例，表明可能是两对基因互作的结果；而花色与紫、绿色、红色杂交组合的F_2代均表现出3∶1的分离比例，表明花色与紫绿和红色可能受一对基因控制，花色为显性。Ricciardl认为蚕豆种皮颜色完全由母株所决定，当代显性未观察到直感效应，同时认为两个位点上复等位基因系列的分离是蚕豆种皮颜色变异的主要原因。

黑色脐对无色脐是完全显性。

4. 单宁含量 蚕豆种皮较厚，特别是种皮中含有凝聚态的单宁，影响蛋白质的利用。Arguardt等（1978）报道，单宁是家禽生长的一种主要抑制因素，并发现无单宁品种皮薄、可消化率高、木质素含量低且不易褐变。单宁含量与种脐色、皮色、花色、托叶上有无棕色斑等性状有关。而以上性状是由遗传决定的，无单宁是由单隐性基因控制的白花性状的基因多效性支配的。因此，育种中应注意选择具纯白花、在第3～4节出现时托叶上无红棕色斑、幼苗茎色无红色素、种皮白色、白脐、种皮薄等性状，这些相关性状是选择无单宁品种的标志。

三、数量性状的遗传

李华英等（1983）对50个蚕豆品种的10个农艺性状遗传率进行了分析，荚长、荚宽和株高的遗传率较高，分别达91.47%、82.17%和81.61%；与产量性状密切相关的每荚粒数、百粒重、始荚位高、每株荚数、每株粒数和有效分枝数的遗传率较低，它们分别为76.45%、64.17%、60.87%、58.76%、62.31%和37.11%，而单株产量的遗传率为24.06%。据黄文涛（1984）报道，蚕豆的株高、始荚高、有效分枝数、每株荚数、荚长、荚宽、每株粒数、每荚粒数、百粒重和单株产量性状的遗传变异系数与表现型变异系数高度相关，即通过表现型的选择可对所需要的基因型进行选择。Arislarknora的研究表明，生育期、单株总节数、低荚位、株高的变异系数较小（*CV*=2.5%～13.2%）；而有效荚数、荚粒数变异系数较大（*CV*=26.2%～32%），表明对这两个性状选择效果较好。对主要数量性状遗传率的研究表明，荚长、荚宽、株高等植物学性状遗传率较高，早代选择效果较好，而与产量有关的经济性状如（每株荚数、每株粒数、每荚粒数、百粒重、有效分枝数、单株产量等性状）的遗传率较低，对这些性状不宜进行早代选择。

徐洪琦等（1984）研究5个高产品种产量因素的遗传进度，当5%入选率时，遗传进度相对值依次为每荚粒数46.93%、百粒重22.97%、单株产量15.02%、单株有效分枝数6.32%、单株荚数2.66%。所研究的5个性状中，每荚粒数的遗传进度、遗传率和遗传变异系数都较高。邝伟生等（1990）用22个广西的蚕豆品种，估算了8个数量性状的广义遗传率，其排序为百粒重（91.3%）、荚宽（83.3%）、有效分枝数（81.7%）、株高（79.9%）、单株粒数（71.8%）、单株荚数（39.3%）、单株产量（25%）、荚长（12.8%）。易卫平（1992）等用长江流域4省15个品种，对11个性状的广义遗传率进行了估算，以百粒重最高（92.7%）；其次是单株荚数（74.61%）、单株粒数（71.61%）和荚宽（73.91%）；株高（25.43%）、结荚节位（16.34%）和结荚高度（11.31%）最低。当5%入选率时，15个品种的遗传进度以单株荚数最大（67.52%）；单株粒数和百粒重次之，分别为63.50%和50.53%，这些性状的选择效果较好。由此可见，荚宽、百粒重遗传率较高，受环境影响较小，而其他性状因供试材料、试验环境的不同而有差异。

郭建华（1986）估算了9个杂交组合F_2世代的广义遗传率，株高和百粒重的遗传率平均值分别为82.12%和69.40%；茎粗和单株粒数分别为60.04%和50.23%；始荚位高、单株有效分枝数、单株荚数和单株粒重较低，分别为45.47%、44.56%、44.45%和41.22%。从遗传进度来看，以单株粒数、单株荚数和单株粒重最高，株高、始荚位高和单株有效分枝数次之，百粒重和茎粗较低。但是，同一性状在不同杂交组合中的表现有所差异。因此，在配置杂交组合时，不仅要考虑双亲综合性状，也要考虑改良性状的差异。

李尧生（1987）等利用平阳早蚕豆×优系3号的F_1、F_2对17个性状的广义遗传率做了估算，其遗传率都低于70%，由高到低的次序为熟期（67.85%）、粒宽（67.21%）、粒长（65.31%）、株高（62.02%）、粒厚（55%）、节数（51.23%）、荚宽（49.59%）、单株产量（49.42%）、分枝数（47.66%）、单株粒数（44.18%）、荚厚（28.79%）、单株荚数（25.25%）、结荚距离（24.92%）、百粒重（23.25%）、结荚位高（9.42%）、每荚粒数（3.08%）、单株分枝数（1.30%）。从上述结果可以看出，蚕豆与其他作物相比，是遗传率较低的作物。同时，由于供试材料不同，试验方法和生态环境各异，所获结果不尽相同。但多数研究表明，百粒重具有较高的遗传率，单株粒数、荚宽、株高的遗传率中等。这些性状受环境影响较小，早期世代选择效果较好。

四、数量性状间的相关分析

育种性状多数为数量性状，对数量性状进行直接选择往往效果不佳，通常采用间接选择策略。多数研究者认为，每株粒数和单株荚数与产量的相关最为密切。

黄文涛（1984）报道，株高与始荚高度、荚宽、百粒重、单株产量间呈正相关；始荚高度与荚宽、百粒重间呈正相关；有效分枝数与单株荚数、单株产量间呈正相关；单株荚数与荚宽、荚长、每荚粒数、百粒重呈负相关，与单株粒数间呈正相关；单株粒数与单株产量呈正相关，与百粒重呈负相关；百粒重与单株产量间呈正相关。Arislarknora研究表明，主茎荚数与单株粒数密切相关，是决定产量的因素。Knudsth等对13个闭花型品种和20个普通花型品种进行产量组分间的表现型相关研究，发现闭花型的单株产量与除荚粒数以外的产量因子呈正相关，而以单株荚数与粒数（$r=0.83^{**}$）、单株荚数与单株产量（$r=0.80^{**}$）、单株粒数与单株产量（$r=0.73^{**}$）的正相关达极显著水平。普通型粒数与荚数（$r=0.92^{**}$）、单株有效分枝始节与单株产量（$r=0.59^{**}$）、种子重与单株产量（$r=0.58^{**}$）相关极显著。由此表明，荚数、单株粒数和粒重是决定产量的主要因子，而每荚粒数对单株产量影响不大。要提高产量，应在不降低粒重的前提下，注重对有效荚数的选择。据Abdolla的研究报道，蛋白质、淀粉和灰分与种子大小无显著相关。Siodin报道，粗蛋白质与粒重呈正相关、与精氨酸呈显著正相关、与赖氨酸呈极显著负相关。M. Doulsen报道，产量与蛋白质含量、蛋白质含量与赖氨酸含量均呈负相关。而瑞典的研究则表明产量与蛋白质含量无显著相关，甘肃省临夏州农业科学研究所的研究也得出了相同的结论。

李华英等（1983）对蚕豆10个数量性状进行聚类分析。发现有5个关系密切的变量群：即荚宽与百粒重、有效分枝数与单株产量、株高与始荚位高、荚长与荚粒数。单株荚数与单株粒数。其中，荚宽与百粒重、有效分枝与产量的聚类水平最为密切，是育种选择的注意点。宽荚与大粒、长荚与多粒、多荚与多粒之间有很好的协调性；而始荚位高是株高的一个伴生性状；单株荚数、荚宽和单株粒数的遗传相关最大，这些性状的变异会导致其他性状的强烈变异；而每荚粒数和株高的变异对其他性状变异的影响较小。

黄文涛等（1983）在青海将国内12个省搜集的18个随机样本的农艺性状对产量的相关和通径系数进行了分析，单株荚数和百粒重的直接影响最大，其通径系数分别为1.034 0和0.878 3。而有效分枝数和株高对产量有较高的直接负效应。顾文祥等（1986）采用自选的25个优良品系材料进行研究分析，结果表明，单株粒数对产量的影响最大，其直接通径系数为1.622；百粒重和荚果长通过单株粒数对产量的影响也较大，其遗传通径系数分别为－1.273和0.936。张焕裕（1989）认为，以荚宽对产量的直接效应最大，百粒重、单株荚数和单株粒数次之，荚长、株高和有效分枝数为负效应；间接效应的大小排序与直接效应基本相同。上述3个事例说明，百粒重、单株荚数和每株粒数对产量的影响较大，在高产育种中对这些性状进行严格选择将有较好效果。

郎莉娟（1985）用蚕豆大粒型×大粒型、大粒型×小粒型、小粒型×小粒型的不同亲本配置了杂交组合，利用F_2世代群体的农艺性状变异研究了产量组成因素之间的相关性。在7个与单株产量密切相关的组成因素中，单株荚数和单株粒数与产量的相关程度最高，其相关系数分别为$r=0.415^{*}$和$r=0.578^{**}$。这两个性状的相对变异程度也最大，其变异系数分别为43.8%和43.6%。各个产量组成因素之间的相关程度以单株荚数与单株粒数间最密切，$r=0.834\,0^{**}$。由此可见，单株荚数是影响单株产量的重要因素，可以作为F_2代的选择依据。

蚕豆是遗传率较低的作物，所估测的产量相关性状中仅百粒重相对较高，单株粒数中等。因此，要对产量组成因素的相关性状进行选择，只能通过连续选择才能得以巩固。

第三节　蚕豆种质资源研究与利用

一、蚕豆的分类

蚕豆为豆科（Leguminosae）巢菜属（*Vicia*）植物中的一个栽培种（*Vicia faba* L.），越年生（秋播）或一年生（春播）草本植物。蚕豆为常异花授粉作物，因而种内的分类常有困难或有不同的分类，但Muratova于1931年主要根据种子大小进行分类，并得到多数学者的认可。种内分2个亚种：*paucijuga*亚种（2～2.5对小叶）和*faba*亚种（3～4对小叶）；将*faba*亚种按种子大小又分为3个变种：小粒变种*minor*、中粒变种*equina*和大粒变种*faba*。

1972年，Hanelt认为*paucijuga*仅是亚种*minor*的一个地理种（geographical race），又提出了另一套分类方法。1974年Cubero提出一个更为简单的分类，他认为有4个植物学变种，即*faba*、*equina*、*minor*、*paucijuga*。*paucijuga*原产地仅限于印度北部和阿富汗，但比其他植物学变种有更令人注意的性状组合，如自花受精、每片复叶的小叶少、每花序的花少、许多短茎和不裂荚。

蚕豆大、中、小粒的划分标准目前尚无定论。我国一般将百粒重 120 g 以上称为大粒变种，70～120 g 为中粒变种，70 g 以下为小粒变种。据观察分析，大粒变种的粒型多为阔薄型，种皮颜色多为乳白和绿色两种，植株高大，食用或蔬菜用；中粒变种的粒型多为中薄型和中厚型，种皮颜色也以绿色和乳白色为主，食用兼菜用；小粒变种的粒型多为窄厚型，种皮颜色有乳白和绿色两种，植株较矮，结荚较多，多为副食品及饲料用，并可作绿肥。

按成熟期还可分为早熟型、中熟型和晚熟型；按花色分为白、浅紫、紫和深紫 4 种；根据用途不同还分为食用、菜用、饲用和绿肥用 4 种类型；按播种期和冬春性不同分为冬蚕豆和春蚕豆；以种皮颜色不同而分为青皮蚕豆、白皮蚕豆和红皮蚕豆。

刘志政（1998）根据海拔高度、气候类型及蚕豆农艺性状上的异同性，将青海省地方蚕豆资源分为温暖灌区马牙蚕豆类型、干旱丘陵尕大豆类型和高寒山区仙米豆类型。

二、蚕豆种质资源搜集与评价

我国幅员辽阔，由于自然条件错综复杂，农业生产历史悠久，通过长期的自然选择和人工选择，具有较丰富的蚕豆种质资源。截止 2002 年，从全国各省、区、市搜集到的蚕豆种质资源约 1 800 份。我国保存的蚕豆种质资源有 3 000 余份（其中，引进国外资源 1 400 余份）。

就我国蚕豆种质资源类型的分布看，大粒型资源较少，约占全国蚕豆总种质资源数的 6.5%，主要分布在青海、甘肃、四川西部、新疆和西藏自治区，其次是浙江和云南。其代表品种有青海马牙、甘肃马牙、浙江慈溪大白蚕、四川西昌大蚕豆等。世界范围内，大粒变种主要分布在亚洲，其次为欧洲、北美洲和大洋洲。

我国蚕豆的中粒型资源最多，约占蚕豆总资源数的 52%，主要分布在浙江、江苏、四川东部、云南、贵州、新疆、宁夏、福建和上海等省、区、市。其代表品种有浙江利丰蚕豆和上虞田鸡青、四川成胡 10 号、云南昆明白皮豆、江苏启豆 1 号等。世界范围内，中粒型蚕豆以亚洲、欧洲为多，其次为北美洲和大洋洲，非洲最少。

我国小粒型蚕豆资源约占蚕豆总资源数的 42%，主要分布在湖北、安徽、山西、内蒙古、广西、湖南、浙江、江西、陕西等省、区、市。代表品种有浙江平阳早豆子、陕西小胡豆等。世界范围内，小粒型蚕豆主要以非洲、欧洲、北美洲为多，其次为亚洲。

为了充分发掘种质资源的利用价值，从 1986 开始陆续对搜集到的蚕豆主要种质资源进行了抗病性、耐湿性、耐盐性、营养品质等特性的鉴定。从已鉴定的 960 份地方种质资源中，尚未发现中国蚕豆有高抗和抗赤斑病、褐斑病的种质资源，仅有几份资源对赤斑病表现中抗；对褐斑病表现中抗的有 96 份，这类资源主要分布在长江中下游各省，而绝大部分资源属中感或高感类型。仅有 7%～8% 的蚕豆资源耐湿性较强，且主要分布在浙江和湖北，其次是云南、四川等省。对 664 份资源进行了耐盐性鉴定，在芽期 1～2 级耐盐性的有 239 份；苗期 2 级耐盐性的仅 35 份，如 H2532、H1157、H0132、H1261、H1061 等，这些资源多分布于浙江、福建、甘肃和陕西 4 省。在 916 份蚕豆种质资源中，仅有 2 份具抗蚜性、15 份资源表现中抗。对 1 130 份蚕豆种质资源进行品质分析，结果见表 8-1。

表 8-1　蚕豆种质资源子粒营养品质分析结果表（%）

性　状	蛋白质	脂　肪	淀　粉	直链淀粉	赖氨酸
平均值	27.59	1.50	42.40	10.64	1.78
变　幅	21.95～34.52	0.52～2.80	33.17～51.68	6.94～16.99	1.37～2.30

截止 1989 年，有 34 个国家搜集和保存蚕豆种质资源，除中国外，保存蚕豆种质资源较多的国家还有叙利亚（3 365 份）、前苏联（2 583 份）、德国（2 190 份）、意大利（1 691 份）、西班牙（1 608 份）、法国（1 030 份）、埃塞俄比亚（614 份）、匈牙利（295 份）、美国（291 份）、土耳其（171 份）等。这些种质资源多保存于 −18～−20 ℃ 的长期保存库和 5 ℃左右的中期库中。为适应蚕豆品种改良的需要，各国都十分重视蚕豆遗传资源的搜集、保存、

鉴定和利用工作。近10年来，遗传资源搜集的规模和数量有所增加。

目前最大的搜集单位是叙利亚阿勒颇的国际干旱地区农业研究中心（ICARDA），保存有3 305份材料。据统计，蚕豆主要生产国共掌握22 992份材料。

三、蚕豆种质资源开发与利用

蚕豆种质资源研究的目的是为了利用。蚕豆种质资源是在不同地区、不同生态条件下形成的，具有不同的特性和较强的地区适应性。故有些古老的地方品种（如浙江慈溪大白蚕、云南昆明白皮、四川西昌大蚕豆、青海湟源马牙、甘肃临夏马牙等）一直应用至今。

从地方品种资源中通过自然变异选择培育出符合育种目标的新品种，是种质资源利用的有效途径。云南省农业科学院在著名地方品种昆明白皮中选育出2个丰产性好、耐寒性较强、病害轻的新品系云豆85-15和云豆80-56，从江苏太仓新毛豆中选育成了凤豆4号；浙江省农业科学院从优良地方品种皂荚种中选育出丰产、优质、抗病的利丰1号（浙杭41）新品种；甘肃省临夏州农业科学研究所从国外引进材料英175和321中分别选育出临蚕3号和临蚕5号新品种。

自1985年以来，全国通过利用地方品种资源的杂交组配育种已相继选育出凤豆5号（云南）、成胡11号（四川）、临蚕2号和临蚕5号（甘肃）、通研1号（江苏）、利丰2号和利丰3号（浙江）、青海4号和青海10号（青海）等蚕豆新品种，均逐步在生产上推广应用。

ICARDA专门设有种质资源研究机构，从埃塞俄比亚、德国、土耳其、阿富汗、英国、西班牙等50余个国家搜集蚕豆遗传资源，对搜集的蚕豆品系进行归类、整理和编目。为了解决搜集的蚕豆品系——国际蚕豆品系（International Legume Broadbean Line，ILB）自由授粉所致的异质杂合群体性状变异大、不稳定，因而难以进行特性鉴定、评价和利用这一难题，ICARDA的蚕豆育种专家研究出了一套鉴定和评价蚕豆种质资源的有效方法——纯合品系法。其具体过程见图8-1。

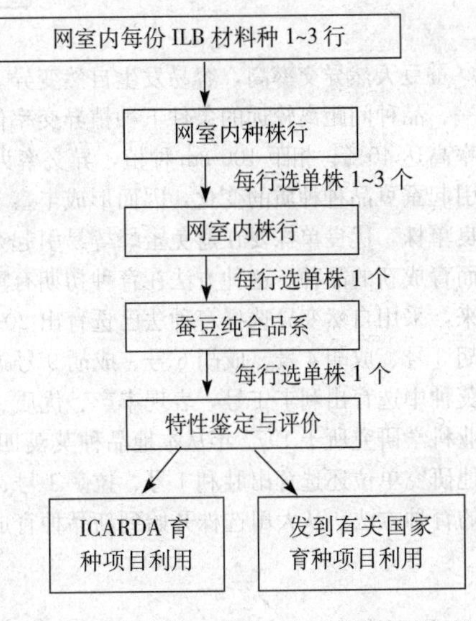

图8-1　纯合品系鉴定、评价与利用流程

从一份ILB材料中培育BPL的数量可根据这份材料的异质性来确定。异质杂合程度高，则可增加第一次单株选择的数量，从而多产生几个BPL材料。为了避免在单株选择和自交过程中过多地丢失基因，可以适当增加单株选择的数量。ICARDA通过几年的鉴定与评价，已从蚕豆纯系中筛选出了一批高蛋白资源（BLP331、BLP 1587、BLP 717、BLP 521、BPL1521等）和具有较高利用价值的抗源等基因资源，正在ICARDA和有关国家的蚕豆育种项目中发挥作用。

第四节　蚕豆育种途径与方法

一、地方品种的筛选与引种

地方品种具有适应性广、抗逆性强、比较稳产的特点。各地可根据生产需要从搜集到的地方品种资源中筛选出适合的资源材料，这是一种最快的选种方法。如浙江慈溪大白蚕和上虞田鸡青、青海湟源马牙、甘肃临夏马牙、云南昆明白皮豆等都是优良的蚕豆地方品种，它们不仅是当地生产上的当家品种，而且又是中国重要的出口商品。

蚕豆引种鉴定也是推广蚕豆优良品种较为迅捷的途径。据不完全统计，在16个省、区、市中，引种成功的蚕豆品种有20多个。蚕豆是低温长日照作物，高纬度、高海拔的品种引向低纬度、低海拔种植，会造成生育期延长，甚至难以在正常生产季节内结荚成熟，引种难以成功；低纬度、低海拔的品种引向高纬度、高海拔种植，则生育期缩短，虽然产量较低，但能正常开花结荚成熟；纬度和海拔高度相近的地区互相引种较易成功。

福建省从日本引进的品种资源中筛选出甜美长荚，经过2年的多点试种，表现适应性好、产量高、豆荚特长、豆粒口感优良等特征，适宜在福建省冬季作为菜用蚕豆。江苏省宜兴市引进的日本白皮蚕豆陵西一寸新品种，粒大、质优、口味佳，采收鲜豆荚，加工出口。

为了避免盲目引种，我国蚕豆主产区不同地域区间的浙江、江苏、四川、云南和甘肃省的蚕豆研究工作者于1995—1996和1996—1997两年度协作开展了5省之间的蚕豆引种联合试验，从中筛选高产、稳产、适应性广的优良品种（系），直接为生产所用，并为蚕豆不同生态区和地域区间的引种提供科学依据。

二、自然变异选择育种

蚕豆天然异交率高，容易发生自然变异。试验表明，多品种、近距离种植的条件下异交率高；相反，在品种单一、品种间距离较远的条件下种植异交率低。在德国曾报道，将两个性状明显不同的品种相距20 cm种植，异交率高达40%；相距100 cm种植，异交率为25%；相距800 cm种植，异交率仅有4.8%。由于蚕豆异交率较高，常引起蚕豆品种种质的变化，因而形成丰富多彩的变异类型，这些变异的个体遗传性比较稳定。可从变异中选出优良单株，优良单株要在避免蜜蜂等易引起杂交的条件下，自交产生种子，再经过一系列的选择和培育、比较试验而育成新的品种。这种方法在育种初期有重要的意义。据不完全统计，全国16个省、区、市自20世纪60年代以来，采用自然变异选择育种法已选育出20余个新品种，如四川省农业科学院先后选育出成胡1号、成胡2号、成胡3号、成胡4号、成胡6号、成胡9号等多个抗病、丰产性好的新品种；浙江省农业科学院从本地品种平湖皂荚种中选育出利丰1号，表现丰产、优质、抗病，已在浙江、江西、湖南、湖北等省推广应用；江苏省启东县农业科学研究所于1977年从本地品种荚荚四中选育出启豆1号，已在全国10多个省、市推广应用。除此之外，其他研究单位还选育出胜利1号、拉萨1号、临蚕2号、临蚕3号等新品种。因此，自然变异选择育种是多快好省的育种方法。从大田选株开始到新品种育成，一般仅需要6～7年时间。

三、杂交育种

杂交育种是通过基因重组创造丰富的新类型，从中选育新品种。采用有性杂交方法，已选育出大面积推广应用的成胡10号、成胡11号、成胡12号、临夏大蚕豆、临蚕2号、临蚕5号、青海3号等各具特色的优良品种20多个。其中成胡10号，是一个高抗赤斑病、丰产性好的品种，比当地品种增产56.8%，推广面积达5.4×10^5 hm^2。青海省农业科学院于1965年育成的青海3号蚕豆新品种，比当地品种增产10%～20%，百粒重达150～175 g，是该省的主要出口品种。

（一）亲本材料选定与杂交组配 拥有丰富的原始材料是育种的基础，同时要对这些材料进行性状鉴定和遗传特性的研究。类型十分丰富的种质资源是育种的基因库，生产中很有推广价值的优良品种、优异杂交后代和系选材料都是育种的重要材料。如甘肃省临夏州农业科学研究所从征集到的国内外800多份蚕豆种质资源中筛选出了综合农艺性状优良的临夏马牙、和政蚕豆、积石大白蚕、岷县羊腿豆等地方品种和青海好、胜利蚕豆、英175、法娃长荚、土耳其22，还有特大粒型的日本寸蚕、特矮秆型的荷兰181选、多荚多粒型的饲用蚕豆加拿大577、较抗病的渭源马牙和临蚕2号、长荚大粒型的葡萄牙144、西班牙268、土耳其212等。

杂交组合的选配是育种成功的重要环节。在配置杂交组合时应首先考虑双亲的优缺点互补，例如将品质优良但丰产性较差的品种（系）与丰产性好但品质欠佳的两亲本杂交，其杂种后代很可能出现丰产性和品质双优的品系。此外，选择地理位置远或生态类型差异大的品种作亲本材料，易出现杂种优势显著的新类型。如甘肃省临夏州农业科学研究所选育的临夏大蚕豆就是以当地临夏马牙作母本，以国外引进的英175作父本，进行有性杂交选育而成的，该品种不但丰产稳产，而且适应性强。据浙江省农业科学院作物研究所郎莉娟选育经验，选育大粒的高产新品系，其母本宜选结荚习性好的中、小粒型品种，父本要选百粒重显著超过母本的特大粒型为好。在杂交育种中亲本选配是否得当，是直接关系到杂种后代能否出现好的变异类型和选出优良品系的关键。

在选配蚕豆杂交亲本时，要掌握好以下几个原则。

①选用综合性状好、优点多、缺点少、且双亲的优缺点能够互补的亲本。

②亲本之一必须是当地推广的优良品种。针对其某一缺点，选择具有互补的另一亲本与之杂交，以改良其缺点，这样育成的新品种适应性较强。

③选用杂交配合力较好的材料作亲本。

④选用生态型差异大，亲缘关系较远的品种作亲本，其杂交后代的遗传基础更为丰富。由于基因重组，会出现更多的变异类型和超亲的有利性状，从而选育出新品种。

⑤根据数量性状遗传距离来选择亲本。遗传距离大的亲本之间交配后代容易产生好的变异类型。

蚕豆的花为短总状花序，着生于叶腋间的花梗上，花朵成花簇。每个花簇有2～6朵花，多的达9朵，但落花很多，能结荚的只有1～2朵。花朵为蝶形完全花，具有5裂萼片、5个花瓣、1个雌蕊、10个雄蕊（二体）。蚕豆植株开花持续期一般为50～60 d。ICARDA对蚕豆人工去雄和授粉杂交进行观察试验，发现一天中11：00～14：00时做杂交成功率最高（23.8%），基部花朵的成功率明显高于中、上部花朵。因此，杂交操作时要注意选花位置和杂交去雄、授粉的时间。

（二）杂交后代的选择培育　根据育种目标和当地生产的需求，认真做好杂交后代的选择培育。杂种后代的选择首先要看F_2是否有明显的杂种优势，对不具杂种优势的组合应及早淘汰或适当选拔其中的最优株，对具有杂种优势的组合作为重点选拔，选拔重点应放在F_2世代。好的优良品系往往集中在少数组合中，且F_2是大量分离的世代，这些组合应多选留。

杂种后代的选择方法是：F_2、F_3是大量分离的世代，在低世代应采用按组合混合选择、混收；F_3以后的高世代分离基本稳定，再进行单株选择，按株系进行种植观察、选拔。熟性、株高和抗病性遗传率一般较高，在早世代就能表现出来，应将这些性状在早世代选拔；而荚数、粒数等与产量相关的性状受环境条件及遗传率的影响较大，进行多代选拔培育才能稳定下来，所以这些农艺性状应在较稳定的高世代选择。蚕豆杂交育种最佳的选择方法是轮回选择法，以一次或多次轮回选择法效果较好。

（三）隔离技术　蚕豆花器的构造具有明显特点，10枚雄花的花药紧贴着羽毛状的雌蕊柱头，但因雌蕊的柱头成熟早于雄蕊花药，柱头的伸长速度比花药的快，加之开花时放出豆花香味和有较新鲜的花冠，有利于蜂类传粉，在昆虫的强烈活动参与下，蚕豆的自然杂交率一般认为达30%；但因时因地会有很大变化，英国剑桥附近，因季节原因冬蚕豆自然杂交率在20%～45%。马镜娣等对3个蚕豆品种进行了自然异交率的测定，其异交率为23.34%～28.61%。据报道，世界范围最大的为10%～70%。

控制自然杂交采用的隔离技术主要有4个。①采用网室隔离，即在试验地里以钢管为支架，筑成框架结构，在蚕豆开始开花之前，用蜜蜂难以通过的小孔径尼龙或塑料网纱覆盖于钢管支架上，形成隔离室。在开花结束之后，即可拆除网纱，以方便后期田间管理和收获。这种方法较适宜单株间、株行间和小区间的隔离。由于网室基本上消除了蜜蜂传粉，故隔离效果很好。②采用陷阱作物隔离，即利用油菜等花朵艳丽芳香的作物，种植在蚕豆株行或小区周围，通过调节播种期使二者花期相遇，这样蜜蜂大多被引诱到油菜花朵上，从而减少了蚕豆株行间或小区间的蜜蜂传粉频率，油菜起到了陷阱作用。③采用屏障作物隔离，即把生长高大茂密的作物种植于蚕豆株行或小区之间，形成天然屏障阻止蜜蜂在株行间或小区间飞行传粉。④套袋隔离，在蚕豆即将开花前用小孔径网纱袋把需要保纯的单株套住，阻止蜜蜂传粉。此法主要适用于单株保纯。此外，对于同时进行几个品种（系）繁种时，可采用空间距离隔离法，即增大不同品种（系）繁种田块（小区）之间的距离（100 m以上为宜），从而降低蜜蜂的传粉频率，降低异交率。

江苏沿江地区农业科学研究所马镜娣认为，网罩隔离时间从见花到终花结束为好，时间过长妨碍蚕豆光合作用和正常生长；同时，要选用白色尼龙网罩，忌用深色网罩。根据蚕豆自然异交率高的特点，在杂交育种上要注意，进入中期世代的蚕豆株系，要将同一组合排在一起种植，不需再行网罩隔离。这样做一是有利于同组合同株系株行间异交，提高蚕豆生活力和种性；同时避免不同组合因靠近种植，互相串粉，造成不同组合的异交。

（四）杂交育种程序　青海10号蚕豆是青海省农林科学院作物研究所以本省水地蚕豆原主栽品种青海3号为母本，旱地主栽品种马牙为父本杂交选育而成。该品种表现出丰产性好、粒大、子多、较耐旱、耐瘠。其选育过程见图 8-2。

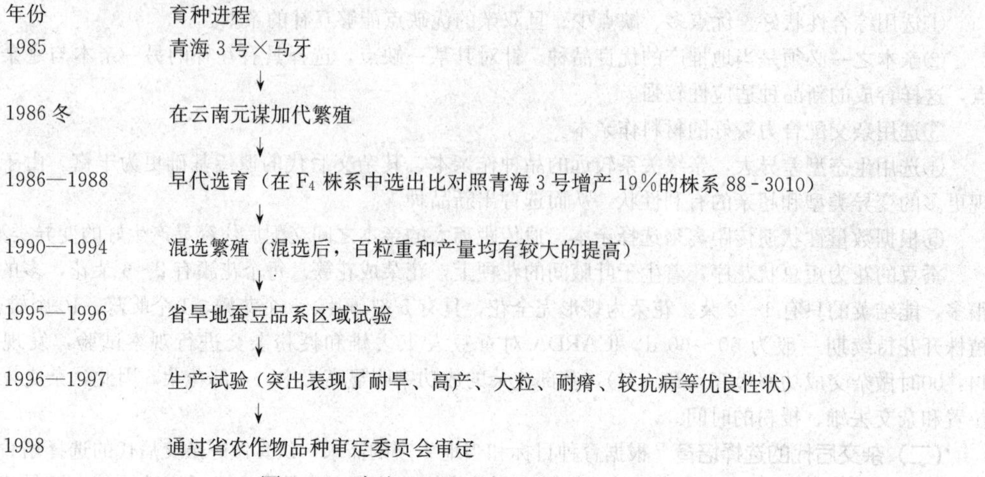

图 8-2　青海10号选育经过

在蚕豆育种中，对稳产性等经济性状的选择通常要采用多年多点区域试验，最好有国际间合作。如ICARDA和欧洲联盟育种协会正密切合作，其蚕豆杂交育种程序和多点试验步骤可归纳如下。

第一步，根据育种目标有目的地选择理想亲本材料，在ICARDA总部的Tel Hadya试验站于网室内配置杂交组合。

第二步，夏收后立即将获得的杂交当代种子送至约旦的Shawbak试验站进行夏繁，增加F_1代种子量。

第三步，在气候特别适宜病害自然流行的Lattakia（叙利亚）试验站进行F_2代抗病性筛选，选择抗病性强的单株，感病材料全部淘汰。

第四步，上年入选的抗病单株返回到Tel Hadya试验站进行F_3代株行产量、耐寒性和抗病性的鉴定，选择高产性状明显、耐寒性和抗病性强的单株。

第五步，上年入选植株再次送往叙利亚种植，筛选抗病株。

第六步，入选的单株再次送至Shawbak种株行夏繁，株行种子混收。

第七步，混收的种子在总部试验站Tel Hadya进入初级筛选圃，入选的材料逐级上升到初级产量试验和高级产量试验。为了增强蚕豆新品种（系）的适应性，ICARDA还组织了国际蚕豆筛选圃和国际蚕豆产量试验和农场示范试验。一方面进一步鉴定新品系的抗性和丰产性，另一方面让不同国家根据各自的要求选用有不同特点的品系。

每步程序都有一部分种子分送到合作国家进行筛选和鉴定。

第五节　蚕豆育种试验技术

一、保纯问题

在蚕豆育种或种子生产过程中，要解决的首要问题是保纯。蚕豆育种的杂交群体大，后代材料的保纯问题十分突出。投资省、操作简单易行、隔离效果较好的隔离方法参见上节。

二、试验环境

蚕豆对环境十分敏感，基因型×环境的互作比其他作物明显，蚕豆的基因型×季节互作比基因型×地区互作影响更大。因此，完备的产量稳定性试验要求在多个季节或一个季节中在若干个不同环境做试验。这样的试验只能在高代选择时进行。多地点的一系列试验显示，基因型×环境互作有地区适应性。每个品种寻找相适应的地区或特殊土壤，才能取得稳定产量。

三、选种问题

蚕豆是以子粒繁衍后代的作物。由于蚕豆的无限生长习性，不同区位的遗传势差异表现十分明显。子粒作为期望性状，其强遗传势区域在下部和中部，而下部的遗传势最强，故属基部优势作物。在生物全息律遗传势理论和全息胚定域选择有效理论框架下，选择蚕豆下部和中部子粒作种子，能使亲代的基因型在后代得到充分表达。同样，在蚕豆新品种选育中应用定域选种法，对提高育种工作效率也有积极意义。例如，杂种后代筛选，尤其是混合选择时应用此法，可以扩大选择群体，避免优异材料丢失；优良品系连续多次地定域选种繁殖，品系的优良性状可望较快地稳定，甚至提高。全息胚定域选种法是一项简易而有效的选种新技术，值得在蚕豆育种、高产栽培等方面应用。

第六节　蚕豆种子生产

蚕豆良种扩繁较其他作物难度大，除了人为因素外，还受天然异交率高易造成生物学混杂、繁育系数低、用种量大等因素的影响，同时从播种到收获、运输、脱粒和储藏等各个环节都容易发生人为的机械混杂，因而降低种子的纯度和种性。因此，在种子生产过程中，为品种保纯，除了尽量避免人为的机械混杂外，还要建立新品种的种子生产基地和种子商品生产基地。

一、建立新品种的种子生产基地

新育成的品种在经过区域试验和生产示范后，应迅速繁殖种子，以利推广利用。为了防止品种混杂、退化，延长新品种使用年限，使良种在生产上充分发挥其增产效益，必须建立新品种良种繁育基地。

新品种良种繁育应有良好的隔离条件，根据研究和实践经验，一级良种繁殖基地距其他品种的空间距离应在500 m以上，二级良种繁殖基地与其他品种应相隔300 m以上，否则再好的良种也会在未发挥作用前退化。要充分发挥良种的增产作用，必须建立良种繁育基地。严防生物异交引起的良种混杂退化，一个良种最好集中到一个隔离较好的自然村，同时良种田周围500 m内禁止种植其他蚕豆品种。为防止品种自交退化，还应在良种繁殖区内养蜂，以提高种性。春蚕豆子粒大，繁殖系数低，为加速良种推广进程，必须适当降低播种量（225 kg/hm^{2}为宜）。良种繁育是育种工作的继续，育种者必须负责做好原种和原种隔离繁殖，实行专业化生产，统一管理，统一收购，统一储存。如四川省农业科学院在简阳县建立了秋蚕豆良种繁殖基地，县种子公司专业技术人员负责统一管理，对加速良种推广起到了积极的推动作用。

二、建立蚕豆种子商品生产基地

对一些名贵蚕豆品种，如浙江慈溪大白蚕、甘肃临夏马牙、青海湟源马牙等，国家农业部门对它们的产区采取了保护措施，制定了专一化的生产和收购计划。浙江慈溪大白蚕是一个名特优品种，据资料记载，这个品种至今已有400余年的种植历史，始终保持了该品种的优良品质和它固有的特性，主要采取以下5个方面的措施。

1. 保持品种优势　为防止混杂退化，保持大白蚕的纯度，国家农业部门严格规定禁止其他品种的引入，特别是小粒型蚕豆品种，以防发生天然异交导致品种混杂退化。

2. 做好提纯复壮工作　为了保持和提高大白蚕的优良种性，做好株选、荚选、粒选工作已成为当地农民的一项自觉行动。播种前将已选好的种子再粒选一次，选择粒大饱满、种皮乳白、种脐黑色、无虫蛀和病斑的大白蚕豆作种子，并在播种前连续日晒2～3 d，以利提高发芽势和出苗率。

3. 实行豆棉套作　豆棉套种是慈溪市的传统种植方式，具有通风透光、扩大绿色面积、提高光合效能、增加产量、减轻病害和保持种子质量的作用，是一种优良的种植制度。

4. 增施磷钾肥 栽培上普遍用磷肥作基肥，将过磷酸钙与畜粪、灰混合经堆制腐熟后随种子穴施，并在 3 月中下旬开花期再增施一次磷肥或人粪尿加磷肥的花荚肥，达到增荚、增粒、增重和防止早衰。一般施用过磷酸钙 300 kg/hm^2。

5. 防治病虫害 慈溪大白蚕产区的主要蚕豆病害是赤斑病、轮纹病和锈病。通常采用 0.5%波尔多液在 4 月上旬、中旬和下旬连续防治 3 次，有效地控制这几种病害。虫害主要是蚕豆象。在收获后一般采用氯化苦或磷化铝熏蒸，效果甚佳。

三、三圃制原种繁育的局限性

蚕豆种子生产正待过渡到育种家种子、原原种、原种、良种四级生产程序。目前，蚕豆原种繁育仍采用三圃制，三圃制对常异交作物蚕豆来说具有局限性，需要注意。

①蚕豆自然群体一般处于异质性结合状态，使得群体内株间，甚至株内粒间存在一定差异。由于蚕豆本身的这种异质性存在，对蚕豆典型性状的标准难以把准。另外，在确定基础群体进行单株选择时，参与的技术人员多，凭感觉或经验盲目性大。

②三圃制的生产周期至少 3～4 年，蚕豆是典型的常异交作物，自然异交率较高，种植世代增加，无疑增大了蚕豆天然混杂几率，减小了维持群体相对稳定状态的置信度，因为，即使隔离条件好，群体内部的异质性仍然存在。这样，在相对混乱的群体中，优中选优，连续定向单株选择，将会造成群体逐渐缩小，遗传基因漂移，种性退化，难以保持原种种性。

③在田间考查和室内考种时，由于技术人员的水平不一，或看法有异，选择的单株量多，压力大，考种后的淘汰率高，而且株系、株行量大，种植面积大，不易设置重复，误差难以估计，准确性差。

为了保持新品种种性，更好地发挥蚕豆新品种在生产上的增产作用，保证稳定增产，蚕豆原种生产的程序和原种质量评价是关键环节。

四、注意种子储藏

蚕豆种皮比较坚韧，是豆类中耐储藏的一种，但经常会发生蚕豆象的危害。蚕豆象为我国检疫对象之一。据调查，被害率一般为 50%左右，严重的可达 70%。幼虫蛀食新鲜豆粒，在豆粒内蛀成空洞，危害率很高，受害的豆种生活力下降。蚕豆种子综合储藏措施以消灭蚕豆象为主。

①冬季清扫仓库，彻底通风降温，冻死隐匿在仓库的成虫。同时进行空仓消毒，常用药物是 80%的敌敌畏乳油，每立方米用药 100～200 mg，仓内每隔 1m 挂一长 50 cm、宽 7 cm 的纱布条，将药液浸在纱布条上，并密闭门窗。

②在蚕豆开花结荚期，喷施 50%马拉硫磷或 50%敌敌畏乳油，每 1 hm^2 用 750 g 兑水 750 kg，结合防治其他害虫喷施农药杀死飞到蚕豆嫩荚上产卵的成虫。

③带壳晒种，控制水分。蚕豆收获后带壳晒种，使其含水量降到 12%以下，才能储藏。带壳晒种还能减少阳光和水分对种子的不良影响。随着储藏时间的延长，种皮会逐渐变劣、变色。变色的蚕豆种子生活力下降，商品价值也降低。

④在入库前，清扫仓库，消灭隐匿在仓库的害虫。对新入库的蚕豆种子用氯化苦突击熏蒸，杀死在蚕豆收获时带入仓库正在发育的幼虫和虫蛹。一般每 1 m^3 蚕豆（约 700 kg）用氯化苦 50～60 g，放入豆堆中密闭 5～10 d。

⑤用新鲜干燥无虫的稻糠与蚕豆混合（按一筐蚕豆两筐稻糠的比例）拌匀密闭围囤，囤底及周围都要用稻糠填满，厚度均为 30 cm。

少量蚕豆种子，可采用以下方法除虫储藏：A. 开水浸烫。将蚕豆放入筐里，浸入 100 ℃的沸水中，边浸边搅拌，使受热均匀，浸烫不可超过 30 s。取出后，立即放入冷水中，迅速冷却，再立即取出，摊晾干燥后储藏。B. 药剂熏蒸。将蚕豆密封的坛瓮中，投入氯化苦或磷化铝片剂，然后密闭 72 h，每 50 kg 蚕豆用氯化苦 4 g 或 230 kg

蚕豆用磷化铝一片。也可将蚕豆装在涂墨汁的牛皮纸袋中，再加套一层塑料袋密闭；或把蚕豆放入坛瓮中，上面覆盖干河沙或草木灰，再用塑料膜将口密封，放在阴凉处储藏。

合格的蚕豆种子标准：一级种子纯度不低于99.9%，净度不低于98.0%，发芽率不低于85%，水分不高于12.0%；二级种子纯度不低于97.0%，其他均同一级种子标准。

第七节　蚕豆育种研究动向与展望

蚕豆的产量水平与其他豆类相比还是比较高的。但随着人们对健康食品的要求及加工业的需求，专用蚕豆新品种的选育已摆在面前。未来蚕豆的育种研究将首先偏重于如下方面。

1. 闭花突变体的选育　Pouisen在1977年发现蚕豆闭花突变体，这种突变体缺少花蜜和香味，花瓣闭合使大多数蜜蜂不能从正面接触花，因而突变体可使自然杂交大大减少。由于闭花突变体有些花瓣闭合不严，蜜蜂仍可进入采蜜。在使用闭花突变体之前，要对花瓣闭合加强选择。目前只有少数育种家注意到蚕豆的闭花习性。

2. 细胞质雄性不育（CMS）利用　蚕豆的杂种优势已得到证明，但至今仍未有商业上应用的F_1代杂种。1957年发现了第一个细胞质雄性不育447，1967年发现了第二个细胞质雄性不育350。Duc等（1985）和Berthelem（1986）利用化学诱变剂诱导447细胞质得到417和421细胞质。447和350的恢复系不能恢复417和421的可育性，目前正寻找417和421细胞质的优良恢复系。447和350细胞质不太稳定，时常偶尔地恢复授粉能力。环境的影响，特别是混杂和花粉的异质性常使亲本不稳定。CMS的行为需要对控制它的生化物质做仔细研究，这方面工作已有一些进展。Le Guen和Berville（1974）提出CMS的线粒体控制假说，Boutry等（1982）报道CMS中线粒体的DNA有不同限制类型和细胞可育的对应物。Goblet等（1983）从可育的细胞质区别出350 CMS和从一个双螺旋DNA分子中找出447 CMS。育种家希望完全弄清蚕豆的线粒体DNA，使遗传工程研究人员有可能对一定的CMS区域进行操作，以提高表达的稳定性。

3. 株型育种　蚕豆落花率高达80%以上，只有10%～20%左右的花朵能够成荚。为了克服蚕豆这种生理上的弱点，ICARDA正致力于几种特殊株型的蚕豆育种。这些株型主要包括：①有限生长型（determinate type）。此株型来自一个蚕豆突变体，其特点是在蚕豆营养生长达到一定阶段之后，植株顶端便分化为花蕾，并开花结荚，从而抑制后期过多的营养生长，促进生殖生长，提高蚕豆子粒产量。ICARDA通过杂交选育，已经克服了原始突变体单株结荚节位少、幼荚脱落率高和子粒小的缺点，新的有限型选系的单产已从原始突变体的0.67 t/hm²提高到了4.44 t/hm²。由于中后期营养生长受到抑制，故有限生长型的蚕豆植株很矮，一般在50 cm左右，很少出现倒伏现象。②独立维管束供给（independent vascular supply，IVS）型。这种株型的特点是蚕豆植株上的每一朵花都有一条独立的维管束为其供给养分，而普通蚕豆植株则是几朵花或全株上的所有花共用一条维管束。由于维管束的独立，使得IVS型蚕豆植株上花朵之间、荚果之间或花朵与荚果之间的养分竞争大大减弱，花朵的幼荚脱落率大幅度降低，从而奠定了蚕豆高产的生理基础。ICARDA从1984年开始利用IVS型材料进行杂交育种，选系已经克服了亲本粒小、迟熟的弱点，百粒重达到了150 g。

4. 诱变育种　利用常规的物理、化学方法诱导获得遗传变异。20世纪70年代以来，全国已有20多个省市，近百个单位开展激光在农业上应用的研究，并对20多种作物200多个品种进行激光育种的研究。激光在刺激作物生长、促进早熟增产以及诱发变异、改良品种等都有一定的效果，并培育出一些新品种应用于生产。伍育源等（1999）探讨了二氧化碳激光对蚕豆根尖细胞染色体畸变的影响及田间农艺性状的变异情况，分析细胞染色体畸变与农艺性状变异的相关性及其遗传传递情况，为作物激光诱变育种提供了依据。二氧化碳激光照射蚕豆萌动种子，能使根尖细胞产生染色体畸变；同时，对幼苗生长有明显的抑制作用，植株高度、分枝数及结荚数等农艺性状均产生不同程度的变异。顾蔚（1999）研究认为，植物激素浓度搭配的不同，能诱导蚕豆愈伤组织产生不同的单倍体和四倍体细胞的频率，特别是10 mg/L NAA和2.5 mg/L KT能获得较多的单倍体细胞，同时30 mg/L NAA和7.5 mg/L KT能获得较多的四倍体细胞。

5. 轮回选择育种法　根据蚕豆在自然条件下，既能自花授粉结实，也能异花授粉结实的生物学特点，利用2个或多个优良品种，通过自交和后代分离，淘汰不良性状植株，再通过自由授粉，利用较高的自然异交率，以丰富和积聚有利基因，提高群体的生活力。在群体中定期根据育种目标，选择优良单元株时行自交，在隔离条件下进行株系鉴定，经过筛选，将性状比较相近的优良株系混合一起，组成群体，促其充分自由授粉，以丰富群体中的优良基因。上海农学院经过8年的轮回选择，选育出抗逆性强、成熟早、结荚率高、品质优良的轮选1号蚕豆新品种。

6. 组织培养　1980年开始，上海农学院首先开展蚕豆组织培养研究工作，并获得了蚕豆愈伤组织和绿苗。随着生物工程研究的进展，蚕豆组织培养育种将成为蚕豆快速育种的重要手段。

复习思考题

1. 试述蚕豆主要质量性状的遗传特点，认识这些质量性状遗传对蚕豆育种有何帮助？
2. 试述蚕豆主要数量性状的遗传特点。育种性状多为数量性状，掌握蚕豆数量性状的遗传规律对蚕豆育种有什么作用？
3. 试述蚕豆种质资源的搜集、保存和研究的现状，指出需要进一步研究的方向和问题。
4. 为什么蚕豆种质资源利用比别的作物困难些？
5. 试设计一个鉴评、利用蚕豆种质资源的方案。
6. 试比较蚕豆育种的各种方法和途径，分析其优缺点。
7. 参考青海10号的选育经验，试设计一个杂交选育蚕豆新品种的方案，育种过程中要注意哪些问题？
8. 讨论蚕豆种子生产过程中注意的关键性技术。

附　蚕豆主要育种性状的记载方法和标准

1. 播种期：种子播种当天的日期，以年月日表示（各生育期同此）。
2. 出苗期：小区内50%的植株达到出苗标准的日期。
3. 分枝期：小区内50%的植株叶腋长出分枝的日期。
4. 见花期：小区内见到第一朵花的日期。
5. 开花期：小区内50%的植株见花的日期。
6. 终花期：小区内50%的植株最后一朵花开放的日期。
7. 成熟期：小区内有70%以上的荚呈成熟色的日期。
8. 生育日数：播种第二天至成熟的天数。
9. 生态习性：分为适于北方一年生（春性）、适于南方越年生（冬性）2个类型。
10. 叶色：植株见花期采用目测法观测复叶上小叶的颜色。根据观测结果，与The Royal Horticultural Society's Colour Chart标准色卡上相应代码的颜色进行比对，按照最大相似原则，确定其叶色，可分为浅绿（FAN 3 141 C）、绿（FAN3 141 B）和深绿（FAN3 135 B）3个类型。其他叶色，需要另外给予详细的描述和说明。
11. 初花节位：植株开花期，随机选取10株已开花的植株，计数主茎上第一个花序所在的节位，计算平均数，精确到一位小数。
12. 每花序花数：植株开花期，随机选取主茎从下往上数第二个和第三个花节上的花序10个，计数花序上的花数，计算平均数，精确到一位小数。
13. 鲜荚长：在植株终花期与成熟期之间，随机选取植株中下部充分生长发育的鲜荚果10个，测量荚尖至荚尾的直线长度。单位为cm，精确到0.1 cm。
14. 鲜荚宽：采集10个饱满鲜荚果测量荚果最宽处的直线宽度。单位为cm，精确到0.1 cm。
15. 鲜荚重：采集10个饱满鲜荚果用1/10的电子秤称量其总重，然后换算成单荚重。单位为g，精确到0.1 g。
16. 结荚习性：在植株终花期与成熟期之间，采用目测方法观测茎尖生长点开花结荚的状况，分有限结荚习性（主茎及分枝顶端以花序结束）和无限结荚习性（主茎及分枝顶端为营养生长点）2个类型。

17. 株高：在植株成熟期，测量从子叶节到植株顶端的长度。单位为cm，精确到1 cm。

18. 主茎节数：计数每株主茎从子叶节到植株顶端的节数。单位为节，精确到整位数。

19. 节间长度：植株成熟期株高与主茎节数之比。单位为cm，精确到0.1 cm。

20. 单株分枝数：计数每株主茎上的一级分枝数。单位为个/株，精确到整位数。

21. 初荚节位：计数主茎上最下部的荚所在的节位。单位为节，精确到整位数。

22. 单株荚数：计数每株上的成熟荚数。单位为荚/株，精确到整位数。

23. 每果节荚数：计数主茎初荚节及以上节位数，以及主茎上所结的总荚数，求得每节着生的荚数。单位为荚/果节，精确到一位小数。

24. 成熟荚色：在植株成熟期观测自然成熟荚果的颜色，分黄和黑褐2类型。

25. 荚型：在植株成熟期观测自然成熟的荚果质地，分硬荚（荚壁富含纤维、较硬，成熟时不变形）和软荚（荚壁纤维含量少、质脆，成熟时缢缩软垂）2个类型。

26. 荚长：测量10个随机抽取的干熟荚果，测量荚尖至荚尾的直线长度。单位为cm，精确到0.1 cm。

27. 荚宽：测量10个随机抽取的干熟荚果，测量荚果最宽处的直线宽度。单位为cm，精确到0.1 cm。

28. 单荚粒数：计数10个随机抽取的干熟荚果内所含的成熟子粒数，然后换算成单个荚果中所含的子粒数。单位为粒/荚，精确到一位小数。

29. 单株产量：将单株上子粒脱粒充分风干后，用1/10的电子秤称量。单位为g，精确到0.1 g。

30. 粒形：以风干后的成熟干子粒目测子粒的形状，分近球形、窄厚、窄薄、阔厚和阔薄5个类型。

31. 粒色：观测成熟干子粒的外观颜色，可分为灰、乳白、黄、紫、红、浅绿、深绿、浅褐、深褐和黑10个类型。

32. 脐色：观测成熟干子粒的种脐颜色，可分为灰白和黑2个类型。

33. 百粒重：参照GB/T 3543-1995农作物种子检验规程，随机取风干后的成熟干子粒，2次重复，每个重复100粒，用1/100的电子天平称量。单位为g，精确到0.01 g。

34. 青粒维生素C含量：针对菜用青蚕豆型，适收青蚕豆子粒。按照GB/T 6195-1986水果、蔬菜维生素C含量测定法（2，6-二氯靛酚滴定法）进行青蚕豆子粒维生素C含量的测定。单位为10^{-2} mg/g，保留小数点后两位数字。平行测定结果的相对误差，在维生素C含量大于20×10^{-2} mg/g时，不得超过2%，小于20×10^{-2} mg/g时，不得超过5%。

35. 青粒可溶性固形物含量：针对菜用青蚕豆型，称取250 g青蚕豆子粒，准确至0.1 g，放入高速组织捣碎机捣碎，用两层纱布挤出匀浆汁液测定。具体测量方法依据GB/T 12295-1990水果、蔬菜制品可溶性固形物含量的测定——折射仪法。单位为%。

36. 粗蛋白质含量：随机取挑净的成熟干子粒20 g测定。具体测量方法依据GB 2905谷类、豆类作物种子粗蛋白质测定法。单位为%，精确到0.01%。

37. 粗脂肪含量：随机取挑净的成熟干子粒25 g测定。具体测量方法依据GB 2906谷类、油料作物种子粗脂肪测定方法。单位为%，精确到0.01%。

38. 总淀粉含量：随机取挑净的成熟干子粒20 g测定。具体测量方法依据GB 5006谷物子粒粗淀粉测定法。单位为%，精确到0.01%。

39. 直链淀粉含量：随机取挑净的成熟干子粒20 g测定。具体测量方法依据GB 7648水稻、玉米、谷子子粒直链淀粉测定法。单位为%，精确到0.01%。

40. 支链淀粉含量：支链淀粉含量是蚕豆子粒的粗淀粉含量减去蚕豆子粒的直链淀粉含量在样品中所占的百分率。单位为%，精确到0.01%。

41. 各种氨基酸含量：随机取挑净的成熟干子粒25 g测定。具体测量方法依据GB 7649谷物子粒氨基酸测定方法。单位为%，精确到0.01%。

42. 芽期耐旱性：取当年收获的种子，且不进行任何机械或药物处理。采用室内芽期模拟干旱法，即培养皿中高渗溶液内发芽的方法鉴定。计数对照发芽数，按下式求相对发芽率

$$相对发芽率=\frac{高渗溶液下的发芽数}{对照发芽数}\times 100\%$$

高渗溶液配制：根据公式 $g=pmV/RT$ 配制 11 或 12 个大气压的甘露醇溶液。公式 $g=pmV/RT$ 中，g 为配制所需溶液的甘露醇重量；p 为以大气压表示的水分张力；m 为甘露醇的相对分子质量（182.18）；V 为以升为单位的容量；$R=0.082\,05$；T 为热力学温度（273＋室温℃）。

在高渗溶液中萌发：在每个消过毒的培养皿内铺两层滤纸，分别放 50 粒种子，每个品种设 2 个重复，同时设 2 个加蒸馏水的对照。各加配制好的甘露醇溶液 30 mL，于 25 ℃的恒温培养箱内进行萌发，第 6 d 调查发芽率。

鉴定评价标准：胚根长度与种子长度等长，两片子叶叶瓣完好或破裂低于 1/3，即为发芽。在 25 ℃的恒温培养箱内处理 5 d，每重复测定 50 粒种子的发芽率，2 次重复。蚕豆芽期耐旱性鉴定，在同一高渗溶液条件下进行蚕豆种子发芽，计数发芽数，按公式计算高渗溶液下相对发芽率"相对发芽率＝（发芽数/对照发芽数）×100%"，根据平均相对发芽率将蚕豆芽期耐旱性分为 5 个等级：高耐（HT，种子相对发芽率＞80%）、耐（T，60%＜种子相对发芽率≤80%）、中耐（MT，30%＜种子相对发芽率≤60%）、弱耐（S，10%＜种子相对发芽率≤30%）、不耐（HS，0%＜种子相对发芽率≤10%）。

43. 成株期耐旱性：采用田间自然干旱鉴定法造成生育期间干旱胁迫，调查对干旱敏感性状的表现，测定耐旱系数，依据平均耐旱系数划定高耐、耐、中耐、弱耐及不耐 5 个等级。

鉴定方法：在田间设干旱与灌水两个处理区。播前两区均浇足底墒水。按正常播种，顺序排列，双行区，行长 2.0 m，行宽 0.5 m，每行 20 株，2 次重复。干旱处理区出苗后至成熟不进行浇水，造成全生育期干旱胁迫。灌水处理区依鉴定所在地灌水方式进行浇水，保证正常生长。

鉴定评价标准：生育期间和成熟后调查株高、单株荚数和产量 3 个性状，分别计算每个性状的耐旱系数（I_i），并求得平均耐旱系数（I）。依据 I 将蚕豆生育期（熟期）耐旱性划分为 5 个耐旱级别：高耐（HT，耐旱系数＞90%）、耐（T，80%＜耐旱系数≤90%）、中耐（MT，60%＜耐旱系数≤80%）、弱耐（S，40%＜耐旱系数≤60%）、不耐（HS，0%＜耐旱系数≤40%）。对初鉴的高耐级、耐级的材料进行复鉴，以复鉴结果定抗性等级。

$$耐旱系数（I_i）=\frac{旱地\,i\,性状值}{水地\,i\,性状值}\times 100\%$$

$$平均耐旱系数（I）=\frac{\sum I_i}{N}$$

44. 芽期耐盐性：统计蚕豆芽期在相应发芽温度和盐分胁迫条件下的相对盐害率，根据相对盐害率的大小确定蚕豆品种的耐盐级别。

$$相对盐害率=\frac{对照发芽率-盐处理发芽率}{对照发芽率}\times 100\%$$

种子前处理：用 5%次氯酸钠浸种消毒 15 min，消毒后，用清水冲洗 3 次，再甩干。

在盐溶液中萌发：先用 0.8% NaCl 溶液浸种 24 h，在每个消过毒的培养皿（ϕ 12 cm）中放入一张滤纸，再加 5 mL 0.8%的 NaCl 溶液，然后均匀地放入浸过的种子，以蒸馏水处理为对照组，于 25 ℃的恒温培养箱中处理 7 d。为消除不同层次之间的温度差异，每天调换一次培养皿的位置。试验结束后，调查发芽率。

鉴定评价标准：在 25 ℃的恒温培养箱内处理 7 d，每重复测定 25 粒种子的发芽率，3 次重复。蚕豆芽期耐盐性鉴定采用在相同浓度盐溶液条件下进行蚕豆种子发芽（胚根长度与种子子粒的长度等长，两片子叶叶瓣完好或破裂低于 1/3，即为发芽），计数各品种发芽数，按公式"[（对照发芽率－盐处理发芽率）/对照发芽数] ×100%"计算相对盐害率，根据相对盐害率将蚕豆芽期耐盐性分为 5 个等级：高耐（HT，0%＜相对盐害率≤20%）、耐（T，20%＜相对盐害率≤40%）、中耐（MT，40%＜相对盐害率≤60%）、弱耐（S，60%＜相对盐害率≤80%）、不耐（HS，相对盐害率＞80%）。

45. 苗期耐盐性：针对在相应的盐分胁迫条件下幼苗盐害反应的苗情，进行加权平均，统计盐害指数，根据幼苗盐害指数确定蚕豆种质苗期耐盐性的 5 个耐盐级别。

$$盐害指数=\frac{\sum C_i N_i}{5N}\times 100\%$$

式中，C_i为苗类（田间分级）；N_i为每类苗株数；N为总株数；5为最高苗数。

田间鉴定方法：试验以畦田方式种植，单行30粒点播，行长1.5 m，行距0.3 m，顺序排列，3次重复。播种前适当深耕细耙，疏松土壤，浇淡水洗盐，平整地面，尽量保证出苗和处理水深一致。4月下旬至5月上旬播种，至幼苗出现2～3片复叶时拔除劣苗，每行保留20株左右长势一致的健壮苗。蚕豆以17～20 dS/m的咸水灌溉处理，水深3～5 cm，处理后7 d调查结果，进行耐盐性分级。

鉴定评价标准：蚕豆于2叶1心至3叶期时漫灌浓度为17～20 dS/m咸水，待植株明显出现盐害症状时（一般7 d），群体目测分级，记载耐盐结果。田间分级：1级（生长基本正常，没有出现盐害症状）、2级（生长基本正常，但少数叶片出现青枯或卷缩）、3级（大部分叶片出现青枯或卷缩，少部分植株死亡）、4级（生长严重受阻，大部分植株死亡）、5级（严重受害，几乎全部死亡或接近死亡）。将各类苗数调查数据代入上述公式计算盐害指数，根据盐害指数将蚕豆苗期耐盐性分为5个等级：高耐（HT，0%＜幼苗盐害指数≤20%）、耐（T，20%＜幼苗盐害指数≤40%）、中耐（MT，40%＜幼苗盐害指数≤60%）、弱耐（S，60%＜幼苗盐害指数≤80%）、不耐（HS，幼苗盐害指数＞80%）。

46. 锈病抗性：蚕豆锈病主要发生在成株期。鉴定圃设在蚕豆锈病重发区。适期播种，每鉴定材料播种1行，行长1.5～2 m，每行留苗20～25株。待植株生长至开花期即可接种。

接种方法：人工接种鉴定采用喷雾接种法。用蒸馏水冲洗采集的蚕豆或蚕豆锈病发病植株叶片上的夏孢子，配制浓度为4×10^4孢子/mL的病菌孢子悬浮液，喷雾接种蚕豆叶片。接种后田间应充分灌溉，使接种鉴定田保持较高的大气湿度，保证病菌的入侵、扩展和植株能够正常发病。接种后30 d进行调查。

抗性评价：调查每份鉴定材料群体的发病级别，依据发病级别进行各鉴定材料抗性水平的评价。级别：1级（叶片上无可见侵染或叶片上只有小而不产孢子的斑点）、3级（叶片上孢子堆少，占叶面积的4%以下，茎上无孢子堆）、5级（叶片上孢子堆占叶面积的5%～10%，茎上孢子堆很少）、7级（叶片上孢子堆占叶面积的11%～50%，荚果上有孢子堆）、9级（叶片上孢子堆占叶面积的51%～100%，荚果上孢子堆多并突破表皮）。

根据发病级别将蚕豆对锈病抗性划分为5个等级：高抗（HR，发病级别1）、抗（R，发病级别3）、中抗（MR，发病级别5）、感（S，发病级别7）、高感（HS，发病级别9）。

47. 褐斑病抗性：蚕豆褐斑病主要发生在成株期。鉴定圃设在蚕豆褐斑病常发区。适期播种，每鉴定材料播种1行，行长1.5～2 m，每行留苗20～25株。待植株生长至开花期即可采用人工喷雾接种。在室温下用蒸馏水浸泡经麦粒培养产生的病菌分生孢子器1 d，使其中的分生孢子释放出来，配制浓度为3×10^5孢子/mL的病菌分生孢子悬浮液，喷雾接种蚕豆叶片。接种后田间应充分灌溉，使接种鉴定田保持较高的大气湿度，保证病菌的入侵、扩展和植株能够正常发病。

抗性评价：接种后30 d调查每份鉴定材料群体的发病级别，依据发病级别进行各鉴定材料抗性水平的评价。级别：1级（叶片上无病斑或只有不产孢子的、直径小于0.5 mm的小斑点）、3级（叶片上病斑直径1～2 mm，分散，不产孢子）、5级（叶片和荚果上病斑较多，分散，有轮纹并可见分生孢子器）、7级（叶片和荚果上病斑多且大，病斑相连，大量产生分生孢子器）、9级（叶片和荚果上病斑极多且大，病斑相连，大量产生分生孢子器，叶片枯死并脱落）。根据发病级别将蚕豆对褐斑病抗性划分为5个等级：高抗（HR，发病级别1）、抗（R，发病级别3）、中抗（MR，发病级别5）、感（S，发病级别7）、高感（HS，发病级别9）。

48. 蚜虫抗性：危害蚕豆的主要蚜虫为蚕豆蚜（*Acyrthosiphon pisum* Harris），危害可以发生在蚕豆的各生育阶段。田间抗性鉴定采用自然感虫法。鉴定圃设在蚕豆蚜虫重发区。适期播种，每份鉴定材料播种1行，行长1.5～2 m，每行留苗20～25株。田间不喷施杀蚜药剂。

抗性评价：在蚜虫盛发期调查每份鉴定材料群体的蚜害级别，依据蚜害级别进行各鉴定材料抗性水平的评价。级别：1级（无蚜虫）、3级（植株上仅有少量有翅蚜）、5级（植株上有少量有翅蚜，同时有一些分散的若蚜群落）、7级（植株上有许多分散的若蚜群落）、9级（植株上有大量的若蚜群落，群落间相互联合不易区分）。根据蚜害级别将蚕豆对蚜虫的抗性划分为5个等级：高抗（HR，蚜害级别1）、抗（R，蚜害级别3）、中抗（MR，蚜害级别5）、感（S，蚜害级别7）、高感（HS，蚜害级别9）。

49. 潜叶蝇抗性：危害蚕豆的潜叶蝇为蚕豆潜叶蝇（*Phytomyza horticola* Gourean），危害主要发生在蚕豆成株期。定采用自然感虫法。鉴定圃设在蚕豆潜叶蝇重发区。适期播种，每份鉴定材料播种1行，行长2 m，每行留苗10～15株。2次重复。田间不喷施杀虫药剂。

抗性评价：在潜叶蝇盛发期进行调查，每重复调查10株。依据潜叶蝇在叶片上蛀道多少和植株被害的严重程度将虫害划分为5级。根据各重复群体中调查植株的虫害级别，进行虫害指数（index，I）计算。选择2次重复中I值高者计算全部鉴定材料的平均虫害指数（I^*）和相对虫害指数I'，并依此评价鉴定材料抗性水平。

$$\text{虫害指数}\ (I) = \frac{\sum(\text{虫害级别}\times\text{该级别植株数})}{\text{最高虫害级别}\ (4)\ \times\text{调查总株数}}\times 100\%$$

$$\text{平均虫害指数}\ (I^*) = \frac{\sum\text{虫害指数}}{\text{鉴定材料总数}}$$

$$\text{相对虫害指数}\ (I') = \frac{I}{I^*}\times 100$$

虫害级别：0级（全株无虫害）、1级（叶片上有零星虫害）、2级（中下部叶片虫蛀道明显可见，但不相联成片）、3级（叶片上虫道较多，有的互串成片）、4级（多数叶片布满虫道并串联成片，叶片枯萎）。

根据相对虫害指数将蚕豆对潜叶蝇的抗性划分为5个等级：高抗（HR，相对虫害指数≤20）、抗（R，20<相对虫害指数≤40）、中抗（MR，40<相对虫害指数≤60）、感（S，60<相对虫害指数≤80）、高感（HS，相对虫害指数>80）。

参 考 文 献

[1] 顾蔚．蚕豆组织培养中植物激素对愈伤组织中单倍体和四倍体细胞的诱导．西北植物学报．1999（6）：161～164

[2] 韩秀云，张增明，刘锐．4NQO对蚕豆诱变效应的研究．生物技术．1996（5）：14～16

[3] 华光鼐．蚕豆遗传的研究——单性遗传分析．江苏农学报．1962（2）：15～24

[4] 黄德璃等．蚕豆愈伤组织的诱导和再生苗的研究．上海农学院学报．1985（1）：1～5

[5] 黄文涛，李富全，蒋兴元．蚕豆的性状相关及其通径系数分析．遗传．1983（3）：21～23

[6] 焦春海．ICARDA的蚕豆育种特点与进展．种子．1991（3）：35～37

[7] 金文林，宗绪晓主编．食用豆类高产优质栽培技术．北京：中国盲文出版社，2000

[8] 金文林主编．特用作物优质栽培及加工技术．北京：化学工业出版社，2002

[9] 金文林主编．种业产业化教程．北京：中国农业出版社，2002

[10] 郎莉娟，应汉清，Saxena M C，Robertson L D. 多花多荚高产蚕豆品种选育．浙江农业学报．1994（4）：230～233

[11] 李长年主编．中国农学遗产选集（上集）．北京：中华书局，1958

[12] 李耀锽．蚕豆育种进展．国外农学——杂粮作物．1992（1）：13～16

[13] 刘玉皎，袁名宜，熊国富，刘洋，郭兴莲．蚕豆原种繁育评价方法初探．种子．1999（4）：68～69

[14] 刘志政，王汉中．蚕豆种子性状的研究．青海农林科技．1996（1）：49～52

[15] 欧阳洪学．青海省春蚕豆资源的开发和利用．中国粮油学报．1996（3）：6～8

[16] 邝伟生，林妙正．蚕豆主要数量性状的遗传力及相关初步研究．广西农业科学．1990（4）：9～11

[17] 王立秋．蚕豆种质资源及性状遗传研究概况．国外农学——杂粮作物．1994（1）：19～22

[18] 伍育源，邹伟民．CO_2激光对蚕豆诱变效应试验研究．激光生物学报．1999（1）：79

[19] 易卫平，万贤国．蚕豆主要性状遗传力、遗传相关及选择效应的初步研究．作物研究．1992（3）：40～42

[20] 余兆海．中国蚕豆的遗传育种．上海农业学报．1993（3）：92～96

[21] 张佩兰，刘洋，袁名宜，高世恭．蚕豆品种混杂与选种问题的初步研究．青海农林科技．1997（2）：52～55

[22] 赵群．春蚕豆育种的几点体会．甘肃农业科技．1994 (8)：12～13
[23] 郑卓杰等．中国食用豆类品种资源目录（第二集）．北京：农业出版社，1990
[24] 郑卓杰等．中国食用豆类品种资源目录（第一集）．北京：中国农业科技出版社，1987
[25] 郑卓杰主编．中国食用豆类学．北京：中国农业出版社，1997
[26] Jcrofts H. 无单宁蚕豆的遗传特性和选育．上海农学院蚕豆译文专集．1985
[27] Long Li-juan，et al. Production of faba bean and pea in China. World Crops：Cool Season Food Legumes. Kluwer Academic Publishers，1988

（金文林编）

第九章　豌豆育种

豌豆学名为 *Pisum sativum* L.，英文名为 pea。染色体 $2n=14$。豌豆俗称很多，如寒豆、麦豆、淮豆、青斑、麻累、冷豆、国豆、荷兰豆等，《四民月令》中称之为“宛豆”，《唐史》中称之为“毕豆”，《辽志》中称其为“回鹘豆”。豌豆原产于亚洲西部和地中海沿岸地区，我国已有 2 000 多年的栽培历史。

豌豆是一种适应性很强的作物，地理分布很广，地球上凡有农业的地方几乎都有种植。全世界生产豌豆的国家有 59 个，按干豌豆产量主产国依次为前苏联地区、中国、法国、印度、美国、埃塞俄比亚、澳大利亚、捷克、斯洛伐克、匈牙利、英国等。豌豆是我国重要的食用豆之一，在我国人民生活和农业经济中有着重要作用，分布范围遍布全国各个省、市、区，全国栽培面积大约在 1.0×10^6 hm^2 左右。我国干豌豆的主要产区为四川、河南、湖北、江苏、云南、陕西、山西、西藏、青海、新疆 10 省、区；青豌豆主要种植在大、中城市附近。

在生产上分为春播区（包括北京、山西、甘肃、宁夏、青海、新疆、内蒙古、辽宁、吉林和黑龙江等省份）和秋播区（包括河南、江苏、江西、湖北、湖南、四川、贵州、云南、广西和陕西等省份）。

第一节　国内外豌豆育种研究概况

一、国内豌豆育种研究进展

我国豌豆有计划的选育工作始于 20 世纪 60 年代初期，长期从事豌豆新品种选育工作的单位主要有中国农业科学院、青海省农林科学院、四川省农业科学院等。几十年来，育种方法上主要采用引种、自然变异选择、单（复）交等，育成的粒用品种虽然比农家品种有较大的提高，但在产量、抗性和适应性上差距尚远。育成的菜用豌豆品种大软荚类型较多，而棍棒状软荚类型和制罐头用的绿茶色皱粒类型很少。

中国农业科学院畜牧研究所 20 世纪 60 年代初期从英国引进的一批品种中筛选出具有早熟、矮秆、高产特点的 1341 材料，采用这个材料作为亲本于 70 年代育成了中豌 1 号、中豌 2 号、中豌 4 号等新品种。近 20 年来又育成了中豌 6 号和粮、饲、菜、肥兼用的中豌 8 号等新品种。中国农业科学院作物品种资源研究所从 1341 豌豆中选育出具有早熟、矮秆、中粒、高产特点的品豌 1 号，特别适合北方稻田抢茬播种或与玉米间作套种；1978 年从原捷克斯洛伐克引进材料中筛选出中早熟白花硬荚豌豆良种 A404，1988 年开始在甘肃省张掖地区推广，已成为当地的主栽品种，水浇地干子粒产量达 3 600～5 250 kg/hm^2，比原当地主栽品种增产 50%以上。

青海省农林科学院 1956 年从农家品种中选育成具有始花节位低、矮秆、适于春播区种植特点的绿色草原；之后，育成软荚品种草原 2 号；采用 4511×民和洋豌杂交组合选育出中早熟、较抗镰刀菌根腐病、抗倒伏、耐水肥的草原 7 号；以菜豌豆×23-26 杂交，1988 年育成软荚良种草原 31 号；1992 和 1993 年推出具有中熟、白花白粒、高产特点的 20-4 和 86-2-7-6 新品系，在全国 6 个省区品比试验中均比当地对照品种显著增产；从 71088×菜豌豆杂交组合，1997 年选育出草原 224 豌豆。

四川省农业科学院 1962 年以红早豌豆×苏联绿色多粒豌豆杂交，于 1968 年育成具有抗倒伏、抗菌核病、耐旱、耐瘠、适应性强的白花大粒新品种团结 2 号；新华 5 号×绿色多粒杂交，于 1976 年育成白花大粒新品种成豌 6 号。用优良地方品种资源铜梁大菜豌、安岳洋豌和宜宾粉红豌进行有性复合杂交，于 1988 年育成了第一个软荚良种食荚大菜豌 1 号，适于秋播区种植，已在广东、福建等省推广。食尖豌豆品种无须豆尖 1 号，无卷须，秋播生育期 190 d，子粒平均产量为 1 500 kg/hm^2，可摘收豆茎尖作蔬菜 1 200～1 500 kg/hm^2。杨俊品等（1997）对育成品种食荚大菜豌 1 号进行了多代提纯，发现每代在荚型、株高、荚大小、叶型等性状上均表现较大的分离，即使第15代尚未能在遗传上稳定。

呼和浩特市郊区农业科学研究所以优良地方品种资源福建软荚×1341杂交组配，于1976年育成的矮软豌豆，具有鲜荚柔嫩多汁、风味鲜美的特点，在内蒙古曾有一定的推广面积。

王凤宝等（2002）通过1年3代异季加代育种及对同一材料选择，选出了耐寒、耐高温、抗根腐病及对日照长度反应不敏感的半无叶型豌豆新品系宝峰2号、宝峰3号和宝峰5号。

赵桂兰等（1987）采用PEG-高pH-高钙的方法对大豆和豌豆原生质体进行融合，获得了10%～36%的融合率。刘富中（2001）对豌豆叶绿素突变体xa-18的遗传特性进行了研究，xa-18属黄化致死突变体，突变性状由单隐性核基因控制，突变基因具有不完全显性的特点。利用1套8个豌豆染色体易位系和形态标记基因系L-1238为标记材料，对豌豆叶绿素突变基因xa-18进行了染色体定位，突变基因xa-18位于豌豆第1染色体上。朱玉贤（1997）应用改良的cDNARDA方法克隆了短日照条件下开花后特异表达的G2豌豆基因。

我国台湾省于1960年开始豌豆新品种选育，1980年育成的台中11号具有花色水红、软荚、丰产性好、嫩荚鲜绿、品质优良、适于速冻加工的特点，但不抗白粉病；1988年育成的台中12号，除具有台中11号的优点外，还具有抗白粉病和较耐潮湿的特点；1989年育成的台中13号，具有软荚、荚皮肥厚、荚大而整齐的特点。

二、国外豌豆育种研究进展

18世纪初，英国、德国、波兰、原捷克斯洛伐克和意大利等欧洲国家已开展有计划的豌豆育种，主攻目标高产、大粒，但没能兼顾品种的抗性、熟性和其他特性。1945年前的德国注重子粒大小及商用品质。

1950年前，世界各国豌豆育种以资源筛选及自然变异选择育种为主，同时探索杂交育种和诱变育种技术。原苏联、瑞典、原联邦德国、原民主德国和荷兰育成了不少在当时很有影响的品种。如原苏联通过自然变异选择育种得到的Victoria Rozovaya 79、Ranny Zeleny 33、Monskovskii 559、Monskovskii 722等品种；瑞典的耐旱耐湿品种Capital、TorsdagⅢ等；荷兰的矮秆抗倒品种Rnokd、Servo、Unka、Panla、Rovar等；德国育成的Victoria类型的中晚熟大粒品种和Folga Heines等。原苏联科学家20世纪30年代开始用电离辐射进行豌豆诱变育种；瑞典1941年通过辐射育成了商用品种Strall，单产超过了当时大多数瑞典栽培品种。对豌豆诱变研究最多的是原联邦德国、荷兰和意大利。Straub 1940年首次从粒用豌豆品种中得到了两株四倍体植株；Ono（1941）、Tang和Loo（1940）用秋水仙碱（colchicine）诱导豌豆多倍体成功，但是没有结实。

1951—1970年豌豆育种进展迅速，这一时期育成的优良品种主要采用杂交育种方法。西欧和美国在罐头用豌豆、菜用豌豆的育种及生产上占领先地位，原苏联在粮用豌豆的育种及生产上占领先地位。如英国罐头用品种Thomas Laxton、Kelvedon Wonder；美国罐头用品种Alaska等。原苏联1971年前推广了41个粮用品种、27个菜用品种和21个饲用品种，粮用品种如Romonskii 77、Uladovskii 330、Uladovskii 190、Chishminskii Ranny等；菜用品种有Skorospely Mozgovoi 199、Prevoskhodny 240、抗镰刀菌枯萎病（*Fusarium*）的Ovoshchnoi 76和早熟高抗褐斑病（*Ascochyta*）的Ranny Konserony 20/21等；罐头用品种有Pobeditel 33、Thomas Laxton G-29、Kelvedon Wonder 1378等。

1971—1990年20年间，前苏联、美国、英国、德国、保加利亚、匈牙利、波兰、新西兰、阿根廷等20多个国家和地区的豌豆育种工作都取得了相当大的成就。前捷克斯洛伐克在20世纪70年代育成高抗褐斑病的品种Hilgro；欧美国家还针对一些较常见的真菌、细菌和病毒病害，建立了相应的抗病基因供体系统，用做亲本材料；瑞典1972年育成的品种UO8630（Weitor×Lotta）产量高出对照品种Lotta 36%；美国俄勒冈农业试验站1975年推出的豌豆品系S423、S424、S441对耳突花叶病、豌豆花叶病、镰刀菌枯萎病、白粉病等均具抗性，M176品系对前3种病害具有抗性；美国俄勒冈州立大学于1976年前后推出了两个抗豌豆种传花叶病毒（PSbMV）的品系B442-75和B445-66。阿根廷品系P507A在1978年豌豆品种田间试验中，产量和抗病性都表现最佳。1984—1985年间，意大利推广的栽培品种Speedy、Judy和Capri在产量、抗病性和子粒品质方面都表现突出。这一时期高蛋白和高赖氨酸含量在豌豆育种中逐渐受到重视，如前捷克斯洛伐克育成了高蛋白质含量品种Cebex 59、高赖氨酸含量品种Laga。前苏联1981年的饲用品种Aist子粒蛋白质含量高达28.6%、饲草蛋白质含量为18.9%，抗倒伏、耐旱，并有很高的鲜物质和子粒产量。全苏植物育种研究所（VIR）将Victoria Yanaer与No.1859绿粒品系杂交，育成的品种 Chishminskii Ranny 既具有母本品种优质高产的特点，又具有父本品系早熟和抗病的特点。在提高产量、改变子粒形状、缩短营养生长期等方面，可以通过数量性状的超亲杂交将优良的基因累积起来加以解决。前苏联的 Bashkirian 农业研究所将 Chishminskii 39 和 Torsdag 杂交育成了比双亲产量都高的新品种 Chishminskii 210。

Амелин（1993）对不同时期培育出的 19 份豌豆材料（从野生型到地方品种和最好的当代品种）的形态生理性状进行了比较分析。在过去的 60～70 年中，豌豆植株的子粒产量增长 1 倍以上，从野生类型和地方群体品种到最好的现代豌豆品种千粒重增加 3 倍以上。在近 30 年间，通过这种途径使豌豆产量从 1.3t/hm² 提高到 4.2t/hm²，豌豆生产取得了可观的进步。

自 Kujala（1953）在芬兰报道了无叶豌豆（所有小叶都变成了卷须的一种类型）后，人们发现这一类型的豌豆是所有豌豆类型中最抗倒的，且易于收获，子粒损失少、净度高、透光性好、适于密植。1980 年前后人们利用这种新株型进行高产型品种的改良。英国 John Innes 研究所对无叶豌豆品种 Filby 进行测定，发现产量性状较理想、遗传性稳定，而且宜于喷药防治害虫，效果极佳。该所已将无叶豌豆作为粒用豌豆育种的理想株型。前苏联伏尔加河地区将无叶豌豆类型 Usalyi 5 和 Wasata 作为育种亲本应用。

豌豆杂交技术也有改进，前苏联 Uladovo-Lyulinets 育种站采用不去雄的有性杂交和连续的单株与群体选择方法，育出了几个有希望的豌豆品种。

豌豆的属间杂交已有成功的实例。对亲缘关系很近的 *Pisum sativum* 和 *Pisum elatius* 两个种的杂交研究较多，无论是正反交，两种间都有很好的配合力，特别是适用于培育粮饲兼用型品种。但对其他种间杂交研究较少。

第二节　豌豆育种目标及主要目标性状的遗传

一、育种的主要方向及育种目标

育成品种都要求高产、稳产、优质，对某些害虫、真菌、细菌和病毒具有抗性，对土壤和气候条件有较好的适应性。由于各国的气候、土壤、生产水平及消费观念不同，其豌豆育种目标有明显差异。如俄罗斯以培育适于复杂的土壤气候条件、耐寒、抗病、耐高湿、整齐早熟的粒用品种为主，同时进行菜用、饲用豌豆的育种。美国、澳大利亚和新西兰为了抵御广泛分布的豌豆病毒病和细菌病，在制定菜用型豌豆育种目标时，抗病育种占重要地位。西欧和美国以培育罐头用和菜用速冻品种为主要育种目标。

不同用途的品种又有各自特殊的要求，粮用豌豆要适于密植、茎矮、叶片健壮、根系深而分枝多、荚排列紧凑、早熟、白粒、蛋白质含量高；菜用品种要适于机械化收获、食用价值高、味道鲜美、工艺成熟时间一致、单荚粒数多等；罐头用品种要求青豆易于脱壳、子粒皱、中粒或中大粒、均匀一致、深绿色、含糖量高、种皮薄等；食荚豌豆要求荚壳多汁、鲜嫩、无革质层、荚壳和子粒中含糖量高、味道鲜美；刈草饲用品种则期望鲜物质、干草和子粒产量均高、叶片高度发达、茎细而多分枝、子粒小、高蛋白质含量和高胡萝卜素含量等。

我国人多地少，在平原地区粒用豌豆生产主要采用间、套、复种，很少直播挤占其他作物的面积。在山地丘陵和无霜期短的地区虽可扩大播种面积，但也只能发展早熟而且抗逆性强的品种。因此，我国的粒用豌豆育种应以培育早熟、高产、高蛋白、不裂荚、耐瘠、耐旱、抗病而且适应性广的大中粒品种为主。

菜用豌豆主要在城镇附近和沿海地区有较大面积种植，除本国消费外，还要考虑到国际市场。菜用粒豌豆育种目标为适于制罐用品种类型，同时兼顾干子粒用目标，育成的品种应具有广泛的适应性、早熟或中熟、抗倒、抗病、高产、高营养品质、适口性好等特点。豌豆的风味也被列为比较重要的育种目标之一。菜用荚豌豆育种目标应培育软荚、无革质层、无筋、大荚、荚皮肥厚的品种，同时抗白粉病。

二、质量性状的遗传

从孟德尔豌豆杂交试验以来，对豌豆植株性状的遗传研究从未间断。20 世纪 70 年代前已发现的基因共 445

个，在223个非等位基因中约有120个与染色体间的关系已经确定，新基因仍不断发现和确认。

至今已确认有47对基因对叶片的大小和形状起修饰作用，有15对基因对豌豆的茎部性状起修饰作用，有4对基因对豌豆根部的形态性状起修饰作用，其中两对决定根瘤形成的数量，有45对基因对花的性状有修饰作用，有25对基因与荚部性状有关，有45对基因与子粒性状有关，有35对基因与株型有关，有5对基因与豌豆抗病性有关，有2对基因与减数分裂有关。现将部分控制重要性状的基因摘录于表9-1。

表9-1　已确认的控制豌豆植株重要性状的基因

（摘录于郑卓杰，1997）

植株部位	重要性状的基因
叶片	叶正常（*Af*）：小叶变卷须（*af*）；叶面上有蜡质层（*Bl*）：无蜡质层（*bl*）；正常托叶（*Cont*）：托叶极小（*cont-st*）；托叶正常（*St*）：托叶极度缩小（*st*）
茎部	茎正常（*Fa*）：扁化茎（*fa*）；影响节间长度（*Coe*：*coe*）；影响节间总数目（*Mie*：*mie*）
根部	决定根瘤数目（*No*：*no*与*Nod*：*nod*）
花	花紫色（A-Am-Ar-B-B_1-Ce-Cr）：花白色（a-am-ar-b-b_1-ce-cr）；对花色起修饰作用（Am，Ar，B，B_1，Ce，Cr）；决定每花序中花的数目（*Fn*：*fn*与*Fna*：*fna*）；每花序1朵花（*Fn-Fna-*）；每花序2朵花（*Fn-fnafna*或*fnfnFna-*）；每花序上着生3朵或多于3朵花（*fnfnfnafna*）；花序正常（*Inc*）：形状像小分枝（*inc*）；花大（*Pan*）：花小（*pan*）
荚果	不裂荚（*Fe*）：裂荚（*fe*）；青荚黄绿色（*Gp*）：青荚黄色（*gp*）；硬荚（*P-V*）：软荚（*p-v*）；荚壁内有小块革质层（*P-VV*或*PPV-*）
子粒	圆形子粒（*Com-Pal*）：半边凹圆（*com-pal*）；种脐周围无浅褐色环（*Cor-A*）：种脐周围具浅褐色环（*cor-a*）；种皮浅绿蓝色（*Gla*）：无此色（*gla*）；种皮正常（*N*）：种皮加厚50%～80%（*n*）；圆粒（*R*）：皱粒（*r*）
株型	主要分枝垂直向上伸展（*Asc*）：与地平面呈45°夹角（*asc*）；决定第一朵花以下营养节数目（*Ib*：*ib*）；于12～14节形成第一朵花（*Lf*）：于9～11节形成第一朵花（*lf*）；植株正常（*Minu*）：所有器官都变小（*minu*）；植株正常绿色（*Xal*）：苗灰黄色、一周内死亡（*xal*）
抗病性	对耳突花叶病毒（PEMV）有抗性（*En*）：敏感（*en*）；对霜霉病（*Erysiphe polygoni* DC）有抗性（*Er*）：敏感（*er*）；抗枯萎病（*Fusariosis orthoceras* var. *pisirasal*）（*Fw*）：敏感（*fw*）；对ria-wilt枯萎病（*Oxysporium* f. *pisi*）有抗性（*Fwn*）：敏感（*fwn*）；不抗花叶病毒（*Mo*）：抗花叶病毒（*mo*）
减数分裂	减数分裂早前期导致染色体断裂（*msl*）：未发现断裂（*Msl*）；第二次减数分裂后期导致出现不同的失调情况（ms_2）：未发现失调情况（Ms_2）

秘鲁的Harland（1948）首先报道了豌豆白粉病（*Erysiphe pisi* DC）的抗性是由单隐性基因（*er*）控制，秘鲁、印度等一些学者也相继得到同样的结论（Vaid等，1997）。但也有学者认为白粉病抗性是由双隐性基因控制的（Sokhi等，1979；Kumar和Singh，1981；Ram，1992）。Heringa等（1969）发现两个不同的基因（er_1和er_2）控制着对白粉病的抗性，基因er_1在荷兰品种中能产生完全抗性，而er_2仅为秘鲁的豌豆品系提供叶片抗性。

刘富中（1999）用易位系对豌豆无蜡粉突变基因*w*-2进行了定位。

豌豆质量性状的遗传研究虽然较早，性状的连锁遗传研究也始于19世纪末和20世纪初。但限于当时研究水平，这些质量性状及其连锁群还不能与相应的染色体一一对应起来。根据1958年Blixt及其他研究者的豌豆细胞学的研究结果才将连锁群与染色体一致起来（Lamprecht，1961），这个连锁群是以110号株系为正常染色体标准确定的。在Lamprecht（1963）所作的连锁群遗传图谱上，又增补其他研究者于1970年前后确定的位于连锁群Ⅱ上的3个新的质量性状基因，得到相应的7个基因连锁群。

①位于1号染色体上的连锁群Ⅰ：*A-Vil-Y-An-Miv-Lf-D-Re-Pur-Fom-Lac-Cor-Am-O-Sp-Sal-I-Red-Gri*，共19个基因。

②位于2号染色体上的连锁群Ⅱ：*La-Wa-Oh-Ar-Ve-Mifo-S-Wb-K-Beg-Fn-Pal-Den-Sur*，共14个基因。

③位于 3 号染色体上的连锁群Ⅲ：*Uni-M-Rf-Mp-Lob-F-Alt-Pu-Cry-St-Pla-Fov-Och-L-Ca-B-*G_1*-Rag*，共 18 个基因。

④位于 4 号染色体上的连锁群Ⅳ：*Lat-N-Z-Was-Dem-Fo-Tra-Fa-Fna-Td-Fw-Br-Con-Vim-Le-V-Un*，共 17 个基因。

⑤位于 5 号染色体上的连锁群Ⅴ：*Cp-Ten-Gp-Cri-Cr-Te-Com-Cal-Laf-Sal-Ce-Fs-U-Ch*，共 14 个基因。

⑥位于 6 号染色体上的连锁群Ⅵ：*Wlo-Lm-P-Lt-*P_1*-Fl*，共 6 个基因。

⑦位于 7 号染色体上的连锁群Ⅶ：*Wsp-Xal-Pa-R-*T_1*-Obo-Bt*，共 7 个基因。

在以上所列的 7 个连锁群中，共有 95 个质量性状基因与染色体间的关系及基因间的相互位置已经确定，并得到公认。

三、数量性状的遗传

国内外学者做了许多有关豌豆数量性状的遗传与相关研究。Koranne（1964）用双列杂交分析法研究豌豆单株荚数、单荚粒数和百粒重 3 个性状的遗传，认为显性效应起着重要作用。很多研究结果表明，子粒大小和其蛋白质含量间存在着负相关（Verbitskii，1969；Chekrygin，1970），大粒品种子粒蛋白质含量比中小粒品种低。子粒蛋白质含量和营养生长期长度之间呈正相关（Verbitskii，1968），中、晚熟品种子粒蛋白含量比早熟品种高（Neklyndiv，1963；Drozd，1965；Khangildin，1969），而子粒产量和子粒蛋白质含量间呈负相关（Burdun，1969；Verbitskii，1969）。Chandel 和 Joshi（1979）将 8 个植物学性状差异很大的栽培品种做了 4 组杂交，对双亲、F_1、F_2、B_1、B_2代的结荚花序数、每株荚数、子粒产量和百粒重进行了测定，从各个群体中估算出有关遗传参数。从基因效应值显示，4 个杂种组合的 4 个性状都有互作效应，4 个性状的平均基因效应估值均为显著的正值。F_1 代结荚果柄数甚至超过了较好的亲本，说明有杂种优势。上位互作效应的估值表明，每株荚数在 4 个杂种中均达极显著。子粒产量的非等位基因在 4 个杂种中的加性互作效应估值也都极显著，各杂种子粒产量的上位性效应都是累加性的。

中国农业科学院作物品种资源研究所随机选用我国 14 个省区的近百份豌豆资源，测定了生育期、株高、单株产量、节数、始荚节位、单株荚数、荚粒数、百粒重、单株双荚数和单株分枝数共 10 个性状。相关分析表明，株高和节数（$r=0.82^{**}$）、节数和始荚节位（$r=0.80^{**}$）间存在着极显著正相关；株高和始荚节位（$r=0.71^{*}$）显著正相关；生育期和株高（$r=0.62$）、生育期和节数（$r=0.58$）、单株产量和单株荚数（$r=0.62$）间在 10%显著水平上正相关。

王凤宝等（2001）对半无叶型豌豆不同品系的株高、单株荚数、分枝数、百粒重、单株粒数、双花双荚数和单株子粒产量进行了通径分析，对产量的相对重要性排序为单株粒数＞百粒重＞分枝数＞单株荚数＞双花双荚数＞株高，对单株产量的直接效应中单株粒数最高，间接效应中单株荚数通过单株粒数对子粒产量的间接作用最大。在利用半无叶型豌豆育种中，应以选择单株粒数、单株荚数为主，同时要注意增加双花双荚数，适当兼顾百粒重及其他。

第三节　豌豆种质资源研究与利用

一、豌豆分类

豌豆是野豌豆族豌豆属中的一个种，起源于亚洲西部和地中海沿岸地区，在我国目前尚未发现近缘种。其种以下分类至今尚无统一标准，多数学者比较认同的分类将豌豆种（*Pisum sativum*）分为两个亚种：野生亚种（*Pisum sativum* ssp. *elatius*）和栽培亚种（*Pisum sativum* ssp. *sativum*）。除此之外，还有如下 4 种分类方法。

1. 按花色分类　按花色分为两个变种：①白花豌豆变种（*Pisum sativum* var. *sativum*），又名菜蔬豌豆；②紫花豌豆变种（*Pisum sativum* var. *arvense*），又名红花豌豆或谷实豌豆。白花豌豆由紫（红）花豌豆演变而来。

2. 按荚型和株型分类 按荚型和株型可分为3个变种：①软荚豌豆（*Pisum sativum* var. *macrocarpum* Ser.），又名食荚豌豆或糖荚豌豆，荚壳内层无革质膜，花白色或紫色，成熟时荚皱缩或扭曲；②谷实豌豆（*Pisum sativum* var. *arvense* Poiret），又名大田豌豆，荚壳内层有一层发育良好的革质膜，花紫色或红色，成熟时荚平直不皱缩或扭曲；③早生矮豌豆（*Pisum sativum* var. *humile* Poiret），生育期短，植株矮小，荚壳内层一般有革质膜，白花或紫色花。

3. 按荚型分 按荚型分两个组群：①软荚豌豆组群，荚壳内层没有或仅有非常薄的革质膜；②硬荚豌豆组群，荚壳内层有一层发育良好的革质膜。每个组群再分为薄荚壳型和厚荚壳型。每种荚壳型内又分为光滑种子型（包括压圆和凹圆种子）和皱粒种子型。软荚豌豆组群及硬荚豌豆组群中皱粒种子型合称为菜蔬豌豆，光滑种子型称为谷实豌豆。

4. 按用途分 按用途可分为5个类型：①用于饲料、土壤覆盖、绿肥豌豆；②食用干子实豌豆；③嫩粒用豌豆；④制罐头用豌豆；⑤食荚豌豆。

二、国内外豌豆资源搜集、保存与研究的现状

我国豌豆资源较为丰富。四川、青海等为数不多的省份早就开始搜集和整理国内外豌豆种质资源工作，但全国有计划有组织地进行始于1978年。已搜集到种质资源2 500份，类型很多，有不同的株型、生育期、花色、百粒重、荚形和荚型以及多种多样的粒形和粒色。对这些资源已初步鉴定并进行编目，并建立了数据库档案，编目的资源中80%以上已存入国家种质资源库，在－18 ℃的恒温条件下进行长期保存。同时建立了用于优异资源交换的0 ℃库，以保证优异资源的充分利用，为生产、育种和科研服务。

我国的豌豆地方品种资源比较原始，红花、深色粒资源（褐、麻、黑）的相对比例较大。在鉴定的2 302份地方品种资源中，白花种质资源866份，红花种质资源1 436份；春播区白花种质资源396份、红花种质资源802份；秋播区白花种质470份、红花种质634份；白粒789份，绿粒215份，褐色粒380份，黑粒7份，麻粒878份，浅红色粒20份。其中商业价值较高的白色和绿色子粒资源占43.61%。从中筛选出一批早熟、矮生、多荚和大粒的优异资源。矮生、早熟和大粒资源以绿色皱粒和白色圆粒者居多，明显带有人工驯化、选择培育的痕迹；而多荚资源则以多分枝且高秧的褐色和灰麻粒者居多，野生性特征明显。筛选出的早熟资源有G801、G860、G878、G881、G891，矮秆资源有G209、G323、G801、G845、G1788，多荚资源有G881、G927、G1777、G2105、G2235，大粒资源有G994、G996、G2205、G2207、G2237等，这些优异特性表现稳定，可直接用于生产和作为育种亲本。

中国农业科学院作物品种资源研究所等单位对900余份豌豆资源进行耐旱性、耐盐性鉴定，筛选出芽期耐盐性达2级、同时苗期耐盐性达3级的资源9份；芽期耐旱性达到2级、同时熟期耐旱性达到1级，或芽期达1级、同时熟期达2级的资源13份。对800余份豌豆资源进行了抗白粉病、抗锈病、抗蚜鉴定，筛选出对锈病中抗及中抗以上的资源12份，尚未发现抗白粉病和抗蚜的豌豆资源。对1 433份豌豆资源的蛋白质含量、脂肪含量、直链淀粉含量和支链淀粉含量进行了鉴定，筛选出一批高蛋白、高赖氨酸、高淀粉含量的优异豌豆资源，约占被测资源总数的2%左右。

在从国外引入的豌豆资源中，以育成品种为主，多为绿色皱粒和白色圆粒品种，其中含有几十份种皮和子叶均呈绿色、具有加工利用潜力的优良豌豆品种。

世界上有许多国家搜集和保存豌豆资源，如美国约有7 000多份，英国有3 700多份，印度有1 400份，意大利4 600余份，埃塞俄比亚约1 000份，德国有2 690份，匈牙利有1 300余份，叙利亚有3 300多份，各国共保存豌豆资源4万份以上，已有记录的自然突变和诱变材料约2 000个，野生资源百余份，这些都是研究豌豆遗传、变异和育种的材料。保存豌豆资源条件较好的国家有32个，其中21个国家有－10 ℃以下的豌豆资源长期库，多数国家也建立了豌豆资源数据库。这些资源研究主要集中在植物形态学和农艺性状等方面，而意大利、荷兰、英国、美国等国家已对部分豌豆资源的品质、抗病、抗逆、耐寒、遗传和细胞学等方面进行了鉴定和评价。

第四节　豌豆育种途径与方法

一、地方品种筛选及引种

在育种初期，主要对地方农家品种或引进品种进行筛选，如小青荚是上海地区栽培较多的硬荚种，鲜豆粒绿色、品质好，是速冻和制罐的好原料；干豆粒黄白色、适应性强，但耐寒力弱。秦选1号豌豆是由河北省秦皇岛市农业技术推广站与有关单位合作从国外引进的硬荚豌豆品种中选育而来，粮、菜、饲兼用，结荚集中，熟期一致，适宜机械化作业。品豌2号是中国农业科学院1978年从原捷克斯洛伐克引进的中早熟白花硬荚豌豆达利保尔中筛选、培育而成的，1988年在甘肃省张掖地区开始试种并推广，由于适于北方冷凉地区春播，比当地原主栽品种增产50%以上，从而成为该地区的主栽品种。从美国引进的甜咔嚓中选出中山青食荚种。甜脆豌豆是中国农业科学院蔬菜研究所自国外引进品种中选出的早熟优良食荚种。早熟矮秧甜脆皮食荚品种，品质超过荷兰豆，是一种新型绿色保健营养蔬菜，青荚产量达11 250 kg/hm²。福建省20世纪80年代末从中国台湾省的亚洲蔬菜中心（AVRDC）引进小型软荚豌豆台中11号，品质优良，增产显著。广东省1996年从引进品种改良奇珍76中系选出粤甜豆1号新品种；青海省农林科学院作物研究所1990年从美国引进高代品系中，经多年混合选择，2000年育成食荚豌豆品种甜脆761。

除此之外，还引进了硬荚品种甜丰、久留米丰，荚用品种法国大菜豌、溶糖、子宝三十日、松捣三十日、荷兰大白花、台中604等。

二、杂交育种

杂交育种仍是应用最广的豌豆育种方法，育成的品种占了绝大多数。我国通过杂交育成的品种主要有中豌1号～6号、中豌8号、矮软1号，1997年甘肃省定西地区旱农中心用乌龙作母本，5-7-2作父本有性杂交选育成早熟高产新品种定豌1号；青海省农林科学院作物研究所1999年以阿极克斯为母本，A695为父本杂交选育出半无叶豌豆新品种草原276；四川省农业科学院用中山青优良单株作母本，食荚大菜豌1号作父本育成食荚甜脆豌1号等。

1. 亲本选择　亲本的选择关系到能否达到育种的预期目的。一个好的亲本可以选育出若干个优良品种，如中豌1号～4号、矮软1号的亲本中都有1 341这个材料。

亲本选择的原则：应选择优点多，主要性状突出，缺点少而又易克服，双亲主要性状优缺点能够互补，抗病性与抗逆性强，配合力好的材料作亲本。母本可选用当地栽培时间长、表现好的当家品种；父本应选择地理位置相对较远、生态类型差别较大、有突出优良性状、又适应本地条件的外来品种。根据育种目标在荚型之间选用亲本材料要谨慎。

2. 杂交方式　杂交方式也是影响杂交育种成败的另一个重要因素。豌豆育种中的杂交常分为两类，一是重组杂交，目的是将双亲的优良特征特性结合在一起；另一类是超亲杂交，目的是使亲本已有的优良特征特性在后代中得到加强。

重组杂交特别适于培育在密植条件下抗倒伏、抗病虫，蛋白质含量高而且氨基酸组分好的高产新品种。当简单地将产量、熟性和其他性状上互有差别的豌豆亲本杂交，不能形成所希望的基因组合时，也经常利用复交、逐步杂交或逐步回交的方法。

瑞典育种家在豌豆育种中采用了4种复交方案：①以最大可能重组的原则为根据的复交；②以最大可能的后代超亲重组为基础的复交；③以充分回交情况下的超亲重组原则为根据的复交；④以超亲积累与回交相结合为根据的复交（图9-1）。

原苏联学者提出了3种回交方案（表9-2），在豌豆育种中，能很有效地将子粒大小、蜡被厚度、子叶颜色、不裂荚、总状花序、矮秆、小叶数目、扁化茎、小叶大小等性状转移到一个较高产品种中去（Khvostova，1983）。

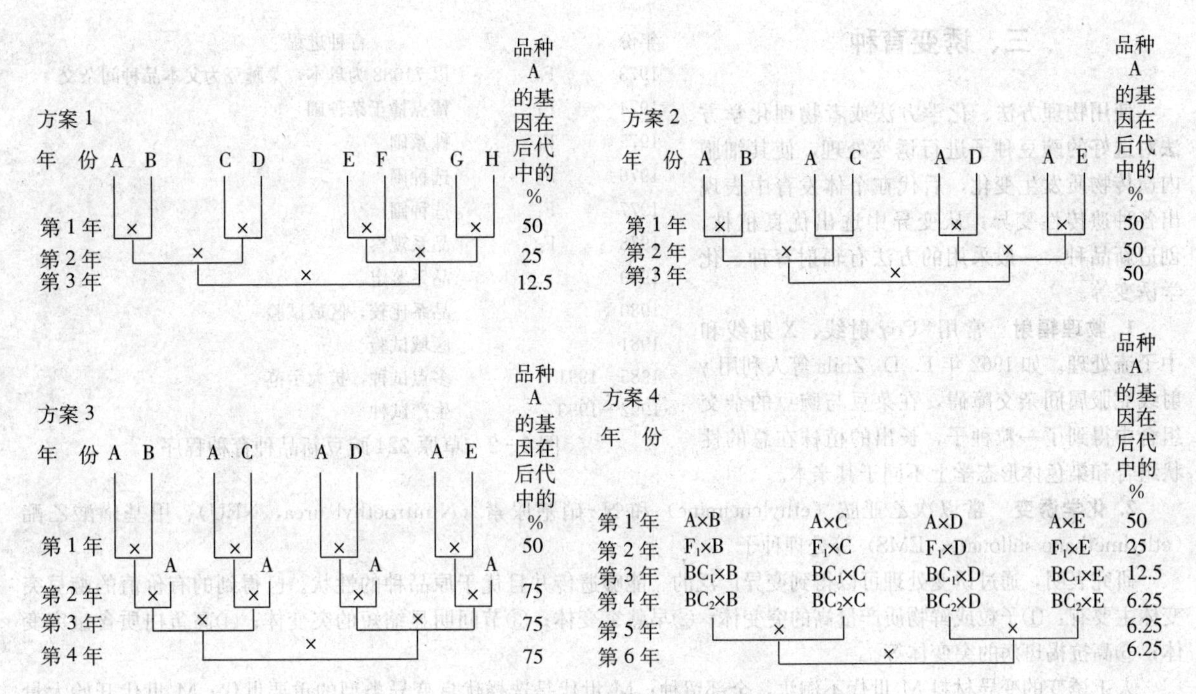

图 9-1　豌豆4种复交方案

（引自 Khvostovs，1983）

表 9-2　3种可行的回交方案

（引自 Khvostova，1983）

年　份	连续回交（传统方案）	通过后代评价的回交方案	利用单株选择的回交方案
第1年	A×B	A×B	A×B
第2年	F_1×B	F_1 繁殖	F_1 繁殖
第3年	BC_1×B	F_2 单株选择	B×F_2（选择出的植株上的花粉）
第4年	BC_2×B	F_3（较好的后代）×B	F_1（BC_1）繁殖
第5年	BC_3×B	F_1（BC_1）繁殖	B×（BC_1）繁殖
第6年	BC_4×B	F_2（BC_1）单株选择	F_1（BC_2）繁殖
第7年	BC_5 繁殖	F_1（BC_1）×B	F_2（BC_2）单株选择
第8年	单株选择	F_1（BC_2）繁殖	F_3（BC_2）从 F_2（BC_2）较好的植株中进行单株选择
第9年	品系产量试验	F_2（BC_2）单株选择	F_4（BC_2）从 F_3（BC_2）较好的植株中进行单株选择
第10年	第二年的品系试验	F_3（BC_2）从较好的后代中进行单株选择	对选出的品系进行测验
第11年	品系试验	品系试验	第二年的品系试验

3. 杂交育种程序　草原224豌豆新品种从杂交组配到生产推广应用选育时间花了20年，其程序见图9-2。

三、诱变育种

使用物理方法、化学方法或者物理化学方法对选好的豌豆种子进行诱变处理，使其细胞内遗传物质发生变化，后代在个体发育中表现出各种遗传性变异，从变异中选出优良植株，创造新品种。一般采用的方法有辐射育种、化学诱变等。

1. 物理辐射　常用^{60}Coγ射线、X射线和中子流处理。如1962年E. D. Zhila等人利用γ射线克服属间杂交障碍，在菜豆与豌豆的杂交组合中得到了一粒种子，长出的植株在总的性状组合和染色体形态学上不同于其亲本。

年份		育种进程
1973	F_0	以71088为母本，菜豌豆为父本品种间杂交
1974	F_1	稀点播于杂种圃
1975	F_2	株系圃
1976	F_3	选种圃
1977	F_4	选种圃
1978	F_5	品系观察
1979		品系鉴定
1980		品系比较，区域试验
1981		区域试验
1985—1991		多点试种，扩大示范
1992—1993		生产试种

图9-2　草原224豌豆新品种育种程序

2. 化学诱变　常以次乙亚胺（ethyleneimine）和N-硝基尿素（N-nitroethyl urea，NEU）、甲基磺酸乙酯（ethylmethane sulfonate，EMS）等处理种子。

研究表明，通过诱变处理可以得到变异广泛的、能够遗传并且优于原品种的性状。已得到的有价值的豌豆突变体主要有：①子粒或鲜物质产量高的突变体；②早熟突变体；③节间明显缩短的突变体；④高蛋白质含量突变体；⑤高抗褐斑病的突变体等。

人工诱变的变异材料M_1世代不淘汰，全部留种；M_2世代是选择优良变异类型的重要世代；M_3世代开始大量淘汰；M_4世代对遗传性已基本稳定、表现优良、趋于整齐一致的品（株）系，可单独收获脱粒，供下一年进一步测定其生产能力、品质、适应性、抗逆性等，以创造新品种。

第五节　豌豆育种试验技术

一、豌豆开花习性

豌豆是自花授粉作物，遇高温或干燥等不良条件时也可异交。一般闭花授粉，故天然异交率较低；豌豆的花为完全花，5个花瓣、1个雌蕊、10个雄蕊（二体雄蕊）。花朵开放前，花粉已落在柱头上完成授粉。豌豆陆续开花，每株花期持续15～20 d。在一天内，上午9:00左右开始开花，11:00～15:00时开花最多，下午17:00以后开花较少，夜间基本停止开花。豌豆花朵开放后，傍晚旗瓣闭合，到次日晨再次展开。每朵花受精后2～3 d即可见到小荚，33～45 d后子实成熟。

开花时空气相对湿度以80%左右为宜。16 ℃条件下，去雄后柱头的受粉能力保持3 d；在20～24 ℃条件下，受粉能力仅能保持1 d；气温高于26 ℃时受粉不良。

二、杂交技术

豌豆花朵虽大，但由于其蝶形花冠和盘曲的柱头等特点，很容易折断，一般品种间杂交成功率只有15%～20%，这是豌豆杂交育种主要的限制因素之一。如果技术熟练，认真细心操作，成功率可达50%。

选择具有母本品种固有特征的、健壮植株上的花蕾，上午杂交选择当天即将开花的中上部花蕾，去雄后立即授粉；下午杂交选择翌日可开的花蕾进行去雄，翌日上午再授粉。去雄时用拇指和食指捏住花蕾基部，用尖头镊子在花蕾腹缘中部夹住旗瓣，沿着蕾背缘向斜上方撕拉去掉旗瓣；同法去掉翼瓣，使龙骨瓣充分暴露，然后用镊子尖端细心从侧边顶破龙骨瓣中上部，并撕去顶部，最后用镊子夹除全部雄蕊。如发现花药有散粉迹象即作废，操作时切勿损伤柱头。去雄后将做好标记的纸牌挂在已去雄的花序轴上，并固定在植株茎秆上，以便检查、收获。

选择父本植株上将要开放的新鲜花朵，分开花瓣后蘸取花粉，将花粉授到已去雄母本花的柱头上。授粉完毕，在挂牌上注明组合名称，授粉日期。授粉后第 3 d 可对授过粉的小花进行检查，未脱落者说明杂交基本成功，随即去掉同节瘤轴上其他小花（花蕾），既可避免混淆，又可集中养分供应杂交小花，减少花荚脱落，以提高杂交成功率。

鼓粒灌浆期遇旱应及时喷灌，并注意治虫，减少花荚脱落。杂交荚成熟后要及时收摘。将杂交荚连同小标牌装入纸袋内，同时分别收获父本和母本一定种子量，供下年度鉴别杂交种真伪时利用。

三、小区技术

试验地应选择土地平坦、保水性良好、水源方便、灌排设施齐全的地块，以便豌豆植株正常生长，保证试验质量。试验地最好连片，并按试验的需要划分好田块。试验地的面积视试验规模而定。非直立矮生豌豆要注意搭架。

低世代材料尚在分离，要求种植密度稍低些，使单株充分表现，以便田间选择，同时也可提高繁殖系数。为保证株间可比性，行、株距条件应保持一致。由于豌豆杂交成功率低，F_1 植株较少，一般不进行淘汰；F_2 代开始淘汰不理想的组合，选择优良变异单株。

F_3～F_4 代一般以株行种植，单行区，行长 3～5 m，顺序排列，不设重复，也有穴播的。以抗病为育种目标时，需要增设病菌接种行或实施人工接种鉴定。

F_5～F_6 代进入品系产量比较试验，第一年可采用间比排列，容纳较多的品系；第二年应选出较优的品系采用随机排列，一般以容纳 10 个品系为限。设 2～3 次重复，小区 3～5 行，行长 3～5 m。种植密度和播种时间同当地生产水平。测产时要剔除边行。食荚豌豆要注意采收时间。

选育出的优良品系其生产性能、农艺性状稳定且达到育种目标时，即可进行多点试验和生产示范试验。

根据豌豆的温光反应及有效积温情况，不少地区可以完成一年 3 代试验，加快育种步伐。利用夏季气候炎热、多雨，选择耐高温和抗根腐病的材料。利用冬季加代进行耐寒性鉴定，选育耐寒性强的豌豆新品系。利用在不同日照条件选育光照反应不敏感的豌豆品系。

子粒千粒重较高的豌豆品种具有很强的抗退化能力。但由于子粒增大导致品种生产效率降低，将来以增加单株粒数为主攻目标而千粒重保持在 200～280 g 是最好的。增加千粒重是最有可能的途径。由于大粒种子中的储藏物质较多，在发育早期阶段植株有很高的生活力。在有效节数有限的情况下，通过增加每节荚数和每荚粒数两个途径可以增加粒数。研究表明，生产力高的现代豌豆品种产量组分也均衡发展。根据食用豌豆育种的趋势分析和实验结果，培育单株有 3～5 个有效节，每节有 7～8 个荚，每个荚中有 5～6 个子粒的豌豆新类型是最现实的，在千粒重为 200～280 g 时就可以使产量达到 7.0 t/hm^2 以上。

第六节 豌豆种子生产

良种繁育一要扩大良种的种子数量，二要保持良种的种性和纯度。豌豆虽为严格的自花授粉作物，但天然异交率有时可达 30%左右，空气相对湿度、温度对豌豆异交率的高低都有影响，田间昆虫特别是蓟马是异源花粉的主要传播者；而且豌豆从种到收和运输、脱粒、储藏等环节都有机会发生人为的机械性混杂，从而降低种子纯度和种性。因而随着种植年代的增加，不断积累着各种微小的自然变异，会逐步导致良种的混杂和退化，所以要重视良种繁育工作。

为减少和避免上述问题的发生，在豌豆良种繁育时应做到以下几点。

1. 建立繁育基地 基地应选在地面平整、有良好的灌溉排水条件、土质为沙壤或轻壤、病虫害少的地块上，严格按科学种植方法进行，避免出现逆境对良种的胁迫，减少基因诱变的可能。

2. 做好提纯复壮工作 为了保持和提高良种种性，增加产量，必须加强种子提纯复壮工作。做好提纯复壮工作，有利于解决良种混杂退化问题，延长良种在生产上的使用年限，而且在复壮过程中还能发现新类型，创造新品种。在良种繁育田中严格拔除杂株和变异株，防治繁种田中各种病虫草害，使异变的可能性降到最小程度。

在种子纯度较高、生长整齐一致的丰产田内选择优良单株，经室内考种淘汰劣株，将当选的优良单株混合脱粒，作为第二年种子田或生产田用种。

也可将选好的优良单株种成株行，在种植的小区中再选出较优良的 1/4～1/2 株行进一步进行粒选，除去病粒、虫粒和秕粒，作为下年用种。

3. 做好种子田收获和储藏工作　收获时，要单收、单运、单脱、单藏，避免与其他品种的机械混杂。收后要对种子进行严格筛选，剔除虫蚀粒、病粒、霉粒、碎粒和不饱满的子粒。

储存豌豆种子要建立专用的种子仓库，专人负责，专库专用，切忌放置粮食、农药、化肥等物品。种子入库前，要对种子库进行一次彻底清扫、灭菌。特别要注意储藏期间仓储害虫豌豆象，种子入库后要实施磷化铝熏蒸杀虫卵。

豌豆一级种子纯度不低于 99.0%，净度不低于 98.0%，发芽率不低于 85%，水分不高于 12.0%；二级种子纯度不低于 96.0%，其他均同一级种子标准。

全国各作物正在推行由育种家种子、原原种、原种和良种 4 个环节组成的四级种子生产程序（参见“绪论”相关内容），豌豆的四级种子生产程序尚待制定，豌豆种子工作者必须积累经验，准备转轨。

第七节　豌豆育种研究动向与展望

育种基础方面，除继续进一步扩大种质资源搜集、加速鉴定之外，扩大遗传变异的方法及其新种质创新是育种的基础课题。以前育成的品种主要是引种或利用现有的基础材料进行杂交组配。新基因的探索、野生资源的利用将会越来越近。

加强豌豆种质资源的创新和开发利用，丰富的育种材料是选育出优良品种的关键。结合育种工作，选择大面积推广应用的优良品种、品系为中心亲本，与国内外引进的具有优良性状（早熟、大粒、抗逆性强、抗病性优良）的种质配制大量组合，进而创造新的超高产、优质、多抗的豌豆种质资源。

育种方面更加注重专用品种，尤其是蔬菜用豌豆的培育。食荚豌豆品质要求荚壳大、多汁、鲜嫩、无革质层、荚壳和子粒中含糖量高、味道鲜美；而食青粒豌豆要求青豆易于脱壳，子粒皱、中粒或中大粒、均匀一致、深绿色、含糖量高、种皮薄。

为防御气候灾害、连作障碍、免除支架的简易、省力栽培，培育矮秆、高产、优质、抗病、抗逆新品种是重要的课题。

采用生物技术，如胚培养和花药培养等方法来完成有用基因的转育。遗传工程于 20 世纪 70 年代初正式创立以来，通过细胞融合已经得到了大豆与豌豆、蚕豆与豌豆等属间杂种细胞，融合率达到存活原生质体的 5%～40%。保加利亚的植物学家已将豌豆品种 Rannii Zelenyi 的突变品系 Line18 的外植体再生成植株。遗传工程为克服豌豆属间杂交困难，创造新物种，提供了一条有希望的途径。

复习思考题

1. 试述国内外豌豆育种研究进展及主要发展方向。

2. 试按利用类型简述豌豆育种目标。

3. 豌豆是最早用于孟德尔遗传试验的物种，大豆作为最重要的豆科作物进行了大量的性状遗传研究，试比较豌豆和大豆一些重要育种目标性状的遗传规律，有何启示？

4. 以菜用豌豆育种为例，试根据我国豌豆遗传资源保存、研究现状及育种需求论述今后种质创新研究的主要内容。

5. 试比较豌豆杂交育种中主要的杂交方式及各自的特点。

6. 试按一个育种周期设计豌豆的杂交育种试验方案，围绕优质、高产、抗病虫等育种目标指出亲本选配、后代选择等环节的基本原则和步骤。

7. 试讨论我国豌豆育种研究的发展趋势。

附 豌豆主要育种性状的记载方法和标准

1. 播种期：种子播种当天的日期。以“年月日”表示（各生育期同此）。

2. 出苗期：小区内50%的植株幼苗露出地面2 cm以上时的日期。

3. 分枝期：小区内50%的植株叶腋长出分枝的日期。

4. 见花期：小区内全部植株中，见到第一朵花的日期。

5. 开花期：小区内50%的植株见花的日期。

6. 终花期：小区内50%的植株最后一朵花开放的日期。

7. 成熟期：小区内70%以上的荚呈成熟色的日期。

8. 生育日数：播种第二天至成熟期的天数。

9. 生长习性：在植株开花期，根据植株群体的长相及茎蔓生长情况，采用目测法确定其生长习性，分直立型（植株垂直于地面并直立向上生长，株高多在60 cm以内）、半蔓生型（植株下半部分匍匐于地面，上半部分垂直于地面并直立向上生长，株高多在1 m以内）和蔓生型（植株大部分匍匐于地面，生长点及以下的少部分垂直于地面并直立向上生长，株高多在1 m以上）3个类型。

10. 结荚习性：在植株终花期与成熟期之间，采用目测的方法观测茎尖生长点开花结荚的状况，结荚习性分有限（主茎及分枝顶端以花序结束）和无限结荚习性（主茎及分枝顶端为营养生长点）2个类型。

11. 茎的类型：在植株的开花期，采用目测的方法观测主茎上部是否扁化，分普通茎（茎的上下部截面形状一致，均呈近似的圆形）和扁化茎（茎的下部截面呈近似的圆形，上部截面呈明显的椭圆形或扁圆形）2个类型。

12. 叶色：在植株见花期，采用目测法观测托叶的颜色。根据观测结果，与 The Royal Horticultural Society's Colour Chart 标准色卡上相应代码的颜色进行比对，按照最大相似原则，确定其叶色，分浅绿（FAN3 141 C）、绿（FAN3 141 B）和深绿（FAN3 135 B）3个类型。若有其他叶色需要给予详细的描述和说明。

13. 花色：在植株开花期，采用目测的方法观测刚开放花朵的花冠颜色，分白、黄、浅红和紫红4个类型。

14. 鲜荚色：在植株终花期，采用目测的方法观测主茎下部鲜荚的荚皮颜色，分黄（节间颜色呈嫩黄色至深黄色）、绿（节间颜色呈浅绿色至深绿色）、紫（节间颜色呈浅紫色至深紫色）和紫斑纹（节间颜色在绿色底色的背景上缀以纵向的紫色斑纹）4个类型。其他鲜茎色要详细描述和说明。

15. 小叶数目：针对普通和无须叶型豌豆资源。在植株的开花期，以试验小区的植株为观测对象，随机选取10片初花节位上的复叶，计数复叶上的小叶数目，计算平均数，精确到一位小数。

16. 花序类型：在植株开花期，随机选取主茎从下往上数第二个花节上的花序10个，计数花序上的花数，计算平均数，精确到整数位。分单花花序（每花序花数=1）和多花花序（每花序花数≥2）2个类型。

17. 荚型：在植株成熟期，采用目测的方法观测自然成熟的荚果质地。分硬荚（荚壁含纤维、较硬，嫩时不膨胀，成熟时不变形）和软荚（荚壁不含纤维、肉质，嫩时胀脆，成熟时缢缩软垂）2个类型。

18. 初花节位：在植株开花期，随机选取10株已开花的植株，计数主茎上第一个花序所在的节位，计算平均数，精确到一位小数。

19. 每花序花数：在植株开花期，随机选取主茎从下往上数第二个花节上的花序10个，计数花序上的花数，计算平均数，精确到一位小数。

20. 鲜荚长：在植株终花期与成熟期之间，随机选取植株中下部充分生长发育的鲜荚果10个，测量荚尖至荚尾的直线长度。单位为cm，精确到0.1 cm。

21. 荚长：随机抽取10个干熟荚，测量果荚尖至荚尾的直线长度。单位为cm，精确到0.1 cm。

22. 鲜荚宽：以10个饱满鲜荚果为观测对象，测量荚果最宽处的直径。单位为cm，精确到0.1 cm。

23. 荚宽：随机抽取10个干熟荚果测量荚果最宽处的直线宽度。单位为cm，精确到0.1cm。

24. 鲜荚重：以 10 个饱满鲜荚果，用 1/10 的电子秤称量其总重，然后换算成单荚重。单位为 g，精确到 0.1 g。

25. 鲜子粒颜色：采用目测法观测饱满鲜荚果里的鲜子粒颜色。根据观测结果，与 The Royal Horticultural Society's Colour Chart 标准色卡上相应代码的颜色进行比对，按照最大相似原则，确定其粒色，分浅绿（FAN3 141 C）、绿（FAN3 141 B）和深绿（FAN3 135 B）3 个类型。其他粒色要详细描述和说明。

26. 株高：在植株成熟期，随机选取 10 株，测量从子叶节到植株顶端的长度。单位为 cm，精确到 1 cm。

27. 主茎节数：计数每株主茎从子叶节到植株顶端的节数。单位为节，精确到整位数。

28. 节间长度：株高与主茎节数之比。单位为 cm，精确到 0.1 cm。

29. 单株分枝数：计数每株主茎上的一级分枝数。单位为个/株，精确到整位数。

30. 初荚节位：计数主茎上最下部的荚所在的节位。单位为节，精确到整位数。

31. 单株荚数：计数每株上的成熟荚数。单位为荚/株，精确到整位数。

32. 每果节荚数：计数主茎初荚节及以上节位数，以及主茎上所结的总荚数，计算得到每节着生的荚数。单位为荚/果节，精确到一位小数。

33. 果柄长度：测量 10 个随机抽取荚果的果柄长度。单位为 cm，精确到 0.1 cm。

34. 裂荚率：计算自然开裂荚果占总荚果数的百分率。以%表示，精确到 0.1%。

35. 单荚粒数：计数 10 个随机抽取的干熟荚果内所含的成熟子粒数，然后换算成单个荚果中所含的子粒数。单位为粒/荚，精确到一位小数。

36. 单株产量：将单株子粒脱粒充分风干后，用 1/10 的电子秤称量。单位为 g，精确到 0.1 g。

37. 粒形：成熟干子粒的形状。分球形、扁球形和柱形 3 个类型。

38. 种子表面：用目测法观测成熟干子粒表面。根据干子粒表面平滑状况，分光滑、凹坑和皱褶 3 个类型。

39. 种皮透明度：采用目测法观测成熟干子粒种皮的透明程度，分透明、半透明和不透明 3 个类型。

40. 粒色：采用目测法，观测成熟干子粒的外观颜色，分淡黄、粉红、绿、褐、斑纹和紫黑 6 个类型。

41. 子叶色：将风干后的成熟干子粒取 5 粒剥去种皮后，观测成熟干子粒的子叶颜色，分淡黄、橙黄、粉红黄、绿和绿色 5 个类型。

42. 脐色：观测成熟干子粒的种脐颜色，分黄、灰白、褐和黑 4 个类型。

43. 百粒重：参照 GB/T 3543 - 1995 农作物种子检验规程，随机取风干后的成熟干子粒，2 次重复，每个重复 100 粒，用 1/100 的电子天平称量。单位为 g，精确到 0.01 g。

44. 鲜荚维生素 C 含量：针对菜用软荚豌豆类型，适收鲜荚可食部分。按照 GB/T 6195 - 1986 水果、蔬菜维生素 C 含量测定法（2，6 -二氯靛酚滴定法）进行豌豆鲜荚维生素 C 含量的测定。单位为 10^{-2} mg/g，保留小数点后两位数字。平行测定结果的相对相差，在维生素 C 含量大于 20×10^{-2} mg/g 时，不得超过 2%；小于 20×10^{-2} mg/g 时，不得超过 5%。

45. 青粒维生素 C 含量：测定方法和记载标准与蚕豆相同。

46. 青粒可溶性固形物含量：测定方法和记载标准与蚕豆相同。

47. 鲜荚可溶性固形物含量：此项测定针对菜用软荚型材料。将适收鲜荚可食部分切碎、混匀，称取 250 g，准确至 0.1 g，放入高速组织捣碎机捣碎，用两层纱布挤出匀浆汁液测定。具体测量方法依据 GB/T 12295 - 1990 水果、蔬菜制品可溶性固形物含量的测定—折射仪法。单位为%，精确到 0.1%。

48. 粗蛋白质含量：随机取干净的成熟干子粒 20 g 测定。具体测量方法依据 GB 2905 谷类、豆类作物种子粗蛋白质测定法。单位为%，精确到 0.01%。

49. 粗脂肪含量：随机取干净的成熟干子粒 25 g 测定。具体测量方法依据 GB 2906 谷类、油料作物种子粗脂肪测定方法。单位为%，精确到 0.01%。

50. 总淀粉含量：随机取干净的成熟干子粒 20 g 测定。具体测量方法依据 GB 5006 谷物子粒粗淀粉测定法。单位为%，精确到 0.01%。

51. 直链淀粉含量：随机取干净的成熟干子粒 20 g 测定。具体测量方法依据 GB 7648 水稻、玉米、谷子子粒直链淀粉测定法。单位为%，精确到 0.01%。

52. 支链淀粉含量：支链淀粉含量是豌豆子粒的粗淀粉含量减去豌豆子粒的直链淀粉含量在样品中所占的百分率。单位为%，精确到0.01%。

53. 各种氨基酸含量：随机取干净的成熟干子粒25 g测定。具体测量方法依据GB 7649谷物子粒氨基酸测定方法。单位为%，精确到0.01%。

54. 芽期耐旱性：以当年收获的种子，且不进行机械或药物处理。采用室内芽期模拟干旱法鉴定，以相对发芽率评价芽期耐旱性，将耐旱等级划分为高耐、耐、中耐、弱耐及不耐5个等级。鉴定方法、调查记载标准及抗性评价与蚕豆相同。

55. 成株期耐旱性：采用田间自然干旱鉴定法造成生育期间干旱胁迫，调查对干旱敏感性状的表现，测定耐旱系数，依据平均耐旱系数划定高耐、耐、中耐、弱耐及不耐5个等级。鉴定方法、调查记载标准及抗性评价与蚕豆相同。对初鉴的高耐级、耐级的材料进行复鉴，以复鉴结果定抗性等级。

56. 芽期耐盐性：统计豌豆芽期在相应发芽温度和盐分胁迫条件下的相对盐害率，根据相对盐害率的大小确定豌豆品种的耐盐级别。鉴定方法、调查记载标准及抗性评价与蚕豆相同。

57. 苗期耐盐性：针对在相应的盐分胁迫条件下幼苗盐害反应的苗情，进行加权平均，统计盐害指数，根据幼苗盐害指数确定豌豆苗期耐盐性的5个耐盐级别：高耐（HT，0%＜幼苗盐害指数≤20%）、耐（T，20＜幼苗盐害指数≤40%）、中耐（MT，40%＜幼苗盐害指数≤60%）、弱耐（S，60%＜幼苗盐害指数≤80%）和不耐（HS，幼苗盐害指数＞80）。鉴定方法、调查记载标准及抗性评价与蚕豆相同。

58. 白粉病抗性：豌豆白粉病主要发生在成株期。根据豌豆对病害的反应程度，将抗性分为5级：高抗（HR）、抗（R）、中抗（MR）、感（S）和高感（HS）。

鉴定方法：鉴定圃设在豌豆白粉病重发区。适期播种，每鉴定材料播种1行，行长1.5～2 m，每行留苗20～25株。待植株生长至开花期即可采用人工喷雾接种。用蒸馏水冲洗采集的发病植株叶片上的白粉菌分生孢子，配制浓度为8×10^4孢子/mL的病菌孢子悬浮液，喷雾接种豌豆叶片。接种后需进行田间灌溉，使土壤处于较高湿度条件下，以创造适宜发病的环境条件。

调查记载标准及抗性评价：接种后20 d进行调查。记载鉴定材料内各单株的发病级别，并进行病情指数（disease index，DI）计算。级别：0级（叶片上无可见侵染）、1级（菌体覆盖叶面积的0.1%～12%）、3级（菌体覆盖叶面积的12%～30%）、5级（菌体覆盖叶面积的31%～50%）、7级（菌体覆盖叶面积的51%～75%）、9级（菌体覆盖叶面积的76%～100%）。

$$\text{病情指数（\%）}=\frac{\sum\text{（病情级别×该级别植株数）}}{\text{最高病情级别（9）×调查总株数}}\times 100$$

根据病情指数将豌豆对白粉病抗性划分为5个等级：高抗（HR，0＜病情指数≤1）、抗（R，1＜病情指数≤10）、中抗（MR，10＜病情指数≤25）、感（S，25＜病情指数≤50）和高感（HS，病情指数＞50）。

若在白粉病常发区，当白粉病普遍严重发生时，可以通过田间观察豌豆植株自然发病状况，直接依据群体的叶片总体发病程度，即病情级别，初步评价在自然发病条件下的田间抗性水平。将病情级别中的0和1级视为高抗（HR），3级为抗（R），5级为中抗（MR），7级为感（S），9级为高感（HS）。

59. 锈病抗性：豌豆锈病主要发生在成株期。根据豌豆对病害的反应程度，将抗性分为5级：高抗（HR）、抗（R）、中抗（MR）、感（S）和高感（HS）。鉴定方法、调查记载标准及抗性评价与蚕豆相同。

60. 褐斑病抗性：豌豆褐斑病主要发生在成株期。根据豌豆对病害的反应程度，将抗性分为5级：高抗（HR）、抗（R）、中抗（MR）、感（S）和高感（HS）。鉴定方法、调查记载标准及抗性评价与蚕豆相同。

61. 霜霉病抗性：豌豆霜霉病主要发生在豌豆成株期。根据对病害的反应程度，将抗性分为5级：高抗（HR）、抗（R）、中抗（MR）、感（S）和高感（HS）。

鉴定方法：采用田间自然发病鉴定法。鉴定圃设在豌豆霜霉病重发区。适期播种，每份材料播种1行，行长1.5～2 m，每行留苗20～25株。在鉴定材料间播种感病品种作为田间病菌侵染源。

调查记载标准及抗性评价：病情调查在豌豆开花至结荚盛期。根据每份材料总体的叶片背面的发病程度，记载发病级别，依据发病级别进行各鉴定材料抗性水平的评价。级别：1级（叶片上无可见侵染或菌体覆盖叶面积的5%以下）、3级（菌体覆盖叶面积的5%～25%）、5级（菌体覆盖叶面积的25%～50%）、7级（菌体覆盖叶面积的55%～75%)、9级（菌体覆盖叶面积的75%～100%）。

根据发病级别将豌豆对霜霉病抗性划分为5个等级：高抗（HR，发病级别1)、抗（R，发病级别3)、中抗（MR，发病级别5)、感（S，发病级别7）和高感（HS，发病级别9)。

62. 蚜虫抗性：在豌豆的各生育阶段均可发生蚜虫危害。根据蚕豆蚜在豌豆植株上的分布程度和繁殖、存活能力，将豌豆对蚜虫的抗性划分为5级：高抗（HR)、抗（R)、中抗（MR)、感（S）和高感（HS)。鉴定方法、调查记载标准及抗性评价与蚕豆相同。

63. 潜叶蝇抗性：潜叶蝇危害主要发生在豌豆成株期。根据在豌豆叶片上钻蛀孔道的程度，将豌豆对潜叶蝇的抗性划分为5级：高抗（HR)、抗（R)、中抗（MR)、感（S）和高感（HS)。鉴定方法、调查记载标准及抗性评价与蚕豆相同。

参 考 文 献

[1] 陈家旺，陈汉才，黎明．甜豌豆新品种粤甜豆1号的选育．广东农业科学．2000（6）：24～26
[2] 陈两桂，李又华．豌豆新品种翠豆的选育．广东农业科学．1998（5）：14～15
[3] 冯钦华，贺辰邦．食荚豌豆新品种甜脆761. 作物杂志．2000（2）：34
[4] 冯钦华，贺晨邦．豌豆新品种草原276选育研究．青海农林科技．1999（4）：43～44
[5] 盖钧镒，金文林．我国食用豆类生产现状与发展策略．作物杂志．1994（4）：3～5
[6] 郭高球，车晋叶，冯钦华．豌豆新品种草原224选育研究．青海农林科技．1997（1）：14～15
[7] 何玉林，王玉芳．豌豆新品种定豌1号．作物杂志．1998（1）：36
[8] 金文林，宗绪晓主编．食用豆类高产栽培技术．北京：中国盲文出版社，2000
[9] 金文林主编．特用作物优质栽培及加工技术．北京：化学工业出版社，2002
[10] 金文林主编．种业产业化教程．北京：中国农业出版社，2002
[11] 寇思荣，王梅春，余峡林，王思慧．旱地豌豆新品系8750.5选育报告．甘肃农业科技．1999（11）：28～29
[12] 李安智，傅翠贞．中国食用豆类营养品质鉴定与评价．北京：中国农业科技出版社，1993
[13] 李长年主编．中国农学遗产选集（上集）．北京：中华书局，1958
[14] 刘富中，GostimskiiS A. 豌豆叶绿素突变基因 xa-18的遗传分析．见：中国园艺学会第九届学术年会论文集．2001.242～246
[15] 刘富中．用易位系定位豌豆无蜡粉突变基因 w-2. 园艺学报．1999（2）：101～104
[16] 刘莹，敬树忠，张莉珠．矮生软荚豌豆新品种食荚甜脆豌1号的选育．中国蔬菜．1999（3）：29～30
[17] 龙静宜，林黎奋等．食用豆类作物．北京：科学出版社，1989
[18] 王凤宝，董立峰，付金锋，周永国，董海英，刘翠华．半无叶型豌豆7个农艺性状的通径分析及利用．河北职业技术师范学院学报．2001（4）：17～20
[19] 王凤宝，付金锋，董立峰，李艳华．豌豆异季加代育种及选择试验．河北职业技术师范学院学报．2002（1）：5～8
[20] 杨俊品，杨武云．一个豌豆育成品种遗传不稳定性的细胞遗传学机制．西南农业学报．1997（1）：60～63
[21] 杨俊品，刘莹，田守均．川西南豌豆地方品种产量性状遗传差异研究．四川农业大学学报．1996（2）：219～222
[22] 赵桂兰，简玉瑜．大豆与豌豆原生质体融合的初步研究．大豆科学．1987（2）：123～126
[23] 郑卓杰等．中国食用豆类品种资源目录（第二集）．北京：农业出版社，1990
[24] 郑卓杰等．中国食用豆类品种资源目录（第一集）．北京：中国农业科技出版社，1987
[25] 郑卓杰主编．中国食用豆类学．北京：中国农业出版社，1997
[26] 中国农业百科全书编辑委员会．中国农业百科全书农作物卷．北京：农业出版社，1991
[27] 朱玉贤．应用改良的cDNARDA方法克隆短日照条件下开花后特异表达的 G_2 豌豆基因．第八次全国生物化

学与分子生物学学术会议．1997．129～130
[28] 宗绪晓．国内外豌豆育种概况及国内育种展望．农牧情报研究．1989（10）：6～12
[29] АмелинА В. 李森译．食用豌豆品种育种中产量组分的变异．国外农学——杂粮作物．1995（2）：52～53
[30] Amrish Vaid，Tyagi P D著．冯钦华译．豌豆白粉病抗性的遗传学．国外农学——杂粮作物．1998（5）：14～16

（金文林编）

第十章　绿豆育种

绿豆是古老的栽培植物之一。学名为 *Vigna radiata*（L.）Wilczek，英文名为 mung bean 或 green gram，日文名为リョクドウ，染色体 $2n=22$。绿豆古名菉豆、植豆、文豆。

绿豆是温带、亚热带和热带高海拔地区广泛种植的粒用豆类，亚洲栽培最多，印度、中国、泰国、菲律宾等东南亚国家栽培最广泛，非洲、欧洲、美洲也有少量的栽培。近年来，绿豆是泰国、菲律宾最重要的豆类作物，在斯里兰卡，绿豆在豆类作物中排第二，在印度、缅甸、孟加拉国和印度尼西亚则排第三，而在中国、马来西亚、韩国、中东等地均属中小作物。

我国绿豆分布极为广泛，北从黑龙江及内蒙古，南至海南省，东起沿海一带及台湾省，西达云南、贵州及西藏等省、区均有栽培。但绿豆在我国属于小杂粮作物，主要产区集中在黄河、淮河流域的平原地区，以河南、山东、山西、河北、陕西、安徽、四川等省种植较多。

第一节　国内外绿豆育种研究概况

一、国内绿豆育种研究进展

我国开展工作绿豆育种及其基础性研究工作比较晚（除中国台湾省的 AVRDC 较早外），有计划地搜集、保存、研究和利用绿豆种质资源工作也是在 1978 年以后被正式列入国家研究课题，由中国农业科学院品种资源研究所牵头，全国 25 个省、市农科院所的有关科技人员共同努力，已搜集到绿豆品种资源 5 000 余份，其中 4 719 份已经完成农艺性状鉴定并编入《中国食用豆类品种资源目录》，4 445 份已经存入国家种质资源库。完成蛋白质和淀粉分析各 2 524 份，耐旱鉴定 2 005 份，耐盐鉴定 1 687 份，抗叶斑病鉴定 2 132 份，抗根腐病鉴定 2 064 份，抗蚜虫鉴定 2 123 份（这些数据均未含中国台湾省的数据）。

在育种方面，主要通过地方品种筛选、异地引种为主，如大面积推广的绿豆品种有中绿 1 号、中绿 2 号、苏绿 1 号、鄂绿 2 号、南绿 1 号、鲁引 1 号、冀绿 1 号、明绿 245（C0069）、D0804 绿豆等。

杂交组配育种较少，至今育出的优良品种为数不多，如河北省培育出冀绿豆 2 号品种，平均产量为1 573.5～2 590.5 kg/hm²，前期稳长，后期不早衰，且耐涝性明显。据雄县观察，在一次降暴雨 750 mm 的情况下，种植冀绿豆 2 号的地块长时间积水，产量仍达到 1 560 kg/hm² 的好收成。冀绿豆 2 号虽为明绿豆，但百粒重偏小。除此之外，还有潍绿 1 号、豫绿 2 号、郑绿 5 号等绿豆新品种。1987 年，河南农业科学院粮食作物研究所在试验地发现了子粒种皮黑色无光泽的突变系，之后命名为郑州乌绿豆，这一稀有类型具有药用价值，其营养价值高于中绿 1 号（韩粉霞等，1999）。

辐射诱变育种方面，李翠云等（1999）在中绿 1 号和安丘柳条青 2 个品种进行 $^{60}Co\gamma$ 射线处理的第 4 代中选出了具有高产或极早熟等性状的突变体材料。李国柱等（1999）在中绿 2 号干种子经 $^{60}Co\gamma$ 射线照射后代中获得了 4 个优良突变体，并对这些辐射诱发突变体的生理生化及性状指标进行了研究，发现其光合强度提高了33.3%～65.9%，光呼吸强度降低 52.3%～63.0%，有望培育出高光合效率的新品种。

在远缘杂交方面，孟昭璜等（1999）将绿豆与甘薯嫁接获得了优质高产的薯绿豆系列品种。薯绿 1 号与原接穗小灰角绿豆相比，千粒重提高 94.4%，碳水化合物含量增加 12.8%，产量提高了 14%～56%；其植株、花粉粒、淀粉粒形态、气孔与海绵组织以及酯酶同工酶、染色体数目均有明显变化。

二、国际绿豆育种研究进展

绿豆也是世界性的重要食用豆类作物。亚洲蔬菜研究与发展中心（Asian Vegetable Research and Development Center，AVRDC）是受托管理湿润和半湿润热带地区蔬菜作物研究和发展的国际中心，建于1971年，总部设在中国台湾省台南市，是致力于绿豆研究的惟一的一个国际农业研究中心，在绿豆品种改良方面取得了很大进展。自20世纪70年代以来，采用杂交育种手段，培育出一批高产、优质、综合农艺性状优良、适应性广、抗逆性强的绿豆新品系，并通过国际绿豆圃试验（IMN），将这些优良品种（系）向世界各国普及推广。到1994年，已有46个品种在20个国家正式命名并大面积应用。

绿豆产量不高不稳的主要原因在于其感光性强、晚熟、成熟不一致、易倒伏、成熟时易裂荚、无限生长习性、病虫危害等。AVRDC新育成品系的荚果一次收获率提高了80%～90%，产量潜力从0.3～1 t/hm² 提高到了2.75 t/ hm²；如Vc2768B等育成品系的植株顶部结荚多，Vc1160 - 22 - 2B - 1 - B、Vc1163A、Vc1178、Vc1628A、Vc2764B等品系具有良好的成熟一致特性，Vc1163A和Vc1168B不易裂荚，Vc1628A和Vc2764B具有较好的抗倒伏能力。1973—1977年育成的82个品系的平均产量比20个亲本的平均产量提高了26%；1978—1982年育成的87个品系的平均产量比1973—1977年的82个品系的平均产量提高了20%；1983—1987年育成成品系的千粒重也大大提高了。

AVRDC也十分重视抗病虫育种，已拥有一批对绿豆主要病虫具有抗性的种质材料，见表10-1。

表10-1 AVRDC筛选或育成对主要病虫具有抗性的绿豆种质材料

病害名称	抗源名称	育成的抗（耐）病品系
叶斑病 *Cercospora* spp.	V1445、V1471、V2272、V2757、V2773、V3274、V3276、V3279、V3501、V4679、V4706、V4717、V4718、V5000、V5036、V3417、V4483等	Vc1137A、Vc1560D、Vc2720A、Vc3689A、Vc3543、Vc3741A等
白粉病 *Erysiphe polyponi*	V1104、V2159、V2773、V3911、V3912、V4186、V4189、V4207、V4574、V4584、V4631、V4658、V4662、V4663、V4679、V4717、V4718、V4799、V4883、V4966、V4967、V4990等	Vc1560A、Vc1560C、Vc1482A、Vc3528A、Vc3543A、Vc3689A、Vc3741A、Vc4066A、Vc4152A等
立枯病 *Rhizoctonia solani*	V1103、V1446、V1877、V4993等	Vc1163A等
炭疽病 *Marcrophomina phaseolina*	V3404、V3476、V3484	Vc1131 - B - 12 - 2 - B等
皱叶病毒病 leaf crinkle virus	V3417、V4483等	
黄花叶病毒病 leaf yellow mosaic virus	V2273、V2772、V2773、V3404、V3417、V3484、V3485、V3486、V3487、V4800、V4483	Vc1137 - 2 - B、Vc1131 - B - 12 - 2 - B等
绿豆黄瓜花叶病毒病 mungbean cucumber leaf mosaic virus	V1868、V2010、V2040、V2043、V2357、V2650、V2866、V2867、V2984、V3476、V3686、V4184、V4842等	
绿豆斑纹病毒病 mungbean mottle virus	V1114、V1133、V1153、V1227、V1337、V1353、V1562、V1595、V1672、V1673、V1682、V1693、V1696、V1745、V1811、V1831、V1878、V1972、V1976、V2082、V2194、V2260、V2310	Vc1973A等
豆蚜 *Aphis craccivora*	V1381、V1944、V2184	
豆秆潜蝇 *Ophiomyia* sp.	V1160、V2396、V3495、V4281	Vc4035 - 17
豆荚螟 *Maruca testulalis*	V2109、V2106、V2135、V4270、VM2135等	

（续）

病害名称	抗源名称	育成的抗（耐）病品系
豆象 *Callosobruchus chinensis*	VM2011、VM2164、TC1966、NARP-4、V2802B-G、V1128B-BL 等	
根结线虫 *Meloidogyne incognita*	V1133、V1412、V1709、V2010、V2179、V2744、V2773 等	

为了提高抗病虫育种效率，AVRDC 研究出繁殖叶斑病菌种的培养基、繁殖方法和人工接种技术；打破了白粉病抗性与小粒、感光之间的连锁关系；研究了一些抗源材料的抗性机理；采用胚培养、花药培养等生物技术方法，加速有用基因的转育；成功地进行了绿豆与黑绿豆的种间杂交，为将黑绿豆的一些有用基因导入绿豆奠定了基础。此外，AVRDC 还与美国明尼苏达大学合作，采用约 200 个 RFLP 和 RAPD 标记，绘制出了绿豆的遗传基因图谱，并通过连锁分析，对一些重要基因进行了定位，如控制豆象抗性、白粉病抗性、黄花叶病毒病抗性、子粒大小的基因等。也进行了以 RFLP 和 RAPD 技术为辅助手段的抗豆象和抗黄花叶病毒病回交育种研究。在解决所有病虫害问题的同时，AVRDC 的科学家还重视新病虫害的发现和研究工作。如近年来又从绿豆上分离出了一种新的 Poty 病毒，该病毒在血清学上与豇豆花叶病毒、红小豆花叶病毒和豆类普通花叶病毒的 VY-15 株系有密切的亲缘关系，由蚜虫传播，绿豆生长初期感病会显著减产。AVRDC 已经筛选出对该病毒具有免疫能力的种质材料 V1153、V1682 和 V1745，也进行其抗性育种工作。

绿豆品种的感光性、耐旱性、耐寒性和耐渍性是影响其适应性的重要因素，其中，以感光性最为关键。AVRDC 对绿豆材料感光性的筛选采取大田自然光周期鉴定与温室人工光周期鉴定相结合的方法进行，鉴定出的不感光种质材料有 V1400、V1944 和 V3726，均已用作杂交亲本；已经育成的感光性弱、适应性广的高产品系有 Vc1628A、Vc1168B、Vc1973A 等。筛选出的耐旱种质材料有 V1281、V1947、V2013、V2984、V3372、V3388、V3404、V3484 等；育成的耐旱品系有 Vc1163D、Vc2750A、Vc2754A、Vc2768 等。鉴定出耐寒种质材料 V1484、V2013、V2164、V1950、V1968、V1398、V2984、V1250 等，可用作育种亲本。已发现 V1968、V2984、V3092、V3372 等材料具有不同程度的耐渍性。在育成品系中，Vc2768A 耐渍性较强，且高产、抗病，被泰国引进并正式命名为 PSU1。AVRDC 的科学家还发现 Vc2763A 耐酸性和盐碱性土壤，Vc1178 和 Vc2768A 适宜接水稻茬口。

绿豆的子粒品质包括外观品质和营养品质两个方面。在外观品质上，由于世界上大多数地区都喜好绿色、明光、大粒的绿豆类型，所以这种类型也是绿豆育种的重点。在 AVRDC 的育成品系中，Vc2778A、Vc1973A 等大多数均属这种类型。与此同时，AVRDC 还根据世界上某些地区对绿豆外观品质的特殊要求，选育少量具有黄皮、毛粒、小粒等特点的品系，以增加利用者的可选择性。

AVRDC 近 30 年来在绿豆株型育种中做了很多工作，使结荚集中在冠层，提高了绿豆的抗倒伏性和不裂荚落粒性，培育出光周期不敏感，成熟一致的材料，并把育出的新品系分发到世界上十几个国家进行农艺性状鉴定等，从而使绿豆的育种工作取得了突破性的成效，选育出增产潜力达 2 700 kg/hm^2 的优良品种，如 Vc1973A、Vc2778A、Vc2917A，Vc3778A 等。近年来，AVRDC 又推出了一批综合性状好的高产、稳产绿豆新品系，如 Vc3737A、Vc3890A、Vc4050A、Vc2991A、Vc3664A、Vc3853A、Vc3766-3B-2-B、Vc4066A、Vc3301A、Vc4111A、Vc3300A、Vc3902A、Vc3117A、Vc3738A、Vc3726A、Vc4048A、Vc4059A、Vc4143A、Vc4152A、Vc3092A 等，通过国际绿豆圃试验网和其他国际合作途径，分发到世界有关国家的绿豆育种项目，进一步进行鉴定、评价和推广利用。

第二节　绿豆育种目标及性状的遗传

一、育种的主要方向及育种目标

（一）绿豆育种目标确定的原则　首先要根据本地区的气候、地形、土壤等自然条件、病虫害发生情况、栽培习惯、品种状况、农业经营条件、社会条件等来确定，同时要预测新品种推广应用时的农业技术、生产水平、社会需求等的变化以及消费者对品种的要求，突出重点，培育出适于高产、优质、高效生产需求的品种。

确定育种目标是育种工作成败的关键。应切合实际地根据生态环境和生产发展的要求，以及市场的需要，提出明确而有针对性的育种目标。就目前我国生产发展和市场的需要而言，应致力于选育适合麦茬夏播和间套作的品种。

（二）绿豆育种目标　以高产、质优、早熟、植株直立紧凑、抗倒伏、结荚集中在冠层、成熟一致、不裂荚落粒、抗尾孢属叶斑病、抗虫为主要育种目标。

1. 选育产量高、稳产性好、抗逆性强的大粒型品种　要求株型直立、塔型、分枝与主茎夹角小、叶片浓绿、株高 50～70 cm、不倒伏。正常年份单产达到 3 000～3 750 kg/hm²。

2. 选育早熟、特早熟品种　在绿豆新品种选育工作中，为适应平原及高寒地区种植的需要，绿豆新品种应具有明显的早熟性。一般要求早熟品种生育期 70～80 d，特早熟品种 50～60 d。

3. 选育不感光、不感温或感光、感温性弱的品种　这样的品种适于各生态区种植，播期弹性大，也可多季栽培；不但适于平播，也适于间作。

4. 选育抗病虫新品种　抗或兼抗叶斑病、白粉病、枯萎病、病毒病，对豆荚螟、豆天蛾、斜纹夜蛾、蚜虫及绿豆象具有较高的耐虫性能。

5. 增强品种对倒伏、裂荚、干旱及其他不利性状和因素的耐性　绿豆新品种应耐旱性强，在雨量偏少年份不减产，特大干旱年份也能保持一定的收成；具有很强的耐盐碱、耐瘠薄能力。

6. 通过种间杂交培育优质品种　通过杂交组配将抗病虫基因转移到优质绿豆品种中，提高蛋氨酸含量，以改善绿豆子粒蛋白质的质量，优质新品种蛋白质含量高于 25%、淀粉含量高于 55%，且商品性好，粒色鲜绿色、粒形整齐、百粒重 6.0 g 以上、发芽率高。

二、质量性状的遗传

对于绿豆的遗传研究较少。1930 年 Bose 发现绿豆花色和种子表面的特性没有连锁，种子表面的特性也为单基因遗传，种皮有光泽为隐性性状。种皮色由两个基因控制，基因符号为 *Bb* 和 *Bfbf*。种皮蓝色由基因 *Bb* 控制，而浅黄色由等位隐性基因 *bf* 控制，叶绿体数量由基因 *Gg* 控制。1939 年 Bose 发现未成熟的荚色和花色受同一对基因控制，橄榄黄花色具有隐性单基因遗传的特性。Sen 和 Ghosh（1959）认为橄榄黄花色是由基因 *O* 控制，它对褐色花基因 *o* 为显性，硫磺花色是由双等位花色苷基因 *cc* 作用的结果。

控制植株不同部位的紫色分布和表现的基因为 *Pp* 和等位基因系列 *C*-*Cb*-*c*，在等位基因 *C*-*Cb*-*c* 中色素显性效应是累加的。下胚轴色 *Pp*、粒色 *Bb* 和荚果色 *Lplp* 是一个连锁群，*Pp* 和 *Bb* 的遗传距离为 4.3 cM，*Bb* 与 *Lplp* 之间的距离为 15.6 cM，*Pp* 与 *Lplp* 之间为 9.4 cM。

绿豆植株的匍匐性、攀援性均为单基因遗传，半匍匐性对匍匐性是显性，非攀援性对攀援性是显性，这两对性状 F_2 分离比例为 9∶3∶3∶1，说明是两对基因是独立遗传的。

叶色和茎色均为单基因遗传，叶色深绿对叶色浅绿为显性，茎紫色对绿色为显性。

未成熟荚腹缝线上的紫红脉纹对无脉纹为显性；成熟荚的黑色对浅褐色为显性。基因 *lp* 存在，荚为浅玉米花色；基因 *a* 存在，荚为杏仁似的浅褐色；*Lp* 与 *A* 同时存在荚为黑色。

绿豆叶缘是由简单的主要基因控制的，全缘是裂片叶缘的隐性，但有人发现裂片叶缘对全缘是部分显性，由单基因控制的遗传。

绿豆结荚通常为每节一簇，但有时为 3 簇，这是由一个简单的、被抑制的主效隐性基因控制的。

三、数量性状的遗传

绿豆单株生产力、单株荚数、荚粒数、株高、生育日数等性状在遗传上较为稳定，遗传率较高；在育种过程中，若进行早代择优选择，有较高的成功机率。张耀文等（1999）研究表明，绿豆的单株生产力、单株荚数、荚粒数、百粒重、株高和生育日数 6 个性状的广义遗传率较高，均在 80%以上，其中生育日数、株高和百粒重的遗传率在90%以上。单株生产力变异系数为最高，达到52.6%；其他依次为株荚数、株高、百粒重、生育日数和荚粒数。而陈永安（1994）认为，结荚高（34.12%）、株高（28.25%）、主茎节数（8.20%）、单株荚数（27.35%）、单荚长（56.34%）、每荚粒数（18.24%）、单株粒数（23.14%）、单株粒重（28.39%）广义遗传率均较低（括号内为相应的遗传率）。

在实践中发现，绿豆的产量性状具有较高的遗传变异和中等遗传率，但预期的遗传进度较低。单株产量、单株荚数和分枝数的遗传进度较高，但这些性状具有较低的遗传率。分枝数、荚数和子粒产量具有较高的遗传变异系数和遗传进度，可用适当的选择计划来改良。单株荚数虽有高的遗传变异（19.2）和9%的最大遗传进度，但只有48%的中等遗传率（张耀文等，1999）。

子粒产量与单株荚数、荚粒数高度相关，也与生育前期、生育后期的天数呈正相关。单株分枝数、每簇荚数、每株花序数、每株叶数、叶绿素浓度及收获指数也表现出与单株产量有很大的正相关。表10-2的通径分析结果也表明，单株生产力与株荚数、荚粒数和百粒重的关系，从决定系数*di*的大小可以看出，单株荚数对单株生产力的影响起着决定性的作用（1.076 0），其次是百粒重（0.125 8），再次是荚粒数（0.049 5），剩余决定系数很小，为0.003 4。若能协调好“荚、粒、重”的关系，缩小中选率，增大选择强度，就可能获得高产材料。

表10-2　通径分析结果

项　目	$X_1 \to Y$	$X_2 \to Y$	$X_3 \to Y$
单株荚数X_1	1.037 3	−0.414 8	−0.210 4
荚粒数X_2	−0.088 9	0.222 4	0.034 8
百粒重X_3	−0.036 3	0.055 5	0.354 7
决定系数*di*	1.076 0	0.049 5	0.125 8
与Y相关	0.876 5**	−0.136 9	0.179 1

第三节　绿豆种质资源研究与利用

一、绿豆分类

在种内尚无明确的分类，绿豆有许多种类和适应性的变异，主要分为4个类型：①金黄色类型（aureus），黄色或金黄色种子，一般产量较低，有裂荚性，常用作饲料和绿肥；②典型类型（typical），具有深绿或绿色种子，产量较高，成熟较一致，裂荚性较小，种植比较普遍；③大粒型（grandis），为黑色种子类型；④褐色粒型（bruneus），种子为褐色的类型。此外，绿豆还有其近缘野生种*Vigna radiata* var. *sublobata*（Roxb）Versourt。

在生产上，可将绿豆品种分为地方品种（或农家品种）和家系品种（包括纯系品种）两大类。在地方农家绿豆品种中，按照不同性状还有如下分类方法。

①按种皮颜色分为绿、黄、褐和蓝黑4个种类。

②按种皮光泽分为有光泽（有蜡质，又称明绿豆）和无光泽（无蜡质，又称毛绿豆）2个种类。国内搜集的4 719个绿豆品种中，种皮有光泽的和种皮无光泽的份数接近，但明绿豆的比例由北向南逐步减少，毛绿豆的比例由南向北逐渐减少。

③按子粒大小分为大粒型（百粒重6 g以上）、中粒型（百粒重4～5 g）和小粒型（百粒重3 g以下）3个种类。

④按生育期长短分为早熟型（全生育期70 d以内）、中熟型（全生育期70～90 d）和晚熟型（全生育期90 d以上）3类。

⑤按株型分为直立型、半蔓型和蔓生型3类。

二、国内外绿豆资源搜集、保存与研究现状

（一）国际绿豆种质资源研究　由于绿豆的营养价值高，且易于消化，世界上许多国家根据品种改良的需要，

十分重视绿豆种质资源的搜集，已搜集保存的绿豆种质资源达3万多份（表10-3）。其中，设于中国台湾省的亚洲蔬菜研究与发展中心（AVRDC）把绿豆资源的搜集、保存、鉴定、利用和绿豆育种作为研究的重点，经国际植物遗传资源委员会（IBPGR）认可，AVRDC建立了世界绿豆种质资源长期库，保存有正式编号的绿豆种质材料5 274份，近缘种黑绿豆种质材料408份，这些材料均已按IBPGR规定的项目进行了性状鉴定和评价，并送入长期库保存。此外，AVRDC还拥有临时编号的绿豆种质819份，黑绿豆种质339份，还不间断地从各国搜集绿豆种质资源，同时每年又向世界各国的绿豆研究机构免费提供各种种质材料，以提高种质资源的利用效率。据统计，1976—1990年期间，AVRDC向各国分发绿豆种质57 156份次。

表10-3　绿豆种质资源保存情况

（引自郑卓杰，1997）

保存国家或研究中心	保存材料数
中国：中国农业科学院作物品种资源研究所（ICGR-CAAS）	3 591
中国台湾省：亚洲蔬菜研究与发展中心（AVRDC）	5 274
印度：旁遮普农业大学（PAU）	3 000
国家植物遗传资源管理局（NBPGR）	2 200
印度尼西亚：中央粮食作物研究所（CRIFC）	2 172
国立生物研究所（NBI）	100
玛琅粮食作物研究所（MARIFC）	867
菲律宾：菲律宾大学植物育种研究所（IPB-UPLB）	5 736
孟加拉国：孟加拉农业研究所（BARI）	498
巴基斯坦：巴基斯坦农业研究中心遗传资源研究室（GRL-PARC）	627
日本：国立农业生物研究所（NIAR）	124
哥伦比亚：哥伦比亚农业研究所（ICA）	135
美国：美国农业部南部地区植物引种站（SRPIS-USDA）	3 800
密苏里大学（UM）	2 100
合　计	30 224

AVRDC在抗病虫特性、丰产性、稳产性和抗逆性等方面获得了许多具有利用价值的种质材料，拓宽了绿豆育种的基因来源，这也是绿豆育种取得良好进展的主要原因之一。AVRDC科学家在配置大量组合的基础上，筛选出了10个最佳母本材料（V1380、V1411、V1944、V1945、V1947、V2184、V2272、V2273、V2773和V3476）和10个最佳父本材料（V1394、V1400、V1411、V1945、V1947、V2184、V2272、V2273、V2773和V3476），并且还发现了与近缘种黑绿豆杂交亲和性最好的3个绿豆亲本材料（V4997、V6085和V6099）。上述最佳亲本材料的主要优良性状包括高产、抗病虫、不感光、早熟、耐旱、成熟一致、明光大粒、株型直立、抗倒伏、成熟时不裂荚等。

印度早在1942年就开始了对绿豆资源的搜集和评价工作，近年来对2 028份AVRDC的绿豆品种进行了鉴定，筛选出兼抗绿豆黄色花叶病毒病（MYMY）、皱叶病毒病（leaf crinkle virus）以及尾孢菌叶斑病（*Cercospora canescens*）的绿豆V3417和V4483。菲律宾也从AVRDC的绿豆种质中筛选出高抗尾孢菌叶斑病的绿豆Vc1000B和Vc763-13-B-2-B。AVRDC近30年来在绿豆种质资源研究中，获得了大量抗叶斑病与白粉病的抗源，使绿豆的抗病育种工作取得了突破性的进展。

（二）国内绿豆种质资源　绿豆在中国具有悠久的栽培历史，数千年来，生产上长期管理粗放、混合栽种、广种薄收，经过自然环境条件压力选择保存下来的遗传型材料，对当地不良环境具有很强的适应性。我国幅员辽阔，不同环境下分化出适应各自不同环境的优良材料。我国除了台湾省较早开展种质资源的搜集和保存外，在1978—1985年期间，重点进行绿豆种质资源搜集、农艺性鉴定和整理、保存。20余年来，我国广泛征集国内外的绿豆种质资源，从国内征集到的4 719个绿豆品种资源（不包括台湾省AVRDC的数据）中，以河南省最多，有916份，占总数的19.4%；其次是山东省（672份）、山西省（409份）、河北省（396份）、湖北省（303份）和安徽省（301份）。这些材料绝大多数已编入《中国食用豆类品种资源目录》第一集、第二集和第三集。西藏和青海等省份的绿豆资源没有征集。

我国绿豆种质资源遗传变异丰富。从生育期来看，平均为85 d，最短的仅50 d，晚熟品种达151 d，筛选出生育期在60 d以下的特早熟品种99个，且集中在河南省，达90个，占总数的90.9%；陕西3份，广西2份，北京、河北、山东、江西各1份。在特早熟品种中，C04647生育期仅50 d，C03463和C03464的生育期为55 d。生育期130 d以上的晚熟品种主要分布在内蒙古、黑龙江、甘肃、宁夏等春播区和湖北等省的一些半野生类型当中。

在4 719份绿豆资源中，子粒绿色的有4 320份，占91.5%，分布于全国各地；黄色的250份，占5.3%；褐色的118份，占2.5%；青蓝色的31份，占0.7%。百粒重分布在1.0～9.6 g之间，平均为4.85 g。其中，百粒重6.5 g以上的有364个，占总数的7.7%；7.0 g以上的有181个，占3.8%；7.5 g以上的特大粒品种有76个，占1.6%，主要分布在山西、山东、内蒙古、安徽、湖南和国外引进品种当中，其中C04595达9.6 g，C03869为8.8 g，C01229和C00506都为8.5 g。

对国内250份黄皮绿豆也进行了鉴定，其中明绿豆占2/3，毛绿豆占1/3左右。筛选出37份优质种质资源，见表10－4。

表10－4　黄皮绿豆优异资源名录

优异性状	份数	优异种质统一编号或名称
早熟（生育期≤65 d）	6	C2906、C2909、C2910、C2911、C2912、C2913
大粒（百粒重≥6.5 g）	5	C0559、C3166、C3574、C3899、C4620
多荚（单株结荚≥70个）	8	C0561（耐旱）、C0776、C2148、C4062、C4064、C4067、C4069、C4074
早熟（≤70 d）大粒（≥6.0 g）	2	C4358、C4360
早熟（≤70 d）多荚（≥30个）	7	C1408、C1412、C1414、C1418、C1420、C1423、C2150
大粒（≥6.2 g）多荚（≥22个）	7	C0331（较耐旱）、C0555（耐旱）、C0556（耐旱）、C0568、C1410、C3899、C4700
早熟（≤70 d）大粒（≥6.0 g）多荚（≥20个）	2	C1406、C4356

一般地方品种虽然耐瘠、耐某种不良环境，但产量很低，适应地区范围较小；绿豆成熟不一致，成熟时荚果在日晒下有裂荚落粒性（炸荚），这就形成多数绿豆地方品种需要多次采摘的特点。

1986年以后，我国陆续开展了抗病、抗蚜、耐旱、耐盐及品质分析等鉴定评价工作。从1 037份绿豆种质中仅筛选出1份中抗尾孢菌叶斑病（*Cercospora canescens*）的材料，没有发现高抗或免疫材料；对1 104份绿豆种质也没有筛选出对丝菌核根腐病（*Rhizoctonia solani*）中抗以上的种质材料；从1 032份绿豆中仅筛选出1份抗豆蚜（*Aphis craccivora*）种质，没有发现高抗种质。

1986—1990年期间，中国农业科学院作物品种资源研究所与河南省农业科学院、湖北省农业科学院及南开大学等单位协作，对全国各省、市、自治区提供的绿豆种质资源的蛋白质、粗脂肪、总淀粉、直链淀粉等品质性状进行了分析。

对2 524份绿豆资源进行了营养品质鉴定，蛋白质含量28%以上的品种有18个，主要分布在湖北、北京、山西、山东、河北和湖南，其中C02975达29.06%，C01701为28.99%，C01059为28.95%。低蛋白型品种中蛋白质含量在20%以下的品种有23个，主要分布在内蒙古、山西和河南，其中C01940只有17.37%，C00656为17.63%。

总淀粉含量在57%以上的品种有30个，主要分布在河南、山东、内蒙古、吉林和贵州，其中C01940达60.15%，C00630为59.99%，C01490为58.58%。

在鉴定的2 394份绿豆资源中，耐旱性材料主要分布在山西、山东、内蒙古、吉林、湖北、北京、河南、河北、陕西和国外品种中，其中C01809芽期和熟期耐旱性均为1级，C00406、C00602、C01368、C02157、C03406、C03419等14个品种芽期耐旱性为1级，熟期耐旱性为2级。

苗期耐盐性强弱是绿豆在盐碱地栽培的限制因素，因此在耐盐育种和盐碱地栽培上应优先选用芽期或苗期耐盐性强的品种。在鉴定的2 429份绿豆资源中，耐盐品种有22个，主要分布在山东、吉林和湖北，其中C01257芽期和苗期均为1级；C01726芽期耐盐为2级，苗期耐盐为1级；C00699芽期耐盐为1级，苗期耐盐为2

级。

中国农业科学院品种资源研究所与亚洲蔬菜研究与发展中心亚洲区域中心（ARC-AVRDC）合作，对绿豆资源中筛选出抗豆象的栽培品种和野生品种进行了评价鉴定。程须珍等（1998）采用RAPD分子标记技术对16个绿豆品种（系）进行了亲缘关系分析，在选用的45个随机引物中，发现野生种与栽培种之间有明显不同的扩增产物，抗豆象栽培品种与感豆象栽培品种间有一定差异。根据聚类分析，可将它们分成抗豆象野生种（TC1966）、抗豆象栽培种（V2709）、抗豆象杂交后代（Vc3890A2/TC1966 23）和混合类型4个大组。在混合类型组中，还可分为抗豆象栽培种（V2802）、Vc3890A家族、Vc1973A家族、Vc1178A家族、感豆象栽培种（CN60）和Vc2778A家族6个亚组。

第四节　绿豆育种途径与方法

一、引　种

将外地或国外的优良品种引入本地试种鉴定，对其中表现符合育种目标的优良品种进行繁殖，直接利用，这是最简便有效的育种方法。引进的优良品种（或材料）还可为杂交育种提供优良亲本。如中绿1号（Vc1973A）、中绿2号（Vc2719A）、苏绿1号（Vc2768A）、鄂绿2号（Vc2778A）、D0804绿豆（V3726）等是从AVRDC引进的大粒品种，适宜机械化收割，适应性广，已在华北、辽宁、河南、湖北、安徽、山东、江苏、四川、广东、广西等地大面积推广应用。

引种时要根据本地生产或育种需要确定引种目标。对拟引进的品种应首先了解其对温度、光照和栽培条件的要求是否适合于本地区。引进的材料第一个生长季必须检疫隔离试种，确认无危险病、虫、草害，再进一步试种和利用。绿豆虽然适应性较强，但仍属短日照作物，一般南种北引生育期延长，延期开花结实，有的甚至不能开花结荚。而北种南引生育期缩短，提前开花结实，有的产量很低。因此，跨较大纬度的引种直接利用，必须慎重。

二、地方品种筛选

从拥有的种质材料中筛选出优良的农家品种，进行去杂去劣、提纯复壮，扩繁后可直接提供生产推广应用，也可用作杂交育种亲本。一些优良的地方品种，经过长期的自然选择，具有适应当地栽培、气候、生态、逆境等特点，稳产性好。因此，搜集当地种质资源，进行评价鉴定，筛选出有利用价值的优良地方品种用于生产，仍然是目前对提高绿豆产量具有实际意义的工作。AVRDC通过这种方法获得V1380、V1388、V2013、V2773、V3467、V3484、V3554等一批优良品系。高阳小绿豆（D0317）是从河北省高阳县农家品种中筛选出来的夏播品种；明绿245（D0245-1）是中国农业科学院作物品种资源研究所从内蒙古自治区农家品种中株选的材料；安丘柳条青是从山东省安丘县农家品种中选育出来的毛绿豆；大毛里光是河南省邓县农家特早熟品种。除此之外，各地还有不少优良品种，如湖北省的鄂绿1号、鄂引1号；河南省的郑州421、郑州427、黄荚18粒；辽宁省的辽绿25号、辽绿26号；河北省张家口的鹦哥绿、山东省栖霞大明绿等都在生产上发挥了一定的作用。

三、自然变异选择育种

绿豆的自然异交率虽然很低，由于昆虫在绿豆田间采食串粉后产生了杂交株，或是天然的紫外线、闪电等作用造成极少部分产生突变，因而一般地方品种实际上就是一个“混合群体”，这为自然变异选择育种提供了可能性。在育种实践中具体选育方法如下。

第一年，根据育种目标在绿豆生产田或资源鉴定圃内选取优良单株。

第二年，将优良单株分别种成株行，经田间观察淘汰差的株行，优良株行室内考种再选优株，同一株行内优株混合。

第三年，将上年所选优株行种植在优株系鉴定圃，进行株系测产比较，对入选的优株系材料分别混收并编号。

第四年和第五年，对入选材料进行产量比较再选优，有条件的可同时进行扩繁和生产试验。

在自然变异选择育种时，根据农艺性状之间存在的遗传相关性选择具有较好的效果。如植株高（多为蔓生型）或主茎节数多、或荚数多的品种，一般较晚熟；单株荚数和单荚粒数是决定单株产量的主要因素。虽然单株荚数受栽培、土壤、气候等条件的影响，但在相同条件下选择结荚性强的材料对选优利用可能取得良好的效果；宜从荚形大（长荚、宽荚）的品种中获得大粒型的品种。但一般大粒型品种单株荚数偏少，可以考虑通过栽培措施增加群体数量（适当增加种植密度），获得粒大高产型品种，同时应选择植株直立、紧凑、抗倒伏的优良单株。由于生育期与单株荚数、百粒重无相关性，因此有可能从多荚型或大粒型品种中获得早熟的品种。

四、杂交育种

人工将两个亲本材料进行有性杂交组配，从其后代新变异的植株中进行多代选择育成新品种，这是目前国内外绿豆育种中应用最普遍，成效最大的方法。如由河南农业科学院粮食作物研究所组配的博爱砦×Vc1562A选育出豫绿2号，博爱砦和×兰考灯台选育出郑绿5号；潍坊市农业科学院组配的夹杆括角×D0811选育出潍绿1号（潍8501-3）；河北省农林科学院粮食作物研究所组配的河南光秧豆×衡水农家绿豆选育出冀绿1号；保定市农业科学研究所组配的高阳绿豆×Vc2719A选育出冀绿2号等。苏绿1号也是由亚洲蔬菜研究发展中心组配的复合杂交（ED-MD-BD×ML-3）×（pag-asa-1×PHLV-18）选育出的Vc2768A，被江苏省农业科学院经济作物研究所引进定名的。

（一）亲本选择　杂交的目的在于结合双亲的优点，克服缺点，育成符合要求的新品种。

亲本选择的原则：应选择优点多、育种目标性状突出、缺点少而又易克服、双亲主要性状优缺点互补、抗病性与抗逆性强、配合力好的材料作亲本。母本可选用当地的当家品种；父本应选择地理位置相距远、生态类型差别较大、有突出优良性状、又适应本地条件的外来品种。选用表现好的杂交后代或品系作为亲本，由于其可塑性较大，杂交效果可能更好。

（二）杂交方式　杂交方式是影响杂交育种成败的另一个重要因素。通常采用单交方式，也可采用双交、复合杂交或回交，以获得数量性状的广泛基因重组。如AVRDC在1973—1992年间共配置6 600多个杂交组合，从F_2代开始，在田间进行理想性状的选择，淘汰不良基因型。利用集团群体法（bulk population）对农艺性状进行选择，直至F_3代，最后选择纯合品系。为了将一些特殊性状（如高蛋氨酸含量等）导入轮回亲本，他们还采用了回交法和回交-自交法（backcross-inbred）。在自花授粉作物育种的系谱法和集团群体法中，杂交后紧接着自交会导致基因型的迅速稳定，妨碍有用基因的自由交换，不利于理想基因的组合。为避免这些难题，先进行双列杂交，再选择F_2代进行互相杂交，以促进遗传变异中可固定成分的积累，并打破不利的相斥组的连锁效应。

（三）杂交圃种植　首先做好杂交计划，种植杂交亲本。为了杂交操作方便，母本采用宽窄行种植，窄行距50 cm，宽行相距1 m，父本与母本材料相邻。亲本的花期不相同时可采取分期播种措施加以调节。

（四）绿豆常规杂交育种程序

1. 潍绿1号选育过程介绍　1985年选用早熟、多荚的夹杆括角绿豆作为母本，以早熟、抗倒伏、抗病的D0811作父本进行杂交。虽做杂交花若干朵，但仅有一朵花结了一个只有两粒种子的小荚，其他杂交花全部脱落。

1986年将两粒种子播入试验田，长出两株F_1代植株。

1987—1988年F_2～F_3代采用一荚传法种植。

1989年从F_4代中选单株51株。

1990年种植株行，当选株行19个。

1991年参加品系预备试验，选出优良株系。

1992—1994年参加品系比较试验。

1995年参加山东省绿豆新品种夏播生产试验。经多年多点试验、示范，该品种表现高产、早熟、抗病、优质，综合性状良好。

1996年审定，定名为潍绿1号（原代号潍8501-3），该品种适于山东省春、夏直播或间、套、混种和一年两季种植。

2. AVRDC的绿豆育种程序　大致分为以下步骤。

①通过各种育种方法获得高世代品系。

②在一年中的春、夏、秋3个季节对高世代材料进行3次初级产量试验，选出优良品系。

③选出的优良品系于下一年度3个季节进行中级产量试验，再选出优良品系。

④入选的优良品系升至下一年度的3季高级产量试验，在高级产量试验中入选的优良品系则进行正式编号，如Vc1131B、Vc1163C、Vc1163D、Vc1973A等。

⑤对高级产量试验中入选的品系进行优良品系产量试验。

⑥将具有正式编号的优良品系通过国际绿豆圃试验网送往世界各地进行产量、抗性、适应性等全面鉴定评价，一些适宜当地种植的优良品系则由各国正式命名推广。

五、诱变育种

利用物理方法、化学方法或者物理化学方法对绿豆干种子进行诱变处理，使其后代在个体发育中表现出各种遗传性变异，从变异中选出优良植株，培育新品种。常采用的方法有辐射处理和化学诱变等。

辐射处理：一般选用^{60}Coγ射线照射，剂量为300～1 000 Gy；快中子处理为6 Gy。

化学诱变：常选用秋水仙碱、赤霉素、叠氮化钠等化学诱变剂处理种子或幼苗。常用剂量以0.02%～0.05%秋水仙碱处理绿豆幼苗，用0.3%乙烯亚胺、2%～5%甲基磺酸乙酯（EMS）等处理种子。

人工诱变要根据确定的育种目标和人工诱变的特点，认真选择综合性状好、缺点少的材料，有目的地改变一个或几个不良性状，使之更加完善。人工诱变的变异材料第一代（M_1）出现各种畸形变异现象一般不遗传，故第一代不淘汰，全部留种；第二代（M_2）是选择优良变异类型的重要世代；第三代（M_3）要大量淘汰；第四代（M_4）对遗传性已基本稳定、表现优良、趋于整齐一致的品（株）系，可单独收获脱粒，供下一年产量比较，并进一步试验测定其生产能力、品质、适应性、抗逆性等，以创造新品种。

用化学诱变剂处理时，要注意如下方面：①这些药物有毒性，应随配随用，不宜搁置过久；②处理过的种子应用流水冲洗干净以控制后效应；③为便于播种，应将药物处理过的种子进行干燥处理，采用风干，但不宜采用加温烘干方法；④废弃药液对人畜有毒，要注意安全处理和环境保护。

第五节　绿豆育种试验技术

一、绿豆开花习性

绿豆是自花授粉作物，因其闭花授粉的特性，天然异交率极低；绿豆的小花为完全花，具有4裂萼片、5个花瓣、1个雌蕊、10个雄蕊（二体雄蕊）。花朵开放前，花粉已落在柱头上完成授粉。授粉后24～36 h就完成受精作用。在天气干旱情况下，花冠可能在花粉和柱头成熟之前开放，从而增加其异花授粉的几率。绿豆陆续开花，往往出现几次开花高峰。在一天内，上午5:00左右开始开花，6:00～9:00开花最多，下午开花较少，夜间基本停止开花。开花时空气相对湿度以80%左右为宜。一般始花后4～12 d进入盛花期。

二、杂交技术

绿豆花朵虽大，但由于其蝶形花冠和盘曲的柱头等特点，很容易折断，一般品种间杂交成功率只有15%～20%，这是绿豆杂交育种主要的限制因素之一。如果技术熟练，认真细心操作，成功率可达50%。

1. 选花去雄　选择具有本品种固有特征的，健壮植株上的蕾，根据“青球早、白球迟、黄绿去雄正当时”选择第二天即将开花的中上部黄绿色花蕾，去雄可在下午4:00后或早晨5:00前进行。去雄时用拇指和食指捏住花蕾基部，用尖头镊子在花蕾腹缘中部夹住旗瓣，沿着蕾背缘向斜上方撕拉去掉旗瓣；同法去掉翼瓣，使龙骨瓣充分暴露，然后用镊子尖端细心从侧边顶破龙骨瓣中上部，并撕去顶部，最后用镊子夹除全部雄蕊。如发现花药有散粉迹象即作废，操作时切勿损伤柱头。去雄后能否尽可能地保持小花内的温度和湿度，是去雄成败的关键。用铅笔在纸牌上注明去雄日期及去雄花朵数。将纸牌挂在已去雄的花序轴上，并固定在植株茎秆上，以便检查、收获。注意不要把纸牌挂在叶柄上，叶柄在绿豆成熟时脱落。

2. 授粉　上午 6:00～10:00 授粉为宜。选择将要开放的新鲜花朵，分开花瓣后蘸取花粉，将花粉授到前一天或当天清早去雄母本花的柱头上。授粉后，用父本小花的龙骨瓣套于母本柱头上，以保持水分。授粉完毕，挂牌上注明组合名称，授粉日期。第二天下午可对授过粉的小花进行检查，未脱落者说明杂交基本成功，随即去掉同节瘤轴上其他小花（花蕾），既可避免混淆，又可集中养分供应杂交小花，减少花荚脱落，以提高杂交成功率。

杂交授粉后 3～5 d 须检查一次。若授粉受精的小荚发育正常时，应将原来的纸牌换成塑料标牌，随即摘除杂交荚旁边的新生花芽、叶芽。如杂交花蕾干枯脱落，应将小纸牌去掉。鼓粒灌浆期遇旱应及时喷灌，并注意治虫，减少花荚脱落。杂交荚成熟后要及时收摘。将杂交荚连同小标牌装入纸袋内，同时分别收获父本和母本一定种子量，供下年度鉴别杂交种真伪时利用。

据张璞研究，绿豆杂交亲本尽量安排在当地昼夜温度 25～20 ℃左右开花，于上午 10:00 至 13:00 进行人工去雄，在同一花梗上的花蕾均去雄后立即授粉，并用就近较大叶片 1～2 片，对折 2 次呈三角形，完全包裹花蕾，用线绳将叶片开口扎住并固定在花梗上部。授粉后 5～7 d去包叶。采用这一方法可大大提高杂交成功率。

三、绿豆耐旱型的筛选方法

AVRDC 是采用绿豆植株在开花后的 8 d 中经受 75～100 kPa（75～100 cbar）的土壤水分胁迫，以经受干旱后的产量、总干重和株高的减少程度最小为标准进行选择，通常是大田筛选与温室筛选结合进行。用此法已筛选出耐旱种质材料 V2013、V1281、V3372、V1947、V2984、V3388、V3404、V3484 等。育成的耐旱品系有 Vc1163D、Vc2750A、Vc2754A、Vc2768 等。

四、小区技术

试验地应选择土地平坦、保水性良好、水源方便、灌排设施齐备的地块，以便绿豆植株正常生长，保证试验质量。试验地最好连片，并按试验的需要划分好田块。试验地的面积视试验规模而定。

低世代材料尚在分离，要求种植密度稍低些，使单株充分表现，以便田间选择，同时也可提高繁殖系数。为保证株间可比性，行距、株距条件应保持一致。由于绿豆杂交成功率低，F_1 植株较少，一般不进行淘汰；F_2 代开始淘汰不理想的组合，选择优良变异单株。

F_3～F_4 代一般以株行种植，单行区，行长 3～5 m，顺序排列，不设重复，也有穴播的。以抗病为育种目标时，需要增设病菌接种行或实施人工接种鉴定。

F_5～F_6 代进入品系产量比较试验，第一年可采用间比排列，容纳较多的品系；第二年应选出较优的品系采用随机排列，一般容纳 10 个品系为限。设 2～3 次重复，小区 3～5 行，行长 3～5 m。种植密度和播种时间同当地生产水平。测产时要剔除边行。

选育出的优良品系其生产性能、农艺性状稳定且达到育种目标时，即可进行多点试验和生产示范试验。

由于新颁布的《中华人民共和国种子法》对绿豆没有规定品种审定制度，有关区域试验和品种审定已经停止。

第六节　绿豆种子生产

一、做好防杂保纯工作

防杂保纯是对绿豆种子生产工作的最基本要求。在生产全过程中，一要认真选好种子生产田，不能重茬连作，有效地避免或减轻一些土壤病虫害的传播。同一品种要实行连片种植，避免品种间混杂。二要把好播种关，在种子接受和发放过程中，要严防差错。播前种子处理，如晒种、选种、浸种、催芽、药剂拌种等，必须做到专人负责，不同品种分别进行，更换品种要把用具清理干净。若用播种机播种，装种子前和换播品种时，要对播种机的种子箱和排种装置进行彻底清扫。三要做好田间鉴定工作，出苗后即可实施去杂去劣。根据本品种特有的标志性状（如茎色、荚色、植株形态等）进行严格去杂，拔除病株，生长后期根据植株长势去除劣株。四要严把种子收获脱粒关，在种子收获和脱粒过程中，最容易发生机械混杂，要特别注意防杂保纯。种子田要单收、单运、单打、单晒。整个脱粒过程要有专人负责，严防混杂。

二、做好提纯复壮工作

为了保持和提高良种种性，增加产量，必须做好提纯复壮工作，不仅有利于解决良种混杂退化问题，延长良种在生产上的使用年限，而且在复壮过程中还能发现新类型，创造新种质。提纯复壮的方法主要有如下几种。

1. 混合选择法　在种子纯度较高、生长整齐一致的丰产田内选择优良单株，经室内考种淘汰劣株，将当选的优良单株混合脱粒，作为第二年种子田或生产田用种。此法适用于混杂退化较轻的良种。

2. 株行选择法　将选好的优良单株种成株行，顺序排列，并加设原品种作为对照区，进行田间观察记载和室内考种，反复比较评选。在种植的小区中选出较优良的1/4～1/2株行进一步进行粒选，除去病粒、虫粒和秕粒，分别包装，妥善保存，作为下年用种。此法多用于混杂退化较严重的品种。

3. 三圃提纯复壮法　此法分株行种植、株系鉴定和原种繁殖三圃进行，是提纯复壮效果最好的方法。

（1）株行圃　本圃种植大量株行，从中选出优良株行供下年株系鉴定。

（2）株系圃　按株系播种，按小区收获，重点鉴定丰产性和其他抗性。当选株系作为下年原种圃用种。

（3）原种圃　主要任务是提高纯度、扩大繁殖，为种子田和大田提供原种种子。

目前全国各作物正在推行由育种家种子、原原种、原种和良种4个环节组成的四级种子生产程序，绿豆的四级种子生产程序尚待制定，绿豆种子工作者必须积累经验，准备转轨。

三、做好种子储藏工作

储存绿豆种子要建立专用的种子仓库，专人负责，专库专用，切忌放置粮食、农药、化肥等物品。种子入库前，要对种子库进行一次彻底清扫、灭菌。特别要注意储藏期间仓储害虫绿豆象，种子入库后要实施磷化铝熏蒸杀虫卵。

绿豆一级种子纯度不低于99.0%，净度不低于98.0%，发芽率不低于85%，水分不高于13.0%；二级种子纯度不低于96.0%，其他均同一级种子标准。

第七节　绿豆育种研究动向与展望

育种基础方面，除继续进一步扩大种质资源搜集、加速鉴定之外，扩大遗传变异的方法及其新种质创新是育种的基础课题。以前育成的品种主要是引种或利用现有的基础材料进行杂交组配。新基因的探索、野生资源的利用将会越来越多。

除常规的物理、化学诱变扩大遗传变异外，利用空间资源也是一个方向。如中国科学院遗传研究所于1994年将绿豆种子经返回式卫星搭载后，经过3年的地面种植和筛选得到了基本稳定的长荚型突变系，该突变系平均荚长16 cm左右，每荚种子粒数在15～19粒。王斌等（1996）对突变系和其原始对照品系进行了RAPD（randomly amplified polymorphic DNA）分析，100个10-mer Operon引物中有3个引物在突变系和原始品系之间扩增出了多态性产物。并完成了其中两个多态性产物的克隆。

采用生物技术，如胚培养和花药培养等方法来完成有用基因的转育。AVRDC还利用四倍体材料V1160、MR51等研究突变育种的可行性，旨在增加变异和产生可用于杂交的突变体。陈汝民等（1996）利用绿豆下胚轴原生质体进行培养研究，已发现原生质体在B5P1培养基培养24 h后，可见到细胞膨大、呈椭圆形、已长壁；48 h可观察较多的分裂相；72 h后开始第二次分裂；一个星期后可见到8个细胞以上的细胞团，此时的分裂频率为

25%～35%。之后细胞团逐渐长大，形成愈伤组织颗粒，为组织培养育种积累了很好的技术资料。应进一步研究分子标记辅助育种技术，以提高绿豆育种效率。

开拓远缘基因的利用工作，因远缘杂交可以产生新的更广泛的变异，扩大培育新品种的范围和种质基因库的内容。河南商丘地区农林科学研究所从 1977 年开始以甘薯作砧木绿豆作接穗进行远缘嫁接试验，1978 年第一次获得了 1 棵绿豆杂交植株，其后代分离出暗绿、明黑和黄绿 3 种类型，从中选出黄绿粒色的薯绿 1 号新品种，使绿豆与旋花科甘薯间的嫁接获得成功。1987 年对绿豆与甘薯无性杂交又进行了重复试验，获得了相同的结果，并选出明绿、暗黑、明黑和黄 4 种粒色的新品种系，使远缘无性杂交的可行性得到了进一步的验证。

常规育种的方向上，培育早熟、大粒性、耐阴性符合生产实际需要。更多地注重充分利用光、温、土地资源，适于夏播、插茬，绿豆主产区特早熟育种具有特殊意义，适合于茬口调剂。商品性要求大粒。间作套种、多熟制地区要主攻耐阴性。

在营养品质方面，虽然绿豆子粒含有较多的易消化蛋白质，但因缺少必需的含硫氨基酸（蛋氨酸、半胱氨酸）而降低了蛋白质的质量。AVRDC 的目标是提高绿豆的有效蛋氨酸含量，改善营养品质，但不影响绿豆蛋白质的易消化性。研究结果表明，蛋氨酸含量受多基因控制，且绿豆种质材料的有效蛋氨酸含量变幅很小。但是，与绿豆近缘的黑绿豆（*Vigna mungo*）及其祖先（*Vigna mungo* subsp. *silvestris*）的有效蛋氨酸含量很高。因此，AVRDC 的科学家用绿豆与 *Vigna mungo* subsp. *silvestris* 种质材料 TC2208、TC2209、TC2210 和 TC2211 进行了杂交，所得后代的有效蛋氨酸含量和 γ-谷氨酰胺-蛋氨酸含量都高于绿豆，但杂交后代的其他性状还有待进一步改良。

复习思考题

1. 试述国内外绿豆育种的研究进展。
2. 试结合所在区域实际情况制定绿豆主要育种目标。
3. 试讨论绿豆产量构成因素的遗传变异，并说明其在产量形成中的作用。
4. 试述国内外绿豆种质资源研究的主要进展及其育种意义。
5. 试述绿豆育种的主要途径，说明它们各自的优缺点。
6. 根据所在区域实际需求，试设计绿豆特早熟诱变育种的研究方案。
7. 试讨论绿豆育种中产量突破的潜在可能性和途径。

附 绿豆主要育种性状的记载方法和标准

1. 播种期：种子播种当天的日期，以“年月日”表示（各生育期同此）。
2. 出苗期：小区内 50%的植株达到出苗标准的日期。
3. 分枝期：小区内 50%的植株叶腋长出分枝的日期。
4. 见花期：小区内见到第一朵花的日期。
5. 开花期：小区内 50%的植株见花的日期。
6. 终花期：小区内 50%的植株最后一朵花开放的日期。
7. 成熟期：小区内有 70%以上的荚呈成熟色的日期。
8. 生育日数：播种第二天至成熟的天数。
9. 生长习性：可分为直立型（茎秆直立，节间短，植株较矮，分枝与主茎之间夹角较小，分枝少且短，长势不茂盛，成熟较早，抗倒伏性强）、半蔓生型（茎基部直立，较粗壮，中上部变细略呈攀援状。分枝与主茎之间夹角较大，分枝较多，其长度与主茎高度相似，或丛生，多为中早熟品种）和蔓生型（茎秆细，节间长。枝叶茂盛，分枝多弯曲，且长于主茎，不论主茎还是分枝，均匍匐生长，进入花期之后，其顶端都有卷须，具缠绕性，多属晚熟品种）3 种类型。
10. 结荚习性：在植株终花期与成熟期之间，采用目测方法观测茎尖生长点开花结荚的状况，分有限结荚习性（主茎及分枝顶端以花序结束）和无限结荚习性（主茎及分枝顶端为营养生长点）2 个类型。

11. 茎色：绿豆出苗后，即可调查茎色。幼茎分紫色和绿色 2 种类型。

12. 每花序花数：植株开花期，随机选取主茎从下往上数第二个和第三个花节上的花序 10 个，计数花序上的花数，计算平均数，精确到一位小数。

13. 株高：在植株成熟期，测量从子叶节到植株顶端的长度。单位为 cm，精确到 1 cm。

14. 主茎节数：计数每株主茎从子叶节到植株顶端的节数。单位为节，精确到整位数。

15. 节间长度：株高与主茎节数之比。单位为 cm，精确到 0.1 cm。

16. 单株分枝数：计数每株主茎上的一级分枝数。单位为个/株，精确到整位数。

17. 初荚节位：计数主茎上最下部的荚所在的节位。单位为节，精确到整位数。

18. 单株荚数：计数每株上的成熟荚数。单位为荚/株，精确到整位数。

19. 成熟荚色：在植株的成熟期观测自然成熟荚果的颜色，分黄和黑褐 2 类型。

20. 荚长：测量 10 个随机抽取的干熟荚果，测量荚尖至荚尾的直线长度。单位为 cm，精确到 0.1 cm。

21. 荚宽：测量 10 个随机抽取的干熟荚果，测量荚果最宽处的直线宽度。单位为 cm，精确到 0.1 cm。

22. 单荚粒数：计数 10 个随机抽取的干熟荚果内所含的成熟子粒数，然后换算成单个荚果中所含的子粒数。单位为粒/荚，精确到一位小数。

23. 单株产量：将单株上子粒脱粒充分风干后，用 1/10 的电子秤称量。单位为 g，精确到 0.1 g。

24. 粒形：以风干后的成熟干子粒目测其形状，分近球形、短柱形、柱形等类型。

25. 粒色：观测成熟干子粒的外观颜色，可分为绿、黄、褐、蓝青（黑）色等类型。

26. 子粒光泽：分为有光泽（明绿豆，有蜡质）和无光泽（毛绿豆，无蜡质）2 种类型。

27. 百粒重：参照 GB/T 3543 - 1995 农作物种子检验规程，随机取风干后的成熟干子粒，2 次重复，每个重复 100 粒，用 1/100 的电子天平称量。单位为 g，精确到 0.01 g。

28. 粗蛋白质含量：随机取干净的成熟干子粒 20 g 测量。具体测量方法依据 GB 2905 谷类、豆类作物种子粗蛋白质测定法。单位为%，精确到 0.01%。

29. 粗脂肪含量：随机取干净的成熟干子粒 25 g 测量。具体测量方法依据 GB 2906 谷类、油料作物种子粗脂肪测定方法。单位为%，精确到 0.01%。

30. 总淀粉含量：随机取干净的成熟干子粒 20 g 测量。具体测量方法依据 GB 5006 谷物子粒粗淀粉测定法。单位为%，精确到 0.01%。

31. 直链淀粉含量：随机取干净的成熟干子粒 20 g 测量。具体测量方法依据 GB 7648 水稻、玉米、谷子子粒直链淀粉测定法。单位为%，精确到 0.01%。

32. 支链淀粉含量：支链淀粉含量是绿豆子粒的粗淀粉含量减去绿豆子粒的直链淀粉含量在样品中所占的百分率。单位为%，精确到 0.01%。

33. 各种氨基酸含量：随机取干净的成熟干子粒 25 g 测量。具体测量方法依据 GB 7649 谷物子粒氨基酸测定方法。单位为%，精确到 0.01%。

34. 芽期耐旱性：取当年收获的种子，不进行任何机械或药物处理。采用室内芽期模拟干旱法，以相对发芽率评价芽期耐旱性，将耐旱等级划分为高耐、耐、中耐、弱耐及不耐 5 个等级。鉴定方法、调查记载标准及抗性评价与蚕豆相同。

35. 成株期耐旱性：采用田间自然干旱鉴定法造成生育期间干旱胁迫，调查对干旱敏感性状的表现，测定耐旱系数，依据平均耐旱系数划定高耐、耐、中耐、弱耐及不耐 5 个等级。鉴定方法、调查记载标准及抗性评价与蚕豆相同。

36. 芽期耐盐性：统计绿豆芽期在相应发芽温度和盐分胁迫条件下相对盐害率，根据相对盐害率将绿豆芽期耐盐性分为 5 个等级：高耐（HT，0%＜相对盐害率≤20%）、耐（T，20%＜相对盐害率≤40%）、中耐（MT，40%＜相对盐害率≤60%）、弱耐（S，60%＜相对盐害率≤80%）、不耐（HS，相对盐害率＞80%）。鉴定方法、调查记载标准及抗性评价与蚕豆相同。

37. 苗期耐盐性：针对在相应的盐分胁迫条件下幼苗盐害反应的苗情，进行加权平均，统计盐害指数，根据幼苗盐害指数确定绿豆种质苗期耐盐性的5个耐盐级别：高耐（HT，0%<幼苗盐害指数≤20%）、耐（T，20%<幼苗盐害指数≤40%）、中耐（MT，40%<幼苗盐害指数≤60%）、弱耐（S，60%<幼苗盐害指数≤80%）、不耐（HS，幼苗盐害指数>80%）。鉴定方法、评价标准与蚕豆相同。

38. 叶斑病抗性：绿豆叶斑病主要是以半知菌亚门尾孢属菌引起的病害，在绿豆开花前就可发生，病斑中心灰色，边缘红褐到暗褐色，整个病斑外围有一圈黄色晕圈。到后期几个病斑彼此连接形成大的坏死斑，导致植株叶片穿孔脱落、早衰枯死。

接种鉴定：鉴定圃设在绿豆锈病重发区。适期播种，每鉴定材料播种1行，行长1.5～2 m，每行留苗20～25株。待植株生长至初花期即可接种。用蒸馏水冲洗采集绿豆叶斑病发病植株叶片上分生孢子，配制浓度为4×10^4孢子/mL的病菌孢子悬浮液，采用人工喷雾接种绿豆叶片。在相对湿度85%～90%条件下，温度25～32 ℃时，病情发展最快。

抗性评价：接种后30 d进行调查。调查每份鉴定材料群体的发病级别，依据发病级别进行各鉴定材料抗性水平的评价。级别：1级（叶片上无可见侵染或叶片上只有小而不产孢子的斑点）、3级（叶片上孢子堆少，占叶面积的4%以下，茎上无孢子堆）、5级（叶片上孢子堆占叶面积的4%～10%，茎上孢子堆很少）、7级（叶片上孢子堆占叶面积的10%～50%，荚果上有孢子堆）、9级（叶片上孢子堆占叶面积的50%～100%，荚果上孢子堆多并突破表皮）。根据发病级别将绿豆对锈病抗性划分为5个等级：高抗（HR，发病级别1）、抗（R，发病级别3）、中抗（MR，发病级别5）、感（S，发病级别7）和高感（HS，发病级别9）。

39. 白粉病抗性：豌豆白粉病是由豌豆白粉菌（*Erysiphe pisi* DC.）所引起，主要发生在成株期。根据豌豆对病害的反应程度，将抗性分为5级：高抗（HR）、抗（R）、中抗（MR）、感（S）和高感（HS）。鉴定方法、评价标准与豌豆相同。

40. 蚜虫抗性：危害绿豆的主要蚜虫为苜蓿蚜、豌豆蚜，在绿豆的各生育阶段均可发生。根据蚜虫在绿豆植株上的分布程度和繁殖、存活能力，将绿豆对蚜虫的抗性划分为5级：高抗（HR）、抗（R）、中抗（MR）、感（S）和高感（HS）。鉴定方法、调查记载标准及抗性评价与蚕豆相同。

参 考 文 献

[1] 陈汝民，龙程，王小菁．绿豆下胚轴原生质体的培养．华南师范大学学报（自然科学版）．1996（1）：51～53
[2] 陈永安，高利平，张先炼，巫朝福，吴淑琴，李素洁．绿豆主要数量性状遗传率的研究．河南农业科学．1994（2）：7～8
[3] 程须珍，王素华．中国黄皮绿豆品种资源研究．作物品种资源．1999（4）：7～9
[4] 程须珍，王素华．中国绿豆品种资源研究．作物品种资源．1998（4）：9～11
[5] 程须珍，杨又迪．RAPD分析在绿豆亲缘关系研究中的应用．遗传．1998，20（增刊）：27～29
[6] 窦长田，李彩菊，柳术杰，高义平，胡淑兰．河北省绿豆品种特点及育种目标．国外农学——杂粮作物．1999（5）：7～8
[7] 盖钧镒，金文林．我国食用豆类生产现状与发展策略．作物杂志．1994（4）：3～5
[8] 焦广音，任建，逯贵生，降彩霞．绿豆品种资源耐盐性鉴定与研究．作物品种资源．1997（2）：38～40
[9] 郭瑞林，王阔，周青．绿豆主要数量性状与杂交后代的选择．河南农业科学．1996（7）：3～5
[10] 韩粉霞，李桂英．绿豆数量性状的遗传分析．见：中国农业科学院作物品种资源研究所等主编．中国绿豆科技应用论文集．北京：中国农业出版社，1999．99～101
[11] 韩粉霞，李桂英．郑州乌绿豆的营养及药用价值．见：中国农业科学院作物品种资源研究所等主编．中国绿豆科技应用论文集．北京：中国农业出版社，1999．153～156
[12] 焦春海．亚洲蔬菜研究和发展中心的绿豆育种进展．国外农学——杂粮作物．1994（1）：15～19
[13] 金文林，宗绪晓主编．食用豆类高产栽培技术．北京：中国盲文出版社，2000
[14] 金文林主编．特用作物优质栽培及加工技术．北京：化学工业出版社，2002
[15] 金文林主编．种业产业化教程．北京：中国农业出版社，2002

[16] 李长年主编．中国农学遗产选集（上集）．北京：中华书局，1958
[17] 李翠云，刘全贵，王才道，张世和等．绿豆^{60}Co γ射线辐射育种研究．见：中国农业科学院作物品种资源研究所等主编．中国绿豆科技应用论文集．北京：中国农业出版社，1999.77～81
[18] 李国柱，管振谦，王金胜，郭春绒，高志强．绿豆辐射诱发突变体的生理生化及性状研究．见：中国农业科学院作物品种资源研究所等主编．中国绿豆科技应用论文集．北京：中国农业出版社，1999.115～119
[19] 刘旭明，金达生，程须珍，武晓菲，王素华．绿豆种质资源抗豆象鉴定研究初报．作物品种资源．1998（2）：35～37
[20] 龙静宜，林黎奋等．食用豆类作物．北京：科学出版社，1989
[21] 孟昭璜，程须珍．绿豆与甘薯嫁接的研究．见：中国农业科学院作物品种资源研究所等主编．中国绿豆科技应用论文集．北京：中国农业出版社，1999.82～85
[22] 邱芳，李金国，翁曼丽等．空间诱变绿豆长荚型突变系的分子生物学分析．中国农业科学．1998（6）：1～5
[23] 王斌，李金国，邱芳等．绿豆空间诱变育种及其分子生物学分析．空间科学学报．1996（增刊）：121～124
[24] 张耀文，林汝法．绿豆主要数量性状遗传与相关．国外农学——杂粮作物．1996（1）：9～11
[25] 郑卓杰主编．中国食用豆类学．北京：中国农业出版社，1997
[26] 中国农业科学院等．亚蔬绿豆科技应用论文集．北京：农业出版社，1993
[27] Н И 瓦维洛夫著．董玉深译．主要栽培作物的世界起源中心．北京：农业出版社，1982

（金文林编）

第十一章　小豆育种

小豆是我国栽培历史最为古老的小杂豆之一。其学名为 *Vigna angularis* Ohwi et Ohashi 或 *Phaseolus angularis* Wight，英文名为 adzuki bean、azuki bean 或 small bean，日文名アズキ。$2n=22$。俗名较多，在我国古书籍中小豆有称为荅、小菽、赤菽、朱豆、竹豆、金豆、金红豆、虱牳豆、杜赤豆、米赤豆等，现今还有许多地方别名，如赤小豆、赤豆、红豆、红小豆等。

小豆起源于我国，主要栽培在中国、日本、朝鲜半岛等东南亚国家和地区。我国是小豆的主要生产国，种植面积和总产量一直居世界第一位。主产区为东北、华北、黄河中游、江淮下游，最佳生产区是华北及江淮流域。日本小豆主产区在北海道；印度的主产区在东北部；韩国的小豆生产位居第四。现在，澳大利亚、泰国、加拿大、巴西、刚果、新西兰及美国小豆的生产正迅速崛起，世界上已有 30 余个国家种植小豆。

小豆在国际食用豆类贸易中占有重要的地位。我国也是世界上最主要的小豆出口国，出口商品产地主要是河北、东北及华东、山西、山东、安徽等地区，天津红小豆、江苏南通地区的大红袍（包括南通大红袍，启东大红袍和崇明大红袍）、东北大红袍等地方优良商品品种在国际、国内市场上久负盛名；年出口量为 $5\times10^4\sim6\times10^4$ t，主要远销日本、新加坡、马来西亚、南亚和欧美各国。

第一节　国内外小豆育种研究概况

一、国内小豆育种研究进展

1935 年瓦维洛夫发表的《育种的理论基础》一书中提出小豆起源于中国；丁振麟教授 1959 年报道喜马拉雅山一带尚有小豆的野生种和半野生种存在；在云南、西藏、山东等地的考察中也采集到野生种，在湖南长沙马王堆西汉古墓中发掘出已炭化的小豆子粒，这是世界上现存最早时期的实物标本。

我国 20 世纪 50 年代初开始，在全国进行小豆地方品种的搜集、整理和筛选工作，60 年代中断，从 70 年代末开始部分省份逐渐恢复。在地方品种中，筛选出十几份优良的农家品种，如兴安红小豆、济南红小豆、泗阳红小豆等。70 年代以后开始纯系分离，通过自然变异选择育成了龙小豆 1 号、白城 153、冀红 1 号、冀红 2 号、京农 1 号、京农 2 号、鄂红豆 1 号等新品种。

采用杂交技术进行品种改良是从 20 世纪 80 年代开始的。20 多年来，大面积推广的育成品种较少。河北省主要推广了河北省农林科学院粮油作物研究所、保定地区农业科学研究所育成的冀红 3 号、冀红 4 号、冀红 5 号、冀审保8824-17，河南推广了豫小豆 1 号。

北京农学院作物遗传育种研究所用京农 2 号品种干种子采用^{60}Coγ 射线处理育成了京农 5 号新品种。在利用空间育种技术方面，我国也进行了尝试。1987 年以来，我国利用返地卫星和高空气球搭载植物种子，研究了空间条件对植物种子的诱变的影响，并应用到农作物育种上，培育出一批新的突变类型和具有优良农艺性状的新品种（系）。在小豆上分别选育出长荚、大粒突变系。1994 年中国农业科学院原子能研究所进行了小豆种子的卫星搭载，在 SP_2 代获得了大粒突变，在 SP_3 代获得了单株产量和子粒大小性状优于原亲本的优良单株，百粒重达 16.8～21.3 g，显著高于原亲本的 11.5 g。在生物技术育种的基础研究方面，复旦大学葛扣林等课题组 1987 年首次报道了小豆叶肉细胞原生质体培养成苗的成功实例。

我国台湾省在 20 世纪 70～80 年代也培育出高雄 3 号等优质小豆品种。

二、国外小豆育种研究进展

小豆生产国集中在东南亚地区，主要消费者也是这些地区的人群。近年来，虽有30余个国家种植小豆，但除日本外，其他国家的小豆育种工作刚刚起步。日本的小豆育种工作从19世纪开始，已有100余年历史。

日本于1890年开始调整农业试验研究体制后，就以东北为中心在全国进行小豆地方品种的筛选或纯系选择，1910年以后，地方品种选拔基本结束，1916年在宫城农试开始纯系分离，其后，栃木农试、北海道农试十胜支场也进行了纯系分离育种工作，并育成了纹别26、栃木生娘、早生大粒1号、圆叶1号等品种。1970年岩手县还育成了岩手大纳言。1981年京都府育成了特大粒京都大纳言品种。

采用杂交技术进行品种改良最早是日本北海道农试场的高桥良直技师于1909年进行的，并育成了高桥早生。1935年茨城农试也开始以培育早熟品种为目的的杂交组配，1950年育成了关东1号、关东2号、关东3号和关东4号4个品种。尔后，秋田农试育成了大馆1号、大馆2号和大馆3号3个品种。在十胜农试，从1931年就以大粒、优质、高产为育种目的的杂交育种，第二次世界大战期间中断，1954年恢复，这个农试场现已作为日本国家指定小豆试验场，重点进行小豆的育种试验及栽培、病虫防治等方面的研究，至今已育成了光小豆、晓大纳言、荣小豆及农林1号～10号等多个新品种。近年育成的品种与以往育成品种相比呈大粒化，巨大粒化，同时非常注意加工品质的改良。

岩手县农试场从1962年开始，采用集团育种与放射线诱导突变相结合，于1978年育成了红南部。在传统的杂交育种方法上不断将组织培养、基因导入等生物工程的手段用于作物育种。1985年尾崎首次报道了小豆的组织培养，其后，佐藤（1988，1990）、足立（1990）、Kiulin Ge等（1989）及佐藤等（1989）都进行了相关研究，但其效率还很低。

第二节　小豆育种目标及主要目标性状的遗传

一、小豆育种的主要方向及育种目标

（一）小豆育种的主要方向　我国已成为WTO成员，小豆除了用于国内消费外，还要发挥出口创汇优势，因而必须调整小豆的育种目标。以往我国小豆的育种目标主要是高产量、早熟、抗病虫等。国外绿色壁垒要求农产品必须为绿色、安全的，因此，小豆的育种目标应由高产型转为优质型，尤其要适于加工的优良品质。从流通上，小豆子粒要求色泽鲜艳、饱满。国际贸易中，以中粒（百粒重6～12 g）为主，小粒（百粒重小于16 g）主要用于制细豆沙，大粒（百粒重大于12 g）主要用于制糖豆和高级点心，需求量相对较小。除此之外，白小豆在日本也有较小的市场。作为育种目标，除高产外，还要考虑到我国农业生产者所具备的基本条件。华北、东北地区农业用水严重缺乏，培育耐旱耐瘠型品种会受到种植户的欢迎；为保护生态环境，增强出口竞争能力，减少农药使用势在必行，加快抗（耐）病虫品种选育工作迫在眉睫，华北、华东及华南地区要关注如绿豆象仓储害虫的危害；适应小豆产品加工企业的需求，培育专用型品种是一个发展方向，如制馅（细沙、粗沙）型、糖豆型、纳豆型等。

（二）小豆育种目标　正确制定育种目标，是育种的关键。制定育种目标，要根据市场需要，分析当地自然条件、耕作制度和生产水平，了解当地品种的优点和缺点。从当地的实际情况出发，并预测今后发展的方向，抓住主要矛盾加以克服。育种目标既不可主次不分，一味求全，又不可要求过高，超越实际的可能。我国小豆育种的总体目标如下。

①选育红粒小豆为主要方向，根据特殊需要，兼顾选育其他颜色小豆。如白小豆，用于制作高级豆沙馅。

②选育适宜当地自然条件和耕作制度的早中熟品种。

③选育中大粒、高产、稳产型品种。

④选育粒色鲜艳、加工品质优良、适宜外贸出口的品种。

⑤选育对旱、涝、风、病、虫等自然灾害有较强抗性的品种。

⑥选育结荚部位较高，不裂荚、适宜机械化田间作业的品种。在间作、套种地区还要注意选用耐阴性强、直

立、抗倒伏、适宜间作套种的品种。

二、质量性状的遗传

有关小豆性状遗传的研究报道较少，主要集中在一些形态学性状及部分抗病性上。

1. 茸毛　小豆的茸毛可分为锐形和钝形两种，为1对基因控制的质量性状，且锐形为显性，钝形为隐性。为了便于今后进一步开展研究，将锐形、钝形显隐性基因符号定为 A 和 a。

2. 荚色　小豆成熟荚可分为黑褐色、淡褐色及黄色（白色）3种。

①淡褐荚品种×黑褐荚品种：F_1 均为黑褐荚株，F_2 为黑褐荚株和淡褐荚株，其比例为3∶1，且黑褐荚对淡褐荚为显性。

②黑褐荚品种×白荚品种：F_1 均为黑褐荚株，F_2 分离为黑褐荚株、淡褐荚株及白荚株3种类型，其分离比例接近9∶6∶1。

③淡褐荚品种×白荚品种：F_1 为黑褐荚，F_2 分离为黑褐荚株、淡褐荚株及白荚株3种类型。

3. 叶形　小豆的叶形大致分为圆叶形、剑叶形和披针形3类。根据剑叶的特征又分为阔剑叶形和窄剑叶形。即使圆叶形材料，在生长后期上部叶经常见到剑形叶。研究表明，这种现象不是因为营养条件的限制，也不是植株嵌合体，它与光照长短有一定关系。

圆叶形与剑叶形品种杂交，F_1 代大部分为阔剑叶形，也有窄剑叶形。F_2 代剑叶株与圆叶株的比例接近3∶1。而剑叶株的叶又可区分为普通的剑叶型和中央小叶宽的阔剑叶型两种。进一步区分 F_2 的叶形，其窄剑叶型、阔剑叶型及圆叶之比为1∶2∶1。

4. 茎色　茎色为核基因遗传，紫茎对绿茎为显性。F_2 代植株紫茎与绿茎茎色分离比为3∶1，但紫色茎株间的浓淡程度有很大差异。浅紫茎∶深紫茎接近3∶1。以 P 为紫茎（显性），p 为绿茎（隐性），H 为显性色彩减弱基因，当 H 存在时，基本色泽紫色基因 P 表现减弱，呈浅紫色（$P.H.$），对绿色基因 p 也有减弱作用，当 hh 存在时，则表现为基本色泽。

5. 种子色　金文林（1996）用红底黑花种皮（简称花粒）品种S5033与紫红色种皮品种京农2号正反交，F_1 种子皮色均为花粒。花粒对红粒为显性。F_2 代种子花粒与红粒植株分离比为3∶1，但子粒上花斑大小、颜色深浅仍有分离现象。据调查，小豆种子的颜色种类多达十几种，而且同种色的材料中浓淡也有差别，其杂交后代种子颜色的分离也很复杂。表11-1列出了 F_1 种子颜色的部分结果（高桥，1917）。

表11-1　双亲杂交后 F_1 的种子颜色

母　本	父　本									
	1	2	3	4	5	6	7	8	9	10
1. 白小豆（淡黄）	—	灰绿	白黄	—	—	斑	鼠	—	黑	红
2. 红小豆	—	—	—	—	茶	斑	鼠	—	黑	红
3. 灰白小豆	灰白	灰绿	—	—	灰白	茶	—	—	—	—
4. 绿小豆	绿	绿	—	—	—	—	—	—	—	—
5. 茶小豆（淡褐色）	茶	—	茶	—	—	鼠	—	绿鼠	—	浓紫红
6. 斑小豆（红底黑斑纹）	—	—	—	—	—	—	—	—	黑	斑
7. 鼠斑小豆（灰黄黑斑纹）	鼠	鼠	—	—	—	鼠	—	鼠	—	—
8. 绿鼠斑（淡绿黑斑纹）	绿鼠	—	—	—	—	绿鼠	—	—	—	绿鼠
9. 黑小豆	黑	黑	—	—	黑	黑	绀	—	—	—
10. 柿子（白地大红斑）	—	红	—	—	—	—	—	—	绿鼠	黑

注："—"表示未进行杂交。

F_2 的分离更为复杂。双亲为不同颜色的种子杂交后 F_2 的分离比呈3∶1、且为1对基因控制的有：黑*×红、黑*×斑、红×黑*、白×红*、灰白×茶*、红×斑*、红*×柿子、柿子×红*（有*记号的为显性）。

双亲为不同颜色的种子杂交后 F_2 分离出 3 色（其比例为 9∶3∶4）、且为 2 对基因控制的有：白×斑→斑∶红∶白，白×黑→黑∶红∶白，绿×红→绿∶灰白∶红，灰白×白→灰白∶红∶白，白×灰白→灰白∶红∶白，白×柿子→红∶柿子∶白，等等。这些性状均呈隐性上位作用。

两色杂交后 F_2 分离出 4 色（其比例为 9∶3∶3∶1）、且呈 2 对基因控制的有：黑×鼠色→绀∶黑∶鼠色∶斑，鼠×红→鼠∶斑∶灰白∶红，柿子×黑→黑∶红∶斑柿子∶柿子，斑×柿子→黑∶红∶斑柿子∶柿子；而绿×白的分离呈 39 绿∶12 红∶9 灰白∶4 白，茶×白的分离呈 27 茶∶12 红∶9 灰白∶16 白。

两色杂交后 F_2 分离出 4 色以上，且为 3 对基因控制的有：白×鼠→27 鼠∶9 斑∶9 灰白∶3 红∶26 白，淡绿×斑→27 绿鼠∶9 鼠∶9 绿∶12 斑∶3 灰白∶4 红，红×绿鼠→27 绿鼠∶9 鼠∶9 灰绿∶12 斑∶3 灰白∶4 红，黑×茶→36 绀∶12 黑∶9 茶∶3 灰白∶4 红。而绿鼠×白→81 绿鼠∶27 鼠∶75 绿∶36 斑∶12 红∶9 灰白∶16 白，由 4 对基因控制。

根据上述的 F_1 表现及 F_2 分离情形，可假定决定种子色的基因及符号如下。

红色基因（*R*）除白小豆外，存在于所有的品种里。种子全面着色基因（*Z*）除柿子小豆外，存在于所有的品种里；白色基因（*r*）隐性上位。

茶色基因（*F*）、斑色基因（*Mc*）在红色基因（*R*）存在时表现其特征，绿色基因（*G*）在红色基因（*R*）不存在时表现其特征。

黑色基因（*MC*）完全隐蔽红色（*R*）、茶色（*F*）和绿色（*G*）基因的表现，红色基因（*R*）隐蔽茶色基因（*F*）及绿色（*G*）基因。

种子色的显性顺序：绀（*RHMC*）、黑（*RhMC*）、鼠（*RHMc*）、斑（*RhMc*）、绿（*G*）、茶（*F*）、灰色（*H*）、灰白（*RHmcf*）、红（*RmCZ*、*RmcZ*）、柿子（*RmCz*、*Rmcz*）及白（*rMC*、*rmc*），*MC* 基因为最显性。

据此黑柿子、斑柿子的基因型为 *RRMCMCzz*、*RRMcMczz*，白色基因仅对种子全面着色基因为显性。

6. 茎色与种子色的连锁遗传　金文林（1996）对紫茎花粒与绿茎红粒正反交后代调查，绿株上结的子粒均为红粒，紫株上结的子粒均为花粒，由于子粒种皮与茎秆母体为同一世代，因而可以推论同一世代控制茎色的基因与子粒种皮基因具有完全连锁关系；红粒播种后长成的植株均为绿株，色深的花粒长成的植株均为紫株，而色浅的花粒长成的植株有紫茎（深紫、浅紫）和绿茎分离情况，表明上代子粒种皮色并不能决定下代植株的茎色。

据高桥（1917）的调查，茎色与粒色为连锁遗传，但杂交 F_2、F_3 代也出现了较少黑粒绿茎、红粒红茎的植株，其交换值为 2.5。

7. 小豆锈病、白粉病的抗性遗传　小豆锈病抗性受 1 对基因所控制，抗性基因为显性，感病基因为隐性，但抗、感的强弱还受一对修饰基因的影响，增强子为隐性，减弱子为显性；小豆白粉病抗性也由 1 对基因所控制，抗性基因为显性，感病基因为隐性（金文林，1996）。

三、数量性状的遗传

植株形态性状和产量构成因素性状多数属数量性状遗传，受微效多基因控制，环境影响较大。金文林（1990）对北方小豆地方品种群体 19 个农艺性状的遗传率、遗传变异系数以及遗传型主成分进行了分析（表11-2）。在 19 个农艺性状中，生育期性状中的全生育期，形态数量性状中的株高、荚长、荚宽、顶蔓，产量构成因素中的单株荚数、单株粒数、百粒重、单株产量、小区产量等是导致多元变异性的主要性状。

以京农 2 号×S5033 的 F_2 株系为材料研究了小豆子粒外观品质及蛋白质含量等 8 个性状的变异及遗传参数。百粒重和粒长的遗传率较高，达 90%以上，蛋白质含量的遗传率为 89.34%，因此，这些性状直接对株系进行选择可取得良好的效果。而子粒体积的遗传率较低，仅为 29.73%。株高、主茎节数、单株荚数的遗传率值均达 73%以上；单荚粒数的遗传率中等。

金文林（1996）、成河（1976）等研究认为，小豆的不同种皮是质量性状，每一个种皮色性状由 1～2 个基因控制。岛田（1993）对小豆种皮色 L^*（种皮亮度）、a^*（赤色度）、b^*（黄色度）、c^*（彩度）、H^0（色相角）5 个指标的数量变异进行了探讨，其广义遗传率相当高，达 0.57～0.76。用 2 个组合的双亲、F_1～F_3 集团及系统估

算了控制 L^*、a^*、b^* 性状的基因数分别为1～2、4和2。金文林（1997）对 F_2 株系的 L^*、a^*、b^* 的遗传率估计均在95%以上，且 *gcv*、*GS*、*RGS* 也都相当大。L^* 是由2个主基因控制，b^* 则由3个主基因控制。

表11-2　小豆地方品种群体19个农艺性状遗传型主成分、主向量及其他参数

次序	遗传型主成分			遗传型主向量				一元分析	
	值	%	累计%	性状	第一主成分	第二主成分	第三主成分	遗传率 (h^2,%)	遗传变异系数（%）
1	4.7462	34.5	34.5	单株粒数	0.9512	0.1060	−0.1489	32.3	53.9
2	3.7368	27.1	61.6	单株荚数	0.9407	0.0294	−0.1882	51.4	47.3
3	1.7134	12.4	74.0	单株产量	0.9101	0.1687	0.2534	30.0	60.8
4	1.1620	8.4	82.5	小区产量	0.7378	0.0690	0.1147	59.9	19.2
5	0.8107	5.9	88.3	株　高	0.1537	0.8850	0.1233	66.6	27.5
6	0.5174	4.2	92.5	顶蔓（一）	0.1295	0.8533	0.1069	58.2	23.6
7	0.4548	3.3	95.8	顶蔓（二）	0.0364	0.6296	0.1174	68.8	35.2
8	0.2892	2.1	97.9	百粒重	−0.0636	0.0737	0.8764	97.5	40.0
9	0.2120	1.5	99.5	荚　长	0.0374	0.0585	0.7062	77.2	9.8
10	0.0646	0.5	100	荚　宽	0.1021	0.3406	0.5690	79.5	14.6
11	0.0068	0.0	100	全生育期	−0.2631	0.3029	0.5231	96.6	19.7
12				生育前期	−0.2311	0.2937	0.4071	99.2	29.3
13				生育后期	−0.0358	−0.0400	0.1990	72.4	27.9
14				主茎节数	0.0171	0.3596	−0.0594	90.2	18.1
15				单荚粒数	0.2407	0.2034	0.0888	68.5	20.9
16				分枝始节	−0.0524	−0.0238	0.0729	64.2	41.4
17				出沙率	−0.0965	−0.0877	0.0571	51.3	6.0
18				主茎分枝数	−0.0573	0.3551	0.1653	88.6	44.1
19				蛋白质含量	−0.0932	−0.1571	−0.0747	86.4	11.2

小豆褐斑抗性受3对主基因所控制，呈数量性状遗传，且具有累加效应，高抗为纯合显性，高感为纯合隐性（金文林，1996）。

第三节　小豆种质资源研究与利用

近些年来，各种作物的农家品种种植越来越少。经过长年累月适应各地域而被栽培的地方品种渐渐消失，这些地方品种被产量性能高、适应机械化操作、商品性好的改良品种的导入而驱逐出大田。众所周知，一旦栽培品种单一化，特定的病虫害将会大流行，作物生产将存在着毁灭性灾害的危险。在日本北海道就曾引起的小豆茎疫病、立枯病、落叶病等大流行被害的实例。

一、小豆的分类

小豆的属名和种名东西方植物分类学家颇有不同见解。Willd Hedrick（1800）把小豆列入扁豆属，采用学名 *Dolichos angularis* Willd。高桥（1917）根据小豆花器官的构造与菜豆属其他种的差别，设独立的小豆属（*Adzukia*），种名为 *subtrilobata*。凌文之（1926）记述为赤小豆属，学名为 *Phaseolus mungo* L. var. *subtrilobata* Fr. et Sav。Becker（1929）认为是菜豆黑吉豆的变种，用学名 *Phaseolus mungo* L. var *angularis*。Hedrick（1931）订正小

豆的学名，认为是菜豆属小豆种，学名为 *Phaseolus angularis* (Willd) Wight。大井（1965）则采用 *Adzukia angularis* （Willd）Ohwi。之后又把小豆列入豇豆属小豆亚属。现在多数学者用学名 *Vigna angularis* Ohwi et Ohashi。

不少学者将小豆种质资源材料分为野生小豆、半野生小豆和栽培小豆3大类型。从植物学分类上，栽培小豆的学名为 *Vigna angularis* Ohwi et Ohashi，染色体组型 $2n=14M+6SM+2Sat$；野生小豆的学名为 *Vigna angularis* var. *nipponensis*，而半野生小豆的分类学地位未确立。各类型的形态特征见表11-3，且同工酶酶谱上也有明显差别（金文林，1997）。

表11-3　野生小豆、半野生小豆和栽培小豆的特征

性　　状	野生小豆	半野生小豆	栽培小豆
生长习性	蔓生、匍匐	半蔓生、直立	直立、蔓生
荚色	黑	黑	黄白色、黑褐色等
裂荚习性	易	易	难至易
荚的大小	小	中	大
种子颜色	黑斑	黑斑、褐斑、茶、绿、灰白	红、白、红斑等多种类
种子大小	小粒	中粒	大粒
种子休眠性	深	深至浅	很浅
初生叶位置	约2.5 cm	约7.4 cm	约11.7 cm
茎色	紫红	绿、紫红	绿、紫红
花序位置	伸出叶丛	叶丛中至伸出叶丛	叶丛中
花柄长度	比叶柄长	与叶柄相近，短	比叶柄短

①按栽培制度和播种季节，分为春播小豆、夏播小豆和秋播小豆。

②按子粒大小，分为小粒种（百粒重小于6 g）、中粒种（百粒重6～12 g）和大粒种（百粒重12 g以上）。

③按小豆种皮颜色，可分为红小豆、白（灰）小豆、橘黄小豆、绿小豆、黑小豆、褐花斑（双色斑块）、花纹（点、纹多色）小豆等。

④按对光周期反应强弱，分为早熟类型、中熟类型和晚熟类型。这3种类型分别分布于东北、华北和西北、黄淮和长江中下游等地区。

⑤按结荚习性和生长习性，分为有限结荚习性和无限结荚习性，介于两者之间为亚有限结荚习性；在生长习性上可分为直立、蔓生和半蔓生3种类型。

二、国内外小豆种质资源研究

（一）小豆遗传资源搜集、保存　为了将来的育种利用，搜集国内国外地方品种、育成品种、野生半野生种、近缘野生种，充分保存各种具有遗传多样性的材料是很重要的。

我国于20世纪50年代就开始广泛地征集各种作物的地方品种资源，分别保存在各省份的农业科学院或地区农业科学研究所，60年代一时中断，不少资源散失。1982年中国农业科学院设立品种资源研究所以来，组织各相关省市农业科学院设立的品种资源研究所（室）搜集当地小豆地方品种资源，并进行了整理、鉴定、编目。1983年初在全国14个省（市）收集了2 400余份小豆地方品种。国家科委、农业部委托中国农业科学院组织作物品种资源考察队，在西藏（1981—1984）、海南岛（1986—1990）、神农架及三峡地区（1986—1990）、广西地区（1992—1995）等原始地域进行资源搜集。在西藏、云南、贵州、四川等地发现了小豆野生种和近缘野生种，而从国外搜集的小豆资源为数极少。截止到2000年，我国已征集到小豆地方品种资源4 000余份，大部分已存入国家种质库，被《中国食用豆类品种资源目录》所收录，一部分地方品种保存在各省农业科学院或县农业科学研究所，为我国小豆新品种选育提供了基础资源材料。同时，在全国范围内植物种质资源研究网络已经形成。

日本从 1890 年开始在全国各地设立农业试验场，进行地方品种的搜集、选拔以及国外遗传资源的导入。截止 1982 年已搜集到小豆地方品种近 2 000 份。1982—1986 年十胜农试场从国内外搜集了 1 107 份小豆品种。日本农林水产省 1986—1989 年国内搜集小豆（含野生）计 114 份。山口（1990 年）在日本国内 20 多个县搜集到大量野生、半野生小豆。

日本农林水产省非常重视国外的遗传资源搜集工作，有目的地导入与育种目标有关的材料。北海道十胜农试场至 1982 年保存着外国品种资源 116 份，其中有中国（26 份）、前苏联（15 份）、韩国（75 份）等。从 1985 年开始扩大了导入计划，每年向国外派遣 4～5 个考察队，搜集各地小豆等种质资源。

国际上还有 20 余个国家搜集并保存小豆品种资源。

（二）小豆品种生态分类　日本学者河原（1962）曾根据生育前期和生育后期将供试的 190 个小豆品种划分为 19 个生态类型。高纬度的北海道小豆全生育期短、栽培早、中熟品种；九州栽培中晚熟品种；东北地区生态类型丰富，早、中、晚熟品种都有栽培。田崎（1963）对小豆品种的分类及其分化的方向进行了调查研究，将日本各地搜集到的 120 份品种根据分枝性、主茎硬度及柔软性、主茎基部茎粗、最长分枝的长度 4 个株型的指标值进行测定分析，从而划分为 4 个基本型。

胡家蓬（1984）将我国搜集的 1 040 份小豆地方品种根据粒色、早晚熟性、粒重等主要特性进行了分类，并把我国小豆主产地划分为东北生态区、华北生态区、黄河中游生态区和云南生态区。金文林（1992）利用我国北方 286 个小豆地方品种资源生育期信息分类，东北三省是早熟的小豆地方品种资源库，江淮流域以南地区为晚熟生态类型，华北地区变异丰富。金文林（1995 年）采用涉及小豆的 7 个主要气候因子进行数值分析，将全国划分为 8 个小豆生态区。

三、小豆种质资源鉴定与利用

以中国农业科学院品种资源研究所为中心对小豆地方品种的有用性状（高产、优质、早熟、各种病害抗性、虫害抗性、耐冷性、耐干旱性、耐渍性、耐热性等）进行鉴定、选择。王述民（2001）基于小豆地理区划、农艺性状鉴定、营养品质分析等资料，从 3 946 份小豆种质资料中选取 408 份种质，构建了具有较好代表性的核心样品。在我国保存的小豆种质资源中，国外小豆遗传资源的导入为数很少，野生小豆和近缘植物的开发处于起步阶段。

1978—1990 年间搜集到 2 982 份小豆种质资源，并对 1 024 份资源进行了抗叶斑病和锈病的鉴定，有 3 份对小豆尾孢菌叶斑病抗性较好，较抗锈病的资源 7 份；对 1 101 份资源进行了抗蚜虫鉴定，有 3 份抗蚜虫力较强；对 1 059份资源进行了抗盐性鉴定，芽期 1 级耐盐性的有 47 份，2 级耐盐性的有 241 份；苗期 1 级耐盐性的有 47 份、2 级耐盐性的有 311 份；对 915 份资源进行了耐旱性鉴定，比较耐旱的小豆资源有 6 份，耐旱资源的分布与生态环境有关，这几份资源多来自山西、内蒙古和陕西；对 1 479 份资源进行了蛋白质、脂肪和淀粉的分析测定；对 183 份资源进行了 18 种氨基酸的测定。

日本小豆种质资源的保存主要在北海道立十胜农试场、东北农试场和农业生物资源研究所，其他县府的生物资源研究中心及农试场也或多或少地搜集保存一部分，总计 2 000 余份。其中有相当多的小豆资源材料在北海道自然条件下采种困难，因而利用冬季温室进行繁种，由新潟县农试协助进行性状调查，以供育种利用，作为珍贵的遗传资源进行长期保存。十胜农试场于 1968 年、1973 年和 1975 年 3 年调查了 256 个品种主要特性的分布，于 1975—1981 年对 423 个品种系统的小豆落叶病进行了检定。山口（1990）在日本、韩国、中国、尼泊尔、不丹、缅甸等国广泛搜集野生小豆、半野生小豆、栽培小豆，并进行比较学研究。

中间亲本品种的开发在日本也成为重要的课题。从冈山地方品种黑小豆中，将落叶病抗性导入北海道品种，培育出小豆中间亲本农林 1 号就是其中一例。另外，还从国外导入了大粒的小豆资源，培育出特大粒小豆品种，如农林 8 号。

日本小豆大粒化、高产的有用性状正被开发。我国小豆粒小、产量较低，如果能导入日本小豆的有大粒、高产性状基因，就能促进我国小豆育种工作。我国小豆资源能很好地适应各地域、富具遗传多样性，是珍贵基因的宝库，如我国东北的早熟性、天津红小豆中发现的 F_1 致死基因等。我国小豆种质资源将对稳定世界小豆生产扮演着积极的重要角色。小豆遗传资源的开发，不应仅仅局限于在国内，国际间的交换、尽早在国际间协作、共同开发也是很重要的。

第四节　小豆育种途径与方法

一、引　种

引种是小豆品种选育的一个重要方法，也是解决品种问题的一条捷径。它是将外地品种或国外品种引入本地，经过试验，将表现优良、适合本地区栽培的品种用于生产。我国广大地区农民长期以来就有引种习惯，这对小豆良种的推广利用起了重要作用。在进行引种时，必须了解和掌握小豆的生态类型及引种后所引起的生态变化，全生育期是首先要考虑的问题。

1. 南北相互引种　主要受日照长度和温度高低的影响，尤其日长的影响更为明显。由高纬度地区向低纬度地区引种，由于低纬度地区较高纬度地区日照短、温度高，小豆表现植株矮小、不繁茂，开花、成熟期提早，产量常常比原产地低。由低纬度地区向高纬度地区引种，因高纬度地区日长相对较长，生育期延长，甚至不能正常开花成熟。但在一定范围内或一定的条件下引种是能获得成功的。

2. 东西相互引种　在海拔相同或相差不大的地区之间引种，由于日照和温度条件相同或接近，容易成功。海拔高度相差较大，引种就不易成功。故引种调种时一定要慎重从事。

二、自然变异选择育种

自然变异选择育种，就是利用自然界已产生的变异类型选择培育出新品种，是小豆品种选育的主要方法之一。这个选种方法大致分 3 个步骤：第一步，选择优良单株，每个单株各成一个株系；第二步，把已分离出来的品系进行比较，选优汰劣，决选出新品系；第三步，繁殖优良品系，推广应用到大田中去。我国 20 世纪 70～80 年代小豆生产上应用的许多品种都是用自然变异选择法选育出来的，如龙小豆 1 号、龙小豆 2 号、辽红 5 号、冀红小豆 1 号、冀红小豆 2 号、京农 2 号等。这些品种在当地生产中都起到相当的增产作用。

小豆自然变异选择育种的一般程序和具体做法如下。

第一年，选择单株。根据育种目标，在生长良好的大田中，反复细致地观察，对表现突出的植株做好标记。在成熟而未收获之前，到田间选择成熟期适中、植株健壮、结荚多、不裂荚、抗倒伏等性状符合要求的优良单株。在条件许可的情况下尽量多选单株。

第二年，选种圃，将上一年入选单株进行编号，每株种子种一小区，成为一个（株）系。顺序排列，每隔 9 个小区设一对照种，不设重复。在生长季节内进行田间观察、记载。根据生育期、株高、结荚习性、丰产性、子粒性状等，在田间目测淘汰 60%左右，通过室内考种再淘汰 20%～30%，最后入选 10%～20%的株系，作下年用种。

第三年，入鉴定圃，初步鉴定上年选留株系的生产力和适应性。每个株系种一区，一般每隔 4 个株系（间比法）设一对照，并设重复。在小豆生育期间要及时调查记载。成熟后在田间不进行淘汰，分别收回全部株系。根据调查和室内考种结果，选留 20%～30%的株系，留作下年继续试验。

第四年，预试圃，将上年选留的株系，做初步产量比较试验。但因株系数较多，一般采用间比法，增加重复次数和适当扩大小区面积，严格进行试验，进行品质分析。根据田间调查、室内考种、产量结果和品质分析结果，选留表现突出的株系，升入下年品比试验。

第五年和第六年为品种比较试验。升入本试验的品系，各方面的表现均必须优于对照种。采取间比法或随机区组法，比较优劣。对表现最突出的品系，进行繁种。

第七至八年，多点试验。在一定范围内，选择若干个有代表性的试验点进行试验。在多点试验的第二年，将苗头很好的品系进行生产示范试验。根据各点汇总试验结果，决选出最佳品种用于推广。

金文林（1999）提出改良自然变异选择法——竞争性选择法，并用此法培育出京农2号红小豆新品种。采用这一方法要有3个先决条件：①必须有足够多的遗传资源材料，同时包含有理想的遗传变异的基因类型；②育种场所的环境与将要推广种植的地域环境因素相一致；③植株的表现型由基因型（g）、基因型×适应性环境因素（gE）、基因型×田间管理环境误差（ge）、田间管理环境误差（e）共同制约，即线性模型为$Y=g+gE+ge+e$。且E值因品种、作物而异。根据育种目标，在育种选择、鉴定时，提供一个限定的适应性环境因素条件，从而选拔限定条件下$g+g\times E>g$。这不仅仅对基因型本身的选择，而且也通过适应性环境来选择相适应的基因型，使$g\times E$互作成为正效应，只有这样，育出的品种在与此相似的地域才具适应性和稳产性。

竞争性选择法的选育方法如下。将若干份植株性状差异极端明显、生态型完全不同的材料种子充分混合后进行一次性播种，使株间的竞争[从表观上看，包括生态型间、品种间、品种内株间，从本质上看实为$g_i+g_i\times E_i$（$i=1，2，\cdots，m$]充分表现，这是与常规自然变异选择育种之主要差别，从而选拔适于$g+g\times E$这种环境的竞争性强的优良单株。第一年选拔分4次进行：于开花期进行第一次选择、挂牌、插杆标记，目标性状为开花早、株型直立、茎秆粗壮、植株较高、无病的单株；灌浆盛期对标记植株进行第二次选择，淘汰结荚数少或不结荚的、分枝多或独秆的、顶部蔓生及感各种病的单株，保留结荚多、分枝2～4个、无病单株；成熟期进行第三次选择，淘汰晚熟、瘪荚多、植株上中下部荚成熟度相差较大的植株；收获后进行第四次选择，淘汰百粒重小的单株。经过4次选择后获得的单株材料表现为早熟、直立、百粒重较高、无病、荚较多、分枝少。第二年将这些单株种子进一步混合后按上年方式种植再进行严格选择，获得较理想的单株，下年进行株行试验、鉴定，后续工作同常规选择育种法。

三、杂交育种

杂交育种是小豆育种中最主要、且有成效的途径。人工将两个亲本材料进行有性杂交组配，从其后代分离植株中进行多代选择育成新品种。

（一）杂交技术

1. 小豆的花　小豆是自花授粉作物，通常其异交率小于1%。小豆的花为完全花，具有5裂萼片、5个花瓣、1个雌蕊、10个雄蕊（其中9个连成雄蕊管、1个单独）。小豆植株开花持续期一般为25～40 d，早播的晚熟品种材料更长。就一朵花而言，开花时间较短，开花当日傍晚闭合，次日上午重开后凋萎。开花前一天的花就具有正常受精能力。小豆是全天都能开花的作物，晴天开花较早，阴雨天开花延迟，但小豆花粉在自然条件下能保持生活力的时间较短。开花盛期观察发现，上午10：00将成熟花粉的花离体后存放于室温下，下午14:00以后花粉生活力开始明显下降，花粉储藏到次日上午萌发率降低了30%，至第四日上午降低了40%～50%，此时的花粉虽仍有活力，但活力过低。若将花粉快速干燥后存放在冰箱中保存，可维持较长的时间。

2. 杂交方法　小豆花蕾较小，人工杂交比较困难，但只要认真细心操作，很容易掌握。人工杂交用具有尖镊子、小纸牌、铅笔、盛酒精棉球的小玻璃瓶、工具盒、小凳子等。

小豆杂交组配可全天进行，但要避开炎热的中午，阴天杂交效果较好。杂交时，要选择未开药散粉的花蕾（淡黄绿色）进行去雄，并立即授粉。

母本花蕾选择时，花蕾过大可能已经自交；花蕾太小，雌蕊柱头未发育成熟，一般选择膨伸期至始开期的花蕾为宜（蒋陵秋等，1986）。最好选择主茎中上部适宜的花蕾进行去雄，植株下部操作相对困难，且花蕾幼荚易脱落。将所选定花蕾旁边已开过的花和其他花蕾、幼芽去除干净，以免与杂交花荚混淆不清。

在进行杂交操作时，应以左手拇指与食指轻轻扶花，右手拿镊子，用镊尖将花冠拨开，露出花药，然后斜放镊子，去掉花药，绝对不能碰伤柱头。用铅笔在纸牌上注明去雄日期及去雄花朵数。将纸牌挂在已去雄的花序轴上，并固定在植株茎秆上，以便检查、收获。注意不要把纸牌挂在叶柄上，叶柄在小豆成熟时脱落。

授粉花朵要选择刚开花、花瓣鲜艳的，去除旗瓣、翼瓣后，留下龙骨瓣及包裹在龙骨瓣里的花药，再切除其龙骨瓣基部和子房（约剪去1/2长），留下花药，将母本柱头插入由龙骨瓣包裹花药而形成的小孔中。这种方法授粉、保湿效果好，杂交成功率高、天然异交率低。

也可以分两天进行，在前一天下午16:00～19:00去雄，翌日上午8:00～9:00再授粉。授粉时，将父本花粉在已去雄的母本花柱头上轻轻一擦，使柱头涂上一层花粉。授粉后一般不包裹；但在干旱地区，杂交授粉后应用叶片包裹。大多数小豆育种者仍采用这一传统的方法。

杂交授粉后3～5 d须检查一次。若授粉受精的小荚发育正常，应将原来的纸牌换成塑料标牌，随即摘除杂交荚旁边的新生花芽、叶芽。如杂交花蕾干枯脱落，应将小纸牌去掉。鼓粒灌浆期遇旱应及时喷灌，并注意治虫，减少花荚脱落。

杂交荚成熟后要及时收摘。将杂交荚连同小标牌装入纸袋内，同时分别收获父本和母本一定种子量，供下年度鉴别杂交种真伪时利用。

（二）杂交方式 通常采用单交方式，在单交不能达到预期目标时，也采用复合杂交或回交。

1. 品种间杂交 我国现有育成品种多数为单交育成的品种，如河南省农业科学院粮食作物研究所1991年育成的豫小豆1号，其组合为京小×花叶早熟红小豆；河北省农林科学院粮油作物研究所1992年育成的冀红4号，其组合为安次朱砂红小豆×日本大纳言；河北省保定市农业科学研究所1999年育成的冀审保8824-17，其组合为冀红小豆1号×台9（台湾红小豆）；吉林省白城市农业科学院1999年育成的白红3号，其组合为红小豆732×日本大正红。

日本比较重视小豆新品种的选育工作，20世纪70～90年代仅北海道十胜农试场通过杂交方法育成的小豆新品种就有十余个，如小豆奖励品种农林1号～农林10号，近十几年育成的品种多数为复合杂交，如2000年育成的十育140号，其组合为［农林4号×浦佐（抗茎疫病）］×［农林4号×黑小豆（抗落叶病、凋萎病）］，这个新品种抗落叶病、茎疫病和凋萎病。

日本小豆农林系统1～8号品种亲缘关系网络见图11-1。农林1号、农林4号、农林7号和农林8号4个品种亲缘关系较近，是早生大粒1号和能登小豆的后继世代；农林2号、农林5号、农林6号和农林8号4个品种亲缘关系较近，是斑小豆系-1和宝小豆的后继世代。农林1号～4号4个品种是采用日本国内的地方品种资源育成的，农林5号～8号4个品种已经采用从国外导入的品种资源、开发有用基因而育成的新品种。而且，农林8号是集这2群之优点而组配育成的新品种。

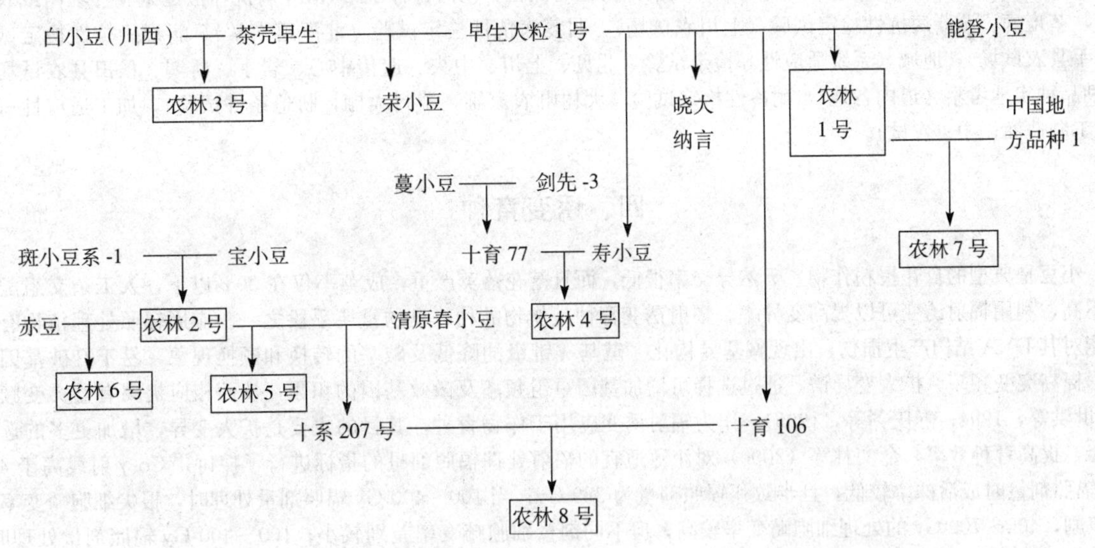

图11-1 日本农林1号～8号小豆新品种的亲缘关系

2. 种间杂交 中国科学院遗传研究所的研究表明，小豆的种间杂交很难成功。虽然绿豆×小豆正反交结实率最高可达70%以上，但授粉9 d以后豆荚开始停止生长，幼胚夭亡，最终只能得到又瘪又小无发芽力的败育种子。通过幼胚离体培养技术，获得了绿豆×小豆的种间杂种植株，其生活力很强，生育期达一年之久，但杂交一代植株仍完全不育。泽恩（1973）用绿豆与小豆的近缘半野生植物饭豆进行正反交试验，结果完全一致，但将F_1进行秋水仙素处理成功地得到了C_1种子，进行细胞学观察确认是双二倍体（$2n=44$），并且C_1植株的结实性能显著地恢复。吉林省舒兰县红旗中心种子站于1981年育成的吉红1号就是利用种间杂交育成的品种，其组合为当地红小豆×紫菜豆。

（三）常规杂交育种流程　首先要选择好亲本。亲本选配正确与否，关系到育种的成败。杂交的目的在于结合双亲的优点、克服缺点，育成符合要求的新品种。通常以当地优良品种为基础，与具有弥补缺点的某些优良性状的地方品种或外来品种进行杂交组配。

下面列出日本十胜农试场小豆育种试验流程（村田吉平，1999），供参考。

杂交组配：场内育种圃，每年25～30个组合。

F_1：温室冬季加代。

F_2：集团选择，场内育种圃，落叶病抗性选择（场内或农家圃）。

F_3：集团选择，场内育种圃，落叶病抗性选择（场内或农家圃），耐冷性实地选择（大树町农家圃），冲永良部岛加代。

F_4：个体选择，场内育种圃，落叶病抗性选择（场内或农家圃），耐冷性实地选择（大树町农家圃），优质晚熟材料选择（中央农试场）。

F_5～F_6：场内育种圃系统选择，落叶病抗性选择（场内或农家圃），茎疫病、凋萎病抗性检定（上川农试场），耐冷性实地选择（大树町农家圃），优质晚熟材料选择（中央农试场）。

F_7（十系编号）：产量潜力检定预备试验（场内育种圃，标准：密植），落叶病抗性检定试验（场内或农家圃），茎疫病抗性检定试验（上川农试场），凋萎病抗性检定试验（北海道大学），系统适应性检定试验（上川、中央、岩手、新潟、秋田县农试场），耐冷性检定试验（大树町农家圃，塑料大棚）。

F_8（十育编号）：产量潜力检定试验，栽培特性检定试验（场内育种圃），落叶病抗性检定试验（场内或农家圃），茎疫病、凋萎病抗性检定试验（上川农试场），凋萎病抗性检定试验（北海道大学），病毒病抗性检定试验（岩手县农试场），地域（系统适应性）检定试验（北见、上川、中央、遗传中心、岩手、新潟、秋田县农试场），耐冷性检定试验（大树町农家圃，塑料大棚，胁迫条件试验）。

F_9～F_{10}（十育编号）：潜力检定试验，栽培特性检定试验（场内育种圃），落叶病抗性检定试验（场内或农家圃），茎疫病、凋萎病抗性检定试验（上川农试场），凋萎病抗性检定试验（北海道大学），病毒病抗性检定试验（岩手县农试场），地域（系统适应性）检定试验（北见、上川、中央、遗传中心、岩手、新潟、秋田县农试场），奖励品种实地考察（道内各地），耐冷性检定试验（大树町农家圃，塑料大棚，胁迫条件试验），加工适应性试验（加工制造商，中央农试）。

四、诱变育种

小豆是典型的自花授粉作物，天然异交率很低，而且落花落荚严重，成荚率仅在30%以下，人工杂交组配效率不高，利用辐射诱变可以提高变异率。辐射诱变育种是作物品种改良的重要手段之一。应用辐照处理植物有机体能对其DNA结构产生损伤，出现碱基异构化、碱基π键级的降低及碱基的转换和颠换现象，易于打破基因连锁，提高突变频率，扩大变异谱，通过选择可增加基因重组频率及微效基因的积累，从而相应提高有益突变频率（瞿世洪等，1994；舒庆尧等，1995）。作为辐射诱变应用于作物育种，其目的主要是扩大变异，增加更多的选择机会，提高育种效率。金文林等（2000）对小豆适宜的辐射处理辐照剂量的指标进行了探讨，^{60}Co γ射线高于400 Gy辐照剂量时成活株率较低，且半致死辐照剂量为389 Gy；当100～400 Gy辐照剂量处理时，根尖细胞畸变率变化急剧，400～700 Gy的处理细胞畸变率较高，但不同剂量细胞畸变率差别较小；100～400 Gy辐照剂量处理时，花粉育性保持在50%以上，400 Gy时为对照的54.7%（栽培小豆）、72.6%（野生小豆）；500 Gy处理时为对照的41.7%（栽培小豆）、33.8%（野生小豆）。认为选用^{60}Co γ射线辐照处理小豆种子时，采用400 Gy辐照剂量是较合适的。

在400 Gy辐照剂量处理后的小豆M_2群体中获得了多种可稳定遗传的变异类型的单株；对京农2号、S5033的M_2群体进行了调查，黑荚变异株发生频率为0.2%左右。1996—1998年，从这些后代群体中发现了紫茎＋红粒、绿茎＋花粒的新基因型材料，这一基因型材料在国内外小豆种质资源中是罕见的。在1993年京农2号的M_2

群体中发现了一棕色荚、子粒鲜红的变异植株，经多代选择及室内接种鉴定，获得了对小豆叶锈病和白粉病免疫、百粒重比京农2号提高30%左右（达14g）的优良家系。该家系扩繁后，于1999年通过北京市农作物品种审定委员会审定，命名为京农5号（图11-2）。由此可见，γ射线辐照处理技术对小豆品种改良、遗传变异诱导、创造新基因型种质具有广阔的应用前景。

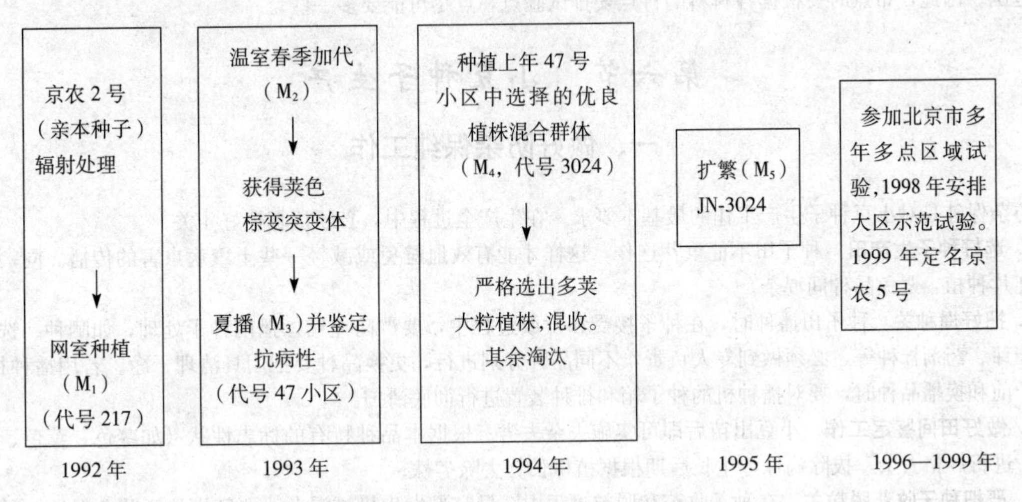

图11-2 京农5号新品种选育过程

小豆子粒大小和种皮颜色受少数基因控制，遗传率较高，对这类性状的改良利用辐射诱变手段具有较高的育种效率，在不少作物辐射育种实践中短期内取得了较好的成效，甚至获得了新的突破。

除利用^{60}Co γ射线外，也可用X射线和热中子流进行处理；或用化学诱变剂，如甲基磺酸乙酯（EMS）、硫酸二乙酯（DES）、亚硝基乙基脲（NEH）等处理小豆湿种子。但用化学诱变剂处理时，要注意如下方面：①这些药物有毒性，应随配随用，不宜搁置过久；②处理过的种子应用流水冲洗干净以控制后效应；③为便于播种，应将药物处理过的种子进行干燥处理，采用风干，但不宜采用加温烘干方法；④废弃药液对人畜有毒，要注意安全处理和环境保护。

第五节 小豆育种试验技术

在小豆育种过程中，种质资源的引进鉴定、亲本的种植、杂种后代的选择和处理以及对新品种的评价，均需经过一系列的田间试验和室内选择工作，才能对产量潜力、品质性状以及抗病性等进行深入研究。

引进的新种质资源材料必须做田间适应性鉴定，包括生育期、各种抗性的鉴定。第一年种子量较少，田间主要任务除适应性鉴定外，还要保种、扩大繁种量，以便今后使用。因此田间种植时要选择地块良好、稍肥沃的地块；宜采用适当早播、点播（或条播）、稀植，行距50～70 cm。第二年可根据具体情况再做抗性（抗病虫、抗逆等）鉴定和室内品质鉴定。

小豆植株较矮，杂交圃种植的亲本材料主要考虑到方便杂交工作。一般采用宽窄行种植。宽行100～120 cm，窄行40～50 cm。用蔓生材料作亲本时，最好在植株抽蔓前搭好架，把植株固定好，便于去雄、授粉，提高成荚率。

生育期相差较大的亲本作杂交组配时，采用分期播种，或采用遮光促成手段调整花期。夏季用12 h光照-12 h黑暗条件处理小豆植株25～30 d即可开花。

选种圃的种植，以系谱法为例，F_1代按组合点播，加入亲本行。主要任务是利用标志性状去除假杂种，鉴别组合优劣，同时扩繁其种子以保证下年度有较大的F_2群体。这一世代一般采用温室加代，以缩短育种周期。单株收获，下年种成株行。F_2及以后世代仍采用点播，每组合应有较多的单株（1 000株以上）。F_5以后世代采用条播，株行距依当地生产习惯确定，密度一般要比生产上低。

当选材料各性状比较稳定后进入品比预备试验，在本单位试验田内进行。选用 6 个材料以上，加上对照，设置随机区组试验，5～7 行，行长 4～8 m，小区面积 15～20 m^2，3 次重复以上，进行产量比较，测产时要将小区两端及边行优势植株去除。

优良的品系材料进入正式品比试验，布置多点试验。通过多年多点试验评价每一个材料的推广应用价值及其适应范围。因此，布点时要根据各材料的特点安排试验点，点尽可能要多一些。

第六节　小豆种子生产

一、做好防杂保纯工作

防杂保纯是对小豆种子生产工作的最基本要求。在生产全过程中，必须认真把好 4 关。

1. 选好种子生产田　种子田不能重茬连作，这样才能有效地避免或减轻一些土壤病虫害的传播。同一品种要实行连片种植，避免品种间混杂。

2. 把好播种关　种子田播种时，在种子接受和发放过程中，要严防差错。播前种子处理，如晒种、选种、浸种、催芽、药剂拌种等，必须做到专人负责，不同品种分别进行，更换品种要把用具清理干净。若用播种机播种，装种子前和换播品种时，要对播种机的种子箱和排种装置进行彻底清扫。

3. 做好田间鉴定工作　小豆出苗后即可实施去杂去劣。根据本品种特有的标志性状（如茎色、荚色、植株形态等）进行严格去杂，拔除病株，生长后期根据植株长势去除劣株。

4. 严把种子收获脱粒关　在种子收获和脱粒过程中，最容易发生机械混杂，要特别注意防杂保纯。种子田要单收、单运、单打、单晒，每一个品种、每一个世代都要专场脱粒。若用脱粒机脱粒，脱完一个品种一个世代，要彻底清理后再脱粒另一个品种。整个脱粒过程要有专人负责，严防混杂。机械脱粒时要注意机械转速，以防子粒破碎。

全国各作物正在推行由育种家种子、原原种、原种和良种 4 个环节组成的四级种子生产程序，小豆的四级种子生产程序尚待制定，小豆种子工作者必须积累经验，准备转轨。

二、采用科学的栽培技术

在种子生产过程中，从整地、播种到收获前的一系列田间栽培管理工作都要精细，既要科学种，又要科学管。尤其要注意去杂、中耕、除草、排灌、配方施肥、及时防治病虫害等，保证作物安全生长和正常发育。

三、注意种子储藏

种子公司等生产、经营单位都要建立专用的种子仓库。种子仓库要专人负责，专库专用，切忌放置粮食、饲料、农机具、化肥等物品。种子入库前，要对种子库进行一次彻底清扫。

合格的小豆种子标准：一级种子纯度不低于 99.0%，净度不低于 98.0%，发芽率不低于 85%，水分不高于 13.0%；二级种子纯度不低于 96.0%，其他均同一级种子标准。

小豆种子储藏期间要注意仓储害虫。除东北地区外，小豆主产区绿豆象都比较严重，种子入库后要实施磷化铝熏蒸杀虫卵。种子含水量控制在 12%以下，用普通常温库可保存 5 年以上，种质发芽率仍达 70%～80%。

第七节　小豆育种研究动向与展望

目前小豆育种上虽然注重了产量水平，但产量水平与其他豆类相比还是比较低的。随着人们对健康食品的要求，小豆的食用、保健价值被人们所认识，消费市场不断扩大，国内外对小豆的需求量也不断增加，也增加了我国对小豆育种和生产的动力。未来小豆的育种研究将首先偏重于如下方面。

一、扩大遗传变异及新种质创新

除扩大种质资源搜集、加速鉴定之外，扩大遗传变异及新种质创新是育种的基础课题。以前育成的品种主要是利用现有的基础材料进行杂交组配。新基因的探索、野生资源的利用将会越来越多。除常规的物理、化学诱变扩大遗传变异外，利用空间资源也是一个方向。返回式卫星搭载植物材料，飞行于近地空间，由于各种空间诱变因素（微重力、空间辐射等）的作用，植物材料后代会出现各种变异，因而是产生新基因源的重要途径之一，引起国内外学者的重视。

二、生物技术应用于小豆育种

在小豆细胞和组织培养方面，许智宏（1984）将上胚轴的愈伤组织、鲁明塾（1985）将子叶愈伤组织、黄培铭（1989）将叶肉原生质体愈伤组织分化成苗。金文林（1993）对小豆幼根、上胚轴、初生叶、子叶等外植体的愈伤组织诱导进行研究。这些基础研究表明，小豆许多外植体都能诱导出良好的愈伤组织，且频率很高。小豆抗病虫方面的研究相当薄弱，利用基因导入方法培育抗病虫品种可减少农药对环境的污染。生物技术的应用是提高育种效率的重要手段。

三、杂种优势的利用

据中嶋（1980）报道，他们于1974年在日本十胜农试场从系统选育的十育92号小豆中发现了雄性不育个体，通过与雄性可育个体杂交获得了F_1个体，并且是可实的，而从F_2个体分离比例推测该性状是一对隐性基因所控制。但遗憾的是，这一研究已中断。直接利用F_1代的杂交优势对小豆育种家来说目前难度还很大。关键问题在于尚未发现有效的杂种种子的生产手段。

四、常规育种方向

1. 早熟　更多地注重充分利用光、温、土地资源，适于夏播、插茬。华北地区特早熟育种具有特殊意义，适合于茬口调剂。

2. 广适应性　现有品种适应性较差，培育的新品种只能在狭小的地域推广，或对栽培条件要求苛刻，生产上迫切需要广适应性的品种。

3. 高品质　小豆的品质指标要符合小豆加工的要求。子粒大小、种皮色泽以及蒸煮品质都是非常重要的。中大粒、色泽艳红受流通商及加工企业欢迎。

4. 耐冷性　东北无霜期较短，这一地区小豆育种要注意耐冷性。

5. 耐阴性　间作套种、多熟制地区主攻耐阴性。

复习思考题

1. 结合国内外小豆育种研究进展，分析未来小豆主要育种方向及目标。
2. 试讨论我国小豆种质资源保存与利用现状、存在问题和发展方向。
3. 试分析小豆主要育种性状的遗传特点及其在育种中的应用。
4. 试述现阶段小豆育种的主要途径和方法，讨论今后的发展方向。
5. 小豆杂种的判别性状有哪些？简述小豆人工杂交技术特点及可能的改进途径。
6. 小豆种子生产中需注意哪些问题？
7. 当前小豆育种的主要难点是什么？如何解决？

附　小豆主要育种性状的记载方法和标准

1. 播种期：种子播种当天的日期，以“年月日”表示（各生育期同此）。

2. 出苗期：小区内50%的植株达到出苗标准的日期。

3. 分枝期：小区内50%的植株叶腋长出分枝的日期。

4. 见花期：小区内见到第一朵花的日期。

5. 开花期：小区内50%的植株见花的日期。

6. 终花期：小区内50%的植株最后一朵花开放的日期。

7. 成熟期：小区内有70%以上的荚呈成熟色的日期。

8. 生育日数：播种第二天至成熟的天数。

9. 生长习性：可分为直立型（茎秆直立，节间短，植株较矮，分枝与主茎之间夹角较小，分枝少且短，长势不茂盛，成熟较早，抗倒伏性强）、半蔓生型（茎基部直立，较粗壮，中上部变细略呈攀缘状。分枝与主茎之间夹角较大，分枝较多，其长度与主茎高度相似，或丛生，多为中早熟品种）和蔓生型（茎秆细，节间长；分枝多弯曲，匍匐生长，具缠绕性，多属晚熟品种）3种类型。

10. 结荚习性：在植株终花期与成熟期之间，采用目测方法观测茎尖生长点开花结荚的状况，分有限结荚习性（主茎及分枝顶端以花序结束，又称自封顶型）和无限结荚习性（主茎及分枝顶端为营养生长点，无花序）2个类型。

11. 茎色：出苗后，即可调查茎色，分紫色和绿色2大类型，紫色中还可分淡紫、深紫、部分部位紫色等。

12. 成熟荚色：植株成熟期观测自然成熟荚果的颜色，分黄白色、褐色和黑色3个类型。

13. 粒色：观测成熟干子粒的外观颜色，可分为红、绿、白、黄、黑等单色以及花斑、花纹等多色类型。

14. 每花序花数：植株开花期，随机选取主茎从下往上数第二个和第三个花节上的花序10个，计数花序上的花数，计算平均数，精确到一位小数。

15. 株高：在植株成熟期，测量从子叶节到植株顶端的长度。单位为cm，精确到1 cm。

16. 顶蔓：在植株成熟期，测量主茎从顶部第一个叶片已展开的节到第四个叶片已展开的节共3个节间的总长度。单位为cm，精确到1 cm。长度超过20 cm一般为蔓生或半蔓生材料。

17. 主茎节数：计数每株主茎从子叶节到植株顶端的节数。单位为节，精确到整位数。

18. 节间长度：成熟期株高与主茎节数之比。单位为cm，精确到0.1 cm。

19. 主茎分枝数：计数每株主茎上的一级分枝数。单位为个/株，精确到整位数。

20. 有效分枝始节：计数主茎上最下部结荚的分枝所在的节位。单位为节，精确到整位数。

21. 单株荚数：计数每株上的成熟荚数。单位为荚/株，精确到整位数。

22. 荚长：测量10个随机抽取的干熟荚果，测量荚尖至荚尾的直线长度。单位为cm，精确到0.1 cm。

23. 荚宽：测量10个随机抽取的干熟荚果，测量荚果最宽处的直线宽度。单位为cm，精确到0.1 cm。

24. 单荚粒数：计数10个随机抽取的干熟荚果内所含的成熟子粒数，然后换算成单个荚果中所含的子粒数。单位为粒/荚，精确到一位小数。

25. 单株产量：将单株上子粒脱粒充分风干后，用1/10的电子秤称量。单位为g，精确到0.1 g。

26. 粒形：以风干后的成熟干子粒目测子粒的形状，分近球形、短柱形、椭圆形、楔形等类型。

27. 百粒重：参照GB/T 3 543－1 995农作物种子检验规程，随机取风干后的成熟干子粒，2次重复，每个重复100粒，用1/100的电子天平称量。单位为g，精确到0.01 g。

28. 粗蛋白质含量：随机取干净的成熟干子粒20 g测定。具体测量方法依据GB 2905谷类、豆类作物种子粗蛋白质测定法。单位为%，精确到0.01%。

29. 粗脂肪含量：随机取干净的成熟干子粒25 g测定。具体测量方法依据GB 2906谷类、油料作物种子粗脂肪测定方法。单位为%，精确到0.01%。

30. 总淀粉含量：随机取干净的成熟干子粒20 g测定。具体测量方法依据GB 5006谷物子粒粗淀粉测定法。单位为%，精确到0.01%。

31. 直链淀粉含量：随机取干净的成熟干子粒 20 g 测定。具体测量方法依据 GB 7648 水稻、玉米、谷子子粒直链淀粉测定法。单位为%，精确到 0.01%。

32. 支链淀粉含量：支链淀粉含量是小豆子粒的粗淀粉含量减去小豆子粒的直链淀粉含量在样品中所占的百分率。单位为%，精确到 0.01%。

33. 各种氨基酸含量：随机取干净的成熟干子粒 25 g 测定。具体测量方法依据 GB 7649 谷物子粒氨基酸测定方法。单位为%，精确到 0.01%。

34. 芽期耐旱性：取当年收获的种子，不进行任何机械或药物处理。采用室内芽期模拟干旱法，以相对发芽率评价芽期耐旱性，将耐旱等级划分为高耐、耐、中耐、弱耐及不耐 5 个等级。鉴定方法、调查记载标准及抗性评价与蚕豆相同。

35. 成株期耐旱性：采用田间自然干旱鉴定法造成生育期间干旱胁迫，调查对干旱敏感性状的表现，测定耐旱系数，依据平均耐旱系数划定高耐、耐、中耐、弱耐及不耐 5 个等级。鉴定方法、调查记载标准及抗性评价与蚕豆相同。

36. 锈病抗性：小豆锈病主要发生在成株期。根据对病害的反应程度，可将小豆对锈病抗性划分为 5 个等级：高抗（HR，发病级别 1）、抗（R，发病级别 3）、中抗（MR，发病级别 5）、感（S，发病级别 7）和高感（HS，发病级别 9）。鉴定方法、调查记载标准及抗性评价与蚕豆相同。

37. 叶斑病抗性：小豆叶斑病在小豆开花前就可发生。根据发病级别将小豆对叶斑病抗性划分为 5 个等级：高抗（HR，发病级别 1）、抗（R，发病级别 3）、中抗（MR，发病级别 5）、感（S，发病级别 7）和高感（HS，发病级别 9）。鉴定方法、评价标准与绿豆相同。

38. 白粉病抗性：小豆白粉病是由白粉菌（*Erysiphe pisi* DC.）所引起，主要发生在成株期。根据小豆对病害的反应程度，将抗性分为 5 级：高抗（HR）、抗（R）、中抗（MR）、感（S）和高感（HS）。鉴定方法、评价标准与豌豆相同。

39. 蚜虫抗性：危害小豆的主要蚜虫为苜蓿蚜、桃蚜等，在各个生育阶段均可发生。根据蚜虫在小豆植株上的分布程度和繁殖、存活能力，将小豆对蚜虫的抗性划分为 5 级：高抗（HR）、抗（R）、中抗（MR）、感（S）和高感（HS）。鉴定方法、调查记载标准及抗性评价与蚕豆相同。

参 考 文 献

[1] 陈学珍，金文林，喻少帆等．小豆种质资源大粒、高蛋白优质基因型的筛选．北京农学院学报．2001（2）：5～11

[2] 陈学珍，金文林，小豆辐射效应的研究Ⅰ．^{60}Co-γ 射线处理剂量与小豆生长初期性状致变的关系．北京农学院学报．1994（2）：8～14

[3] 村田吉平．エリモショウズおよび大粒、耐病性アズキ品種群の育成．育种学研究．1999（1）：173～179

[4] 郭淑华，金文林．小豆染色体组型分析的研究．北京农业科学．1988（2）：19～22

[5] 户苅义次．作物大系第四编豆类．东京：养贤堂，1962

[6] 蒋陵秋，丁邦展，金文林，冯树桐．小豆开花结荚习性观察．江苏农业学报．1986（2）：41～44

[7] 金文林，陈学珍，贾靓琨等．小豆农艺性状遗传参数估计值的波动程度分析．作物学报．2002（4）：670～674

[8] 金文林，陈学珍等．^{60}Co-γ 射线对小豆种子辐射处理效应的研究．核农学报．2000（3）：134～140

[9] 金文林，陈学珍等．^{60}Co-γ 射线辐照处理后小豆农艺性状诱变参数研究．北京农学院学报．1997（1）：9～14

[10] 金文林，陈学珍等．红小豆京农 5 号新品种选育．北京农学院学报．1999（1）：1～5

[11] 金文林，陈学珍等．小豆茎色、粒色遗传规律研究．北京农学院学报．1996（2）：1～6

[12] 金文林，陈学珍等．小豆杂交后代子粒品质性状的遗传参数分析．北京农学院学报．1997（1）：1～8

[13] 金文林，陈迎春等．小豆杂交后代农艺性状的遗传参数分析．北京农学院学报．1997（2）：1～9

[14] 金文林，冯树桐，陈学珍．红小豆京农 2 号新品种选育，北京农学院学报．1993（1）：74～78

[15] 金文林，吕志军等．小豆辐射诱变效应的研究Ⅲ．^{60}Co-γ 射线不同处理小豆种子的细胞遗传学效应．北京农学院学报．1996（1）：28～33

[16] 金文林，石神真智子，保田谦一郎，山口裕文．野生小豆の分类评价 14，SSCP によるα—アミラーゼ遗传子のイントロン多型の评价．育种学研究．2002，4（别册 1 号）：116
[17] 金文林，邢克宇等．我国北方小豆地方品种资源研究Ⅵ．小豆叶片茸毛性状的观察．北京农学院学报．2000（3）：1～5
[18] 金文林，喻少帆等．小豆锈病、白粉病及褐斑病的抗性基因遗传分析．北京农学院学报．1996（1）：1～9
[19] 金文林，陈学珍．我国北方小豆地方品种资源的研究Ⅴ．小豆生育期生态分类及地域分布．北京农学院学报．1992（1）：15～20
[20] 金文林，郝玉兰，尚文汇等．栽培小豆与野生小豆同工酶酶谱的变异．见：中国青年农业科学学术年报 B 卷．北京：中国农业出版社，1997．18～22
[21] 金文林，蓬原雄三．小豆外植体的愈伤组织诱导及直接植物体再分化．北京农学院学报．1993（1）：95～100
[22] 金文林，山口裕文，蓬原雄三．栽培小豆与野生小豆种间差异性研究．作物品种资源．1993（1）：4～6
[23] 金文林，宗绪晓．食用豆类高产栽培技术．北京：中国盲文出版社，2000
[24] 金文林．我国北方小豆地方品种资源的研究Ⅱ．主成分分析在评价小豆地方品种资源上的应用．北京农学院学报．1990（1）：1～6
[25] 金文林．我国北方小豆地方品种资源的研究Ⅲ．小豆地方品种群体的遗传型多元变异指数．北京农学院学报．1990（1）：47～52
[26] 金文林．我国北方小豆地方品种资源的研究Ⅰ．小豆农艺性状在南京生态条件下表现的相关性研究．北京农学院学报．1989（3）：33～41
[27] 金文林．我国北方小豆地方品种资源的研究Ⅳ．小豆数量性状遗传距离测定及聚类分析．北京农学院学报．1991（2）：10～17
[28] 金文林．我国北方小豆地方品种资源在长江下游地区育种工作中的利用前景．江苏农业科学．1989（7）：12～15
[29] 金文林．我国及日本的小豆育种和遗传资源研究现状．北京农学院学报．1994（1）：118～128
[30] 金文林．小豆的研究现状．北京农学院学报．1988（3）：96～104
[31] 金文林．小豆品质性状研究进展．北京农学院学报．1995（2）：94～105
[32] 金文林．中国小豆生态气候资源分区初探．北京农业科学．1995（6）：1～5
[33] 金文林，陈学珍，喻少帆．小豆辐射效应的研究Ⅱ．^{60}Co-γ 射线种子处理其 M_1、M_2、M_3 代性状的平均表现及变异．见：第三届全国青年作物遗传育种学术会论文集．北京：中国农业科技出版社，1994．429～433
[34] 金文林主编．特用作物优质栽培及加工技术．北京：化学工业出版社，2002
[35] 金文林主编．种业产业化教程．北京：中国农业出版社，2002
[36] 李长年主编．中国农学遗产选集（上集）．北京：中华书局，1958
[37] 林汝法，柴岩，廖琴，孙世贤．中国小杂粮．北京：中国农业科技出版社，2002
[38] 龙静宜等．食用豆类作物．北京：科学出版社，1989
[39] 牟积善等．红小豆栽培．天津：天津科学技术出版社，1992
[40] 王庆亚，金文林．小豆花芽分化的研究．南京农业大学学报．1995（1）：15～20
[41] 修世作等．小杂粮栽培技术．济南：山东科学技术出版社，1983
[42] 喻少帆，金文林等．小豆种质资源抗白粉病鉴定初报．北京农业科学．1997（3）：40～41
[43] 郑卓杰等．中国食用豆类品种资源目录（第二集）．北京：农业出版社，1990
[44] 郑卓杰等．中国食用豆类品种资源目录（第一集）．北京：中国农业科技出版社，1987
[45] 郑卓杰主编．中国食用豆类学．北京：中国农业出版社，1997
[46] Н И 瓦维洛夫．董玉琛译．主要栽培作物世界起源中心．北京：农业出版社，1982

（金文林编）

第三篇　油料作物育种

第十二章　油菜育种

第一节　概　　述

一、国内外油菜育种研究概况

油菜（rape 或 rapeseed）是一个古老作物，在中国和印度都有着悠久的栽培历史。在欧洲，在中世纪才开始发展油菜生产。各国劳动人民在油菜生产过程中创造和选育了许多优良的地方品种，不少至今仍在生产中应用。按其植物学和生物学特征特性，大体上把世界各国大面积栽培的油菜类型和品种归纳为三大类型：白菜型油菜（*Brassica campestris*，L.）、芥菜型油菜（*Brassica juncea*，Coss.）和甘蓝型油菜（*Brassica napus*，L.）（刘后利，1984，1985，2000）。前二者曾广泛分布于中国、印度和世界上其他国家；甘蓝型油菜则原产于欧洲，20 世纪 20 年代以后才逐步引种到世界各国，现已成为世界上最主要的油菜类型，也是世界各国油菜育种的主要对象。油菜的世界分布见图 12-1。

以上三大类型油菜广泛分布于世界各国，并已形成四大主要产区：东亚（以中国为主，以甘蓝型油菜为主）、南亚（以印度为主，以芥菜型油菜为主，白菜型油菜次之）、欧洲（以西欧的法、德、英和中欧的波兰等国为主，以甘蓝型冬油菜为主）和加拿大（以西部三个农业省为主，以甘蓝型春油菜为主，白菜型春油菜次之）（刘后利，2000）。

与其他农作物相比，科学的油菜育种工作开始较迟。据有文字记载的资料，油菜育种工作，在中国和印度始于 20 世纪 20～30 年代（孙逢吉，1948；Singh，1958）。在欧洲也是始于 20 世纪 30 年代（Anderson and Olsson，1948）。历史上，中国以白菜型油菜为主，芥菜型油菜次之，甘蓝型油菜是在 20 世纪 30 年代中期由日本和欧洲引进的，至 50 年代后期开始推广胜利油菜，60～70 年代甘蓝型油菜才逐步取代白菜型油菜，现已处于统治地位，且其种植面积和总产都居于世界四大产区之首。印度则以芥菜型油菜为主，白菜型油菜次之，且以混播为主，单作较少。20 世纪 80 年代才开始试种甘蓝型油菜，1986 年印度旁遮普农业大学作物育种系 Labana 等育成第一个甘蓝型油菜品种 GSL-1，并开始试用于生产（Kumar，1986）。

欧洲各国的油菜育种，20 世纪 30 年代始于德国 Lembke 种子公司北德育种站育成的甘蓝型油菜品种 Lembke（1917 年德国农民育种家 Hans Lembke 育成德国第一个注册的冬油菜品种 Lembke Winterraps），成为以后欧洲各国改良油菜品种的基础材料。此后，瑞典 Svalov 种子协会（现为 Svalof AB）育种试验站系统研究了油菜育种工作，由引进的 Lembke 品种通过系统育种育成甘蓝型冬性品种 Matador（Anderson，1950）。此后，Olsson 等人通过人工合成甘蓝型油菜开展了多倍体育种，在世界上第一次育成了一批甘蓝型油菜新品种（Olsson and Ellerstrum，1980）。然后，丹麦、波兰、法国、德国、英国等国都相继开展了油菜育种研究。

加拿大油菜生产发展较迟，1941 年起才由波兰引进白菜型春油菜（称为 Polish type），由阿根廷引进甘蓝型春油菜（称为 Argentine type）。至 20 世纪 50 年代以后才逐步开展油菜育种研究。加拿大油菜生产的兴起和发展，主要归功于品质改良。20 世纪 50 年代后期加拿大 Manitoba 大学 Stefansson 提出对油菜脂肪酸成分进行改良，首次发现油菜油中最具特色之一的脂肪酸是芥酸，在各种食用植物油中含量最高（达 45%～50%或以上）。通过引种由德国引入饲用油菜地方品种 Limburge Hof（简称 Liho）。Stefansson 首次应用气相色谱仪分析这个品种脂肪酸

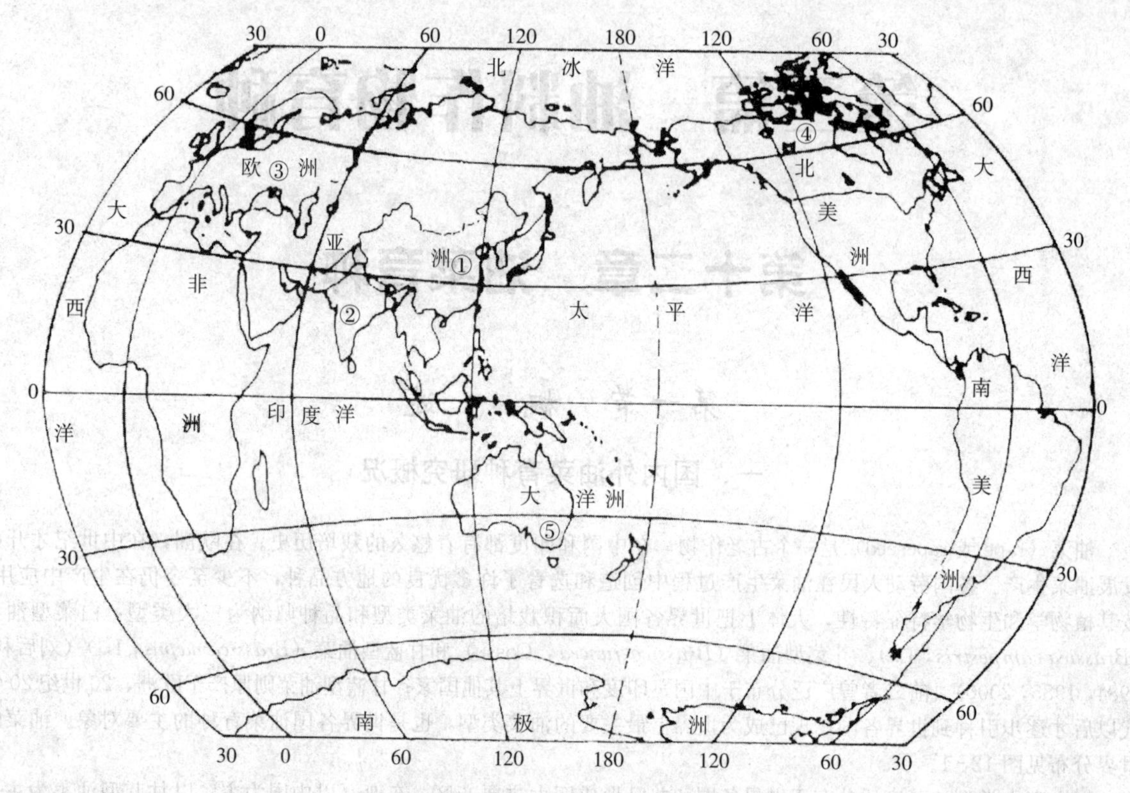

图 12-1　世界主产国家油菜分布图

①中国 $6\ 907\times10^3$ hm^2　②印度 $6\ 623\times10^3$ hm^2　③欧洲各国 $4\ 250\times10^3$ hm^2

④加拿大 $5\ 273\times10^3$ hm^2　⑤澳大利亚 680×10^3 hm^2　⑥世界各国总计 $24\ 635\times10^3$ hm^2

（引自刘后利，1995）

的组成成分，发现其芥酸含量为 6%～50%（Stefansson 等，1961）。他从收获的 127 株植株中进行负向选择，不少植株的芥酸含量小于 0.3%，1964 年育成世界上第一个无芥酸或低芥酸新品种 Oro（Stefansson，Hough and Downey，1961）。到 1975 年又育成世界上第一个双低（低芥酸和低硫苷）新品种 Tower（Stefansson and Hough，1975；Stefansson，1976）。从而使加拿大双低油菜（加拿大称为 Canola）在国际贸易中居于统治地位，并使加拿大油菜生产跃居全国农作物生产中的第二位（仅次于小麦）。据报道，2001 年，加拿大油菜种植面积约为 5×10^6 hm^2，主要分布于西部 3 个农业省：Saskatchewan 省约占 50%，Alberta 省约占 30%，Manitoba 省约占 20%（吴江生，1991）。

印度油菜育种工作也开始于 20 世纪 30 年代（Singh，1958）。由于气候条件的影响，油菜主要分布于北部恒河流域，以北方邦（Uttar Pradash）面积最大，约占全印度油菜的 50%。印度把油菜（rape，*Brassica campestris* L.）和芥菜（*mustard*，B. *juncea* Coss.）相提并论，并不合称油菜（rapeseed）。油菜品种以芥菜型油菜为主，白菜型油菜次之。白菜型油菜有 3 个变种：托里亚（toria，*Brassica campestris* var. *toria*），褐子沙逊（brown sarson，*Brassica campestris* var. *brown sarson*）和黄子沙逊（yellow sarson，*Brassica campestris* var. *yellow sarson*）。前二者都是自交不亲和的，后者自交亲和，它们的育种程序和方法都有所不同。芥菜型油菜因其耐旱、耐瘠、抗裂角以及抗病性较强，近年来，在加拿大、澳大利亚和我国都先后育成了芥菜型双低油菜新品种（Kirk，1985；Rakow and Love，1989；王兆木等，1997）。

在亚洲，日本是开展油菜育种研究较早的国家之一。日本本地油菜（即白菜型油菜）来源于中国汉代，由朝鲜半岛引进。自 20 世纪 30 年代以来，由欧洲引进一批甘蓝型油菜品种，加上本地原产的甘蓝型油菜（又称日本油菜 *B. napella*，Chaix），就以甘蓝型油菜为主开展油菜育种研究，40 余年间先后育成了农林系统的甘蓝型油菜品种 40 余个（刘后利，1985）。

此外，近年来，澳大利亚也在发展油料生产和开展品质育种研究，并逐步开展杂交油菜研究，已育成了一批甘蓝型和芥菜型油菜新品种（斯平，2000）。

二、中国油菜育种研究概况

历史上，在中国古农书中将油菜分为两类：一为油青菜（即白菜型油菜，又称芸薹，或甜油菜）；一为油辣菜（即芥菜型油菜，又称辣菜）或辣油菜。据清代吴其睿著《植物名实图考》（1846 年或稍前）记载："油青菜同崧菜（即白菜），冬种生薹，叶清而腴。""油辣菜叶浊而肥，茎有紫皮，多涎，微苦。"说明这两种油菜在质上是完全不同的两个类型。

20 世纪 30 年代中期，我国学者孙逢吉等先后由日本和英国分别引进甘蓝型油菜，并逐步开展油菜育种研究（孙逢吉，1942，1943，1970）。通过 20 世纪 50～70 年代全国各地系统开展油菜育种研究，梁天然、刘后利等教授将中国油菜产区划分为春油菜和冬油菜两大产区，其下再区分为若干亚区（梁天然，1964；刘后利，1985，2000），详见图 12-2。

根据以上两个产区及其各亚区的划分，分别确定育种目标和制定方案，并制定油菜品种搭配和栽培措施。自

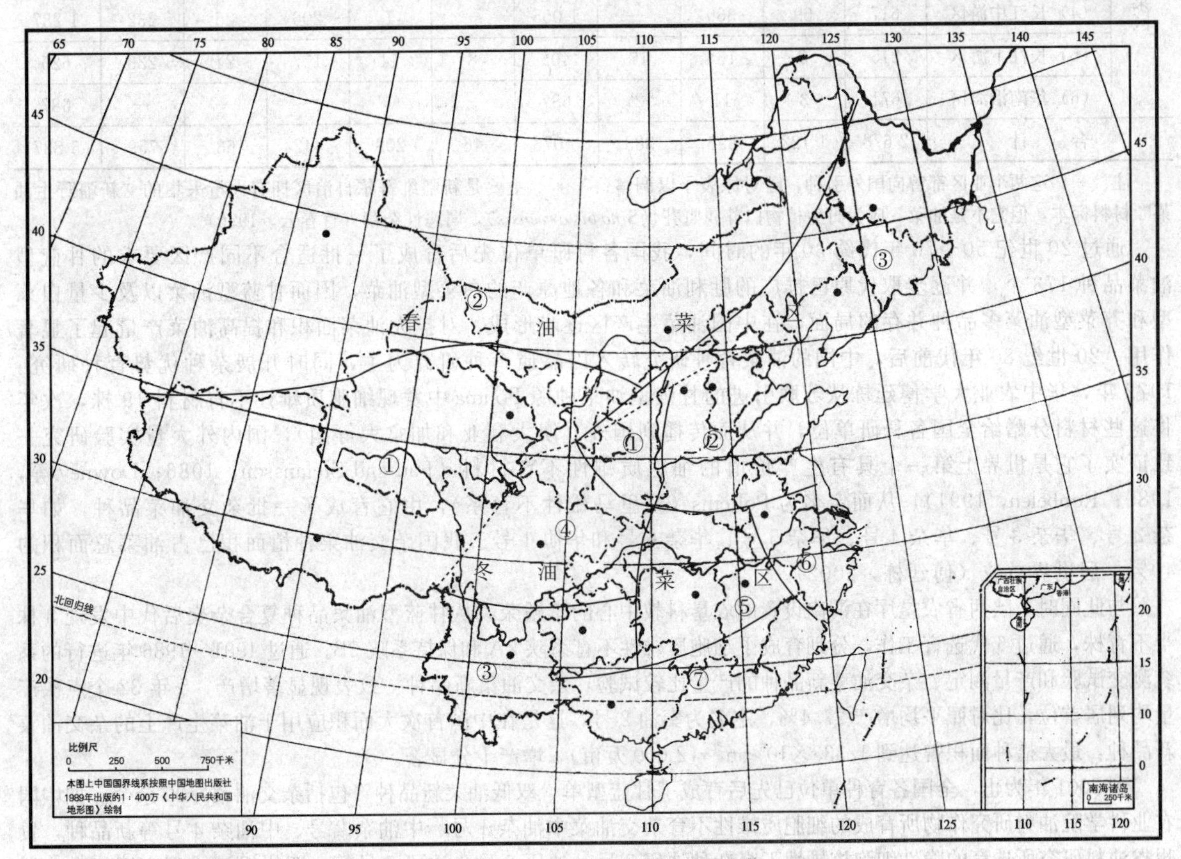

图 12-2　中国油菜产区的划分

图例：------冬、春油菜分界线；——冬、春油菜产区分界线。

春油菜区：①青藏高原亚区；②蒙新内陆亚区；③东北平原亚区。

冬油菜区：①黄土高原亚区；②黄淮平原亚区；③云贵高原亚区；④四川盆地亚区；⑤长江中游亚区；⑥长江下游亚区；⑦华南沿海亚区。

20世纪50年代后期开始，我国春油菜和冬油菜产区各科研单位都先后系统开展了油菜育种研究，并系统地向国内外征集各种类型的油菜种质资源（表12-1）。

表12-1　中国油菜种质资源的基本情况

（引自钱学珍等，1996）

产区	生态区	国内					国外					合计
		白菜型	芥菜型	甘蓝型	其他	小计	白菜型	芥菜型	甘蓝型	其他	小计	
春油菜区	（1）青藏高原区	296	234	5	25	560	37	76	18	9	140	700
	（2）蒙新内陆区	11	186	—	203**	400	1	105	19	2	127	527
	（3）东北平原区	4	123	9	23	159	—	—	10*	—	10	169
冬油菜区	（1）华北关中区	288	101	120	5	514	—	2	5	3	10	524
	（2）云贵高原区	369	327	125	106	927	—	10*	—	—	10	937
	（3）四川盆地区	207	74	92	1	374	—	—	7	—	7	381
	（4）长江中游区	617	69	369	—	1 055	—	1	206	25	232	1 287
	（5）长江下游区	215	5	164	18	402	8	14	177	24	223	625
	（6）华南沿海区	671	3	11	2	687	—	—	—	—	—	687
合　计		2 678	1 122	895	383	5 078	46	208	442	63	759	5 837

注：*　这两个亚区都曾向国外引种，已对原表予以调整；**　主要是新疆维吾尔自治区拥有大量采集的“新疆野生油菜”材料标本，但它不是油菜，应为野生植物白芥属野芥（*Sinapis arvensis*），属恶性杂草（官春云，1996）。

通过20世纪50～70年代约30年的时间，我国各科研单位先后育成了一批适合不同产区要求的甘蓝型油菜品种173个，并逐步取代原已推广的胜利油菜和各地原产的白菜型油菜，因而甘蓝型油菜以及少量白菜型和芥菜型油菜多品种并存的局面，在中国油菜主产区逐步形成，对扩大油菜面积和提高油菜产量起了显著作用。20世纪80年代前后，中国的油菜育种研究转入以品质育种研究为主，同时开展杂种优势育种研究。1972年，华中农业大学傅廷栋从苏联引进的甘蓝型油菜种源Polima中发现细胞质雄性不育材料19株，次年将这些材料分赠给全国各科研单位，并从而传播到国外（澳大利亚和加拿大等国），国内外大量实验研究一致证实了它是世界上第一个具有生产价值的细胞质雄性不育材料（Fan and Stefansson，1986；Downey等，1989；Robbelen，1991），从而定名为Pol cms（波里马雄性不育系），由它育成了一批杂交油菜品种，如华杂2号、华杂3号、华杂4号、华杂5号、华杂6号和华协1号。我国杂交油菜种植面积已占油菜总面积的40%，居世界首位（傅廷栋，2002）。

与此同时，陕西省农垦厅在渭南设置的农垦科教中心的李殿荣，从甘蓝型油菜品种复合杂交后代中发现3株半不育株，通过6代选育工作，分别育成了细胞质雄性不育系陕2A和保持系陕2B。通过1981—1986年进行的系统测交试验和产量测定、杂交油菜新品种的产量比较试验，杂交油菜新品种一致表现显著增产，5年32个点次产量均列居首位，比对照平均增产27.4%，定名为秦油2号，这是在中国首次大面积应用于油菜生产上的杂交油菜新品种，最大播种面积曾达到1.333×10^6 hm^2（2 000万亩），增产十分显著。

到2001年为止，全国各育种单位已先后育成了甘蓝型单、双低油菜新品种（包括杂交油菜）30余个。如中国农业科学院油料研究作物所育成的细胞质雄性不育杂交油菜中油杂1号、中油杂2号、中油杂4号等新品种，贵州省油料研究所选育的隐性细胞核雄性不育杂种油研5号、油研6号、油研7号等，四川温江成都市第二农业科学研究所先后育成了细胞质雄性不育杂种蓉油3号、蓉油4号、蓉油5号、蓉油6号等系列品种（袁美，杨光圣，2000）。

回顾中国油菜育种的历史，大致上经历了3个阶段。第一阶段，是新中国成立前后20世纪50年代初期，以白菜型油菜为主，西部有不少芥菜型油菜，均未开展系统的育种研究，地方品种占有绝对优势，因而在全国范围内开展了地方品种的评选、鉴定和推广良种工作。第二阶段，是20世纪50年代中期到70年代。1953—1954年间四川成都平原油菜病害流行，油菜减产严重；但发现原由贵州湄潭引到四川简阳棉场的日本油菜，抗霜霉病和病毒病特强，在重灾年生育正常，因而在四川省简阳棉场大量繁殖后，将种子分散到全国各省进行试种，结果表现增产极为显著，抗病性强，产量高，从而在全国各地（以长江流域各省为主）大量试种和全面推广胜利油菜，最高年份全国推广面积曾达到5.33×10^5 hm^2（800万亩）以上。但也表现严重缺点，生育期长，需肥多，因而系统开展了以甘蓝型油菜为主的早熟、高产、抗病和适应性强的新品种育种研究，从而30年内全国各育种单位相继育成了新品种173个。第三阶段，在1980年前后，油菜品质问题提到议事日程上来，特别是加拿大育成单、双低油菜新品种以后，在国际贸易中居于统治地位，对我国开展品质育种研究起了促进作用。先后由国家派遣了多批考察人员赴国外考察，引入先进技术和新育成的品种，开展品质育种研究。

在品质育种和杂种优势育种同时并进的过程中，常规育种仍在继续进行，而且育种质量得到显著提高。如1976年，中国农业科学院油料作物研究所贺源辉采用复合杂交育种法，育成了第一个在全国推广的面积最大、适应性和抗病性都强的甘蓝型油菜新品种中油821，是一个典型的成功范例（刘后利，2000）。在1980—1986年6年间不同性质的试验结果一致表明，产量均列居第一位，这是自有组织油菜品种区试以来所罕见的。它比对照品种平均增产10.61%～19.55%，差异极为显著。它是与杂交油菜秦油2号同时投入生产，在长江流域油菜主产区大面积推广的优良品种，最大的推广面积也高达1.33×10^6 hm^2（2 000万亩）左右，二者的总种植面积几乎占全国油菜种植面积的一半。这是采用常规育种育成的极为突出的一个油菜良种，从而全国油菜面积迅速扩大到6.67×10^6 hm^2（1亿亩）以上，产量水平也跃居世界平均水平（亩产180～200斤左右），总产也跃居世界四大产区的首位。

三、油菜在芸薹属植物中的种间亲缘关系

20世纪30年代中期，日本学者在芸薹属植物细胞遗传学方面开展了系统研究（Morinaga，1934；U. Naganara，1935）。在系统总结基础上，禹长春（U. Nagauara）提出芸薹属植物染色体组亲缘关系的假说，被称为禹氏三角（triangle of U），用以表明油菜在芸薹属植物分类系统中的种间亲缘关系。

图12-3清晰地表明：位于三角形顶端的三个基本种：黑芥（*Brassica nigra* Koch，$2n=16$，bb）、甘蓝（*Brassica oleracea* L.，$2n=18$，cc）和芸薹（*Brassica campestris* L.，$2n=20$，aa），它们是早期产生于自然界的基本物种。在三角形的三个等边上的物种是3个复合种：甘蓝型油菜（*Brassica napus* L.，$2n=38$，aacc）、芥菜型油菜（*Brassica juncea* Coss.，$2n=36$，aabb）和埃塞俄比亚芥（简称埃芥，*Brassica. carinata* Bruan，$2n=34$，bbcc），它们是前面3个基本种在不同地区条件下各自相遇，通过自然种间杂交后形成双二倍化进化而来的栽培种。这个假说先后为印度、丹麦、瑞典等国家学者通过种间杂交人工合成新的双二倍体，得到实验证实。因而这个假说对研究十字花科芸薹属近缘植物之间的亲缘关系及其进化系统十分重要。

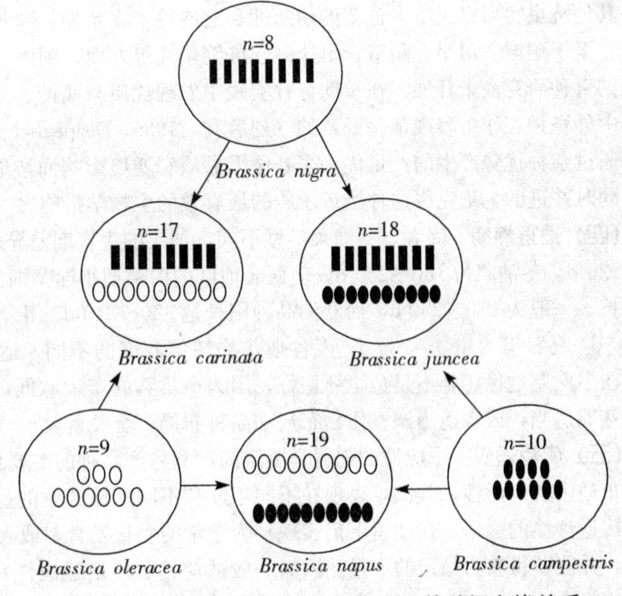

图12-3　芸薹属植物的染色体组及其种间亲缘关系
（引自Allard，R.W.，1960）

第二节　油菜育种目标及其主要性状的遗传

油菜总的育种目标，概括地讲，是选育高产、优质、多抗、熟期适当和适应性强的优良新品种。这些育种目标的实现都离不开有关性状的遗传研究。

一、油菜的育种目标

（一）高产　高产的概念，一般系指单位面积内的油菜子实产量的表现，但油菜是以采子榨油为主要目的，因而必须考虑单位面积内的产油量。油菜高产的概念应同时包括单位面积内的产子量和产油量两个内容。构成油菜高产的4个主要因素是：单位面积有效植株数、平均每株有效角果数、正常成熟种子的千粒重和平均每株种子产量。这些产量因素配备合理，调控得法，才能发挥增产作用。分析中油821的育成历史，贺源辉（1987）认为：一是经济性状综合显著提高，尤以有效分枝数和结果密度最为突出，因而单株总角果数显著高于对照；二是多年多点试验结果表明，中油821对各种病害的抗性（尤其是对霜霉病和病毒病的抗性）显著高于对照，对菌核病也具有较强的耐性。此外，抗倒伏性和耐寒性也优于其他品种。这两种综合因素的共同作用，是形成中油821在长江流域各省大范围生产条件下，始终表现高产稳产的主要原因。

（二）优质　油菜产品优质的基本概念，主要是指油菜油和菜子饼的品质而言，也视产品的用途不同而有显著差异。油菜产品的品质中的物理性状，有种皮色泽、厚薄、皮壳率，油的色泽、透明度、气味（辛辣味）等，也有储藏品质（如芥菜型油菜不耐储藏）。化学性状则有种子的含油量（40%～45%或更高），油中脂肪酸的组成成分（芥酸含量＜1%或＞55%；亚麻酸＜3%），菜子饼中硫代葡萄糖苷含量＜40 μmol/g，含吲哚硫苷而＜30 μmol/g或不含吲哚硫苷，蛋白质含量较高（脱脂后为30%～35%，高的40%左右），纤维素含量（＜10%）和叶绿素含量较低。

（三）多抗　油菜一生中遭遇的逆境是多种多样的，具有多种抗性，应作为油菜育种的目标。在中国油菜三大病害（霜霉病、病毒病和菌核病）在白菜型油菜中最为严重，目前在甘蓝型油菜抗病育种中，则以选育抗（耐）菌核病为主。欧洲和澳大利亚则以选育抗黑胫病为主。油菜对虫害的抗性，除印度开展芥菜型抗蚜虫育种研究以外，其他抗虫害研究很少。油菜的耐寒性和耐冷性，在苗期、越冬期和开花期影响较大，是油菜稳产的重要环境因素。至于耐湿、耐旱、耐瘠、耐盐碱、抗倒伏性等方面，则因地区生态条件不同以及类型和品种不同而异，但系统的育种研究尚未开展。在长期育种实践中发现优质与高产、品质与抗逆之间存在严重矛盾，而且这种严重矛盾在中外育种工作中表现都是一致的（刘后利，1985；Despeghel和Guguin，1991）。一般讲，杂交油菜抗性较强，可以通过杂种优势产生的产量优势来补偿因品质和逆境影响而造成的产量损失。在中国，杂种优势育种与品质育种是同时并进的，是克服这种严重矛盾的最有效的生物学措施之一。

（四）适宜熟期　因春、冬油菜类型不同，油菜的生育期差异很大。白菜型春油菜生育期一般较短，春油菜为90～120 d，冬油菜为180～230 d，但西北地区的白菜型小油菜则为70～90 d的特早熟类型。甘蓝型冬油菜的生育期较长，一般为230～250 d，而欧洲品种则长达320～340 d。芥菜型油菜则介乎以上两种类型之间，春油菜为120～140 d，冬油菜为180～230 d。因各地作物栽培制度的不同，适合各地区作物配置的不同，而有不同的育种目标。在多熟制地区，并不是愈早熟愈好，因为愈早熟的产量愈低，抗逆性亦愈差，这是带有普遍性的问题。因此选择熟期适当，或者适当调整作物布局和品种布局，至关重要。

（五）广泛适应　适应性的强弱是鉴定高产和稳产品种的主要指标之一。适应性是一种综合表现，首先，表现在分布地区的广泛性；其次，表现在不同年度和不同产地产量的稳定性，在丰年和歉年的产量变幅小；第三，表现在抗逆性能的强弱，在逆境下仍表现较为正常的生长发育，或者是遭受逆境困扰后仍能较快地恢复正常的生长发育，并能获得较为稳定的产量。因而一般适应性、广谱适应性和特殊适应性是鉴定品种稳产性能的主要内容。中油821自20世纪80年代起在长江流域广大的油菜主产区始终处于优势地位，有的地区甚至超过杂交油菜，原因是它既具有广谱适应性，也具有一定的特殊适应性（即耐湿性和抗病性较强）。

二、经济性状的遗传

对一般形态性状的遗传研究，因限于篇幅，兹从略，可查阅刘后利编著的《油菜遗传育种学》。

所谓经济性状，系指影响或决定油菜产量的有关内外性状。所谓产量性状，包括株高、有效分枝数、分枝部位、主花序长度、结角密度、全株有效角果总数、角果长度、每果粒数、粒重（或千粒重）、单株产量等。这些经济性状都因类型和品种不同而影响油菜产量（表 12-2）。

表 12-2　各种类型油菜主要数量性状（或产量因素）遗传的研究结果

（刘后利整理，1998）

类　型	数量性状	遗传特点	作者（年份）
白菜型	黄子沙逊：产量与各种产量因素间的相关	产量与每株分枝数和每株果数、株高和每株果数、每株分枝数和每株果数均呈显著正相关和遗传相关。产量主要受显性基因控制	Singh 和 Singh (1974)
	Toria：产量与各种产量因素间的相关及其遗传率估计	株高、每株果数、总粒数及第二次分枝数的遗传率和遗传增益都较高	Bagrecha 等 (1972)
	褐子沙逊：选择指数分析	按选择指数进行综合选择，较单一性状选择更为有效。第一次分枝数最为重要，它的选择效率、遗传相关和遗传率都高	Srivastava 和 Das (1973)
	生理特性与产量的关系	干物质总重与产量呈高度显著正相关，且早花和光在油菜群体中最大照射量与高产有关	Thurling (1974，1991) Campbell 和 Kondra (1978) Mendham 等 (1991)
芥菜型	产量和各种产量因素间的关系	分枝性是关键性状，是一种直接性状。株高是间接性状，是生长良好的一种标志。主花序果数是直接性状。早熟品种中种子产量和种子大小存在正相关	Voskresenskaya 和 Shpota (1967)
		产量与第一次分枝数、第二次分枝数、千粒重和单株总果数均呈显著相关	Gupta (1972)
		产量与株高、第一次分枝数、第二次分枝数和开花天数存在显著正相关；它们彼此间也存在显著正相关	Kotiyar 和 Singh (1974)
	遗传率估计	早熟性受显性基因控制，遗传率为 34.02%；株高遗传率为 42.47%，单株产量遗传率为 45.77%，表现超显性。开花天数和株高为部分显性	Tiuwuri 和 Singh (1973)
	早熟育种中产量和生育期的相关	产量与播种到现蕾和现蕾到成熟的天数呈较高的负相关	Zubei 等 (1972)
	选择指数分析	选择第一次分枝数、第二次分枝数、角果长度和株高，可得到最高的相对效率	Singh 和 Singh (1974)
甘蓝型	开花期迟早与开花时胚珠数的相关	二者间高度相关（相关系数为 0.882 4）	小河原进 (1964)
	营养产量与单株产量的相关	营养产量对单株产量起主要作用，二者间相关极为显著（$r=0.95\sim0.96$）	Campbell 等 (1978)
	单株产量与各种产量因素的相关	单株产量与第一次有效分枝数间呈极为显著正相关，在诸产量因素中起决定作用	刘后利 (1975)

（续）

类　型	数量性状	遗传特点	作者（年份）
甘蓝型	产量与诸产量构成因素间的相关	决定油菜产量的主要产量构成因素：主茎上的分枝数、花序长度、着果密度、每序果数和粒数	土持纲男（1952）
	单位面积内株数与诸产量构成因素间的相关	单位面积内株数对千粒重没有显著影响。每果粒数、每株果数和单位面积内果数增多时，千粒重相应减少	Musnicki（1971）
	通径分析	每果粒数对单株产量的直接影响最大，第一次分枝数通过全株角果总数对单株产量的间接影响最大	赵元林（1982）
	遗传率分析	广义遗传率大小次序：株高>每果粒数>总角果数>单株产量，且遗传率大的性状多由加性效应基因控制	赵元林（1982）
		遗传率估值大小次序：果长>开花期>千粒重>主花序长度>主花序结果密度>每果粒数>着粒密度>分枝部位>株高>主花序果数>单株产量>总角果数	刘定富（1984）
	各产量构成因素间主成分分析和聚类分析	（1）与产量密切相关的性状有开花期、果长、每果粒数、总角果数和千粒重 （2）田间选择的主要性状：开花期、果长、每果粒数和全株总角果数 （3）开花期、株高、果长、每果粒数、每株总角果数对产量有较大影响 （4）聚类分析结果与主成分分析结果是一致的	刘定富（1984）
	与高产紧密联系的3个产量构成因素的关系	高产与每果粒数、每株果数和单株种子重量3个产量构成因素的不同组合密切相关	Grosse 等（1992）

三、品质性状的遗传

油菜的主要品质性状涉及油中脂肪酸的组成成分和菜子饼中硫苷含量及其组成成分的遗传研究，兹将各方面的遗传研究结果汇编于表12-3。

表12-3　各种类型油菜主要脂肪酸的组成成分和硫苷含量及其成分遗传的研究结果

（刘后利整理，1998）

类　型	品质性状	遗传特点	作者（年份）
白菜型	含油量的遗传（包括甘蓝型油菜）	（1）含油量变异系数小（3.6%～8.4%），而种子产量的变异系数大（60%） （2）含油量受环境因素影响较小，且控制油分形成的基因较控制种子产量的为少	Olsson 和 Andrson（1960） Rusemum（1963） Schuster（1967）
	种皮色泽与含油量的关系	黄子与褐子比较，胚重高1.7%～4.6%，油分多1.7%～4.0%，蛋白质多3.9%～5.0%，纤维素少4.2%～5.0%	Stringam 等（1975）

（续）

类　型	品质性状	遗传特点	作者（年份）
白菜型	Toria：相关分析和通径分析	（1）产油量与含油量间呈显著正相关 （2）产油量与每株果数和单株种子产量之间呈高度显著正相关 （3）通径分析表明，含油量的总变异大部分来自每株果数和种子含油量，可得到较大的选择效率	Agarwal 和 Rai（1973）
	各种主要脂肪酸组分的遗传	29 个品种分析结果：油酸含量与芥酸含量间呈显著负相关	Craig（1961） Stefansson 和 Hough（1964）
		芥酸含量受胚基因控制，并受具有加性效应的单基因体系控制	Dorrell 和 Downey（1964）
		受无显性效应的基因控制，但有些试验认为是部分显性或超显性基因控制	Moller 等（1955） Dorrell 和 Downey（1964）
芥菜型	种皮色泽与含油量的关系	混合种子中黄子较暗褐种子的含油量高 1.4%～4.2%	Voskresenskaya 和 Shpota（1967）
	各种主要脂肪酸组分的遗传（包括甘蓝型油菜）	16 个品种分析结果：油酸含量与芥酸含量间呈显著负相关	Craig（1961） Stefansson 和 Hough（1964）
		（1）二十碳烯酸含量受 2 对显性基因体系控制 （2）另一些试验表明，二十碳烯酸含量受具有加性效应的一对单基因控制	Harvey 和 Downey（1964） Kondra 和 Stefansson（1965） Krzymanski 和 Downey（1969） Rahman（1975，1976）
甘蓝型	种皮色泽与含油量的关系	甘白种间杂种后代中发现黄子油菜，测定表明受 3 对基因控制；其含油量比黑子高 1.2%～4.3%	刘后利（1975～1980）
		（1）黄子油菜种皮色泽深浅与含油量高低呈显著或极显著负相关 （2）色泽分析仪分析结果表明，种皮色泽由黄到黑可分为 8 级；测定表明，种皮色泽与种皮厚薄和栅栏层厚度间呈极显著正相关 （3）种皮色泽与种子含油量间的回归关系：$y=a-0.6486x$	肖达人（1981）
		高含油量对低含油量为超显性，其遗传效应显性稍大于加性	韩继祥（1984）
	芥酸含量的遗传和选择原则	高芥酸和低芥酸含量品种间杂交，F_1 中间性，F_2 分离，F_3 开始出现少数稳定系；选择早期宜选中芥酸含量的材料，F_4 代以后通过自交，选择低芥酸和高产相结合材料	周永明（1984）
	脂肪酸组分间的相关	将 6 种主要脂肪酸分为两组，一组是棕榈酸、油酸、亚油酸和亚麻酸，另一组是二十碳烯酸和芥酸，各组内成员间呈正相关，两组成员间呈负相关。每个基因合成芥酸 12%～14%	刘定富（1984）
	各种脂肪酸组分的遗传及其相关	油酸含量与其他脂肪酸之间均呈负相关，尤以油酸与芥酸间呈极为显著的负相关（$r=-0.975$）	Craig（1961）

（续）

类　型	品质性状	遗传特点	作者（年份）
甘蓝型	各种脂肪酸组分的遗传及其相关	芥酸含量受2对加性基因控制，不受母本细胞质的影响。每一基因合成芥酸9%～10%	Downey和Harvey（1963） Harvey等（1961，1964）
		芥酸含量受5个基因（*l*，*Ea*，*Eb*，*Ec*和*Ed*）控制，分别控制芥酸含量（<1，10，15，30和35%）	Anand和Downey（1981）
		二十碳烯酸含量受具有显性效应的2对基因控制，但同一体系的2对基因对芥酸含量则表现为加性效应	Kondra和Stefansson（1965）
	低硫苷的发现及其遗传	（1）Bronowski为首次发现的性一低硫苷种源，其硫苷含量只有常规品种的1/10 （2）低硫苷特性与不利的农艺性状紧密连锁在一起	Krzymanski.（1967）
	硫苷组分的遗传	Bronowski的各种杂交组合及其分离世代的分析结果表明： （1）硫苷3种主要成分均为隐性性状，受母本基因型控制，而不受胚基因型控制 （2）有11个隐性基因位点控制3-丁烯基-4-戊烯基硫苷和2-羟丁烯基硫苷的低含量	Kondra和Stefansson（1970）
		（1）glucobrassica napin的高含量是超显性 （2）gluconapin高含量对低含量是部分显性 （3）甲状腺素的高含量对无甲状腺素为部分显性	Josefsson（1971，1973）
		大量杂交试验分析表明，硫苷含量可能受3对主基因控制	Morice（1974）
		种子中全无黑芥子苷（sinigrin）受3对显性基因控制。4种硫苷及其总量均与黑芥子苷呈独立遗传。硫苷总量受2对显性基因控制，其中第二个基因表现超显性	Gland（1985）
	硫苷总量的遗传	用全双列杂交分析，硫苷总量的遗传符合加性-显性模型，但加性效应比显性效应重要得多	胡中立（1986）
		3个杂交试验结果表明，F_1硫苷总量介乎双亲之间，但偏向高亲，正反交没有差异，表明硫苷总量的遗传为部分显性，细胞质不影响硫苷总量。F_2代符合2～3对基因的分离比例	牟同敏（1987）
埃芥	芥酸含量的遗传	芥酸含量受具有加性效应、但无显性作用的2对基因控制	Fernandez-Escobar等（1988）

第三节　油菜品质性状的育种目标

油菜的品质性状系指构成油菜产品化学成分的数量和质量，它包括种子中的油的数量（一般以含油量和出油率或单位面积产油量表示）、质量（指脂肪酸和硫苷的组成成分）以及菜子饼中的蛋白质含量、氨基酸组成、植酸、芥子酸、单宁等化学成分。

一、含油量和产油量

油菜种子中的含油量和种子出油率的高低，是油菜育种的首要目标。由于采用现代分析设备（如气相色谱仪、液相色谱仪、核磁共振仪 NMR 和近红外测试仪 NIR），在不损害种子或种子伤害很少的条件下，可以快速高效、准确测定含油量，因而自 20 世纪 60 年代以后才将含油量列为首要的育种目标（刘后利，1985；Downey 和 Rakow，1987）。

由于类型和品种不同，油菜的含油量和出油率差异很大。一般甘蓝型油菜含油量较大（达 40%左右），白菜型次之，芥菜型又次之。油菜含油量属于数量性状，表现连续变异并呈正态分布（Olsson 等，1964）。种子的含油量受核基因控制，决定于母本基因型，受胚基因影响很小（Broda，1978）。甘蓝型油菜含油量的广义遗传率为 81.16%，狭义遗传率为 30.90%，含油量的遗传行为符合加性-显性模式（韩继祥，1984）。具有黄色种皮的油菜品种的含油量较高，种皮较薄，纤维素含量低，蛋白质含量较高，油质好，清澈透明。因而黄子性状可以作为形态标志进行高含油量育种（刘后利，1979）。相关分析表明，含油量与蛋白质之间呈负相关，与生育期之间呈正相关，但与单株产量之间则无相关关系，说明增加含油量不会影响种子产量的提高（Olsson，1960）。

产油量是一个复杂的性状，产子量与含油量之间未观察到相关，且含油量的遗传率较产子量为高（Downey 和 Robbelen，1989）。产油量与单株产量之间和每株果数与产油量之间均为显著正相关，相关系数分别为+0.924 和+0.717；产油量与含油量之间则有较低的显著正相关（r=+0.385）；含油量与角果成熟度之间呈显著负相关（r=−0.474）；但千粒重与含油量和单株产油量之间，并无任何显著相关。根据每株果数和种子含油量计算选择指数，可能得到较大的选择效率（Agarucol 和 Ral，1973）。

二、脂肪酸组成

油菜油中脂肪酸组成，与其他食用植物油相比，最为显著的特点之一是芥酸含量很高（表 12-4）。

表 12-4　主要农作物植物油脂肪酸组成的含量（%）

（引自 Gordin 和 Spensley，1971）

植物油	十二烷酸（12：0）	十四烷酸（14：0）	棕榈酸（16：0）	硬脂酸（18：0）	油酸（18：1）	亚油酸（18：2）	亚麻酸（18：3）	二十碳烯酸（20：1）	芥酸（22：1）
大豆油	微量	微量	7～14	2～6	23～24	52～60	2～6	—	—
向日葵油	—	—	3～7	1～3	22～28	58～69	—	—	—
花生油	—	微量	6～12	2～4	42～72	13～28	—	—	—
棉子油	—	微量	20～25	1～7	18～30	40～55	微量～11	—	—
油菜油	—	微量	微量～5	微量～4	14～29	9～25	3～10	5～15	40～55
橄榄油	—	微量	7～20	1～3	65～86	4～15	—	—	—
芝麻油	—	—	7～9	4～5	37～50	17～47	—	—	—
玉米油	—	微量	8～12	2～5	19～49	34～62	—	—	—
红花油	—	—	5～8	1～3	11～15	74～79	—	—	—

注：微量指含量低于 1%。

油菜脂肪酸品质改良的第一个目标，就是将油菜油中芥酸（erucic acid）含量由 45%～50%降到 1%以下，称为无芥酸或低芥酸。高芥酸对人体营养不利，不易消化吸收，在动物体内代谢不良（Robbelen，1971）。遗传研究表明，甘蓝型油菜芥酸含量的遗传受胚基因型中具有累加效应的两对基因的控制（每个基因合成芥酸 9%～10%），而不受母本基因型控制（Harvey 等，1961）。在中国，甘蓝型油菜的芥酸含量也受两对无显性效应的累加基因控制，但每个等位基因合成芥酸高达 12%～14%。二十碳烯酸则受两对超显性基因的控制，油酸受两对部分显性基因的控制，油酸与芥酸之间呈高度负相关（r=−0.98）。这 3 种脂肪酸含量可能受一个共同的基因体系控制（周永明，1984）。

油菜脂肪酸品质改良的第二个育种目标，是将亚麻酸含量从8%～10%降到3%以下。通过化学诱变产生的甘蓝型油菜新品系（Rakow，1973）育成低亚麻酸新品种Stellar（Scarth等，1992），其亚麻酸<3%，而亚油酸>22%。

油菜脂肪酸品质改良的第三个育种目标，是将饱和脂肪酸的含量降到7%以下，已育成6%以下饱和脂肪酸的甘蓝型油菜种质（Raney等，1999）。

三、硫代葡萄糖苷含量及其组成成分

油菜子脱脂后，饼粕中含有硫的化合物，统称为硫代葡萄糖苷（glucosinolate）简称硫苷。这类物质作为饲料在芥子酶或水解酶作用下形成的各种产物是剧毒的，如硫氰酸盐（thiocyanate）、异硫氰酸盐（isothiocyanate）、噁唑烷硫酮（oxazolidinethione）和腈化物（nitrile）。这些有毒物质可使家畜甲状腺肿大，并导致代谢紊乱。油菜品质育种的任务之一，就是把油饼中的硫苷含量降到最低水平。一般脱去硫苷后的油菜饼粕中蛋白质含量可与大豆蛋白质等价，主要是赖氨酸含量较高，因而菜子饼可作为牲畜和鱼的良好饲料。研究表明，在波兰发现的甘蓝型春油菜品种Bronowski，是世界上惟一的硫苷含量最低的种质资源（10～12 μmol/g）。这个品种的3种主要成分均受遗传控制，为隐性性状，并受母本基因型控制，不受胚基因型影响。一般认为，硫苷含量受3对主基因控制（Morice，1974，1984；牟同敏，1987），但这3对基因可能表现数量遗传的次级效应（Morice，1974）。研究表明，Bronowski具有许多不利的生长习性（如苗期生长缓慢、冬前发育差、耐寒性弱、春后恢复生长缓慢等），经济性状不良，必须采取一系列育种措施打破这些遗传连锁，才能加以利用（Krzymanski，1979）。

硫苷的组成成分十分复杂，兹将印度学者的分析结果列于表12-5。

表12-5 各种芸薹属油菜种的硫苷成分的比较

（引自Anand，1974）

来 源	芸薹属油菜种	脱脂饼粕中硫苷含量（mg/g）				
		All	But	Pent	Ozt	Mtb
印 度	*Brassica campestris*					
	var. *yellow sarson*	0.00	15.20	0.02	0.00	0.00
	var. *brown sarson*	0.00	10.90	0.20	0.00	0.00
	var. *toria*	0.00	13.50	0.10	0.00	0.30
	Brassica juncea	1.50	12.40	0.10	0.00	0.00
加拿大	*Brassica campestris*	0.00	2.50	2.00	3.80	0.10
	Brassica napus	0.00	3.70	1.00	15.90	0.00
	Brassica juncea	7.80	0.00	0.70	0.00	0.00
瑞 典	*Brassica campestris*	0.00	2.20	0.00	1.20	0.00
	Brassica napus	0.00	0.30	0.00	3.70	0.00

注：All代表烯丙基异硫氰酸盐（Allyl isothiocyanate）；But代表丁烯基异硫氰酸盐（3-butenyl isothiocyanate）；Pent代表戊烯基异硫氰酸盐（4-pentanyl isothiocyanate）；Ozt代表乙烯基噁唑烷酮（5-vinyloxazolidine 2-thione）；Mtb代表甲基硫丁基异硫氰酸盐(4-methylthiobutyl isothiocyanate)。

从表12-5可知，印度白菜型油菜硫苷含量以丁烯基异硫氰酸盐（But）为主，其含量占总量的10%以上，最高的为黄子沙逊占15%以上；芥菜型油菜次之，在12%以上，其余各成分则含量甚少。加拿大3种类型油菜中，甘蓝型油菜以乙烯基噁唑硫酮（Ozt）为主，占总量的15%以上，丁烯基异硫氰酸盐（But）次之，戊烯基异硫氰酸盐（Pent）又次之；芥菜型油菜则以异硫氰酸盐（All）为主，戊烯基异硫氰酸盐（Pent）含量很少；白菜型油菜则以乙烯基噁唑烷硫酮（Ozt）为主，But和Pent次之，但含量都不算高。瑞典两种类型油菜中，甘蓝型油菜也是以Ozt含量较多，But次之；而白菜型油菜则以But为主，Ozt次之，这些成分的含量都远较印度油菜为低。白菜型油菜中 gluconapin 为硫苷的主要成分，它常与高效的 glucobrassicin 伴随在一起。不同来源的芥菜型油菜主要以黑芥子苷为主要成分，但来自印度和巴基斯坦的，则以 gluconapin 为主要成分，与黑芥子苷结合在一起；而来自欧洲与中国的芥菜型油菜则富含异硫氰酸盐（Downey，RK 等，1990）。这些事实说明了不同类型和不同来源的油菜，它们的硫苷组成有很大差异，从而增加了对它们研究的复杂性。这也是至今掌握它的遗传规律很少的主要原因。

四、蛋　白　质

油菜子脱脂后的干物质中蛋白质含量为 35%～40%。以球蛋白为主，清蛋白次之，其氨基酸组成比较平衡，脱去硫苷后具有较高营养价值，与大豆饼粕相近。遗传实验表明，油分含量和蛋白质含量之间具有显著的负相关，育种时二者不能两全，但从增加二者总量入手，同时适当增加二者含量证实是有效的，二者含量的遗传率为 33%（Grami 等 1977）。

第四节　油菜育种主要途径和方法（一）

——杂交育种

油菜的杂交育种有两种，一是品种间杂交，二是种间杂交（包括近缘和远缘种间杂交）。因亲缘关系的远近不同，杂交亲和性有显著差异，同一个物种以内的品种间和变种间杂交，杂交亲和性强，一般结实正常，后代发育良好；相反的，在不同亲缘关系的种间杂交，因两个种的遗传基础不同，杂交亲和性则有显著差异，一般结实不正常，杂种不育性强，但采取适当生物学措施（如胚挽救），可以适当克服杂交不亲和性和杂种不育性。育种实践表明，种间杂交育种法，在其他作物育种中并不十分有效，但在油菜育种中成效显著。日本 Shiga（1970）通过总结日本近 40 年（1935—1973）的油菜育种研究，甘蓝型和白菜型油菜种间杂交与品种间杂交的育种效果同样显著，在育成的 44 个新品种中有 12 个新品种来自甘白种间杂交（包括复交）（刘后利，1985）。在我国，自 20 世纪 50 年代中期开展甘白种间杂交育种以来，也取得同样效果，且以甘蓝型油菜为母本的，比以白菜型油菜为母本的效果较好（刘后利，1958，1960）。瑞典 Olsson 和 Ellerstrum（1980）采用人工合成甘蓝型油菜，是通过甘蓝（*Brassica oleracea* L.）和白菜（*B. chinensis* L. 或 *B. campestris* var. *chinensis* L.）杂交后双二倍化后形成人工合成或半人工合成种间杂种，或者采用甘蓝和白菜先行四倍化后，再人工合成新的种间杂种，其效果远较甘蓝和白菜的二倍体间直接杂交的效果为好。因而在世界范围内，不少国家已将油菜种间杂交发展成为常规的育种方法。中国农业科学院油料作物研究所贺源辉研究员采用复合杂交育种，将多种亲本的优良性状组合在一起，历时 10 年育成高产、抗病和适应性强的甘蓝型油菜新品种中油 821，创建了在中国一个单一品种能在油菜主产区占有长期优势的一个典范。

一、油菜的品种间杂交

大多数甘蓝型和芥菜型油菜，均可采用系谱育种法和回交育种法，而且成效显著。但对自交不亲和性强的白菜型油菜，回交和轮回选择育种法最为常用。从杂交开始到品种育成投入生产，一般需要 8～10 年。

（一）系谱育种法　系谱法的选择是从 F_2 开始的。F_1 代在大量杂交组合中，按其熟期迟早和优势强弱选择优势组合，并淘汰假杂种或假杂交组合。从 F_2 代开始按植株长势、开花迟早、经济性状优劣以及生育期中抗性表现（特别是成熟期间对几种主要病害抗性的强弱），开始进行单株选择，选择株高中等、分枝部位较低（南方多雨地区以 30 cm 左右为宜）、分枝较多、花序较长、着果密度较大、角果长度中等、每果粒数多、子粒较大、单株产量较高、熟期中熟偏早等性状的优良植株，收获后在室内再度进行目测选株，脱粒后分株测定品质性状（含油量、芥酸和硫苷含量），然后对全面考种材料进行综合评选。F_1 和 F_2 以农艺性状为主，而品质性状的选择则不宜过早，以免过早淘汰优株，特别是在品质性状和产量性状之间存在显著矛盾情况下，宜选经济性状优良的单株为主，然后在 F_3～F_5 代过程中，结合经济性状的选择，同时进行品质性状的选择。图 12-4 为系谱育种法的实例。

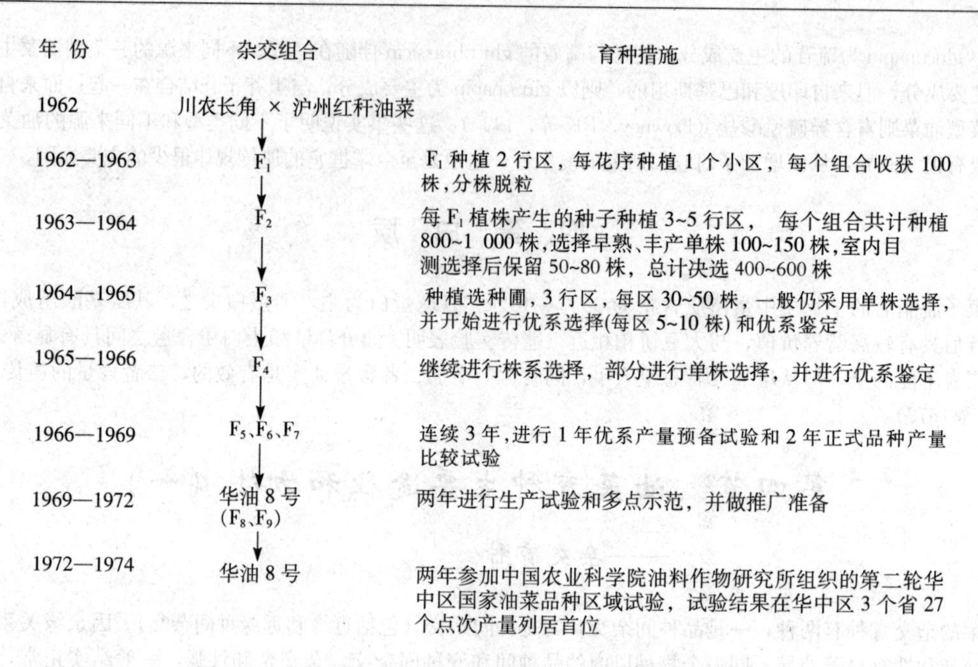

图 12-4 采用系谱法育成的华油8号的育种程序示意图

(引自刘后利和熊秀珠，1972)

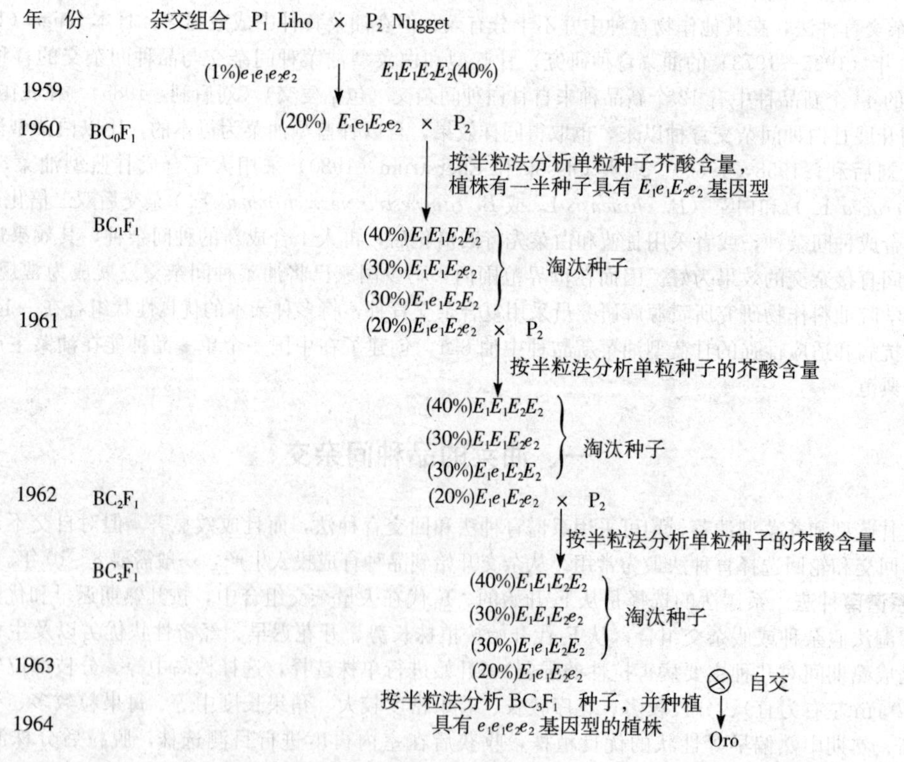

图 12-5 采用回交育种法育成的甘蓝型低芥酸 Oro 的育种程序示意图

(每个E基因提供10%芥酸，每个e基因提供<0.25%芥酸)

(引自 Downey 和 Rakon，1987)

（二）回交育种法　回交育种法一般应用于简单遗传性状的基因转移，如将低芥酸或低硫苷导入预期改良的品种中去。抗病育种也经常采用。兹举世界上第一个低芥酸品种 Oro 的育成历史，作为实例加以说明（图 12-5）。

采用回交育种法选育 Oro，用高芥酸亲本作为轮回亲本进行回交 3 次，以加强高芥酸亲本丰产性状在后代中发育的分量。每次回交以前，对杂种群体的种子采用半粒法分析种子的芥酸含量，但只选用中芥酸含量的植株进行回交，即非轮回亲本始终采用杂合体（即芥酸含量 20%～25%）。回交 3 次以后，自交 1 次，从自交后代中选出经济性状优良的纯隐性个体（即 $e_1e_1e_2e_2$），从而实现育种目标。

（三）复合杂交育种法　中国第一个采用复合杂交育种法育成的抗病高产的甘蓝型油菜品种中油 821，是一个典型范例，在油菜生产上发挥了极为显著的增产作用。

1976 年，在中国农业科学院油料作物研究所贺源辉研究员直接参与下，创造了一个新的育种途径——复合杂交，这种杂交育种途径已用于我国小麦育种中，并已育成一批品种应用于生产。但在油菜育种历史上，从 20 世纪 50 年代前期开始开展杂交育种以来，不论是品种间还是种间杂交育种，一般都是采用单式杂交，即两个品种成对杂交，进而采用玉米常用的三交或四交，从而育成了一批优良品种如华油 3 号、华油 8 号、甘油 3 号、甘油 5 号、西南 302 等优良品种，但 20 世纪 50～70 年代长期采用的常规育种方法，没有创新，造就了油菜育种徘徊不前的局面，特别是在高产、抗病育种关键上难于突破。80 年代以来，复合杂交和杂种优势育种相继提出，对发展中国油菜育种工作起了很大的推进作用。

从 1975 年起，选用早熟抗病、丰产的几个品种（如苏早 3 号、甘油 3 号、甘油 1 号、云油 7 号、71-5 品系），加上白菜型优良品种白油 1 号，把多种抗性和丰产性状都结合起来，组成一个极为复杂的复合杂交组合，如图12-6 所示。

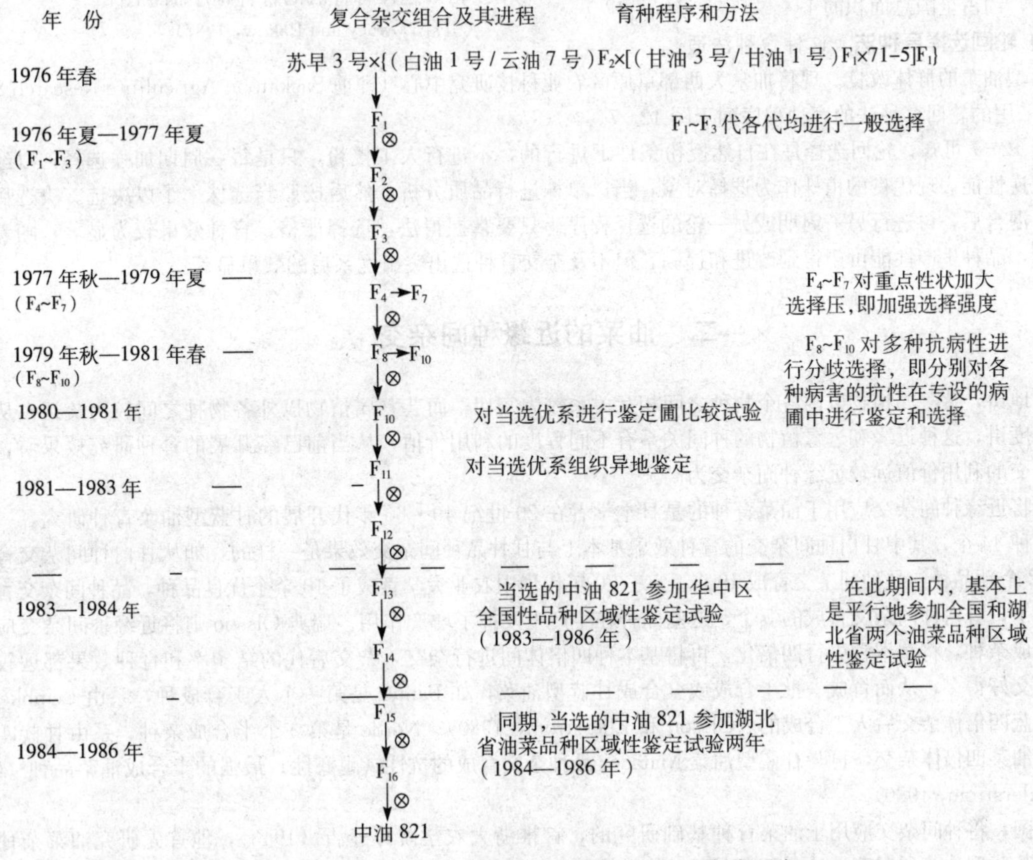

图 12-6　甘蓝型油菜品种中油 821 的育成历史

（引自贺源辉等，1985）

这个育种过程历时较长，准备工作需要3～4年时间，选配杂交亲本必须慎重选择，多种单交组合后代进行复交，然后采用两性一型（多抗性、丰产性和生育型）为基础的育种目标，对杂种各代进行定向连续选择和分段选择的基本技术路线，以甘油5号为对照品种，选育高产、多抗的甘蓝型油菜新品种。在育种后期通过6年4个不同类型多点试验（鉴定圃试验、异地鉴定试验、华中区区试和湖北省区试），结果一致表明，产量居首位，抗病性特强，这是历年来油菜品种区域试验所罕见的，它比对照品种平均增产10.61%～19.55%，差异极为显著，特别是适逢1983年大灾年，一般品种减产20%～30%，中油821则比对照增产38%，这是在中国油菜育种史上极为突出的一个油菜良种，在全国推广面积最高年达1.33×10⁶ hm²（2 000万亩）左右，约占全国总面积的1/4。

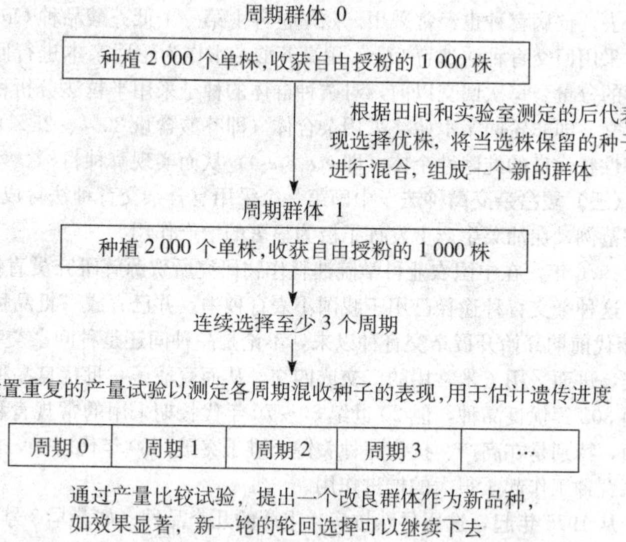

周期群体 0

种植2 000个单株,收获自由授粉的1 000株

根据田间和实验室测定的后代表现选择优株，将当选株保留的种子进行混合，组成一个新的群体

周期群体 1

种植2 000个单株,收获自由授粉的1 000株

连续选择至少3个周期

设置重复的产量试验以测定各周期混收种子的表现,用于估计遗传进度

周期0	周期1	周期2	周期3	…

通过产量比较试验，提出一个改良群体作为新品种，如效果显著，新一轮的轮回选择可以继续下去

图12-7 加拿大农业科技研究中心采用的白菜型轮回选择育种法的育种程序示意图
（引自Downey and Rakow，1987）

（四）轮回选择育种法 这种育种法适用于白菜型油菜的群体改良。现将加拿大西部草原区农业科技研究中心（即前Saskatoon Agriculture Research Station）所采用的轮回育种法的育种程序列于图12-7。

从图12-7可知，轮回选择是在自然授粉条件下进行的，不进行人工授粉，只是每一周期加强选择，以经济性状和抗逆性能表现优良的植株作为选择对象，当选单株进行品质分析，然后按照当选株率予以决选。决选后的单株种子混合后，再进行另一周期或另一轮的选择程序。只要掌握得法，选择严格，育种效果较为显著，随着轮次的提高，品种生产性能可望得到改进和提高，但不及杂交育种选出突出优系后的效果显著。

二、油菜的近缘种间杂交

一般地讲，芸薹属植物以内各个物种之间相互关系较为密切，而芸薹属植物以外各物种之间较为疏远。从品种改良角度讲，这种近缘和远缘植物的种间关系有不同程度的利用价值，从当前已经开展的育种研究效果看，近缘种间杂交的利用价值远较远缘种间杂交为高。

最早将近缘种间杂交应用于油菜育种的是日本学者在20世纪40～60年代开展的甘蓝型油菜育种研究，一共育成新品种44个，其中甘白种间杂交的育种效果基本上与甘甘品种间杂交效果是一样的，如从甘白种间杂交育种育成了12个新品种，品种间杂交育成19个。50～70年代华中农业大学育成了10余个优良品种，品种间杂交育成的品种6个，甘白种间杂交育成的5个，这些品种在生产上发挥了增产作用。瑞典Olsson则将近缘种间杂交应用于人工合成杂种，将基本种先行四倍化，再将基本种四倍体间进行杂交，杂交后代的结实率和育种效果都远较基本种间杂交好得多，从而育成一批半合成或全合成甘蓝型油菜，如Panter是第一个人工合成种，系由Lembke四倍体与甘蓝四倍体杂交后人工合成的（Olsson和Ellerstrom，1980）。Norde是第一个半合成杂种，系由甘蓝四倍体和芜菁油菜四倍体杂交，再与甘蓝型油菜Matador品种杂交育成的抗性（耐寒性）最强的半合成油菜品种（Olsson和Ellerstrom，1980）。

在中国，将种间杂交应用于油菜育种基础研究的，首推浙大农学院孙逢吉（1943），他首先研究油菜杂种优势，找到芥菜型油菜和白菜型油菜种间杂交后代杂种优势最强。应用于实际育种工作则在20世纪50年代，四川省农业科学院覃民权将胜利油菜与成都矮油菜杂交后，经过3次单株选择，向长角果方面选择育成川农长角（覃民权，1962)。但生育期长、需肥多，是其缺点。此后，华中农业大学刘后利教授则将甘甘杂交和甘白杂交同时并进，在开展甘蓝型品种间杂交育种的同时，系统开展甘蓝型油菜和白菜型油菜间的种间杂交育种研究，在育种理论和实践上比较二者的得失，找到成效最为显著的是油菜近缘种间杂交育种。为什么要开展甘白种间杂交的研究？第一，在中国甘蓝型油菜种质资源十分缺乏，而白菜型油菜则十分丰富，有必要充分利用白菜型油菜的种质资源，创建新的甘蓝型种质资源。第二，二者育种过程的差异，种间杂种 F_1 结实不良，F_2 分离十分广泛但结实性开始恢复，F_3～F_5 是选择的适宜时期，在生育期和丰产性方面，种间杂种后代易于育成早熟丰产的后代，因而育种成效与品种间杂交育种同样显著。第三，由于遗传基础的丰富性，种间杂种后代中出现许多新的性状，如白花、黄子、矮株、花叶、长角果、丛生型、自交不亲和雄性不育系、细胞核雄性不育系等新性状，这些都是品种间杂种后代难于出现的。因而开展甘白近缘种间杂交，对充分利用中国白菜型种质资源是十分有利的，并对创建新的甘蓝型种质资源也是大有希望的。

近缘种间杂交的育种程序和育种方法，以华中农业大学育成华油 3 号（363×七星剑）为例说明如下（图12-8)。这类种间杂种的特点是，以染色体数多的甘蓝型品种为母本而染色体数少的白菜型品种为父本，杂交结实率高，反之，易出现花期不遇，结实较少。一般 F_1 高度不育，但能结少量种子，角果果皮增厚，种子在角果内容易发芽，因而采取 F_1 按杂交花序为单位，收获后混合脱粒，淘汰发芽粒、破损粒和霉烂粒，所收的正常种子，按杂交花序下年分区播种。F_2 呈广泛分离（或疯狂分离），要分期（苗期、开花期和角果发育期）进行严格选择和淘汰（育苗时，可在苗床中进行严格选择，移栽正常苗，大量淘汰劣株）。生育期间从 F_2 群体中选择苗期叶色较淡，半直立，生长较快，冬前不现蕾抽薹，花期适当（中期偏早），角果发育较为正常，结实中等偏多的少数单株当选（3%～5%），室内目测检查后决选。至 F_3 与品种间杂种一样处理，以株系选择为主，进行优系选择，但同时进行优株选择。从 F_4～F_7 中选优系（即形态上生育期上趋于一致）参加品系比较试验。因此，近缘种间杂交育种与品种间杂交育种，在后代处理上最大不同的是在 F_2，采取严格选择、大量淘汰的原则，到 F_3～F_4 代即可迅速进入一般杂交育种的系谱育种程序。

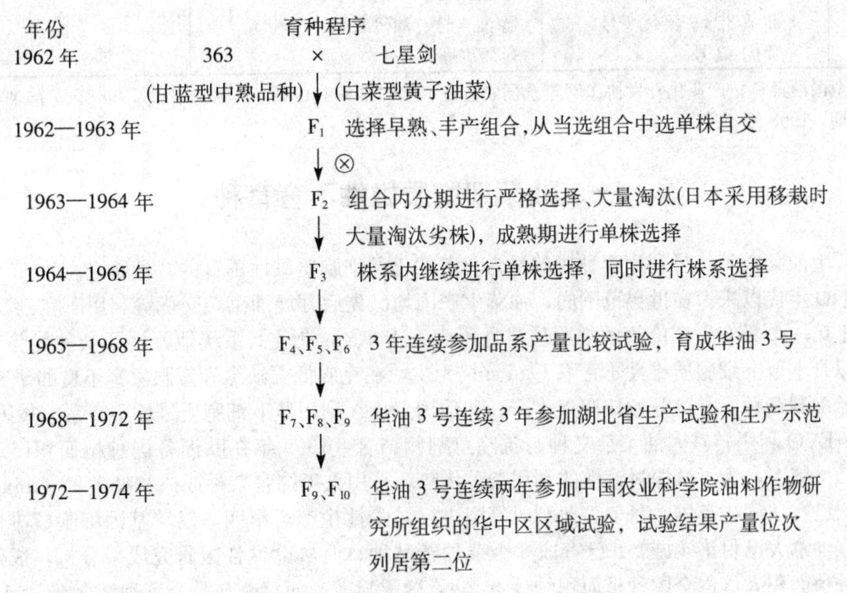

图 12-8　采用近缘种间杂交法育成的华油 3 号的育种程序示意图

（引自刘后利、熊秀珠，1972）

通过上述育种程序和育成方法，华中农业大学先后育成了华油 3 号、华油 6 号、华油 9 号、华油 11 号、华油 12 号和华油 13 号等种间杂种，并已先后投入生产示范和推广。前苏联 Voskresenskaya 和 Shpata（1967）曾进行了一系列种间杂交研究，将黑芥与中国白菜杂交得到人工合成的自然界不存在的长角果芥菜型油菜。将芥菜型和甘蓝型油菜杂交，育成了高芳香油含量的新品种（如 Start 的芳香油含量为 1.15%～1.20%），并在杂种后代中找到自然界不存在的芥菜型冬性品种。将芥菜型油菜与白菜型杂交、埃塞俄比亚油菜（简称埃芥）与黑芥杂交，都得到芳香油含量很高（最高达 1.7%，一般油菜都低于 1%）。这些事例都说明了利用近缘种间杂交，可以有成效地创造新性状和新类型。

第五节　油菜育种主要途径和方法（二）

——杂种优势育种

在中国，除水稻、玉米、高粱以外，在农作物中利用杂种优势增产效果上，一般增产 15%～20%以上。如中国第一个大面积生产的杂交油菜秦油 2 号，在陕西省 3 年区试中产量均列居首位，比对照平均增产 27.4%。到 2002 年为止，中国杂交油菜种植面积已占油菜总面积的 40%（傅廷栋等，2002），因而油菜利用杂种优势有着十分广阔的应用前景（表 12-6）。

表 12-6　自 1980 年以来中国各地育成的各种类型甘蓝型杂交油菜新品种的统计

（刘后利整理，1999）

类　型	低芥酸（O）	双低（OO）	合计	代表品种
三系杂种	6	6	12	垦油 1 号（O）、青油 331（OO）、华杂 4 号（OO）
两系杂种	3	5	8	油研 5 号（O）、蜀杂 6 号（OO）
化学杀雄杂种	3	1	4	蜀杂 4 号（OO）、湘杂 1 号（O）
合　计	12	12	24	
代表品种	华杂 2 号、赣油 14 号、湘杂 2 号、涪优 1 号、杂优 13 号	华杂 3 号、蓉油 5 号、豫油 4 号、油研 8 号、蜀杂 7 号		

资料来源：全国油菜科技产业化开发协作网与全国农业技术推广服务中心粮油作物处编印，1998；全国油菜科技产业化开发情况交流，第 3 期，1998 年 6 月。

一、油菜细胞质雄性不育育种

当前，世界上油菜杂种优势利用育种成效最为显著的仍是细胞质雄性不育的育种研究。

自 20 世纪 80 年代以来，在世界范围内，油菜生产国均已先后开展油菜杂交优势利用研究：第一，以傅廷栋首次发现的世界上第一个具有生产价值的细胞质雄性不育系 Pol cms 为主，系统地开展了杂种优势利用的研究。第二，在欧洲，以日本萝卜细胞质雄性不育系 Ogu cms 为主，在克服低温缺绿和蜜腺发育不良的研究 30 余年的基础上，已初步开始配制杂种，并已开始应用于生产。如法国 INRA 利用萝卜细胞质雄性不育系、德国利用 MSL 雄性不育系以及 AgrEVO 利用转基因油菜杂交种与抗除草剂相结合，1999 年在欧洲各国种植面积已近 1.0×10^{6} hm^{2}（陈宝元，1999）。第三，为了试探过渡性的利用杂种优势，采用人工综合杂种或掺和型杂种（mixed hybrid）进行杂交油菜生产，已在法国、英国、丹麦、比利时等国进行试验性生产。第四，以转基因细胞核雄性不育杂种为主要研究方向，在加拿大已付诸实施，并已育成 5 个杂种新品种。但从世界各国研究成果分析，成效最为显著的仍是中国，不仅种植面积大（占全国种植面积约计 40%），效果显著，而且是与品质育种结合在一起，也就是利用杂种产生的产量优势来补偿由于品质改善而带来的产量损失，这一论点，在世界上是首次提出的，而且被反复验证的。因而中国杂交油菜的研究，为世界油菜生产提供了科学范例，利用杂种优势不仅可以提高产量，而且相应地克服抗性对品质所带来的负面影响。

兹举世界上第一个在大面积生产上成功应用的双高甘蓝型三系杂种秦油 2 号的育成历史为例，说明于图12-9。

杂交油菜新品种秦油 2 号，是通过与国内外 138 个品种进行测交，得到恢复能力强的垦 C1 恢复系，才得以完成育种程序。通过 1982—1986 年 5 年 32 个点次的产量比较试验均列居首位，比对照（秦油 1 号）平均增产

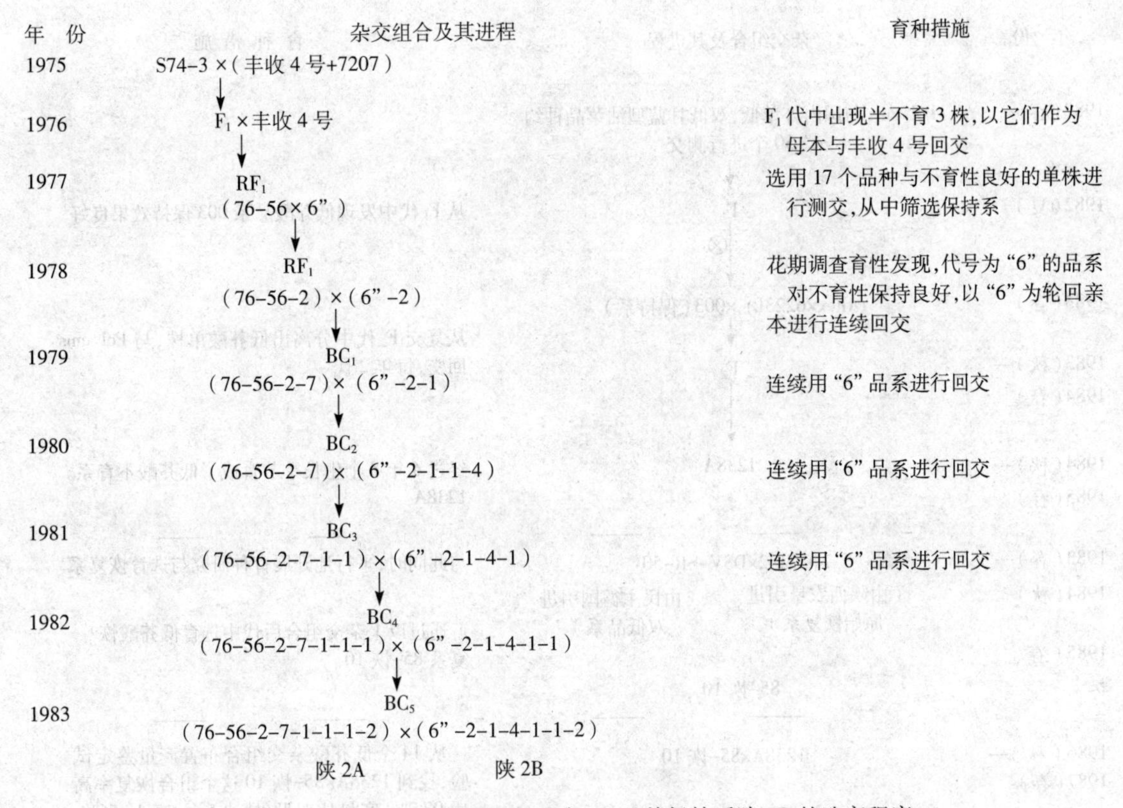

图 12-9　甘蓝型油菜雄性不育系陕 2A 及其保持系陕 2B 的选育程序

（引自李殿荣等，1993）

27.4%，从而通过审定后全面推广。

与此同时，华中农业大学傅廷栋从前苏联引进的油菜种质资源中找到 Polima 雄性不育株 19 株。在 1982—1986 年 5 年 10 个生长季节中完成了系统研究，至 1994 年正式提出我国第一个双低雄性不育的三系杂种（华杂 3 号）(代号 5200)，产量比对照（中油 821）高出 10%左右，比同期优质品种（单低或双低新品种）增产 15%，芥酸含量低于 1%，硫苷含量为 22.45 μmol/g，均符合国际标准。

选育低芥酸雄性不育杂种华杂 2 号的程序见图 12-10。

通过世界各国学者对 Pol cms 系统研究，一致认为 Pol cms 是迄今为止，在世界上几个主要不育类型中最有实用价值的细胞质雄性不育类型。由于这项突出的科学成就，傅廷栋继加拿大 Stefansson 之后，1991 年 7 月在加拿大 Saskatoon 举行的第 8 届油菜国际会议上荣获世界上第二次油菜“杰出科学家奖章”。到 1994 年为止，在国外已注册的雄性不育系杂种 12 个，其中 9 个来源于 Pol cms。在中国除未列出原始不育系亲本来源外，5 个已审定的杂交油菜新品种都来自 Pol cms（傅廷栋，杨光圣，1995）。

二、油菜细胞核雄性不育育种

在其他农作物中，一般核不育雄性不育系难以应用于育种研究，因其杂种后代总有一半是雄性可育的，另一半是雄性不育的，且长期找不到雄性不育的保持系，因而作为人工杂交而不能应用于生产。在我国，在系统育种研究的基础上，开辟了新的育种途径，可以有效地应用雄性不育系于育种研究。上海市农业科学院李树林等（1985）对双显性核不育基因的遗传研究，认为这种核不育性受到 2 个显性核不育基因控制，*Ms* 为显性不育基因，*Rf* 为显性上位基因，后者能抑制前者的表达，因而可以恢复育性；其次，他利用显性核不育基因杂合型不育株

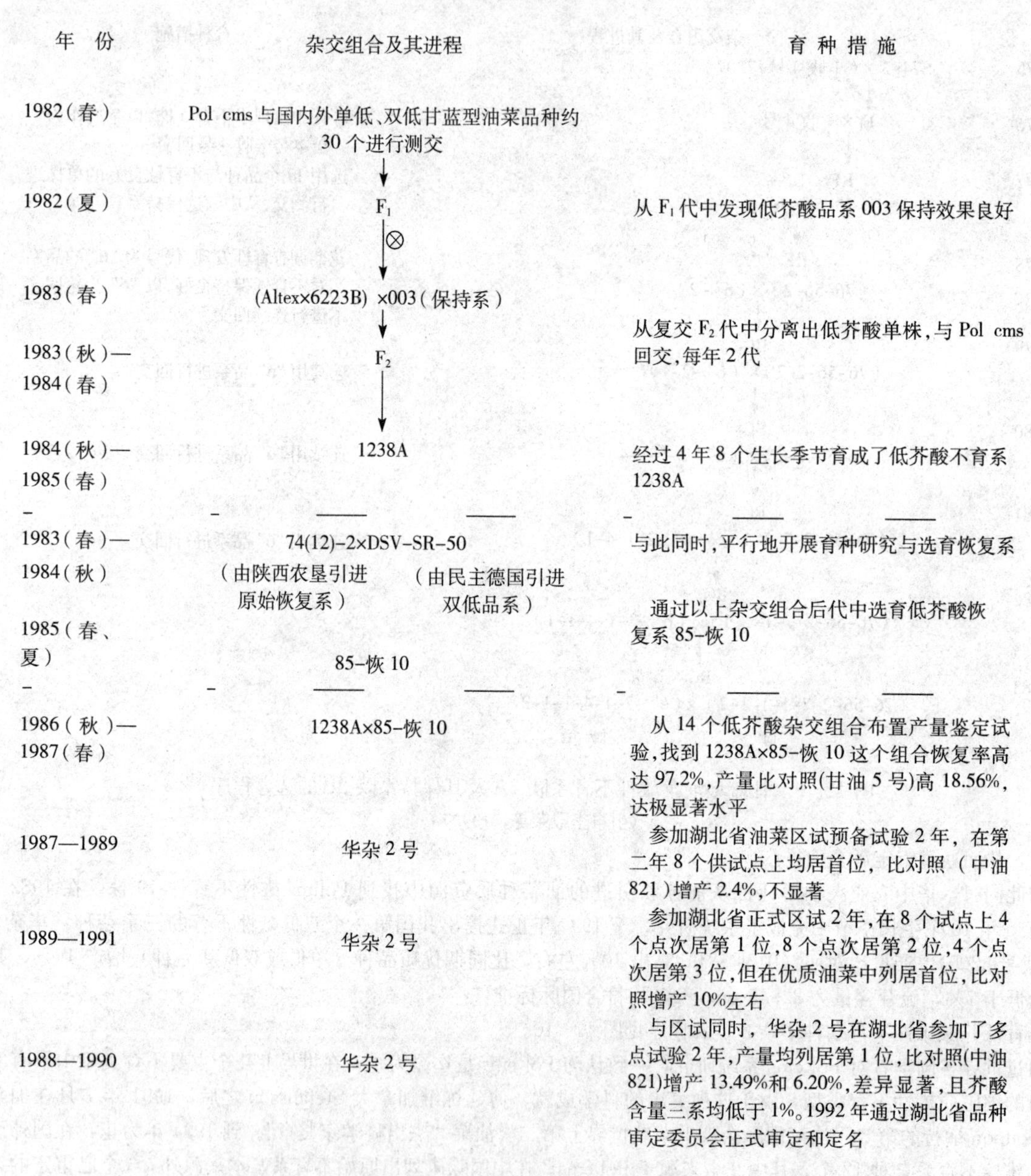

图 12-10　甘蓝型低芥酸雄性不育三系杂种华杂 2 号的选育程序

（引自傅廷栋等，1990，1991）

（*Msmsrfrf*）与双隐性可育株（*msmsrfrf*）杂交，这样双隐性纯合体可以成为良好的“临保系”（temporary maintainer line），因而显性核不育系、临保系和恢复系三系可以配套进行三系化杂种生产（图 12-11）。这种具有独创性的“临保系”新概念的提出，使长期处于保存状态的雄性核不育材料的利用成为可能。这种创新成果已作为专利售给法国。

此外，潘涛等（1988）和侯国佐等（1988，1990）先后在不同育种试验材料中分别发现双基因隐性上位互作核不育和双基因重叠基因核不育，并分别育成低芥酸雄性不育两系杂种蜀杂 1 号（S45A×8208）和低芥酸双隐性核不育（117A）两系杂种油研 5 号，均已分别应用于油菜生产。

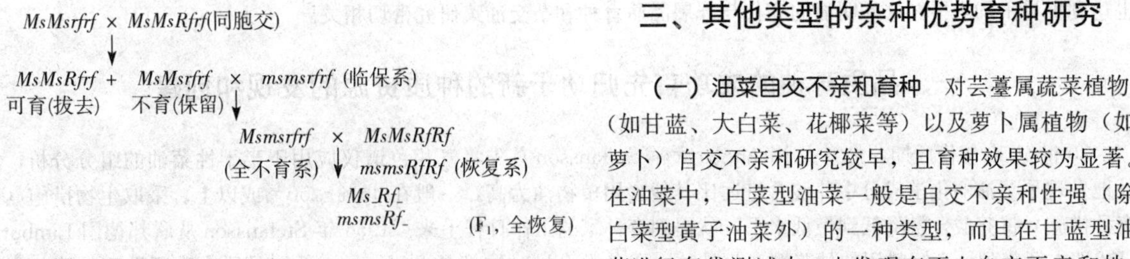

图 12-11　油菜显性核不育系三系化配制杂种示意图

三、其他类型的杂种优势育种研究

(一) 油菜自交不亲和育种　对芸薹属蔬菜植物（如甘蓝、大白菜、花椰菜等）以及萝卜属植物（如萝卜）自交不亲和研究较早，且育种效果较为显著。在油菜中，白菜型油菜一般是自交不亲和性强（除白菜型黄子油菜外）的一种类型，而且在甘蓝型油菜进行套袋测试中，也发现有不少自交不亲和株，因而利用自交不亲和性进行杂种生产是有可能的（傅廷栋，1975；Thompson，1985）。1960 年，Olsson 报道育成显性基因控制的甘蓝型油菜自交不亲和系及其杂种。Thompson（1972）育成了隐性基因控制的甘蓝型油菜自交不亲和系。1975 年傅廷栋育成了 271、219 等甘蓝型自交不亲和系及其杂种，并采用人工大量剥蕾法应用于生产杂种。为了克服大量人工剥蕾造成的繁殖困难，最经济有效的方法是用 5%～10%的食盐水花期喷雾以消除自交不亲和性（胡代泽、安彩太等，1983；斯平，1985）。此后，傅廷栋（1986）提出三系化设想，即选育自交不亲和系的保持系和恢复系，实现三系配套制种。近年来，欧洲和加拿大各国种子公司进一步发展自交不亲和性杂种，与雄性不育系杂种竞争。

(二) 采用化学杀雄产生杂种　湖南农业大学官春云（1979）、四川大学生物系罗鹏、潘涛等（1980），先后曾开展化学杀雄研究，找到单核花粉期是对杀雄最敏感时期，并筛选出杀雄剂 1 号、MG4 等杀雄剂（官春云等，1987），但因生产条件不同，杀雄效果不够稳定，且残毒问题尚待研究。

(三) 萝卜细胞质雄性不育（Og u cms）和掺和型杂种　这是欧洲各国研究时间最长的，历时 30 年以上。1968 年 Ogura 在日本鹿儿岛萝卜群体中发现天然雄性不育株。后引入欧洲各国，这种 Ogu 型细胞质起源于日本野萝卜（*Raphanus raphanistrum*），因而野生性很强，这是长期研究无法利用的根本原因之一。

萝卜细胞质雄性不育系的特点是不育彻底，无微量花粉，但难于找到恢复系，找到恢复系又与控制硫苷的基因紧密连锁，难于选育双低杂种。因此，为了解决这些难题，欧洲各国采用过渡性措施，就是采用 20%正常品种作为花粉源与 Ogu 雄性不育杂种混合在一起，称为掺和型杂种（mixed hybrid）。Ogu cms 引入法国、比利时等国以后，通过甘蓝型油菜形成体细胞杂种（cybrid）与 Ogu cms 杂交，再与体细胞杂种连续回交，转育恢复系 Rfo 的过程，同时也带进的额外的萝卜 DNA，称为遗传累赘。这些遗传物质采用回交法无法彻底排除，因而造成 Ogu cms 农艺性状变劣，利用价值降低。法国 Delourme 等人在转育 Ogu cms 恢复系过程中，还发现雌性育性下降和 Rfo 基因与高硫苷含量基因紧密结合，难于排除高硫苷含量的影响。

为了解决上述困难，采取过渡性措施掺和型杂种，为了保证 F_1 能正常结实，掺加 20%常规品种的种子，即以 F_1 杂种作为传粉者保证 Ogu cms 杂种有充分花粉供应，从而保持油菜的正常生产。法国、丹麦、英国等国种子公司已在油菜生产中应用。第一个通过审定的掺和型杂种是法国的 Synergy。1993—1994 年英国通过审定的新品种 96 个中，有 39 个是掺和型杂种。至 1999 年，英国掺和型杂种已占英国冬油菜面积的 25%，春油菜的 30%（但芳，1999）。看来，这种类型杂种作为过渡性生产是可以的，但今后必将为真正杂种逐步替代。

第六节　油菜育种主要途径和方法（三）

——品质育种

油菜的产品主要是油菜子，菜子用于榨油，同时获得饼粕。因此，油菜产品品质至少包括以下 3 方面内容：含油量（或产油量）、脂肪酸组成、饼粕的组成成分及其利用价值。因此，油菜育种的主要目标品质改良的研究意义远比产量研究更为重要。50 多年来油菜育种的研究成果证实，油菜品质育种研究的成效要比产量为显著。如加拿大自 20 世纪 50 年代末期开展品质育种以来，油菜在作物生产中已跃居第二位，种植面积迅速上升到 5.0×10^6 hm^2 以上，居于世界第四位，油菜产品在国际贸易中则处于统治地位。自 20 世纪 80 年代后期我国开展油菜品质育种和杂种优势育种研究以来，中国油菜的种植面积 6.67×10[6] hm[2]（1 亿亩）以上和总产均已居世界首位，单产也达到世界平均水平。这些明显的变化与开展品质育种和杂交油菜研究密切相关。

一、品质育种的成功首先归功于新的种质资源的发现和创建

20 世纪 50 年代后期，加拿大 Manitoba 大学 Stefansson 首先将气相色谱仪应用于半干性菜油的组分分析，意外地发现了菜油的化学成分中芥酸含量远比其他食用植物油为高，一般在 45%～50%或以上。采取生物措施（即育种措施）将芥酸含量降低到最低水平，就提到育种家的工作日程上来。1956 年 Stefansson 从联邦德国 Limburge Hof 地方征集到一个饲料用的甘蓝型油菜品种，命名为 Liho。这就是 Stefansson 开展品质育种所发现的第一个种源。他从温室里种植的 127 株收获的种子油中的脂肪酸组成中，发现不少芥酸含量少于 0.5%，以后沿着负向选择，芥酸含量达到 0.2%～0.4%。1964 年向世界报道第一个育成的无芥酸或低芥酸品种 Oro（Stefansson 等，1961）。1968 年注册正式投入生产。1974 年引入我国青海、新疆、甘肃等省（区），都获得较高产量（田正科，1982；王兆木，1994）。

世界上惟一的低硫苷种源 Bronowski 的发现，对改良油菜饼粕品质起了极为显著的作用。1968 年波兰油菜育种家 Krzymanski 在法国巴黎油菜国际咨询机构（GCIRC）开会时提出：在油菜种质资源中找到甘蓝型春油菜品种 Bronowski，其硫苷含量只有常规品种 Janka 的 1/10（Krzymanski，1979）。此后，Krzymanski 将这份材料带到加拿大农业部农业试验站参加协作研究（Finlayson 等，1973）。Stefansson 把它应用于育种研究，在世界上首次育成了第一个甘蓝型油菜双低品种 Tower（Stefansson 和 Kondra，1975）。1976 年，Tower 引入中国西北各省试种成功，至今在生产上还有一定的种植面积。

世界各国的品质育种实践一致证实，只有在发现或创建一定的种质资源的基础上，才能实现品质育种的目标。不论是采取辐射处理、种间杂交还是转基因技术，都可用于创建新的种质资源，因此品质育种的发展不是单纯地从自然界寻找已有的种质，而是采用各种生物技术来创建新的种质（表 12-7）。

表 12-7 油菜品质育种所必需的种源

（引自 Ahuja 和 Banga，1992）

性 状	种	基因型	参考文献
低芥酸	*Brassica campestris*	cv. Polish	Downey（1964）
		sv. Torpe	Jonsson（1977）
		sv. Bele	Jonsson（1977）
	B. juncea	Zem 1，Zem 2	Kirk 和 Oram（1981）
	B. napus	Liho	Stefansson 等（1961）
高芥酸	*B. napus*	Hero*	Scarth 等（1989）
低亚麻酸	*B. napus*	Oro mutants	Rakow（1973）
		（M4～M8）	Roy 和 Tarr（1986）
		Stellar*	Scarth 等（1987）
低亚油酸	*B. napus*	Breeding materials	Jonsson 和 Uppstrom（1986）
低硫苷	*B. napus*	Bronowski	Krzymanski（1970）
	B. campestris	cv. Polish	Downey 等（1969）
	B. juncea	Strain 1058**	Love 和 Rakow（1988）
低芥子碱（sinapine）	*B. campestris*	sv. 83-36505	Uppstrom 和 Johansson（1985）
		sv. 83-36531	

注：作者在原表基础上增加了以下两项：* 系 Scarth 等在 1987 年和 1989 年发表的甘蓝型特种脂肪酸新品种，已在加拿大注册；** 系 Love 和 Rakow 发表的新育成的芥菜型低硫苷种源，已提供给我国新疆农业科学院应用于选育芥菜型双低油菜新品种。

二、脂肪酸组成和饼粕的品质改良是主要育种目标

油菜油的脂肪酸组成的最大特点是芥酸含量很高，从表 12-8 可知，油菜油中的芥酸含量是最高的。通过 50 多年的育种改良，油菜各种类型的品种脂肪酸组成的面貌都发生显著变化（表 12-9）。

表 12-8　各种植物油的脂肪酸组成成分

（引自 Downey，1963；Craig 等，1969；李正日，1974）

植物油＼脂肪酸	棕榈酸（16：0）	硬脂酸（18：0）	油酸（18：1）	亚油酸（18：2）	亚麻酸（18：3）	二十碳烯酸（20：1）	芥酸（22：1）
甘蓝型油菜油	4.0	1.5	17.0	13.0	9.0	14.5	41.6
红花油	7.2	2.1	9.7	81.0	0	0	0
大豆油	11.5	3.9	24.6	52.0	8.0	0	0
亚麻油	6.9	3.6	16.6	15.0	58.5	0	0
花生油	11.4	3.3	54.7	25.7	0	2.3	2.6
玉米油	12.6	2.3	28.3	56.6	0.8	0	0
向日葵油	6.6	4.0	15.5	73.7	0	0	0
芝麻油	7.5	4.8	39.4	44.9	1.8	0	0
棉子油	17.5	2.8	17.9	61.9	0	0	0
双低油菜油	7.6	0.8	83.3	7.4	0	0	0

表 12-9　各种类型油菜几个代表性品种脂肪酸的化学成分

（引自 Downey 和 Rimmer，1993）

类　型	品种名称	脂肪酸组成（%）											
		14：0	16：0	16：1	18：0	18：1	18：2	18：3	20：0	20：1	22：0	22：1	24：0
白菜型	Yellow Sarson	0.0	1.8	0.2	0.9	13.1	12.0	8.2	0.9	6.2	0.0	55.5	0.0
	Tobin（春油菜）	0.0	3.8	0.1	1.2	58.6	24.0	10.3	0.6	1.0	0.1	0.3	0.0
芥菜型	Indian Origin	0.0	2.5	0.3	1.2	8.0	16.4	11.4	1.2	6.4	1.2	46.2	0.7
	Zem 1	微量	3.6	0.4	2.0	45.0	33.9	11.8	0.7	1.5	0.3	0.1	0.2
甘蓝型	Victor（冬）	0.0	3.0	0.3	0.8	9.9	13.5	9.8	0.6	6.8	0.7	53.6	0.0
	Jet Neuf（冬）	0.0	4.9	0.4	1.4	56.4	24.2	10.5	0.7	1.2	0.3	0.0	0.0
	Westar（春）	0.0	3.6	0.1	1.6	57.7	20.8	11.5	0.6	1.4	0.3	0.5	0.3
	Stellar（春）	0.0	4.1	微量	1.4	59.1	28.9	3.3	0.5	1.4	0.4	0.1	0.2
埃　芥	Ethiapian Mustard	微量	3.2	0.2	0.9	9.8	16.2	13.9	0.7	7.5	0.7	41.6	0.6

从表 12-9 可知，各种类型油菜育成的品种与原始类型比较差异最显著的是芥酸的含量（46.2%～55.5%）都明显地下降到很低的程度（0.0%～0.5%）。此外，还可以明显地看出：① 油酸（18：1）和亚油酸（18：2）都有明显的增加，这是菜油品质改良所需要的，也就是降低芥酸含量伴随着油酸含量的极为显著的提高（从一般 15%～25%增长到 50%以上），亚油酸含量有所提高，但不明显，从而实现了油菜品质改良的第一个育种目标。② 亚麻酸含量有所增加，这也是一个共同的趋势。只有新近育成的甘蓝型春油菜品种 Stellar 的亚麻酸有明显的减少（3.3%），是当前品质改良的品种中最低的（Scarth 等，1992），从而改善了菜油的氧化稳定性（oxidative stabili-

ty)。另一个低亚麻酸的新品种 Apollo，已于 1992 年注册。

（一）甘蓝型双低油菜新品种的育种　脱脂后油菜饼粕中除含大量蛋白质和纤维素以外，还含有各种硫苷。硫苷在饼粕中无毒，但在芥子酶的水解作用下形成的各种产物是剧毒的，如硫氰酸盐、异硫氰酸酯、噁唑烷硫酮、腈类等。把含硫苷的饼粕作为饲料，常使牲畜中毒。因此，通过育种措施去掉这些有毒物质，是油菜品质育种的第二个重要目标，从而可以实现双低育种（低芥酸、低硫苷）的双重育种目标。加拿大和欧洲各国油菜双低育种的育种程序见图 12-12。

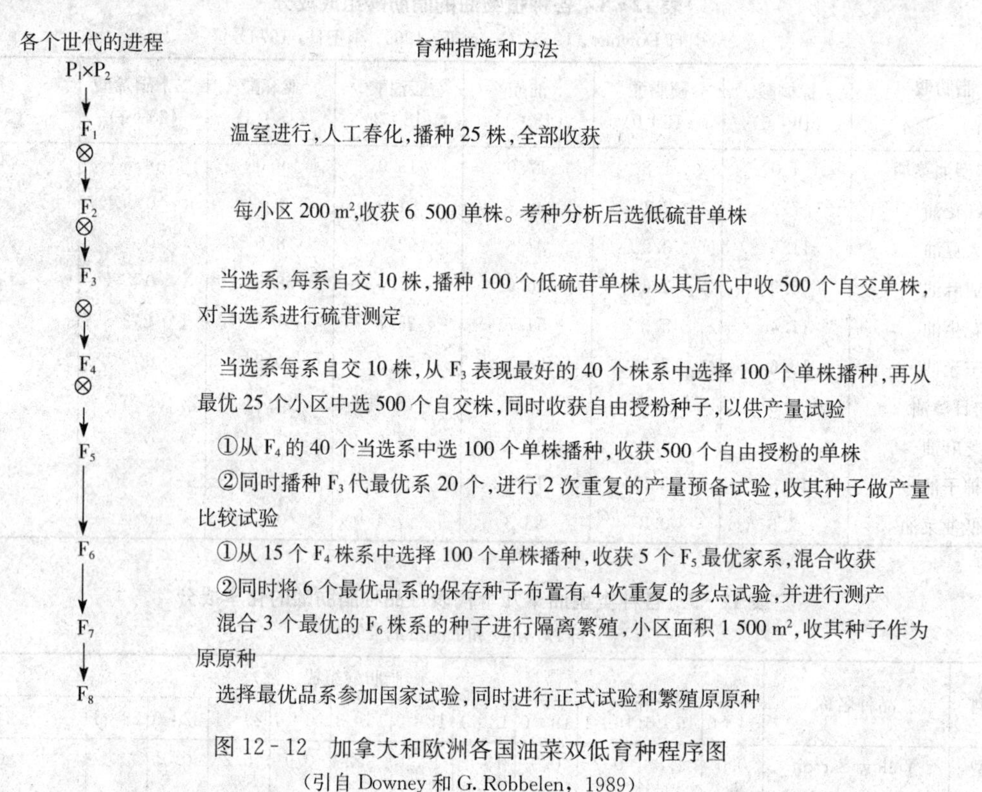

图 12-12　加拿大和欧洲各国油菜双低育种程序图
（引自 Downey 和 G. Robbelen，1989）

以上双低育种程序中最重要的是两个亲本的选择。一般地讲，育种目标是低芥酸、低硫苷、高产、抗病（主要是抗黑胫病），双亲（P_1 和 P_2）应均为低芥酸品种，而父本（P_2）应为低硫苷品种，母本（P_1）一般应为丰产品种，这样两种品质性状都已具备，且是在丰产基础上进行的。为了解决抗黑胫病的问题，双亲之一（P_2）应是抗黑胫病的。为了缩短育种年限，F_1 种植于温室，并进行人工春化处理，F_2 也可在温室栽培，次年春天移到大田进行自然春化。从 F_2 小区选择长势强的单株进行硫苷分析，从而克服品质与产量间和品质与抗性间的严重矛盾，并选择低硫苷单株种子播于大田。从 F_3 开花前选优株自交，分析其种子中的硫苷含量，并选出低硫苷的优株种子留种，从而 F_4 植株种子同时具有低芥酸和低硫苷两种特性，在此基础上收获当选小区的自由授粉种子，以供 F_5 代试验。与此同时，当选系混收种子至少在 3 个地点布置有 3 次重复的产量比较试验。按照以上程序，连续在 F_5 代进行株系和单株选择，收获自由授粉的单株。同时，以 F_4 代混收种子在尽量多的点上进行重复试验。如此田间优系和优株选择与异地多点重复试验同时进行，以后再在隔离繁殖条件下繁育原原种，就加速了育种过程。一般 6～8 年就可完成全部的育种程序，参加国家组织的区域性鉴定试验，达到合格标准即可注册参加商品生产。

（二）通过回交法和系谱法相结合选育双低油菜新品种　一般品质育种多采用回交育种法，但与此同时，必须结合系谱育种法，才能收到事半功倍的育种效果。兹举加拿大育成甘蓝型双低春油菜新品种 Westar 为例，说明于图 12-13。

（三）通过种间杂交将甘蓝型油菜低硫苷特性转移到芥菜型油菜新品种的育种　加拿大研究生 Love（1988）在 Rakow 指导下，将芥菜型油菜选系与甘蓝型低硫苷油菜品种 Bronowski 杂交，再用芥菜型亲本回交，对回交 F_2

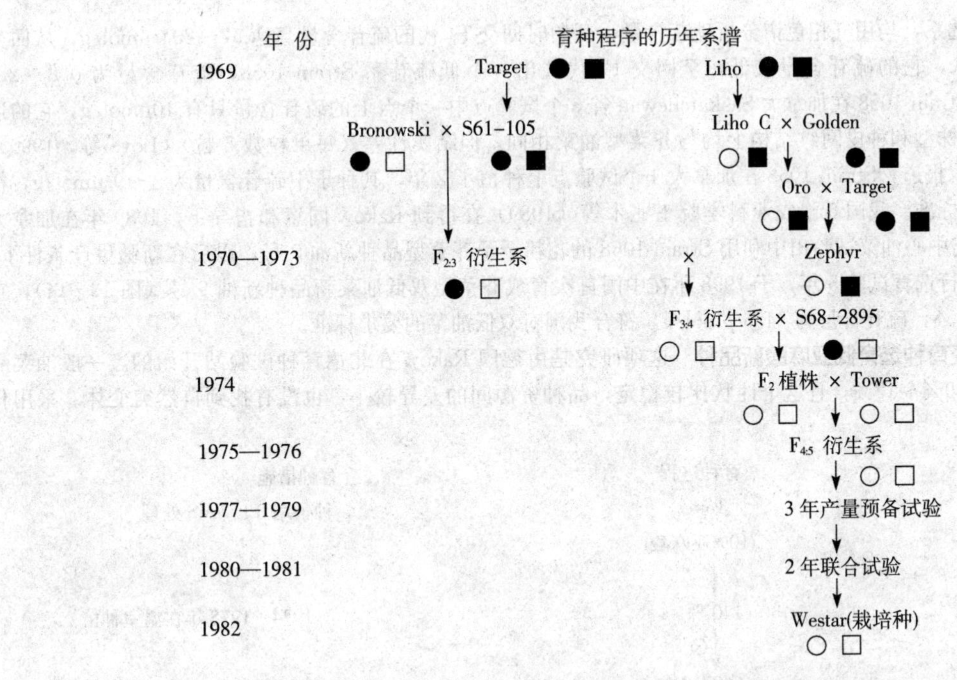

图 12-13 采用回交法和系谱法育成甘蓝型双低春油菜新品种 Westar 的育种程序

（图例：○无芥酸 ●高芥酸 □无硫苷 ■高硫苷）

（引自 Downey 等，1986）

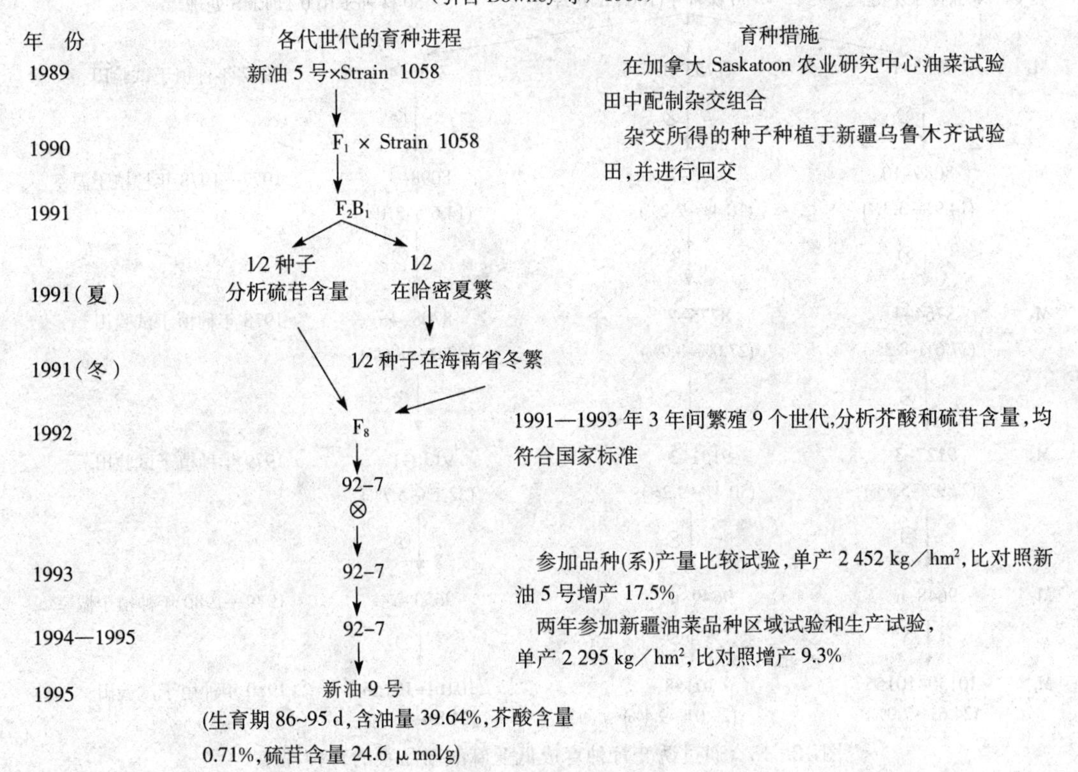

图 12-14 通过杂交转移基因育成芥菜型双低油菜新品种新油 9 号的育种程序

（引自王兆木等，1999）

代至 F_4 代各代的选系，均用气相色谱分析硫苷含量，开始时回交 F_2 代的硫苷含量高达 57～204 μmol/g，从回交 F_2 中选出一个单株，它的硫苷含量较低，至回交 F_4 代选出一个低硫苷系 Strain 1058，硫苷含量为 0.8～2.0 μmol/g，1987 年 Strain 1058 在加拿大 Saskatchewan 省 3 个试验点中一个点上的硫苷含量只有 10μmol/g，它的遗传性趋于稳定，在株型和种皮网纹结构上均与芥菜型油菜相同，但结实性差（每果粒数 5 粒）（Love 等，1990）。据 Downey（1989）报道，Strain 1058 在加拿大 4 个试验点上种植了 2 年，其种子中硫苷含量为 4～9 μmol/g，符合双低油菜的国际标准。我国新疆农业科学院王兆木等（1989）在得到 Rakow 同意和指导下，1989 年在加拿大 Saskatoon 农业研究中心油菜试验田中利用 Strain 1058 的花粉授予芥菜型品种新油 5 号，以后在新疆生产条件下，连续对杂种后代进行选育试验 5 年，于 1998 年在中国首次育成芥菜型双低油菜新品种新油 9 号（图 12-14），它的芥酸含量为 0.71%，硫苷含量为 24.6 μmol/g，符合我国对双低油菜的要求标准。

（四）通过诱变育种选育低亚麻酸新品种　这项研究是由德国 Rakow 在北德育种试验站开始的。一般油菜品种的亚麻酸含量为 9%～12%，且这个性状比较稳定，品种资源间的差异较小，也没有找到自然突变体。采用化

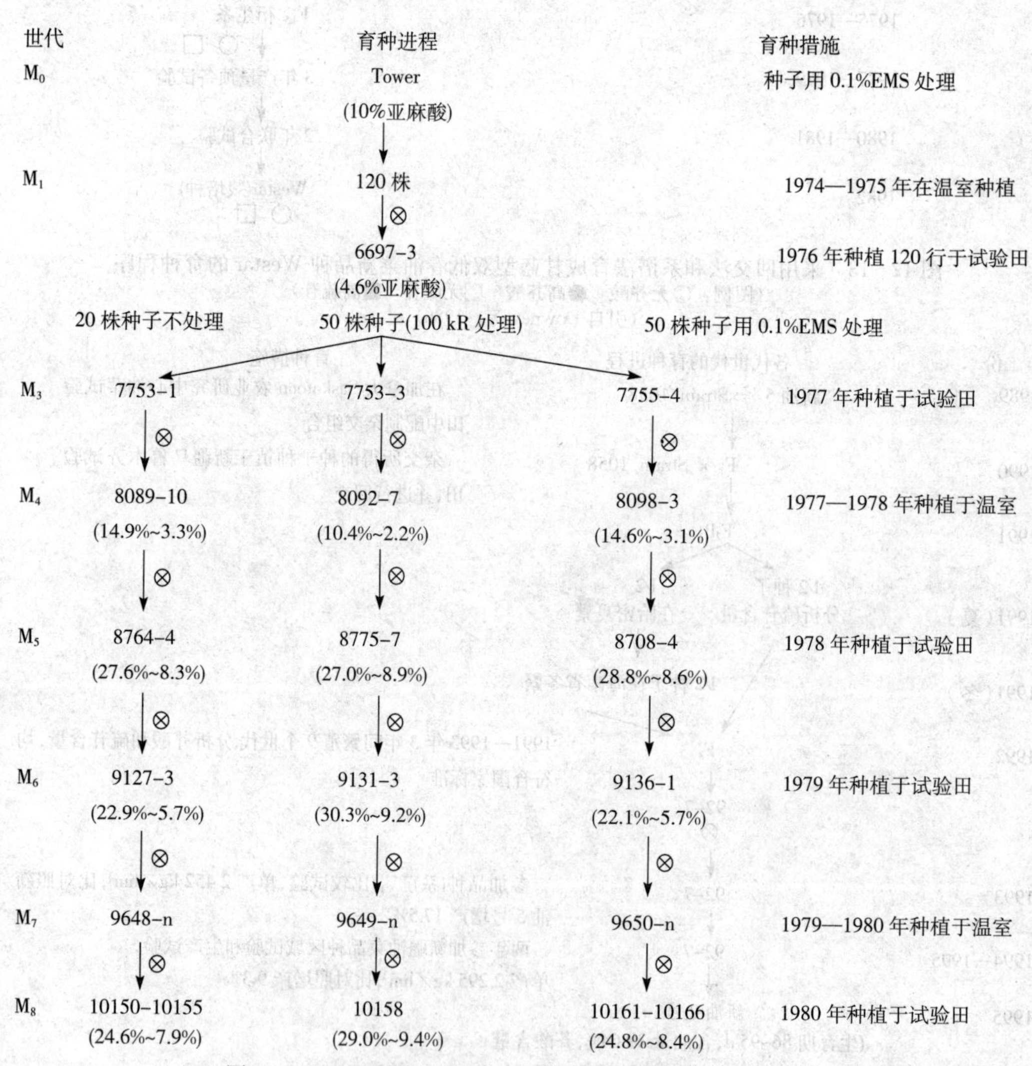

图 12-15　通过诱变育种育成低亚麻酸新品系的育种程序

(1kR=0.258 C/kg)

(引自 Rakow，Stringam 和 McGregor，1997)

学诱变或辐射处理才能得到低亚麻酸新的种源（图 12-15）。Rakow 采用 0.1%EMS 两次处理和γ射线 100 kr 一次处理，从 M 代中出现低亚麻酸材料，它们的含量分别为 2.2%、3.1%和 3.3%，但各代中确有大量材料的含量仍然很高。引进加拿大后，1987 年 Manitoba 大学 Scarth 等育成的甘蓝型油菜新品种 Stellar，其亚麻酸含量稳定在 3.3%左右，但产量低于常规品种 20%左右。这是由于亚麻酸含量降低后，其叶绿素的光合作用降低造成的，这也说明品质与产量间和品质与抗逆性间始终存在着严重矛盾。

从图 12-15 可知，通过 2 次 EMS 0.1%处理和一次γ射线 100 kr 处理后，在 M_4 代中出现了亚麻酸含量低至 2.2%和 3.3%，但在以后各代中仍有高亚麻酸含量的植株出现。从加拿大 Manitoba 大学育成的低亚麻酸新品种 Stellar，以及我国新疆农业科学院育成的芥菜型双低油菜新品种新油 9 号，它们的亚麻酸含量都能稳定在较低水平。说明对这个性状进行育种研究仍是有效的。

三、提高油和蛋白质含量的育种

油菜品质育种第一位的育种目标应当是提高含油量（即单位面积内的产油量）和蛋白质含量（即单位面积内的蛋白质产量）。对它们的育种工作开展较迟，其原因有三：①分析二者含量的工作量都很大，常规分析可得到精密结果，但育种工作的供试材料则是大量的，一般在千份甚至到万份以上，用常规分析很难完成分析任务。②二者间存在明显的颉颃关系，即提高含油量常带来降低蛋白质含量的负效应。③油菜的育种工作长期以来放在芥酸和硫苷含量降低上，对油和蛋白质含量的改良未给予足够的重视。这些问题的解决，主要由于分析工具的改进，特别是近红外分析仪（near-infrared spectroscope）应用于大量样品多项目分析后，才基本上得到解决，因而改进油和蛋白质含量的育种工作，已列入议事日程，并取得明显效果。

（一）高油分育种 不同类型油菜的含油量显然不同，一般以甘蓝型油菜含油量较高，白菜型次之，芥菜型较少。但因地区生产条件不同，也有显著差别，如我国西藏原产的芥菜型油菜，不少品种的含油量在 48%～50%或以上，与当地原产的白菜型油菜相同，是全国油菜含油量最高的地区；相反的，中国西北部新疆地区原产的芥菜型油菜的含油量则是全国最低的（一般 30%～35%，少的在 30%以下）。白菜型油菜不同地区不同品种的含油量则差异很大，少数有达到 48%～50%或以上，一般在 40%左右；而芥菜型油菜的含量多在 40%以下，一般为 30%～35%。因而对含油量进行育种潜力很大。特别是种皮色泽不同含油量差异明显不同，一般黄子油菜不论是哪种类型的含油量都较黑子油菜为高，且种皮薄，种皮内纤维素含量少，油澄清透明，品质较好。但甘蓝型油菜在自然界没有黄子油菜，通过甘白种间杂交或异地引种，在杂种或引种后代中都会出现黄子油菜（刘后利，1981），它们的含油量都较高。这种黄子油菜与白菜型和芥菜型纯黄种子，显然不同，它们种皮上有黑色斑点或斑块分布，绕脐四周时有褐色条带分布，这一类黄色称为杂黄。而白菜型和芥菜型油菜一般都是纯黄品种，尤以白菜型纯黄品种最为显著，色泽最为鲜明，提高含油量的育种目标，一般国际标准定为 42%，但黄子油菜很容易达到或超过这个标准（一般高 3～5 个百分点），因而对黄子油菜的育种目标，可定为 45%，凡含油量达到 50%左右的，则可视为超高油分品种。

第一个甘蓝型黄子油菜新品种华黄 1 号（编号 955），1985 年在华中农业大学育成，就是通过甘白种间杂交后出现的 2 株黄子，来自甘蓝型中熟品种 363 与四川引进的白菜型黄子油菜七星剑之间的种间杂交，杂交后未按系谱或株系后代追索，但在 F_{13} 代出现了 2 株黄子油菜，从而广泛开展后代检测，每年都有一批黄子油菜出现（刘后利，2000）。兹举一个品种间杂交组合（75-53×宜宾 38-1）育成的华黄 1 号为例，说明于图 12-16。

这个黄子油菜属于典型杂黄油菜，与以上描述的特征相同，但未发现与纯黄亲本七星剑一样的后代出现。通过多年系统试验，黄子频率能稳定在 90%～95%，含油量一般 46%～47%，产量也比对照品种（华油 8 号）为高。此后，陕西省农垦科教中心、西南农业大学和江苏省农业科学院等单位，也先后分别育成了甘蓝型黄子油菜新品种“黄杂 2 号”和“渝黄 1 号”（袁美、杨光圣，2000）。

（二）提高蛋白质含量的育种 由于油分含量和蛋白质含量之间呈现极为显著的负相关，在选育高油分的同时，一定会降低蛋白质的含量。20 世纪 70 年代早期开展品质育种时，Stefansson 教授提出一个新的概念：采用育种措施同时提高油和蛋白质的总体含量到 73%以上（Stefansson 和 Kondra，1975；Stefansson，1978）。加拿大育成的双低甘蓝型春油菜品种 Tower，就是按此原则育成的，它的含油量为 42.1%，蛋白质含量为 31.3%，二

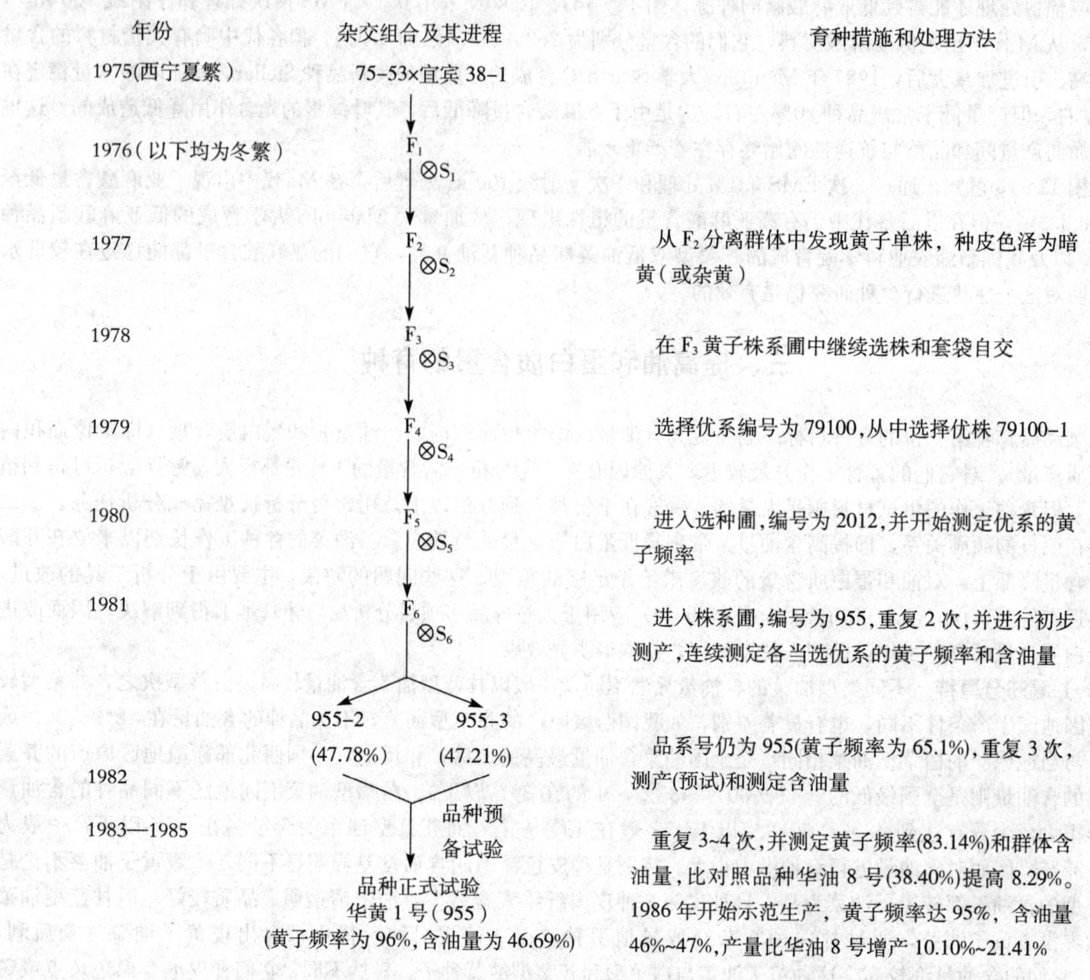

图 12-16　甘蓝型黄子油菜华黄 1 号的选育历史
（引自刘后利，高永同，1986）

者合计 73.4%，比 Midas 高出 2～7 个百分点。随着品质性状的改善，有一个共同的规律：品质性状的改善，相应地带来了相关性状的变化。如加拿大育成的低亚麻酸新品种 Stellar，其亚麻酸含量明显降低到 1.7%～4.7%，而产量则比对照品种 Westar 降低 20%，含油量也有所下降（1.8%），而蛋白质含量则反而稍有提高（1.1%）。这些事实都说明了品质性状间是相互关联的，由于同时受到代谢过程的控制，因而多种性状不可能同时得到改良。

第七节　现代生物技术在油菜育种中的应用和进展

现代生物技术应用于农作物遗传育种研究，主要是以生物化学实验技术为基础，以分子生物学理论为指导的生物工程和生物技术的研究，它们覆盖工业、农业和医学等许多方面（宋道军等，1997）。生物技术已经成为当今世界发展最快、最活跃和最具潜力的高新技术领域之一。借助于农业生物技术和常规育种相结合的方法，将会创造出更多的新种质，进而培育出更多高产、优质和多抗的新品种（黄群策等，1997）。

近十多年来，在国内外油菜遗传育种研究中，除发展常规技术外，也在开展现代生物技术的育种研究。主要的有：组织培养和小孢子培养、体细胞杂交和原生质体融合、应用现代生物技术改造和创建新的细胞质雄性不育系、采用转基因或遗传转化技术改良油菜品质。

一、组织培养和小孢子培养（双单倍体育种）

在生物科学研究中，动植物的组织培养开展研究较早，已有近百年的历史，而且取得成果较为显著。现代生物技术的发展是在长期组织培养的基础上发展起来的。离开组织培养，谈不上现代生物技术的发展和成就。如单倍体培养，德国 Lichter（1982）在世界上首次将甘蓝型油菜的小孢子培养成为单倍体，这是一次大的突破。此后油菜的花粉或花药的组织培养，转入游离小孢子培养技术体系的研究。小孢子为花粉母细胞减数分裂后的产物，即处于单核晚期到二核早期的小孢子，是培养的理想阶段（Keith，1990）。每个小孢子都是发生各种遗传重组后的单倍体细胞，它们对各种诱变因素较为敏感，且二倍化后很快就能获得稳定遗传的纯合二倍体，称为双单倍体（dihaploid，DH）。这样就能缩短育种过程。而且纯合二倍体又是开展遗传育种研究最为理想的基础材料，从而开辟了一个新的基础和应用研究领域。如 Scaristan（1982）从甘蓝型小孢子形成的胚状体培育的单倍体中筛选出抗黑胫病（*Phoma lingam*）的突变体。Swanson（1987）用紫外线处理小孢子后，在含有除草剂 Chlorsunlfuron（CS）和黑斑病病菌毒素的培养基上进行培养，筛选出抗 CS 除草剂和抗黑斑病病毒的突变体。Beversdorf 等（1988）在分离小孢子后，用 γ 射线或叠氮化钠处理，筛选获得抗除草剂的突变体。

另一方面，双单倍体培养成功后，可作为纯合亲本进行遗传分析，如 Chen（1990）分析了 3 个 DH 群体主要脂肪酸成分的遗传，得到的结论是：芥酸受两个遗传体系控制，一个系统担负链的延长，另一个系统担负饱和脂肪酸的形成；亚油酸含量的遗传符合两个位点的遗传模式；亚麻酸含量符合 3 对基因的加性模式。Wilen 等（1990）用小孢子胚状体代替合子胚，阐明了储存蛋白质基因的表达，解决了以往利用外源 ABA 所不能解决的问题。Chen（1990）、Toylor（1990，1991）、Wiberg 等（1991）利用小孢子胚状体分析脂肪酸合成及其速度，取材方便，效果良好。

小孢子培养技术也可应用育种研究。Wiberg（1991）和 Albercht（1994）报道，在无菌培养条件下，取下胚状体形成的一片子叶，用于分析脂肪酸组分，早期可以得到有用的脂肪酸突变体，即可用具有另一半子叶的外植体培养成为植株，从而缩短了育种过程。Henderson 等（1992）将小孢子培养技术应用于黄子双低育种，可以显著地提高隐性纯合体出现的频率，如一般 F_2 的出现频率为 1/4096 提高到 1/64（控制硫苷含量的有三对隐性基因）。吴江生、石淑稳等（1992—1998）利用小孢子培养技术培养杂种后代，培育出稳定的纯合的甘蓝型双低油菜新品种华双 3 号，于 1998 年通过全省区域试验和示范推广。

二、体细胞杂交和原生质体融合

物种间的亲缘关系，在进化上亲缘关系的远近，是决定能否进行种间、属间甚至族间杂交的关键所在，也就是说，亲缘距离愈远，由于生物学上极不协调，造成杂交不亲和性和杂种不育，甚至于长期得不到稳定的远缘杂种，所得到的远缘杂种其繁殖器官往往得不到正常发育，如小黑麦属间杂种和籼粳亚种间杂种，都已先后育成稳定的能够正常繁育的后代，但仍出现秕粒或子粒发育不饱满，不能充分加以利用。这些就是自然界物种间存在的生殖隔离现象。

为了克服杂交困难和杂种不育两大阻碍，生物学家和育种家长期做了大量工作，在组织培养的基础上发展了胚挽救技术体系（embryo rescue technical system）。进一步采用体细胞杂交（somatic hybridization）或原生质体融合（protoplasm fusion），甚至于采用遗传转化（transformation），则可完全避开有性杂交出现的种种障碍。如 Gleba 和 Hoffman（1980）将拟南芥（*Arabidopsis thaliana*）与白菜型油菜通过体细胞杂交获得属间杂种。Schenck 和 Robbelen（1982）从甘蓝和白菜的体细胞杂交中人工合成了甘蓝型油菜。Neill O. 等（1996）将 C3 植物油菜与十字花科植物中介乎 C1～C4 之间的 *Moricandis arvensis* 通过体细胞杂交选育高光效、低硫苷的油菜新品种。田志宏、孟金陵（1998）、严准和孟金陵（1998）将甘蓝型油菜、白菜型油菜和甘蓝与 *Moricandis arvensis* 和 *Mordicandis nitens* 采用有性杂交和原生质体融合相结合的方法，都获得了属间杂种。RAPD 分析显示，杂种具有双亲的特征带型，并表现高度不育。Sjodin 等（1989）通过体细胞融合技术将黑芥抗黑胫病的 B 基因组转移到甘蓝型油菜的A基因组或C基因组中，通过毒素的抗性筛选，获得高抗黑胫病的植株。Chuong等（1987）和Sodhi等（1995）报道，将诱导的单倍体与甘蓝型Pol cms、芥菜型Jun cms和二行芥Mur cms进行原生质体融合都获得成功。Jourdan采用原生质融合技术将Ogu cms、Pol cms和Nap cms原生质体与除草剂Ctr抗性基因的原生质体进行融合，获得了抗除草剂Ctr的杂种植株。在制种时或在大田生产杂种时，开花后喷施除草剂Ctr将父本杀死，以提高制种产量。

三、应用现代生物技术改造和创建新的细胞质雄性不育系

Ogu cms是研究时间最长的一个细胞质雄性不育系，但是一个遗传稳定的类型，油菜细胞质雄性不育基因存在于线粒体DNA中，而萝卜细胞质雄性不育基因则存在于叶绿体DNA中，通过有性杂交二者极不协调，造成Ogu cms所产生的杂种后代，表现苗期心叶低温缺绿和花期蜜腺发育不良，加上与高硫苷基因紧密连锁，这些严重缺陷，在生产上无法利用。通过30多年的研究，逐步得到一些克服。法国Pettetier等（1983）先采用X射线处理Ogu cms原生质体，与用碘乙酸酶处理后的正常可育孢质的原生质体融合，成功地获得心叶不缺绿和蜜腺发育基本正常（约70%）的油菜cms植株。进一步研究取得突破进展的是比利时Mariani等（1992）从烟草绒毡层细胞发现的一种专一性表达基因TA29，与从枯草杆菌（*Bacillus amylolique* Facuens）细胞中分离出来的一个RNase基因*barnase*，二者与RNase的抑制基因*barstar*通过重现构成人工合成的雄性不育的显性恢复基因，从而形成TA29/barnase/barstar一个工作体系，而且TA29-barstar基因和TA29-barnase基因与bar基因连锁在一起，表现抗除草剂bialophos。比利时PGS种子公司在1993年已在利用这套材料生产杂交油菜。这种*barnase/bastar*体系制种时育性稳定，恢复彻底，且可将barstar基因转育到任何甘蓝型油菜品种，均可成为恢复系，从而大大地扩大了恢复基因源。这个系统已广泛地转化到玉米、棉花等农作物中去。

四、采用转基因技术改良油菜品质

转基因技术（transgenic technique）和分子标记技术（molecular marker technique），是在分子生物学研究的基础上发展起来的，应用于作物遗传改良上已培育了一批新品种（如抗病虫、抗除草剂、含特殊脂肪酸、富含维生素成分或富含药剂成分），在辅助杂交亲本选配、定位和克隆控制主要农艺性状的基因、对杂交和回交后代的辅助选择等方面，都可能加以应用。因此，现代生物技术对作物分子育种学科的兴起和发展，会起到一定的促进作用（孟金陵，2002）。

在油菜品质育种方面，主要贡献在于通过基因转移形成外源的脂肪酸，或将油菜所不具备的脂肪酸转入，从而产生新的优质转基因油菜品种。如一般通过品质改良的油菜品种，它们的不饱和脂肪酸含量仍高达10%～30%，影响油的氧化稳定性，不宜作为烹调或人造奶油（margarine）用。通过克隆基因，利用反义基因技术（antisense gene technology），使减少甚至消除油菜油中不饱和脂肪酸成为可能（Okuley等，1992）。同样通过去饱和酶（desaturase），Krutzon（1992）将硬脂酸酰基因载体蛋白脱氢酶的反义基因导入甘蓝型油菜中，将油菜油中硬脂酸含量由1.5%～2%提高到40%，由于这种新品种油的硬脂酸和油酸含量都很高，可以作为可可奶油的代用品。

另一方面，油菜油还有许多工业用途，如一般品种的芥酸含量为45%～50%或以上，但最高理论含量可达66%以上（Murphy，1994）。据报道，北美和欧洲几个实验室试图克隆一种植物*Limanthes* spp.的酰基转化酶（acyltransferase）基因来提高芥酸的合成效率，这种转基因油菜品种油中芥酸含量可达90%以上。最为典型的一个实例是月桂酸（lauric acid，$C_{12:0}$），它是原产于美国西部加州的月桂树（California bay plant）的硫代硬脂酸酶（thioesterase）基因。这种基因在种子油中能累积短链脂肪酸。反义基因是由mRNA经反转录后形成的cDNA基因，这种基因反向连接于表达载体上后，经转录后形成的mRNA，可与原基因的mRNA形成互补的双链RNA分子，从而破坏了正常基因mRNA作为翻译蛋白质模板的功能。Davies从月桂树分离出月桂酰基蛋白载体蛋白硫酯酶基因的mRNA，合成反义基因导入油菜后，使转基因油菜油中月桂酸含量由30%提高到50%以上（油菜油并不含有月桂酸），这种油菜新品种的优质油，可以作为洗涤剂等重要工业原料（Galum和Breiman，1998）。这是转基因技术应用于油菜品质改良的一个范例。

转基因技术也可应用于饼粕中硫苷成分的改良。主要在于减少脂类硫苷（alliphate glucosinolate）和吲哚硫苷（indolyl glucosinolate），通过引进一个色氨酸脱羧酶（tryptophan decarboxylase）基因，使油菜饼粕中吲哚硫苷含量减少到0.97%（Chavedej 等，1994）。

将转基因技术和分子标记等分子生物学技术应用于作物育种工作，不仅增加了有效的现代实验手段，而且还能克服以往作物育种工作不能突破的阻碍，从而分子育种（molecular breeding）已提到议事日程上来。但科技信息尚待大量积累，遗传转化频率较低，分子标记辅助选择效率也较低，加上分子生物技术要求条件高，设备昂贵，降低成本才有可能大量应用。

第八节　油菜育种试验技术和繁殖制种

油菜育种的试验技术与一般作物的育种程序和方法相同。不论是杂交育种、杂种优势育种还是品质育种，都要设置种质资源圃、杂种圃、选种圃、鉴定圃和品系产量比较试验。区域试验与一般作物采用的程序和方法相同，兹不赘述。

在杂种优势育种中，设置杂种组合观察区、预备试验和产量比较试验。选适当的不育系或不亲和系为母本，与适宜的品种测交50～100个组合，每个组合播3行，行长3.33 m，每10个小区设1个对照，设置2个重复，在生育期中进行必要的观察记载，并调查恢复株率（自交不亲和系套袋自交鉴定）。组合预备实验和产量比较试验，与一般育种试验相同。

杂种优势育种中，油菜的特色是亲本繁殖和制种，其特点有以下3个方面。

1. 亲本繁隔离要求严格　一般要求在1 500～2 000 m内不能种植其他油菜品种和红菜薹、白菜、芥菜等十字花科蔬菜，以免生物学混杂。其次，要选用2～3年没有种过油菜或作过十字花科蔬菜留种地的田块作为苗床，同时不能施用混有油菜或十字花科蔬菜种子的堆肥。制种区移栽时，要严格遵守操作规程，要先栽完一个亲本后，再拔另一个亲本苗移栽，以免造成错栽。在苗期、蕾薹期、花期、成熟期均要求严格去杂，并拔出隔离区周围自然生长的油菜、十字花科蔬菜苗。终花后，先拔除不育系繁殖区内的保持系；制种区内的恢复系，可在终花时拔除，也可提前收获。隔离区要单收、单打、单晒、单藏，专人负责。

2. 合理配置行比　根据崔德昕等（1979）研究，雄性不育系杂种制种，父母本比例为1∶1的杂种产量为442.5 kg/hm^2（亩产29.5 kg），1∶2的杂种产量为733.5 kg/hm^2（亩产48.9 kg），1∶3的杂种产量为835.5 kg/hm^2（亩产55.73 kg），1∶4的杂种产量为994.5 kg/hm^2（亩产66.3 kg）。增大行比，杂种制种产量相对较高。但是由于许多不育系都有一些微量花粉，行比太大，恢复系花粉量不足，会影响制种质量。质核互作雄性不育系或自交不亲和杂种制种，在北方，花期晴天多，有利于传粉，行比可大些，宜采用1∶2或1∶3；在南方则相反，行比宜小一些，可采用1∶2或2∶3或1∶1。化学杀雄杂种制种，可采用2∶3或2∶4的行比。为了便于移栽、补苗、除杂、管理和收获，父母本在每厢种植的位置应该固定。例如，父母行比为1∶2的，一厢移3行，中间1行为父本，厢边两行为母本；父母本行比为2∶3，一厢栽5行，中间3行为母本，厢边2行为父本。

3. 调整花期和辅助授粉　秦油2号等组合，父母本花期相近，可不分期播种。如父母本花期相差太大的组合，可通过分期播种或摘薹（选晴天用刀割薹为宜）调整花期。通过摘薹一般可调迟花期7～10 d。为了提高制种产量，如果隔离条件好，隔离区面积大，可采用放蜂辅助授粉，0.67 hm^2（10亩）左右放蜂一箱即可；但蜂群移到隔离区前，要关箱喂食几天，以免把外源花粉带入。隔离条件差的，可在花期的晴天上午10～11时，用喷粉器、机动喷雾器吹风，或用绳子在田间来回拉动，进行人工辅助授粉，均可提高制种产量。

三系杂种的亲本原种由育种单位通过成对交鉴定，在网室（或温室）由分株系繁殖和鉴定，合格者按系收获，以供指定单位在严格隔离条件下繁殖。经过繁殖的亲本种子，最好取少量种子进行试制种，其余种子在冷库保存。试制的杂种经过鉴定合格后，第二年再取保留的亲本种子进行大量制种，以确保质量。

为了便于有效地实施亲本繁殖和制种计划，简示于图12-17。

特约单位生产的杂种种子，必须分户收购保存，分户取样夏播（或冬播）加代鉴定。每样本种子最少保证种植500株以上，鉴定其恢复率。杂种恢复率在90%以上者，方可发放种子投入大面积生产，以免造成损失。

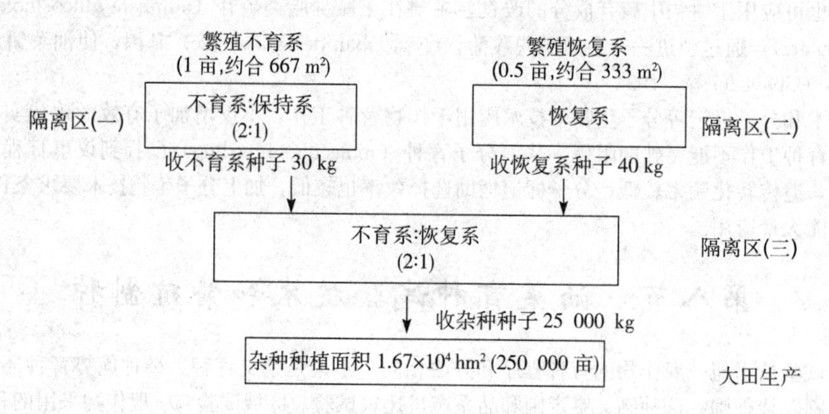

图 12-17　亲本繁殖、制种和大田种植面积计算示意图

（引自傅廷栋，1992）

第九节　油菜种子生产

为保护育种者的知识产权、防止品种混杂退化、保持品种原有种性，目前全国各作物正在推行由育种家种子、原原种、原种和良种 4 个环节组成的四级种子生产程序。关于油菜种子生产，以往采用原原种、原种和良种三级程序，其四级种子生产程序正在制订。此处三级种与四级种的名词部分相同但含义是不等同的，大致三级种的原原种与四级种的育种家种子有点相近，两者的原种及良种也有点相近。下文介绍原原种、原种和良种三级油菜种子生产程序，待四级种子生产程序制订后再补充。

油菜原原种是由品种育成单位自己掌握和供应的优级种子；原种则由种子部门的原种场生产；生产用种由种子部门指定有条件的生产单位（或专业户）生产。各项种子的生产均应在隔离条件或隔离区中进行，特别是原原种和原种生产要求更高。

1. 原原种生产　原原种的种子来源，一般在原育种单位或指定进行原种生产的单位精选典型植株获得。原原种播种或移栽在良好隔离田块中，按单株分别播种。在整个生育期间进行 4 次鉴定，第一次在幼苗 5～6 片叶时，鉴定长柄叶的叶形、叶色、蜡粉、刺毛、叶柄长度、幼茎颜色、幼苗生长习性、生长势强弱等；第二次在开始现蕾时，鉴定短柄叶的叶形、叶色、叶裂片对数、生长习性、生长势强弱等；第三次在开花植株达 50%左右时，鉴定无柄叶的叶形、叶色、茎色、株高、分枝数、花器各部分形态、花瓣颜色等；第四次在成熟时，鉴定株高、茎粗、分枝习性、分枝部位、果长、果形、结果密度、单株角果数、病虫害情况等。植株成熟后取回挂藏风干后进行考种和种子品质分析，包括株高、一次有效分枝数、分枝部位、全株角果数、每果粒数、单株产量、千粒重、种子颜色、种子含油量、脂肪酸组成、硫苷含量等。然后将植株性状、生育期以及种子品质性状相同的单株混合（含油量应在 40%以上，单低品种芥酸含量接近零，双低品种芥酸、硫苷含量均应符合标准），一部分留下继续作原原种生产用，其他作原种生产用。

2. 原种生产　原种生产最好采取育苗移栽，这样在间苗、定苗和移栽时便于留下典型幼苗，种植密度宜稍稀，栽培管理中上水平，在生育期间进行除杂去劣，苗期的标准是幼茎色、叶形、叶色、生长习性、生长势；薹花期的标准是抽薹开花迟早、茎高、茎色、花器形态；成熟期的标准是株高、株型、角果性状、结实率、病虫害程度等。脱粒后抽样分析种子含油量、芥酸含量、硫苷含量等。凡种子含油量在 40%以上，芥酸含量低于 1%，硫苷含量低于 30 μmol/g 者即可作为原种。

3. 生产用种的生产　生产用种的栽培水平亦要适当优于大田，最好进行育苗移栽，在生育期间进行 2～3 次去杂，至少在苗期和成熟期各进行一次去杂，收获前还应拔除病株和生长不良植株。待种子充分成熟后收割，收后晒干扬净，取样分析种子含油量、芥酸含量和硫苷含量。要求种子含油量在 40%以上，芥酸含量低于 2%，硫苷含量低于 30 μmol/g。

第十节　油菜育种研究动向和展望

油菜育种研究，起始于20世纪30年代。从40～50年代开展的产量育种、早熟育种和抗性育种，到60～70年代发展的品质育种，一直到80～90年代兴起的杂种优势育种，都取得了丰硕成果，世界各国都育成了各种类型油菜的优良品种，并且在基础研究上也提出了用于指导油菜品种研究和生产发展的一些工作体系和基础理论，使油菜科学研究工作逐步发展起来。

我国在50年代前期才系统开展油菜品种研究，到60～70年代，育成了一批适合不同地区不同熟制的甘蓝型油菜品种，从而使甘蓝型油菜在我国主产区逐步取代了历史上占统治地位的白菜型和芥菜型油菜而占统治地位，而且列居世界三大产区的首位。

自1960年前后，Stefansson等系统开展了油菜品质育种研究，通过20多年的系统研究，至80年代优质油菜在加拿大已实现普及，至90年代开始，欧洲各国也相继实现优质化。1980年前后，我国开展油菜品质育种研究，已育成了有生产价值的甘蓝型油菜新品种数十个，并建成了适合中国特点的品质育种工作体系；但单产一般比常规品种低，今后将逐步为优质的杂交油菜所替代。目前杂种优势育种研究，已有优质（双低）杂交组合育成。因而除继续开展特种脂肪酸育种外，如何进行常规优质育种研究，是一个亟待解决的问题。

20世纪60年代中期，我国有些单位就开始探索油菜杂种优势利用的途径和方法。70年代各研究单位相继系统开展了油菜杂种优势育种研究，1972年傅廷栋发现波里马（Polima）雄性不育材料。通过30年的系统研究，证实了Polima雄性不育系是世界上有生产价值的育种资料，先后育成了三系配套的杂交油菜杂种品种应用于生产。1983年，陕西农垦科教中心李殿荣育成的细胞质雄性不育系陕2A及其配置的秦油2号杂种品种，在生产上曾大量推广。与此同时，在杂种油菜基础研究上也取得了明显进展，并在自交不亲和性、细胞核雄性不育性、化学杀雄等方面也取得研究进展。因此在杂种油菜应用和基础研究上，我国处于领先地位。但在加速推广优质（双低）杂种油菜的同时，扩大选育不育种源和鉴定优良恢复系，从而配置新的强优势组合，是当前和今后的研究重点。

纵观全局，油菜科学通过60多年的发展，已壮大起来，虽然与主要作物水稻、小麦、棉花、玉米等相比，仍存在较大差距。特别是在基础理论研究方面，70年代发展的油菜细胞遗传学研究，独具特色。日本学者盛永、禹长春等所从事的油菜基础研究奠定了育种研究的基础，为人工合成属间和种间杂种（新种）以及拓建新的种源，指明了发展方向。我国在应用基础研究方面做了大量工作，提供了许多有生产价值的优良品种，如广泛分布于全国面积最大的甘蓝型油菜品种中油821和秦油2号，几乎占全国油菜种植面积的一半，但对育成它们的基础研究则落后于应用研究，因而加强育种的基础研究是刻不容缓的。

现代生物技术在油菜育种中的应用研究，国外研究比我国起步早，而且发展较快，21世纪初期将是现代生物技术应用于油菜育种研究的发展时期。在油菜小孢子（未成熟花粉）培养技术、油菜核基因文库和线粒体基因文库的建立、原生质体培养和原生质体融合、基因转移和基因定位、芸薹属种间杂交及其远源属间杂交、抗除草剂育种研究等方面，都将有所发展，可望解决油菜育种研究中亟待解决的问题。

复习思考题

1. 试述世界油菜主要产区生产概况及主要品种类型更替的特点。
2. 试述白菜型、芥菜型和甘蓝型油菜间的亲缘关系。在育种计划中如何利用不同类型？
3. 试根据中国油菜主要产区的生态条件讨论育种的方向和目标。
4. 试述油菜种质资源油分含量及其组分相关性状的变异特点和遗传规律。育种中如何利用这些信息？
5. 已用于生产的油菜雄性不育系统有哪些？如何研究一个新不育种质的遗传规律及其育种利用价值？
6. 试述油菜品种间杂交育种方法的特点。
7. 试举例说明油菜远缘杂交的特点及在油菜育种中所取得的进展。
8. 试述油菜杂种优势利用的主要育种途径及其特点。
9. 试论述油菜品质改良的方向与目标，讨论其育种途径和方法。

10. 以系谱育种法与回交育种法为例简述油菜新品种选育的程序。

11. 试设计一项甘蓝型双低油菜杂种新品种的育种方案。

12. 试评述现代生物技术在油菜育种研究中的进展和发展方向。

13. 试论述十字花科模式植物拟南芥的基因组学研究对油菜育种的意义。

附　油菜主要育种性状的记载方法和标准

一、物候期观察记载

1. 播种期：实际播种日（以月/日表示，以下同）。

2. 出苗期：以预定密度的75%幼苗出土、子叶张开平展为标准。穴播者以穴计算，条播者以面积计算。

3. 移栽期：实际移栽日（月/日）。

4. 五叶期：以50%以上第五片真叶张开平展为标准。

5. 现蕾期：以50%以上植株拨开已略现开张的心叶、并可见明显的绿色花蕾为标准。

6. 抽薹期：以50%以上植株主茎开始延伸，主茎顶端距子叶节达10cm为标准。

7. 初花期：以全区有25%植株开始开花为标准。

8. 盛花期：以全区有75%以上花序已经开花为标准。

9. 终花期：以全区75%以上的花序完全谢花（花瓣变色，开始枯萎）为标准。

10. 成熟期：以全区有50%以上角果转黄变色，且其种子呈现成熟色泽为标准。

11. 收获期：实际收获日（月/日）。

12. 生育日数（包括播种至出苗，出苗至现蕾等）：以24 h为1 d，各种生育日数前一物候期出现的当天如不足24 h，不能作1 d计。

二、品种一致性的观察记载

13. 幼苗生长一致性：于五叶期前后观察幼苗的大小，叶片的多少，有80%以上幼苗一致的为“齐”；60%～80%幼苗一致的为“中”；生长一致的幼苗不足60%的为“不齐”。

14. 植株生长整齐度：于抽薹盛期观察植株的高低、大小和株形。有80%以上植株一致的为“齐”；60%～80%植株一致的为“中”；生长一致的植株不足60%的为“不齐”。

15. 成熟一致性：于成熟时观察，有80%以上植株成熟一致的为“齐”；60%～80%植株成熟一致的为“中”；成熟一致的植株不足60%的为“不齐”。

三、抗（耐）性调查

16. 耐寒性（冻害）：在融雪或严重霜冻解冻后3～5d，天气晴朗时观察。按随机取样法，每小区调查30～50株。

（1）冻害植株百分率：表现有冻害的植株占调查植株总数的百分数。

（2）冻害指数：对调查植株逐株确定其冻害程度。冻害程度分为0、1、2、3和4共5级，各级标准如下：

“0”，植株正常，未表现冻害；

“1”，仅个别大叶受害，受害叶局部萎缩或呈现冻害斑块（灰白色）；

“2”，有半数叶片受害，受害叶局部或大部萎缩、焦枯，但心叶正常；

“3”，全部大叶受害，受害叶局部或大部萎缩、焦枯，心叶正常或心叶微受冻害，植株尚能恢复生长；

“4”全部大叶和心叶均受害，全部表现焦枯，趋向死亡（但地面以下根茎部分仍有萌芽或芽已延伸）。

分株调查后，按下列公式计算冻害指数。

$$\text{冻害指数（\%）}=\frac{1\times S_1+2\times S_2+3\times S_3+4\times S_4}{\text{调查总株数}\times 4}\times 100$$

式中，S_1、S_2、S_3、S_4 分别为1～4级冻害指数。

17. 耐旱性：在干旱年份调查，按强、中和弱3级表示：强表现叶色正常，中表现叶色暗淡无光泽，弱表现叶色黄化并呈现凋萎。

18. 耐湿性：在多雨涝害年份调查，按强、中和弱3级表示：强表现叶色正常；中表现叶色转现紫红；弱表现全株现紫红；呈现黑根，濒于死亡。

耐寒性、耐湿性、耐寒性的调查，需在调查表上注明调查日期（月/日），调查记载表格另行制订。

19. 病毒病：于苗期、初花后和成熟前各调查1次，每小区按随机取样调查30～50株，按分级标准逐株调查记载，统计发病百分率和病情指数，计算方法同冻害指数和冻害百分率。

20. 霜霉病：于初花和成熟时各调查1次。取样调查方法和发病率、病情指数计算的方法同病毒病。

21. 菌核病：于终花和成熟时各调查1次。取样调查发病率，病情指数计算的方法与病毒病同。分级标准如表12-10所示。

表12-10　油菜菌核病严重度的分级标准

等　级	调　查　标　准
0	无病症表现
1	1/3以下分枝发病，主茎无病
2	1/3～2/3分枝发病，或主茎及1/3以下分枝发病
3	主茎及1/3～2/3分枝发病，或主茎无病，但2/3以上分枝发病
4	全株发病

22. 倒伏性：在成熟前进行目测调查，主茎下部与地面角度在80°以上者为“直”，80°～45°为“斜”：小于45°为“倒”；并注明倒伏日期和原因。

四、室内考种项目和记载标准

23. 株高：自子叶节至全株最高部分的长度，以cm为单位。

24. 第一次有效分枝数：指主茎上具有一个以上有效角果的第一次分枝的数目。

25. 第一次有效分枝部位：指主茎下部最下面的第一次有效分枝距子叶节的高度，以cm为单位。

26. 主花序有效长度：指主花序顶端不实段以下至主花序基部着生有效角果处的长度，以cm为单位。

27. 主花序有效果数：指主花序上具有1粒以上饱满或略欠饱满种子的角果数。

28. 结果密度：按以下公式计算。

$$结果密度=\frac{主花序有效果数}{主花序有效长度（cm）}$$

29. 全株有效果数：指全株具有一粒以上饱满或略欠饱满种子的角果总数。

30. 每果粒数：自主轴和上、中、下部的分枝花序上，随意摘取20个正常角果，计算其平均每果的饱满和略欠饱满的种子数。

31. 千粒重：在晒干（含水量不高于10%）、纯净的种子内，用对角线、四分法或分样器等方法取样3份，分别称重，取其样本间差异不超过3%的2或3个样品的平均值，以g为单位。

32. 含油量：采用脂肪浸提器以无水乙醚为溶剂进行分析。每品种取样3份，每份样本重1～3 g，以差异不超过0.5%的2个或3个样品的平均含油量表示。含油量按下列公式计算。

$$含油量=\frac{浸出油数}{样本烘干后重}\times 100\%$$

33. 小区产量：收获前或者收获时需调查实收株数。收获脱粒的种子重为实收产量，并按下列公式求得理论产量。

$$理论产量=实收产量+（应收株数-实收株数）\times\frac{实收产量}{实收株数}$$

小区产量以g为单位，为了便于产量分析，正式品种比较试验和区域试验，均折算为kg为单位。

34. 亩产量：按小区产量计算求得，以kg为单位。

五、油菜雄性不育材料记载项目暂行规定标准

参考1973年全国油菜科技协作会上拟定的试行标准（做了部分修改）。

35. 不育标准：始花至终花所开花朵的花药不开裂，无花粉或微带花粉，但无生活力。

36. 育株率：全不育株数占调查总株数的百分数，计算公式为

$$不育株率=\frac{全不育株数}{调查总株数}\times 100\%$$

37. 不育度

(1) 全不育：达到不育株标准者。

(2) 高不育：不育花朵占单株总花朵数的80%以上。

(3) 半不育：不育花朵为单株总花朵数的50%～80%。

(4) 低不育：不育花朵为单株总花朵数的10%～50%。

38. 不育系和保持系标准：群体数量不少于500株，而不育株率稳定在95%以上者称不育系，相应的父本称为保持系。

39. 恢复系标准：杂交种调查总株数不少于500株，使其杂交种正常结实的恢复株率在95%以上的相应父本称恢复系。

40. 恢复株率：可育株占调查株数的百分率，计算公式为

$$恢复株率=\frac{可育株数}{调查总株数}\times 100\%$$

41. 优良恢复系：使其杂交种增产20%～30%或以上（比同型推广良种）的相应恢复系（如果比对照显著早熟的组合，增产10%～15%或以上）。

42. 雄性不育重点研究材料记载项目：主要包括幼苗特征、生长势、整齐度、初花期、终花期、发病种类及发病率等项，其标准与常规育种相同。

43. 雄性不育配套三系和杂种，对照记载项目：株高，第一、二有效分枝数，全株总果数（主序和分枝），每果粒数，千粒重，单株产量（g）及亩产（kg/亩），含油量（%），其他与上述雄性不育重点研究材料记载项目相同。

参 考 文 献

[1] 柴田昌英著．菜种篇．东京：东京株式会社养贤堂发行，1958

[2] 赤藤克已著．作物育种学各论．第三章菜种．东京：东京养贤堂发行，1968.159～186

[3] 傅廷栋主编．刘后利科学论文选集．北京：中国农业大学出版社，1994

[4] 傅廷栋主编．杂交油菜的育种和利用．武汉：湖北科学技术出版社，1995

[5] 官春云．油菜生态与遗传育种研究．长沙：湖南科学技术出版社，1990

[6] 江苏省农学会主编．江苏油料作物科学．第二编油菜．南京：江苏科学技术出版社，1993

[7] 李殿荣主编．杂交油菜秦油二号论文集．北京：农业出版社，1993

[8] 刘后利．油菜育种．见：中国自然科学年鉴（自然科学进展）．1988（3）：173～177

[9] 刘后利．油菜育种．见：盖钧镒主编．作物育种学各论．第一版（1981），第二版（1995），第三版（2002）

[10] 刘后利主编．油菜的遗传和育种．上海：上海科学技术出版社，1985

[11] 刘后利主编．农作物品质育种．武汉：湖北科学技术出版社，1999

[12] 刘后利编著．油菜遗传育种学．北京：中国农业大学出版社，2000

[13] 刘佩英主编．中国芥菜．北京：中国农业大学出版社，1996

[14] 罗鹏．油菜的孤雌生殖．成都：四川大学出版社，1991

[15] 邱怀珊主编．芥菜型油菜研究论文集．昆明：云南人民出版社，2000

[16] 日本农林水产技术会议事务局编．见：作物育种的回顾与展望．1977：374～375

[17] 水岛宇三郎．第七章菜种．见：浅见等合编．育种学各论．东京养贤堂发行，1954.304～329

[18] 孙万仓等译．Robbelen G，Downey R K，Ashri A（eds.）．Oil Crops of the World. Their Breeding and Utilization. 兰州：兰州大学出版社，1991

[19] 田正科，张金如编著．油菜育种．西宁：青海人民出版社，1982
[20] 中国农业科学院油料作物研究所主编．中国油菜品种资源目录．北京：农业出版社，1977
[21] 中国农业科学院油料作物研究所主编．中国油菜品种志．北京：农业出版社，1988
[22] 中国农业科学院品种资源研究所主编．中国油菜品种资源目录．北京：中国农业出版社，1998
[23] Downey R K，Rakow G F W. Rapeseed and mustard. In：Fehr W R（ed.）. Principles of Cultivar Development. N. Y.：MacMillan Publishing Co.，1987（2）：437～486
[24] Downey R K，Rimmer S R. Agronomic improvement in oilseed brassica. Adrances in Agronomy. 1993（50）：1～66
[25] Downey R K，Stefansson B R，Stringam G R，McGregor I. Breeding rapeseed and mustard crops. In：Harapiak T T，et al（eds.）. Oilseed and Pulse Crops in Western Canada. A Symposium，Fertilizer Limited，Calgary，Alberta，Canada. 1975. 157～183
[26] Fu T D. Acceptance Lecture GCIRC Superior Scientist Award. Proc. 8th Intern. Rapeseed Cong. Saskatoon，Canada. 1991
[27] IBPGR. Genetic Resources of Cruciferae. International Board of Plant Genetics Resources. Rome. Italy. 1986
[28] Keller W A，Stringam G R. Production and utilization of microspore derived haploid plants. In：Thorpe J A（ed.）. Frontiers of Plant Tissue Culture. Calgary，The International Association for Plant Tissue Culture. 1978. 118～132
[29] Keller W A，Armstrong K C，Roche de la. The production and utilization of microspore derived haploids in brassica crops. In：Sen，SK and KI，Giles（eds.）. Plant Cell Culture in Crop Improvement. N. Y.：Plenum Press，1983. 169～183
[30] Labana K S，Banga S S，Banga S K. Breeding Oilseed Brassica. New Delhi：Norosa Publishing House，1992
[31] Morice J. La Selection de Colze d'hiver. Bulletion CETIOM. 1967（35）：1～4
[32] Olsson G. Induced polyploidy in Brassica. In：E Akerberg. et al（eds.）. Recent Plant Breeding Research. Svalov 1946—1961，John Wiley. 1963. 179～192
[33] Olsson G，Ellerstrom S. Polyploidy breeding in Europe. In：Tsanoda S，et al（eds.）. Brassica Crops and Wild Allies-Biology and Breeding. Tokyo：Japan Scientific Societies Press，1980. 169～190
[34] Richharia R H. Oilseeds. In：Plant Breeding and Genetics in India. Patana：Scientific Book Company，1957. 89～135
[35] Robbelen. Selection for oil quality in rapeseed. In：Lupton FGH（ed.）. The Way Ahead in Plant Breeding. Proc. 6th Congress of EUCARPIA，1972. 207～214
[36] Robbelen G，Thies W. Variation in rapeseed glucosinolates and breeding of improved meal quality. In：Tsunda S，et al（eds.）. Brassica Crops and Wild Allies-Biology and Breeding. Tokyo：Japan Scientific Societies Press，1980. 285～299
[37] Scarth R，McVetty P S E，Rimmer S R，Dunn J. Breeding for special oil quality in Canola/Rapeseed，The Univ. of Manitobe Program. In：Su Mac Kenzie，DC Taylor（eds.），Seed Oil for Future. ACCS Press，Champaign，Illinois，USA. 1992
[38] Singh D. Rapeseed and Mustard，Indian Central Oilseed Committee. Bombay. India. 1988
[39] Voskresenskaya G S，Shpota V I. Indian mustard. In：Handbook of Selection and Seed Growing of Oil Plants. translated from Russian-Israel Program for Scientific Trauslation. Jerusalem. 1973. 49～205

（刘后利、傅庭栋、官春云原稿，刘后利修订）

第十三章　花生育种

花生（英名 peanut，学名 *Arachis hypogaea* L.）是我国主要油料作物之一，常年播种面积 4.5×10^6 hm^2 左右，在我国栽培的油料作物中，其面积仅次于大豆、油菜而居第三位。花生子仁营养丰富，经济价值高，含有大量的脂肪和易于消化的蛋白质，是我国人民的主食用油源，重要的食品、医药、化工原料，还是出口贸易的重要资源。

第一节　国内外花生育种概况

一、花生繁殖方式

花生又称落花生，是豆科，蝶形花亚科花生属（*Arachis* L.）的一年生草本植物。自花授粉作物，通常用种子繁殖。花生结荚在地下。其生长过程为地上部的茎上长出黄色蝶形花，授粉后花冠凋落，5～7 d 后形成向地性的果针（子房与子房柄），扎入土中生长，直达 2～7 cm 深处，随后果针调向水平方向并开始形成荚果。荚果单室，具裂开性，沿纵向缝线开裂。每一荚果的子仁数目 1～6 粒，因品种类型而不同。

花生通常用纯系品种作生产用种，但美国等有时亦用几个纯系品种混合成多系品种作生产用，以增加群体内的遗传多样性达到高产稳产。

二、国外花生育种概况

（一）世界花生栽培和品种概况　花生在世界五大洲均有栽培，面积最大的为亚洲，占 50%以上；非洲次之，约占 30%；美洲占 15%左右；欧洲和大洋洲比重较少。1997—2001 年世界花生栽培面积年平均 2.379×10^7 hm^2，总产 3.322×10^7 t，单产 1 395 kg/ hm^2。

印度是面积最大的花生生产国，常年面积 7.0×10^6 hm^2，但单产历年均低于世界平均单产水平，1997—2001 年平均单产为 993.2 kg/ hm^2，比世界水平低 29%，栽培品种主要有红粒的孟买型和黄粒的爪哇型，而以孟买型栽培面积最广，约占其全国总产量的 75%。主要推广品种有：Ah334、Kadiki - 777 - 1、J - 11、M - 13、M - 37、TMV - 2、TMV - 9 等。以选育早熟丰产、品质好的品种为主要育种目标。

从产量、栽培技术和机械化程度等方面来看，美国生产水平最高，栽培面积基本维持在 6.0×10^5 hm^2，总产约为 1.7×10^6 t，单产 2 991 kg/ hm^2。40 年来，美国先后更新了 3 次品种。据分析，美国花生产量的增加来自新品种因素约占 25%，目前推广的主要品种有：Florunner、Starr、Florigiant、Sunrunner 等品种，占其全国栽培面积的 90%以上，尤以 Florunner 品种，高产稳产，适应性广，品质好，适于机械化栽培。

花生栽培面积较大的国家还有尼日利亚、塞内加尔、印度尼西亚、缅甸、阿根廷、越南、苏丹、南非等，这些国家根据本国的特点选育早熟、耐旱、抗病虫害、高产品种。

（二）国际半干旱热带作物研究所（ICRISAT）花生育种概况　ICRISAT 是国际农业研究磋商小组设在印度的农业研究中心之一，花生是该所研究的五大作物之一。

ICRISAT 是世界花生种质资源中心之一，其重点研究内容之一是花生育种，以高产稳产、抗性强（尤其是抗病）为重要育种目标，开展了抗锈病、抗叶斑病、抗烂果、抗番茄斑点萎蔫病毒病、抗黄曲霉育种工作以及早熟、高产和适合黑土地的花生品种选育。育种方法主要应用杂交、回交技术。表现较好的材料送到非洲、亚洲一些国家进行多点试验，有希望的品系首选参加全印区域试验，然后参加该所组织的国际区域试验。

ICRISAT 还开展了花生细胞遗传的研究，包括花生属植物染色体组型、花生属野生种利用等，目的是把野生种的抗性基因导入到栽培种内，现已初获成效。此外，还开展了病理、生理、花生根瘤菌固氮及耕作制度等研究，以提高产量。

三、我国花生育种成就

我国花生栽培范围，南起北纬18°14′N的海南省崖县，北至北纬47°56′的黑龙江甘南，南北跨29个纬度，西自东经77°16′新疆的莎车，东至东经130°59′黑龙江的富锦，东西跨55个经度。从栽培面积和总产来看，山东省和河南省分别居全国第一位和第二位，其次是河北、广东、广西、安徽、四川等省（区）。

新中国成立以来，栽培面积、总产、单产均有大幅度提高，1949年栽培面积为1.25×10^6 hm²，总产1.268×10^6 t，单产1 011 kg/ hm²。1997—2001年，年平均栽培面积4.4×10^6 hm²，平均年产量1.267×10^7 t，单产2 868 kg/hm²。年出口量6.0×10^5 t左右，占世界出口量的40%～50%。栽培面积居世界第二位，总产和出口量居世界第一位。花生育种工作成就显著，体现在以下几个方面。

（1）重视花生品种资源的搜集、研究和利用　20世纪50年代全国进行了资源搜集和整理工作，搜集并保存资源1 815份。至目前已有资源4 000余份，其中国外资源1 500份，花生野生种180余份，对这些资源正进行研究和利用。姜慧芳等（1992）对4 000多份花生种质资源进行抗锈病鉴定，国内资源2 508份中，表现高抗和中抗的分别有21份和237份；国外资源1 644份中，表现高抗和中抗的分别有234份和188份。

（2）育种水平不断提高，品种不断更新　新中国成立以来，花生育种水平有很大的发展和提高。50年代以整理、鉴定地方品种为主，60年代以系统育种为主，70年代发展到杂交、诱变育种、辐射与杂交育种相结合等多种途径。随着花生野生种的引进，近年来开展了栽培种与野生种的种间杂交工作、组织培养在花生育种上的应用等。在育种目标上，由单一的产量指标提高到抗逆性、抗病性、熟期性、稳产性等综合指标。近年，品质育种已引起一定的重视。各省份均育成不少适宜当地生态条件的品种，使良种不断更新，获得显著的社会和经济效益，对增加产量、改进品质、提高复种指数、改革耕作制度、出口创汇等发挥巨大的作用。

（3）开展花生遗传育种基础理论的研究　新中国成立以来，花生科技发展迅速，全国已基本形成具有一定水平的花生科技队伍。改革开放以来，加强与国外科技合作，引进先进仪器和设备，科研水平不断提高。花生遗传育种基础理论研究逐渐深入开展，主要经济性状的遗传、数量性状配合力、抗病性遗传等研究均取得成效。花生属染色体及种间杂交遗传规律、基因工程、花生组织培养技术等也正逐步开展。

（4）建立和健全花生区域试验制度和种子生产配套技术　全国分别组织了北方和南方的区域试验，建立全国品种审定委员会。各省（区、市）相应地建立区域试验和品种审定制度。对花生新品种繁殖与推广、防杂保纯、种子生产等均建立了可行而有效的配套制度和技术，为良种的迅速推广发展起了积极作用。

第二节　花生育种目标及主要性状的遗传

一、花生育种目标

我国幅员辽阔，各地气候条件、土壤类型、栽培制度和技术水平各异，形成了不同的花生自然产区。总的说来，育种目标是高产、熟期适合、抗逆性强、优质和适应机械化栽培。

（一）高产　高产是花生育种的重要目标。大花生产量应稳定达到9 000～10 000 kg/hm²，小花生品种产量潜力7 500～9 000 kg/hm²，北方夏播品种产量潜力7 500～8 500 kg/hm²。获得高产必须考虑其产量因素，而产量是一个综合性状，与其他性状之间存在十分复杂的关系，需要有合理的群体结构，单位面积株数、单株果数和果重等产量构成诸因素相互协调，群体产量潜力才能充分发挥。

1. 株型　一般认为连续开花型品种开花结果集中。但也不尽然，交替开花型品种亦有开花结果集中的品种，结果性能，尤其结果数优于连续开花型。株型决定着耐密植及冠层光分布和光能利用，高产品种具备株型紧凑，叶片较小、叶厚，叶片上冲性好，叶片运动调节性能好，冠层光分布合理，耐密植的特性。

株高一般不宜过高，生长稳健，不易倒伏，主茎高一般40～45 cm为宜。不同品种分枝数差异较大，但并不完全决定产量，一般7～9条为宜，分枝过多不耐密植，过少则单株叶面积受限制。

2. 结果性能　单株结果数是品种优劣的重要标志，与产量呈极显著正相关。花生高产育种的第一个选择指标是单株结果多，在提高结实率的同时，饱果率高，荚果发育整齐。在常规栽培条件和密度条件下，一般单株结果数应在20个以上，饱果率70%以上，双仁果率80%以上。

果重是产量构成的另一重要因素，品种间差异很大。品种荚果大小以百果重表示，在近20年育种工程中提高果重达到增产目的成效很大，今后育种仍是主攻方向。但果重与单株结果数有矛盾，如何克服这一矛盾还需进一步研究。提高果重的另一障碍是果大了，果壳也厚了，出仁率反而下降了。因此要有适度。一般百果重240～260 g，出仁率71%～73%，百仁重90～100 g，可作为选择指标。

花生品种虽然花期长，有一定的开花数，但后期所开的花往往得不到充分的营养，开花愈迟，结果率愈低，所结的荚果愈轻。为此，高产育种应注意早开花，早结荚，开花集中，花多花齐，果多果饱性状的选择。

决定产量的因素还有荚果的成熟饱满程度，即饱果率问题。饱果率与结果整齐度有关，亦与后期光合性能与物质分配有关。

3. 物质生产与分配　Duncan等（1978）对美国过去40年的花生品种更替研究发现，品种经济产量的提高是靠提高经济系数来实现的，新老品种的生物产量无显著差异。万勇善等（1999）研究了我国4次品种更替的代表品种指出，经济产量提高是由生物产量和经济系数共同提高的结果，花生生物产量主要决定于结荚期叶面积指数（LAI），而经济产量高低主要决定于饱果成熟期的LAI，后期叶片不早衰，保叶性能好，荚果充实好的品种产量高。

（二）熟性　花生品种的早熟性主要表现在植株开花结荚早，结荚期集中，荚果发育快。北方产区生育期要求：晚熟大花生145～160 d；中熟大花生135～145 d；早熟小花生春播125～130 d；夏播110 d以下。南方产区生育期要求：春播125～130 d；秋播110～120 d。东北产区生育期要求110 d以下。

过去育种主要追求早熟并取得显著成效。目前黄淮海地区推广的品种成熟期偏早，用于夏播比较适宜，但春播高产潜力不足，尤其春播地膜覆盖栽培浪费了近一个月的生长期，延长品种生育期，能大幅度提高产量潜力。

（三）抗病、虫、逆性　花生栽培环境中存在的病虫害，干旱、涝渍、杂草、不良土壤和营养条件、高温、冻害等逆境因子限制了高产潜力的发挥，影响其稳产性。培育抗性强的品种是获得高产稳产最经济的有效途径。但病、虫、逆境因子有明显的地区差异，北方产区主要要求培育抗叶斑病、病毒病、青枯病、花生根结线虫病，抗干旱、耐低温和耐瘠的品种。南方产区主要要求培育抗锈病和青枯病，耐涝渍、耐瘠和抗倒伏品种。

（四）品质　花生的品质包括荚果和子仁的外观性状、营养含量（脂肪、脂肪酸组成、蛋白质、氨基酸、碳水化合物、维生素等）、口感风味及加工出口品质。由于营养含量之间以及与产量之间有相互矛盾，各性状都达到较高指标比较困难，发展方向是根据用途选育专用型品种。

1. 油用型品种　花生仁含油率品种间在45%～55%，一般50%左右，当前主推品种多在50%左右。我国花生作为油用仍是主要用途，提高子仁含油率是重要的育种方向。含油率育种目标在54%比较合适。

生产上花生仁含油率往往受种植方式、饱满成熟度和结果整齐度的影响。育种上除从品种遗传性上提高含油率外，亦应在产量性状上下功夫，提高子仁充实饱满度和整齐度，降低秕果秕粒，以提高商品米的含油率。油用型品种亚油酸含量要高，一般40%左右，O/L比率1.0左右，以提高营养价值为主要目标。

2. 食用型品种　我国花生是50%作为食用，美国70%以上的用作食品。花生的营养品质和加工品质越来越受重视，尤其是食品加工业，对花生品质提出更高的要求，加工目的和工艺的不同对花生品质亦有不同要求。主要要求形状外观、口感风味、蛋白质含量，而脂肪含量低更适合食用要求。

（1）风味品质

①颜色：包括种皮颜色和制品颜色。花生品种的种皮颜色有白、黄、粉红、深红、紫、紫黑以及过渡色，以粉红色，种皮鲜亮为好。烘烤花生在烘烤过程中，因糖和氨基酸的反应，不断产生黑色素而形成烤花生颜色。适合烘烤品种则可加工受消费者欢迎的颜色。

②质地：烤花生应具备酥脆的质地，如果质地坚硬或软而不酥，则不受消费者欢迎。

③风味：人们通过视觉、嗅觉、味觉对花生产品进行综合评价。烤花生应具有独特的风味。氨基酸和碳水化合物是烤花生风味的前体物质，在烘烤过程中它们起化学反应产生香味。天冬氨酸、谷氨酸、谷氨酰胺、天冬酰

胺、组氨酸、苯丙氨酸等都与产生烤花生的典型风味有关。花生挥发性风味成分中，单羰基起关键作用。

（2）营养品质　花生的营养品质主要是蛋白质含量和氨基酸的组分。花生品种子仁蛋白质含量为24%～36%，一般在30%，育种目标以32%为宜。同时注意提高赖氨酸、色氨酸、苏氨酸的含量。

（3）耐储藏性　食用花生以加工食品为主要用途，耐储藏性尤为重要，亚油酸含量35%～30%或以下，O/L比率1.4～2.0比较适宜。

3. 出口型品种　由于用途不同，各花生进口国对品质和规格要求差异很大，欧盟国家、日本、韩国等大量进口我国的传统出口大花生和"旭日型"小花生。

（1）传统出口大花生　荚果普通型（即所谓的传统果），果长，果型舒展美观，果腰、果嘴明显，网纹粗浅。子仁长椭圆形或椭圆形，外种皮粉红色，色泽鲜艳，无裂纹、无黑色晕斑，内种皮橙黄色。具有清香、甜脆口味。含油量适中，蛋白质含量高，油酸/亚油酸比率（O/L比率）1.4以上，耐储藏性好。从加工角度要求果、仁整齐、饱满，加工出成率高。

（2）出口小花生　我国出口小花生品种以珍珠豆型的白沙1016为代表。荚果蚕型或蜂腰型，子仁圆形或桃形。种皮粉红色，无裂纹。口味香甜，无异味。耐储藏性好。白沙1016油酸/亚油酸比率1.0左右，国际市场要求1.4以上。

（五）适应机械化栽培　适应于机械化栽培的品种要求结荚集中，成熟一致，荚果均匀整齐，不易破损，果柄和种皮坚韧，胚根不过分粗壮。

二、花生主要性状的遗传

（一）花生主要农艺性状的遗传

1. 株型　株型是一个重要的农艺性状，也是花生分类的主要依据之一。一般认为蔓生型对直立型是显性，受两对基因控制，并有互补效应。但株型的遗传相当复杂，Ashri（1963）等研究认为，受两对以上核基因和胞质基因相互作用所控制。四川省南充地区农业科学研究所（1973）以蔓生型和直立型品种杂交，蔓生型为显性，直立型为隐性，F_2 呈3∶1分离，似乎受一对遗传因子所控制。

2. 开花型　南充地区农业科学研究所（1973）研究认为，交替开花型×连续开花型，包括正反交，F_1 为交替开花型或中间型；F_2 分离，一般以交替开花型为主，连续开花型较少，也常出现中间类型。

3. 生育期　生育期遗传性相当复杂。蒋复等（1982）选用早熟和晚熟品种杂交，F_1 接近双亲的平均值，F_2 分离出早、中、晚熟类型，中迟熟类型比重大。但一般认为生育期遗传率较高，可在早期世代选择。

4. 荚果性状的遗传

（1）荚果形状　山东省花生研究所认为，葫芦型与普通型品种杂交，F_1 葫芦型呈显性，F_2 分离，但仍以葫芦型为主。斧头型与葫芦型或普通型品种杂交，F_1 均以斧头型呈显性，F_2 虽分离，但基本上是斧头型。串珠型与普通型或茧型品种杂交，F_1 均以串珠型呈显性，F_2 分离，仍以串珠型为多。

（2）荚果大小　山东省花生研究所（1959）在15个大果型与小果型杂交组合中，F_1 均为大果型，F_2 分离出大小4种类型，但仍以大果型占优势。

（3）子仁大小　山东省花生研究所于1960—1963年利用大粒花生与小粒花生杂交，在13个组合中，F_1 均为大粒，F_2 产生分离，但仍以大粒子仁占优势。

（二）抗病虫性遗传

1. 抗青枯病　一般认为抗青枯病属简单遗传，早期世代选择有效。另外，有认为其抗性存在基因间的累加和抑制作用，故应在病害压力基本一致条件下鉴定，并进行多点试验以了解鉴定结果的相对稳定性。而廖伯寿等（1986）研究指出，花生青枯病抗性受细胞核控制，并与细胞质有关，用高抗亲本作母本，后代的抗性一般高于反交组合。并指出，花生青枯病抗性基因不多，抗性容易转移。抗性的表现受环境条件影响较大，杂种后代抗性呈连续分布，表现花生青枯病抗性是主基因控制的数量性状。

2. 抗锈病　周亮高等（1980）研究指出，花生锈菌发芽管是从叶片气孔和表面细胞间隙进入叶片组织的，其抗锈性属抗扩展机制。Cook（1972）指出，一些花生品种对锈病的抗性主要是生理性的，抗性材料往往会出现过敏性坏死斑，产生孢子量少。感病材料受到侵染后，其组织内部可溶性糖、可溶性氨基酸和酚酸含量增加，总氮和叶绿素含量下降，而抗病材料这些生理指标没有明显变化。

Singh（1984）研究了栽培种（感病）×栽培种（抗病）和栽培种（感病）×二倍体野生种（免疫）组合，认为两者的抗性是受不同基因或不同等位基因控制的。王春华等（1986）以栽培种为材料的抗性遗传研究指出，F_1组合间抗性差异显著，F_2抗性为连续变异因而应注意选择亲本。向荣英等（1986）用双列分析法研究栽培种的抗锈病遗传，认为多粒型品种表现高抗为显性基因，而珍珠豆型品种则表现感病为显性基因，由于加性效应结果其狭义遗传率高，因而认为抗锈性选择是有效的。

3. 抗叶斑病　Andenon（1986）认为，叶斑病抗性为独立遗传，但获得对早斑病和晚斑病抗性均好的材料是不容易的。由于花生叶斑病真菌在培养基进行培养时很难或很少产生孢子，所以室内筛选鉴定直至1987年Molouk和Banks设计了一个离体叶片抗病筛选方法，后称离体叶片技术，才获得成功。山东省花生研究所于1987—1988年对933份材料进行田间筛选鉴定，有16份中抗黑斑病，1份高抗褐斑病，选出的高抗材料正加强鉴定和利用。

4. 抗花生病毒病　花生轻斑驳病毒、黄瓜花叶病毒、花生矮化病毒和番茄斑萎病毒是影响我国花生的4种主要病毒，其传染机制是多样的。有关遗传控制方面研究尚在开始阶段。中国农业科学院油料作物研究所于1983—1985年对1 383份资源进行抗性筛选，徐州68-4、花37等品种种子带毒率低，前中期病害发生较轻。许泽永（1987）对35份野生种进行鉴定，*Arachis glabrata* 种的两份材料PI262801、PI262794表现对花生轻斑驳病毒免疫。

5. 抗黄曲霉菌及其毒素　黄曲霉毒素主要由黄曲霉和寄生曲霉产生。美国Mixon等（1979）利用抗性亲本组配了24个杂交组合，选出一批高抗黄曲霉和其他寄生性真菌材料。研究指出，花生品种对黄曲霉抗性遗传是由多基因控制的。

Amaya等研究认为，抗性品种和易感品种的区别在于抗性品种的种脐较大，种皮蜡质和栅状层明显较厚，而种皮中12种氨基酸的浓度与易感性呈正相关。因此，种脐大、种皮蜡质和栅状层厚、种皮游离氨基酸低可作为抗性筛选的综合指标。目前，ICRISAT已筛选出抗黄曲霉素种质19份，其中在生产上有利用价值的有J-11和Robut33-1。伊朗筛选的伊朗古兰本地品种对黄曲霉菌侵染表现免疫。

6. 抗虫性　ICRISAT（1985）的研究表明，花生抗叶蝉遗传，栽培种×野生种，如其母本为抗叶蝉的栽培种，F_1表现抗叶蝉，反之不抗。抗叶蝉机制与小叶茸毛密度和长度有关。

ICRISAT已筛选出NCAC2214、NCAC2232、NCAC2242、NCAC1725等抗蓟马材料，在利用NCAC2243、NCAC2230作亲本的杂交组合中，得到新的高产抗蓟马品系。

（三）耐旱性　Reddy等（1987）研究表明，不同植物学类型和品种在耐旱性上有差异。一般晚熟比早熟品种的耐旱性强，普通型蔓生品种比其他类型品种恢复速度快，并认为品种的真实耐旱性需在干旱条件下进行选择和鉴定。Ketring等（1984）证明，不同植物学类型，其品种间根系容量有很大差异。花生的分枝习性与耐旱性有关，一般多枝型品种根系发达，耐旱性强，稳产性好。

综合前人的研究，适应旱薄生态条件的花生品种具有的特点是：①根系发达，侧根多，主根细长。②植株前期生长快，能利用相对较少的水分建成较大的营养体。③叶型较小，叶片较厚，叶色深绿，蜡质多，茎叶茸毛多，气孔较少。④在干旱年份荚果较饱满，子仁率不降低。

（四）品质性状的遗传

1. 脂肪含量及脂肪酸组成　刘桂梅等（1993）鉴定了22个省（区、市）5个类型共2 515份花生品种的主要品质性状，脂肪含量变幅为39.0%～59.8%，平均为50.26%，中间型品种脂肪含量平均最高，达50.99%，多粒型品种平均最低为50.0%（表13-1）。

花生油脂肪酸基本上是由偶数碳原子C_{16}到C_{24}组成，主要有棕榈酸、硬脂酸、油酸、亚油酸、花生酸、花生烯酸、山嵛酸等组成，其中油酸与亚油酸约占80%。从表13-1可知，我国花生品种资源中，油酸含量最低为32.12%，最高达72.76%，平均为46.87%，其含量在品种类型间有较大的差异，大多数品种在37%～58%，以龙生型品种含量最高。花生品种的亚油酸含量最低为12.55%，最高为50.67%，平均为33.42%，多粒型含量平均最高，达39.76%，龙生型含量平均最低，为29.71%。

亚油酸是人类生活中必需的脂肪酸，用途广泛，营养价值高。Sekhon 指出，油酸/亚油酸（O/L）比率是衡量花生及其制品耐储性的重要生化指标，比值愈大，耐储性愈好。刘桂梅等对我国花生 2 000 余份材料的测定结果表明，O/L 比率平均为 1.49，以龙生型平均比值较大，平均达 1.87；多粒型比值较低，应予改良提高。

Khan 等（1974）、Mercer 等（1990）、Tai 等（1975）认为 O/L 比率是数量遗传模型。万勇善等（2002）采用 Griffing 双列杂交设计对花生主要脂肪酸组分进行 Hayman 遗传分析，结果表明，O/L 比率及油酸、亚油酸、棕榈酸、硬脂酸、山嵛酸含量等性状均适合“加性-显性”模型，以加性效应为主并表现部分显性遗传。万勇善等（1998）的世代分析研究结果表明，油酸、亚油酸及 O/L 比率的遗传主要受加性效应控制，亦存在显性和互作效应。油酸广义遗传率为 79.9%～80.8%，狭义遗传率为 65%～65.73%；亚油酸广义遗传率为 73.5%～83.2%，狭义遗传率为 62.7%～64.9%。

表 13-1　不同类型花生品种主要品质性状分析

（引自刘桂梅等，1993 年）

类　型	品种数	脂肪含量（%）		蛋白质含量（%）		油酸含量（%）		亚油酸含量（%）	
		变　幅	平均值	变　幅	平均值	变　幅	平均值	变　幅	平均值
多粒型	68	44.03～58.12	50.00±3.11	21.85～34.66	27.61±2.76	33.65～44.88	39.27±2.48	33.50～46.49	39.76±2.27
珍珠豆型	1 037	39.00～57.99	50.33±2.59	16.87～36.31	28.34±3.41	32.69～72.76	43.66±4.88	12.55～50.67	35.98±4.44
龙生型	324	41.46～58.81	50.78±2.51	15.24～32.21	26.82±3.03	32.12～67.37	51.13±7.73	14.37～45.33	29.71±6.97
普通型	1 019	39.96～59.49	50.01±3.38	12.48～34.75	26.36±3.46	33.58～67.71	49.69±5.26	14.71～47.92	31.33±4.96
中间型	67	43.66～59.80	50.99±3.48	19.27～31.12	25.23±2.32	35.41～55.13	41.49±4.31	28.09～42.54	37.52±3.81

注：其余 5 种脂肪酸（棕榈酸、硬脂酸、花生酸、花生烯酸和山嵛酸）各品种类型间平均值差异均不大。

Norden 等（1987）报道，美国发现了油酸含量 80%、亚油酸含量仅为 2%的花生种质 F435，其 O/L 比率达到 40 左右。Moore 和 Knanft（1989）报道，F435 的高 O/L 是简单遗传，由两对隐性基因（$ol_1ol_1ol_2ol_2$）控制。其中有一对是隐性纯合的就可表现高 O/L，二对隐性基因都纯合就表现特高的 O/L。在美国花生种质资源中，带有其中一对隐性基因的种质普遍存在，而另一对隐性基因非常稀有。

2. 花生蛋白质含量　从表 13-1 看出，我国 5 种类型花生品种的蛋白质含量变幅在 12.48%～36.31%，平均为 26.88%；珍珠豆型品种平均含量最高，为 28.34%；中间型平均最低，为 25.23%。1985 年，山东省农业科学院对山东省推广的品种进行分析，海花 1 号蛋白质含量最高，达 32.20%，氨基酸，特别是谷氨酸和赖氨酸含量最高，分别为 7.12%和 1.24%。

栾文琪等（1987）在徐州 68-4×*Arachis monticola* 的杂交后代蛋白质含量遗传研究中指出，蛋白质含量属数量性状遗传。美国 Yang（1979）对同一水平试验下的 31 个栽培品种和杂交品系进行分析，认为花生氨基酸组成是由多基因控制的。地点、品种及两者的互作对氨基酸组成都有很大的影响。

（五）花生不同类型品种主要经济性状遗传率、相关性和配合力

1. 花生不同类型品种主要经济性状遗传率　封海胜等（1985）对我国不同类型的 140 个品种进行遗传率和遗传进度的估算指出，百果重和百仁重两个性状所有类型均有较高的遗传率（分别达到 89%和 90%）和遗传进度。饱果数、结果数、单株生产力等产量性状，珍珠豆型、龙生型和中间型的遗传进度较高，在这 3 类群体中进行产量性状的选择易获得良好效果。研究表明，多数类型品种通过果多果饱的选择可以达到高产育种的目的。

2. 花生杂种后代主要性状相关性和选择指数　曹玉良等（1989）用花 28×鲁花 1 号和鲁花 1 号×花 37 两个杂交组合研究了杂种后代主要性状间的相关性和选择指数。结果表明，无论表现型还是遗传型相关，单株产量与单果重、总分枝数、饱果数、单株果数等性状呈正相关，关系密切。从结果来看，单株产量在杂种后代选择中是重要的，但需注意在对单果重和单株果数选择的同时，重视两者的协调关系，解决大果和小果品种间在杂种后代出现的果多果少与果大果小的矛盾。研究还指出，应用选择指数法对花生杂种后代选择效果较好，对产量和其他

与产量有密切关系的性状进行综合评定比直接对单株产量单一性状的选择有更好的选择效果，一般可在杂种高世代进行，这时，产量性状的遗传率相当高，可获得较大的遗传进度。

3. 花生数量性状配合力　对花生数量性状配合力的估算，有助于正确选配亲本；在早期世代鉴定组合优势，可提高育种效果和预见性。山东省花生研究所于1978—1982年采用完全双列杂交法，用花生4大类型7个代表品种的49个杂交组合（包括自交）进行配合力估算，结果表明，当前推广的高产品种花17、花28等丰产性状方面，不论一般配合力还是特殊配合力均优于其他品种，选用可互补的双亲间杂交，可获得综合性状较好，特殊配合力高的组合。

第三节　花生种质资源研究和利用

一、花生种质资源研究和利用概况

花生种质资源是广大生产者和农业科学工作者在长期的生产实践和科学实践中创造的宝贵财富，是不断改良花生品种和进行花生科学研究的物质基础。世界各国均重视花生种质资源的搜集、整理、保存、研究和利用。

1. 采用多种渠道，广泛搜集　ICRISAT已从世界各地搜集万余份材料，其中包括野生种。我国已有花种质资源4 000余份，其中国外资源1 500余份，花生野生种180余份。这些资源由有关单位保存，并已逐渐建立种质资源档案和数据库。

2. 严格整理、保存和储藏　各国将搜集的资源进行归类，整理，对有价值的进行观察，然后转入保存储藏系统并纳入计算机管理。花生种子大，含油分高，在高温高湿条件下容易引起脂肪酸败，致使花生生活力降低而丧失发芽率，如连年种植保存，费工费地，并易引起混杂、退化。ICRISAT已建立短期、中期和长期3级种质储藏系统。第一级长期冷储，资源库长年控制在－17～－20 ℃低温状况下，可保存几十年。第二级中期储藏，资源库温度长期控制在3～5 ℃，相对湿度保持30%～40%，一般能保存十余年。第三级短期储藏，资源装入玻璃广口瓶内，石蜡封口，放在自然温度条件下保存3～4年，每年轮种1/4材料，繁殖更新。部分不结实的野生种质资源则以枝条繁殖，常年种植保存。我国花生科研单位，已研究出一套室内外保存方法，延长发芽年限，并用组织培养、枝条繁殖等方法保存野生种等花生种质资源。

3. 资源的鉴定、筛选　随着花生育种工作的深入发展，抗病育种显得十分重要。目前，国内外正加强对花生种质资源抗性的鉴定工作。ICRISAT已进行过不同病虫害抗性鉴定，一批抗病虫种质已发放各国利用。到1983年止，已鉴定出抗锈材料76份，抗叶斑病14份，抗虫32份。我国先后对花生青枯病、锈病、线虫病、病毒病等病害进行了抗性鉴定，筛选出抗性较好的品种，为生产直接利用和抗性育种提供了材料。20世纪70年代中期曾对部分资源进行过抗青枯病鉴定，筛选出协抗青、台山珍珠、台山三粒肉等高抗种质，为病区花生稳定面积，提高花生单产发挥显著作用。段乃雄等（1993）对3 381份（国内2 257份，国外1 124份）花生种质资源的田间自然病圃和人工接种鉴定，获得高抗青枯病种质资源55份，中抗43份，并筛选出一批经济性状优良的高抗种质，为我国抗青枯病育种打下了坚实基础。

品质育种已受各国的重视，各国纷纷对种质资源的品质性状进行鉴定。研究证实，由遗传因素所决定的品种间的生化成分具有广泛的变异。鉴定出的优质种质将促进品质育种的进程。

4. 深入开展对野生种的研究和利用　花生野生种质的研究和利用，始于20世纪50年代中期，到80年代，已具备了相当的研究水平。美国、印度、英国、中国、以色列以及ICRISAT等进行了有关植物学、分类学、形态学、胚胎学、细胞学、细胞遗传学等多学科的研究。花生野生种质资源作为一种多抗、优质、特异基因源，正广泛应用到花生育种和生产上去。

二、花生属植物及其利用途径

（一）花生属植物的分类　花生是花生属（*Arachis* L.）植物，而花生属植物含有75～100个种。目前，已正式发表定名的有21个种，但只有一个栽培种（*Arachis hypogaea* L.）其余均为野生种。Gregory和Krapovickas

(1973) 根据各个种的形态相似性、杂交亲和性和杂种育性将所有花生属植物分为 7 个组 (section) 12 个系 (series) (表 13-2)。

表 13-2 花生属植物的分类

组	系	体细胞染色体
Ⅰ. 原形组 (Axonomorphae)	1. 一年生系 (Annuae)	$2x$
	2. 多年生系 (Perennes)	$2x$
	3. 双倍体系 (Amphiploides)	$4x$
Ⅱ. 直立形组 (Erectoides)	1. 三小叶系 (Trifoliolatae)	$2x$
	2. 四小叶系 (Tetrafoliolatae)	$2x$
	3. 匍匐系 (Procumbensae)	$2x$
Ⅲ. 纤根组 (Caulorhizae)		$2x$
Ⅳ. 根茎组 (Rhizomatosae)	1. 原根茎 (Rrorhizomatosae)	$2x$
	2. 真根茎系 (Eurhizomatosae)	$4x$
Ⅴ. 围脉组 (Extranervosae)		$2x$
Ⅵ. 假原形组 (Pseudoaxonomorphae)		$2x$
Ⅶ. 三子组 (Triseminatae)		$2x$

花生野生种均原产于南美洲安第斯山脉以东，亚马孙河以南和拉普拉塔河以北一带区域内。花生野生种都具有果针向地生长地下结果的共同特征，黄色或橙色的蝶形花，花萼下部伸长成花萼管。其染色体基数为 10，多数野生种为二倍体，体细胞染色体为 20 ($20n=2x=20$)；少数为四倍体，体细胞染色体为 40 ($2n=4x=40$)，栽培种染色体组型为 AABB。

花生栽培种 (*Arachis hypogaea* L.) 属于第一组第 3 系 (Amphiploides) 的一个种，为一异源四倍体或区段异源四倍体，包括两个染色体基组，其中一组具有一显著短小的染色体 A，称为 A 染色体组；另一组具有一带随体的 B 染色体，称为 B 染色体组。在原形组 (Axonomorphae) 各个二倍体野生种中，*Arachis batizocoi* 具有 B 染色体，其余各个种均含有 A 染色体。Smart (1978) 认为栽培种可能来自 *Arachis batizocoi* 和 *Arachis cardenasii* [原形组多年生系 (Perennes) 的一个二倍体野生种] 杂交后自然加倍形成的一个双二倍体。但 Krapovickas 发现另一个新的四倍体野生种 *Arachis inzanensis* 的核仁组织的染色体与 *Arachis batizocoi* 的相同，而 *Arachis hypogaea* 的核仁组织的染色体与上述二者的均不相同，因而认为 *Arachis batizocoi* 可能是 *Arachis inzanensis* 的前身。而 *Arachis hypogaea* 是否即由 *Arachis inzanensis* 衍生而来或来自其他野生种，还需进一步研究证明。

(二) 花生野生种利用途径 花生野生种对病虫害有免疫性、抗性或耐性，而且是改良栽培种品质的重要种质资源。转移野生种优良基因的常用方法是栽培种与野生种杂交，或通过倍性育种实现。在栽培种和野生种的种间杂交中存在许多障碍，主要是倍性水平上的差异。利用野生种必须克服倍性障碍，其途径有以下 4 条。

1. 三倍体和六倍体途径 二倍体野生种和栽培种杂交，得三倍体杂种，用秋水仙素处理加倍成六倍体，经自交或再与栽培种回交，使之染色体倍数下降，成为四倍体杂种。

2. 同源四倍体途径 先将野生种 ($2x$) 用秋水仙素处理得到同源四倍体野生种，再与栽培种杂交。中国农业科学院油料作物研究所与广西农业科学院合作，曾诱发 *Arachis stenosperma* 产生了同源四倍体，以它为父本，与栽培种杂交，F_1 植物株在生长势上出现明显超亲优势。

3. 双二倍体途径 用两个二倍体野生种杂交得二倍体野生种，对杂种加倍即得双二倍体，以之再与栽培种杂交，得四倍体杂种。

4. 利用四倍体野生种 美国 Hammou (1970) 用山地花生 (*Arachis monticola*) 与栽培种杂交，育成了西班牙杂种 (Spaacross)。

三、花生栽培种

孙大容 (1956) 将国内花生栽培种种质资源按分枝型和荚果性状分为 4 大类型，A. Krapovickas 等 (1960) 根据分枝型将花生栽培种分为2个亚种，每一亚种又根据荚果及其他性状各分为2个变种，这一分类方案的基本要点已为国际公认。我国的4大类型、美国的植物学类型与之亦基本一致，可以通用，其对应关系见表13-3。

表13-3　花生栽培种（*Arachis hypogaea* L.）分类系统及其对应关系

A. Krapovickas 分类系统		美国植物学类型	孙大容分类系统
交替开花亚种（subsp. *hypogaea*）	密枝变种（var. *hypogaea*）	弗吉尼亚型（Virginia type）	普通型
	多毛变种（var. *hirsuta* Kohler）	秘鲁型或亚洲型（Peruvian type）	龙生型
连续开花亚种（subsp. *fastigiata* Waldron）	疏枝变种（var. *fastigiata*）	瓦棱西亚型（Valencia type）	多粒型
	普通变种（var. *vulgaris* Harz）	西班牙型（Spanish type）	珍珠豆型

由于亚种、类型之间均能自由杂交，新选育的品种，常具中间性状，很难明确归于何种类型，国内常将此类品种暂称为中间型，因而有五大类型之说。我国5个品种类型的主要特征如下。

1. 普通型　交替开花，主茎上无花序，密枝，能生第三次分枝。株型有直立、半蔓和蔓生3种类型。小叶为倒卵形，叶色绿或深绿，叶片大小中等。荚果为普通型，间或有葫芦形，果嘴一般不明显。果壳较厚，网纹较平滑，种皮多为粉红色。

2. 龙生型　交替开花，主茎上无花序，分枝性强，侧枝很多，常出现第四次分枝。株型蔓生，茎基部呈现花青素，茎枝遍生长而密的茸毛。小叶倒卵形，叶片多为深绿色。荚果曲棍形，多数品种每果3～4粒种仁。种仁呈三角形、圆锥形。种皮多为黄色或浅褐色。

3. 多粒型　连续开花，主茎上生有花序，株型直立，分枝少。茎枝粗壮，生有疏而长的茸毛，有较多花青素。小叶大，椭圆形，淡绿或绿色。荚果串珠形，含3～4粒种仁。果嘴不明显，果壳厚，网纹平滑，果腰不明显。种仁形状圆柱形或三角形，种仁小，种皮深红色或紫红色。

4. 珍珠豆型　连续开花，主茎基部生有营养枝，中上部有潜伏的生殖芽。株型直立，分枝性弱，第二次分枝少，茎枝较粗。小叶椭圆形，叶形较大，叶色淡绿或黄绿。荚果为茧形或葫芦形，荚果含两粒种仁。果壳与种仁间隙小，种仁圆形或桃形。种皮光滑，一般为淡粉红色。

5. 中间型　利用类型间杂交育成的一些品种，如徐州68-4、海花1号等品种，这些品种具有一些中间性的特征特性。一般连续开花，主茎有花序。株型直立，分枝较少。第一次侧枝基部1～2节形成二次分枝，向上则连续开花。开花量大，下针多，结果集中。叶色、叶形、荚果、种仁等性状类似普通型品种。

各国在市场贸易上多有各自的习惯分类，如美国市场类型中，除弗吉尼亚型、西班牙型、瓦棱西亚型外，还有一种Runner型（译名蔓生型或兰娜型），属于植物学类型弗吉尼亚型的蔓生中果品种，而市场类型中的弗吉尼亚型则是其中的大果品种。我国生产和出口中有大花生和小花生之分，大花生一般是指普通型或中间型的大果品种，小花生一般是指珍珠豆型中、小果品种。出口贸易中有所谓旭日型（Sunrise）者，则是珍珠豆型中以白沙1016子仁为代表的中果品种。

第四节　花生育种途径和方法

一、引　　种

花生虽属短日照作物，一般来说，对光照要求不严格。在我国南北方各花生产区间相互引种都能正常开花结果，但各种类型品种生产力表现不同。花生对温度条件的要求比较严格。据张承祥等（1984）研究指出，我国不同生态类型品种的生育期及其所需积温的差异是明显的，生育期最短及其所需积温最少的是多粒型品种，次为珍珠豆型、中间型品种；生育期最长以及所需积温最多的是普通型和龙生型品种（表13-4）。因此，在引种时，能否正常生长，积温是个限制因素。在无霜期短，积温少的地区，主要受积温的限制；在无霜期长，积温多的地区则主要受耕作制度及前作茬口农时需要所制约。

表 13-4　花生不同生态类型品种生育期和总积温表

（张承祥等，1984）

类　型	生育期（d）	总积温（℃）
多粒型	122～136	3 005.68±217.80
珍珠豆型	126～137	3 147.12±263.16
中间型	130～146	3 261.50±271.27
龙生型	152～156	3 562.96±204.00
普通型	155～160	3 596.15±143.05

二、自然变异选择育种

花生个体基因型基本相同的群体，有可能发生基因突变，或自然杂交使纯系品种发生变异。花生虽然是自花授粉作物，近年，以皱缩叶片为标志研究自然杂交率，一般在 0.09%～2.50%，因季节和品种而不同。某些野生蜂是自然杂交授粉的主要媒介，自然群体中出现多种多样的基因型变异供选择。

我国在 20 世纪 50～60 年代，通过自然变异的选择育种先后育成中选 62、系选 7、徐州 412、狮选 64、伏系 1、混选 1 等许多花生良种。山东省福山县两甲庄村房纬经从当地晚熟大花生的自然变异中选出伏花生品种，曾在我国 18 个省市推广，60 年代中期面积达 8.667×10^5 hm^2，占全国栽培面积 40%以上，是我国一个适应性广，推广面积最大的花生品种。

花生自然变异的选择育种，按照育种目标要求，采用单株选择法，从自然变异群体中选择优良单株（荚），后代按当选单株（荚）种成株行，与原品种或推广品种进行比较、鉴定，从而选育出符合要求的新品种。也可采用混合选择法培育新品种。

三、杂交育种

花生杂交育种是广泛应用、效果良好的育种途径。

（一）亲本选配原则　花生育种工作者通常用两个或两个以上的纯合基因型品种杂交，以获得多种多样的变异类型供选择。选用杂合材料作亲本也是可取的。花生杂交可选用当地推广品种、引进材料、高世代的育种品系作亲本。根据我国花生育种的经验，亲本选配原则有以下几条。

1. 选用当地推广品种作为亲本之一　品种具有区域性，本地推广品种对当地生态条件有广泛的适应性，综合性状较好，对少数性状加以改良，育成的新良种能很快地推广。江苏省徐州地区农业科学研究所育成的徐州 68-4，就是用当地良种徐州 402 为母本，以伏花生为父本杂交育成的。

2. 选用丰产性好，配合力高的品种作亲本　山东省花生研究所（1978）对花 17 和花 19 进行配合力测定，两品种荚果产量一般配合力均高，结果从组配的杂种后代中选出高产优质鲁花 9 号。

3. 选择生态类型差异大的作双亲　山东省的伏花生和广东省的狮头企，地理远缘，生态条件各异，但两品种无论正交还是反交都从中育成不少品种，由伏花生×狮头企育成了阜花 4、阜花 5、锦交 4 等，由反交组合育成了白沙 1016、粤油 431、粤油 731、新油 13、杂 224 等。

直立型和蔓生型株型不同，广西农业科学院 1963—1968 年共组配 133 个组合，其中直蔓组配 48 个，育成广柳、贺粤 1、贺粤 2、桂伏等 4 个品种，占组合有效率的 3.4%，直立型品种间组合 45 个，育成三伏品种 1 个，占组合有效率 2.2%。贺粤 1 结合了直立型早生快发、连续开花，结荚集中，早熟和蔓生型果大，叶色浓绿，叶小，种子休眠性和抗病力强等特点。

4. 选用优点多、缺点少、性状可互补的品种作亲本　伏花生具有早熟、产量稳定、适应性广等优点，但有品质差、种仁小、易发芽等缺点。姜格庄半蔓具有分枝多、结荚率高、品质好的特点，但生育期长，抗逆性差，两品种杂交育成了高产、中熟、大粒的杂选4号。克服大花生晚熟，伏花生仁小、易发芽等不良性状。

5. 根据花生品种的遗传距离选配亲本　品种数量性状的遗传差异可用遗传距离度量，根据遗传距离大小进行系统聚类，选择遗传距离大的类群间杂交，效果良好。

（二）花生有性杂交方式和技术

1. 杂交方式　杂交方式有单交、复交和回交。

（1）单交　单交是育种常用的方式，如由狮头企×南径种育成湛油1号，由粤油22×粤油431育成粤油551等。

（2）复交　如由粤油320-26×［（粤油33×协抗青）F_1×粤油302-4］F_3育成了抗青枯病的粤油92，由（粤油3×博白白花）×（伏花生×柳州鸡罩豆）育成广柳等。

（3）回交　如由（粤油1号×粤油551）F_1×粤油551育成粤油187，由（贺县大花生×粤油3）F_2×粤油3育成贺粤1号等。花生的抗病性育种中常用回交法。

2. 杂交技术　杂交前一天下午选择母本植株上刚露出黄色花蕾的花朵予以去雄，套袋，在去雄后的第二天早上6～8时取父本的花粉授粉，接着套袋防杂，然后在母本叶腋上挂牌标记，注明杂交组合、日期等，成熟时按组合收获晒干储存。

（三）杂种群体的处理　花生是自花授粉作物，杂交亲本往往是纯合体，单交第一代（F_1）不产生分离，第二代（F_2）产生分离，出现多种多样的基因型，因而应该种植足够的F_1植株，以便产生理想的F_2代群体。为此，除对同一组合进行较大量的杂交外，还可稀植F_1代材料，以获得足够的杂种一代的种子数量。对F_2代处理的方法依系谱法、混合法或派生法而不同，大约自F_7代开始，各种处理方法均用相似的方式评估已相对稳定的育种材料的产量、品质和其他重要性状。

1. 系谱法　系谱法是我国花生育种中普遍应用的方法，单交群体的工作内容如下。

第一代（F_1）：按杂交组合排列，单粒播种，同时相应播种对照和亲本，便于比较。一般不进行单株选择，只淘汰伪劣杂种，按组合收获。

第二代（F_2）：按组合编号，单粒播种，尽量将杂种全播，同样播种对照和亲本。F_2是分离世代，选择的关键，先淘汰不良组合，按组合选择优良单株，对遗传率较高的性状（如株型、熟性、开花型、荚果大小、分枝数等）严格选择，晒干后，对荚果数、饱满度、荚果和子仁整齐度等再行室内复选，然后按组合和入选单株进行编号。

第三代（F_3）：按组合排列，将入选的F_2单株点播成行，同样播种对照和亲本，在优良株行中选优良单株，其选择标准与F_2相同，但需注意抗病虫性的选择。

第四至七代（F_4～F_7）：F_4及以后各世代种植方法与F_3相同，随之可对产量等性状进行选择，随着世代的推进，株系内性状已渐趋一致，除对仍有分离的株系继续选单株外，应逐渐转入选择优良株系、品系，如果整齐和相对一致，可混收以保持相对的异质性和获得较多种子，继而进行产量试验和品质的测定。

2. 混合法　混合法是花生育种中简便而实用的方法。在杂种分离世代，按组合混合收获，每年混合种植，不进行选株，只淘汰伪劣株，直至杂种遗传趋于稳定，纯合个体数达80%左右的F_5～F_8才开始选择一次单株，下一代种成株系，然后选择优良株系升级试验。

系谱法和混合法各有优缺点，许多国家在两法的基础上加以改良，在花生育种上主要应用派生系谱法和单子传育种法两种派生法。花生是自花授粉作物，采用单子传育种法可达到舍弃株内逐代变小的变异度以换取逐代增大的株间变异度。同时，种植规模小，可利用温室或异地加代，缩短育种年限。美国Isleib和Wynne（1981）采用此法，在温室加代，用14个月得到3个世代种子。

四、诱变育种

诱变所引起的多样性的遗传变异是产生新种质的来源。我国花生已应用诱变育种途径育成约20多个品种，其中辐21、辐矮50、昌花4、鲁花6、鲁花7等在生产上大面积推广应用。广东省农业科学院（1960）每粒用^{32}P

7.4×10^5 Bq 剂量浸渍狮选 64，育成辐狮，具有分枝多，特矮等特点，以辐狮为母本，伏花生为父本育成粤油 22，成为广东省 20 世纪 60～70 年代当家品种。

（一）诱变材料的选择　根据育种目标的要求和辐射育种的特点，选择综合性状好，缺点少的纯合品种进行诱变，有目的地改变一个或几个不良性状，创造出新品种。还可采用辐射与杂交相结合，可对有性杂交后代的杂合材料进行诱变，同样收到良好效果。

（二）花生辐射后突变性质和类型

1. 突变性质　山东省花生研究所曾获得缺体（$2n=38$）和单体（$2n=39$）等染色体突变体，也发现基因突变和核外突变体。

2. 突变类型　山东省花生研究所研究指出，花生辐照后，变异率提高，一般为 3%～5%，有可能出现单一性状、多性状和性状不完全突变 3 种类型。还认为，形态、育性、熟性、色素、品质等性状均会发生变异。广东省农业科学院也证实，辐照后株型、开花型、叶形、果形、抗性等有可能发生突变。

（三）诱变源

1. 辐射处理种类和剂量

（1）外照射　利用 X 射线、γ 射线、中子流照射花生的外部，包括植株、种子、花粉等。应用 X 射线和 γ 射线辐照花生干种子以 5.16～7.74 C/kg（2×10^4～3×10^4 R）为宜，7.74×10^{-3}～9.03×10^{-3} C/（kg·min）（每分钟 30～35 R）的剂量率较好；处理湿种子用 0.774～2.064 C/kg（0.3×10^4～0.8×10^4 R），中子流一般用 1×10^8～$5\times10^{8\sim12}$ n/cm^2 剂量辐照干种子。

（2）内照射　利用半衰期较短的放射性同位素（如 ^{32}P、^{35}S 等）溶液浸种或注射植株，使溶液渗透到组织里面，由放出的 β 射线进行内照射，一般剂量 ^{32}P 每粒种子 7.4×10^5～9.25×10^5 Bq，^{35}S 为 3.7×10^6～4.44×10^6 Bq 较好。

此外，利用氦-氖、氮分子、二氧化碳等激光器处理种子或植株也可获得诱变效果。化学诱变剂处理也有一定的诱变效果，但这方面的研究不多。

2. 影响花生突变的因素

（1）品种　不同品种对辐射的敏感性和突变谱不完全相同。据邱树庆（1988）报道，用 γ 射线同剂量照射早熟的伏花生和晚熟的胶南半蔓，叶形突变率前者比后者高 0.4%，矮株和果形突变率后者比前者高 0.1%。

（2）生长发育状态　花生在不同的生长发育状态，诱变效应不同。一般认为，耐辐射力由强到弱的顺序是：干种子、湿种子、结果期植株、催芽种子、花针期植株、幼苗期植株。

（3）重复照射　山东省花生研究所曾用 γ 射线 0.774 C/kg（3 kR）剂量分 1 次和 10 次（每天 0.077 4 C/kg）辐照，M_2 变异率，一次急性照射的为 22.2%，分次累积辐照的为 14.3%。

（四）诱变后代的选择　诱变的后代的种植和选择方法，基本上和常规育种方法相同，但要注意在低世代时，既要选择综合性状好的小变异也要保留某些性状不理想的大变异。同时，往往在第一代，一般看到生长受抑制、植株矮缩、不结实或结实率低等诱变造成的生理损伤现象。因产生的突变，通常是隐性，第一代一般不选择，全部单株留种。

五、轮回选择在花生育种上的应用

花生因属自花授粉作物，利用轮回选择的主要障碍是不容易进行充分互交，依靠人工杂交，工作量大，但即便如此，轮回选择仍逐渐在花生育种上得到应用。Gubk 等（1986）在花生种间杂交的群体内进行轮回选择，试图利用花生野生种改良栽培种，试验用紫色种皮栽培品系 PI261923 与二倍体野生种 *Arachis cardenasii*（CKP10017）杂交，用秋水仙素处理不育的三倍体杂种，使其在六倍体水平上恢复育性，杂种群体中通过细胞学观察，发现第五代群体中有四倍体，在这些四倍体的基础群体中选择 24 株进行产量试验。然后从其中选择 10 个产量最高的株系作为第一轮的亲本，进行部分双列杂交，从中对 42 株 S_0（C_1S_0）进行自交得 42 个 $C_1S_{0:1}$ 家系。经田间产量试验再从中选用 10 个最高产家系，进行第二轮互交。从中又对 60 个 C_2S_0 单株经自交衍生为 60 个 $C_2S_{0:1}$ 家系。再经田间产量试验，又从中选出 10 个最高产量家系作为第三轮亲本进行互交，将其 30 个 C_3S_0 衍生为 $C_3S_{0:1}$ 家系。最后将 3 轮选择的 30 个 $C_3S_{0:1}$ 家系于 1983 年在两种环境下重复试验。结果表明，在花生种间杂交的后代群体内轮回选择，能大大改进产量和抗病性；应用轮回选择可将高产和其他有利性状的基因从二倍体野生种中转移到栽培种。

第五节　花生育种试验技术

一、田间试验技术

花生育种试验田要求地势平坦，壤土，肥力中等以上，排灌方便，最好是生茬地，应施足基肥，注意有机肥和磷肥的使用，缺钙的酸性土壤应注意施用钙肥，播前耕耙均匀，保证苗齐苗壮。

为便于对育种材料进行选择，需有适宜的行株距，使植株有一定空间充分发挥其生长潜力和便于目测评价。行株距可按品种和地力水平确定，一般直立型为 40 cm×25 cm，半蔓型为 50 cm×30 cm，蔓生型为 65 cm×40 cm。在分离选择世代一般单粒播种。品系和品比试验双粒播，尽量接近大田栽培条件。

品种比较试验等试验区，一般以长方形为好，小区面积 10～14 m^2，重复 3～4 次，随机区组设计。

花生是地上开花地下结果的作物，这与其他作物不同，因而，进行单株选择时需田间选择与室内考种相结合，田间选择又可分两次进行，第一次在下针结荚初期，对地上部性状初选；第二次在成熟收获时，以地下部性状进行选择。晒干后再行室内考种，综合评估决选。

二、区域试验和品种审定

（一）区域试验　区域试验点根据作物生态区划，结合行政区划设置，每个生态区一般设点 2～4 处。全国区域试验分北方区和南方区分别进行，参试品种由省（区、市）按标准选送。省（区、市）级区域试验在本行政区内设点进行。参加省级区域试验的品种（系）必须经过 2 年或多点品种（系）比较试验，经品质分析及抗性鉴定，种性稳定，比对照品种增产 10%左右。产量相当于对照品种，具有突出优点的品种（系）也可参加。区域试验可分早熟组、中熟组、夏播组等分别进行，每组设对照（原种）1～2 个，每周期 2～3 年，可同时进行生产试验，扩大繁殖种子。

（二）品种审定　品种审定实行国家和省（区、市）两级审定制度，由品种审定部门按法定程序审定育成或引进的新品种，确定其适应范围，并进行审定品种的登记、编号，正式作为品种推广。省级品种审定委员会负责本地区的品种审定，并对通过审定的品种统一编号。国家品种审定部门负责审定跨省推广的新品种。

品种审定的标准，省级审定的品种必须经过省级区域试验和生产试验；国家审定的品种必须经过国家区域试验和生产试验。审定品种应具备的标准如下。

(1) 产量水平较高的审定标准　大花生或小花生要求产量高于同类推广品种（对照）的 10%，达增产显著，其他性状与对照相当。

(2) 具有优良性状的审定标准　产量和品质性状与同类型的推广品种（对照）相近，与同类型的推广品种相比，具有下列性状之一：含油率达 54%以上；含蛋白质 30%以上；品质和外观符合出口要求；成熟期早熟 7d 以上；高抗某一病害（包括花生叶斑病、青枯病、线虫病、病毒病、锈病等）。

第六节　花生种子生产

一、花生种子生产的特点和要求

花生种子生产是整个育种和良种利用过程中的一个重要环节，主要任务是应用农业科学原理和先进栽培技术，加速繁殖花生优良品种的种子，同时保持和提高良种的优良种性，使良种在生产上发挥更大的增产作用。

花生用种量大，繁殖系数低，一般仅为播种量的 10 倍左右，良种普及和推广较慢，这是花生种子工作的薄弱环节。为此，可采用单粒稀播、插枝繁殖、微繁等技术增加繁殖系数，加速良种种子生产。南方适宜翻秋留种地区，可采用翻秋种植法，既可获得新鲜、生活力强的种子，又能加速种子生产。北方亦可采用南繁异地加代或温室繁殖法，加速世代进程和繁殖大量种子。

花生子仁含有大量的脂肪和蛋白质，吸湿性强，易增强水解酶的活动，促使脂肪酸败而降低种子品质和生活力，这是花生种子生产值得注意的又一问题。因此，要适期收获，晒干安全储藏，储藏期间要特别注意保持在安全含水量内，荚果应在10%以下，大花生种子应在8%以下，小花生种子应在7%以下。这样才能提供生活力强的优良种子，为种子生产打下良好基础。

二、品种纯度的保持

花生品种经过长期栽培，常由于自然杂交和不良栽培条件的影响，引起劣变和退化，表现株型高矮不齐，抗病性减弱，生育期延长，荚果变小，双仁果率及饱果率降低，严重影响产量和品质。

目前全国各作物正在推行由育种家种子、原原种、原种和良种四个环节组成的四级种子生产程序，以此来保护育种者的知识产权，防止品种混杂退化，保持品种原有种性，从而发挥种子的增产效果。花生的四级种子生产程序正待制定，有待花生种子工作者积累经验，准备转轨。以往花生种子生产和品种纯度保持的方法，主要为简易原种繁殖法，只包括原种（相当于现称的育种家种子）和良种两级，如图 13-1 所示。该法简单易行，效率高，进程快，其程序是单株选择，株行比较，混合繁殖生产原种。

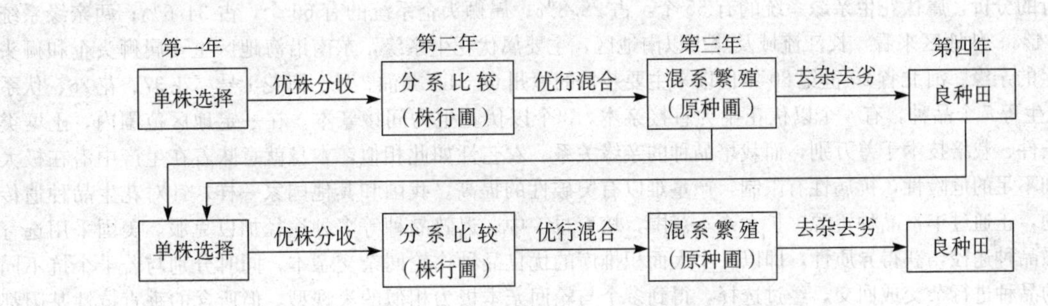

图 13-1　花生简易原种繁育法程序

广东群众采用“四选”方法，保证种子质量和纯度，这是品种纯度保持的好经验。

（1）片选　建立种子田，专人管理，在收获前除去混杂劣株。

（2）株选　收获时除去杂、弱、病株。选留长势壮旺，均匀一致，结实好，果形一致，无病虫害的植株。

（3）荚选　将经过株选的植株脱荚，晒干后进一步进行荚选，选取荚大，饱满，色鲜，果形一致，无伤损的荚果留种用。

（4）仁选　播种前剥壳时进行仁选，将粒大，饱满，色鲜，种皮无损伤，具有品种典型性状的种仁作种用。

三、花生种子质量分级标准

花生种子分级以品种纯度、净度和发芽率为划分等级主要依据，见表 13-5。

表 13-5　花生种子分级标准

(GB 4407·2-1996)

级别	纯度 不低于（%）	净度 不低于（%）	发芽率 不低于（%）	水分 不高于（%）
原种	99.0	98.0	75.0	10.0
良种	96.0	98.0	75.0	10.0

第七节　花生育种研究动向和展望

1. 植物组织培养技术在花生育种上的应用　Harey 和 Schulz（1943）最早开展了花生的组织培养工作，培养花生果皮并成功地获得再生植株。迄至目前，已有花生属 17 个种的 11 种外植体，包括根、茎、叶、花、芽、花药、果皮、胚、胚珠、子叶等器官和叶肉组织以及原生质体经组织培养获得效果，试验并应用 40 多种培养基。组织培养技术在花生育种上的应用方面有：①无性繁殖系以获得无病植株；②解除有性过程的不亲和性；③幼胚培养克服远缘杂交不亲和的困难；④体细胞杂交以获得远缘杂种；⑤诱导单倍体和多倍体；⑥筛选抗盐、耐旱、抗除草剂、抗病虫害的突变体；⑦用冰冻法保存种质资源等。申馥玉等（1989）用我国 4 个类型花生品种与野生种 *Arachis glabrata* 杂交，共杂交了 7 000 朵花，授粉后在花萼基部涂抹生长素，获得了 3 224 个杂交果针，应用 MS 和 B5 培养基附加不同量的激动素、生长素和蔗糖配制了多种不同的培养基，1989 年培养了杂交果针 3 138 个，膨大果针 78 个，已发育成具有成熟种子的荚果并有网纹。

2. 花生遗传脆弱性及其克服途径　我国花生栽培面积最大的山东省，据 1963 年征集统计，全省共有地方品种 467 个，品种类型繁多，形态多样，具有广泛的遗传基础。进入 20 世纪 60 年代末期，随着部分杂交种的育成和推广，地方品种逐渐减少，至 1981 年，山东全省种植品种不足 30 个，其中白沙 1016 等 8 个品种栽培面积达 5.12×10^5 hm^2，约占全省花生播种面积的 80%以上，这 8 个品种除伏花生是自然突变体外，其余 7 个品种，均为含有伏花生血缘的杂交育成品种，而亲本只有 10 个。据张承祥（1982）对我国 1975—1980 年选育的 191 个品种系谱所进行的分析，属伏花生亲缘系统的有 55 个，占 28.8%；属狮头企系统的有 66 个，占 34.6%；两亲缘系统合计占 63.4%。从地区来看，长江流域及燕山以南地区，主要属伏花生亲缘，东南沿海地区主要属狮头企和狮头企与伏花生的亲缘。河北省 20 世纪 80 年代以来主要栽培的徐州 68-4、冀油 2 号、海花 1 号、花 37、花 28、伏系 1 号和伏花生等 7 个品种，有 4 个以伏花生为直接亲本，3 个以伏花生为间接亲本。在一定地区范围内，土壤类型、气候条件、栽培技术千差万别，而栽培品种的亲缘关系、农艺性如此相似，本身就意味着在生产中潜在极大的遗传基础不足的危险性，抗病性有限制，产量难以有突破性的提高。我国和其他国家一样，针对花生品种遗传脆弱性问题，正通过丰富品种资源，扩大亲本范围，培育早、中、迟熟品种等多种途径加以克服。美国采用选育和推广多系品种途径，获得异质性，即以一个大面积推广的优良品种作轮回杂交亲本，同时分别与若干个抗不同生理小种的品种进行杂交或回交，经过选择，得到多个与轮回亲本极为相似的表现型，但所含的垂直抗性基因都是各不相同的多系品种，即农艺性状基本一致，而抗病基因异质的混合群体。就每一单系而言，仍是垂直抗性的纯系品种，但品种群体乃是一个含有多种抗病基因的具有一定水平抗性的品种。美国现有的推广品种中，不少是从 F_4 至 F_8 选择 4～10 个姊妹系混合而成的多系品种，具有高产稳产性。

3. 花生的综合利用　花生含有 50%左右的脂肪，一贯称油料作物，但还含有 30%以上的蛋白质和相当丰富的糖类等物质，目前还未能充分利用其价值。现代科技的发展，从花生仁中可提取多种变性蛋白，被认为是解决人类蛋白质紧缺的一个重要来源。今后花生将成为以食用为主的综合利用的经济作物，从而，有必要协调、布置、加强品质育种，使品种向食用性或兼用性、专用性方面转移。

4. 花生杂种优势利用前景　国内外的研究认为，花生的杂种优势现象是普遍存在的，但不同的杂交组合表现不同的优势程度。甘信民等（1973）用普通型、多粒型和珍珠豆型有代表性的品种组配 14 个组合进行试验，在 14 个组合的 166 个组合中，呈正向优势的有 115 个，占 69.28%；表现负向优势的有 46 个，占 27.71%；表现无优势的 5 个，只占 3.01%。可见，花生的杂种优势是存在的。但花生的花朵多着生在主茎或侧枝的叶腋间，花数相对较少，所产生的花粉量不很多，特别开花后，雌雄蕊仍被龙骨瓣包裹着，自然传粉机会很少，更是人工去雄的障碍，配制杂交种等技术问题还有待研究解决，要在生产上真正利用 F_1 杂种优势，还有很多工作要做。

5. 花生属植物细胞遗传学背景的研究　对染色体组型的观察，过去仅局限于有丝分裂，由于花生染色体数目较多，有丝分裂过程中染色体小而不清楚，很难对每一条染色体进行详细观察。现根据减数分裂过程中，前期Ⅰ浓缩期染色体集中、形大而清晰、易于观察的特点，详尽地观察了花生栽培种、二倍体野生种和种间杂种后代的染色体形态特征，并根据染色体臂长度、两臂比率、核仁重叠现象、异染色质所占比例，异染色质区数目和位置等制作了花生栽培种和部分有代表性的二倍体野生种的染色体模式图，这为了解花生属植物染色体水平的遗传学背景创造了条件。各国学者认为，今后的研究方向主要是：①利用花生A染色体组的二倍体野生种和B染色体组的二倍体野生种分别与同源四倍体或双二倍体进行种间杂交，创造染色单体和缺体的纯化植物，结合带型分析，确定某些主要性状基因的染色体位置，进而开展花生基因定位的研究。②利用原型区系A染色体种对花生主要叶部病害的高抗特性，研究其病原反应和种间杂种后代的抗病遗传机制。③利用花生野生种间杂交的细胞遗传学研究，进一步推断和确定花生栽培种的祖先，以确定花生栽培种的起源。

6. 不亲和性组型野生种的研究　花生栽培种与原型区以外的野生种杂交均无亲和性，这些野生种资源，特别根茎区系的四倍体野生种是花生属理想的抗性基因源，且长势较旺。ICRISAT从1979年开始研究不亲和性组型野生种的利用，主要研究不亲和性的原因和克服方法，种间杂种胚珠的离体培养诱发小苗以及再生小苗的转移技术。初步认为：杂交不亲和的主要原因是父本花粉管在母本花柱内不能顺利伸长，另外是激素物质不平衡导致受精率低，果针形成少和果针生长缓慢。该所利用激动素、赤霉素、萘乙酸和卞氨基嘌呤处理子房，创造了不亲和性组型野生种利用杂交技术，能克服胚败育，形成生命非常弱的胚，然后进行解剖离体培养，用Murashige培养基已成功地培养了幼苗。今后应主要解决的问题是：①将杂种试管苗转移到土壤中去的转移技术，以获得大量能在自然条件下正常生长发育的杂种后代植株。②克服杂种后代自身不育的障碍，拿出一整套从杂交到获得正常杂种的技术路线。③初步选育出具有野生种抗性，产量和品质相当于或高于生产推广种的材料。

7. 花生基因工程　刘风珍、万勇善等（1999）利用花粉管通道法把国槐DNA导入栽培品种，引起株型、开花型、株高、叶形、叶大小、果型、果大小、结果数量等性状变异，性状变异非常广泛，变异率亦非常高。把花生野生种 *Arachis glabrata* DNA导入栽培品种也获得良好效果。因此，是利用远缘植物基因改良花生品种的重要途径。

随着其他作物转基因品种研究成功，花生在抗虫、抗病、优质等目的基因转化方面国内外开展了大量研究，已有可以改变脂肪酸结构和不饱和度、提高维生素E活性的目的基因，为花生品质改良指出了光明前景。

复习思考题

1. 试评述国内外花生育种状况及我国花生育种的成就。
2. 试从需求及市场特点出发，讨论未来的花生育种方向和目标。
3. 试述花生主要育种性状的遗传特点，举例说明其在育种中的应用。
4. 试讨论野生花生种质的育种意义及其育种利用的难点和克服方法。
5. 举例说明花生育种的主要途径和方法，并比较其优缺点。
6. 简述花生杂交育种的基本过程及其关键技术。
7. 试述花生种子生产的特点及防杂保纯的主要措施。
8. 试围绕花生育种目标讨论生物技术应用于育种的潜在作用。

附　花生主要育种性状的记载方法和标准

一、生育期

1. 播种期：播种当天的日期。
2. 出苗期：第一片真叶展开的幼苗数占播种粒数的50%的日期。
3. 出苗率：出苗后10～20 d调查出苗株数占播种粒数的百分率。
4. 始花期：开花株率达10%的日期。
5. 开花期：开花株率达50%的日期。
6. 盛花期：单株或全区每天开花量最多的一段时期。
7. 终花期：90%的植株终止开花的日期。
8. 成熟期：50%的植株荚果饱满，网纹清晰的日期。
9. 收获期：实际收获的日期。

10. 全生育期：从播种到成熟的日数。

二、生育时期

11. 播种出苗期：从播种至50%植株出苗的时期。

12. 苗期：从50%植株出苗至50%植株第一朵花开放的日期。

13. 开花下针期（简称花针期）：从50%植株始花至50%植株出现明显的幼果（子房明显膨大如鸡头状，已能看到网纹）的时期。

14. 结荚期：从50%植株出现幼果至50%植株出现饱果的时期。

15. 饱果成熟期（简称饱果期）：从50%植株出现饱果至植株成熟收获的时期。

三、植物学特征

16. 株型：根据封垄前第一对侧枝与主茎的开张角度分为3个类型。

（1）直立型：第一对侧枝与主茎夹角小于45°。

（2）半蔓型（或半匍匐型）：第一对侧枝近茎部分与主茎约呈60°角，侧枝中、上部向上直立生长，直立部分大于或等于匍匐部分。

（3）蔓生型（或匍匐型）：第一对侧枝与主茎间近似呈90°夹角，侧枝几乎贴地生长，仅前端翘起向上生长，向上部分小于匍匐部分。

17. 开花型：根据花序在第一次分枝上的着生位置，分为两个类型。

（1）交替开花型：在侧枝上营养枝和生殖枝（花序）交替着生，主茎上一般不直接着生花序。

（2）连续开花型：第一次分枝上通常连续着生花序，主茎开花或不开花。

18. 分枝型：根据第一次分枝上的第二次分枝的多少分为两类型。

（1）密枝型：第二次分枝多，且可见到第三次、第四次分枝。

（2）疏枝型：第二次分枝少，甚至没有。

19. 叶形：果针大量入土后调查。以第一对侧枝中上部完全展开的复叶顶端两小叶为标准，分为长椭圆、宽椭圆、椭圆、宽倒卵和倒卵形。

20. 叶片大小：在调查叶形的部位取样测定，根据小叶平均长度分为5级：3.9 cm以下为小，4.0～4.9 cm为较小，5.0～5.9 cm为中，6.0～6.9 cm为大，7.9 cm以上为极大。

21. 叶色：根据观察叶形部位的叶片颜色，分黄绿、淡绿、绿、深绿、暗绿5级。

22. 茎的粗细：成熟时测量第一对侧枝与第二对侧枝之间的节间中部的茎粗，分为5级，直径3.9 mm以下为纤细，4.0～4.9 mm为中粗，5.0～5.9 mm为较粗，6.0～6.9 mm为粗，7.0 mm以上为极粗。

23. 茎枝茸毛：根据茎枝上茸毛多少和长短，分为密长、密短、中长、中短、稀长和稀短。

24. 茎部花青素：根据茎色分为无、少量、中量和多。

25. 花色：根据花冠的颜色分为橘黄、黄和浅黄。

26. 花的大小：在盛花期选有代表性的花测量旗瓣宽度，宽度在15.9 mm以下为小，16.0～20.9 mm为中，21.0 mm以上为大。

四、生物学特性

27. 种子休眠性：根据收获时种子有无发芽的情况分为强（无发芽）、中（少数发芽）和弱（发芽多）3级。

28. 耐旱性：在干旱期间根据植株萎蔫程度，根据每日早晨、傍晚恢复快慢及荚果成实情况分为强（萎蔫轻，恢复快）、中和弱（萎蔫重，恢复慢）3级。

29. 耐涝性：在土壤过湿情况下，根据叶片变黄及烂果多少分强、中和弱3级。

30. 抗病性

（1）花生叶斑病：根据植株中部叶片上病斑多少分5级，再根据发病程度计算感病指数，按感病指数分高抗、中抗、低抗、感病和高感5级。

（2）花生锈病：根据叶片上孢子堆多少确定发病程度分5级，再根据发病程度计算感病指数，按感病指数分为高抗、中抗、低抗、感病和高感5级。

（3）花生青枯病：以感病植株的累计数计算发病的百分率，以发病百分率计算抗性率，抗性率90%以上为高抗，80%～90%为中抗，60%～79%为低抗，50%～59%为感病，50%以下为高感。

(4) 花生线虫病：根据发病程度分为5级，再根据发病程度计算感病指数，以感病指数说明抗病性。

五、考种项目

31. 主茎高：从第一对侧枝分生处至已展开的顶叶节的长度。

32. 侧枝长：第一对侧枝中最长的一条侧枝长度，即由与主茎连接处到侧枝顶叶着生处的长度。

33. 主茎叶数：子叶节以上到最上部展开叶片数（不包括子叶和鳞叶）。

34. 主茎节数：子叶节至最上部展开叶叶节的节数（包括子叶节和鳞叶节）。

35. 有效枝长：第一对侧枝上最远结实节到主茎的距离。

36. 结实范围内的节数：第一对侧枝上有效结果范围内的节数。

37. 总枝数：全株所有枝数的总和（包括主茎，不足5 cm不计）。

38. 总分枝数：全株5 cm长度以上的分枝（不包括主茎）的总和。

39. 结果枝数：全株结果枝数（包括主茎）的总和。

40. 单株结果数：全株有经济价值荚果的总和。

41. 幼果数：子房已明显膨大，但仍没有经济价值的荚果数。

42. 秕果数：子仁不饱满的荚果数（包括两室中有一室饱满，另一室不饱满）。

43. 饱果数：子仁充实饱满的荚果数。

44. 荚果大小：根据典型饱满荚果的长度分为4级。以二粒荚果为主的品种：26.9 mm以下为小，27.0～37.9 mm为中，38.0～41.9 mm为大，42.0 mm以上为极大。以三粒以上荚果为主的品种：36.9 mm以下为小，37.0～46.9 mm为中，47.0～49.9 mm为大，50.0 mm以上为极大。

45. 果壳厚度：以荚果后室为鉴定标准，分厚、中和薄3级。

46. 果形：分为葫芦形、曲棍形、蜂腰形、普通形、蚕茧形、斧头形和串珠形。

47. 荚果缩缢：分为深、中深、浅和平4级。

48. 荚果网纹：分为粗、细、深和浅。

49. 荚果粒数：以多数荚果的粒数作为该品种的荚果粒数。

50. 单株生产力：单株有经济价值的荚果干重。

51. 经济产量：每亩有经济价值的荚果总干重或由试验小区荚果产量折算成亩产量（1 kg/亩=15 kg/hm^2）。

52. 公斤果数：随机抽取有经济价值的荚果1 kg，数其果数。重复2次，差异不大于5%。

53. 百果重：随机选取饱满的典型（如双仁品种选双仁果）荚果100个称干重（g）。重复2次，差异不大于5%。

54. 百仁重：随机取饱满典型的子仁100粒称干重（g）。重复2次，差异不大于5%。

55. 出仁率：随机取有经济价值的干荚果0.5 kg，剥壳后称子仁重。出仁率（%）=子仁重/荚果重×100，重复2次，差异不大于5%。

56. 子仁大小：根据百仁重分为大粒品种（80 g以上）、中粒品种（50～80 g）和小粒品种（50 g以下）。

57. 子仁形状：分为椭圆形、圆锥形、桃形、三角形和圆柱形5种。

58. 种皮颜色：荚果晒干后剥壳调查，分为紫、紫红、紫黑、红、深红、粉红、淡红、浅褐、淡黄、白和红白相间11种颜色。

59. 粗脂肪含量：用索氏法测定，计算公式为

$$粗脂肪含量（\%）=（粗脂肪重量/干样品重量）\times 100$$

60. 粗蛋白含量：用凯氏法测定全氮含量再乘以系数5.46。

参 考 文 献

[1] 蔡骥业．花生属种质的采集保存和利用．中国油料．1987（4）：78～81

[2] 段乃雄等．花生种质资源抗花生青枯病鉴定．中国油料．1993（1）：22～25

[3] 封海胜，栾文琪．花生不同类型品种主要经济性状的遗传变异规律．花生科技．1985（1）：20～22
[4] 甘信民等．花生数量性状遗传距离及其在育种上的应用．中国农业科学．1985（6）：27～31
[5] 蒋复，张俊武．花生几个主要性状遗传变异的初步观察．花生科技．1982（4）：9～13
[6] 姜慧芬等．花生种质资源抗花生锈病初步鉴定．中国油料．1992（3）：43～45
[7] 刘风珍，万勇善．国槐 DNA 导入花生栽培品种引起性状变异的研究．中国油料作物学报．1999，21（4）：17～20
[8] 刘桂梅等．我国花生种质资源主要品质性状鉴定．中国油料．1993（1）：18～21
[9] 邱庆树等．花生辐射突变体突变性状的观察．中国油料．1988（3）：37～41
[10] 山东省花生研究所主编．中国花生栽培学．上海：上海科学技术出版社，1982
[11] 山东省花生研究所主编．中国花生品种志．北京：农业出版社，1983
[12] 孙大容．花生生产科技的回顾和展望．中国油料．1990（1）：1～3
[13] 孙大容主编．花生育种学．北京：中国农业出版社，1998
[14] 万勇善，谭忠，范晖等．花生脂肪酸组分的遗传效应研究．中国油料作物学报．2002，24（1）：26～28
[15] 万勇善，谭忠，刘风珍等．花生油脂油酸/亚油酸比率的遗传分析．西北植物学报．1998，18（5）：118～121
[16] 万勇善，谭忠．花生油脂 O/L 比率及主要经济性状的配合力分析．山东农业科学．1995（1）：8～11
[17] 万勇善，曲华建等．花生品种高产生理机制的研究．花生科技．1999（增刊）：271～276
[18] 伍时照等．珍珠豆型花生品种性状因子分析．中国油料．1990（3）：24～26
[19] 张承祥．我国选育的花生品种系谱初析．中国油料．1982（4）：70～72
[20] 郑广柔等．抗青枯病花生新品种粤油 92 的选育研究．广东农业科学．1987（6）：18～20
[21] [美] A.J 圣安吉洛等．山东省花生研究所组译．花生栽培与利用．济南：山东科学技术出版社，1980
[22] Harold E, Pattee, et al. Peanut Science and Technology. American Peanut Research and Education Society, Inc. Yoakum, Texas, U. S. A. 1982
[23] Guok H P, et al. Recurrent selection with a population from an inter - specific peanut cross. Crop Science. 1986 (26): 249～252
[24] ICRISAT. Cytogenetics of *Arachis*, 1985
[25] Walter R, Fehr. Principles of Cultivar Development. Volume Ⅱ Crop Species. London: Coller Macmillam Publishers, 1987

（伍时照、万勇善原稿，万勇善修订）

第十四章　芝麻育种

芝麻（sesame，*Sesamum indicum* L.）是我国重要的油料作物之一，常年种植面积 8×10^5 hm^2（1 200 万亩）左右。芝麻子口味纯正，含油量高，营养丰富，经济价值高，素有“油料皇后”之称，是我国人民的重要食用油源，在食用、医药、保健等方面具有其他油料作物所不及的一些特点。芝麻及其加工产品在我国对外贸易中更是起着不可替代的重要作用。

第一节　国内外芝麻育种概况

一、芝麻繁殖方式与品种类型

芝麻属于胡麻科（Pedaliaceae）、芝麻属（*Sesamum*）的一年生草本植物，为自花授粉作物，用种子繁殖。染色体基数 13，为二倍体，$2n=26$。品种类型多，性状差异明显。

目前芝麻主要用常规品种作为生产用种，杂交种的应用只是刚刚起步，但代表着未来的发展方向。

二、国外芝麻育种概况

（一）世界芝麻生产概况　世界范围内，芝麻栽培主要分布在亚洲和非洲，常年种植面积 6.00×10^6～6.07×10^6 hm^2。根据 FAO 统计资料，2000 年世界芝麻种植面积 6.392×10^6 hm^2，其中亚洲 3.903×10^6 hm^2，非洲 2.257×10^6 hm^2，分别占全世界总面积的 61%和 35%。2000 年世界芝麻总产量为 2.94×10^6 t，产量居前 4 位的是中国（8.3×10^5 t）、印度（6.2×10^5 t）、苏丹（3.05×10^5 t）和缅甸（3.02×10^5 t），其单产分别为 1 185 kg/hm^2、216 kg/hm^2、162 kg/hm^2 和 300 kg/hm^2。

（二）世界芝麻育种概况　印度是世界上最大的芝麻生产国，面积居世界首位，但由于其粗放种植，单产很低，2000 年单产只有 216kg/ hm^2。其推广品种主要是系统选育及杂交选育的常规品种。

其他芝麻主产国（如苏丹、缅甸、乌干达、埃及等亚非国家）也根据其本国的气候地理特点，选育耐旱、抗病虫害、高产的芝麻常规品种。美国芝麻种植面积不大，但其机械化程度高，其品种选育注重闭蒴型，即芝麻成熟时不裂蒴，便于机械收获。20 世纪 80 年代末在美国得克萨斯州及亚利桑那州均育成闭蒴型高产品种。

关于芝麻杂种优势现象，国外早有报道（Pal，1945），Osman 和 Yermanos 于 1982 年首次报道了芝麻雄性核不育材料的发现。但迄今未见芝麻通过雄性不育成功利用杂种优势的报道。

三、我国芝麻育种概况及成就

我国芝麻栽培范围甚广，在北纬 18°～47°、东经 76°～131°的广阔区域内，无论平原、丘陵、山区还是黄土高原地带均有种植。由于生态环境的差异，芝麻品种的性状也各具特点和规律性。我国芝麻主要种植在豫、鄂、皖 3 省，其次是赣、冀、陕、晋、辽等省份。黄淮平原是我国芝麻生产的中心，特别是河南在我国芝麻生产中尤其重要，其种植面积和产量均占全国的 30%以上，居首位。

新中国成立初期，芝麻种植面积曾达到 1.147×10^6 hm^2（1 720 万亩），20 世纪 60～70 年代下降到 6.67×10^5 hm^2（1 000 万亩）以下，70 年代以后随着农业种植业结构调整，芝麻种植面积逐步回升，目前维持在 8×10^5 hm^2（1 200 万亩）左右。常年产量 7×10^5 t 左右，居世界首位。芝麻育种工作取得了一定的成就，表现在以下几个方面。

①十分重视芝麻种质资源的搜集、保存、研究及利用。我国于20世纪50年代初和70年代末，曾先后两次进行了全国性的芝麻种质资源普查搜集和补充征集工作。“六五”至“八五”期间，国家设立“主要农作物品种资源研究”攻关项目，在继续补充征集的同时，对芝麻种质资源进行编目、繁种、入库保存。已编目入库的芝麻资源达4 251份，其中国内资源4 073份，国外资源178份。在对上述资源研究利用中，筛选出一批优质源和抗源，并已应用于生产实践和育种研究中。

②育种水平不断提高，品种不断更新。自新中国成立以来，芝麻育种水平有较大的发展。20世纪50年代以资源筛选、整理鉴定地方品种为主；60～70年代以系统育种为主；80年代发展到杂交育种；芝麻杂种优势利用研究始于80年代中期，90年代开始应用于生产。

③芝麻遗传育种基础理论研究取得一定进展。改革开放以来，我国芝麻科研队伍逐渐壮大，科研水平不断提高，芝麻遗传育种基础理论研究不断深入，主要经济性状和农艺性状的遗传、数量性状配合力分析、抗病耐渍性遗传研究均取得一定成绩。芝麻的细胞遗传研究、核不育小孢子败育机理研究、芝麻远缘杂交及组织培养等研究也在进行中。

④建立和健全芝麻品种区域试验制度及种子生产技术操作规程，对芝麻新品种繁殖和推广起到了积极的作用。

第二节　芝麻育种目标及主要性状的遗传

一、芝麻育种目标

我国幅员辽阔，各地气候条件、土壤类型、耕作栽培制度及技术水平差异较大，形成了不同的芝麻生态类型区。因此，各地的育种目标也不尽相同，但一般说来，育种目标包括高产、耐渍、抗病、早熟及优质。

（一）高产　高产是芝麻育种的重要目标。产量是多种因素综合作用的结果，产量性状与其他性状之间存在着十分复杂的关系。高产需要有合理的群体结构、单位面积株数、单株蒴数、单蒴粒数、千粒重、单株重等产量构成诸因素应相互协调，充分发挥群体产量潜力。河南省农业科学院、中国农业科学院油料作物研究所的研究一致认为，芝麻的高产性状首先取决于单株蒴数，在此基础上争取单蒴粒数及千粒重的增加，但不同地区侧重点有所不同。

（二）耐渍（涝）　芝麻本身的耐渍（涝）性较差，渍（涝）害严重影响芝麻的高产稳产。尤其在华北、东北、黄淮及江汉平原，芝麻生育期间雨水比较集中，土壤长期过湿，芝麻极易遭受渍（涝）害，严重影响产量。实践证明，选育耐渍性较好的品种可以有效减轻危害，获得高产稳产。因此，在上述地区耐渍（涝）性是芝麻育种的重要目标之一。

在长江以南（如江西省的丘陵红壤秋芝麻生产区），伏旱和秋旱严重威胁芝麻生产，在该地区选育耐旱性较强的品种具有重要意义。

（三）抗病　芝麻病害主要有枯萎病、茎点枯病、青枯病和疫病。芝麻病害是限制芝麻生产的重要因素之一，发病严重年份，甚至可以导致芝麻绝收。目前资源材料中尚未筛选出免疫材料，但已发现一批具有不同程度的抗源。该批抗源应用于芝麻育种，已选育出具有较强抗病性的芝麻新品种。选育抗病品种是抗高芝麻产量的有效措施之一。芝麻的抗病性往往与耐渍性有关，耐渍性强的品种往往发病率较低。

（四）早熟　芝麻品种生育期是否与特定生态类型区及农业生产特点相适应，对芝麻产量及品质影响极大。特别是一年三熟的秋芝麻区、一年两熟的夏芝麻区及东北春芝麻区，有效生育期较短，选育早熟高产品种可以有效免除生育后期低温危害，保证芝麻高产稳产和优质。

（五）优质　芝麻良种优质的指标主要有含油率及外观品质。我国现有芝麻种质资源含油率变异较大，幅度为46%～62%，提高含油率的潜力很大。目前选育品种的含油率一般应在55%以上。外观品质一般要求选育品种粒色纯正，子粒饱满。芝麻种子含油率与种皮颜色有关，总趋势是白粒、黄粒较高，褐粒次之，黑粒最低。同一粒色品种间的含油率与种皮厚薄等性状有关，一般子粒饱满、种皮薄而有光泽的品种含油率高。在我国华南、华东等地区，黑芝麻是传统的食品，并且具有一定的药用价值。因此，粒色选择应考虑到这些需要。

此外，在制定育种目标时，还要考虑到品种的裂蒴性。裂蒴性过强，收获时容易造成落粒损失，一般以蒴果微裂为宜。

二、芝麻主要性状的遗传

（一）芝麻主要农艺性状的遗传　芝麻主要经济农艺性状的遗传，在不同程度上都属于数量性状遗传范畴，有明显的剂量效应。在生育期、植株高度、叶腋蒴数、全株蒴数、蒴粒数、千粒重和含油量方面，杂种后代大都介于双亲之间而且往往大于双亲平均值。产量构成因素之间的相关分析表明，单株蒴数与产量呈显著正相关，是构成产量的决定因素；其次是蒴粒数和千粒重。一些质量性状的遗传一般为简单遗传，如株型性状分枝型对单秆型为显性，紫花色对白花色为显性，深种皮色对浅种皮色为显性。

（二）抗病性遗传　芝麻主要病害是枯萎病、茎点枯病、青枯病、疫病等。以往的大量研究主要集中在抗源的鉴定筛选上，系统的遗传研究报道不多。河南农业科学院对芝麻枯萎病抗性遗传的初步研究认为，芝麻对枯萎病抗性主要表现为加性遗传，其病情指数的遗传方差以一般配合力方差为主。李丽丽（1991）、崔苗青（1999）分别鉴定评价了我国芝麻种质资源的茎点枯病抗性，结果没有发现免疫材料，高抗材料比例较低。

（三）耐渍性遗传　系统的耐渍性遗传研究尚未见报道，目前主要集中于资源耐渍性鉴定评价上。柳家荣等（1993）的研究表明，芝麻的耐渍性与品种类型及根系活力有密切关系：野生种高度耐渍；栽培种中的部分改良品种（系）及来源于高湿地区和低洼易涝地带的农家品种也表现高度耐渍；体现根系活力的伤流量及根群量是评价芝麻耐渍性的重要生物指标。

（四）品质性状的遗传　河南省农业科学院柳家荣等（1992）从国内外芝麻资源中随机抽取410份材料进行营养品质性状的鉴定分析，结果见表14-1和表14-2。脂肪平均含量为53.13%，变异系数为3.53%；蛋白质平均含量为26.39%，变异系数为7.03%；脂肪平均含量与蛋白质平均含量呈显著的负相关（$r=-0.58$）。脂肪中主要含有6种脂肪酸，其中油酸与亚油酸的含量总和在80%以上。脂肪酸组分对脂肪含量的通径分析表明，油酸和亚油酸的直接效应分别为0.69和0.93，达极显著水平。品质性状遗传的系统研究有待加强。

表14-1　脂肪、蛋白质含量及二者总和变异表

品质性状	平均含量（%）	变幅（%）	变异系数（%）
脂肪	53.13	45.17～58.52	3.53
蛋白质	26.39	21.27～30.74	7.03
脂肪+蛋白质	79.53	71.33～84.98	2.13

表14-2　脂肪酸含量及变异

项　目	脂肪酸组分					
	油　酸	亚油酸	硬脂酸	棕榈酸	亚麻酸	廿碳烯酸
平均含量（%）	41.29	43.67	4.95	9.10	0.34	0.50
变　幅（%）	35.75～52.87	33.15～48.82	3.87～6.20	7.89～10.99	0.10～0.75	0.11～0.90
变异系数（%）	5.13	4.38	6.95	7.08	27.24	25.05

第三节　芝麻种质资源研究与利用

芝麻种质资源是生产和科学研究的物质基础，世界各芝麻主产国均重视芝麻种质资源的搜集、整理、保存、研究和利用。

1. 广泛搜集　我国于20世纪50年代初期开展了芝麻种质资源的全面搜集工作，尤其到"六五"以后加大了工作力度，并于“七五”、“八五”期间设立国家攻关项目，对芝麻资源搜集工作起到了极大的促进作用。我国搜集保存的国内外芝麻资源达 4 251 份。

2. 妥善保存　将搜集到的芝麻资源材料，经过系统整理、编目，妥善保存。我国已建立了芝麻短、中、长期种质三级保存系统，长期库设在中国农业科学院品种资源研究所，中期备份库设在中国农业科学院油料作物研究所，短期库一般设在有关的芝麻科学研究单位。芝麻子粒小，容易保存，一般育种单位用干燥器密封保存，可达 10 年以上。

3. 系统鉴定及筛选　随着芝麻育种水平的不断提高，对资源的要求愈加迫切，对芝麻资源的鉴定筛选工作正在得到加强。我国芝麻科研工作者针对芝麻科研和生产中存在的普遍问题，在芝麻抗病性、耐渍性等方面进行了系统的鉴定及筛选工作，已经筛选出了一批抗源、耐渍源及优质资源，并应用到芝麻育种实践中。如湖北武昌迟芝麻、武昌九根头、缅甸黑芝麻等表现高度耐渍；湖北天门发芝麻、河南尉氏柳条、缅甸鹭丹山 3 等高抗茎点枯病；河北固安八杈枝芝麻、广西洛东牛尾麻等高抗茎点枯病；河南禹县白芝麻、宜阳白芝麻等兼具脂肪、蛋白质、油酸、亚油酸高含量。

4. 野生种的研究利用　委内瑞拉学者 Mazzani（1981）、Pereira（1996），我国学者陈翠云（1982）等研究发现，野生芝麻（*Sesamum schinzianum*、*Sesamum radiatum*）具有极强的抗病耐渍性。Teisaku Kobayashi（1991）、石淑稳（1993）对野生芝麻与栽培种的交配能力进行了观察，发现杂种幼胚早期败育，不能正常形成种子。石淑稳（1993）、瞿桢（1994）对远缘杂种胚拯救进行了研究。河南省农业科学院通过远缘杂交技术，已将刚果野芝麻的抗病耐渍基因转育到栽培种，并逐步应用于芝麻抗病耐渍育种。

第四节　芝麻育种途径与方法

一、引　　种

引种是农作物育种最经济有效的途径之一。只要充分考虑到不同生态类型区的光温条件及耕作栽培习惯，引种往往容易成功。芝麻是喜温短日照作物，对光温条件具有较强的敏感性。一般南方品种北移，生育期延长；北方品种南移生育期缩短。我国芝麻产区依环境条件差异、耕作制度不同，分为 7 个生态类型区：①东北、西北一年一熟春芝麻区；②华北一年一熟春芝麻区；③黄淮一年两熟夏芝麻区；④汉江一年两熟夏芝麻区；⑤长江中下游一年两熟夏播及间套种芝麻区；⑥华中南、华南一年两熟及三熟春、夏、秋播芝麻区；⑦西南高原以夏播为主兼春秋播芝麻区。不同生态类型区芝麻生育期差异较大，如东北春芝麻生育期为 110～120 d，华南的春芝麻只有 70～80 d。因此，南北引种时应考虑不同品种的生育特性。引种时应做引种试验，以确保引种成功。芝麻引种有不少成功的例子，如豫芝 4 号引种到陕西并定名为引芝 1 号、豫芝 2 号引种到湖北、韩国早熟品种丹巴格引种到河南等均表现良好。

二、自然变异选择育种

任何作物品种都是以群体方式存在的。构成群体的个体基因型有可能发生基因突变或自然杂交，使纯系品种发生变异。无论是农家品种还是改良品种，其性状的稳定性及群体的一致性都是相对的，而变异则是绝对的。芝麻虽然是自花授粉作物，但经测定其天然异交率一般在 5%左右，昆虫是自然杂交的主要媒介。另外，杂交育成品种性状的继续分离也是产生变异的重要因素。自然变异选择育种就是对这些自然产生的可遗传的变异进行选择，经过试验鉴定而育成新品种。自然变异选择育种的方法有两种：混合选择和单株选择。

1. 混合选择　混合选择就是在现有品种（农家种或改良品种）的混合群体中，按照育种目标要求，将同类型的优良变异单株选出来，经过考种，将性状一致的植株混合脱粒，以原始品种和推广良种作为对照，从中选出新品种，如 20 世纪 60～70 年代推广的上蔡紫花叶 23、湖北襄阳犀牛角等。

2. 单株选择　单株选择也称株系选择或系统选择，是指在现有品种中选择变异植株，对其后代经过系统试验鉴定，从中选育出新品种。其选择步骤是：第一年，按照育种目标从大田群体中选取若干变异植株，分别编号脱粒；第二年，将选择的材料按单株种入选种圃，每隔 4 个或 9 个小区加入原品种作为对照，经过鉴定，将当选小区的植株择优混收供株系鉴定；第三年，将入选的株系分系种入株系圃，用当地推广品种作为对照，从中选出新品系，并进行区域试验及生产示范。20 世纪 70～80 年代推广的品种驻芝 2 号、中芝 5 号即以此法选育而得。

三、杂交育种

杂交育种是通过遗传特性不同的亲本进行有性杂交，对其后代进行选择，从而培育出新品种。杂交育种是芝麻育种广泛采用、效果良好的育种途径。目前我国芝麻杂交育种主要是品种间的有性杂交。现将亲本选配原则、杂交技术和杂种后代的选择方法介绍如下。

（一）亲本选配原则　杂交之前，首先要选择适当的材料作为杂交亲本。亲本选配是否得当，是杂交育种成败的关键。根据育种实践和遗传学理论，芝麻杂交育种亲本选配的基本原则有如下几个方面。

①双亲都应具备较多的优点，没有突出的缺点，在主要性状上又能相互取长补短。这样，杂种后代出现综合性状较好的单株的可能性就大，易于选出新品种。

②杂交亲本中应该具备主要育种目标性状，如抗病、耐渍、早熟、高油分等，至少在亲本之一应具备。

③亲本中某些性状如粒色、花色和其他一些形态特征最好能相近，以使杂种后代稳定较快。

④根据显性性状选配父本和母本。芝麻主要性状的显隐性关系表现为分枝对单秆为显性，深种皮色对浅种皮色为显性，叶腋单蒴对叶腋三蒴为显性，蒴果四棱对多棱为显性。选育的重点性状最好是显性性状。另外，通常用当地推广良种作母本，以外引材料作父本。

（二）杂交方式与技术

1. 杂交方式　主要为单交，其次有三交、复交、回交等。

2. 杂交技术　根据芝麻花的生育特性及花器构造特点，有性杂交技术包括整序、去雄、授粉等步骤。

（1）整序　作为母本的花，以主茎中段为宜。杂交开始之日，将下部的花蕾、花及幼蒴全部去掉。杂交结束时，将主茎上部未授粉的全部花序摘除，并在收获之前的一段时期，随时摘除新生的枝芽。

（2）去雄　芝麻具有筒状唇形花冠，雄蕊着生在花冠内侧基部。去雄的方法只需用手摘掉母本的花冠，雄蕊即可伴随而出。去雄时间是预计花冠盛开的前一天下午。

（3）授粉　芝麻花的雌蕊和雄蕊成熟时间不尽一致，一般雌蕊提前一天左右成熟，其生活力可保持 1～2 d。雄蕊花药在夏季高温情况下，以上午 6：00～8：00 时最盛，此时为授粉的最佳时期。具体操作方法是，将当日盛开的父本花朵连同雄蕊一起摘下，用花药直接在去了雄的母本雌蕊柱头上反复轻擦数次，使足够的花粉粒落在柱头裂片内侧即可。授粉的母本花序一般不需要套袋隔离，但需挂牌标记。

（三）杂种后代的选择　杂种后代将出现复杂的分离。杂交育种的主要任务就是从这些丰富的变异中选择符合育种目标的材料。芝麻杂种后代的选择方法，因各代的变异分离性状不同而分别对待。

芝麻是自花授粉作物、杂交亲本一般为纯合体，单交第一代通常不发生分离。育种者在杂交第一代的主要任务是去除假杂种，淘汰具有明显缺陷（如不耐渍、不抗病及无杂种优势）的组合。在保留的组合中，每个组合选取若干植株混合脱粒作为第二代的材料。

杂种第二代开始出现分离。因此，从第二代开始应采取相应的方法进行选择。目前，通常采用的方法有系谱法和混合法。

1. 系谱法　所谓系谱法，即从第二代开始选择单株种成家系，以后各代都从优良家系内选择单株，继续种成家系，直到选出性状稳定一致的优良品系为止。每一世代所选的单株都应编号，组成系谱号，以备查考。系谱编号的方法是组合号-第二代入选株号-第三代入选株号……。如 9804 - 3 - 1 表示 1998 年配的第 4 个组合，1999 年第一代不选单株，2000 年第二代入选的第 3 个单株，2001 年第三代入选的第 1 个单株。如果某一世代没有选择单株，只是混合收获，则以“0”表示。

2. 混合法　混合法是芝麻育种中简便而实用的方法，此法在杂种分离世代按组合混合收获，混合种植，不选择单株，只淘汰伪劣株，直到群体遗传上趋于稳定，纯合体比例达 80%以上（一般在 F_5～F_8），才开始选择单株，并种成株系，最后选择优良株系升级试验。

在芝麻育种实践中，上述方法经常结合使用。同时，为了加速世代进程，缩短育种年限，往往采用南繁加代，以尽快选出新品种。

四、杂种优势利用

杂种优势是生物界普遍存在的现象。杂种优势利用是作物遗传改良的重要课题。印度学者 Pal（1945）首次揭示了芝麻的杂种优势现象。此后，国内外许多学者对此进行了大量研究。Recelli（1964）用 32 个品种杂交获得 510 个 F_1杂种，其中 60.6%的组合存在产量优势，平均达到 66.2%。Yermanos（1978）用 8×8 双列杂交配制组合，其产量的超亲优势值变幅为－28%～237.8%。我国学者屠礼传（1989）用 11 个外引品种与 7 个地方品种组配 77 个组合，其产量的超亲优势为－6.9%～252.7%。Osman 和 Yermanos（1982）报道了第一个芝麻雄性核不育材料，指出该不育性受一对隐性基因控制，有希望应用于生产芝麻杂交种。我国芝麻杂种优势利用研究始于 20 世纪 70 年代末。芝麻杂种已在河南选育成功，并已通过审定，获得推广。现就芝麻杂种优势利用途径及技术方法概述如下。

（一）利用途径　芝麻杂种优势的利用需要有切实可行的制种途径。主要制种途径有 3 条：人工去雄制种、化学杀雄制种及雄性不育系利用。已有研究表明，人工去雄制种虽然有去雄方便、授粉易于操作、芝麻繁殖系数高、用种量少等优点，但由于芝麻种植群体大，花期长，实际操作仍存在费工费时、效率低等问题。关于化学杀雄制种在一些作物上有过试验报道。丁法元（1983），徐博（1991）利用化学杀雄剂在芝麻上试验，可使杀雄率达到 98%以上，但药害严重，异交结实率仅有 20%左右，杀雄率与药害的矛盾不易协调。雄性不育系的利用是作物杂种优势利用的重要途径。目前，芝麻杂种优势利用的主要途径是利用细胞核雄性不育系配制杂交种。迄今为止尚未发现有质核互作的雄性不育材料。

（二）利用的技术方法

1. 细胞核雄性不育系的选育　主要有群体改良法和回交转育法。河南省农业科学院于 1986 年开始采用群体改良法，以外引的原始不育材料为桥梁，选择若干个当地优良品种、农家品种及分别具有抗病耐渍优良基因的基因型，构成原始群体，每代选择优良的雄性不育株和可育株，混合构成子代群体，如此循环若干周期。通过群体内优良基因的重组和富集，产生丰富的遗传变异，从而选育出一批综合农艺性状优良的细胞核雄性不育材料。回交转育法一般用强优势组合的母本作父本与不育材料杂交，从杂交后代中选择具有母本性状的不育株与杂交父本回交，如此回交 5～6 代，即可选育出实用的不育系。

2. 强优势组合筛选　重点是杂交亲本的选配。除了考虑亲本选配的一般原则外，要特别强调杂交亲本的地理远缘和血缘远缘。遗传差异大的亲本间往往易于产生杂种优势。河南省农业科学院于 20 世纪 80 年代，从美国、韩国、希腊等国家引进芝麻种质资源，用国内资源进行大规模组配。通过配合力分析、杂种优势测定、产量区域试验及抗病抗逆性鉴定，选育出了一批强优势组合。如国际上第一个芝麻杂种豫芝 9 号，其父本为来自韩国的丹巴格（Danbaggae），母本为我国资源材料 86－1（该材料已转育成核不育系 ms86－1）。

3. 不育系选育与杂交组合测配同步进行　为了缩短育种年限，提高育种效率，在不育系选育的过程中，以不育材料为母本，进行大量的组合测配，使选择与测配同步进行，同时结合多圃鉴定，高效率选育出新的芝麻杂种。

4. 不育系繁殖与杂交制种技术

（1）不育系繁殖　目前利用的芝麻雄性不育是单基因控制的隐性核不育，其特点是不育系群体中有 50%的育性分离。不育系的繁殖是通过系内同胞交配来实现的，即不育系群体中的杂合可育株（*Msms*）所产生的花粉，由昆虫（主要是蜜蜂）传给不育株（*msms*），从而保持不育株率为 50%的不育系群体。不育系群体内可育株与不育株可通过花药或其他标记性状区分。成熟时只收获不育株所结种子，供下年度亲本繁殖或杂交制种之用。

（2）杂交制种　芝麻雄性核不育的形态特征及芝麻开花的生物学特性适于两系杂交制种。主要表现在：①芝麻花器大，花药特征明显，易于田间识别。雄性不育株花药绿色、瘦瘪、无花粉；可育株花药白色、饱满、有大量花粉。②单株雄性不育度高，花药败育彻底，只需检查一朵花即可判断整株育性。③芝麻开花早，花期长，第一朵花开花时，植株营养体较小，此时拔株容易实施，拔除可育株后，仍可保证所需密度。④芝麻是自花授粉的显花作物，蜜腺发达，有利于昆虫传粉，不育株天然异交结实率可达 99%以上。⑤芝麻繁殖系数大，制种效率高，

1 hm^2 制种田生产的种子可以满足 100 hm^2 大田用种需要。制种田一般采用1∶3或2∶4行比，要求及时拔除母本行的可育株。

需要强调的是，不育系繁殖及杂交制种都需要有严格的隔离条件，一般采用空间隔离或时间隔离，以确定亲本及杂种的纯度。

五、其他育种途径

除了上述几种主要的育种途径之外，其他育种途径如诱变育种、远缘杂交育种及多倍体育种等也都在芝麻育种上进行了尝试。如河南省农业科学院利用芝麻栽培种与野生种进行远缘杂交，结合组织培养杂种胚拯救技术已获得杂种后代植株；通过秋水仙素处理已诱发产生了遗传性基本稳定的芝麻同源四倍体。这些变异类型无疑为芝麻新品种选育提供了物质基础。随着分子生物学研究的不断深入和发展，新的育种技术（如分子标记辅助选择、目标基因的克隆、转基因技术）将逐步应用到芝麻育种中，使芝麻育种技术产生新的突破。

第五节 芝麻育种试验技术

一、田间试验技术

芝麻育种要经过一系列的试验，其中田间试验是必不可少的。田间试验要求试验田地势平坦，壤土或两合土，肥力中等以上，排灌方便，以生茬地为主。应施足底肥，以磷钾肥为主，配合适量的氮肥。芝麻是小子作物，播种出苗难度大，因此，播前要精细整地，做到耕耙均匀，上虚下实，保证苗全早发。

田间试验的种植应有适宜的株行距，以便对育种材料进行观察记载和选择。种植密度依品种而定，一般单秆型为 40～50 cm×15～20 cm，密度为 150 000 株/hm^2（10 000 株/亩）左右，分枝型应适当稀植；小区面积 8～12 m^{2}为宜。

田间试验一般包括选种圃、品系鉴定试验圃和品种比较试验圃。选种圃种植各类后代分离材料。品系鉴定试验圃，主要是对从选种圃中选出的品系或引进品种进行产量及综合性状比较鉴定，选出优良品系。品系鉴定试验的材料较多，田间设计通常采用顺序排列或间比法排列，重复1～2次，以推广良种作为对照。品种比较试验圃的主要工作是对鉴定圃中入选的品系在较大面积上进行更为精确的产量试验，并对综合性状做进一步考察，为区域试验提供品种。参加品种比较试验的品种数量较少，一般不超过10个，田间试验采用随机完全区组法，以当地推广良种作统一对照。为了全面评价品种，并为区域试验提供足够的种子，品种比较可在不同地区进行多点试验。

二、区域试验和品种审定

（一）区域试验 区域试验是将各育种单位经过品种比较试验推荐的最优品种，按不同生态类型区进行品种丰产性、稳产性、抗逆性、地区适应性的广泛鉴定试验。田间试验设计与品种比较试验相同，试验条件与大田生产更为接近。一般每个生态区设3～5个试点。区域试验分省（区、市）级和国家级。国家级的试点范围分布更广，一般要跨两个省区以上。区域试验周期2～3年，同时可进行生产试验（一般1～2年），扩大繁殖种子。

（二）品种审定 经过区域试验和生产试验并符合审定标准的品种，可提请审定。品种审定实行国家和省（区、市）两级审定制度。由品种审定部门按法定程序审定育成或引进的新品种，确定其适应范围，并进行品种登记、编号和命名，正式作为新品种推广。省级审定部门负责本地区的品种审定，并对其统一命名。国家审定部门负责跨省推广新品种的审定。国家审定通过品种名称前冠以GS，以示国审品种，如GS豫芝4号、GS豫芝11号等。

芝麻品种审定的标准是，常规品种比对照增产10%，杂交种增产15%以上，增产达显著水平，其他性状优良。

第六节　芝麻种子生产技术

一、芝麻种子生产的特点

芝麻种子生产是新品种推广利用的一个重要环节。芝麻是自花授粉作物，用种量少，繁殖系数大，原种扩繁速度快，一般繁殖 1 hm^2 原种可以推广 100～150 hm^2。

二、芝麻种子生产的方法

芝麻品种在推广过程中也存在品种退化问题，这主要是由于品种本身的自然变异、天然异交及人为因素所致。为保护育种家的知识产权、保持品种种性、简化种子生产过程，全国各作物正在推行由育种家种子、原原种、原种和良种四个环节组成的四级种子生产程序。芝麻的四级种子生产程序正在制定，有待芝麻种子工作者根据种子小、繁殖系数高的特点积累经验，准备转轨。我国以往的芝麻良种生产方法主要有下述两种。

（一）株行优选法　此法也称两圃法，就是将选择的优良单株，经过株行比较汰劣汰杂，再繁殖扩大，最后用于大田生产。其具体操作方法是：第一年选择优良单株，一般从盛花期开始，根据该新品种的标准性状，在大田中选择丰产性能好、生长健壮的植株，挂牌标记，到成熟期决选，分单株收获脱粒保存，作为株行圃的种子。第二年设立株行圃，进行株行比较试验。在整个生育期认真鉴别，严格决选。成熟时将既具备该品种典型性状又表现丰产的株行混合收获脱粒。第三年设立繁殖圃繁殖种子，供大田生产用种。

（二）混合选优法　混合选优法，即从种子田或良种生产田中选择具有该品种典型性状的优良单株，混合脱粒。所收种子大部分直接用于大田生产，少部分种入专门设置的种子田，供继续选种。

三、芝麻种子质量分级标准

目前，芝麻种子质量尚无全国性分级标准，仅有地方性标准。一般从品种纯度、净度、发芽率含水量等为分级主要依据，建议的四级种子标准见表 14-3，供参考。

表 14-3　芝麻种子分级标准（供参考）

级　别	纯度不低于（%）	净度不低于（%）	发芽率不低于（%）	水分不高于（%）
育种家种子	99.5	99.0	98.0	7
原原种	99.0	99.0	97.0	7
原种	98.0	98.0	96.0	7
良种	96.0	98.0	95.0	7

第七节　芝麻育种研究动向和展望

芝麻是我国传统的优质油料作物，芝麻作为油用和食用所具有的独特风味和极高的营养保健价值早已为人们所认识。但是，长期以来，芝麻一直被认为是小宗作物。与其他大作物相比，芝麻科研相对滞后，科研力量相对薄弱。全国范围内，尽管有几家单位专门从事芝麻育种研究工作，也取得了一定的成绩，但是在许多研究领域还存在着严重不足，甚至是空白。突出表现在以下几个方面。

1. 种质资源研究不够深入　我国到"八五"结束时，已累计收集各类芝麻种质资源 4 200 余份，并已编目入库保存。通过鉴定筛选分析，也筛选出不同类型的抗源和优质源。但是，缺少进一步的深入研究，如种质资源遗传多样性分析、核心种质库的构建、重要抗源和优质源相关性状的遗传规律探讨等。而这些正是种质资源得以在育种中充分利用的基础。

2. 芝麻基础研究薄弱 主要表现在芝麻细胞学和遗传学研究滞后，尽管前人做了一定的工作，如对芝麻体细胞染色体的初步观察、核型分析、细胞遗传研究等（柳家荣等，1980；詹英贤等，1988；何凤发、柳家荣等，1994、1995），但所有这些都有待进一步深入研究。

3. 主要育种目标性状的遗传研究相对较少 芝麻主要育种目标性状有抗病性、耐渍性、高产性、早熟性、优质等。其中抗病性和耐渍性是芝麻稳产的关键因素。以往的研究主要侧重于资源的表现型鉴定和筛选，缺少系统的遗传分析。

4. 杂种优势利用研究有待加强 利用细胞核雄性不育两系制种技术，使芝麻杂种优势利用成为现实，初步展示了杂种优势利用的广阔前景。但是，核不育两系制种技术的固有特点（即半不育性）使制种规模受到限制，直接影响着芝麻杂交种的大面积推广应用。迄今为止，当未发现质核互作不育材料。

鉴于上述几个方面，今后芝麻育种应重点做好基础理论研究工作，大力开展资源创新，探讨重要目标性状的遗传规律、雄性不育性的遗传机制，尤其要充分利用现代作物育种新技术（如分子标记辅助选择、转基因技术等），使芝麻育种跃上新台阶。

复习思考题

1. 试根据国内外研究现状，论述我国芝麻育种的发展方向与育种目标。
2. 试根据芝麻的光温反应特性论述不同生态区芝麻引种的基本原则和方法。
3. 试述芝麻品质育种相关性状的遗传及其对育种的意义。
4. 试举例说明芝麻的主要育种途径与方法。各有何特点?
5. 试讨论芝麻杂种优势利用的途径、技术特点和重点要解决的问题。
6. 简述不同育种阶段芝麻田间试验的主要内容和关键技术。
7. 试述芝麻种子生产方法及质量分级标准。
8. 论述芝麻育种存在的主要问题及对策。

附 芝麻主要育种性状的记载方法和标准

一、生育期性状

1. 播种期：播种的日期，以日/月表示（下同）。
2. 始苗期：出苗达20%以上的日期（子叶露出地面并展开为出苗）。
3. 出苗期：出苗达75%以上的日期。
4. 现蕾期：出现绿色花苞植株（心叶呈上耸状）达60%以上的日期。
5. 始花期；开花植株达10%以上的日期（花冠完全张开为开花）。
6. 盛花期：开花植株达60%以上的日期。
7. 终花期：60%以上植株不再开花的日期。
8. 封顶期：主茎顶端不再增加花蕾的植株达75%以上的日期。
9. 成熟期：主茎叶片大部分脱落，蒴果、茎秆及中下部蒴果内子粒已呈本品种成熟时固有色泽的植株达70%以上的日期。
10. 生育期：自播种期的第二天到成熟时的天数。

二、植物学性状

11. 茎秆色：正常成熟时分为青绿、绿黄、黄和紫。
12. 花色：以花冠张开时为准，分为白、粉红、浅紫和紫。
13. 每叶腋花数：分为单花、三花，如有少数叶腋出现多花现象，可据实记载。
14. 叶片形状：以主茎中下部叶片为准，分为卵圆、椭圆和柳叶形。
15. 叶色、分为淡绿、绿和深绿。

16. 蒴果色：分为绿、黄绿和黄，少数带紫点者可描述之。

17. 蒴果棱数：分为四棱、六棱、八棱和混生。

18. 子粒颜色：分为白、黄、褐和黑。

19. 株型：分为单秆、弱分枝（1～3）个和强分枝（3个以上）。

三、经济性状

20. 株高：从子叶节至主茎顶端的高度（单位：cm，下同）。

21. 始蒴高度：从子叶节到始蒴节位的高度。

22. 黄梢尖长度：主茎顶端无子粒收成部分的长度。

23. 分枝数：从主茎和分枝上发出的有效分枝数之和（有效分枝是指结有正常蒴果者）。

24. 果轴长度：株高减去始蒴高度和黄梢尖长度之差。

25. 蒴果长度：取主茎中部15～20个蒴果量其长度，求其平均数。

26. 单株蒴数：指主茎和分枝上有效蒴果数的总和（有效蒴果是指内含有子粒者）。

27. 单蒴粒数：主茎中段15～20个蒴果粒数的平均数。

28. 单株粒重：取样10株的平均子粒重（g）。

29. 单粒重：随机抽样，3次重复的平均单粒重（g）。

30. 小区产量：晒干去杂后小区总重（kg，保留两倍小数）。

四、抗性

31. 耐渍（涝）性：①在暴雨后猛晴或久旱暴雨后，观察植株凋萎情况，并在放晴后4～6 d记载死苗（株）数和恢复情况。②在久雨且高湿影响下，观察受涝植株的黄化、凋萎或死苗（株）情况。③久雨转晴，田间积水排出后，观察受涝植株恢复情况，可用生长速度表示恢复的快慢。

32. 耐旱性：在久旱不雨发生旱象时，于下午1时左右，观察植株萎蔫情况，分级记载萎蔫程度。从蒴果发育、落花落果等现象，观察耐旱性强弱。

33. 抗病性：记载病害名称（茎点枯病、枯萎病、青枯病、白粉病等）、病症、发病时期及危害程度。分5级记载，用病情指数表示，用0、1、2、3、4表示危害轻重。“0”（免疫）：全部植株无病；“1”（高度抗病）：5%以下的植株感病；“2”（中度抗病）：5%～20%的植株感病；“3”（中度感病）：20%～40%的植株感病；“4”（严重感病）：40%以上的植株感病。

$$\text{病情指数}=\frac{\sum(\text{感病植株}\times\text{表现值})}{\text{总株数}\times\text{最高表现值}}\times 100\%$$

34. 抗虫性：记载虫害的名称、发生环境、危害时期、危害部位及危害程度。以“0”表示无，“1”表示轻，“2”表示较重，“3”表示重。

35. 裂蒴性：成熟时观察蒴果开裂情况，以“不裂”、“轻裂”和“裂”表示裂蒴程度。

参 考 文 献

[1] 崔苗青，李义之．芝麻种质资源抗茎点枯病鉴定与评价．作物品种资源．1999（2）：36～37
[2] 丁法元，李贻芝．芝麻的主要性状遗传和相关分析．河南农业科学．1990（6）：1～3
[3] 冯祥运等．芝麻种质资源耐渍性鉴定及评价．中国油料．1991（3）：12～15
[4] 何凤发，柳家荣等．芝麻的核型与系统演化．西南农业大学学报．1994，16（4）：573～576
[5] 何凤发，柳家荣等．芝麻细胞遗传的研究．河南农业科学．1995（5）：9～12
[6] 河南省农林科学院主编．芝麻．郑州：河南人民出版社，1978
[7] 河南省质量技术监督局发布．河南省地方标准——农作物四级种子生产技术操作规程，2002
[8] 柳家荣等．芝麻产量构成因素的相关性研究．中国油料．1980（2）：55～60
[9] 柳家荣，郑永战．芝麻种质营养品质分析及优质资源筛选．中国油料．1992（1）：24～26，33
[10] 柳家荣，郑永战．芝麻种质营养品质研究．华北农学报．1992，7（3）：110～116

[11] 柳家荣等．芝麻的耐涝性与基因型及根系活力的关系．华北农学报．1993（2）：36～37
[12] 李丽丽，汪山涛．我国芝麻种质资源抗茎点枯病鉴定．中国油料．1991（1）：3～6，23
[13] 戎新祥，吴玮．芝麻主要性状与子粒产量之间的相关及通径分析．中国油料．1989（4）：30～32
[14] 屠礼传等．芝麻杂种优势研究．中国油料．1988（2）：8～12
[15] 屠礼传，王文泉．芝麻配合力分析．华北农学报．1989，4（3）：49～53
[16] 屠礼传等．芝麻杂交种豫芝9号的选育与利用．河南农业科学．1994（5）：8～10
[17] 屠礼传等．芝麻基因雄性不育系的研究．华北农学报．1995，10（1）：34～39
[18] 王文泉，郑永战等．芝麻杂种优势及基因雄性不育两系利用的研究．北京农业大学学报．1993，19（增刊）：108～112
[19] 王文泉，柳家荣等．芝麻对枯萎病抗性遗传的初步研究．河南农业大学学报．1993，27（1）：84～89
[20] 王文泉，郑永战等．芝麻雄性核不育两系制种效果的研究．中国油料．1995，17（1）：12～15
[21] 卫双玲等．种子辐射处理对芝麻产量及农艺性状的影响．华北农学报．2000，15（1）：32～36
[22] 张海洋等．野生芝麻及其抗病耐渍性状利用研究初报．河南农业科学．2001，（10）：15～16
[23] 张海洋等．芝麻同源四倍体的诱发与鉴定．华北农学报．2001，16（2）：12～15
[24] 詹英贤，程明．芝麻细胞遗传的研究：Ⅲ．新的分类体系．北京农业大学学报．1990，16（1）：11～18
[25] 中国农业科学院油料作物研究所主编．中国芝麻品种资源目录（及续编一、续编二）．北京：中国农业科技出版社，1981，1992，1997
[26] 中国农业科学院油料作物研究所主编．中国芝麻品种志．北京：农业出版社，1990
[27] Murty D S. Heterosis，combining ability and reciprocal effects for agronomic and chemical characters in sesame. Theor Appl Genet. 1975（4）：294～299
[28] Osman H E，Yermanos D M. Genetic male sterility in sesame，reproductive characteristics and possible use in hybrid seed production. Crop Science. 1982（22）：492～498
[29] Pal B P. Study in hybrid vigon of sesame（*Sesamum indicum* L.）. Indian J. of Genet and Pl Breeding. 1945（5）：106～121
[30] Reccelli M，Mazzani B. Manifestations of heterosis in development，earliness and yield in diallel crosses of 32 sesame cultivars. Agron Trop Venezuela. 1964（121）：101～125
[31] Yermanos D M，Kotecha. A diallel analysis in sesame. Agron Abs Madison，Am Soc Agron，1978—1979

（郑永战、张海洋编）

第十五章　向日葵育种

第一节　国内外向日葵育种概况

一、国内外向日葵育种简史

向日葵（sunflower），学名 *Helianthus annuus* L.，原产于北美。1493 年在北美发现向日葵，1510 年由西班牙探险队带到欧洲，并迅速传遍了全欧洲。在很长一段时间内，向日葵主要是作为花卉、药用植物、养鸟饲料和作为干果等来种植。直到 18 世纪初，俄国人从荷兰引入向日葵，并开始大面积种植。1779 年开始用向日葵子实榨油，此后便把它作为油料作物栽培。向日葵已是我国的 5 大油料作物之一，栽培面积仅次于大豆、油菜、花生和芝麻。

世界生产向日葵的各国对向日葵优良品种的选育十分重视。和其他作物一样，向日葵的育种也经历了原始的民间选种和现代的科学育种两大历史阶段。16 世纪俄国沃罗涅日和萨拉托夫等地的居民对向日葵的花盘、子实的性状进行了系统的选育工作，并育成了一批农家品种，应用于生产。向日葵现代育种开始于 19 世纪末和 20 世纪初，可分为品种选育和杂交种选育。品种选育以前苏联成效显著。卡尔津于 1890 年开始了向日葵抗螟性研究，首次在观赏向日葵中发现瘦果皮硬度与抗螟性有关。1917 年普拉契克、普斯陶沃依特和因肯，首先育成了抗列当品种萨拉托夫 169、克鲁格列克 7 号等品种。随后，普斯陶沃依特创造了储备育种法，在 20 世纪 30 年代育出了一系列含油率高的品种，如克鲁阁里克 1846、夫尼姆克 3519、先进工作者等，其子实含油率达到了38%～43%。前苏联通过育种使向日葵含油率由原来的 30%～33%，提高到 48%～52%，新品种出油率较老品种高 50%～60%。

我国 20 世纪 50 年代从搜集品种资源入手，开始对地方农家品种和引进的外国品种进行研究和利用。吉林省长岭县的长岭大喀、山西省定襄县的北葵 1 号、山西和内蒙古的三道眉等农家品种都得到应用和推广。在育种方面，吉林省白城地区农业实验站以匈牙利品种依列基为基础材料经过系统选种于 1962 年育成了油食兼用型品种白葵 3 号。70 年代，辽宁省农业科学院以罗马尼亚单交种为基础材料，经系统选种，于 1980 年育成了油用型品种辽葵 1 号。向日葵杂种优势利用开始于 20 世纪 60 年代，法国勒克莱尔格育成了向日葵胞质雄性不育系。此后，许多国家利用这一不育源，育成了大批强优势杂交种，其产量比一般品种增产 20%～30%。向日葵栽培国已基本普及了杂交种。1974 年我国从国外引入向日葵不育系、保持系和油用型杂交种，并开始了向日葵三系育种及杂交种选育工作。到 80 年代，白城市农业科技研究所、辽宁省农业科学院和吉林农业大学分别育成了油用型向日葵胞质雄性不育杂交种白葵杂 1 号、白葵杂 3 号、辽葵杂 1 号和吉葵杂 1 号等。在生产上推广的油用向日葵杂交种产量比非杂交种提高了 20%～30%。

二、向日葵的繁殖方式与品种类型

向日葵是异花授粉作物，在自然条件下，靠蜜蜂或其他昆虫传粉完成授粉结实，通常其自交率小于 5%。向日葵虽然具有发育正常的雌雄蕊，但是管状花自花不育。其原因：一是由于遗传控制的生理上的自交不亲和性，通常柱头上的自交花粉粒不萌发或萌发率极低；二是由于雄蕊和雌蕊发育时期不同而减少了自花授粉的机会，一般雄蕊比雌蕊大约早成熟 16h，这并不是不育的主要原因。

迄今，生产上应用的向日葵品种有农家异交群体品种、改良异交群体品种以及杂种品种。20 世纪 50 年代种植的主要是农家品种；60 年代和 70 年代种植的主要是育成的优良品种；80 年代以后种植的主要是胞质雄性不育三系杂交种。

第二节　向日葵育种目标及主要性状的遗传

一、制定育种目标的依据和相关内容

制定向日葵育种目标的依据要从农业生产发展的现状和趋向、向日葵栽培的气候生态环境和耕作栽培制度、向日葵生产的限制因素、社会需要、人民生活习惯等方面综合加以考虑。

向日葵在我国是一个新兴的油料作物。虽然大面积种植的时间不长，但却充分显示了发展向日葵生产具有重要的经济意义。在今后相当长的一段时间里应迅速发展向日葵生产以满足人们日益增长的物质生活需要。在目前人口继续增加，耕地继续减少的趋势中，持续地提高向日葵杂交种单位面积产量和子实含油率是制定向日葵育种的首要目标。

我国向日葵主要分布在半干旱、轻盐碱地区，由于各地无霜期长短不同，决定向日葵分为一季栽培和夏播复种两种地区，即使是同属一季栽培区或二季栽培区，由于气候、土壤、生态环境和耕作制度的不同，各向日葵种植区有其生产特点和特定问题，因此，对向日葵品种和杂交种有不同要求。新疆、内蒙古、黑龙江、吉林和辽宁的阜新和朝阳地区、河北的承德和张家口地区和山西的太原以北地区，一般无霜期短，适合种植生育期较长的食用向日葵和油用向日葵。辽宁沈阳以南和锦州地区、河北和山西的中南部、天津、河南、江苏、湖北、湖南、贵州等无霜期长的地区，在小麦收获之后种植生育期短的油用向日葵，进行复种栽培。在向日葵一季栽培区中，新疆、内蒙古在向日葵整个生育期干旱少雨，除菌核病外其他病害危害较轻。黑龙江、吉林和辽宁向日葵主要种植在盐碱地和干旱瘠薄地上，轮作周期短，生殖期降雨较多，病虫害及寄生性杂草列当危害较重。河北和山西等地虽属一季栽培区但因无霜期较长可选择种植生育期较长的品种或杂交种，同时应注重品种或杂交种的抗病虫性。在夏播复种区应注重选育生育期适宜抗病高产的品种或杂交种。

总之，提高单产及子实含油率，改善品质是向日葵育种的基本方向，同时应注重向日葵各栽培区对品种或杂交种的特殊需要。

二、育种目标的基本内容和要求

选育高产、高油、优质、多抗和适应性强的向日葵品种或杂交种是我国长期的总体育种目标。从当前和长远考虑，品种应以高产高油为基础。因此，大面积种植的各类向日葵品种和杂交种需具有显著的增产性能，但也要注意处理高产与多抗、优质的关系。

威胁我国向日葵生产的主要病害包括向日葵菌核病［*Sclerotinia sclerotiorum*（Lib.）de Bary］、向日葵叶枯病［*Alternaria helianthi*（Hansf.）Fubaki et Nishi.］、向日葵黑斑病［*Alternaria alternata*（Fr.）Keissl.（*Alternaria tenuis* Nees.）］、向日葵褐斑病［*Septoria helianthi* Ell. et Kell.］、向日葵霜霉病［*Plasmopara halstedii*（Far.）Berl. et de Toni］、向日葵锈病（*Puccinia helianthi* Schw.）、向日葵黄萎病（*Verticillium dahliae* Xleb.）、向日葵白粉病［*Sphaerotheca fuliginea*（Schlecht.）Poll.］等。主要虫害是向日葵螟［*Homoeosoma nebulellum*（Denis et Schiffermuller）］、草地螟（*Loxostege stiiticatis* Linnaeus）、桃蛀螟［*Dichocrocis punctiferalis*（Guenee）］、向日葵潜叶蝇（学名待定）、黑绒金龟甲（*Maladera orientalis* Motschulsky）、蒙古灰象甲（*Xylinophorus mongolicus* Faust）、拟地甲［网目拟地甲（*Opatrum subaratum* Faldermann）、蒙古拟地甲（*Gonocephalum reticulatum* Motschulsky）］、地老虎［（小地老虎（*Agrotis ypsilon*（Rottemberg）、黄地老虎（*Euxoa segetum*（Schiffermuller）、白边地老虎（*Euxoa oberthuri*（Leech）］等。主要草害是寄生性种子杂草列当（*Orobanche cumana* Wallr.）。向日葵良种不可能同时抗御全部的主要病虫草害，但必须能抗御严重限制生产的灾害因素。在新疆栽培的向日葵品种应有较强的抗菌核病的性能和耐旱性。在东北栽培的向日葵品种要有较强的抗向日葵叶枯病、向日葵黑斑病、向日葵褐斑病、向日葵菌核病和耐盐碱性。在夏播复种区栽培的向日葵应有较强的抗菌核病的性能。在各个向日葵产区栽培的食用型向日葵除对当地易流行的病害具有较强的抗性外，还应抗向日葵螟、草地螟、桃蛀螟等虫害。另外，在特定的地区常提出抗御特定病虫逆害的特有的育种要求。

现代高产高油杂交种应具有矮秆、株型良好、繁茂性强、对土壤适应性强的特性，加上能抗御当地主要病虫逆害，必将进一步增强杂交种的稳产性能。高产食用型品种和杂交种应具有适宜的株高、良好的株型、繁茂性强、抗倒伏、较大的子粒和较强的抗御当地主要病虫逆害的能力。另外，育种目标还涉及品种的生育期要适于作物茬口安排和轮作、减轻逆害等。

三、主要性状的遗传

围绕高产优质多抗和适应性强的育种目标，研究有关性状的遗传对有效地利用品种资源，提高选择效率以达到育种的预期目标，有极重要的意义。

（一）产量性状的遗传　单盘重量、主盘粒数和千粒重是向日葵的主要产量性状。这些性状在品种间有很大差异，其一般配合力和特殊配合力也有很大差异。

1. 单盘重量　向日葵的单盘重量属于数量遗传性状，主要受基因的加性效应控制，但显性效应和上位性效应也明显。单盘重量性状的遗传率（h^2）较低，受环境影响较大。大多数杂交组合 F_1 代有明显的杂种优势，且超亲优势明显，有少数超高亲组合存在。

2. 主盘粒数　向日葵的主盘粒数属于数量遗传性状，以基因的加性效应为主，也有部分显性效应存在。主盘粒数性状的遗传率（h^2）较低，受环境影响较大。主盘粒数多的类型同少的类型杂交，其杂种第一代多倾向于多粒亲本，有的组合表现超亲，显示出较强的杂种优势。

3. 千粒重　向日葵的千粒重属于数量遗传性状。千粒重性状的遗传率（h^2）较高，受环境影响较小。千粒重不同的类型间杂交，其杂种第一代的千粒重接近双亲平均值，有的组合表现超亲，显示出较强的杂种优势。

（二）植株性状的遗传

1. 株高　向日葵的株高属于数量遗传性状。数量遗传的复杂程度因不同组合而异，有的组合后代表现为简单的数量性状遗传，有的表现为较复杂遗传。株高性状的遗传率（h^2）较高，受环境影响较小。不同株高类型进行杂交，其杂种第一代株高接近双亲平均值，但倾向高亲本的组合多，也有超高亲组合存在。

2. 花盘径　向日葵花盘径属于较简单的数量遗传性状。花盘径性状的遗传率（h^2）较高，受环境影响较小。大花盘类型和小花盘类型间杂交，其杂种第一代表现出较强的杂种优势，多数花盘径接近或超过大花盘径亲本。

3. 叶片数　向日葵叶片数性状的遗传属于较简单的数量遗传性状。叶片数性状的遗传率（h^2）较高，受环境影响较小。不同叶片数类型间杂交，其杂种第一代的叶片数接近双亲的平均值。

4. 茎粗　向日葵的茎粗属于数量遗传性状。茎粗性状的遗传率（h^2）较低，受环境影响较大。不同茎粗类型间杂交，其杂种第一代的茎粗接近双亲的平均值，但倾向高亲本的组合多，也有超高亲组合存在。

（三）品质性状的遗传

1. 子仁率　向日葵子仁率属于数量遗传性状，其遗传以基因加性效应为主。子仁率性状的遗传率（h^2）较高，受环境影响较小。不同子仁率类型之间杂交，其杂种第一代的子仁率多靠近双亲的平均值，也有少数组合表现超亲，这种超亲有正向的也有负向的。

2. 子仁含油率　向日葵子仁含油率属于数量遗传性状，以基因加性效应为主，还有一定的显性和上位性作用。子仁含油率性状的遗传率（h^2）较高，受环境影响较小。不同子仁含油率类型之间杂交，其杂种第一代的子仁含油率因组合而异，有的组合接近双亲平均值，有的组合表现超亲，且正向超亲居多。

3. 皮壳率　向日葵皮壳率属于数量遗传性状，其遗传以基因加性效应为主，也有显性和上位性效应存在。皮壳率性状的遗传率（h^2）较高，受环境影响较小。不同皮壳率类型之间杂交，其杂种第一代的皮壳率多靠近双亲的平均值，也有少数组合表现超亲，其中超高亲的多于超低亲的。

第三节　向日葵种质资源研究与利用

向日葵的种质资源是向日葵中各种种质材料的总称，包括：古老的地方栽培种、品种；过时的栽培种、品种；新培育的推广品种；重要的育种品系和遗传材料；引进的品种和品系；向日葵野生种以及向日葵属的亲缘植物。

它们具有在进化过程中形成的各种基因，是育种的物质基础，也是研究向日葵属的起源、进化、分类的基本材料。

一、向日葵属分类

向日葵属于菊科（Compositae）向日葵属（*Helianthus*）。这个属是多态的，由多个种组成。向日葵种的分类方法较多，可依据染色体数目和性状来分类。

（一）根据染色体数目分类　根据染色体数目多少，可将向日葵分为二倍体种（$2n=34$）、四倍体种（$2n=68$）和六倍体种（$2n=102$）。一般栽培向日葵多属于二倍体种。根据 Xecigeq 分类法，向日葵属可以分为 4 组：第一组，具有直根的一年生和多年生种，二倍体（$2n=34$）有 14 个种；第二组，生长在北美西部的多年生种，二倍体（$2n=34$）有 5 个种，四倍体（$2n=68$）或六倍体（$2n=102$）有 1 个种，共计有 6 个种；第三组，生长在北美东部和中部的多年生种，包括二倍体、四倍体和六倍体，可分为 5 个种群；第四组，南美丛生的多年生类型，有 18 个种。

（二）根据用途和性状分类

1. 按种子用途分类　按种子用途分类可将向日葵分为食用型、油用型和中间型。

（1）食用型　此型植株高大，株高一般在 2～3 m；生育期较长，一般为 120～140 d，多为中、晚熟种；子粒大，长 15～25 mm；果壳较厚，一般皮壳率在 40%～60%；子仁含油率在 30%～50%。

（2）油用型　此型植株较矮，一般在 1.2～2 m。生育期较短，一般为 80～120 d，多为中熟种或早熟种。子粒小，长 8～15 mm；果壳较薄，一般皮壳率在 20%～30%，子仁含油率在 50%～70%。

（3）中间型　此型生育性状和经济性状均介于油用型和食用型之间。

2. 按生育期长短分类

（1）极早熟种　此类生育期在 85 d 以内。

（2）早熟种　此类生育期在 86～100 d。

（3）中早熟种　此类生育期在 101～105 d。

（4）中熟种　此类生育期在 106～115 d。

（5）中晚熟种　此类生育期在 116～125 d。

（6）晚熟种　此类生育期在 126 d 以上。

3. 按植株高矮分类

（1）矮株类型　此类型株高在 1.2 m 以下。

（2）次矮株类型　此类型株高在 1.2～1.7 m。

（3）次高株类型　此类型株高在 1.7～2.0 m。

（4）高株类型　此类型株高在 2.0 m 以上。

二、向日葵种质资源的研究概况

向日葵野生种约有 67 个，其中 50 多个已被育种学家用于育种。向日葵野生种有一年生和多年生两组，染色体数目有二倍体（$2n=34$）、四倍体（$2n=68$）、六倍体（$2n=102$）三组。

栽培向日葵品种资源，包括各国的地方农家品种资源和育成品种，是育种的重要材料。前苏联全苏经济植物研究所 1974 年搜集的栽培向日葵品种资源约 1 200 份，其中大约 60%是苏联品种，其余来自世界各国。美国农业部搜集的品种资源约 500 多份，来自 30 多个国家。这些资源具有丰富的遗传多样性，是宝贵的育种材料。突变群体是通过辐射和化学诱变获得的，其中最实用的是早熟和矮秆的突变。前苏联通过化学诱变，获得了早熟兼含油量高、皮壳率低、矮秆、脂肪酸组分改变和具有雄性不育的突变类型，通过选择，突变群体的油酸含量达到 72%，个别单株高达 90%。

野生向日葵对多种向日葵病害具有抗性，是抗病育种的丰富抗源。普斯陶沃依特等人对 40 多个野生种进行广泛的研究，发现对锈病、霜霉病、灰腐病、黄萎病、菌核病、白粉病和枯萎病具有抗性；对列当、向日葵螟和蚜虫也有抗性。野生种的含油率一般低于栽培种，变幅在18%～40%（Dorrel，1978）。野生种中的脂肪酸组成为宽幅变异。野生种子实的蛋白质含量较栽培种高，*Helianthus scaberrimus* 的子实蛋白质含量为40%，坚硬向日葵的脱脂子仁蛋白质含量为70%（Georaievatodo 和 Hristova 1975）。野生种是选育细胞质雄性不育系和恢复系的来源。法国勒克莱尔格1969年用 *Helianthus petiolaris* 和 *Helianthus annuus* 杂交，杂交种再与 *Helianthus annuus* 回交育成了世界上第一个细胞质雄性不育系。胞质雄性不育的大部分育性恢复源也来自野生种。野生种 *Helianthus annuus* 和 *Helianthus petiolaris* 中普遍存在恢复基因。

第四节　向日葵育种途径和方法

采用什么途径和方法培育新品种，决定于育种目标、遗传知识、育种规模等因素。育种途径和方法并非一成不变的，但也并不是无一定规律可循，育种工作者应根据实际情况灵活运用。

一、引　　种

引种是指从国外或外地引进品种直接在生产上应用或间接利用。实践证明，引种在常规育种工作中是一项简单、易行、经济有效的途径，只要引种目的明确，通过试验增产显著，就可以及时示范、推广。中国不是向日葵原产地，向日葵育种工作开展得较国外晚，直接引进国外的优良品种或杂交种在生产上应用，曾对中国向日葵生产起过很大的作用。我国从20世纪50年代起开始有计划地引进品种并开始对引进的外国品种进行研究和利用，70年代从国外引进向日葵不育系、保持系和油用型杂交种。在引进的品种和杂交种中，从前苏联引入的夫尼母克8931、从罗马尼亚引入的先进工作者、从匈牙利引进的匈牙利4号等在我国都曾有过一定的栽培面积，尤其匈牙利4号是在我国栽培面积较大、种植时间较长的引用种。如今我国向日葵育种工作有了显著进展，育成和推广了一些适于各地区种植的优良品种，逐渐取代了引进品种，国外引进品种从直接在生产上利用转变为主要作为育种亲本。近年来，虽然引进的国外高油杂交种在我国有些地区仍有一定的栽培面积但已呈逐年减少趋势。从我国向日葵引种历史可见，引种在中国向日葵生产中曾起过很大的作用，但随着我国育种工作的不断发展，其作用逐渐降低。在引种过程中应注意日照、纬度、海拔和耕作栽培与引种的关系，同时应通过严格的检疫，防止带有检疫对象的病、虫及杂草随引种而传播。

二、自然变异选择育种法

自然变异选择育种法是指不用人工创造变异，而从已有品种、品系中，选择优良单株或单头培育成新品种的方法。向日葵是虫媒异花授粉作物，异花授粉率达95%以上，由于杂交提高了品种群体变异率，为选择育种创造了条件。这种方法我国在20世纪60年代和70年代应用较多，并育成一些优良品种，例如白葵1号、辽葵1号等。

自然变异选择育种的基本步骤包括：①从原始材料圃中选择单株；②选种圃进行株行试验；③鉴定圃进行品系鉴定试验；④品种（系）比较试验；⑤品种区域适应性试验。

自然变异选择育种的技术关键是选用适当的原始材料，对材料要熟悉，育种目标要明确，开始搜集材料时群体应尽可能大些，并应更多注重从当地种植的优良品种中选择变异株；有效的单株选择，选择有优良特点，有丰产潜力的单株；精确的产量比较试验。

三、储备法育种

储备法又叫半分法，是前苏联高油分育种创始人普斯陶沃依特发明的一种育种方法。其优点有二：一是由于自由授粉，能够消除育种材料变劣的危险；二是由于选择，能保证有益变异的逐渐积累。实践证明这是一种非常有效的育种方法。

储备法育种的具体选育程序为：第一年原始材料的选择。选用当地推广良种、品种间杂交后代为选择对象，从1～2万株的群体中，按既定的育种目标，在田间选择2 000株，单头脱粒，进行室内考种。根据室内考种结果，从中选出50%左右的单株种子，分别编号储存。第二年选种圃鉴定，将上年入选编号的单株种子，从中取1/4左右种子，其余种子继续保存，作为储备。采用对比法，两次重复，以当地最优品种为对照种，在生育期间对各性状进行详细观察记载，收获后对有关性状进行测定分析，根据试验结果，从中选出15%的优良家系进入下年继续鉴定。第三年鉴定圃，根据上年鉴定入选的株系号，从储备的种子中取出一部分，播种在比较试验圃中，对比法，两次重复，同时设置抗性鉴定圃，对病害、虫害、寄生性杂草以及抗逆性进行鉴定。根据试验结果，最后选出10个左右家系进入定向授粉田。第四年定向授粉，定向授粉圃要设在与其他向日葵有5 km以上的隔离区里。入选的优良家系，仍用储备的原始种子播种。定向授粉田采用随机排列法，5次重复，开花前除杂去劣，以保证优良株系间的授粉。单株收获，结合室内考种，将最好的单株种子混合在一起，供下轮实验用种。第五年预备试验，播种定向授粉圃中入选的种子，小区面积30 m^2，重复3～5次，同时另设抗性鉴定圃，从中选出最好的品系。第六年对比试验，从预备试验中选出的种子进行对比鉴定，最后选出优良品系提交品种审定委员会进行区域试验。第七年区域试验，由品种审定委员会负责主持，在各不同生态区进行2～3年区域试验，然后审批并确定品种的推广范围，同时繁殖优良品种。

四、杂交育种

杂交育种法按杂交亲本亲缘的远近，可分为品种间杂交及种间远缘杂交两类。品种间杂交育种，在杂种向日葵推广以前，是培育新品种的常用方法，在杂种向日葵推广以后，它又是选育杂种向日葵亲本的重要方法。种间杂交可以创造更大的遗传变异，也可导入远缘种属的某种特性，如利用野生种的抗病基因，育成抗病品种。

(一) 向日葵的杂交技术

1. 向日葵人工去雄杂交法 当杂交母本的舌状花开始伸展变黄时，选择生长健壮的典型植株套袋。当套袋的母本花序外围第一圈管状花的花药管上升，花药露出管外，花粉还没有成熟时，要及时去雄。当管状花开放后，花药管已伸出管状花外，而雌蕊柱头还没伸出花药管外，这时去雄效果最好。去雄时，用镊子将其花药逐个摘掉，不要损伤柱头，这样可以连续去雄2～3次后再开始授粉。第一次授粉后，在父母本株上挂标签，写明组合编号和父母本名称。根据母本受精程度，如能够获得足够的种子，就不用再授粉了，但要将花序中间未开的小花切掉，以防止自交，保证杂交率。这种杂交方法可靠性强，但杂交效率低，在杂交工作量少的情况下可采用此法。

2. 化学去雄杂交法 当花盘直径为1.5 cm时，在上午10～11时用浓度是0.59%的赤霉素溶液处理生长点和花盘，处理后能获得百分之百的去雄率。

3. 不去雄杂交法 根据雌蕊柱头对异株花粉的选择性，当自身花粉和不同品种异株花粉同时存在时，柱头易接受异株花粉。开花期间，在不去雄情况下进行人工授粉，有的品种可获得杂交率85%以上的杂交效果。采用这种方法可提高杂交效应，但在后代选择中，要认真鉴别真伪杂种。

(二) 杂交亲本选配及杂交方式 正确选配杂交亲本，采用恰当的杂交方式，是杂交后代中能选到符合育种目标要求材料的前提。首先应扩大种质资源的利用范围。在选配亲本时，应扩大国内外及野生近缘植物资源的利用，虽然这给育种工作带来更大的难度，但从长远及宏观角度来看是十分必要的。杂交双亲应分别具有育种目标所要求的优良性状。亲本应具有较多的优点，亲本间的优缺点应尽可能地互补。一个优良的杂交组合不仅决定于亲本本身，更决定于双亲基因型相对遗传组成。各亲本基因间的连锁状态也影响一个组合的优劣。在亲本选择时不仅要注重亲本自身的性状表现，更应注重亲本的配合力。向日葵育种中实际利用的是亲本的特殊配合力，一般配合力只是预选亲本的参考依据。

根据育种目标要求，不仅要选用不同杂交亲本，还要采用不同杂交方式以综合所需要的性状。常用的杂交方式有单交、复交和回交。

(三) 向日葵杂交后代处理 杂交的目的是扩大育种群体的遗传变异率，以提高选到理想材料的概率。杂交只是整个育种过程的第一步，正确处理和选择杂种后代对育种的成败十分重要。向日葵杂交后代的处理方法主要为系谱法和混合法。

1. 系谱法 从杂种群体分离世代开始选择符合育种目标要求的优良单株，进行套袋并做人工自交。第二年种植衍生家系，然后逐代在优系中进一步选单株，套袋人工自交并进行其衍生家系试验，直至优良家系相对稳定不再有明显分离时，在优良小区内进行混合授粉，单头收获，室内考种鉴定后，再将性状一致的优良种子混合一起，供下年产量比较试验。整个选择过程中，应对材料来源详细记录，以便查对材料亲缘关系。系谱法对于质量性状或遗传率高的数量性状早期世代选择效率高，但对那些遗传率较低、易受环境影响的性状，选择效率低。

2. 混合法　在杂种分离世代，按组合混合收获，每年混合种植，不进行选株，只淘汰伪劣株，直至达到预期的纯合程度后从群体中选择单株，再进行后裔比较鉴定试验。混合法适用于遗传率较低的数量性状选择。

五、向日葵杂种优势利用

向日葵种间、品种间或自交系间杂交的杂种一代，可在产量性状、品质性状和抗病虫性上表现出明显的优势，而且用不育系生产杂交种比较容易。因此，以胞质雄性不育系为基础的杂种的选育，是当前世界上向日葵品种改良的主要方向。

（一）向日葵杂种优势表现　向日葵杂种优势表现在多方面，既表现在营养生长上，又表现在生殖生长上，在抗性上也表现出杂种优势。

（二）雄性不育系的选育　为了大规模的杂种向日葵制种，必须选育好的雄性不育系。

1. 不同类型或亲缘关系远的品种间杂交选育雄性不育系　利用亲缘较远的品种或种间、属间进行杂交再回交的方法，用父本的细胞核逐渐置换母本的细胞核，进而取代母本的细胞核。在核置换过程中，由于父母本亲缘远，细胞核与细胞质间的不协调，易产生雄性不育。法国最早育成的向日葵雄性不育系，就是用野生种（*Helianthus petiolaris*）与栽培种（*Helianthus annuus*）杂交获得的。杂交时一般用野生向日葵做母本，栽培向日葵做父本，F_1代选不育单株，用栽培父本回交，下年仍在分离群体中选不育单株用父本回交，如此回交到母本不育性稳定，形态特征与父本完全相似为止。

2. 保持类型品种直接回交转育不育系　以稳定的不育系和优良品种或自交系为亲本进行杂交，再通过测交和多次回交的方法，将不育系的不育性状转移到优良品种或自交系上来，使之成为一个新的不育系。选育方法：以现有稳定的不育系为母本，与经过筛选确认为属于保持类型的优良品种或自交系进行成对杂交，在杂种一代中选择不育株用其父本进行回交，在回交后代中选择不育率高、性状倾向父本的不育株进行回交，直至母本不育率98%以上，不育性稳定，形态性状与回交父本相似，即转育成了新的不育系。一般需6～7个世代可完成转育工作。

3. 保持系间或保持类型品种间杂交选育保持系和不育系　当已有的保持系或保持类型品种直接转育产生雄性不育系，在农艺性状上或配合力等方面仍不能满足需要时采用此法。其目的是将不同品种的优良性状结合在一起，选育出具有更多优点的新不育系。这一方法包括杂交选育保持系和回交转育不育系两个育种过程。因所需时间较长，为缩短育种年限，目前各育种单位普遍采用将杂交选择稳定保持系的过程和回交转育不育系的过程结合起来的边杂交稳定边回交转育法。具体程序是：①保持系或保持类型品种间人工杂交；②在F_2群体中选择合乎要求的单株给不育系授粉，分别套袋，并对提供花粉的单株进行人工自交，挂标签分别编号，单独收获脱粒，成对保存；③下一年将成对材料邻行种植，在父本行里继续按育种目标选择单株，同时在不育行里选择植株性状与父本相近的不育株，继续用父本行的当选株与不育行的当选株成对授粉，并对提供花粉株进行人工自交，单独收获成对保存。按此方法连续做几年，直至成对交的父本行已稳定，不育行也稳定并与父本行农艺性状一致为止，即培育出了新的不育系和保持系。

（三）恢复系的选育

1. 从原始材料中筛选恢复系　用稳定的不育系为母本与向日葵原始材料进行测交，观察并测定F_1的自交结实率和杂种优势情况。如F_1自交结实率高，说明该材料具有较好的恢复性。杂种优势大说明配合力高，即可成为该杂交种的恢复系。这是初期利用向日葵杂种优势选育恢复系的主要方法。我国育成的第一批向日葵杂种中，白葵杂1号和辽葵杂1号的恢复系，就是用这种方法筛选出来并加以培育而成的。

2. 杂交选育　通过恢复类型与恢复类型品种间杂交及恢复类型与优良品种间杂交的方法，创造新的适应当地生产发展需要的恢复系。这种方法可以选配多种组合方式，较易选出恢复力强、配合力高、农艺性状好的恢复系。杂交后代采用系谱选择法，一般从杂交三代开始进行恢复力测定，约经5～6代的选育，即可育成新的恢复系。

3. 回交转育法　回交转育法之一是以恢复系为母本，以生产上推广的优良品种为父本进行杂交，以杂交父本为轮回亲本与F_1的优良单株进行回交，同时进行测交，选择有恢复能力的材料进一步回交，这样连续回交3～4代后，再自交2～3代，即可育成新的恢复系。另一种回交转育法是选择恢复性强的杂交种作母本，与需要改良育性的品种或自交系杂交，再以杂交父本为轮回亲本进行回交，在回交转育时应在每次回交后代中选择育性好的、性状近于父本植株的作母本并进行人工去雄，取父本花粉进行回交，如此回交4～5代，回交后代便可达到恢复性强，且农艺性状与父本相同。用其作父本与不育系成对测交，进行测交鉴定，便可获得结实性好，杂种优势与原组合一样的株行，其父本行就是恢复性被改造好的恢复系。

4. 杂交向日葵后代中分离恢复系　利用不育系与恢复系杂交所得杂交种，从F_2开始选择育性好的优良单株连续自交，可获得稳定的育性良好的株系。由于杂交种后代的细胞质里有雄性不育基因，自交结实良好的个体，细胞核内必有恢复基因。所以，在结实良好的个体中选择时，不必考虑育性问题，将注意力放在农艺性状的选择上，选出的优良品系，通过测交试验，从中选出恢复系。

5. 种间杂交选育恢复系　野生种是向日葵胞质雄性不育恢复基因的丰富源泉，研究表明，野生种 *Helianthus annuus* 和 *Helianthus petiolaris* 中普遍存在恢复基因。通过种间杂交选育的方法，可获得优良恢复系。选育方法：一般用野生种作母本，栽培种作父本进行杂交，再以栽培种为轮回亲本进行回交，在杂种后代选择中应注意花粉量大，结实率高且性状优良的株系。回交2代以后，用结实性好并具有抗病性的姊妹株杂交，再进行3～4年自交，然后用不育系测配两次，鉴定恢复性。如恢复性稳定即得到了性状优良的恢复系。

（四）杂交组合的选配　向日葵杂交组合的选育应考虑双亲的亲缘关系、地理来源和生态类型的差异、双亲的一般配合力和特殊配合力、双亲的丰产性与抗性和品质。选配组合一般先进行初测，杂交一代株数可以少些，但配制组合数应多些，根据F_1的优势表现情况，选择少数组合进行复测，并进行小区对比试验。对估计有希望的新组合在对比试验的同时，可进行小规模制种，以供次年品种比较试验的用种，并探讨制种技术和丰产栽培技术。

第五节　向日葵育种新技术研究与应用

植物生物技术的研究和发展，对向日葵育种起到了积极的推动作用。向日葵育种中应用生物技术虽然较水稻、玉米、棉花、大豆起步晚，但发展较迅速。

一、组织培养技术在向日葵育种中的应用

在组织培养上，向日葵应用较多的外植体为幼胚。幼胚培养是杂交种子剥去种皮后的胚，在培养基上培养成苗。这一技术主要用于克服种间杂交的不亲和性，为杂种幼胚提供人工营养和发育条件，使幼胚能在离体条件下形成植株。例如，吉林省向日葵研究所以向日葵优良群体为母本，具有耐菌核病基因的向日葵野生种为父本进行杂交，用远缘杂交的杂交胚进行组织培养，有效地创建了耐菌核病特性的群体。

二、基因工程转基因技术在向日葵育种中的应用

自20世纪70年代第一株转基因烟草问世以来，利用基因工程技术把外源基因导入植物的研究不断取得成功，成为现代育种的重要途径之一。应用植物转基因技术，将外源基因导入向日葵细胞，并使其在受体细胞中正常表达，从而获得转基因植株，这是作物改良最直接的途径。将外源基因转入向日葵基因组的方法主要有根癌农杆菌介导法、基因枪法、花粉管通道法。由于向日葵是双子叶植物，应用最多的转基因方法是根癌农杆菌介导法。

第六节　向日葵育种试验技术

一、田间试验

向日葵育种的田间试验工作是育种的重要一环。育种要求是多目标的，对产量这样遗传率较低性状的选择主要是多年多点有重复的严格比较试验；对于生育期、株高等遗传率较高的性状可以在株行阶段加大选择压力。选择程序过程中，参试材料数由多变少，每个材料的试验小区则由小变大，鉴定方法由简单的目测法逐步转向精确的田间试验与实验室鉴定相结合的方法。至于育种圃的设置、各圃小区的规格大小、重复数的多少在总原则一致的条件下，具体方法可因试验人员的经验和试验条件而异。

二、区域试验和品种评定

品种区域试验是品种区域适应性试验的简称，通过在一定地域范围内多地点、2～3 年的新育成品种与现行推广品种的比较试验，评价每个材料的推广应用价值及其适应范围。省级区域试验一般采用 3～4 次重复在多点安排试验；全国区域试验一般重复 4 次，要在向日葵的不同生态地区设点，以保证试验结果能较准确地反映杂种或品种在各地的产量、抗性和品质的表现，获得可信赖的数据，以利于推广。

在区域试验中表现突出的杂种或品种，通常在区域试验后期便可开始参加各省组织的生产示范试验。一般参加生产试验的杂交种或品种以 1～2 个为宜，用生产上大面积种植的杂交种或品种为对照，试验点一般以 3～5 个为宜，试验区面积每个杂交种或品种 667～1 334m^2（1～2 亩），不设或设置少数重复，试验点应分布在预期推广的地区。生产试验的同时便开始扩繁种子以准备生产试验结束后报请审定推广。

我国的品种审定分国家级和省级。根据品种在区域试验中的表现、生产试验中的增产效果以及准备好的推广用种，可向品种审定委员会报请审定推广。经审定通过的品种应加速繁育种子，同时研究其最佳栽培技术，做到良种良法一起推广。

第七节　向日葵种子生产技术

一、向日葵常规品种生产技术

向日葵种子生产可按育种家种子、原原种、原种、良种进行（参见“绪论”相关内容）。要设隔离区繁殖，隔离距离为 3～5 km，也可利用时间隔离和自然屏障隔离。

二、向日葵杂交种种子生产技术

为了提高制种质量，在整个杂交制种过程中，必须做好安全隔离、规格播种、严格除杂去劣、蜜蜂辅助授粉、分收分藏等环节。

（一）隔离防杂　根据我国的生产体制形式，制种田的隔离距离可在 3km 以上。也可采用自然屏障隔离和时间隔离的方式。

（二）规格播种

1. 亲本行比配置　父本与母本行比依父本的花期长短、花粉量多少、母本结实性能、传粉昆虫的数量以及气候条件而定。根据目前推广的杂交种情况和制种技术水平，父母本的行比以 2∶4、2∶6 较为适宜。原则是在保证有充足的父本花粉量的前提下，尽可能地增加母本行数。

2. 播种期　在隔离区内配制杂交种，如果父母本花期一致，则可同期播种，如父母本花期不一致，则根据父本和母本由出苗至开花所需日数来调节播种期，一般以母本的花期比父本早 2～3d，父本终花期比母本晚 2～3d 较为理想。由于恢复系花期短、比较集中（分枝型例外），容易造成花粉供应不足，可采取分期播种的办法延长授粉期。

（三）除杂去劣　不管不育系繁殖田还是杂交制种田都要进行去杂，做到及时、干净、彻底。在父母本行中，凡有别于父母本的植株都是杂株，在开花授粉前拔除效果最佳。另外，在收获和脱粒之前要进行一次盘选，剔除杂劣葵盘。

（四）蜜蜂辅助授粉　向日葵杂交制种采用蜜蜂授粉最适宜，可在杂交制种田里于开花期放养蜜蜂，蜂箱的多少应根据开花期和开花百分率确定，放养过多会迫使蜜蜂寻找其他的蜜源。据国外报道，每公顷地可放养蜜蜂1.5～7.5箱，各蜂箱间距离200 m。

（五）适时分期收获，严防混杂　成熟后应及时收获，确保天冷上冻之前种子水分含量降至安全水分。对父母本要做到分别收获、运输和储藏，严防混杂。

第八节　向日葵育种研究动向和展望

本世纪我国向日葵育种的主要任务和目标，仍将着重在提高单位面积产量和子实含油率，改善油脂品质，提高抗病害、虫害和寄生性杂草列当的能力，同时增强品种适应各种农业环境的能力。我国有大面积产量低的向日葵种植地，土地瘠薄，病虫及列当危害猖獗等是低产的主要原因。因此，除切实改善其农业生产条件外，还急需适应性强的高产稳产优质品种。同时，对我国的品种资源还要深入研究，进一步开展遗传评价利用，对杂种优势利用应继续完善和创新，不断提高杂交种的综合素质，增加各类组合的数量，以满足向日葵生产发展的需要。

世界各向日葵主产国的向日葵育种目标都重视杂交种的产量和子实含油率潜力，改善油脂品质，提高杂交种的抗逆能力。普遍重视杂种优势利用的研究和新技术的应用。有些国家向日葵生产多采用大规模机械化集约作业，要求杂交种的采收性能要好。

复习思考题

1. 向日葵具有发育正常的雌雄蕊，为什么管状花自花不育？
2. 我国向日葵生产的主要病害有哪些？简述抗病育种已取得的成绩及今后的重点研究方向。
3. 试述通过杂交育种选育向日葵改良异交群体品种的基本程序。储备法育种的特点什么？
4. 试述向日葵的分类学地位、主要资源类型及其利用价值。
5. 试述向日葵杂种优势利用的现状及选育杂种品种的方法和关键性技术。
6. 试述向日葵胞质雄性不育系和恢复系选育的主要方法。现引进一恢复系，其综合性状优良但其生育期偏长，试设计改良利用这个恢复系的试验方案。
7. 简述利用雄性不育系生产向日葵杂种品种种子的基本方法。应注意哪些关键问题？
8. 试讨论新育种技术应用于今后向日葵育种的主要方向及策略。

附　向日葵主要育种性状的记载方法和标准

1. 播种期：实际播种的日期，以月、日表示。
2. 出苗期：子叶出土的幼苗数达70%的日期。
3. 现蕾期：有70%的植株顶端形成直径为1 cm左右花蕾的日期。
4. 开花期：有70%的植株舌状花已经开放的日期。
5. 成熟期：有90%的植株花盘上舌状花全部干枯，花盘背面变黄，外壳坚硬的日期。
6. 生育期：从出苗到成熟的天数。
7. 分枝情况：分多、中、少和无。多，有50%以上的植株有分枝；中，有20%～50%的植株有分枝；少，有20%以下的植株有分枝；无，无分枝。

8. 株高：指地面至花盘下部的高度，于成熟期选择有代表性的5～10株，量株高，求平均值。

9. 叶片数：在生育后期选择有代表性的10株，调查叶片数，求平均值。

10. 茎粗：在生育后期选择5～10株生育正常的植株，测定中部茎秆的直径，求平均值。

11. 花盘直径：在生育后期选择5～10株有代表性的花盘，量其直径，求平均值。

12. 花盘形状：可分凸、凹和平3种，在生育后期调查。

13. 花盘倾斜度：于成熟期调查，共分1级、2级、3级、4级、5级和6级。

1级：花盘与主茎呈90°夹角。

2级：花盘与主茎呈135°夹角。

3级：花盘与主茎呈180°夹角。

4级：花盘与主茎呈225°夹角。

5级：花盘与主茎呈270°夹角。

6级：花盘与主茎呈315°夹角。

14. 倒伏率：倒伏角度分1～9级，分别代表10°～90°。90°表示倒卧地面。于苗期、蕾期、花期、种子发育期和成熟期调查，计算各级的百分率。

15. 折茎率：根据折茎株数计算折茎百分率。

16. 盘粒数：收获时选择有代表性的果盘5～10株，单盘脱粒，测每盘子粒数，求平均值。

17. 盘粒重：收获时连续选择有代表性的果盘5～10株，单盘脱粒，晒干后称重，求平均值。

18. 结实率：收获时连续选择有代表性的果盘5～10株，单盘脱粒，分别统计每盘成粒数和空壳粒数，计算结实率，求其平均值。

19. 百粒重：随机取100粒干种子称重，重复2～3次，求平均值。

20. 皮壳率：取10g样品计算皮壳重量占子实重量的百分率。

21. 子仁含油率：子仁含油量占子仁总重量的百分数。

22. 子实含油率：子实含油量占子实重量的百分数。

23. 产量：风干种子的每亩产量（折算前为小区产量）。

24. 耐旱性：在干旱期间，根据植株萎蔫程度分5级记载：高抗、抗、中抗、弱和不抗。

25. 耐盐碱性：分强、中和弱3级。设在盐碱土上于苗期鉴定。

26. 抗病性：记载发病期、病害类型，计算发病率、感病指数。

参 考 文 献

[1] 葛春芳，孙连庆．向日葵杂种优势利用的研究．辽宁农业科学．1981（3）：11～14

[2] 季静，王萍，胡汉桥等．向日葵CMS育性恢复的研究．遗传学报．1998，25（3）：265～270

[3] 吉林省白城地区农业科学研究所主编．北方十二省向日葵栽培技术训练班教材——向日葵．白城：吉林省白城地区农科所印刷，1981

[4] 李庆文．向日葵及其栽培．北京：农业出版社，1991

[5] 梁一刚，文张生．向日葵优质高产栽培法．北京：金盾出版社，1992

[6] 刘杰，莫结胜，刘公社等．向日葵种质资源的随机扩增多态性DNA（RAPD）研究．植物学报．2001，43（2）：151～157

[7] 刘杰，莫结胜，刘公社．向日葵分子生物学研究进展．植物学报．2001，18（1）：31～39

[8] 孙广芝．向日葵数量性状变异遗传力和相关的分析．吉林农业大学学报．1982（4）：1～5

[9] 孙广芝，乔春贵，王庆钰等．向日葵杂交种“吉葵杂1号”选育研究．吉林农业大学学报．1993，15（3）：92～94

[10] 王庆钰，贾玉峰，张新生．利用配合力互补培育高产低皮壳油用向日葵杂交种的探讨．中国油料作物学报．2002，24（3）：33～36

[11] 王庆钰，乔春贵，杨忠群等．向日葵皮壳率杂种优势表现及应用的研究．吉林农业大学学报．1990，12（3）：20～22
[12] 王庆钰，乔春贵，孙云德等．油用向日葵（*Helianthus annuus*）皮壳率的遗传研究．中国农业科学．1993，26（5）：38～43
[13] Qiao C G，Wang Q Y，et al. Inheritance of white pollen in sunflower（*Helianthus annuus*）. Indian Journal of Agricultural Sciences. 1993，63（8）：518～519
[14] Sacksion W E. On a treadmill：Breeding sunflowers for resistance to disease. Annu Rev. Phytopathol. 1992（30）：529～551
[15] Smith J S C，Register Ⅲ J C. Genetic purity and testing technologies for seed quality：a company perspective. Seed Science Research. 1998（8）：285～293
[16] Mohan M，Nari S，Bhagwat A，Saksaki T. Genome mapping molecular markers and marker-assisted selection on crop plants. Mol. Breed. 1997（3）：87～103
[17] Muldel C，Baltz R，Eliasson A，Bronner R，Grass N，Krautter R，Evrard J L，Steinmetz A. A LIM-domain protein from sunflower is localized to the cytoplasm and/or nucleus in a wide variety of tissues and is associated with the phragmoplast in dividing cells. Plant Mol. Biol. 2000，42（2）：291～302

（王庆钰编）

第四篇　纤维类作物育种

第十六章　棉花育种

棉花（cotton）是主要经济作物之一。棉花的主要产物棉纤维是重要的纺织原料，在世界及中国分别占各种纺织纤维总量的48%和60%。棉花是一种优良的天然纤维，它的成本低廉、产出量大，不像羊毛、丝绸等价格昂贵而消费量又有限；它还具有吸湿、通气、保暖性好、不带静电、手感柔软等人造纤维难以模仿取代的特点。20世纪90年代以来，随着人们保健意识的增强和生活水平的提高，穿用天然纤维的服装已成为一种不可逆转的国际潮流。此外，棉子油和棉子蛋白分别是世界食用植物油和蛋白质总供应量的10%和6%，棉花的短绒、棉子壳、棉秆、棉酚等都有工业用途。

棉花共有4个栽培种，其中两个是二倍体棉种：非洲棉［*Gossypium herbaceum* L.，(A_1)］和亚洲棉［*Gossypium arboreum* L.，(A_2)］；两个是四倍体棉种：陆地棉［*Gossypium hirsutum* L.，$(AD)_1$］和海岛棉［*Gossypium barbadense* L.，$(AD)_2$］。在全世界棉花生产中，陆地棉种植最多，占世界棉花总产量的90%；其次为海岛棉，约占5%～8%；亚洲棉约占2%～5%；非洲棉已很少栽培。亚洲棉和非洲棉虽然只在很少地区种植，但在棉花育种中是有价值的种质资源。

第一节　国内外棉花育种概况

一、中国棉花生产及育种工作的进展

(一) 中国棉花生产　新中国建立后，棉花总产和单产都迅速增长，纤维品质也有很大改进。1949年全国总产皮棉4.44×10^6 t，占当时世界总产量的6.2%，居世界第四位。1980—1988年全国年平均产皮棉4.02×10^6 t，约占世界总产量的1/4，居世界首位。1982年棉花基本自给，扭转了当时长期大量进口原棉的被动局面。1949年全国棉花每公顷产量为165 kg，到80年代已达到750 kg，进入了世界棉花高产国行列。新中国成立初期，平均纤维长度仅21 mm，目前已达29 mm左右，而且还生产35 mm以上的超级长绒棉，其他各项品质指标也有很大改进。中国棉布产量新中国成立初期为2.35×10^9 m，为美国产量的21.4%；目前年产棉布已增加到1.8×10^{10} m，不仅基本解决了全国人民的穿衣问题，且有大量棉纺织品供出口。新中国成立40多年，中国已成为世界棉花最大的生产国和消费国及重要出口国（表16-1）。

表16-1　中国棉花种植面积、产量及消费量

年　份	1992	1994	1996	1998	1999	2000
种植面积（$\times10^6$ hm^2）	6.835	5.528	4.722	4.459	3.726	4.041
总产量（$\times10^6$ t）	4.51	4.34	4.20	4.50	3.83	4.42
总消费量（$\times10^6$ t）	6.50	5.16	5.55	3.49	4.24	4.48

中国人口众多，人均原棉占有量为3.6 kg，处于世界产棉国的平均水平，但是，仅为美国和前苏联人均占有量的约1/4。为了提高我国人民的实际用棉水平，还需要继续大力发展棉花生产。

（二）中国棉花育种进展 棉花由外国传入中国种植已有2 000多年历史，长期种植的主要是亚洲棉（以后演化为中棉）和一部分非洲棉。由于亚洲棉和非洲棉纤维粗短，不适合机器纺织需要，随着纺织工业兴起，19世纪70年代开始从美国引种适于机纺、纤维品质优良、产量高的陆地棉。到新中国成立前，先后引进过脱字棉、爱字棉、金字棉、德字棉、斯字棉、珂字棉、岱字棉等数十种类型的品种试种。其中，金字棉在辽河流域棉区，斯字棉在黄河流域棉区，德字棉在长江流域棉区表现良好，增产显著。但由于缺乏良种繁育制度和检疫制度，品种混杂退化严重，并且带来了棉花枯萎病和黄萎病侵害。1950年以后开始有计划地引入岱字棉15、斯字2B、斯字5A等品种，全部取代了在我国种植的亚洲棉和退化美棉。经过全国棉花区域试验，明确推广地区，加强防杂保纯工作，集中繁殖，逐步推广，岱字棉15在我国种植长达30年。此外，还从前苏联引进108Φ、KK1543、司3173等品种在新疆种植。进入20世纪60年代，由于自育品种水平提高，在生产上逐渐取代了国外引进品种，结束了棉花品种依靠国外引进的历史。

20世纪50年代以来，我国主要棉区已进行了6次大规模品种更换，每一次品种更换，都使产量有较大幅度提高，纤维品质也有所改进。

第一次换种（1950—1955），主要用引进的陆地棉品种代替长期种植的亚洲棉和退化美棉。由美国引进的斯字棉和岱字棉分别在黄河流域和长江流域推广，种植面积占当时良种面积的80%以上。新疆种植由前苏联引进的司3173。以后多次换种的特点是扩大引进良种的面积，逐步以自育品种替换引进品种，使产量、品质和抗性不断提高。

20世纪50～60年代，我国较多地采用自然变异选择育种法，以提高产量和纤维长度为主要目标，育成了一些丰产良种，如洞庭1号、沪棉204、徐州18、中棉所3号等。进入70年代，较多地运用品种间杂交育种，育成一些高产品种如鲁棉1号、泗棉2号、鄂沙28等。这些品种虽然丰产性好，但纤维断裂长度只有20 mm左右。后被其后育成的丰产而品质较优的徐州514、豫棉1号、冀棉8号、鲁棉6号、鄂荆92、鄂荆1号等品种代替。

为适应粮棉两熟的需要，在黄淮棉区及部分长江流域棉区育成适合麦棉套种的夏播早熟短季棉品种，如中棉所10号、晋棉6号、鄂565、中棉所14号等。

从20世纪70年代初开始了低酚棉品种选育。棉酚是一种含于棉花色素腺体的萜烯类化合物，对非反刍动物有毒。低酚棉棉子油品质好，棉仁粉可供食用、饲用和药用，棉饼可直接用作非反刍动物的蛋白质来源。已育成的低棉酚品种有中棉所13、豫棉2号、湘棉11、新陆中1号等，这些品种产量已接近常规的推广良种，1988年已种植4.67×10^4 hm^2。

自20世纪70年代以来，在新疆建立了我国的长绒棉基地，育成了军海1号、新海3号、新海5号等品种，已大面积种植。

20世纪50年代选出了我国第一个枯萎病抗源52-128及耐黄萎病品种辽棉1号。60年代后育成了陕棉4号、陕1155、亚洲棉所9号、86-1等抗病品种。到了80年代育成了兼抗枯萎病和黄萎病、高产、早熟、中等纤维品质的中棉所12及兼抗、丰产、中上等纤维品质的冀棉14。随着我国棉区枯萎病和黄萎病的发生和蔓延，开展了棉花抗病育种工作。这一时期主要以抗病品种替换感病品种，中等纤维品质品种替换品质较差品种。并为发展麦棉两熟扩大种植了短季棉。抗病品种有中棉所12、冀棉14、豫棉4号、盐棉48等。中棉所12是我国自己培育的一个高产、稳产、抗枯耐黄的陆地棉品种，1991年种植面积达1.7×10^6 hm^2。适于麦棉两熟的夏播短季棉品种有中棉所16、鲁棉11号、鄂棉13、新陆早2号等。

杂种棉的栽种面积不断扩大，1998年已推广2.7×10^5 hm^2，占到全国总棉田的6%左右。随着生物技术研究的进展，美国的转*Bt*基因抗虫棉保铃棉33B，以及我国自行研制的转*Bt*基因抗虫棉国抗系列品种，已在生产上大面积种植。

种质资源是棉花育种工作的物质基础。我国引进栽培棉种已有2000多年的历史。早在20世纪20年代，我国即开始搜集棉花种质资源。50年代以来，全国棉花科研单位先后多次有计划地开展国外棉花品种资源的考察、搜集，并通过国际间种质的引种交换，进一步扩大和丰富了我国的棉花种质资源，为我国棉花育种工作的开展和基础理论的研究提供了丰富的材料。我国搜集、保存的种质达7 873份，其中陆地棉6 538份，海岛棉575份，亚洲棉378份，非洲棉17份，陆地棉半野生种系350份（周忠丽等，2002）。鉴定了生物学、农艺、经济性状等70项。

我国的棉花育种方法随着育种水平的提高而改变。20世纪40～60年代，采用系统育种法育成的品种约占

50%，杂交育种法培育的品种约占 25%；70～80 年代，采用杂交育种法培育的品种已上升到 56%，而在 80 年代，则更是上升到 84%。在杂交育种中，从以简单杂交为主，转为应用多亲本、多层次的复式杂交。我国大面积推广的中棉所 12、泗棉 2 号、泗棉 3 号等品种都是杂交育种法培育而成的。此外，也研究了修饰回交、轮回选择、混选混交等其他的育种方法。

基础理论研究上，我国在国际上首先报道了陆地棉原生质体培养植株再生，独创了花粉管通道法棉花转化体系，这为当前棉花的分子育种奠定了坚实的基础。此外，我国在雄性不育杂种优势的研究和利用、棉子蛋白的综合利用、良种繁育技术等也处于国际先进水平。

（三）当前我国棉花育种存在的问题

1. 品质单一　当家品种纤维品质中等，基本能满足纺织工业的要求，但品质单一。据农业部棉花品质监督检验测试中心对 11 个主产棉省（区）39 个棉花当家品种的纤维品质抽检结果，我国选育的品种，纤维长度两年平均在 29 mm 以上的品种占总品种数的 85.7%，纤维强度 1996 和 1997 年平均值分别为 19.79 cN/tex 和 20.97 cN/tex，这两年比强度大于 19.6 cN/tex 的品种分别占到检测品种的 64.5% 和 80%。麦克隆值在正常范围内（3.5～4.9）的占 90.3%，1997 年则为 84%，1996 年部分品种，尤其是长江流域棉区的品种纤维偏粗一些。总之，我国原棉内在品质多数（70%）以上处于国际中等水平，能够满足我国目前纺织工业的要求，其中纤维长度能够满足大批量的中支纺织品的要求（表 16-2）。

表 16-2　纺织企业对原棉品质的要求

纱线类型（支数）	纤维长度（mm）	纤维强度（cN/tex）	麦克隆值	纤维细度（m/g）	所占比例（%）
80～120	35～40	>27	3.0～3.6	7 000 以上	2
50～60	31～33	24～26	3.7～4.5	6 300～6 700	10
30～42	28～30	22～24	3.5～4.7	5 900～6 500	38
30 以下	25～27	20～22	3.5～4.9	5 500～6 000	50

就我国来说，目前仍以环锭纺为主，气流纺约占纺织品产量的 7.5%，主要用于纺低支纱，配棉等级较低，目的是提高原料利用率、降低成本、提高生产效率。对于环锭纺来说，纺不同支数的纱主要考核原棉纤维长度；而纺 40 支和 60 支以上精梳高支棉纱，除要求原棉纤维长度大于 29 mm、31 mm 外，还要求细度适中，麦克隆值 4.0 左右。此外，对气流纺来说，国产棉纤维强度偏低，麦克隆值偏高。此外，也缺乏纺 20～26 支纱的品种。因此，要选育不同档次的原棉品种，以适应纺织工业的不同需求，降低纺织工业成本，提高效益。

新疆棉花的一个主要问题是引起纺织加工黏着。据分析，是棉花纤维附着外糖引起的。新疆种植的棉花，无论是引进内地种植的品种还是新疆自育品种，均不同程度含有外糖，内地种植的所有品种均不含外糖。棉花含外糖的主要原因是蚜虫危害，特别是秋蚜含外糖的排泄物污染棉纤维。

2. 抗逆性尤其是黄萎病抗性有待加强　据马存等统计，北方棉区 1990—1996 年刊于《中国棉花》通过省级审定的品种共 44 个，其中有抗黄萎病数据的品种 29 个，无数据的 15 个，病指 10 以下高抗黄萎病的有 8 个品种，病指 20 以下抗黄萎病的品种有 11 个，病指 20～35 耐病品种有 13 个。但是实践证明，没有一个品种达到高抗，甚至目前全国保存的陆地棉品种品系及资源也无真正达到高抗者，抗源贫乏。抗枯萎病品种的大面积推广，到 20 世纪 80 年代末我国枯萎病已基本控制，但进入 90 年代，黄萎病逐年加重，尤其是 1993 年黄萎病在全国各主产棉区暴发成灾，重病田面积达 1.33×10^6 hm^2 以上，损失皮棉超过 10^8 kg（200 多万担）。1995 年和 1996 年，黄萎病在黄河流域又连续大发生，该病已成为棉花高产的主要障碍。因此，运用远缘杂交、生物技术等多种手段筛选和创造新抗源，进而培育抗黄萎病品种刻不容缓。

二、世界主要产棉国棉花育种动态

全世界近年共有 75 个产棉国家，分布在南纬 32°到北纬 47°之间。但是，世界棉花产量的 50% 以上集中在中国、美国、印度、巴基斯坦和乌兹别克斯坦年产皮棉 1.0×10^6 t 以上的 5 个产棉大国（表 16-3）。

表 16-3　主产国棉花生产概况

单　位	面积（$\times10^3$ hm^2）			总产（$\times10^3$ t）		
	合计	占比例（%）	位次	合计	占比例（%）	位次
世界合计	44 820	100		2 512.5	100	
印度	7 693	17.2	1	234.9	9.3	3
中国	5 489	12.2	2	442.8	17.6	1
美国	5 082	11.3	3	366.6	14.6	2
巴基斯坦	2 802	6.3	4	161.2	6.4	4
乌兹别克斯坦	1 699	3.8	5	137.9	5.5	5

世界各主要产棉国都以培育新品种作为提高单产和改进品质的重要措施。四倍体的陆地棉和海岛棉是目前世界各国主要栽培种，它们分别占世界棉花总产量的90%和8%。二倍体栽培种亚洲棉和非洲棉只在局部地区种植，占世界棉花总比例很小。因此，棉花育种工作主要是培育陆地棉品种，其次是海岛棉品种。

美国是最早开始陆地棉育种的国家。有文献记载，最早的棉花育种工作是在18世纪30年代，用集团选择法选择具有较优良纤维和丰产的植株（Moore，1956）。到19世纪末，美国农民种植的棉花品种达数百个。进入20世纪初，随着育种技术的进展及专业化，棉花品种数目逐渐减少，但产量和品质不断提高。据 Meredith（1984）等的研究，由于新品种的培育和应用，1910—1979年，年均皮棉单产提高8.62 kg/hm^2。20世纪50年代，8个品种占美国植棉总面积57.2%，其中岱字棉15占植棉总面积的25.5%。近年育种的趋向是注意品种对不同地区气候条件有更好的专化适应性。美国远西棉区种植少量长绒海岛棉品种比马棉（Pima）。近年培育成了产量较高，适合纺织或采收机收获的品种，其株型、铃的大小、衣分等近似晚熟陆地棉，但具海岛棉纤维品质。美国主要育种目标是：抗棉铃虫、红铃虫、白蝇（*Boemisia* spp.）及其他多种害虫；抗角斑病、黄萎病、枯萎病、苗期病害根瘤线虫病等多种病害；提高产量，早熟性，适宜机械收获，适应不利气候条件；提高种子榨油品质、纤维整齐度、强度、细度等。

乌兹别克斯坦是世界上棉花生产国中最靠北的国家，棉花生产发展有赖于培育早熟、丰产、优质的品种。自1921年至今已进行了6次品种更换，每次品种更换，产量、品质、抗逆性和适应性等都有所提高。现在种植面积最广的陆地棉品种有149夫、175夫、C-2606、108夫、C-4727、萨马尔干3、铁尔墨孜14、铁尔墨孜16、6465B等，海岛棉品种有9883-N、8386B、阿什哈巴兹、C-6037等。育种的主要目标：早熟，丰产，优质，抗黄萎病和病毒性卷叶病等。

印度棉田面积约占世界棉田总面积的1/5，居第一位。但因约75%棉田是无灌溉条件的旱地，单产低，因此总产量在世界总产量中的比重低（表16-3）。目前，种植绒长33 mm以上的品种有MCU5、MCU9（陆地棉）、Suvin Sujata（海岛棉）、CBS156、Varatayimi、RHR253（海陆杂种）；绒长29.5～32.5 mm的品种有Amaravathi、G. Cot. 100（陆地棉）、CHH3、H-4、Codavavi（陆地棉种内杂种）等；绒长20.5～24.5 mm品种有H777、Mahandi和SH131（陆地棉）。印度仍有40%面积种植亚洲棉和非洲棉。育种目标：提高产量，改进品质，抗棉叶蝉。

棉花及棉制品是巴基斯坦主要出口产品，总产量占世界棉花总产10%左右。主要的陆地棉品种有M-S39、M-S40、MHN93、CIM-70、MNH-129、TH-1101。还有亚洲棉，1986年约占棉田总面积5.2%，主要品种为罗希棉、SKD-10/19等。主要育种目标：丰产，优质，抗棉叶蝉，耐高温，耐盐碱，抗角斑病等。

第二节　棉花育种目标性状及重要性状的遗传与基因定位

一、棉花的繁殖方式和品种类型

（一）繁殖方式　所有棉属的种都可种子繁殖。在其原产的热带、亚热带地区，多数棉种生长习性为多年生灌木或小乔木。棉花为短日照作物，栽培种的野生种系（race）对光照反应敏感。栽培种由于长期在长日照条件下选择，在温带夏季日照条件下能正常现蕾结实。但晚熟陆地棉品种和海岛棉在适当缩短日照条件下能显著降低第一果枝在主茎上的着生节位，提早现蕾、开花。

棉花出苗后，第二三片叶展平时，在主茎顶端果枝始节的位置开始分化形成第一个混合芽。混合芽中的花芽发育成花蕾，这是棉花生殖生长的开端。随着花芽逐渐发育长大，当内部分化心皮时，肉眼已能看清幼蕾，这时幼蕾基部苞叶约有 3 mm 宽，即达现蕾期。从现蕾到开花需 22～28 d，开花后，花粉落到柱头上，花粉粒发芽，长出花粉管，伸入柱头，穿过花柱进入胚囊，精核与卵核融合，完成受精过程。受精后，子房发育成一个蒴果，一般称为棉铃或棉桃。因品种、气温、铃着生位置不同，棉铃成熟过程所需时间不同，为 40～80 d。

棉花为常异花受粉作物，授粉媒介为昆虫，天然杂交率 0%～60%，决定于地区、取样小区大小和传粉媒介多少。长期自交生活力无明显下降趋势。

（二）品种类型　生产上应用的棉花品种类型主要是常规家系品种，杂种品种的应用发展迅速。

品种熟性是划分棉花类型的一个重要依据。棉花为喜温作物，不同熟性品种霜前花率达 70%～80%时，由播种到初霜期所需求≥15 ℃的积温要求如下：陆地棉早熟品种为 3 000～3 600 ℃，中早熟品种为 3 600～3 900 ℃，中熟品种为 3 900～4 100 ℃，中晚熟品种为 4 100～4 500 ℃，晚熟品种需 4 500 ℃以上；海岛棉早熟品种需 3 600～4 000 ℃，中熟品种需 4 500 ℃以上。各地区按热量条件选用适宜的品种类型，充分利用热量条件，获得最大的经济效益。热量条件并非惟一决定选用熟性类型的因素。在无灌溉条件春旱地区和秋雨多，烂铃严重地区，虽然热量充足，也只宜选用中熟偏早品种。种植制度也影响品种类型的选择。我国主要棉区，人多地少，粮棉争地矛盾突出，近年来不仅南方棉区粮棉两熟发展快，黄河流域棉区麦棉套种发展也很快，在相同气候条件下，种植方式不同，粮棉占地比例不同，播种和共生期长短不同，选用品种的熟性类型也不同。

纤维品质也是划分品种类型的一个依据。棉花纤维发育要求一定的温度、日照、水分等条件，不同生态区气候条件不同，适于种植不同品质的品种类型。按棉纤维长度可划分为 5 个类型：①短绒棉，绒长 21 mm 以下，包括二倍体亚洲棉和非洲棉，现仅在印度和巴基斯坦有较大面积种植，占这两国棉花产量 5%左右；②中短绒棉，棉绒长 21～25 mm，多为作陆地棉；③中绒棉，棉绒长 26～28 mm，以陆地棉为主；④长绒棉，绒长 28～34 mm，大多属海岛棉，也有一部分陆地棉长绒类型；⑤超级长绒棉，绒长 35 mm 以上，全部为海岛棉。中国棉纺业及外贸要求多种品质类型品种。大量要求中绒品种，也要求一部分中短绒和长绒陆地棉及超级长绒棉。长度应与其他品质性状相配合。

其他植物性状也可用于品种类型划分，例如铃的大小、株型高低、紧凑或松散、种子上短绒有无及多少、棉酚含量高低、抗病性、抗虫性、抗逆性等。不同地区应按照生态条件、种植制度、市场要求等确定种植的品种类型，以获得最大的社会和经济效益。

二、中国棉区划分及主要棉区的育种目标

（一）中国棉区划分　我国棉区广阔，大致在北纬 18°～46°，东经 76°～124°范围内。这一区域虽然都可植棉，但各地宜棉程度、棉田集中程度差别很大，适宜种植品种类型也不相同。因此需要根据气候、土壤、地形、地貌等生态要素及社会经济条件、种植制度等划分棉区。充分利用自然资源，实行品种布局区域化，因地制宜建立栽培技术规范，科学种棉，使棉花生产达到高产、优质、高效。

20 世纪 50 年代初，我国曾将全国棉区划分为华南、长江流域、黄河流域、辽河流域（后改为北部特早熟）和西北内陆 5 大棉区（图 16-1）。经过 30 多年的变迁，到 80 年代，特早熟棉区植棉面积已经很少，华南棉区只有零星植棉，棉花种植已主要集中在其余 3 个棉区。这 3 个棉区地域十分辽阔，生态条件有较大差异，因此又被划分为 3～4 个亚区。这一区划基本上符合实际，但有些亚区地域仍过广，因此有必要进一步研究，划分品种类型适应区域，使品种布局更趋合理化、区域化。

（二）3 个主棉区适宜品种类型的育种目标

1. 长江流域棉区　本棉区包括：四川、湖北、湖南、江西、浙江等省，以及江苏和安徽两省淮河以南及河南

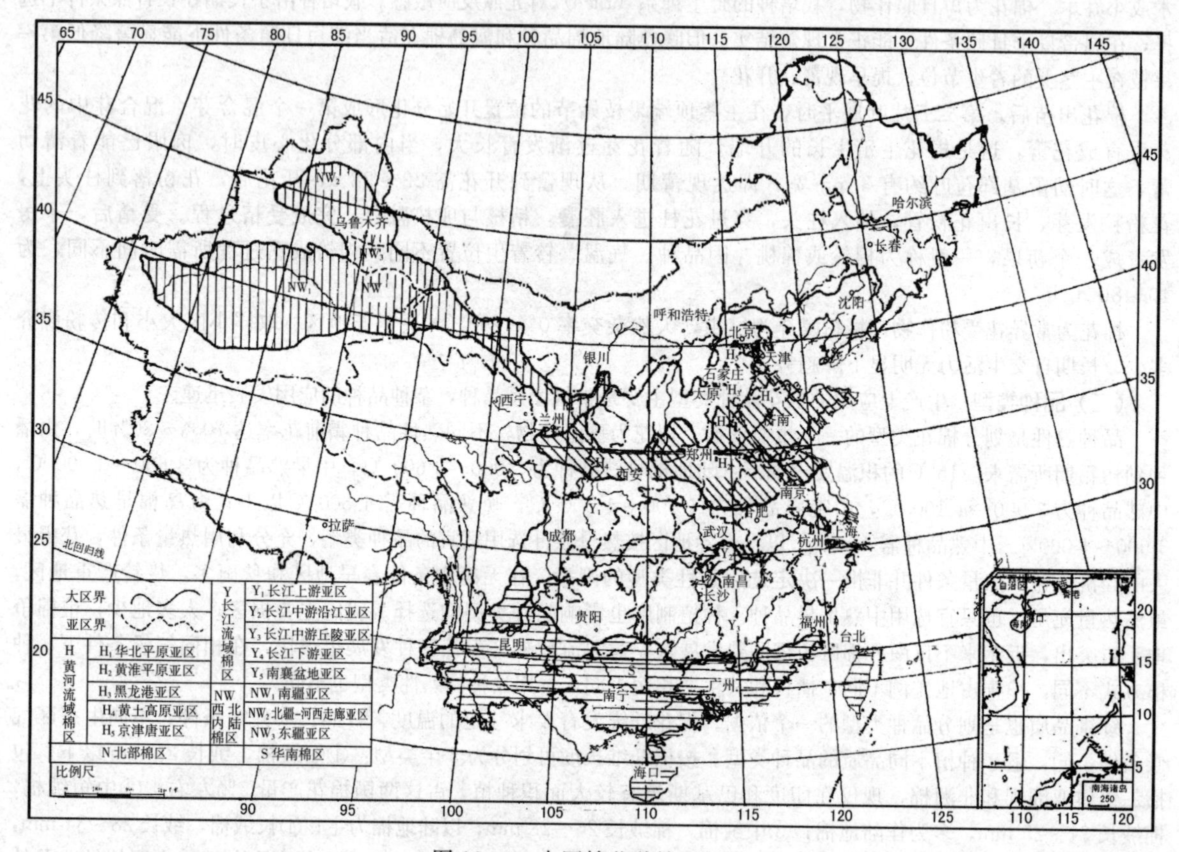

图 16-1　中国棉花种植区划图

省南部地区。棉田主要集中在长江中下游沿江，滨湖，沿海平原，部分为丘陵棉田。

本区棉花生长期长，为 220～260 d，热量条件较好，棉花生长期≥15 ℃积温 4 000～4 500 ℃，生长期降水量除南襄盆地稍少，为 600～700 mm 外，其余各亚区均在 1 000 mm 以上，但日照不足。大部分地区春季多雨，初夏常有梅雨，入伏高温少雨而日照较充足，秋季多阴雨或有的年份多阴雨。本区棉田种植制度，主要棉区普遍实行粮（油）棉套种或夏种的一年两熟制。本棉区各亚区生态条件有明显差异，适宜种植的品种类型不同。20 世纪 70 年代，以江苏、湖北为代表的南方棉区占全国的比例面积为 46.0%，总产约为 60.0%。80 年代，由于经济发展，种棉效益偏低，呈减少趋势，到了 90 年代，种植面积稳定在 2.0×10^6 hm^2 左右。

(1) 长江上游亚区　此亚区突出不利于植棉的气候因素是 9 月下旬后秋雨连绵，日照差（日平均低于 3h），因此适于种植棉株叶片稍小，棉铃中等偏小，铃壳薄，吐絮畅的早播早熟的中早熟、中熟类型的品种，绒长 27～29 mm，适纺中支纱的品种类型。本棉区棉田枯萎病较普遍，因此品种需抗枯萎病。

(2) 长江中游亚区　此亚区热量条件好，降水丰富，光照条件比长江上游棉区好，土壤肥沃，故棉花产量高，品质好，宜种植中熟、中晚熟品种，充分发挥品质好的优势，绒长 29 mm 左右，强力 4gf（0.039 2 N）以上，细度适中（6 000 m/g 左右），适纺细支纱品种类型，适当配置绒长 31 mm 以上适纺高支纱品种。本区虽有枯萎病和黄萎病，但部分地区病轻或无病，应分别种植抗病及常规优质品种，以发挥品质优势。

(3) 长江下游亚区　本棉区的特点是棉花前作成熟较晚，两季矛盾突出。从大面积生产看，应选用偏早的中熟品种。本区也应按枯萎病和黄萎病情轻重分别种植常规或抗病品种。本区主要以绒长 29 mm 左右适纺中支纱品种类型为主，适当安排 31 mm 纺高支纱类型。

(4) 南襄盆地亚区　本棉区包括湖北省襄阳和河南省南阳两个地区。气候介于长江流域和黄河流域之间，适宜的品种类型为绒长 27～29 mm，中上等品质，纺中支纱为主的中熟品种类型。

2. 黄河流域棉区　本棉区包括山东、河北和河南两省大部、陕西关中、山西晋南、江苏徐淮地区、安徽淮北地区以及京、津市郊区。以冀鲁豫为代表的黄河流域棉区，20 世纪 80 年代初期棉田面积和产量分别占全国的 50%和 46%。进入 90 年代以来，由于棉花病虫害的猖獗危害，棉田素质的下降，棉花单产降低，比较效益低，致使棉花面积大幅度减少，产量下降。1993 年，该区植棉 2.44×10^6 hm^2，总产量 1.386×10^6 t，分别占全国的 48%和 37%。本区≥15 ℃积温为 3 500～4 100 ℃，由南向北逐渐减少，差异较大。雨量分布及土壤等生态条件各地区也有较大差异。因此棉区又分为淮北平原、华北平原、黄土高原和京、津、冀北早熟区 4 个亚区。

(1) 淮北平原亚区　本区热量充足，秋季温度较高，降温较慢。棉花生长期降水量为 650～700 mm，雨量分布有利于棉花生长。适宜种植春播中熟，绒长 29 mm，适纺高支纱品种类型；夏播中早熟，绒长 27～29 mm，适纺中支纱品种。

(2) 华北平原亚区　此区植棉面积和产量均占全国 25%以上，是全国棉花最集中地区。本区热量条件相对较好，大部分棉田有灌溉条件，过去棉田一年一熟，适宜种植中熟品种。近年麦棉套种发展较快，春播宜用中早熟，绒长 29 mm 左右，适纺高支纱的品种类型；夏播棉采用麦垄套种或移栽，宜选用 27 mm 左右，适纺中支纱品种。

(3) 黄土高原亚区　本区棉田一半分布在汾、渭、洛河谷地区，一半分布在旱塬。本区≥15 ℃积温为3 600～3 900 ℃，年降雨量为 500～600 mm。春季升温较快，有利于早现蕾，早开花。花铃期干旱少雨，有灌溉条件棉田有利于结伏桃。旱地多早衰，成铃率低。秋季多雨，气温下降快，不利于纤维发育，因而品质差。本区热量较高地区适于种植中熟品种，热量条件较差地区宜种早中熟或春播早熟品种。本区重点种植绒长 27～29 mm，适纺中支纱的棉花品种类型。

(4) 早熟亚区　大部分县≥15 ℃积温为 3 500～3 600 ℃，只能满足中早熟品种对热量的最低要求。最北部地区积温为 3 200～3 400 ℃，只能满足早熟品种热量要求。本区宜发展绒长 25～27 mm 左右，适纺中低支纱的品种类型。黄河流域棉区枯萎病和黄萎病普遍发生，本棉区品种必须兼抗枯萎病和黄萎病。

3. 西北内陆棉区　本区主要是新疆棉区，包括甘肃河西走廊地区的少量棉田。本区是我国惟一的长绒棉（海岛棉）基地，也是陆地棉品质最好地区。新疆棉区属典型大陆性干旱气候，热量资源丰富，雨量稀少，空气干燥，日照充足，年温差日温差大，全部灌溉植棉。根据自然条件和地域差异，全疆可划分为东疆、南疆和北疆 3 个亚区。北疆热量条件较差，≥15 ℃积温为 3 000～3 300 ℃，只适于种植早熟陆地棉。南疆热量条件好，≥15 ℃积温为 3 600～3 800 ℃，适于种植早熟海岛棉和中早熟陆地棉。东疆热量条件最好，≥15 ℃积温为 4 500～4 900 ℃适于种植中熟海岛棉品种，或晚熟陆地棉品种。本区生态条件特殊，适于本区种植的品种类型应能耐大气干旱，抗干热风，耐盐碱，并对早春、晚秋的低温和夏季高温有较好适应性。对品质类型的要求，早熟陆地棉绒长27～29 mm，中早熟陆地棉绒长 29～31 mm，早熟海岛棉绒长 33～35 mm，中熟海岛棉绒长 35～37 mm，及相应的其他指标综合。1988 年，国务院决定将新疆列为国家重点棉花开发区，极大地推动了新疆的棉花生产发展。从 80 年代的 2.67×10^5 hm^2，到 1990 年植棉面积就扩大到 4.35×10^5 hm^2，产量为 $4.687\,9\times10^5$ t；1998 年植棉面积更是提高到近 1.0×10^6 hm^2，总产达到了 1.4×10^6 t，分别占当年全国植棉面积的 22.41%，总产的 31.10%。

三、主要目标性状的遗传

（一）产量性状遗传　皮棉产量是育种首要目标。皮棉的产量构成因素包括单位面积的铃数、每铃子棉重（单铃重）、衣分。衣分是皮棉重量与子棉重量的比率。衣分与衣指有密切关系，衣指是 100 粒种子纤维重量，子指是 100 粒种子的重量，它们之间的关系如下

$$衣分=衣指/(衣指+子指)$$

衣分与皮棉产量呈高度正相关，陆地棉衣分和产量的遗传相关在 0.70～0.90，因此可以用衣分来进行产量选择。衣分高低既受衣指影响，也受子指影响，因此衣分高并不一定反映纤维产量高，可能是由于子指小，因此不以衣分而以衣指作为产量构成因素更为准确和合理。衣指的遗传率估计值为 0.78%～0.81%，子指为 0.87%（Meredith，1984）。对衣指和子指这两个性状选择有较好效果。

Biyani（1983）用通径系数分析方法，研究了不同性状对陆地棉产量的影响。试验结果表明，单株铃数对子棉产量有最高的直接效应（通径系数 p 为 0.695），其次为铃重（通径系数 p 为 0.682）和衣指（通径系数 p 为

0.386)。朱军(1982)以陆地棉6个品种进行产量构成因素对皮棉产量的通径分析，结果证明，单株果枝数对皮棉产量直接作用大，其次是单株结铃数和衣分。北京农业大学育种组(1982)做了类似研究，其结果表明，结铃数对皮棉产量关系最大，单铃重次之，衣分对产量的贡献比前两个因素小。Kerr(1996)认为，棉铃大小在近年产量改进上起相对较小作用，建议在改进产量性状的选择中，结铃性(单位面积铃数)应是考虑重点。

(二)早熟性遗传 品种的熟性是指品种在正常条件下获得一定产量所需要的时间。熟性决定品种最适宜的种植地区，因此在一特定地区育种必须首先考虑育种材料的熟性。近年在棉花育种中十分重视早熟性，在两熟地区，适当早熟，可以较好解决茬口矛盾，获得棉粮(油)双增产。对早熟性重视也出于避开虫害，减少农药、肥料、水、能源消耗，以提高植棉效益。早熟与丰产常相矛盾，因此在一特定地区，早熟性应适度，不能因早熟而使丰产性受影响。早熟性与多种因素相联系，包括发芽速度、初花期、开花速度、脱落率、棉铃成熟速度等。

对影响早熟性各因素的遗传很少精确的研究资料，但通过选择能分别或同时改变影响熟性。棉花植株的生长习性常与早熟程度相关联。早熟类型一般第一果枝着生节位低，主茎与果枝节间短，株矮而紧凑，叶较小且薄，叶色浅。晚熟类型株型高大而松散，叶大，叶色深。株型易于选择。铃期长短是影响早熟性的一个重要因素。一般铃较小，铃壳薄的品种，铃期短。

棉花具有无限生长习性，各部位棉铃不同时成熟，因此不能用一个简单成熟日期来表示早熟性。目前在育种中常用来表现早熟性的指标有：①吐絮期，50%棉株第一个棉铃吐絮的日期；②生育期，由播种到吐絮期的天数；③霜前花比例：第一次重霜后5 d前所收获的子棉量占总收花量的百分率，在北方棉区，霜前花达80%以上为早熟品种，70%～80%为中熟品种，60%～70%为中晚熟品种，60%以下为晚熟品种。在霜期晚的地区以10月5日或10日前收花量百分率表示早熟性，其划分标准与霜前花百分率相同。

(三)纤维品质与种子品质性状遗传

1. 纤维品质性状 棉纤维是重要的纺织工业原料。棉纤维的内在品质影响纺织品质。棉纤维品质指标主要有长度、成熟度、强度与强力、细度、整齐度等。

(1) 长度 这是指纤维伸直时两端的距离。长度指标有各种表示方法，一般分为主体长度、品质长度、平均长度、跨距离长度等。主体长度又称众数长度，指所取棉花样品纤维长度分布中，纤维根数最多或重量最大的一组纤维的平均长度。平均长度，指棉束从长到短各组纤维长度的重量(或根数)的加权平均长度。跨距长度指用纤维照影仪测定时一定范围的纤维长度，测试样品最长的2.5%纤维长度为2.5%跨距长度，测试样品50%纤维的长度称为50%跨距长度。2.5%跨距长度接近于主体长度。

(2) 整齐度 纤维长度的整齐度表示纤维长度集中性的指标。表示整齐度的指标有：①整齐度指数，即50%的跨距长度与2.5%跨距长度的百分率。②基数，指主体长度组和其相邻两组长度差异5 mm内纤维重量占全部纤维重量的百分数。基数大表示整齐度好，陆地棉要求基数40%以上。③均匀度，指主体长度与基数的乘积，是整齐度可比性指标。均匀度高(1 000以上)表示整齐度好。

(3) 成熟度 纤维成熟度指纤维细胞壁加厚的程度。纤维成熟度用成熟纤维根数占观察纤维总数的百分率表示的，称成熟百分率；用胞壁厚度与纤维中腔宽度对比表示的，称成熟系数。成熟系数高，表示成熟度好，反之则差。陆地棉成熟系数一般为1.5～2.0。过成熟纤维成棒状，转曲少，纺纱价值低。

(4) 转曲 一根成熟的棉纤维，在显微镜下可以观察到像扁平带子上有许多螺旋状扭转，称为转曲。一般以纤维1 cm的长度中扭转180°的转曲数来表示。成熟的正常的纤维陆地棉为39～65个，海岛棉为80～120个。

(5) 强度与强力 强度指纤维的相对强力，即纤维单位面积所能承受的强力，单位为klb/in^2(1000)PSI。在国际贸易中，规定纤维强度不低于551.55 kN/m^2(80 klb/in^2)。强力指纤维的绝对强力，即一根纤维或一束纤维拉断时所承受的力，单位为克力(gf)(1 gf=9.8 mN)。陆地棉强力为34.3～44.1 mN(3.5～4.5 gf)。断裂长度是表示纤维断裂强度的另一种方法，用单纤维强力(gf)和以公制支数(m/g)表示的细度的乘积表示。陆地棉断裂长度为20～27 mm。在现代棉花育种中，十分重视提高纤维强度和整齐度，纺织技术改进，加工速度加快，给棉纤维更大物理压力，因此要提高纤维强度；末端气流纺纱技术的应用，更要求棉花增加强度和整齐度。

(6) 细度 细度即纤维粗细程度。国际上以麦克隆值(Micronaire value，μ/g)作为细度指标，是用一定质量的试样在特定条件下的透气性测定。细的，不成熟纤维气流阻力大，马克隆值低；粗的，成熟纤维气流阻力小，马克隆值大。陆地棉马克隆值在4～5，海岛棉在3.5～4范围内。中国多数采用公制支数表示细度，即1g纤维的长度。公制支数高，表示纤维细，反之则粗。一般成熟陆地棉细度为5 000～6 500 m/g，海岛棉为6 500～8 000 m/g。马克隆值与公制支数的关系是：公制支数=25 400/马克隆值（25 400为常数）。国际标准通常以特克斯（tex）表示细度，指纤维或纱线1 000 m长度的重量（g）。特克斯值高表示纤维粗，反之则细。

（7）伸长度　测定束纤维拉断前的伸长度，单位为g/tex。

棉花纤维的长度、细度和强力都是由微效多基因所控制的数量遗传性状。与产量相比一般有较高的遗传率，例如纤维长度和强力的遗传率都在60%～80%或以上，而皮棉产量的遗传率一般在40%～50%或以下。因而在群体选择中，纤维长度、强力以及细度的选择比产量性状的选择易于取得成效。但是一些野生种渐渗种质系优质纤维性状也表现出有主效基因控制。纤维品质各性状之间，以及品质性状与其他农艺性状之间存在着相关。纤维强度和伸长度通常为负相关。长度和强度为正相关。在陆地棉中，强力与产量表现负相关（－0.36～－0.69）（Meredith，1984）。在棉花育种工作中应用一定的方法已成功地打破长度与强力的负相关，育成了一些品质优良并丰产的品系和品种（Culp和Harell，1973）。

2. 棉子品质性状　棉仁约占棉子重量的50%。棉仁中含有35%以上高质量的油脂和氨基酸较齐全的蛋白质（37%～40%）。Kohel（1978）对不同的陆地棉材料种子的化学成分进行分析，发现含油量有相当大的变异，但在育种中还没有充分利用这些变异以提高含油量。绝大多数棉花品种在其植株各部分的色素腺体中含有多酚物质。棉酚（gossypol）及其衍生物约占色素腺体内含物的30%～50%。通常棉子种仁和花蕾中的棉酚含量最多。陆地棉棉仁中棉酚含量一般为1.2%～1.4%。多酚化合物对非反刍动物有毒，影响棉子油脂和蛋白质的充分利用。已知色素腺体的缺失受6个隐性基因gl_1、gl_2、gl_3、gl_4、gl_5和gl_6控制，其中gl_2gl_3纯合隐性或Gl_2^e存在时，棉花无腺体。无论陆地棉还是海岛棉，国内外均已育成棉子棉酚含量低的无腺体品种，有些无腺体品种产量已同有腺体品种相近，但在生产上应用不广。

（四）抗病虫害性状遗传　病虫危害常造成棉花产量严重损失，例如中国仅枯萎病和黄萎病危害，每年损失皮棉估计达7.5×10^4～10×10^4 t（邓煜生，1991）。Lee（1987）报道，1981—1982年全世界由于昆虫和螨类危害使世界棉花总产损失16.1%。不同品种对病虫害抗性水平有差异，因此可以通过育种方法选育抗、耐或避病虫害并与优质高产性状相结合的品种。

1. 抗病性状遗传　在中国为害最严重的病害是棉花枯萎病和黄萎病，选育抗病品种是最有效的防治方法。对枯萎病和黄萎病抗性遗传至今没有得到较一致的结论。

棉花对枯萎病抗性，有的研究者认为是受显性单基因控制，有的研究者认为是受多基因控制，其遗传以加性效应为主（Kappelman，1971；校百才，1989）。Netzer（1985）、Smith和Dick（1960）在海岛棉Seabrook品种确定了两个高抗枯萎病的基因，其中一个基因已转育到陆地棉中。棉花对枯萎病抗性和对线虫病抗性有关联，特别是与抗根节线虫病有关。线虫侵害棉花根系，造成深伤口，使枯萎病菌侵入棉株。在陆地棉中还没有发现对棉花黄萎病免疫和高抗类型。

海岛棉中的埃及棉和秘鲁种植的Tanguis高抗黄萎病，已用来作为提高陆地棉耐病性的抗源。Fahmy（1931）首先报道了棉花黄萎病抗性遗传研究结果，以后曾有不少学者进行过研究，但没有得到明确的结论。国内外的研究结果证明，在陆地棉和海岛棉种间杂交研究中，海岛棉的抗病性对陆地棉的感病性受显性或不完全显性单基因控制。在陆地棉种内杂交进行的黄萎病抗性遗传研究中，存在两种不同的结论，一种认为陆地棉的抗（耐）病性为质量性状遗传，另一种认为属于数量性状遗传。不论是在温室人工接种还是在田间病圃条件下，海岛棉的抗病性对陆地棉的感病性为显性，表现为单基因显性或部分显性控制的质量性状遗传方式。陆地棉种内杂交而言，陆地棉的抗性遗传规律较为复杂。温室或生长室单一菌系苗期接种鉴定时，多倾向于抗性由显性单基因控制；而在田间病圃鉴定并在生长后期调查时，多倾向于抗性呈数量性状遗传，加性和上位性基因效应都存在，但以加性效应为主。

2. 抗虫性状遗传　为了减少杀虫化学药剂的使用，保护环境，减少农副产品残毒，保护有益昆虫，降低生产成本，抗虫育种日益受到重视。已经研究过十几种植物性状对棉花害虫的抗性。有些性状对某些害虫有抗性已经证实，有些则证据不充分或缺少证据（表16-4）。有些抗虫性遗传较复杂，例如对棉铃虫、棉红铃虫幼虫有抗性的花芽高含萜烯醛类化合物的遗传，由6个位点上的基因控制；对棉铃虫、棉红铃虫有抗性的叶无毛或光滑叶性状受 3 个位点，4 个等位基因控制；对棉叶蝉有抗性的植株多毛性状是由 2 个主基因和修饰基因的复合体控制。虽然已知有很多抗虫性状，但实际应用时有困难，例如对产量、品质有不利影响等。具无蜜腺性状的品种已在生产上应用；早熟和结铃快的品种可以避开害虫危害，也已在生产上作为减少虫害的措施应用。

表 16-4　棉花抗虫性的特性

	特　性	棉　蚜	棉铃虫	棉红铃虫	棉叶螨
形态抗性	无蜜腺	R	R	R	S
	多绒毛	R	S	S	R
	光滑	S	R	R	N
	鸡脚叶	R	R	R	?
	窄卷苞叶	?	R	R	?
	红叶棉	?	R	N	?
生化抗性	高酚棉	R	R	R	R
	高单宁	R	R	R	R
	高可溶性糖	R	?	?	R
	高氨基酸	S	?	?	R
	高类黄酮	?	?	?	R
其他抗性	早熟性	R	R	R	?

注：R 表示抗；S 表示感；N 表示无影响；? 表示尚未确定。

（五）重要农艺性状基因的定位　棉花的连锁研究最早是由 Harland 突破的。20 世纪 30 年代化鉴定出 2 个连锁群。40 年代 Silow 又鉴定出 1 个。到 50 年代 Stephen 广泛地进行了连锁群的研究，不仅证实了前面 3 个连锁群，同时又鉴定出了第 4 个连锁群。后来，Rhyne、Kohel 等的研究又大大增加了棉花连锁群的知识。Endrizzi 等用非整倍体技术不仅研究连锁群与染色体的联系以及它们在染色体上的排列顺序，而且直接用单体、端体分析法来确定新的连锁群。经过 Kohel 等人的多方面的研究，已鉴定了 18 个连锁群，其中有 12 个连锁群已确定了所属的染色体（表 16-5）。理论上，棉花应有 13 个同源转化群，但是到目前为止通过相似的遗传突变体、重叠基因的连锁测验、重叠基因的单体测验以及单体的相似表现型观察，分别鉴定出了Ⅰ～Ⅲ、Ⅱ～Ⅶ、Ⅴ～Ⅸ连锁群以及第6～25 染色体 4 个部分同源转化群。

表 16-5　棉花的连锁群

（引自 Endrizzi 等，1985）

连锁群	基因排列次序	染色体编号
Ⅰ	$R_2 16cl_2 4yg_2 32Lc_1$	7
Ⅱ	$v_6 OL_2^0 3sxl44Lg5vfls2cr$？ lp_2	15
	$v_{17} 28L_2^0$	
Ⅲ	$sxlcl_3 24cl_1 17R_1 19yg_1 5ms_3 33ac17Dw$	16
Ⅳ	$Lc_2 10sxl4H_2$（Sm_2，H_1）	6
Ⅴ、Ⅶ	$gl_2 20bw_1 39ne_1$？ ms_8	12
	$gl_2 8Ms_{11}\ gl_2 27Le_1$	
	$N_1 14Ms_{11}\ N_1 7Lf\ gl_2 32N_1\ sxl11N_1$	
Ⅵ	$fg30ia30sx\ l$	3
Ⅶ	$v_5 OL^L 138sxl44ip_1$	1
Ⅷ	$st_1 32sxl23ml$	4
Ⅸ	$bw_2 5gl_3\ 35ne_2 16ms_9$？ n_2	26
	$gl_3 26Le_3\ Gl_3^{dav} 26Le_2^{dav}$	

（续）

连锁群	基因排列次序	染色体编号
Ⅹ	$rl_1 20Rg15rx$	
Ⅺ	$P_1 4B_4$？ v_{11}	5
Ⅻ	$v_{10} 4Y_1$	A
ⅩⅣ	$v_8 13Rd33st_3$	D
ⅩⅤ	$v_3 12Li$	
ⅩⅥ	$ob_1 sx\ l18Y_2$	18
ⅩⅦ	$Ru37yv30v_1$	20
ⅩⅧ	$Rc14Rf$	

第三节　棉花种质资源研究与利用

棉花的种质资源是棉属中各种材料的总称，包括古老的地方栽培种和品种、过时的栽培种和品种、新培育的推广品种、重要的育种品系和遗传材料、引进的品种和品系、棉属野生种、野生种系、及棉属的亲缘植物等。它们具有在进化过程中形成的各种基因，是育种的物质基础，也是研究棉属起源、进化、分类、遗传的基本材料。

一、棉属的分类

棉花属于锦葵科棉属（*Gossypium* L.）。棉属中包括许多棉种，根据棉花的形态学、细胞遗传学和植物地理学的研究，历史上曾对棉属有多种分类方法。1978 年 Fryxell 总结前人研究，将棉属分为 39 个种（表 16－6），这 39 个种中 4 个是栽培种，其余为野生种。这一分类方法虽然得到公认，但有些棉种的划分仍有争论。随着生物科学的发展，棉属分类还会改进，去除分类中人为因素，使其能更真实地反应棉属各种群，在其自然进化中所形成的亲缘关系。各棉种的染色体基数 $x=13$，可概分为二倍体和四倍体两大类群。

二倍体类群（$2n=2x=26$）有 33 个棉种，它们的地理分布不同，其染色体组的染色体形态、结构也各异。根据其亲缘关系和地理分布，Beasley（1940）将二倍体棉种划分为 A、B、C、D 和 E 共 5 个组，同一染色体组的棉种杂交可获得可育的 F_1。随后的研究又将长萼棉（*Gossypium longicalyx*）划为 F 组，比克氏棉（*Gossypium bickii*）划为 G 组。栽培种非洲棉和亚洲棉属于 A 染色体组，其余 31 个野生种分别属于另外 6 个染色体组，各染色体组包括的棉种及其地理分布见表 16－6。

表 16－6　棉属的种及其地理分布

种　名	初次描述年份	染色体组	分布范围
非洲棉 *Gossypium herbaceum* L.	1753	A_1	亚洲和非洲栽培种
亚洲棉 *Gossypium arboreum* L.	1753	A_2	亚洲和非洲栽培种
异常棉 *Gossypium anomalum* Wawr. et Peyr.	1860	B_1	非洲南部和北部：①安哥拉（Angola）和纳米比亚（Namibia），②尼日尔（Niger）到苏丹（Sudan）
三叶棉 *Gossypium triphyllum*（Harv. et Sand）Hochr.	1862	B_2	非洲南部
绿顶棉 *Gossypium capitis-viridis* Mauer	1950	B_3	西非佛德角群岛
斯托提棉 *Gossypium sturtianum* J. H. Willis	1863	C_1	大洋洲中部
斯托提棉南德华棉变种 *Gossypium sturtianum* var. *nandewarense*（Derera）Fryx.	1964	C_{1-n}	大洋洲东南部
鲁滨逊氏棉 *Gossypium robinsonii* F. Muell	1875	C_2	大洋洲西部
澳洲棉 *Gossypium australe* F. Muell	1858	—	大洋洲中部

（续）

种　　名	初次描述年　份	染色体组	分布范围
皱壳棉 *Gossypium costulatum* Tod	1863	—	大洋洲西北部
杨叶棉 *Gossypium populifolium*（Benth）Tod	1863	—	大洋洲西北部
坎宁安氏棉 *Gossypium cunninghamii* Tod	1863	—	大洋洲最北部
小丽棉 *Gossypium pulchellum*（Gardn.）Fryx.	1923	—	大洋洲西北部
纳尔逊氏棉 *Gossypium nelsonii* Fryx.	1974	—	大洋洲西北部
细毛棉 *Gossypium pilosum* Fryx.	1974	—	大洋洲西北部
瑟伯氏棉 *Gossypium thurberi* Tod	1854	D_1	墨西哥索诺拉州（Sonora）、奇瓦瓦（Chihuahua）和美国亚利桑那州（Arizona）
辣根棉 *Gossypium armourianum* Kearn	1933	D_{2-1}	南美洲圣马科斯岛（San Marcos Island），墨西哥下加利福尼亚（Baja California）
哈克尼西棉 *Gossypium harknessii* Brandg.	1889	D_{2-2}	墨西哥下加利福尼亚
戴维逊氏棉 *Gossypium davidsonii* Kell.	1873	D_{3-d}	墨西哥下加利福尼亚
克劳次基棉 *Gossypium klotzschianum* Anderss.	1853	D_{3-k}	加拉帕戈斯群岛（Galapagos Island）
旱地棉 *Gossypium aridum*（Rose et Standl）Skov	1911	D_4	墨西哥西部锡那罗亚（Sinaloa）至瓦哈卡（Oaxaca）
雷蒙德氏棉 *Gossypium raimondii* Ulbr	1932	D_5	秘鲁西部和中部
拟似棉 *Gossypium gossypioides*（Ulbr）Standl	1923	D_6	墨西哥瓦哈卡（Oaxaca）
裂片棉 *Gossypium lobatum* Gentry	1958	D_7	墨西哥米却肯（Michoacan）
三裂棉 *Gossypium trilobum*（DC.）Skov	1824	D_9	墨西哥西部锡那罗亚（Sinaloa）至莫雷洛斯（Morelos）
松散棉 *Gossypium laxum* Phillips	1972	D_9	墨西哥格雷罗（Guerrero）
特纳氏棉 *Gossypium turneri* Fryx.	1978		墨西哥靠近瓜伊马斯（Guaymas）和索诺拉（Sonora）
斯托克西棉 *Gossypium stocksii* Mast . ex Hook.	1874	E_1	阿拉伯（Arabia）、巴基斯坦（Pakistan）和索马里（Somalia）
索马里棉 *Gossypium somalense*（Gurke）Hutch.	1904	E_2	索马里（Somalia）、肯尼亚（Kenya）、苏丹（Sudan）
亚雷西棉 *Gossypium areysianum*（Defl）Hutch.	1895	E_3	阿拉伯南部
灰白棉 *Gossypium incanum*（Schwartz）Hillc.	1935	E_4	阿拉伯南部
长萼棉 *Gossypium longicalyx* Hutch et Lee	1935	F_1	非洲东部
比克氏棉 *Gossypium bickii* Prokh	1910	G_1	大洋洲中部
陆地棉 *Gossypium hirsutum* L.	1763	$(AD)_1$	世界栽培种
海岛棉 *Gossypium barbadense* L.	1753	$(AD)_2$	世界栽培种
毛棉 *Gossypium tomentosum* Nutt. ex Seem.	1865	$(AD)_3$	夏威夷群岛
黄褐棉 *Gossypium mustelinum* Miers ex Watt	1907	$(AD)_4$	巴西东北部
达尔文氏棉 *Gossypium darwinii* Watt	1907	$(AD)_5$	加拉伯戈斯群岛（Galapagos Island）
茅叶棉 *Gossypium lanceolatum* Tod	1877	$(AD)_6$	墨西哥主要是庭院栽培

四倍体类群（$2n=4x=52$）有6个棉种，分布在中南美洲及其临近岛屿，均是由二倍体棉种的A染色体组和D染色体组合成的异源四倍体，即双二倍体AADD。根据棉花种间杂种细胞学研究，证明异源四倍体的A染色体组来自非洲棉种系（*Gossypium herbaceum* var. *africanum*），D染色体组来源还不确定，但已知美洲野生种雷蒙德氏棉同D染色体组亲缘最近（Erdrizzi 和 Fryxel，1960）。Beasley划分染色体组时将这一类群棉种划为（AD）组。

这一染色体组种有两个栽培种，其余4个为野生种。

棉属很多野生种具有某些独特的有利用价值的性状，其中很多特性是栽培种所不具有的，因此野生种具有改良现有栽培种有价值的种质来源。野生种质在利用上存在困难：二倍体野生种与四倍体栽培种倍性不同，存在杂交困难和杂种不育等问题；相同倍性不同种之间，由于染色体组结构上和遗传上的差异，也存在杂交困难问题。现在已有一些方法克服这些困难，成功地将一些野生种质特殊性状转育到栽培种。辣根棉的 D_2 光滑性状转育到栽培陆地棉后，表现为植株、叶和苞叶光滑无毛，有助于解决机械收花杂质多及清花问题。毛棉无蜜腺性状转育于陆地棉获得无蜜腺品种。由于无蜜腺使棉铃虫失去食物源，寿命和生育能力降低，减轻了对棉花为害。陆地棉、亚洲棉和辣根棉的三元杂种中出现苞叶自然脱落类型，这一性状有利于减少收花杂质，并对棉红铃虫有抗性。亚洲棉、瑟伯氏棉与陆地棉三元杂种与陆地棉品种、品系多次杂交回交，在美国培育出一系列具有高纤维强度的品系和品种。亚洲棉、雷蒙德氏棉与陆地棉的三元杂种与陆地棉杂交、回交，在非洲科特迪瓦培育出多个纤维强度高、铃大、抗棉蚜传播的病毒病的品种。

野生种及亚洲棉野生种系（race）细胞质也有利用价值，陆地棉与哈克尼西棉杂交并与陆地棉多次回交育成了具有哈克尼西棉细胞质的不育系和恢复系；陆地棉细胞核转育于其他野生种细胞质表现出对棉盲蝽、棉铃虫以及对不良环境（高温）抗性的差异。

二、棉属种的起源

（一）二倍体种的单源起源　尽管棉属种间的差异很大，而且分布于世界各地的热带、亚热带地区形成了各自的分布中心，但无论野生二倍体还是栽培的二倍体棉种的染色体数均为 $2n=26$，这从细胞学上证明：棉属各个种是共同起源的，是单元发生的。同时，尽管各棉种间杂交困难或非常困难，但仍然在许多种之间或多或少可以配对，说明了染色体在一定程度上的同质性，也可作为棉属种共同起源的佐证。

（二）异源四倍体棉的起源　Baranov（1930）、Zhurbin（1930）和 Nakatomi（1931）报道了亚洲棉和非洲棉×美洲四倍体棉种 F_1 杂种的染色体配对成13个二价体和13个单价体；但 Skovsted（1934）发现，亚洲棉的13个大染色体和美洲四倍体棉种的13个大染色体相配对，其余13个小染色体则保留单价体状态。他认为，新世界棉是由两个具有 $n=13$ 的种的非同源染色体加倍而形成的双二倍体。其中一个二倍体种的细胞学特征和具有大的A染色体的亚洲棉相似，另一个可能是具有小D染色体的美洲二倍体种。Skovsted（1934）和 Webber（1934）根据美洲野生二倍体棉种和四倍体棉种之间杂种染色体配对的细胞学观察证实了这一假设。

据研究，异源四倍体棉来自新世界二倍体棉与旧世界棉杂交的后代。至于旧世界二倍体棉是如何远隔重洋到达新大陆，与新世界棉杂交，一直存在争议。Harland（1935）根据亚洲棉的栽培分布，认为亚洲棉是通过横贯太平洋的大陆桥传播至新大陆的波里尼西亚群岛，在白垩纪或第三纪时期发生了杂交。Stebbins（1947）则认为含A染色体组的棉种在第三纪早期通过北极路线传到了北美洲。

Hutchinson 等（1947，1959）认为亚洲棉是人们通过太平洋路线传入新世界并进行栽培后与美洲二倍体种发生了杂交。但当 Gerstel（1953）的研究表明异源四倍体A染色体亚组更接近于非洲棉的A染色体组而不是亚洲棉的A染色体组时，亚洲棉通过太平洋传播的这一说法便被人抛弃了。非洲南部现存的非洲棉野生类型（*Gossypium herbaceum* var. *africanum*）是A染色体组惟一的野生类型，因而 Gerstel（1953）和 Phillips（1963）提出了非洲棉通过太平洋传播的途径。而 Hutchinson（1962）据此认为两个野生二倍体种是通过天然分布接触的，但新世界A染色体组种的天然起源尚缺乏证据。

Sherwin（1970）认为新世界棉不存在野生类型，栽培的非洲棉是由人带至南美洲北部来的，或由放弃的木筏或被封在葫芦中通过海洋漂流至该处的。但 Stephens（1966）根据非洲棉及其近缘种异常棉缺乏充分的耐盐性，认为海洋漂流可能难以保存其生活力。Johnson（1975）也认为由人类把非洲棉带至新世界的热带地区，在那里成为栽培种，并且和不止一个D染色体组杂交形成了天然杂种。

至于人类携带祖先A染色体组种，使其成为异源四倍体新近起源的假说，从分类的多样性以及新世界棉花化石标本时期（公元前4000～3000年，距非洲已知的棉花化石标本早2 000年，较非洲农业早1 000年，距人类在非洲地区远洋航行早3 000年）来看，这一假说是值得怀疑的。

Phillips（1961）基于细胞遗传学的数据，认为异源四倍体既不是古老起源的，因为其染色体亚组 A 和 D 与相应的二倍体种的染色体组 A 和 D 存在高度的结构相似性；但也不是不久以前起源的，因为异源四倍体含有大量的形态和生理变异性，彼此在遗传学上和细胞学上因分化而有差异（分离为不同的种），呈现高度的遗传二倍体化。Fryxell 也赞同这一观点。认为极大可能是在更新世时期（距今约 100 万年），祖先 A 染色体种通过大西洋传播到新世界后才发生的。

三、棉属的栽培种及其野生种系

棉属共有 4 个栽培种，二倍体棉种的非洲棉和亚洲棉、四倍体棉种的陆地棉和海岛棉。这 4 个棉种在进化过程中，在不同生态条件下，分别形成半野生和野生的类型和种系。在人工栽培条件下，经过选择，形成很多品种。

（一）非洲棉 非洲棉又称草棉，原产于非洲南部，以后经阿拉伯传播到地中海波斯湾沿岸国家，再东传到中亚印度、巴基斯坦和中国。从历史记载和出土文物证明，早在公元前后非洲棉已在我国西北地区栽培，并利用其纤维纺织。非洲棉已几乎完全为陆地棉和海岛棉所代替，目前世界上只有印度、巴基斯坦等国有少量栽培。

非洲棉在其进化过程中，形成了多种生态地理类型。Hutchinson（1950）将非洲棉划分为 5 个地理种系（geographical race）：波斯棉（Race Aceritolium）、库尔加棉（Race Kuijianum）、槭叶棉（Race Aceritiolium）、威地棉（Race Wightianum）和阿非利加棉（Race Africanum）。这 5 个种系中，除槭叶棉为多年生灌木外，其余都是一年生灌木。我国内陆棉区曾种植的非洲棉属库尔加棉。非洲棉植株矮小，少或无叶枝，铃小，铃开裂角度大，生育期短，极早熟，有较强耐高温、干旱和盐碱能力，但产量低，纤维品质差。

（二）亚洲棉 亚洲棉原产印度次大陆，由于它在亚洲最早栽培和传播，故称亚洲棉。亚洲棉野生祖先迄今未发现，有证据证明亚洲棉是由非洲棉分化而产生的。Silow（1944）按生态地理分布将亚洲棉划分为 6 个地理种系：苏丹棉（Race Soudanence）、印度棉（Race Indicum）、缅甸棉（Race Burmanicum）、长果棉（Race Cermuum）、孟加拉棉（Race Bengalense）和中棉（Race Sinence）。上述 6 个种系中，苏丹棉、印度棉和缅甸棉为多年生灌木，其余各种系为一年生。

亚洲棉引进我国历史久远，种植地区广泛，在长期栽培过程中，产生了许多品种和变异类型，从而形成了独特的亚洲棉种系中棉（Race Sinense）。所以中国是亚洲棉的次级起源中心之一（汪若海，1991）。

亚洲棉叶枝少或无；蕾铃期短，铃小壳薄，吐絮快而集中，早熟；耐旱和耐瘠能力强；对枯萎病有较强的抗性，铃病感染较轻；对棉铃虫、棉红铃虫、棉蚜、红蜘蛛有较强抗性；纤维粗短，产量低。

（三）陆地棉 陆地棉原产于中美洲墨西哥南部各地及加勒比地区。陆地棉考古学遗迹多数发现于墨西哥，最古老的遗迹发现于墨西哥泰哈坎河谷（Tehaucan Valley），其存在时间约为公元前 3500—公元前 2300 年之间的 Abejes Phase（Smith 和 Stephens，1971）。这些近似栽培植株的遗迹，可能由墨西哥和危地马拉边境变异中心传入，在此地区产生现代陆地棉的祖先（Hutchinson 等，1947）。现代陆地棉品种可能来源于佐治亚绿子（Georgia Green Seed）、克里奥尔黑子（Creole Black Seed）和伯尔林墨西哥人（Burling’s Mexican）的天然杂交，在 18～19 世纪引进美国（Moore，1956；Ramey，1966）。有证据证明，海岛棉的一个类型 Sea Island 为现代陆地棉提供了种质。美国 19 世纪 30 年代植棉者已开始选择丰产和纤维品质较好的植株（Moore，1976），到 19 世纪末美国农民种植的棉花品种多达数百个。陆地棉品种也被引种到世界各地。

美国最早在卡罗来纳州和乔治亚州高地和内地种植陆地棉，对应于其后在沿海地区引进种植的海岛棉称为高地棉或陆地棉（upland cotton），海岛棉则称为低地棉（low land cotton），陆地棉这个名词沿用至今。

陆地棉有 7 个野生种系：马丽加郎特棉（Marie-Galante）、鲍莫尔氏棉（Palemerii）、莫利尔氏棉（Morrilli）、尖斑棉（Punctatum）、尤卡坦棉（Yucatanense）、李奇蒙德氏棉（Richmondii）和阔叶棉（Latifolium）。这 7 个种系中，除阔叶棉为一年生外，其他都是多年生类型。

许多野生种系具有抗虫性、抗不良环境等在育种中有利用价值的性状。性状变异范围大，与陆地棉的亲缘关系近，杂交困难少，是扩大陆地棉种质极有应用潜力的种质资源。已通过杂交回交等方法育成了抗棉铃虫、抗枯萎病和黄萎病、兼抗黄萎病和褐斑病的种质材料。

（四）海岛棉 海岛棉原产于南美洲、中美洲和加勒比海诸岛，以后传播到大西洋沿岸等地。海岛棉生育期长，成熟晚，产量低于陆地棉，但纤维细强，用作纺高支纱原料。

一年生海岛棉有埃及棉型和海岛棉型两种。埃及棉型是1820年从埃及开罗庭院中采集的一株海岛棉培育而成，通称埃及棉。埃及棉适宜雨量少的灌溉棉区栽培，是目前海岛棉中栽培最多的类型，约占全世界海岛棉产量的90%左右。主要分布在埃及、苏丹、中亚各国和中国。美国比马棉属此类型。海岛棉型多在美洲种植，植株较大，较耐湿，比埃及棉晚熟，铃小，衣分低，纤维特长，产量不及埃及棉。

我国云南省南部零星分布的一些多年生海岛棉，当地称木棉，有两种类型：一种是铃瓣里的种子紧密联合成肾状团块的联合木棉，属于巴西棉变种；另一种是铃瓣里的种子各自分离的离核木棉，即一般的海岛棉。

四、种质资源的搜集、整理、保存、研究和利用

世界各主要产棉国家都十分重视种质资源工作，其中以美国和前苏联的工作历史较久，搜集资源数量较大，研究较深。

新中国成立前，已进行棉花种质资源搜集和保存工作，主要搜集国内的亚洲棉品种和引进一些陆地棉品种。新中国成立后，多次在全国范围内搜集亚洲棉和陆地棉栽培品种，并从国外大量引种。20世纪70～80年代，先后几次派人赴墨西哥、美国、法国、澳大利亚等国考察，除了搜集一般品种和品系外，重点收集棉属野生种、半野生种及一些遗传标记品系。到1984年止，共搜集保存棉花种质资源4 800多份。1984年和1986年，中国农业科学院先后在北京建成了一号和二号国家种质库。一号库以中期保存为主，二号库为长期库。棉花种质资源一份保存在国家种质库，一份保存在中国农业科学院棉花研究所。江苏、湖北、山西、辽宁等省和新疆维吾尔自治区农业科学院保存了不同生态类型的部分材料。为了长期保存活体，在海南省崖县设有专门种植园保存。

搜集到的各种类型的种质资源，首先进行整理和分类，观察研究各个材料的植物学性状、农艺性状和经济性状，然后进行单个性状的鉴定，例如抗病、抗虫、耐旱、耐盐碱、耐湿、耐肥、纤维品质等性状的鉴定，分析比较其遗传和生理特性等。将经过观察鉴定所得的资料建立种质资源档案，每份种质一份档案。为了便于利用种质档案，可根据需要建立各种检索卡片或将信息输入电子计算机储存，建成种质资源数据库，便于种质资源利用。

第四节　棉花育种途径与方法

一、引　　种

引种主要是指从国外引进品种直接在生产上应用。中国不是棉花原产地，棉花从境外引入。据文献记载，早在2000多年前在海南岛、云南西部、广西桂林和新疆吐鲁番都已有棉花种植。但在福建崇安县山区崖洞古墓中发掘出的棉织布片，距今已有3 300年，因此棉花引入中国历史远于文献记载。公元13世纪棉花传入长江流域，然后传到黄河流域种植，当时种植的主要是亚洲棉和一部分非洲棉。19世纪中叶，中国棉纺工业兴起，由于亚洲棉纤维粗短，不能适应机器纺织需要，从1865年开始多次从美国引进陆地棉品种，规模较大的有以下各次。1919—1920年先后引入金字棉、脱字棉、爱字棉等品种。1933—1936年引入德字棉531、斯字棉4、珂字棉100等品种。试种结果表明，其中金字棉在辽河流域棉区，斯字棉在黄河流域棉区，德字棉在长江流域棉区表现良好，增产显著。但由于缺乏良种繁育和检疫制度，品种退化严重，并且带来了棉花枯萎病和黄萎病的侵害。1950年以后开始有计划的引入岱字棉15，经全国棉花区域试验，明确推广地区，集中繁殖，逐步推广，并加强防杂保纯工作。1958年全国种植面积曾高达近3.5×10^6 hm^2（5 248万亩），占当时中国植棉面积的61.7%。自1985年以后，陆地棉品种基本取代了曾广泛栽培的亚洲棉。20世纪60～70年代又先后从美国引入一些品种，并开展引种联合比较试验。其后中国棉花育种工作有显著进展，育成和推广了一些适于各棉区种植的优良品种，逐渐取代了引进品种，国外引进品种很少在生产上直接推广应用，多作为育种亲本。此外，在20世纪50年代曾从苏联、埃及、美国引入一年生海岛棉试种。苏联海岛棉品种适合于新疆南部地区种植，并已育成一些新的优良品种进行推广。引种在我国棉花生产中曾起过很大作用，但随着我国育种工作的开展和进步，其作用逐渐降低，因为国外品种毕竟是在不同条件下育成的，不可能完全适应引入地区的自然条件和栽培条件，只能在我国育种工作一定阶段起过渡和补充的作用。

二、自然变异选择育种

(一) 自然变异选择育种的意义　由于选择育种方法简单易行，被育种家广泛应用，作为有效地改良现有品种的重要途径之一。例如，最早在美国种植的海岛棉比马品种（Pima）就是用这一方法育成的。陆地棉斯字棉（Stonville）系列品种也是用这一方法育成的。1905—1983年间，先后从杰克逊园铃棉中选出隆字棉，再从隆字棉中陆续选出隆字棉15和隆字棉65。又从隆字棉先后选出斯字棉2B、斯字棉5A、斯字棉7A、斯字棉313、斯字棉112等（Ramey，1986）。

我国陆地棉品种改良工作也是由自然变异选择育种开始的，有相当长一段时间内是自育品种的主要途径。例如，1925年辽宁复州农事试验场从金字棉中选出关农1号，1951年辽阳棉作试验站从关农1号选出辽阳短节，1954年辽阳棉麻研究所从关农1号选出辽棉1号。江苏徐州农业科学研究所1955年从由美国引入的斯字棉2B选育成徐州209，1962—1978年累计种植面积达 1.82×10^6 hm^2（2 730万亩）；1961年从徐州209选育成徐州1818，

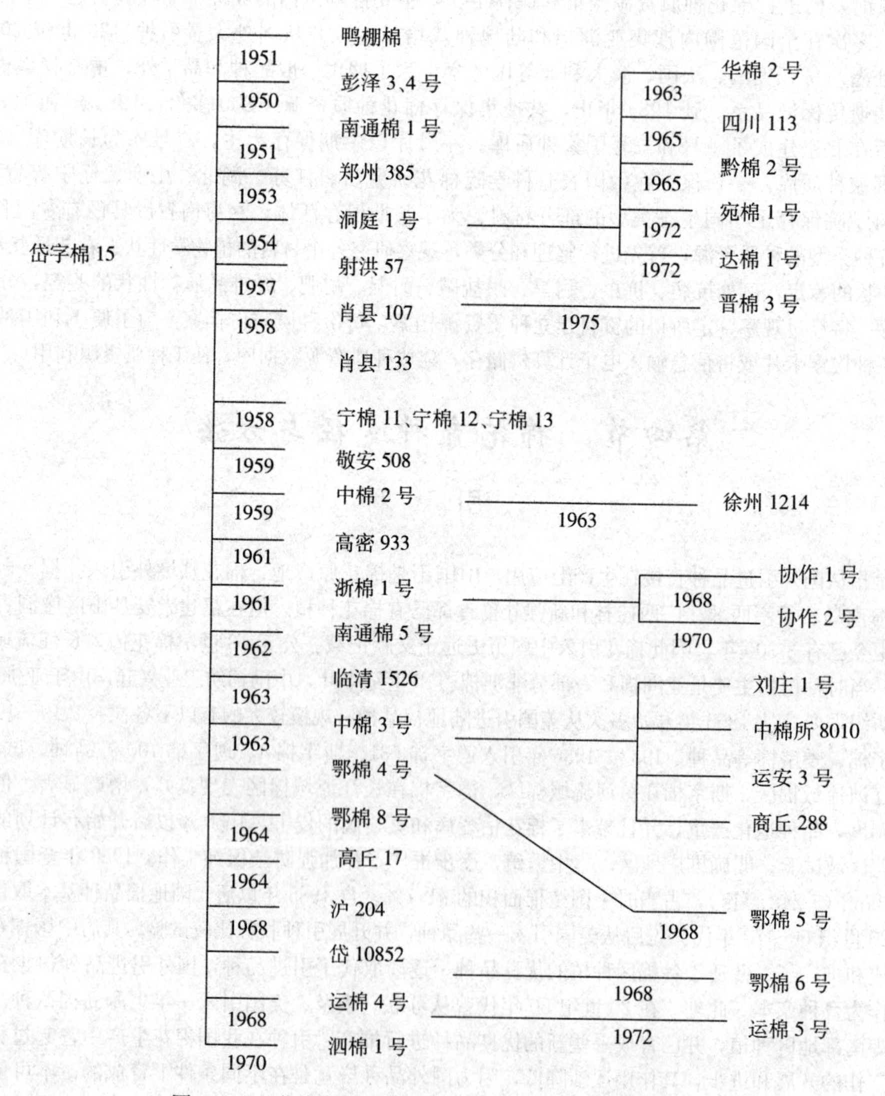

图16-2　岱字棉15中通过选择育种法育成的部分品种

1966—1982年累计种植面积达5.2×10^6 hm^2（7 800万亩）；从徐州1818中选育成徐州58，1976年种植面积达2×10^4 hm^2（30万亩）；70年代育成徐州142，与岱字棉16相比，在黄河流域及江苏省区试中平均增产皮棉16.4%～31.7%，霜前皮棉增产34.4%～134.4%，1980年种植面积达3×10^5 hm^2（450万亩）（李玉才等1979）。

岱字棉15引入我国以后，在长江流域和黄河流域各地广泛种植。通过选择育种，培育出了一系列优良品种（图16-2）。种植面积较大的有洞庭1号，最大推广面积达4.67×10^5 hm^2（700万亩）；南通棉5号，1972年种植面积达1.33×10^5 hm^2（200万亩）。

四川农业科学院棉花枯萎病工作组1952—1956年从德字棉531中系选育成的50-128，四川省农业科学院1957—1963年从岱字棉15中系选出57-681，都是我国抗枯萎病育种的主要抗源，用选择育种法从上述抗源品种育成的抗枯萎病品种有中棉所3号、86-1、川73-27、鲁抗1号等。

在我国推广的短季棉品种为黑山棉1号、中棉所10号、晋棉5号、鄂棉13等也都是采用选择育种法育成的。

在我国海岛棉品种的选育中，新疆生产建设兵团农1师农业科学研究所1967年从由苏联引进的9122依品种中选育出军海1号，而后又从军海1号中选出新海3号（1972）、新海10号（1978）、新海8号（1984）、新海11号（1987）等。我国海岛棉区的主栽品种也是用选择育种法培育而成的。

周有耀（2001）根据有关资料统计：20世纪全国各省（市、自治区）审定通过的棉花品种中，用选择育种法育成的，50年代占90.9%，60年代占75.0%，70年代占57.6%，80年代占34.7%，90年代占13.9%，说明选择育种法在我国品种改良中，尤其是育种早期的重要作用。

（二）自然变异选择育种的遗传基础

1. 品种群体的自然变异是选择育种的基础 一个性状比较一致、遗传上较为纯合的棉花品种，或者从国外引进的品种，自然性状大体一致，并能在一定时间内保持相对稳定，但个体之间总难免有些微小的差异。这可能由于性状的主效基因上相对相同，但微效基因并不完全相同。另外，由于自然条件和生态条件会不断发生变化，同一品种在不同条件下种植一定年代后，会发生一定的变异。这些微小的变异，由于自然选择的作用，会发展成为比较明显的变异，为选择提供了丰富的材料。所以，品种群体的遗传变异是选择育种的基础。棉花品种、品系群体变异的主要原因有以下几个方面。

（1）天然杂交 棉花是常异花授粉作物，其天然杂交率一般为2%～16%，高的可达50%以上。天然杂交率的高低常因品种、地点、年份以及传粉媒介的多少而异。由于棉花有较高的天然杂交率，因此，遗传基础不同的群体，天然杂交后必然会产生基因分离和重组，出现新的变异个体，使棉花品种自然群体经常保持一定的异质性，为在现有品种群体中选择提供必要的变异来源，通过定向选择便可育成新品种。

（2）基因突变 虽然自然突变的频率很低，但自然突变体有时也会具有比较明显的利用价值。例如，从株型松散、果枝较长的岱字棉中，选育出株型紧凑、短果枝类型的鸭棚棉和铃小、成铃性极强的葡萄棉；从洞庭1号中选出核雄性不育系洞A；从正常的有絮品种徐州142中选出徐州142无絮棉突变品系。

（3）剩余变异 棉花育种目标性状一般都是由微效多基因控制的，即使经过多代自交，外表上看似乎是纯合了，但这种纯合也仍然是相对的。自交后代群体中残留的杂合基因所引起的变异，称为剩余变异。剩余变异的存在，使在品种（系）内进行选择育种有效。自交纯化代数愈少，杂合基因愈多，其剩余变异也愈多。

（4）潜伏的基因在不同条件下显现 引进品种可能由于生态条件的限制，有些基因未能在当地表现出来。新品种推广以后，由于栽培地区扩大，所处生态条件复杂多样，这些剩余的杂合基因遇到相应的条件表现出来，形成了品种（系）内新的杂合体异型株。同理，有些个体虽是纯合基因型，在未有相适应的条件时潜伏不表现，在有适应条件时表现出来，形成了品种内纯合体异型株，这些异型株都可供选择。这也是新引进品种遗传变异率高，选择效果较显著的原因。

2. 通过选择改变品种群体的基因频率和基因型频率 人们通过连续定向选择使有利变异得到积累和加强，其实质是使该群体中有利基因的比率不断提高，不利基因逐渐减少或消失，群体中的基因型也在不断变化，使新群体的性状不断提高。

在选择育种过程中，自然变异也在起作用。但人工选择的目标是与栽培或生产有关的经济性状，而自然选择的目标是适于棉花生存要求的生物学性状，有时这两者不一定能协调或统一。自然选择的结果使棉花品种逐渐变为铃小、纤维短、衣分低和抗逆性强，这是棉株对生态条件适应性的表现。而人工选择的目标是使生物符合人类需要的各种性状，如铃大、纤维长、衣分高。在人工选择时，如果涉及经济性状与生物性状不一致时，则自然选择会抵消部分或全部人工选择的效果。在选择育种过程中，要提高人工选择的效率，必须根据自然发展的规律，在自然选择的基础上进行人工选择，并使人工选择的强度超过自然选择。所选育的新品种可以在怎么样的自然条件下种植，就应该在相似的条件下进行选择。这样可以利用自然选择与人工选择效果一致，减少经济性状与生物学性状间的矛盾。但如果品种群体结构有一定的异质性，对不同的环境条件具有较好的适应性，这样的品种才能高产、稳产、推广年限久，适应区域广，如徐州 1818、86－1 等品种。

在利用自然变异选择育种法育成的品种中，再进一步选择是否还有效？对这一问题长期存在不同观点。有人认为初次选择是在变异较大的品种的自然群体中选择，而再次选择是在较纯的品种中选择，因而效果很小。但是，即使群体较纯，由于存在天然杂交及剩余变异等原因，只要加大选择力度，在较大群体中多看精选，仍然能发挥选择的作用，收到一定的效果。诚如 Harland（1934）指出：海岛棉经过自交 17 代以后再进行选择仍有效果。我国江苏徐州农业科学研究所从斯字棉 2B 自然群体中选择育种而成徐州 209，继续在 209 群体中选择，相继育成徐州 1818、徐州 158 和徐州 142，这些品种的主要经济性状不断改进，也说明连续选择育种仍能收到效果，但随着育种目标的提高，难度愈来愈大。

（三）自然变异选择育种的方法和程序　选择育种法都是从原始群体中选择符合育种目标的优异单株，对入选单株后代的处理方法不同，可以分为单株选择法和混合选择法两种基本方法。

1. 单株选择法　从原始群体中选择符合育种目标要求的优异单株，分收、分轧、分藏、分播，进行单株后代的性状鉴定和比较试验，由于所选材料性状变异程度不同，又可以分别采用一次单株选择法和多次单株选择法。

（1）一次单株选择法　在原始群体中进行一次选择，当选的单株下一年分株种植在选种圃中，以后不再进行单株选择。棉花经天然杂交后，多数个体是经过连续自交的后代，或者是剩余变异和基因突变的高世代，性状已经比较稳定，通过一次单株选择，比较容易得到稳定的变异新类型。

（2）多次单株选择法　棉花是常异花授粉作物，当选的优异单株中可能有一部分基因型为杂合体，有些优良性状不容易迅速达到稳定一致，有继续进一步得到提高的可能。为了使这些优良的变异性状迅速稳定和进一步提高，在选种圃至品系比较试验各阶段，可以再进行一次或多次的单株选择。入选的优良单株下一年继续种在选种圃，直到性状稳定一致，基因型趋于纯合状态。以后的方法和程序和一次单株选择法相同。但连续选单株的世代不宜过多，以免丧失异质性，遗传基础过于贫乏。中棉所 10 号、冀棉 15、鲁抗 1 号、宁棉 12 以及海岛棉军海 1 号都是用该法育成。

2. 混合选择法　混合选择法是按照预定目标从原始群体中选择优良单株，下一年混合播种，和原始群体、对照品种在同一试验地上进行鉴定、比较，如确定比原始品种优良，便可参加多点鉴定、区域试验和生产试验等。表现好的便可申请审定并繁殖推广。这样，经过连续几代的比较选择，可育成纯度较为一致，产量等性状有所提高的新品系。这一选择育种法手续比较简单，收效快，对遗传异质性不高的原始群体采用比较合适。

我国于 1920 年从美国引进脱字棉（Trice），该品种原来纯度较低，又由于生态条件的改变，推广种植后出现较多的变异类型。当时金陵大学和东南大学对其进行混合选择法选育，经过多年的去杂保纯，品种纯度从引进时的 80%左右，到第 3 年即达 95%以上，分别育成金大脱字棉和东大脱字棉，曾经是黄河流域最早大面积推广的陆地棉品种。中棉所 3 号在良种繁育过程中经过分系比较，淘汰不抗病的株系，将抗病株系混合繁殖，增强了对枯萎病的抗性。另外，海岛棉新海棉和新海棉 3 号（混选 2 号）也都是用混合选择法育成的。

由于利用自然变异的选择育种法具有一定的局限性，有时较难实现育种综合要求，因此在棉花育种中应用这一方法越来越少。但是，只要制定明确的、符合选择育种特点的育种目标；取材恰当，实行优中选优；最大限度地保证试验、鉴定条件的一致性，搞好试验地的选择和培养，正确安排试验区组和小区的排列方向以减少土壤肥力差异的影响；采用合理的田间试验设计和相应的统计分析，严格控制试验误差；棉花选择育种仍将在棉花育种上发挥其重要作用。

三、杂交育种

杂交育种法按杂交亲本亲缘的远近，可分为品种（系）间杂交及种（属）间远缘杂交两类。品种间杂交，包括类型内及类型间品种杂交，通过选择、比产、鉴定育成品种是当前棉花育种最主要的方法。这一育种方法可以扩大遗传变异，增加选择到符合育种目标材料的可能性。20世纪50年代以来，我国育成的新品种中，约有1/3是应用杂交育种法育成的，其中绝大多数是通过品种间杂交育成的。

（一）杂交技术　棉花花器较大，最外面是3片苞叶，苞叶内为围绕花冠基部的花萼，再向内有5个花瓣（花冠），苞叶基部、苞叶内侧两片苞叶相互联结处及花萼内有蜜腺，能分泌蜜汁引诱昆虫。棉花为两性花，雄蕊数很多（60～100个），花丝基部联合成管状，包住花柱和子房，称为雄蕊管。每个花药含有很多花粉。花粉粒为球状，表面有刺状突起，易为昆虫传带而黏附到柱头上。雌蕊由柱头、花柱和子房3部分组成。子房含有3～5个心皮，形成3～5室，每室着生7～11个胚珠，每一胚珠受精后，将发育成一粒种子（图16-3）。

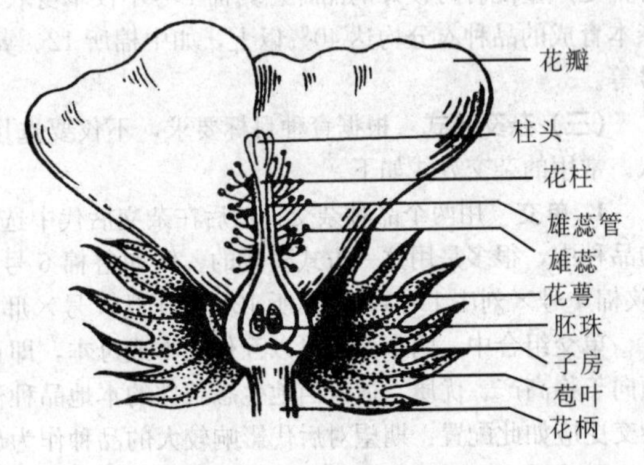

图16-3　棉花的花器结构

棉花开花具有一定顺序性。以第一果枝基部为中心，从第一果节开始呈螺旋曲线由内围向外围开花。相邻果枝上相同节位的开花间隔时间为2～4d；同一果枝上相邻节位开花间隔时间为4～6d。开花前，花瓣抱合，开花前一天下午，花冠迅速增长，伸出苞叶之外，次日开花。开花次日花冠渐变红、萎蔫，不久脱落。

棉花的杂交方法是在开花前一天下午，花冠迅速伸长时，选中部果枝靠近主茎的第1～2节位花朵去雄。最常用的方法是徒手去雄。用大拇指顺花萼基部，将花冠连同雄蕊管一起剥下，只留下雌蕊及苞叶，不可伤及花柱和子房。去雄后，用30%酒精处理柱头，杀死可能粘在柱头的花粉。去雄后在柱头上套长约3cm的麦秆管或饮料管隔离，防止昆虫传粉。去雄的同时，将父本第二天将开放的花朵用线束或回形针夹住，使其不开放，以保证父本花粉纯净。次日上午开花后，取父本花粉在几分钟内授到母本柱头上。授粉后母本柱头上再套上麦管隔离，在杂交花上挂牌，注明父母本及杂交日期等。杂交成铃率因地区、季节、品种而异，一般达50%以上，海岛棉杂交成铃率较低。

（二）杂交亲本的选配　杂交育种的基本原理是不同亲本雌雄配子结合，产生不同遗传基因重组的杂合基因型。杂合基因型的杂合个体通过自交，可导致后代基因的分离和重组，并使基因纯合。对这些新合成的基因型进行培育和选择后，便于产生符合育种目标的新品种。因此，选择杂交亲本是直接影响杂交育种成败的关键。因为好的亲本不仅是得到良好重组基因型的先决条件，而且也影响杂交后代能否尽快稳定下来育成新品种。杂交亲本的选配应该遵循下列几个原则。

1. 杂交亲本应尽可能选用当地推广品种　生产上已经推广应用的品种，一般都有产量高、适应当地自然生态和栽培条件的能力强、综合农艺性状好，为杂交后代具备产量高、适应能力强、能成为当地新品种提供基础条件。据周有耀统计（2002），我国20世纪50～80年代用品种间杂交育成的棉花品种中，用本地推广良种作为亲本之一或双亲的占78.0%。在50～90年代，年推广面积在6 700 hm² 以上由品种间杂交育成的陆地棉品种用当地推广良种作为亲本之一或双亲的占69.3%。可见，选用当地推广良种作为亲本在杂交育种中的重要性。

2. 双亲应分别具有符合育种目标的优良性状　双亲的优良性状应十分明显，缺点较少，而且双亲间优缺点应尽可能地互补。例如，中棉所12就是将乌干达4号和冀棉1号的优点聚集于一体而成的品种。

3. 亲本间的地理起源、亲缘关系等应有较大差异　亲本应该选择双方亲缘关系较远或地理起源相距较远的品种，因为这样亲本的杂交后代的遗传基础比较丰富，变异类型较多，变异幅度大，容易获得性状分离较大的群体，选择具有优良基因型个体的机会较多，培育符合育种目标品种的可能性较大。棉花上可采用不同生态区（例如长江流域棉区与黄河流域棉区）、不同国家（例如中国与美国）、不同系统（如岱字棉与斯字棉）间品种间杂交。例如，湖北省荆州地区农业科学研究所用特早熟棉区的锦棉2号和本地品种荆棉4号杂交，于1978年育成鄂荆92，其产量高，品质好。其后他们又以鄂荆92为母本与来自美国的安通SP21杂交育成鄂荆1号。与鄂荆92相比，鄂荆1号早熟性、铃重、衣分和产量都有所提高（黄滋康，1996）。此外，岱红岱、鄂棉22、鲁棉5号、中棉所12、陕 1155 等的亲本之一都是来自非洲。江苏泗阳棉花原种场用来自墨西哥的 910 与本地品系泗 437 杂交育成了泗棉 2 号等。这些实例都说明，选用不同地理来源和生态类型的品种杂交，成功的可能性较大。

4. 杂交亲本应具有较高的一般配合力　研究和育种实践证明，中棉所 7 号、邢台 6871、中棉所 12、苏棉 12 等都是产量配合力较好的品种。冀棉 1 号不仅本身衣分高（41.2%），而且其遗传传递率强，配合力高，以它作为亲本育成的品种衣分均达 40%以上，如中棉所 12、冀棉 9 号、冀棉 10 号、冀棉 16、冀棉 17、鲁棉 1 号、鲁棉 2 号等。

（三）杂交方式　根据育种目标要求，不仅要选用不同杂交亲本，还要采用不同杂交方式以综合所需要的性状。常用的杂交方式如下。

1. 单交　用两个品种杂交，然后在杂交后代中选择，是杂交育种中最常用的基本方式。在生产上大面积种植的品种中，很多是用这一方式育成的。例如鲁棉 6 号（邢台 6879×114）、冀棉 14 号（75-7×7523）、豫棉 1 号（陕棉 4 号×刘庄 1 号）、中棉所 12（乌干达 4 号×邢台 6871），徐州 514（中棉所 7 号×徐州 142）等。

单交组合中，两个亲本可以互作父本或母本，即正反交。正反交的子代主要经济性状一般没有明显差异。但倾向于将高产、优质、适应当地生态条件的本地品种作为母本，外来品种作父本，特别是生态类型差别大的双亲杂交更应如此配置：期望对后代影响较大的品种作为母本，影响较小的品种作父本。

2. 复交　现代育种对品种有多方面改进要求，不仅要求品种产量高，品质优良，还要求改进抗病虫害和不良环境的能力等。即使是同一类性状（例如纤维品质），有时育种目标要求同时改进两个以上品质指标。在这样情况下，必须将多个亲本性状综合起来才能达到育种目标要求，用单交难以达到这样的目标要求。有时单交后代虽然目标性状得到了改进，但又带来新的缺点，需要进一步改进，在此情况下，也要求用多于两个亲本进行 2 次或更多次杂交。这种多个亲本、多次杂交的方式称为复交。复交方式比单交所用亲本多，杂种的遗传基础丰富，变异类型多，有可能将多种有益性状综合于一体，并出现超亲类型。复交育成的品种所需年限长，规模大，需要财力、物力较多，杂种遗传复杂，复交 F_1 即出现分离。尽管存在这些问题，但在现代棉花育种中应用日益增多。如中棉所 17［（中 7259×中 6651）×中棉所 10 号］、苏棉 1 号［86-1×（1087×黑山棉 1 号）］、鄂荆 1 号［（锦棉 2 号×荆棉 4 号）×安通 SP21］、豫棉 9 号［（中抗 5 号×中棉所 105）×中棉所 14］、辽棉 9 号［（辽棉 3 号×24-21）×黑山棉 1 号］等品种都是通过三交育成的。而早熟低酚棉品种中棉所 18 是从（辽 1908×兰布莱特 GL5）×（黑山棉 1 号×兰布莱特 GL5）和（河南 67×陕 1155）×（河南 67×401-27）后代中选出的抗枯（萎病）耐黄（萎病）品种豫棉 4 号等是通过双交的方式培育出来的。双交方式的 2 个单交亲本，可在 F_1、F_2、F_3 进行再杂交，因单交后代已可能出现具有目标性状的杂交个体，可以随时通过复交而组合。随着育种目标的多样化，多个亲本的复交也将愈来愈普遍。

在复交中，参加杂交的亲本对杂交后代影响的大小，因使用的先后顺序不同而不同。参加杂交顺序越靠后，其影响越大。因此，在制定育种计划时，期望对后代影响大，综合性状优良的品种应放在杂交亲本顺序的较后进行杂交。同理，参加最后一次杂交的亲本应是综合性状优良的品种。

3. 杂种品系间互交（intermating）　作物的经济性状多属数量遗传性状，受微效多基因控制，希望通过一次杂交，将两个亲本不同位点上的有利基因聚合起来并纯合，其概率是很低的；将杂种后代姊妹株或姊妹系再杂交可以提高优良基因型出现的频率。姊妹系间杂交可以重复多次，也可以通过杂交，新增其他杂交组合选系或品种的血缘，使有利基因最大限度综合。杂种品系间互交，可以打破基因连锁区段，增加有利基因间重组的机会，在育种中常用来打破目标性状与不利性状基因的连锁。美国南卡罗来纳州 Pee Dee 棉花试验站应用杂种品系间互交育种获得成功。该试验站的 Culp、Harrel 和 Kerr 等为了选育高产、优质（高纤维强度）品种，从 1946 年开始用陆地棉品种，亚洲棉、瑟伯氏棉和陆地棉的三交杂种和具有海岛棉血统的陆地棉品种为亲本，进行不同组合的杂交。在同一杂交组合的群体中选择理想的单株种成株系，选择优良株系，进行株系间互交，在后代中再进行选择。同时也在不同杂交组合的株系间互交。株系间互交和选择周而复始重复进行，到 1974 年共进行了 3 个周期。根据杂种性状表现，在各周期加入优良品种或种质材料作为新的亲本同杂种品系杂交。通过这样的育种途径，由于种质资源丰富，品系间互交增加有利基因积累，增加基因交换重组机会，在丰富的材料中加强选择，育成了产量接近一般推广品种，单纤维强力 3.92×10^{-2}N（4 gf）以上，细度 5 800～6 500 m/g 优良纤维品质的种质系和品种。

Culp 等育种经验说明：①经过杂种品系间互交和选择交替进行的育种过程，使皮棉产量和纤维强力之间的相关系数发生了明显变化，由原来高度负相关（－0.928）改变为正相关（0.448）。大多数情况下，杂种品系间互交和选择轮回的周期愈多，产量和纤维强力的相关系数改变愈明显。②杂交品系间互交，使有利基因积累，改变了产量与纤维强力间负相关，增加了选出优良植株的机会，互交和选择周期数愈多，选得优良株的频率愈高。例如，PD2165和PD4381品系，每30～50个F_2植株才能出现一株具有高产潜力和强纤维的优株，特优株出现频率为1/300，而通过品系间再杂交后所获得的后代，优株和特优株出现的频率提高到1/15和1/40。③Pee Dee育种试验站的棉花育种工作从1946年延续至今，从第二个育种周期（1959—1963）起不断发放优良种质，另一方面在已育成的种质基础上，继续杂交选择，为长期育种目标进行选育工作源源不断地育成丰产与优质结合得更好的种质材料和品种，使近期、中期和长期目标相结合。

4. 回交　Meredith等（1977）用具有高纤维强度的三元杂种FTA263-20（产量比岱字棉16低32.0%，纤维长度比岱字棉16高19.0%）作供体亲本，高产的岱字棉16作轮回亲本，进行了回交后，其BCF_3群体的纤维强度为FTA的93.9%，但比岱字棉16高11.7%；皮棉比FTA增产30.9%，接近岱字棉16。并且，随着回交次数的增加，皮棉产量逐渐提高，而强度并不随之降低，说明纤维强度可以通过回交得到保留。

在我国棉花品种改良中，回交法也一直在被应用。1935年，江苏南通地区棉花卷叶虫危害严重，俞启葆从1936年开始，用当地推广品种德字棉531与鸡脚陆地棉杂交，其F_1再与德字棉531回交，到1943年在回交后代的分离群体中选育出抗卷叶虫的鸡脚德字棉，在湖北、四川等省推广。湖南棉花试验站用岱字棉15与早熟、株型紧凑、结铃性强的品种一树红杂交后，在F_3中选早熟性、丰产性已基本稳定，但纤维品质欠佳，衣分不高的选系再与岱字棉15回交一次后，继续选育，于1973年育成株型紧凑、高产、优质、早熟兼具双亲优点的岱红岱。华兴鼐等（1957）为了配制陆海种间杂交种，将带有隐性芽黄标记性状的陆地棉和正常陆地棉彭泽1号杂交，再和彭泽1号回交若干代后，育成了具有芽黄标记性状，而其他性状类似于彭泽1号的彭泽牙黄品种。此外，鄂河28、湘棉10号、盐棉2号、新陆中1号、徐棉184等都是采用回交法育成的。

回交法也有其自身的不足，如从非轮回亲本转育某一性状时，由于与另一不利性状的基因连锁或一因多效等原因，可能会给轮回亲本性状的恢复带来一些影响；在回交后代群体中，恢复轮回亲本性状的效果往往不一定很理想等。为此，有人提出了不少改良的回交方法。

Knight（1946）提出，在回交世代中不仅选择目标性状，而且要选择任何新出现的理想性状组合个体。这样，不仅可以引进简单遗传的质量性状外，也可以引进由多基因控制的数量性状；除引进目标性状外，也可以改进轮回亲本的其他性状。此外，非轮回亲本不仅应该目标性状突出，而且应尽可能没有严重缺点，综合性状优良，以免其不良农艺性状基因影响轮回亲本的遗传背景。Meyer（1963）提出了聚合育种法，即采用共同的回交亲本与不同亲本分别回交若干代，产生几个与回交亲本只有一个性状差异的遗传相似系，再进一步杂交，合成新的具有多个优良性状品系，从而有效地转育高产与强纤维于一体的新品种。

王顺华、李卫华和潘家驹（1985，1989）吸取Hanson（1995）、Culp（1979，1982）等运用品系间互交有利于打破或削弱产量与纤维品质间负相关的良好效果以及回交法纯合速度快、后代在聚合后与轮回亲本只差一个基因区段，容易选择的优点，将回交和系间互交结合起来，提出了修饰性回交法（图16-4），即用不同的回交品系

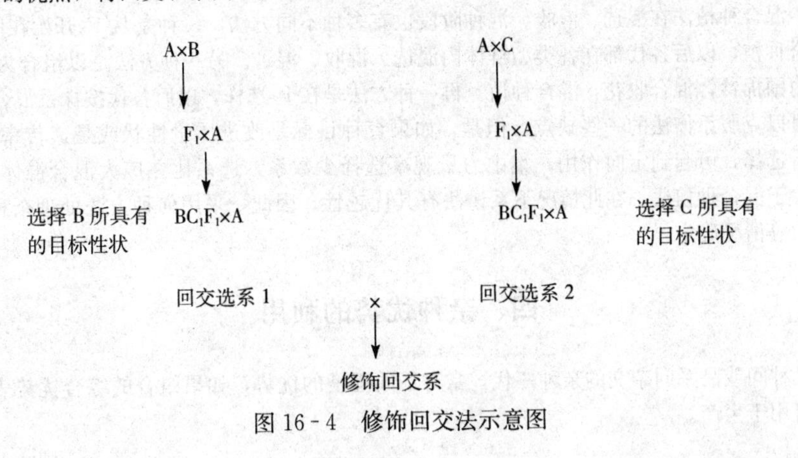

图16-4　修饰回交法示意图

再杂交，以便为基因的交换、重组创造更多的机会，克服回交导致后代遗传基础贫乏及互交法所用亲本过多，后代不易选择和纯合不够的缺点。

设A为丰产品种，用它作轮回亲本；B为高纤维强度亲本，C为抗病亲本，用它们作供体亲本，进行回交，获得各自的回交品系。再把不同回交品系杂交，继续加以选择，经10年2轮的试验表明，除个别实例外，其后代均表现出皮棉产量高，综合性状较优，比大多数亲本及单交、复交后代选系增产，并削弱或打破了某些性状的负相关。如经过修饰回交，使早熟性与丰产性之间的相关系数由原来品种和单交选系的－0.9改变为0.06；黄萎病指与皮棉之间的相关系数由原来的－0.51改变为0.21；黄萎病指与纤维强度之间的相关系数由原来的－0.518 3改变为－0.193 8。

（四）杂交后代处理　杂交的目的是扩大育种群体的遗传变异率，以提高选到理想材料的概率。杂交只是整个杂交育种过程的第一步，正确处理和选择杂交后代对育种十分重要。棉花杂种后代处理方法常用的为系谱法和混合法。

1. 系谱法　系谱法是一种以单株为基础的连续个体选择法。对质量性状或遗传基础比较简单的数量性状（例如遗传率高的纤维品质性状、早熟性、衣分等农艺性状）采用系谱法在杂种早期世代开始选择，可起到定向选择的作用，选择强度大，性状稳定快；并有系谱记载，可追根溯源。如泗棉2号和徐棉6号都是采用系谱法育成的。对一些遗传率低、受环境影响较大、或存在较高的显性性状或上位性基因效应的性状（如产量及某些产量因素）在较迟世代选择，如在F_2就进行严格选择，选择的准确性不高，因而选择效率低。Meredith等（1973）的研究指出，F_2和F_3平均产量直线相关系数为0.48，但不显著，即F_2杂种平均产量对后代产量水平没有显著的影响。因此，单株产量F_2选择时只能作为参考；而F_2和其F_3在衣分、子指、绒长、纤维长度等性状则有高度相关，早期世代选择对后代性状表现有很大影响（表16-7）。

表16-7　各性状F_2和F_3间的相关系数（r）和回归系数（b）

系数	皮棉产量	衣分	铃重	2.5%跨距长度	强度	伸长度	马克隆值	子指
r	0.478	0.923**	－0.194	0.802**	0.786**	0.949**	0.475	0.673*
b	1.142	0.948**	－0.115	1.080**	0.630**	0.978**	0.320	0.635**

为了克服系谱法的某些缺点，可采用改良系谱法，即在F_2着重按遗传率高的性状（如衣分、纤维强度等）选择单株，在F_3～F_5分系混合种植，不做任何选择。到F_5～F_6时，测定各系统的产量，选出优系。到性状相对稳定时，再从优系中选择优良单株，从中再选优系，升入产量鉴定比较试验。这一方法具有能较早掌握优良材料，产量性状选择的可靠性高，可减少优良基因型的损失，能在一定程度上削弱各性状间不利的遗传负相关。

2. 混合法　这一方法在杂种分离世代按组合种植，不进行选择，到F_5代以后，估计杂种后代基本纯合后再进行单株选择。棉花的主要经济性状（如产量、结铃数、铃重等）是受多基因控制的数量性状，容易受环境条件的影响，早期世代一般遗传率低，选择的可靠性差，而且由于选择相对较少，很可能使不少优良基因型丢失。混合种植法可以克服这些缺点，分离世代按组合混合种植的群体应尽可能大，以防有利基因丢失，使有利基因在以后得以积累和重组。混合种植法在混选、混收、混种阶段也有多种不同方法。一种是从F_2开始在同一组合内按类型选株，按类型混合种植，以后各代都在各类型群体内混选、混收、混种。另一种方法是以组合为单位，剔除劣株，对保留株的几个内围棉铃，混合收花，混合种植。再一种方法是在F_2选株，以后各代按株系混合成品种。

混合种植法可以克服系谱法的一些缺点。但是，如果育种目标是改进质量性状或是遗传率较高的数量性状，系谱法在早代进行选择，可起到定向作用，集中力量观察选择少数系，选系比在广大混合群体中选择准确方便，育成品种年限也少于混合种植法，在此情况下系谱法有其优越性。因此，采用何种方法处理杂种后代应根据育种目标、人力、物力等情况确定。

四、杂种优势的利用

棉花种间、品种间或品系间杂交的杂种一代，常有不同程度的优势，如果组合的综合优势表现优于当地最好的推广品种，即可用于生产。

(一) 杂种优势的表现 1908年Balls报道了陆地棉与埃及海岛棉的种间杂种一代的植株高度、开花期、纤维长度、种子大小等性状具有优势表现。此后，很多研究都证明海岛棉和陆地棉杂种有明显优势。浙江农业大学（1964）用7个陆地棉与4个海岛棉品种，配置了14个陆海杂种组合，这14个F_1的子棉产量平均为陆地棉亲本的121.9%，为海岛棉亲本的225.9%。但是，由于陆海杂种普遍表现子指大（平均为14.4 g），衣分低（平均为30.7%），14个组合的杂种一代皮棉产量没有超过推广品种岱字棉15原种，平均产量为岱字棉15的86.0%。杂种生育期一般介于两个亲本之间，具有一定早熟优势；绒长和细度均超过陆地棉亲本，但纤维强度仅略优于陆地棉亲本，远不及海岛棉亲本。华兴鼐等（1963）海陆杂种优势表现研究的结果总结于表16-8。Davis（1979）测定了两个海陆杂种的皮棉产量和纤维品质，两个杂种子棉产量都有显著杂种优势，较之陆地棉亲本子棉产量分别高48%和42%，皮棉产量分别高33%和26%；杂种适应性略小；两个杂种较之海岛棉亲本纤维略长，略细，强度相近。纤维过细，杂种成熟晚，营养生长过旺，这是陆海杂种利用长期存在的问题。陆海杂种F_1营养生长旺盛，株高的平均优势为26.05%，种子大，子指的平均优势为20.38%，皮棉的中亲优势高（46.11%）；在产量构成因素中，铃数贡献最大（中亲优势57.55%），其次为早熟性（31.3%），衣指的贡献已很小（3.8%），而铃重（-4.8%）及衣分（-7.68%）均为负向中亲优势。海陆杂种纤维性状的中亲优势较高，绒长为13.73%，比强度为10.87%，而麦克隆值为-14.7%，具有负向超亲优势。陆地棉品种间杂种优势，20世纪30年代才有较系统的研究，Londen和Richmond（1951）总结20世纪前50年棉花杂种利用问题时指出：海陆杂种一代，无论在产量和品质上均有明显优势，而陆地棉品种间杂种优势则表现不规律。近40多年的研究结果表明，陆地棉品种间杂种优势以产量平均优势最大，其次为单株铃数与早熟性，再次为铃重，衣分的优势已很低，杂种的纤维品质性状没有突出的优势，一般与双亲平均值接近，纤维的主体长度表现为部分显性。Davis（1978）在一篇有关杂种棉综述中提到了来自印度的报道，F_1杂种产量高于生产上应用的品种（对照）138%，这是所有报道棉花品种间杂种优势增产幅度最高的一例。其他一些作者报道，优良的组合产量优势约在15%～17%水平。我国20世纪70年代以来对陆地棉品种间杂种优势进行了广泛研究，结果表明，F_1一般比生产上应用的品种可增产15%左右，如果组合选配得当，还有增产潜力。1976年在河南省125个点次的对比实验中，有105个点次（占84%）比生产上应用的品种（对照）增产，平均增产30.9%。1980年在四川南充地区有6.67×10^3 hm^2（10万亩）杂交棉，在严重涝灾情况下，皮棉平均产量为772.5 kg/hm^2（亩产51.5 kg），比全地区单产高近1倍。南京农业大学引进的不同陆地棉类型品种间杂种的优势表现总结于表16-9。

表16-8 海陆杂种一代与其亲本特征、特性的比较

项别		说明	备注
生育特征	播种至出苗期	早于两亲本	
	现蕾至开花期	介于两亲本之间偏早（偏陆地棉）	
	开花至吐絮期	介于两亲本之间偏迟（偏海岛棉）	
	蕾生长日数	介于两亲本之间偏早（偏陆地棉）	
	青铃生长日数	迟于两亲本	
	生育期	介于两亲本之间	由出苗至吐絮期的日数
营养器官生育特征	株高	超过两亲本	凡株形紧凑、后期早衰、早期结铃性强的陆地棉品种杂交后代，株高低于海岛棉亲本
	单株叶枝数	低于两亲本或近似陆地棉	
	单株果枝数	超过两亲本	
	单株果节数	超过两亲本	
	第一果枝着生节位	低于两亲本	
	主茎节距	超过两亲本	
	果枝节距	超过两亲本	
	叶柄长	超过两亲本，主茎叶柄更长	
	叶面积	超过两亲本	单叶面积、单株叶面积及叶面积指数
	叶缺指数	介于两亲本之间，偏于海岛棉较深	

（续）

项别		说明	备注
生殖器官生育特征	脱落率	介于两亲本之间	
	单株结铃数	超过两亲本	
	不同果枝部位结铃性	介于两亲本之间，偏于海岛棉，中上部单株结铃率高	海岛棉下部结铃率低，上部结铃率高。陆地棉下部结铃率高，上部结铃率低
	单铃瓤重	介于两亲本之间	
	每铃胚珠数	略高于海岛棉，偏低	
	不孕子数	显著超过两亲本	
	雌蕊柱头长	介于两亲本之间	
	花冠大小及形态指数	大小及形态指数宽/长超过两亲本	

表 16-9 陆地棉品种间杂种优势表现

（引自南京农业大学，1986—1994）

性状	中亲优势（%）				
	1986—1987*	1988*（江浦）	1988*（靖江）	1994**（江浦）	1994***（江浦）
子棉产量	28.08	25.64	33.16	18.50	13.84
皮棉产量	28.64	25.97	30.25	19.97	8.92
铃数	16.88	9.23	21.04	10.30	10.89
铃重	11.40	4.43	7.73		8.81
衣分	2.72	1.15	−2.06	2.03	−2.94
子指	3.12	−1.48	1.01	0.32	6.78
衣指		1.27	1.00	4.48	7.14
生育期	−2.93	3.78	3.87		0.29
2.5%跨距长度	3.73	1.11	1.15	2.09	2.53
纤维强度	4.35	2.50	0.51	2.21	9.93
麦克隆值	−0.09	−0.09	−1.77	−0.90	0.25

注：* 芽黄杂种棉；** 低酚棉配制杂种棉；*** 常规品种间杂种棉。

（二）杂种优势形成的遗传机制 在陆地棉品种间杂交中，大多数试验表明，产量性状杂种优势加性效应和显性效应是主要的，在个别情况下，存在上位性效应。在陆地棉与海岛棉种间杂种中，超显性非常普遍。显性×显性互作的单独作用对杂种优势贡献最大。棉花杂种优势利用的机理一要看主效；二不能忽视上位性的作用，尽管它们所占的遗传分量并不大，在某种程度上来说，可能是杂种优势的重要原因。

大量试验表明，陆陆杂种与陆海杂种的纤维品质表现差异较大。通常，陆陆杂种表现相当稳定，趋于中亲值。在统计的 22 篇文献中，15 篇（占 68%）报道绒长以加性效应为主，5 篇（占 23%）以显性效应为主，其中 3 篇存在上位性。统计的 18 篇文献中，纤维强度以加性效应为主的 16 篇（占 89%），以显性为主的仅 2 篇，其中 1 篇存在上位性。麦克隆值，统计的 17 篇文献中，其中 12 篇（占 71%）以显性效应为主，5 篇以加性遗传效应为主。自 F_1 到 F_2 大多数纤维性状自交衰退小。Innes（1974）运用核背景差异较大的陆地棉品系配制了大量组合研究，结果表明，纤维长度与纤维强度存在显著的上位性。利用了陆海杂种渐渗系为研究材料，可能是具有上位性的主要原因。而运用陆地棉纯系却未发现上位性。所有的研究纤维性状的优势近于中亲值，位于双亲之间，尽管存在部分显性，但加性遗传占绝大部分，优势极低。

陆海杂种纤维性状的优势比陆陆杂种大得多。2.5%的跨距长度表现完全显性，甚至超显性。而纤维整齐度一般比双亲均低。麦克隆值为负向优势，即陆海杂种的纤维比双亲更细。海岛棉与陆地棉的纤维比强度（T_1）差异较大，海岛棉平均高 30%～50%。陆海杂种的比强度以特殊配合力为主。Fryxell 等（1958）报道杂种的比强度位于双亲之间。Stroman（1961）的研究结果为比强度接近海岛棉亲本。Marani（1968）报道，大多数陆海组合优势接近中亲值，而 2 个海岛棉亲本杂交 F_1 却高于双亲。Omran 等（1974）进一步强调了陆海杂种比强度特殊配合力的重要性。张金发等（1994）认为，陆海杂种中，显性与显×显是杂种优势的主要来源。

（三）杂种种子生产　在棉花杂交优势利用中，至今仍无高效率、低成本、较简便的生产杂种种子的方法，这是限制棉花杂种优势广泛利用的一个重要因素。目前应用的和在进一步研究中的制种方法有以下5种。

1. 人工去雄杂交　这是目前世界上最常用的杂种棉种子生产方法。组合筛选的周期短，应变能力强，更新快，但是去雄过程费工费时，增加了杂种的生产成本。印度与中国大面积推广的组合均以该方式获得杂种。包括我国目前大面积推广的中棉所28、中棉所29、湘杂棉2号、皖杂40、冀棉18等。山东惠民成为我国杂种棉制种面积最大的基地，1999年制种200 hm^2（3 000亩）。目前大面积推广的组合，仍以人工去雄授粉为主，人工去雄利用二代，可以大幅度地降低制种成本，尤其是在快速选配组合，充分利用优良特色材料方面有优势。棉花去雄一般在开花前12～18 h进行，授粉在开花当天完成。该项技术主要用于生产少量的试验用种，劳动力资源丰富的地区可以大规模生产杂交种。此法培训简单，一般由妇女及学生完成，目前主要是中国和印度在应用。

几年来，针对长江流域气候条件和棉花生产特点，湖南省棉花研究所应用系统工程原理，将国内外多项先进技术进行组装、集成和研究改进，首次提出了“宽行稀植，半膜覆盖，集中成铃，徒手去雄，小瓶授粉，全株制种”的杂种棉人工去雄制种技术体系，制定了“杂种棉人工去雄制种技术操作规程”，并由湖南省技术监督局以强制性地方标准颁布在湖南省执行。这一制种技术操作规程包括：①选好制种田；②父母本配比在5∶5至3∶7之间任意选择；③宽行稀植；④半膜覆盖；⑤集中成铃；⑥徒手去雄；⑦小瓶授粉：上午7时前后，正交与反交亲本互换花朵，制种人员用镊子将花药取下放入授粉专用瓶后用镊子搅拌促散粉，露水干后授粉；⑧全株制种。用这一制种技术体系可有效提高制种产量和制种效率，保证制种质量。每个制种工日可生产杂种1 kg左右，杂种种子（光子）1 500～1 800 kg/hm^2（100～120 kg/亩）。

在农作物杂种优势利用中，无论是三系制种，还是人工制种，一般是利用杂种一代。而棉花能否利用二代，是人们最为关心和值得探讨的问题。棉花杂种二代能否利用的关键是产量和纤维品质的衰减程度及分离情况。水稻、小麦的杂种优势利用，因二代中出现株型、熟性的分离以及不育株的出现，将严重影响产量；而棉花具有无限生长特性，熟期长，产量不是一次性的收获，二代的株型、熟性的分离对产量影响不大，因而有扩大利用 F_2 的可能性。张天真等（2002）综合13篇研究报告发现，F_2 产量性状的中亲优势仍然很高，为11.18%，可以利用；而铃数、早熟性、铃重和衣分的中亲优势分别为8.4%、8.05%、3.77%和0.06%，也就是说，对产量的贡献，仍以铃数、早熟性为最大，其次为铃重，而衣分已无增产作用，与 F_1 的结果一致；绒长 F_2 的中亲优势为0.26%～2.1%，比强度为−1.23%～1.97%，麦克隆值为−2.4%～1.32%。F_2 纤维品质性状杂种优势的均值一般较小。F_2 由异型群体组成，可能使其具有广泛的适应性及对各种环境的缓冲能力。

2. 二系法　利用核不育基因（表16-10）控制的雄性不育系制种。四川省选育的洞A核雄性不育系的不育性就是受一对隐性核基因控制的，表现整株不育，不育性稳定。以正常的可育姊妹株与其杂交，杂种一代将分离出不育株与可育株各半。用不育株作不育系，可育株保持系，则可一系两用，不需要再选育保持系。因此这种制种方法称为二系法或一系两用法。

表16-10　国内外鉴定的棉花GMS系

基因符号	棉　种	育性表现	鉴定年份与作者
ms_1	陆地棉	部分不育	Justus和Leinweber，1960
ms_2	陆地棉	完全不育	Richmond和Kohel，1961
ms_3	陆地棉	部分不育	Justus等，1963
Ms_4	陆地棉（爱字棉44）	完全不育	Allison和Fisher，1964
ms_5　ms_6	陆地棉	完全不育	Weaver，1968
Ms_7	陆地棉	完全不育	Weaver和Ashley，1971
ms_8　ms_9	陆地棉	花药不开裂	Rhyne，1971
Ms_{10}	陆地棉	完全不育	Bowman和Weaver，1979
Ms_{11}	海岛棉（比马2号）	完全不育	Turcotte和Feaster，1979
Ms_{12}	海岛棉	完全不育	Turcotte和Feaster，1985

（续）

基因符号	棉　种	育性表现	鉴定年份与作者
ms_{13}	海岛棉	完全不育	Percy 和 Turcotte，1991
ms_{14}	陆地棉（洞 A）	完全不育	张天真等，1992；黄观武等，1982
ms_{15}	陆地棉（阆 A）	完全不育	张天真等，1992；黄观武等，1982
ms_{16}	陆地棉（81A）	部分可育	张天真等，1992；冯福桢等，1988
Ms_{17}	陆地棉（洞 A_3）	完全不育	张天真等，1992；谭昌质等，1982
Ms_{18}	海岛棉（新海棉）	完全不育	张天真等，1992；汤泽生等，1983
Ms_{19}	海岛棉（军海棉）	完全不育	张天真等，1992；汤泽生等，1983

供生产用的 F_1 种子则可以正常可育父本品种的花粉给不育株授粉而产生。四川省利用洞 A 核雄性不育系配置了川杂 1 号、川杂 2 号、川杂 3 号、川杂 4 号等优良组合，而中棉所 38、南农 98-4 等则是利用 ms_5ms_6 双隐性核雄性不育系配置的杂种棉组合。这些杂种可比当地推广品种的原种增产皮棉 10%～20%。两系法的优点是不育系的育性稳定，任何品种可作恢复系，因此可以广泛配置杂交组合，从中筛选优势组合。不足之处是在制种田开花时鉴定花粉育性后，要拔除约占 50%的可育株，不育株虽可免去手工去雄，但仍需手工授粉杂交。

3. 三系法　利用雄性不育系、保持系和恢复系“三系”配套方法制种。美国 Meyer（1975）育成了具有野生二倍体棉种哈克尼西棉细胞质的质核互作雄性不育系 DES-HAMS277 和 DES-HAMS16。这两个不育系的育性稳定，并且有较好的农艺性状。一般陆地棉品种都可作它们的保持系。同时，也育成了相应的恢复系 DES-HAF277 和 DES-HAF16。这两个恢复系恢复能力不稳定，特别是在高温条件下，育性恢复能力差，因此与不育系杂交产生的杂种一代的育性恢复程度变幅很大。很多研究者正在研究提高恢复系的育性恢复能力。Weaver（1977）发现比马棉具有一个或几个加强育性恢复基因表现的因子。Sheetz 和 Weaver（1980）认为，加强育性恢复特性是由一个显性基因控制的，在某些情况下，这个加强基因又不表现为不完全显性。棉花发现的胞质雄性不育系的来源总结于表 16-11。

表 16-11　现有棉花的 CMS 系及其来源

不育系名称	所属细胞质	作者及培育年份	三系配套情况
C9	异常棉（B_1）	Meyer 和 Meyer，1965	育性不稳定
	亚洲棉（A_1）	Meyer 和 Meyer，1965	育性不稳定
P24-6A 等	亚洲棉（A_2）	韦贞国等，1987	育性不稳定
HAMS16，277	哈克尼西棉（D_{2-2}）	Meyer，1975	完全不育，已三系配套
	陆地棉（$AD)_1$	Thombre 和 Mehetre，1979	完全不育，已三系配套
晋 A	陆地棉（$AD)_1$	袁钧等，1996	完全不育，已三系配套
104-7A	陆地棉（$AD)_1$	贾占昌，1990	完全不育，已三系配套
湘远 A	海岛棉（$AD)_2$	周世象，1992	完全不育，已三系配套
三裂棉	三裂棉（D_8）	Stewart，1992	完全不育，已三系配套

4. 指示性状的应用　以苗期具有隐性性状的品种作为母本，与具有相对显性性状的父本品种杂交，杂种一代根据苗期显性性状有无，识别真假杂种，这样可以不去雄授粉，省去人工去雄。已试用过的隐性指示性状有：苗期无色素腺体、芽黄、叶基无红斑等。具隐性无腺体指示性状标记的强优势组合皖棉 13 是安徽省棉花研究所用无腺体棉为亲本培育成的杂种。它是利用长江流域棉区主栽品种泗棉 3 号和自育的低酚棉 8 号品系互为父母本，采用人工去雄授粉方法选育出的，1999 年通过安徽省品种审定委员会审定。皖棉 13 的产量水平高，在安徽省杂交棉比较试验中，F_1 和 F_2 的产量均名列第一，比对照品种泗棉 3 号分别增产 16.48%（F_1）和 11.40%（F_2）。皖棉 13 有无腺体（低酚棉）指示性状收获种子的当代就很容易能鉴别出真假杂种种子，不仅能简便地进行纯度检测，鉴别出真假杂种种子，也易于区分杂种一代和二代。

5. 化学去雄　用化学药剂杀死雄蕊，而不损伤雌蕊的正常受精能力，可省去手工去雄。在棉花上曾试用过二氯丙酸、二氯丙酸钠（又称芳草枯）、二氯异丁酸、二氯乙酸、顺丁烯二酸酰 30（又称青鲜素，简称 MH30）、二氯异丁酸钠（又称 232 或 FW-450）等药剂，均有不同程度杀死雄蕊的效果。用这些药剂处理后，花药干瘪不开裂，花粉粒死亡。这些化学药剂一般采用适当浓度的水溶液在现蕾初期开始喷洒棉株，开花初期可再喷一次，开放的花朵不必去雄，只需手工授以父本花粉。由于化学药剂去雄不够稳定，用药量较难掌握，常引起药害，且受地区和气候条件影响较大，迄今未能在生产上应用。

棉花杂种优势利用是进一步提高棉花产量的途径，但对改进品质和抗性的潜力不如改进产量大。经过长期品种遗传改良，棉花品种产量已达到相当高水平，继续提高，难度较大，因此有些育种者希望于杂种棉。各产棉国家都在努力解决缺少高优势组合、制种方法不完善或较费工、传粉媒介、杂种二代利用等问题，只有这些问题得到较好解决，棉花杂种优势才能在生产上更广泛应用。

五、其他育种方法

在当前棉花育种中，最常用的方法是前述的选择育种法和杂交育种法，但根据创造变异群体方法不同，完成某些特殊的育种目标，还有一些育种方法也在棉花育种中应用，如远缘杂交育种法、诱变育种法、纯合系育种等。

（一）远缘杂交育种法　随着经济的发展，人民生活水平的提高，对棉花品种要求越来越高，为了选育适合多方面要求的品种，必须扩大种质来源。从其他栽培棉种、棉属野生种和变种通过杂交，引进新的种质，培育出高产、优质、多抗的新品种已成为棉花育种中较为常用的育种方法，并已取得很大进展。很多陆地棉品种不具有的性状已从野生种和陆地棉野生种系引进陆地棉。从陆地棉野生种系和亚洲棉引入陆地棉抗角斑病抗性基因；从瑟伯氏棉、异常棉等引入纤维高强度基因；从陆地棉非栽培的原始种 Hopi 引入无腺体（低含棉酚）基因；从辣根棉和陆地棉野生种系引入植株无毛基因；从陆地棉野生种系引入花芽高含棉酚基因；从哈克尼西棉引入细胞质雄性不育及恢复育性基因等。栽培棉种之间杂交，引进异种种质也取得显著成就，例如从陆地棉引入提高海岛棉产量的基因，从海岛棉引入改进陆地棉纤维品质的基因。有些远缘杂交获得的种质材料已应用到常规育种中，育成了极有价值的品种。美国南卡罗来纳州 Pee Dee 实验站用亚洲棉×瑟伯氏棉×陆地棉（即 ATH 型）三元杂种，与陆地棉种品种、品系多次杂交回交育成了一系列高纤维强度 PD 品系和品种。1977 年发放的 SC1 品种是美国东南部棉区第一个把高产与强纤维结合在一起的陆地棉品种，纤维强度较当地推广的岢字棉 301 和岢字棉 201 分别高 5.3%和 2.1%，纱强度高 10.3%～19.2%，产量分别高 7.3%和 10%，克服了高产与纤维强度的负相关。许多非洲国家用亚洲棉×雷蒙德氏棉×陆地棉（即 ARH 型）三元杂交种与陆地棉杂交和回交育成了多个纤维强度高、铃大、抗蚜传病毒病品种。中国近十多年来大力开展远缘杂交工作，育成了很多有价值的种质材料和品种。

远缘杂交常会遇到杂交困难、杂种不育、后代性状异常分离等问题，必须研究解决这些问题的方法。远缘杂交在克服上述困难获得成功后，虽然可以为栽培棉种提供一些栽培种所不具备的性状，但其综合经济性状很难符合生产上推广品种的要求，因此远缘杂交育成的一般是种质材料，提供给育种者应用，进一步选育成能在生产上应用的品种。

1. 克服棉属种间杂交不亲和性的方法　棉花远缘杂交不亲和性是应用这一方法于育种最先遇到的障碍。克服杂交不亲和性的方法有：①用染色体数目多的作母本，杂交易于成功。冯泽芳（1935）用陆地棉、海岛棉作母本，分别与亚洲棉、非洲棉杂交，在 691 个杂交花中，获得 5 个杂种；反交 1 071 个杂交花，只得到 1 个杂种。其他研究者也得到同样的结果。②在异种花粉中加入少量母本花粉，可以提高整个胚囊受精能力，增加异种花粉受精能力。Pranh（1976）在亚洲棉×陆地棉时，用 15%的母本花粉、85%父本花粉混合授粉，可克服其不亲和性。③外施激素法。杂交花朵上喷施赤霉素（GA_3）和萘乙酸（NAA）等生长素，对于保铃和促进杂种胚的分化和发育有较好效果。梁正兰等（1982）在亚洲棉×陆地棉时，在杂交花上喷施 50 mg/L 赤霉素，70 个杂交组合的结铃率可达 80%以上；喷施 320 mg/L 萘乙酸，可提高铃内的种子数和正常分化的小胚数，有助于克服种间杂交的不亲和性。④染色体加倍法。在染色体不同的种间杂交时，先将染色体数目少的亲本用秋水仙素处理，使染色体加倍，可提高杂交结实率。孙济中等（1981）在亚洲棉×陆地棉时，成铃率仅为 0%～0.2%；用四倍体亚洲棉×陆地棉，其成铃率为 0%～40%，平均在 30%以上。韦贞国（1982）的研究得到相似的结果。⑤通过中间媒介杂交法。二倍体种与四倍体栽培种杂交困难，可先将二倍体种同另一个二倍体种杂交，再将杂种染色体加倍成异源四倍体，再同四倍体栽培种杂交，往往可以获得成功。例如 Tep Abaнесян（1974）用亚洲棉×非洲棉的 F_1，染色体加倍后再与陆地棉或海岛棉杂交，据报道其成铃率可达 100%。也可用四倍体种先同易于杂交成功的二倍体种杂交，F_1

染色体加倍成六倍体再与难于杂交成功的二倍体种杂交，可以获得成功，例如 Brown（1950）用陆地棉×草棉、陆地棉×亚洲棉的六倍体杂种和哈克尼西棉杂交，得到了两个四倍体的三元杂种。用同样方法还获得了亚洲棉-瑟伯氏棉-陆地棉、陆地棉-斯托克西棉-雷蒙德氏棉、陆地棉-异常棉-哈克尼西棉等不同组合的三元杂种。⑥幼胚离体培养。棉花远缘杂交失败的原因之一是胚发育早期胚乳败育、解体，杂种胚得不到足够的营养物质而夭亡。因此，将幼胚进行人工离体培养，为杂种胚提供营养，改善杂种胚、胚乳和母体组织间不协调性，从而大大提高杂交的成功率。20 世纪 80 年代以来，我国许多学者在这方面做了大量研究工作，建立了较完善的杂种胚离体培养体系，获得了大量远缘杂种。

2. 克服棉属远缘杂种不育的方法　棉属种间杂种，常表现出不同程度的不孕性。其主要原因是由于双亲的血缘关系远，或因染色体数目不同，在减数分裂时，染色体不能正常配对和平衡分配，形成大量的不育配子。

染色体数目相同的栽培种杂交（如陆地棉×海岛棉、亚洲棉×非洲棉），F_1 形成配子时，减数分裂正常，但其后代也会出现一些不孕植株，其原因是配对的染色体之间存在结构上的细微差异（Stephens，1950），或由于不同种间基因系统的不协调，即基因不育。

克服种间不育常用的方法有：①大量、重复授粉。有些种间杂种，例如四倍体栽培种与二倍体栽培种的 F_1 所产生的雄配子中，可能有少数可育的，大量、重复授粉，可增加可育配子受精机会。不育的 F_1 杂种植株在温室保存，经过几个生长季节，育性会有所提高，同时增加重复授粉机会。②回交是克服杂种不育的有效方法。杂种不育如果是由于基因系统不协调，即基因不育，每回交一次，回交后代中轮回亲本的基因的比重增加。育性得以逐渐恢复。来自异种的性状可以通过严格选择保存于杂种中。如果杂种是由于染色体原因不育，例如二倍体栽培种与四倍体栽培种的 F_1 是三倍体，产生的配子染色体数为 13～39 个；如果用四倍栽培种作父本回交，其配子就有可能同时具 39 个或 26 个染色体的雌配子结合，如与染色体数为 39 的配子（染色体未减数）结合，可能得到染色体数为 65（五倍体）的回交一代，由于它具有较完整染色体组，因此雌、雄都可育。如果回交亲本配子与染色体数接近 26 个的雌配子结合，可得到染色体数为 52 个左右的回交一代。江苏省农业科学院 1945—1955 年间多次观察，陆地棉×亚洲棉的 F_1 用陆地棉回交，得到回交一代，大多数是后一种类型。连续多代回交，回交后代染色体组逐渐恢复平衡，在回交后代中严格选择所要转移的性状，达到种间杂交转移异种性状于栽培种的目的。江苏棉 1 号、江苏棉 3 号即是用陆地棉岱字 14 为母本以亚洲棉常紫 1 号为父本杂交，其后用岱字 14、岱字 15 及宁子棉 13 多次回交育成（江苏省农业科学院，1977）。③染色体加倍也是克服种间杂种不育的有效方法。属于不同染色体组的二倍体棉种之间杂交，杂种一代减数分裂时，由于不同种染色体的同质性低，不能正常配对，因此多数不育。染色体加倍成为异源四倍体，染色体配对正常，育性提高。染色体数目不相同的二倍体与四倍体栽培种杂交获得的杂种一代为三倍体，高度不育，染色体加倍为六倍体后育性提高。Beasley（1943）用这个方法获得了陆地棉与异常棉、陆地棉与瑟伯氏棉杂种的可育后代。

3. 远缘杂种后代的性状分离和选择　远缘杂种后代常出现所谓疯狂分离，分离范围大，类型多，时间长，后代还存在不同程度的不育性。针对这些特点采取不同处理方法。杂种后代育性较高时，可采用系谱法，着重农艺性状和品质性状的改进。但因杂种后代的分离大，出现不同程度的不育性、畸形株和劣株，所以需要较大的群体，才有可能选到优良基因重组个体。如杂种的育性低，植株的经济性状又表现不良时，可采用回交和集团选择法，以稳定育性为主，综合选择明显的有利性状，如抗病、抗虫等特性，育性稳定后，再用系谱法选育。

（二）诱变育种　利用各种物理的、化学的因素诱发作物产生遗传变异，然后经过选择及一定育种程序育成新品种的方法，称为诱变育种。在棉花育种中应用较多的诱变剂是各种射线，处理棉花植株、种子及花粉等。

鲁棉 1 号是经辐射处理育成的大面积推广的品种。这个品种 1982 年种植面积达 200 hm^2（3 000 万亩）以上。选育过程为用中棉所 2 号为母本，1195 系为父本杂交，这两个亲本都来源于岱字棉 15。F_9 代用 $^{60}Co-\gamma$ 射线处理种子 11.61 C/kg（4.5×10^4 R 剂量），从处理后代中选株、选系育成。这个品种在选育过程中虽经辐射处理，但由于处理的材料是仍在分离中的杂种后代，遗传上不纯，因此很难确定辐射在品种形成中的具体作用。

辐射处理除引起染色体畸形外，还产生点突变，即某个基因位点的变异。因此，诱变在育种中可用于改良品种的个别性状而保持其他性状基本不变。在棉花育种中诱发点突变较著名的例子是用 ^{32}P 处理棉子，诱导埃及棉 Giza45 品种产生无腺体显性基因突变，育成了低酚的巴蒂姆 101 品种。低酚是由一对显性基因控制的。通过辐射处理也获得生育期、株高、株型、抗病性、抗逆性、育性等性状产生有利用价值变异的报道。湖北省农业科学院

(1975) 用γ射线、X射线和中子处理鄂棉6号，改进了这个品种叶片过大、开铃不畅等缺点。山西农学院用γ射线3.87 C/kg（1.5×10^4 R）处理晋棉6号，选出株型紧凑的矮生棉。Cornelies等（1973）报道，在印度用X射线照射杂交种选出的MCU7品种，比对照216F早熟15～20 d。

用物理因素或化学因素诱变，变异方向不定。诱发突变的频率虽比自发突变高，但在育种群体内突变株出现的比率（即M_2代突变体比率）仍极低，而有利用价值的突变更低。棉花是大株作物，限于土地、人力和物力，处理后代群体一般很小，更增加了获得有益变异株的困难。在棉花育种中常与杂交育种相结合应用，用来改变杂种个别性状，作为育种方法单独使用效果较差。

棉花辐射处理的方法可分为外照射和内照射两类。处理干种子是最简便常用的方法。紫外线常用来处理花粉。内照射是用放射性同位素如^{32}P、^{35}S等处理种子或其他植物组织，使辐射源在内部起诱变作用。最常用的方法是用放射性同位素^{32}P、^{35}S配成一定比强，浸渍种子和其他组织。也可将放射性同位素施于土壤使植物吸收或注射入植物茎秆、叶芽、花芽等部分，由于涉及因素很多，放射性同位素被吸收的剂量不易测定，效果不完全一致，在育种中应用有一定困难。

棉花是对辐射较敏感的作物，不同种和品种对辐射剂量的反应都有明显差异。因此，辐射处理的剂量应根据处理材料和辐射源的种类，经过试验，采用诱发突变率最高而不孕株率最低的剂量和剂量率。根据部分试验资料，棉花辐射的参考剂量列于表16-12。

表16-12 棉花辐射处理参考剂量

诱变因素	处理对象	一般使用剂量范围	应用较多的剂量范围
X—γ	干种子	10 000～40 000 R	20 000～30 000 R
X—γ	湿种子或萌发种子	1 000～3 000 R	2 000 R以下
X—γ	花粉	500～2 000 R	1 000 R左右
X—γ	植株（苗期）	500～3 000 R	1 000 R左右
X—γ	植株（蕾花期）	500～3 000 R	1 500 R左右
中子	干种子	1×10^{10}～1×10^{12}/cm^2	1×10^{10}～1×10^{11}/cm^2
β（^{32}P或^{35}S）	种子（去短绒）	2～20 μCi/粒	5×10 μCi/粒
β（^{32}P或^{35}S）	种子（不去短绒）	10～50 μCi/粒	20×30 μCi/粒

注：1 R=2.58×10^{-4} C/kg；1 Ci=3.7×10^{10} Bq。

（三）单倍体育种 通过单倍体加倍途径获得纯合品系，这样可以免除冗长的分离世代，迅速获得纯合体，提高选择效果，缩短育种年限。

花药培养是人工获得单倍体植物的有效方法，应用花药培养已在40多种植物中获得了单倍体，但棉花花药培养至今未获得成功。

棉花自然单倍体多出现在双胚种子中。Harland（1938）发现海岛棉的双胚种子中，有一个胚是正常的二倍体，另一个胚是单倍体。但并不是所有双胚种子中都有单倍体胚。双胚种子出现的频率很低，海岛棉双胚种子出现率高于陆地棉。Turcotte等（1974）检查了3个比马棉品系种子，分别在8 617、8 342、和18 000粒种子中发现一个双胚种子。Raux（1958）报道，每2.0万～2.5万粒陆地棉种子才有一个双胚种子。而Kimber（1958）在12.75万粒种子中，才发现2个双胚种子。自然界出现棉花单倍体频率很低，而且不能产生具人们需要的遗传组成的单倍体植株，因此在育种中很难利用。

棉花育种工作者把产生棉花单倍体希望寄托于半配生殖（semigamy）的应用。半配生殖或半配性是一种不正常受精现象，即当一个精核进入卵细胞后，精核不与卵核融合，各自独立分裂形成一个共同的胚，由这种杂合胚形成的种子所长成的植株是嵌合的植株，即同一植株既有父本组织又有母本组织，嵌合体植株多数为单倍体。

Turcotte和Feaster（1959）在海岛棉品种比马S-1中发现一个单胚种子产生的单倍体，经人工染色体加倍后获得了加倍的单倍体DH57-4。它具有半胚生殖特性，后代能产生高频率的单倍体，当代至第三代获得了24.3%～61.3%的单倍体植株。以DH57-4为母本与陆地棉、海岛棉杂交，后代获得了3.7%～8.7%的单倍体植株。如果父母本均具有半配特性时，其后代产生单倍体频率更高。如DH57-4和另一具半配特性和标记性状V_7V_7材料杂交，F_1获得了60%的单倍体，反交时获得了55.2%的单倍体。

半配特性由一对显性基因控制，表现为母性影响遗传模式。因此，杂交时应以具有半配性的材料作母本。半配生殖产生的单倍体常以嵌合体形式出现，如果具有半配性的母本材料同时具有标志性状，用它同任何亲本杂交，即可获得易于识别的单倍体后代。这样，就可扩大半配生殖利用范围。Turcotte 等将黄苗 V_7 标志性状转育到 DH57-4 获得了 Vsg 品系，其后代自交可产生 40%的单倍体。通过半配生殖也获得了很多陆地棉加倍单倍体，其中有些加倍单倍体后代遗传稳定，某些农艺性状和纤维品质性状较亲本对照有改进也有一些加倍单倍体某些性状不如其相应的亲本对照。此外，美国利用回交法，已将半配性转育于亚洲棉、非洲棉、哈克尼西棉、异常棉和夏威夷棉。

第五节　棉花育种新技术的研究与应用

一、细胞与组织培养

（一）胚珠培养　胚珠培养多用于克服远缘杂交不实性，为杂种幼胚提供人工营养和发育条件，使幼胚能在胚乳生长不正常或解体的情况下发育成苗，打破种间生物学隔离的障碍。棉花胚珠培养最早所选用的试验材料是成熟种子。将种皮剥去，种仁在人工培养基上培养。Skovsted（1935）曾以两个野生棉种戴维逊氏和斯提克西棉 F_1 种子剥去种皮的种仁在人工培养基上培养成苗。Beasley（1940）也以相同的方法将 AD×A 组的 6 个杂交组合的 F_1 种子培养成幼苗。20 世纪 50 年代以后，许多研究者改进培养技术，将棉花种间杂种不同天数的胚珠培养成植株。

培养方法一般选取 3～5 日龄的已受精的胚珠作为培养材料，也可以培养 15 日龄以上的幼龄。以 BT 培养基为基本培养基，从氮源、碳源和附加物质（包括生长调节物质、氨基酸等）设计不同的液体培养基，或者添加植物激素的 M_5 固体培养基，以适合不同杂交组合的幼胚生长。采用静置暗培养。培养时间 50～69 d，这时有部分胚珠的胚萌发成幼苗。离体胚培养的培养温度为 25 ℃±2 ℃。

（二）茎尖、腋芽等外植体培养　在棉花中以分生组织、叶柄、茎尖、腋芽等作为外植体进行培养，诱导愈伤组织器官发生，直接形成苗及完整植株。这种生物技术用于拯救和保存还难于收获种子的稀有棉属种质资源。但目前技术水平还不能扩大繁殖系数到理想水平。

（三）体细胞培养　体细胞培养是以棉子发芽后胚轴子叶或以植株的叶片等体细胞组织作为外植体进行培养，胚胎发生，形成胚状体进而诱导形成再生植株。体细胞在培养过程中会发生各种各样的突变体，其中很多变异是可以遗传的。再生植株中也会有变异发生。成熟植株在株高、果枝长度、叶色、花器、育性及铃的大小、形状等方面都存在变异，而且有一些不育株。中期染色体数目及构型也有异常变异。真正能应用作物改良的变异是点突变、抗盐突变体及其他抗性突变体的筛选，以改良棉花品种。在体细胞培养过程中可用多种处理方法对培养的体细胞筛选，例如在培养基中加枯萎病菌，筛选出抗枯萎病的无性系；培养时高温处理（40 ℃或 50 ℃）筛选出耐高温的细胞系和再生株。除此之外，体细胞培养还在杂种优势固定、人工种子生产、资源快速鉴定和保存、人工纤维生产等方面有重要用途。

（四）花药培养　棉花花药培养的目的在于诱导花粉单倍体，从而应用于育种和遗传研究。根据国内外的研究结果看，花药愈伤组织的诱导容易，亚洲棉、陆地棉及其品种间杂交后代，均获得了愈伤组织，但要进一步诱导成再生株的报道很少。1977 年江苏省农业科学院获得江苏棉 1 号与其他陆地棉栽培品种的花药愈伤组织，频率平均为 12.37%。李秀兰等（1993）诱导出 11 个基因型的花药愈伤，但细胞学检查表明，仅有为数极少的细胞是单倍体。李秀兰（1987）曾对培养花药的小孢子发育进行解剖学研究，认为小孢子在整个培养过程中没有发生细胞分裂，且随培养过程而大量衰退解体；大量的花药愈伤起源于花药壁或其他体细胞组织。同时发现愈伤组织中以双倍体细胞占绝大多数，仅极少数细胞是单倍体。

（五）原生质体培养　陈志贤等（1989）、余建明等（1989）报道成功地从陆地棉品种下胚轴体细胞培养发生细胞系，经继代培养分离出原生质体，再分化培养得胚状体和再生植株，定植成活，这是棉花原生质体培养再生植株成功的首创实例。但现在还仅限于少数几个基因型培养成功，并且原生质体的植板率、正常胚胎发生频率和再生植株定植后成活率都比较低，要在育种上成功地利用还须进行进一步的试验和研究。

二、外源基因导入

棉花基因工程起步晚，1987年首次获得抗卡那霉素的第一例转基因植株，但发展很快，已涉及棉花育种的各个方面，如抗虫、抗病、抗除草剂、抗逆境、纤维品质改良、杂种优势利用等。特别是抗虫、抗除草剂方面达到了应用水平。转 *Bt* 基因抗虫棉是世界上第一例在生产上大面积成功栽种的转基因工程植株之一。

我国棉花的遗传转化最初是通过自创的花粉管通道途径把外源总DNA注射进陆地棉的未成熟棉铃，后代产生了许多变异。周光宇等认为外源DNA片段整合进受体基因组中，由于外源DNA未有选择性标记或能被检测的特异蛋白，因而当时有很多人怀疑，后来随着含有抗虫基因等目的基因棉花的大批转化成功，该方法已成为我国转基因棉花培育的主要途径。国外主要用根癌农杆菌介导、基因枪轰击等方法进行遗传转化。

(一) 抗虫基因工程 棉花抗虫基因工程主要集中于苏云金芽孢杆菌杀虫晶体蛋白（Bt）上，转 *Bt* 基因抗虫棉已在生产上大面积利用，主要用于防治棉铃虫、红铃虫等棉花害虫。转 *Bt* 基因植株报道于1987年。1990年Perlak等通过给CaMV35s启动子增加强化启动子，并在不改变核苷酸序列的情况下，对 *Cry* ⅠA进行修饰，改造了其中21%的核苷酸序列，这样人工合成的 *Cry* ⅠA在转基因棉花中获得高效表达，杀虫效果好，Bt杀虫晶体蛋白表达量从原来的占可溶性蛋白的0.001%提高到0.05%～0.1%。孟山都公司的子公司岱字棉公司的育种家把 *Bt* 基因回交转入到了DP5415、DP5690两个品种中，用保铃棉（Bollgard™）注册的NuCOTN33和NuCOTN35抗虫棉品种，从1996年起，每年种植都在 8×10^5 hm^2（1 200万亩）以上。岱字棉公司的抗虫棉已打入澳大利亚。一大批新的转 *Bt* 基因抗虫棉以及抗虫、抗除草剂的双价转基因棉花品种已发放。

中国农业科学院生物技术中心自20世纪80年代末期开始进行 *Bt* 基因的克隆研究。1992年郭三堆等在国内首先合成了 *Cry* ⅠA杀虫晶体蛋白结构基因，并和山西省农业科学院棉花研究所、江苏省农业科学院经济作物研究所合作分别通过根癌农杆菌介导和花粉管通道法将 *Bt* 基因导入泗棉3号、晋棉7号等推广棉花品种中，获得了抗虫性好的转 *Bt* 基因抗虫棉品系。现在，已有国抗棉1号、国抗棉12、晋棉26品种审定，并在生产上推广种植。中国农业科学院棉花研究所通过生物技术和常规育种相结合的手段培育出了转 *Bt* 基因的抗虫棉品种（杂交种）中棉所29、中棉所30、中棉所31等，并在河南、山东、河北等省示范种植。南京农业大学棉花研究所则培育出转基因抗虫杂交种南抗3号，它的产量高、抗性好、品质优良，已在长江流域棉区推广。我国已审定了转基因抗虫棉品种（杂交种）7个，以后还会有更多的转 *Bt* 基因抗虫棉品种或杂交种审定并在生产上推广利用。中国农业科学院棉花研究所于2001年组织全国9个研究单位、18个抗虫棉新品种在河南中牟和湖北天门进行了国产抗虫棉的对比和筛选试验。试验表明：①在参试品种（系）中，我国所培育的常规优质中熟抗虫棉sGK9708、中221等新品系，其抗虫性与美国抗虫棉新棉33B相当，抗病、耐旱性明显优于新棉33B，而产量则超过新棉33B 20%左右；②在杂交抗虫棉方面，我国具有独特优势，抗虫性、丰产性及内在品质等综合农艺性状均显著超过美国品种新棉33B，其中中棉所38、南抗3号、鲁棉研15、中棉所29等杂交种（组合）在黄河流域棉区表现突出，中2108、南抗3号、鲁棉研15、中棉所29等在长江流域棉区表现突出。

蛋白酶抑制剂基因也已用于转基因抗虫棉的培育。蛋白酶抑制剂存在于植物体中，在植物大多数储藏器管和块茎中，各种蛋白酶抑制剂的含量可达总蛋白的1%～10%。目前用的较多的是豇豆胰蛋白酶抑制剂（CpTI）、慈姑蛋白酶抑制剂（API）和马铃薯胰蛋白酶抑制剂（PinⅡ）。和 *Bt* 基因相比，转蛋白酶抑制剂基因的棉花抗虫谱广泛，昆虫也不易产生抗性。由于要达到理想的抗虫水平，转基因作物中要求表达量远远高于 *Bt* 毒蛋白基因植物所需的表达量，因此单独利用困难不少，我国也已将改造过的 *Bt* 与人工合成的 *CpTI* 双价抗虫基因一起导入了棉花，获得了转双价基因的抗虫棉。国抗SGK321已在黄河流域棉区大面积推广。

雪花莲外源凝集素（GNA）可与昆虫肠道膜细胞表面的糖蛋白特异结合，影响营养物质的吸收。同时还可在昆虫消化道诱发病灶，促使消化道内细菌繁殖并造成损害，从而达到杀虫目的。中国农业科学院生物技术中心已人工合成优化的 *GNA* 基因，并与 *Bt* 构建成功双价抗虫基因载体，导入棉花，获得既抗磷翅目又抗同翅目的抗虫棉花。

(二) 抗除草剂基因工程 草甘膦是应用最广泛的一种非选择性除草剂。它破坏作物体内3种芳香族氨基酸生物合成中的关键酶EPSP，从鼠伤寒沙门氏菌（*Salmonella typhimurium*）中鉴定和分离出抗草甘膦除草剂的

(EPSPs) 突变体，突变发生在*aro*A位点上，第101位置上的脯氨酸转变成丝氨酸。转基因棉花对草甘膦有显著的抗性，1997年在美国推广了40多万亩 (1 hm^2=15亩)。

2，4-D是一种激素型除草剂，浓度过高会对植物有毒害作用。阔叶植物特别是棉花对2，4-D极其敏感。2，4-D作为选择性除草剂常用于防治禾谷类等单子叶作物中的阔叶杂草。2，4-D是一种稳定的化合物，但进土中后就变得不稳定，易被分解，因为土壤中有能分解2，4-D的微生物。其中富氧产碱菌对2，4-D的分解作用最强，它含有一个75 kb的大质粒，内含6个分解2，4-D的酶，最主要的为2，4-D单氧化酶 (tfdA)，美国和澳大利亚已从该菌中分离出能分解2，4-D的*tfdA*基因并导入到陆地棉。转*tfdA*基因的棉花能耐0.1% 2，4-D，为生产上施药浓度的2倍。陈志贤等 (1994) 也培育了转2，4-D的棉花，转基因植株对2，4-D也有较好的抗性。

溴苯腈是一种苯腈化合物，抑制光合作用过程中的电子传递，能除阔叶杂草。从土壤中分离出一种臭鼻杆菌的细菌能产生一种溴苯腈的特异水解酶Bxn，可将溴苯腈水解，失去除草功能。*Bxn*基因已导入棉花，转基因棉花能耐大田药量10倍的溴苯腈。

将*Bt*与抗除草剂基因聚合在一起的品种已在美国推广了几十万亩。

(三) 品质改良　美国Agrocetus公司的John等克隆了数个棉纤维特异表达的基因并利用棉纤维特异表达启动子将合成聚酯复合物PHB的基因导入棉花，使棉纤维中产生PHB。

(四) 雄性不育　植物的雄性不育在品种群体改良及杂种优势利用中具有重要的应用价值。通过克隆出的或人工合成的核糖核酸酶基因花粉专化表达启动子让它在花药绒毡层中专化表达，从而促使绒毡层细胞提早解体，导致小孢子发育不正常而表现雄性不育。这种雄性不育特性表现为显性遗传，和一般隐性的核雄性不育系一样可用于杂种种子的生产。由于在载体构建时，将*PPT*抗除草剂基因也一同导入不育系，因此在不育系自身繁殖或制种时，就可通过喷施除草剂而杀死雄性不育株。通过转化花药专化启动子和淀粉芽孢杆菌相应的蛋白质抑制剂基因 (*barstar*) 或核糖核酸酶反义RNA基因，就可培育出相应的恢复系。

三、分子标记辅助育种

传统的棉花育种是通过其有不同基因型亲本间的杂交或其他育种技术，根据分离群体的表现进行连续选择，培育新品种。由于基因型的表现容易受环境条件的影响，而且性状选择、检测比较费工费时。分子标记的发展为提高棉花育种的工作效率和选择鉴定的精确度提供了一个新的途径，是棉花品种选育发展的方向。

理想的分子标记具有多态性高、共显性遗传、能明确辨别等位基因以及遍布整个基因组等特点。常用的分子标记有RFLP、RAPD、AFLP、SSR等多种，各有其核心技术、遗传特性和多态性水平。分子标记在棉花遗传育种中的应用主要有下列几方面。

(一) 亲缘关系和遗传的多样性研究　分子标记是进行种质亲缘关系分析和检测种质资源多样性的有效工具。对棉花、水稻、玉米、大麦、小麦等作物的研究表明，利用分子标记可以确定亲本之间的遗传差异和亲缘关系，从而确定亲本间的遗传距离，进而划分杂交优势群体，提高杂种优势潜力。

分子标记用于棉花系谱分析，国内外已有许多报道。1989年Wendel等对四倍体棉种和A与D两个染色体组的二倍体棉种进行叶绿体DNA (cpDNA) 的RFLP研究，以探讨棉种的起源分化。初步研究结果表明，四倍体棉种的细胞质是来源于与A染色体中cpDNA类似的棉种。宋国立等 (1999) 利用RAPD对斯特提棉铃虫、澳洲棉、比克氏棉和鲁宾逊氏棉进行了研究，结果表明，6个澳洲棉具有丰富的遗传多样性。在这6个澳洲棉种中，澳洲棉与鲁宾逊氏棉，南岱华棉与斯特提棉具有较近的亲缘关系。聚类分析发现，鲁宾逊氏棉和比克氏棉是两个较为特殊的棉种。

南京农业大学棉花研究所1996年对我国21个棉花主栽品种 (包括特有种质) 以及25个短季棉品种进行了RAPD遗传多样性分析。根据18个引物在21个棉花品种 (种质) 基因组的扩增产物，经琼脂糖电泳产生的图谱中DNA条带的统计，利用聚类分析程序建立了它们的树状图。研究结果发现，棉花RAPD指纹图谱分析结果与原品种系谱来源基本相似。对我国有代表性的3种生态型 (北方特早熟生态型、黄河流域生态型和长江流域生态型) 的25个短季棉品种利用18个随机引物的遗传多样性分析表明，大部分短季棉品种与其系谱吻合，主要是从来自美国的金字棉中选育而成的。这一结果反映了我国现在推广的短季棉品种遗传基础比较狭窄，亟待发掘早熟棉基因供体。从上述结果可知，以分子标记技术鉴别棉花种质，可以为利用棉花的地方种质资源、野生类型以及近缘种，为充实我国棉花品种的遗传基础提供可靠的依据。Multani 和 Lyon 利用 RAPD 技术对 14 个澳大利亚棉花品种进行分析后发现，即使亲缘关系很近的品种，DNA 的随机扩增产物也能表现出品种间的差异。Tatineni 等对 16 个种间杂交后代基因型进行形态性状和 RAPD 标记分析，并对分析结果进行聚类，发现两种方法的聚类结果基本一致，由此认为，RAPD 用于鉴定棉花种质资源之间的亲缘关系结果可信。郭旺珍等（1999）利用 RAPD 分子标记技术，结合已知系谱信息，对国内外不同来源的 25 个（感）黄萎病的棉花品种（系）进行特征及特性分析。结果表明，供试的 25 个棉花品种（系）可划分为 4 个类群，这与其系谱来源及抗黄萎病的抗源来源基本吻合。第Ⅰ类为由国外引入的抗黄萎病品种；第Ⅱ类为陕棉、辽棉系统；第Ⅲ类为遗传基础复杂，从病圃定向选择培育的抗黄萎病品种（系）；第Ⅳ类为长江流域感黄萎病品种苏棉 16（太仓 121）。该研究从 DNA 水平上提示了我国现有抗（耐）黄萎病品种（系）的遗传真实性。

（二）基因图谱的构建和基因定位　1994 年，Reinisch 等发表了第一个详尽的异源四倍体棉花的 RFLP 图谱。利用陆地棉野生种系 Palmeri 和海岛棉野生种系 K101 为作图亲本，构建了一个包含 57 个单株个体的 F_2 作图群体，利用 1 200 余个不同来源的 DNA 探针共检测出 705 个 RFLP 位点，其中的 683 个位点共构建了 41 个连锁群，图谱总的遗传长度为 4 675 cM，标记间的平均遗传距离为 7.1 cM。利用陆地棉的单体、端体、置换系等非整倍体材料，精确确定了 14 对染色体与连锁群的对应，这 14 对染色体分别是 1、2、4、6、9、10、17、22、25、5、14、15、18 和 20 号染色体。1998 年，美国农业部南方作物研究室也构建了一张棉花遗传图谱。南京农业大学利用异源四倍体棉花中的半配生殖材料 Vsg 产生单倍体的特性，培育出陆地棉和海岛棉栽培品种为作图亲本的加倍单倍体（DH）群体，利用具有丰富多态性的微卫星标记首次构建了异源四倍体栽培棉种的分子连锁遗传图谱。该图谱包括 43 个连锁群，由 489 个位点构建成，共覆盖 3 314.5 cM，标记间的平均遗传距离为 6.78 cM。最大的连锁群有 47 个标记位点，覆盖 321.4 cM 的遗传距离（Zhang 等，2002）。这类图谱的构建，对染色体的构成和基因的克隆将起重要作用。

分子标记还可以对某一特定 DNA 区域的目标基因进行定位，根据样品的来源，有两种基因定位的方法。一是利用近等基因系进行定位，二是利用对目标性状基因有分离的 F_2 群体进行基因定位。1994 年 Park 等利用 RAPD 技术从 145 个随机引物中筛选出 442 个在陆地棉 TM-1 和海岛棉 3-79 中有多态性的 DNA 片段，选取扩增产物至少在海陆亲本出现 2 个不同多态性 DNA 片段，经 t 测验统计分析表明，至少有 11 个随机 RAPD 片段与棉花的纤维强度有关。南京农业大学棉花研究所从 1996 年开始，开展了棉花雄性不育性恢复基因的分子标记筛选工作。利用 NIL（近等基因系）和 BAS 相结合的方法建立了两个 DNA 池：DNA 可育池和 DNA 不育池，通过 Operm 公司生产的 425 个 RAPD 随机引物的筛选，已初步筛选到两个与育性恢复基因有关，一个与不育基因有关，其中一个引物 OPV15 通过不育系×恢复系 F_2 单株的分析，已确定标记与育性基因的距离不大于 15 cM。

分子标记不仅可以为质量性状基因定位，还可以为控制数量性状的基因进行定位。选择某个数量性状有较大差异的两个亲本进行杂交，对 F_2 分离群体内每个植株进行目标数量性状的测定，同时分析每个染色体片段上的分子标记，通过比较即可发现某个染色体片段的存在与植株目标数量性状的密切相关，这样便将微效多基因确定到染色体片段上。由于每个染色体片段都有自己的分子标记为代表，在育种过程中，便可使用分子标记作为微效基因的选择标记。例如，Reddy 把长绒的海岛棉与高产的陆地棉进行远缘杂交，利用 RFLP 技术发现了 300 个与长绒和高产性状有关的分子标记。1999 年，美国农业部南方作物实验室利用 RFLP 技术，对控制棉花叶片和茎短茸毛的 4 个数量性状基因（QTL）进行了定位，其中 1 个 QTL 位于第 6 染色体，决定叶面短茸毛着生密度；另 1 个 QTL 位于第 25 染色体，决定短茸毛的种类；其他 2 个 QTL 分别决定叶面短茸毛表现型变异。南京农业大学棉花研究所已检测到与 7235 纤维品质有关的 3 个主效 QTL，其中一个纤维强度的主效 QTL，在 F_2 中解释的变异能达到 35%，在 $F_{2:3}$ 中达到 53.8%，是目前单个纤维强度 QTL 效应最大的，而且这些 F_2 和 $F_{2:3}$ 均在多个环境下种植，QTL 效应稳定，该 QTL 有 6 个 RAPD 和 2 个 SSR 标记，覆盖范围不超过 16 cM，表现紧密连锁。

（三）分子标记辅助选择　分子标记辅助选择是通过分析与目标基因紧密连锁的分子标记来判断目标基因是否存在。作物有些性状（如产量、品质、成熟期等）是早期无法鉴定和筛选的，另外有些性状（如抗病、耐旱等）则必需创造逆境条件才能进行检测，因此在常规育种工作中对这些性状进行选择时常因群体和环境条件的限制无法鉴定出来而被淘汰。如果利用这些性状与分子标记紧密连锁的关系，不仅能够对它们有效地进行时期选择，而且也不需要创造逆境条件，这既提高了育种效率，还节省了人力、物力和时间。由于棉花高密度分子遗传图谱还不完善，许多与重要性状紧密连锁的分子标记没有定位，成功的分子标记辅助选择的报道还很少。

综上所述，生物技术在棉花育种中的应用已经取得一定进展，为棉花育种开创了一条新途径，并已有少数令人鼓舞的成功事例。但在育种中作为一种实用技术，还有不少问题有待研究和解决。在作物育种中应用生物技术创造出多种变异或产生目标基因导入植株（转基因植株），都还要用常规方法进行选择、鉴定、比较和繁殖才能成为品种。育成的品种的产量、品质、抗性和适应性也必须优于推广品种才能在生产上应用。生物技术是作物育种有良好应用前景的手段，必须与常规育种相结合才能发挥作用。生物技术与常规育种结合也是今后作物育种发展方向。

第六节 棉花田间试验技术

一、育种材料田间产量比较试验技术

在任何育种计划中，皮棉产量都是育种者十分重视的性状。纤维产量的遗传评价是否正确，影响育种效果。产量既决定于基因型，也受环境的影响，因此，必须有一定的棉株群体并应用小区技术，才能正确评价供试材料纤维产量遗传改进。

在任何育种计划中，最初选择的都是优良单株，这些当选单株可以来自一个不纯的品种、品种间杂交种的分离后代或其他种质来源。从一个单株虽然可以估测构成产量的某些因素，例如衣指、铃大小等，但在一个植株基础上，评估皮棉产量变异率，并据以预测其后代皮棉产量无任何意义。皮棉产量预测，必须在包含有多个育种材料及一定数量植株的较大群体间进行。

初选的植株数目一般有几百个到几千个，决定于育种目标和育种规模大小。徐州地区农业科学研究所从斯字棉 2B 中选育徐州 209，从徐州 209 中选育 1818 时，每年在大面积种植区内选近万个单株，经室内考种选留3 000个单株。选株过少，优良基因型会丢失；选株过多，不仅需耗费大量人力物力，田间评选也难于精确。

（一）株行试验 当选单株，下年每株种子种一行（株行），行长一般 10～15 m，株行距可略大于生产上所用株行距，以便于观察和选择。在肥力均匀的土地上每隔 10 行设一对照，对照为当地推广品种的原种。表现很差的株行，全行淘汰。继续分离的优良株行从中选择优良单株，下年继续株行试验。

（二）品系预备试验 上年当选的种子按小区种植，每小区 3～4 行，行长 10～15 m，行株距与大田相同，随机区组设计，重复 3～4 次，以当前推广品种的原种作为对照。在棉花生育期中，对主要经济性状进行观察记载，在花铃期和吐絮期分别进行田间评选，一般不做田间淘汰。分次收花测产，并取样考种，数据进行统计学分析。根据产量、考种、性状记载和历次评选结果决选。当选品系各重复小区种子混合，供下年试验用。当选品系如有种子繁殖区，在繁殖区内去杂混收种子，用于下年试验和扩大繁殖。品系预备试验可重复进行一年，对品系进一步评价和繁殖种子。

（三）品系比较试验 品系预备试验中当选的优良品系进入品系比较试验。这一试验应在可能推广的地区内多点进行。供试品系按小区种植，每小区 4～6 行，行长 15～20 m，随机区组设计，重复 4～6 次。在棉株生育过程中，对农艺性状进行全面细致的观察。每小区收中间 2～4 行，收花后进行测产和考种，数据进行统计学分析。多点试验要考察品系的适应性，适应性窄的品系淘汰。

试验可重复 1～2 年。产量最高，适应性广，纤维品质符合育种目标要求的品系繁殖成品种，或将多个优系混合成品种，报请参加国家组织的品种区域试验。

二、育种材料抗病性鉴定

侵染棉花的病菌种类很多，要根据不同地区的病害情况，选育相应的抗病品种。在我国，危害最严重的是枯萎病和黄萎病。这两种萎蔫病害的病原菌分别是尖孢镰刀菌萎蔫专化型（*Fusarium oxysporum* f. sp. *vasinfectum*）和大丽轮枝菌（*Verticillium dahliae*）。这两种病原菌都能在棉花整个生育期间侵入棉株维管束，扩展危害。这两

种病害都是土壤传染病害，病菌一旦传入土中，短期内不易消灭，种植抗病品种是一个有效防治措施。

在抗病育种中，筛选抗源和选择抗病后代都必须以抗性鉴定结果为依据。鉴定方法有以下两种。

1. 田间病圃鉴定　在人工接菌的病圃或天然发病棉田，对供试材料的整个生育期间的抗病性进行鉴定，这是最基本可靠的方法。枯萎病着重在苗期和蕾期发病高峰期鉴定；黄萎病着重在花铃期鉴定。一般按受害程度划分为5级：0级（无病）、1级（少于25%的叶片有病）、2级（25%～50%的叶片有病）、3级（50%～100%的叶片有病）和4级（全部枯死），然后计算其发病株率和病情指数，计算公式为

$$病株率 = \frac{发病总株数}{调查总株数} \times 100\%$$

$$病情指数 = \frac{\sum V \cdot f}{m \cdot n}$$

式中，V为病级；f为该病级中发病株数；m为病级最高级；n为调查总株数。

根据病情指数，将抗枯萎病反应分为5个类型：病情指数0，为免疫；0.1～5.0，为高抗；5.1～10.0，为抗病；10.1～20.0，为耐病；20.1以上为感病。黄萎病反应也分为5个类型：病情指数0，为免疫；0.1～10.0，为高抗；10.1～20.0，为抗病；20.1～35.0为耐病；35.1以上为感病（马存，1995）。

2. 室内苗期鉴定　此法较快速，也易控制。但要求一定的温室条件和设施。鉴定枯萎病多用纸钵接菌法。即在纸钵中接入占干土重20%的带菌麦粒砂，或0.5%～1.0%的带菌棉子培养物，出苗后两周即开始发病。鉴定黄萎病多用纸钵撕底定量菌液蘸根法，当棉苗出现一片真叶时，每钵用10 mL的病菌孢子悬浮液（每毫升含500万～1 000万孢子）浸蘸根部，两周后即可进行鉴定（谭联望，1991）。

三、育种材料抗虫性鉴定

棉花害虫种类繁多，常给生产造成严重损失。20世纪50年代中后期，广泛使用杀虫剂，有些害虫抗药性逐代增强，有些益虫及其他动物区系也受到破坏，药剂防治效果日趋降低。利用抗虫品种结合采取其他措施，不仅可少用或不用杀虫剂，稳定产量和品质，降低生产成本，而且可以减少环境污染，有利于保护害虫的天敌，维持良性生态平衡，因此棉花抗虫育种日益受到重视。在棉花抗虫育种中，抗性种质资源的筛选及选择具有抗虫性后代都需要有准确的抗性鉴定结果为依据。常用的鉴定方法有大田鉴定、网罩鉴定和生物测定3种。大田鉴定的优点是简单易行，不需特殊设备，鉴定结果直接反映被鉴定材料的田间抗性。但因害虫自然发生的时间、数量和分布变化很大，需有多年、多点鉴定结果才有代表性。网罩鉴定需要人工养虫、接虫和网罩等设施，工作较繁重，但鉴定条件相对一致，结果较为可靠。只是由于网罩内虫口密度和活动空间与大田情况不同，鉴定结果与田间实际表现有时也不完全一样。人工接虫的虫态，根据鉴定要求可以是幼虫、成虫、卵或蛹。蕾铃害虫还可以在室内进行生物测定，直接摘取鉴定材料的蕾、花、铃饲喂幼虫，或在人工饲料中添加鉴定材料的冻干蕾铃粉或其提取物饲喂虫，鉴定比较幼虫生长发育状况，作为评价抗虫性依据（孙济中，1991）。

第七节　棉花种子生产技术

一、良种繁育意义与体制

一个品种育成后，经过品种审定，区域试验，确定推广地区后，必须有科学的种子繁殖体制，繁殖高质量的种子供生产应用。棉花是常异花授粉作物，天然杂交引起生物学混杂；在播种、采摘、晒花、轧花、种子储存运输等各生产环节中，常易引起机械混杂；再加由于环境条件、自然选择以及带有倾向性的人工选择等因素影响，使品种失去原有生产性能，品种经济性状变劣，这种现象称为品种退化。退化品种的种子不能作生产用种。因此，优良品种在种植过程中，必须有健全的种子繁育体制和科学的、有效的繁育技术，有计划地生产原种，保持品种原有的纯度和经济性状，为生产持续提供优良种子，充分发挥品种的经济效益。这一种子繁殖体制是品种选育到

品种应用于生产全过程的一个重要环节。

世界各主要产棉国十分重视建立良种繁育体制。美国棉花良种种子由原育种的种子公司提供，繁育的种子依次分为4级：育种家种子、基础种子、登记种子和检验种子。检验种子种于大田，大田种植的种子是育种家种子繁殖的第四代，大田收获的种子不再作种用。各种子公司拥有农场、轧花厂和特约农户，自成体系地繁殖各级种子。在品种安排上，实行一地一个品种的原则，即在同一地区，可以种植若干个纤维品质相同的优良品种。中亚各产棉国由国家建立的原种场负责生产原种（相当于育种家种子），然后将原种在指定的集体农庄和国营农场进行繁殖，经过连续繁殖三代后，种子供大田生产播种，大田收获的种子不再作为种用。埃及棉花良种种子也由国家管理，实行一地种植一个区域化品种。我国20世纪50年代后兴办原种场，建立原种场、良种轧花厂、良种繁殖基地三结合的良种繁育体制。国务院于1978年曾批转“农林部关于加强种子工作报告”，要求1980年种子工作基本实现“种子生产专业化，加工机械化，质量标准化和品种布局区域化”，到1985年基本实现以县为单位，组织统一供种。这一体制简称为“四化一供”。20世纪80年代以来，由于农村生产责任制的改革，各地对棉花良种繁育体制基本上坚持“四化一供”的原则，但有多种实施形式。有些县由县种子公司供种，一县一种，原种场、繁殖基地两级繁殖，集中加工。湖北省钟祥县、河北省满城等地采用此体制。山东省聊城、河北省正定等地成立棉花种子专业公司供种，公司与育种单位签订合同，为育种单位进行新品种试验和繁殖；公司试验场与原种场签订合同生产原种及原种一代；建立良种繁育基地，与基地中的乡、村订立合同收购子棉，轧花加工后种子供大田生产用；基地内只种一个品种。

山东省一些县采用县、乡联合供种制。县乡两级各建良种繁殖村和种子专业户，县引进良种按合同由县属种子村和种子专业户种植，收获的种子供乡属种子村和种子专业户繁殖，然后收购作为大田用种。

我国正在推行由育种家种子、原原种、原种和良种4个环节组成的四级种子生产程序，并制定各级种子质量标准，防止生产和销售混杂和劣质种子，防止假冒种子进入市场，以保护育种家的知识产权以及种子生产单位和农民的利益。

二、品种退化的原因

影响棉花品种遗传组成改变，造成品种退化的因素有基因突变、异源基因渗入、选择、遗传漂移等。

（一）基因突变　突变是遗传变异的根本来源，但突变频率很低，并且是一个缓慢过程，因此，对品种遗传组成改变的影响很轻微。

（二）异源基因渗入　异源基因渗入是影响品种遗传组成改变的重要因素。棉花是常异花授粉作物，它以自交为主，又有一定比例的异交。在同一地区种植多个品种，通过异交，异品种基因渗入，造成生物学混杂，使品种遗传组成改变。机械混杂使品种群体混入异品种个体，混杂群体相互传粉杂交，杂种个体逐代增加，异品种基因渗入加剧，基因频率改变，由于基因重组，基因型频率改变更大，其后果是表现型改变，品种失去原有经济性状，品种退化。

（三）自然选择和人工选择　选择是改变品种遗传组成的重要因素。一个品种群体中不同基因型个体在自然条件下成活率和生殖率存在差异，某些基因型个体比另一些基因型个体得到更多的成活和生殖机会，随着时间的推移，品种群体基因频率和基因型频率逐渐改变，这个过程就是自然选择。品种也受自然选择的作用，特别是在不利的自然条件或栽培条件下，自然选择作用更为显著。人工选择对品种遗传组成影响更大，人工选择难免带有主观性和倾向性，是使品种基因型频率改变的主要因素。选择压力愈大，遗传组成的改变也愈大。但有些自然选择与人工选择方向不同的性状，需要经常性施加适当选择压力，才能维持品种群体遗传组成的稳定。

（四）遗传漂变　当品种群体很小，由群体中随机的少数个体繁育成一个较大群体时，群体基因频率会发生随机波动，使基因型频率改变，这种现象称为遗传漂变。遗传漂变在自然界是一个新群体形成的原因，在品种繁育中也可能引起品种群体遗传组成的改变。

针对上述影响品种群体遗传组成改变的因素，在棉花良种繁育中设计了各种方法，尽可能减小品种群体遗传组成的改变，保持品种特性，防止品种退化。

三、种子生产技术

棉花实行育种家种子、原原种、原种、良种四级种子生产程序。

（一）育种家种子生产方法　常用的棉花育种家种子生产方法如下。

1. 种子储藏法　在新品种开始推广的同时，育种单位将一定量新品种种子（育种家种子）储存在能保持种子生活力的条件下，以后定期取出部分种子供应新一轮种子的繁殖。例如估计品种可以在生产上使用10年，每年需要育种家种子100 kg，则一次储存1 000 kg。这一方法的特点是育种家种子是储存的种子，未经任何形式的选择，从理论上说这一方法能最好地保证品种不发生遗传组成的改变。湖南省棉花研究所利用新疆独特气候条件（空气湿度低），采用“封花自交，新疆保存，病圃筛选，海南冬繁”的杂交棉亲本保纯与繁育技术路线。湘杂棉2号一经审定，立即将亲本种子送新疆保存，逐年取回核心亲本种子，进行病圃筛选。再根据下一年制种面积确定所需亲本数量，在海南省进行扩繁，既有利于亲本保纯，又有利于提高种子质量。湘杂棉2号亲本繁育采用此技术路线，其 F_1 的产量性状和纤维品质多年基本维持在审定之初的较高水平，而没有发现减退。这也是“湘杂棉2号”在生产上推广应用长盛不衰的一个重要原因。

2. 淘汰异型株和选择典型株　在种植一定数量植株的核心繁育田里，每年拔除异型株和病株，收获的种子部分供下年核心繁育田播种用，部分供生产育种家种子田播种用。也可以在每年田间选择典型棉株，混合采收，不进行后代测定，这是一种类型选择法。

以上两种方法，育种家种子每个连续世代都是以大量未经测验的植株混合种子为基础的，都是以保持品种特性为目的，无改良作用。

3. 众数混选法　Manning（1955）提出的众数混选法是集团选择的一种形式，每年从约6 000株的大田中选300～500株，检验入选株的绒长、衣指和子指，凡偏离其平均数上下一个标准差数据的淘汰，符合要求的选株种子混合播种，收获的种子用作育种家种子。

4. 株行与株系法　在大田选择单株，测定绒长、衣分后，符合要求的单株种子下年种成株行，凡整齐一致，具有品种典型性的株行入选，经测定绒长、衣分符合要求的株行种子混合，成为新一轮育种家种子。为了增加选择的准确性，也可将株行法扩展为株系法，即将当选株行种子种成株系，通过增加植株数量提高选择的准确性，最优株系混合成为新一轮育种家种子。为了更准确地评价株系的生产能力，可进行一轮设有重复的株系比较试验，产量高、品质符合要求、整齐一致、具品种典型性状的株系种子混合成为育种家种子。也有育种者将株系比较进行多年，选出一个经济性状最优系或数个优系混合繁殖成育种家种子，这个方法实际上已和系谱育种法相同。

世界各主要产棉国育种家种子生产方法不外乎上述各方法，但有各种变型。采用何种生产方法，应根据劳动力、土地面积、时间等而定。种子储藏法能保持品种遗传组成不变，因为不包含任何选择过程。但这个方法要求有一定容量自然的或人工控制温、湿条件的储藏库。人工储藏库一次性投资大，电能消耗也大，虽然可以节约土地和劳力，但在能源不充裕的地方难于应用。利用自然条件控制温度和湿度的储藏库在某些地区有应用前景，例如在我国新疆，空气湿度低，通过库房设计控温也是可能的，因此有试用的价值。

在包含有选择的育种家种子生产体系中，选择的作用是经选择产生的群体相等或优于未加选择的群体。去除非典型株和类型选择，由于选择压力小，理论上所选择的品种群体较其他选择方法基因频率改变小，但有提高品种纯度和保持品种典型作用。

株行、株系和系谱法选择数量少，选择时难免带有主观性和倾向性，因此基因频率变化较大。由于选株、选系数量有限，自交增加，遗传组成单一，选择的群体遗传变异度下降，随之品种适应能力和对环境变化的缓冲能力下降。用系谱法生产原种，使品种群体遗传杂合性下降，影响进一步遗传改良，增加群体遗传脆弱性。总之，在设计种子生产体制时，必须考虑保持品种典型性，防止混杂退化，又要防止品种异质性的丧失，应根据具体情况处理好这二者之间的关系。利用育种家种子繁殖一代生产原原种，以此类推可分别生产原种和大田用良种。生产大田收获的棉子不再用作种子。

（二）种子处理和储藏　播种用的良种棉子，要采用化学脱绒和种衣剂处理，以消除由种子携带的多种病菌，提高种子播种品质。化学脱绒一般采用硫酸处理，也有用泡沫硫酸（硫酸加发泡剂）脱绒的，可以节省硫酸，免去用水冲洗，不致污染环境。种子经脱绒、精选后，利用拌药设备均匀涂敷一层含有杀菌和杀虫作用的种衣剂，然后装袋储藏。在自然温度下，仓库中，亚洲棉子含水量以10%为好，最高不得超过12%。空气湿度大于70%时，容易使种子含水量增加。种子储藏时，要经常测量堆温和湿度，及时通风防潮，翻堆降温。

（三）种子检验　棉花良种种子要由种子检验单位按国家规定的标准方法进行检验，然后签发种子检验合格证。

第八节　棉花育种研究动向与展望

一、棉花生产的区域布局

优化农业区域布局，是推进农业结构战略性调整的重要步骤。为加快我国农业区域布局调整，建设优势农产品产业带，增强农产品竞争力，促进农业增效和农民增收，2003年农业部研究编制了《优势农产品区域布局规划》，为适应纺织工业多元化的需要，优化品种和品质结构，提出了中国近期棉花育种以提高棉花比强度为中心，重点发展目前市场短缺的陆地长绒棉和中短绒棉生产。我国3大棉区棉花面积、总产安排见表16-13。到2007年，3个棉区棉花单产达到525 kg/hm^2（75 kg/亩），棉花品种结构进一步优化，长绒、中长绒和中短绒棉花比例力争由1∶95∶4调整为7∶83∶10，进一步提高棉花的一致性和整齐度，减少“三丝”含量，将长江流域棉区建设成为适纺50支纱以上和20支纱以下为主的原料生产基地，黄河流域棉区建设成为以适纺40支纱为主的原料生产基地，西北内陆棉区建设成为以适纺32支纱为主的原料生产基地，满足我国纺织工业发展的需要。因此，3大棉区应按国家的规划调整相应的育种目标。

表16-13　我国三大棉区棉花面积、总产安排表

（引自马淑萍，2002）

棉　区	面　积		产　量	
	总面积（$\times10^6$ hm^2）	所占比例（%）	总产（$\times10^6$ t）	所占比例（%）
全国	4.00	100	4.25	100
长江流域	1.33	33.25	1.50	35.3
黄河流域	1.67	41.75	1.35	31.8
新疆棉区	1.00	25.0	1.40	32.9

二、分子标记辅助选择的群体改良

随着国民经济的发展、人民生活水平的提高和纺织工业技术的不断进步，培育高产、优质、抗枯黄萎病、抗棉铃虫的棉花新品种是当前的主要育种目标，而通过轮回选择不断引入新种质则是克服育种群体遗传基础狭窄的有效途径。我国棉花育种已经历了国外引种、系统育种、杂交育种、杂种优势利用等不同的历史时期（潘家驹等，1999），目前正处于杂交育种与杂种优势利用以及转基因和分子育种并重的阶段。计算机的运用和纤维检测仪器的大通量检测，数据的收集和处理能力大为提高，为大群体同步改良多目标性状的轮回选择方法提供了可能，而分子标记辅助选择则大大提高了集多目标优良性状于一身的后代植株的中选率，为培育超优品种奠定了坚实的基础。

将DNA分子标记技术与轮回选择方法相结合，建立分子标记辅助陆地棉多目标性状聚合的轮回选择技术体系，有希望打破产量、品质、抗逆性、早熟性等之间的负相关，同步改良棉花的产量、品质、抗逆性等。南京农业大学利用已有的转*Bt*基因抗虫棉的PCR标记和与一个高强纤维主效QTL紧密连锁的分子标记，开展了分子标记辅助选择的轮回选择聚合育种研究，将具有不同育种目标的种质导入到抗黄萎病的雄性不育轮回选择基因库中，借助分子标记的选择，在确定单株的标记基因型后进行互交和后代鉴定，既可以使轮回选择群体获得周期性改良，又可以选出综合多个优良基因的品系，兼顾长期和近期育种目标。同时，也可以再输入外源种质，扩大群体的遗传多样性，克服我国陆地棉栽培品种遗传基础日渐狭窄的弊端。

三、转基因棉花的培育与利用

长期的育种实践证明，常规育种方法难以打破物种间存在的天然屏障，难以将外源基因导入棉花基因组中，从而难以使可以改变棉花重要农艺性状的资源发挥作用。近年来，随着基因工程的迅猛发展，将外源重组DNA导入棉花基因组，并与常规育种技术结合，培育高产、优质、抗病虫、抗逆的棉花新品种，由于棉花的主产品不是食用，有很广阔的发展前景（图16-5）。转基因优质、抗除草剂棉，耐寒、耐旱、抗盐转基因棉都已接近产业化的水平。可以相信，随着分子生物学的进一步发展，获得的外源基因愈来愈多，技术日臻完善，我国的棉花生产必将有一个质的飞跃。

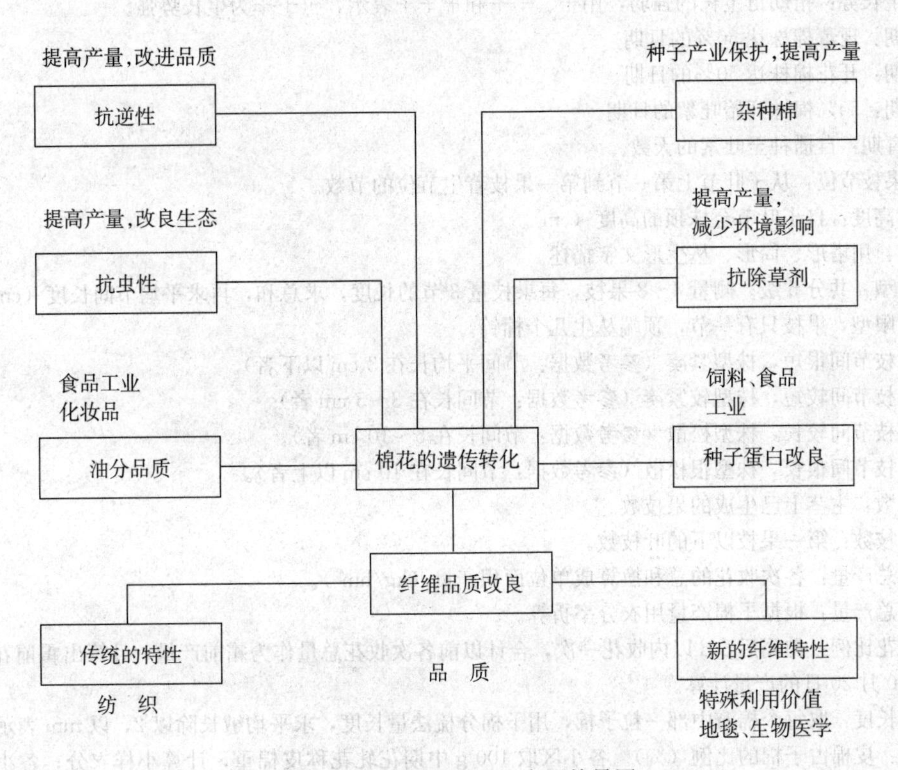

图16-5　棉花基因工程应用前景图

复习思考题

1. 棉花有哪些栽培种？其分类学地位、生物学特性及在我国的生产利用情况如何？
2. 简述中国棉花育种研究进展、存在问题及对策。
3. 中国主要棉区各有何特点？适宜种植什么品种？
4. 棉花种质资源包括哪些类型？各有何特点与价值？
5. 棉花品质性状主要有哪些？遗传特点如何？试讨论我国棉花品质育种的主要目标及育种策略。
6. 试讨论棉花枯萎病和黄萎病育种的现状、策略与方法。
7. 试评述棉花育种的主要途径。各有何特点？

8. 简述棉花自然变异选择育种的遗传基础、基本方法及应用效果。

9. 试讨论棉花杂种优势形成的遗传机制及杂种优势利用的现状与前景。

10. 试举例说明利用分子标记选择棉花育种目标性状（基因）的主要方法和步骤。

11. 棉花品种退化的主要原因是什么？如何防止品种退化？

12. 什么是转基因棉？试述我国转基因棉生产现状及发展前景。

附　棉花主要育种性状的记载方法和标准

1. 播种期：播种当天的时间。

2. 出苗期：出苗数达全苗数50%的日期。

3. 幼苗整齐度：指幼苗大小是否整齐，用＋、＋＋和＋＋＋表示，＋＋＋为最整齐。

4. 幼苗生长势：指幼苗生长的强弱，用＋、＋＋和＋＋＋表示，＋＋＋为生长势强。

5. 现蕾期：现蕾棉株达50%的日期。

6. 开花期：开花棉株达50%的日期。

7. 吐絮期：50%棉株开始吐絮的日期。

8. 全生育期：自播种至吐絮的天数。

9. 第一果枝节位：从子叶节上第一节到第一果枝着生节位的节数。

10. 主茎高度：自子叶节至株顶的高度（cm)。

11. 株形：用塔形、筒形、丛生形文字描述。

12. 果枝型：共分5级。测量4～8果枝，每果枝量3节的长度，求总和，再求平均节间长度（cm)。

0式：有限型，果枝只有一节，顶端丛生几个棉铃。

1式：果枝节间很短，株型紧凑（参考数据：节间平均长在3 cm以下者)。

2式：果枝节间较短，株型较紧凑（参考数据：节间长在3～5 cm者)。

3式：果枝节间较长，株型松散（参考数据：节间长在5～10 cm者)。

4式：果枝节间很长，株型很松散（参考数据：节间长在10 cm以上者)。

13. 果枝数：主茎上已生成的果枝数。

14. 营养枝数：第一果枝以下的叶枝数。

15. 子棉总产量：各次收花的总和换算成单位面积产量（kg/hm^2)。

16. 皮棉总产量：根据子棉产量用衣分率折算。

17. 霜前花比例：初霜后5 d以内收花一次，合计以前各次收花总量作为霜前产量，计算出霜前花比例（%)。南方棉区按10月20日的产量计算。

18. 纤维长度：取每个棉瓣中部一粒子棉，用子棉分梳法量长度，求平均绒长除以2，以mm表示。

19. 衣分：皮棉占子棉的比例（%)。各小区取100 g中期花轧花称皮棉重，计算小样衣分；各小区实收子棉轧花称皮棉重，计算大样衣分。

20. 子指：100粒棉子之重量（g)。

21. 衣指：100粒棉子上之纤维重量（g)。

22. 不同时期抗病性：苗期病害情况、蕾期枯萎病情况、开花期枯萎病和黄萎病情况。计算病株率及染病程度。

注：调查项目，可根据需要酌情增减。

参　考　文　献

[1] 黄滋康．中国棉花品种及其系谱．北京：中国农业出版社，1996

[2] 农业部农业司．江苏省农林厅棉种产业化工程．北京：中国农业出版社，1998

[3] 潘家驹．棉花育种学．北京：中国农业出版社，1998
[4] 孙济中，曲健木．棉花育种．见：盖钧镒主编．作物育种学各论．中国农业出版社，1997.166～255
[5] 张天真，靖深蓉，金林等编著．杂种棉选育的理论与实践．北京：科学出版社，1998
[6] 中国农业科学院棉花研究所．中国棉花遗传育种学．济南：山东科学技术出版社，2003
[7] Kohel R J，Lewis G F. Cotton. Madison：American Society of Agronomy. Inc.，Crop Science Society of America. Inc.，Soil Science Society of America. Inc.，Publishers，1984

（孙济中、曲健木原稿，张天真修订）

第十七章　苎麻育种

第一节　国内外苎麻育种研究概况

苎麻（ramee 或 ramie）是我国的特产。苎麻原麻和纺织品产量均居世界首位。我们祖先利用苎麻纤维的历史已在 1 万年以上，栽培历史也在 5 000 年以上，但苎麻遗传、育种等方面的研究工作，直到新中国成立后才真正开始。

新中国成立 50 多年来，苎麻科技工作者相继开展了苎麻遗传、种质资源、新品种选育、良种繁育、良种栽培技术等研究工作，先后取得了一些成果，并在生产上推广应用，取得了比较显著的经济效益。

我国是苎麻发源地，我国苎麻种植业最大的优势就是拥有全世界最丰富的品种资源，这是我们祖先几千年遗留给后辈最宝贵的财富。20 世纪 50 年代至 60 年代初期，我国苎麻育种工作主要是从事地方品种评选、鉴定和引种试验。如广西评选出黑皮蔸，湖南评选出黄壳早、芦竹青、黄壳麻、白脚麻、雅麻等品种，湖北评选出细叶绿、大叶绿、青麻等品种，江西评选出铜皮青、黄壳铜等品种，四川评选出白麻、黄白麻、江西麻等品种。这些品种都作为当地主产麻区的主要推广品种，这在当时生产上是起了一定作用的。这些品种的评选工作大都是在总结群众经验基础上进行的，而不是通过正规的多年品种比较试验得出的结论。这是因为当时苎麻生产上的需要，亟待加速扩大良种种植面积的缘故。此外，全国主要产麻区也做了一些引种工作，例如广西的黑皮蔸引种到湘西、湘北和粤北麻区推广，湖南的黄壳早、芦竹青引种到四川达县、安徽等麻区推广等。由于当时为了便于运输，大都采用种子繁殖，而苎麻地方品种毫无例外的都是杂交种，遗传基础复杂，一旦采用了种子繁殖，它的杂交后代就会产生严重的分离、变异，成为混杂的群体。这就破坏了我们祖先早就形成的一些苎麻品种区域化种植的麻区，如湘西大庸的黄壳麻区，吉首、凤凰、泸溪的青麻区等。这是新中国成立初期苎麻引种上的一个失策。

20 世纪 60 年代至 70 年代初期，四川、贵州、湖南、湖北等科研单位相继开展了苎麻常规育种工作，主要通过杂交育种、杂种优势利用和自然变异选择等途径选育新品种。如四川达川地区农业科学研究所在 70 年代就开展了苎麻雄性不育及杂种优势利用研究，育成了青杂 5 - 5 等；贵州省独山麻类科学研究所在黄壳早种子繁殖后代中选育出黔苎 1 号；江西省麻类研究所先后育成赣苎 2 号、赣苎 3 号、B232 等新品种；中国农业科学院麻类研究所在 70 年代从黄壳早的天然杂交后代中选育出湘苎 1 号，在 80 年代又从用 2.58 C/kg（10 000 R）射线辐射的湘苎 1 号自交种子的 2.58 C/kg（10 000 R）辐射后代中选育出湘苎 2 号；后来又育成湘杂苎 1 号等，成绩卓著。全国苎麻劳动模范、农民育种家黄业菊在 80 年代也育成了牛耳青。所有上述一些新品种在当时生产上都起了一定的作用。直到 80 年代末，湖南农学院苎麻研究所李宗道通过 13 年努力，由黑皮蔸自由授粉后代中选育出的湘苎 3 号，产量比全国种植面积最广的当家品种芦竹青高出 20%以上，纤维支数高达 2 000 以上，这是目前全国惟一的、由政府部门规定作为全省更新换代的苎麻新品种，也是全国惟一列入国家“九五”推广规划中的苎麻新品种。此外，华中农业大学选育的华苎 1 号、华苎 2 号、华苎 3 号、华苎 4 号，以及湖北省农业科学院作物研究所选育的 23 - 2 都已在生产上推广，原麻产量均比当地品种显著增产。关于我国苎麻育种方法的进展，在 60～70 年代主要是常规育种，80 年代在利用 ^{60}Co 诱变、利用秋水仙碱诱变产生多倍体以及花药、子房培育单倍体等也做了一些工作。90 年代，湖南农业大学苎麻研究所张福泉、李宗道等利用棉花导入苎麻，原麻纤维支数高达 3 000 以上。

我国苎麻品种资源研究工作已有 40 多年历史，成绩斐然。这些年来，在征集、保存、鉴定、利用方面开展了一系列研究，发掘出一大批优良种质资源，为加速新品种选育及促进苎麻生产的发展起了积极作用。湖南、湖北、贵州、四川、江西等省有关科研单位已搜集了不少农家品种，特别是中国农业科学院麻类研究所建立了较大资源圃，并从形态特征、生育特性、经济性状等方面进行了鉴定，成绩卓著。江西省麻类研究所还建立了全国惟一的野生苎麻种质资源圃，课题组赖占钧等翻山越岭搜集苎麻野生资源。

国外苎麻生产国家如日本、菲律宾、美国、巴西等在20世纪50～70年代对苎麻育种方面也做了一些工作。这些国家大多是用从中国引入的一些品种进行杂交，或者从种子繁殖的后代中选育出一些苎麻新品种。如日本枥木县农业试验场从我国台湾白皮种选出宫崎112号；美国从我国引进的苎麻品种中选育出E-53-35等新品种；菲律宾除了引进美国Everglades育成的品种和日本品种Tatsutayama等23个外来品种外，自己还育成RVO等品种。

第二节　苎麻育种目标及其沿革

我国苎麻育种目标是随着苎麻生产的发展而变化的。在20世纪50年代初期，苎麻用途主要是用于原麻出口，以及手工纺织夏布和其他民用用途。当时国内现代化苎麻纺织业寥寥无几，全国长麻纺锭仅1.2万锭，每年用麻量仅6 000 t左右。为了发展苎麻生产，增加原麻产量，育种目标以提高产量为主。60年代以后，由于各省现代化苎麻纺织业兴起，原麻主要用于现代纺织工业，而其他民用用途逐渐减少。因此，苎麻育种目标随着生产上用途的变化而变化。现代苎麻育种的任务是要求选育出高产、稳产的新品种，同时要求纤维品质优良，纤维支数在1 800以上，而且抗病性和抗逆性强。苎麻育种的具体目标如下。

1. 高产、稳产　构成苎麻产量的因素是：有效株数、茎高、茎粗、皮厚和出麻率。因此，选育出来的新品种，要根群发达，植株粗高，生长整齐，有效株多，脚麻少，麻皮厚，出麻率高；同时成熟期适当，为季季丰收、三季麻平衡增产创造有利条件。湖南、湖北、江西等省丘陵山区多红黄壤，土壤瘠薄，夏季多干旱，因此选育适应性与抗逆性较强，特别是耐旱、耐瘠的新品种具有重大意义。苎麻抗性主要是抗风、耐旱、抗病、耐寒、耐瘠。

2. 品质优良　纺织原料要求纤维细长柔软，整齐均匀，光泽好，强韧、耐久，富于抱合力和弹性，易于漂白和染色。目前纺织高支纱的原麻，主要要求纤维支数达1 800以上。当前国际市场上麻纺织品趋向高档、细薄的方面发展，因此培育一些2 000支以上的苎麻新品种是必要的，这是今后苎麻育种的主要动向。

第三节　苎麻种质资源研究与利用

一、苎麻种质资源

苎麻属于荨麻科（Urticaceae）苎麻属（*Boehmeria*）宿根性草本植物，本属有50余种，多分布于热带、亚热带，我国也有10多种。苎麻栽培种有 *Boehmeria nivea* 和 *Boehmeria tenacissima* 两种。前者称白叶种，我国栽培品种以及全世界其他国家多为白叶种；后者称绿叶种，分布在南洋群岛和其他少数地区。我国苎麻品种丰富。据全国调查结果，大约有1 000份左右，这是我国苎麻种植业方面最宝贵的财富。中国农业科学院麻类研究所受农业部委托，该所郑长清研究员等早于在1976年主持召开的全国品种资源分区保存协作研究会议上商定编写《中国苎麻品种志》，于1992年出版。该书对全国苎麻育种工作起了很大的作用。江西省麻类研究所在国家自然科学基金资助，省科委重视下，赖占钧研究员等于1995—1999年在滇、黔、桂、陕、川、渝、琼、粤、湘、鄂、皖、浙、闽、赣14个省区自然保护区深山丛林，搜集野生苎麻种质资源222份，建立了目前全国惟一的野生苎麻种质资源圃，为苎麻育种、基因杂交、保存野生资源，奠定了基础。

二、苎麻种质资源育种性状遗传变异

苎麻种质资源育种性状的遗传变异主要有以下几方面。

1. 植物学形态类型　苎麻不同品种的形态特征有一定的差异，同一品种的茎、叶等器官的颜色又随着生长发育时期的不同而有变化。据郑长清等多年对不同根型、茎色、骨色、叶色、叶柄色及雌蕾色的观察结果，苎麻品种可划分为78个形态类型。苎麻根型是重要分类指标之一。按根型划分，深根型品种占28%，浅根型品种占49%，中间型品种占23%。一般深根型品种植株粗高，分株较少；而浅根型品种植株比较矮、细，但分株较多。如黄壳早是深根型品种，黄壳麻是浅根型品种，而芦竹青是中间型品种。茎色在旺长期前绝大多数品种为绿色，极少数浅根型品种为红色。工艺成熟时，茎色有绿褐、黄褐、褐及红褐之分。苎麻雌蕾色有深红、红、淡红、黄

白、黄绿等色。品种资源中雌蕾色和叶柄色有一定的相关性，即叶柄红色的品种，其雌蕾多呈红色；叶柄绿色的品种，其雌蕾多为黄白色或黄绿色。苎麻叶部性状（包括叶片、叶柄、叶片主脉、托叶中肋）在麻株形态中占有重要地位。根据苎麻品种叶部颜色，按照品种各部分颜色相同与否，品种可归纳为24个色型。如叶片深绿、叶柄深红、叶片主脉深红、托叶中肋深红的红芽蔸，又如叶片深绿、叶柄深红、叶片主脉淡红、托叶中肋微红的青皮麻等。

2. 经济性状　苎麻产量是由有效株数、茎高、茎粗、皮厚和鲜皮出麻率等经济性状构成。苎麻品种间的经济性状差异很大，其平均变幅范围：茎高为56.4～200.0 cm或以上，茎粗为0.48～1.14 cm，皮厚0.52～0.97 mm。一般浅根型品种麻株较矮小，皮厚、鲜皮出麻率等经济性状较差；深根型品种因地下部根系入土较深，营养面积较大，麻株生长高大，经济性状和产量都相应地提高。品种现蕾开花期的迟早对三麻经济性状及产量的影响也十分明显。一般晚蕾型、中蕾型品种比早蕾型的经济性状优良，产量也较高。

3. 生育类型　苎麻不同品种间的生育期性状差异较大。种根繁殖的苎麻，在长江流域麻区年收三季。根据各季麻进入工艺成熟期的时间，可划分为早熟品种、中熟品种及晚熟品种。自出苗至工艺成熟的天数，早、中、晚品种，头麻分别为70 d以下、71～80 d与81 d以上；二麻分别是40 d以下、41～50 d与51 d以上；三麻分别为60 d以下、61～70 d与71 d以上。全年三季麻工艺成熟天数，早、中、晚熟品种分别为170 d以下、171～200 d与201 d以上。

4. 抗性　抗性包括抗病、耐旱、抗风性等。苎麻根腐线虫是苎麻生产上危害严重的一种病害。苎麻花叶病在我国各麻区普遍发生，危害也较严重。据各地鉴定结果，目前还没有发现苎麻品种抗根腐线虫病的免疫材料，但苎麻品种间抗性差异比较显著。不同品种间抗苎麻花叶病的差异也十分明显，少数品种表现无病或高抗，多数品种为抗病、中抗或感病。苎麻抗旱性在不同品种间差异显著。一般深根型品种比较耐旱，而浅根型品种比较不耐旱。一般抗风性强的品种具有地上茎散生、生长整齐、叶片狭长、叶柄短、着生角度小的特点。一般丛生型品种的耐旱、耐瘠性较强，而散生型品种较弱。

5. 纤维品质　苎麻的纤维细度（以单纤维支数表示）与强力是衡量纤维品质好坏的重要指标。不同品种间的单纤维支数差异很大，高的达3 000支以上，低的还不到1 000支。一般中质（1 800支）品种较多，低质（1 500支以下）较少，优质（1 900支以上）品种也较少。

苎麻品种资源是国家宝贵的财富，是选育新品种、新类型不可缺少的物质基础。苎麻品种资源的征集、保存与鉴定的最终目的是利用。新中国成立以来，全国各地培育出来的新品种，毫无例外地都是利用我国丰富的品种资源作为物质基础，利用自然变异选择、杂交育种、倍性育种等方式选育出来的。

第四节　苎麻育种途径和方法

一、引　种

苎麻是多年生作物，在它系统发育过程中形成了对外界环境条件较大的适应性。同时，苎麻在三麻生长中期才孕蕾开花，因此不论南种北移还是北种南移都可以，它不像黄麻、红麻、大麻等短日照作物那样，必须是南种北移才能增产，而北种南移必然减产。例如广西黑皮蔸引种至纬度较北的江苏、安徽、湖南等省，都能保持原有丰产性状。但也有一些品种的适应性较弱，在改变了的外界环境条件的影响下表现出经济性状的衰退。例如湖南宜章岭北的雅麻种植于当地山窝里，在半阴半阳、日照较弱、湿度大、风害少的环境条件下，表现出高产稳产。当地群众普遍认为雅麻引种到高温低湿、阳光强烈的宜章岭南地区必然减产。曾经有人把雅麻引种至湖北宜昌，由于当地昼夜温差大，头麻分株数少，产量低。又如鄂西利川山地麻区的品种引入鄂北平原麻区试种，发生植株矮小和早花现象。两地纬度虽相差不大，但海拔条件和气温有差异，因而发生早花现象。这说明了苎麻不同品种间适应性大小和抗逆性强弱仍然有很大的差异。因此，苎麻的异地引种，在方法上应掌握该品种特性以及原产地自然条件、栽培特点与被引种地区的相应条件，并且对被引种的品种进行培育和选择，才能获得异地引种的显著效果。

二、自然变异选择育种

对自然变异材料进行单株（单蔸）选择是苎麻常用的育种方法。它的要点是：根据育种目标，从现有品种群体中选出一定数量的优良变异个体，分别繁殖，每一个体后代形成一个系统，通过试验鉴定，选优去劣，育成新品种。我国不少苎麻品种是用这种育种方法育成的，湖南沅江良种黄壳早就是20世纪80年代前由劳动人民从一个优异的龙头根（地下茎），经过营养繁殖培育而成的新品种。全国苎麻劳动模范黄业菊，在80年代从黄壳早麻田中选育出牛耳青新品种，产量比黄壳早提高不多，而纤维支数提高很多。但此法也有一定局限性，它只是从自然变异中选出优良个体，只能从现有群体中分离出最好的基因型，使现有品种得到改良，而不能有目的地创新，产生新的基因型。

利用什么材料选蔸，是自然变异选择成败的关键。根据新中国成立以来苎麻育种工作的成就，用此法选育的新品种绝大多数是从当前生产上推广面积较大的良种中选出来的。这些品种具有较多的优良性状，适应性强，产量较高，品质较好，优中选优，容易见效。在种子繁殖的大田进行选蔸，更可得到良好的效果。苎麻种子繁殖，在生产上是应该严禁使用的，因为它会造成产量和质量上大幅度下降。但在种子繁殖的大田中选择优良单蔸，确是十分可取的。因为当前苎麻推广品种都是天然杂交种后代，一旦进行有性繁殖，它会产生严重分离、变异，这就为单蔸选择创造了条件。国内有不少育成的新品种，就是从种子繁殖后代中选择、育成的。

三、辐射育种

圆叶青（湘苎2号）是中国农业科学院麻类研究所罗素玉等用湘苎1号的自交种子，经^{60}Co γ射线辐射选育而成。该品种属深根型，根群入土深，叶片近圆形，深绿色，叶面皱纹较深，叶肉厚，叶柄较短，叶柄、雌蕾淡黄色，植株高大、粗壮，抗风性特强，抗旱、抗病性也好，产量高而稳定。原麻绿白色，柔软，锈脚少。单纤维支数1 800左右，适宜于长江流域丘陵、山区、平原地区及沿湖多强风地区种植，在湖南沅江等沿湖地区表现突出，抗风性特别强。

四、杂交育种

苎麻丛生深根型品种一般表现高产，而散生浅根型品种一般优质。苎麻的有性杂交就可使两类品种的优良性状结合在一起，从而创造出高产优质新品种。一般作物的品种间杂交，由于杂交后代分离的关系，优良的经济性状常常需要3～4年甚至7～8年才能稳定下来，因此育成一个新品种需要时间长。由于苎麻可进行营养繁殖，把这些有利性状巩固起来，并迅速繁殖后代，进行产量比较和区域试验，就可以在生产上加以利用。

苎麻进行有性杂交时，亲本选配是首先应该考虑的问题。根据以往经验，一般以当地高产品种作为母本，外地优质品种作为父本，就有产生高产优质类型的可能。苎麻品种多是杂合体，在F_1有分离现象，因此在F_1群体中应即选拔优良单株（单蔸）。选得后，必须用营养繁殖的方法，使它的遗传性稳定。

有性杂交的方法：苎麻是风媒花，为了防止异花授粉，在开花前把选出来作杂交用的健壮植株的花蕾套袋来隔离开。去雄时，将纸袋取下，剪除所有的雄蕊，顶端的雌蕊也要除去。雌花花序与雄花花序中间部分的两性花也要全部剪去，然后套袋。还需时常摘除雌蕊。授粉时，一般母本植株的花序和事先种在一起的父本植株一起套袋，进行授粉。授粉后10 d左右，把纸袋取下，检查是否结实。大规模进行杂交工作，可采用去雄自由杂交，将亲本种在隔离区。一般苎麻在9～10月份开花。为了提早杂交工作，可在4～5月份进行短光照处理15～20 d，就可提前开花。

苎麻品种V10（湘杂苎1号）是中国农业科学院麻类研究所用V6×圆叶青杂交后代选育而成的，深根丛生型，发蔸快，分株力强，苗期生长势强，植株高大，头尾均匀，株高180～200 cm，茎粗1.1～1.2 cm，皮厚0.8～0.9 mm，鲜皮出麻率11%～12%，有效分株率达90%左右，单纤维支数1 800左右。该品种耐旱、耐瘠强，抗风性强，抗根腐线虫强。湖南沅江种植，表现中熟，工艺成熟天数全年为187 d，头麻80 d，二麻45 d，三麻62 d。

C-20、C-20-14是湖南农业大学苎麻研究所李宗道主持，经过13年选育成的苎麻新品种，分别于1990年和1994年通过湖南省农作物品种审定委员会审定，分别定名为“湘苎3号”和“湘苎4号”。前者属深根型品种，植株高大粗壮，分株力中等，有效株率高，叶片卵圆形，绿色，叶面皱纹明显，叶柄、叶脉、托叶微红，麻骨青白色，雌蕾浅红色，丰产性和稳产性好，纤维支数2 000以上，高抗花叶病，该品种早已列为湖南省主产麻区更新换代品种，并已在全国12个省区推广。国家科委列入“九五”国家科技成果推广计划。

华苎1号、华苎2号、华苎3号和华苎4号是华中农业大学杨曾盛、彭定祥、胡立勇等选育出的高产优质苎麻新品种，其中华苎2号被湖北省定为20世纪90年代更新换代新品种，并受到广大麻农欢迎。华苎3号是在新余麻和稀节巴杂交后代中选育出来的新品种。该品种在品种比较试验中比对照细叶绿增产21%，年平均纤维支数在2 000以上，抗逆性强，不感染花叶病，抗旱耐渍。华苎4号是从稀节巴品种自然杂交后代中选育出来的新品种，其产量高，品质优良，平均纤维支数2 200，出麻率高，抗逆性强，抗旱抗风。

赣苎1号、赣苎2号、赣苎3号和B232是江西省麻类研究所赖占均等选育出的一系列苎麻新品种。赣苎1号用湘苎2号为母本，江西省玉山麻为父本育成，其产量高，纤维支数2 300。赣苎2号用湘苎2号为母本，江西青壳子为父本杂交育成。赣苎3号用赣苎2号的优良单蔸与家麻杂交，从后代种子繁殖中选出的优良单蔸再与玉山麻杂交培育而成，高产优质，已在江西省大面积推广。B232系由赣苎1号的优良单蔸与家麻杂交，从F_1代种子繁殖后代中选出优良单蔸培育而成，该品种以优质、高产、稳产、抗病、抗风、适应性强闻名。

五、杂种优势利用

利用苎麻的杂种优势，增产潜力很大。由于一般作物的杂种优势，多数突出地表现在营养生长方面，苎麻等韧皮纤维作物是以收获麻皮为目的，而植株高大是高产的主要经济指标，所以苎麻杂种优势利用的价值应予重视。此外，苎麻是多年生作物，一次制种，杂种栽植后，可利用优势几十年至几百年，不像水稻、棉花那样必须年年制种，成本高；具有优良经济性状的不育系，又可通过无性繁殖保持下去，不像水稻那样必须三系配套，才能在生产上应用。贵州省独山麻类科学研究所和四川省达县地区农业科学研究所20世纪60年代就在苎麻的杂做优势方面做研究工作，并做出显著的成绩，四川省达州市农业科学研究所在80年代后期，采取自交、杂交、回交等方法，从自育品种后代中获得一批雄性不育材料，从中筛选出C_4、C_{13}和C_{26} 3个优良雄性不育系，并测配出一批强优势组合后用于生产。当前杂种优势利用的问题是杂交种子必然有分离，这是推广工作中必须解决的问题。

苎麻雄性不育性状在无性繁殖世代中天然存在，如贵州的水城弯子、紫云黄麻，四川的青皮麻、青皮大麻等；有的在有性繁殖后代中也会产生，如贵州省独山麻类研究所的青圆5号等。这些雄性不育系在自然授粉下，都能恢复结子，其子代具有不同程度的超亲优势。苎麻雄性不育性状特征为雄花发育不正常，花蕾小，不开花，不产生花粉，有的雄花生长到一定时间后，干枯死亡；而雌花发育正常，雌蕊能接受外来的花粉正常地受精结实。

六、倍性育种

苎麻的多倍体在自然界中是普遍存在的。印度学者Gupta（1960）证明，苎麻体细胞染色体为$2n=28$。但在无性系育种中，观察到有丝分裂中期$2n=42$。这个42个染色体类型的出现，说明它是一个三倍体。应用物理处理和化学处理的方法都可人工诱变多倍体，其中以秋水仙碱最为有效。苎麻的营养繁殖是人工诱变多倍体的有利条件，不像种子繁殖植物的多倍体有不孕的缺点。这是由于营养繁殖可以保持已经获得的优良的变异材料，能够迅速繁殖成为一个新品种。中国台湾农业科学研究所曾用秋水仙碱处理南华青皮种苎麻，产生了多倍体种，其中有些材料的原麻产量超过二倍体23%～104%，但纤维支数低于二倍体。20世纪80年代，湖南农学院苎麻研究所和中国农业科学院麻类研究所相继诱导出三倍体、四倍体苎麻。湖南农业大学苎麻研究所李宗道等以湘苎3号为材料，建立了不同倍性系列，并在形态解剖、细胞学、生理生化特征等方面进行了研究，还对三倍体择优进行了田间比较试验，区域试验，前后长达12年，并于2001年选育出高产、优质、抗风新品种，弥补了湘苎3号高产优质，但抗风较弱的缺点。

七、基因工程在苎麻上的应用研究

湖南农业大学苎麻研究所陈德富等（1996）进行了苎麻转基因研究，把编码色氨酸单加氧酶和吲哚乙酸水解酶基因转入苎麻离体叶片中；张福泉等（1997）在盛花期采用整穗雌花浸泡供体DNA溶液的方法，使外源DNA导入成功；李宗道等用干燥苎麻种子在无菌条件下浸泡外源DNA，实现了远缘目的基因的转移；郑思乡等（1997）采用组培法（DNA浸泡试管苗）对苎麻进行了外源DNA导入研究，在D_1代看到了明显的嵌合变异。

湖南农业大学苎麻研究所张福泉、蒋建雄、李宗道、郑思乡，中国科学院上海生物化学研究所周光宇（2000）首创超干胚浸渍法，将湘棉12号DNA直接导入湘苎3号干胚中，在D_1、D_2代分别获得叶型、叶背茸毛等植物学性状明显变异的单株。经RAPD分析，证明棉花DNA已进入苎麻基因组，并已获得单纤维支数达3 000以上的材料，还对超干胚浸渍法的基本原理和转化后代性状遗传的稳定性等方面进行了初步讨论。

第五节　苎麻育种田间试验技术

一、苎麻育种田间试验的特殊性

苎麻系雌雄异花多年生作物。在自然条件下，均为异花授粉，它的遗传基础多为异质杂合体，而各种性状可通过无性繁殖传给后代。如果进行有性繁殖，不论自交还是杂交，第一代必然产生性状分离。这些分离出来的性状，又可通过无性繁殖固定下来。所以苎麻育种可采取有性杂交和无性繁殖相结合的方法，可缩短育种年限，并取得显著的成效。这是苎麻育种的特殊性，也是苎麻育种的优越性。此外，在苎麻育种中，下面几个问题应予重视。

1. 繁殖方法的问题　在选育新品种的过程中，以及地方品种评选和良种繁殖时，必须应用无性繁殖的方法，绝对不能使用种子繁殖。我国在古书上虽有种子繁殖的记载，但并未在生产上广泛应用，仅有少数麻农使用，否则我国最宝贵的品种资源不可能长期保存至今了。湖南嘉禾白脚麻、红脚麻已有300年以上的历史，至今仍保持着固有的形态特征和生理特性。如果应用种子繁殖的方法，这些地方品种早已面目全非了。苎麻种子繁殖所以发生变异，主要是因为这些麻苗都是杂种，它们必然产生变异，而且变异率至少在50%以上，甚至更高。这仅是根据1、2个性状区分变异类型而言，如果在某一类型中再根据1、2个性状区分，又可分为若干类型。所以说，苎麻种子繁殖的后代，实际上是一个混杂的群体，良莠不齐，形态各异，早已丧失“品种”这个称号了。因此，在苎麻选育过程和生产中必须应用无性繁殖的方法。

2. 繁殖材料的问题　苎麻营养繁殖材料，主要是利用它的地下茎，而地下茎的不同部位，即龙头根（粗壮地下茎的头部）、扁担根（粗壮地下茎的中部）和跑马根（年幼地下茎），三者出苗率和增重快慢是有很大差异的。一般地下茎切得越细，增重愈快。因此，在苎麻育种进行比较试验，选择繁殖材料时，只考虑种蔸重量一致，而不考虑地下茎年龄，选用不同地下茎部位，将会造成试验结果较大的差异。

近几年来，一种苎麻快速无性繁殖技术即嫩梢扦插繁殖问世。它利用苎麻植株上主茎梢和分枝梢进行育苗扦插繁殖。大田剪取的顶梢或分枝梢，长度13～20 cm，晴天剪取的嫩梢在0.01%的高锰酸钾溶液中浸泡1～2 min，然后插在经过高锰酸钾溶液消毒过的苗床上，随即用薄膜覆盖。搞好苗床温湿度的管理，10～15 d麻苗出土。应用这种方法繁殖苎麻，不但繁殖速度快，而且育成的麻苗生长状况基本一致。这就为缩短苎麻育种年限和提高小区试验正确性创造了条件，试验误差远比用地下茎繁殖小。

3. 产量和质量的问题　原麻产量和质量呈负相关。一般纤维产量高的品种，纤维支数较低，这给培育“双高”（高产量、高质量）品种带来了一定的困难。但通过正确选用亲本进行杂交等，也能选育出一些双高的品种。

4. 抗性鉴定问题　20世纪50～60年代，我国苎麻育种工作者对苎麻育种目标，大多着重产量指标，而忽视质量指标。70年代，由于纺织工业上需要，开始重视兼顾原麻质量指标。但对抗性仍没有给予应有的重视，特别是抗花叶病、根腐线虫病、抗风性等性状。

苎麻高秆而密植，而头麻、三麻生长季节多风，特别是湖区和平原区，更容易遭受风害，对产量影响极大，而小面积育种试验地往往防风条件较好，受风害较小。因此抗风鉴定，除了大风后在品比试验地进行鉴定外，更重要的是在大面积生产地进行观察，才能取得正确的结论。

苎麻是多年生宿根性作物，受病害危害性更大。受花叶病或者根腐线虫病感染的苎麻，生长缓慢，逐渐形成弱蔸，以至最后形成缺蔸，严重影响产量。因此，在选育新品种以及评选地方良种时，对花叶病、根腐线虫病等影响产量较大的病害的抗性鉴定，应予重视。

5. 纤维品质鉴定的问题　苎麻的纤维支数，不同品种间差异很大。就是同一品种的不同收获季节也有较大的差异。有必要进行严格取样，多次测定，并注明原麻长度、产量、季节、收获日期和测定部位，避免得出错误的结论。进行化学成分系统分析更应注意刮制质量一致，否则它们化学成分方面的误差更大。

二、苎麻育种程序和试验

1. 自然变异选择育种的程序和试验方法　自然变异选择育种从选株（蔸）开始到新品种育成、推广，要经过一系列试验鉴定过程。第一是选株（蔸），在大田中根据育种目标和选株标准选择优良单株（蔸）。第二是株行（蔸行）试验，采用切芽繁殖或嫩梢繁殖，将上年当选的材料一个一行种成株行（蔸行），每隔 9 行种 1 行对照品种。在各个生育期进行观察、鉴定，严格选优。当选的株行，麻茎取样后，再经过室内镜检、解剖观察，对纤维支数进行初步估测。第三是品系比较试验。入选的株行种成一个品系，每个品系种成一个小区，并设置重复，一般需进行 2～3 年。根据田间观察、评定和室内检测，选出较对照显著优越的品系 1～2 个参加区域试验。第四是区域试验和生产试验，在不同的自然区域进行区域试验和生产试验，小区面积 26.7～33.4 m^2（0.04～0.05 亩），重复 3～4 次，测定新品种的利用价值、适应性和适宜推广的地区，并同时进行较大面积的生产试验，对新品种进行更客观的鉴定。一般区域试验年限为 3 年。第五是品种审定和推广。在区域试验、生产试验中表现优异，产量、品质和抗性等符合推广条件的新品种，可报请省农业厅品种审定小组审定，审定合格后，定名、推广。

2. 杂交育种程序和试验方法　杂交育种的进程由以下几个不同的试验圃组成。第一是原始材料圃和亲本圃。原始材料圃种植搜集来的原始材料，从原始材料圃选出若干材料，作为杂交材料，种于亲本圃。第二是选种圃，用于种植杂种后代。当选单株（单蔸）繁殖后，成为株行，第一小区 5 行，每隔 10 行种一行对照。杂种株行在选种圃年限一般为 2～3 年。第三是鉴定圃，当选的株行在鉴定圃成为株系，进一步鉴定产量、质量、抗性等。如果当选的株行不多，而且产量、质量、抗性方面鉴定比较严格，也可以不进入鉴定圃，而直接升级进入品系试验。第四是品系比较试验，小区面积应增大，重复次数增加到 3 次以上，试验年限 2～3 年。第五是区域试验，具体安排同自然变异选择育种。

第六节　苎麻育种动向和展望

一、生物技术在苎麻育种中的应用

生物技术在苎麻育种中应用，愈来愈显得重要，特别是组织培养在多倍体育种、单倍体育种，以及体细胞杂交和人工种子技术等研究方面都少不了它。现在苎麻多倍体育种和单倍体育种都已分别获得多倍体、单倍体植株。苎麻体细胞杂交、孤雌生殖、人工种子研究、种间杂交也进展顺利。苎麻育种新技术必将趋向成熟、完善，为加速苎麻育种进程，获得产量更高、品质更好、抗性更强的新品种创造条件。

二、种质资源的研究

50 多年来，我国苎麻种质资源的研究和利用是有很大成绩的。20 世纪 50 年代至 60 年代中期，我国品种搜集、保存和良种评选、推广工作已初具规模；至 70～80 年代，苎麻品种资源已达 1 000 份以上，为生产和育种提供可利用的一些苎麻资源，并取得了显著成效。此外，由中国农业科学院麻类研究所主持编写的《中国苎麻品种资源目录》和《中国苎麻品种志》将对苎麻品种资源研究起推动作用。应进一步对苎麻起源中心和生存边缘地区进行调查，特别注意原始品种和野生资源的收集。同时扩大对国外苎麻生产国家种质资源的搜集。在保存方面，要进一步巩固全国苎麻种质资源。这方面，江西省麻类研究所赖占钧等做了不少工作。资源要实行统一与分区保存相结合体制，妥善保存好搜集到的资源。在研究、鉴定方面，还应重点研究我国近缘野生植物种类和分布，苎麻属不同种的形态特征、生育特性和利用价值。还要对耐旱性和对花叶病、根腐线虫病抗性强的品种资源进行筛选工作。此外，低含胶量苎麻资源的鉴定也十分必要。原麻低含胶量是苎麻纺织工业降低成本、提高质量的一大限制因素。对搜集的资源进行原麻含胶量测定，鉴定出一批含胶量少的资源，提供育种和生产上应用，具有很大意义。

复习思考题

1. 试述苎麻种质资源育种性状的遗传变异特点及其在苎麻育种中的应用与效果。
2. 试述苎麻育种的方向和目标及其相应的育种途径和方法。
3. 简述苎麻自然变异选择育种和杂交育种方法的基本程序和试验方法。
4. 试讨论苎麻育种田间试验技术的特点。
5. 根据苎麻的生物学特性、利用特点，列举今后苎麻高产、优质育种应重视的新方法和新技术。

附　苎麻主要育种性状的记载方法和标准

一、苗床

1. 出苗期：每 30 cm^2 有 10 株麻苗出土，子叶平张为出苗期。

2. 真叶期：每 30 cm^2 有 50%的幼苗出现第二片（或四、六、八）真叶为二片（或四、六、八片）真叶期。

二、本田

3. 出苗期：每小区 50%以上的麻蔸出苗期。

4. 成活率：每小区成活的麻蔸数（或麻株数）占总麻蔸数（总麻株数）的百分数。

5. 生长速度：每处理选有代表性的麻株固定 10～20 株，每隔 5～7 d 定期测定麻茎高度，以 cm 表示，并计算日平均生长速度。

6. 有效株和脚麻（无效株）数：在每季麻工艺成熟期，每小区定 3 m^2，调查有效株和脚麻数。麻高不及当季麻的 2/5 的麻株为脚麻，并求出有效株率和无效株率。

7. 茎粗：在纤维成熟期，测量 10～20 株（中部），以 cm 表示。取样地段与测定株数同。

8. 茎高：测定茎基部至顶端高度，求其平均高度值，以 cm 表示。取样地段与测定株数同。

9. 鲜皮厚度：测整个麻株高度的 1/3 处的麻皮厚度，以 cm 表示。

10. 茎色：在苗期及收获时，观察茎的颜色。

11. 骨色：剥制时，观察茎基部的麻骨颜色。

12. 脱叶鲜茎出麻率：一般取脱叶生茎 15～25 kg 剥制，将原麻晒干，求出鲜皮出麻率和鲜茎出麻率。

$$\text{脱叶鲜茎出麻率}=\frac{\text{干麻重}}{\text{脱叶鲜茎重}}\times 100\%$$

$$\text{鲜皮出麻率}=\frac{\text{干麻重}}{\text{鲜皮重}}\times 100\%$$

13. 工艺成熟期：麻株 1/2～2/3 老熟，下部叶片脱落，皮骨容易分离时为工艺成熟期。

14. 原麻产量：以小区实际干麻产量折合每亩产量，以 kg/亩表示，一般不计算麻绒（1 亩=1/15 hm^2）。

15. 叶形：在生长中期观察茎上 2/3 处的叶片形状，分近圆形、椭圆形、圆卵形、宽卵形等，可采用目测法或计算法两种。

16. 叶色：观察生长中期茎上 2/3 处的叶片颜色，分绿、浅绿、深绿、黄绿等。

17. 叶柄颜色：观察生长中期茎上 2/3 处叶柄的颜色。

18. 托叶颜色：观察生长中期茎梢托叶颜色。

19. 叶缘深浅：观察生长中期茎上 2/3 处的叶缘形状，分深、较深和浅 3 级。

20. 叶片皱纹：在生长中期，观察茎上 2/3 处的叶片上的皱纹，分明显、较明显和不明显 3 级。

21. 现蕾期：每小区有 10%的麻蔸，每蔸有一株开始现雌蕾或雄蕾，为现蕾始期，有 50%以上现蕾为现蕾盛期。现蕾标准以目力能辨出花蕾为准。

22. 开花期：每小区有 10%的麻蔸，每蔸有一株的雌花或者雄花开始开放，即为雌花或雄花开花始期。有 50%以上者为开花盛期。雄花开花标准为花萼裂开，雌花开放标准是柱头伸出萼管。

23. 雌花蕾色：在雌花蕾期开始能分辨出雌雄时进行观察。

三、室内记载

24. 原麻长度：剥刮后的干麻实际长度，以 cm 表示。

25. 原麻颜色：收获后观察干麻实际颜色。

26. 锈脚长短：刮麻后测定基部带有锈色纤维的长度。

27. 柔软度：用手触鉴定，分柔软、较柔软和粗糙 3 等。

28. 单纤维拉力：脱胶后的单纤维拉力，用单纤维拉力机测定，以 gf/单纤维表示（力单位 1 gf=0.0098 N）。纤维粗细（支数），用下述公式计算

$$N=\frac{L}{G}\times 0.91$$

式中，N 为纤维支数；L 为样品 5 cm 长的 500 根纤维的总长度；G 为样品 5 cm 长的 500 根纤维的重量（mg）；0.91 为标准回潮率。

29. 斑疵：用目测法，分多、较多和少 3 级，在刮制后未干前观察。

参 考 文 献

[1] 郭安平．几种麻类作物及近缘植物总 DNA 的提取与鉴定．中国麻作．1997.19（4）4～9
[2] 龚友才等．几种麻类作物诱变育种的现状与进展．中国麻作．2002.24（4）4～16
[3] 赖占钧等．中国野生苎麻图谱．南昌：江西科学技术出版社，2000
[4] 李宗道．苎麻．长沙：湖南农学院丛书第贰号之（三），1953
[5] 李宗道．苎麻和黄麻．北京：科学出版社，1957
[6] 李宗道．苎麻栽培生物学基础．长沙：湖南科学技术出版社，1962
[7] 李宗道．麻作的理论与技术．二版．上海：上海科学技术出版社，1981
[8] 李宗道，胡久清．麻类形态学．北京：科学出版社，1987
[9] 李宗道等．苎麻生理生化与遗传育种．北京：农业出版社，1989
[10] 李宗道．苎麻优质高产栽培技术．长沙：湖南科学技术出版社，1992
[11] 李宗道．苎麻研究学术文集（中英文）．长沙：湖南科学技术出版社，1992
[12] 李宗道．苎麻科学论文集．作物研究．1994（增刊）
[13] 李宗道．苎麻生物技术研究进展．长沙：湖南科学技术出版社，1996
[14] 李宗道等．麻类作物工程进展．北京：中国农业出版社，1999
[15] 彭定祥等．苎麻新品种"华苎 3 号"选育研究．中国麻作．2000.21（3）：3～6
[16] 彭定祥等．苎麻新品种"华苎 4 号"选育研究．中国麻作．2000.22（1）：10～12
[17] 唐守伟，熊和平．我国麻类生产现状和发展对策．中国麻作．1999（21）：45～49
[18] 唐兆增．广西苎麻品种资源考察和研究．中国麻作．1987（1）：26～27
[19] 熊和平等．苎麻品种间杂交组合与亲本遗传的比较研究．中国麻作．1987（4）：16～21
[20] 杨瑞林等．我国麻类质量安全问题．中国麻作．2002，24（2）：38～40
[21] 张福泉等．棉花 DNA 导入苎麻引起变异的研究．中国农业科学．2000，33（1）：104～106
[22] 郑长清等．苎麻品质资源纤维品质鉴定报告．中国麻作．1984（1）：24～28

[23] 中国农业科学院麻类研究所．中国苎麻品种志．北京：农业出版社，1992
[24] Matthews J M. Textile Fibers. New York：John Wiley & Sons，1954
[25] Benatti R，Ramie. Textil Forrageira. Sao Paub，1988

（李宗道、郑云雨原稿，李宗道修订）

第十八章　黄麻育种

第一节　国内外黄麻育种研究概况

世界上黄麻（jute）育种以印度最早，在1900年选育出圆果黄麻Kakya Bombai，1915年和1919年又分别选育出长果黄麻翠绿和圆果黄麻D154。20世纪20年代开始，D154、翠绿成为印度、孟加拉的主要推广品种。近年来先后推广了圆果黄麻JRC212、JRC321、JRC6382和长果黄麻JRO632、JRO620、JRO753等适应不同生态地区特点和耕作制度的品种。

我国在1947年以前，黄麻育种研究完全空白。1947年成立南京种麻场，从事黄麻及其他麻类品种的搜集、引种、鉴定、推广和一些基础研究工作。1947年卢浩然建议从印度引进D154和翠绿种子，成为50年代初期我国黄麻主要推广品种。50年代中期以后开始杂交育种研究。广东省农业科学院蒋宝韶等于1964年选育出圆果黄麻粤圆4号和粤圆5号。福建农学院卢浩然等也先后选育出梅峰4号、闽麻5号等圆果黄麻品种。中国农业科学院麻类研究所于1970年选育出圆果黄麻71-10和湘黄麻1号，1991年又选出089-1，这些品种的选育和推广对我国黄麻生产的发展起了很大作用。当前品种间杂交仍然是育种的主要途径。近来年对倍性育种、远缘杂交等也进行了一些探索，并取得一些初步结果。迄今，生产上应用的黄麻品种均属家系品种。近10年来，由于作为麻袋用途的黄麻逐渐被化纤代替，黄麻播种面积大幅度减少，黄麻育种工作遇到了很大困难。

第二节　黄麻育种目标的确定

黄麻育种目标的确定，既要考虑当前生产情况，又要考虑一定时期内农业和工业生产发展的要求，应选育纤维产量高、品质优良、抗病性强的优良品种。我国领土辽阔，黄麻种植区域广，不同地区自然生态条件、耕作制度、栽培管理水平不同，对黄麻品种的要求也有所不同。

华南地区：在稻、麻、麦三熟地区，要求选育高产、抗病、纤维品质优良、前期生长迅速、茎秆坚硬、抗风、纤维产量3 000～3 750 kg/hm^2（亩产200～250 kg）以上、纤维支数400～500、播种至工艺成熟140 d左右、抗炭疽病的中熟或中熟偏迟品种。在稻麻套种的“二稻、一麻、一麦”四熟地区，要特别注意选择耐荫蔽、耐湿，前期生长较慢，中后期生长迅速的抗炭疽病与苗枯病的优质、高产品种。

长江流域麻区：长果黄麻必须选育高产（纤维产量3 000 kg/hm^{2}以上）、耐肥、抗倒伏、抗黑点炭疽病、纤维支数400～450以上为育种目标。圆果黄麻必须选育产量、品质不低于粤圆5号、179、梅峰4号，生育期较短，能留到750 kg/hm^{2}左右种子，纤维支数400～450以上，抗炭疽病的优良品种。

随着麻纺工业产品结构的改变，生产高中档麻纺产品可提高我国麻织品在世界上的竞争能力。因此对黄麻品质的要求日益提高，选育纤维支数450～500的优良黄麻品种，将是今后黄麻育种的目标。

第三节　黄麻种质资源及其研究和利用

一、黄麻的分类

黄麻属椴树科（Tiliaceae）黄麻属（*Corchorus*）的一年生草本植物。体细胞染色体为7对（$2n=14$）。黄麻属有多少个种看法不一。一般认为有40个种，分布在我国的有7个种，其中有栽培价值的是两个种：圆果黄麻（*Corchorus capsularis* L.）和长果黄麻（*Corchorus olitorius* L.）。

二、黄麻品种资源及其利用

黄麻品种资源丰富。孟加拉国搜集了圆果黄麻 1 178 份，长果黄麻 598 份，其他种 13 份。印度搜集了圆果黄麻 569 份，长果黄麻 570 份，其他种 8 份。我国黄麻栽培有近千年历史，而且种植区域广阔，品种资源丰富。新中国成立前，南京种麻场曾搜集国内黄麻品种或类型 300 多份；1951 年起浙江萧山棉麻场征集了圆果黄麻 934 份，长果黄麻 241 份，共 1 175 份，但其中不少是同种异名，或同名异种的。1974 年由全国 8 个科研单位和高等院校协作编写，1985 年出版了《中国黄麻、红麻品种志》，其中所列的黄麻品种资源有 324 份，其中圆果黄麻 243 份，长果黄麻 53 份，国外引进的圆果黄麻 11 份，长果黄麻 15 份。这是我国第一次对黄麻品种资源进行比较系统的整理和研究。

近年来对品种资源的细胞学、纤维品质、抗病性等方面开展了一些研究，取得了一定的成绩。朱凤绥、何广文（1981）和朱秀英（1986）分析了黄麻染色体组型和带型。黄麻纤维品质在种间、品种间有较大差异。圆果黄麻纤维强力，支数均优于长果黄麻。不同品种间也有差异。中国农业科学院麻类研究所、福建农学院等单位（1983—1984）对 98 份圆果黄麻的束纤维支数测定结果发现，最高的黄麻达 545，最低的南靖青皮只 262.3，相差 1 倍多，而大部分品种的束纤维支数在 351～400。“七五”期间选育的优良品种 8452、1083 等都是较好地把高产和优质统一起来的品种。另外，还通过对不同品种抗病性的研究，筛选出圆果黄麻新选 1 号。20 世纪 60 年代选育出粤圆 5 号、梅峰 4 号都是抗炭疽病品种。此外，新中国成立后对黄麻品种资源的利用成绩也是显著的，并取得了明显的经济效益。20 世纪 50 年代通过对地方品种的鉴定，评选出福建的红铁骨、竹篙麻，广东的东莞青皮，浙江的透天麻，江西的上饶一撮英，四川的圆子麻等，都比原地方品种增产 10%以上。在此基础上，推广了 D154、翠绿，比地方品种增产 15%以上。1960 年以后，通过自然变异选择和杂交育种，先后选育出粤圆 2 号、粤圆 3 号、广丰长果、粤圆 4 号、粤圆 5 号、梅峰 4 号、闽麻 5 号、179、宽叶长果等 10 余个优良品种，都比翠绿、D154 增产 15%左右，有的还早熟 7～10 d。这些品种的推广和应用，对我国黄麻生产起到了很大作用。尤其是粤圆 5 号、梅峰 4 号、闽麻 5 号，多年来都是生产上的当家品种。

第四节　黄麻育种途径和方法

一、杂交育种

杂交育种是我国目前主要的育种途径。当前大面积推广的 179、粤圆 5 号、湘黄麻 1 号等都是通过品种间杂交而育成的。至于黄麻的远缘杂交研究，也已得到一些成果。

1. 黄麻开花生物学　黄麻从出苗到现蕾、开花所需的日数，因品种、播种期、气候条件等不同而不同。从现蕾到开花一般需 15 d 左右，品种间差异不大。一般主茎和第一分枝先开花，一个分枝的花由下而上顺序开放，也有中部的花先开放，因品种而异。同一花簇的花，中部的花先开放。根据各地观察材料，圆果黄麻在广州、福建上午 9 时至 11 时 30 分，湖南沅江上午 9 时至 11 时，南京上午 9 时至 11 时 30 分为开花盛期；长果黄麻在福建上午 7 时 30 分、湖南沅江上午 8 时至 9 时、南京上午 8 时至 10 时为开花盛期。一般当天下午 1～2 时花闭。黄麻开花最适温度为 30～32 ℃，最适湿度为 60%～70%。花粉生活力以花开放时最高，开花后 2 h 生活力迅速降低。因此，杂交时宜采集由开放的花粉授粉。黄麻杂交以开花前一天下午去雄，开花当天盛花时授粉为宜。有经验的技术人员，圆果种黄麻可在当天早晨 5 时半至 6 时半去雄，当天授粉。

黄麻天然异交率，长果黄麻较圆果黄麻高。据卢浩然在南京观察，圆果黄麻在不同品种和植株间天然异交率为 1.8%～4.5%，平均为 2.9%；长果黄麻在不同植株间的天然异交率为 8.47%～15.30%，平均为 9.61%。因此，圆果黄麻属于天然自花授粉作物，而长果黄麻属于常异花授粉作物。

2. 亲本选配原则　黄麻品种间杂交亲本选配，既符合一般自花授粉作物亲本的选配原则，又有其特点。根据国内外的研究结果和育种经验，黄麻杂交育种的亲本选配要特别注意以下几点。

①根据育种目标所要求的性状，选择优点多、缺点少，亲本的优缺点能够互补，尽可能不要有共同缺点的亲

本，才能取得较好的效果。如优良品种粤圆 5 号的两个亲本新选 1 号和 JRC212，它们的经济性状都比较好，JRC212 比新选 1 号鲜皮较厚，产量高，抗炭疽病，但对光照反映较敏感，早播易早花。二者杂交，优点得到发挥，缺点得到克服，选育出高产、抗病、早播不早花的优良品种粤圆 5 号。

②在抗病育种时，必须有一个高抗或免疫亲本，同时要注意抗病亲本的其他经济性状比较优良，才有可能选育出高产、抗病的优良品种。新中国成立以后，我国黄麻抗病育种的一个主要成就是基本解决了圆果黄麻抗炭疽病的问题，其中最主要原因是选用了高抗炭疽病、经济性状又比较优良的新选 1 号为亲本，如大面积推广的粤圆 4 号、粤圆 5 号、闽麻 5 号、梅峰 4 号、179 等都是直接以新选 1 号为亲本或具有新选 1 号血缘关系的亲本。

③关于利用当地优良品种作亲本问题，必须是种植历史悠久，主要经济性状优良、适应性广的地方品种，才能获得较好的效果。

3. 杂种后代的选育　黄麻是以收获纤维为目的。纤维是营养器官部分，与收获种子为目的的作物相比，受环境影响更大。因此，杂种后代的选育方法是否得当与育种效果有密切关系。黄麻后代选育方法必须根据遗传变异规律，结合育种实践灵活掌握。目前主要是采用系谱法和衍生系统法。根据黄麻主要经济性状的遗传率、表现型相关、遗传相关的研究结果，结合育种实践，一般认为采用衍生系统法比系谱法效果好。衍生系统法，就是在杂交群体 F_2 只对遗传率较高、容易观察的性状（如生育期、株高等）进行一次较严格的选择，F_2 以后世代只淘汰不良株系，到 F_5 或 F_6 再根据育种目标要求进行一次单株选择。采用这种方法可以减少许多工作量，收到较好的效果。采用系谱法，也应根据主要经济性状的遗传变异规律，在早期世代对生育期、植株高度等性状适当要求严格些，其他性状不必过分严格，甚至可在较高世代进行选择。根据卢浩然、郑云雨等（1981、1983）对性状相关的研究和育种实践，茎高、茎粗、鲜皮厚、单株鲜茎重与单株原麻重的复相关系数（R）为 0.988 1，这说明上述性状是构成黄麻纤维重的主要因素，而在各级相关中，凡含有单株鲜茎重的相关系数都最高，不含单株鲜茎重的相关系数都低。无论消除哪几个因素，单株原麻重与单株鲜茎重都表现极显著正相关。因此，在后代选育中要特别注意鲜茎重作为选择指标。至于纤维产量与品质的关系，在杂种后代选择高产的同时，注意品质的选择，有可能选育出高产、优质的黄麻优良品种。

二、引　　种

麻类作物南种北植由于日照延长，生育期延长，植株高大，能显著增加纤维产量。如广东的粤圆 5 号、福建的梅峰 4 号、179 引种至浙江都比当地品种明显增产。新中国成立以来，前农业部经济作物局侯如印处长大力宣传和提倡“南种北植”对提高全国黄麻、红麻产量起了很大作用。但是“南种北植”必须选择生育期适当的优良品种，才能获得高产，而且纬度不超过 5°，以 2°～3°为宜。

三、其他育种途径

1. 自然变异选择育种　本法曾是我国 20 世纪 50 年代初期采用的主要方法。其特点是简单易行，群众容易掌握。但是圆果黄麻是自花授粉作物，天然变异机会较少，而且黄麻又是以营养器官为栽培目的的作物，受环境条件影响较大，发现可遗传变异较难，育成的品种增产幅度不大。

2. 倍性育种　郑云雨（1964、1970）曾用 0.2%～0.4%秋水仙素溶液处理萌动的种子或每天用上述浓度液滴涂 20 cm 左右高的黄麻幼苗生长点 12～15 d，均可获得多倍体植株。蒋宝韶等（1980）认为 0.2%秋水仙素溶液浸泡幼苗生长点效果好。不管采用哪一种方法，获得的多倍体植株，一般表现主要经济性状比二倍体差，生长较慢，产量低，很难直接应用于生产。若能探索通过种间杂交，合成异源多倍体，把长果、圆果黄麻优点结合在一起，可能对生产有着重大意义。国内外育种工作者做了半个世纪的工作。翁才浩等（1991）应用混合激素、疏果、打顶等措施和胚珠培养，圆果种×长果种的种间杂交首次获得成功，为育种创造了新材料。这是十分可喜的成果。

3. 诱变育种　国外用 γ 射线或 X 射线照射黄麻种子，使纤维产量、纤维品质、茎高、早熟性、抗病性、抗倒伏性、分枝性等性状得到改良。印度通过辐射与杂交相结合育成 JRC3690、JRC477、JRC1108、JRC6382 4 个优良品种。长果种与圆果种对辐射敏感性不同，γ 射线长果黄麻以 15.48～30.96 C/kg（6×10^4～12×10^4 R），圆果黄麻以 12.9～23.22 C/kg（5×10^4～9×10^4 R）为宜。郑云雨等从 1981 年起采用 γ 射线 10.32 C/kg（4×10^4 R）、20.64 C/kg（8×10^4 R）、25.8 C/kg（10×10^4 R）处理圆果黄麻杂交种子，已经从辐射后代中选育出一些有价值的品系。中国农业科学院麻类研究所龚友木、郭安平、刘伟杰、何广文等 1984 年以^{60}Co γ 射线对宽叶长果辐射诱变，经 11 年选择，育成 089-1，2 年品系比较试验，纤维产量比对照增产 26%。

第五节 黄麻育种试验技术

黄麻纤维属营养器官，受环境影响大，因此试验技术包括田间操作的整个过程，一定要精细一致，把人为的误差尽可能减少到最低限度。采用定穴、定位播种，定时、定株间苗、定苗，可取得较好的效果。

在杂交育种中，F_1 要单果种植，与双亲进行对照，主要是淘汰假杂种。F_2 可按组合或单株播种，群体大小以 2 000～5 000 株为宜，并根据育种目标进行严格选择，F_2 以后可采用不同的选育方法，一般 F_5～F_6 代中选择的株系，可进行品系比较试验和区域试验。

第六节 黄麻良种繁育与种子生产

一、黄麻良种繁殖的特点

①黄麻繁殖系数高。一般一株黄麻可收种子 5～6 g，第二年就可繁殖 667 m^2（1 亩），第三年可繁殖 3.33～6.67 hm^2（50～100 亩）。

②黄麻种间虽无天然杂交现象，但种内天然异交率较高，给品种提纯增加困难。

③优良种子与优质纤维不可兼得，纤维收获时种子尚未成熟，若等到种子成熟，纤维脆硬，品质不佳。

④种子繁殖受自然条件限制。优良品种“南种北植”可以获得增产。但有些品种，特别是晚熟品种在较北地区留不到种子。

二、黄麻良种繁育技术

我国目前黄麻良种繁育制度还不健全，特别是有些供种省份还没有建立完善的良种繁育制度，技术力量薄弱，在繁殖、储藏、运输过程中机械混杂严重。有些留种单位为了多留种子，往往选择一些早熟，甚至早花植株留种，加上没有严格的隔离和去杂，品种间天然杂交也会发生。这些都会造成优良品种退化，生育期不一致，茎秆变细，植株变矮，纤维产量低。为了防止品种退化，必须完善良种繁育制度。

我国目前黄麻留种方法主要有原株留种、插梢留种、套种留种（晚麻留种），这些方法各有特点，各地可因地制宜采用。

三、黄麻种子的收获与储藏

黄麻在完熟期采种为宜。完熟期的主要特征是：蒴果黄色或淡褐色，果皮干缩，种子充实，一般中部种子变成棕色（圆果黄麻）或墨绿色（长果黄麻）为种子收获适期。种子采收后，有时梢部种子还未完全成熟，可带果或果枝放在通风的地方后熟 7～10 d 再脱粒，可提高种子质量。

黄麻种子储藏寿命的长短主要取决于种子本身的饱满度、含水量及储藏环境的温度、湿度等。一般没有密封储藏，种子寿命不超过 2 年。采用密封储藏方法，即用麻袋把种子装好，放进底部盛有一层石灰的缸内，上面再盖一层石灰，最后把缸盖好，用塑料布密封，储藏 2 年，发芽率仍可达 78%。采用干燥器（干燥剂为氯化钙）储藏，第 10 年发芽率仍可达 87%。这一方法对保存育种材料、品种资源是个简便、有效的办法。

复习思考题

1. 试论述黄麻种质资源研究的主要内容和方法。
2. 试列举黄麻的主要育种方法。各有何优点?
3. 试举例说明黄麻杂交育种亲本选配的要点。
4. 试论述黄麻等麻类作物引种的基本原则及应注意的问题。
5. 试述黄麻的繁殖特点及种子生产技术，并说明黄麻种子收获与储藏的要点。
6. 根据我国黄麻生产现状，论述今后黄麻育种发展的动向。

附　黄麻主要育种性状的记载方法和标准

1. 播种期：以年/月/日表示。
2. 出苗期：以全区50%幼苗出土为标准，以日/月表示。
3. 出苗天数：播种至出苗日期。
4. 现蕾期：全区10%植株肉眼可见到花蕾为始蕾期，50%植株见到花蕾为盛蕾期，以日/月表示。
5. 开花期：全区有10%植株开花为始花期，50%植株开花为盛花期。以日/月表示。
6. 结果期：全区10%植株开始结果（圆果种果径0.5 cm，长果种果径长1 cm左右）为结果期，以日/月表示。
7. 工艺成熟期：全区有2/3以上植株上花下果（圆果种果多花少，长果种花多果少）为工艺成熟期或纤维成熟期，以日/月表示。
8. 种子成熟期：全区有2/3以上植株，每株有2/3以上果实变为褐色，为种子成熟期，以日/月表示。
9. 生长日数：从出苗至植株工艺成熟的日数。
10. 生育日数：从出苗至种子成熟日数。
11. 茎高：从茎底部到茎生长点的高度，以cm表示。收获时选取50%以上生长一致的植株20～30株测量，求其平均数。
12. 茎粗：测量麻茎底部到全株高的1/3或1/2处的直径。以mm表示。收获时取20～30株测量，求其平均数。
13. 鲜皮厚度：测茎粗处，可取鲜皮直接测量，以mm表示。
14. 分叉高度：从根颈到主茎第一分叉高度，以cm表示。
15. 分叉数目：指顶端长出的分叉数目。
16. 鲜茎出麻率：以去枝叶及根的鲜茎10～20 kg沤麻后，获得的纤维重计算。以百分数表示。

$$鲜茎出麻率=\frac{干纤维重}{鲜茎重}\times100\%$$

$$鲜茎出干皮率=\frac{干皮重}{鲜茎重}\times100\%$$

17. 精洗率：取干麻皮5～10 kg沤麻，以获得的干纤维产量计算。以百分率表示。

$$精选率=\frac{干纤维重}{干麻皮重}\times100\%$$

18. 纤维拉力：取中部纤维切成30 cm长，称重，用拉力机两端各夹5 cm，测中部20 cm长的拉力，每个样本测20次以上。以kgf/g表示（1 kgf=9.8 N）。
19. 精洗麻或粗麻长度：测精洗麻或粗麻长度，以cm表示。
20. 纤维柔软度：用手觉鉴定，分柔软、较柔软及粗糙3级。
21. 茎高生长速度：自定苗期、选择固定的代表性的麻株10～20株，每隔7～10 d测定地面至顶端生长点高度，以 cm 表示。

22. 笨麻率：笨麻一般是指高度相当于正常麻株的 2/3 以下的麻株，笨麻率按下式计算

$$笨麻率=\frac{笨麻株数}{总株数}\times 100\%$$

23. 纤维产量：单位面积上精洗麻或粗麻（原株）重量，以 kg/亩表示（1 kg/亩＝15 kg/hm^2）。

24. 种子产量：单位面积上净种子重量，以 kg/亩表示。

25. 茎色：根据茎的颜色登记，如紫红、深红、红、淡红、微红、红等，可根据试验要求在不同时期进行登记，如苗期、旺苗期、现蕾开花期、工艺成熟期等。

26. 叶柄颜色：根据叶柄颜色登记，如紫红、深红、红、淡红、微红、绿等。

27. 叶形：以生长中期中部的叶片为标准进行观察。

28. 托叶：托叶充分表现时进行观察，包括形状、大小。

29. 腋芽：记载其有无及着生位置。

30. 花萼颜色：在开花期观察，可分为绿、红等。

31. 果实、形状、颜色等：一般可在工艺成熟期进行登记。

32. 种子颜色：种子收获时颜色，长果种可分为墨绿色、黑色等。

33. 花果着生位置：在工艺成熟期观察记载，可分为节间着生花果、节上着生花果等类型。

34. 病虫害：记载病害名称、发病时期、危害情况（部位、程度等）。

（1）苗期病害：一般调查发病率，每小区调查 100～200 株，以百分率表示。

$$发病率=\frac{发病株数}{调查株数}\times 100\%$$

（2）中后期病害可调查发病率及病情指数：按下述公式计算

$$病情指数=\frac{各级株数\times各发病等级的总和}{调查总株数\times发病最重一级代表值}$$

（3）黄麻炭疽病的分级标准：0 级，茎上无病斑或病斑不明显；一级，茎上病斑大小在 2 cm 以内，数目 1～2 个；二级，茎上病斑大小在 2 cm 以内，数目 3～5 个或只有 1 个病斑，但病斑大小在 3～5 cm 以内；三级，茎上病斑大小在 2 cm 以内，数目 5 个以上，或仅有 1 个病斑，其大小超过 5 cm。

（4）黄麻茎斑病分级标准：0 级，无病斑或不明显；一级，病斑在 1～5 个范围内；二级，病斑在 6～10 个范围内；三级，病斑在 11～15 个范围内；四级，病斑在 16 个以上。

35. 抗不良环境情况：记载对旱、涝、风、寒等的抗性。

参 考 文 献

[1] 龚友才等．黄麻新品种“084－1”选育研究．中国麻作．1997，19（2）：1～4
[2] 黄培坤．近年国外黄麻红麻生产科研概况．中国麻作．1978（3）：9～44
[3] 黎宇等．我国黄麻种质资源的研究进展概述．中国麻作．1998，20（3）：38～41
[4] 蒋宝韶等．黄麻抗病高产品种粤圆 5 号的选育研究．作物学报．1966，5（2）：89～94
[5] 蒋宝韶等．黄麻四倍体植株研究简报．中国麻作．1980（1）：12～13
[6] 李宗道．黄麻．上海：新农出版社，1952
[7] 李宗道．苎麻和黄麻．北京：科学出版社，1957
[8] 李宗道．黄麻栽培生物学基础．北京：中国农业出版社，1999
[9] 李宗道．麻作的理论与技术．二版．上海：上海科学技术出版社，1981
[10] 李宗道，胡久清．麻类形态学．北京：科学出版社，1987
[11] 李宗道等．麻类生物工程进展．北京：中国农业出版社，1999
[12] 卢浩然等．黄麻七个经济性状遗传力研究．中国麻作．1980（1）：6～8

[13] 卢浩然等．黄麻良种179的选育与推广．福建农学院学报．1983，12（1）：1～6
[14] 朱凤绥等．麻类作物的染色体组型分析及Giemsa带型的初步观察．中国麻作．1981（3）：1～9
[15] Matthews J M. Textile Fibers. New York：John Wiley & Sons，1954

（李宗道、郑云雨原稿，李宗道修订）

第十九章　红麻育种

第一节　国内外红麻育种研究概况

红麻（ambary hemp），学名为 *Hibiscus cannabinus* L.（$2n=36$），又称洋麻、槿麻，属锦葵科，本槿属一年生草本植物，原产于印度和非洲，在我国是新兴的韧皮纤维作物。我国红麻育种工作，在新中国成立前是个空白点，新中国成立后从无到有，已育成了近50多个新品种，在生产上起了显著的增产作用。如中国农业科学院麻类研究所育成的湘红2号等，广西壮族自治区农业科学院育成的青皮3号等，浙江省农业科学院育成的83-10，浙江省萧山棉麻研究所育成的浙萧麻1号，广东省农业科学院育成的粤74-3，辽宁省棉麻研究所育成的辽红55等，推广面积大，增产幅度显著，深受群众欢迎。其他如辽阳市农业科学研究所选育的辽红1号，江苏淮阴选育的淮麻1号等都已示范推广。贵州省独山麻类研究所利用自然变异选择育成的3个新品种，以及湖北省农业科学院选育的3个新品系也在红麻生产中发挥了一定作用。但是我国红麻杂交育种工作要进一步开展，突破当前育种水平，极需从国内外搜集不同类型的原始材料，包括野生种在内，丰富基因库，培育出高产更高产、优质、抗病新品种。中国农业科学院麻类研所黄培坤从美国带回一大批红麻材料，对我国红麻育种工作起了很大作用。

世界主产红麻国家育种工作，都从自然变异选择开始，继而集中力量于杂交育种。国外育种工作，主要集中在印度、古巴、美国和前苏联等。印度黄麻研究所育成的品种，主要有HS-4288、HC-583等，古巴主要有古巴3032、961、1087等。美国主要有埃弗格莱斯41、71、SH/15R等，前苏联主要有乌兹别克1503、1630等，印度和前苏联为了选育高产、优质、抗病品种，或无刺红麻，多倾向于种间杂交。前苏联早在20世纪40年代进行红麻和玫瑰红麻（*Hibiscus sabdariffa*）嫁接，创造无刺红麻品种，还用红麻和锦葵科植物杂交，创造新品种。印度用红麻和玫瑰红麻杂交成功。美国做了不少木槿属不同种间杂交，从红麻×玫瑰红麻的F_2、F_3中产生抗线虫病的异源六倍体（$2n=108$）。

目前我国生产上应用的红麻品种均属家系品种类型，利用杂种优势的杂交品种有待研究开发。

第二节　红麻育种目标

新中国成立初期，我国红麻育种工作，以抗炭疽病为主要育种目标，同时兼顾高产和结实。随着红麻炭疽病得到基本控制，根据现有红麻品种存在的主要问题和红麻生产发展中对品种提出的要求，红麻育种总的目标，应该是高产、优质、抗逆性强。由于我国幅员辽阔、各地区条件复杂，各地对红麻品种的要求又不尽相同，如华南地区提出优质、抗病（炭疽病、根线虫病、茎枯病），长江流域红麻区和北方红麻区则是高产、抗炭疽病和结实。浙江省有万亩田的围垦海涂，“八五”规划中还有3.5万亩（2.33×10^3 hm^2）可利用，江苏、辽宁等省也有不少盐碱地尚待利用，因此提出尽快选育出适合于海涂区种植的红麻新品种十分必要。目前红麻利用不仅限于做麻袋和其他麻织物，鲜秆用于造纸，代替木浆大有可为。因此专门培育适用于造纸，或者造纸兼顾纺织用的红麻新品种也是十分必要的。作者认为，这就是红麻今后育种的主要动向。中国农业科学院麻类研究所、安徽省农业技术推广站、浙江省农业科学院作物研究所和中国造纸研究所在这方面做了很多工作。

第三节　红麻种质资源研究和利用

红麻在20世纪才传入我国，在我国的栽培历史较短，原来保存的种质资源较少。据1984年统计，仅68份，而且品种间亲缘关系较近，远不能满足我国红麻生产及科研的需要。1985年中国农业科学院麻类研究所黄培坤从美国带回来源于31个国家或地区的红麻品种325份，并首次搜集到野生资源，从而大大丰富了我国红麻种质资源，一跃已成为世界红麻资源丰富的国家，贡献卓越。该研究所对这批红麻种质资源中20份高产品种的研究结果，全秆产量和纤维产量以BG52-135最高，比青皮3号增产11%～14%，其次为台农1号、EV71等，增产7%～10%。纸浆品质好、出浆率高、木纤维较长、适于造纸用的品种有BG52-135、EV71。抗线虫病较强的品种有J-1-113。高抗红麻炭疽病的有85-224、85-133等。因此，对这批红麻种质资源进一步鉴定、研究，将为我国红麻新品种选育创造极为有利的条件。

第四节　红麻育种途径和方法

一、引　　种

引种是红麻育种中行之有效的一种方法。在红麻生产上，过去和现在都曾经起着很大的作用。新中国成立前，我国南方由印度引入马德拉斯红晚熟品种，北方从前苏联引入塔什干品种，20世纪60年代广西从越南引入青皮红麻，都曾经在生产上起过较大的增产作用。但红麻育种必须掌握南种北引的原则。这是因为红麻属短光照作物，对光照反应敏感。在低纬度地区引种到高纬度地区，由于日照延长，现蕾推延，生长期延长，因此产量显著提高。我国红麻生产上利用南种北引增产的规律，从低纬度广东、广西等省（区）留种，然后把种子运到长江流域麻区播种，对长江流域红麻增产起了很大的作用。

二、自然变异选择

本法就是优中选优的一种育种方法。如广西壮族自治区的南选、宁选，中国农业科学院麻类研究所的湘江1号、72-2等新品种，都是利用单株选择法培育而成，在生产上增产效果很大。

本法是通过选择优良单株，繁衍其家系育成新品种。这个育种方法应该注意：①引种和选择相结合，易于选育出新品种；②从早熟红麻品种中选晚熟个体，成效大；③从抗病品种中选择抗性更强的单株比从感病品种选择抗病单株，培育抗病品种成效大。

三、杂交育种

杂交育种是当前国内外主产红麻国家培育抗病、高产、优质新品种的主要手段。通过杂交，使不同品种的优点得到互补，从而培育出比较合乎人们理想的品种。今后还应大力采用这种方法。

1. 品种间杂交　品种间杂交有单交、复交和回交等方式。我国推广品种如中国农业科学院麻类研究所培育出的湘红2号、7804，辽宁省棉麻研究所培育出的辽红55，辽阳市农业科学研究所培育出的辽红1号、辽红3号等，都是通过品种间杂交选育而成的。中国农业科学院麻类研究所育成的红麻造纸、纺织兼用品种917系分别用红麻7号与粤红3号杂交，红麻20号与非洲红麻杂交，两个F_1进行复交的后代中选育而成的，各省评价较高。该研究所又用浙江红优5号与湘红优116等杂交，增产极为显著。福建省农业科学院蔗麻研究所等育成闽红298，不但高产，稳产，而且适应性广。福建农业大学1982年以湘红1号与粤红1号杂交，用混合系谱法和穿梭育种相结合的育种技术，育成福红2号，1998年被国家科技部列为“九五”国家科技成果重点推广的红麻新品种。

中红麻10号（原名KB2）是中国农业科学院麻类研究所李德芳等利用国外优良红麻EV41与国内抗病材料72-44有性杂交选育面成的不早花裂叶型红麻新品种。在1993—1994年湖南省区域试验中平均纤维产量为4 557.75 kg/hm^2（亩产303.85 kg）比对照湘红麻1号（7804）3 723 kg/hm^2（亩产248.20 kg）增产22.4%（春播）；在1994—1995年广西区试中比当地适应性强的系选青皮二号平均增产13.2%；在1997—1998年全国红麻区试中平均纤维产量为3 728.7 kg/hm^2（亩产248.58 kg），比新对照粤74-3增产15.8%；干茎产量比对照青皮三号平均增产25.4%，其增产幅度均达极显著水平。KB2的平均增产幅度在参试新品种中居首位，韧皮含量和硫酸盐纸浆率比对照青皮三号提高3.6和1.42个百分点，也高于粤74-3；束纤维品质、单纤维长度和抗炭疽病性亦优于对照品种，抗倒性明显强于对照。这表明，KB2 是一个集高产、抗病、抗倒伏、优质、适用性广于一体的纺织、造纸兼用的红麻优良新品种。福建省农业科学院甘蔗所选育的闽红 298、闽红 31 号都是通过杂交后代中选育而成的红麻新品种，高产优质，抗病力强。

杂交方法：选母本品种中无病、优良单株上发育正常的花朵去雄。去雄时，取花冠伸出萼片 0.5 cm 左右，花瓣折叠未开裂的花蕾。这样的花蕾是次日早晨开放的花朵。花蕾选好后，先用小剪刀沿花萼蜜腺处环剪一周（不要剪伤子房和柱头），把萼片和花瓣剪去，露出雄蕊梢。然后用尖嘴镊子仔细地把雄蕊鞘上的花药逐粒夹掉，不能夹破花药，以防花粉落到柱头上。花药夹完后，再用放大镜检查柱头上有无花粉粒。如果有花粉粒，应将此花朵去掉重做。去雄后，套上纸袋，用大头针别好，防止昆虫采蜜和风媒授粉。去雄时间，一般正常气温条件下，7～8 月间以下午 1～4 时为宜。如果气温过高，可提前在上午 11 时前进行。去雄时每去雄一朵花，用具都要用酒精浸泡一下再用，以杀死用具附着的花粉粒。在每朵花去雄的同时，也将次日开放的父本花朵选好，用棉线将花冠扎住。次日除去所选父本花朵的花瓣，露出花药，再取下母本花朵上的纸袋，将父本花粉轻轻涂在母本柱头上，然后套上纸袋。授粉时间在上午 7～10 时。授粉后，当天下午可把纸袋除去。杂交授粉后 40 d 左右，蒴果呈黄褐色，种子变黑时收获。收种时，每个单果分别采摘，把杂交时所挂记有父母本及杂交日期的小纸牌一起取下，放在纸袋内，晒 1～2 d 脱粒。单果种子单独包装，防止混杂。

2. 种间杂交　为了选育高产、优质、抗病品种，或无刺红麻，不少国家多倾向于种间杂交。印度对红麻育种，最初局限于自然变异选择，后来又趋向于杂交育种，种间杂交也在积极进行。当前，印度黄麻农业研究所在红麻育种方面，集中于红麻与玫瑰红麻的种间杂交，使早熟性与丰产性相结合。我国的种间杂交工作也已开始。贵州省独山麻类研究所（1978）曾利用红麻近缘植物木芙蓉（*Hibiscus mutabilis*）、秋蜀（*Hibiscus esculentus*）、玫瑰红麻（*Hibiscus sabdariffa*）、蜀葵、棉花、木槿等作砧木与红麻嫁接，再进行有性杂交，还用植物激素 IAA、NAA 处理花柱后再授粉，获得了一些果实和种子。福建省农业科学院蔗麻研究所（1979）以红麻 722 为母本，金线吊芙蓉为父本，采用无性嫁接，并滴注生长激素保果，及时采取杂交胚珠进行离体培养，成功地获得种间杂交种子，首次创制出我国兰花型红麻。中国农业科学院麻类研究所红麻和金钱吊芙蓉的种间杂交也取得成功。

3. 杂种优势利用　红麻的杂种优势是显著的。美国利用品种的自交系成对异系杂交，F_1 杂种优势显著，增产 44%。中国农业科学院麻类研究所陈安国、李德芳对红麻超高产型杂交组合进行研究，从产量性状、抗病性、纤维品质等方面分析了 8 个红麻杂优组合一、二代的优势表现。试验表明，杂优组合的一、二代的优势是显著的。其中超高型杂优组合 H305F2 在比较试验中分别比 KB2、74-3 和红引 135 分别增产 23.97%、33.47%和 53.4%，达极显著水平。在全国红麻区试中，比对照红引 135 平均增产 28.08%，较对照和其他所有参试新品种极显著的增产，表现出植株高大，皮较厚，有效株数多，生物产量和出麻率均较高，抗病性强，纤维品质好，其前景非常广阔。红麻化学杀雄制种为红麻超高型一、二代优势利用的应用和推广提供了快速、简便的制种方法，这说明红麻杂种优势的利用不仅为在生产上大面积应用和推广成为可能，而且也是优化红麻种子结构和达到显著提高经济效益和社会效益的目的。

红麻的杂种优势在生产上利用，问题在于制种。因为红麻植株高大，一般开花期茎高 3 m 以上，不论人工去雄授粉还是化学去雄都比较麻烦。如果学习广东、广西插梢留种的经验，矮化了的红麻植株高度和棉花差不多，制种就方便了。植物杂种优势一般突出地表现在营养生长方面，而红麻是以收获韧皮纤维为目的。看来，红麻的杂种优势比棉花要大，关键在选配杂交组合。

4. 诱变育种　诱变育种是用物理、化学药物等方法处理种子或植株，使其产生遗传上变异，选择有利变异，定向培育新品种的方法。辐射育种的优点是变异幅度大，其缺点是有利突变出现频率低，不到 2/1 000。因此要得到优异株系，必须有足够的群体选择，才有希望获得成果。我国应用于红麻育种工作，主要是辐射育种。广东省农业科学院用 ^{32}P 辐射诱变，育出 70-5-7、70-15 等品系；广西壮族自治区农业科学院也做了不少工作，已获得可喜成果。广西壮族自治区农业科学院还采用热中子处理红麻种子，从变异材料中选育出全生育期为 81 d 的特早熟品种。浙江省农业科学院将广西引入的 7380 种子，用 ^{60}Co γ 射线处理，然后与青皮 3 号杂交，其 F_1 又与非洲红麻杂交，经多年选择，育成 83-10，增产显著。

5. 基因工程应用　中国农业科学院麻类研究所生物技术研究室与国际黄麻组织（IJO）合作，进行了红麻杆基因工程育种的探索，采用农杆菌介导法成功地将真菌基因和抗虫基因导入红麻子叶细胞，并得到了转基因后代。

第五节　红麻育种试验技术

自然变异选择育种是从选择优良单株开始，到育成新品种的过程是由一系列的田间试验工作组成，其程序如下：第一年，选株；第二年，选种圃；第三年，品系比较试验；第四年，区域试验或多点试验。

杂交育种田间试验中杂种后代的处理十分重要。其处理方法，一般采用系谱法，即自交第一次分离世代（单交F_2，复交F_1）开始选株，分别种植成株行（即系统），以后在各世代均在优良系统中继续进行单株选择，直至选到优良性状一致的系统时，升级到产量比较试验。

在红麻杂种后代选择中，选择目标中几个主要性状的选择应予以注意：①抗炭疽病的选择，由于F_2中就开始分离，在F_3中分离出高抗比例大，F_4大部分趋向稳定。因此，重点应放在F_3。②丰产性选择，早期世代效果大。③早熟性的选择，应放在F_4。

第六节　红麻种子生产

新品种选育出来后，必须加速繁殖良种种子，供生产上应用，才能发挥良种的作用。同时，还要不断进行提纯，保持良种优良种性，防止品种退化、混杂、抗病能力减弱。目前全国各作物正在推行由育种家种子、原原种、原种和良种四个环节组成的四级种子生产程序，以此来保护育种者的知识产权，防止品种混杂退化，保持品种原有种性，从而发挥种子的增产效果。红麻面积小，其四级种子生产程序尚未制定，有待积累经验后转轨。现行的红麻良种繁育，主要有以下两个措施。

1. 建立良种繁殖场　红麻种植面积较大的省（区），应建立良种繁殖场，采用三年三圃制，即选择具有优良性状的无病单株脱粒，第一年进行株系比较，在生育期间观察鉴定株系的主要性状，淘汰不良株系，并在优良株系内进一步提纯；第二年把第一年中选的株系进行比较，从比较结果中选出优良株系；第三年加速繁殖。

2. 建立种子田　专业组应建立种子田，负责培育纯度高、质量好的一级种子，供大田播种用。种子田是用原种场提供纯的原种或自己选择的种子，扩大繁殖，注意拔除病株、杂株、劣株，然后混合脱粒，收获种子，作第二年大田生产用种。在收获以前，还要在种子田内，选择性状一致的优良单株，标好记号，分开收获，混合脱粒，作第二年种子田用种。

我国南方麻区还可采用插梢留种的办法，扩大良种繁殖。黄麻、红麻插梢留种在广东、福建已有悠久历史，一些有经验的麻农常采用插梢留种作为提纯和保持良种特性，防止品种退化的主要措施。插梢留种是麻株生长转向生殖生长，即在麻梢现蕾期割梢移栽的留种方法。那时麻种已经积储一些养分，嫩梢嫩叶继续制造的有机养分，由于顶端优势的作用，正在大量运转到麻梢，供应麻梢伸长和开花结实之用。割梢移栽后，大量的有机养分集中供应花蕾、开花、结果，使种子发育良好，其种子质量和数量均优于原株留种。插梢留种，如果严格选择性状一致的优良单株，更可起到单株混合选择的作用。

红麻主要育种性状的记载方法和标准，请参考黄麻育种。

复习思考题

1. 试述国内外红麻育种的发展历史和今后我国红麻育种的方向与目标。
2. 围绕今后育种发展方向，讨论红麻种质资源研究的主要内容。
3. 红麻的育种途径和方法有哪些？举例说明红麻杂交育种方法。
4. 试讨论红麻杂种优势利用的前景及可能途径。
5. 红麻的良种繁殖主要有哪些措施？

参 考 文 献

[1] 陈安国，李德芳．红麻杂种优势利用的现状与展望．中国麻作．2000，22 (1)：44～45
[2] 甘勇辉，陈福寿等．红麻新品种闽红 31 的选育与推广．中国麻作．2001，23 (4)：1～7
[3] 洪建基等．红麻新品种闽红 298 的选育．中国麻作．1999，21 (2)：9～13
[4] 黄培坤．近年国外黄麻、红麻生产科研概况．麻类科技．1978 (3)：39～44
[5] 黄培坤，邓丽卿等．国外引进红麻种质资源鉴定和利用研究．中国麻作．1989 (4)：5～9
[6] 郎续纲等．红麻南种北植短光照制种的研究．作物学报．1981，7 (1)：37～43
[7] 李宗道，洋麻．上海：新农出版社，1953
[8] 李宗道．麻作的理论与技术．二版．上海：上海科学技术出版社，1981
[9] 李宗道，胡久清．麻类形态学．北京：科学出版社，1987
[10] 李宗道等．麻类生物工程进展．北京：中国农业出版社，1999
[11] 辽宁省棉麻科学研究所．红麻炭疽病育种工作中的体会．麻类科技．1997 (3)：39～44
[12] 刘伟杰等．1985—1987 年全国红麻新品种区域试验．中国麻作．1989 (3)：1～4
[13] 谭石林，李爱青，梅桢，邝仕均等．造纸用红麻品种的筛选．中国麻作．1998，20 (4)：25～28
[14] 唐守伟，熊和平．我国麻类生产现状和发展对策．中国麻作．1999 (21)：45～49
[15] 肖瑞芝等．红麻×金钱吊芙蓉的远缘杂种与新种质资源的研究．中国麻作．1989 (4)：5～9
[16] 郑志烇．红麻新品种浙萧麻 1 号的选育．中国麻作．1988 (3)：1～5
[17] 朱凤绥，何广文等．麻类作物的染色体组型分析及 Giemsa 带型的初步观察．中国麻作．1981 (3)：1～9

（李宗道、郑云雨原稿，李宗道修订）

第二十章　亚麻育种

第一节　国内外亚麻育种研究概况

一、育种进展

亚麻（flax，*Linum usitatissimum* L.）在中国已有两千多年的栽培历史。近年来全国每年亚麻的播种面积约 1.0×10^6 hm^2，居世界第一位。其中纤用亚麻约 1.7×10^5 hm^2，主要分布在黑龙江，其次是内蒙古、吉林、新疆、辽宁、云南等地；油用亚麻约 8.3×10^5 hm^2，主要分布在甘肃、内蒙古、山西、河北、宁夏、新疆、陕西、青海等省（区）。随着人们生活水平的提高，对亚麻纤维制品的需求量越来越大，所以纤用亚麻种植面积有扩大的趋势，同时由于市场经济的作用，麻农开始重视经济效益，所以一些降水量较充足的油用亚麻产区（如：新疆、内蒙古等）已逐步改种纤用亚麻或兼用亚麻。此外，南方利用冬闲田发展纤用亚麻生产也成为农民致富的一条门路。云南、湖南等省已试种成功，并且已经开始推广。所以目前亚麻生产发展的趋势是种植面积稳中有升，提高单产以增加总产，提高品质以增加经济效益。

中国亚麻育种工作开始于20世纪50年代，主要是农家品种的整理及种质资源的引进，既解了燃眉之急，又丰富了种质资源。黑龙江从日本品种贝尔纳中选育出了华光1号和华光2号，在生产上推广应用，打破了我国单一使用地方品种的局面。60年代以引种鉴定为主。70年代在种质资源不断丰富的基础上育种家们开始了杂交育种工作，同时开展了杂交与诱变相结合育种，选育出了黑亚2号、黑亚3号、黑亚4号等品种，使产量、纤维含量等有了明显提高。80年代以来开展了高产、高纤、抗病育种，并开辟了许多育种新途径，选育出了黑亚6号、黑亚10号、黑亚11号、黑亚12号、黑亚13号、内纤亚1号、双亚5号、双亚6号、双亚8号等高产、优质、抗病新品种。90年代以来开展了单倍体育种、外源DNA导入、转基因、孤雌生殖、多胚种子利用等育种技术的研究，并获得突破性进展。

在过去的50年育种工作中育出了一大批新品种，重点解决了以下几个关键性问题：①产量有了大幅度提高，原茎产量由20世纪50年代的1 200 kg/hm^2 提高到了4 500 kg/hm^2；②病害得到了控制，如育成的黑亚号系列品种高抗锈病、立枯病，使亚麻生产上的病害基本得到了控制；③品质明显提高，新育成的黑亚11号、黑亚12号、黑亚13号、双亚8号等长麻率达到18%～20%或以上。亚麻新品种选育取得了辉煌的成就，创造了较好的经济效益及社会效益。

二、品种类型

根据栽培亚麻的植物学特征、生物学特征，可分为纤用亚麻、油纤兼用亚麻和油用亚麻3个类型。

1. 纤用类型（fiber flax）　在我国北方一般生育期70～80 d，在南方120～150 d。株高60～120 cm或以上。在密植条件下，一般只有一根茎，茎内纤维含量一般为20%～30%。很少有分茎，3～4个分枝，3～5个蒴果。蒴果和种子比较小，其栽培目的是获得优质纤维。

2. 油用类型（oil flax）　株高30～50 cm，生育期80～100 d，分茎较多。每株最多可结100多个蒴果。栽培目的是专门生产种子榨油用。每公顷最多可产种子1 500 kg以上，含油率41%～45%。茎内含纤维量少，纤维短而粗糙，产量低，不适宜做纺织用。

3. 油纤兼用型（dual purpose flax）　株高50～70 cm，茎基部有时有分茎。花序比纤用亚麻发达，结有较多蒴果。其主要特征是居油用、纤维用类型中间，其栽培目的是油用与纤维用兼顾。种子产量、千粒重均高于纤用类型。不同品种间的种子含油率有差异，含油率 39%～48%，麻茎内纤维含量为 12%～17%。

三、国内外重要育种单位和著名育种专家的贡献

国际上最大的亚麻专业研究所是俄罗斯全俄亚麻研究所，其中专业人员 190 多人，设有育种、栽培、加工、生物技术、植保等 16 个研究室，专业最全。著名育种家 Анатолий Марченков 育成了许多亚麻新品种。生物技术育种专家 Алексей Поляков 在单倍体育种、多胚性种子利用、转基因技术方面做出了突出贡献。捷克农技育种及服务有限公司（前捷克斯洛伐克的国立农业研究所）育成了一批高纤品种。主要育种者 Martin Pavelek 从事常规育种，并担任欧洲亚麻及其他韧皮纤维作物合作组织的育种及遗传资源组的主席；Eva Tejklova 从事单倍体育种，并利用该技术选育出了高纤品种 Venica，全麻率达到 38%，2001 年已经注册推广，同时与捷克科学院植物分子生物学研究所的 Slavomir Rakousky 合作进行转基因技术的研究，已经获得转基因再生植株。法国 Fontaine - Cany 亚麻合作集团是法国的主要亚麻育种单位，育种者 Truve 近年育成了一些高纤优质亚麻新品种。波兰天然纤维作物研究所是欧洲亚麻及其他韧皮纤维作物合作组织的总部所在地，该所的 Iwona Rutkowska - Krause 在单倍体育种研究方面取得了显著成就。

我国从事亚麻研究的主要科研单位有两个，一个是黑龙江省农业科学院经济作物研究所，主要育种者颜忠峰、王玉富等选育出了黑亚 1 号至黑亚 13 号等亚麻新品种，亚麻外源 DNA 导入和转基因技术已经获得抗除草剂 Basta 的转基因植株。另一个是黑龙江省亚麻工业原料研究所，该所孙洪涛从事单倍体育种技术的研究并取得一定进展，李学鹏、田玉杰等主要从事常规育种工作，育成了双亚 1 号至双亚 8 号。

第二节　亚麻育种目标性状的遗传与基因定位

一、育种目标

20 世纪 80 年代前以高产为主要育种目标，新品种的推广使单产翻了 1～2 番，但也出现了一些问题，主要有生育期延长、抗倒及抗病性差、出麻率低等。所以“八五”以后对育种目标做了适当的调整。目前亚麻的育种目标是：优质、高纤、高产、抗逆性强、适应性广。

各地自然条件、耕作栽培水平的不同，育种目标也各不相同。

黑龙江省的松嫩平原是亚麻主产区，生产面积占全省的 50%左右，土质肥沃，温度适宜，雨水充沛。但全年雨量分布不均，十春九旱，苗期多病，后期多雨，所以在熟期适中、优质、高产的前提下，必须注意选育前期耐旱、后期耐湿抗倒伏、抗病、适于机械化栽培的品种。

黑龙江省东部三江平原及吉林省东部的延边地区，土质比较肥沃，湿润多雨，气温偏低，病害较重，所以在优质、高产的前提下，必须注意选育中熟或早熟（生育期 65～70 d）、耐湿抗倒、抗病品种。

内蒙古干旱地区及黑龙江省西部盐碱旱区，春旱、风大、降雨偏少，所以在优质、高产的同时，必须选育耐盐碱、耐旱性强、耐瘠、抗倒伏、抗病性强的品种。

在云南、湖南等地利用冬闲田种植亚麻。亚麻属于长日照植物，北种南移生育期延长。所以在注重优质、高产的同时，应选育抗倒伏、光照钝感型品种，以缩短生育期。

二、主要性状的遗传机制和基因定位情况

亚麻的主要性状易受环境影响，外界因素可在很大程度上掩盖其遗传本质。国内外对亚麻的性状遗传研究都较少，国外从 20 世纪 50 年代开始对亚麻性状的遗传进行研究，而国内则始于 20 世纪 80 年代。有许多问题尚需要进一步深入研究。

（一）株高的遗传　株高是多基因控制的数量性状，不同类型的亚麻品种株高差异较大，我国新育成的品种一般在 100～120 cm，西欧的品种一般在 75～100 cm。采用不同高度的亲本杂交，F_1 代的株高多数居于双亲之间，

也有的组合倾向较高的亲本，或有超亲现象。从 F_2 代起则出现广泛分离，呈正态分布。亲本株高差异大的组合，株高分离也大。

（二）抗倒伏性的遗传　亚麻的抗倒伏性（lodging resistance）与株高、茎粗、熟期及花序大小密切相关，同时又受播期、施肥等栽培因素及气候条件的影响。从开花到蒴果形成的这一短暂时期，茎的木质化程度低，是倒伏的最危险期，但这时具有一定的恢复能力，随着蒴果的成熟，抵抗能力增加，但恢复能力减弱，所以抗倒伏的遗传是比较复杂的。一般情况下，两个茎秆直立、抗倒伏的亲本杂交，其后代表现出茎秆直立。

（三）生育期的遗传　亚麻生育期的遗传，属于简单数量性状遗传。F_1 代的生育期居于双亲之间，接近双亲生育期平均值，有的组合偏向晚熟。F_2 代生育期开始出现广泛分离，表现为连续性变异，呈正态分布，并有超亲现象。杂种后代的分离范围与双亲生育期差异大小密切相关，如双亲生育期差异大，其后代生育期分离范围就大，反之则小。

（四）纤维含量的遗传　纤维含量（fiber content）的遗传受多基因控制，以基因累加效应为主。但易受外界条件影响，又与生育期、茎粗、工艺长度、花序大小等因素密切相关，所以亚麻纤维含量的遗传比较复杂。杂交 F_1 的纤维含量，多数居于双亲之间，但母本比父本影响大。F_2 代纤维含量呈正态分布，出现超亲现象。两个纤维含量高的亲本杂交，可以获得高纤后代。两个纤维含量一般的亲本杂交，其后代纤维含量提高的幅度不大。所以要选育纤维品种，双亲均需选择高纤维含量的材料。

（五）基因定位情况　有关亚麻基因的知识十分贫乏，大多数有价值的农艺性状属数量性状受多基因控制。目前尚不了解亚麻基因组数目，仅有很少的几个基因经过了鉴定，这一困难的主要原因是缺少生态差异性，只有花的颜色变化比较丰富。目前已有 30 个控制花色的基因被鉴定，但是其中一些基因控制相同的表现型和基因型，所以这些基因可能是相同的，但还没有人进行等位性的测定。

目前已标记了 6 个控制花瓣、花药、种子颜色的基因：Pf_1 为粉色花瓣、橘黄色花药、浅棕色种皮；RPF_1 为浅粉色花瓣，仅控制花瓣颜色，为 Pf_1 的显性基因；Sfc_1 为使蓝色花瓣（PF_1）变成紫色，使粉色花瓣（Pf_1）变成深粉色，仅作用于花瓣颜色；Wf_1 为控制白色花瓣；Ora_1 为橘黄色花药和花粉，仅控制花药色；Rs_1 为浅棕色种皮，仅控制种皮色。

另外，对控制锈病垂直抗性的基因进行了一些研究。对 30 个锈病的抗性基因进行了鉴定，这 30 个抗锈病基因分布在 K、L、M、N 和 P 5 个基因位点上。

第三节　亚麻种质资源研究利用

一、种质资源搜集、保存、研究状况

亚麻属（*Linum*）包括 200 多个种，分布在欧洲、亚洲、美洲及北非。它们的染色体基数不同，x=8、9、10、12、14、15、16，依此将亚麻分成 7 个组。许多种有不同的染色体数，如 *Linum usitatissimum*，$2n$=30、32，所以将来有必要进行亚种的分类。

国际亚麻数据库于 1994 年在捷克共和国捷克农技育种及服务有限公司建立。包括欧洲及世界各地的 1 416 份资源被收入数据库。其中，捷克农技育种及服务有限公司 200 份、俄罗斯圣彼得堡工业作物所 369 份、全俄亚麻研究所 113 份、乌克兰韧皮纤维研究所 38 份、罗马尼亚 48 份、保加利亚 10 份、法国 62 份、荷兰 56 份、德国 78 份、北爱尔兰 14 份、波兰 59 份、美国 369 份。数据库项目包括形态性状 14 个、生物学性状 4 个、产量性状 6 个。

对 1 416 份材料中的 1 403 份材料进行分类研究，结果是，50.2%为纤用型，33.7%为油用型，10.6%为兼用型，5.5%为其他类型；38.5%为栽培品种，27%为遗传资源，20.3%为育种材料，14.2%为野生或其他类型。

全俄亚麻研究所目前具有 6 130 份种质资源，其中 2 497 份为纤用型，3 491 份为油用型，142 份为野生种，是世界上最大的亚麻种子资源库。保加利亚有 800 份。荷兰有 937 份。

我国保存的亚麻种质资源较为丰富，包括栽培品种、地方品种和野生种，是品种改良的重要材料。已经有 2 947份亚麻种质资源保存于国家种质长期保存，其中包括国内的内蒙古、黑龙江、甘肃等 10 个省区的 1 125 份；美国、阿根廷、俄罗斯、瑞典、匈牙利、法国等 40 个国家的 1 822 份。纤用型的主要分布在黑龙江和吉林；油用和油纤兼用型的分布在内蒙古、甘肃、河北、宁夏、新疆、青海、陕西等。另外在河北坝上、西藏、青海、内蒙古、吉林、黑龙江等地均有野生亚麻资源，是育种的宝贵财富。

二、与主要育种目标性状有关的特异资源

Taiga、Jitka、火炬、末永、哈系385、Argos、Hermes等是良好的早熟基因源，是培育早熟亚麻品种的良好亲本，尤其是培育南方亚麻品种的首选亲本；Viking、Hermes、A-29、K-4933、Ariane等为高纤、抗倒伏优质基因源；黑亚7号、黑亚8号、黑亚10号、8284、7843等株高及工艺长度较高，是高产的优质资源。

三、种质资源的育种利用状况

从国外引种试验后，在生产上直接利用的品种有Л-1120和高斯（Argos），Л-1120是1959年从前苏联引入的，表现高产、抗逆性强、适应性广、熟期适中，成为20世纪60年代的主栽品种。高斯是1996年从法国引进的，经过试验于1999年推广。

我国利用丰富的种质资源作为育种亲本材料，先后育出许多新品种。黑亚3号是以火炬与瑞士10号的杂种后代6104-295为母本，黑亚1号为父本杂交培育而成的。黑亚5号是以И-7、华光1号、Л-1120的杂交后代为母本，以黑亚3号为父本杂交选育而成的。另外，这些种质资源可作为人工诱变的良好材料。例如黑亚4号、黑亚6号，是以火炬、瑞士10号、华光1号、Л-1120、黑亚3号等品种为材料，用^{60}Co γ射线200～500 Gy处理种子后，从中选出的优良品系杂交选育而成的。

第四节　亚麻育种途径与方法

目前育种仍以杂交育种为主，同时不断开展新技术利用的研究，拓宽新的研究领域。采用的主要育种方法有：引种、杂交育种、辐射育种、单倍体育种、不育亚麻的利用、外源DNA导入、转基因技术等。

一、引　种

引种指从国外或国内各地引进品种，经试验、试种，表现适应性好，比当地品种增产质优，可直接用于生产或作为育种材料间接利用。应按品种的生态类型进行引种，从地理纬度、自然气候特点、栽培技术水平基本相同的地方引种效果较好。对引进的品种必须经过严格的种子检疫，防止把检疫性病害及杂草等带入本地而造成危害。引种需经过小区试验成功后，才能大面积引种，但引进的品种数量不宜过多，切忌盲目大量引种，以免造成不应有的损失。

二、自然变异选择育种

自然变异选择育种是在现有的品种中，将优良变异株选出并育成新品种，是利用自然变异的育种方法。20世纪50年代推广的华光1号和华光2号，是1954年选于日本的贝尔纳1号。黑龙江省推广的黑亚1号选于原苏联品种Л-1120。原苏联大面积种植的品种火炬、И-7等选于地方亚麻种。这些品种的特点是性状稳定。适应性强，产量及品质兼优。

系统选育的材料比较广泛，提纯复壮株行圃中的变异单株，引种鉴定品种因条件改变出现的变异单株，生产田中因基因突变和天然杂交出现的变异单株等都是系统选育的材料。选择时需紧扣育种目标，注意密度及土壤差异的影响。入选单株风干后，单株考种脱粒保存，第二年进行株行试验。每株种子种一行，行长0.9 m，每隔9行设一原品种做对照，生育期间进行观察记载性状的一致性、耐旱性、抗倒伏性、熟期、丰产性等。在收获前，把优良整齐一致的株行按株系收获，其余田间淘汰。入选株行称为品系，应单系考种脱粒保存。第三年，进行品系比较鉴定。

三、杂交育种

杂交育种是目前国内外亚麻育种最基本的方法，成效较好。杂交育种不仅能利用已有的变异，而且可按生产需要及育种目标要求选择亲本，具有较强的目的性，可作为主要的育种手段。以株高、工艺长度、出麻率为主要选择对象。此外，熟期、抗病性、抗倒伏也是重要的选择指标。一般认为株高、工艺长度、生育日数、千粒重等遗传率较高的性状早世代依表现型严格选择；分枝数、蒴果数、出麻率、抗倒伏性等遗传率中等的性状中晚世代适当选择；可挠度、纤维强度等遗传率较低的性状在高世代进行选择。

1. 杂交方式　亚麻杂交育种的杂交方式主要有单交、复交和回交3种。

(1) 单交　这是最简单的杂交方式，即两个亲本成对杂交。我国以往杂交育成的品种多采用此种组合方式。例如，黑亚8号是以费波乐×黑亚3号杂交选育而成。

(2) 复交　这种组合方式是选用3个以上的亲本，先后参与杂交的组合方式。在第二次杂交时，要根据单交组合的缺点性状选择另一个品种或组合，以进一步提高或改进杂种后代。

(3) 回交　两个品种杂交的后代，再和原亲本之一重复进行杂交即为回交。其作用是随回交次数的增加而增加轮回亲本的遗传组成比例。一般情况下，回交2～3次即可达到目的。回交对提高亚麻的出麻率及纤维产量效果显著，是品种改良的有效途径。

2. 杂交技术

(1) 调整花期　亚麻是自花授粉作物，开花期一般7 d左右，每天早上5～6时开花，8时最盛，10时开始凋落。杂交授粉工作应在盛花初期进行。不同品种开花早晚不同，要使杂交亲本同时开花，便于杂交授粉，要实行分期播种，调节开花期。

(2) 去雄授粉　选择健壮植株上第二天能正常开花，发育饱满的花蕾，把其余花蕾全部剪掉。去雄在授粉前一天午后进行，先把五个萼片剪去一半，用镊子摘掉5个花瓣，接着把5个花药摘净。去雄后立即套袋。第二天上午7～10时授粉，如遇天旱、高温需提前授粉，阴天可延迟授粉时间。授粉时先选择健壮父本植株，把盛开的花朵摘下来放在消毒过的培养皿中，然后摘掉花瓣，把花粉轻轻地抹在已去雄的母本花朵柱头上。授粉后套上纸袋，在母本植株上拴上标签，用铅笔注明杂交组合编号、父母本名称、杂交花数及授粉日期。

(3) 杂交果管理　杂交后二三天摘去纸袋，检查杂交果成活情况。如子房膨大，柱头枯萎，则杂交蒴果已成活。如果子房及柱头同时枯萎变黄说明杂交果未成活。亚麻杂交成活率较高，一般在70%～80%。在杂交蒴果生长期中应经常检查其发育情况，及时剪掉后发出来的新枝和花蕾，使营养集中供给杂交蒴果，促进正常成熟。杂交蒴果达到正常种子成熟期时应及时收获。

3. 杂种后代的处理与选择　杂交后代的处理方法有两种，一是系谱法，二是混合个体选择法。

(1) 系谱法　系谱法是亚麻杂交育种常用的一种方法。即从F_2代开始进行单株选择，F_3种成家系，以后每代都在优良系统内选优株，继续种成系统，直到选出性状整齐一致的优良品系参加品系鉴定为止。每次所选单株都要分别编号，以便查找。例如：黑亚7号的家系号是7621-3-8-24，表示1976年做的第21个杂交组合，1978年F_2代中选的第3株，1979年F_3代中选的第8株，1980年F_4代中选的第24株等等。

F_1代：按组合顺序排列，行长0.9 m，行距30 cm。先播父母本各一行，再播杂种一行，每隔9行设一行对照品种。此代根据杂种性状淘汰伪杂种及病劣株，成熟时选留优良组合单株收或混合收，同时淘汰一些不良组合。

F_2代：是分离最大的世代，也是选择的关键世代。把F_1代的混合或单株材料，以组合为单位进行混合或单株种植，以组合为单位，每组合种3～9行，行长2 m，行距30 cm，每隔9行播1行对照品种。成熟期根据各组合综合性状，首先选定优良组合，淘汰不良组合，一般淘汰1/3左右。然后在优良组合中，按照育种目标要求和各个性状的选择标准，每组合选择优株30～50株，再经室内考种分析后，从中选留20～30株，单株脱粒保存。

F_3代和F_4代：把上代入选的单株种成株行形成一个株系，每组合种20～30个株系，行长0.9 m，行距30 cm，以组合为单位顺序排列，每隔9行播种1行对照品种。首先选择优良系统，再在优良系统中选择优良单株。每组合选50～70株，经室内考种复选后留30～40株。

F_5代：把F_4代入选的单株按F_3、F_4的播种方法，按株系播种，每组合播种30～40株。由于F_5代各种农艺性状已基本稳定，绝大部分株系已经形成整齐一致的优良品系。按育种目标要求，根据产量结果决选优良品系。

（2）混合个体选择法（集团选择法）　此法的主要特点是从 F_1～F_4 代均以组合为单位，按组合进行个体选择，混合播种，F_5 代后改用系谱选择法。F_1 代采用稀植点播，以组合为单位混合播种，淘汰伪杂种后混合收获留种。F_2 和 F_3 代继续混合播种，每个组合可依据熟期、株高、株型等性状分别选出几个群体，每种类型的群体植株混合脱粒留种。F_4 代把每个组合不同类型群体的种子各混播一区，成熟期从中选择优良单株，再经过室内考种复选后单株脱粒保存。F_5 代以组合及组合内的类型为单位，每株种子播一行形成一个株系，根据田间表现及产量结果，决选出优良品系，供下年产量和特性鉴定。

四、辐射育种

（一）辐射育种的效果　辐射育种是目前国内外常用的一种人工诱变的育种方法。辐射能使亚麻在熟期、株高、出麻率、产量等方面的基因突变率提高 5～6 倍，在改变品种某一不良性状，育成具有突出优良性状的新品种方面具有明显的效果。辐射育种材料的选择是辐射育种的基础。为了提高辐射育种的效果应选用：①生产上推广的综合性状好、优点多、缺点少（只有一二个不良性状）的材料；②新引入的地理远缘及生态远缘高产品种；③尚未稳定的优良杂种后代和尚不够理想的优良品系等。

（二）辐射剂量　亚麻用 ^{60}Co γ 射线照射种子的适宜剂量是 200～500 Gy。低于 100 Gy，亚麻几乎不发生变异。超过 800 Gy 亚麻死亡率过高（80%以上）影响辐射效果。

（三）辐射后代的处理与选择　辐射处理后代的选择，是辐射育种的关键。辐射处理后的种子称 M_0 代，由 M_0 代发育出来的植株称 M_1 代。

M_1 代按处理材料及剂量顺序排列，先播对照（未处理的材料），然后播处理的种子，群体以 5 000 粒左右为好。M_1 代亚麻植株生长发育明显受抑制，出现叶片卷缩、多分枝、茎扁化、双主茎等，M_1 代一般不做个体选择。M_1 代的收获方法依育种方法而定。系谱法育种应单株收获，单株脱粒保存。混合体法可全区收获，或每株采收几个蒴果混合脱粒保存。

M_2 代至 M_5 代可参照杂交育种的方法进行选择。

五、单倍体育种

（一）外植体的采集　单倍体育种（haploid breeding）是通过花药培养（anther culture）实现的。利用 F_1 及 F_2 代单核靠边期的花药，正确掌握花粉发育最适时期，是花药培养成败的关键。选择 2～3 d 后能够正常开花的花蕾，花蕾长在 2～2.5 mm，萼片淡绿色，尖端深绿，花瓣白色，对其花粉母细胞进行镜检，以具有单核花粉母细胞的花蕾为最佳。在采集时选择同样大小的花蕾，经消毒处理后，剥离出其花药作为外植体（explant）。

（二）培养过程　将花药接种到培养基 1（MS+ NAA 1 mg/L + BA 1 mg/L）上进行脱分化培养，3 周即可形成愈伤组织（callus），切取绿色部分转入培养基 2（MS+BA 1 mg/L）上进行分化培养，3 周即可形成幼芽。然后再转入培养基 3（MS + NAA 0.001 mg/L + BA 0.022 5 mg/L）上进行成苗培养，约 1 周时间幼苗长到 2～3 cm 后再转入培养基 4（MS + NAA 0.001 mg/L）上进行生根培养，然后移植，染色体加倍（chromosome doubling）。

（三）单倍体检测及染色体加倍　利用光吸收的方法进行单倍体植株的检测。其原理是单倍体染色体较小，对特殊波段的光吸收少，而二倍体（diploid）的染色体较大，对特殊波段的光吸收多。经检测确认为单倍体的植株，在开第一朵花的时候在顶部第一或第二个主枝处剪下，用 0.1%秋水仙素浸泡 18～20 h 后取出。在培养过程中染色体可自然加倍，并可产生多倍体（polyploid），但是二倍体的生长潜力最大，所以可形成较多的二倍体植株。

六、不育亚麻的利用

（一）雄性不育亚麻的形态及其结实性　1952 年前苏联从巴勒斯坦油用亚麻 K－1991 同火炬等品种的杂交后代中选育出雄性不育株，认为是细胞质不育类型。它同纤用、油用、兼用型亚麻等可育品种杂交 F_1 代都是不育的。不育株的花瓣较小，开花时卷成筒状不能展开，花冠直径只有0.3～0.8 cm。

1975年内蒙古农业科学院从油用亚麻雁杂10号中发现的不育株是细胞核不育类型。不育株的花冠大部分也为卷曲型，柱头不能外露。另有15%～20%不育株的花冠为展开或半展开。多数花药瘦小，光滑，有蓝、浅蓝和白色3种，不能自交结实，经人工授以可育株的花粉后都能结实。但F_1代育性不一致。不育株与可育株的比例为1∶1，可育后代育性没有分离。

（二）获得雄性不育亚麻的基本途径和方法　天然突变、远缘杂交、物理诱变或化学诱变、用野生亚麻与栽培亚麻多次回交、利用不育材料回交均可获得雄性不育亚麻。

目前利用的雄性不育亚麻是利用油用不育亚麻与纤维亚麻多次回交转育而成的，一般连续回交3～4代就可获得纤维类型的雄性不育亚麻，这是获得雄性不育纤维亚麻的捷径。该不育类型受显性单基因控制。1998—1999年甘肃农业科学院经济作物研究所利用抗菌素处理油用亚麻的种子获得了温敏型不育亚麻，利用回交的方法可将其转育成纤维型不育亚麻。

（三）雄性不育亚麻的利用

①利用显性单基因控制的雄性不育材料杂交可以免去人工去雄的工作，减少工作量。其杂交后代一部分不育材料可作为杂交亲本，一部分可育材料的后代完全可育，且育性没有分离，这部分材料可直接进入选种圃为新品种选育提供基础材料。

②利用不育材料和优良亲本混合种植建立轮回选择群体，可综合多亲本优良性状，选育新品种。

③杂种优势利用。亚麻是一种杂种优势很强的作物，经努力杂种优势利用是可以实现的，选择优良的不育系和恢复系配制杂交种应用于生产，可使生产上亚麻的立枯病、炭疽病等病害得到控制或根除；解决亚麻的倒伏及出麻率低等问题，将使亚麻的产量和质量取得大幅度的提高。尤其是甘肃农业科学院经济作物研究所创造的温敏型不育亚麻给亚麻杂种优势的利用奠定了物质基础。

七、外源DNA导入

利用开花植物授粉以后形成的花粉管通道，直接导入外源DNA来转化尚不具有正常细胞壁的合子、卵或早期胚细胞，进而实现某些目的基因的转移。其理论基础是作物受精过程中，精核的染色质在卵核内分散的时间长达几小时至十几小时，而融合后的合子还要经过10～20 h的静止期，这时不具备正常的细胞壁，有利于外源DNA的进入，从而实现某些目的基因的转移。

（一）外源DNA导入的时间及方法　随着温度的提高，授粉时间有提前的趋势。随着湿度的增加授粉时间有延后的趋势，但从总体来看，7:40～8:40为完全授粉时间。亚麻从授粉到受精需2.5～3 h，受精后经过24～30 h卵细胞开始分裂，如此长时间的合子静止期足以等待外源DNA的到达，所以导入时间为亚麻盛花期的11:30～15:30。

亚麻的子房较大，每个蒴果具有5个子房室10个胚囊。子房上位并且包在萼片内，花柱切割以后，滴DNA十分方便。采用花柱基部切割方法可缩短切口到胚囊的距离，更有利于外源DNA通过花粉管通道进入胚囊。所以花柱基部滴注的导入方法为较理想的方法。

（二）外源DNA导入后代植株性状的变化　通过对外源DNA导入，后代具有广泛的变异：①花色出现变化；②株高也发生变化；③种皮颜色发生变化；④抗倒伏性发生了明显的变化。外源DNA导入后代D_3、D_4代即可达到稳定世代，从而可使育种年限缩短近一半的时间。

第五节　亚麻育种新技术的研究与应用

一、分子生物技术

（一）亚麻植株体DNA提取方法　在亚麻快速生长期，取植株体上部10～15 cm的幼嫩部分，用自来水冲洗2～3次，再用蒸馏水冲洗2次后剪成1 cm的碎段，放入冰箱中冷冻保存备用。

采用高盐-低 pH 提取缓冲液。取准备好的供试材料 20 g，在液态氮冷冻条件下研成粉末，加入 4 倍体积的提取缓冲液，65 ℃恒温条件下，保持 30～40 min，不断振荡，离心取上清液，加入 1/3～2/3 体积的 5 mol/L 的醋酸钾，0 ℃保持 30 min，离心取上清液加入 0.6 倍体积的冷异丙醇混匀后冷冻 20 min 离心，收集沉淀溶于 0.1 倍 SSC 中。

（二）DNA 的纯化 利用上述方法提取得到的 DNA 粗制品加入浓度为 100 μg/mL 的活化的 RNA 酶（RNase）使其最终浓度在 50～75 μg/mL，在 37 ℃的水浴锅中恒温 30 min，使 RNA 全部变性，然后再加入等体积的氯仿-异戊醇振荡 2 min，使残存的蛋白质和加入的酶变性沉淀，离心（4 000 r/min）5 min，用吸管吸取上清液，重复 3 次，然后将上清液放入烧杯中，加入 3～5 倍的冷无水乙醇，使 DNA 沉淀以后用玻璃棒将 DNA 缠出，待乙醇挥发后将 DNA 溶于 TE 缓冲液中（1 mmol/L Tris、0.1 mmol/L EDTA、pH 8.0）在冷冻条件下保存。

（三）用紫外分光光度计测定 DNA 的纯度和浓度 取少量 DNA 样品加入 4～5 倍 TE 缓冲液，利用紫外分光光度计测定波长为 230 nm、260 nm 和 280 nm 处的光吸收值，核酸在紫外光区有一条典型的吸收曲线，其峰值在 260 nm 处，因此可根据 260 nm 处的吸收值计算出 DNA 的浓度，同时根据 230 nm、260 nm 和 280 nm 处的光吸收比值 A（260/280）＞1.8，A（260/230）＞2.0 来确定 DNA 的纯度，如果小于上述比值，说明蛋白质和 RNA 或色素等杂质没有除净。

（四）琼脂糖凝胶电泳法测定 DNA 的活性 采用 1 倍 TBE（Tris-硼酸-EDTA，pH 8.0）电极缓冲液，用 0.8%的琼脂糖凝胶作为载体，每穴点样 2 μL，以溴酚蓝作为指示剂，在 50 V 电压，45 mA 电流条件下电泳 2 h，EB（溴化乙锭）染色 5 min，将凝胶板置于紫外检测仪下观察照相。

（五）转基因后代分子检测 利用 PCR 技术对转基因后代进行检测。缓冲液（10 mmol/L Tris-HCl、1.5 mmol/L $MgCl_2$、50 mmol/L KCl、pH 8.3）20 μL，200 μmol/L 的 dNTP，引物 0.16 μmol/L，1 个单位的 *Taq* 酶，50 ng DNA。PCR 扩增条件为 94 ℃预变性 5 min，然后进行 30 个循环（94 ℃变性 30 s，60 ℃退火 2 min，72 ℃延伸 8 min）的扩增。最后 72 ℃延伸 10 min，其产物做 1.5%琼脂糖凝胶电泳。

（六）RAPD 分析 RAPD 分析方法与其他作物相同，目前仅在亚麻品种鉴别方面进行了一些实验，筛选出了对品种鉴别比较有效的引物 6 个。它们是：P9 TGCTCACTGA；P10 TGGTCACAGA；P14 AGGGCGTAAG；OPW01 CTCAGTGTCC；OPW02 ACCCCGCCAA；OPW08 GACTGCCTCT。

二、转基因技术

（一）农杆菌介导法 植物转基因技术是近些年发展起来的一门新技术。黑龙江省农业科学院经济作物研究所从 1998 年开始亚麻转基因技术的研究，已经初步建立了根癌农杆菌介导亚麻转基因系统，主要程序如下。

1. 外植体的准备 选择饱满有光泽的种子，用 75%的乙醇浸 5 min 后，用 20%的漂白粉上清液浸 30～60 min，然后再用无菌水冲洗 3 次，接种到 MS 培养基上，在 25 ℃黑暗条件下培养 5～7 d，在使用前 2 d 使其置于 22 ℃，每天 16 h 光照条件下备用。或者进行预培养（preculture）。外植体在再生培养基上进行 9～12 d 的预培养然后去掉表皮，比没有预培养的转化率明显提高，经过预培养使组织细胞有利于再生。

2. 农杆菌菌液的制备 农杆菌（*Agrobacterium tumefaciens*）的繁殖，采用 YEP 培养基，含蛋白胨 10 g/L、酵母提取物 10 g/L、NaCl 5 g/L、卡那霉素（kanamycin）50 mg/L。接种后在 28 ℃条件下摇振培养 2 d。3 000 r/min离心 10 min 后去除上清液，将菌体用 MS 液体培养基悬浮后（OD_{600}＝0.5）用于转化。

3. 共培养 将亚麻下胚轴（hypocotyl）剪成 0.3～0.5 cm 的小段，然后用农杆菌悬浮液浸 10～20 min，用无菌滤纸吸干后接种到附加 KT 2 mg/L、IAA 3.5 mg/L、LH 150 mg/L 的 MS 培养基上。共培养的时间对转化率也有影响，进行 5～7 d 的共培养其转化率要比共培养 2～3 d 的高 2～15 倍。但是共培养时间过长，农杆菌大量繁殖，易导致植物组织死亡。在共培养期间可在共培养的培养基上加一层无菌滤纸，然后将外植体下胚轴接种到滤纸上。这样可以控制农杆菌的过量生长，延长共培养时间。

4. 筛选培养 筛选培养基与共培养的培养基相同，只是在其中加入了 50 mg/L 的卡那霉素和 500 mg/L 的氨噻肟头孢霉素（cefotaxime）。

将与农杆菌共培养 3 d 的外植体，用 10 μmol/L 的 $MgSO_4$ 溶液中浸 10～20 min，然后用无菌水冲洗，用无菌滤纸吸干后接种到筛选培养基上。在与上述相同培养条件下培养。在未转化的条件下，亚麻外植体在含有 50 mg/L 的卡那霉素的培养基上无法生长，而经转化的外植体在附加 50 mg/L 的卡那霉素的 MS 培养基上可有 50%以上的外植体形成愈伤组织。

5. 再生（regeneration）**植株的诱导**　将培养 3 周的愈伤组织接种到含有少量 BA 和 NAA 的 MS 培养基上。其中含卡那霉素 50 mg/L、氨噻肟头孢霉素 500 mg/L，在 24～26 ℃条件下培养，每天光照 14～16 h。将愈伤组织接种到分化培养基上，在适宜条件下培养 4 周再生植株可达 3～5 cm 高。高浓度的细胞分裂素有利于亚麻愈伤组织的形成，而不利于再分化。

再生植株中有较大比例的非转基因植株。这是由于逃逸细胞（escape cell）受到交叉保护，至少其中一部分是嵌合体（chimaera）。要想获得纯合的转基因植株，必须对大量的嵌合体后代进行检测，或者是将植株剪段进行筛选培养繁殖，或在选择培养基上进行嵌合体叶片或愈伤组织的培养。

6. 生根培养　当再生植株长到 3～5 cm 时接种到生根培养基（1/2MS＋0.001 mg/L NAA）上进行生根培养。15 d 后观察 80%以上的植株可生根。

（二）基因枪法　利用基因枪（biolistics）法直接将外源 DNA 送入到细胞中，然后经选择可获得转基因再生植株不必使用农杆菌，因此不受基因型的影响及脱菌技术的影响。

基因枪法可有效利用下胚轴表皮的再生性。因为下胚轴的表皮细胞可形成大量的不定芽，可为 DNA 包裹的金属微粒提供良好的靶子。所需要的质粒（plasmid）可用大肠杆菌进行繁殖，提取质粒 DNA 附着在金属微粒表面。获得亚麻转基因植株的适宜条件是：预培养 4 d 的下胚轴，6 210 kPa 的爆破旋转压力，抽真空到94 658.62 Pa（71 cmHg），2 cm 的开口 6 cm 的目标距离，金属微粒的直径 1 μm。当这些参数略有改变时仍可获得转基因再生植株。将处理的下胚轴直接接种到筛选培养基上，不需加氨噻肟头孢霉素。

第六节　亚麻田间试验技术

一、规范化田间试验技术

（一）预备试验圃　本试验圃的目的是在对上一年决选的品系进行繁殖的同时进行初步的鉴定，小区面积 2 m^2，行长 2 m，行距 20 cm，5 行区，不设重复，每平方米有效播种粒数 1 500 粒。

（二）鉴定圃　鉴定圃是对预备试验圃初选品系进一步鉴定，一般进行 2 年，小区面积 2.1 m^2，行长 2 m，行距 15 cm，7 行区，2 次重复，每平方米有效播种粒数 2 000 粒。

（三）区域试验及生产试验　区域试验由各个省统一布点，一般 5～7 个试验点。一般进行 2 年。小区面积 15 m^2，行长 10 m，行距 15 cm，10 行区，4 次重复，每平方米有效播种粒数 2 000 粒，四周设 1 m 宽的保护区。

生产试验由各个省统一布点，一般 4～5 个试验点。一般进行 1 年。大区对比不设重复。每区面积 100 m^2，每平方米有效播种粒数 2 000 粒。

二、主要目标性状的鉴定技术

（一）抗倒伏性鉴定

1. 按茎基部的曲率来确定抗倒伏性　这种方法简便易行，茎基部的曲率，不抗倒伏的品种比抗倒伏品种大。具体方法是在工艺成熟期用毫米坐标纸直接测量茎基部离开通过根部的竖直线（或纵坐标）的距离，用来标志弯曲程度。

2. 根据实际倒伏程度确是抗倒伏性　倒伏程度分为 0～3 级。0 级不倒伏，1 级植株倾斜小于 15°，2 级植株倾斜小于 45°，3 级植株倾斜大于 45°。

（二）纤维含量的测定

1. 显微镜观察　高纤亚麻品种的解剖特点是：韧皮部、纤维层和木质部的相对厚度要大于低纤维品种，而髓腔半径相对值小于低纤维品种；高纤品种的单纤维细胞比低纤品种的略粗，且细胞壁略厚。

2. 单株纤维含量的测定　可采用温水沤制人工手扒麻的方法，或用0.25%的氢氧化钠水溶液煮30 min将纤维分离烘干后称重。

3. 品系鉴定　可沤制3～5 kg的样本，沤好后称量干茎重，然后在专用的试样制麻机上制麻，计算长麻率及全麻率。如果无专用的制麻设备，可取沤好的麻样100～200 g人工扒麻测试出麻率。

（三）纤维强度的测定

切取纤维中部，长度27 cm，回潮率10%，用专用的定重秆称取420 mg样本，用YM02型亚麻束纤维强力机测试。

第七节　亚麻种子生产技术

一、种子的规范化生产

种子标准化生产是使育种成果迅速转化为生产力的重要手段，也是育种工作的继续。亚麻生产田以采麻为主，工艺成熟期收获，此时仅有1/3的蒴果成熟，尚有2/3的种子没有成熟，种子虽然具有发芽能力，但生活力弱，这样的种子长期使用会造成种性退化影响亚麻的产量及质量，所以应建立规范化的种子生产体系。现行的亚麻良种繁育包括原原种、原种和良种3级。

（一）亚麻良种高倍繁殖　在良种繁殖过程中，采用高倍繁殖的方法可以大大提高良种繁殖倍数，加速良种的繁殖和推广速度。亚麻良种的一般繁殖倍数为5倍，最高可达25～30倍。

一般株行圃混收的原原种繁殖采用高倍繁殖法，播量30 kg/hm^2，宽行距稀植，大多采用45 cm行距双条播，种子繁殖倍数可达25～30倍。原种繁殖播种量为50 kg/hm^2，15 cm行距条播，一般繁殖倍数在15倍左右。

（二）亚麻良种提纯复壮技术　亚麻生产中混杂退化了的品种主要表现在：株高不齐，花序增大，分枝增多，工艺长度降低，熟期偏早不齐；抗病虫害能力下降，原茎、纤维产量降低，纤维品质变劣。经过提纯复壮后，可比未提纯的种子增产5%～8%，出麻率提高1～2个百分点。一般采用三圃提纯技术。三圃提纯技术是亚麻提纯复壮的基本方法。三圃即单株培育选择圃、株行鉴定圃和混系高倍繁殖圃。

1. 单株培育选择圃　常以原种为材料，也可以结合原原种高倍繁殖同时进行。主要任务是选拔本品种典型优良单株。在工艺成熟期初选，单株收获保存，然后室内考种决选，最后单株脱粒保存。

2. 株行鉴定圃　将上年入选单株种子统一编号，每株种子种一行，形成一个株系。在生育期中观察比较，开花及工艺成熟期分别进行一次株系评选，选择综合性状整齐一致，健壮的优良株系，淘汰劣系。入选株行一般为2/3左右。此圃一般行长1 m，行距20 cm，每隔10～20行设1行原品种的原种为对照。

3. 混系高倍繁殖圃　将上年选留的混系种子，在优良的栽培条件下，采用行距45 cm双条播，播量30 kg/hm^2，生育期中进行严格除杂去劣，防杂保纯，种子成熟期收获。由此生产的种子为原种。

目前全国各作物正在推行由育种家种子、原原种、原种和良种4个环节组成的四级种子生产程序（参见“绪论”相关内容，此处的四级种子与上文的三级种子不等同，大致育种家种子与三级种的原原种相近，两者的原种及良种相近），以此来保护育种者的知识产权，防止品种混杂退化，保持品种原有种性，从而发挥种子的增产效果。亚麻面积小、种子小、用量少，其四级种子生产程序尚未确定，有待积累经验后转轨。

二、种子质量检验鉴定技术

（一）质量标准　原种（basic seed）是按原种生产技术规程生产的种子，或用由育种家种子（breeder seed）繁殖的原原种（pre-basic seed）再扩繁的种子。原种的质量标准是纯度>99.0%，净度>96%，发芽率>85%，水分<9.0%。

良种（certified seed）是用原种繁殖的第一代至第三代种子。良种的质量标准是纯度>97.0%，净度>96%，发芽率>85%，水分<9.0%。

（二）检验方法

1. 扦样　种子批的最大重量 10 000 kg，送验样品 150 g。净度分析试样 15 g，其他植物种子计数试验 150 g。

2. 净度分析　净度是指净种子占分析各种成分（即净种子、其他植物种子和杂质 3 部分）重量总和的百分数。

净种子：凡是能够明确地鉴别出它们属于亚麻种子的完整的种子单位、或大于原来大小一半的破损种子单位，即使是未成熟的、瘦小的、皱缩的、带病的或发芽的种子单位都为净种子。

3. 发芽率　在加入适量净水的滤纸上放上准备发芽的种子，在 25～28 ℃条件下，经 3 d 时间，生长出的正常幼苗数占供检种子粒数的百分数。

4. 纯度鉴定　一般采用田间小区种植鉴定的方式，具有本品种特征特性的植株数量占调查总株数的百分数为该品种的纯度。

5. 水分　把种子烘干后所失水分的重量（包括自由水和束缚水）占供试样品的原始重量的百分数，烘干时采用低温烘干箱。

第八节　亚麻育种研究动向与展望

我国的亚麻育种工作经过近 50 年的努力，培育出了许多优良品种。在生产上发挥了巨大的作用。但与先进国家相比，还存在不足，如抗倒伏性差、出麻率低等。随着南方亚麻种植面积的扩大，对早熟亚麻品种的需求日益增加。所以目前为了发展“两高一优”农业，今后应以优质、高产、抗病、抗倒伏、适应不同生态及栽培条件为主要育种目标。为了达到这一目标应充分利用丰富的种质资源（包括野生资源），采取新技术选育符合不同育种目标的新品种。

一、生物技术的应用将更加广泛

我国水稻基因图谱的完成，对我国的育种者是一个极大的鼓舞。随着技术水平的不断提高及科研条件的改善，亚麻基因图谱的绘制也将纳入科研计划并开展工作。分子标记辅助育种也将得到广泛的应用。

纤维亚麻的主产品是亚麻纤维，所以转基因亚麻不存在食品安全性问题，亚麻转基因技术的研究具有广阔的前景。目前世界上只有加拿大推广了两个抗除草剂亚麻转基因品种，但是这两个品种都是油用型的。我国及俄罗斯、捷克等国正在进行纤维亚麻转基因技术的研究，主要是农杆菌介导法，目前虽然已获得转基因植株，但该技术还需进一步完善。目前用于转化的目的基因主要是抗除草剂（herbicide）和抗虫基因。抗除草剂或抗虫的亚麻品种有望在近几年内育成。目前亚麻育种急需高纤、抗倒伏目的基因。

单倍体育种技术也将进行一步完善并被有效利用。捷克已经利用单倍体育种技术，育出了高纤品种，而我国还没有利用单倍体育种技术育成的亚麻品种。我国单倍体育种技术的研究包括：花药培养和多胚性种子（polyembryonic seed）的利用。多胚性种子的利用是利用多胚性种子中的单倍体胚直接发育成单倍体植株，经染色体加倍形成二倍体。

二、野生亚麻的利用

虽然我国具有丰富的野生亚麻（wild flax）资源，但是还没有一份得到利用。野生亚麻具有耐旱、抗病等特点，通过远缘杂交和幼胚（young embryo）离体培养技术或原生质体培养（protoplast culture）及体细胞（somatic cell）杂交技术，将其抗逆性基因导入栽培种，将有利于提高栽培亚麻的耐逆性，提高亚麻的品质及产量。

三、专用品种的选育

（一）环保品种的选育　汽车尾气的大量排放，给农田造成了重金属污染。目前世界上许多国家已经意识到这一问题，并设想利用种植作物的方式来净化土壤。经试验，亚麻对重金属镉和铅的吸收能力高于其他作物，通过各种手段进一步提高亚麻对重金属的吸收能力，选育出对重金属吸收能力的更高的环保亚麻品种将有良好的推广前景。

（二）选育光照钝感品种　亚麻为长日照作物，在黑龙江生育期为75～80 d的品种南移到广东、云南等地生育期长达130～150 d。这不仅影响品质而且影响下茬作物播种。为了扩大亚麻种植区域，充分利用南方冬闲田发展亚麻生产，选育光照钝感（photoperiod insensitivity）型品种在南方推广势在必行。

总之，以高新技术为主要育种手段，以优质、高产、抗逆性强为主要目标，选育适应不同生态区栽培的具有突破性的品种是今后亚麻育种工作发展的方向。

复习思考题

1. 试论述我国亚麻的育种进展及取得的成就。
2. 栽培亚麻有哪些品种类型？相应的育种目标如何？
3. 试述亚麻产量、品质相关性状的遗传规律及其对亚麻育种的意义。
4. 试讨论亚麻引种需注意的问题。亚麻育种有哪些主要方法？各有何特点？
5. 试述亚麻杂交育种的杂交方式与杂交后代处理和选择的方法。
6. 试讨论获得雄性不育亚麻的基本途径和方法。
7. 试述规范化的亚麻田间试验技术。如何保证产量比较试验的精确性？
8. 试从常规和分子育种结合的角度论述亚麻育中的发展方向。

附　亚麻主要育种性状的记载方法和标准

一、物候期调查

1. 播种期：播种当天的日期。
2. 出苗期：全区有50%的幼苗出土子叶展开的日期。
3. 枞形期：全区有50%幼苗叶片呈密集状，出现3对真叶的日期。
4. 快速生长期：全区有50%植株株高达到15～20 cm，生长点开始下垂的时期。
5. 现蕾期：全区有50%植株出现第一个花蕾的日期。
6. 开花期：全区有50%植株第一朵花开放的日期。
7. 工艺成熟期：全区亚麻植株有1/3的蒴果变黄、茎秆下部有1/3变黄并有1/3叶片脱落时的日期。
8. 生理成熟期：也称为种子成熟期。全区亚麻植株有2/3的蒴果成熟呈黄褐色，麻茎有2/3变为黄色，茎下部2/3叶片脱落时的日期。
9. 生长日数：从出苗至工艺成熟期的日数。
10. 全生长日数：从播种至工艺成熟期的日数。
11. 生育日数：从出苗至生理成熟期的日数。
12. 全生育日数：从播种至生理成熟期的日数。

二、植物学特征

13. 幼苗颜色：在亚麻苗期，以试验小区全部亚麻幼苗为观测对象，在正常一致的光照条件下，目测观察叶片正面的颜色，分为浅绿色、绿色、深绿色等。

14. 叶色：在亚麻植株的现蕾期，以试验小区全部亚麻植株为观测对象，在正常一致的光照条件下，目测观察植株中部叶片正面的颜色，分为浅绿色、绿色、深绿色等。

15. 花冠形状：在亚麻植株的开花期上午8～10时，目测观察每朵花的花冠形状，分为圆锥形、漏斗形、五角星形、碟形、轮形等。

16. 花冠直径：在亚麻植株的开花期上午8～10时，花冠的直径，单位为cm。

17. 花瓣色：在亚麻植株的开花盛期，在正常一致的光照条件下（一般在晴天上午8～10时左右观察），目测观察完全开放花朵的花瓣颜色，分为白色、粉色、红色、黄色、浅蓝色、深蓝色、紫色等。

18. 种皮色：在种子脱粒、干燥和清选的基础上，目测观察成熟种子的种皮颜色，分为乳白色、浅黄色、浅褐色、褐色、黑褐色等。

三、生物学特性

19. 出苗率：亚麻出苗数与有效播种粒数之比的百分数。

20. 收获株数：每平方米实际收获的有效亚麻植株数。

21. 田间保苗率：收获株数与出苗数之比的百分数。

22. 耐旱性：在干旱期间，每天下午2时左右调查亚麻植株叶片萎蔫情况及晚上或次日早上恢复程度，以强、中、弱表示。

耐旱性强：植株叶片颜色正常，或有轻度的萎蔫卷缩，但晚上很快地恢复正常状态。

耐旱性中：植株生长点叶片呈卷曲状，晚上能恢复正常。

耐旱性弱：植株叶片变黄，生长点萎蔫下垂，叶片明显卷缩，每天晚上或次日早晨恢复正常状态较慢或不能恢复。

23. 耐寒性（冻害）：出苗后遇到严重霜冻，在解冻后3～5 d调查幼苗冻害情况。目测的方法观察受冻害症状，冻害级别根据冻害症状分为5级：0级，无冻害现象发生；1级，叶片稍有萎蔫；2级，叶片失水较严重；3级，叶片严重萎蔫；4级，整株萎蔫死亡。根据冻害级别计算冻害指数，计算公式为

$$FI=\frac{\sum(x_in_i)}{4N}\times 100$$

式中，FI 为冻害指数；x_i 为各级冻害级值；n_i 为各级冻害株数；N 为调查总株数。

24. 抗病性：立枯病在苗期调查发病率；炭疽病在子叶期调查发病率；枯萎病和锈病在工艺成熟期调查发病率。

25. 抗倒伏性：一般在雨后调查，以整个试验小区的全部麻株为观测对象，用目测法调查受害情况。根据受害程度分为4级：0级，植株直立不倒；1级，植株倾斜角度在15°以下；二级，植株倾斜角度在15°～45°之间；三级，植株倾斜角度在45°以上。

四、经济与产量性状

26. 株高：亚麻植株主茎子叶痕至植株顶端的长度，单位为cm。

27. 工艺长度：亚麻植株主茎子叶痕至植株第一分枝的长度，单位为cm。

28. 分枝数：亚麻植株主茎上端的第一节分枝数，单位为个。

29. 分茎数：从子叶痕处生长出来的茎数，单位为个。

30. 茎粗：用卡尺测量茎中部的直径，单位为mm。

31. 蒴果数：每株亚麻植株主茎上着生的全部含种子的蒴果个数。

32. 每果粒数：选植株上、中、下蒴果20个，脱粒后计算平均数，单位为粒。

33. 千粒重：1 000粒种子的实际重量，单位为g。

34. 单株茎重：在亚麻工艺成熟期，亚麻植株收获晾干以后除去叶片、蒴果的单个麻茎的重量，单位为g。

35. 干茎制成率：沤制好的干茎重占供试原茎重的百分数。

36. 长麻率：长麻重占供试干茎重的百分数。

37. 全麻率：全麻重占供试干茎重的百分数。

38. 原茎产量：亚麻收获、脱粒以后晒干称量达恒重时的重量，单位为kg/hm^2。

39. 种子产量：亚麻子粒的产量，单位为kg/hm^2。

40. 长麻产量：即原茎产量×长麻率×干茎制成率，单位为kg/hm^2。

41. 全麻产量：即原茎产量×全麻率×干茎制成率，单位为kg/hm^2。

五、品质特性

42. 纤维强度：重量420 mg，长度为27 cm的亚麻束纤维的抗拉强度，单位为N。

43. 分裂度：是指亚麻束纤维的细度，单位为公支。测试与计算参照亚麻纤维细度的测定（气流法）国家标

准 GB/T 17260-1998。

44. 可挠度：称取的 420 mg 长度为 27 cm 的纤维束，放在专用的压板中，用专用扳手拧紧螺母，在温度为 20 ℃±2 ℃，相对湿度为（65±5）%的条件下放置 24 h 后用可挠度仪测定其可挠度，单位为 mm。

45. 纤维长度：以每个试验小区全部试验麻株打出的长麻为检测对象。用钢卷尺测量纤维长度，测量时从根部多数纤维处量起至梢部多数纤维处止，单位为 cm。

参 考 文 献

[1] 薄天岳，叶华智，王世全等．亚麻抗锈病基因 M_4 的特异分子标记．遗传学报．2002，9（10）：922～927

[2] 郭郢，霍文娟．加速我国农业生物技术应用研究与产业化的几点思考．天津农业科学．2001，7（1）：46～49

[3] 康庆华，王玉富，张举梅．赴捷克亚麻科研及生产考察报告．中国麻业．2002，24（4）：43～45

[4] 李学鹏，田玉杰，阴玉华等．纤维用亚麻的来源、生育期与经济性状的研究．黑龙江纺织．1994，（2）：55～57

[5] 李宗道．麻作的理论与技术．上海：上海科学技术出版社，1980

[6] 刘燕，王玉富，关凤芝等．亚麻外源 DNA 导入的适宜时期与方法的研究．中国麻作．1997，19（3）：13～15

[7] 路颖．中国亚麻种质资源研究的回顾与展望．中国麻作．2000，22（1）：42～43，27

[8] 宋淑敏，孙洪涛，傅卫东等．亚麻花药培养研究的进展．中国麻作．1996，18（4）：4～6

[9] 孙洪涛，董丽辉，付卫东等．亚麻茎尖、子叶下胚轴诱导再生植株的研究．科学通报．1983（21）：1322～1324

[10] 孙洪涛，董丽辉，付卫东等．外源激素对亚麻花药、花瓣、未授粉子房去分化培养的作用．中国麻作．1984（4）：41～43

[11] 田玉杰，李秋芝，阴玉华等．亚麻新品种"双亚八号"选育报告．中国麻作．2002，24（5）：6～7，30

[12] 王克荣，于先宝．亚麻优质高产栽培技术．哈尔滨：黑龙江人民出版社，1987

[13] 王玉富，颜忠峰，路颖等．亚麻主要数量性状的遗传研究．中国麻作．1991（1）：4～6

[14] 王玉富．亚麻品种资源的聚类分析．中国麻作．1993（1）：10～14

[15] 王玉富，刘燕，乔广军等．亚麻外源 DNA 导入后代的过氧化物酶同工酶分析．中国麻作．1996，18（3）：6～8

[16] 王玉富，周思君，刘燕等．亚麻总 DNA 快速提取方法的研究．中国麻作．1997，19（1）：19～21

[17] 王玉富，刘燕，杨学等．亚麻外源 DNA 导入后代的遗传与变异研究．中国麻作．1999，21（3）：7～11

[18] 王玉富．中国亚麻育种工作的现状及发展方向．黑龙江农业科学．1999（5）：44～47

[19] 王玉富，周思君，刘燕等．利用农杆菌介导法进行亚麻转基因培养基的研究．中国麻作．2000（1）：14～16

[20] 王玉富，周思君，刘燕等．利亚麻转基因植株的再生及生根培养的研究．中国麻作．2000（3）：25～27

[21] 王毓美，徐运远，贾敬芬．亚麻遗传转化体系的建立及几丁酯酶基因导入的研究．西北植物学报．2000，20（3）：346～351

[22] 颜忠峰，刘恩贵，杨君等．纤维亚麻诱变育种的回顾与展望．中国麻作．1992（2）：11～14

[23] 颜忠峰，刘恩贵，王玉富等．亚麻辐射育种的效果．中国麻作．1989（4）：38～40

[24] 苑志辉，孙洪涛，吴昌斌等．亚麻体细胞无性系的建立及其植株再生．中国麻作．1997，19（1）：17～18，32

[25] 周上游，侯峻．湖南农业生物技术与产业的现状及其发展思路．湖南农业科学．2003（1）：1～4

[26] Alan McHughen. Agrobacterium mediated transfer of chlorosulfuron resistance to commercial flax cultivars. Plant Cell Report. 1989（8）：445～449

[27] Poliakov A V，Wang Yu Fu，Rutkowska-Krause I. The testing of flax（*Linum usitatissimum* L.）resistance to herbicides. Natural Fibers. Special Edition. 2001，2：Ⅱ/11

[28] Mathews V H，Narayanaswamy S. Phytohormone control of regeneration in cultured tissues of

flax. Physiology. 1976 (80): 436～442

[29] Nazir Basiran, Philip Armitage, Roderick John Scott, et al. Genetic transformation of flax (*Linum usitatissimum*) by *Agrobacterium tumefaciens*: Regeneration of transformed shoots via a callus phase. Plant Cell Report. 1987 (6): 396～399

[30] Nichterlein K, Umbach H, Friedt W. Genotypic and exogenous factors affecting shoot regeneration from anther callus of linseed (*Linum usitatissimum* L.). Euphytica. 1991 (58): 157～164

[31] Nichterlein K, Friedt W. Plant regeneration from isolated microspores of linseed (*Linum usitatissimum* L.). Plant Cell Report. 1993 (12): 426～430

[32] Poliakov A V, Loshakova N I, Krylova T V, et al. Perspectives of haploids use for flax improvement (*Linum usitatissimum* L.). Report of Flax Genetic Resources Workshop. Bron 8 - 10 November. 1994, 38～41

[33] Rutkowska - Krause I, Mankowska G, Poliakov A V et al. Plant regeneration through anther culture of flax (*Linum usitatissimum* L.). Proceedings of the Third Meeting of the International Flax Research Group. 7 - 8 Novermber. 1995: 83 - 90

[34] Rakousky S, Tejklova E, Wiesner L, et al. T - DNA induced mutation and somaclonal variants of flax. Natural Fibers. Special Edition. 1998 (2): 244～246

[35] Rakousky S, Tejklova E, Wiesner L et al. Hygromycin B - an alternative in flax transformant selection. Biologia Plantarum. 1999, 42 (3): 361～369

[36] Tejklova E, The first results with anther culture of *Linum usitatissimum*. Proceeding Biotechnology in Central European Initiative Countries, Graz. 1992: 51

[37] Tejklova E. Some factors affecting anther culture *Linum usitatissimum* L. Rostlinna Vyroba. 1996, 42 (6): 249～260

[38] Wang Yu Fu, Guan Feng Zhi, Liu Yan. The history, present situation and development direction of flax breeding in China. Natural Fibers. Special Edition. 2001, 2: 0/5

（王玉富编）

第五篇　块根（茎）类作物育种

第二十一章　甘薯育种

第一节　国内外甘薯育种概况

一、我国甘薯育种概况

甘薯（sweet potato）是重要的粮食、饲料、工业原料及新型能源用块根作物，广泛种植于世界上100多个国家。中国是世界上最大的甘薯生产国，每年种植面积约6.0×10^6 hm²，约占世界的70%；年生产量1.13×10^8 t，约占世界的85%。甘薯高产，稳产，适应性广，营养丰富，用途多。

我国的甘薯育种工作大致可划分为以下3个时期。

第一个时期是新中国成立前至新中国成立初期（20世纪50年代初）。这个时期主要是搜集、评价地方品种，并开展了引种工作。如20世纪40年代从日本引种的胜利百号（冲绳100号）和从美国引种的南瑞苕都曾在我国甘薯生产上发挥过显著作用。评选出的禺北白等地方品种在广东等南方省（区）推广种植，增产30%左右，替换了当时很多低产品种。在此期间，也有少数地区开展了杂交育种工作，如台湾省此期间进行甘薯有性杂交育种，并将育种目标定为高产、高淀粉品种的选育。

第二个时期是从20世纪50年代初至70年代末。这个时期是中国甘薯杂交育种工作蓬勃兴起和迅速发展的时期，主要育种目标是高产，兼顾抗病性。1948年开始，由前华北农业科学研究所盛家廉等选用胜利百号和南瑞苕为杂交亲本进行正反交，育成华北117、北京553等良种。前华东农业科学研究所张必泰等育成51-93、51-16等良种。之后各地农业研究机构和农业院校陆续开展甘薯杂交育种工作，使用胜利百号和南瑞苕两亲本杂交，先后育成栗子香、遗字138、一窝红、济薯1号、烟薯1号、大南伏、湘农黄皮等品种。20世纪60～70年代，我国选育出具有一定特色的新品种60多个，一般比当地品种增产20%～30%或以上。每年种植6.67×10^4 hm²以上的品种有徐薯18、青农2号、丰收白、川薯27、农大红等11个品种。由徐州甘薯研究中心盛家廉等育成的徐薯18，高产、高抗根腐病［root rot，*Fusarium solani*（Mart.）Sacc. f. sp. *batatas* McClure］，控制了当时根腐病的蔓延，推广面积迅速扩大，获得国家发明一等奖。

这一时期，我国广泛开展了甘薯品种资源的搜集和整理，至1957年共搜集1 700份，并按高产、优质、形态、抗性等特征进行了分类、归纳、整理。对甘薯重要性状的遗传规律、有性杂交中促进开花的方法和理论、辐射育种、自交系育种及种间杂交育种等也进行了研究。如北京农业大学等通过^{60}Co γ射线辐射诱变获得一些高抗病的突变材料；西北农学院选育出自交结实率高达85%的高自1号和高自73-14；江苏省农业科学院利用近缘野生种*Ipomoea trifida*（4*x*，6*x*）和甘薯杂交，选育出一批高淀粉、高抗病优良材料。

第三个时期是从20世纪80年代初至现在。这个时期的主要育种目标由原来的高产转变为产量与品质并重，注重专用型、多用途新品种的选育。这一时期，我国育成工业原料用、食用、饲料用等各种专用型、兼用型甘薯品种50余个，从而改变了我国过去甘薯品种类型单一的局面。由南充市农业科学研究所育成的食用品种南薯88，获得国家科技进步一等奖。进入21世纪，我国甘薯育种目标进一步向多样化和专用型发展，对不同用途，不同类型的品种均提出了不同的要求，特别强调品种的品质改良。新型能源专用甘薯新材料创制和新品种选育也列入国家“863”计划。

这一时期，在甘薯品种资源搜集、保存、评价、鉴定等方面，在甘薯育种新材料的发掘与创新，育种新技术与新方法，以及育种学基础研究等方面均取得很大进展。目前全国搜集保存的甘薯品种资源 2 000 余份，从日本、美国、韩国、菲律宾等国家以及国际马铃薯中心（CIP）、中国台湾省的亚洲蔬菜研究和发展中心（AVRDC）、国际热带农业研究所（IITA）等单位引进甘薯品种资源 300 余份，并对其特性进行了鉴定。在杂交不亲和群测定方面也做了大量工作，开展了甘薯种质试管苗的保存方法研究。应用不完全双列杂交模式进行配合力分析，评选出一批优良亲本和组合。基本建立了主要病害的抗病性、耐旱性、淀粉含量、胡萝卜素含量等的准确快速鉴定方法。河北省农林科学院提出"计划集团杂交"育种法，中国农业大学等从种间杂交后代中筛选出一批不同倍性、不同特性的新材料。中国农业大学用γ射线、离子束辐照徐薯 18、高系 14 号等的器官和细胞，改良了其黑斑病与茎线虫病抗性、淀粉含量、胡萝卜素含量等；烟台市农业科学研究所用快中子辐照有性杂交种子，选出优良后代。中国农业大学对甘薯组种间、种内交配不亲和性的机理与克服方法进行了较系统的研究，并较系统地研究了甘薯细胞和基因工程。

二、国外甘薯育种概况

日本的甘薯人工杂交育种开始于 1914 年。1937 年日本推行"富国强兵，增产粮食"的国策，甘薯被指定为重要的酒精原料作物，主要育种目标为高淀粉、高产，育成冲绳 100 号、护国薯等品种。20 世纪 40 年代中期至 60 年代初，日本甘薯育种目标仍以高淀粉、高产为主，一方面是为了解决战后粮食不足问题，另一方面甘薯是当时日本主要酒精和淀粉原料，育成金千贯、玉丰、高系 14 号等主要品种。

20 世纪 60 年代以来，日本开始重视甘薯品质的改良，育种目标由原来单一追求高淀粉、高产开始转向食用、食品加工用、淀粉原料用、饲料用等专用型品种的选育，育成一系列高淀粉品种如南丰、高淀粉等，食用品种如红东等，饲料用品种如蔓千贯等，特用品种如低甜度的农林 40 号、高花青素含量的九州 113 等。同时，日本开展了种间杂交育种，如 1975 年育成的品种南丰具有 1/8 的 *Ipomoea trifida*（6x），成为日本划时代的品种；利用近交、多交、复合杂交等方式培育高淀粉亲本材料，使高淀粉育种获得重大突破，不仅使淀粉含量高达 30%，而且在淀粉粒大小、洁白度等方面也有新的突破。日本在近缘野生种的起源与分类、近缘野生种利用、育种方法的改良、成分分析方法、生物工程等方面具有相当优势。

美国于 1937 年开展甘薯育种工作，育种目标一直以高营养成分、薯形整齐美观为重点，育成一批品质优良的食用和食品加工用品种如百年纪念、宝石等。Jones（1965）提出随机集团杂交法，以后又提出集团选择策略。美国在此后的育种工作中基本上是采用随机集团杂交法并结合集团选择培育甘薯新品种。美国在甘薯资源、起源与分类、性状遗传及其相关、基因工程、分子标记辅助育种等方面也做了大量研究工作。

另外，韩国、菲律宾、印度、印度尼西亚、马来西亚、越南、泰国、尼日利亚、坦桑尼亚、法国、国际热带农业研究所等也都在甘薯育种方面有较好的基础。自 1986 年以来，国际马铃薯中心将甘薯作为研究的重点之一，成为国际专业甘薯研究机构，在世界范围内广泛收集甘薯资源，已保存约 6 000 份，并大量制种，然后分发给各甘薯育种主要国家，其在甘薯基因工程、分子标记辅助育种等方面也做了不少工作。

第二节　甘薯育种目标与主要性状的遗传

一、甘薯育种目标

（一）主要甘薯产区的育种目标　甘薯在我国分布很广，根据气候条件与栽培制度，并参考地形、土壤等条件，把甘薯划分为 5 个栽培区，各区对甘薯品种要求不同，必须因地制宜地确定育种目标。

1. 北方春薯区　无霜期平均 170 d，冬季严寒，栽培制度为一年一熟，以春薯为主，且以春薯留种，南部有少量夏薯留种，易感染黑斑病（black rot，*Ceratocystis fimbriata* Ell. et Halst.）和茎线虫病，即线虫性糠腐病（stem nematode，*Ditylenchus destructor* Thorne），因而本区应加强早熟、萌芽性好、抗病、耐储的春薯品种的选育。

2. 黄淮流域春、夏薯区　本区为甘薯重点产区，无霜期平均 210 d，栽培制度主要为两年三熟制，生产春薯或夏薯，但本区易春旱、夏涝并有黑斑病、根腐病、茎线虫病危害，因此本区需选育高产、稳产和抗病、耐旱、耐涝的品种。

3. 长江流域夏薯区　本区无霜期平均 260 d，但由于河流多、云雾多、影响日照，甘薯多分布于红壤、黄壤等丘陵山地，栽培制度为一年两熟制，栽种夏薯为主，黑斑病危害普遍，个别省份有甘薯瘟病（bacterial wilt，*Pseudomonas batatae* Cheng et Fan..），最近认为病原为 *Pseudomonas solanacearum* 危害。还有根腐病和甘薯蚁象（weevil，*Cylas formicarius* Fab.）危害，要求选育高产、抗病、耐旱或耐湿、早熟和适于间套作的品种。

4. 南方夏、秋薯区　无霜期平均 310 d，一年两熟制，甘薯多分布在红壤、黄壤等丘陵山地，主要有黑斑病、瘟病、蚁象等病虫害危害，因而要注意选育早熟、高产、抗病虫、耐瘠、耐旱的品种。

5. 南方秋、冬薯区　无霜期平均 356 d，适宜秋、冬栽种，但此时期有干旱和寒潮侵袭，土壤属红壤，由于高温多雨，易受冲刷，栽培制度为一年两熟或两年三熟制，有甘薯瘟病、黑斑病、病毒病及蚁象危害，应注意选育高产、耐旱、耐瘠、抗病虫、耐寒、耐迟收及适于秋、冬栽种的生态型品种。但也可选育适于一年四季均可种植的品种。

（二）专用型品种的育种目标　当前及今后甘薯品种改良的方向是多样化、专用型。按照甘薯的不同用途，就专用型甘薯品种的育种目标做一概述。

1. 食用及食品加工用品种　要求具有优良的营养品质和加工品质，薯块光滑整齐、美观，一级品率高，肉色黄至橘红（不同国家或地区要求不同），粗纤维含量少，食物纤维含量多，食味好，胡萝卜素含量每 100 g 鲜薯中 5 mg 以上，维生素 C 含量每 100 g 鲜薯中 10 mg 以上，鲜薯可溶性糖含量 5%以上，干物率 25%（淀粉含量 15%）以上。鲜薯产量与当地主栽品种相当，并要求抗当地两种主要病害或耐病毒病，耐储性好。

2. 淀粉加工用品种　淀粉加工用品种要求薯块光滑整齐，薯肉洁白，淀粉含量和单位面积淀粉产量高，淀粉产量比当地主栽品种提高 15%以上，淀粉品质好，糖化慢，抗（兼抗）当地主要病害或耐病毒病，特别强调抗茎线虫病。

3. 饲料用品种　饲料用品种要求薯蔓产量高、再生能力强，生物学产量（多次收获累计）比当地主栽品种提高 15%～20%或以上，干茎叶的粗蛋白含量 15%以上，富含主要氨基酸，块根也应富含蛋白质、胡萝卜素和维生素 C。茎叶涩液少，饲口性、消化性和饲料加工品质好，并要求抗一种或多种主要病害。

4. 特用品种　胡萝卜素专用品种要求胡萝卜素含量每 100 g 鲜薯中为 10～15 mg。色素用品种要求花青素含量每 100 g 鲜薯中 80 mg 以上。蔬菜用品种要求茎尖柔嫩，维生素类及矿物质含量高，适口性好，短蔓多分枝，耐肥水，耐采收。

二、甘薯主要性状的遗传及相关

（一）块根产量（鲜薯重）　块根产量是由多基因控制的数量性状。赤藤（1961）通过对甘薯自交的研究，发现自交后代的性状几乎都有衰退，块根产量 S_1 衰退 50%以上，S_2 衰退也接近 50%，认为这一性状是受基因的非加性效应所支配。Jones（1969）和李良（1975）根据甘薯随机集团杂交的试验结果，发现块根产量的遗传方差中，加性方差占 58%～54%，非加性方差占 43%～46%。何素兰和邓世枢（1995）按不完全双列杂交设计 18 个杂交组合，发现加性方差占 65.17%，非加性方差占 34.83%。因此，块根产量的遗传效应具有复杂性，既有加性效应，也有非加性效应，至于哪一种效应更重要，则因研究的材料不同而异。

甘薯块根产量是由平均单株结薯数和平均单薯重两个产量因素构成的。Jones（1969）研究表明，单株结薯数的加性方差略低，占 44%。李良（1975）报道，单薯重的遗传方差中，加性成分占有优势，达 63%；单株结薯数的遗传方差中，加性成分略高，占 56%。何素兰和邓世枢（1995）测定，结薯数的遗传方差中，加性方差和非加性方差各占 50%。

甘薯块根产量属于易受环境影响因而遗传率较低的性状。Jones（1977）估算，块根产量的狭义遗传率仅为 25%。杨中萃等（1981）测定，块根产量的广义遗传率为 34.06%～66.73%，因杂交组合不同而异。

甘薯块根产量与块根干率（或淀粉含量）一般呈极显著负相关，与薯肉色深度呈极显著正相关，与块根纤维含量呈显著负相关，与龟裂呈极显著负相关，与块根粗蛋白质含量、黑斑病抗性、根腐病抗性等无相关。

（二）品质性状

1. 淀粉含量　甘薯块根中的淀粉含量属于数量性状，它与干物质含量（或干率）呈高度正相关（r=0.9），因此常用干物质含量来说明淀粉含量。一般认为，干物质含量主要受基因的加性效应所支配，也存在非加性效应。

赤藤（1961）发现干物质含量在 S_1 和 S_2 衰退程度都较小，是受基因的加性效应所支配。张必泰等（1981）认为，干物质含量的遗传除主要受基因的加性效应外，也有非加性效应起主导作用的情况。李良（1982）研究表明，淀粉含量和干物质含量的遗传方差中，加性方差分别占62%和54%，均以加性效应为主，其遗传率分别为0.56±0.18及0.48±0.16。杨中萃（1981）研究表明，18个组合干物质含量的广义遗传率为62.15%～97.34%，其中15个组合均在80%以上。

淀粉含量除在不同基因型之间有差异外，同一基因型的淀粉含量还因个体间、年份间、地区间、不同土壤等而变化。淀粉含量与产量之间呈负相关（r=−0.374，广崎和坂井，1981），与块根早期（栽后40 d）木质部内单位面积筛管束数呈正相关（r=0.849，陆漱韵等，1983）。中国科学院遗传研究所（1985）的研究表明，淀粉粒直径与单株干物质重呈正相关（r=0.835），与单株淀粉重也呈正相关（r=0.921）。山村（1959）的研究表明，淀粉洁白度和淀粉含量之间呈负相关（r=−0.851），而淀粉洁白度与多酚含量之间也呈负相关（r=−0.569）。

2. 胡萝卜素含量　Hernandez等（1965）研究表明，白肉色对橙肉色表现不完全显性，并推测类胡萝卜素含量是受大约6个起加性作用的基因所控制，是一数量性状。肉色的遗传率为0.53±0.14。湖南省农业科学院（1978）的研究表明，黄肉色或橘红肉色较易遗传给后代。

坂井（1970）报道，类胡萝卜素含量与淀粉含量呈负相关（r=−0.9）。Jones等（1969，1977）报道，薯肉的深颜色（红色或深黄色）与干物质含量成负相关。AVRDC（1975）报道，橘黄色薯肉的品系胡萝卜素含量高，而蛋白质含量也高。

3. 蛋白质含量　蛋白质含量属于数量性状。不同甘薯品种无论块根还是茎叶，蛋白质含量都存在很大差异。李良（1977）认为，在块根粗蛋白质含量的遗传中，加性效应比非加性效应更为重要，在遗传方差中分别占79%和21%；块根蛋白质含量的遗传率为57%。

李良（1977）报道，块根粗蛋白质含量与鲜薯产量和干物质含量之间均存在着微小的负相关。李良（1981）报道，蛋白质含量与薯肉色深度之间存在正相关（r=0.89）。张黎玉和谢一芝（1987）研究表明，茎叶蛋白质含量与块根蛋白质含量间几乎不存在相关性（r=0.048）。蛋白质含量还因品种间、地区间、年份间不同而变化。

4. 其他品质性状　Jones等（1969）的研究表明，块根肉质氧化变色的遗传率为61%，薯形的遗传率为62%，薯肉色的遗传率为66%，薯皮色的遗传率为81%，块根龟裂的遗传率为51%。这些性状的遗传方差中，加性成分都比相应的非加性成分重要，表明对这几个性状同时进行集团选择有效。

Collins（1987）认为，β-淀粉酶活性是风味的重要指标，α-淀粉酶活性是质地的重要指标，而干物量与质地的关系也具有相同的重要作用。李良等（1991）的研究表明，甘薯蒸煮后的适口性、肉色、质地及风味特性间均具有极显著的正相关。这4种食用品质特性对食味可接受性的变异为90%，表明甘薯蒸煮后的适口性、肉色、质地及风味为食味可接受性的重要构成因素。直链淀粉含量及Hunter *a* 值对甘薯蒸煮后的适口性及风味有直接影响，直链淀粉含量对蒸煮后质地直接影响较大，而Hunter *a* 值对蒸煮后肉色的直接影响最重要。

（三）抗病虫性

1. 黑斑病　朱天亮（1983）报道，甘薯对黑斑病、根腐病、茎线虫病、根结线虫病等的抗性具有较强的遗传率。邱瑞镰等（1990）的研究也表明，抗黑斑病性具有多基因遗传的特点，而且子代的抗病能力与亲本抗病能力有密切关系，其遗传效应以加性效应为主。杨中萃等（1981，1987）观察到黑斑病抗性有超亲现象。张黎玉等（1994）认为抗黑斑病的遗传背景较复杂，抗对感呈部分显性。

2. 根腐病　陈月秀等（1987）的研究表明，甘薯根腐病抗性主要受基因的加性效应控制。甘薯对根腐病的抗性是稳定的，不同年份病情指数差异不大，在早代进行抗病鉴定和选择是有效的。

3. 茎线虫病　杨中萃（1987）的研究表明，选用抗病性强的品种作亲本，容易获得抗病性强的后代，并常出现超亲现象。谢逸萍等（1994）估算出甘薯抗茎线虫病性的广义遗传率为90.9%，遗传变异系数为73.01%，其遗传效应以加性效应为主。马代夫等（1997）的研究表明，茎线虫病抗性与淀粉含量、可溶性糖含量等品质性状之间呈显著负相关。

4. 甘薯瘟　据浙江省农业科学院（1983）观察，甘薯对薯瘟病的抗与感是可以遗传的。陈凤翔（1989）报道，抗薯瘟菌群Ⅰ（pb-1）呈现受主效基因控制的质量性状遗传。

5. 病毒病　目前在世界范围内已报道的约有20种甘薯病毒及一种类病毒。我国在甘薯上已发现的病毒主要有3种：甘薯羽状斑驳病毒（sweet potato feathery mottle virus，SPFMV）、甘薯潜隐病毒（sweet potato latent virus，SPLV）和甘薯褪绿斑病毒（sweet potato chlorotic flecks virus，SPCFV）。由于目前所发现的真正抗这3种病毒病的甘薯品种资源极少，因此有关其抗性遗传机制的研究很少。Harmon（1960）研究内木栓病毒（SPFMV的一种）的抗性遗传，推测抗内木栓病毒受显性基因控制（这里所指抗病是抗扩展）。郭小丁等（1989）报道，已从1 641份材料中筛选出100份材料，经2次嫁接仍然抗SPFMV的有30份，其中有些材料可能带有抗SPFMV或免疫的基因。

6. 蔓割病　Hernandez等（1967）研究表明，甘薯蔓割病［stem rot，fusarium wilt，*Fusarium oxysporum* Schlecht. f. sp. *batatas*（Wollenw.）Snyd. et Hans.］抗性是一数量性状，以加性效应为主，在一些杂交组合中存在超亲遗传。Jones（1969）估算甘薯蔓割病的遗传率为86%，并指出加性成分实际上完全可以解释遗传方差的全部。方树民（1990）采用抗蔓割病的抗源作杂交亲本，其后代抗性基因能得到累加。

7. 根结线虫病　Misuraca（1970）认为甘薯根结线虫（root-knot nematode，*Meloidogyne incògnita* var. *carita* Chitwood）病抗性是受多基因控制的，具有部分显性的数量性状。高世汉等（1994）研究表明，甘薯根结线虫病抗性遗传以加性效应为主，亲子间抗性呈极显著正相关（$r=0.925$），其抗性具有很高的稳定性。

8. 蚁象　在热带和亚热带地区，蚁象是影响甘薯产量最为严重的害虫。甘薯对蚁象的抗性显示多基因控制。具有高干物质含量的品种一般趋于表现较少受蚁象危害。

（四）薯蔓有关性状　Jones（1969）的研究表明，多数薯蔓性状的遗传率都很高，而且预期增进和实际增进也很一致。叶片的紫叶脉的遗传率为95%，叶的紫轮为74%，叶长为99%，紫蔓为53%，叶形为59%，蔓长为60%，节间长为61%，每个花序的花蕾数为50%，植株短茸毛为82%。研究认为，缺刻叶形表现显性。叶片背面的紫叶脉与块根重、块根数之间存在较高的遗传相关。湖南省农业科学院对1 919个品系进行分析，结果表明，茎叶重的广义遗传率为84.9%，F_1与亲本的相关为$r=0.744$，达显著水平。

（五）早熟性　近年来，国内外都注意到甘薯存在类似成熟的征象，并提出早熟性育种的目标。江苏省农业科学院（1979）观察到具早结薯性的亲本就出现早结薯的后代。叶彦复（1987）的研究发现，甘薯在生长期内，可分为典型早熟品种、典型晚熟品种、恢复型早熟品种和中熟高产品种4种。以早×早、早×迟、迟×早、迟×迟等所配组合，观察到F_1早结薯品系比率、前期块根膨大快品系比率（60 d鲜薯重超过100 g/株）和早熟品系比率（90 d鲜薯重超过500 g/株）3种比率以“早×早”组配的最高，“迟×迟”组配的最低，其他类型组合居中，说明这些与早熟性有关的性状和早熟性均受基因加性效应的影响。尽管“早×早”后代有高比率的早熟品系出现，但早熟易早衰，到后期的丰产系的比率却很低。研究还表明，如以“迟×早”组配似易得到丰产的早熟品系。

第三节　甘薯种质资源研究与利用

一、甘薯及其近缘野生种

考古学证据和语言年代学认为，大约在公元前2500年，在热带美洲的某地（一般认为是秘鲁、厄瓜多尔、墨西哥一带）开始出现栽培甘薯，约在公元1世纪首先传入萨摩亚群岛，之后广布于夏威夷、新西兰等地，于明朝万历年间（16世纪末叶）由菲律宾传入我国。

甘薯在植物分类上属旋花科（Convolvulaceae），甘薯属（*Ipomoea*），该属又细分为若干亚属和组，甘薯及其近缘野生种是甘薯组（Section *Batatas*）中的一些种。栽培种甘薯［*Ipomoea batatas*（L.）Lam.］为同源六倍体（$2n=6x=90$）。关于甘薯起源问题，Nishiyama等（1955）首次在墨西哥发现一个新的六倍体类型*Ipomoea trifida*（H. B. K.）Don.（$2n=6x$），认为可能是甘薯的祖先。此后，又在墨西哥收集到*Ipomoea leucantha* Jacq.（$2n=$

$2x$）和 *Ipomoea littoralis* Blune（$2n=4x$），经过染色体组分析，确认它们是 *Ipomoea trifida*（$2n=6x$）的基础类型，由 *Ipomoea leucantha* × *Ipomoea littoralis* 的三倍体杂种或自然界存在的 *Ipomoea trifida*（$2n=3x$），通过染色体加倍而形成的几个六倍体类型，它们的生活力及育性、染色体特性、形态学及生理学特性均与 *Ipomoea trifida* 相似。另外还没有发现 $2n=2x$、$2n=3x$ 和 $2n=4x$ 的近缘种能形成块根。$2n=6x$ 则表现出有块根、无块根两种。可食用根的形成，是甘薯种最重要的特征之一。块根性状好像是通过 *Ipomoea trifida*（$2n=6x$）许多基因发生一系列突变而出现的。

根据同甘薯的杂交亲和性，将甘薯组植物分为两个群，即同甘薯杂交亲和的第Ⅰ群和同甘薯杂交不亲和的第Ⅱ群。第Ⅰ群又叫B群或B系列，包括甘薯和 *Ipomoea trifida* 复合种；第Ⅱ群又叫A群（含X群）或A系列，包括二倍体种和四倍体种。现将两个群中比较确定的种列于表21-1中。每个种（species）大都包括若干个系统（strain），如 *Ipomoea triloba* 包括K68、K74、K121、K220等系统，同种内不同系统间在形态学等方面存在着差异；同一系统内通过姊妹交配所得的种子长成的系称为株系（line）。

表21-1　甘薯组植物的分类

群　别	种　　名	中文名	$2n$	染色体组
Ⅰ	*Ipomoea batatas*（L.）Lam.	甘薯	$6x=90$	$B_1B_1B_2B_2B_2B_2$
	Ipomoea trifida（H. B. K.）Don.	三浅裂野牵牛	$6x=90$	$B_1B_1B_2B_2B_2B_2$
	Ipomoea trifida（H. B. K.）Don.（*Ipomoea littoralis* Blune）	海滨野牵牛	$4x=60$	$B_2B_2B_2B_2$
	Ipomoea trifida（H. B. K.）Don.		$3x=45$	$B_1B_2B_2$（?）
	Ipomoea leucantha Jacq.	白花野牵牛	$2x=30$	B_1B_1
Ⅱ	*Ipomoea tiliacea*（Willd.）Choisy（*Ipomoea gracilis* R. Br.）	椴树野牵牛（纤细野牵牛）	$4x=60$	A_1A_1TT
	Ipomoea lacunosa L.	多洼野牵牛	$2x=30$	AA
	Ipomoea triloba L.	三裂叶野牵牛	$2x=30$	AA
	Ipomoea trichocarpa Ell.	毛果野牵牛	$2x=30$	AA
	Ipomoea ramoni Choisy	野氏野牵牛	$2x=30$	AA

二、甘薯种质资源利用的障碍——交配不亲和性

交配不亲和性是指雌、雄蕊等性器官正常，但由于不亲和性基因的作用使交配能力受到限制，不能得到种子，而不是由于雌、雄配子败育或者其他原因所引起的不（半不）孕和低结实性。甘薯组存在的交配不亲和性包括种间交配不亲和性和种内交配不亲和性。种间交配不亲和性即第Ⅰ群种和第Ⅱ群种之间的杂交不亲和性，种内交配不亲和性即第Ⅰ群的甘薯栽培种内品种间存在的交配不亲和性以及 *Ipomoea trifida* 的无性系间存在的交配不亲和性。根据种内交配不亲和性，可将甘薯品种或 *Ipomoea trifida* 的无性系划分成若干个不孕群，同一不孕群内的品种（或无性系）间交配是不亲和的，因此种内交配不亲和性又包括自交不亲和性和同一不孕群内品种（或无性系）间的杂交不亲和性两种。

（一）种内交配不亲和性

1. 不孕群的划分　Shout（1926）提出甘薯可能存在自交不亲和性和其他限制因素，以后进一步确认甘薯种内存在交配不亲和性。寺尾（1934）根据实验，第一次提出甘薯品种可分为A、B、C 3个不孕群，群内品种间交配结实率很低，自此，划分不孕群的工作得以广泛开展。Nakanishi和Kobayashi（1979）从707个无性系中测定出A～L和N～P共15个不孕群（没有M）和一个亲和群，并列出其地理分布（表21-2）。大部分是完备的不孕群，但也有复合不孕群（如AfCf）和单侧不孕群（如Bf）。单侧杂交不孕群是指一组合中某品种用作母本时是杂交亲和的，当该品种用作父本时则是杂交不亲和的；复合杂交不孕群是指品种作母本时和A、C群均亲和，作父本时与A、C群均不亲和，即有两个以上的群不亲和。

表 21-2　甘薯杂交不孕群的地理分布

（引自 Nakanishi 和 Kobayashi，1979）

国家（地区）	系数	杂交不孕群																
		A	B	C	D	E	F	G	H	I	J	K	L	M	N	O	P	X
泰国	6	4	2.5															
中国	9	1	3.5	4		1												
日本冲绳县	9	1	7	1														
菲律宾	94	20	28.5	1		25.5			20						9			1
新几内亚	92	41.5	42.5		1	4	2		20									
新不列颠	2		2															
所罗门群岛	4	1	2						2									
新赫布里低群岛	22	6	7	8			1											
新喀里多尼亚	10	1	3		1	4												
斐济	5		4	1.5														
汤加	5		4			1												
西萨马	2	1				1												
库克群岛	8		7			1												
新西兰	10		3	2			4	1	0.5									
社会群岛	14		12						2									
土阿莫土群岛	2		2															
马克萨斯群岛	7		6			1												
复活节岛	4				2													
秘鲁	47		10	7	6			2	4.5	2		3.5	12		1		1	
哥伦比亚	15		2		4				1		2.5	1				2	2	1
厄瓜多尔	9	1	3	2												1	1	1
美国[a]	62	10.5	29	5	10				2	1								4
墨西哥[a]	25	2.5	12	5	1		1	1					2					
巴西[a]	49	5	21	1.5		8.5	2					7	5.5					
中国[a]	16	11	5															
日本[b]	169	112	47	10														

注：a 示无性系是从其他途径导入的，不是来自 Yen；b 示无性系是第二次世界大战前导入的。杂交不孕群给值 1，单侧杂交不孕群给值 0.5，复合杂交不孕群给值 0.5 和 0.5。

Nishiyama 等（1961）报道，*Ipomoea trifida*（6*x*）不仅是自交不亲和的，而且在 17 个无性系中发现了 7 个杂交不孕群。小卷等（1984）将 1955 年以来从热带美洲导入的 110 个野生种无性系与已知甘薯杂交，指出甘薯和 *Ipomoea trifida* 有共同的杂交不孕群 13 个，其中也包含了像甘薯一样的单侧杂交不孕群（Bm）以及复合杂交不孕群（AfCf 等）；在甘薯中已知的 X 群，*Ipomoea trifida* 占了总数的一半，甘薯中只有 3 个无性系属 X 群，*Ipomoea trifida* 和甘薯有很高的相同性，可能二者存在着非常类似的机制。

在我国，1960 年中国农业科学院作物研究所首先开始鉴定一些品种的群别。沈稼青（1975—1984）完成了全国主要地方品种和育成品种的测群工作。杨中萃等（1987）将国内一些品种进行测群，测出 A、B、C、D、E 不孕群、黎妇群、宝石群、Y8 群、八群外群。沈稼青等（1992）对广东省 313 个品种的群别进行测定，结果表明，其中属 B 群的品种最多，按不同群别品种数目多少排列，其顺序是 B 群＞A 群＞D 群＞C 群＞A1-2 群＞美国红群＞铁线藤群。同时测出 7 群外品种 6 个；半亲和群品种 17 个，分别属 B、D、美国红群，而其中有 7 个属多群性半亲和品种。今后应研究这些不孕群与国外提出的不孕群的群别关系。

2. 不亲和性的生理机制　关于甘薯不亲和性的生理机制，从花粉在柱头上发芽、花粉管和柱头关系研究的结果多数表明，主要是柱头抑制花粉发芽。Martin（1966）把花粉能否在柱头上萌发作为划分亲和与否的标准，而把花粉萌发后的其他障碍称为不育性，这是基于早期研究认为孢子体不亲和体系仅有花粉与柱头识别的一步反应。

Linsken 等（1957）认为胼胝质起了关键作用，Dicken 等（1975）的研究发现花粉壁与柱头互作，柱头产生胼胝质导致花粉萌发失败。Shivanna（1982）的研究表明，来源于绒毡层的花粉外壁蛋白与柱头乳突细胞表面蛋白质膜识别，若不亲和，则乳突细胞积累胼胝质，阻止花粉萌发；在孢子体系统中，不亲和障碍发生在花粉与雌蕊相互作用的所有水平上。

陆漱韵和李太元（1992）、王克通和陆漱韵（1993）观察到典型的孢子体不亲和反应方式，即花粉与柱头识别，柱头乳突细胞产生胼胝质反应拒绝花粉萌发，花粉黏附量与柱头相对亲和性程度相一致，也发现有的组合授粉后花粉在柱头上萌发，但结实率极低，因此也存在萌发后的不亲和障碍。栽培种甘薯种内交配不亲和性不只是花粉和柱头间的一步性反应，而是发生在花粉与雌蕊作用的各个阶段，既有花粉与柱头的识别，也有花粉萌发后的花粉管与花柱以及雄配子从花柱基部到胚囊进行受精结实的障碍，但以柱头识别为主。

3. 不亲和性的遗传机制　这一性状对甘薯的遗传育种至关重要。关于自交和杂交不亲和性的遗传机制，有过不同解释。伊斯特（1929）和布莱格（1930）提出是遗传控制花粉的一种抑制作用。Hernandez 等（1962）和 Wang（1963）提出每个不孕群受到一对等位基因的控制，把这类基因标记为 S，形成一个复等位基因系列：S_1、S_2、S_3、S_4、S_5，各代表其相应的不孕群，群内品种间杂交及所有自交会遇到不亲和现象；亲和群（X）是由群内杂交能育的亲本组成的，具有一个 Sf 等位基因，这个基因对自交不亲和基因是显性的，所以具有 Sf 等位基因的品种和任何品种杂交均能育。

Van Schreven（1953）和 Fujise（1964）提出不亲和性的 2 个和 3 个基因位点的遗传模式。Fujise 对甘薯不亲和性的遗传做了详细的论述，其中谈到甘薯自交和杂交不亲和性是复等位基因孢子体类型的，以甘薯的 A、B、C 3 个普通的杂交不孕群为例，认为是由 3 个位点的基因 Tt、Ss 和 Zz 所决定的，显性基因 T 和 S 对 Z 是上位的，Sf 和 Zf 是不完全显性因子，其中 Sf 可削弱 S 的作用，Zf 可削弱 Z 的作用，如植株中带有 3 个位点的显性基因 T-S-Z 或全是隐性，或其中之一的显性基因为纯合体，如 TT、SS 或 ZZ，则都是致死的。A 群诸品种带有显性基因 T，品种的基因型可以有 $TtssZz$、$Ttsszz$ 和 $TtSszz$。从免疫理论上看，A 不孕群品种的柱头物质（抗原类似物质 antigen-analogous substance）产生 a，花粉物质（抗体类似物质 antibody-analogous substance）产生 β 和 γ，没有抗原抗体类似反应（antigen-antibody analogous reaction）发生，则 A 群内品种间杂交，正反交都不亲和。B 群诸品种带有显性基因 S，基因型为 $ttSszz$ 和 $ttSsZz$，柱头物质产生 b，花粉物质产生 α 和 γ，同理相互杂交是不亲和的。但如基因型为 $ttSSfZZf$，则由于 Sf 对 S 作用的减弱，Zf 对 Z 作用的减弱，柱头物质除产生 b 外，还产生 c，花粉物质除产生 α 外，还产生 β 和 γ，因而 b-β 间抗原抗体类似反应可以发生，除去柱头抑制作用，花粉可发芽，花粉管也能伸长，产生自交亲和。C 群诸品种带显性基因 Z，基因型为 $ttssZz$，柱头物质产生 c，花粉物质产生 α 和 β，表现杂交不亲和。但基因型为 $ttSSfZz$，原来 S 是 Z 的上位，由于 Sf 减弱了 S 的作用，这样 Z 成了 S 的上位，由这种 S-Z 的基因型构成的 C 群，柱头物质产生 c 和 b，花粉物质除 α 外，还产生 γ、β，由于发生 b-β 和 c-γ 抗原抗体类似反应，成了自交亲和的基因型。*Fujise* 根据上述论述，在使用的 A、B、C 3 个不孕群品种中，假定了参试品种的基因型的遗传组成，在它们自交后代及 F_1 植株中获得的自交亲和植株和杂交不孕群的理论分离比与通过实验实际值常常是一致的，他的这些论述未被后来的研究所改变。

Kowyama 等（1980）认为对甘薯不亲和性的不一致性的解释，主要是六倍体使遗传分析复杂化，还有配子败育和其他因素等问题。为此，以甘薯亲缘关系密切的 *Ipomoea trifida*（$2x$）为材料，以不同系进行的正反交、回交和测交所衍生的后代，进行分析鉴定基因型组成，提出了由单一位点的 S 复等位基因孢子体模型的遗传解释。Kowyama（1990）进一步从分子水平研究，结果表明甘薯中确有不亲和基因存在。

（二）种间交配不亲和性　西山、盐谷、Austin、Jones、Nishiyama、Shiotani 等研究甘薯起源、进化、分类等而积累的资料，表明甘薯组存在种间交配不亲和性，并将其划分为第Ⅰ群和第Ⅱ群，但对种间交配不亲和性的作用机理未进行分析。

陆漱韵等（1989）、陆漱韵和李太元（1992）的研究表明，种间交配不亲和性是一个复杂的体系，杂交组合不同，不亲和表现方式也不同，有的花粉萌发在柱头被抑制，而且乳突细胞产生胼胝质；有的花粉萌发延迟，花粉管停滞在花柱中；有的花粉虽萌发正常，但花粉管在花柱中生长受阻；有的花粉不仅在柱头上萌发，花粉管能通过花柱达到子房，而且有一定比例的卵和极核的受精，但表现受精卵和胚乳核发育上的不协调，导致合子早期夭亡。本来柱头胼胝质反应是花粉与柱头识别后产生的拒绝反应，被作为鉴定种内不亲和反应的一个指标，但在种间交配组合中也发现了这种表现特征，说明花粉和柱头之间可能也有识别作用。因此，不亲和障碍可存在于从授粉到合子发育的不同阶段上，既有花粉与柱头间识别而导致的主动抑制，也有被动抑制，但种间交配不亲和性以被动抑制为主。

（三）种间、种内交配不亲和性的克服方法

1. 植物生长调节物质处理　陆漱韵等（1994，1995）对常用的A、B、C 3个不孕群的品种进行同群内品种间杂交，用NAA、6-BA、2,4-D等处理，对克服B、C不孕群品种间杂交花粉萌发后的障碍、延长花器寿命、提高结实率有一定效果，增加了不亲和组合的受精率和胚胎数，受精卵的发育也比较快。刘法英等（2002）用100 mg/L NAA和50 mg/L BAP处理11个品种间杂交不亲和组合，获得大量杂种后代，从中筛选出农艺性状表现较好的材料5个，可望在甘薯育种中直接利用。

2. 胚、胚珠（胎）培养　Charles等（1974）用30 mg/L 2,4-D处理杂交花朵的花梗，并结合幼胚培养获得杂种植株。Kobayashi等（1993）培养*Ipomoea triloba*×*Ipomoea trifida*（2*x*）的胚珠，获得幼苗。王家旭和陆漱韵（1993）用30 mg/L 2,4-D处理*Ipomoea triloba*×徐薯18的花器，将授粉后7～20 d的杂种胚胎取出培养，获得了杂种植株。

3. 体细胞杂交　体细胞杂交将是克服甘薯组种间、种内交配不亲和性的一个有效方法，已有几个不亲和组合获得杂种植株。关于甘薯体细胞杂交将在本章第五节中介绍。

三、国内外甘薯种质资源研究创新及主要种质资源

（一）国内外甘薯种质资源研究与创新

1. 甘薯种质资源搜集、保存与鉴定　日本1955年即把外国品种和近缘野生种等基因资源加以利用，并取得良好效果。美国对甘薯种质资源也给以极大关注，去南美起源中心、澳大利亚等世界各地考察、搜集近缘野生种约400份。国际植物遗传资源委员会（IBPGR）1980年开始强化兼具食用、饲料用、工业原料用甘薯作物的搜集、研究、开发和利用，1980—1984年从拉丁美洲、非洲和亚太地区13个国家或地区搜集5 000个甘薯品种样本。国际马铃薯中心1985—1988年共搜集甘薯遗传资源5 118份，并已将大部分资源进行茎尖脱毒离体保存，用计算机建立资源鉴定评价档案。我国目前保存甘薯品种资源2 000份以上，从国外引进300余份，这些甘薯品种资源主要保存于国家甘薯改良中心（徐州）和广东省农业科学院，大部分资源已实现离体保存，并建立了甘薯品种资源数据库。

甘薯种质资源的研究包括下列内容：抗病虫性（黑斑病、茎线虫病、根腐病、薯瘟病、病毒病、蚁象）和抗逆性（干旱、贫瘠土壤、湿涝等）的鉴定；品质成分（淀粉、纤维、粗蛋白质、可溶性糖、维生素A、维生素C等含量和其他成分）分析；不孕群的测定；保存、评价和利用。

2. 甘薯种质资源的创新　甘薯种质资源的创新途径主要是甘薯与近缘种的杂交，外源有益基因的导入、人工诱变、遗传差异大的品种间杂交、克服交配不亲和性从而促进有益基因的重组、用随机交配集团等打破基因连锁、通过近交等手段积累淀粉基因等。

近缘野生种作为病虫害及逆境的抗（耐）源，有很高的利用价值。西山等（1959）发现*Ipomoea trifida*（6*x*）和甘薯杂交的F_1在抗病性、干率、淀粉率等方面并不次于栽培种，只是产量不及栽培种；将其中的优良者再与甘薯杂交，获得产量超过推广品种金千贯的新品种南丰。我国利用第Ⅰ群各倍数性的近缘野生种与甘薯杂交，也获得一批优良材料。

中国、日本、菲律宾、越南、印度等通过人工诱变获得抗病（黑斑病、茎线虫病、黑痣病等）、品质（淀粉含量、可溶性糖含量、胡萝卜素含量等）、耐逆境（耐寒、耐储）等有用突变体，已在甘薯育种中直接利用或作杂交亲本利用。

利用自交或兄妹交配等近亲交配，对创造具有基因加性效应的性状（如淀粉含量、抗根结线虫病等）新种质是有效的。日本利用这一原理，1974年培育成CS69136-2、CS69136-33、CS7279-19G等高淀粉、高抗病材料。用CS69136-2为母本，玉丰作父本，1986年育成白萨摩，其块根产量、淀粉产量均比金千贯高10%以上，还抗根结线虫病和黑斑病。其余两个材料也在育种中配成组合，1988年育成淀粉含量高达30%的高淀粉品种，而且抗

根结线虫病和蔓割病。西北农业大学通过近交选育出自交率高达90%以上的高自1号、高73-14等品系，在自交系育种中，以及用作杂交亲本和一些遗传研究中很有价值。

美国用随机集团交配育种法，由于3代不选择，打破基因连锁，并能将加性效应的基因集积起来，培育出一批抗多种病虫害，尤其是抗地下害虫和蚁象的资源，如W71、W149、W151等。

"十五"期间，我国"863"计划制定了具体的甘薯优质、高产、多抗、专用新品种选育与种质创新目标，其中包括新型能源用甘薯新材料创制与研究。如要求高淀粉育种材料的淀粉含量比徐薯18高5个百分点，高胡萝卜素材料的胡萝卜素含量15 mg/100 g鲜薯，三抗材料要抗茎线虫病、根腐病、复合病毒或薯瘟病，高产材料的产量比对照品种高20%以上。

（二）国内外主要甘薯种质资源

1. 高淀粉工业用　有金千贯、南丰、懒汉芋、栗子香、绵粉1号、高淀粉、AB94001.8、AB94078.1等。

2. 食用　有百年薯、南瑞苕、Gem、大南伏、红赤、红东、北京553等。

3. 高产　有徐薯18、宁薯1号、鲁薯1号、冀薯2号、南薯88、台农10号等。

4. 高胡萝卜素含量　有Kandee、Goldrush、台农66号、百年薯、徐98-22-5等。

5. 高蛋白质含量　有W-17、Rose、百年薯、Leeland、Bunch、Jewel等。

6. 高抗根腐病　有苏薯2号、徐薯18、宁B58-5、徐289、湘薯6号、广薯84-64、皖559等。

7. 高抗黑斑病　有夹沟大紫、小白藤、满村香、南京40、济83054、皖559、宁12-17、绵粉1号等。

8. 高抗茎线虫病　有CI412-2、青农2号、鲁薯1号、宁15-33、苏薯4号、徐27-3、AB94078.1、鲁78066等。

9. 高抗薯瘟病　有荆选4号、湛薯221、岩薯24、华北48、闽抗329、湘薯6号等。

10. 抗蚁象　有湛73-165、湘薯12号等。

第四节　甘薯育种途径与方法

一、自然变异选择育种

甘薯是无性繁殖作物，常有在分生组织芽原基细胞内发生变异的现象，称为芽变（sport）。由芽变得到的薯块或植株，称为芽变体。甘薯中芽变体可以发生在任何器官上，有的材料芽变体可高达0.07%。地上部以叶脉色变异最多，蔓色次之；地下部薯皮色变异最多，其次为薯肉色。有的变异（如干物质含量、抗病性等性状）不能直接观察到，经鉴定才能确定。选出的变异材料以单株或单块繁殖，经过鉴定比较，可选出新品种，在生产上使用。日本和美国在早期曾将芽变体选择作为甘薯育种主要方法，日本的蔓无源氏是从长蔓的源氏中选出的短蔓品种；红赤从淡红皮色的八房中选出，皮色鲜红，适口性好，为烘烤型品种。我国育种工作者也比较注意自然变异材料，如广东红顶叶的惠红早是从绿顶叶的浮山红品种选来的，济南长蔓是从短蔓的华北117中选来的，北京红是从胜利百号的芽变体选来的。

二、品种间杂交育种

品种间杂交育种是国内外甘薯育种工作者一直普遍采用的方法。

（一）人工诱导开花　甘薯的花序从叶腋抽出，每个花序大都由多个花集生在花轴上成为聚伞花序。花冠由5个花瓣联合呈漏斗形，一般为淡红色，也有紫色或白色。花的基部有5枚花萼。雌雄同花，每个花有雌蕊一个，柱头头状二裂，上有许多乳状突起。子房上位，2～4室。雄蕊5个，长短不齐，围绕雌蕊着生于花冠基部。花药淡黄色，分二室，呈纵裂状。花粉球形黄白色，直径为0.09～0.1 mm，表面有许多小凸起具黏性。

在我国中部和北部，大多数甘薯品种在自然条件下不能开花，如何诱导开花，是育种工作中的首要任务。甘薯是短日照作物，通过生殖生长阶段需要较长时间的黑暗条件和一定时间的正常光照（最好是强光照）。甘薯不同品种对光周期的反应可分为短日照型、中间型和不敏感型3类。不敏感型有高自1号、农大红、向阳黄、向阳红等，均能在北方地区长日照条件下自然开花。但也有一些品种在短日照条件下并不开花，如夹沟大紫、三桠薯等。

甘薯一些品种不开花，是由于缺乏开花素，只要能导入开花素，则可促进现蕾开花，如通过能开花的品种作蒙导或作嫁接，或体外喷洒2,4-D、赤霉素等生长素类。在实践中采用单一方法诱导开花不如综合应用效果更好。

实践中常用重复法。重复法是将不能自然开花的甘薯材料嫁接在能自然开花的旋花科近缘植物上，然后以短日照处理促使花芽形成。实践证明，此法具有控制营养、满足光周期暗期需要、也会得到开花素的几重作用，开花效果最好，国内外均普遍采用。甘薯现蕾最适温度是25～30℃，高于30℃或低于15℃花蕾容易脱落，特别在高温、高湿条件下，即使形成花芽亦会转变为叶芽。甘薯现蕾后20～30 d开花。每天开花时间及数量受气温影响较大，开花适宜温度一般在22～26℃，在此温度下，随气温下降而开花延迟，花朵变小。花在早晨开放，花冠午后凋萎，开花期间昼夜温差较大则有利于开花。每朵花从露花冠到花冠脱落需48 h左右，花药在开花前就部分裂开、花粉成熟，开花后2 h全部裂开，柱头傍晚枯黄，夜间凋落。授粉时间，晴天以开花后4～5 h内结实率高，上午11点以后授粉效果有影响，但阴天可稍延长一些。采取多次重复授粉是提高结实率的有效措施。

（二）亲本选配　根据育种目标选配组合时，要考虑以下几点。

1. 性状的遗传特点　以加性效应为主的性状，如抗病性、淀粉含量、株型、早熟性、萌芽性、薯形等，可选具有这些优良特性的材料作亲本。以非加性效应为主的性状，如鲜薯重等，需测定亲本和组合的配合力，选出具有优良配合力的亲本及特定组合。

2. 不孕群　在具有相似选择效果的组合中，不用同群的品种杂交，考虑双亲属于不同的不孕群以便获得较多的杂交种子，如需要同一不孕群内的品种间杂交，可试用植物生长调节物质处理。

3. 亲缘关系与近交系数　选择不同生态型、不同基因型的材料组配，而且两亲本各具独特优异性状并使之互补。我国现有的许多甘薯优良品种是利用我国地方品种和国外品种，或不同国家的品种杂交育成的。

近交系数是亲本间亲缘关系的一种度量，它表示两亲本的近亲交配程度。近交的遗传效应在于改变群体后代的基因型频率，即纯合体增加和杂合体减少。干率主要是加性效应，有利基因相遇后可以累加，当然不利基因相遇也有影响。当近亲交配时，有增加干率的倾向。而鲜薯重则由非加性效应起很大作用，所以近交系数提高，杂合体减少，非加性效应就会有所消失，影响产量。在鲜薯重和干率之间除了存在负相关外，近交的遗传效应也是工作中常遇见的产量高干率偏低，干率提高鲜产又下降的原因所在。因此，在选配亲本时，避免高近交系数，以免减弱杂种优势。

4. 亲本配合力　好品种不一定是好亲本。好的亲本具有高的一般配合力，能在一系列组配中产生较多较好的后代。在一般配合力高的亲本中，又以特殊配合力方差大的为好，因为能表达突出的组合。所以一般配合力和特殊配合力方差，是评价杂交亲本利用价值的指标。甘薯品种间杂交的F_1代是基因型发生分离的世代，没有自花授粉作物那样多代分离、杂种优势减退等现象，对F_1样本的分析结果能够直接反映有关组合的亲本及F_1总体的优势。

配合力试验一开始是以育种目标中某些性状的一般配合力和特殊配合力方差评定亲本，以特殊配合力评定组合。为使理论方法更加切合育种实际，发展了一些做法，包括在配合力试验的基础上，用多性状多统计指标的综合等级方法鉴定优良亲本和组合；用组合生产力综合鉴定指数鉴定组合的优势；用配合力总效应预测组合后代的中选率，同时用综合入选率高低说明组合优劣等。

（三）亲本组配方式

1. 单交　这是我国甘薯育种中长期应用的交配方式，根据育种目标亲本选配的要求，确定父母本。在授粉前后采取套袋隔离措施，进行控制授粉。从20世纪60年代起，在使用胜利百号和南瑞苕的正反交组合中，育成了一大批甘薯优良品种。到目前为止，各育种单位大部分仍采用单交方式，而亲本来源是广泛的。

2. 复交　在甘薯育种中的复交方式并不像小麦、水稻、油菜等作物中所采用的典型形式。由于单交组合胜利百号和南瑞苕中已育成不少品种，再继续使用这一组合，不可能有突破性品种产生，因此用已育成品种和其他品种或非同一血缘的品种进行交配，20世纪80年代以来，又育成了不少新品种。但因大部分材料都带有胜利百号和南瑞苕的遗传成分，有的成了二者的衍生品种。

日本在1945—1989年间，以“农林”命名的推广品种已达43个，育种是以有性杂交为主，但是并不是以固定的组合进行选育，他们认为要育成各方面都理想的品种是困难的，同时只通过一次杂交希望育成一个理想的新品种，或没有足够数量的种质资源想育成优良品种往往也是困难的。因此，他们除保存国内外丰富的资源外，在育种中连续采用中间材料作杂交亲本，最后育成较满意的新品种。如农林40号、农林36号即红东都是用复合杂交培育的，他们称这种复交方式为世代前进法。

盛家廉和张必泰通过甘薯育种实践，提出了以下复合杂交的模式：

①A×（A×B），其中A与A发挥加性效应（如淀粉含量），母本A与父本B发挥非加性效应（如鲜薯重）。

②（A×B）×（A×C），其中A与A发挥加性效应（如淀粉含量），母本的A与父本的B，父本的C与母本的A以及B与C，发挥非加性效应（如鲜薯重）。

著名甘薯品种徐薯18的育成，即采用了复合杂交模式F=（D×C）×C（图21-1）。

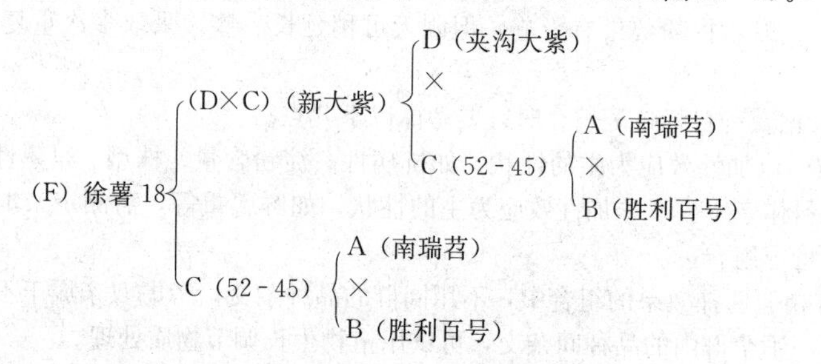

图21-1　育成徐薯18的杂交模式

3. 自由授粉

（1）天然自由授粉　因甘薯是天然异花授粉作物，甘薯育种中在品种间杂交时，授粉前后不套袋隔离，任其自由授粉，故又称为放任授粉，只知母本，不知父本。我国育种单位从这种交配方式中，曾选育出不少优良新品种，如福薯87是从潮薯1号、北京553和北京284均从胜利百号、花半1号从新种花、广薯3号从禺北白自由授粉得来。但不能用来分析父母本性状遗传行为。

（2）计划自由授粉　河北省农林科学院（1983—1987）利用自由授粉的优点，克服自由授粉具有一定盲目性的缺点，按育种目标有计划地选配4～8个亲本经嫁接短日照处理等环节组成一个集团，使集团内亲本自由授粉。如果选育目标是不同的，则需配成不同集团。由于甘薯是虫媒花，因此不同集团应隔离放置200 m以上。这一方法他们称为计划集团杂交，可以避免在亲本群别不明的情况下，造成单交组合授粉后不结实的后果。用同样4个高淀粉亲本和5个食用亲本分为集团放任授粉和正反交单交组合，结蒴率提高10.2%～21.5%，因而比较省工省物。如已审定的广薯62就是湖南138计划集团杂交后代中选育而成的饲用品种。这一方式也不能用来分析父本、母本一些性状的遗传行为和配合力。

（3）自由授粉群体　自由授粉群体或叫随机集团杂交育种，是美国Jones（1965）提出的，已在美国、日本、菲律宾、中国台湾省开展此项工作。其原理和方法是：按照育种目标要求的性状搜集能自然开花且结实率高的亲本10～20个，包括较远的血缘关系和多种杂交不孕群，组成一基本群体，放在隔离条件下使之相互自由授粉，收取一部分种子，长成植株后，并不选择，又自由授粉，如此反复经过3～4个不选择的世代，形成一个群体，在群体内按育种目标进行选择。在育种过程中对自由授粉的早世代不加选择是本育种方法的特点，目的是打破染色体内基因连锁，使染色体间基因得到充分重组。当然，在不选择的早期几个世代中，也可选留有希望的个体或用其多余的种子参加到常规育种中去。自由授粉群体在田间种植时采用稀植，行株距可用1 m×1 m，并进行搭架挂蔓，有利于开花结实，也便于管理、观察和采收种子。其程序见图21-2。

通过自由授粉群体的合成可以进行遗传研究。Jones等通过自由授粉群体，对植株10个性状和块根7个性状以及一些抗病虫性的遗传率及遗传相关等进行了研究。日本近年来的研究表明，最初基本群体中的品种（系）的总薯重和淀粉含量之间为负相关，相关系数为−0.366；到自由授粉群体的第六代时，其中品种（系）的总薯重和

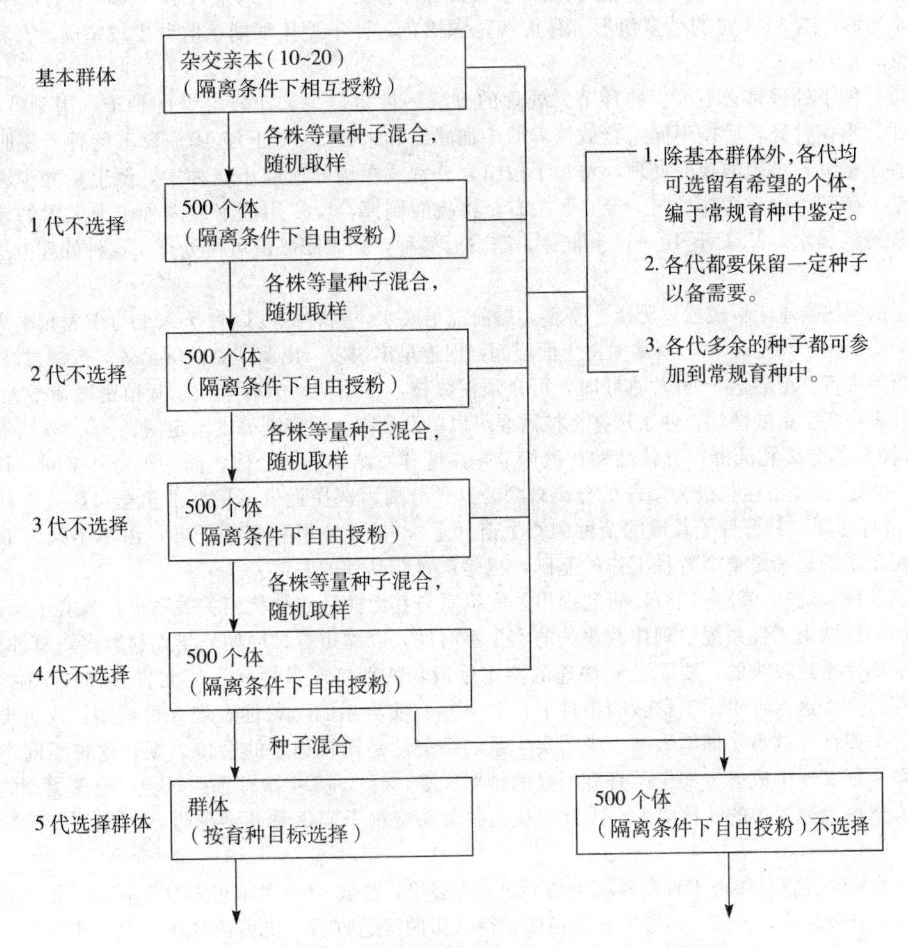

图 21-2　自由授粉群体工作程序

（引自西北农学院，作物育种学，1981）

淀粉含量间的相关系数为－0.049，说明通过这种交配方式有可能选出产量高淀粉含量也高的品种。

Jones 等 1974 年从自由授粉群体选出 W-51 高抗南方根结线虫病，尤其抗该病的 RB 小种，并抗爪哇根结线虫病，其产量与百年薯、宝石相当，肉橘红色，皮紫色，薯块纺锤形偏长，萌芽性好，自然开花。1975 年又选出 W-13 高抗蔓割病及南方根结线虫病，并抗多种南方虫害，高产，薯形好，皮黄铜色，肉橘黄色，自然开花结实。同年还选出 W-178，高抗蔓割病及南方根结线虫病，并抗蛴螬和多种南方虫害，产量中等，皮鲜红色，肉橘红色，薯块纺锤形偏长，薯形整齐，自然开花结实。我国台湾省 1975 年由甘薯自由授粉群体第四代中选出台农 66 号，顶叶绿色，茎绿色，短蔓，半直立，结薯早，薯块整齐，皮淡棕红色，肉橙红色；干率26.6%～31.2%，淀粉率 13.5%～14.0%，粗蛋白质含量 5.1%～5.7%。

采用自由授粉群体进行品种间杂交育种所需年限较长，如一般常规育成一个品种需 6～7 年，而这种方法因有 3～4 代不进行选择，所以需 10～11 年；试验用地多，因为要稀植，一个群体至少要种 500 m^2，群体间为防止昆虫等传粉要间隔 200 m 以上；要进行搭架栽培，花费较多的劳力和物资。

（四）种子采收与实生苗栽种　甘薯授粉后 2～3 d，子房开始膨大，从授粉到果实成熟，一般要 25～50 d，因品种、植株生长状况以及气温变化而不同。果实成熟标志是果柄变枯，果实干缩。成熟后要及时采收，以免脱落。采收的果实和种子按组合分别装入纸袋内，连同纸袋储存于干燥器中，或装袋后充分晾干。这样种子可储存 4～5 年。甘薯的果实为蒴果，每个蒴果一般有种子 1～4 粒，多数为 1～2 粒。种子较小，千粒重一般 20 g 左右，直径约 3 mm 左右。种子大小及形状与一个蒴果内的种子数目有密切关系，一个蒴果只结一粒种子的，种子近似圆形，结 2 粒的呈半球形，结 3～4 粒的呈多角形。种皮淡至深褐色，种子无休眠期，但种皮较坚硬，有角质层，不易透水。

播种前进行种子处理是必不可少的环节。处理的方法一种是量少和比较宝贵的种子，用刻破种皮的方法，注意刻口要小，不伤种胚，后按不同组合放培养皿中加滤纸和水在 25 ℃下浸 10～12 h 待种子膨胀或露白时即速播种。如种子量大，可用浓硫酸处理，将种子按组合分别放在培养皿或小烧杯中，倒上硫酸少许，以能盖住种子和种子沾上硫酸为度，搅拌均匀，经 1 h 左右，将硫酸倒掉，反复用清水冲洗种子上黏附的硫酸，然后放在培养皿中加滤纸和水，25 ℃下 10～12 h 催芽，露白后播种，如未膨胀的可再处理。这种处理方法简便，效果最好。

播种种子的地块要求土壤疏松，肥沃，平整。播前浇足底水，播种深度以种子入土与土表相平为准，上盖细土 1～2 cm，保持温度 25～30 ℃，经常保持土面湿润，促进早出快发。出苗注意前促后炼，气温过高要通风降温。加强管理，防除虫害。苗龄达 5～6 片真叶时，可打顶促分枝，多出苗，争取早栽。栽植密度稀于大田，保证肥、水，以便充分表达实生系的性状，便于选择。按需要可以单设病圃、耐瘠圃等供鉴定用。

（五）杂种 F_1 的分离和选择 甘薯品种在遗传上是高度异质结合的杂合体，同一组合甚至同一蒴果内不同种子间 F_1 就产生形态、经济性状极为多样的分离现象，这种分离为选择提供了极好的机会，因此，甘薯育种中一般在 F_1 代即进行选择。甘薯种子长成的苗称为实生苗（系），具有主根和两片子叶，由实生系剪下的株系则为无性系。F_1 实生系的选择是整个育种工作的基础，也是选育新品种的关键。

河北省农林科学院（1983—1987）研究提出，实生系与其无性系的性状相关关系可作为实生系选择的依据，将大量汰选的初选期由无性系提早到比较集约的实生系时期，以缩短育种周期。早期材料多，每种材料数量少，要提高选择准确性是比较难的，要靠准确快速的鉴定手段，特别是产量性状。河北省农林科学院的研究表明，采用种子发芽后直接播入畦中而不移栽的条件下，60 d 左右实生系的结薯性表现 3 种类型：成薯类、膨大类和直根类。结薯类型百分数不受环境影响，说明实生系的结薯性是比较稳定的遗传表现，这种不同类型的结薯性在当年无性系夏薯表现出成薯类实生系具有明显的结薯优势，经 3～5 年跟踪选拔试验，成薯类型的鲜产和干产名列前茅，入选率为另两类的 3 倍以上。因此，认为甘薯杂交种子实生系的结薯性，可作为其无性系产量选择的依据。

浙江省农业科学院将甘薯种子种在砂壤土的塑料营养袋里，长成 6～7 片真叶的实生苗时，摘去顶尖，促使腋芽萌发培育成多分枝壮苗，再移入薄膜覆盖的苗圃，待大田照度适宜后，再剪苗插植。改一年一点一次为一年多点多次评价选拔，选拔出适于多种条件的广谱性品种和只适于特定条件下种植的专用品种。还可利用实生苗摘下具 2～3 个叶的顶尖在温室中培育 60 d，观察微形小薯形成早晚与大小，可作为早熟性及丰产性选择的依据。评选出的微形小薯还可当年育苗插植和鉴定选择以增加一个无性世代。

Shiga 等（1985）提出块根中 K_2O/N 的比例与鲜薯产量和干薯产量成正相关，与块根中的 N 含量成负相关，因此实生系薯块中高的 K_2O/N 比（3.5）和低 N 含量对甘薯育种的薯块产量可以是一种有用的选择指标。也可用单叶块根形成能力作为高产的选择指标。其他性状的选择可根据前面所述有关性状的遗传特点及性状相关而进行。大部分性状要在无性一代和无性二代再进行鉴定。

三、种间杂交育种

甘薯种间杂交，是指在甘薯属中栽培种甘薯和野生种植物之间的杂交，通常是指甘薯及其近缘野生种之间的杂交。甘薯为同源六倍体，它同六倍体的近缘野生种 *Ipomoea trifida* 具有相同的遗传结构；使用二倍体和四倍体的近缘野生种，能够人工合成六倍体种，这种人工合成六倍体的遗传结构也与甘薯相同；将甘薯同二倍体的近缘野生种杂交，可获得正常可育的四倍体杂种。因此，将近缘野生种的遗传物质导入甘薯是非常有利的。

（一）直接利用 近缘野生种作为病虫害及逆境的抗（耐）源，有很高的利用价值。日本育成的南丰品种，是由甘薯与 *Ipomoea trifida*（$6x$）杂交材料又经两次回交的后代中选育出的，理论上含有 1/8 的 *Ipomoea trifida*

（6x）的血统。这个品种除显示出高抗根结线虫病和根腐线虫病、淀粉含量高外，在产量上还有明显的提高。江苏省农业科学院1977年起对*Ipomoea trifida*（6x）的性状，及其与甘薯杂交后代的生产力、营养成分、抗病性等做了大量观察测定，获得一些优良杂交品系，为甘薯杂交育种提供了丰富的材料。

甘薯和*Ipomoea trifida*（6x）杂交，正反交都能获得种子，但以甘薯为母本时结实率高。另外，不同甘薯品种也可影响结实率高低，从1.6%～80%不等，选配组合时需加注意。杂种后代高抗茎线虫病的占据一半，没有发现抗根腐病的后代，但淀粉含量和干物含量都表现好。杂种F_1必须与合适的甘薯品种回交，而且两次回交的甘薯品种应不同，避免由于近交导致减产。

山东省农业科学院用甘薯品种和*Ipomoea littoralis*杂交，发现有的杂种后代单株产量、干物含量均高于亲本品种，31%的杂交后代表现高抗黑斑病，说明*Ipomoea littoralis*中具有对黑斑病的抗性基因。Iwanaga（1987）报道，用甘薯和*Ipomoea trifida*（4x）杂交得到的5x杂种，表现有高产的、高干物含量的、高蛋白质含量的各种品系，还发现不遭蚁象危害的一种潜在抗源。中国农业大学将*Ipomoea trifida*（4x）同甘薯杂交，筛选到一批表现抗黑斑病、耐旱、耐寒或者结薯的5x无性系，将这些5x无性系用甘薯回交，并结合植物生长调节剂处理、放任授粉、蒙导授粉、胚珠培养等方法，获得一批高产、高干物质含量等的品系（刘长霞等，1999；王兰珍等，2000）。

Shiotani等（1991）对甘薯和*Ipomoea trifida*（2x）的四倍体杂种的淀粉特性进行研究，发现杂种的淀粉特性近似于二亲本之间。中国农业大学将*Ipomoea trifida*（2x）与*Ipomoea trifida*（4x）杂交，获得了形成2n花粉的3x种间杂种，将这些3x杂种同甘薯杂交，并结合植物生长调节剂处理，获得了一些杂种后代（黄龙等，1998）。

到目前为止，直接应用于甘薯育种的近缘野生种仅限于第Ⅰ群的*Ipomoea trifida*复合种。而属于第Ⅱ群的近缘野生种由于同甘薯有性杂交不亲和，不能用常规杂交方法将其优良基因导入甘薯。自20世纪90年代以来，刘庆昌等采用体细胞杂交法克服这种杂交不亲和性，获得杂交不亲和组合的大量种间体细胞杂种，有的具有膨大块根，可望应用于甘薯育种。

（二）利用近缘野生种人工合成六倍体　为了从长远角度充分利用低倍体近缘野生种，研究者们设计了一种方法，即人工合成六倍体。

Shiotani和Kawase（1987）人工合成了两种六倍体。第一种是用*Ipomoea lacunosa*（K61，$2x=AA$）和*Ipomoea tiliacea*（K134，$2x=A_1A_1TT$）进行杂交，获得三倍体杂种（AA_1T），然后进行秋水仙素处理，合成了六倍体（AAA_1A_1TT），该合成六倍体具有很高的育性，但与甘薯杂交未得到杂种。第二种是用*Ipomoea trifida*（K221，$2x=B_1B_1$）和*Ipomoea trifida*（K233，$4x=B_2B_2B_2B_2$）合成的六倍体（$B_1B_1B_2B_2B_2B_2$），该合成六倍体能同甘薯杂交，F_1杂种可育。

黄和盐谷（1991）合成了另一种人工六倍体。他们将品种南丰和二倍体的*Ipomoea trifida*杂交得到四倍体杂种，再将该杂种同二倍体的*Ipomoea trifida*杂交得到三倍体杂种，用秋水仙素处理该三倍体杂种即得合成六倍体（C_1系）。将C_1系同品种白丰杂交得F_1杂种（C_1S系），但发现C_1S3-37系表现出显著的染色体数不稳定性。

（三）四倍体甘薯　甘薯为高倍体作物（$2n=6x=90$），其近缘野生种有二倍体、三倍体、四倍体、六倍体种，但是这些近缘植物几乎都不能形成块根，或者形成很小的块根，就此点来说这是近缘植物的缺点。因此，在甘薯育种中利用甘薯和近缘植物之间的杂种优势时，目前不得不将F_1杂种同甘薯回交2～3次。为了提高近缘野生种的育种利用效率，能否通过近缘植物之间的杂交人工合成某种低倍体的“甘薯”，并且这种新的甘薯形成正常块根，结实率也可相应提高？因为*Batatas*组植物中随着倍数性的降低，其结实率（育性）将提高。若这种设想能成功，将对甘薯育种是有利的。

基于上述设想，日本学者宫崎（1976）报道，他于1971年成功地合成了“四倍体甘薯”。合成过程为：利用三倍体的*Ipomoea trifida*（K222）为桥梁，不同K222株系杂交合成六倍体的*Ipomoea trifida*，再与甘薯杂交得到杂种，将该杂种同二倍体的*Ipomoea trifida*（K221）杂交获得四倍体杂种（F_1）。选择农艺性状较好的四倍体杂种，让其相互杂交，得F_2、F_3等以改良农艺性状，最后选育出四倍体商用甘薯品种。这种四倍体甘薯比六倍体甘薯表皮和肉质细腻，还发现有的四倍体品系表现出在正常甘薯中从未有过的肉质。结薯性等特性可与六倍体甘薯匹敌。正常甘薯种子一般硬实，而四倍体甘薯中有的品系结有完全非硬实性的种子，播种时不用浓硫酸等处理。宫崎1972年得到13个四倍体甘薯株系（F_1），1973年进一步通过四倍体甘薯的相互杂交得到150个株系（F_2），1975年又得到270个株系（F_3）。这些株系都表现为自交不亲和，并存在8个不孕群。花粉育性在F_1代平均为65%，株系间的平均结实率为11.5%。随着F_2、F_3等世代的推移，花粉育性和杂交结实率都逐渐提高。另外，到F_3代，种子发芽率达98%，无畸形苗，生育中的生理障碍几乎消失，成为极为稳定的植物。

四、人工诱变育种

甘薯人工诱变育种是利用物理的或化学的方法处理薯块、薯苗、单细胞等，诱发基因突变和染色体畸变而引起性状的改变。多年来，国内外利用物理因素辐照较多，效果也较好；用化学药品对甘薯进行诱变处理目前使用的较少。联合国粮农组织和国际原子能机构（FAO/IAEA），1988—1992年组织研究甘薯诱变育种，1989年在曼谷召开会议，根据性状遗传行为的简单与复杂，确定甘薯诱变育种的目标范围。

（一）诱变育种目标 某种性状是否作为突变目标有赖于该性状的遗传行为以及该性状自然基因源的可用性。根据各国研究，甘薯性状和诱变育种的关系初步可分为以下4组。

1. 很适于诱变育种的性状 包括薯皮色、薯肉色、节间长短、薯形等，已证明这一组性状可诱发得到很高的频率。

2. 可以预期诱发得到突变，但频率较低的性状 这组性状包括干物质含量、淀粉含量、总糖含量、单薯重、薯块数、抗真菌病害（如黑斑病、粗皮病）、耐寒性、蛋白质含量、酚成分、α-淀粉酶和β-淀粉酶活性、储藏性、抗线虫病、自交和杂交不亲和性等。关于这些性状的基因可突变性还没有大量的实验结果，但根据它们的遗传行为中可利用的信息看，诱发这些性状突变是可能的。

3. 在诱变育种中作为长远目标进行研究的性状 这一类性状包括淀粉性质、抗病毒病、抗蚁象、排除胰蛋白酶抑制因子的活性等。在甘薯育种中迫切要求得到基因可突变性的信息，因此这些性状的诱发突变试验应与基础研究相结合。

4. 诱变育种中通常难以得到效果的性状 块根产量是受基因非加性效应或杂种优势强烈影响的，甘薯商用品种全部是遗传上高度杂合的，通过单一基因突变改进块根产量是比较困难的。但将产量按产量构成因素分解为多种性状的话，发生某一性状突变是可能的。

（二）诱变处理对象、处理方法和适宜剂量

1. 处理茎蔓或块根 它们都有特定的优缺点，如茎蔓可以大量地用物理和化学诱变源处理，按常规种植，当年所结薯块还不能鉴定出突变体，要到下一年待处理的块根长出植株后才能鉴定。处理薯块的主要缺点是很不方便，诱变处理后易腐烂，但薯块长出的苗和插入采苗圃后的切苗所结薯块能鉴定突变体，可提前一年。

（1）处理茎蔓 选择苗床上适期能栽、大小苗龄一致的壮苗，或取春薯薯蔓顶端大小一致的切苗，放在钴源照射室中心的周围，用铅盒挡住顶芽，平面排列，使苗蔓得到均匀照射，适宜剂量一般为100～200 Gy。照射后立即栽插，并栽插相应的对照，为观察自然变异作比较。辐射材料收获时要单收单藏，工作量过大时，1株至少留1块，编成号，此薯块可记作M_1V_1，对照也要单收单藏编成号。M_1V_1单株薯块育苗时，一般种5～25株，种成一块系，块系之间在地上部植株性状或地下部薯块性状上可能出现变异，在同一块系不同株间也能发现有不同的变异。总之，需要按块系对各单株进行形态特征观察或品质和抗性性状测定。此时的植株和所结薯块记作M_1V_2，是薯苗处理中选择突变体的关键时期。在M_1V_2选中的单株，要分别收获，单独育苗，以观察遗传稳定性，不要按块系收。成突变系后，除对目标性状继续观察和测定外，将与原品种和推广品种进行品系产量比较试验等工作。

（2）处理块根 薯块不定芽刚萌动时放在钴源照射室中进行处理，为M_1V_1，适宜剂量一般为100～150 Gy。薯块被照射一侧长出的苗插植后及所结薯块记作M_1V_2，也看做一块系，可进行块系或块系内不同株的选择。同时，种植未处理的对照作比较，其他同茎蔓处理。当用化学诱变剂处理时，可将诱变剂注入块根，或在薯苗上喷洒或涂抹，或将薯苗浸于药液中浸泡等。所采用的适宜浓度见表21-3。

表 21-3　甘薯诱变的适宜剂量

诱 变 源	处理对象	适宜剂量（浓度）	资料来源
β-射线（^{32}P）	块根	1.11×10^7 Bq（每个块根）	Sakai（1966）
β-射线（^{32}P）	幼苗	7.4×10^5 Bq（每株幼苗）	Sakai（1966）
γ-射线	块根	100～200 Gy	Takemata 等（1973）
γ-射线	薯蔓	100～200 Gy	陆漱韵等（1965，1988）
γ-射线	试管苗	30～50 Gy	陆漱韵等（1993）
γ-射线	愈伤组织	1～5 Gy	郑海柔（1995）
γ-射线	种子	200～400 Gy	Kukimura 等（1975）
γ-射线	悬浮细胞	80～90 Gy	刘庆昌（1998，2002）
X 射线	块根	100～200 Gy	Cheng（1958）
X 射线	幼苗	100～200 Gy	Marumine 等（1960）
快中子	幼苗	6 Gy	Love（1969）
快中子	种子	3.8×10^{11}～1.1×10^{12} 中子/cm^2	崔广琴等（1987）
离子束	种子	30 KV，5 次	安徽省农业科学院（1994）
EI	幼苗	0.3%	Kukimura 等（1975）
EI	种子	0.3%	Kukimura 等（1975）
EMS	种子、幼苗	2%～5%	Kukimura（1977）

2. 处理杂交种子　崔广琴（1987）在温室条件下诱发下胚轴不定芽变异获得了较好的诱变效果。所用的适宜剂量为 3.8×10^{11}～1.1×10^{12} 中子/cm^2，在这个剂量范围内具有较高的生物学效应。在 1.1×10^{11}～4.2×10^{12} 中子/cm^2 剂量范围内，不定芽均在子叶节下 2～3 cm 处的下胚轴部位萌发。

Kukimura（1975，1977）用 γ 射线和 EI 对甘薯杂交种子进行处理，以不处理为对照，发现群体平均产量比对照有所增加。但由于甘薯种子是分离群体，基因型不同，易将基因重组和诱发突变的变异混在一起。1986 年 FAO/IAEA 在维也纳召开诱变协作会，提出尽量不照射甘薯杂交种子，因为诱发突变不是基因重组。当然，只是从育种的角度出发，为了获得尽可能多的变异时辐照杂交种子是可行的。

3. 辐照试管苗或辐照薯苗后采用单茎节培养　Thinh（1990）经 γ 射线辐照试管苗并采用单茎节离体培养，并在低温和盐害的胁迫下，筛选到耐寒变异材料，没有嵌合体现象出现。陆漱韵和濮绍京（1990，1992）辐照薯苗后用单茎节离体培养，出现各种形态变异，移栽于田间得到薯皮色变异系和对茎线虫病抗扩展的材料，没有嵌合体现象。

处理时茎蔓不带顶尖，长 15～20 cm，均匀照射。处理后要及时接种，处理量不能太大，可以分批接种。如用试管苗进行辐照处理，一次量也不要太多，因为处理后即需进行单茎节继代培养。适宜剂量均为 30～50 Gy。单茎节繁殖而成为体细胞无性系，不需经过结薯块即可增加无性系代数，然后移植田间对形态特征、品质和抗性等进行鉴定并选出突变体，同时有相应的对照试管苗作比较。对试管植株的抗性如能进行快速简易鉴定，则可大大提高效率。

4. 辐照愈伤组织　郑海柔（1995）用 γ 射线照射甘薯茎的愈伤组织，结果表明，愈伤组织的生长随 γ 射线的辐照而加快，但剂量到 30 Gy 及其以上时，反被抑制，因此认为用 γ 射线辐照愈伤组织以诱发突变应使用 1～10 Gy 的辐射剂量。经过试验，5 Gy 剂量的辐照能刺激根生长，而且苗的诱导率达 15%，其他剂量均不利于苗的诱导。

5. 辐照单细胞　刘庆昌等（1998，2002）用 0～120 Gy 的 γ 射线照射甘薯胚性悬浮细胞，结果表明，适宜剂量为 80～90 Gy。并发现照射时的细胞状态很重要，以继代培养 2～3 d 后的细胞为宜，因为此时的细胞分裂最旺盛。通过培养获得大量再生植株，并从中筛选出薯皮色、薯肉色、高淀粉含量、高可溶性糖含量等的同质突变体。照射胚性单细胞有很多优点，如在很小空间即可照射大量材料，比较容易掌握；获得的突变体一般是同质的，有利于性状稳定；可进行离体筛选，获得抗病、耐逆境突变体。

（三）诱变后代处理方法　不论经何种诱变源处理的材料，在获得所需改良性状的突变体或其他有价值的突变体后，即相当于有性杂交育种中 F_1 实生系及其无性一代的选择，可以进入常规的育种程序中去。如果种薯和薯苗够量，也可进入鉴定试验。但必须与原始品种和当地推广品种比较 1～2 年，观察形态特征，鉴定在原始品种中具备的优良特性（如抗性、鲜产、干产），与推广品种主要比较鲜产和干产。少量优良突变系可参加品种比较试验，直至参加适应性试验。

（四）国内外已获得的有用突变体　国内外研究者通过诱变处理，已获得各种有用甘薯突变体，有些已成为新品种（系）。获得的主要诱发突变有如下几种。

1. 形态性状突变　包括叶形、叶色（叶绿素突变）、叶脉色、茎色、茎长短、茎粗细、节间数、节间长短、矮生或密集株型、薯皮色、薯肉色等。

2. 数量性状突变　包括干物质含量、淀粉含量、总糖含量、胡萝卜素含量、蔗糖含量等。

3. 生理或生态性状突变　包括早熟性、抗粗皮病（*Monilochaetes infuscans*）、抗黑斑病、抗茎线虫病扩展、耐寒性、克服 *Ipomoea leucantha* 的自交不亲和性等。

第五节　甘薯育种新技术的研究与应用

长期以来，甘薯育种中一直存在着用常规方法很难解决的主要问题：①甘薯组中存在的种间、种内交配不亲和性，严重限制了甘薯常规育种中的种质资源利用和亲本自由组配；②诱变育种一直是甘薯育种的重要手段，但长期以来甘薯诱变育种一直局限于个体或器官水平，存在着严重的嵌合体现象，限制了甘薯诱变育种效率；③线虫病、病毒病、蚁象等是世界性的甘薯重要病虫害，其抗性种质资源严重缺乏，并且这些性状与甘薯品质性状之间常存在着高度负相关，因此用常规育种方法选育出优质、抗病（虫）的甘薯新品种相当困难。国内外研究者试图分别用体细胞杂交、细胞诱变及基因工程等新方法来解决上述 3 个问题。为了成功地应用这些新方法，必需首先建立一个有效的甘薯细胞培养植株再生体系。为了提高甘薯育种效率，近几年国内外对甘薯分子标记辅助育种技术也进行了初步探讨。

一、甘薯细胞培养

中岛和山口（1968）最早人工培养了甘薯，他们用 White 培养基培养品种高系 14 号的块根组织片，获得了旺盛生长的愈伤组织，观察到少量不定根的形成。Gunckel 等（1972）培养甘薯的根，由品种 Yellow Jersey 和 Contennial 获得了再生植株。随后 Yamaguchi 及 Nakajima（1973）和 Sehgal（1975）分别由甘薯的块根和叶片愈伤组织再生出植株。20 世纪 80 年代以来，研究者们对甘薯及其近缘野生种的各种组织和器官进行了培养，通过器官形成和体细胞胚胎发生途径，由块根、茎、叶、叶柄、茎尖、花药等组织获得再生植株。但是，在大多数情况下，植株再生率很低，高频率的植株再生仅限于少数几个基因型。

美国佛罗里达大学的 Cantliffe 研究小组为开发甘薯人工种子，用品种 White Star 的茎尖分生组织诱导的胚性愈伤组织建立了胚性细胞悬浮培养系，改善了其植株再生率（Chee 和 Cantliffe，1988；Schultheis 等，1990；Chee 等，1990；Chee 等，1992）。刘庆昌等（1996）和 Liu 等（2001）以甘薯茎尖分生组织诱导的胚性愈伤组织为材料，建立了一个简单、有效的甘薯胚性细胞悬浮培养系，这一细胞悬浮培养系适合徐薯 18 等 20 余个主栽品种，其植株再生率均达 95%以上，为甘薯体细胞杂交、细胞诱变和基因工程提供了理想材料。

二、甘薯体细胞杂交

20 世纪 70 年代末以来，研究者们对甘薯及其近缘野生种的原生质体培养与植株再生进行了较系统的研究，为甘薯体细胞杂交奠定了基础。但是，由于这些研究多用再分化能力很低的叶片、叶柄等组织分离原生质体，所以仅由原生质体获得少量再生植株。在此基础上，研究者们对甘薯体细胞杂交及杂种植株再生进行了研究，获得了一些有性杂交不亲和组合的体细胞杂种植株，但所获杂种植株较少（Liu 等，1992；村田等，1993；Belarmino 等，1993；刘庆昌等，1994，1998；Wang 等，1997）。

1998 年以来，中国农业大学将所建立的甘薯胚性细胞悬浮培养系用于原生质体分离，然后进行体细胞杂交，从徐薯 18＋*Ipomoea triloba*、徐薯 18＋*Ipomoea lacunosa* 等 12 个杂交不亲和组合获得 2 000 余株种间、种内体细胞杂种植株，并对这些杂种的特征特性进行了分析，有些杂种具有明显的膨大块根，育性正常，能同甘薯进一步杂交成功（刘庆昌等，1998；张冰玉等，1999；Zhang 等，2002）。这些体细胞杂种可望用于甘薯育种。

三、甘薯细胞辐射诱变

刘庆昌等（1998，2002）用 0～120 Gy γ 射线照射甘薯品种栗子香、高系 14 号等的胚性悬浮细胞，确定甘薯胚性悬浮细胞适宜的 γ 射线辐射剂量为 80～90 Gy，从辐照后代中筛选出叶形、薯皮色、薯肉色、高干物质含量等的同质突变体。王玉萍等（2002）将品种玉丰、高系 14 号、红东和 Kandaba 在生育期内用 γ 射线慢照射，对照射后的材料进行茎尖组织培养，通过体细胞胚胎发生途径再生出大量植株。将这些再生植株移栽到大田，发现辐照后代发生了广泛的性状变异，并且这些变异是稳定遗传的；获得了薯形、薯肉色、高干率和高 Brix 的同质突变体。由高系 14 号的辐照后代筛选出的突变体农大辐 14，薯形美观，薯皮深红色，薯肉橘红色，比高系 14 号高产、味优，已形成稳定的品系。对农大辐 14 进行 RAPD 分析，从 60 个随机引物中筛选出 2 个引物：B8 和 B16，扩增出的突变体与对照的产物有明显差别。将 RAPD 扩增产生的多态性片断进行克隆、测序，根据测序结果合成了两对特异性的 SCAR 引物，每对 SCAR 引物都只扩增出一条带，片断大小分别为 686 bp 和 439 bp。

Liu 等（2002）和李爱贤等（2002）以品种栗子香胚性悬浮细胞为材料，用 PEG6000 和 NaCl 分别作为离体筛选耐旱性和耐盐性突变体选择剂，确定甘薯耐旱性和耐盐性离体筛选的适宜选择压分别为 30%PEG6000 和 2% NaCl。将辐照后的栗子香胚性悬浮细胞进行培养，得到一批再生植株。将获得的拟耐旱再生植株移栽到田间作耐旱性试验，长势优于对照的变异系占 36.4%。用耐旱系数、苗期干旱处理及叶片保水力等指标来鉴定，结果表明，有 33.3%的材料耐旱性显著优于对照。将得到的拟耐盐再生植株移栽到盐碱地中作耐盐性试验，结果表明，耐盐性植株的存活率高于对照，结薯率也高于对照。

Liu 等（2002）用 0～100 Gy $^{12}C^{5+}$ 和 0～200 Gy $^{4}He^{2+}$ 分别照射栗子香胚性细胞团，确定栗子香胚性细胞团适宜的 $^{12}C^{5+}$ 和 $^{4}He^{2+}$ 辐射剂量分别为 30～50 Gy 和 50～70 Gy。辐照后的培养物经过培养获得大量再生植株。将获得的再生植株移栽到大田，对辐照后代的地上部和地下部特征进行调查和分析，结果表明，离子束辐照后代在叶形、薯皮色等性状上发生了变异。

四、甘薯基因工程

1987 年 Eilers 报道，利用野生型根癌农杆菌感染甘薯品种 Jewel，获得了转基因愈伤组织和少量植株。Prakash 和 Varadarajan（1991）用携带双元载体 pBI 121 的农杆菌菌株 LBA4404（其上携带有 *NPT*Ⅱ基因和 *GUS* 基因）转化品种 Jewel 和 TIS-70357 的叶片及叶柄，获得转化芽，1992 年他们用基因枪法转化这两个品种，但仅获得转化愈伤组织。Newell 等（1995）分别用携带 pCT15 和 pPCG6 质粒的 LBA4404 转化品种 Jewel 的块根组织，获得少量表达豇豆胰蛋白酶抑制剂基因（*CpTI*）和植物凝集素基因（*GNA*）的转基因植株。Gama 等（1996）用菌株 EHA101 转化品种 White Star 的胚性愈伤组织，获得 8 株表达 *GUS* 基因的转基因植株。Otani 等（1998）用携带双元载体 pIG121-Hm 的菌株 EHA101 转化品种高系 14 号的胚性愈伤组织，获得一些表达 *GUS* 基因的转基因植株。

Murata 等（1997）用电击法，将 SPFMV-5 外壳蛋白基因导入品种千系 682-11 的原生质体，获得几株转基因植株。Gipriani 等（1999）用 LBA4404（pKT1-4）转化品种 Jewel 等的叶片组织，获得表达 SKT1-4 基因的转基因植株。Moran 等（1999）将 δ-内毒素基因 *cry*ⅢA 导入品种 Jewel，获得转基因植株，并对其对蚁象抗性的生物活性进行了实验。Kimura 等（2001）将淀粉粒附着性淀粉合成酶Ⅰ（GBSSⅠ）的全长 cDNA 导入品种高系 14 号的胚性愈伤组织，获得 1 株块根中缺乏直链淀粉的转基因植株。高峰等（2001）将玉米醇溶蛋白基因导入品种新大紫，获得少量转基因植株。

刘庆昌等（2002）用品种栗子香等的胚性悬浮细胞作受体，建立了一个农杆菌介导的甘薯遗传转化体系。用该遗传转化体系转化 *OCI* 基因，已获得一批转基因植株，也对其线虫病抗性进行试验。

在甘薯有关基因的克隆方面，也作了一些工作。甘薯块根中有两种主要蛋白质：块根储藏蛋白（sporamin）

和β-淀粉酶（β- amylase），在一般的栽培甘薯植物体中分别约占块根全可溶性蛋白质的 80%和 5%，而在块根以外的器官中几乎测不出这两种蛋白质的存在。Hattori 等（1989）的研究表明，sporamin 是由多基因家族控制的。Yoshida 等（1991）的研究表明，β- amylase 是由单拷贝编码基因决定的。中村等（1992）克隆了 sporamin 基因（*gSPO-AI*）和β- amylase 基因（*gβ-Amy*）的启动子，并将这些启动子同 *GUS* 基因构建成嵌合基因，就其在甘薯中专一性表达进行了探讨。森等（1991）用 SPFMV - O 的 RNA，成功克隆了含有 3′末端的长为 2.3 kb 的 cDNA。美国华盛顿大学与北卡罗来纳州立大学合作，获得 SPFMV 几个株系的 cDNA 克隆，并完成了该病毒外壳蛋白基因的测序与克隆。

五、甘薯分子标记技术

Kowyama 等（1990）对甘薯及其近缘野生种和远缘野生种进行 RFLP 分析，制作了一个系统进化树。Prakash 等（1996）对 30 个美国品种进行 RAPD 分析，发现所有品种都具有惟一的指纹图谱，可很好地进行品种鉴定。Zhang 等（1998）从 80 个随机引物中筛选出 15 个多态性引物，对南美及巴布亚新几内亚的 36 个品种进行 RAPD 分析，发现巴布亚新几内亚品种的基因多态性远低于南美的品种，而且用 15 个引物中的任何一个都可将这 36 个品种区分开。Zhang 等（2000）用 AFLP 标记对热带美洲 4 个地理区域的 13 个国家的 69 个品种进行多样性分析，用 8 对引物扩增出 210 条多态性带，发现美洲中部品种具有高的遗传多样性，验证了美洲中部是甘薯多样性和起源中心的假说。Huang 等（2000）应用 ISSR 标记分析了旋花科 *Ipomoea* 属的 40 个种的亲缘关系，发现 *Ipomoea trifida* 与栽培甘薯的亲缘关系最近。

Ukoskit 等（1997）应用 BSA 法，通过甘薯抗根结线虫病与不抗根结线虫病的亲本杂交产生的 F_1 代的 71 株植株，建立抗/感池，从 760 个随机引物中筛选到一个引物 OPI 51500，其扩增出的一个 1 500 bp 片段在抗池中有，而在感池中无，表明可通过寻找与抗性基因连锁的分子标记进行甘薯辅助育种。郭金平等（2002）用甜菜抗线虫病基因序列 Hsl^{pro-1} 设计引物，通过 PCR 扩增，筛选出一对特异性引物，用于甘薯抗线虫病种质资源的筛选和鉴定。

第六节　甘薯育种田间试验技术

（一）甘薯育种程序　甘薯育种程序，以品种间杂交的单交为例，其可分为 3 个阶段，各阶段工作要点等归纳在表 21 - 4 中。杂交是第一阶段的工作，有条件的可对亲本选配做一些预备性试验；第二阶段为实生系及其无性系的分离选择试验；第三阶段为优系产量和适应性试验。后两阶段的试验简述如下。

表 21 - 4　甘薯品种间单交育种程序及阶段工作要点

育种程序	杂　交		实生系及其无性系分离选择	优系产量和适应性试验
年限	1 年	1 年	1～2 年	2～3 年
任务	预备试验	创造优良变异	选择优良株系	决选优良品种
试验方法及特点	进行配合力试验，测定亲本的一般配合力和特殊配合力，以确定优良亲本和组合，不明群别的进行不孕群测定	自然开花材料插枝，搭架，整枝，不开花材料进行诱导开花；确定的组合和群别，多量杂交	株系试验，可分春、夏栽，或在两年内进行初选和复选； 种亲本和对照品种，第一年种单行，第二年设单行区，有条件时可设重复，以目测等感官鉴定和简易测定为主	可在不同季节插植。多点试验，用小区实验（鉴定、品比），3～5 行区，设重复，后期可结合良种良法配套技术
主要调查项目及内容	调查不同品种材料的杂交、自交结实习性和杂交不孕群，并调查亲本材料的特性	调查各组合的结实情况	主要特征、结薯习性观察； 生产力或产量、品质、干率初测，利用准确快速鉴定方法； 对主要特性（早熟性，耐旱性，抗病性，储藏性等）的初步鉴定，不同组合性状遗传特点	鲜薯和干薯产量，块根膨大特点和生态型； 主要特性的进一步鉴定； 品质性状精确鉴定，栽培利用特点，不同地点适应性试验

选系试验：实生系经观察、简易测定、初选优良株系；株系经储藏、育苗、观察，根据性状表现进一步选择，还要考虑种薯数量，一般需进行1～2年的选系试验。

鉴定圃：在完成选系任务的基础上，继续对入选材料在不同条件下予以鉴定。采用随机区组设计，常用3行小区，行长6 m，行距0.74 m，面积13.32 m²，重复3～4次，全面鉴定特征特性。有的可设挖根区，观察块根增长动态，并酌情创设对抗逆性、抗病性、储藏性等直接鉴定或综合鉴定的条件，力求明确供试品系的全部主要性状特点。鉴定出的优良品系，进一步参加品种比较试验。

品种比较和联合区域试验：品种（系）比较试验，也采用随机区组设计，重复3～4次，3～5行区，行长9 m，行距0.74 m，小区面积约20～33 m²。在种苗多的情况下，可同时进行多点试验，有条件的可将试验、丰产示范、快速繁殖相结合，做好推广前的准备，品种比较试验和联合区域试验的结果是新品种区域化试验和品种审定的重要根据。

整个育种过程中应做到实生系选择要准，鉴定要严，繁殖推广要快。特殊优异材料可破格提升，至于其他育种途径，只要选择到优良株系后，除育种目标各有侧重外，育种过程即和品种间杂交程序相同。

（二）甘薯育种实验技术的特点　甘薯育种实验技术，比之其他作物有很多特点，以下择要说明之。

1. 诱导开花的设施和技术　甘薯杂交育种中，大多数材料要诱导开花，到秋季时温度低于25 ℃时便不能做杂交工作。因此必须有高温温室和短日照处理的设施，有条件的还要有网室以防昆虫传粉。种子播种时也以有温室设施为好。育种中还应有一套诱导开花的技术，如准备砧木和接穗、接活以后的移植、搭架、整枝管理、短日照处理等专门技术，待现蕾、开花才能进行授粉杂交。

2. 甘薯种薯的储藏和育苗　甘薯是以储藏器官块根作为繁殖种薯的，块根带有很大水分，收获后必须保存在9～13 ℃的条件下，才能安全储藏越冬。我国南方广东、广西等省（区）有以薯蔓越冬繁殖的，但大部分还是用薯块。这比其他作物的不便是要有储藏块根的薯窖，还有一套管理技术，以防烂窖。春天时要采用温床、火炕加温设备等进行育苗，要防止烂床。不论储藏还是育苗，育种材料属于种类多，每类量少，不能混杂，比生产上甘薯的储藏、育苗费事。

3. 田间实验的复杂性　甘薯种苗准备时间短，试验中有紧张感，安排试验既要周全又要灵活。如在进行甘薯育种的春薯田间试验时间相当紧，从苗床上拔苗，分品种分重复整理，还要及时插植，隔天数多了秧苗质量下降，成活率和缓苗率降低，试验不准。如苗床上由于萌芽性不同，有的品种秧苗数量不够时，就要被剔出试验降到预备圃中下一次再升上。插植秧苗时没有水不行，如遇大风雨也不行。秧苗柔嫩，往往因干旱或雨打风吹造成缺苗，影响试验。在进行夏薯田间试验时，从春薯上剪秧，分品种分重复整理，还要在一天内及时插植。如春、夏薯不在一个地点种植，只能分成两天进行。准备工作时间也是很短的。有时计划的10个品种，但因有的品种蔓短，剪不下秧，也会影响到原计划的进行，要做调整。这些都与种子作物事先可在室内准备种子的播种是大不一样的。

第七节　甘薯种子生产技术

由于甘薯用种比种子作物需要量大，薯种薯苗调运困难，同时甘薯种子工作差、乱、杂现象比较普遍，因而种子生产的主要任务是要有计划、有系统地进行品种的防杂保纯，保持品种的遗传特性，延长良种在生产上的利用年限；同时也要在良好的农业技术条件下，加速繁育新良种的薯种薯苗，普及推广良种，以发挥良种的作用。甘薯为无性繁殖作物，长时间种植会因为病毒大量积累而导致品种严重退化，所以生产上已广泛使用脱毒种薯。

一、甘薯种子生产体系

（一）引起甘薯混杂变异的原因　首先，生产上对甘薯在收获、运输、储藏、育苗、剪苗和栽插等操作过程中，由于对品种特性、特征不太了解，也不注意选种留种，或在大量调运薯种、薯苗时混入其他品种的薯块和薯苗，育苗时混排品种，栽插时混栽薯苗，补栽时再度混栽，收获时混收混藏，造成人为机械混杂，使良种推广2～3年，就面目皆非。其次，由于潜伏的病毒病，不仅造成当年产量减低，而且能带到后代继续发病。第三，生物学混杂，甘薯不是发生串粉而是经常发生芽变，这种无性变异也是品种混杂不纯的主要因素之一。防止品种混杂退化，保持品种原有种性，首先要从种子生产制度上做出保证。

（二）甘薯种子生产的四级程序

关于甘薯种子生产，以往采用原原种、原种和良种三级程序，为保护育种者的知识产权、防止品种混杂退化、保持品种原有种性，目前正在推行由育种家种子、原原种、原种和良种4个环节组成的四级种子生产程序。

1. 育种家种子　育种家种子即品种通过审定时，由育种者直接生产和掌握的原始种子，具有该品种的典型性，遗传性稳定，纯度100%，不带病毒（即甘薯羽状斑驳病毒、甘薯潜隐病毒及血清学方法能检测的病毒，下同）和其他病虫害，产量及其他主要性状符合推广时的原有水平。育种家种子生产和储藏由育种者负责，在育种单位试验场或繁殖基地建立育种家种子圃，对通过审定品种的优系种子采用单株种植、分株鉴定去杂、混合收获；进一步利用茎尖分生组织培养、病毒检测（指示植物法和血清学方法），获得稳定的优系脱毒试管苗，通过组织快繁在育种家种子圃进行繁殖。生产的育种家种子可储存并分年利用。育种家种子经过一次繁殖，可生产原原种。

2. 原原种　原原种由育种家种子直接繁殖而来，具有该品种典型性，遗传性稳定，纯度99.9%，不带病毒和其他病虫害，薯块整齐度不低于90%，不完整薯块率低于1%，杂质低于2%。产量及其他主要性状与育种家种子相同。原原种生产由育种家负责。在育种单位试验场或特约原种场生产原原种。将育种家种子单株栽植，分株鉴定去杂，混合收获生产原原种。原原种经过一次繁殖可生产原种。

3. 原种　原种由原原种繁殖生产，具有该品种典型性，遗传性稳定，纯度不低于99.5%，薯块整齐度不低于85%，不完整薯块率不高于3%，杂质低于2%，带病毒率不超过10%。甘薯瘟病、疮痂病、线虫病、根腐病和甘薯蚁象为零，黑斑病和软腐病均低于0.5%。产量及其他主要性状指标仅次于原原种。原种生产由原种场负责。在隔离条件下，选无病害地块作原种圃，对原原种薯育苗稀植，生产原种。原种经过一次繁殖生产良种，也可直接供大田用种。

4. 良种　良种由原种繁殖生产，具有该品种典型性，遗传性稳定，纯度不低于98%，薯块整齐度不低于85%，不完整薯块率低于3%，杂质低于2%，带病毒率不超过20%。甘薯瘟病、疮痂病、线虫病、根腐病和甘薯蚁象为零，黑斑病和软腐病均低于1%。产量及其他主要性状指标仅次于原种。良种生产由基层种子部门负责。在良种场或特约种子基地，选择有隔离条件，无甘薯病害地块作良种圃，用原种薯苗栽植生产原种。良种直接供应大田生产。若需种量大，可再繁殖一次，作为二级良种供应大田。良种在生产上用1～2年应更新。

甘薯的再生能力很强，其块根、茎蔓、叶节、叶片、薯拐等，只要有适宜条件，都能生根发芽，长成植株。充分利用这些无性器官，创造温湿度条件，采用加温多级育苗、采苗圃育苗、种植大堆薯压蔓繁殖、叶节繁苗、离体快繁等多种方法，加速繁殖。

二、脱毒种薯生产技术

脱毒种薯生产技术包括以下环节。

1. 品种筛选　甘薯品种较多，应首先选择当地适宜栽培的高产优质或有特殊用途的品种进行脱毒。

2. 茎尖分生组织培养　该技术已比较成熟，许多单位都获得脱毒试管苗。所用茎尖分生组织大小一般为0.3～0.5 mm。基本培养基一般为MS培养基，但所加生长调节物质因品种不同稍有差异，如MS+1 mg/L BA、MS+0.5 mg/L IAA+1.0 mg/L BA等都是比较常用的。在这种培养基上培养20 d后，一般应转移到MS基本培养基上，以利小植株的形成。但由于该项工作需有相当设备，耗资较多，因此一般脱毒薯生产单位不必在这方面花费大量投入，可直接从有条件的单位取得已鉴定的脱毒试管苗或原原种和原种进行繁殖。

3. 病毒检测　组织培养产生的试管苗，经过严格检测后才能确认为脱毒试管苗。检测方法以指示植物嫁接法为好，这比血清学方法可靠。多数侵染甘薯的病毒，可使巴西牵牛（*Ipomoea setosa*）产生症状。每个试管苗应嫁接检测2次以上，每次3～5株。也可结合血清学方法（NCM-ELISA）检测。

4. 品种性状鉴定和选优　试管苗通过病毒检测后，在40目防虫网室内种植，进行形态、品质和生产能力的鉴定，从若干个无性系中选出最优者。

5. 脱毒试管苗快繁　当选的试管苗可在试管或其他容器的培养基上切段繁殖，也可在防虫温室或网室内栽培，以苗繁苗。

6. 育种家种　由育种单位在防虫温室或网室内无真菌、线虫和细菌病原的土壤上栽种试管苗，让其结薯，即为育种家种薯，育出的薯苗为育种家种苗，作生产原原种之用。为了降低成本，也可在非甘薯生产区繁殖。

7. 原原种和原种　原原种和原种生产应在防虫网室内无病原土壤上进行，也可在多年未种过甘薯、四周500 m以内无甘薯的地块中栽种。

8. 良种　生产一级种薯要用原种，地块要轮作，四周500 m内无甘薯，生长期及时去除可疑病株及其薯块。二级种薯生产地块的条件可适当低于一级种薯。

9. 种薯检验和病毒监察　各级种薯必须有质量标准，并有适当机构监督和发证。在当前开始应用阶段，原原种应要求不带有病毒和其他病原，原种只允许带有少量病毒，生产商品薯用的种薯，要求条件适当放宽。生产各级种薯的温室、网室和地块中都可种少量指示植物，观察是否有毒源存在及有无蚜虫传毒。如果指示植物发病，则原原种和原种都应降级，并找出防蚜不严的原因，加以改进。在防虫网室、温室中定期喷杀虫剂消灭外来和内部滋生的蚜虫，是必不可少的工作。各级种薯也应采用杀菌剂浸种防病。

10. 种薯收获储藏　脱毒试管苗的保存需要有一定的设备条件，一般宜在科研单位和大专院校进行。脱毒种薯的收获储藏，与普通种薯没有根本差别，但要特别注意防止品种混杂和同普通种薯混杂。另外，脱毒种薯萌芽性能好，应注意控制温度，防止提早萌芽。脱毒原原种和原种往往薯块较小，应注意保湿，防止水分损失过多。

第八节　甘薯育种研究动向与展望

一、甘薯育种目标的多样化与高标准

甘薯作为一种重要的粮食、工业原料和饲料用作物，受到各国重视，育种目标日趋多样化、专用型和高标准。如日本制定的1999—2010年甘薯育种计划中，强调食用、淀粉原料用、新用途（如色素利用等）和饲料用新品种的开发，促进低成本生产技术的开发与普及。我国“十五”国家“863”计划制定了“甘薯高效育种技术及优质、高产、多抗、专用新品种选育”以及“新型能源用甘薯新材料创制与研究”计划。食用和食品加工用品种应着重提高其各种品质和营养价值；淀粉原料用品种不但要求淀粉含量高，而且要求淀粉洁白、淀粉粒大等；新型特用品种要求胡萝卜素、花青素等含量特别高；饲料用品种不仅要求其生物学产量高，还要求粗蛋白质含量高、消化性好等。甘薯主要病虫害尤其是病毒病、茎线虫病和蚁象已成为提高甘薯产量和品质的重要限制因素，今后应积极开展抗病虫品种的选育和脱毒种薯的应用推广。为了提高甘薯生产效率，进一步降低生产成本，适于机械化栽培的品种将为人们所欢迎。

二、甘薯核心亲本材料的创制

各国的育种实践表明，核心亲本在甘薯育种中所起的作用是极其显著的。如品种百年薯为高胡萝卜素含量的食用品种，以其为亲本之一，美国、我国等已选育出一批品质优良的食用或食品加工用品种；我国在20世纪50年代从品种胜利百号和南瑞苕的杂交后代选育出优良品种近70个；高淀粉含量的品种金千贯一直是日本高淀粉育种的重要亲本。日本自20世纪60年代以来就非常重视利用近交、多交、复合杂交等方式培育高淀粉亲本材料，使日本的高淀粉育种取得重大突破。由此可见，培育核心亲本材料是甘薯育种能否上一个新台阶的关键。可以说，有好的亲本才能出好的品种。我国自“九五”以来，将甘薯核心育种材料的创制列为国家重大科技计划，已取得可喜成果，已创制出一批高淀粉、高胡萝卜素、高花青素、高抗病性等的核心材料。

三、甘薯近缘野生种的研究与利用

盐谷（1994）提出利用近缘野生种改良甘薯的战略设想，认为近缘野生种的育种利用是改良甘薯淀粉品质、抗病虫性、抗逆性等的重要途径，这已为甘薯育种实践所证实。日本高产、高淀粉含量、高抗线虫病的优良品种南丰的育成就是一个很好的例子。实际上，日本后来育成的很多品种都具有*Ipomoea trifida*（$6x$）的血统。

但是，真正已用于甘薯育种的近缘野生种仅限于六倍体的 *Ipomoea trifida*，今后除了继续注重其利用外，还应探索低倍体的 *Ipomoea trifida* 以及第Ⅱ群近缘野生种的利用途径和价值。研究已经表明，这些目前尚未被利用的近缘野生种含有抗病虫、高淀粉品质等基因，今后应通过细胞工程等新技术将这些有益基因导入甘薯。

四、甘薯育种性状鉴定新方法的建立

过去甘薯育种目标主要是高产、抗病，国内外研究者基本上建立了根腐病、黑斑病、薯瘟病、茎线虫病等的鉴定方法。近几年对甘薯品质成分如淀粉含量、胡萝卜素含量、可溶性糖含量等的简便、快速、标准的鉴定方法也做了探讨，但是尚不完善。当今的甘薯育种目标是向多样化、专用型的方向发展。为了适应这一变化，满足现实甘薯育种工作的要求，必须建立一整套简便、快速、标准的品质成分鉴定方法。我国“十五”国家“863”计划提出，建立甘薯主要品质性状分析标准，研究淀粉品质、胡萝卜素品质等的分析方法；用近红外分析仪，建立不破坏薯块的甘薯淀粉含量准确快速测定方法。

五、甘薯分子育种的研究与应用

常规杂交育种将仍然是今后很长一个时期的主要育种途径，但是仅靠这一途径已不能满足甘薯育种的需要，因为可直接利用的甘薯品种资源日趋狭窄，在很大程度上已经限制了甘薯育种工作。因此，今后应加强体细胞杂交等细胞工程研究，使之有效地用于克服甘薯组的种间、种内交配不亲和性，达到在甘薯育种中能够自由组配亲本、充分利用资源，从而扩大遗传变异的目的。用细胞辐射诱变打破甘薯淀粉含量等品质性状和抗病性之间的不利相关，改良甘薯品种的品质和抗病性。有目的地导入外源基因将在改良甘薯品质和抗病虫性上发挥重要作用。我国“十五”国家“863”计划提出，将生物技术等新技术与常规育种技术相结合，建立甘薯高效育种技术体系。甘薯茎线虫病抗性、淀粉含量等的分子标记辅助育种也应加强，以减少甘薯育种的盲目性，提高育种效率。

复习思考题

1. 试论述我国甘薯栽培区划及各区主要的育种方向与目标。
2. 试列举甘薯 3～5 种主要产量、品质性状的种质资源遗传变异特点及遗传规律。
3. 试述甘薯种质资源的主要类型及其育种利用价值，列举甘薯种质资源研究与利用所取得的主要成就。
4. 试述甘薯交配不亲和性的遗传特点及克服的主要方法。
5. 试举例说明甘薯育种的主要途径和方法。
6. 试述甘薯对线虫病、病毒病、蚁象等抗性的遗传规律。如何将抗性基因用于育种计划？
7. 试述杂交育种中亲本选配应注意的主要问题及亲本组配的方式。
8. 试评述不同甘薯育种性状的诱变育种效果，举例说明甘薯诱变育种的基本方法及其特点。
9. 试述甘薯种子生产体系与种薯繁殖技术。
10. 试举例说明甘薯育种的特用技术及其应用效果。
11. 试评述国内外甘薯育种的发展历程，讨论甘薯育种的动向。

附　甘薯主要育种性状的记载方法和标准

一、形态特征

1. 顶叶色：分淡绿、绿、淡紫、紫、褐或绿带褐等色（封垄期调查，下同）。
2. 叶色：分淡绿、绿、浓绿、褐绿等色。
3. 叶脉色：分绿、淡紫、紫、浓紫、主脉紫等色（调查主蔓顶叶以下第 6～10 片叶为准，下同）。
4. 脉基色：分绿、淡绿、淡紫、紫、浓紫等色。

5. 柄基色：分绿、淡紫、紫、浓紫、褐等色。

6. 茎色：分绿、绿带紫、紫、紫红、绿带褐、褐等色。

7. 叶形：按叶的基本形态，结合叶缘的缺刻程度进行划分。

(1) 全缘叶：分心脏形、肾脏形、三角形、尖心形。

(2) 齿状叶：分心齿形、肾齿形、心带齿、肾带齿、尖心带齿等。叶缘有齿4个以上为齿形，1～3个为带齿。

(3) 缺刻叶：分浅裂单缺刻、深裂单缺刻、浅裂复缺刻和深裂复缺刻。凡叶片缺口的深度等于或大于主脉的1/2的为深裂，小于主脉1/2的为浅裂。如属特殊形态则另加注明，如鸡爪形、掌状形、七爪形、叶片皱缩、多绒毛等。

8. 顶叶形：同叶形，以顶端展开叶为准。

9. 叶片大小：用实际测量叶片的最长、最宽（cm）乘积表示（测定主茎以下第6～10片完全叶5株平均，下同），并划分大、中和小3类，以长×宽在160.1 cm^2以上为大，80.1～160.0 cm^2的为中，80.0 cm^2以下为小。

10. 叶柄长短：用实际测量叶柄长度（cm）的平均值表示，划分为长、中和短3类，以20.1 cm以上为长，10.1～20.0 cm为中，10.0 cm以下为短。

11. 茎粗细：用游标卡尺实际测量的直径（mm）平均值表示，划分为粗、中和细3类，以6.1 mm以上为粗，4.1～6.0 mm为中，4.0 mm以下为细。

12. 节间长：用实际测量的数字（cm）平均值表示，划分为长、中和短3类，以7.1 cm以上为长，4.1～7.0 cm为中，4.0 cm以下为短。

13. 最长蔓长：用实际测量的数字（cm）平均值表示，划分为特长、长、中和短4类，于生长中后期调查，其分类标准：一般春蔓150 cm以下为短，151～250 cm为中，251～350 cm为长，351 cm以上为特长。夏秋薯则每类相应减少50 cm。

14. 茎端茸毛：目测茎端茸毛数量，分多、中、少和无4类。

15. 基部分枝数：以茎基部30 cm范围内，长度在10 cm以上的分枝数表示，并划分为特多（21个以上）、多（11～20个）、中（6～10个）和少（5个以下）4类。

16. 株型：根据茎叶在空间的分布状况，分匍匐、半直立和直立3种。

17. 单株结薯数：以薯块最大直径超过1 cm以上的块数表示（收获期调查，测5株取平均值，下同）。

18. 薯形：基本形分为球形（长/径1.4以内）、长纺锤形（长/径3.1以上）、纺锤形（长/径2.0～2.9）、短纺锤形（长/径1.5～1.9）、圆筒形（各点直径略同）、上膨纺锤形和下膨纺锤形等。

19. 薯皮色：分白、黄白、棕黄、黄、淡红、赭红、红、紫红、紫等。

20. 薯肉色：分白、淡黄、橘黄、橘红、红、紫或带红、带紫晕等色。

21. 薯块大小：收获期调查，以251 g以上为大薯，101～250 g为中等，100 g以下的为小薯。上薯率即以大薯和中薯重占总薯重的百分数。

22. 条沟有无：调查大中薯，以深、浅、无表示，目测进行。

23. 薯皮粗细：调查大中薯，以粗、中、细表示，目测进行。

24. 薯梗颜色：分黄、红、黄带红等色。

二、主要特性

25. 萌芽性：根据出苗快慢、整齐度和出苗数进行总评，以优、中和差表示。

26. 苗质：根据薯苗的粗壮程度和重量进行评定，分优、中和劣。

27. 发根缓苗习性：以栽后缓苗期长短和发根早晚综合评定，分早、中和晚。

28. 茎叶生长势：于封垄期调查，以茎叶繁茂程度和生长速度为标准，用强、中和弱表示。

29. 自然开花习性：在大田栽培条件下调查，分开花和不开花两种，并结合结实情况记载。

30. 结薯习性：栽插后春薯60 d，夏薯30 d，挖根调查块根，直径在2 mm以上的为结薯，用结薯早与迟表示。收获期调查植株结薯情况，用集中与分散、整齐与不整齐表示。

31. 耐旱性：干旱期间调查地上部凋萎、枯黄程度及旱后恢复的快慢，结合产量进行评定，分耐旱、较耐旱和不耐旱，另可在旱薄条件下进行鉴定试验。

32. 耐湿性：调查雨涝后或在潮湿易涝条件下的薯块坏烂情况、地上部黄叶数，结合产量进行评定，分耐湿、较耐湿和不耐湿。

33. 耐盐碱性：根据盐碱地区生长表现进行评定，分耐、较耐和不耐。

34. 耐肥性：调查高肥水条件下茎叶生长情况及产量表现，分耐肥、较耐肥和不耐肥。

35. 耐瘠性：调查瘠薄土壤条件下甘薯茎叶生长情况及产量表现，分耐瘠、较耐瘠和不耐瘠。

36. 耐储性：在一般储藏条件下，出窖时调查薯块发芽、腐坏、干尾皱缩等情况，进行综合评定，分耐储、较耐储和不耐储。

37. 抗病虫性：记载育苗期、田间生长期、收获期以及储藏期发生的病虫害种类及危害程度，一般用无（指未发现病害）、轻（指虽感染但不蔓延造成危害）、中（指感病较轻）和重（指感病严重）记载，或者用高抗、抗病、感病和重感记载。

三、经济特性

38. 鲜薯产量：按小区鲜薯重折算亩产量，以kg表示，或用与标准品种比较增减产的百分数表示（1kg/亩＝15kg/hm^2）。

39. 烘干率：选有代表性的薯块，切片（丝）后先用60 ℃烘干，再用105 ℃高温烘至恒重为准。

烘干率＝（烘干最后干重/鲜重）×100%

40. 薯干产量：根据干率折算薯干亩产量，以kg表示（1 kg/亩＝15 kg/hm^2）。

薯干亩产＝鲜薯亩产×烘干率

41. 熟食味：蒸熟品尝，对肉质、甜味、面度、纤维等项目进行综合评定，用优、中和差表示。

42. 品质分析：统一种植，收获期集中取样，用标准化学分析法或通用分析仪小样本测定粗淀粉、可溶性糖、粗纤维、粗蛋白质、胡萝卜素等主要营养成分的含量。

（1）粗淀粉：采用醋酸-氯化钙法测定。

（2）粗蛋白质：应用近红外光谱分析仪测定。

（3）粗纤维：应用自动纤维仪测定。

（4）可溶性糖：采用35-二硝基水杨酸比色法测定。

（5）胡萝卜素：采用氧化镁柱层析比色法测定。

参　考　文　献

[1] 盖钧镒主编．作物育种学各论．北京：中国农业出版社，1997

[2] 高峰，龚一富，林忠平等．根癌农杆菌介导的甘薯遗传转化及转基因植株的再生．作物学报．2001，27（6）：751～756

[3] 郭金平，潘大仁．甘薯线虫病品种抗性的PCR检测．作物学报．2002，28（2）：167～169

[4] 侯利霞，李惟基，周海鹰等．植物生长调节剂克服甘薯近缘三倍体杂种 *2n* 花粉系与甘薯杂交低结实性的研究．作物学报．1999，25（3）：328～334

[5] 黄龙，李惟基，周海鹰等．应用植物生长调节剂克服甘薯种间杂种回交甘薯时的生殖障碍．农业生物技术学报．1998，6（2）：147～154

[6] 江苏省农业科学院，山东省农业科学院主编．中国甘薯栽培学．上海：上海科学技术出版社，1984

[7] 李爱贤，刘庆昌，翟红等．甘薯耐旱、耐盐突变体的离体筛选．农业生物技术学报．2002，10（1）：15～19

[8] 刘长霞，李惟基，周海鹰等．获得甘薯×五倍体种间杂种的杂交后代的有效方法．农业生物技术学报．1999，7（3）：237～243

[9] 刘庆昌，米凯霞，周海鹰等．甘薯和 *Ipomoea lacunosa* 的种间体细胞杂种植物再生及鉴定．作物学报．1998，24（5）：529～535

[10] 刘庆昌，翟红，马彪等．甘薯胚性悬浮细胞的辐射诱变和同质突变体的获得．农业生物技术学报．1998，6（2）：117～121

[11] 陆漱韵，刘庆昌，李惟基编著．甘薯育种学．北京：中国农业出版社，1998
[12] 王兰珍，李惟基，周海鹰等．甘薯与低倍体种间杂种杂交低结实性的克服．作物学报，2000，26（2）：134～142
[13] 王玉萍，刘庆昌，李爱贤等．慢照射与茎尖培养相结合筛选甘薯同质突变体．作物学报．2002，28（1）：18～23
[14] 翟红，刘庆昌．甘薯胚性悬浮细胞的遗传转化．中国农业科学．2003，36（5）：487～491
[15] 张冰玉，刘庆昌，翟红等．甘薯及其近缘野生种种间体细胞杂种植株的有效再生．中国农业科学．1999，32（6）：23～27
[16] Huang J C，Sun M. Genetic diversity and relationships of sweet potato and its wild relatives in *Ipomoea* series *Batatas*（Convolvulaceae）as revealed by inter-simple sequence repeat（ISSR）and restriction analysis of chloroplast DNA. Theor Appl Genet. 2000（100）：1 050～1 060
[17] Kimura T，Otani M，Noda T，et al. Absence of amylase in sweet potato（*Ipomoea batatas*（L.）Lam.）following the introduction of granule-bound starch synthase I cDNA. Plant Cell Rep. 2001（20）：663～666
[18] Liu Q C，Zhai H，Wang Y，et al. Efficient plant regeneration from embryogenic suspension cultures of sweet potato. In Vitro Cell Dev Biol-Plant. 2001（37）：564～567
[19] Moran R，Garcia R，Lopez A，et al. Transgenic sweet potato plants carrying the delta-endotoxin gene from *Bacillus thuringiensis* var. *tenebrionis*. Plant Science. 1999（139）：175～184
[20] Otani M，Shimada T，Kimura T，et al. Transgenic plant production from embryogenic callus of sweet potato（*Ipomoea batatas*（L.）Lam.）using *Agrobacterium tumefaciense*. Plant Biotechnology. 1998，15（1）：11～16
[21] Zhang B Y，Liu Q C，Zhai H，et al. Production of fertile interspecific somatic hybrid plants between sweet potato and its wild relative *Ipomoea lacunosa*. Acta Horticulturae. 2002（583）：81～85
[22] Zhang D P，Cervantes J，Huaman Z，et al. Assessing genetic diversity of sweet potato（*Ipomoea batatas*（L.）Lam.）cultivars from tropical America using AFLP. Genetic Resources and Crop Evolution. 2000（47）：659～665
[23] Zhang D P，Ghislain M，Huaman Z，et al. RAPD variation in sweet potato（*Ipomoea batatas*（L.）Lam.）cultivars from South America and Papua New Guinea. Genetic Resources and Crop Evolution. 1998（45）：271～277

（陆漱韵原稿，刘庆昌、陆漱韵修订）

第二十二章　马铃薯育种

第一节　国内外马铃薯育种概况

马铃薯（potato）为茄属（*Solanum*）能结块茎的作物，既可利用浆果内的种子（实生种子）进行有性繁殖，也可借块茎进行无性繁殖。Hoopes 和 Plairted（1987）将世界上马铃薯栽培种归纳成表 22-1。其中大部分局限在南美洲。世界广泛栽培的是 *Solanum tuberosum* ssp. *tuberosum*，为同源四倍体（$2n=4x=48$）；另一个亚种为 *Solanum tuberosum* ssp. *andigena*，亦为同源四倍体（$2n=4x=48$），但只在南美洲和中美洲有栽培。

表 22-1　世界上马铃薯的栽培种（*Solanum* ssp.）

（引自 Hoopes 和 Plairted，1987）

栽培种		栽培地域	特　性
二倍体种	*Solanum stenotomum*	秘鲁、玻利维亚	
	Solanum goniocalyx	秘鲁中、北部	黄肉，味佳
	Solanum ajanhuiri	秘鲁与南玻利维亚高地	抗霜，味苦
	Solanum phureja	南美洲	块茎不休眠，高干物率，具有不减数配子的基因
三倍体种	*Solanum* ×*chaucha*	玻利维亚、秘鲁	*Solanum tuberosum* ssp. *andigena* 与 *Solanum stenotomum* 的天然杂种
	Solanum × *juzepczukii*	玻利维亚与秘鲁高地	*Solanum stenotomum* 与 *Solanum acaule* 的天然杂种，抗霜，味苦
四倍体种（两个亚种）	*Solanum tuberosum* ssp. *andigena*	南美洲高地、中美洲与墨西哥一些地区	大量性状变异，尤其抗病性与品质
	Solanum tuberosum ssp. *tuberosum*	世界各地	适于长日照，抗病，外观佳
五倍体种	*Solanum*×*curtilobum*	玻利维亚与秘鲁各地	*Solanum tuberosum* ssp. *andigena* 与 *Solanum*×*juzepczukii* 的天然杂种，抗霜，略苦

注：原表中 *Solanum hygrothermicum* 已近灭绝，故从表中去掉（编者）。

生产上应用的马铃薯品种类型均为无性系品种。无论自花结实的还是品种间杂种的实生苗群体（F_1）均产生显著的性状分离。由于同源四倍体杂合体在其自交后代中纯合体比率增长速度极慢，并且随自交世代增进，自花结实性降低。因此，在马铃薯栽培种的杂种后代中选育出经济性状整齐一致，具有显著杂种优势，并可利用实生种子生产马铃薯的新品种是很困难的。而我国于 20 世纪 60 年代中期开始在内蒙古、云南和四川等地进行利用实生种子生产食用和种用马铃薯试验研究，至 70 年代已在全国 10 余省推广，最高推广面积 2×10^4 hm^2（30 万亩），增产 30%～50%。这项研究成果引起国际上的重视。1979 年国际马铃薯中心召开了“利用实生种子生产马铃薯”的国际会议。世界已有 10 余个国家（如印度、菲律宾、巴西、秘鲁等）开展这项研究，发展为利用杂种实生种子生产马铃薯种薯。自 1986 年以来，我国把马铃薯实生种子的利用纳入国家马铃薯良种繁育技术项目，并取得显著效果，使我国成为世界上首次将马铃薯杂交实生种子大面积应用于生产的国家。

我国于 1934 年开始通过科研机构有计划地进行马铃薯的引种工作。当时经南京中央农业实验所自英国引进爱德华国王二世（King Edward Ⅱ）等 4 个品种。1942 年又自美国引入一些品种种植于四川重庆北碚中央农业实验所，经鉴定，其中的火玛（Huoma）、西北果（Sebago）、七百万（Chippewa）和红纹白（Red Warba）表现较好。

与此同时，中央农业实验所于1934—1947年间首先开展了马铃薯品种间杂交育种，并选育出一批优良品系，如292-20、B76-1等。

292-20（多子白）于1957年审定为推广品种，该品种在内蒙古、河北坝上等地推广，对减轻晚疫病的危害做出了显著贡献。20世纪60年代以来，在马铃薯主产区先后成立了马铃薯育种专业机构，并选育出一批优良的新品种，中晚熟品种有：克新系列、高原系列、虎头、跃进、晋薯系列；中熟品种有：蒙薯系列、高原系列；早熟品种有：克新4号、郑薯系列、东农303、早大白、中薯系列等，品种总数达180多个。同时，自1956年先后从前苏联、法国、美国、加拿大和秘鲁国际马铃薯中心引入马铃薯栽培种和野生种资源。总计搜集野生种 *Solanum demissum*、*Solanum stoloniferum*、*Solanum chacoense* 等实生种子及无性系80余份；栽培种 *Solanum tuberosum*、*Solanum andigena*，二倍体 *Solanum phureja* 和 *Solanum stenotomum* 实生种子和无性系1 000余份。于70～80年代，采用品种间杂交及近缘栽培种种间杂交（*Solanum andigena*×*Solanum tuberosum*）选育出一些对晚疫病具有田间抗性、高淀粉含量的食用和食用与加工兼用的新品种，如克新11号、克新12号、尤金、蒙薯系列、东农304等10余个品种。同时，在选育新品种的过程中，从事马铃薯育种的主要科研机构均采用茎尖组织培养生产无病毒种薯，并建立因地制宜的生产脱毒薯的良种繁育体系。

欧洲和北美洲生产马铃薯的国家（如英、德、美等）从事马铃薯研究工作较早。根据文献记载，英国于1730年记述有5个品种，德国于1747年和1777年分别记述有40个品种，美国于1771年记述有两个品种。1845—1847年间，欧洲晚疫病大流行，对马铃薯生产为害极大，甚至绝产，因而开创了抗晚疫病育种工作。1910年确认了马铃薯癌肿病在欧洲的发生和蔓延，促进了抗癌肿病育种工作的开展。1906年明确马铃薯卷叶病毒的特性之后，为开展马铃薯病毒病害的研究以及重视选育抗病毒病的品种打下了理论基础，特别是前苏联、美国、德国和英国学者于1925年开始先后赴南美洲考察和搜集马铃薯野生种及栽培种种质资源之后，为马铃薯育种工作开创了新纪元。

近年来，在欧美一些国家中利用野生种 *Solanum stoloniferum* 和 *Solanum acaule* 与栽培种品种杂交已获得了许多对A、Y和X病毒免疫的杂种，并利用这些杂种与野生种 *Solanum demissum* 和新型栽培种（neo-tuberosum）进行复合杂交选育出一些抗A、Y、X卷叶病毒以及对晚疫病具有抗性的一些新品种。如品种阿马瑞利（Amaryl）[（Saskiad×C. P. C. 1673-20）×（Furorc）] 对A和X病毒免疫兼抗癌肿病和线虫。

随着分子生物学的进展，国内外在马铃薯资源创新和品种改良工作上广泛采用转基因技术、细胞融合技术，为新品种的改良和选育开拓了新的途径。同时，育种方法的研究，尤其是 $2n$ 配子的利用为引入二倍体马铃薯优良资源奠定了物质基础。

鉴于马铃薯生产上利用块茎进行无性繁殖，以及当前马铃薯抗病毒育种效应的局限性，一些生产马铃薯的国家，如荷兰、法国、加拿大、美国等重视利用茎尖组织培养生产无病毒种薯，并采用抗血清鉴定病毒和无性系，淘汰感病毒的无性系并建立完善的生产脱毒薯的良种繁殖体系。

第二节　马铃薯育种目标及主要性状的遗传

一、我国马铃薯栽培区划及育种目标

马铃薯在我国的分布很广泛。北起黑龙江、南至海南岛，东起沿海地区、台湾省，西至青藏高原。由于各地区气候条件、耕作制度和常发病不同，在生产上对马铃薯品种的要求也有所不同。现将我国马铃薯栽培区划分为北方一作区、中原二作区、南方冬作区和西南一、二季混作区（图22-1），各区有其相应的育种目标。

（一）北方一作区　本区无霜期短，仅90～130 d，主要采取春播、秋收。栽培品种以中熟及中晚熟品种品种为主。城市郊区种植少量中早熟品种。春播（4月中下旬），中晚熟品种于9月中下旬收获，中早熟品种于7月下旬至8月上旬收获。本区冬季种薯储藏期长，一般达6个月。夏季结薯期雨水较多，常年发生晚疫病，感病品种块茎易腐烂。此外，在马铃薯生育后期（7～8月），正值传病毒有翅桃蚜第二次迁飞期，本区马铃薯的病毒病害[如纺锤块茎病、卷叶病、花叶病（YA）等] 均较普遍。夏季气候凉爽，日照充足，昼夜温差大，适于马铃薯生长发育。本区栽培面积占全国马铃薯栽培面积的50%左右，是我国的种薯基地。

本区主栽的中晚熟品种有：克新1号、克新2号、克新3号、克新13号、高原7号、同薯8号、同薯9号、同

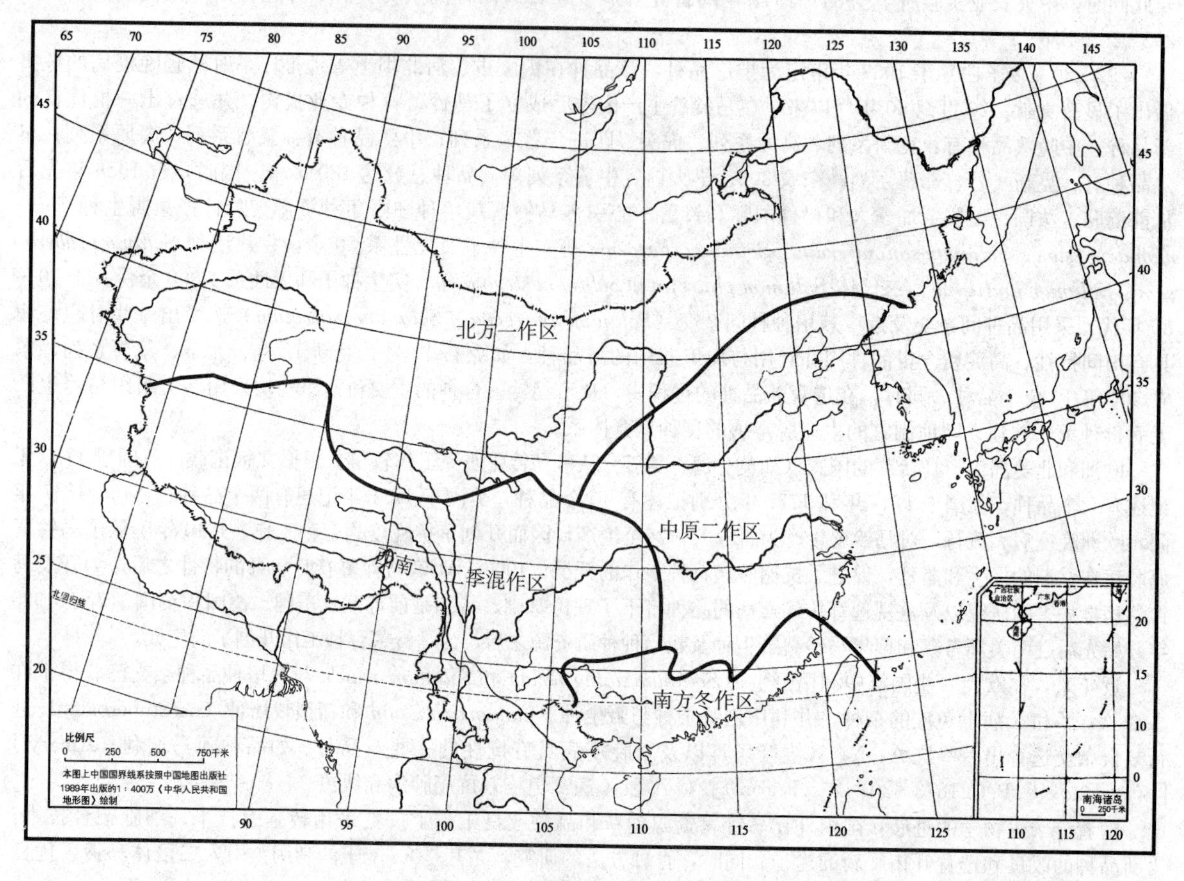

图 22-1　中国马铃薯栽培区划

薯 10 号、虎头、跃进、中心 24、青薯 168、坝薯 9 号、坝薯 10 号、坝薯 11 号、陇薯 3 号、宁薯 5 号、晋薯 10 号、蒙薯 10 号、蒙薯 12 号、蒙薯 13 号等；早熟品种有：克新 4 号、东农 303、乌盟 601、春薯 2 号、春薯 4 号、春薯 5 号、早大白、尤金、黄麻子、费乌瑞它（Favorita）等；加工型品种有：克新 12 号、蒙薯 7 号、甘农 958、大西洋（Atlantic）、诺兰（Norland）、夏坡地（Shepody）、底西瑞（Desiree）、麻皮布尔班克（Russet Burbank）等。

高产、抗病、优质、耐储是本区马铃薯育种的主要目标，健全良种繁育体系是育种工作中的主要任务。

（二）中原二作区　本区无霜期较长，一般为 180～200 d。春作于 2 月中旬至 3 月上旬播种，5 月下旬至 6 月下旬收获。秋作于 8 月中旬至 9 月上旬播种，11 月上旬至 12 月上旬收获。由于春作和秋作生育期仅有 80～90 d，适于栽培早熟或中晚熟、结薯期早、块茎休眠期短的品种。在山区和秋季雨量充沛的地区，秋作常发生晚疫病，在长江流域，青枯病对马铃薯的生产危害很大。本区栽培面积约占全国的 10%。

本区主栽品种有：郑薯 4 号、郑薯 5 号、鲁马铃薯 1 号、鲁马铃薯 2 号、泰山 1 号、克新 4 号、东农 303、费乌瑞它、中薯 2 号、中薯 3 号、中薯 4 号、中薯 5 号等。

早熟、块茎休眠期短、抗病是本区马铃薯育种的主要目标。

（三）南方冬作区　本区多采用两稻一薯（即早稻→晚稻→冬种马铃薯）的栽培方式，水旱轮作获得稻薯双丰收。于 11 月上中旬冬播，翌年 2 月下旬收获。或 1 月冬播，3 月底收获。本区日照较短，适于种植对光照不敏感的品种。病毒病、晚疫病、青枯病及霜冻不同程度危害马铃薯生产。本区栽培面积约占全国的 5%。

本区主栽品种有：克新 3 号、集农 958、东农 303、金冠、费乌瑞它、中薯 3 号、春薯 3 号等。

本区育种目标，重点考虑抗病毒病、耐霜冻、适应短日照和适于加工利用的品种，以适应沿本区海地区经济迅速发展的需要。

(四) 西南一、二季混作区　本区在海拔 1 200 m 以下的地区采用春、秋二季作；海拔 1 200～3 000 m 为春作，每年种植一季，以中、晚熟抗晚疫病品种为主。本区气候地理条件适于马铃薯的生产，单产很高。生育期雨量充沛，特别是无霜期长，可利用中、晚熟品种（如米拉），采用春、秋二季作，获得二季高产。西南山区以马铃薯作粮食用。近年来采用马铃薯与玉米间套种和实生薯留种等方法，面积发展很快，1984 年仅四川省播种面积即达 3.3×10^5 hm^2 以上。晚疫病、青枯病、癌肿病是本区突出的病害。本区栽培面积约占全国面积的 35%。

本区主栽品种有：米拉（Mira）、波兰 1 号（Epoka）、合作 88、新育 4 号、克疫实生薯等。

丰产和抗晚疫病是本区马铃薯育种的主要目标，山区的就地留种是主要任务之一。

我国是马铃薯生产大国，一年四季均有马铃薯种植，栽培面积和鲜薯总产量均居世界第一位。为确保我国马铃薯产业的可持续发展，马铃薯加工利用和产品转化已成为发展趋势，随着马铃薯加工企业的大量兴起，我国现有育成的品种已远远适应不了加工的要求，尤其是快餐食品油炸薯条、薯片的品种完全依靠国外品种。为此，我国马铃薯育种目标现已重点放在加工专用型上。在保证丰产、抗病（兼抗或多抗）的基础上侧重加工品质的选育指标，如薯形、大小、芽眼深浅、干物质含量、还原糖含量、耐储性、加工后的食味等。

二、马铃薯主要性状的遗传

(一) 马铃薯成熟期的遗传　利用不同成熟期的品种与早熟品种维拉（Vera）和沙司吉亚（Saskia）杂交，分析杂种出现早熟类型的百分数，结果（表 22-2）表明，成熟期受多基因控制，在早熟×早熟的组合后代产生 61% 早熟类型，而早熟×晚熟的组合只产生 18% 早熟类型。

表 22-2　早熟品种维拉和沙司吉亚与不同成熟期品种杂交组合中产生早熟实生苗的百分数

（引自 Schick，1956）

♂ / ♀	早熟品种	中早熟品种	中晚熟品种	晚熟品种
维拉	61	45、44、37	33、27、25、25、24	18
沙司吉亚	51、49、47、46、43	36、34、28	28、27、22、21	—

(二) 马铃薯块茎产量的遗传　马铃薯的块茎产量是受多基因控制的数量性状。马铃薯不同品种间杂交后代产量水平差异很大，产量上的分离呈连续变异，并有个别杂种的产量超过亲本。产量变异曲线不对称并向低产方向偏倾。

杂交亲本的产量与其杂种后代的产量呈正相关。高产量亲本后代出现高产杂种的数量比低产亲本出现高产杂种的数量多。

马铃薯块茎的产量，主要是块茎的数量和块茎的重量（大小）所决定的。块茎数量和大小这两个性状都是可以遗传的。

(三) 马铃薯淀粉含量与蛋白质含量的遗传　马铃薯淀粉含量为比较复杂的数量性状或多基因遗传性状，也易受外界条件（如土壤、气候、年份）的影响。在不同的马铃薯品种间杂交组合后代中，淀粉含量的变异范围为 8%～30%，而不同品种自交后代的淀粉含量的变异范围为 10%～17% 和 12%～22%。亲本的淀粉含量与杂种后代的淀粉含量之间有极显著的正相关。

马铃薯蛋白质含量，与淀粉含量一样，也是受多基因控制的。

(四) 马铃薯抗病性的遗传

1. 抗晚疫病的遗传　马铃薯对晚疫病（*Phytophthora infestans*）的抗性有两种：过敏型抗性（垂直抗性）和田间抗性（水平抗性）。

（1）晚疫病的过敏型抗性　过敏型抗性是当马铃薯植株细胞受一定的生理小种侵染后产生的坏死反应。换言之，过敏型抗性只对晚疫病的一定生理小种具有田间免疫性。只有一些野生种马铃薯（如 *Solanum demissum*、*Solanum barthaultii* 等）具有这种抗性。栽培种 *Solanum tuberosum* 本身是没有这种抗性的，而现有一些品种的过敏型抗性，都是通过与野生种进行杂交，自野生种输入的。

马铃薯晚疫病生理小种的分类是根据野生种 *Solanum demissum* 含有对某生理小种具有过敏抗性相应的主效基因而划分的。1953 年，国际上将已知 *Solanum demissum* 含有的抗性基因分别命名为 R_1、R_2、R_3 和 R_4，并据此鉴定为 16 种生理小种。根据已发现的 13 个 R 基因，在理论上则相应可有晚疫病生理小种 $2^{13}=8\ 192$。

在马铃薯中已鉴定了 13 个控制马铃薯晚疫病菌生理小种专化抗性的主效 R 基因。其中 $R_1 \sim R_{11}$ 来自马铃薯野生种 *Solanum demissum*，R_{12} 和 R_{13} 来自于野生种 *Solanum berthaultii*。同时，科学家们应用分子标记技术已将一些 R 基因定位在相应的染色体上，用 RFLP、AFLP 等技术已将 R_1 基因定位在染色体 5 上；将 R_3、R_6、R_7 基因定位在染色体 11 上，并证明这 3 个基因高度连锁；将 R_2 基因定位在染色体 4 上；将 R_{12} 和 R_{13} 分别定位在染色体 10 和染色体 7 上。R 基因的定位、分离、克隆及其编码产物功能的确定将有助于我们深入了解马铃薯对晚疫病抗性的机制，进而寻找出培育马铃薯抗病品种的方法和途径。

R 基因在异源六倍体野生种 *Solanum demissum* 中的遗传规律比较简单，为二倍体遗传。但自 *Solanum demissum* 输入 *Solanum tuberosum* 中的 R 基因，则呈四倍体遗传。理论上，具有 R 基因的栽培品种的基因型可能为单显性（$Rrrr$）、双显性（$RRrr$）、三显性（$RRRr$）和全显性（$RRRR$）。但现有的抗某些生理小种的栽培品种所含有的 R 基因多为单显性。因此，以某一 R 基因而言，利用含有这一基因的品种与不抗病的品种杂交，后代中只能出现 50%的个体是抗该生理小种的（表 22-3）。

表 22-3　具有不同 R 基因的亲本杂交后代抗性表现型的分离比例

杂交组合	表现型比例	$R:r$ 比例
$R_1 \times r$	R_1+r	1∶1
$R_2 \times r$	R_2+r	1∶1
$R_1R_2 \times r$	$R_1R_2+R_1+R_2+r$	3∶1
$R_3R_4 \times r$	$R_3R_4+R_3+R_4+r$	3∶1
$R_1 \times R_2$	$R_1R_2+R_1+R_2+r$	3∶1
$R_1R_2 \times R_2$	$3R_1R_2+3R_1+R_2+r$	7∶1
$R_1R_2 \times R_3$	$R_1R_2R_3+R_1R_2+R_2R_3+R_1R_3+R_1+R_2+R_3+r$	7∶1
$R_1R_2 \times R_1R_2$	$9R_1R_2+3R_1+3R_2+r$	15∶1
$R_1R_2 \times R_3R_4$	$R_1R_2R_3R_4+R_1R_2R_3+R_1R_2R_4+R_1R_3R_4+R_2R_3R_4+R_1R_2+R_1R_3+R_1R_4+R_2R_3+R_2R_4+R_3R_4+R_1+R_2+R_3+R_4+r$	15∶1
$R_1 \times R_1R_2R_3R_4$	$3R_1R_2R_3R_4+3R_1R_2R_4+3R_1R_2R_3+3R_1R_3R_4+R_2R_3R_4+3R_1R_2+3R_1R_3+3R_1R_4+R_2R_3+R_2R_4+R_3R_4+3R_1+R_2+R_3+R_4+r$	31∶1

注：表内 $R_1R_2 \times r$ 系 $R_1r_1r_1r_1R_2r_2r_2r_2 \times r_1r_1r_1r_1r_2r_2r_2r_2$ 的缩写，余类推。

必须指出，R 基因的作用在茎叶和块茎上的表现并不一致，这可能由于在块茎内的活动性较低，保护性反应进行缓慢，而在叶片内则进行得相当迅速。一般，对块茎具有过敏反应的类型，其叶片亦具有过敏反应。但叶片具有过敏反应的类型，其块茎并不一定具有过敏反应。

大约在 20 世纪 70 年代，由于种薯贸易中带病块茎的传播，使得马铃薯 A1 和 A2 交配型两种晚疫病菌再次从墨西哥传播到欧洲，进而分散传播至世界各地，据美国康奈尔大学 Fry 等调查，A1、A2 两种交配型的晚疫病菌已传播到了除南极洲和大洋洲以外的世界各大洲。A2 交配型晚疫病菌在世界各地的不断发现，引起了植物病理学家的高度重视。由于新发现的 A2 交配型较之原有的 A1 交配型具有更强的适应性和侵染力，因此 20 世纪 80 年代以来，新侵入的晚疫病生理小种已经逐渐取代了原有的 A1 交配型生理小种，且两种交配型的同时存在将导致具有厚壁和抗性的休眠卵孢子的产生。卵孢子经得起冻融、长时间保存，可脱离活体薯块而长期存活于土壤中成为新接种源，因而作为有性生殖产物的卵孢子将进一步增加晚疫病对马铃薯的危害。已在墨西哥、荷兰、加拿大、芬兰、波兰、挪威、瑞典等国发现 A1、A2 交配型之间发生有性生殖的证据。在我国，1996 年张志铭等首次报道了交配型 A2 的存在，随后赵志坚等也在云南发现了晚疫病菌 A2 交配型。这对我国本来就难以防治的晚疫病提出了新的挑战。因此，单纯依靠垂直抗性已经不能完全解决品种对晚疫病的抗性，必须寻求新的抗病类型。

（2）晚疫病的田间抗性　马铃薯对晚疫病的田间抗性则对所有的生理小种均起作用，但对植物体只起着部分保护作用，如潜育期长、抑制病原发育、感病程度轻等。所有的马铃薯种，包括栽培种，均有不同程度的田间抗性。同时，栽培种的田间抗性与晚熟性密切相关。抗晚疫病的野生种则具有上述两种类型的抗性，即含有主效基因及微效多基因的有效组合。这也是野生种经长期自然选择形成的合理适应性。马铃薯晚疫病的田间抗性是受多基因控制的。但马铃薯茎叶和块茎的田间抗性是独立的，并受不同组的多基因所控制。在马铃薯栽培品种中，茎叶的抗性与晚熟性有高度相关，而块茎的抗性与晚熟性却无相关。在一些早熟品种中其块茎是高度抗病的，但其茎叶却是不抗病的。

田间抗性反映出马铃薯的一些保护机制的作用结果，如抵抗真菌孢子侵入寄主细胞、阻抗菌丝体在寄主体内的分布、抑制孢子囊的发育等。

具有高度田间抗性的品种表现为：感病和发病很晚并且病情发展很慢，孢子形成受抑制。田间抗性对所有生理小种都具有抗性，但不同生理小种对植株病状发展的程度有所不同。因此，水平抗性所表现出的优点引起了育种家的高度重视，并使他们改变过去的育种策略转而从事对水平抗性的研究。

一般利用病情分级方法表示抗性程度的不同。大多采用6级制，从0级（无侵染）一直到5级（植株死亡）。具有不同田间抗性亲本杂交后代的多基因遗传分离现象见表22-4。在6个杂交组合后代中，只有两个组合后代中可以观察到抗性的超亲现象：3×3的组合后代中出现8%的杂种的抗性属于2级；4×4组合中出现2%的杂种的抗性属于3级。

表22-4 对晚疫病田间抗性的多基因分离

（引自Black，1960）

亲本抗性级别及组合	具有不同级别抗性的杂种（%）			
	2	3	4	5
2×2	29	56	15	0
2×3	8	70	19	3
2×4	8	26	53	13
3×3	8	18	70	4
3×4	0	13	75	12
4×4	0	2	79	19

2. 抗病毒病的遗传

（1）抗病毒病抗性的类型 根据马铃薯对病毒病侵染的反应，可分为4种不同类型的抗性，介绍于下。

①免疫或高度抗性：当病毒侵入具有免疫性的植株体内后，由于有阻碍病毒复制的作用，不表现任何病状，利用任何鉴定方法，不能从植物体内分离出病原。

②过敏型抗性：所谓过敏反应即当植物体感染病毒后，即产生坏死反应。机制是当病毒自入侵点侵染后，入侵点细胞死亡，病毒失活，产生局部坏死。

③田间抗性或对侵染的抗性：田间抗性主要是由多基因的作用或在生理上提早达到老龄而产生的抗性，其阻碍病毒的繁殖和转移等。具有这种抗性的品种在田间条件下，感病的株数较少。

④耐病性：是指对病毒侵染的忍耐性。植株感染病后并不显著降低产量，很少表现病状。但植株为带毒者，是病毒的侵染源。因此，具有耐病性的原始材料，对抗病毒育种是没有利用价值的。

（2）对主要病毒抗性的遗传 马铃薯病毒种类很多，在我国各马铃薯产区常见的有普通花叶（X）、轻花叶（A）、重花叶（Y）、潜隐花叶（S）、副皱缩（M）、卷叶（PLR）、纺锤块茎（PSTV）等病毒。现将马铃薯对几种主要病毒的抗性遗传分述于下。

①抗Y病毒的遗传：马铃薯Y病毒的株系有3种（Y^0、Y^C、Y^N）。

马铃薯栽培品种间对重花叶（Y）病毒的抗性有很大的差异，并且主要为对该病毒具有田间抗性，而很少具有过敏型抗性。

异源四倍体野生种 *Solanum stoloniferum* 和 *Solanum acaule* 对Y病毒的不同类型抗性（免疫或过敏抗性）是复等位基因作用：$R_y > R_{yn} > R_{ym} > r_y$。其中，$R_y$为免疫；$R_{yn}$为过敏型抗性第Ⅱ至第Ⅴ类型；$R_{ym}$为过敏型抗性第Ⅰ类型；$r_y$为感病。

在 *Solanum stoloniferum* 的一些单系中，这些基因同时具有对A病毒不同程度的抗性多效性。当具有R_{ym}显性基因时，对 Y 病毒产生花叶和坏死反应。

由 *Solanum stoloniferum*×*Solanum tuberosum* 的杂种与 *Solanum tuberosum* 多次回交获得的抗病四倍体杂种都是单显性杂种（$R_y^0r_yr_yr_y$ 或 $R_{yn}^{yn}r_{yn}r_{yn}r_{yn}$），其自交后代抗病：不抗病=3：1，测交后代为 1：1。

二倍体野生种 *Solanum chacoense*（2n=24）的一些单系含有 Y 病毒的抗性基因 R_y 和 R_{Yn}，和 *Solanum stoloniferum* 的抗性基因极其相似，在个别的 *Solanum chacoense* 的单系中，除含有 R_y 和 R_{Yn} 基因外，还含有控制对 Y 病毒一些株系具有顶端坏死反应的基因 N_y。N_y 对 Y 病毒所有株系均有致死性的坏死反应，同时 N_y 与 N_x 对普通花叶（X）病毒具有坏死反应的基因是连锁的。

②抗 A 病毒的遗传：许多栽培品种含有 N_a 基因，对 A 病毒所有的株系都具有抗性作用。因此，在利用 *Solanum tuberosum* 品种的基础上便可选育出抗 A 病毒的新品种。A 病毒有价值的免疫来源是对 Y 病毒免疫的 *Solanum stoloniferum* 的材料（Ross，1970），这是由 R_y 基因多效性的作用所决定的，对 A 和 Y 两种病毒同时有抗性也决定于 R_y 基因。*Solanum demissum* 有 3 个复等位基因，其显性顺序如下：$N_y>N_a>n$。两个显性基因都能抗 A 病毒，只有一个 N_y 基因能抗 Y 病毒（Cockerham，1958）。

③抗 X 病毒的遗传：野生种 *Solanum chacoense* 对普通花叶（X）病毒的抗性是受一显性基因控制的。不同程度的抗性（免疫或过敏型抗性）是受复等位基因控制的。R_x 基因控制对 X 病毒所有株系的免疫性；基因 R_{xn} 控制对所有株系的过敏反应（第Ⅱ至第Ⅴ类型）；R_{xs} 控制产生坏死兼有花叶（第Ⅰ类型的过敏反应）；隐性基因 r_x 为感病型，即 $R_x>R_{xn}>R_{xs}>r_x$。

四倍体栽培种 *Solanum andigena* 的无性系 C. P. C. 1676 对 X 病毒的免疫性是受一显性基因（R_x）所控制。德国品种中的抗性多来自 *Solanum acaule*，品种 Cara 中的抗性基因已被定位于Ⅻ染色体上（Ross H，1986）。

在栽培种（*Solanum tuberosum*）原始材料中，S41956 对 X 病毒具有高度抗性。

④抗 S 病毒的遗传：安第斯栽培种的无性系 P. I. 258907 具有对 S 病毒过敏型抗性的显性基因 N_s。用 P. I. 258907 与感病品种杂交，其后代抗病与不抗病的比例为 1：1。同时，P. I. 258907 对 X 病毒的 3 种株系均具有高度抗性，在其杂交和自交后代中仍出现对 X 病毒具有过敏型抗性和免疫的植株，极少出现感病株。

栽培品种 Saco 对 S 病毒的抗性是受一隐性基因 *s* 控制的。

⑤抗卷叶病毒的遗传：马铃薯对卷叶病毒的抗性是受多对基因的累加效应控制的。野生种 *Solanum demissum*、*Solanum chacoense*、*Solanum acaule* 和栽培种 *Solanum andigena* 等对卷叶病毒也具有田间抗性，其抗性也是受多对基因控制的。例如，在单交组合后代中出现抗病类型的数量为 3.5%，三交组合为 15%，而双交组合为 18%。其中在［(*Solanum chacoense*×*Solanum tuberosum*^{2}）×阿奎拉］×［(*Solanum demissum*×*Solanum tuberosum*^{3}）×（*Solanum tuberosum*×*Solanum andigena*^{2}）］复合杂种后代中出现抗病株数量可达 40.8%。

⑥抗 M 病毒的遗传：马铃薯对 M 病毒的抗性遗传表现为微效多基因的性质，即田间抗性。后代抗病类型数目是随 M 病毒侵染量的增加而逐渐减少。已发现对 M 病毒具有田间抗性的种有：*Solanum tarijense*、*Solanum commersonii* 和 *Solanum chacoense*。据 Salazar L. F.（1996）报道，抗 M 病毒基因源除 *Solanum ploytrichorn* 和 *Solanum microdontum* 外，来自 *Solanum migistracrolobum* 的 EBS1787 带有显性主基因，对 PVM 产生过敏反应，目前认为更有希望的替代抗源或许是 *Solanum goulayi*，它与敏感栽培种的杂交后代表现出显著的抗 PVM 侵染的特性。

⑦抗纺锤块茎类病毒（PSTV）的遗传：目前，栽培种中未发现有过敏反应抗 PSTV 的种源，野生种 *Solanum guerreroense*、*Solanum acaule* 和 *Solanum kurtzianum* 带有对 PSTV 的抗性（Salazar. 1996）。

第三节　马铃薯种质资源研究与利用

据估计，在世界上大部分马铃薯生产地区栽培的普通栽培种（*Solanum tuberosum*）品种的选育中，*Solanum* 属中所积累的遗传变异得到利用的不超过 5%，这个属中（包括栽培和野生种）的变异财富必须充分地加以开发，以选育发展中国家需要的品种（Mendoza，1982）。已发现普通栽培种共有 235 个亲缘种。其中，7 个是栽培种，228 个是野生种（Hawkes，1990）。在这些亲缘种中，它们的倍性从二倍体（$2n=2x=24$）到六倍体（$2n=6x=72$）都有存在（Howard，1970），而以二倍体最多，约占 70%。

一、栽培种资源的研究利用

（一）新型栽培种作为育种材料的应用价值　马铃薯四倍体栽培种为最重要的品种资源。关于四倍体栽培种 *Solanum andigena* 和 *Solanum tuberosum* 的亲缘关系问题，西蒙兹（Simmonds，1966）曾仿效 *Solanum andigena* 类型在欧洲转变为 *Solanum tuberosum* 类型的历史选择过程，利用原产秘鲁、玻利维亚等地短日照安第斯栽培实生种子为材料，采用轮回选择，在欧洲（英国）长日照条件下对结薯性的选择，终于选择出适应长日照、结薯性良好的新类型，并称这种类型为新型栽培种（neo-tuberosum）。从此，明确了世界各地的栽培种马铃薯，除南美洲原产地外，主要都是最初由南美洲引入欧洲的 *Solanum andigena* 经选择的后代。

因为最初从南美洲引入欧洲的只是很少数的 *Solanum andigena* 材料，而且这些少数材料选育成的品种、类型，又由于1845年晚疫病的大发生而大量被毁灭。从而，使多年来育成的品种或原始材料只具有狭小的“基因库”。再者，这些品种在血缘上也都是近缘的，杂种优势也不显著。

安第斯栽培种具有广泛的地理分布区域，包括阿根廷、玻利维亚、秘鲁、厄瓜多尔、哥伦比亚的安第斯山区。因此，*Solanum andigena* 种内具有极广泛的遗传变异和丰富的“基因库”。已知 *Solanum andigena* 栽培种具有下列优良的经济性状和特性：①对晚疫病的田间抗性或潜育期抗性；②抗黑胫病、抗青枯病、抗环腐病；③对普通花叶（X）病毒免疫；④抗重花叶（Y）病毒；⑤对潜隐花叶（S）病毒具有过敏抗性；⑥抗线虫；⑦高淀粉含量，高蛋白质含量。

Solanum andigena 极易与 *Solanum tuberosum* 杂交成功。在杂种 F_1 个体中经常呈现杂种优势和高度自交结实性，但 F_1 具有极不理想的性状和特性，如长匍匐枝、晚熟、每单株结有多而小的块茎等。因此，为获得具有优良经济性状的杂种，必须利用 *Solanum tuberosum* 进行多次回交。这是妨碍在马铃薯育种工作中直接利用 *Solanum andigena* 的主要原因之一。

新型栽培种（*neo-tuberosum*）就是适应长日照的 *Solanum andigena* 材料。育种工作者可在新型栽培种中选择有用的基因，并克服直接利用 *Solanum andigena* 所产生的缺点和困难，有效地应用于育种工作。

关于 *Solanum andigena*×*Solanum tuberosum* 的杂种具有显著的杂种优势，已为格林丁宁（Glendinning，1969）的试验结果所证实。他自西蒙兹的选种试验中采用了18个部分适应长日照的新型栽培种品系与普通栽培种（*Solanum tuberosum*）杂交。*Solanum andigena*×*Solanum tuberosum* F_1 的块茎大小和成熟期与 *Solanum tuberosum*×*Solanum tuberosum* F_1 是相似的，但产量却平均增高19%，最好的杂种 F_1 可增高49%。并且还发现其中有4个 *Solanum andigena*×*Solanum tuberosum* 杂种对晚疫病具有抗性。此外 Tarn 报道，*Solanum andigena*×*Solanum tuberosum* 的杂种优势高于普通栽培种间杂种34%；Cubillos 报道高出31%。

我国已选出30余份对长日照具有不同程度适应性的新型栽培种优良无性系，已由各地区进行鉴定筛选，作育种原始材料。

（二）二倍体栽培种 *Solanum phureja*（$2n=24$）　该栽培种的块茎休眠期短，抗青枯病，抗疮痂病，可作为选育适于我国二季作区抗青枯病、短块茎休眠期的品种的优良原始材料。*Solanum phureja* 种的一些无性系可作为“受粉者”诱发四倍体栽培种孤雌生殖产生双单倍体（$2n=24$）。近年来利用 *Solanum tuberosum* 的双单倍体与 *Solanum phureja* 杂交在其杂种中选育出一些经济性状优良、抗青枯病的无性系。特别是在这些杂种品系中发现有第一次减数分裂染色体重组（FDR）现象，能产生 $2n$ 配子。从其中又选育出一些产生 $2n$ 配子百分数很高的品系，如杂种 W5295-7 能产生 $2n$ 雄配子；W7589-2 能产生 $2n$ 雌配子。利用这些材料与四倍体杂交的优点，在于其杂种仍可保持在四倍体水平上，特别是利用能产生 $2n$ 配子的 *phureja-tuberosum* 单倍体的杂种与四倍体 *Solanum tuberosum* 杂交产生的杂种优势最强（Mok 和 Peloquin，1975）。在多种经济性状中，$4x-2x$ 杂种的平均块茎总产量显著高于 $4x$ 亲本（表22-5）。同时，有17.8%的 $4x-2x$ 杂种的总产量显著高于最好的 $4x$ 亲本，而 $4x-2x$ 杂种的平均块茎重量和商品块茎产量却低于 $4x$ 亲本。此外，$4x-2x$ 杂种在块茎总产量的分布上，超亲现象极为显著，这对选育突出高产的无性系是很有利的，为利用四倍体与二倍体栽培种杂交育种开辟了一条新途径。

表 22-5 $4x$-$2x$ 杂种和 $4x$ 亲本主要性状、特性的均数和全距

主要性状、特性	$4x$-$2x$ 杂种		$4x$ 亲本		均数间差异显著度
	均数	全距	均数	全距	
早期优势	2.04	0～5	2.14	1～4	不显著
植株优势	4.66	3～5	4.28	3.5～5	极显著
成熟期	4.43	2～5	4.02	3～5	极显著
每小区主茎数	20.74	5～50	13.43	7～24	极显著
商品薯产量	2.64	0～6.35	3.63	0.54～5.31	极显著
总产量	4.99	1.99～10.57	4.56	2.63～5.80	极显著
每小区块茎数	69.45	26～173	35.11	17～69	极显著
块茎重（单薯）	78.32	22.53～340.90	148.92	47.80～277.47	极显著
相对密度	1.083	1.060～1.104	1.090	1.077～1.103	极显著

二、野生种资源的研究利用

马铃薯野生资源研究和利用最有成效的是 *Solanum demissum*，已经广泛地用于育种达近 100 年之久，原因是它具有对晚疫病的垂直抗性，它是在欧洲和美国被系统地用于抗病育种的第一个野生种。当代欧洲很多马铃薯品种具有 *Solanum demissum* 的基因。经研究，可供抗病育种工作利用的主要野生资源主要有：①*Solanum demissum*（$2n=72$）原产于墨西哥，抗晚疫病、卷叶病，抗重花叶病（Y）和轻花叶病（A）。②*Solanum stoloniferum*（$2n=48$）抗晚疫病，抗重花叶病（Y）和轻花叶病（A）。③*Solanum acaule*（$2n=48$）抗普通花叶病（X）和卷叶病。④*Solanum chacoense*（$2n=24$）抗卷叶病。⑤*Solanum punae*（$2n=48$）耐寒（-5 ～-7 ℃）。

第四节 马铃薯育种途径和方法

一、引 种

引种是指从别的省份、单位或国家引入马铃薯品种，在当地进行试验鉴定，选出可供当地生产上直接利用的材料，或为杂交育种提供亲本。在开展杂交育种之前，当地又迫切需要新的品种解决生产问题的，通过引种鉴定是一个多快好省的途径。

引种工作应该注意：确定正确的引种目标；根据良种的适应性进行引种；注意检疫对象；必须通过试验才可在生产上推广利用。

我国 20 世纪 50 年代的引种工作为马铃薯生产起到了较大的推动作用，代替了当地的一些农家品种，增产幅度较大。例如，山东、河南引入白头翁品种，成为当地的主栽早熟品种；湖北、贵州、四川等省引种推广了德国的米拉品种，该品种高产、抗晚疫病、品质好，直至今日仍为当地的主栽品种之一。另外，引入国外的波兰 1 号、波兰 2 号、卡它丁等数十个优良品种成为我国马铃薯杂交育种的主要亲本材料。

二、自然变异选择育种

许多马铃薯品种的芽眼有时会发生基因突变，突变的频率很低（10^{-8}），遗传改变较小，产生与原品种在形态上或其他生物学性状上不同的优异类型，可将这种类型扩大繁殖成为一个新品种。

例如，现在美国生产利用较久的麻皮布尔班克（Russet Burbank）品种来源于美国 1876 年育成的布尔班克（Burbank）品种的芽变；我国东北 20 世纪 50 年代大量种植的男爵品种来自美国 1876 年育成的早玫瑰（Early Rose）的芽变；过去吉林栽培较多的早熟品种红眼窝来自红纹白（Red Warba）品种的芽变，而红纹白又是来自 Warba 品种的芽变；河北坝上农业科学研究所育成的坝丰收品种是来自沙杂 1 号品种的芽变。

三、辐射育种

辐射育种是通过物理手段人工诱发遗传物质的变异。在马铃薯中，其诱变频率增加1 000倍左右，因而也被育种家作为选育马铃薯新品种的一种手段，并在实践中选育出一批有利用价值的新品种（系）。

在马铃薯的辐射育种中，常用的是X射线和γ射线，一般用来照射马铃薯的块茎，通常的剂量为0.516～1.29 C/kg（2 000～5 000 R）。青海省大通县农业科学研究所曾利用深眼窝品种经辐射处理后选育出高产、高抗晚疫病的新品种辐深6-3；华南农学院曾利用燕子品种经辐射处理选育出抗晚疫病和多种病毒病的品种广农24号。

四、天然子实生苗育种

现有栽培的马铃薯品种都是异质结合的，所以自花结实的种子长出实生苗个体之间会产生性状分离，因此也为优良单株的选择提供了条件。事实上，这也是马铃薯最原始的育种途径，其方法很简单。在栽培天然实生苗的过程中，一旦发现优良性状的单株，就可以通过块茎的无性繁殖将其遗传固定下来，经比较试验扩大繁殖就可成为一个新品种（系）。采用这种方法，我国各地也曾选育出一批适合当地栽培的新品种（系）。例如，西藏农业科学研究所育成的藏薯1号品种是1963年从波兰2号（Everest）天然子实生苗中选出的；河北坝上农业科学研究所育成的坝薯7号品种选自圆薯4号品种的自交后代；贵州威宁地区农业科学研究所选育的威05和06-2是由克疫品种天然子实生苗中选育出的；辽宁省本溪市马铃薯研究所选育的本66013是来自男爵品种天然子实生苗；黑龙江省马铃薯研究所育成的克新13号是来自米拉品种的自交后代。

五、杂交育种

杂交育种又称组合育种，是根据新品种的选育目标选配亲本，通过人工杂交，把分散在不同亲本上的优良性状组合到杂种之中，对其后代进行单株系选和比较鉴定来培育新品种的一种重要育种途径。

依照亲本的亲缘关系远近不同，可区分为近缘杂交（品种间杂交）和远缘杂交（种间杂交）。

（一）早熟、高产品种的选育

1. 杂交组合的选配　在早熟×中熟或早熟×中晚熟的组合后代中，可选育出一些早熟、块茎大而整齐、产量高的类型。近20年来我国各地选育出一些早熟、高产品种有：克新4号、东农303、郑薯4号、丰收、乌盟601等。

马铃薯的早熟性与实生苗早期形成匍匐枝和早期结薯有密切相关，其相关系数达 $r=0.97$。因此，栽培早熟杂交组合的实生苗应采用移植法，于实生苗出苗后一个月左右进行移植，淘汰晚熟类型。

2. 块茎形成期及膨大速度的选择　在同属生理中晚熟品种中，坝薯7号的结薯期偏早，在哈尔滨地区春季播种，7月下旬收获，块茎大小及单产近似于早熟品种白头翁。在成熟期上属于早熟品种的东农303，块茎形成极早，4月中旬播种，出苗（5月底）后45 d（7月中旬）块茎大小即可供商品鲜薯用，单产15 000～22 500 kg/hm²，超过同期收获的标准早熟品种红纹白，块茎的形成期和增长速度均优于红纹白（图22-2）。

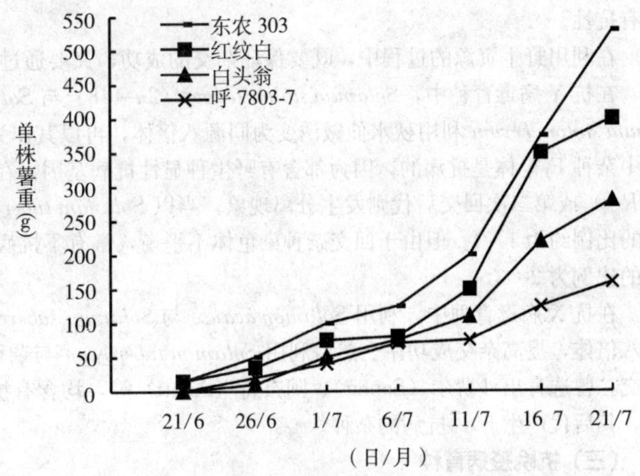

图22-2　不同品种马铃薯块茎形成速度曲线

（引自李景华，1982）

选育生理熟期为中晚熟或中熟、块茎形成早的品种在春、秋二季区可显著提高秋作块茎产量，获得春、秋两季高产。由于形成块茎早、膨大速度快，在春作气温和土温显著增高前（6月底前），块茎已得到充分发育，产量可高于一般早熟品种；于秋作时植株可生长到霜降（10月底至11月上中旬），产量显著高于一般早熟品种。在单季春作区，选用成熟期为中晚熟而块茎形成早的丰产品种，在块茎产量上于早期收获（8月中下旬）也相当于或高于一般中晚熟品种，这样有利于运输、加工和农村劳力的调配，或采取早、晚分期收获供应市场粮菜兼用。此外，选用块茎形成早的品种，极适宜在良种繁育体系中采用早期收获块茎留种的措施，避免或减少植株在田间受带毒昆虫传染病毒的几率，增加种薯田早收留种的种薯产量。

选育块茎形成早的品种的方法程序比较简便。首先，在杂种实生苗后代中按生理熟性分别入选中晚熟、早熟的优良无性系。于第一年无性系选种圃开花期末取样1～2株初步鉴定块茎大小及产量并加以记载。于第二、三年选种圃，在开花始期开始取样共取3次（每隔1周取1次），决选块茎形成早和膨大速度快的品系。

（二）抗病毒育种

1. 普通栽培种（*Solanum tuberosum*）**抗源材料的利用**　有些原始材料，既是很好的品种又是很好的亲本，能把其对病毒病的抗性遗传给后代。

比较抗Y病毒的品种有：卡它丁（Katadin）、马利他（Maritta）、白头翁（Anemone）、阿奎拉（Aquila）、沙司吉亚（Saskia）、北斗星（Fortuna）、阿普他（Apta）、卡皮拉（Capella）、燕子（Schwalbe）。

抗A病毒的品种有：弗利多（Frühudel）、卡它丁、马利他、抗疫白（Kennebec）、塔瓦（Tawa）、沙司吉亚、沙科（Saco）。

S41956对X病毒具有高度抗性。利用S41956做亲本曾育成品种沙科、塔瓦等都对普通花叶（X）病毒具有高度抗性。

抗卷叶病毒的品种有：燕子、阿奎拉、阿普他、卡它丁、卡皮拉等。

2. 近缘栽培种（*Solanum andigena*）**的利用**　四倍体栽培种*Solanum andigena*是从事抗X病毒育种极有价值的原始材料。*Solanum andigena*的无性系C. P. C. 1676对普通花叶（X）病毒的免疫性是受一显性基因（R_x）所控制。近年来，国外广泛利用*Solanum andigena*作为抗马铃薯线虫和抗X病毒的原始材料，并选出一批优良的实生苗后代，其中有50%以上的杂种都是高度抗X病毒的。

3. 野生资源的利用　对重花叶（Y）病毒具有田间抗性的一些品种（如阿普他、马利他、卡皮拉、燕子等），都是利用*Solanum demissum*×Polanin（源于*Solanum andigena*）的杂种作为杂交亲本选育成的。

近年来，国外利用*Solanum stoloniferum*、*Solanum acaule*等与栽培品种杂交，育成一些新品种如哥兰吉利亚（Grazilia），这些品种对Y病毒和A病毒具有免疫性，并对卷叶病毒具有田间抗性。

Solanum commersinii、*Solanum chacoense*对M病毒具有一定程度的田间抗性；*Solanum kurtzianum*对PSTV具有抗性。

在利用野生资源的过程中，既要保证杂交的成功，又要通过回交来克服后代出现的不良的野生性状。

在抗Y病毒育种中，*Solanum stoloniferum*（$2n=48$）与*Solanum tuberosum*是较难以杂交成功的。如先将*Solanum stoloniferum*利用秋水仙碱诱变为同源八倍体，再以其作为母本与*Solanum tuberosum*杂交，则较容易成功。其中杂种F_1个体是抗病的，因为都含有野生种显性抗病基因。在第一次回交后代（如原始类型含有单显性基因R_y或R_{ym}）或第二次回交后代则发生分离现象。当以*Solanum tuberosum*与杂种F_1回交时，其回交后代中抗病与不抗病的比例约为1∶1。但由于回交杂种染色体不平衡，常有不抗病的杂种个体数量增大的倾向，而产生抗病与不抗病的比例为2∶3。

在抗X病毒育种中，利用*Solanum acaule*与*Solanum tuberosum*杂交时，先将*Solanum acaule*人工诱变为同源八倍体，提高杂交成功率。然后利用*Solanum tuberosum*与杂种F_1回交4～5次。利用*Solanum acaule*进行种间杂交，曾选育出沙费尔（Saphir）、阿奈特（Anett）等，均含有抗X病毒的单显性基因。利用沙费尔与栽培品种杂交，其后代产生50%抗病的杂种。

（三）抗晚疫病育种

1. 利用含有*R*抗晚疫病基因的材料做杂交亲本，在其后代中选择具有垂直抗性的品种　通过鉴定，已知含有来自*Solanum demissum*的抗晚疫病基因的品种有下述几种类型。

R_1：阿奎拉、阿普他、卡美拉兹1号、抗疫白、马利他、美利马克（Merrimack）、沙科、塔瓦、北斗星、班尼地克特*（Benidict）、波兰2号（Everest）。

R_2：维西洛夫（Весеповский2-4）。

R_3：大使（Ambassador）、沙费尔。

R_4：伊兹塔特（Izptades）、伊索拉（Isola）。

R_1R_3：安科（Anco）、布尔坎（Bulkan）、司派尔坦*（Spartaan）。

R_1R_4：弗吉尼亚（Virginia）、奥列夫（Одев）。

R_2R_4：红乌菲姆（Красноу фимский）。

R_3R_4：乌拉尔*（Урадъский）、波兰1号*（Epoka）（有*者具有高度田间抗性）。

$R_1R_3R_4$：Lu56. 331/21、Lu57. 333/2。

R_{10}：木尔他（Multa）。

2. 重视田间抗性的选择　长期以来，抗晚疫病育种工作多集中于选育具有过敏型抗性的品种，忽略了对田间抗性的选择。因此，多数含 R 基因的品种的田间抗性都比较低。由于病原的突变、重组和异核性的结果，产生新的生理小种又侵染了具有某一 R 基因的新品种。

田间抗性多基因的作用在于缓冲生理小种适应广泛寄主的进化。同时，由于延迟和减弱孢子的形成而降低了生理小种的毒力。针对晚疫病病原 *Phytophthora infestans* 的生物学特性，从事抗晚疫病育种必须充分利用马铃薯所具有的良种类型的抗性，选育具有 R 基因和多基因理想组合的新品种。

原产墨西哥的野生种 *Solanum demissum*、*Solanum stoloniferum* 等都具有 R 基因和多基因。这些野生种在墨西哥常年流行晚疫病的条件下，必定通过自然选择形成了理想的 R 基因和多基因的组合。

墨西哥（多鲁卡地区）的地理气候条件极适于晚疫病的发生，生理小种的种类也多，最适合鉴定育种材料对晚疫病的抗性。近年来，国外一些育种机构利用墨西哥的自然条件，鉴定、选育出一些高度抗晚疫病的品种，如阿尼他（Anita）、伯提他（Bertita）、多得他（Dorita）等。这些品种均是具有 R 基因和多基因的，并可作为抗晚疫病育种的优良亲本。

在我国西南山区，如湖北恩施天池山、四川西昌螺吉山、云南丽江玉龙山等地，地理、气候条件很适于晚疫病的发生，近年来一些单位开始利用该地的自然条件从事鉴定育种材料对晚疫病田间抗性的研究工作。

安第斯栽培种 *Solanum andigena* 在自然条件下虽然也感染毒力强和一般的生理小种，但感病程度却轻于智利性型栽培种（*Solanum tuberosum*）。这主要是由于 *Solanum andigena* 栽培种品种感病和发病缓慢，具有较强的田间抗性。

在现有育成品种中具有高度田间抗性的品种有：波兰1号、波兰2号、阿奎拉、米拉、卡皮拉、乌拉尔等。

由于水平抗性的持久性和稳定性，在20世纪80年代末和90年代初，国际马铃薯中心（CIP）改变过去的抗病育种策略，在取得育成群体A的成就的基础上，又培育出一批不带 R 基因的纯属具有水平抗性的材料，称为群体B。群体B主要具有以下优点：①抗病性完全属于水平抗性，对病原菌所有生理小种都具有有效抗性；②缺乏 R 基因，简化了实生苗筛选和田间检测过程，不再需要复合生理小种，筛选工作可以在任何生理小种条件下完成；③由于简化了晚疫病抗性筛选过程，能更加有效地与对其他病害的抗性相结合；④选出抗病性和块茎产量高度结合的株系，可以作为其他育种计划的亲本，并提供实生子进行商业化生产。B群体的开发与应用为马铃薯的抗晚疫病育种带来了新的希望。

（四）抗青枯病育种　青枯病（*Pseudomonas solanacearum*）对我国春、秋二季混作区的马铃薯生产危害很大。新中国成立后，多年来在南方栽培的品种均是普通栽培种（*Solanum tuberosum*）。同时由于育种原始材料贫乏，许多育种机构虽经多年大量配制杂交组合，以筛选抗青枯病的品系，但成效不大。

在南美洲和亚热带地区，马铃薯生产上也受到青枯病的威胁。近年来，通过筛选抗青枯病的资源发现安第斯栽培种（如 *Solanum andigena*、*Solanum phureja*）以及一些野生种（如 *Solanum chacoense*、*Solanum acaule* 等）对青枯病具有高度抗性。同时，国际马铃薯中心自 *Solanum tuberosum*×*Solanum phureja* 的杂种中又筛选出一些抗青枯病的杂种，如BR-69-50、BR-63-76等。自大量的 *Solanum phureja* 栽培种中也筛选出一些抗青枯病的无性系。这些都可作为选育抗青枯病品种的优良原始材料。

（五）高淀粉、高蛋白质含量育种　品种间杂交后代的淀粉含量与亲本的淀粉含量有高度相关。因此，应注意选择淀粉含量高的亲本或双亲进行杂交。如在吉尔林德（Gerlinde）×高淀粉的后代中有20%的杂种的淀粉含量高于22%，在复合杂交组合（阿普他×高淀粉）×（燕子×高淀粉）的后代中可产生25%杂种的淀粉含量超过20%。淀粉含量是多基因控制的，而且有累加效应，在杂种后代可能产生超亲现象。

在现有品种中，已知高淀粉含量的品种有：卡皮拉、燕子、马利他、斯塔尔、高淀粉等。

野生种 *Solanum demissum* 和安第斯栽培种（*Solanum andigena*）也是选育高淀粉含量品种的极有价值的原始材料。利用 *Solanum andigena*（Locanum、Rayancanchense 等品种）与 *Solanum tuberosum* 品种杂交，在其杂交后代中选育块茎干物质含量达32.2%的无性系，具有优良经济性状的杂种淀粉含量达20%～23%，粗蛋白质含量达3.0%～3.1%。近年来，利用 *Solanum demissum* 进行种间杂交育成的新品种的淀粉含量如下：Лошицкий23%，Раэваристйы22%～23.4%，Temn22.9%，而对照品种弗拉姆（Fram）为17%～19%。

在一般情况下，利用 *Solanum tuberosum* 进行品种间杂交育成品种的蛋白质一般不超过2.7%，同时也很少低于1.0%～1.5%。

20世纪初，为了克服 *Solanum tuberosum* 感染晚疫病和其他病害的缺点，曾利用野生种进行种间杂交育成一些新品种，并相应地提高了蛋白质的含量。

许多野生种和南美栽培种的蛋白质含量很高。野生种 *Solanum demissum* 的蛋白质含量为2.5%～6%，安第斯栽培种（*Solanum andigena*）为1.9%～3.4%，二倍体栽培种 *Solanum phureja* 可高达4%～6%。国外利用 *Solanum demissum* 选育的优良杂种无性系，其蛋白质含量可达2.8%～3.5%；利用 *Solanum andigena* 育成的优良杂种无性系蛋白质含量高达3%以上。

马铃薯粗蛋白质含量和淀粉含量之间不呈现负相关。因此，选育高蛋白质和高淀粉含量的品种并不困难。此外，马铃薯块茎干物质含量和粗蛋白质含量呈正相关，在不同的家系中，相关系数的变异范围为0.38～0.59。但马铃薯蛋白质含量与块茎产量却略呈负相关，$r=-0.15\sim-0.20$。因此，必须进行大规模的育种工作，种植较大群体的杂种实生苗，才能增加选育高产量和高蛋白质品种的机会。

第五节　马铃薯育种新技术的研究与应用

一、合子生殖障碍理论与应用

在许多马铃薯野生种中，有丰富的抗性资源。但由于野生种与栽培种之间存在严重的有性生殖障碍，使得野生种与栽培种杂交非常困难，甚至不能杂交成功。对马铃薯野生种与栽培种间生殖隔离机制（sexual isolating mechanism）的深入研究发现，导致马铃薯种间杂交不亲和的原因大体可分为两类：前合子生殖障碍（pre-zygotic barrier）和后合子生殖障碍（post-zygotic barrier）。

前合子生殖障碍，有花期不遇、花器结构异常、花粉在相异的柱头上或花柱中不能正常生长和发育等原因导致杂交不亲和等。对这种障碍可采取一些常规方法解决，如在不同的环境条件下进行大量授粉，进行正反交，选择优良授粉者，或者切除花柱直接对其胚珠进行授粉等措施。

后合子生殖障碍是马铃薯野生种与栽培种之间杂交不亲和的主要原因。它主要是由于胚乳败育引起的。对此，Johnston 等（1980）提出了胚乳平衡数（endosperm balance number，EBN）的理论，用于预测种间杂交的可行性。该理论认为，每个马铃薯种都有一个特定的 EBN，它决定着各马铃薯种间的杂交可育性，所有成功的种间杂交，在其杂交种的胚乳中来自母本和父本的 EBN 的比例一定是2∶1。研究表明，即使是两亲本间有了相匹配的 EBN，许多种之间仍不易杂交成功，而 EBN 的母本与父本的比例为1∶1的马铃薯种则更加困难。针对马铃薯后合子生殖障碍的特点，育种家利用了多种生物学技术来克服马铃薯的种间杂交不育性。

根据 EBN 的理论，马铃薯育性主要决定于杂交种中亲本的 EBN 的比例，而非染色体的倍性。因此，对野生种进行倍性操作不失为一个克服马铃薯种间杂交不亲和性的有效手段。Domenico Carprto 等针对野生种 *Solanum commersonii*（$2n=2x=24$，1 EBN）的情况，通过体外倍性操作，使其染色体加倍（$2n=4x=48$，2 EBN），从而变为具有2 EBN 的种，再用它作为亲本与二倍体材料（*Solanum phureja*×*Solanum tuberosum*）（$2n=2x=24$，

2 EBN)杂交，得到 F_1 代杂种（$2n=3x=36$，2 EBN)，由于 F_1 可形成 $2n$ 卵，因而能和普通栽培种（$2n=4x=48$，4 EBN）进行杂交，将杂交产生的五倍体后代（$2n=5x=60$，4 EBN）与普通栽培种回交即可将野生种 *Solanum commersonii* 的有用基因导入育种材料中。同样，通过倍性操作，Adiwilaga 等将四倍体墨西哥野生种资源（$2n=4x=48$，2 EBN）引入到马铃薯栽培种基因池中。

胚挽救法（embryo rescue）是针对杂交后因胚乳败育使合子不能正常发育的特点，将受精后形成的合子通过体外培养形成正常的植株。Hanneman 等利用该技术成功获得了野生种 *Solanum pinnatisectum* 与普通栽培种的杂交后代，并对其杂种进行抗病性鉴定，发现其对晚疫病具有 100%的抗病性，为马铃薯抗晚疫病育种提供了非常有用的中间材料。

二、细胞工程育种

（一）细胞融合进行体细胞杂交 体细胞杂交是克服马铃薯种间各种有性生殖障碍实现基因重组的一种有效方法。体细胞杂交是通过细胞原生质体融合进行的，其融合方法分电融合和化学融合两种，而电融合应用较多。

在马铃薯资源中，大多数野生种（约 70%）为二倍体，直接与四倍体栽培品种杂交很难成功，因而限制马铃薯野生种优良基因的利用。通过马铃薯优良双单倍体与二倍体野生种的原生质体融合，可将庞大的马铃薯家族中野生种所具有的优良基因转移到马铃薯栽培种中，为马铃薯的遗传改良提供中间材料。

1980 年，Butenko 等将栽培品种 Priekul 与 *Solanum chacoense*（二倍体野生种）的原生质体融合获得了马铃薯抗 Y 病毒的杂种植株；J. P. Helgeson 等通过细胞融合获得了野生种 *Solanum bulbocastanum* 和普通栽培种 *Solanum tuberosum* 的六倍体杂种，再用其与马铃薯栽培品种 Katahdin 或 Atlantic 杂交和回交，通过 4 年的田间评价，筛选到对晚疫病具有高度抗性的株系；Menke 等用野生种 *Solanum pinnatisectum* 与栽培种 *Solanum tuberosum* 品系进行细胞融合，并通过 RFLP 鉴定证明获得了两者的体细胞杂种植株。国外利用该技术先后将二倍体野生种抗卷叶病、线虫病、软腐病等多种抗性基因融合到普通马铃薯之中。我国甘肃农业大学戴朝曦、王蒂、司怀军等不仅研究了马铃薯体细胞融合技术，并且获得马铃薯双单倍体品系 81 - 15 和 2 个二倍体种（*Solanum phureja* 和 *Solanum chacoense*）原生质体融合的 25 个株系，同时对杂种进行了形态学和农艺性状的观察，并进行了细胞学和同工酶等方面的鉴定。证明大多数杂种的单株块茎重杂种优势明显，块茎淀粉含量高，还原糖含量低，有较强的田间抗病虫能力，是马铃薯育种很好的中间材料。

（二）外植体单细胞培养及植株再生 植株单细胞培养（single cell culture）技术起步于 20 世纪 50 年代，到 70 年代，已对近百种植物成功地进行了单细胞培养。单细胞培养技术已成为许多生物技术的操作技术，如外源基因的遗传转化、基因转移、突变体的筛选、种质保存、人工种子生产、工厂化生产单细胞代谢物和大规模胚状体的工厂化育苗等理论和实践操作都是在单细胞培养的基础上进行的。

马铃薯外植体培养及植株再生技术的应用为马铃薯无性系变异、突变体筛选、基因遗传转化、胚状体发生及人工种子制备等后续育种、改良工作提供了良好的实验系统和技术平台，为生物技术与常规育种相结合、提高育种水平开拓新途径。甘肃农业大学王蒂等人利用甘农 2 号品种的 6 种外植体（块茎、茎尖、叶片、子叶、花药和下胚轴）为材料，进行愈伤组织诱导、单细胞分离和培养及植株再生进行了系统研究，总结出一套较成熟的经验，可供借鉴。

三、分解-综合育种

长期以来，品种间杂交及芽变选择一直是马铃薯品种选育的主要方法，可是，马铃薯普通四倍体栽培种具有高度的基因杂合性及基因分离的复杂性，其基因库异常狭窄，抗病、抗逆和加工品质基因极其缺乏，导致育种进程缓慢，选育高产、抗病、优质、适应性强的品种极端困难。尽管二倍体野生种具有丰富的基因资源，可由于倍性差异无法与四倍体杂交结实。随着现代生物学的发展，为解决这一问题提供了理论和物质基础。

早在 1963 年，Chase 就提出了“分解育种方案”，将四倍体栽培种或优良品系通过染色体降倍技术降为二倍体，在二倍体水平上进行杂交和选择，再将杂交后代通过染色体加倍恢复到四倍体水平。1979 年，Wenzel 等根据当时的科技发展又提出综合运用单倍体诱导技术、染色体加倍技术、细胞融合技术的分解-综合育种方案。至今为止，通过花药花粉培养及孤雌生殖已获得大量马铃薯单倍体品系；通过秋水仙素及组织培养加倍获得了众多的纯合四倍体；通过体细胞融合技术得到了许多具有应用价值的马铃薯育种材料。此处，倍性操作是该育种方案的重要环节，而染色体加倍技术是获得纯系以及杂交品系用于生产的关键步骤（王清、王蒂等，2001）。

（一）染色体降倍 染色体降倍主要有两条途径：人工诱导孤雌生殖方法和花药培养法。（卵细胞未经过受精而发育成单倍体胚的现象称为孤雌生殖，但在这一过程中，极核的受精却是必要的。）

1. 人工诱导孤雌生殖方法 采用一个二倍体栽培种 *Solanum phureja* 作为授粉者对四倍体栽培马铃薯进行诱导产生双单倍体，并用来自授粉者的一个显性深红色胚点基因作为选择标记（双单倍体种子无胚点）。这种方法操作简便，已为育种者所采用，获得了一批双单倍体。这种方法的核心是选择授粉者，即双单倍体诱导者。研究单位应用较多的是IVP35、IVP48、IVP101等，东北农业大学吕文河等（1987）利用IVP35的自交种子，在后代群体中选育出NEA-P16和NEA-P19两个优良授粉者，其诱发孤雌生殖的能力分别为IVP35的2.66倍和2.48倍。另外，庞万福、屈冬玉等（1986）选出了优良授粉者9份，巩秀峰等（1986）也选出了优良IMP200-1等。

2. 花药培养法 这是20世纪60年代发展起来的孤雄生殖法，为培育双单倍体提供了另一条有效途径。通过花药的离体培养，利用植物花粉潜在的全能性诱导四倍体产生双单倍体和二倍体产生单倍体，即人为创造孤雄生殖，也称雄核发育（androgenesis）。Dunwell和Sunderland（1973）首次报道了普通栽培种马铃薯Pentland Crown花药培养的再生植株。其后，各国科技人员对马铃薯花药培养的影响因素进行了深入的研究，提高了双单倍体产生的频率。国外文献中已报道的一些普通马铃薯双单倍体、二倍体原始栽培种及种间杂种的一倍单倍体频率汇总于表22-6。

表22-6 利用花药培养获取普通马铃薯双单倍体、二倍体原始栽培种及种间杂种（$2n=2x=24$）的一倍单倍体

种、杂种及代号	接种花药数（有反应）	再生植株数（每100枚花药）	再生植株中一倍单倍体的百分数	研究者
Solanum phureja	100（15）	8（8.00）	50.00	Irikura，1975
Solanum stenotomum	150（21）	4（2.67）	25.00	Irikura，1975
Solanum verrucosum	360（34）	121（33.6）	68.59	Irikura，1975
Solanum bulbocastanum	120（33）	8（66.6）	100.00	Irikura，1975
Solanum tuberosum				
H7801/10	2 452（1 620）	517（21.08）	12.19	Uhrig和Wenzel，1981
H7801/27	3 765（2 880）	2 564（38.10）	15.63	Uhrig和Wenzel，1981
Solanum tuberosum×*Solanum chacoense*				
IP354×IP33	18 258（921）	303（1.66）	16.37	Cappadocia等，1984
复合杂种IP56	4 531（106）	4（0.09）	25.00	Cappadocia等，1984
Solanum chacoense（IP33）	2 645（288）	197（7.45）	74.61	Cappadocia等，1984
Solanum phureja	1 416（363）	125（8.83）	23.20	Veilleux，1990；Veilleux等，1995

国内，王蒂、王玉娟等对影响花药培养的影响因素做了大量研究，并获得了一批再生植株。

（二）二倍体水平育种 普通马铃薯（$2n=4x=48$）具有4套染色体，表现四体遗传，和二倍体马铃薯（$2n=2x=24$）相比，对其进行遗传学研究相对较困难。利用具有24条染色体的马铃薯为材料进行遗传学研究有明显的优点，因为它可以简化遗传分析。例如，一个二倍体其某一基因位点是异质结合的（Aa），自交后产生3种基因型（AA、Aa和aa）。其相应的四倍体（AAaa）自交后，则可产生5种基因型：AAAA（四式）、AAAa（三式）、AAaa（复式）、Aaaa（单式）和aaaa（零式），AAAa、AAaa和Aaaa自交又可导致进一步分离。

表22-7列出了二倍体遗传和四倍体遗传比较的详细结果。异质结合的二倍体（Aa）自交后，获得纯合稳定个体的概率为1/4。对相应的四倍体（AAaa）来说，自交后获得零式个体的概率受双减数（double reduction）的程度影响，如果发生染色体分离（chromosome segregation）为1/36，如果发生染色单体分离，则为9/196。

表 22-7　四倍体遗传和二倍体遗传的比较

世代	二倍体水平	四倍体水平			
亲本	AA×aa	AAAA×aaaa			
F_1	Aa	AAaa			
配子	A，a	AA， 1/6 3/14	Aa， 4/6 8/14	aa 1/6 3/14	（染色体分离） （染色单体分离）
			染色体分离		染色单体分离
F_2（F_1自交）		AAAA	3%		5%
	AA　25%	AAAa	22%		24%
	Aa　50%	AAaa	50%		42%
	aa　25%	Aaaa	22%		24%
		aaaa	3%		5%

$2x$ 材料不仅对遗传分析很有价值，而且对育种也很有用处。在 $2x$ 水平上育种可以缩短培育新品种所需要的时间，更快地淘汰有害的隐性基因，高效地从 $2x$ 种引入优良性状。

（三）恢复四倍体的倍性　对产量和主要农艺性状来说，马铃薯的最佳倍性数水平是四倍体。在二倍体水平上进行改良和选择后，还应恢复四倍体的倍性，方可在育种上或生产上应用。染色体加倍有无性多倍化和有性多倍化两条途径。

1. 无性多倍化

（1）利用秋水仙素处理加倍　秋水仙素在细胞有丝分裂过程中能够破坏纺锤丝的形成，使复制的染色体在细胞有丝分裂时不能分向两极，从而导致细胞的染色体加倍。此方法存在的问题是：①加倍频率低；②由于其毒害作用，种子发芽和根的生长受到影响；③普遍存在细胞倍性嵌合现象，因此限制了秋水仙素加倍法在实践中的应用。

（2）组织培养加倍法　由于染色体复制与细胞分裂受控于不同基因，因此，在愈伤组织诱导及培养过程中常常导致细胞染色体组发生内源多倍化。组织培养加倍法就是利用愈伤组织生长过程中的这种 DNA 快速复制与细胞分裂不同步来达到染色体加倍的目的。其染色体加倍频率与基因型、外植体类别（茎、叶、根、芽等）、外植体倍性水平、愈伤组织培养时间、培养基的激素种类及浓度等因素有关。经双单倍体加倍的植株可以产生正常花粉，但纯合四倍体大多不开花，或者能够开花而花粉败育，从而造成杂交困难。纯合二倍体也有类似现象（Kaburu 等，1992）。因此，组织培养加倍法产生的纯合二倍体和纯合四倍体只能作为母本，而且避免去雄这一烦琐程序。

（3）原生质体培养及体细胞融合的染色体加倍法　对同一单倍体或四倍体花粉原生质体的自体融合，可节省花药、花粉培养途径，并在短期内高频率地获得纯合四倍体，为生产不分离的杂交马铃薯实生种子提供亲本；对具有优良特性的两种双单倍体品系的异体融合，可获得综合双亲细胞核与细胞质基因的体细胞杂种，从而获得更强的杂种优势；用具有优良抗性基因的野生种与双单倍体品系或栽培种花粉原生质体的异体融合产生四倍体杂种植株，为常规育种提供材料。

化学融合和电融合是细胞融合的两种主要方法（前已述及）。

2. 有性多倍化

（1）$4x$×$2x$ 组合　采用该组合方式进行有性多倍化，在选择亲本时应注意以下问题：①$4x$ 亲本应与 $2x$ 杂种中的双单倍体亲本无亲缘关系；②$4x$ 亲本对当地的生态条件应具有较好的适应性以及好的块茎性状；③$4x$ 亲本还应具有开花繁茂性和育性良好的特性，如 $4x$ 亲本雄性不育则更好，这样可以不必去雄；④$2x$ 亲本应具有适当的成熟期、块茎类型；⑤$2x$ 亲本也应开花繁茂，能够产生大量的花粉；⑥$2x$ 亲本产生的 $2n$ 花粉频率要高，最好是第一次分裂重组（first division restitution，FDR）类型；⑦最为重要的是，$2x$ 杂种还应具有 $4x$ 亲本不具备的性状，而这些性状是当前或以后马铃薯生产所需要的。

（2）$2x$×$4x$ 组合　该杂交组合方式要求：①$4x$ 亲本与 $2x$ 亲本的双单倍体无亲缘关系；②具有良好的适应性和块茎类型；③$4x$ 亲本也应开花繁茂和高度的雄性可育性；④$2x$ 亲本应具有适当的成熟期、块茎类型，开花繁茂，能产生高频率的 $2n$ 卵，对 $2n$ 卵的类型进行鉴定是必要的，因为大多数属于第二次分裂重组（second division restitution，SDR）类型，而能够产生 SDR 类型的 $2x$ 无性系，对基因转移具有积极意义；⑤$2x$ 亲本要具有 $4x$ 亲本所没有的目标性状。

（3）$2x\times 2x$ 组合　上两种组合方式是单向有性多倍化，$2x\times 2x$ 的组合方式是双向有性多倍化。在选配组合时应注意：①两亲本应无亲缘关系；②具有适当的成熟期及块茎类型；③母本能产生 $2n$ 卵而父本应能产生 $2n$ 花粉，若二者都是 FDR 类型对生产整齐一致的后代群体更为有利。

二倍体或二倍体杂种一般来说除产生 $2n$ 配子外，也同时产生 n 配子（Mendiburu 和 Peloquin，1977）。$4x$ 和 $2x$ 之间交配（$4x\times 2x$ 和 $2x\times 4x$）由于三倍体障碍的作用，产生的后代绝大多数是 $4x$。$2x\times 2x$ 组合产生的后代既有 $2x$ 又有 $4x$，$2x$ 和 $4x$ 后代的频率依不同组合而有差异（Mendiburu 和 Peloquin，1977）。$2x\times 2x$ 组合的 $4x$ 后代可用染色体计数的方法加以鉴定。为减少工作强度，也可采用其他方法，如计数叶背面气孔保卫细胞中叶绿体平均数目（Wagenvoort 和 Zimnoch-Guzowska，1992）。

（四）$2n$ 配子材料在分解-综合育种中的利用

1. $2n$ 配子的概念及形成　$2n$ 配子（$2n$ gamete）是指具有体细胞染色体数的配子。在引入马铃薯二倍体资源到四倍体栽培种的过程中起到了桥梁的作用。细胞学家一般认为，在多数情况下，减数分裂以前或减数过程中的某种异常的核分裂可以导致 $2n$ 配子的形成。Roseberg（1927）首次明确提出了减数分裂核重组（meiotic nuclear restitution）现象。减数分裂核重组可以分为两种基本类型：第一次分裂重组（FDR）和第二次分裂重组（SDR）。从遗传学的角度来看，FDR 配子在很大程度上保持了亲本的基因型，因而是高度一致的；而 SDR 配子没有保持亲本的基因型，而是进行了分离，因此是高度异质的。

Mok 和 Peloquin（1975）提出了平行纺锤体的概念来解释 $2n$ 花粉形成的原因。从图 22-3 和图 22-4 可以从细胞学的角度理解 FDR $2n$ 配子和 SDR $2n$ 配子形成。

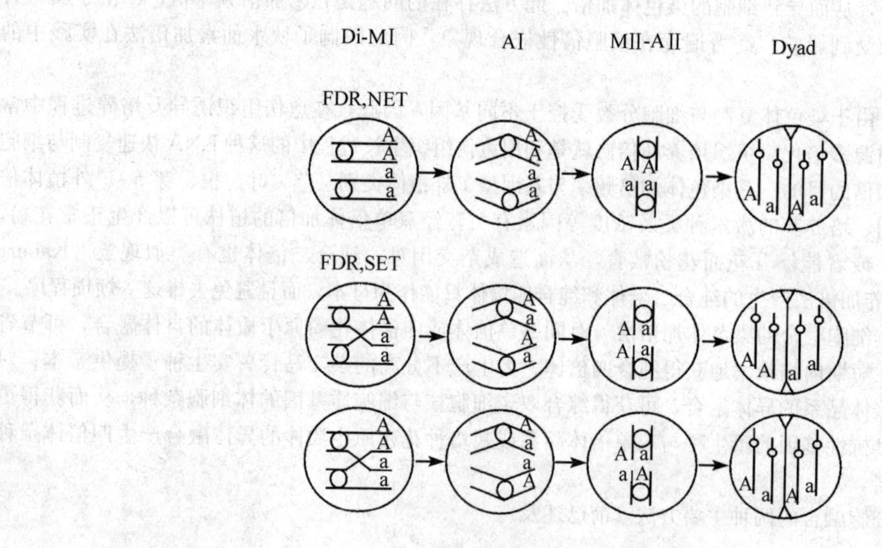

图 22-3　FDR $2n$ 配子的形成

Di. 终变期　M. 中期　A. 后期

（引自 Tai，1994）

2. $2n$ 配子材料的选育　$2n$ 配子，尤其是 FDR $2n$ 配子的作用在分解-综合育种中，特别是在有性多倍化方面充分得到体现。要想充分挖掘其潜力就必须首先获得大量的能产生 $2n$ 配子的二倍体材料。在较早的研究中，只有少数几个 $2x$ 亲本参与了 $4x\times 2x$ 杂交，近年来 $2x$ 亲本的数量有所增加（Oritiz，Iwanaga 和 Mendoza，1988；De Jong 和 Tai，1991）。参与的二倍体种也从当初的 *Solanum phureja* 和 *Sloanum stenotomum* 扩展到 *Solanum chacoense*、*Solanum berthaultii*、*Solanum boliviense*、*Solanum canasense*、*Solanum microdontum*、*Solanum raphanofolium*、*Solanum sanctae-rosae*、*Solanum kurtzianum*、*Solanum bukasovii*、*Solanum spegazzinii*、*Solanum spar-*

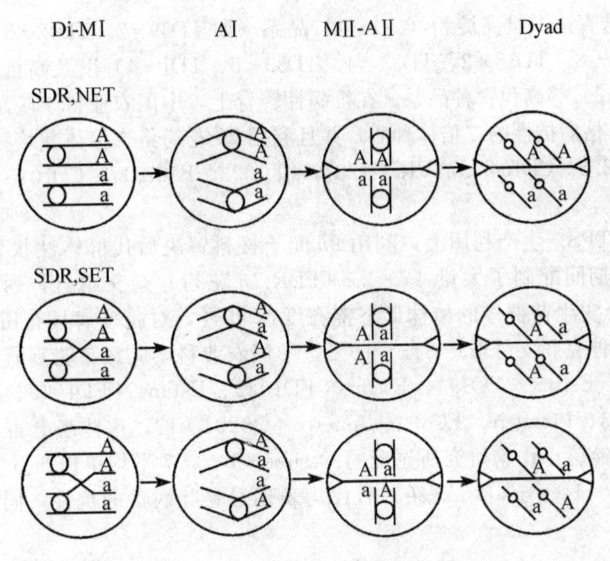

图 22-4　SDR $2n$ 配子的形成
Di. 终变期　M. 中期　A. 后期
（引自 Tai，1994）

sipilum 和 *Solanum tarijense*（Hermundstad 和 Peloquin，1987）。

我国对 $2n$ 配子材料的利用始于 20 世纪 70 年代，东北农业大学用 IVP35 等作授粉者，诱发 neo-tuberosum 无性系孤雌生殖产生双单倍体，选择农艺性状好且雌性能育的双单倍体植株作母本与 *Solanum phureja* 杂交，获得二倍体杂种，然后对二倍体杂种的农艺性状及其产生 $2n$ 花粉的能力进行选择，在“七五”期间选育出 DP32、DP12、DP34 等 $2n$ 花粉材料。这些材料与普通马铃薯杂交所获得的四倍体后代可具有一套 *Solanum phureja* 染色体，一套 neo-tuberosum 染色体和两套 *Solanum tuberosum* 染色体；在“八五”期间选育出 NEA93-34079 和 NEA93-34049。中国农业科学院蔬菜花卉研究所采用轮回选择的方法获得 D-2-1、D-6-1、D-7-1 等综合农艺性状优良，稳定地产生 $2n$ 花粉频率大于 20%的二倍体基因型。内蒙古农业科学院马铃薯小作物研究所把双单倍体植株与二倍体野生种杂交在二倍体水平上进行遗传改良，使获得的“双单倍体-野生种”杂种不仅具有高度的杂合性，且能高频率产生 FDR 类型的 $2n$ 花粉，为我国马铃薯分解育种培育出 1-6-1、1-3-7、20-25-3、20-27-2、25-13-3 等一批具有重要利用价值的育种基础材料（李文刚，1996）。

3. $2n$ 配子材料的利用　Hermundstad 和 Peloquin（1987）已从普通马铃薯双单倍体×二倍体种的杂种中选育出高质量的 $2n$ 配子材料。$4x \times 2x$ 杂交的四倍体后代不仅产量高，而且块茎性状好，如休眠期长、相对密度高、块茎整齐、结薯适中、外形好，这是以前试验结果所没有的。北美洲已利用分解-综合育种法培育出新品种 Yukon Gold（Johnson 和 Rowberry，1981）和 Krantz（Lauter 等，1988）。另外，二倍体亲本也可以作为一个桥梁从其他的二倍体种引入对病、虫以及逆境的抗性基因，如对青枯病（Watanabe 等，1992）、早疫病（Ortiz 等，1994）、普通疮痂病（Murphy 等，1995）、马铃薯块茎蛾（Ortiz 等，1990）、根结线虫（Iwanaga 等，1989）等的抗性。

在我国，东北农业大学配制了东农 303×NEA93-34049 和东农 303×NEA93-34079 两组合，研究其无性一代产量及产量性状的表现。结果表明，$4x$ 后代在株高方面表现出了很强的杂种优势；商品薯产量与 $4x$ 亲本无显著差异，但两个杂种群体的最高值分别超 $4x$ 亲本的 260 g/株和 60 g/株，说明 $4x \times 2x$ 杂交方式具有潜在的育种价值；总产量杂种优势明显，但杂种单株结薯数多，平均块茎重小，因此，可以认为这是限制 $4x \times 2x$ 杂种利用的不利因素（吕文河等，1997）。中国农业科学院蔬菜花卉研究所 1994 年秋季从 $4x \times 2x$ 组合选择优良单株后代，1995 年、1996 年在北京南口、河北张家口进行一季作区、二季作区评价。选育出一批农艺性状优良、高产的无性系材料，如TD1-8、TD39-2、TD38-2、TD53-4、TD45-4、TD36-5、TD1-4、TD31-1、TD42-5等。另外，他们还从中选育出一批高淀粉（>16%）品系（如TD39-2、TD42-5、TD40-1、TD53-4）、炸片品质优良品系（如TD1-8、TD38-2、TD53-4、TD53-5、TD1-4）以及高抗晚疫病品系（如TD36-5、TD1-8、TD38-3、TD2-3）等高代育种品系。在抗病性转育上，中国农业科学院蔬菜花卉研究所已筛选出高频率产生 $2n$ 花粉并具有青枯病抗性的二倍体种质，并且利用 $2n$ 花粉将二倍体栽培种抗青枯病的基因转移到四倍体栽培种中，获得MS42.3×CD1045、AVRDC1287×CD1022、B927017×CD1045、W2×D-2-1等一批高抗青枯病的四倍体材料。

在马铃薯实生种子（TPS）生产利用上，利用 $2n$ 配子材料解决后代群体性状分离和杂种优势的研究中，东北农业大学在"七五"期间配制了大量 $4x\times2x$（FDR $2n$ 花粉）杂交组合，通过鉴定筛选出东农303×DP12（东农H2），该组合实生苗群体的植株形态整齐度达85%，对晚疫病具有田间抗性，薯形圆整，芽眼较浅，块茎产量较对照品种克新4号增产8%～10%。中国农业科学院蔬菜花卉研究所利用 $2n$ 配子进行实生种子组合的选育，获得了Escort×EC394、Escort×ED1022、Estima×ED1045、W2×D-6-1、Asterix×ED1045、Desiree×CE1063、Premiere×EC394、Asterix×Q9201-13，这些组合群体表现一致性优良，产量高，内蒙古农业科学院马铃薯小作物研究所选配的Desiree×1-3-7平均单株产量578 g，植株生长繁茂，表现出明显的杂种优势：1-6-1参与 $4x\times2x$ 杂种后代均表现对卷叶病毒的抗性，同时兼抗花叶病毒（李文刚等，1996）。

四、基因工程研究进展

马铃薯转基因工程，是指通过体外重组DNA技术，将外源基因转入到马铃薯的细胞或组织，从而使再生马铃薯植株获得新的遗传特性。重组DNA技术可以将动物、植物、微生物的有实用价值的基因（抗病、抗虫、抗除草剂、改变蛋白质组分等）相互转移，打破物种之间难以杂交的天然屏障，为马铃薯品种改良开拓新途径。

常用的植物转基因方法有：农杆菌介导法、基因枪法、花粉管通道法、聚乙二醇法和电穿孔法。

1994年，美国孟山都公司利用*Cry*ⅢA基因［来源于苏云金杆菌*Bacilhus thuringiensis*（Bt）ssp. *tenebrionis*］培育出抗虫马铃薯。1998年，美国孟山都公司利用*Cry*ⅢA基因和马铃薯卷叶病毒复制酶基因培育出抗虫及抗马铃薯卷叶病毒的新品种；同年，又利用*Cry*ⅢA基因及马铃薯Y病毒外壳蛋白基因培育出抗虫及抗马铃薯Y病毒的品种。据报道，在美国、罗马尼亚（2000年）、乌克兰（1999年）已种植了转基因马铃薯。

（一）马铃薯病毒基因的克隆和序列分析　20世纪90年代以来，我国在该领域研究进展较快，已合成克隆了PVX、PVY和PLRV的外壳蛋白基因、复制酶基因、蛋白酶基因、基因调控序列、核酶cDNA及其他各种基因，并进行了序列分析。建立并完善了根癌农杆菌介导的马铃薯转化技术。通过外壳蛋白基因介导、复制酶基因介导、表达基因调控序列、核酶等基因工程途径，获得了一批不同程度上抗PVX、PXY、PVX和PVY、PVY和PLRV、PLRV及高抗PSTVd的转基因马铃薯栽培种。这些转基因马铃薯多数已进入田间试验。抗病毒转基因马铃薯培育成功，为我国马铃薯病毒病害防治开辟了一条崭新的途径。有关领域的研究进展见表22-8。

表22-8　我国马铃薯病毒基因克隆和序列分析（1991—2002）

病毒	克隆基因	cDNA长度（bp）	年代	作者及文献
PVX	外壳蛋白	714	1991	王春香等．植物学报．1991，33（5）：363～369
PVY	外壳蛋白	807	1992	储瑞银等．植物学报．1992，34（3）：191～196
PVY	基因组3′端区域	1 317	1991	周雪荣等．中国科学（B辑）．1991，（11）：1 173～1 179
PVY	Nib（复制酶）	1 610	1994	彭学贤等．生物多样性．1994，2（1）：35～37
PVY	Nib（复制酶）	1 551	1995	刘德虎等．病毒学报．1995
PVY	6ku Nia	1 509	1995	项瑜等．病毒学报．1995，11（2）：158～162
PLRV	外壳蛋白	627	1992	哈斯阿古拉等．Agricultural Biotechnology. Proceedings of Asia-Pacific Conference. 153～156

（续）

病毒	克隆基因	cDNA长度（bp）	年代	作者及文献
PLRV	外壳蛋白及其5′先导序列	824	1996	赵福宽等．内蒙古大学学报（自然科学版）．1996，27（5）：689～694
PLRV	ORF2b（复制酶）3′端	600	1997	梁成罡等．病毒学报．1997，1（3）：278～282
PLRV	ORF2b（复制酶）5′端	1 200	1998	梁成罡等．病毒学报．1998，14（4）：377～382
PLRV	56ku蛋白基因及基因组3′端非编码区	1 671	1997	张荣信等．病毒学报．1997，13（3）：247～254
PLRV	IS（基因间隔区）	197	1996	董丽江等．中国病毒学．1996，11（2）：144～148
PLRV	ORF_1（28ku蛋白）	830	1997	李英等，病毒学报，2001

（二）外壳蛋白基因介导的抗病性

1. 抗PVY的转基因马铃薯　宋艳茹等（1996）将PVY外壳蛋白基因通过根癌农杆菌介导转化马铃薯栽培种Favorita、虎头和克新4号。用PCR和Southern杂交检测表明，转基因马铃薯植株染色体上整合有PVY CP基因并转录出2.1 kb RNA。接种病毒后用ELISA测定转基因马铃薯植株中PVY增殖情况，结果表明均较未转基因的对照有所降低，同时转基因马铃薯生长发育正常，部分植株单株产量高于未转基因的马铃薯。

2. 抗PLRV转基因马铃薯　张鹤龄等（1995）将其实验室克隆的马铃薯卷叶病毒外壳蛋白基因，构建到植物表达载体——双元载体pROK2中，通过根癌农杆菌介导，转入马铃薯栽培种Desiree、Favorita、虎头、乌盟601和台湾红皮5个品种中。转入的CP基因在转录水平上获得表达。但转基因植株中未能测出PLRV的外壳蛋白。每个四倍体基因组中有1～5个外壳蛋白基因拷贝。用桃蚜接种PLRV，用DAS-ELISA方法检测转基因马铃薯植株中的PLRV浓度，结果转基因Desiree、乌盟601和Favorita中的PLRV浓度较未转基因对照分别降低86.17%，67.5%和69.4%。从而证明转基因马铃薯外壳蛋白基因的表达干扰了接种病毒的增殖。

3. 表达双价外壳蛋白基因的马铃薯抗病性　为培育能抗两种病毒或3种病毒的转基因马铃薯，崔晓江等（1994）构建了含有PVX和PVY两种病毒外壳蛋白基因的植物表达载体pCSYX303，含有PVY和PLRV两种病毒外壳蛋白基因的表达载体pESYL303及含有PVY、PVX和PLRV 3种外壳蛋白基因的表达载体pCSYXL303。使其中CP基因转录方向一致，顺向重复排列，且各有其自己的35S启动子、真核翻译增强序列Ω和Nos终止子。宋艳茹等（1994）用PVX和PVY双价CP基因转化了马铃薯虎头和克新4号，用PVY和PLRV双价CP基因转化了马铃薯虎头和Favorita。张鹤龄等（1996，1997）鉴定了表达PVX、PVY双价CP基因和PVY、PLRV双价CP基因转基因马铃薯的抗病性。结果表明，用PVX（10 μg/mL）和PVY（60 μg/mL）接种后双价CP基因转化的马铃薯虎头和克新4号的多数株系的平均病毒含量均明显低于未转基因对照植株，表现病毒积累缓慢，发病延迟。表明转基因马铃薯对PVX和PVY复合感染产生不同程度的抗性和保护作用。

（三）复制酶基因介导的抗病性　1998年，刘知胜、张鹤龄等，将马铃薯卷叶病毒复制酶基因（ORF2b）的3′端0.6 kb和5′端1.2 kb转入马铃薯；1995年，项瑜等将PVY病毒6 ku和Nia基因克隆并构建于植物表达载体中。

（四）用病毒基因调控序列转化马铃薯　马铃薯卷叶病毒（PLRV）是正链RNA病毒，基因组全长6.0 kb。整个基因组可分为5′端编码区和3′端编码区，中间一段为长197 bp的非编码区，成为基因间隔区IS。因此非编码IS序列反义RNA在转录和转译两个水平上均有可能干扰病毒复制从而有可能建立一种抗病毒基因工程新途径。董江丽等（1996）合成克隆了PLRV-Ch IS序列cDNA以正向和反向两种方式分别构建到植物转化载体pROK2中，转化了马铃薯Desiree，获得转基因植株。将转基因Desiree植株移栽网室用桃蚜接种PLRV。试验表明，表达IS区正义和反义RNA的转基因植株，接种病毒后无症状，或症状轻微。用ELISA测定转基因植株中的PLRV浓度，均较未转基因对照植株低。表达正义RNA的转基因植株PLRV浓度降低43%～72%，表达反义RNA的转基因植株降低72%～86%。表达IS区的反义RNA的转基因植株对PLRV抗性较强。

（五）用核酶切割PLRV RNA　核酶（ribozyme）是一种能特异切割RNA分子的，具有锤头、发夹或斧头结构的小分子 RNA。近年来，广泛开展了应用核酶切割人和动物病毒、植物病毒和类病毒核酸的研究。核酶已成为控制病毒的有力手段。Lamb 等（1990）设计合成了两种特异切割 PLRV RNA 的核酶并实现了体外切割。郭旭东等（1997）针对 PLRV 外壳蛋白基因第 356～358 位 GUC 设计合成了一种锤头状核酶 cDNA，克隆于 pSPT19 的 Sp6 启动子下游，利用 SP6 RNA 聚合酶进行体外转录，获得核酶 RNA 分子。用同法获得靶 RNA 序列并成功地实现了体外切割。杨静华等（1998）设计合成了特异切割 PLRV 复制酶基因负链 1 650～1 652 位 GUC 的锤头状核酶 cDNA，克隆于 pSPT19 的 T_7启动子下游。经体外转录获得核酶 RNA 分子，用同法获得靶 RNA 序列，并成功地完成了体外特异切割。

除上述特异切割 PLRV 外壳蛋白基因和复制酶基因负链核酶外，已设计合成了切割 PLRV 复制酶基因负链双切点双体核酶和突变核酶 cDNA，分别构建于植物表达载体中，用于马铃薯转化，进一步研究转基因马铃薯植株内核酶的抗病效果。

（六）抗 PSTVd 基因工程　杨希才等（1996）将特异切割 PSTVd 负链和正链 RNA 的核酶双体基因构建于植物表达载体 pROK2 中 35S 启动子下游，通过根癌农杆菌介导转化马铃薯 Desiree 块茎叶圆片，获表达核酶的转基因马铃薯。抗病性试验表明，用切割 PSTVd 负链 RNA 的双体核酶转化的 34 株转基因马铃薯，接种 PSTVd 后 1 个月，有 23 株检测不到完整的 PSTVd RNA。11 株 PSTVd RNA 明显低于对照未转基因植株。表达核酶的马铃薯生长正常。用 PCR 扩增法和 Northern blot 杂交能检出转基因植株中核酶表达产物。表达切割 PSTVd 正链的核酶双体基因的 6 个转基因马铃薯植株中有 2 株未检出 PSTVd。未转基因的 Desiree 植株，接种 PSTVd 后，均含有较高浓度的 PSTVd。为验证核酶在转基因马铃薯中抑制 PSTVd 复制中的效果，用点突变和 PCR 方法将核酶保守序列中 CUGA 改为 CUUA，构建成核酶突变体基因，依同法转化马铃薯，接种 PSTVd 后分析其抗病性。结果表明，在转基因马铃薯中有核酶突变体的表达产物，但不能抑制其中 PSTVd 复制。进一步证实了在体内核酶抑制 PSTVd 复制的作用。这是在国内外首次利用核酶控制马铃薯纺锤块茎类病毒获得成功的例子。

为确定抗 PSTVd 转基因马铃薯植株中核酶在细胞内的表达部位，刘灿辉等（1998）将抗 PSTVd 的转基因马铃薯根尖组织进行切片，用 35S 标记的核酶 cDNA 探针进行原位杂交，通过检测 35S 标记的杂交体确定核酶转录产物在细胞中的分布。结果表明，核酶转录产物主要分布在转基因马铃薯细胞的细胞核中，从而支持了核酶对核内复制或有核内复制阶段的类病毒和病毒更为有效的论点。

（七）抗晚疫病基因工程　Liu 等（1994）首次报道了组成型表达烟草 Osmotin 蛋白的转基因马铃薯植株推迟了晚疫病病斑出现时间。随后 Zhu 等发现组成型表达马铃薯 Osmotin - like 蛋白的马铃薯转基因植株能降低 *Phytophthora infestans* 的侵染频率。1999 年，李汝刚等克隆了缺失 C 端信号肽序列（引导蛋白在细胞液泡内定位）、保留 N 端信号肽序列（引导蛋白分泌至胞外）的 Osmotin 蛋白基因，并证明 Osmotin 蛋白基因胞外分泌能够赋予转基因植株叶片抗晚疫病的能力；G. Wu 等报道，葡萄糖氧化酶（GO）基因在转基因马铃薯中表达，H_2O_2水平升高，降低了晚疫病菌对马铃薯的侵染速度。在国内，甄伟和张立平等分别将 GO 基因导入栽培品种台湾红皮、大西洋（Atlantic）和夏坡地（Shepody）中，均获得对晚疫病具有明显抗性的株系。周思军等将菜豆几丁质酶基因导入马铃薯栽培品种鲁引 1 号和鲁引 4 号中亦获得成功。最近 Ali 等将 *Arabidopsis thaumatin* - like protein 1（*ATLP*1）基因导入马铃薯栽培种 Desiree 中，证明组成型表达 *ATLP*1 基因的马铃薯对晚疫病具有一定抗性。

（八）抗青枯病基因工程　贾士荣等（1998）利用人工合成抗菌肽基因，通过转基因技术获得了转基因植株，对青枯病表现中抗。Yuan 等（1998）首次从马铃薯近缘栽培种富利亚的杂种后代材料中发现并分离纯化了一种抗青枯菌蛋白（命名 API）。冯洁等（1999）进一步研究获得了 API 蛋白的编码基因。该蛋白在感病品种中不存在，在抗病材料中是组成型表达。后来，梁成罡等（2002）构建了 API 编码基因的植物高效表达载体，通过农杆菌介导法将其转入马铃薯感病品种，并获得了转基因植株，表现抗病延迟，病情指数降低。API 蛋白是从抗病马铃薯品种中分离到的一种抗菌蛋白，不同于研究较多的一些外源抗菌蛋白，因而在转基因植株的遗传稳定性上和环境安全性上都会有一定的优势，而且该蛋白在抗病品种中是组成型表达，具有一定程度的专化性。

（九）分子标记辅助选择在马铃薯抗病育种中的应用　运用分子标记技术已将马铃薯抗晚疫病的垂直抗性基因

R_1、R_2、R_3、R_6、R_7、R_{12}、R_{13}定位在相应的染色体上，也获得了多种数量抗性位点（QTL）的分子标记。已构建了马铃薯高密度的遗传图谱（Tanksley 等，1992）。马铃薯的 AFLP 标记图谱亦有了很大发展，已有 700 多个标记。Rouppe 等（1998）报道了覆盖整个马铃薯基因组的 AFLP 标记联机目录，可以从网上查找有关信息。一些数量性状抗性位点已被定位在相应的染色体上，通过 QTL 图位分析表明，影响叶片晚疫病水平抗性的位点遍布于马铃薯全部 12 条染色体，与水平抗性多基因控制特性相一致（Meyer 等，1998；Collins 等，1999；Ghislain 等，2001）。Sandbrink 等（2000）在马铃薯 *Solanum microdontum* 和 *Solanum tuberosum* 群体中找到了 3 个抗晚疫病的 QTL 位点，准备通过杂交将这 3 个位点整合到一个组合中去，可用分子标记检测这 3 个位点的存在，最后可将这些组合的抗病基因转移到主栽品种当中。Oberhagemann 等（1999）用分子标记的方法对马铃薯数量性状基因进行了遗传分析，发现了一些与 QTL 位点紧密连锁的标记，认为根据标记设计的引物可对特定位点的 QTL 进行检测，这样可对大量的实生苗进行辅助选择和评价。

第六节　马铃薯育种田间试验方法

一、马铃薯的杂交方法

马铃薯为自花授粉作物，天然杂交率很低，一般不超过 0.5%。马铃薯的花蕾形成、开花及受精结实对气候条件很敏感，喜冷凉、空气湿度大的气候条件。适宜的温度为 18～20 ℃，适宜的空气相对湿度为 80%左右。为此，在出苗后苗高 20 cm 左右，即采用"小水勤灌"等保蕾、保花的措施。

当杂交亲本的第一朵花开放时，即将植株上部（自花顶部算起约 30 cm 左右）截下，插入盛水的玻璃瓶中置于温室内，夜间气温 15～16 ℃，白昼保持 20～22 ℃。在瓶内的水中加入硝酸银或高锰酸钾以防止细菌的滋生。待插枝开花后，自父本株收集花粉进行杂交。采用这种杂交方法较一般在田间进行杂交的结实率可提高 5～10 倍，并且授粉工作不受气候条件的限制。

进行杂交时，每组合的杂交种子量不应少于 3 000～4 000 粒。因为，在马铃薯杂交育种程序中，只有在实生苗当代发生性状分离，以后利用入选单株实生苗块茎进行无性繁殖、鉴定。换言之，在第一年的实生苗选种圃内应该有相当于其他利用种子繁殖的自交作物（如小麦、番茄等）的 4 年或 5 年选种圃的育种材料的群体。因此在理论上，每组合的实生种子应越多越好。根据国内外多年育种工作的实践经验，从实生苗中育成一优良品种的概率约为万分之一；如利用野生种进行种间回交育种，则概率更小，约十万分之一。因此，每年进行有性杂交的组合宁少一些，而每组合收得的种子量要多一些。

二、杂交育种程序

（一）实生苗选种圃　由于马铃薯纺锤块茎类病毒（PSTV）和安第斯潜隐病毒（APLV）可借实生种子传播，选用杂交亲本必须利用脱毒种薯并经往返聚丙烯酰胺凝胶电泳（R-PAGE）筛选未感染 PSTV 的块茎，确保获得无病毒的杂交种子。将杂种实生苗种植在备有防蚜网的温室内，进行人工鉴定，选择优良无病毒的实生苗单株块茎。

（二）第一年无性系选种圃　自入选的每一实生苗单株块茎中，取 2～3 个块茎在田间种植成一无性系，编号与继续种在防蚜网室的无病毒块茎系号一致。在田间条件下，于生育期进行抗病性、薯形等经济性状的鉴定和块茎产量的初步观察。根据田间鉴定结果淘汰劣系，并据淘汰结果同时淘汰网室内编号相同的无病毒材料。根据田间鉴定结果，入选率约 10%左右。

在经田间鉴定入选的无性系块茎中，每系收获 10 个块茎以备下一年播种鉴定。同时，在网室无病毒的条件下繁殖经田间鉴定入选的无性系的无病毒块茎。

无性系第一代块茎产量与第二代的产量及淀粉含量等有密切相关（表 22-9）。因此，第一代无性系的产量和淀粉含量等经济性状可以作为选择的根据。

表 22-9　第一代无性系与第二代无性系主要性状的相关性

性　　状	相关系数	供试验品系数
成熟期	0.83	245
淀粉含量	0.71	244
单株块茎数量	0.54	245
单株产量	0.55	245

（三）第二年无性系选种圃　种植自第一年无性系入选的品系，按成熟期分早熟及中晚熟两个场圃进行鉴定。每品系种植 10 株，单行区。主要鉴定对病害的田间抗性及进行一般的生育调查。入选的无性系每系收获60～80 个块茎供下年试验。同时，根据入选结果，在网室内繁殖入选无性系的无病毒块茎或利用茎切割加速繁殖优异的无性系。

（四）品种比较预备试验　种植自上年入选的无性系。双行区，每行 30～40 株。每隔 4 区设 1 对照，即逢“0”、“5”设一对照。主要根据田间生育调查、对病害的田间抗性、块茎产量、淀粉含量、蛋白质含量等决选优良无性系。

于防虫网室内利用茎切割技术加速繁殖入选品系的无病毒种薯，供异地鉴定和品比试验用。

（五）品种比较试验　种植自品比预试圃入选的品系。5 行区，每行 20 株，重复 4 次。田间设计为对比法或简单随机区组。生育期及收获后调查项目与品比预备试验相同。进行品比试验所采用的对照品种必须用经茎尖培养脱除病毒的种薯。对入选品系采用人工接种鉴定对病毒的抗性。在网室内加速繁殖入选无性系，供区域试验和生产示范用种薯。

（六）区域试验和生产试验　区域试验至少要连续进行 2 年。田间设计与品种比较试验相同。在区域试验的基础上进行的生产试验，每品种的播种面积应加大至 667～1 334 m^2（1～2 亩）。采取适于当地栽培条件的密度和栽培方法，加设对照品种进行比较。

第七节　马铃薯种薯生产

马铃薯的种薯生产是同良种繁育工作紧密相连的，其工作内容除与其他作物一样（如防止良种机械混杂和生物学混杂、保持原种纯度）外，更重要的是防止或减少马铃薯病毒病的侵染，生产无病毒种薯，淘汰病株、病薯，维持原种的丰产性能。马铃薯一旦感染病毒，由于系统侵染，经种薯连续传病，优良品种的病毒原种经数年即可完全感病，使产量严重下降。

为保护育种者的知识产权、防止品种混杂退化、保持品种原有种性，全国各作物推行由育种家种子、原原种、原种和良种四个环节组成的四级种子生产程序。马铃薯的种薯生产，以往采用原原种、原种和良种三级程序，其四级种薯生产程序尚待制定并实施。此处三级种与四级种的名词部分相同但含义是不等同的，大致三级种的原原种与四级种的育种家种子有点相近，两者的原种及良种也有点相近。这里介绍原原种、原种和良种三级马铃薯种薯生产程序，待四级种薯生产程序制定后再补充。

一、茎尖组织培养生产脱毒薯

借助往返聚丙烯酰胺凝胶电泳法（R-PAGE）筛选未感染纺锤块茎类病毒（PSTV）的茎尖端，并脱除其他病毒，如 PVX、PVY、PVA、PLRV 等。同时采用酶联免疫法鉴定，选用无病毒的植株进行大量繁殖生产原原种。其整个过程包括以下各阶段。

（一）培养器内生产无病毒微型薯

①将马铃薯植株的顶芽或侧芽浸泡在 1%次氯酸钠溶液中消毒 10 min 后，用无菌水漂洗几次，在立体解剖镜下切取带有 1～2 片叶原基的生长点，培养在培养基 1（表 22-10）中诱发苗体。如以繁殖生产原原种为目的，必须考虑尽量减少突变体的发生。利用压条法由腋芽长成的苗体突变率低于其他方法（如叶芽、单节切段等）。

②苗体长至约 4 cm 高时，采用压条方式将苗体置于诱发腋芽及顶芽生长的培养基（培养基 2）（表 22-10）

中，可再生长出3～4个新植物体。此种压条繁殖工作，约3周可重复一次，所以由1株苗体一年约可繁殖1.0×10^7个以上苗体。

表22-10 三种培养基配方表

培养基1 马铃薯生长点培养基		培养基2 马铃薯压条繁殖培养基	
主要元素		主要元素	
1. 硝酸钙［Ca（NO_3）$_2$·4H_2O］	500	1. 氯化钙（$CaCl_2$·2H_2O）	440
2. 亚硝酸钾（KNO_2）	125	2. 磷酸二氢钾（KH_2PO_4）	170
3. 硫酸镁（$MgSO_4$·7H_2O）	125	3. 亚硝酸钾（KNO_2）	1 900
4. 磷酸二氢钾（KH_2PO_4）	125	4. 硫酸镁（$MgSO_4$·7H_2O）	370
5. 氯化钾（KCl）	1 000	5. 硝酸铵（NH_4NO_3·H_2O）	370
6. 硫酸铵［（NH_4）$_2SO_4$］	1 000	6. 乙二胺四乙酸钠（Na_2·EDTA）	37.3
微量元素		硫酸亚铁（$FeSO_4$·7H_2O）	27.8
7. 三氯化铁（$FeCl_3$·6H_2O）	1	微量元素	
硫酸锌（$ZnSO_4$·4H_2O）	1	7. 氯化钴（$CoCl_2$·6H_2O）	0.025
硼酸（H_3BO_4）	1	硫酸铜（$CuSO_4$·5H_2O）	0.025
硫酸铜（$CuSO_4$·5H_2O）	0.03	硼酸（H_3BO_4）	6.2
硫酸锰（$MnSO_4$·4H_2O）	0.1	硫酸锰（$MnSO_4$·4H_2O）	22.3
氯化铝（$AlCl_3$）	0.03	钼酸钠（Na_2MoO_4·2H_2O）	0.25
氯化镍（$NiCl_2$·6 H_2O）	0.03	硫酸锌（$ZnSO_4$·4H_2O）	8.6
碘化钾（KI）	0.01	碘化钾（KI）	0.83
有机成分		有机成分	
8. 肌醇（myoinositol）	100	8. 肌醇（myoinositol）	100
泛酸钙（Ca-pantothenate）	1	维生素B_1（thiamine HCl）	0.4
烟酸（nicotinic acid）	1	9. α-萘乙酸（α-naphthalene acetic acid）	0.05
维生素B_6（pyridoxine HCl）	1	苄基腺嘌呤（benzyal adenine）	0.01
维生素B_1（thiamine HCl）	1	10. 蔗糖（sucrose）	30 g/L
生物素（biotin）	0.01	11. 琼脂（agar）	8 g/L
9. α-萘乙酸（α-naphthalene acetic acid）	0.005	培养基3 马铃薯结薯液体培养基	
10. 蔗糖（sucrose）	20 g/L	1～8. 成分与培养基2相同	
11. 琼脂（agar）	8 g/L	苄基腺嘌呤	3 g/L
		蔗糖	80 g/L

注：表中数据除已标明单位的外，其余的单位均为mg/L。

③大量繁殖后的苗体，用剪刀由基部剪断后，整丛移置于液体培养基（培养基3）（表22-10）中，使下半部浸于培养液中吸收养分，上半部露出液面。按照马铃薯长块茎时所需的自然条件，给予21～23 ℃低温、较低的光强度（1 000～1 500 lx）及16 h日照等培养环境。1个月后，即可在露出液面的部分陆续形成小块茎——微型薯。

④利用酶联免疫法进行器内苗体病毒鉴定，根据鉴定结果将无病毒的植株进行大量繁殖，作为生产无病毒小薯的来源。

（二）无病毒小薯的生产

1. 利用培养器内生产的无病毒微型薯直接生产小薯 三角瓶内生产的小块茎，采收并打破休眠期后，播于钵内，约1个月可萌芽为正常的马铃薯植株。在防虫温室或网室内合理密植的微型薯经2～3个月的时间就可获得直径1～3 cm的无病毒小薯。

2. 扦插繁殖生产无病毒小薯 在室温15～20 ℃，具有防蚜虫等传毒昆虫设施的网室或玻璃温室内，采用经检测确实无病毒的脱毒苗的叶芽或茎段进行扦插，快速繁殖生产无病毒小薯，其效率也很高。

3. 利用气雾法生产无病毒小薯 这种方法要求条件较高，需要一定的资金和设备，并且要求水电的可靠保障，是较现代化的工厂化生产脱毒小薯的方法。其优点是节省脱毒苗，直观性强，可直接观察到植株生长和结薯状况；人工调控能力强，可人工控制光照、温度和营养液；脱毒小薯大小可控，可分期采收；可周年生产，一般1年可生产3批，平均单株结小薯达80多粒。我国已有单位采用这种方法工厂化生产脱毒小薯。

（三）脱毒原种和良种的生产　由温室和网室内生产的脱毒小薯称为原原种。以此向原种场供种，由原种场繁殖后向种薯生产基地供种。生产基地生产脱毒良种供生产单位或种植户作生产用种。在脱毒薯连续繁殖过程中，须始终进行病毒的跟踪检测，结合蚜虫的迁飞测报拔除病株和割秧收获，并注意对疫病的控制，尽力减缓病毒再侵染的速度。同时，结合适当的栽培措施来增加原原种及良种的单位面积产量。

（四）我国种薯繁育体系

1. 北方一作区种薯繁育体系　该区是我国的重要种薯生产基地，其种薯繁育体系一般为5年5级制，如图22-5所示。在实施中，相应采用种薯催芽、合理密植、整薯播种、拔病株、蚜虫测报、早收等防止病毒侵染的措施，同时加强对真菌病害的防治工作。

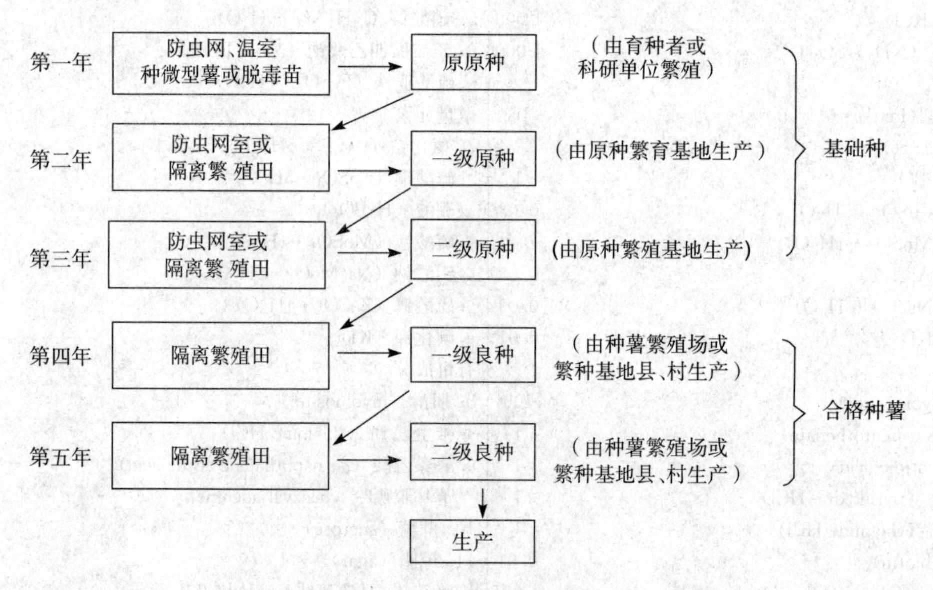

图22-5　北方一作区马铃薯种薯繁育体系示意图

2. 中原二作区种薯繁育体系　该区马铃薯一年种二季，春季为主要生产季节，生产种薯供次年春播用。该体系是以生产脱毒小薯原原种为基础，以有翅桃蚜飞迁消长规律采用春阳畦（冷床）早种早收防止病毒再侵染措施为依据提出的，如图22-6所示。

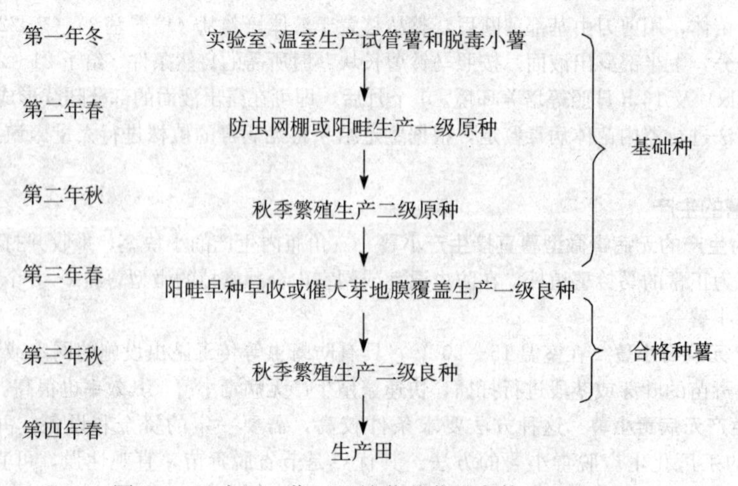

图22-6　中原二作区马铃薯种薯繁育体系示意图

（五）我国种薯质量定级标准　我国种薯定级标准（GB 3243-2002）见表 22-11 和表 22-12。

表 22-11　各级别种薯带病植株的允许量

种薯级别	第一次检验 病害及混杂株（%）					第二次检验 病害及混杂株（%）					第三次检验 病害及混杂株（%）				
	类病毒植株	环腐病植株	病毒病植株	黑胫病和青枯病植株	混杂植株	类病毒植株	环腐病植株	病毒病植株	黑胫病和青枯病植株	混杂植株	类病毒植株	环腐病植株	病毒病植株	黑胫病和青枯病植株	混杂植株
原原种	0	0	0	0	0	0	0	0	0	0	0	0	0	0	0
一级原种	0	0	≤0.25	≤0.5	≤0.25	0	0	≤0.1	≤0.25	0	0	0	≤0.1	≤0.25	0
二级原种	0	0	≤0.25	≤0.5	≤0.25	0	0	≤0.1	≤0.25	0	0	0	≤0.1	≤0.25	0
一级种薯	0	0	≤0.5	≤1.0	≤0.5	0	0	≤0.25	≤0.5	≤0.1					
二级种薯	0	0	≤2.0	≤3.0	≤1.0	0	0	≤1.0	≤1.0	≤0.1					

表 22-12　一二级种薯的块茎质量指标

块茎病害和缺陷	允许率（%）
环腐病	0
湿腐病和腐烂	≤0.1
干腐病	≤1.0
疮痂病和晚疫病	≤10.0
轻微症状（1%～5%块茎表面有病斑）	≤5.0
轻微症状（5%～10%块茎表面有病斑）	
有缺陷薯（冻伤除外）	≤0.1
冻伤	≤4.0

二、利用实生种子生产种薯

侵染马铃薯的病毒很少能借实生种子传毒，只有纺锤块茎类病毒（PSTV）和安第斯马铃薯潜隐病毒（APLV）可借部分种子传毒。因此，可利用健康母株采收的实生种子栽培实生苗，进行单株块茎系统选择或集团选择方法繁殖供作生产用种薯，其具体方法程序如下。

1. 自健康母株采收实生种子　已知纺锤块茎类病毒利用茎尖组织培养方法是不能脱除的。只有利用鉴定方法筛选不带病的植株或块茎在无病毒条件下繁殖作为采种亲本。如利用品种间杂交种子生产无病毒种薯，则父本和母本均应是无纺锤块茎类病毒和安第斯马铃薯潜隐病毒的。

目前，鉴定有无 PSTV 的可靠方法是利用往返聚丙烯酰胺凝胶电泳法（R-PAGE）检测。

2. 栽培实生苗的技术和选择方法　实生种子本身虽可除去某些病毒，但在生产条件下，实生苗在生长发育过程中仍会重新感染某些病毒。所以，实生苗的种植应在防虫、无病毒传染的温室条件下进行。

在温室种植实生苗的品种类型或杂交组合种类要少（1～2 种），而每种数量应多些，不少于 3 000～5 000 株。选用无病毒实生薯的方法程序如下。

第一年：于秋季在温室选择优良实生苗块茎。

第二年：春季自温室入选的单株块茎中，每单株取出一个块茎（编号与单株号一致），整薯播种于田间（株行距 60 cm×40 cm），进行病毒病害的田间抗性鉴定，并根据其他综合经济性状（如薯形、产量等），淘汰劣株。入选块茎全部收获，备作下一年继续进行田间鉴定用种薯。根据编号相应保留温室内的无病株系，繁殖块茎，供继续鉴定用。一般淘汰率为 90%，保留 60～100 份单株系，通过茎插枝技术扩大繁殖。

第三年：春季将在温室内繁殖的单株系块茎和插枝苗，除保留 50 株在温室内继续繁殖外，全部按单系设小区（150 株左右）种植于田间，根据桃蚜迁飞测报，早期割除茎叶留种。

同时，将上年种植于田间而入选的优良单株块茎，按编号播短行（5 株），继续鉴定对病毒病害的田间抗性、块茎产量以及其他经济性状。于秋收时根据鉴定结果，约入选10%的单株系（5～10份）。并按入选结果，将采取早收留种的单株系中相应系号的单株系块茎分别储藏保管，供下一年生产原种，其余单株系混合储存作为下一年生产田用种。

根据田间鉴定入选结果，于同年7～8月在温室内加速繁殖入选的5～10个优良单株系的无病毒种薯及茎插扦插苗，每单株系均可繁殖小整薯1 000个左右，扦插苗2 000株供下年原种田用种薯。其余未入选的单株所繁殖的无病毒种薯作为下一年生产田用种薯。

第四年：选育方法同第二年。经过田间鉴定决选1～2份优良的单株系，并利用温室周年集中加速繁殖无病毒种薯及扦插苗。

同年，利用自上年入选的5～10份优良单株系块茎作为原种田种薯，每单株系约0.33 hm^2（5亩）左右。将混收未入选的块茎作为生产田用种薯。

第五年：自本年起，生产田需用的种薯逐年以单株块茎系良种代替混选种薯。根据种薯感病毒病害的程度和退化速度，就地每隔3年即可更换1次种薯。育种程序是：温室生产无病毒种薯→原种→良种→生产田。自种植实生苗开始到第四年（春秋二作区于第二年秋季）即可利用健康种薯作生产用种薯。同时，每年陆续在温室内种植一定数量的实生苗，按上述程序进行选用。这样，便能不断供应生产需要的健康种薯。

第八节　马铃薯育种研究动向与展望

我国自1943年开展马铃薯品种间杂交育种工作以来，科技工作者付出了很大的努力，经历60年，先后育成了180多个品种。但目前在我国马铃薯的主产区仍广为栽培的品种多为50～60年代育成的10余个品种，如克新1号、克新4号、东农303、呼薯1号、郑薯4号、高原5号、高原7号、晋薯2号、虎头，以及50年代初自国外引进的米拉（Mira）等。在国外也有类似的情况。如于1910年育成的宾杰（Bintje）约占欧洲马铃薯栽培面积的32%，于1867年前育成的麻皮布尔班克（Russet Burbank）约占北美栽培面积的28%，于1935年育成的卡它丁（Katahdin）约占美国栽培面积的22%，虽然这3个老品种不是抗病的而是比较耐病。产生这种情况的部分原因是由于消费者不愿意改变其食用习惯，或由于某些老品种最适于加工食品。如麻皮布尔班克品种的块茎干物质含量高，薯形长椭圆形，芽眼浅适于加工法式冻炸条。但这些品种能够长期保存下来并保持其丰产性能的主要措施为，采用茎尖组织培养，生产无病毒种薯并建立完善的生产脱毒薯的良繁体系。这一方面的重要性并不亚于对杂交亲本的选择和改进育种方法的重要性。

近年来，欧美主产马铃薯的国家正在改变其用途和销售方法。除了用于蒸食、加工淀粉和酒精外，多利用马铃薯加工食品。如炸片、法式冻炸条、全粉、罐头和快餐食品等。因此，对品种质量、块茎薯形等都有不同的要求，如具有高干物质含量、低还原糖含量、薯形长圆整齐、块茎芽眼浅等。随着我国改革开放，市场经济发展，国内市场对马铃薯加工食品的需要量显著增加。我国马铃薯的播种面积居世界第一位，近年来，美国、加拿大、菲律宾、日本、韩国等客商来华，独资或合资建立马铃薯食品加工企业，因此，今后应加强选育适于马铃薯食品加工用的新品种，并建立原料生产基地，发展马铃薯食品加工企业是研究的主要方向。

关于利用普通栽培种（*Solanum tuberosum*）、新型栽培种（neo-tuberosum）、安第斯栽培种（*Solanum andigena*）和野生种做亲本选育马铃薯新品种的作用已讲述于本章。根据近年来在国内外广为利用 *Solanum andigena* 作为杂交亲本的育种效应，将成为今后快速获得高产、抗病、优质新品种的比较理想的原始材料。同时，也可为利用马铃薯杂种实生种子生产种薯的选育工作提供优良的杂交亲本，配制 *Solanum andigena*×*Solanum tuberosum* 组合，利用其 F_1 杂种实生种子生产种薯，供生产商品薯利用。不断丰富亲本资源为马铃薯分解-综合育种法的实施奠定了基础；尤其是孤雌生殖技术、细胞融合技术、$2n$ 配子的桥梁作用等研究手段和方法的逐渐成熟，为充分开发和引进二倍体马铃薯资源变为现实和可能。同时，转基因工程技术在马铃薯抗病育种上的应用又为品种改良和资源拓宽增添了新鲜血液。随着植物与病原之间相互作用的分子机理逐步被揭示，许多抗病基因的分子标记已经找到，更多的抗病基因将被克隆，因此，可以利用分子标记追踪抗病基因在杂交后代中的存在，去除田间鉴定的环境因素和人为干扰，这样必将缩短育种年限，加快育种进程。相信21世纪马铃薯育种工作将会出现突破性的进展。

复习思考题

1. 试述我国马铃薯的栽培区划及各区的育种方向与目标。

2. 试述马铃薯对晚疫病和病毒病的抗性遗传特点。

3. 马铃薯晚疫病抗性常出现由于突变而丧失的现象，试从其抗性遗传特点，提出一个育成广谱抗性品种的方案。

4. 马铃薯种质资源有哪些类型？举例说明各类种质的特点及其潜在的育种利用价值。

5. 在育种过程中往往有很多种方法可供选择，现在希望育成一个适合于你所在地区的品种，试提出育种方案，并给出理由。

6. 合子生殖障碍是马铃薯野生种与栽培种之间杂交不亲和的主要原因，现在希望将一野生种所具有的抗病性基因转移到对该病敏感的栽培种中，试设计相应的试验方案。

7. 马铃薯二倍体野生种与四倍体栽培种间杂交不能结实，Chase 提出了“分解育种方案”可利用二倍体野生种的优异性状和基因，简述其实施方案并给出你的评价。

8. $2n$ 配子材料在马铃薯育种过程中具有特殊地位，现拟将二倍体种质引入到四倍体栽培种中，试制定这项育种方案，并分析其实现的可能性。

9. 现拟利用基因工程技术创造对马铃薯 PVY 病毒具有抗性的新种质，试列出各种方法，并比较其特点。

10. 通过杂交技术获得的马铃薯品种占已育成品种的大部分，请举例说明杂交育种的程序和步骤。

11. 试述马铃薯脱毒的主要技术。

12. 试评述马铃薯育种研究的动向和前景。

附 马铃薯主要育种性状的记载方法和标准

一、物候期的调查

1. 播种期：播种时的日期，播种时记载。

2. 出苗始：全区出苗数达30%的日期，自开始出土后逐日调查。

3. 出苗期：全区出苗数达75%的日期，自出苗始逐日调查。

4. 出苗终：全区出苗数达90%的日期，自出苗始逐日调查。

5. 出苗率：于现蕾期调查，采用下述公式计算。

$$出苗率=\frac{出苗穴数}{全区播种穴数}\times 100\%$$

6. 现蕾期：全区现蕾植株达75%的日期，于现蕾开始逐日调查。

7. 开花始：全区开花植株达30%的日期，自现蕾期逐日调查。

8. 开花期：全区开花植株达75%的日期，自开花始逐日调查。

9. 开花终：全区开花植株达90%的日期，自开花始逐日调查。

10. 幼苗生育情况：分良、中和劣3级，现蕾期间调查并记载缺苗原因。

11. 成熟期：全区有75%以上的植株茎叶变黄枯萎的日期，生育后期逐日调查。

12. 收获期：收获时的日期，收获当日记载。

13. 生育日数：由出苗期至成熟期，计算总天数。

二、收获期调查

14. 实收面积：实际收获面积（缺株换算）。

15. 实收产量：实际收获的产量（kg）。

16. 每公顷产量：依下述公式计算。

$$每公顷产量\ (kg/hm^2)=\frac{实收产量\ (kg)}{实收面积\ (m^2)}\times 10\,000$$

17. 块茎分级：分成4级：一级（大薯），150 g以上者；二级（中薯），75～150 g；三级（小薯），25～75 g；四级（屑薯），25 g以下者。称量或目测。

18. 大中薯百分率：收获后即行调查，依下述公式计算。

$$大薯百分率=\frac{大薯重+中薯重}{全区实收产量}\times 100\%$$

19. 结薯集中性：分集中（匍匐茎长在10 cm之内）和分散（匍匐茎长在10 cm之外）两类。收获时田间目测记载。

三、品种（系）性状调查

20. 幼苗：

（1）幼苗性状：分成直立和平展，幼苗出土后高4～5 cm时调查，目测记载。

（2）幼苗颜色：分成绿、紫和褐紫色，包括幼叶和幼茎。

21. 花：

（1）花萼形状：①全萼形状向外扩展或直筒状；②萼尖端形状分为尖部锐或尖部钝。取新开放的花朵调查，目测记载。

（2）花萼色：分成浅绿、浓绿和褐色，观察全萼、萼尖部、萼基部、中部等处颜色。

（3）花冠形状：分成开张（花瓣向外翻）、花瓣尖向内弯曲和重瓣（里、外重瓣）3种，目测记载。调查花冠的颜色。

（4）花色：分成乳白、白、紫、红、粉等色，目测记载。

（5）花药色：分成黄、橙黄和黄绿色。

（6）雄蕊形状：分成圆柱形、圆锥形和不正形。

（7）子房断面色：分成无色和有色。

（8）柱头形状：分成圆形、二裂和三裂。

（9）花柱长度：分成3类：①长，花柱及柱头均露出花药；②中，只柱头露出花药；③短，柱头与花药平齐。

（10）花柄长度：测定花关节上下两节之间比例。

（11）花序形状：分成疏散和密集两类。

（12）花序花数：分成多（10朵以上）、中（6～10朵）和少（6朵以下）3类。

22. 果实：

（1）天然结实性：分成强、弱和无。

（2）种子有无：分成有和无。

（3）果形：分成圆、卵圆、三棱形和椭圆形。

（4）果色：分成绿、浅绿、紫褐等色。取成熟之果实调查，综合历年情况分析，目测记载。

（5）果之大小：分成大（直径1 cm以上）和小（直径1 cm以下）两类。用目测或尺量。

（6）心室数：分成二室和三室，目测横断面记载。

23. 叶：

（1）顶叶形状：①全叶形分成椭圆形、长形等；②尖端分成钝、锐；③基部分成心脏形、圆形、楔形。用目测记载。

（2）小叶形状：分成长形、圆形，有柄、无柄。目测记载。

（3）小叶排列：分成对生和互生。目测记载。

（4）全叶形状：分成长形、椭圆形。目测记载。

（5）叶柄长度：分成长、中和短。目测记载。

（6）叶与茎角度：分成小于45°、大于45°和大于90° 3类。目测记载。

（7）叶色：分成浓绿、绿和浅绿，调查叶面及叶背颜色。

（8）托叶形状：分成镰刀形、叶形和中间形。目测记载。

（9）叶片指数：叶片宽度与长度之比。

24. 茎：

(1) 茎横断面形状：分成三棱形、圆柱形和多棱形，调查植株基部以上 10 cm 处横断面。

(2) 茎色：分成绿、紫、褐等色，调查植株上、中、下部颜色。

(3) 分枝情况：分成多（4 个分枝以上）、少（4 个分枝以下）、长（为主茎长度 2/3 以上）和短（不足 20 cm）4 种情况。

(4) 茎翼形状：分成直形和波浪形，目测记载。

(5) 茎翼颜色。

(6) 茎粗。

25. 株丛：

(1) 株丛繁茂性：观察株丛颜色（分有色和无色）；测量茎的直径（cm）。

(2) 株丛外形：分成强（茎隐藏在叶面下）、中（茎露出叶面外一部分）和弱（茎全部露出叶面外部）3 类。其直立性分成直立（与地面约成 90°角）和匍匐（与地面成 45°角以下）。

(3) 株高：基部至顶部生长点的长度（cm）。

26. 块茎：

(1) 块茎形状：分成扁圆、卵圆形、长椭圆、长筒形等。

(2) 块茎皮色：分成白、黄、红、紫。

(3) 块茎整齐度：分成整齐（薯形整齐，大中薯占 85%以上）、中（薯较整齐，大中薯占 50%～85%）和不整齐（薯形及大小均不整齐，大中薯率在 50%以下）3 类。

(4) 次生块茎：分成有和无。

(5) 表皮光滑度：分成 3 类：①光滑：表皮平滑，无任何裂纹；②粗：表皮粗糙；③网纹：有、无。

(6) 芽眼色：分成无色（与表皮同色）和有色（比表皮色深或浅）。

(7) 芽眼深度。

四、品质性状测定

(1) 淀粉含量。

(2) 还原糖含量。

(3) 维生素 C 含量。

(4) 粗蛋白质含量。

参 考 文 献

[1] 戴朝曦等．生物工程技术在马铃薯育种中应用的研究．兰州大学学报．1994，30（增刊）：11～17

[2] 东北农学院主编．马铃薯实生薯的选用与防止退化综合措施．北京：农业出版社，1979

[3] 郜刚等．马铃薯青枯病抗性的分子标记．园艺学报．2000（1）：37～41

[4] 胡诚，谢从华等．马铃薯抗病分子生物学研究进展．见：高新技术与马铃薯产业．哈尔滨：哈尔滨工程大学出版社．2002．18～26

[5] 金黎平等．马铃薯双单倍体的产生及其在遗传育种中的应用．马铃薯杂志．1996（3）：180～186

[6] 李广存，杨煜，王秀丽等．马铃薯 X 病毒外壳蛋白基因的克隆及其原核表达载体的构建．中国马铃薯．2002，16（5）：259～262

[7] 李先平等．马铃薯晚疫病育种研究进展．中国马铃薯．2001，15（5）：290～295

[8] 梁训生等编．植物病毒血清学技术．北京：农业出版社，1985

[9] 隋启君．中国马铃薯育种对策浅见．中国马铃薯．2001，15（5）：259～264

[10] 王清，王蒂等．马铃薯体细胞染色体加倍的研究．中国马铃薯．2001，15（6）：343～348

[11] 王蒂等．马铃薯单细胞培养及植株再生的研究．见：高新技术与马铃薯产业．哈尔滨：哈尔滨工程大学出版社，2002．1～10

[12] 师桂英．PVY CP 基因导入加工型马铃薯甘农薯 1 号的研究．中国马铃薯．2001，15（2）：78～80
[13] 司怀军等．马铃薯体细胞融合和杂交技术研究进展．见：中国马铃薯研究进展．哈尔滨：哈尔滨工程大学出版社，1999. 217～224
[14] 西南农业大学主编．蔬菜育种学．北京：农业出版社，1991
[15] 张鹤龄，宋伯符主编．中国马铃薯种薯生产．呼和浩特：内蒙古大学出版社，1992
[16] 张鹤龄．我国马铃薯抗病毒基因工程研究进展．见：中国马铃薯研究进展．哈尔滨：哈尔滨工程大学出版社，1999. 225～233
[17] 周思军等．通过农杆菌介导将菜豆几丁质酶基因导入马铃薯．中国马铃薯．2000，14（2）：70～72
[18] Букасов С М，Камераз А Я，Сепекция и Семеноводство Картофеля. 1972
[19] Bokx J A de. Viruses of Potato and Seed-potato Production. Wageningen：Center for Agricultural Publishing and Documentation，1972
[20] Bradshaw J E，Makay G R（eds）. Potato Genetics. CAB International，UK. 1993
[21] Chase S C. Analytical breeding of *Solanum tuberosum*. Can. J. Cyt. 1963（5）：359～363
[22] Peloquin，S J，et al. Potato breeding with haploids and 2*n* gametes. Genome. 1989（31）：1 000～1 004
[23] Peloquin J，Jansky，S H，Yerk G L. Potato cytogenetics and germplasm utilization. Am. Potato J. 1989（66）：629～638
[24] Simmonds N W（ed）. Evolution of Crop Plants. London and New York：Longman Publishing Company，1974

（李景华原稿，陈伊里修订）

第六篇　糖料作物育种

第二十三章　甘蔗育种

第一节　国内外甘蔗育种概况

甘蔗（sugarcane），学名 *Saccharum officinarum* Linn.，是世界上最重要的糖料作物之一，生产上适宜无性繁殖。但其品种改良主要采用有性杂交和无性繁殖相结合的方法，故在甘蔗生产上使用的品种大多是种间杂种间相互交配的杂交种（*Saccharum* spp.）所衍生的无性系品种。

世界各蔗糖主产国家对甘蔗品种的改良十分重视，据生产蔗区的不同生态环境条件和生产管理水平，选育各种类型高产高糖和不同熟期的品种来提高蔗糖生产水平。采用有性杂交进行品种改良成就显著的主要有美国、印度、澳大利亚、南非等国家，他们除拥有较完备的育种设备外，还应用现代的科技成果引导甘蔗开花、交配和培育杂种后代。如美国农业部在路易斯安那州和佛罗里达州的甘蔗育种站，采用自动控制光、温、湿的光周期室，诱导难开花品种开花，调节亲本花期，提高亲本花粉发育率，每年都能获得大量的杂交种子，并在能自动控制温度和湿度的温室里培育实生苗。在整个育种过程中，应用电子计算机进行亲本选配、对亲本花期和杂种后代性状表现进行预测、管理品种资源和进行甘蔗糖分分析；育种上采用多学科合作，在品种育种初级阶段便对所选育的品系进行有目的的抗病虫性实验，大大提高了甘蔗育种的效率。目前世界上采用的甘蔗有性杂交和选育程序有3种明显不同的方法：一种是以美国夏威夷为代表的采用亚硫酸溶液养茎的熔炉杂交法（melting pot cross），多个父母本混合授粉，每年培育大量的实生苗，丛植法种植（bunch planting），每丛大约种植10条实生苗，从中选择适于不同生态条件的甘蔗品种；第二种是精选亲本，配好组合，成对杂交，控制一定数量的实生苗，实行单株种植，深入调查研究，按各选育程序进行培育选择；第三种是以斐济为代表的后代处理方法，在精选亲本成双杂交的基础上，对实生苗和早期世代的无性系采用集团选择库（mass selection reservoir）法进行选择和淘汰，以加大早期无性系和实生苗的入选率，提高入选效果。3种方法虽各不相同，但殊途同归，彼此都有优良品种育成。世界上绝大多数蔗糖生产国家的甘蔗品种杂交和选育方法与第二种方法基本相同，是当今甘蔗有性杂交育种进行品种改良的最主要的方法。

我国甘蔗栽培历史悠久，然而品种的改良在20世纪50年代以后才有长足的发展。我国台湾省于1913年开始甘蔗杂交育种工作，但育成的新品种至1960年才在当地生产中大量推广利用，而近30年台湾甘蔗糖业研究所的育种成就最为显著，从20世纪70年代开始育成的新台糖系列品种不仅在当地大量使用，在大陆各生产蔗区都大量使用。1952年在海南崖县建立海南甘蔗育种场后，大陆的甘蔗有性杂交育种工作得到迅速发展，品种改良工作受到各地政府的重视。在20世纪50年代初，以整理地方品种和引进外地品种为主，通过试验鉴定，选出台糖108、台糖134、Co419、Co290、Co331等一批品种在各植蔗省（区）生产上推广使用，从而取代了长期使用的低产低糖的竹蔗、芦蔗等地方品种。由于我国蔗区分布广泛，各地自然生态条件不同，因此甘蔗有性杂交的品种改良采用“一地杂交，多点繁殖选育”的方法，即于海南甘蔗育种场进行杂交，在各省（区）自然生态条件下选育适合当地生产要求的新品种。这一育种策略大大提高了我国甘蔗品种的选育效率。从20世纪60年代初起，我国各省（区）自育的甘蔗新品种开始鉴定、推广，至2001年全国已有140多个甘蔗新品种通过国家或省级的品种审定（未包括台湾省育成的品种）。目前在我国各省（区）生产上主要栽培的品种有：桂糖11号、粤糖63/237、ROC10、ROC16、闽糖70/611、粤糖79/177、桂糖15号、桂糖17号、赣蔗1号、赣蔗8号、甜城14、甜城 15、湘蔗 1 号、湘蔗 2 号、云蔗 89/151 等。我国甘蔗生产已全面进入自育品种种植为主时期。

在 1887 年和 1888 年间爪哇的荷兰人 Solfwedel 与巴巴多斯的美国人 J. B. Harrison 和 J. R. Bovell 分别发现甘蔗的种子能发芽，人们才相信甘蔗可以进行有性繁殖，给有性杂交育种提供了可能。于是爪哇和巴巴多斯等地立即开始人工甘蔗杂交育种工作。其后，世界各蔗糖生产国家都相继成立甘蔗育种场，从事甘蔗品种的改良工作。在 100 多年的甘蔗有性杂交育种工作中，英国人 Barber 和荷兰人 Jsewiet 对甘蔗育种工作的贡献最为突出，他们对甘蔗植物学性状的详尽研究成果，不仅为甘蔗属的分类提供理论依据，也为甘蔗杂种后代的选择提供了极大的帮助。而早期甘蔗品种改良最有成效的首推爪哇和印度，他们的巨大贡献是育成 POJ 和 Co 系统的新品种，特别是爪哇育成的 POJ2878 品种，曾经是世界许多蔗糖生产地区的重要商业品种，而且该品种几乎是世界所有甘蔗育种的主要亲本；而印度育成的 Co 系统品种使世界的甘蔗生产地区能够向温带地区扩展，而且使甘蔗生长环境不良的地区能够提高单位面积的产糖量，促进甘蔗工业的发展，同时 Co 系统品种也是许多国家育成品种的主要亲本。近 20 多年来，世界甘蔗收获面积变化不大，但蔗糖总产量不断增加，除其他因素外，甘蔗品种的快速更新换代起着十分重要的作用。如美国的运河点（Canal point）甘蔗育种场和荷马（Houma）甘蔗育种站、印度的哥因拜托（Coimbatore）甘蔗育种场、澳大利亚糖业试验站管理局、我国的台湾糖业科学研究所等不断有新品种供生产上推广应用。而广州甘蔗糖业科学研究所、广西甘蔗科学研究所等近 20 年已有 60 多个新品种通过审定供生产上利用。

第二节　甘蔗育种目标性状及其遗传与基因定位

一、甘蔗育种目标性状

我国蔗区辽阔，东起台湾省，西至西藏的达旺，南自海南的崖县，北至陕西的汉中盆地。从总体上划分为华南蔗区、华中蔗区和西南蔗区。各蔗区的气候、土壤、栽培条件、耕作水平和品种现状都不尽相同，故各地的具体育种目标性状应有所不同。但作为甘蔗良种必须具备的条件与各地对良种特性要求应该是共同的，这些共同点便是各地甘蔗育种的综合育种目标，主要包括以下几方面。

1. 高产高糖　甘蔗品种的高产高糖是育种的主要目标，但产蔗量高与蔗茎糖分高在同一品种内不易兼得，故在此提及的高产高糖是相对而言。在当前生产中，高产的品种往往较迟熟、低糖，高糖品种则产量较低。要解决这个矛盾，有两个途径：一是培育的品种丰产性能与对照种相若，而蔗茎含糖较高；另一方面是培育的品种蔗茎含糖与对照种持平，但丰产性能好。采用哪条途径，应视当地的甘蔗生产情况而定。为达到单位面积的最高产蔗量和产糖量，培育的高产品种应有相当的蔗糖含量，而高糖品种也要有相当高的蔗产量。产量与糖分在两个途径中虽各有所侧重，但不能偏废。

2. 宿根性　宿根是优良甘蔗品种的重要性状。国内外甘蔗生产实践说明，宿根性好坏是决定能否获得甘蔗大面积持续高产稳产的重要因素之一。选育宿根性好的品种是提高甘蔗生产经济效益的有效措施。

3. 抗病、虫、逆性强　这是实现甘蔗高产高糖和稳产的重要保证。由于我国蔗区大多数是高旱坡地，土壤瘦瘠，灌溉条件差；有的蔗区常有霜冻危害；沿海蔗区有风害和盐碱害；病虫害在各蔗区有发展趋势。故选育抗病虫害、抗不良环境的品种也是扩大甘蔗生产范围的一种重要措施。

4. 选育不同熟期的品种　选育不同熟期品种是甘蔗育种的一个重要目标。生产上栽种不同熟期品种，既可提高糖厂设备利用率，提高整个榨季的蔗糖产量，又可提高工农各方面的经济效益。早熟品种标准是 11 月份华南蔗区其蔗糖分新植蔗和宿根蔗平均为 13%，而华中和其他蔗区为 12.5%，且成熟高峰期蔗糖分应分别达 14.5%和 14.0%；中晚熟品种的标准是中熟品种翌年 1 月份，晚熟品种翌年 2 月份，蔗糖分达 14 %以上，成熟高峰期在华南蔗区应达 15%，华中和其他蔗区达 13.5%。随着甘蔗生产的不断发展，不同熟期品种的标准亦会相应改变。

二、甘蔗育种特点

甘蔗育种的主要特点有以下几方面。

1. 杂交育种采用有性繁殖和无性繁殖相结合进行　甘蔗品种改良主要采用有性杂交，利用遗传基础高度杂合的品种或无性系作亲本进行杂交，有性杂种一代便出现剧烈分离，从中选择优异单株进行无性繁殖，把其优势固定下来。这种方式能将加性、显性和上位性等遗传效应迅速固定并在生产上利用，这是甘蔗育种的显著特点。

2. 远缘杂交容易成功　甘蔗属内的各个种之间及其与近缘属之间的杂交，都容易获得杂种后代，特别是种间杂交的高贵化育种（nobilization breeding）育出 POJ2878 等优良品种，为蔗糖业的发展起过巨大作用。远缘杂交容易成功，为甘蔗育种拓宽种质资源和丰富甘蔗品种的遗传基础提供了广阔的前景。

3. 品种繁殖系数低，但可利用组织培养加速良种的繁育速度　甘蔗良种的繁殖一般采用梢部茎作种，1 年繁殖 2 次，繁殖系数 30～40 倍。用组织培养方法繁殖良种，可比常规方法提高近百倍。如广西的桂糖 11 号品种用此法在 2 年内便繁殖到 533 hm^2（8 000 亩）以上。

4. 育种上应用品种自交或内交　甘蔗品种或亲本多为有性杂种第一代，其遗传基础是异质的，经自交或内交一二代，能显著提高后代的糖分且生长势不下降。再用自交或内交后代相互杂交，糖分提高较快，后代的入选率较高并可育成新品种。原轻工业部甘蔗糖业科学研究所采用此法，用 POJ2878 的自交一代崖城 55/1 与台糖 134 的内交一代崖城 54/89 杂交育成粤糖 58/1291 新品种。

三、甘蔗主要育种目标性状的遗传与基因定位

甘蔗为异源多倍体，细胞染色体数目多，性状遗传非常复杂，与禾谷类作物相比较，甘蔗许多性状的遗传规律有待继续深入。现有的研究结果指出，甘蔗生长带颜色是由两对互补基因控制的，甘蔗属间杂交的芒是由 3 对基因控制的，甘蔗叶舌是由两对重叠的非等位基因（duplicate nonallelic gene）控制的，花穗中的花序梗长度是 5 对或 6 对基因控制的，而 56 号和 60 号毛群是少数主基因决定的，对胶滴病、白条病、露菌病的抗性是寡基因（oligogene）遗传，但大多数性状表现为数量遗传。

（一）甘蔗主要育种目标性状的遗传

1. 蔗茎产量及其组成性状的遗传　蔗茎产量及其组成性状茎长、茎径、单茎重和有效茎数均为数量性状。蔗茎产量及其组成性状的广义遗传率与供试材料有关。实生苗的广义遗传率蔗茎产量为 0.17，茎径为 0.30，茎长为 0.2～10.32，有效茎数为 0.06～0.26；而品系的广义遗传率蔗茎产量为 0.75，茎径为 0.71，茎长为0.40～0.84，有效茎数为 0.51～0.90。蔗茎产量的显性遗传效应和加性遗传效应具有同等重要作用，单茎重和茎径主要表现为上位性遗传效应，而有效茎数则主要是加性遗传效应。但茎径的遗传率不管是实生苗还是品系、品种均表现较高。故应在育种实生苗阶段便对茎径进行严格选择，而蔗茎产量的选择则在品系鉴定及其以后各试验阶段时进行。另外，蔗茎产量及其组成性状的特殊配合力大于一般配合力，非加性的遗传方差是主要的，这表明培育高产品种中亲本选配显得特别重要。

2. 蔗糖分与锤度的遗传　蔗糖分与锤度之间有很高的遗传相关关系（$r_g=0.89$），两者均为数量性状。锤度的广义遗传率在实生苗阶段为 0.64～0.73，品系阶段为 0.53～0.90，糖分为 0.70。锤度在各选育阶段均表现出较高的遗传率，故在育种早期阶段把锤度高低作为选择的一个重要依据。另外，锤度和蔗糖分的遗传主要表现加性效应，因此选择糖分高、锤度高的亲本，其后代大多数表现为含糖分高；反之亦然。

3. 宿根性的遗传　品种间杂交，宿根性的遗传表现为细胞质遗传。要选育宿根性强的品种，其亲本特别是母本应具有很好的宿根性。从现有亲本分析，大茎品种的宿根性较差，中小茎品种宿根性强。但在远缘杂交中，野生种不论作父本还是母本，宿根性好的性状均能很好地遗传给后代。

4. 抗病性遗传　甘蔗抗黑穗病、锈病和斐济病均表现为数量遗传。抗黑穗病的广义遗传率为 0.33～0.75，抗锈病的为 0.42～0.88，抗斐济病的为 0.38～0.70，但对不同生理小种的抗性遗传有所差异。另外，对黑穗病和斐济病的抗性遗传主要是加性效应，而抗锈病的遗传则加性和非加性效应同样重要。故选用抗病亲本进行杂交，选出抗病品种是完全可能的，甘蔗育种的历史已证实这一点。但甘蔗对其他病害抗性的遗传研究仍有待进一步开展。

5. 蔗茎空心度的遗传　品种间杂交，亲本空心度小的（如台糖 134、Co419、Cp49/50、粤糖 57/423、粤糖 59/65 等），其后代出现空心的概率小，反之则大（如 Co331、粤糖 55/89、POJ2878 等）。但含野生血缘多的品种作亲本，后代的空心率都很高。

（二）甘蔗一些性状的基因定位　甘蔗为异源多倍体，染色体数目在 100～130 之间，具有非常庞大的基因组，

可能是迄今进行基因定位的作物中遗传性最复杂的作物。同时，甘蔗的许多重要经济性状、农艺性状均表现为数量性状遗传，其基因定位研究的难度较大，其基因定位的研究状况也远落后于许多其他作物。但自1988年开始甘蔗基因组研究以来，1992年Wu等提出用单剂量（single dose）标记构建多倍体作物遗传连锁图的策略，从而解决了像甘蔗那样复杂的、未知其多倍体水平和类型的多倍体基因组分析的理论问题。随着分子标记技术的不断发展，对甘蔗一些性状的基因定位研究已有报道。Mudge等报道，控制眼点病抗性的基因位座（pEyespotA）位于第47连锁群上，与RAPD标记181s260之间的距离为7.3 cM；邓海华、Wu等应用QTL定位研究报道了蔗径产量的基因位座分布在LG6和LG26（第6和第26连锁群），与标记C16cr和r63紧密连锁；转光度的基因位座分布在LG18和LG50，与标记r41、r2000、r270和B31ch紧密连锁；纤维分基因位座在LG5的B59br和fc51ar之间。

第三节　甘蔗种质资源研究和利用

甘蔗的种质资源包括甘蔗属内的各个种、甘蔗近缘属植物及人工创造的杂交品种和亲本材料。前二者于自然状态下分布在世界各地，是育成甘蔗新品种的重要基因资源。国际甘蔗技师协会（ISSCT）多次组织甘蔗科技工作者在世界各地进行种质资源采集工作，并把所采集的种质资源分别保存于美国佛罗里达州的迈阿密（Miami）和印度的哥因拜托（Coimbatore）甘蔗育种场，并随时可向世界各国的甘蔗育种者提供所需的种质材料。我国甘蔗科技工作者亦多次在国内各地进行种质采集工作，而所采集的种质资源主要保存在海南甘蔗育种场，并对所采集的材料进行形态、生理生化、遗传等方面的研究，对种质资源进行科学的分类，了解其种性及重要性状的遗传规律，特别是近年来利用分子技术对种质资源的分类及有关重要性状的基因定位做了许多基础性的研究，为进一步提高甘蔗有性杂交育种的效率提供了更坚实的理论依据。

一、甘蔗近缘植物及主要种的研究利用

（一）甘蔗近缘植物的研究利用　与当前甘蔗品种改良有较密切关系的近缘植物有芒属、蔗茅属和河八王属。

1. 芒属（*Miscanthus* Anderss）　本属为多年生的高大草本，有根茎，秆直立且内充满白色软髓；圆锥花序，易抽穗开花，两性花。全世界约有20个种，多分布于亚洲、太平洋诸岛屿、南非等地。我国常见的约有10种。体细胞染色体数有35、36、38、40、41、57、76、95、114等不同类型。与甘蔗属杂交，其后代表现为很强的杂种优势和抗病性，在甘蔗抗性和抗病育种中具有广泛的应用前景。

2. 蔗茅属（*Erianthus* Michx.）　此属为多年生直立的高大草本，无根茎，秆为髓填满；圆锥花序，易抽穗开花，两性花。本属约有16个种，分布于温带、亚热带和热带。我国已发现有台蔗茅（*Erianthus formosanus*）、滇蔗茅（*Erianthus rockii*）和蔗茅（*Erianthus fulvus*）3种。体细胞染色体数有20、22、24、30、40、60等类型。用蔗茅属与甘蔗属杂交，后代生长势强，糖分下降不显著，分蘖多，特别耐旱。近年来对此属中的斑茅［*Erianthus arundinaceum*（Retz.）Jeswiet］研究较多，由于它具有较强的抗病虫性、耐旱性、耐寒性及耐瘠性，宿根性好，分蘖性强，极粗生，适应性广，故欲通过有性杂交以利用其各种抗病基因。此属是甘蔗生物量育种的重要亲本，亦是甘蔗品种抗性基因的来源之一。

3. 河八王属（*Narenga* Burk.）　此属多为年生高大草本，直立，具根茎；圆锥花序，易抽穗开花，两性花。目前发现本属有两个种，分布于亚洲东南部的热带、亚热带地区，在我国两个种都有。染色体数 $2n=30$。本属耐旱、耐瘠，极易与甘蔗属交配获得杂种后代，并表现为早熟、分蘖强、抗病和耐渍。

（二）甘蔗属几个种的研究利用　当前生产上使用的栽培品种基本上都含有甘蔗属中的热带种、小茎野生种、中国种、印度种和大茎野生种5个种中2～3个种的血缘。育种上对各个种都有较详细的研究和利用。

1. 甘蔗属热带种（*Saccharum officinarum* Linn.）　本种又称高贵种，原产于亚洲及太平洋诸岛屿，后传至世界许多地区。其品种类型多，具有许多优良栽培性状和经济性状（如蔗茎粗大、多汁、糖分高、纤维低、蔗茎产量高），宜于加工制糖，但抗逆性和抗病虫性较差。主要代表品种类型有黑车里本（Black Cheribon）、拔地拉（Badila）（俗称黑皮蔗）等，染色体数 $2n=80$。甘蔗属热带种在甘蔗育种中起着重要作用，世界各地栽培的甘蔗品种均含有它的血缘，是甘蔗栽培品种蔗糖基因的最主要来源。但常用作杂交亲本的只有黑车里本、拔地拉等少

数几个品种，其他品种有待开发利用。

2. 甘蔗属小茎野生种（*Saccharum spontaneum* Linn.）　本种俗称割手密种，分布范围从南纬10°至北纬40°，包括亚洲和大洋洲的热带和亚热带地区。在我国主要分布于华南、西南及喜马拉雅山麓一带；国外主要分布于印度、泰国、缅甸、印度尼西亚、马来西亚等地。本种的品种类型很多，有根茎，茎秆纤维多，蔗汁少，糖分低；但生势强，分蘖力强，宿根性好，早生快发；耐旱、耐瘠、耐寒，有些类型能耐－25 ℃的严寒；早熟早开花和易开花；对嵌纹病、根腐病、赤腐病和萎缩病免疫。体细胞染色体数为40～128。甘蔗属小茎野生种是甘蔗育种的很重要种质资源，当前的生产品种或多或少都含有这个种的血缘，它是甘蔗品种抗病、抗不良环境和稳产性能的重要基因源。

3. 甘蔗属中国种（*Saccharum sinense* Roxb）　本种在我国南方蔗区曾有广泛栽种，原产我国。印度北部、伊朗等也有分布。本种糖分含量颇高，植株高大，早熟，适宜制糖。其耐旱耐瘠力强，宿根性好，对萎缩病免疫，抗根腐病和嵌纹病。体细胞染色体数为111～120。其代表品种类型主要是竹蔗、友巴（Uba）等。本种开花较难，常用作亲本的为友巴。此种是甘蔗育种中抗逆性状和蔗糖基因的重要来源之一。

4. 甘蔗属印度种（*Saccharum barberi* Jesw.）　本种主要分布于印度，早熟，分蘖多，耐寒力强，抗萎缩病和胶滴病，颇抗根腐病，体细胞染色体数为81～124。其代表品种为春尼（Chunnee），是早期甘蔗育种的重要亲本。此种是甘蔗品种蔗糖基因的另一重要来源。

5. 甘蔗属大茎野生种（*Saccharum roustum* Grassl.）　此种分布于南太平洋新几内亚一带，特点是糖分低，纤维分高，宿根性好，抗风抗虫力强；体细胞染色体数为60、80、114～205；是甘蔗品种改良中抗风性状的主要种质资源。

（三）我国甘蔗种质资源利用的成就　为培育适应不同蔗区的甘蔗新品种，我国在甘蔗种质资源的研究利用方面取得显著的成就。我国台湾甘蔗糖业研究所利用甘蔗属大茎野生种作亲本，选育出pt43－52，并以此为主要亲本不断育出台糖系列和新台糖系列的新品种，如台糖146、台糖152、台糖160、台糖172、新台糖4号、新台糖5号、新台糖7号、新台糖8号、新台糖9号、新台糖10号等；海南甘蔗育种场利用甘蔗属热带种、甘蔗属小茎野生种、甘蔗属大茎野生种、蔗茅属的斑茅种等，创造了一大批优良亲本材料，其中一些已经为优良的常用杂交亲本，如崖城71/374、崖城73/226、崖城73/512、崖城62/50、崖城64/389等，并利用上述亲本杂交选育出17个甘蔗新品种在生产上大量使用（如粤糖64/395、粤农75/191、珠江75/53等），特别是粤糖79/177，是广东、广西和海南的主要生产品种之一。

二、甘蔗引种利用和品种类型

（一）引种利用　根据本地区的自然条件及生产发展需要，引进外地的优良品种或育种材料，经试种试验在生产上推广或用作杂交亲本，这一方法对推动世界甘蔗品种改良和蔗糖业生产的发展起着重要作用。我国过去和现在都积极与国外交换和引进品种，在生产上起到了不同程度的增产作用，有些亦成为我国品种改良的重要亲本。如POJ2878、Co419、Co290、选蔗3号、Nco310、闽选703、Cp65/357、Cp80/1827等品种在不同时期都成为我国一些蔗区的生产品种，也是我国甘蔗育种的重要亲本。但引种成功与否，关键在于引进的品种是否适应本地的自然条件。故引种时，一要掌握品种原产地与引进地区生态条件的差异程度；二要根据本地区生产上对良种的要求引进相应品种。一般而言，引种地区与原产地生态条件差异不大，可满足品种种性要求，引种就容易成功。由于甘蔗品种适应性较广，虽然生态条件差异较大，好些品种仍可在当地生产上推广使用，故引进品种能否在生产上应用还要视品种对生态条件要求的严格程度而定。

（二）品种类型　目前国内外甘蔗品种很多，为了更好地在生产上和育种上利用，可按蔗茎的大小、糖分的高低或工艺成熟的迟早而划分为不同类型。

1. 按蔗茎大小划分　可分为大茎品种、中茎品种和小茎品种3个类型。茎径大于或等于3 cm的称为大茎品种；茎径大于或等于2.5 cm且小于3 cm的为中茎品种；茎径小于2.5 cm的为小茎品种。大茎品种植株高大，一般分蘖力较弱，宿根性和抗逆性较差，但产量潜力大，在栽培管理和水肥条件好的情况下可获得高产。而中茎和小茎品种分蘖力较强，宿根性和抗逆性较强，适应性较广，稳产性好。

2. 按蔗茎蔗糖分高低划分 可分为高糖、中糖和低糖品种。蔗茎蔗糖分达15%以上者为高糖品种，低于12%的为低糖品种，介于二者之间者为中糖品种。品种的高糖特性是重要的经济性状，我们应选育出更多的高产高糖品种，以适应糖业迅速发展的需要。当然，糖分高低的划分标准可随着糖业生产和育种水平的提高而做相应的改变。

3. 按工艺成熟期划分 可分为早熟品种、中熟品种和晚熟品种3类。所谓早熟品种，就是它在榨季早期蔗糖分高，能为糖厂提供早熟原料蔗，有利于糖厂提早开榨；而晚熟品种则是榨季早期糖分低，到榨季后期糖分才高；中熟品种则介乎二者之间。在蔗糖生产中要提早开榨，延长榨季，同时又要提高整个榨季的产糖量，就必须因地制宜地按一定比例推广早熟品种、中熟品种和晚熟品种，育种上也应据生产上对不同类型品种的要求而制定相应的育种策略，培育出各类型品种，满足生产上的需要。

第四节 甘蔗育种途径和方法

世界各国甘蔗品种改良主要是采用品种间杂交的方法，培育出大批栽培品种在生产上利用。随着科学技术的发展，开展了人工诱变、生物技术等新方法的研究。

一、甘蔗品种间杂交育种

（一）亲本选配原则

1. 根据育种目标选配相应的亲本组合 不同蔗区自然环境条件、耕作制度和生产水平不同，对甘蔗品种的具体性状要求也不一样。要选育出适合于本蔗区生产要求的新品种，必须按育种目标的要求来选配亲本。如地处热带和亚热带的海南、广东、广西、福建、云南等省（区），气候温和，雨量充足，甘蔗生长期长，生产上要丰产潜力大的大中茎类型的高产高糖品种。因此，选用的亲本大多是粤糖57/423、粤糖59/65、粤糖75/191、粤糖85/177、桂糖1号、桂糖11号、闽糖70/611、福农79/23、Roc1、Roc10、Roc16等大中茎型的高糖高产亲本。而地处北亚热带和温带的四川、湖南、江西、湖北、贵州等省，早春回暖迟，初冬转冷早，常有霜冻危害，甘蔗生育期短，生产上适合栽培早生快发的中小茎的早熟高产高糖品种，所以杂交亲本多选用Nco310、Cp65/357、Cp72/1210、崖城62/40、崖城62/70、崖城93/25、赣蔗8号、湘蔗2号等中小茎高糖亲本。

2. 利用优良性状多、配合力好的生产品种或亲本选配组合 各地生产上大面积栽培的品种一般具有较多的优良性状，用作亲本较容易出现综合性状好的后代。台糖134是我国大陆种植面积最大的栽培品种之一，丰产性好，利用它选配组合，后代综合性状好，先后育出36个新品种。粤糖57/423是台糖134的后代，曾在广东、海南大面积种植，利用粤糖57/423作亲本，又选育出粤糖71/210、粤糖81/3254、粤农76/169等优良品种。有的亲本虽然不是生产上的栽培品种，但性状的配合力好，能将其优良性状传递给后代。如Cp49/50，蔗茎小、叶片边缘锋利而很难在生产上推广，但作为亲本，其早熟高糖性状的配合力好，用它与大茎高产的亲本组配，已育出24个早熟高糖高产的中大茎栽培品种。

3. 利用遗传异质性大的亲本选配组合 两亲本的遗传异质性大，后代所含不同种的血缘数多，变异广泛，容易产生超亲的后代，选育出新的品种。Co、Cp、POJ系列的品种，彼此相互选配组合，遗传异质性大，父母本的性状优缺点往往能够互补，因而育出新品种的概率大。国内外的许多著名品种（如台糖134、Co419、粤糖63/237、粤糖85/177、桂糖11号等）都是利用上述类型品种杂交选育而成的。我国台湾省和美国夏威夷在选育抗风、抗倒的高产高糖品种中，引进大茎野生种血缘，扩大了亲本的血缘范围，培育出抗风抗倒的新品种。

4. 以生产性组合和试探性组合相结合的原则来选配亲本组合 生产性组合是指经过实践证明其杂种后代适合当地气候条件，并选出过良种或较好育种材料的组合。试探性组合是指过去没有做的新设想组合。试探性组合经过实践证明后代综合性状好，可以上升为生产性组合。生产性组合定植的实生苗数多，一般重复杂交3年，选出若干优良品系便不再利用。因为从中继续选出更好的品种，其可能性较小。如广东的生产性组合台糖108×台糖134，从1954年起陆续选出粤糖54/143、华南56/12、粤糖57/423等一批良种后，后来就再没有育出超越这些良种的新品种。所以试探性组合和生产性组合相结合，是一种在理论指导下不断创新、不断发展的选配亲本组合的方法。

(二) 开花诱导

1. 光周期诱导 甘蔗需 12～12.5 h 光照才能花芽分化，这种光照范围称“引变光照”。位于南北纬 10°～20°的地区，引变光照期长达 38～49 d，完全可满足甘蔗花芽分化的需要。建立在这样地区的甘蔗育种场，如澳大利亚昆士兰（南纬 17°）、印度哥因拜托（北纬 11°）和我国海南甘蔗育种场（北纬 18°），绝大多数甘蔗亲本能在自然条件下抽穗开花。建立在纬度 20°以上地区的甘蔗育种场，如美国路易斯安那州（北纬 30°）和佛罗里达州（北纬 27°）及我国台湾屏东（北纬 22°）甘蔗育种场，要保证甘蔗亲本开花，就要营建光周期室，进行人工诱导甘蔗开花。

美国路易斯安那州大学甘蔗试验场光周期处理的方法是将栽种于铝铁桶中半年、茎长 1 m 多的亲本，先采用固定日照法处理，每天固定以 12.5 h 光照，易开花亲本处理 1～2 周，难开花亲本处理 5～6 周，其余处理3～4 周。以后用渐减日照法，每天减少 1 min 光照，直至处理的亲本全部开花。

2. 花期调节 在自然条件适合甘蔗开花的地区，不同亲本开花的时间有早有迟。为使不同亲本能同期开花，需要调节亲本的花期。调节花期大多采用断夜和剪叶的方法。所谓断夜，是指日出前或日落后用人工光照打破暗期，延迟早开花亲本的抽穗开花。美国佛罗里达州运河点甘蔗试验站利用断夜处理，将光期延长到 12.5 h，处理 14 d，平均延长开花 2.5 d；处理 28 d，延迟 12.6 d；处理 42 d，延迟 21 d。延迟最长的品种可延迟开花日数是 10～70 d，处理期间愈长，延迟开花日数也愈多。所谓剪叶，是剪去心叶或剪老叶留心叶，控制开花物质的积累浓度，以达到延迟早开花亲本的花期。我国海南甘蔗育种场的试验证实，剪叶一半可延迟开花 15～19 d，剪去心叶可延迟 5～29 d 开花。

3. 花粉储存 花粉储存是近年来发展起来的一项新技术。其做法是，将采集到的甘蔗或其近缘植物花粉，经适当干燥，使花粉含水量保持在 10%以下，然后储存在低温冰箱中，可保存花粉生活力达数十天之久。美国佛罗里达州运河点甘蔗试验站自 1983 年以来利用此项技术，把割手密、蔗茅、芒、高粱及甘蔗的花粉储存于－80℃的低温冰柜，花粉生活力保存达 50 d 以上。我国广东省农业科学院甘蔗研究室采自割手密杂交一代的 8 个品系的花粉，在室温 22～25 ℃、相对湿度为 55%～65%的条件下自然干燥 1.5～4.5 h，然后把花粉装进塑料小瓶，密封后放进盛有碎冰粒的广口瓶内堆埋，再置于普通冰箱（－15 ℃）内储藏，花粉生活力可保存 23d。这种技术可解决甘蔗杂交特别是远缘杂交中，亲本花期不遇的难题。

(三) 杂交技术及种子收获储藏

1. 罩笼法 在田间母本旁树一“T”字架，架下挂一个白纱布做的罩，以罩住母本花穗。开花时每天早晨从父本花穗上采摘即将开花的花穗，用纸包好，置于 500 W 白炽灯下烘干露水，待花药开裂后，将花粉授于母本花穗上，记明组合和杂交日期。每个花穗的花期 5～7 d，故要反复授粉 5～7 次。目前印度甘蔗育种场都采用此法，由于母本生长在田间，生长正常，结实率和种子发芽率均比亚硫酸法和高压法高，但此法较费工费时。

2. 亚硫酸法 从田间砍下父母本穗茎，运回杂交室或树阴下，用利刀削平穗茎基部后，立即插入盛有亚硫酸溶液的器皿内。每条母本应配 2～3 条父本，父本花穗应高于母本花穗以利于授粉。亚硫酸溶液每隔一天更换一次。一直培养至授粉完毕结成种子为止。此法工作简便，可进行大量杂交，节约劳力，但缺点是会引起死穗或花粉不发育和结实不饱满现象。

3. 高压法 此法是当父母茎孕穗时，在茎的中部 2～3 个茎节，包以湿泥或苔藓，其外再包以塑料薄膜，促使茎节的根点生根。高压后 3 d 即见长根，2 周长即可形成根群。每隔几天从高压处上端注入水，以满足根系需水。杂交时自高压处下端砍穗茎，剪去大部叶片移至杂交小室。母茎高压处置于流动水中，父茎多悬空，每天需注水以维持穗茎正常的生理作用。这种方法，耗资虽多，但效果很好，属最先进的一种杂交技术，美国路易斯安那州大学和农业部荷马甘蔗育种场均采用这种方法。而我国海南甘蔗育种场则在采用此法时稍加改进，即杂交时把父母本高压茎定植于杂交棚，效果亦很好。

4. 杂交种子的收获储藏 杂交授粉结束后 1 个月左右，整个花穗种子可全部成熟。由于种子有成熟后自行脱落的特性，故需防止种子脱落而散失。一般应在杂交结束后 15 d 左右，用打有小孔的塑料薄膜袋把母本花穗包套起来。当种子全部成熟并掉落袋中时，及时收获，把花穗割下并晒 3～4 d。待种子晒干后，即取出种子用纸袋装好，于低温干燥条件下储藏，否则会大大降低发芽率。一般在室温条件下，种子只能储藏较短的时间；而在低于冰点并干燥的条件下，可储藏一年或更长的时间。

（四）实生苗的选择

1. 选种原理　甘蔗杂交第一代就出现剧烈的分离，每株实生苗都表现出不同的特征特性，如生长势强弱、糖分高低、植株高矮、茎径大小都不一样。广泛的变异为选择提供了丰富的物质基础。一般而言，生长势是实生苗单株选择的主要标准，因为生长势是实生苗本身与外界环境条件相互作用的综合体现，生长势好坏，直接影响产量的高低。甘蔗产量由株高、茎径和有效茎数构成。通过对各个单株的生长势、茎径大小、植株高矮和茎数多少的外观调查，即可淘汰70%左右的实生苗，剩下30%实生苗则以锤度高低来衡量。生长势好，锤度高是理想的入选对象；但生长势好，锤度稍低的单株不宜轻易淘汰。经过锤度测定，又可淘汰20%的实生苗。剩下的10%左右的实生苗则应以一些农艺性状如蔗茎有无空心、有无孕穗、抗病虫性等进一步选择。最后，剩下5%～8%便是实生苗的入选率。

2. 选择方法　为提高实生苗的选择效果，避免漏选和滥选，在生长后期的鉴定选择一般分3次进行。10月份初选，对各组合的各个单株进行植株高矮、茎径大小、有效茎数、抗病虫性、生长势等综合调查，凡综合性状比较好的，则为初选单抹，并用手提折光计测定主茎基部锤度。12月份复选，在初选基础上全面观察有无漏选，再测定初选单株分蘖茎中部的锤度。第3次为收获前决选，测定入选单株分蘖茎中部的锤度，同时调查蔗茎实心的程度。凡锤度低，蔗茎空心或绵心严重者则淘汰。入选单株砍成全茎苗或半茎苗留种，并按组合顺序编以入选株号。

（五）无性世代的选择

1. 选择原理　从实生苗入选的单株，经无性繁殖成单系（选种圃）阶段开始，直至多年多点区试阶段，统称为无性世代。虽然无性繁殖，其基因频率和基因型频率不变，但由于环境因素的影响，历年的表现型不尽相同，尤其是数量性状，如株高、茎数、蔗茎糖分等年度间或地点间的表现均有变化。为有效地进行选择，无性世代各阶段都要种植对照种，与参试无性系进行比较。随育种程序的进展，入选系逐年减少，每个无性系种植的面积逐年扩大。凡农艺性状和经济性状优于对照种者入选，否则淘汰。

2. 选择方法

（1）第一年，选种圃中对单系的鉴定和选择　其选择时间和性状调查项目与杂种圃中对实生苗的选择、调查基本相同，但应增加萌芽率和分蘖率，有台风危害的地区还应调查倒伏程度。选择标准包括萌芽，分蘖，生长势，前、中、后期的株高，茎径，有效茎数，锤度，抗逆性等。凡锤度高、长势好、单株生产率比同熟期对照种高且抗病虫害的即可入选，供下一年继续培育选择。如发现特殊优良单系，可加速繁殖。选择后一般不留宿根，如有条件者可留宿根观察。

（2）第二年，鉴定圃的选育　参试品系的调查和鉴定分期进行。调查项目和选择方法基本上与选种圃相同。为确定品系的早、中、迟熟性，最好分2～3期进行糖分分析。选择标准是：凡农艺性状好，蔗茎产量及含糖量高于同熟期对照种10%～15%以上者即可入选，供下一年继续选择，收获后留宿根以观察其宿根性状。

（3）第三年和第四年，预备品比试验和品种比较试验的选育　预备品比是正式品种比较试验前的比较试验，其作用是加大种苗的繁殖量，为进一步的品种比较试验提供足够种苗。若已有大量种苗，则可省去预备品比试验。预备品比和品种比较试验的内容和要求基本一样。其田间调查项目和时间与鉴定圃相同，增加定株观测月生长速度。从10月份始至收获时止，进行3次糖分分析（生长期短的地区可按实际情况而定）。预备品比试验和品种比较试验的选择标准是：结合上年度的宿根观察做综合分析，并经产量和含糖量的统计分析，凡比同熟期对照种增产达显著水准者为入选品系。若其中单位面积含糖量比对照种增产10%以上，应尽量多留种苗，以供下一年试验。选择后仍留宿根观察其宿根性状。

（4）第五年，对入选品系或品种在不同生态环境进行试验选育　这一试验通常称为区域试验及表证示范。调查项目和选择方法可参照品种试验，选择标准是：试区收获称产和检糖，计算产量及含糖量，比当地对照种确实增长10%以上，可以提供表证示范。经过新植及宿根试验证实比对照种优良，即可上报省级鉴定，成为新的优良品种。

二、甘蔗远缘杂交

甘蔗远缘杂交包括属间杂交和种间杂交，目的是要把近缘属和野生种的强生长势和抗性基因引入栽培甘蔗。

（一）属间远缘杂交

1. 甘蔗属与芒属杂交（*Saccharum*×*Miscanthus*）　甘蔗属与芒属杂交在我国台湾省利用较多。用 POJ2725 与 *Miscanthus japonicus* 杂交，发现后代产生两类杂种：OOM 型和 OM 型，染色体数分别为 $2n+n=126$ 和 $n+n=72\sim74$。前者似蔗，茎粗且长，叶片较宽，糖分也高；后者似芒，生势差，糖分低。再利用甘蔗栽培品种与 *Miscanthus sinensis* 杂交，培育出 F_1、BC_1、BC_2、BC_3，各代实生苗共 64 075 株。从 BC_2 选出的 SM8332，生长 12 个月，产量达 180 t/hm^2（亩产蔗量 12 t），可能成为高生物量的能源品种。4 个世代的杂种都表现对霜霉病、梢腐病有较强抗性。目前杂种后代的性状鉴定和抗性测定正在进行。

2. 甘蔗属和蔗茅属杂交（*Saccharum*×*Erianthus*）　印度尼西亚爪哇最早以热带种 EK28 为母本，与蔗茅属 *Erianthus sara* 为父本杂交，获得 600 株实生苗，从中选择 16 株进行细胞学研究，发现体细胞染色体数为61～69。以后不断有人用热带种、割手密与蔗茅杂交，虽都获得杂种，但尚无育成一个生产品种。我国海南甘蔗育种场曾用 Cp34/120 与蔗茅属杂交，育出崖城 57/25，用甘蔗回交后培育出几个赣蔗系列品种。近年来有人用同工酶谱分析，认为崖城 57/25 并非真杂种，故赣蔗系列品种，不是蔗茅属的真后代。由于蔗茅属中的许多有用基因，对扩大甘蔗品种的遗传基础，培育新一代的甘蔗优良品种有诱人的前景，国内外甘蔗育种家对此研究报道较多，然而至今未见有突破性进展。

3. 甘蔗属与河八王属杂交（*Saccharum*×*Narenga*）　河八王属极易与甘蔗杂交，且具有早熟、生长直立、分蘖性强、抗黑穗病和嵌纹病、耐淹等优良性状，因此甘蔗育种家和遗传学家很早就进行热带种、大茎野生种、割手密与河八王属之间的杂交并获得不少杂种。这些品种的染色体类型多为 $n+n$ 型，但亦出现 $2n+n$ 和 $n+2n$ 类型，这对研究属间杂交的遗传极具吸引力。但由于杂种性状多表现为两个属的中间类型且早开花，故至今还未见育成生产上应用的品种。

除上述属间杂交外，甘蔗与高粱、玉米、竹之间的远缘杂交也都有报道。特别是我国海南甘蔗育种场用高粱与甘蔗杂交，欲培育出粮糖兼用的高粱蔗，在 20 世纪 80 年代中期，曾有几个高粱蔗品系在山西、陕西等省试验推广，但由于加工利用等问题而未能在生产上大面积应用。

（二）种间远缘杂交

1. 热带种与小茎野生种杂交　热带种是发现甘蔗有性繁殖前的主要栽培之种，由于抗病性和抗逆性差，故与小茎野生种杂交，引进其抗性基因，是两个种间杂交的主要目的。1917 年，甘蔗育种家 Jesweit 在印度尼西亚爪哇发现热带种黑车里本（Black Cheribon，$2n=80$）与小茎野生种 Glagah（$2n=112$）的天然杂种 Kassoer（$2n=136$）后，提出高贵化育种（nobilization breeding）的理论，即热带种与小茎野生种杂交，其杂种后代不断与热带种（或称高贵种）回交，直至选出高糖、高产、多抗的栽培品种。其实际育种过程是，用 Kassoer 回交热带种 POJ100的 BC_1 杂种 POJ2364，再回交热带种 EK28，从 BC_2 选育出 POJ2878、POJ2725 等 4 个品种。其中 POJ2878 成为全球性栽培品种和最优异的亲本。在高贵化育种理论指导下，许多国家都先后开展热带种与小茎野生种的杂交，都取得不同程度的进展。我国海南甘蔗育种场用热带种 Badila 与崖城割手密（小茎野生种）杂交，育出崖城 58/43 和崖城 58/47，再以其为亲本回交热带种后代而育成一系列优良品种和杂交亲本。

2. 热带种与印度种杂交　印度种具有早熟、抗病、耐寒等特性。为把印度种的这一特性引进生产品种中去，印度尼西亚爪哇育种者用热带种黑车里本与印度种春尼杂交，选出 POJ213 和 POJ234，曾在美国、印度和我国台湾省大量栽培。印度育种者再用 POJ213 与印度割手密后代 Co291、Co206 杂交，选育出含热带种、印度种和割手密 3 个种血缘的 Co290 和 Co281，成为适应亚热带栽培的优良品种和杂交的优异亲本。我国育成的许多品种也具有它们的血缘。

3. 热带种与大茎野生种杂交　大茎野生种茎皮坚硬、抗风抗逆性强。美国夏威夷用 POJ2878 与大茎野生种杂交，育成含热带种、割手密和大茎野生种 3 个种血缘的品种 H32/6774，其后代 H34/1874 与 H32/8560 杂交，育成具有热带种、印度种、割于密和大茎野生种 4 个种血缘的 H37/1933，成为夏威夷的主要栽培品种和杂交亲本。我国台湾省也利用热带种与大茎野生种杂交的后代 PT43/52 为主要亲本，培育出抗风抗倒的 F146、F160、F167、ROC10 等优良品种。近年来，印度、澳大利亚、巴巴多斯等国都进行了大茎野生种的杂交研究，并取得可喜的新进展。

三、甘蔗自然变异及辐射诱变育种

（一）自然变异的利用 甘蔗的自然变异是指甘蔗无性繁殖过程中受外界环境条件的作用引起其性状的遗传突变。由于这一突变通常发生在一个变异了的芽所长成的植株上，故又称为芽变。利用芽变经选择可培育出新品种。爪哇从 POJ36 中选出有条纹的突变种 POJ36（M）；我国台湾省从 F108 选出有条纹且分蘖性比较强的芽变种 F1108；福建省从品种华南 56/12 中选出有效茎数多、高产、早熟的芽变种仙游 8 号，曾在生产上大面积使用。

利用自然变异的关键是鉴别芽变株，一般在茎色、茎型等外观性状的变异较易识别，而高糖分高产量的变异较难识别。这就要求芽变选种时，要围绕目标性状把具有优变的芽变种选择出来，并与原来品种进行多年观察比较，最后参加品种比较试验，与当地生产品种比较，才确定其优劣和利用价值。

（二）辐射诱变育种 甘蔗辐射诱变育种中采用较多、效果较好的是 γ 射线辐射。澳大利亚用 γ 射线照射 Triton，获得不抽穗的突变体；印度用 γ 射线处理迟熟品种 Co419，选出 2 个早熟高糖的突变体。我国近年来辐射育种工作有了较大的进展。广州甘蔗糖业科学研究所用 γ 射线处理低糖、迟熟、高产的粤糖 71/210，选出粤糖辐 1 号，其产蔗量与供体品种粤糖 71/210 持平，但糖分提高达 0.801%。在此基础上，再用快中子进行照射，经几年选育出粤糖辐 83/5 号，比粤糖辐 1 号和粤糖 71/210 分别增产蔗量 5.2%和 7.4%，且蔗糖分增加 0.912%和 1.513%。1992 年此辐射新品种通过技术鉴定，成为一个推广品种。

辐射诱变育种一般选用综合性状较好，但存在一二个缺点有待改进的品种或品系作处理材料，对蔗芽进行照射。一般未萌动的单芽进行辐射时，其剂量以 1.548～2.322 C/kg（6 000～9 000 R）为宜；萌动芽的辐射剂量以 0.258～1.032 C/kg（1 000～4 000 R）较适合。辐射芽经假植于苗床出苗后，才定植于试验区。辐射材料定植后，从整个群体来说，植株变矮、蔗茎变小、芽变大等产量性状及农艺性状变劣者为多，但锤度则无明显的变异规律。然而群体中亦有少数优变个体，这些便是重点选择的对象。因此第一年对 M_1 代就要进行选择，选出的变异株系在引变圃中观察一二年，便可参加常规育种程序的品种比较试验进行选育。

四、甘蔗组织离体培养育种

甘蔗组织离体培养是近 30 年来兴起的一项甘蔗育种新技术。1964 年美国夏威夷首先报道甘蔗组织培养出绿苗。1970 年我国台湾糖业研究所开始应用组织和细胞培养技术进行甘蔗品种改良研究，至 20 世纪 80 年代前期已选到 3 个高产量、2 个高糖分和 1 个抗黑穗病的品系。我国大陆的组织培养研究规模最大，在 1979 年中国科学院遗传研究所和广州甘蔗糖业研究所以粤糖 70/23、F134、崖城 62/70、甜城 70/739 等品种进行花药培养并成功地获得花药的愈伤组织，分化出 300 多植株，并发现一个变异体 70/23-1，其蔗茎颜色由深紫红色变为古铜色，蜡粉明显增加，由蒲心变为实心，株形整齐直立，锤度有所提高。虽然还未培育出生产上推广的新品种，但为甘蔗品种改良开辟了一条新途径。

（一）培养基成分和培养技术 甘蔗组织培养的常用培养基是 MS 和 N6 两种。MS 培养基的特点是无机营养的数量和比例合理，均能满足培养细胞的营养和生理要求，对愈伤组织的诱导和幼苗的分化效果较好。N6 培养基的特点是通过一次接种培养，即可诱导分化出幼苗，但分化率低，苗弱根少，移植后成活率不高。

甘蔗组织培养一般取蔗茎梢部的嫩茎或嫩叶作外植体，经消毒，在无菌条件下，切成 3 mm 厚的薄片，接种到装有培养基的试管。置于 26～28 ℃黑暗条件下诱导愈伤组织，7 d 左右愈伤组织出现，14 d 左右长成胚性细胞团。当胚性细胞团增殖到一定数量时，转移到分化培养基中培养，每天给予 12 h 黑暗和 12 h 光照，10 d 左右就可分化出幼苗，待组织培养幼苗叶茂根壮后，从试管移到装有细沙土的营养盘中继续培养，苗高 10 cm 左右再分株定植到苗圃。

（二）组织离体培养中的遗传变异及其利用 甘蔗为异源多倍体和非整倍体，通过组织培养从不同细胞层分化的再生无性系，会出现不同于供体的多倍体。这些再生无性系，从植株的形态特征、染色体数目、同工酶谱等方面均发生变异。这些变异构成了遗传多样性的基本群体，从这类基本群体中可供育种者选出优良个体。因此，组织培养出的幼苗定植于大田时，每隔一定株数要种植供体品种，以便于观察比较。这些组织培养无性系在大田的表现，大多数分蘖力增强，有效茎增多，蔗茎变小，锤度稍低；但也会出现蔗茎增多且茎径较粗，锤度较高的优良单株，是选育新品种的对象。入选单株无性繁殖，逐年与供体或当地生产品种进行试验比较，直至选出符合育种目标的新品种。

目前许多国家结合组织培养技术，进行抗性育种，如在培养基中增加 NaCl 浓度，选育耐盐碱变异体；或在培养基中长出愈伤组织时注入病菌，以筛选抗病品种；或结合人工诱变手段，对愈伤组织用 γ 射线处理，以扩大遗传变异。这些研究都取得了不同程度的进展。

第五节　甘蔗育种新技术研究与应用

科学技术的迅猛发展和各科学间的相互渗透、相互促进，特别是分子生物学的发展和生物技术体系的建立，为作物品种遗传改良提供了更有效的手段。近十多年来，生物技术在甘蔗品种遗传改良上的应用有长足的发展，在此就其研究和应用的现状做概要介绍。

一、甘蔗体细胞杂交

体细胞杂交是在原生质体状态下进行，融合的杂交细胞要再生成完整的植株才能在育种实践中应用，故原生质体培养再生植株是甘蔗体细胞杂交研究应用的前提。甘蔗原生质体培养报道最早的是 Maretzki 和 Nickell，他们于 1973 年报道了培养细胞分离原生质体培养中发现细胞分裂；其后颜秋生等于 1984 和 1985 年连续报道了甘蔗原生质体能再生愈伤组织和器官分化；1986 年 Srinivasan 和 Vasil 报道了甘蔗原生质体实现了再生植株；而 Tabaizadeh、Chen 等于 1986 年分别报道了甘蔗与狼尾草的体细胞杂交，获得有杂种特性的细胞系和甘蔗与矮牵牛的细胞融合。但均未获得体细胞杂种无性系植株。1993 年我国的廖兆周等人从甘蔗原生质体中获得再生植株，并于 1999 年报道了从甘蔗品系 PC9102 中建立了一个实验程序，能快速、稳定、重复地实现原生质体的植株再生，同时也在野生甘蔗亲本 F_1 代材料 US66-56-9 和一个麻竹无性系中建立起悬浮培养细胞系，分离到原生质体，并培养再生出细胞团，从而开展了甘蔗体细胞杂交技术的研究。在栽培甘蔗与野生甘蔗、甘蔗与竹子间进行的体细胞杂交试验中，前者再生几株植株，后者获得再生细胞团。现把他们实验操作的主要步骤介绍如下。

1. 原生质体制备　按原生质体培养方法从甘蔗和麻竹外植体中诱导愈伤组织，建立悬浮细胞系，用酶解法从悬浮培养细胞中游离出 PC9102、US66-56-9 和麻竹的原生质体。

2. 原生质体部分细胞器钝化　为便于对杂种细胞的选择，对组合的原生质体用物理和化学方法进行处理，使一方的细胞核钝化，另一方的细胞质钝化。钝化后的原生质体不能持续细胞分裂，只有彼此融合后才有可能恢复细胞分裂，形成细胞团。

（1）细胞核钝化的操作　原生质体游离出来后，按 1×10^5/mL 的浓度悬浮于原生质体培养基中。取 1 mL 原生质体悬浮液，移到 14 mL Corning 塑料离心管中，使用国产 Hy-3 型农用软 X 光机，离心管斜放在 15 cm 的样品架上，用 30 kV 高压、3.0 mA 电流，辐照 25 min、35 min、45 min、55 min、65 min 的不同时间进行试验，并设定对照组。按原生质体培养程序进行培养，通过镜检了解细胞成活情况。培养 25 d，以肉眼观察是否长成可见的细胞团。对于 US66-56-9 和麻竹原生质体的核钝化处理时间大约是辐照 45 min 左右。

（2）细胞质钝化的操作　采用化学钝化，所用药物是碘乙酰胺（iodoacidamide，IOA）。IOA 溶于 CPW 13 mol/L溶液中，用 400 μmol/L 的浓度处理 15 min、20 min、25 min、30 min 不同时间，在 25 ℃条件下，对于 PC9102 的原生质体处理 20 min，可使细胞质钝化（检验方法与核钝化处理相同）。

3. 融合杂交　经 IOA 处理的 PC9102 原生质体，用 CPW 13 mol/L 洗涤 2 次、原生质体培养液洗涤 1 次后，与经 X 射线处理后的 US66-56-9 核和麻竹原生质体分别以 1∶1 等量混合，离心去除上清液，加入原生质体培养液，用聚乙二醇与高 pH-高钙方法进行融合，操作上参考宛新杉的描述方法。融合是在 Corning（直径 60 mm）塑料培养皿中用滴注方法进行。

4. 融合细胞培养和选择　融合处理后的原生质体，按原生质体培养方法培养再生植株。由于核或细胞质钝化的原生质体单独不能持续细胞分裂，只有融合的原生质体才有恢复细胞分裂的可能，因此再生植株可能便是所期望的杂种植株。但必须经生化或分子水平检测加以证实。

二、甘蔗转基因的研究应用

甘蔗转基因的研究较其他禾本科作物起步较晚。已有进入田间试验的转基因甘蔗品系，但尚未见有作为商品品种的报道。自 1992 年澳大利亚的 Bower 报道，用基因枪转化方法，在 Emu 启动子的调控下把 *GUS* 基因导入甘蔗胚性愈伤组织中并获得转基因植株以来，甘蔗转基因的研究已有很多报道。但大多数获转基因甘蔗的方法是采用基因枪转化法，其次是电击法和农杆菌介导法。甘蔗转基因研究中能否筛选出把已转化的细胞形成再生植株是转基因甘蔗成功与否的重要方面。故必须建立一个良好的甘蔗转化体系，这就应考虑如何提高再生植株率、选择效果和促进导入基因的表达等方面。要达到上述目的，甘蔗转基因研究的结果认为，应选用合适的靶组织、报告基因、选择标记基因及其相应的选择培养基和启动子等。理想的靶组织应具有良好的再生植株能力和遗传稳定性。甘蔗当前认为最适合的靶组织是胚性愈伤组织；而常用的报告基因有 *GUS* 和 *LUC*，而 *GUS* 基因的应用更为广泛；而常用的选择标记基因及其相应的选择培养基有 *NP*Ⅱ、*HPT* 和 *Bar* ALS 基因及其相应的抗生素和除草剂类培养基。但在农杆菌介导转化方法中采用 GFP（绿色荧光蛋白）基因作为选择标记基因更快速和简便；而启动子用于驱动报告基因、标记基因和目的基因表达，它因靶组织和所涉及的基因不同而异，在甘蔗原生质体中用人工启动子 EMU 时，*GUS* 报告基因的表达比用 CaMV35S 启动子时更好；而在未成熟的甘蔗叶片中，用 UBI 启动子最好，EMU 次之，而当前的研究正试图鉴定出组织专一性的启动子以便引导转基因在甘蔗的特定器官上直接表达。图 23－1 是采用基因枪转化法的转基因甘蔗植株筛选过程。经上述筛选，绝大多数非转化体已被淘汰，但仍有些细胞可能“逃脱”，再生出假转化植株。为了进一步验证转基因植株并了解外源基因在受体植株中的稳定性问题，仍必须对转基因植株作进一步检测，而检测的常用方法有 NPTⅡ、GUS 酶活性分析和 PCR、Southern、Northern、Western 印迹杂交等方法。

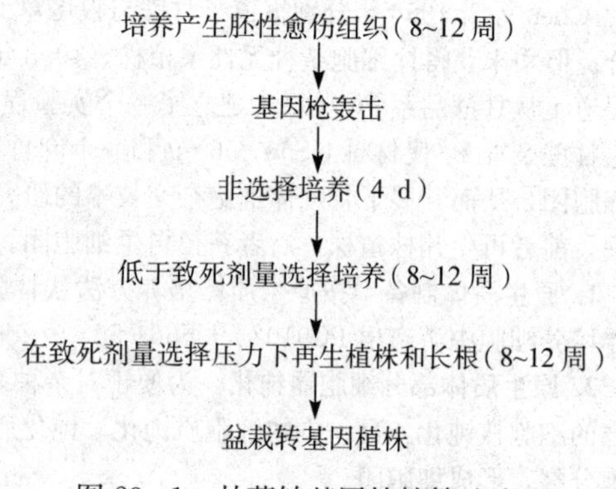

图 23－1　甘蔗转基因植株筛选流程
（引自 Bich，1997）

甘蔗转基因研究取得的进展主要在抗病虫害方面。如美国、澳大利亚用 *Ubi*－*CP* 和 *EMV*－*CP* 基因进行转化，筛选出抗嵌纹病的 H. I 和 M 小种的转基因甘蔗，已进入大田试验；澳大利亚用 *PI*－Ⅱ基因（马铃薯蛋白酶抑制基因Ⅱ）转到甘蔗中，获得甘蔗无性系 G87 和 UP87，表现出对蛴螬的抗性；把 *Cry*ⅠA（b）基因转到甘蔗的完整细胞并获得转基因植株，表现出明显的杀螟虫幼虫能力。另外，有人利用蔗糖磷酸合成酶基因（*SPS*）导入甘蔗胚性愈伤组织，获得能明显提高蔗糖合成能力的转基因植株。随着生物技术的日益发展，甘蔗转基因的研究在耐旱、耐盐、光合作用和糖代谢调控基因等方面的基因改造亦在研究之中。应用转基因的方法进行甘蔗品种的改良，其前景无疑是广阔的。

三、分子标记在甘蔗遗传育种上的研究和应用

甘蔗分子生物学研究最常用的分子标记技术为 RFLP 和 RAPD，而 AFLP 和 SSR 次之。利用分子标记技术在甘蔗的分类、遗传图谱及基因定位等方面均有报道。20 世纪 90 年代，法国和美国分别开展了核 DNA、叶绿体 DNA、线粒体 DNA 的 RAPD、AFLP 等的分子标记，将甘蔗属原来的种之分类提出不同观点，认为甘蔗属的 5 个常用种归为两个种：一是 *Saccharum spontaneum* L.，另一个种是 *Saccharum officinarun* L.，即小茎野生种为一类，印度种、中国种、大茎种野生种、热带种及所有杂交后代为另一类，而大茎野生种为其原始野生种。另外，还证实小茎野生种染色体基数 $x=8$，而热带种 $x=10$，且二者之间亲缘关更为密切，而对 109 个栽培品种进行 RFLP 标记分析，发现 80％以上的栽培品种存在于热带种的 RFLP 标记中。应用 RFLP 标记对蔗茅属和甘蔗属的

亲缘关系进行分析，发现两者亲缘关系差异甚大。

应用分子标记技术构建遗传图谱，与其他禾本科作物相比较，甘蔗比较落后。1991年首次报道了小茎野生种（$2n=64$）的具有8个连锁群含32个单剂量限制性片断（SDRF）的连锁遗传图。其后不断有热带种、大茎野生种和栽培品种的遗传图谱之报道。甘蔗的许多重要的经济性状是由微效多基因控制的数量性状，而利用分子标记可测定出数量性状基因位点（QTL），这就为甘蔗的许多重要的数量性状进行QTL定位并对与之紧密相连的有关标记性状进行间接选择即标记辅助选择（MAS）提供了可能。近年来有人根据甘蔗育种的特点，采用集群分离分析法（bulked segregant analysis，BSA）构建用于QTL定位的标记分析群体，报道了甘蔗转光度、小区蔗茎产量、纤维分和抽穗率的QTL，在进行标记辅助选择时认为进行多标记辅助选择可获得性状平均值最大的入选群体。

随着分子生物学的不断发展和生物技术的日趋成熟，生物技术在甘蔗品种的改良中将发挥越来越重要的作用。

第六节　甘蔗育种试验技术

一、甘蔗育种程序

我国当前选育甘蔗优良新品种的途径主要是采用品种间杂交的方法，其育种程序见图23-2。

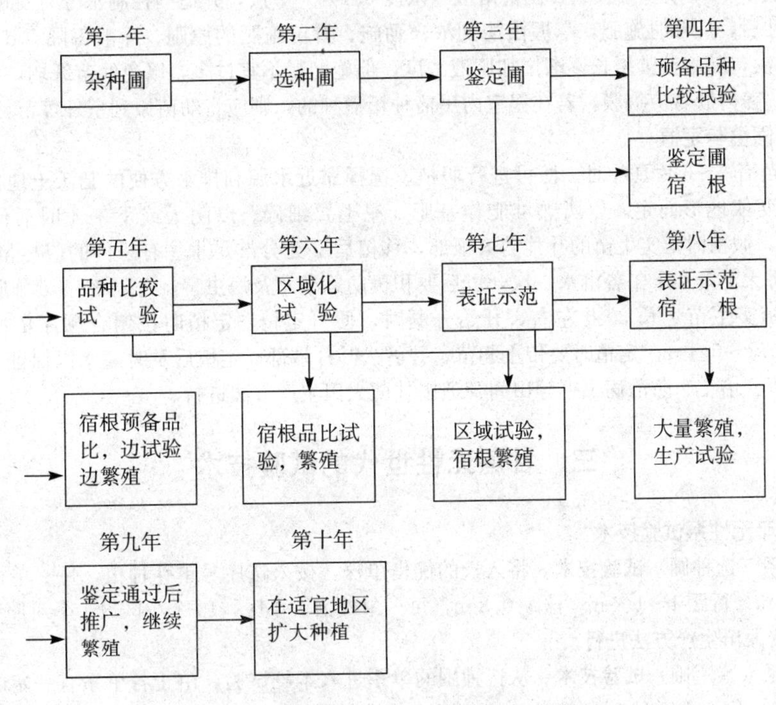

图23-2　甘蔗育种程序

（引自中国甘蔗栽培学，农业出版社，1985）

二、甘蔗实生苗的培育技术

（一）播种及育苗技术

1. 播种前的准备工作

（1）苗床土壤选择和处理　甘蔗种子小，养分少，生活力弱，一般都要进行育苗、假植，才定植于大田。苗床用的土壤要求疏松，排水性能好，没有杂草种子。一般以砂壤土加入20%～30%经筛过的腐熟堆肥为苗床播土。土壤要经过消毒，消毒的方法：用 1.96×10^5 Pa（2 kgf/cm^2）压力高压消毒 2h，以杀死病菌及杂草种子；或用火炒土，炒至土壤呈白色为度；用火烧土亦可。

（2）苗床选择与整地 苗床应选地势较高，靠近水源，阳光充足的地方。整地要细致，除干净杂草，然后起成高 10 cm，宽 1 m，长约 2 m 的畦，畦面平整后，铺上一层厚约 10 cm 经消毒的土壤，刮平畦面即可播种。有条件的地方应尽量采用播种箱播种。

2. 播种

（1）播种期 种子的萌芽要求一定的温度，18 ℃以上发芽正常，25～30 ℃较理想，30～35 ℃发芽最快。各地应根据当地气温而确定播种期，有温室设备可以提前播种。

（2）播种量与播种方法 不同组合的种子发芽率差异较大，播种前应进行发芽试验，以定播种量。一般要求每平方米面积内出苗 900 株左右为宜。播种时将种子均匀播于苗床畦面或播种箱土表面，稍加压力把种子压平，用喷雾器喷水至饱和，然后薄盖一层已消毒土壤，其厚度以见到少许种子为度。

3. 苗床期幼苗管理 播种后至假植有 30～40 d 的苗床期，幼苗的管理是育苗关键，必须做好下列工作。首先要注意苗床的保温保湿工作，苗床土温应保持在 25～30 ℃左右，土壤要保持湿润，以加快种子萌发。如遇外界温度低于 18 ℃时，应加盖塑料薄膜，并设法加温。幼苗期要注意苗床土壤湿润，但也不要苗床或播种箱积水，以免影响幼苗生长。种子发芽至 3 片真叶时，易发生病害，特别在低温阴雨的情况下，更易发生，故需认真做好防病治病工作。一般每隔 3～4 d 喷多菌灵或百菌清溶液（浓度 0.1%）一次，并适当控制水分。发现病株应立即拔除。当幼苗长出 3 片真叶后，应及时施肥，掌握由淡到浓、勤施、看苗施肥的原则。一般每隔 5 d 左右喷施 0.1%～0.3%硫酸铵溶液一次，随着苗龄增长逐渐增加肥液浓度，但施肥量不宜过多，以免幼苗纤弱，抗病力差。在外界温度较高的情况下，盖薄膜者应揭膜，若在温室内用播种箱播种的，则应将幼苗搬到室外炼苗，以达壮苗目的。

（二）实生苗的假植与定植

1. 假植 当幼苗有 5～6 片真叶时，便可进行假植。选择靠近水源和排水方便的肥沃土地作假植苗床。苗床宽 1.0～1.3 m，长度依地形而定。以腐熟堆肥作基肥，泥土要细碎。以阴天或下午 4 时后假植为宜，株行距 0.1 m×0.1 m 左右。假植时把实生苗的叶片剪去顶部，移植后要充分淋足水。有条件的应尽量采用营养钵假植。假植后至回青前，每天上午和下午各淋水一次，以后要积极防除杂草及病虫害，每隔 5～7 d 施肥一次。

2. 定植 当假植实生苗生长 30 d 左右，开始分蘖时，便可定植。定植时按组合顺序依次种植，定植行距 1.0～1.2 m，株距 0.3～0.4 m。定植时要带土起苗，并剪去叶片端部。定植后及时灌水以保证幼苗回青快。以后的施肥、中耕、除草、培土、防治病虫害等田间管理按甘蔗大田生产方法进行。

三、甘蔗无性世代的试验技术

（一）第一、二年无性系试验技术

1. 第一年无性系（选种圃）试验技术 将入选的优良单株，按入选序号单芽种植，每一单株按种苗数量种植 1～2 行，行长 3～5 m，行距 1～1.2 m，株距 0.3 m，每一单株为一小区，10 个小区设 1 个对照种。试区周围种植保护行，田间管理按大田生产方法进行。

2. 第二年无性系（鉴定圃）试验技术 从选种圃的单系进入本圃试验，由于各单系有一定的种苗数量，设重复 2 次，双芽苗种植，每个单系种 2～3 行为一小区。小区排列可随机，行长、行距、株距与上一年相同。每个重复设不同熟期的对照种 1～2 个。田间管理按一般大田生产方法进行。

（二）第三、四年无性系试验技术

1. 第三年无性系（预备品种比较）试验技术 依从鉴定圃入选的单系种苗数量来决定小区大小及重复次数，一般小区 3～5 行，行长为 10 m，重复 3～4 次，株行距与上年同。采用随机区组排列，按早熟组和中迟熟组两组设置不同的对照种以作比较。田间管理与上年同。

2. 第四年无性系（品种比较）试验技术 如果上一年试验小区面积过小，重复次数只有 3 次时，可以将入选品种再进行品种比较试验，扩大小区面积，增加重复数，或采用拉丁方排列，以增加试验的可靠性。若上年度试验比较准确，则本年度的试验设计、内容与上年度试验基本相同。

四、甘蔗品种区域试验及品种审定

（一）品种区域试验及表证示范　品种区域试验是将入选的品种，分别在不同土壤类型、不同地区进行比较试验，田间设计与品种比较相同。而从区域试验选出的优异品种，则进一步在不同地区进行表证示范（又称为生产试验或中间试验）。由于进行表证示范的品种通常只有1～2个，田间设计采用对角线排列，表证区面积最少333 m^2（0.5亩）以上。示范田面积可有几亩（1亩＝667 m^2）至几十亩不等，试验的种植方法和田间管理与当地大田栽培基本相同。

（二）品种审定及品种命名　通过品种区域试验及表证示范的品种，经过统计分析认为增产显著，符合良种审定标准，即可组织品种审定。品种审定是在本省（区）品种审定机构主持下，邀请有关科技人员代表参加，共同鉴定新品种在选育过程中的数据，进行分析，并做出科学评价；还要提出新品种的种性、栽培技术，并写出品种鉴定书。

甘蔗品种的命名，目前各地还未有统一制度。一般是以育种单位所在地或育种单位名称为代号，其编号法有连续法和不连续法两种。如广东为粤糖，广西为桂糖，福建为闽糖；而品种编号是未经鉴定前的不连续编号，如粤糖63/237，前者数字为选育年号，后者为实生苗入选号。

第七节　甘蔗种苗生产

一、甘蔗良种概念及其加速繁殖方法

（一）概念　栽培甘蔗目的是为糖厂提供优质原料蔗。因此良种既要具有高产、稳产、高糖、抗逆性强、适应性广等优良性状，还要具有良好的工艺性状，以适应糖厂加工处理。所以良种的概念是：在某地区、某一时期、某一季节内获得单位面积最高蔗茎产量和含糖量，稳产，适于当地的自然环境、栽培耕作制度和糖厂制糖工艺水平的品种。

（二）加速繁殖方法　良种必须加速繁殖，广泛应用于农业生产上才能发挥良种的作用。甘蔗是无性繁殖作物，用种量大，繁殖速度较禾谷类作物慢。因此，良种必须在短时间内生产大量的种苗，才能发挥良种最大的经济效益和社会效益。

良种繁殖方法应根据不同的繁殖时期、种苗数量及当地栽培条件来决定，一般可采用下列方法加速繁殖。

1. 蔗茎繁殖法

（1）一年二采法　即春植秋采苗，秋植春采苗法。此法适应温度较高的华南蔗区，一年可繁殖40倍以上，但必须加强田间管理，做到适时下种、适时采苗。

（2）二年三采法　即春植秋采，秋植夏采，夏植春采。此法适于冬季温度较低的华中蔗区。加强田间管理，一般二年可繁殖200倍以上。

（3）分蘖繁殖法　采用单芽疏植，当母茎长出数条分蘖后，选出已有5～6片叶、出了苗根的壮蘖，从母茎分割出来，先经假植后再移植苗圃，做进一步繁殖。

2. 甘蔗组织培养加速繁殖法　采用甘蔗梢部的心叶、生长点为组织培养材料，经适当的组织培养分化出幼苗，进行良种的加速繁殖。广东省农业科学院用此法对Roc10进行生长点培养，培养189d，平均每个生长点材料可繁殖2 143条幼苗。利用此法可大大加快甘蔗良种的繁殖速度。

二、良种推广技术

为使甘蔗良种能在生产上迅速推广，各植蔗省（区）和重点甘蔗基地应设立甘蔗技术推广站，对已鉴定的新品种采取有效政策和措施，积极繁殖和推广。另外，制定推广良种的奖励政策和合理规定良种价格，是加速良种推广的一项重要措施，如广东粤糖63/237和广西桂糖11号，在开始推广时都采取合理加价收购，使良种推广速度加快。同时，为促进新良种加快普及推广，必须对蔗农进行技术指导，如印发新品种种性介绍等资料、介绍与种性相适应的栽培技术方法等。最后，应根据不同地区、不同耕作水平，因地制宜地推广不同熟期的品种，以发挥优良品种的增产、增糖作用，得到最大的经济效益和社会效益。

第八节　甘蔗育种研究动向及展望

近30多年，世界各蔗糖生产国家的甘蔗品种改良都取得显著成效，但新品种还未能满足甘蔗生产发展的要求。为进一步提高甘蔗在作物生产中的竞争能力，各蔗糖主产国家都十分注意下述几方面的研究。

首先是为了提高育种效率，围绕育种目标进行大量的形态、解剖和生理生化等间接鉴定和检测技术的研究。如在早熟种的鉴定上，认为早熟品种在6周龄时其叶片长度、宽度和叶面积都比较大；高产品种与维管束鞘叶绿体和薄膜细胞层的宽度有密切关系；高糖品种与蔗茎薄壁细胞大小和吸糖能力强弱有密切关系；而高产高糖品种在苗期表现为叶片较短、较窄、叶脉数较少、叶片总糖含量和蔗糖含量较高、植株的相对生长率和硝酸还原酶活性较高；在品种耐旱性鉴定方面，认为用耐盐力速测法可筛选出耐旱力强的品种。

其次是进一步对甘蔗种质资源的采集、开发利用，以拓宽品种的遗传基础。当前的生产品种大多数只具有热带种、印度种和割手密3个种中少数几个无性系的遗传基础。近年来普遍加强了对大茎野生种的利用，例如印度用大茎野生种与Cp和Q类型品种杂交，获得产量比当前印度生产品种增产31.9%，且蔗汁糖分达22%的几个无性系。另外，为提高甘蔗品种的抗逆性特别是耐旱性，国内外均重视甘蔗与蔗茅属的斑茅杂交，已培育出具有斑茅种质的耐旱甘蔗品系。为进一步扩大种质资源在育种中的利用，许多国家利用生物技术对甘蔗及其近缘属植物的亲缘关系和遗传进化进行研究，为种质资源的利用提供更充分的理论依据。同时对甘蔗的开花生理问题的研究亦十分重视，以解决种、属间难开花材料的开花交配问题。

第三是积极开展育种新技术、新途径的研究。许多国家十分重视生物技术在甘蔗品种改良中的利用，如甘蔗不同种属间的细胞杂交；利用组织培养技术在细胞水平上用化学或物理因素诱发变异以选择特殊抗性品种的研究；甘蔗花粉培养单倍体的研究；甘蔗转基因的研究和分子标记辅助选择的研究等。但上述研究有许多问题仍需要进一步解决。如甘蔗体细胞杂交，甘蔗原生质体的分离钝化效果及原生质体再生植株，由于甘蔗基因型间的特异性很强，不同基因型间有很大差异，细胞融合技术效果不很明显，再生植株仍有一定的难度，故建立一套细胞融合效果好和快速、稳定重复再生植株的技术体系是今后必须进一步解决的问题。甘蔗转基因的研究，当前主要是应用基因枪直接转化方法，虽可获得少量转基因植株但未能获得可应用于生产的转基因品种，今后应开展或利用新的有效转基因方法，如利用双元或多元载体系统、建立高效表达受体系统、构建适合甘蔗的特异启动子、加强农杆菌介导的转化方法研究，以提高转化率。另外，转基因相对集中于抗性基因（如抗病、虫、草等），应加强产量、品质改良方面的研究，寻找更多有用的合适基因。甘蔗的许多重要经济性状为数量性状，如产量、糖分等，目前这方面的研究仍很有限，应进一步加强对主要经济性状的QTL基因定位研究及与之密切相关的分子标记，为提高甘蔗的育种效率提供新的方法和手段。

复习思考题

1. 试述甘蔗育种的方向和目标。
2. 甘蔗的种质资源基因库包括哪些类型？各有何育种利用价值？
3. 以选育无性系品种为目标的甘蔗育种在方法、技术上有何特殊性？
4. 试述甘蔗“高贵化育种”（nobilization breeding）的基本方法。其理论依据是什么？
5. 举例说明甘蔗杂交育种的主要方法和程序。
6. 试评述甘蔗远缘杂交研究的进展和应用前景。
7. 试述甘蔗育种实生苗和无性系鉴评的田间试验技术。
8. 试评述甘蔗种苗生产和推广的方法与特点。

附　甘蔗主要育种性状的记载方法和标准

一、生长期间的调查

1. 萌芽率：当试区内有少量蔗芽萌发出土时开始调查，每隔一星期调查一次，至幼苗不再增加为止。

萌芽率=［萌芽数（包括死苗在内）/下种总数］×100%

2. 分蘖率：分蘖数占萌芽总数的百分率。当试验小区出现分蘖时开始调查，每隔一星期调查一次，直至分蘖不再增加为止。当第一次开始调查时还需调查母茎数。

分蘖率=［（总苗数－母茎数）/母茎数］×100%

3. 株高及株高月生长速：株高从基部量起，至最高可见肥厚带的高度。月生长速是指植株每个月的生长速度，以cm计之。

月生长速（cm）=本月底的株高－上月底的株高

株高及月生长速的调查从拔节后的月底开始进行，以后每隔一个月调查一次，至12月止。调查时在试区选10条有代表性的蔗株进行调查。

4. 田间锤度：锤度是指蔗汁中固溶物的重量占蔗汁重量的百分比。田间锤度调查从10月底开始至收获时止。每月调查一次，早熟种可从10月上中旬开始。调查时在试区每次选10条有代表性蔗株测定，用手提折光计观测蔗茎上、下部蔗汁锤度。取汁部位是上部最下一片青叶之下第一节间，下部近地面第二或第三个节间。计算公式是

田间锤度=（调查株上部锤度平均值+下部锤度平均值）/2

5. 蔗茎蔗糖分：指甘蔗茎中所含纯蔗糖的重量百分率。蔗糖分分析一般要求3次，分析时期视试验要求而定。每隔一个月分析一次，每次每个品种在所有重复中共取12条蔗茎（每个品种每个重复中取样大小要一致），每条蔗茎取样规格与原料蔗一样。同时分小区记录蔗样重量，以便收获时加入该小区的总产量。进行糖分分析的所有样本，要在同一天内分析完毕，分析方法参考甘蔗蔗糖分分析法。

6. 甘蔗成熟期：指甘蔗工艺成熟期。成熟时蔗茎上下部锤度的比数为0.9～1.0。当蔗茎上下部锤度比数为0.90～0.95时为初熟期；比数为1.0时为全熟期；比数大于1.0时为过熟期。甘蔗成熟期可结合田间锤度调查进行。

二、收获前（或收获时）**的调查**

7. 茎长：是指原料甘蔗收获茎长度。收获时在试区选取有代表性的蔗株10～20条进行调查，然后求调查茎长的平均数为该品种的茎长。

8. 茎径：是指蔗茎中部的直径（调查茎长的蔗样同时可作茎径调查）。调查时用卡尺对正蔗芽的方向卡进去，以cm为单位，准确至小数点后一位。

9. 亩有效茎数：收获前调查各品种各小区的所有蔗茎或若干行的有效茎数（凡茎长达1 m以上者为有效茎），然后按小区面积折算为亩有效茎数（公顷有效茎数=亩有效茎数×15）。

亩有效茎数（条）=小区的有效茎数/小区面积

10. 空心或绵心程度：收获时以各参试品种为单位，选取5～10条有代表性的原料蔗茎，用刀在蔗茎的上、中、下3个部位迅速斜切成斜口，然后用目测调查，没有空心、绵心的定为10级；空心或绵心达蔗茎横截面积1/10的为9级；达2/10的为8级；其余类推。

11. 孕、抽穗情况：用目测法调查孕穗、抽穗的始期，然后在收获前调查一次抽穗茎数以计算其抽穗率。

抽穗率=（抽穗茎总数/总有效茎数）×100%

12. 倒伏程度：若蔗株倒伏与地面成30°角以下，称全倒；与地面成30°～70°角为半倒；与地面成70°～90°角称为直立。调查时若试区中有50%以上的蔗株属于上述某级时，则称为某级的倒伏程度。

13. 亩蔗茎产量：按各品种小区分别称重，再加上该小区糖分分析用去的蔗茎重，即为该小区的蔗茎产量。然后再把同一品种的各小区产量平均，折算为该品种的亩产蔗量（公顷产蔗量=亩产蔗量×15）。

亩产蔗量=小区平均产蔗重量/小区称重面积

如果参试品种要留种苗，则以同一品种为单位，选取有代表性的种苗10条，先称毛重，然后再剥除蔗叶，按原料茎要求去掉梢部，称重，则求出种苗折算为原料蔗的重量，然后加上小区收获的蔗茎重量及糖分分析用去的该小区的蔗茎重量，则可求得该小区的原料蔗产量，最后按上述计算公式，求出各品种的亩产蔗量。

14. 亩含糖量：亩产蔗量乘蔗茎蔗糖分即得亩含糖量（中迟熟品种以后期蔗茎蔗糖分为准，早熟品种以各次糖分分析的平均值为准）（公顷含糖量＝亩含糖量×15）。

15. 品种种苗耐藏性：指种苗耐贮藏的特性，可分为优、中、劣3级。在春播开窖时进行调查鉴定。凡是开窖后，种苗的蔗芽饱满新鲜，无或少烂耗、干耗、红腐、抽苗、切口无或少黑腐病的煤粉状物和针状物或凤梨病煤黑色粉状的分生孢子等现象的为优；烂茎、烂芽、干枯、红腐或抽苗等在15%以内的为中；达15%以上者为劣。

参 考 文 献

[1] 邓海华等．甘蔗QTL定位与标记辅助选择的初步研究．甘蔗糖业．2001（1）：1～12

[2] 李奇伟等．现代甘蔗改良技术．广州：华南理工大学出版社，2000

[3] 廖兆周等．甘蔗原生质体培养——快速再生植株．甘蔗糖业．1999（6）：1～4

[4] 廖兆周等．具有斑茅种质的耐旱甘蔗品系的选育．作物学报．2002，28（6）：841～846

[5] 林彦铨等．作物数量遗传理论在甘蔗选育种实践上的应用．甘蔗糖业．1992（6）：8～12

[6] 骆君萧．甘蔗学．北京：中国轻工业出版社，1992

[7] 潘大仁．生物技术在甘蔗品种改良上的应用现状与展望．甘蔗．2001，8（1）：15～20

[8] 彭绍光．甘蔗育种学．北京：农业出版社，1990

[9] 轻工业部甘蔗糖业科学研究所等．中国甘蔗栽培学．北京：农业出版社，1985

[10] 轻工业部甘蔗糖业科学研究所育种室．甘蔗辐射诱变新品种粤糖辐83-5的选育及其种性分析．甘蔗糖业．1992（5）：1～8

[11] 谭中文等．甘蔗基因型苗期叶片形态解剖性状与糖分、产量关系研究．华南农业大学学报．2001，22（1）：5～8

[12] 谭中文等．甘蔗基因型苗期生理性状与糖分及产量的关系．华南农业大学学报．2002，23（1）：1～4

[13] 许莉萍等．甘蔗遗传转化的研究进展．福建农业大学学报．1998，27（2）：138～143

[14] Heinz，Don J. Sugarcane improvement through breeding. New York：Elsevier Science Publishing Company INC，1987

[15] Irvine J E. Saccharum species as horticultural classes. Theor. Appl. Genet. . 1999（98）：186～194

[16] Mudge J，et al. A RAPD genetic map of *Saccharum officinarum*. Crop Sci. 1996（36）：1 362～1 366

[17] Nutt K A，et al. Transgenic sugarcane with increased resistance to canegrubs. Proceedings of the 1999 Conference of the Australian Society of Sugar cane Technologists. Townsville，Queensland，Australia [c]，27-30，April 1999：171～176

[18] Ray Ming，et al. QTL analysis in a complex autopolyploid：Genetic control of sugar content in sugarcane. Genome Research. 2001：2 075～2 084

[19] Skinnerm J C. Application of quantitative genetics to breeding of vegetatively reproduced crops. J. Aust. Agric. Sci. 1981（47）：82～83

[20] Wu K K，et al. The detection and estimation of linkage in polyploids using single dose restriction fragments. Theor. Appl. Genet. 1992（83）：294～300

（谭中文、林彦铨、霍润丰原稿，谭中文修订）

第二十四章　甜菜育种

第一节　国内外甜菜育种概况

一、甜菜的繁殖方式及品种类型

甜菜（sugar beet）是二年生异花授粉作物，第一年营养生长形成肉质直根；第二年生殖生长产生种子，完成生活史。甜菜抽薹开花要求一定的低温春化和光周期条件。幼苗（2～3片叶）通过春化的适宜温度为3～5℃，需20～30 d。窖藏种根通过春化的适宜温度为4～6 ℃，需30～60 d才能抽薹。甜菜抽薹后每天日照14 h以上，15～20 d就现蕾开花。低温春化和光周期两个条件可以相互弥补，即延长日照时数，可使甜菜在较高温度下开花。相反，降低温度，可一定程度降低开花时日照时数的要求。利用这一规律，用人工光温诱导方法，可使甜菜在播种当年开花结实，缩短育种年限。

甜菜靠风媒或虫媒传粉，花粉随风可传播2 000 m远，高度5 000 m以上，因此甜菜育种和良种繁殖，要充分注意隔离安全。甜菜的果实称种球，有单胚（*mm*）和复胚（*MM*）两种遗传型。单胚由一朵花发育而成，内含一粒种子，称单胚型甜菜；复胚由聚生花共同发育形成，内含多粒种子，称多胚型甜菜。

栽培的甜菜品种可以分为杂种品种和自由授粉品种两大类型。按染色体倍数水平又可分为下述品种类型：二倍体品种（$2n=2x=18$），是我国目前主要的栽培类型。北美等国多利用二倍体杂交种。四倍体（$2n=4x=36$），通常采用秋水仙碱溶液处理二倍体甜菜后获得，一般不直接用于生产，而作为配制三倍体甜菜的亲本利用。三倍体杂交种（$2n=3x=27$），利用二倍体雄性不育系与四倍体亲本杂交，所获杂种一代的三倍体率可达90%以上，具有明显的杂种优势。我国采用四倍体与二倍体品种间杂交（母本与父本的株数比为3∶1），种子混收获得杂种的三倍体率在50%～60%，具较强杂种优势。结合果实类型，上述品种的育种有单胚型和多胚型两个选育方向。目前选育单胚型品种和杂交种是甜菜育种发展的趋势。

甜菜各类品种依据其经济性状（主要是根产量和含糖率）的差异，可分为不同的经济类型：①丰产型（E型），根产量高，含糖率较低，工艺熟期晚，单位面积产糖量较高；②高糖型（Z型），含糖率较高，根产量较低，工艺早熟，可提早收获加工制糖；③标准型（N型），介于E型和Z型之间，生长势强，适应性广，单位面积产糖量高；④中间类型，其中标准偏高糖型（NZ型）和标准偏丰产型（NE型）是甜菜育种的主要选育类型。经济类型的划分，对于制定育种目标和选择亲本有重要意义。

二、我国甜菜育种研究进展

甜菜是我国重要的糖料作物。我国甜菜育种工作大致可分为国外引种和自育品种两个阶段。20世纪50年代，由于甜菜育种工作基础薄弱，种质资源不足，为尽快满足甜菜糖业蓬勃发展的需要，一方面努力搜集、整理国内保存的甜菜品种，因地制宜地应用于生产；同时，从国外大量引进生产种进行生产鉴定，从中选出适合我国自然条件，生产性能良好的品种，直接用于生产。与此同时，我国甜菜育种家在广泛搜集甜菜种质资源的基础上，开展了以自然变异选择育种为重点的常规育种工作。60年代初期，在全国推广了自育的二倍体优良品种实现了甜菜种子自给自足。1959年李荫繁育成了我国第一个甜菜品种双丰1号。70年代，开展了杂交育种、诱变育种，单胚种育种工作。1969年温祥等育成了我国第一个多倍体甜菜品种双丰303，使甜菜单产提高了10%～20%。80年代后，特别是经过国家“六五”、“七五”、“八五”科技攻关以后，使我国的甜菜育种拥有了数量较多、亲缘广泛的多胚型和单胚型雄性不育系，并已自制具有明显杂种优势的二倍体和三倍体杂交种。1990年赵福等育成了我国第一个多胚型雄性不育系三倍体杂交种双丰 308，1994 年刘宝辉等育成了我国第一个单胚型雄性不育系杂交种双吉单粒 1 号。生物技术和分子标记在甜菜育种上也取得了可喜进展。1993 年邵明文等经过对甜菜花药、未受精胚珠培养，获得一批纯合品系；2001 年孔凡江等获得抗丛根病（*Rhizamania* disease）转基因甜菜植株；2002 年刘宝辉通过农杆菌介导法和基因枪法获得了磷酸蔗糖合成酶（SPS）转基因甜菜植株，已进行遗传稳定性鉴定。我国甜菜育种已经实现了 3 个过渡：一是由以系统选择为主的育种过渡到以杂种优势利用为主的育种；二是由甜菜的多胚型过渡到多胚型、单胚型并存的时期；三是由常规育种技术过渡到以常规育种与生物技术、信息技术等高新技术相结合的高效率育种技术。

三、国外甜菜育种研究进展

1747 年是甜菜种植史上划时代的年份。德国化学家 A. S. Marggraf 发现甜菜是一种甜源植物，约 50 年后他的学生 F. C. Achard 开创了甜菜选择育种工作。以后选择育种方法与不断改进的含糖量鉴定技术结合，从 1838 年至 1912 年的 74 年间，甜菜含糖率由 8.8%提高到 18.5%。选择育种的成就奠定了当今甜菜育种的种质基础。1940 年，加拿大学者 F. N. 皮托和 J. W. 博伊斯利用秋水仙碱把二倍体甜菜诱变为四倍体，并创造出三倍体杂种（实质是奇倍体集团）。1945 年美国科学家欧文（F. V. Owen）发现了甜菜雄性不育株，提出了细胞质雄性不育的遗传模式和利用不育系产生杂交种的方案。1948 年，苏联学者萨维茨基（V. F. Savitsky）从甜菜品种中发现了单胚种个体以来，单胚型甜菜育种工作在世界各国开始。1966 年，Hilleshog 公司育成了世界上第一个遗传单胚种，使播种简便易行，出苗一致，省去过分繁重的人工间苗，甜菜制糖成本大幅度下降，堪称甜菜制糖史上的一次革命。当今国外甜菜育种是把多倍体、单胚性、雄性不育性 3 种或两种性状结合，配制成杂交种，利用杂种优势。欧洲和美国杂交种的种植面积几乎占到 100%。杂种优势利用是国外甜菜育种的明显特点。以雄性不育为基础的杂交种选育，存在两种不同的育种路线：一是欧洲以选育三倍体单胚型杂交种为主，一是美国利用二倍体单胚型杂交种为主。但配制强优势杂交种都以自交系选育为重点，重视配合力的测选。

第二节　甜菜育种目标性状及其遗传与基因定位

一、我国甜菜主产区育种目标

我国甜菜产区十分辽阔，北纬 22°～50°之间均有种植，种植面积 6.73×10^5 hm² (1990)。但甜菜主产区在北纬 40°以北的东北、华北和西北 3 个地区均属春播甜菜。三个甜菜主产区生态条件相差较大，具体育种目标各有侧重。

1. 东北甜菜产区　东北甜菜产区的播种面积占甜菜总面积的 65%，主要包括东北三省。本区属温带大陆性气候，无霜期 113～179 d，≥10 ℃的积温 2 400～3 000 ℃，甜菜生育期 150～160 d，光照充足，昼夜温差大，土层深厚，富含有机质，有利于甜菜生长和块根糖分积累。但春季少雨常导致春旱。降雨多集中在 7～8 月份，又形成高温高湿，易于发生甜菜褐斑病和根腐病。因此，本区的育种目标是选育苗期耐旱耐寒、抗病性强、丰产高糖、适于机械化栽培的品种。

2. 华北甜菜产区　本区主要包括内蒙古、山西雁北和河北张家口一带，播种面积占甜菜总面积的 19%左右。其中，内蒙古甜菜面积最大，总产最多。本区无霜期 147 d 以上，≥10 ℃的积温 2 600～3 200 ℃，光照充足，7～9 月昼夜温差 13～14 ℃，年降水量 200～340 mm，多集中在夏季。气候虽干旱但水源较充足，灌溉条件好，适于甜菜生长。甜菜育种目标可考虑在抗褐斑病和黄化病毒病的基础上，选育丰产、高糖、耐旱、耐盐碱的品种。

3. 西北甜菜产区　本区主要包括新疆、甘肃河西走廊和宁夏黄河灌区，种植面积占甜菜总面积的 8%左右。其中以新疆种植面积最大，主要集中在生产建设兵团，农业机械化程度高。本区属温带典型大陆性气候，干旱少雨，热量资源丰富，≥10 ℃的积温 3 000～3 900 ℃，甜菜生育期可达 180 d，比东北甜菜产区和华北产区甜菜生育期长 10～30 d。日照时数达 3 000～3 400 h，8～10 月昼夜温差达 14 ℃以上，降雨量虽少，但农业灌溉条件较好，是我国甜菜高产高糖区，有很大发展潜力。本区甜菜育种目标是在抗甜菜白粉病、黄化病毒病、褐斑病的基础上，选育高产、高糖、耐旱、耐盐碱、适应机械化栽培的品种。

二、甜菜主要质量性状的遗传

已鉴定出40多个甜菜质量性状，这里仅介绍与育种有关的主要性状。

1. 单胚种性 单胚种性受纯合隐性基因 *mm* 控制，表现孟德尔式遗传。多胚种性存在4个复等位基因 M、M^1、M^2 和 M^{Br}，对 m 基因表现不同程度的显性。同时存在非等位的修饰基因，使纯合 *mm* 的植株主花枝上出现双胚种球，给选育纯粹单胚种甜菜增加了困难。单胚种甜菜有利于机械化精量穴播，减少人工间苗和定苗劳动，是很重要的育种目标。

2. 块根颜色和根形 甜菜块根颜色有白色、红色和黄色3种，受两对遗传基因控制，即 R-r 和 Y-y。其中 Y 基因决定黄色素的出现，当 y 基因隐性纯合时，阻碍黄色素合成，产生白色块根。两对基因互作方式导致：*RY* 为红色、*rY* 为黄色、*Ry* 和 *ry* 为白色。育种要求块根颜色以白色或淡黄色为宜，可改善制糖工艺品质。

块根形状由根体长、根体最大周长和根尾外形组成。至少有4对基因控制块根形状：加长基因 L_1-l_1 和 L_2-l_2、块根尾部形状基因 Sh_1-sh_1 和 Sh_2-sh_2。一个加长显性基因决定圆锥形、卵圆形和圆柱形块根，两个加长显性基因都不存在时形成短圆形或扁圆形块根。Sh_1 和 Sh_2 基因存在时形成钝尖或渐尖块根。根体长的狭义遗传率为74.7%，与根产量、含糖率、产糖量均呈显著正相关（李文，1993）。

3. 一年生生长习性 甜菜一年生生长习性受一对基因控制。具有显性基因 B 的植株在长光周期18～24 h和24～27 ℃环境下，当年抽薹开花结实，而具 *bb* 隐性基因的植株保持营养生长状态。育种中可将一年生生长习性与雄性不育性结合，采用一年生雄性不育系作测验种，缩短选育保持系的年限。

此外，甜菜褐斑病（*Cercospora* leaf spot），甜菜丛根病（*Rhizomania*）是危害甜菜的主要病害。Smith等（1970，1974）报道，有4～5对基因控制对褐斑病的抗性。对甜菜丛根病的抗性已鉴定出一个单显性等位基因 *Rz*，但是被鉴定的多数种质，从无病到感病，表现出遗传多样性（Leweuen，1988）。

三、甜菜主要数量性状的遗传和选择

甜菜产糖量主要决定于根产量和含糖率两个性状，都是数量遗传性状。国内积累的研究资料表明（李占学，1991），在配合力总方差中，根产量的一般配合力方差（V_g）平均占41.17%，特殊配合力方差（V_s）平均占58.26%；含糖率的相应为86.15%和13.93%；产糖量为62.56%和37.44%。基因加性效应的顺序为：含糖率＞产糖量＞根产量。根产量与含糖率存在遗传负相关，育种中对它们直接选择虽有效，但选择效率并不理想。采用间接选择或综合选择可以提高选择效率。因此，有必要了解性状间的遗传关系。

1. 地上部性状与产量性状间的关系 地上部性状主要有株高、叶器官繁茂性（叶片数、叶表面积）、叶长和宽、叶柄长、叶片着生角度等。生育前期叶器官繁茂性与根重呈明显正相关，生育后期叶器官繁茂性与含糖率呈正相关。刘升廷等（1988）的研究指出，株高、叶柄长和叶片角度与3个产量性状间均呈较高遗传正相关。这3个株型性状互相间也呈正相关。这些地上部性状都易在田间测量，可作为产糖量间接选择指标。内蒙古农牧学院甜菜生理研究室（1989）连续8年测定甜菜子叶气孔密度与含糖率的关系，结果表明，子叶气孔密度与含糖率呈显著正相关（r=0.66～0.91），在育种选择中应用已取得很好效果。因此，在甜菜苗期根据子叶气孔密度和真叶繁茂性进行选择，生长后期进行株型选择，收获后对产量性状直接选择，有利于提高选择效率和准确性。

2. 块根性状与产量性状间的关系 高糖型品种与丰产型品种相比，维管束环密度大、数目多。解英玉（1988）6年先后解剖分析了192个甜菜品种计15万株成熟块根的维管束环数，并测定了含糖量，发现维管束环数和密度与含糖量呈显著正相关，且遗传性较稳定。陈烃南（1983）的研究证明，根产量、含糖率与维管束环数、根体长均为显著正相关。内蒙古呼和浩特糖厂甜菜育种站（1990）采用子叶气孔密度和根维管束环选种法对多倍体品种协作2号的母本和父本连续定向选择后，根产量和含糖率获同步提高。

3. 品质性状与产量性状间的关系 甜菜品质性状包括蔗糖含量和可溶性非糖物含量。后者又分为无机非糖物（钾、钠、铝、钙等盐类）和非蛋白质含氮化合物（氨基酸、酰胺、甜菜碱），分别简称为有害灰分和有害氮，它们溶解在糖汁中难以去除，阻碍部分蔗糖结晶，影响出糖率。蔗糖含量高，有害成分含量低是对高品质甜菜品种的要求。

综合国内外对甜菜有害成分遗传率的研究，总趋势是钠（66.75%）>有害氮（56.33%）>钾（37.25%）。钾和有害氮含量的基因效应以加性为主，钠含量的基因效应则包括加性和非加性，前者大于后者，含糖率与钠+钾及有害氮呈负相关（−0.92 和−0.46），而根产量与它们均为正相关（0.83 和 0.37）。由于上述品质性状的遗传变异主要为加性效应，所以可通过轮回选择育种方法逐渐改良品质性状。

四、基因定位

Schafer-Preg（1991）利用分离群体构建了甜菜耐褐斑病的连锁图谱。研究 F_2 群体时，利用 36 个 RFLP 探针，构建了甜菜的 9 个连锁群中的 8 个，在甜菜发育的不同阶段估计 F_2 代和杂交测试群体中叶的破坏估计值，同时考虑了平均估计值，具有最大似然比的 QTL 分别被定位在 2、6、9 连锁群上。Kleine（1998）在野生甜菜中发现至少有 3 个甜菜孢囊线虫抗性基因分别分布在不同的染色体上，H_{S1} 在（*Beta procubens*、*Beta webbiana* 和 *Beta patellaris*）的第Ⅰ条同源染色体上；H_{S2} 在（*Beta procubens*、*Beta webbiana*）的第Ⅶ条染色体上；而 H_{S3} 在 *Beta webbiana* 的第Ⅷ条染色体上；Cai（1997）利用基因组特异微卫星标记和染色体步移法克隆了 $H_{S1}{}^{pro\text{-}1}$ 基因，在感病甜菜上导入了基因的 cDNA，表达了对甜菜孢囊线虫的抗性。自然的 $H_{S1}{}^{pro\text{-}1}$ 基因在根中表达编码 282 个氨基酸的蛋白质，与其他克隆的高等植物的抗病基因一样，同样具有亮氨酸重复区和一个跨膜结构域；Laporte（1998）利用性表现型分离的有丝型 H 后代来鉴别雄性可育（R1H）的恢复基因。用混合群体分组分析法（BSA）检测 9 个与恢复位点连锁的 RAPD 标记并同时定位，RAPD 标记距离 R1H 为 5.2cM，与甜菜单胚位点在一个连锁群上。E1-Mezawy（2002）利用 BSA 鉴别出了 15 个与甜菜抽薹（*B*）位点紧密连锁的 AFLP 标记，定位了 4 个标记，其中 2 个标记与 *B* 位点的距离是 0.14cM 和 0.23cM，其他 2 个标记的距离为 0.5cM。Schneider（2002）构建的连锁图谱包含了甜菜基因组 758Mb 中 446cM，在 6 个地点对 F_3 代进行了蔗糖产量、块根产量、离子平衡和蔗糖、氨态氮、钾和钠的含量进行分析，利用复合区间定位法检测到了 21 个 QTL。QTL 侧翼的表达基因被鉴定出来。

第三节 甜菜种质资源研究和利用

一、甜菜的分类

甜菜属黎科（Chenopodiaceae）甜菜属（*Beta*），已有多位学者对甜菜属做过分类，尚未完全统一。库恩斯（Coons，1975）把甜菜属分为四组（section）14 个种（表 24-1）。从染色体组型分析，冠状花甜菜组与普通甜菜组亲缘关系较近，而宛状花甜菜组是另一类系统。

表 24-1 甜菜属的分类及染色体组型

（参照 Coons 1975，节录时有增加）

组	种 名	染色体数目	染色体组型
普通甜菜 Vulgares	普通甜菜 *Beta vulgaris* L.	$2n=2x=18$	$4m+2sm^{sat}+12sm$
	沿海甜菜 *Beta maritima* L.	$2n=2x=18$	$4m+2sm^{sat}+12sm$
	大果甜菜 *Beta macrocarpa* Guss	$2n=2x=18$	—
	滨藜叶甜菜 *Beta atriplicifolia* Rouy	$2n=2x=18$	—
冠状花甜菜 Corollinae	冠状花甜菜 *Beta corolliflora* Zoss	$2n=4x=36$	$8m+4sm^{sat}+24sm$
	三蕊甜菜 *Beta trigyna* Wald. et Kit.	$2n=4x=36$	$8m+4sm^{sat}+24sm$
		$5x=45$	—
		$6x=45$	—
	长根甜菜 *Beta macrorhiza* Stev.	$2n=2x=18$	—
	多叶甜菜 *Beta foliosa*（Sensu Haussk）	$2n=2x=18$	—
	单果甜菜 *Beta lomatogona* Fisch	$2n=2x=18$	—
		$4x=36$	—

（续）

组	种　　名	染色体数目	染色体组型
宛状花甜菜 Patellares	宛状花甜菜 *Beta patellaris* Moq 平伏甜菜 *Beta procumbens* Chr. sm. 维比纳甜菜 *Beta webbiana* Moq	$2n=4x=36$ $2n=2x=18$ $2n=2x=18$	$10sm+4st^{sat}+22st$ $4sm+2st^{sat}+12st$ $4sm+2st^{sat}+12st$
矮生甜菜 Nanae	矮生甜菜 *Beta nana* Bois et Hela.	$2n=2x=18$	—

注：m为中部着丝点类型；sm为近中部着丝点类型；st为近端着丝点类型；sat示具随体染色体（王继志，1984）

普通甜菜组内5个种都属多胚型二倍体，与栽培甜菜杂交具亲和性，种间杂交的分离世代可以出现广泛的遗传变异。栽培甜菜是由野生普通甜菜（*Beta vulgaris* L.）经人工选择进化形成，包括4个变种：叶用甜菜（*Beta vulgaris* var. *cicla*）、食用甜菜（*Beta vulgaris* var. *cruenta*）、饲料甜菜（*Beta vulgaris* var. *crassa*）和糖用甜菜（*Beta vulgaris* var. *sacharifera*）。糖用甜菜是由叶用甜菜与饲料甜菜自然杂交起源的。本章叙述的系糖用甜菜，通称甜菜。普通甜菜族内最值得注意的野生种是沿海甜菜，因为它是栽培种的祖先之一（Simmonds，1976），染色体组型与普通甜菜相似，它所具有的抗甜菜褐斑病基因，已成功地被甜菜育种所利用。

二、甜菜种质资源的研究和利用

甜菜原产欧洲，而我国国内甜菜资源十分贫乏，我国先后从27个国家引入甜菜种质535份。谢家驹（1977）分析了158份甜菜品种的经济类型，属中产中糖型的占43.7%，高产中糖型的占15.8%，中产高糖型的占8.9%。高糖、偏高糖类型主要来自波兰、匈牙利、意大利和法国。前苏联、瑞士、比利时的品种多为丰产型。波兰、美国、日本等国品种以标准型或标准偏丰产型的居多。波兰品种Aj1和K. Bus－CLR及K. Bus－p、美国品种GW49和GW65、前苏联品种p1537和P632是我国较常用的亲本（图24－1）。邓峰（1985）对114份甜菜品种做了多年田间褐斑病抗性鉴定，指出美国、日本、匈牙利的品种抗性高，波兰和前苏联品种次之。龚建国在宁夏丛根病区鉴定国外甜菜品种抗病性表现，发现德国品种KWS9103抗病性最好，且较抗褐斑病，产量和含糖量较稳定，其次为KWS9104；法国单胚种625P、655P也表现较强抗病性。对甜菜野生种的开发研究中，郭德栋（1990）进行了甜菜属3族6个种间杂交方法的研究，用同族近缘种间杂交（栽培甜菜×岔根甜菜）的F_1作亲本再与冠状花甜菜、宛状花甜菜、平伏甜菜杂交，成功率达20%～60%，为开拓野生种中有利基因利用提供了有效途径。

宛状花甜菜组的3个种都是抗黄化病毒病、抗褐斑病、抗线虫和单胚性的有用基因源，它们直接与糖甜菜杂交是不亲和的。冠状花甜菜组的5个种都具有耐旱性、耐寒性、无融合生殖和对缩叶病的抗性，但也难与糖用甜菜杂交。甜菜丛根病是由甜菜坏死黄脉病毒引起，由甜菜多黏菌（*Polymyxa betean*）传播，已对我国甜菜种植区的甜菜生长构成主要威胁。在宛状花甜菜和冠状花甜菜组的部分野生种中发现高抗甜菜多黏菌的种质（Panl，1988）。总之，甜菜野生种对甜菜叶部病害和根部病害具明显抗性。在克服种间杂交困难方面，采用桥梁杂交（叶用甜菜、食用甜菜和岔根甜菜为桥梁亲本）方法、嫁接的方法都取得一定成功。

我国甜菜育种所用种质都是欧洲及美国早期材料，在自交系、雄性不育性、自交亲和性、单性生殖、单胚性、抗病虫性、高糖优质等方面的种质基础比较狭窄和贫乏。这与我们的甜菜育种任务很不适应。总之，加强国外甜菜种质的引进是种质资源的重要任务；应在引进的基础上有目的地创造各种新的甜菜种质，为育种提供优异的半成品。

第四节　甜菜育种途径和方法（一）

——自由授粉品种的选育

一、自然变异选择育种

甜菜是异花授粉作物，群体异质程度较高。有遗传差异的个体间随机交配，能不断出现基因重组，为定向培育新品种提供了基础。以这种变异群体为基础开展自然变异选择育种具有方法简便、育种年限短和收效快的优点，育成品种既可直接用于生产，又可作为其他育种途径的基础材料。从图 24－1 可见由自然变异选择育种法已育成了许多甜菜品种。

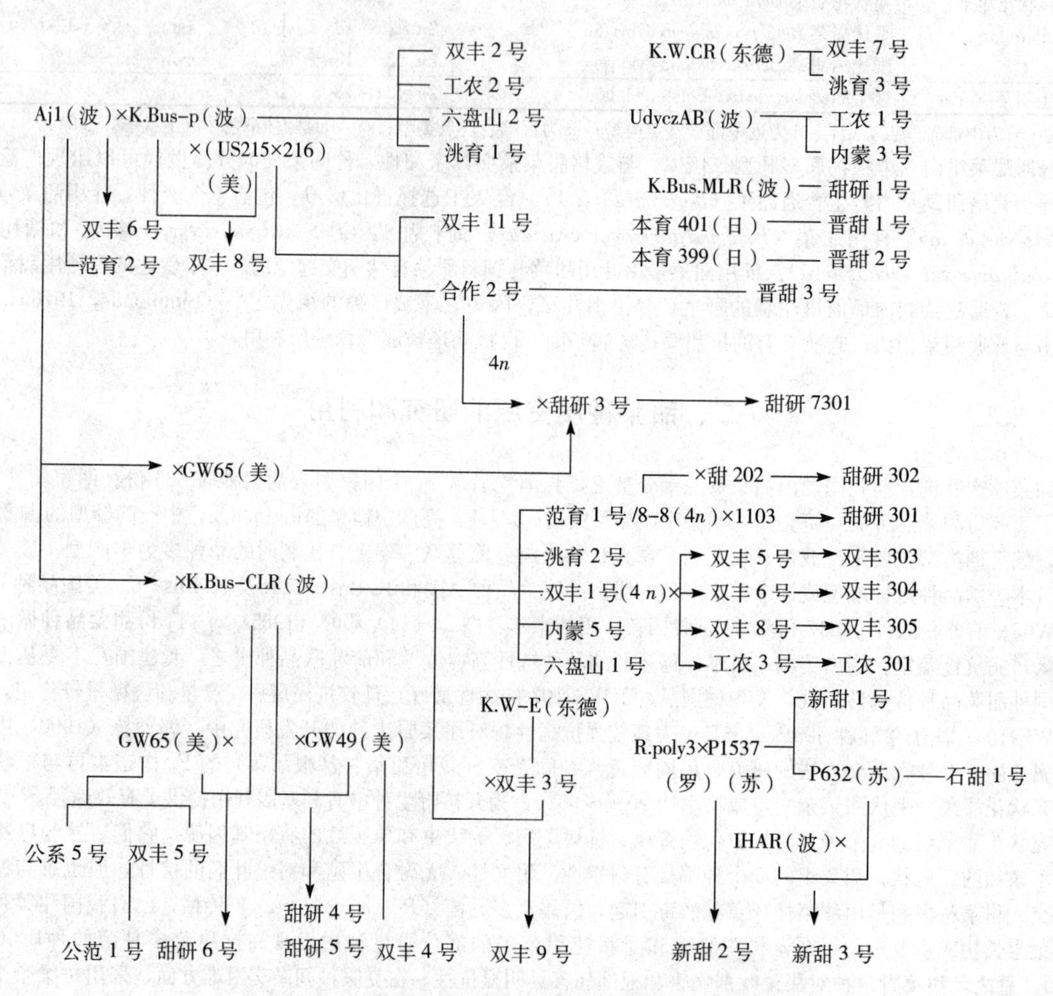

图 24－1　甜菜主要育成品种的亲本和系谱

（箭头线示杂交育种法育成，无箭头线示自然变异选择育种法育成）

（一）基础材料的确定　确定基础材料时，应注意以下两个方面。

1. 根据育种目标广泛收集和研究品种资源　一般来说，培育高产品种应从丰产型的品种资源中选择基础材料。培育高糖品种则应以高糖型品种资源为基础材料。因此，广泛了解国内外甜菜品种资源的研究信息，有针对性地收集品种资源是选择育种的基础工作。

2. 选择优点多变异大的材料作基础材料　基础材料的优点多，就给选择提供了良好的遗传基础。变异大则能提高选择效率。实践中常以目标性状的群体平均数（$\overline{X}$）和变异系数（CV）作为评价两者的尺度。

（二）选择育种的方法　甜菜选择育种法可以概括为单株选择和混合选择两种基本类型。每种类型内又有不同方法。

1. 单株选择法（母系选择法）　单株选择法可按采种方式分为混合授粉单株分收系统选择法和单株自交分收系统选择法两种（图 24－2）。

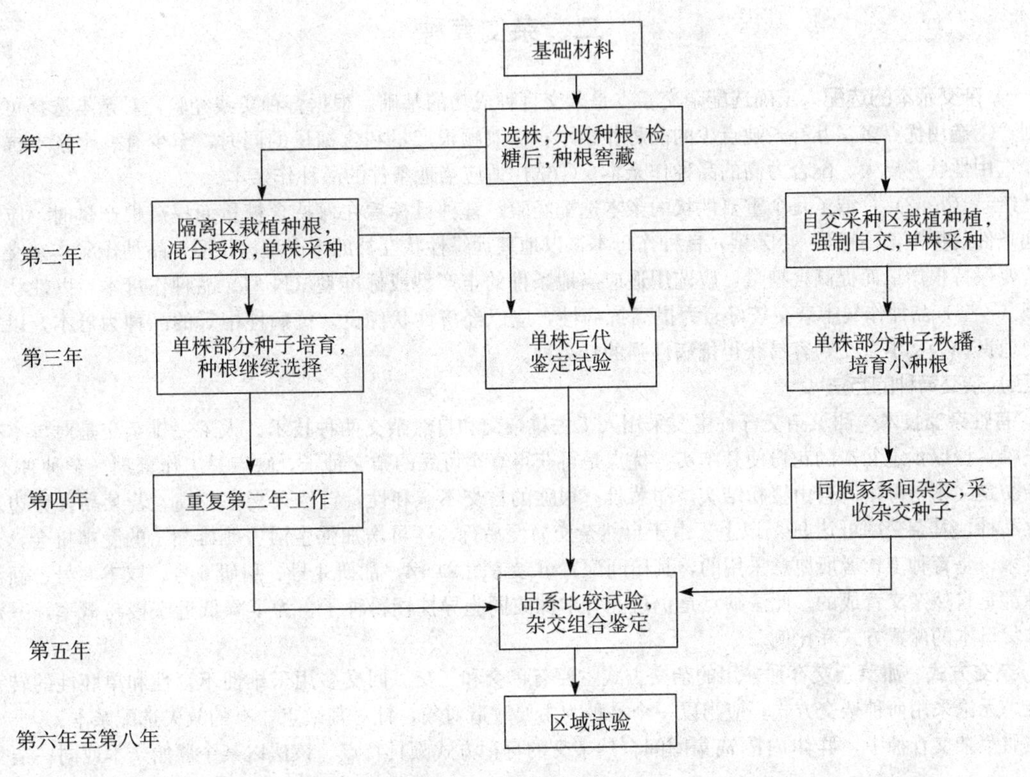

图 24-2 单株选择法

(1) 混合授粉单株分收系统选择法 这是按育种目标选优良变异单株，分别收获种根，单株检糖后选留种根编号窖藏。次年来自同一基础材料的优株种根栽植在一个隔离区内，开花前复选拔除不良植株和病株后，株间自由授粉。成熟期选择符合育种目标的单株收获种子，系统编号，待下年后代鉴定继续选择。该法的优点是单株种子产量高，后代遗传基础较丰富，育成品种的适应性较强。

(2) 单株自交分收系统选择法 这是将优良种根栽植在自交采种田里，种根间相距 3～5 m。开花期套隔离布罩强制自交，按单株分收种子，系统编号，等待下年后代鉴定或继续选择。该法的优点是能很快淘汰不良隐性基因，有利于优良性状的巩固和提高。缺点是强制自交，单株种子产量低，种子生活力下降，常造成后代鉴定试验的困难。另外，单株衍生品系遗传基础较脆弱，适应性较差。因此，采用此法最好选育多个同胞家系，进行品系间杂交。由若干品系（3～5 个）构成新品种用于生产。

2. 混合选择法 它的特点是利用甜菜群体中的遗传变异，保持较广泛的基因重组，保留较多的优良基因，遗传基础远比个体选择丰富，但无法对每个个体的后代进行鉴定。其选择方法见图 24-3。

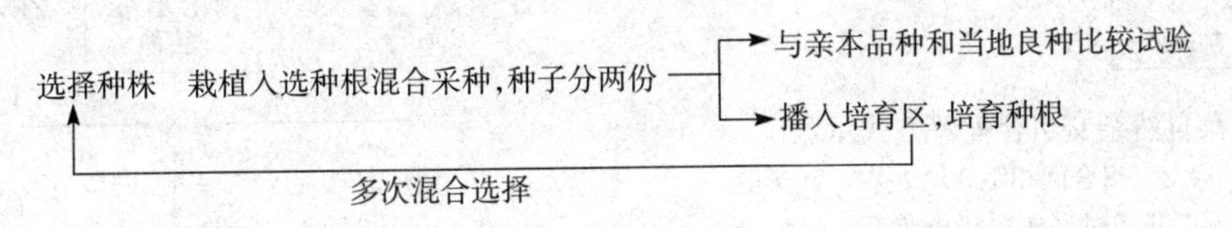

图 24-3 混合选择法

从基础材料按生育性状、抗逆性、根产量或含糖量的高低划分若干集团，进行定向混合选择，也可称集团选择。为了保持集团的典型性状，必须分集团隔离采种。集团选择法对提高根产量、稳产性和抗逆性效果十分明显。

以上各种选择育种方法各有优缺点。将它们有机地结合起来应用，可以提高选择育种的效果。如轻工部甜菜糖业研究所育成的双丰 1 号至双丰 5 号 5 个品种都是先经混合选择后单株系统选择育成的。

二、杂交育种

（一）杂交亲本的选配　正确选配杂交亲本是杂交育种成功的基础。根据育种实践经验，对亲本选择可概括如下原则：①选用优点多又互补，缺点少的品种作亲本；②兼顾根产量和含糖量的同时，至少有一个亲本抗病性突出；③选用性状差异大、配合力高的品种作亲本；④选用适应当地条件的品种作亲本。

聂绪昌（1982）总结了几个重要性状的亲本选配经验。育种目标旨在保持含糖量而提高根产量时，应选用适应当地条件的标准偏高糖型（NZ型）良种作母本，以地理远缘性状互补的丰产型（E型）品种作父本杂交易获成功。若要保持根产量而提高含糖量，应选用适应当地条件的丰产型或标准型（N型）品种作母本，以性状互补的高糖型（Z型）品种作父本杂交较好。为提高抗病性，应以经济性状优良，抗病性中等的品种为母本，以抗病性强的当地良种为父本杂交，容易获得抗病性强的新品种。

（二）杂交育种的方法

1. 有性杂交技术　甜菜杂交育种主要采用人工去雄杂交和自然杂交两种技术。人工去雄杂交是对母本植株的花朵去雄，授以预定父本的花粉使其结实。优点是可获得真实可靠的杂交种子，缺点是工作繁琐、杂种种子量少。自然杂交是父本与母本间自由授粉结实。甜菜具有很强的自交不亲和性，自然杂交率较高。若某品种旁边栽植另一甜菜品种，其杂交率可达90%以上。由于自然杂交简便易行，还可增加强生活力雌雄配子的受精机会，杂种种子数量多，是育种工作者所愿意采用的，其田间配置可参考图24-4。甜研4号、甜研6号、双丰6号、新甜2号等品种都是自然杂交育成的。此法缺点是仍可能有本株或同胞异株授粉种子。为了降低近亲授粉概率，一定要合理安排父母本的配置方式和比例。

2. 杂交方式　甜菜杂交育种采用的杂交方式主要有单交和三交。回交多用于雄性不育性和单胚性的转育和提纯稳定。无论采用何种杂交方式，应当以一个品种为主要改造对象，针对其缺点，有的放矢选配亲本。

在甜菜杂交育种中，群体内隔离集团间自然杂交的育种方式颇具特点。该法以某个原始亲本或同一杂交组合

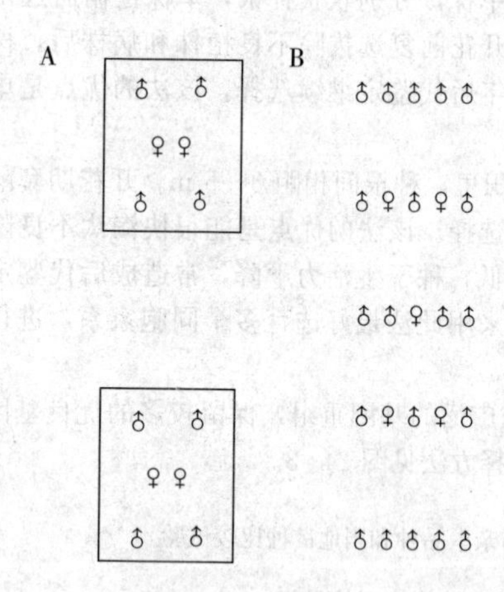

图24-4　甜菜自然杂交组合配置方式示意图

A. 布罩隔离自然杂交（组合间相距3 m左右，开花前保留一株健壮母本，开花时套布罩隔离组合，只收母本种子）　B. 空间隔离自然杂交（组合间隔离距离200 m以上，淘汰开花过早或过晚母本株，开花结束后拔除父本株，收获母本种子）

（引自聂绘昌等，1982）

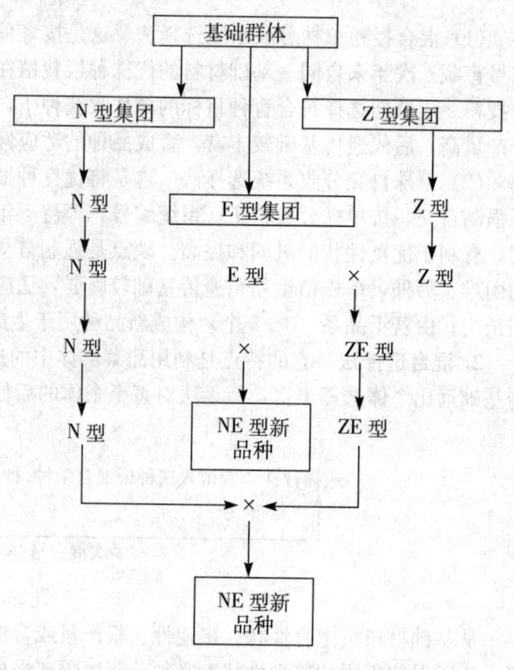

图24-5　多亲本近缘复合杂交模式

（引自魏国成，1983）

为基础群体，用集团选择和暂时的生殖隔离方法，培育各具特点的若干集团（品系），然后进行集团间自然杂交，选育出综合性状优良的新品种，模式见图 24-5。它的优点是来自同一祖源的不同集团已保持多个世代的非近亲交配，彼此间形成了明显的性状和生理上的差异，一旦杂交后会产生较强的杂种优势；同时它们间尚有血缘联系，故后代分离相对小，有利于优良性状的综合和稳定，育成品种的遗传基础也较丰富。内蒙古糖业研究所狼山试验站用此法育成的 7921 新品种，根产量平均比甜研 4 号增产 26%，产糖量增长 21.4%，黄化毒病发病率下降 11.7%，而且具有良好的稳产性。

3. 杂种后代的处理和选择　正常栽培周期，甜菜完成一个杂种世代（种子→种根→种子）需 2 年时间。甜菜杂种后代的处理，以单株选择和混合选择为基本方法。表 24-2 所示为单株选择处理程序。

表 24-2　杂种后代处理程序

世　代	年　份	工　作　内　容
F_1	第 1 年	培育杂种种根
	第 2 年	栽植种根，以组合或单株为单位隔离采种，一般不选择
F_2	第 3 年	选择优良组合的优良单株，单株检糖，室内决选，种根窖藏
	第 4 年	栽植入选单株种根，扣布罩自交采种或近亲繁殖单株采种
F_3	第 5 年	以当地推广品种为对照的株系比较试验，选择优良株系和选择单株，单株检糖，种根窖藏
	第 6 年	栽植入选株系和单株种根，单株自交采种或隔离区近亲繁种
F_4	第 7 年	单株继续选择 F_2，株系混收种子分两份，一份用于株系比较试验，另一份播于种根培育区，根据比较试验的结果，选择优系种根
	第 8 年	栽植优系种根，按系号近亲繁殖混合采种
F_5及以后	第 9 年 …	品系比较试验，按品系培育种根及采种，扩大繁殖超级原种

三、单胚型甜菜的选育

根据我国甜菜种株胚型分类标准，纯单胚型甜菜全部为单胚或主枝上有极少数双胚；单胚类型，分枝上绝大多数为单胚。多胚型品种每个种球可长出几个幼苗，出苗多而密集，手工间苗和定苗劳动强度大而效率低。单胚品种可机械精密点播，免除间苗和定苗的手工劳动，又可大幅度降低用种量。单胚型甜菜育种，特别是单胚型雄性不育系的选育，已成为我国“八五”期间甜菜育种的重点。

（一）单胚型甜菜的来源　从国外种质中分离和通过杂交、回交创造单粒型是目前主要途径。引进国外种质应考虑各国甜菜育种途径不同及育成品种类型的差别。例如，美国多以单胚型二倍体雄性不育系与多胚型二倍体自交系杂交形成单胚型二倍体杂交种。从美国既可引进单胚型不育系和保持系，亦可引进杂交种，经后代分离，选择单胚型材料。西欧各国则以单胚型二倍体雄性不育系与多胚型四倍体品系杂交，产生单胚型三倍体杂交种。因此，从西欧各国引种只能引进单胚型不育系和保持系，三倍体杂交种很难利用。田振山（1988）详细介绍了内蒙古糖研所用杂交和回交方法选育单胚型不育系的成功经验。另外，从当地推广的优良多胚型甜菜中寻找单胚突变株也是一条途径。

（二）单胚型甜菜的改良和利用途径　我国引进的单胚型材料大多数需改良品质和抗逆性。由于单胚性状受主效基因（*mm*）控制，与多胚型品种杂交 F_2 代多胚和单胚按 3∶1 分离，很适宜采用回交转育改良法。

1. 回交转育改良法　以适应性好、经济性状优良的多胚型品种或自交系作轮回亲本，单胚型材料为非轮回亲本，始终以单胚性状为目标性状反复回交。据回交世代完成核置换植株出现概率计算，一般回交 4～5 个代群体中有 45.8%～67.7%的植株完成了核置换，而单胚性状被选择所保留。由于甜菜是二年生作物，单胚性又受隐性基因控制，若采用自交与回交交替进行的方法，回交 4 代需 11 年时间。为缩短育种年限必须采取加代繁殖措施，同时也要改进回交方法。图 24-6 介绍的用 F_1 杂种作轮回亲本的回交法，具有 3 个优点：①提高了回交后代中出现单胚型（即单粒型）植株的概率；②免去了扣罩自交环节；③回交 4 次仅用 6 年时间，大大缩短了育种年限。也可采用回交系谱法，回交 1～2 代后自交分离单胚型植株供选择。

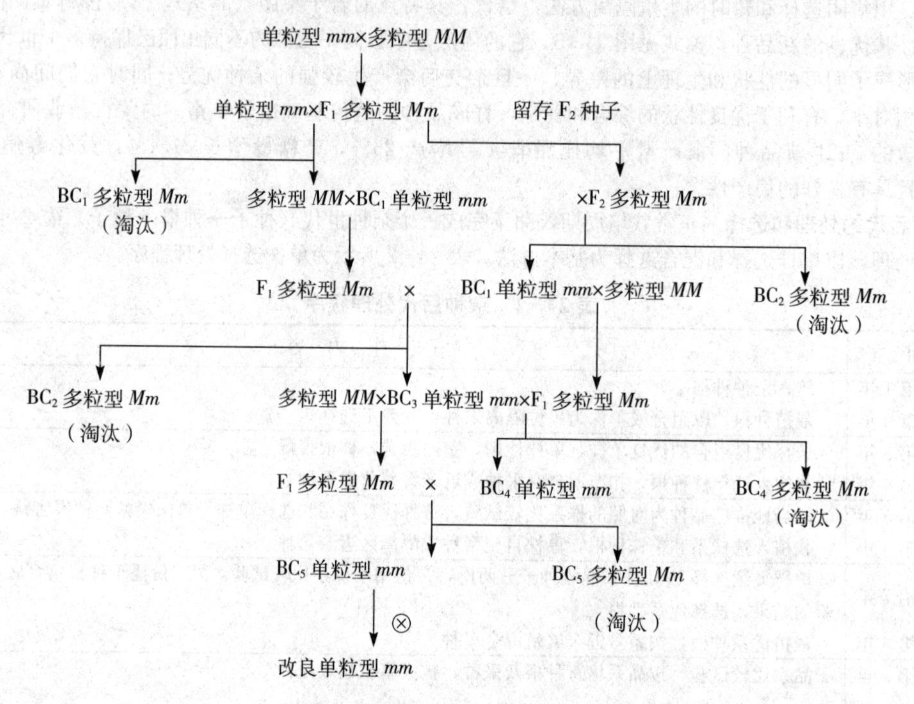

图 24-6　用 F_1 杂种作轮回亲本的回交程序

（引自聂绪昌等，1982，有修改）

2. 单胚型甜菜的利用途径　把单胚甜菜转育成雄性不育系及相应的保持系，以多胚型自交系或品种为父本配置杂交种利用杂种优势，是主要的利用途径。在暂时没有雄性不育系的情况下，也可利用品种或品系间杂交种。例如用单胚型四倍体亲本与单胚型二倍体品种自然杂交混合采种，后代三倍体率可达 50%以上。若以多胚型品种作父本，则应单收单胚型母本的种子，才能保证生产用种的单胚性。

第五节　甜菜育种途径和方法（二）

——杂种优势利用

甜菜杂种一代优势一般比常规品种块根产量提高 20%～30%，产糖量高 10%～20%，有较高的经济效益。选育和利用甜菜杂交种成为国内外甜菜育种的主要方向。我国从 20 世纪 60 年代末开始选育甜菜雄性不育系，目前已拥有自育的不育系近百套，第一批杂交种已投入生产。

甜菜花器小，雌雄同花和无限开花习性，决定甜菜杂种优势育种主要途径是利用雄性不育性制种。另一途径是以二倍体亲本与四倍体亲本杂交，产生多倍体杂交种，但三倍体率通常仅 50%～60%。若把雄性不育性与多倍体性结合，可以产生完全的三倍体杂交种。

一、雄性不育性在杂种优势中的应用

（一）甜菜质核互作雄性不育性的遗传　Owen 1945 年首先提出甜菜雄性不育性属质核互作不育的遗传假说。该假说认为，甜菜有两种细胞质型，一是正常可育细胞质（normal cytoplasm）简称 N 型；一是不育细胞质（sterile cytoplasm）简称 S 型。细胞核内有两对显性基因 *XXZZ* 控制雄蕊育性。S 型细胞质与双隐性核基因 *xxzz* 互作表现雄性完全不育。具 S（*Xxzz*）或 S（*xxZz*）基因型的植株表现半不育（不育Ⅰ型）；具 S（*XxZz*）基因型的植株为半可育（不育Ⅱ型）；其余基因型如 S（*XxZZ*）、S（*XXZz*）、N（*xxzz*）… N（*XXZZ*）均为可育型。其中 N（*xxzz*）基因型是不育基因型 S（*xxzz*）的保持系，简称 O 型系。N（*XXZz*）或 S（*XXzz*）为恢复系的基因型。甜菜育性四型分类法的应用最普遍，其表现型特征见表 24-3。

表 24-3　甜菜雄蕊育性分类和表现特征

类　型	花药特征	花粉特征	染色反应
全不育型	白色、黄白色、绿白色或褐色半透明状，小而干瘪不开裂，开花后花药不脱落	无花粉粒或有少量花粉，花粉畸形，似碎玻璃状，外壁不清楚，不易辨认，花粉无生活力	①I_2-KI 溶液染色无染色反应；②裴林试剂测花药中还原糖无染色反应
不育Ⅰ型	淡黄色或浅绿色，不透明，小而较瘪不开裂，开花后不脱落黏附在花丝上	有小量花粉，大小不等，大花粉粒较多，一般直径 13～15 μm，外壁清楚，花粉无生活力	
不育Ⅱ型	橘黄色或黄褐色，不透明，较饱满，多数花药不开裂，部分能开裂，开花后即脱落	花粉量较多，大小不等，大花粉粒较多，一般直径 14～20 μm，外壁清楚，大花粉粒有生活力	
可育型	黄色或鲜黄色，不透明，大而饱满，充满花粉，开裂，花粉散后花药立即脱落	花粉量多，大小整齐，直径一般23～26 μm，外壁清楚，花粉生活力强	①I_2-KI 溶液染色呈蓝黑色反应；②裴林试剂染色呈红棕色反应

在 Owen 假说的基础上，Bliss 和 Gableman 于 1965 年对欧文假说做了明确修正，甜菜雄性不育的恢复受显性基因所支配，半不育受基因的下位基因所支配，在 N 型的细胞质中，这两个基因皆为雄性完全可育。不育Ⅰ型的基因型为 S（*xxZz*）和 S（*xxZZ*），不育Ⅱ型的基因型为 S（*Xxzz*）和 S（*XXzz*），其遗传模式见图 24-7。利用雄性不育系的前提取决于选出 O 型系（Owen 称为 O 型系，即其他作物的保持系），否则不育系的繁殖，新不育系的选育无法进行，杂交组合的测配也无从谈起。但育种实践证明不育株易找，保持株难寻。因为甜菜群体中 13 种可育基因型，保持系植株的形态特征与其他可育株无法区别，并且出现概率很低，只有可育株与不育系单株成对测交，后代进行育性调查来鉴别筛选。甜菜是二年生作物，制糖生产主要利用第一年长成的块根，杂交种无需再获种子，不存在恢复育性的问题。所以绝大多数正常可育的甜菜品种都可作授粉系。只需测定杂种优势，不必筛选专门的恢复系。因此 O 型系的筛选是甜菜杂种优势利用的关键。

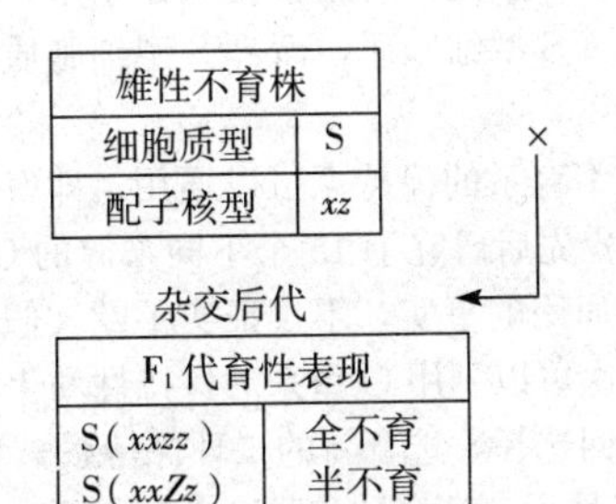

雄性可育株	
细胞质型	N 或 S
配子核型	*xz*　*xZ*　*Xz*　*XZ*

↓自交后代

N 型可育株后代		S 型可育株后代	
N(*xxzz*)	可育	S(*xxzz*)	全不育
N(*xxZz*)	可育	S(*xxZz*)	半不育
N(*xxZZ*)	可育	S(*xxZZ*)	半不育
N(*Xxzz*)	可育	S(*Xxzz*)	半可育
N(*XXzz*)	可育	S(*XXzz*)	半可育
N(*XxZz*)	可育	S(*XxZz*)	可　育
N(*XxZZ*)	可育	S(*XxZZ*)	可　育
N(*XXZz*)	可育	S(*XXZz*)	可　育
N(*XXZZ*)	可育	S(*XXZZ*)	可　育

图 24-7　甜菜雄性不育性状遗传模式

（引自聂绪昌等，1982）

（二）甜菜雄性不育系和 O 型系的选育　选育不育系与 O 型系是同一育种程序的两个选育方面。选育中应首先掌握基础雄性不育材料和相应的 O 型系，同时筛选新的 O 型系，以它为轮回亲本连续与不育材料回交，育成新的不育系。

1. 雄性不育系的选育　从甜菜种株田中寻找天然发生的雄性不育株是途径之一。对发现的天然雄性不育株，应尽早用大型羊皮纸袋套花枝（10～15 个花枝），与周围可育株（可育株同时套 1～2 个花枝自交）成对测交。种子成熟后按花枝分别成对收获。F_1代选择完全不育株率达 50%以上的组合，组合内选不育率达 90%以上的单株作母本，以成对交的原父本（继续套袋自交提纯）为轮回亲本，连续成对回交 4～5 代，就获得不育系和相应的 O 型保持系。为提高父本的自交结实率，也可采用双父本株（同胞株）与不育株套同一隔离罩的方式回交。

目前普遍采用的方法是利用已有的不育系和稳定的新 O 型系转育不育系，即利用 O 型系为父本，连续给回交后代的雄性不育系授粉，这种方法具有选育时间短、工作量小、不育率高而稳定等优点。获得雄性不育株的其他途径有：自交分离、理化因素诱变、远缘杂交等。

2. O 型系的选育和改良　甜菜杂种优势利用的关键和困难所在都是 O 型系的选育。主要因为其出现频率低。武田（1967）测定 9 个国家 20 个甜菜品种中 O 型株的出现频率在 1%～9%。

筛选 O 型系时以雄性不育系为测验种，采用当年鉴定测交后代育性与异地培育母根相结合的措施，可缩短选育鉴定年限。具体做法是，将成对测交和自交的种子收获后，把测交种子分出少部分于晚秋纸筒育苗光温诱导（子叶展开后置于 5～10 ℃低温，连续光照 50～60 d）后移栽于温室，在连续光照和 20 ℃左右温度下生长，60～70 d 抽薹开花，进行育性鉴定。其余种子和父本自交种子拿到黄淮或长江中下游流域秋播培育种根。第二年春种根栽植田间前，根据温室育性调查结果，决定成对秋播种根的取舍。

田振山（1988）介绍了利用多粒型不育系及 O 型系选育单胚型两系的方法。要点是，选性状优良、配合力高、育性稳定的多胚型不育系和小型系（人工去雄），同时授同一单胚型亲本的花粉。后代成对测交（单胚型不育株×单胚型可育株）选择单胚型高不育和高保持成对交组合，再与原多胚型 O 型系杂交以改良单胚型入选株的经济性状和提高单胚型 O 型株的保持能力，使单胚型两系接近原多胚型系的产量水平。

筛选 O 型系的关键是亲本的选用。生产上推广的优良二倍体品种是重要的候选材料。在选育中把鉴定出的 O 型株进行自交同时转育不育系，把不育系和 O 型自交系的选育结合起来。自交系是最佳的 O 型系的筛选材料，其优点是：①自交系多用优良二倍体品种（系）经多代自交选择形成，纯合性高，测交一代育性不会出现大的分离。②自交系群体中 O 型株频率比普通二倍体品种高。据王立方（1990）研究，10 个自交系中 O 型株频率平均为 31%。因此可大大减少成对测交工作量。③自交系成系前都经过配合力测定，由此育成的 O 型系配合力明确。利用这种 O 型系转育不育系，对不育系的配合力也有一定预见，为配制杂交种提供了重要信息。④利用自交系筛选 O 型系，自交结实率高，回交转育工作不会因自交结实不良而中断。但是，利用自交系作亲本，应选历代自交无不育株分离记录的自交系。若曾出现不育株，说明此自交系可能属 S 型细胞质，而具 S 型细胞质的自交系，是筛选不出 O 型系的。

3. O 型系的通用性　国内外许多研究者普遍认为，甜菜雄性不育系的保持系可以通用，即每个不育系都可以被非亲缘的 O 型系保持不育性。王立方（1986）和王红旗（1990）先后研究了 15 个不同来源的 O 型系的通用性，指出纯化不育系和 O 型系是提高保持力的关键。O 型系可以互换通用的事实，不仅证实了欧文假说，而且有多方面的育种意义。首先为利用 O 型系选育新不育系提供了依据；其次可以利用 O 型系的保持性和生产性选配三交及双交类型杂交种；第三可以利用两个以上非亲缘 O 型系杂交或轮回选择，选育新的二环保持系。

（三）甜菜杂交种的组配方式

生产上利用的杂交种无需收获种子，其育性和胚型无关紧要，所以母本可用单胚型不育系，授粉父本仍用多胚型。就倍数性来说，二倍体多胚型转育成单胚型比四倍体容易，所以一般不育系普遍用二倍体。杂交种的多种组配方式见图 24-8。

1. 单交种　二倍体不育系 A（单胚型或多胚型）与非亲缘的多胚型可育父本 C 杂交。若亲本之一是四倍体，则产生三倍体单交种，从单胚型母本上收获的杂交种子仍为单胚型，基因型为多胚型（*Mm*）。目前我国主要采用单交种方式。

2. 三交种　二倍体单胚型不育系 A 与非亲缘单胚型 O 型系 B 杂交，F_1仍表现单胚型雄性不育，用它与多胚型授粉父本 C 杂交。若父本 C 为四倍体，则三交杂种为三倍体。从增强杂交种适应性考虑，亲本 C 可利用遗传基础丰富的群体，欧美各国主要采用三交种方式。

3. 双交种　组配方式有两种。方式 1 利用一个具育性恢复基因（*XXZZ*）的恢复系，一个单胚型 O 型系和两个非亲缘的单胚型不育系。D 亲本具恢复基因，父本单交种 C×D 为可育多粒，母本单交种仍为单胚型不育。由

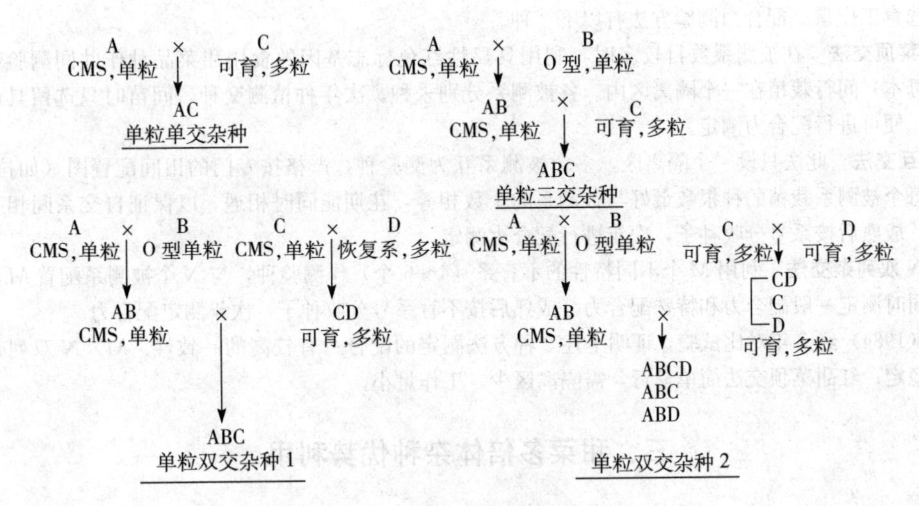

图 24-8　甜菜杂交种的组配方式

母本单交种上收获的种子表现为单胚型。方式2父本单交种的双亲C和D为自交不亲和系，它们互交产生单交种子。由于自交不亲和系仍可产生少量自交种子，所以父本单交种群体中实际包含少量C和D自交植株。从母本单交种上收获的杂交种子包含大量双交种子（ABCD）和部分三交种子（ABC）、（ABD）。

利用雄性不育制种要保证100%的杂交率，不育系和授粉父本的种根栽植比例要适当。李满红等（1989）认为，甜菜杂交制种母父本行比有较大伸缩性。小面积制二倍体杂种，母父本行比为5～7∶1，制三倍体杂种采用3～5∶1行比。大面积制种时还可适当减少父本种根所占比重。通常收获种子前2周内应把父本植株割掉，以免种子混杂。

二、自交系的选育

为了确保甜菜杂种一代生长整齐，选育自交系是非常必要的。甜菜自交系选育的主要困难是存在由4个S基因（*Sa*、*Sb*、*Sc*和*Sd*）决定的配子体自交不亲和遗传系统和自交结实率低的问题，甚至自交颗粒无收。然而，甜菜中也存在自交可育基因*Sf*，它是由S基因突变产生的（Owen，1942）。当选育自交系的基础材料为自交不亲和时，必须采用回交方法导入*Sf*基因。通常自交可育水平超过10%以上的植株，才有可能获得较高代数的自交系。另一方面，甜菜开花时，气温若稳定在13～15 ℃，长日照条件下，有利于提高自交不亲和材料的自交结实率。王立方等（1980，1981）在高海拔冷凉区的西宁进行自交繁殖试验，其自交结实率是呼和浩特地区的5.9倍。文国林（1990）采用新型自交隔离罩，明显改善了采光性能，自交结实率平均提高了4倍多。因此，导致自交不结实或结实率低的原因，除遗传因素外，特定的环境因子也是重要原因。

选育自交系的程序包括人工套罩隔离自交和配合力测验两个基本环节。

（一）套罩隔离自交　自交采种田里栽植预选基础材料的种根，种根间距3～5 m。普通品种栽植种根百株左右，田间从中选择基本株（S_0）20～30株；优良选育品系栽植几十株从中选3～5株基本株即可。对所选基本株进行套罩自交，一般需经3～5个自交世代。S_1～S_2分离世代重点选择优良单株自交，而S_3代以后首要选择标准是形态整齐性，直至系内株型、株高、叶型、叶色、叶姿及根型、根皮色、根沟深浅、青头大小等性状整齐一致。同质程度高的自交系可改为系内同胞交配。

自交隔离罩的支架（长宽1.0～1.4 m，高1.6 m）以铁筋架最好。隔离罩面用密纹白色棉市布或维棉布与塑料膜（厚度50 μm）搭配制成。塑料膜布置在向阳两个侧面，而罩顶部、基部和阴侧面布置棉市布。扣罩前应摘除已开放花朵。扣罩约20 d左右可撤罩，并将尚未开花的花朵摘除干净。为了提高自交后代的生活力和结实率，可采取自交单株种根切半栽植，两半间距40～60 cm，收获时将同一种株的种子收在一起。

（二）配合力测验　配合力高是优良自交系的重要标准，自交3代后开始配合力测验，及早淘汰配合力低的自交系，减轻选育工作量。配合力测验方法有以下 3 种。

1. 红甜菜顶交法　在被测系数目较多时，利用具显性红色标志基因的食用甜菜品种作共同测验种（父本），与被测系（母本）间行栽植在一个隔离区内。各被测系分别采种。次年种植测交种，间苗时只选留具红色胚轴及叶片的幼苗，便可进行配合力测定。

2. 多系互交法　此法只设一个隔离区，多个被测系互为测验种，严格按专门的田间配置图（如拉丁方设计）栽植种根。每个被测系栽植的种根数最好与被测系的个数相等，花期能同时相遇，以保证自交系间相互自由授粉的概率相等。成熟后按系号分收种子，次年进行配合力测定。

3. $M\times N$ 双列杂交法　利用 M 个不同特性的不育系（4～6 个）作测验种，与 N 个被测系配置 $M\times N$ 个测交组合，可以同时测定一般配合力和特殊配合力。成熟后按不育系号分收种子，次年测定配合力。

王丽璇（1984）经 5 年对比试验，证明上述 3 种方法测定的配合力有较高的一致性。$M\times N$ 双列杂交法的测定结果比较稳定；红甜菜顶交法简单易行，需隔离区少，工作量小。

三、甜菜多倍体杂种优势利用

利用甜菜多倍体杂种优势是提高甜菜产量的有效措施之一。就产生多倍体杂种的类型而言，有 2 种育种方式。①用四倍体亲本与二倍体亲本自然杂交（种植比例 3∶1），父母本混合采种，杂种一代是以三倍体为主（占50%～60%）、二倍体和四倍体皆有的混合型群体。②将多倍体与雄性不育性结合，利用雄性不育系产生纯三倍体杂交种。目前我国以选育混合型多倍体杂种品种为主，同时首批自育的三倍体杂交种已投入生产。

自然界中普通甜菜是二倍体，四倍体甜菜主要靠人工创造产生。因此选育四倍体甜菜是多倍体育种的基础和关键。这里，介绍四倍体甜菜的选育。

1. 基础材料的选择标准　诱变四倍体的基础材料宜选择抗病性强，标准偏高糖型，配合力高的二倍体品种（系）。因为多倍体杂种一代块根产量受双亲非加性基因效应影响较大，表现明显的杂种优势。而含糖率、抗病性趋向中间型遗传，很少超过亲本。所以应突出含糖率和抗病性标准，对丰产性不必苛求。

2. 诱变甜菜四倍体的方法　应用秋水仙碱溶液诱变二倍体甜菜品种，是获得四倍体的主要途径。诱变成效取决于药剂浓度、处理温度、处理时间等因素。以处理干种子（千粒以上）最易操作和省药，常用药剂浓度为 0.2%～0.3%，处理温度 15～20 ℃，药剂浸种时间 3～4 d。药剂浸种前，先在 25～28 ℃恒温箱内用清水浸种 24 h，加倍效果更好。处理后的种子充分冲洗净，稍风干后立即播种在湿润疏松的苗床上，精心管理。另一种方法是在二倍体甜菜子叶期，用 0.1%秋水仙碱溶液滴幼苗生长点，早晚各一次，连续滴 7～10 d。浸种法与滴苗法结合也可提高诱变效果。

3. 四倍体甜菜的鉴别和提纯　经诱变处理的甜菜群体中，除有少数四倍体植株外，还存在二倍体、非整倍体及高倍体植株。必须连续多代进行形态学和细胞学鉴别，以提纯稳定四倍体甜菜。根据甜菜二年生习性，鉴定在营养生长期和生殖生长期（第二年）两阶段进行。内容和方法概括于表 24-4。对确定的四倍体单株要套罩自交，以后世代进行单系隔离繁殖或采取同品种不同四倍体同胞家系间杂交方法，可以提高种子生活力和结实率，并能稳定四倍体率（邹如清，1985）。对提纯稳定的四倍体甜菜，采用单株选择方法可以显著改良经济性状和抗病性。

表 24-4　四倍体甜菜的鉴别内容和方法

鉴别项目	营养生长期	生殖生长期
形态特征	选择子叶下轴粗，真叶叶片宽、肥厚、多皱褶，叶柄短而粗壮，植株较矮的单株	选择叶片宽、肥厚、多皱褶，叶柄短而粗壮，植株较矮的单株
叶气孔保卫细胞叶绿体数目	形态选择基础上，在 4～6 片真叶期取壮龄叶片，撕取叶背表皮，置载玻片上，滴 3%硝酸银溶液，显微镜检查，选择气孔保卫细胞叶绿体数目 26 个左右的单株	鉴定种株主枝和侧枝叶片气孔保卫细胞叶绿体数目，每主茎鉴定 5 个枝条，每枝条取 3 片叶。选择各枝条叶片保卫细胞叶绿体数目均为 26 个左右的单株

（续）

鉴别项目	营养生长期	生殖生长期
染色体数目	上午9～11时剪取萌发种子（或母根侧根）粗壮根尖1 cm，移入对二氯苯饱和液，在冰箱3～4 ℃中预处理6 h，然后移入卡诺氏液中固定1～2 h，涂抹制片前根尖置于1 mol/L HCl 60℃下离析8～10 min，幼嫩心叶离析5 min，蒸馏水漂洗后，用石炭酸品红染液染色10～15 min，压片镜检，选择$4x=36$的单株，种根窖藏	种株孕蕾期3～7 d，上午8～9时取孕蕾枝顶端2 cm长花穗，用卡诺氏液固定24 h，转入70%乙醇中备用。压片前用卡诺氏液重新固定1～2 h，然后用解剖针拨开花蕾取白绿色花药，经60 ℃ 1 mol/L HCl离析8 min，水洗后用醋酸地衣红或石炭酸品红染色在45%乙酸中分色压片，镜检，选择中期Ⅰ具18个二价染色体的种株

第六节　甜菜育种新技术研究与应用

20世纪70～80年代，随着甜菜组织培养技术的发展和逐步完善，细胞工程成为甜菜生物技术的主体，通过花药培养进行单倍体育种加快有利基因的聚合，缩短育种年限，提高育种效率；利用体细胞无性系变异对部分性状进行改良；期望通过原生质体培养及体细胞杂交，实现有性不亲和的远缘种的有利基因的转移。90年代后，随着分子生物学和分子遗传学的进一步发展，分子标记和基因工程逐渐成为甜菜生物技术的主流，分子标记可以进行系谱分析，研究品种亲缘关系，进行种质鉴定，对一些重要农艺性状进行基因定位，研究它们的分子遗传基础，并通过标记辅助选择，提高育种效率；基因工程可以跨越物种间基因交流的界限，将来自不同植物物种、动物甚至微生物的目的基因导入甜菜，使甜菜获得抗病、抗虫、抗逆等人们所需要的优良性状，以达到提高产糖量，改善品质等目的。总之，现代生物技术向人们展示了它在甜菜遗传育种中的巨大应用前景。

一、细胞工程在甜菜育种上应用

细胞工程是指在组织细胞水平进行操作的生物技术，其内容包括：花药培养、组织培养、体细胞无性系变异、原生质体培养及融合等。植物细胞工程的理论基础是植物细胞的全能性，我国的甜菜组织培养、花药培养和原生质体培养分别始于20世纪70年代、80年代和90年代。通过探索方法、改进培养基、提高效率，建立起了不同的再生体系，均已获得了再生植株，育成了一批优良品系。

二、分子标记在甜菜育种上应用

分子标记的种类很多，归结起来可以分为两大类。一类以DNA分子杂交技术为基础的RFLP标记；第二类是以PCR为基础的分子标记（如RAPD、SSR等）。

（一）限制性片段长度多态性　限制性片段长度多态性（restriction fragment length polymorphism，RFLP）技术是一项利用探针与转移在支持膜上的经过限制性内切酶消化的基因组总DNA杂交，然后通过显示限制性酶切片段大小的差异来检测不同遗传位点等位变异（多态性）的技术。迄今已经筛选出数千个甜菜的RFLP标记，Schafer-Pregl（1999）利用36个RFLP探针，构建了甜菜9个连锁群中的8个，揭示了甜菜染色体的224个锚定标记。

（二）以PCR为基础的分子标记

1. RAPD（randomly amplified polymorphic DNA，随机扩增多态性DNA）　RAPD是以基因组DNA为模板，以（8～10 bp）随机引物非定点地扩增产生不连续DNA产物用以显示DNA序列的多态性。RAPD技术简便易行，需要DNA量极少（10～15 mg，相当于RFLP的1%），无放射性，设备简单、周期短，但RAPD标记多数情况下为显性标记，无法区分纯合还是杂合基因型；重复性差，容易出现假阳性；由于存在共迁移问题，在不同个体中出现相同分子质量的带后，并不能保证这些个体拥有同一条（同源）片段；同时，由于凝脉电泳不能分开大小相同但不同碱基序列的片段。因此，一条带上也可能包含不同的扩增产物。Lorenz（1997）用RAPD标记了甜菜2个近等基因系的线粒体DNA片段。

2. SSR（simple sequence repeat，简单序列重复） SSR又称微卫星DNA标记。在动植物基因组中存在的许多由几个核苷酸（通常1～4个）的简单串联重复序列。根据微卫星重复序列两翼的特定短序列设计相应引物，可以对重复序列本身进行扩增，显示重复序列长度的变化。SSR标记为共显性标记，呈简单孟德尔遗传。除具备PCR技术本身快速、技术简单、DNA用量小的优点外，SSR既可以作探针与基因组DNA杂交又可以进行PCR扩增，检测比较方便，而且SSR标记专化的引发序列可以共享。如Rae（2000）用SSR标记，构建了丰富的小片段插入基因组文库，包含1 536个克隆。SSR位点的杂合程度从0.069到0.809。

3. AFLP（amplified fragment length polymorphism，扩增片段长度多态性） 该技术是RFLP与PCR技术相结合的产物，多态性丰富。AFLP标记呈典型的孟德尔遗传，稳定性强，重复性好。但对DNA纯度和内切酶质量要求较高。Dreyer（2002）利用AFLP标记定位了甜菜抽薹基因。

4. STS和SCAR STS（sequence tagged site）亦称CAPS（cleaved amplified polymorphic sequence），它是由一段长度为200～500bp的序列所界定的位点，在基因组中只出现1次。STS优点在于其为共显性遗传方式，很容易在不同组合的遗传图谱间进行转移。SCAR（sequence characterized amplified region）标记主要是把RAPD标记转变为PCR标记。方法是首先克隆RAPD标记，测定其两端DNA序列，设计引物特异地扩增这个标记。Schneider（1999）利用CAPS已将甜菜42个功能基因定位于9个连锁群中。

三、基因工程在甜菜育种上应用

植物基因工程是20世纪70年代在分子生物学和植物细胞及组织培养技术发展的基础上兴起的新学科，通过植物基因工程成功获得转基因甜菜植株已有20多例，被转移的基因有抗病毒基因、抗虫基因、抗除草剂基因、雄性不育基因、改良品质基因等。甜菜转基因育种的基本程序如下。

1. 目的基因克隆 克隆方法有下述各种：①目的基因的功能克隆，如根据特异蛋白质分离的基因；②序列克隆法，如根据已知基因序列或同源基因序列分离目的基因，表达序列标签法分离目的基因；③筛选目的基因片段的差别杂交法和减法杂交法；④利用差示分析法分离目的基因克隆，如mRNA差别显示法；⑤功能结合法筛选目的基因；⑥DNA插入诱变法分离目的基因，如转座子标签法、T-DNA标签法；⑦图位克隆法，如染色体步查法、Northern印迹杂交法；⑧染色体显微切割与微克隆法。

2. 选择合适的载体，将目的基因连接到载体上 甜菜上常用的启动子有花椰菜花叶病毒CaMV35S启动子、增强CaMV35S启动子、NOS启动子等，常用的报告基因有*CAT*基因、*NPT*-Ⅱ基因及*GUS*基因等。

3. 遗传转化 用于甜菜遗传转化的方法主要有：①农杆菌介导法；②基因枪法；③花粉管通道法。

4. 转基因植株的筛选及鉴定 在甜菜转基因植株筛选时，常采用延迟法进行筛选。

5. 转基因个体遗传稳定性鉴定及其应用。

第七节 甜菜育种试验技术

一、田间试验区设置

甜菜杂种世代前期(F_2～F_3)，鉴定材料多，种子量少，小区面积一般为10～15 m²，2～4行区，小区行长5～6 m，行距60～70 cm，株距25～35 cm。以杂交组合为单元排列小区，重复2～3次。育种程序后期，试验材料数目减少，种子数量增多，小区面积可增加到20～30 m²，4～6行区，行长10～15 m，行距60～70 cm，株距25 cm。小区计产株数应100株以上。采用完全随机区组设计，重复4～6次。试验区的一切管理要求良好的工作质量。

二、加速甜菜育种进程技术

（一）温室加代技术 自然条件下甜菜繁殖1代需2年时间。利用人工光温诱导、温室加代技术，可让甜菜播种当年开花结实，1年完成2代。

1. 夏播培育种根、温光诱导、温室采种　种根春化的适宜温度为4～6 ℃，需持续40 d左右。我国北方10月份收获种根后，移入种根窖储藏春化。为使窖温降至春化所需温度，夜间气温低可打开窖门和窖顶通气口降温，白天关闭窖门和通气口。春化后的种根栽植于温室，夜间温度控制在3～5 ℃，白天13～15 ℃，催芽出苗。出苗后叶丛期到抽薹初期昼夜连续光照（40 W荧光灯或150 W白炽灯光源，灯距1.5～2 m，垂直距离80～100 cm），夜间温度10 ℃左右，白天18～20 ℃。抽薹初期到开花前20 d左右，昼/夜温度为20 ℃/16 ℃，连续光照，相对湿度60%～70%。开花结实阶段昼/夜温度控制在26 ℃/16 ℃，相对湿度50%～60%，每日上午人工辅助授粉，春播前温室采种，保证正常田间试验。

2. 幼苗温光诱导，温室采种　幼苗春化适宜温度3～5 ℃约需30 d左右。采收田间种株种子，8月播种于育苗箱里纸筒营养钵中培育壮苗。幼苗长出2～3片真叶时，移置2～6 ℃低温下，并给予昼夜光照。光源以荧光灯为好（一支40 W荧光灯可供1 m^2，垂直距离50 cm）。春化后的幼苗移栽于温室。温光控制参照种根温光诱导方法，次年1月收种子，按上述方法立即播于温室育苗，低温春化，4月中旬将幼苗移植田间采种地，1年繁育2个世代。

（二）无性繁殖技术　甜菜无性繁殖包括种根分割和抽薹花枝扦插技术。主要用于甜菜不育系、O型系和特殊育种材料的繁种增殖以及克服自交不亲和性等育种目的。

1. 甜菜种根分割技术　春播前选健壮种根，以生长点为中心纵切，以2、4、8分割较好。分割后置于种根窖低温（7 ℃左右）处理7 d，使切面形成一层愈伤组织膜。栽植分割株时，根头露出土面3 cm左右，栽植后灌透水。萌芽后用细土覆盖根头，保持土壤温度，适时浇水。王华忠（1990）采用种根分割技术，采种量比不分割的增加49%（2分割）、82%（4分割）和136%（8分割）。

2. 甜菜花枝扦插技术　将采种株的抽薹茎（直径1 cm左右）剪成10～15 cm的插条，每插条带2～3个腋芽。下切口为斜面，上切口距顶端腋芽1～1.5 cm。把含NAA（萘乙酸）0.5～1.0 mg/L的酒精溶液涂在30 cm×10 cm的滤纸上，再剪成3 cm×1 cm的长条包缠在扦条基部，埋入插床。扦插25～35 d开始形成不定根，由生殖生长转变为营养生长，形成新的肉质块根。赵图强（1990）采用上述方法扦插成活率达75%～80%。

第八节　甜菜种子生产

一、甜菜种子生产体系和程序

我国种子生产体系总体上确定了育种家种子、原原种、原种、良种四级种，正在转变期间。甜菜现仍沿用原有体系，该体系由育种站（所）、原种站和采种站三级构成，各负其责；互相依存，互相协作。甜菜育种站的任务是选育和推荐新品种，当品种审定委员会定名确定推广后，育种站应向原种站提供一定数量的原原种，并协助原种站和采种站做好各项技术工作。甜菜原种站的任务是有计划地繁育原种，在种根培育和采种繁殖中，建立严格的隔离制度，严防机械混杂和生物混杂。甜菜采种站的任务是有计划地繁育生产用种；按要求配制杂交种，保证杂交种的质量，提高种子繁育系数；降低种子成本；做好种子保管工作。采用三级种子繁育法的甜菜种生产程序如图24-9所示。

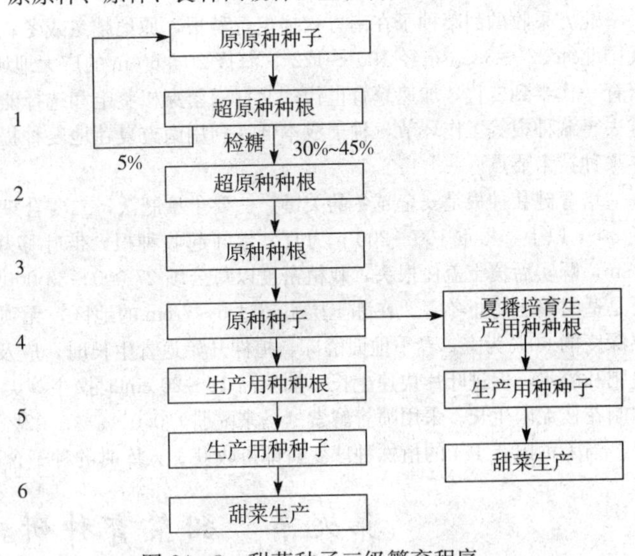

图24-9　甜菜种子三级繁育程序

（引自聂绪昌等，1982）

育种单位每年播原原种种子培育超原种种根，选择50%左右典型优良种根窖藏，并全部单株检糖，然后入选5%最优种根和

30%～45%的优良种根次年分别隔离栽植，分别采收原原种种子和超原种种子。后前者培育原种种根，经单株检糖，选出40%～50%的种根繁殖原种种子。采种站播种原种种子培育生产用种种根，再繁殖生产用种种子或生产杂交种子。为了缩短繁育年限，生产用种也可直接由超原种种子繁殖，减少原种种子生产环节。

各级种子的繁育面积主要根据生产用种的需要量和适当的种子储备量综合考虑。通常原种为生产用种的1%左右，而超级原种为原种的1%左右。

二、甜菜种子生产技术

（一）隔离区设置　为了保证品种纯度，应在一个甜菜生产自然区划内设立三级种子基地，种子基地10 km以内，不允许繁殖其他甜菜品种及近缘物种。一个种子基地内最好只繁育1～2个甜菜品种。在繁育超原种和原种时，普通二倍体品种之间应有1 km的隔离距离；繁育不育系、四倍体品系、单胚型品系应有5 km以上隔离距离；在繁育生产用种时，普通二倍体品种间应有0.5 km以上隔离距离，不同品种类型之间应有2 km以上隔离距离。若有自然屏障条件，可适当缩短隔离距离。

（二）甜菜不同类型品种的杂交制种

1. 二倍体品种内（品系间）**杂交制种**　由几个品系组成的普通二倍体品种或由几个自交系组成的二倍体综合品种，在繁育超原种和原种阶段分别隔离进行种根培育和采种，以保证各组分品系的纯度。种子收获后再按各品系的组成比例将种子机械混合，用混合种子培育生产用种根，栽植后相互授粉异交产生生产用种子。

2. 多倍体品种的杂交制种　制种时按3∶1或4∶1栽植四倍体和二倍体亲本种根。应"先栽母后栽父"即栽6垄四倍体种根留2空垄，栽完母本后，再在空垄上栽二倍体亲本种根。采种时一般是双亲混合收种，若单收四倍体植株上的种子，可提高三倍体种子的比例。繁育双亲超原种和原种时，应分别设置隔离区，一般四倍体亲本面积为二倍体亲本的3～5倍，以保证杂交制种时双亲的适宜比例。

3. 利用雄性不育系的杂交制种　不育系和授粉系种根按8∶2或16∶4栽植，两系间应留出1 m左右空行，以便收获种子前2周割除全部授粉系。繁育不育系超原种时不育系与保持系种根以2∶2排行栽植，繁育原种时以4∶2排行栽植。两系间行距适当加宽便于分收。开花期对不育系逐株观察，拔除少量半不育和恢复可育株，保证后代的不育率。

三、甜菜露地越冬种子生产技术

北方采收的甜菜种子在南方秋播培育种根，原地越冬或冬栽露地越冬，次年采种，这种方法称露地越冬繁育。我国北纬32°～38°、东经106°～122°、海拔20～60 m的广大地域均可露地越冬。露地越冬采种的优越性是可二年繁育一代半到二代，加速繁育世代；北育南繁穿梭鉴定和选择能增加品种的适应性；种子繁殖系数高，发芽率高，省去窖藏种根等工作环节，种子成本低；利用南方夏茬地复种提高了土地利用率。下面主要介绍秋播冬栽露地越冬采种技术要点。

培育健壮种根是安全越冬的关键。一要土壤肥沃，二要合理轮作倒茬，三要适时秋播。一般以入冬时块根直径3 cm以上，根重100～200 g为宜。带叶起收种根，带叶移栽有利于安全越冬。栽植时要求根头低于地面5～7 cm，踩实后覆土盖住根头，栽植密度以每公顷27 000～33 000株（每亩1 800～2 200株）为宜。越冬期管理主要是适时培土防止冬害。在冻土层不超过6～7 cm的地区，无须培土。冻土层较深的地区，必须培土，厚度以冻层深度的60%为宜。春季地面解冻，植株开始返青生长时，应及时扒去覆土，提高地温。全田返青后，立即进行追肥和灌水，促进叶片快速生长。抽薹高15～20 cm时摘主薹尖，促侧枝发育，创造丰产枝型。开花期摘花枝尖，控制花枝无限生长。采用喷青鲜素（马来酰肼）0.01%～0.02%，抑制顶端生长，也可达到与摘花枝尖同样的效果。当采种田有1/4的植株种球变黄即可收获。入库时的种子含水量应低于14%。

第九节　甜菜育种研究动向与展望

糖类是人类获取热量的重要来源，发展糖料作物满足人民的食糖及轻工食品需要，是国民经济和社会发展的需要。我国人均年消费食糖 6.6 kg，不足世界平均水平（21 kg）的 1/3。近年，我国食糖生产总量一直低于国内需求量，2001—2002 榨季，国内食糖总产量与需求基本持平，达到 8.5×10^6 t。我国食糖产业一直不稳定，加入 WTO 后，竞争更加激烈，由于国产糖成本价明显高于进口糖，而甜菜糖成本更高。所以，国内食糖业将面临更大的挑战。因此，在 21 世纪必须在以下技术领域不断取得进展和突破。

①加强种质改良的基础研究，对我国现有的甜菜种质资源重新进行深入细致的鉴定、改良和创新。有针对性地引进国外的优良种质资源。

②甜菜杂种优势利用技术。

③常规育种与生物技术、信息技术等高新技术相结合的高效育种技术及基础理论。

④重要基因的定位、克隆、转化、高效表述技术，特别是不依赖于基因型的高频率转化，再生体系的建立。

⑤转基因育种及其与常规育种结合的育种技术。

⑥DNA 标记辅助选择技术。

⑦甜菜基础生物研究，如生长发育、光合作用、抗性机制、功能基因的结构和表达及调控规律等。

复习思考题

1. 试述甜菜的主要品种类型及其在育种中的应用状况。
2. 试述我国甜菜主产区及各产区的育种要求。
3. 试根据图 24-1 系谱图分析这些品种的遗传基础及主要亲本特点。
4. 试举例说明如何利用单株选择法进行甜菜自由授粉品种的选育。
5. 试举例说明通过杂交育种选育甜菜自由授粉品种的主要方法。
6. 试述甜菜雄性不育性及其恢复性的遗传规律。如何选育甜菜雄性不育的“三系”?
7. 举例说明甜菜杂种品种选育的基本方法。如何利用甜菜多倍体杂种优势?
8. 如何选育甜菜自交系？如何测定其配合力?
9. 举例说明现代生物技术在甜菜育种中的应用前景。
10. 试讨论加速甜菜育种进程的途径和方法。
11. 试评述甜菜种子生产的繁育方法，说明其基本程序。
12. 试讨论今后甜菜育种的主要方向、可能存在的问题及对策。

附　甜菜主要育种性状的记载方法和标准

一、甜菜营养生长期植株记载标准

1. 幼苗生长势：定苗前目测全小区内幼苗生长的强弱、旺盛程度，以 5 级分制表示。

2. 子叶下轴色：结合间苗观察幼苗子叶下轴色，以红、绿和混合 3 种颜色记载。3 行以上小区的取样株数不少于 200 株。分别求出不同颜色所占百分率。

3. 子叶大小：量得面积，$>126.4\ mm^2$ 为大，$126.4\sim99.8\ mm^2$ 为中，$<99.8\ mm^2$ 为小。

4. 叶丛高度：测量植株最长叶片的叶柄基部至叶尖的长度，每小区测定 10～20 株，取均数表示。调查在中期和后期各一次。

5. 叶丛型：开垄前调查。根据叶柄与地面的夹角不同，分直立型（大于 60°）、斜立型（30°～60°之间）和匍匐型（小于 30°）。

6. 叶形：叶丛繁茂期取植株中层叶片调查，不少于 30 株。依叶片的长宽比例及最宽处的位置区分为：圆扇形、犁铧形、舌形等。

7. 叶表面：分平滑、波浪和皱褶 3 种。

8. 时柄长：量中层叶片的叶柄长度，>31 cm 为长，$31\sim20$ cm 为中，<20 cm 为短。

9. 叶柄宽：量中层叶片的叶柄中部横截面边缘最大距离，>1.2 cm 为宽，$1.2\sim0.8$ cm 为中，<0.8 cm

为窄。

10. 叶片数：已经展开的绿叶及生理枯老衰死的叶片数之和，调查10～20株。

11. 生长势：按5级分制调查，得分<3.0为弱，3.0～3.4为较弱，3.5～4.0为中，4～4.5为较旺，4.6～5为旺。

12. 根形：分为楔形、圆锥形、纺锤形等。每小区调查20～30株。

13. 根头：着生叶柄和芽的部分统称根头，依根头占根总长的比例分为大（占20%以上）、中（占10%～20%）和小（占10%以下）。

14. 根皮色：以根体的颜色为准，分白和浅黄两种。

15. 根皮光滑度：分光滑、较光滑和不光滑3种。

16. 根沟深浅：分深、浅和不明显3种。

17. 茎叶重量：收获时去尽枯叶，一刀平切切下叶缨，以叶缨不散为准。实称小区茎叶重，换算成单株茎叶产量和单位面积茎叶产量。

18. 根产量：用刀切去叶缨及约1 cm左右的根尾，然后称重（kg）。300株以上的小区收获株数不少于100株。

19. 根叶比值：即平均单株根重与茎叶重量之比。

20. 含糖率（%）：用旋光仪测定含糖率，每小区测定株数不少于40株。

21. 锤度（%）（即固形物率）：用取样器与块根成45°角钻取样品，将压榨出的汁液滴少量于手持锤度计上观察读数。

22. 纯糖率（%）：表示糖分占全部固形物的比率。

$$纯度=\frac{含糖量}{锤度}\times 100\%$$

二、甜菜生殖生长期植株记载标准

23. 叶簇生长势：全苗后目测观其生长势，分强、中和弱3级记载。

24. 抽薹期：抽薹达10%为始期，50%为盛期，90%为终期。自始薹至终薹天数为抽薹持续日数。

25. 开花期：以始花期、盛花期2级记载。10%植株第一分枝基部开花为始花期，50%植株第一分枝基部开花为盛花期。

26. 种株枝型：盛花期调查，分单茎型、混合型和多茎型记载。

27. 结实密度：选代表性样株10～20株，调查每株上、中、下有代表性的第一分枝上的种球数（取该分枝中间部位长10～20 cm），以均数表示。

28. 结实株率：结实株占抽薹株数的百分率。

29. 种株粒性：分纯单粒型（全部单粒或主枝上有极少数双粒）、单粒型（分枝上绝大多数为单粒）、双粒型（分枝上大部分为双粒）和多粒型（主枝和分枝上大部分为多粒）。

30. 成熟期：种株茎叶变为黄绿色，1/4的种球呈现黄褐色时为成熟。

31. 种子产量：种株收获，晒干脱粒，扬净干燥后（含水量14%以下）即测定产量。单收单打的记载单株种子产量，混合收获的种子记载小区种子产量。

32. 千粒重：1 000粒种球的重量，以g表示。

33. 发芽率：100粒种球经14 d（18～22 ℃）累积的发芽种球数，以百分率表示。发芽实验需重复3次，取其平均数。

三、甜菜病害记载

全国甜菜产区记载的主要病害有：褐斑病、白粉病、根腐病、黄化病毒病和丛根病。

参　考　文　献

[1] 董一忱编著．甜菜农业生物学．北京：农业出版社，1984

[2] 郭德栋等．甜菜属种间杂交方法的研究．中国甜菜．1990（1）：11～13
[3] 李满红，王立方．甜菜杂交种选育技术研究．甜菜糖业．1989（4）：1～7
[4] 李占学．甜菜主要经济性状的基因效应与杂优育种的亲本选配．中国甜菜．1991（3）：53～56
[5] 李文，王晓东．甜菜根形及经济性状的遗传分析．中国甜菜．1993（1）：12～17
[6] 刘景泉．甜菜品质性状的遗传相关及评价方法．中国甜菜．1990（1）：51～57
[7] 刘景泉主编．全国甜菜品种资源目录．哈尔滨：黑龙江科学技术出版社，1990
[8] 刘升廷．甜菜的工艺品质与品质育种．甜菜糖业．1988（2）：23～29
[9] 刘升廷等．甜菜单粒种二环系的选育．中国甜菜．1991（4）：1～7
[10] 吕其涛．我国甜菜品种资源研究工作的回顾与展望．中国甜菜．1989（3）：41～46
[11] 内蒙古农牧学院甜菜生理研究室．甜菜育种的选择指标．中国甜菜．1991（1）：34～39
[12] 聂绪昌，田风雨编著．甜菜育种与良种繁育．哈尔滨：黑龙江科学技术出版社，1982
[13] 邵明文，张悦琴等．甜菜花药、胚珠培养及其在育种上的应用．中国农业科学．1993，26（5）：56～62
[14] 孙继国．甜菜的选择与进化．甜菜糖业．1986（4）：24～26
[15] 田笑明．甜菜性状的遗传变异与选择．作物学报．1988，14（4）：336～343
[16] 田振山．我所单粒型甜菜育种概况．甜菜糖业．1988，（2）：7～9
[17] 王立方．甜菜抽薹开花的条件及控制技术的应用．中国甜菜．1983（3）：42～43
[18] 王立方．甜菜雄性不育保持系的通用性．中国甜菜．1986（1）：5～10
[19] 王立方，李满红．甜菜雄性不育系选育技术研究．甜菜糖业．1990（3）：1～10
[20] 王丽旋．甜菜自交系一般配合力测定方法的研究．中国甜菜．1984（2）：30～34
[21] 王华忠．对改进我国甜菜四倍体选育技术的商榷．中国甜菜．1989（3）：47～51
[22] 王红旗等．甜菜O型系与甜菜优势育种．中国甜菜．1990（1）：29～37
[23] 魏国诚．7921的选择特点及效果比较．中国甜菜．1983（1）：14～23
[24] 文国林．新型甜菜隔离罩的设计与应用．中国甜菜．1990（1）：38～42
[25] 解英玉．甜菜维管束环选种法的研究．中国甜菜．1988（4）：18～21
[26] 杨炎生，蔡葆．我国甜菜科研工作的进展与成就．中国甜菜．1989（3）：1～6
[27] 中国农业科学院甜菜研究所主编．中国甜菜栽培学．北京：农业出版社，1984
[28] 邹如清．四倍体甜菜的选育及应用．甜菜糖业．1985（4）：31～36
[29] El-Mezawy A，Dreyer F，Jacobs G，Jung C. High-resolution mapping of the bolting gene B of sugar beet. Theor Appl Genet. 2002（105）：100～105
[30] Desplanque B.，Boudry P etc. Genetic diversity and gene flow between wild，cultivated and weedy forms of *Beta vulgaris* L.（Chenopodiaceae），assessed by RFLP and microsatellite markers. Theor Appl Genet. 1999（98）：1 194～1 201
[31] Cai D G，et al. Position cloning of a gene for nematode resistance in sugar beet. Science. 1997（275）：832～834
[32] Schneider K，Borchardt D C，et al. PCR-based cloning and segregation analysis of functional gene homologues in *Beta vulgaris*. Mol Gen Genet. 1999（262）：515～524
[33] Schneider K，Schäfer-Pregl R，Borchardt D C，Salamini F. Mapping QTLs for sucrose content，yield and quality in a sugar beet population fingerprinted by EST-related markers. Theor Appl Genet. 2002（104）：1 107～1 113
[34] Kleine M，Voss H，Cai D，Jung C. Evaluation of nematode-resistant sugar beet（*Beta vulgaris* L.）lines by molecular analysis. Theor Appl Genet. 1998（97）：896～904
[35] Schäfer-Pregl R，Borchardt D C，etc. Localization of QTLs for tolerance to *Cercospora beticola* on sugar beet linkage groups. Theor Appl Genet. 1999（99）：829～836
[36] Smith G A. Sugar beet. In：W R Fehr（ed.）. Principles of Cultivar Development（Volume 2）. New York：Macmillan Publishing Company，1987. 577～625

[37] Kraft T，Hansen M，N-O Nilsson. Linkage disequilibrium and fingerprinting in sugar beet. Theor Appl Genet. 2000 (101)：323～326

[38] Kubo T，Yamamoto M P，Mikami T. The *nad4L-orf25* gene cluster is conserved and expressed in sugar beet mitochondria. Theor Appl Genet. 2000 (100)：214～220

[39] Laporte V，Merdinoglu D. Identification and mapping of RAPD and RFLP markers linked to a fertility restorer gene for a new source of cytoplasmic male sterility in *Beta vulgaris* ssp. *maritime*. Theor Appl Genet. 1998 (96)：989～996

（田笑明、由宝昌原稿，刘宝辉修订）

第七篇　特用作物育种

第二十五章　橡胶育种

天然橡胶（rubber）树起源于巴西亚马孙河流域的热带雨林中，称为巴西橡胶树（*Hevea brasiliensis* Muell. Arg.）。1876年，英国人魏克汉（H. Wickham）从巴西亚马孙河的中下游采集了野生橡胶种子7万粒运到英国伦敦邱植物园（Kew Garden），育成苗木2 397株，其中的1 900株运往斯里兰卡，一部分送往新加坡，两株运往印度尼西亚茂物植物园。此后印度尼西亚、马来西亚、斯里兰卡等东南亚国家的橡胶种植园大多是由魏克汉采种的第二代橡胶种子建立起来的。1888年，英国人邓禄普（J. B. Dunlop）发明了气胎，1895年开始生产汽车，1900年开始，橡胶价格急剧上升，由野生橡胶树采集的橡胶远远供不应求，于是，植胶业如雨后春笋般迅速崛起，遍及亚、非、拉许多热带国家。迄今主要植胶国有泰国、印度尼西亚、马来西亚、印度、中国、越南、科特迪瓦、斯里兰卡、利比里亚、巴西、菲律宾、喀麦隆、尼日利亚、柬埔寨、危地马拉、缅甸、加纳、刚果、巴布亚新几内亚、孟加拉等约20个国家。2001年，世界总植胶面积7.06×10^6 hm^2，年总产干胶7.08×10^6 t。

橡胶树是一个异花传粉树种，遗传背景比较复杂，从亚马孙河流域不同地区采集的种子所长成的橡胶树，其产胶量可以相差一倍或更多，单株间的产胶量差异就更大，由魏克汉从巴西亚马孙河中下游所采集的野生橡胶种子送到东南亚一些国家所繁衍的种子实生苗（seedling）后代，其平均产胶量为500 kg/hm^2，平均单株年产干胶为1 kg，这就是橡胶发源地野生橡胶种子实生树的基本产胶水平。关于野生橡胶种子实生树群体中的个体产胶量差异，1918年怀特派（C. S. Whitby）在马来西亚做了1 000株树的调查，其中90%的个体都是低产树，只有10%的单株比平均产胶量高一倍，其中有5株特别高产，比平均产量高7倍，这类特高产单株只占总调查树的0.5%。1927年格蓝撒姆（J. Gramtham）在印度尼西亚苏门答腊调查了400万株魏克汉橡胶种子实生树群体的个体产胶量差异，低于平均产胶量的单株占94.77%，相当于平均产量的占4.5%，高于平均产量1倍以上的只占0.73%。我国于1904年开始引种这类种质的种子，先后在云南、海南、广东等地区种植，至1952年统计共种植橡胶种子实生树约64万株。1954年，华南热带作物科学研究所（中国热带农业科学院前身）对散布在海南岛及有关省的64万株橡胶实生树做了产胶量普查，平均产胶水平为450 kg/hm^2，与东南亚国家的产胶水平相当，从中选出比平均单株产量（1 kg）高两倍以上的单株共约3 000株作为优良母树，取其枝条作为芽木（bud wood），芽接成为无性系（clone），种植于大田，6年后正式割胶，这类无性系的平均产胶量只比普通实生树提高了6%，而不是提高两倍以上。

第一节　国内外橡胶育种研究概况

橡胶树从野生状态到大面积人工栽培，迄今只有100多年的历史，从种植普通种子实生树年产干胶量只有450～500 kg/hm^2，经过有性杂交遗传改良，建立优良芽接树无性系，稳定遗传性状，如此有性、无性交替育种，从推广初生代无性系到次生代无性系、三生代无性系等，使目前大面积无性系的产胶水平已达到1 500 kg/hm^2，产胶水平提高了两倍，抗风高产、耐寒高产、抗病高产等优良无性系也相继培育出来。随着橡胶生物合成的研究，生物技术的日新月异，橡胶树育种研究已经在多学科的基础上得以发展。

一、国内橡胶育种研究概况

（一）我国的橡胶育种研究第一阶段　本阶段为1951—1960年，研究材料主要为橡胶种子实生树，研究内容涉及实生树产胶的遗传规律、杂交育种方法、花粉采集和保存技术、人工授粉和隔离技术、无性繁殖技术、国外无性系种质的引种、产胶量检测方法等。在这一阶段所获得的研究成果如下。

1. 普通实生树产胶的遗传规律　橡胶树是异交作物，雌雄同株异花，自株不稔，每株实生树都是一个独立的遗传基因型，其产胶能力可以通过树干割胶测产。由于橡胶树的产胶是一种次生代谢产物，不同于花、果、种子，而属于非主要遗传性状，这种产胶性状受植株立地环境的影响很大，因此要稳定一个遗传型高产普通实生树就不能单靠测定产胶量来确定，还需要研究其乳管系和整株树上下部位的相对产胶量。

2. 橡胶树种内有性杂交方法的研究　研究结果表明，同一株树的人工授粉自交的采果率为0～0.35%，自然杂交采果率为0.68%，人工杂交的采果率为5.75%～9.63%，正交与反交的采果率可以相差3～6倍。以上数据说明，橡胶树种内人工杂交比自然授粉结果率高5～8倍，比自交高约14倍。橡胶树的花粉成熟后在自然条件下的生命力只有24～40 h，成熟花粉遇雨水后即吸水破裂，丧失生命力。从外地采集花粉而当日不能进行人工授粉时，需采用$CaCl_2$干燥、5～10 ℃低温保存，可以延长花粉生命力约72 h。

3. 橡胶树无性繁殖方法的研究　研究结果表明，由实生树树冠部位切取芽条嫁接在任何种子砧木上，所成长的芽接树或芽接树无性系均属于熟态（mature type）无性系；由实生树树干1 m以下部位切取的芽条长成的芽接树或芽接树无性系，均为幼态（juvenile type）无性系。两种芽接树在形态上存在着明显差异，前者，当芽片萌发伸长时与砧木呈大锐角向上生长，茎干青绿色，至成长为大乔木后，其主干呈柱状；后者，与砧木呈小锐角生长，茎干呈明显紫色，成长后主干呈圆锥状，类似种子实生树。这种形态上的差异为后来我国培育出幼态自根橡胶无性系（juvenile self-rooting clone）提供了重要线索和科学依据。

橡胶树的种子实生苗可以扦插成活，靠近茎基的部位更易成活，成龄橡胶树的枝条极难扦插生根成活。这种现象与前面所述及的熟态型与幼态型芽接树的差异同样有密切的相关性，而且在一些其他热带树种中也相继发现类似情况，如桉树（*Eucalyptus* sp.）、木瓜（*Carica papaya*）等，这种在多年生植物中不同生长时期的生理异质性与生物技术的组织培养和转基因植物的外植体选材都是必须考虑的重要因素之一。

（二）我国橡胶育种研究第二阶段　本阶段为1961—1976年，研究工作从前一个阶段以普通实生树为主要研究对象的时期转入以研究无性系为主的阶段，研究的重点包括橡胶无性系的产胶遗传性、种植环境条件影响产胶的表现型分析、无性系种质的杂交亲本选配、优良无性系的引种与适应性研究、无性系抗风性能及其遗传性研究、无性系耐寒能力及其遗传性研究、无性系绿色侧枝芽产胶遗传性及绿色小芽条快速繁殖技术、无性系形态分类学及品系鉴别技术、无性系系比试验、推广橡胶无性系与影响植胶小环境类型区划分研究等。第二阶段所获得研究成果如下。

1. 橡胶无性系的产胶遗传性　橡胶无性系的产胶遗传性与普通实生树不同，因为它是同一个基因型的无性系群体，产胶遗传性是稳定的，同一个橡胶无性系种植在不同的自然环境条件下，只要植株生长正常，其产胶遗传性也就可以表现出来。在同一自然环境条件下，同一个橡胶无性系的不同植株间的产胶量基本上是一致的，如个体间的产胶量有所差异时也主要是由植株生长量所引起的。

2. 无性系种质的杂交亲本选配　经过近千个杂交组合的试验，选出的最优组合是RRIM600×PR107、GT1×PR107、海垦1×PR107、93-114×PR107，由这些组合培育成的优良无性系，其单位面积产胶量超过普通实生树2倍以上。

3. 橡胶无性系的抗风、耐寒性状及其遗传性　橡胶无性系间的抗风、耐寒能力差异很大，当风力为12级时，多数无性系断倒率为20%～30%；风力为11级时，多数无性系的断倒率不高于10%，风力小于10级时，多数无性系均无明显风害。经过21个试验点24次强台风的考验，已筛选出最抗风而又高产的无性系2个：PR107和海垦1号，由这2个无性系作亲本所育成的新无性系均表现出较好的抗风特性。橡胶树属于热带作物，一般说来其耐寒能力均较差，当气温降到4 ℃时，多数无性系会受到不同程度的寒害，降至2 ℃时大多数无性系会受到致命的寒害。经过8次强寒潮袭击选育成的93-114、IAN873和GT1这3个耐寒高产或耐寒较高产无性系，能耐4～2 ℃

的低温。

4. 无性系的品种纯化　大量无性系的多点试验和植胶大规模高速推广，极易引起品种混乱，研究基于植物分类学原理，以无性系叶部形态最稳定的蜜腺、大小叶柄、叶缘等特征为主要依据，研究了检索分类系统，使每个无性系都能准确地区分和鉴别，使全国橡胶无性系种苗纯度达到99%左右。

5. 推广橡胶无性系与植胶小环境类型划分研究　由于我国植胶区地处热带北缘，属于季风气候区，一些年份受台风侵袭，有些年份受到强寒潮影响，植胶区小环境的地形地势对推广种植无性系所受台风和寒潮的受害程度至关重要。以不同推广无性系的抗风、耐寒特性和种植地区地形地势、坡向等因素作为划分植胶小环境类型区的科学依据。采用这种方法，对口配置推广无性系，显著减轻了植胶自然灾害。

（三）我国橡胶育种第三个阶段　从1977年以来的，除继续研究次生代谢无性系、三生代无性系的培育外，进行了幼态自根无性系、三倍体、四倍体、亚马孙野生橡胶新种质、扩增片段长度多态性（AFLP）技术、抗病基因连锁标记、橡胶树转基因及乳管特异表达启动子研究等。第三阶段所获得研究成果如下。

1. 橡胶次生代优良无性系育成　培育一个新的橡胶优良无性系至推广大约需要25年时间，从杂交开始，经过杂种苗预选，初级系比区，高级系比区至正式割胶5年以上记录，风害、寒害、干胶含量、割面干涸等副性状测定，才能参加品种推广评选，我国已经育成的优良次生代无性系有热研7-33-97、云研77-2、文昌217、徐育141-2等，其产胶量和抗性均超过初生代无性系。

2. 幼态自根无性系的研究　通过花药培养，经过去分化和再分化，使所诱导出的胚状体和小植株由熟态恢复至幼态，这种幼态材料具有自己的根系，可以直接种植而无须芽接在砧木上，故称之为幼态自根无性系，其生长量比供体无性系快20%，产胶量比供体无性系高10%以上，它的高产性能主要归功于其快速的生长量。我国已有多个无性系被诱导出幼态自根无性系，但能大量培养出苗的品种还不多。

3. 橡胶异源三倍体培育　橡胶树是二倍体，染色体 $2n=36$，$n=18$，通常培育三倍体首先要育成四倍体再与二倍体杂交，至少需要8年。研究采用了活体直接诱导出二倍体花粉的新方法，然后进行品种间杂交，当年就可以获得异源三倍体，经过芽接成为三倍体无性系，这类三倍体生长较快，而且增强了父本重要性状的遗传性，因为它具有两套父本的基因组和一套母本的基因组。

4. 橡胶树抗病基因连锁标记　橡胶树白粉病（*Oidium heveae*）是危害橡胶树的主要病害之一，为筛选基因型抗白粉病无性系，研究了抗白粉病基因连锁标记，用52种RAPD引物，对橡胶树11个抗白粉病种质和11个易感病种质基因组DNA进行RAPD分析，获得一个与抗白粉病表现型密切相关的DNA片段，经测序全长为390 bp，命名为 $OPV-10_{390}$，它为11个抗白粉病种质所共有，而11个易感病种质均未出现这条DNA电泳带，用地高辛抗体法标记抗白粉病品系的 $OPV-10_{390}$ 为探针，经Southern blot检测表明，11个抗白粉病种质均显示低拷贝DNA杂交带，而11个易感病种质均未发现杂交带。现已应用这种新技术作为鉴定橡胶遗传型抗白粉病种质的重要指标之一。

5. 橡胶树转基因及乳管系特异表达启动子研究　橡胶粒子的生物合成是在橡胶树韧皮部的乳管系内合成的，因而乳管系是一个很好的天然生物反应器，除能合成橡胶粒子外，能否表达外源基因是国际植胶界十分关注的一个橡胶育种新方向。为此，国内首先研究了乳管系特异表达启动子，从胶乳中克隆了 *hevein* 基因，分离 *hevein* 基因5′端的序列，进行启动子分析，DNA序列的系列缺失，构建表达载体，证实外源基因可以在乳管内专一表达，而在橡胶树的其他组织不能表达，这项研究的初步成功，为重要药物基因转入橡胶树，在乳管中表达橡胶粒子和药物的新型橡胶品种奠定了良好基础。

二、国外橡胶育种概况

印度尼西亚和马来西亚是最早进行橡胶树选育种的国家。1914年首次国际橡胶会议提出了选育种的建议，1915年开始，他们从大量的普通实生树中选择最高产的一些单株，采用芽接方法繁殖成无性系，种植这些无性系来生产自然杂交的种子，这些经过遗传改良的种子实生树比亚马孙流域引入的普通种子实生树的产胶量提高了约50%，橡胶育种者看到了种植材料改良的重要性。随后，印度尼西亚在苏门答腊、西爪哇相继成立了橡胶试验站，马来西亚在吉隆坡成立了橡胶研究所，加速了橡胶选育种的研究进程。1924年，这两个国家所培育的一些初生代橡胶无性系相继割胶，得到了令人满意的结果，如印度尼西亚的 PR107、TJ1、TJ16、BD5、BD10、GT1、AVROS163、AVROS185、L.C.B1320 和马来西亚的 PB86 等，这些无性系的产胶能力比普通实生树提高了 100%，其中少数无性系提高了约 200%，是真正的遗传型高产，推广种植高产无性系深受橡胶种植者欢迎，尤其是马来西亚的一些英国大胶园（如 Prang Besar）不仅大规模种植无性系而且致力于自己的育种试验工作，几乎与马来西亚橡胶研究所并驾齐驱。1935 年以后，除产胶量外育种家们逐步发现许多无性系的副性状［包括风害、割面干涸（tapping penal dryness）、褐皮病（brown bast）、早凝胶（precoagulation）、长流胶、长势不良、开割后生长缓慢、皮薄、再生皮（renewered bark）薄、易感白粉病、易感季风性落叶病（*Phytophthora* leaf blight）等］影响种植、割胶，最终导致减产的诸因素，无性系杂交亲本选择、测交，有了更严格的要求。于是，马来西亚橡胶研究所的次生代 RRIM500 组无性系、三生代 RRIM600、RRIM712、PB235 等速生高产无性系在许多植胶国大面积推广种植。

巴西是天然橡胶的原产国，早期一些大轮胎公司如法斯通公司（Fire Stone Co.）、固特异公司（Good Year Co.）在巴西发展大胶园，但由于橡胶南美叶疫病（South American leaf blight，由 *Dothidella ulei* 病原菌引起）的大流行，植胶业受到严重威胁，长期来一蹶不振，设在亚马孙河口玛瑙斯（Manous）的巴西橡胶研究所致力于培育抗南美叶疫病高产品系。

斯里兰卡橡胶研究所比较偏重于培育抗白粉病高产育种，所培育的 RRIC52 和后来的 RRIC100 组无性系均高抗白粉病。

法国橡胶研究所设在蒙比利埃尔的研究室和设在非洲科特迪瓦的国际合作橡胶研究所着重研究了产胶生理、橡胶粒子生物合成和橡胶生物技术育种，已大面积试种幼态自根无性系品种，可能成为一种新型的橡胶种植材料。随着橡胶生物合成和酶促系统的深入研究，橡胶分子生物学和橡胶转基因的研究也在发展。

第二节　橡胶育种目标性状及重要性状的遗传

我国的植胶区属于热带北缘，限制植胶的主要因素是 11 级及以上的强热带风暴和台风以及低于 4℃的强寒潮低温，因此，橡胶育种的主要目标是培育抗风高产、耐寒高产的优良品种，与此直接相关的就是产胶能力、抗风性、耐寒性 3 大性状。由于橡胶树的产胶能力是一个很复杂的因素，主要受到树干韧皮部中乳管系的多寡、光合量的强弱和乳管内有机物质的产胶分配率 3 大要素所调控，而这些都是复杂的多因子遗传性状。与产胶相关联的性状还有胶乳中的干胶含量、割面干涸、长流胶、植株生长速度、再生皮恢复能力、抗病性能等，这些性状在橡胶育种学上通称为副性状，在育种工作上都是不可忽视的性状。

一、产胶能力性状

（一）乳管系与橡胶生物合成　橡胶树的产胶功能是在橡胶树的乳管系内进行的，乳管系分布在几乎所有的橡胶树器官，包括树干、树枝、叶片、花、果、种子，凡有微管束系统的位置均有乳管的分布。如图 25-1 所示，橡胶树进行光合作用产生蔗糖后，分解成葡萄糖和果糖，在乳管细胞内合成丙酮酸（pyruvic acid）、乙酰辅酶 A（acetyl-CoA）、3-羟基,3-甲基戊二酸单酰辅酶 A（HMG-CoA）、异戊烯焦磷酸（IPP）至异戊二烯（isoprene），经橡胶转移酶的催化聚合成为橡胶粒子（polyisoprene）。研究表明，橡胶树乳管系的多寡与产胶能力有相当密切的关系，高产无性系 RRIM600 于 10 龄时割胶部位树干的乳管列数为 30 列，中产无性系 PB86 和 PR107 分别为 25 列和 24 列，低产的普通实生树仅为 15 列。橡胶叶片侧脉中的乳管为初生乳管，高产无性系 RRIM600 的侧脉乳管多于 20 个，而许多低产的亚马孙实生树只有 10 个左右。

（二）橡胶转移酶的活性　橡胶转移酶（rubber transferase）是完成橡胶分子合成最后一道工序的酶，是产胶植物特别的酶。研究证明，橡胶转移酶是位于橡胶粒子上的膜蛋白，经分离纯化，N 端氨基酸序列测定，从高产橡胶无性系提取 mRNA，用锚定 PCR 法扩增目的 DNA 片段，经核苷酸序列测定，该酶的 cDNA 全长为1.3 kb。在检测橡胶转移酶活性时，发现该酶是在 25 ℃时表现出最高的活性，与橡胶树产胶的最适温度相吻合，在研究高、中、低 3 类橡胶树的橡胶转移酶活性时使用液闪计数仪（scintillation counter）检测高产无性系的 DPM 值为

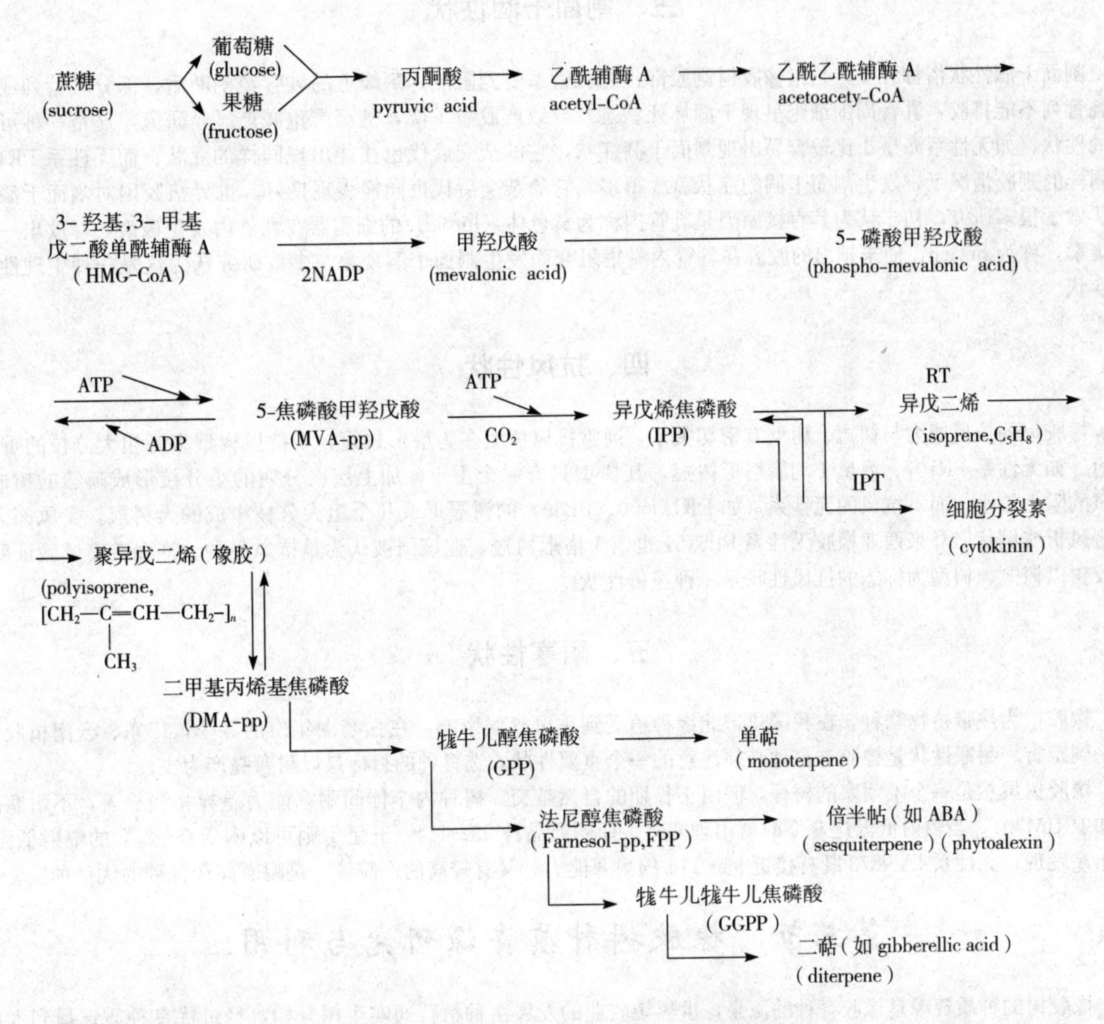

图 25-1　橡胶生物合成及 IPP 衍生化合物示意图

103 220，中产者为 72 333，而低产者仅为 17 481，而且这 3 类产胶能力的无性系不论是 1 龄苗还是成龄树，其橡胶转移酶活性的 DPM 值都是一致的，说明橡胶树的产胶能力与乳管内橡胶转移酶的活性是相关联的。

（三）测定橡胶树产胶能力性状的方法　在橡胶育种过程中，无论是亲本选择还是确定一个新的无性系是否高产，都需要经过 7 年以上的割胶测定记录，从第一割面的 5～6 年的测产可以判断该无性系是早熟（early starter）或是迟熟（late starter），至第二割面时可以了解该无性系是否持续高产或有减产趋势。

二、胶乳中干胶含量性状

胶乳中橡胶烃（polyisoprene）的含量占胶乳重量的百分率即称为干胶含量。干胶含量的多寡影响到产胶的品质，各类橡胶无性系的干胶含量在正常气候割胶条件下为 20%～40%，高产而产胶品质优良的无性系，其干胶含量大都在 25%～37%之间，干胶含量低于 22%的橡胶树易发生常流胶，即割胶后在正常排胶时间内不易自然凝固而停止排胶，这种现象容易引起割面干涸综合征。胶乳中干胶含量性状是橡胶育种工作中很受重视的遗传性状之一。

三、割面干涸性状

割面干涸性状俗称死皮，是指橡胶树割胶部位的乳管系受到阻隔，割线上的乳管经割断后，部分乳管列或全部乳管列不能排胶，乳管周围细胞呈现干涸坏死状态，导致产胶量下降，甚至严重减产。经研究，这是一种可遗传的性状，如无性系海垦1比较容易出现割面干涸症状，它的杂交后代也往往出现同样的症状。而无性系PR107在同样的割胶情况下，发生割面干涸的症状就少得多，它的杂交后代也同样表现良好。世界植胶国对割面干涸的性状做了很多研究，初步认为其直接原因是乳管内称为黄色体（lutoid）的细胞器在乳管内发生破裂，释放出一种凝集素，称为hevein，使未排出的胶乳在乳管内凝集阻塞而发生割面干涸现象，多数研究认为这是一种生理性综合症状。

四、抗风性状

橡胶树的抗风能力与树冠、树型有密切关系，通常抗风树型多为塔形树冠，不抗风树型多为粗大分枝的重型树冠。如无性系PR107、海垦1均属塔形树冠，其树型只有一个主干，加上层次分明的小分枝形成疏透的树冠，对风的阻力较小。而不抗风的无性系（如RRIM600、PB86）的树冠形成几个粗大分枝组成的大树冠，受风面大，易遭风折或倒伏。马来西亚橡胶无性系PB5/51也属于塔形树冠，在该国被认为是抗风品种。许多杂交试验证明，橡胶树以树冠、树型为标志的抗风性状是一种遗传性状。

五、耐寒性状

橡胶树为热带植物物种，在我国热带北缘种植受到季风气候影响，在强寒潮年份的冬季，广东、云南植胶区会受到寒害。耐寒性状是橡胶选育种必须注意的一个重要性状，选育种的目标是以耐寒高产为主。

橡胶树虽然是一个不耐寒的树种，但由于长期的自然杂交，树种内个体间耐寒能力差异相当显著，不耐寒品种如RRIM701，当辐射低温达6℃时就出现寒害，而耐寒品种93-114、五星I_3则可以耐受0～2℃的辐射低温。近年来发现，无性系IAN873既有接近93-114的耐寒能力，又有较高的产胶量，是耐寒高产育种的优良种质。

第三节　橡胶树种质资源研究与利用

橡胶树的种质资源是橡胶育种的源泉，世界植胶业的发展由种植普通实生树开始，经过优良种质选择到大面积推广种植优良无性系，所有种质资源都是来自巴西亚马孙河流域的野生橡胶树。对这些种质资源的研究利用已有100多年的历史。至于这些种质的来源，可以分为两个大阶段，一是从1876年开始由魏可汉引进的种质；第二阶段是1981年由国际橡胶研究和发展委员会（International Rubber Research and Development Board，IRRDB）组织的国际野生橡胶种质资源联合探险考察队（Joint IRRDB/Brazil Expedition Programme），在亚马孙河上游采集野生橡胶新种质，称为IRRDB种质。

一、魏克汉橡胶种质

东南亚植胶国于1900年开始大规模植胶，当时采用的橡胶种子都是经由魏可汉从巴西亚马孙河中下游的Tapajos采集的野生橡胶种子经由伦敦邱植物园发芽后成活2 397株苗木的后代，至1940年，植胶面积已发展到1 856 764 hm^2。在此期间，种植者、大胶园主和橡胶育种家通过常年割胶的实际产胶量来选择优良种质，业内人士称之为优良母树。经过芽接，建立了许多优良种质无性系；经过系比试验，多年产胶量检测，鉴定出一批最高产优良初生代无性系种质，它们是PR107、GT1、AV255、AV352、BD5、L.C. B1320、PB86、Pi1、B84、Tjir1、Tjir16、War4、RRIC52等，这些初生代无性系散布到世界许多植胶国种植或试验种植，其中产胶量最突出和适应性最广的无性系是GT1，产胶水平要比普通种子实生树高2倍。我国自1952年大规模植胶以来，也陆续引进了上述初生代无性系种质，经过在不同环境类型区，对产胶量、抗风、耐寒和其他性状的长期研究，鉴定出初生代无性系PR107是一个高产、稳产、干胶含量高、耐割胶、割面干涸率低、乙烯利（ethrel）刺激割胶增产显著、抗风力强的优异种质无性系，利用这个优异种质进行的杂交育种，在所测交的上千个组合中，它的高产性状和强抗风力性状的遗传率最高。在杂交组合中出现了不少超亲的产胶量遗传现象。在云南植胶区的长期研究中鉴定出GT1也是一个高产稳产而且耐寒性状较好的优良初生代无性系。以GT1为亲本的杂交后代在橡胶树育种研究上也发挥了优异种质的显著作用。

我国在1952年大面积植胶前只有约60万株魏可汉种质实生树，而东南亚国家在发展种植芽接树无性系以前就有约3亿株魏可汉种质实生树，我国只及东南亚国家的0.2%。1953—1958年，国家组织了橡胶育种工作队，对这些散布在海南的60万株实生树进行了优良种质普选，第一步选出日产胶乳50 mL的种质8 251株，经复查，从中优选出1 373株高产种质作为重点研究。除长年鉴定产胶量外，还做了割胶部位树皮乳管的解剖，作为判断高产的指标之一，最终决定选出1 185株最优种质，作为芽接母树，截取枝条，扩繁成无性系，在海南、广东的8个不同环境类型区进行了系统比较试验，但产胶的试验结果非常令人失望，在这1 185个种质无性系中没有选出一个真正遗传型高产种质，这时橡胶育种工作者才开始明白，在亚马孙原始大森林中的野生橡胶群体中，属于真正遗产型高产树是极少的，而何况所有东南亚植胶国加上中国的共3亿多株种子实生树都是来源于魏可汉2 397株原始种质的后代，所幸的是我国从中选出了一批耐寒力强至较强的种质，如天任31-45、青湾坡17-12、合口3-11、红山-67-15、桂研74-1等，能耐1～2 ℃的强寒潮低温。

二、国际橡胶研究和发展委员会IRRDB新种质

1978年法国橡胶研究所派遣了一个野生橡胶考察组赴巴西亚马孙流域的一些地区再次进行了野生橡胶原生境的考察，后来发表了一个考察报告，声称他们在亚马孙河上游发现蕴藏有单株年产干胶100 kg的奇迹橡胶树，如果在这些地区采集橡胶新种质，可能是植胶业的一个革命性措施，当时IRRDB主席帕地拉克（Padirac）极力主张要组织一支精干的科技队伍深入亚马孙河上游，即远离1876年魏可汉在中下游Tapajos采集区进行采种。经过IRRDB会议多次讨论酝酿，于1981年1月正式组成了国际野生橡胶探险考察队，重反亚马孙原始大森林，全队由18名各植胶国科学家和技术人员组成，并分成3个分队，深入到靠近秘鲁、玻利维亚边境的朗多尼亚（Rondonia)、阿克里（Acre）和马托格洛索（Mato Glosso）3个州搜集野生橡胶新种质，当时中国农业部派遣了中国热带农业科学院橡胶遗传育种专家郑学勤参加了这次大规模考察行动。考察队进入原始大森林的季节正是橡胶树种子成熟的旺季，但也是那里的强雨季，河水泛滥，毒蛇、毒虫、野兽很多，加上食品供应困难，天气炎热，寻找野生胶树种质和野外鉴定工作均较困难，Mato Grosso分队地处南纬7°～11°之间，沿若路耶那（Juruena）河进发，在沿河约200 km两岸的范围搜集野生橡胶树，若路耶那河的下游与特里斯派尔斯河（Rio Teles Pires）汇合形成塔帕若斯河（Rio Tapajos)，Mato Grosso分队所采集种质的地区正是当时的105年前魏可汉采种区的上游，两地相距约800 km。考察队发现在这里的原始森林平均每公顷大约只有5～30株野生成龄橡胶树，最大的胸围可达4 m以上，估算树龄高于100年，3个分队均在林中连续作业43 d，共获得野生橡胶种质1.2万个，分批送往非植胶区的伦敦进行再次消毒检疫，再分送至马来西亚、科特迪瓦两个国际野生橡胶新种质库种植保存，1992—1993年连续召开多次国际橡胶会议，我国从国际库陆续运回国并芽接成活约6 000个种质全部保存于种植苗圃，并建立17.33 hm^2（260亩）大田种质库提供种质研究使用，这些种质统称为IRRDB种质。对IRRDB种质的研究，有下列初步结果。

1. 白粉病种质的鉴定和筛选　研究采用白粉病孢子室内种质叶片离体接种培养法，种质的苗圃、大田感病直接观察和抗白粉病随机扩增多态DNA（RAPD）法相结合的鉴定方法。关于RAPD法的研究，采用了52种引物，试验材料选取经过大田和孢子鉴定认为是抗病的IRRDB新种质11个和感病种质11个，对照使用已认定抗病的魏可汉种质RRIC52和巴西抗病种质IAN717，感病对照为知名的无性系PB5/51，试验结果表明，引物OPV-10在11个抗病种质在390 bp的位置上均出现PCR扩增DNA条带，而11个感病品系均未出现这条DNA扩增带（表25-1）。

表 25-1　抗白粉病 RAPD 鉴定与大田、孢子鉴定结果

种质编号	种质名称（国际统编号）	大田及孢子鉴定等级	是否有 OPV-10_{390} 条带
34	RO46	抗病	是
72	MT/C/2（10/155）	抗病	是
2637	RO/PB/1（2/2）	抗病	是
405	AC/S/112（42/276）	抗病	是
2644	RO/PB/1（2/73）	中抗	是
2647	RO/PB/1（2/158）	抗病	是
236	RO/CM/10（44/19）	感病	否
265	RO/CM/10（44/1）	感病	否
266	RO/CM/10（44/150）	感病	否
355	RO/CM/10（44/51）	感病	否
413	AC/S/12（42/16）	感病	否
659	PB5/51（感病对照）	高感病	否
2552	MT/A/19（46/8）	高感病	否
202	MT/IT/12（26/32）	中感	否
201	RO/IP/3（22/250）	感病	否
60	RO/PB/2（3/267）	高感病	否
23	AC57	高感病	否
2927	7/02/81（1/45）	抗病	是
408	AC/S/12（42/186）	抗病	是
108	RO/JP/3（12/42）	抗病	是
39	IAN717（抗病对照）	抗病	是
692	RRIC52（抗病对照）	抗病	是

2. 人工模拟寒害鉴定耐寒种质的结果　研究人工模拟寒害的方法是采用进口 Environ PGV-36 大型人工气候箱，设计的湿度为 80%、光照 60 lx、温度 10 ℃处理离体种质芽条 23 h，模拟我国南方平流型寒害，然后降温至 0 ℃处理 15 h，再将处理的种质移至室外 12 h（约 20 ℃），再次将这些种质移进人工气候箱，降温至－1 ℃处理 15 h，另一批相同的橡胶种在人工气候箱继续降温至－2 ℃处理 15 h 模拟强辐射寒害。对照采用国内最耐寒的种质 93-114 和中耐寒种质 GT1，这一试验还与设在广东省的寒害前哨耐寒苗圃系比试验相对照，结果鉴定出能耐－1 ℃以下低温的 IRRDB 新种质共 16 个，其中有 10 个能耐－2 ℃的低温。

由表 25-2 可以看出，我国最耐寒的橡胶无性系 93-114 和中耐寒无性系 GT1 在经过－2℃模拟低温寒害处理后，接近全株死亡（5 级为死亡级），而有 10 个 IRRDB 新种质的受寒级别介于较轻微和中等寒害之间。在广东省前哨苗圃寒害系比区获得了相一致的试验结果，当耐寒无性系 93-114 和 GT1 受到 1 级、2 级和 1.8 级寒害时，上述 10 个 IRRDB 新种质除 7393 号受到极轻微寒害外，其余 9 个种质则完全无寒害。

表 25-2　经－2℃模拟寒害处理耐寒新种质

国内统编号	种质名称（国际统编号）	模拟寒害等级	前哨系比寒害等级
2267	AC/AB/15（54/362）	2.5	0
2619	AC/AB/15（54/488）	2.5	0
3333	MT/C/6（11/89）	2.4	0
3780	AC/B/18（55/199）	2.5	0
4156	RO/C/8（24/328）	2.5	0
4605	RO/A/7（25/412）	2.5	0
4711	RO/A/7（25/339）	2.5	0
7084	AC/S/8（35/362）	2.5	0
7393	AC/AB/15（54/1216）	2.5	0.5
7673	AC/AB/15（54/686）	2.5	1.0
666	GT1（中耐寒对照）	4.9	1.8
663	93-114（高耐寒对照）	4.2	1.2

3. 侧脉乳管系的研究结果 橡胶树的侧脉乳管系是原始乳管系，基本上能代表一个种质成龄时乳管系形成的多寡，研究鉴定了种质的叶片侧脉乳管系，选出多乳管系优异种质16个，平均每个种质叶片侧脉的乳管数为28.6个，高产对照无性系为20个。

4. 国外对IRRDB新种质产胶量研究的报道 马来西亚和法国橡胶研究所均报道了约1.2万个IRRDB新种质种子实生树及其衍生的无性系，其割胶结果和当时的魏可汉种质一样是令人失望的，没有发现一个特别高产的新种质，更没有发现像法国人在1978年报道亚马孙大森林中存在奇迹橡胶树那样高产的特优异种质，他们很希望像魏可汉种质那样能在不断的杂交过程中去筛选鉴定高产新种质，同时他们正在研究魏可汉种质与IRRDB新种质间的杂交后代的遗传变异，希望和魏可汉种质那样能在大量有性后代中去鉴定筛选更优良的新种质资源。

三、橡胶树的近缘种种质资源

巴西橡胶树属大戟（Euphorbiaceae）科橡胶属（*Hevea*），除巴西橡胶树外在亚马孙地区还蕴藏着许多其他野生橡胶种质资源，已查明的有以下10个种。

（1）矮生小叶橡胶（*Hevea camargoana*） 这是近年来发现的新种。发现地点在亚马孙河口贝伦附近的马拉若（Marajo）岛，喜生长在林缘和林缘的灌木丛中，它的特征是矮生，高度仅为2～3 m，呈灌木状或小乔木，叶同样为三出复叶，但小叶和种子都很小，分别只及巴西橡胶树小叶和种子的1/3～1/2，矮生小叶橡胶的分枝柔软，树冠疏朗，无明显的落叶期，早花早果，并且常年开花结果，对南美叶疫病和风害的抗性较强，因产胶量少，不宜直接用于生产，但适于作为橡胶树种间杂交亲本使用，对于培育抗风高产新品种可能是个有价值的种质资源。

（2）少花橡胶（*Hevea pauciflora*） 其在亚马孙河中上游治内格罗河一带的森林中分布较多，属于低产胶类型，叶大而叶蓬密闭，叶色浓绿，种子大型，对南美叶疫病具有免疫力，是极其重要的抗病基因资源。巴西已开始研究少花橡胶与巴西橡胶杂交，或用作树冠嫁接试验材料，以期获得抗病高产的三合芽接树。

（3）边沁橡胶（*Hevea benthamiana*） 这一树种在巴拉州和亚马孙州的森林中分布较多。它与巴西橡胶树的主要区别在于嫩芽幼叶均披白色或棕色柔毛，叶基钝而小，叶较圆。边沁橡胶能与巴西橡胶自然杂交产生许多变异体，能抗南美叶疫病，有名的抗病原始品系F4542就是由这一树种选出来的。与高产的巴西橡胶品系杂交，获得一些抗病高产品系，如巴西现在推广的主要无性系IAN717、FX3899等。

（4）光亮橡胶（*Hevea nitida*） 这个种的叶面富含蜡质，它有一个矮生的变种（*Hevea nitida* var. *foxicodondroides*）甚至能在多石的土壤中生长。国际橡胶研究和发展委员会已注意到对这一矮种的利用价值，可能安排在下一步考察中采集其种质资源。

（5）坎普橡胶（*Hevea camporum*） 这个也属于矮生种，对它的利用价值也已开始研究。

（6）硬叶橡胶（*Hevea rigidifolia*） 其因小叶叶缘具硬边而得名。

（7）圭亚那橡胶（*Hevea guianensis*） 其主要产在亚马孙河的北部地区。

（8）小叶橡胶（*Hevea microphylla*） 其小叶较小而具光泽。

（9）色宝橡胶（*Hevea spruceana*） 其长势优良，树皮灰褐色，皮薄，产胶量很少。

（10）巴路多橡胶（*Hevea paludosa*） 巴西已开始采集这个野生种。

第四节 橡胶育种途径与方法

橡胶育种方法无论是国内还是国外都是采用有性和无性两个育种程序交替进行的，通过有性杂交使亲本间的基因发生重组，以产生超亲的高产后代和双亲互补的抗性及副性状，在许多经过性状分离的后代实生树中进行选择，将入选的单株芽接成无性系，稳定其遗传性，再从许多无性系中选出优良无性系作为推广种植品种。这个育种的全过程需要20～25年时间，如此有性、无性两个育种程序的交替反复进行，使遗传改良的进展更适合植胶生产需求，这条育种途径就称为常规育种，是迄今最基本而又最重要的橡胶育种途径和方法。

一、有性育种程序

（一）杂交亲本选配　杂交亲本选配是根据育种目标来进行的，主要包括抗风高产育种、耐寒高产育种、抗病高产育种和特高产育种。为达到上述各类育种目标，就需要根据目标性状（如产胶量、抗性、副性状等）选配亲本。

1. 抗风高产育种亲本选配　抗风高产育种是风害地区（如海南、广东植胶区）的主要育种目标，亲本选配时在两个亲本中必须有一个亲本是抗风力强的无性系，另一个亲本要选择杂交一般配合力好的亲本，根据我国植胶区现有的研究成果，抗风高产育种最佳的一些亲本组合有 RRIM600×PR107、海垦 1×PR107、PB5/51×PR107，近年来经过长期鉴定出的抗风亲本还有文昌 217、徐育 141－2 等。在这些亲本组合中，RRIM600×PR107 和 PB5/51×PR107 又是杂交特殊配合力很好的两个组合，从这两个组合中育成了一些次生代优良无性系和不少有希望的杂种后代。而且 PR107 是一个用作父本特别好的亲本，因为它既抗风又高产，副性状的干胶含量高、不易发生割面干涸综合征、耐割、耐施用乙烯利刺激增产割胶法，几乎具备亲本选配要素于一身，在杂交亲本测交的研究过程中，还发现它是杂交一般亲和力很强的亲本，在特殊配合力测试中也都少不了 PR107 这一亲本。

2. 耐寒高产育种亲本选配　耐寒高产育种是云南和广东植胶区的主要育种目标，耐寒高产亲本选配需要一个耐寒力强的亲本和一个杂交一般配合力好的高产亲本相互配合。经过多年来的研究，优良耐寒亲本有 GT1、93－114、IAN873；从我国初生代无性系入选的耐寒亲本有天任 31－45、合口 3－11；近年来从 IRRDB 新种质鉴定出的最耐寒亲本无性系有 4711（国际编号：RO/A/7，25/339）、4156（国际编号：RO/C/8，24/328）、3780（国际编号：AC/B/18，55/199）和 4605（国际编号：RO/C/7，25/412），上述 4 个 IRRDB 耐寒种质均能耐－2 ℃低温，是世界植胶业中最耐寒的橡胶种质，如果能配合高产、耐寒力中至强的亲本，不断定向杂交选育，育成耐寒高产优良新无性系的可能性是存在的。由于在云南植胶区，PR107 表现有一定的耐辐射低温的能力，不失为该地区耐寒高产育种的一个优良父本。

3. 抗病高产育种亲本选配　抗病高产育种是橡胶育种工作中的一个难题，在我国植胶区，白粉病仍然是威胁产胶的主要病害，尤其是在早春橡胶开始抽叶积累营养时期，白粉病的感染可影响全年产胶量的 10%，或需推迟每年的开割时间而减少实际产胶日，选育抗白粉病的高产品种是相当迫切的育种任务。在魏克汉种质中只鉴定 RRIC52、RRIC101 是抗白粉病强的种质亲本，近年来又鉴定出 IRRDB 新种质的 6 个抗白粉病种质（表25－1），但这 6 个新种质的产胶能力均不高，必须选配最高产的亲本杂交，在提高杂种后代抗白粉病能力的同时也能增强产胶能力。还有一个需要注意的问题，是在进行抗病高产育种的同时还要对抗病种质的抗风或耐寒性做出评价，以免在提高抗病能力的杂交后代中降低抗风或耐寒能力。

4. 特高产育种亲本选配　对一个异交作物而言，首先选择最高产的亲本进行杂交，筛选超亲的杂种后代，建立更高产的无性系，再选用抗风高产或耐寒高产的亲本进行杂交或回交以培育更优良的新品种，是亲本选配中不可忽视的措施。从我国或国外的实际经验看来，两个高产亲本间的杂交的杂种后代中产生超亲的个体要比抗性亲本与高产亲本间的杂种后代多 2～3 倍（表 25－3）。还有一个原因是，在亚马孙原始森林中巴西橡胶树与其他 10 多个同橡胶属（*Hevea*）不同种的野生近缘种存在一定程度的自然杂交几率，这些杂种后代的产胶能力往往会被降低，因此不断地选择高产亲本就避免了低产基因型。

表 25－3　亲本产量等级与杂交后代超亲产量单株数

基本产量等级	组合数	杂交后代测产株数	超亲单株出现率			
			超过亲本产量 80%		超过亲本产量 100%	
			株数	%	株数	%
高×高	3	143	26	18.2	7	4.9
高×中	8	417	27	6.8	5	1.2
高×低	2	89	0	0	0	0

注：该表材料来自保亭热带作物研究所有性系试验区鉴定资料。高产亲本对照为无性系 RRIM600，单株年产干胶 6.7 kg。

（二）授粉技术　橡胶树的授粉技术关系到有性育种的成败，是有性育种的关键技术之一，通常橡胶树人工授粉的成果率只有5%左右，成果率较低，有时授粉季节遭遇低温阴雨，白粉病危害花序，使授粉成功率降低，所有这些因素都需要加以考虑。

1. 授粉树的选择 授粉的亲本组合设定后要选择健康、生势旺盛、树龄在10龄以上的植株作为授粉树，朝东向的林缘接受阳光充足的植株更为理想。由于成龄胶树一般高达10～20 m，授粉前要搭好牢固的授粉架以便于授粉操作。对确定好的授粉树及其周边树，在嫩叶抽梢时就必须喷施硫磺粉，每周2次，切实保证授粉树不致感染白粉病。

2. 花粉采集 在授粉的当天上午8～10时采集父本树的雄花，要选择生长在阳光充足部位的枝条，花序粗壮，花朵健康，花色鲜黄已成熟而尚未开放的雄花，已开放的雄花不能用于授粉。将采好的父本雄花放置在小竹筒内，每个竹筒只能放置一个父本，以免混乱。如果所采集的雄花需要远送至外地过夜时，则必须采取花粉保鲜法，将雄花花朵放置于大指形管内，开盖，再放置在广口瓶内，瓶内盛有3～5 g氯化钙，盖上广口瓶，以保持瓶内干燥，再将盛有雄花花序的广口瓶放进盛有冰块或冰粒的冰壶内，这样可以使花粉保持完好的发芽能力3～4 d。

3. 授粉操作 授粉应选择晴好天气上午9时以后进行，气温应高于25 ℃以上，要选择树冠中上部，花序健壮粗大，含苞待放的雌花进行授粉，已开放的雌花难免有混杂花粉进入，绝不能用于授粉。授粉通常采用雄花花丝柱置入法，即使用尖头镊子从花筒中取出一朵雄花，并小心取出雄花花丝柱，从闭合待开的雌花花瓣的缝间塞入花丝柱，要特别小心操作，不能碰伤雌花，然后用授粉镊子刺破附近较粗树枝，沾住少许胶乳放在已授粉雌花的花瓣尖上，用手指捻紧花瓣尖部，使整个花瓣被胶水黏住而不能开放，这种授粉方法比套袋法容易操作，隔离效果万无一失。每个圆锥花序包括花序分枝的顶端均为雌花，每个花序最好授粉5～6朵雌花，其余雌花均需摘除，然后在花序上挂牌标记。雄花花丝柱包含有10个花药，授粉后当天即可受精结实。授粉时如碰伤柱头或授粉后当天遇上大阵雨都会降低结实率。

4. 提高授粉结实和采果率的方法 授粉技术的好坏可使授粉结实成果率相差数倍，以下几点是提高授粉结实率和采果率的重要措施。

①授粉时要尽量选择粗壮的大花序进行，大花序的结实率可达到10%以上，细弱花序只有1%的结实率。

②授粉操作时要注意授入雌花的雄花柱要平放在柱头上，使花药与柱头能充分接触，花粉在柱头上萌发较多的雌花结实率可以成倍提高。

③授粉在一株母本树上进行完毕后，尽可能除去未经授粉的花序，对夏季第二次萌发的花序也要及时摘除。

④对授粉树要加强施肥管理，并增施磷肥。

5. 建立双无性系或三无性系自然授粉园 通过测交的特殊配合力好的亲本可以建立双无性系或三无性系自然授粉园。双无性系授粉园可采用一行父本、两行母本的设计，由于橡胶的花粉黏性大，属于虫媒花，种植的父本不宜太少，以增强自然授粉能力。三无性系授粉园有更好的自然授粉选择机会，宜采用一行父本、一行母本1、一行母本2的设计方式，这样的自然授粉园可以节省人工授粉花费的人力物力，又可以获得大量的杂种后代，满足有性育种需要。根据特殊配合力新组合的出现，这类授粉园也就需要不断增建。

（三）杂种苗圃和产胶量早期预测 人工授粉后约4个月，果实可以陆续成熟，果实大熟季节约在8月下旬至9月底，但各植胶区因气温不同，果实成熟期有所差异。经授粉的杂交种子要分组合育苗，建立杂种苗圃，一年后可以通过侧脉胶法预测杂交苗成龄后的产胶水平（前已述及）。橡胶树是雌雄异花、异株异交作物，杂交后代产胶量的变异数高达16.0%～51.5%，通常为30%～40%，有性杂交育种的目的正是希望杂交后代的基因重组和分离，从大量的变异个体中，选择超亲个体。在一年生的杂种苗圃中，用顶端算起的第二篷叶的稳定叶片作为测试叶片，在连体情况下将小叶片平展在手持的小木板上，用锋利小刀在离叶片主脉0.5 cm处，自叶基部起与主脉平行迅速切开叶片所有侧脉，顿时侧脉胶成连珠状溢出，根据胶珠的大小，目测的胶珠浓度，划分成5个等级进行筛选淘汰。根据我国对侧脉胶法早期产量预测的结果，在杂种苗圃期间淘汰侧脉胶1～2级，即约20%的低产个体是比较准确的。东南亚植胶国最早试验的小苗茎干刺检法也得出与我国侧脉胶法比较一致的结果，即淘汰预测低产株是比较可靠的。而超亲的低产株在3～5级均可出现，其中以5级较多。杂种苗经杂种苗圃选淘后即可进入有性系比区。

（四）有性系比较 有性系比区建立的目的是为了获得杂交后代的正式割胶产量数据，以及成龄时有关副性状表现、杂交组合一般配合力与特殊配合力等。有性系比区的设计可采用随机区组法，3～4个重复，如有一个9个杂交组合的育种试验，每个组合有30株杂种苗，就可以分成3个区组，每个区组有9个组合，其中每个组合有杂种苗10株，每个区组设一个当家种无性系作对照，采用块状种植，有性系比区种植的株行距以4 m×6 m为宜，每公顷405株，有性系植后的6周年可以开始正式割胶，产胶量鉴定年份至少5年。在有性系比区中选出的超亲单株即可进行无性育种。

二、无性育种程序

无性育种是橡胶树育种途径的第二个程序，目的是培育出适于当地栽培的优良无性系供生产使用。

（一）无性系的母树鉴定与选择　在有性系比区经过5年正式割胶后，凡超过对照无性系平均产量的单株，原则上均可初步入选为新无性系的母树，再通过对初选母树的副性状、抗性等鉴定做出决选。上面已经述及母树所有的表现型性状，通过建立无性系都是可遗传的，至于产胶能力性状通过母树割胶是否能确定是真正的遗传型高产，经过国际植胶界和我国长期的橡胶育种实践，基本上可以认为由高产无性系间的有性杂交后代表现高产的单株实生树是属于遗传型高产实生树，与亚马孙原始种质实生树完全不同。

（二）无性系系比区

1. 初级系比区（primary clone trail）　经决选的无性系母树均需在大田种植参加初级系比区，对母树可取其树冠枝条芽接成功15株无性系，初级系比区的设计可采用对比法，3次重复，每5株为一个无性系重复小区，成一行排列，对照无性系使用当家种为宜。对照无性系也采用成行排列，在一个林段内占参试总株数的1/3。在初级系比区的无性系生长期约7年，正式割胶测产3年后就可鉴定筛选出优良无性系进入高级系比区。

2. 高级系比区（secondary clone trail）　高级系比区的含义是初级系比入选的无性系以更多的植株、更长的正式割胶年限和抗性、副性状鉴定数据，来决选新优良无性系，提供品种审定和推广。高级系比区的设计最好采用随机区组法，重复3～4次，每参试无性系120～160株，每个小区40株，成块状种植，以避免单行种植受无性系间生长势的影响而抑制正常产胶量的充分表现。对照无性系同样采用当地当家种，每个区组均设有同一个当家种对照。高级系比区植后的生长期间约7年，正式割胶的产胶量鉴定至少6年，不仅要有第一割面的完整数据，而且需要第二割面的割胶数据，以判断一个新无性系是否高产稳产，产胶能力是否随着树龄的增长而持续高产。在鉴定产胶能力的同时也要鉴定抗性及副性状等。在高级系比区试验的全过程需时共13年。

3. 多点系比区（multi-district clone trail）　多点系比区与地区试验类似，当在有性系比区选出无性系的母树后，繁殖芽木芽接成无性系135～175株，可以建立初级系比区与多点系比区同时进行，3～4个多点系比区相加起来进行各项数据统计分析，就相当于一个完整的随机区组高级系比试验。多点系比区的地点选择需要根据我国植胶区不同环境类型区划分原则安排。

4. 生产性系比区（productional clone trial）　这类系比区也可以在多个地区进行，通过初级系比区选出最优无性系，在建立高级系比区的同时，可以在其他环境类型区设立生产性系比区。这种系比区的设计和以后的数据分析均较简单易行，每个无性系主要靠参试株数多的优势，设计采用对比法，参试的每个无性系最好达到300株，约0.7 hm^2土地面积。对照采用当地当家种，种植株数与参试无性系相同或相近。如在高级系比区仍被选入最优的无性系，经品种审定被列入推广无性系；而设在其他环境类型区的生产性系比中的该无性系如鉴定结果同样超过对照时，也可以列为当地推广品种。

5. 前哨耐寒苗圃系比区　这是根据我国植胶区培育耐寒高产无性系的需要而建立的一种有效方法，即在广东植胶区以北的寒潮通道上设立的耐寒苗圃系比区，每年都有0 ℃左右的寒潮，通过最耐寒的无性系93-114和较耐寒无性系GT1作对照，就可以比较方便快捷地筛选出耐寒无性系。这一方法的理论依据是基于：①橡胶树的耐寒性是可遗传性状；②橡胶树小苗的耐寒能力低于同无性系的大苗和成龄树的耐寒能力。因此，在前哨耐寒苗圃经两年的耐寒性鉴定的结果是比较可靠的。

（三）优良无性系评审与推广　优良无性系的评审与推广，主要是根据无性系高级系比区的所有试验数据来确定的，还可以参考初级系比区长期鉴定的结果。经评审列为推广的无性系，多从小规模推广级开始，随着高级系比区无性系鉴定年份的增加，积累数据更多更可靠时，所评审出的优良无性系可逐步晋升至中规模推广乃至大规模推广。

1. 小规模推广无性系　经无性系高级系比区 3 个割胶年的产量、抗性、副性状鉴定，产胶量比同试区的对照种高 10%以上，同时抗性、副性状均表现优良的无性系，可列为小规模推广，每个无性系在同环境类型中的每个植胶单位可种植 3～7 hm^2（约 50～100 亩）。

2. 中规模推广无性系　经无性系高级系比区 6 个割胶年的鉴定，产胶量持续超过对照 10%以上，而其他性状均优良者可列为中规模推广，每个无性系推广种植的面积可占种植总面积的 20%～25%。

3. 大规模推广无性系　经无性系高级系比区 11 个割年的系统鉴定，产胶量持续超过对照无性系 10%以上，抗性、副性状均有不同程度超过对照无性系，并在参考多点系比或生产系比均表现优于对照无性系者，经评审可列为大规模推广无性系，种植面积可占种植总面积的 65%～70%。

4. 试种级无性系　试种级不属于正式推广无性系，主要根据初级系比区 2～3 年的割胶测产资料显著超过对照无性系，是一种早产高产特征，经评审可列为试种级无性系，每无性系在每个植胶单位可种植0.4～0.7 hm^2（5～10 亩）。

（四）无性系良种繁育与品种纯度鉴别技术

1. 常规芽接技术　从推广无性系植株上，或从增殖苗圃锯取芽木，带到砧木苗圃芽接，用切片刀将芽木上可利用的腋芽、鳞片芽和密接牙切下放在芽接箱内，在砧木苗圃中选取 1～2 年生砧木，在离地面 1 cm 处用芽接刀开好舌形芽接位，从芽接箱中取出芽片，剥除木质部，小心保护好芽点，迅速将芽片正向插入芽接位，盖好舌状芽接位腹囊皮，外皮垫上一片椰子树叶小片，用麻绳捆紧。芽接后 21 d 解绑，切去腹囊皮，检查成活率，已成活的植株在 7 d 后锯砧，在离芽接位上端 3～4 cm 处锯成斜口待用。

2. 绿色侧枝芽快速繁殖技术　这是在常规芽接技术的基础上发展起来的新方法，要比常规方法的繁殖速度快 10 倍，在我国大规模推广种植橡胶优良无性系时发挥了重要作用。绿色侧枝芽芽接新技术的操作方法是，首先培育灌木型芽木母株，以产生许多侧枝和大量绿色芽片，以便使用侧枝上的绿色芽片作为芽接用接穗。这种芽片较褐色芽片小，可以接在较小的砧木上，用于全苗种植，也适于翻抽大砧木芽接，用于芽木快速繁殖。使用绿色侧枝芽繁殖的橡胶无性系至成龄后，其产胶量是否和常规芽接法使用的褐色芽片一致，中国热带农业科学院曾做过对比产胶遗传性试验，经过 10 年的研究，证实两者的产胶量相同，产胶量的多寡与芽片大小、褐化木栓化程度没有相关性。

3. 三合树芽接技术　橡胶三合树技术主要在广东省的一些植胶区使用，该项技术采用树冠芽接方法，在耐寒高产橡胶无性系的树冠上再芽接高耐寒的无性系，形成砧木＋耐寒高产无性系＋高耐寒无性系的三合树。研究证明，在耐寒高产 GT1 无性系的树冠上驳接高耐寒无性系 93 - 114，形成新树冠后在越冬期的耐寒力比 GT1 无性系提高了 1.5～2.5 级，在三合树无性系 GT1 的树干上割胶的产胶量比无性系 GT1 高 22%。

4. 无性系纯度鉴别技术　橡胶无性系的保纯和水稻等农作物一样，需要经常检测纯度，橡胶无性系定植后的经济寿命在 30 年以上。如果品系混杂或混淆，就会影响产胶量。例如，PB5/51 和 PB5/65 这两个无性系的形态相似，但前者较抗风，而后者极不抗风，如果混淆就会带来很大的损失。育种机构增殖苗圃是生产和试验用芽条的首要来源，发出的每一株芽木必须保证没有差错，否则分发到生产单位或试验地再增殖后就会引起更大的混乱。

一个橡胶无性系是由同一株橡胶实生树，通过无性繁殖所衍生的一群个体，属于同一个基因型，因而同一无性系不同个体间的形态是一致的。不同无性系间，无论亲缘关系近远，属于不同基因型，其形态是不一致的，这就是橡胶无性系纯度鉴别技术的理论基础。

橡胶无性系纯度鉴别主要依据芽木茎干、叶篷（leaf story）、大叶柄、小叶柄、蜜腺、叶片、胶乳颜色各项形态特征来进行鉴别。其中，以叶片的骨架部分为主要特征，包括蜜腺、大叶柄和小叶柄，因为这些部分的形态特征比较稳定，不易受环境因素而发生明显变异。其次可以参照叶形、叶基、叶缘、叶色、叶面光泽度、叶篷形态等可正确无误地鉴别出每个无性系。对次生代无性系还可以结合亲本组合无性系特征加以考虑。

第五节　橡胶育种新技术研究与应用

随着细胞生物学和分子生物学的发展，对橡胶树育种新技术的研究也逐步深入，包括与产胶相关基因的克隆、橡胶树转基因启动子、转基因技术、橡胶树多倍体育种、橡胶树自根幼态无性系培育等方面的研究，目标是通过细胞工程和基因工程的研究，获得既能产胶又能在乳管系中生产珍贵药物的橡胶新品种，或是培育出生长快、产胶多、抗病性强、无需芽接的新型无性系等。

一、与产胶相关基因的克隆

（一）橡胶凝集因子　橡胶凝集因子 Hevein 是一个小分子的富含半胱氨酸（cysteine）和甘氨酸（glycine）的单链蛋白质，存在于胶乳中的黄色体（lutoid）内，具有几丁质（chitin）结合的功能，也是引起胶乳中橡胶粒子凝集的主要原因。中国热带农业科学院热带作物生物技术国家重点实验室刘志昕、邓小东等根据 Broekaret 等发表的 *Hevein* 基因序列，从海南岛种植的橡胶无性系 RRIM600 的胶乳 RNA 中分离克隆到 *Hevein* 基因，全长约 700 bp，对阳性重组子测序结果表明，该 cDNA 片段含有一个开放阅读框，编码 204 个氨基酸，其中 N 端 17 个氨基酸为信号肽，中间 43 个氨基酸为 Hevein 成熟肽部分，C 端 144 个氨基酸为未知功能区域。以 *Hevein* 基因标记的 Dig 探针进行 Northern blot 试验，证实了 *Hevein* 基因主要是在橡胶树的乳管中表达。在分离克隆 Hevein 的基础上，通过基因步移法分离了 *Hevein* 基因 5′端 1 306 bp 序列（Gene Bank 登录号：AF327518），以启动子预测（promoter prediction）软件进行基础启动子分析，发现在 865～909，1 147～1 189 处存在可能的基础启动子区域。对该序列以植物核心（plant core）软件进行顺式作用元件分析，发现了一些有关启动子的元件，然后通过 PCR 方法对 *Hevein* 基因 5′端 1 306 bp 的序列进行系列缺失，构建含 *GUS* 基因的嵌合植物表达载体，用基因枪方法将其导入橡胶的叶片中，结果凡在叶片中含有乳管分布的组织都显示了 *GUS* 基因的表达，无乳管部分则无 *GUS* 基因的明显表达，说明以 *Hevein* 基因 5′端的部分序列用于乳管内表达特异启动子取代 35S 通用启动子，证实这类启动子能在橡胶乳管系特异表达，其中以 1 241 bp 和 805 bp 的启动子片段具有较强的启动能力。

（二）橡胶延长因子（rubber elongate factor）基因　橡胶延长因子是橡胶生物合成中重要的蛋白质，在乳管中与橡胶粒子紧密结合，占胶乳总蛋白 10%或更多一些，在橡胶分子聚合中，它是异戊二烯基转移酶（橡胶转移酶）催化多聚异戊二烯单元添加到橡胶分子中不可缺少的成分，从橡胶树胶乳中克隆的 *ref* cDNA 全长 526 bp，其中编码区为 414 bp，编码 138 个氨基酸，3′端非编码区 112 bp。

（三）橡胶树转基因在乳管系内表达的特异启动子（promotor）　通过基因步移法，分离 *Hevein* 基因 5′端 1 306 bp 序列，以启动子预测（promotor prediction）软件进行基础启动子分析，发现在该序列的 865～909，1 147～1 189 处存在基础启动子区域，以植物核心（plant core）软件进行顺式作用元件分析，发现重要的顺式作用元件 7 个：①Atl-motif 元件，是光反应相关元件；②HSE 元件，是热反应相关元件；③I-box 元件，是光反应相关元件；④WUN-motif 元件，是创伤反应相关元件；⑤ABRE 元件，是脱落酸（ABA）反应元件；⑥ERE 元件，是乙烯反应相关应元件；⑦EIRE 元件，是激发子反应元件。

采用上述同样方法，分离了 *ref* 基因 5′端 827 bp 的片段，经软件分析，发现的顺式作用元件有 Atl-motif、HSE、I-box、WUN-motif 等元件，还有与 *Hevein* 基因不同的元件，它们是：P-box 元件，与赤霉素应答有关；G-box 元件，与外界信息应答有关。对 *Hevein* 基因 5′端 1 306 bp 的序列进行系列缺失，并通过取代 PBI121 质粒上的 35S 启动子序列，构建了含 *GUS* 基因的嵌合体植物表达载体。采用基因枪法，将这些乳管内表达特异启动子导入离体的橡胶树叶片中，证实含有 805 bp 的特异启动子在橡胶树叶片的乳管内启动 *GUS* 基因表达良好，而对照载体只含 35S 组成型启动子，其 *GUS* 基因只在非乳管组织的叶肉组织中表达。

二、橡胶树转基因技术研究

如何将外源功能基因导入橡胶树是植胶业科技工作者关注的热点之一。因为橡胶树不是食品，不存在转基因食品（GMF）安全性检测等问题，同时橡胶树的乳管细胞是优良的天然生物反应器。橡胶树的转基因技术需要通过几个先导技术流程，首先是要建立经过愈伤组织、胚状体形成的橡胶树组织培养再生体系。这种小植株再生体系已在海垦 2 等几个优良品种初步建立起来，但所产生的小植株量仍不多。其次是构建乳管细胞内特异表达启动子，以便外源功能基因能在乳管细胞内特异表达。这项技术已经通过间接试验获得初步成功，但还需要在实际转基因操作中加以验证。在实际转基因操作过程中，无论是采用农杆菌介导还是基因枪的微弹轰击法，所共同遇到的一个问题是应用标记基因筛选时，共培养的愈伤组织就很难形成胚状体，即使形成少数胚状体，在继续筛选培养时更难以形成橡胶小植株。目前在国内只检测到*GUS*瞬时表达的转基因橡胶胚状体。

三、橡胶树自根幼态无性系的培育

早在20世纪70年代初期，我国植胶业就开始研究橡胶树的组织培养技术，直到70年代后期才获得一定的试管小植株，出苗率最高的优良无性系是海垦2号，种植后发现这种试管苗属于幼态型，树干呈圆锥状，酷似种子实生树，生长比组织培养的供体海垦2号无性系快约20%，割胶后的产胶量比同龄供体无性系略高。这类组织培养试管苗的优点是无需栽培砧木进行芽接，它是属于自根的，而且可以在试管中进行微型扦插继续繁殖成无性系，故称之为自根幼态无性系。这类种植材料已接近生产应用阶段，但还要取决于供体无性系是否属于当地主要法定推广无性系，其次是生产这类自根幼态无性系的数量和成本是否适合规模性生产要求。

（一）橡胶树自根幼态无性系培育的关键技术

1. 外植体选择　以花药（anther）或珠被（integument）为最佳，按国内经验多以花药为外植体，取样则以春花为主。

2. 基本培养基　包括大量元素、微量元素、铁盐、有机物。在橡胶树自根幼态无性系培育过程中宜采用MS改良培养基，大量元素中的$CaCl_2 \cdot 2H_2O$降低至330 mg/L，KH_2PO_4增加至425 mg/L，$MgSO_4 \cdot 7H_2O$增加至555 mg/L，H_3BO_3增加至12.4 mg/L，维生素B1增加至0.4 mg/L。

3. 外源细胞分裂素及生长素　在第一培养基中激动素（KT）：NAA：2，4-D以1：2：1为佳，在第二培养基中3者的比例宜采用0.3：0.1：0；第三培养基是成苗培养基，3种试剂均需要去除，应增加生根激素IAA 0.2～0.5 mg/L；同时加入赤霉素（GA_3）2～5 mg/L。

4. 蔗糖浓度　提高培养基的蔗糖浓度在愈伤组织和胚状体阶段至关重要，第一培养基为7%，第二培养基为7.5%～8%，第三培养基降至5%。

5. 微型扦插　这项技术是近年来发展起来的新技术，可以在自根幼态试管苗的基础在无菌条件下，将小植株分割成若干带芽的茎段，诱导生根出芽成苗，还可以继续分割扦插，因为这种微型扦插苗仍然属于幼态型，比较容易诱导生根成苗，培养形成橡胶自根幼态无性系。

（二）橡胶无性系从熟态型转向幼态型的原因分析　一些树木从种子发芽生长至成熟、开花结果，往往存在两个生长阶段。在热带植物中已经发现橡胶树和桉树属于这种情况，生长的前期属于幼态阶段，后期属于熟态阶段。在本章第一节中已经述及生长两个阶段除形态、芽的颜色、扦插生根性状等的差异外，根据基因表达调控原理分析，还存在基因的时空表达差异机理，即在树木生长的前期，属于幼态型性状的基因均能表达；在生长后期，属于幼态型性状的基因均不能表达。此时树木的各种性状向熟态型转变。当以橡胶的花器——花药组织作为外植体进行离体培养时，经过去分化形成愈伤组织，然后经过再分化形成胚状体和橡胶小植株，这种小植株经过研究证明已从熟态型转化为幼态型，而它们的基因型与供体无性系一样，没有改变。所以，培育橡胶自根幼态无性系作为一种新型种植材料，在橡胶树育种技术上将可能产生重大影响。

四、橡胶树的多倍体育种

（一）三倍体育种的常规方法　三倍体育种是树木育种新技术的一个重要组成部分。通常获得作物三倍体的方法是先培育出纯的四倍体，然后与二倍体杂交而产生三倍体。橡胶树无性系培育成纯的四倍体是很困难的，国内外均做过不少研究，植胶国马来西亚曾诱导出一些多倍体橡胶无性系，经过细胞学检测属于混倍体，这些无性系长大后在树干上产生一些显著的瘤状突起，树干凹凸不平，而且基本上不能开花结果。我国橡胶科研机构曾将抗风高产优良无性系PR107培育成多倍体，经过多代芽接筛选，培育出的多倍体PR107无性系，大部分体细胞染色体数为72，但仍然有部分体细胞的染色体数处于54～80之间，有意义的是这种多倍体PR107无性系成长后的树干生长平滑，未见任何瘤状突起，证明其树干的体细胞分裂生长已达到稳定的一致性，但植株成龄后同样未见开花结果，因此无法与二倍体杂交达到培育三倍体橡胶树的目标。

(二)三倍体育种的新方法 这一新方法是在选择好橡胶树杂交亲本无性系后，于橡胶树的春花期进行，先选好健壮花序，检测花粉母细胞处于单核期，采用0.5%～0.1%的秋水仙素水溶液处理雄花蕾，连续7～10d，雄花蕾在花序连体的情况下，可以继续生长发育，形成正常发育成熟的雄花，这一处理是使花粉母细胞在发育产生四分体（tetrad）过程中，阻断纺锤丝的作用而形成二倍染色体的花粉粒，这种染色体由8条加倍成36条的橡胶花粉粒可以在花药压片镜检中检测到，取已处理过的雄花花蕊与二倍体（$n=18$）的母本杂交，果实成熟后播种育苗，2个月后就可以从这些杂种苗中检测是否获得了无性系间杂种三倍体。目前在国际植胶界只有中国采用三倍体育种新方法，在一年内就可以培育出橡胶品种间纯三倍体。现以育成的三倍体无性系PG1为例来说明三倍体的检测及其遗传性状表现。PG1的亲本组合是GT1×RRIC52，GT1是一个耐寒高产无性系，产胶晚，未成龄期生长较慢，父本RRIC52是高抗白粉病中产无性系，生长较快，RRIC52的雄花蕾经秋水仙素处理后与GT1杂交，在授粉前检测到RRIC52染色体数为36的花粉粒，显示花粉粒的染色体已经加倍，杂交结果后，在杂种苗中发现有叶片加厚的植株，经体细胞的细胞学检测，染色体数为54，属于三倍体，此后经过4代芽接繁殖，体细胞染色体数仍然是54，已是稳定的纯三倍体。经生长量测定，显著超过两个亲本，在诸多无性系中，其长势几乎比任何无性系粗大，显示了树木三倍体的生长优势，而且在体细胞的3组染色体中，有两组来源于父本，经抗白粉病性状检测，不仅遗传了父本RRIC52的抗白粉病和长势好的性状，而且这两种性状均有所加强，三倍体PG1的割胶产量前期属于中低产，以后上升为中等产量至中高产。因此，橡胶三倍体育种新方法，父本选择是个重要环节。

第六节 橡胶育种田间技术

橡胶育种田间技术必须根据全国统一规范化标准操作，本章主要根据2002年11月5日由中华人民共和国农业部发布的行业标准和橡胶树育种技术规程，对橡胶育种的田间技术加以阐述。

一、橡胶树育种的田间设计

(一)有性系比区的建立

1. 有性系初级系比区 参试的材料应是各杂交组合的种子实生苗，或其他特殊类型的种子实生苗。试验设计采用随机排列，2～3次重复，每小区30株以上，株行距3 m×7 m，对照种使用前一年高截干当家无性系种植材料，块状种植。

2. 有性系高级系比区 参试的材料应是有性系初级系比区已证明的优良组合，再扩大杂交的种子实生苗。或国内外优良种子园种子实生苗。试验采用随机区组设计，3～4次重复，每小区60株以上，株行距3 m×7 m，对照种使用前一年高截干当家无性系种植材料，块状种植。

3. 有性杂种区 参试的材料来源不限，参试的组合或组合株数不限，试验设计无须设重复，对照当家种无性系可种植60～100株，该试验区的目的主要是尽快选出优良母树。

(二)无性系比区的建立

1. 苗圃系比区 该类系比区主要为产胶量预测以及耐寒、抗病等性状的预测而设计，参试的材料可包括在各类有性系比区中选出的高产、优良副性状单株、优良新种质、各类创新材料。试验设计采用分组共同标准种法，两次重复，每小区5～10株，株行距1 m×1 m。

2. 无性系初级系比区 从苗圃系比区或从各级有性系比区选出的优良材料在本区进行参试，试验设计采用分组共同标准种法，3次重复，每小区5株，对照采用当家无性系。

3. 无性系高级系比区 该类系比区是评选生产推广优良无性系最高等级的试验区，参试材料主要来自无性系初级系比区、苗圃系比区入选的无性系，或国外引入的优良无性系。试验采用随机区组设计，3～4次重复，每小区的中心记录树不少于25株，丘陵地不少于25株，株行距3 m×7 m，对照采用当家无性系。

4. 生产性无性系比区 本区是为试种级无性系或国外引入优良无性系的生产适应性而设立，每个无性系种植一个割胶树位，对照同面积。

二、橡胶树主要目标性状的鉴定方法

（一）产胶量鉴定　在各级有性系比区、无性系比区达到开割标准进入割胶期后，就需要按时测定胶乳产量、干胶含量。属于初级系比区的测产，每月测量胶乳产量 3 次，测干胶含量 1 次，记录每月割胶天数，计算年平均株产。在高级系比区测产时，要除去小区边行，只测定记录树产量，头 3 割年每月测胶乳产量 3 次，同时测定干胶含量，记录每月割胶天数。第 4 割年后，开始使用乙烯利刺激剂，采用间隔施药周期测产，计算年株干胶产量和年单位面积干胶产量。

（二）胶乳及干胶质量鉴定　从高级系比区选出的优良无性系，需要进行鲜胶乳的机械稳定度、挥发脂肪酸值、以鲜胶乳制成的干胶膜的塑性初值等质量鉴定。

（三）生长量鉴定　苗龄在 1 年以上的系比区，每年底要全面测量茎围一次，测量部位为离地面 150 cm 处。正式开割时在离地面 150 cm 处，测量原生皮厚度一次，以后固定样株在第一割面测量 1 割龄、3 割龄、5 割龄的再生皮厚度。

（四）生长习性鉴定　割胶后进行 1～2 次生长习性调查，包括分枝习性、树冠大小、疏密度和树干形态。

（五）抗性鉴定　包括抗风、耐寒、抗病的鉴定。抗风鉴定是根据台风后的调查，以风害断倒率为鉴定标准。耐寒的鉴定以冬季受寒害等级为标准。抗病鉴定以抗白粉病为主，在白粉病流行期进行调查，以感病等级和发病指数为根据。

（六）其他副性状鉴定　至割胶期注意调查割面干涸率、自然木瘤、树干条沟、树干爆皮流胶、排胶速度、胶乳早凝、开花结果量。

第七节　橡胶育种研究新动向与展望

自 20 世纪 20 年代开始橡胶育种以来，从低产的野生橡胶树培育成高产无性系，产胶量提高了 3～6 倍，国内外植胶界仍在不断研究杂交育种新策略，以获得抗性与高产相结合的优良新品种。与此同时，专家们提出了许多其他新思路、新方法，并已着手进行研究，归纳起来有以下几个方面。

一、胶木兼优橡胶无性系

橡胶树开割后的经济寿命约为 30 年，此后进入更新期，砍伐的橡胶木是一个很好的副产品，通常可收获约 30 m^3/hm^2，而胶木兼优无性系除高产胶外还有高材积，可达 40～45 m^3/hm^2。马来西亚已育成多个胶木兼优无性系进入大田试验，我国培育橡胶多倍体的新方法也可能应用于胶木兼优无性系的育种。

二、增强 HMGR 还原酶在胶乳中的表达

在橡胶生物合成过程中，3-羟基，3-甲基戊二酸单酰辅酶 A 还原酶（HMGR）是其中的关键酶之一，但与其他酶相比，其在胶乳中的含量异常低，法国、中国、马来西亚的橡胶科技界都克隆到这个酶的基因，在转基因过程中虽然没有获得转基因橡胶植株，但在被转化的橡胶胚状体中发现 HMGR 的活性为对照胚状体的250%～300%。专家们认为，HMGR 基因如能通过胶乳表达启动子只在乳管内表达，就很有可能增加聚异戊二烯的合成而提高产胶量。

三、橡胶转移酶的分离与基因克隆

橡胶转移酶（rubber transferase，RT）是橡胶生物合成由异戊烯基焦磷酸（IPP）聚合成橡胶粒子聚异戊二烯的关键酶，美国和中国的科研人员曾在橡胶粒子的膜上发现这类蛋白，也曾通过建立胶乳 cDNA 文库筛选该基因，

或分离橡胶粒子膜蛋白的方法来克隆 *RT* 基因，但最终由于未检测到表达酶的活性，因而无法确认 *RT* 基因的克隆成功。专家们分析，在橡胶粒子的生物合成过程中，关键酶的活性是至关重要的，这种活性与橡胶无性系的基因型有相当密切的关系。因此，克隆 *RT* 基因，转化橡胶树良种，增强乳管内橡胶转移酶的活性，以更多地合成橡胶粒子，可能形成橡胶树良种培育的一种高新技术。

四、乳管系分化生长的调控技术

橡胶树乳管系是合成胶乳和橡胶粒子的组织，乳管系的多寡与橡胶树的产胶量的关系很密切。国内外的许多研究表明，高产无性系的乳管列数和个数均多而发达，而低产无性系仅约为高产无性系的一半。橡胶树从形成层分化成乳管细胞是随着树龄的增大而增多，但控制乳管系分化和发育的基因尚未被发现，是今后需要追踪的目标。

五、胶药两用橡胶无性系的培育

许多科学家都认为，橡胶乳管系是最好的天然生物反应器之一，如能将一些贵重药物基因转入橡胶树并利用胶乳内的化学前体合成药物，培育出既能产胶又能产药的橡胶新品种，可能大幅度增加橡胶树的产值，这是植胶界当前最关注的高科技新动向。

展望橡胶育种研究的前景，将形成杂交育种与现代生物技术育种相结合的态势，研究方向更趋向抗性与产胶量的进一步结合，幼态自根无性系的利用，胶木、胶药兼优等新品种培育，和基因工程遗传改良途径等。

复习思考题

1. 试述橡胶育种的主要目标性状及其鉴定方法与技术。
2. 试述橡胶树种质资源的类型及其育种意义。
3. 试述橡胶有性育种程序的主要步骤和各个步骤应注意的问题。
4. 试述橡胶无性育种程序的主要步骤和各个步骤应注意的问题。
5. 橡胶育种新技术有哪些？各有什么特点？
6. 试评述橡胶育种田间技术的主要内容及其相应的特点。
7. 试评述橡胶育种的动向和前景。

附　橡胶树主要育种性状的记载方法和标准

一、植株生长量和树型

1. 茎围生长量：在离地面 150 cm 处测量茎围，每年底测一次。

2. 割胶后再生皮生长量：在割面再生皮处用刺皮器检测再生皮厚度。

3. 树型：树型与抗风力有关，记载分为单干塔型、多分枝重树冠型和多分枝轻树冠型。

二、抗性

4. 抗风力调查标准：台风后调查橡胶无性系的断倒率，按 5 级制标准。5 级为最严重，离地 2 m 以下断干或倒树；4 级为树干 2 m 以上而主分枝以下断干或主分枝全断。记录 4～5 级断倒率。

5. 耐寒力调查标准：强寒潮后调查橡胶无性系的耐寒力，按 5 级制标准。5 级为最严重，植株地面以上全枯死；4 级为树冠全枯死。记录 4～5 级寒害率。

6. 抗白粉病调查标准：在各类系比区中，对参试无性系每年普查一次，按 5 级制标准。5 级为最严重，因病落叶占 1/2 以上，4 级为落叶占 1/3 或大部分叶片因病皱缩。记录 4～5 级受害率。

三、产胶量性状测定

7. 干胶含量测定：每月测定干胶含量一次，每次每株取胶乳 30 g，加酸凝固，制成胶片，烘干后称重，求干

胶含量，其公式为

$$干胶含量=\frac{烘干胶片重量（g）}{胶乳重量（g）}\times 100\%$$

8. 单株月平均产胶量：在各类系比区，选定每个无性系的测产单株，每月中旬量胶乳一次，按测定的干胶含量换算成干胶产量。

9. 单株年平均产胶量：以单株月平均产干胶量之和乘以割胶月数。

四、副性状调查

10. 死皮性状调查标准：按 5 级制标准，5 级为最严重，死皮占割线的 3/4 以上，4 级为 1/2。

参 考 文 献

[1] 广东省农垦总局，海南省农垦总局编著．橡胶树良种选育与推广．广州：广东科学技术出版社，1994
[2] 何康，黄宗道主编．热带北缘橡胶树栽培．广州：广东科学技术出版社，1987
[3] 华南热带作物科学研究所译．印度尼西亚的橡胶生产．海口：热带作物研究所，1959
[4] 华南热带作物科学研究所译．三叶橡胶研究三十年．广州：热带作物杂志社，1956
[5] 华南热带作物科学研究所编．中国橡胶栽培学．北京：农业出版社，1961
[6] 黄宗道，郑学勤等．对我国热带、南亚热带植胶区的评价．热带作物学报．1980，1（1）
[7] 农垦部热带作物科学研究院等编著．橡胶无性系形态鉴定方法及其图谱．北京：科学出版社，1965
[8] 农业部科技委员会主编．中国农业科技四十年．北京：中国科技出版社，1989
[9] 尹双增主编．面向新世纪的海南高新技术产业．海口：南方出版社，2000
[10] 郑学勤等．诱导橡胶多倍体与其细胞学研究续报Ⅰ．热带作物学报．1980，1（1）：27～31
[11] 郑学勤等．诱导橡胶多倍体与其细胞学研究续报Ⅱ．热带作物学报．1981，2（1）：1～9
[12] 郑学勤．重返亚马孙原始大森林．热作科技．1981，5（6）；1982，6（1～2）
[13] 郑学勤等．诱导橡胶三倍体新方法的研究．热带作物学报．1983，4（1）：1～4
[14] 郑学勤，胡东琼主编．中国橡胶种质资源目录．北京：中国农业出版社，1994
[15] Dardet D. Relations between biochemical characteristics and conversion ability in *Hevea brasiliensis* zygotic and somatic embryos. Can. J. Bot，1999，77：1 168～1 177
[16] Blanc G. Differential carbohydrate metabolism conducts morphogenesis in embryogenic callus of *Hevea brasiliensis*. Journal of Experimental Botany. 2002，53（373）：1 453～1 462
[17] Carron M P. Somatic embryogenensis in *Hevea brasiliensis* current advances and limits. France，proceeding IRRDB symposium，2001
[18] Zheng Xueqin，Chen Qiubo. Biotechnology for the Tropics. Beijing：China Railway Publishing House，1994

（郑学勤编）

第二十六章　烟草育种

第一节　国内外烟草育种概况

一、我国烟草类型及育种简史

烟草（tobacco）16世纪至17世纪初传入我国，当时只是晒烟和晾烟。20世纪初（1900）随着帝国主义的经济侵略传入烤烟，先后在台湾、山东等地试种成功。很快发展成为我国主要烟草类型。

按照烟叶品质的特点、生物学性状、栽培调制方法分类，我国栽培的烟草一般分6大类型：①烤烟，系火管烤烟的简称，因其起源于美国的弗吉尼亚州，也称弗吉尼亚型烟。它是我国也是世界上栽培面积最大的烟草类型，为卷烟工作的主要原料。②晒烟，即利用阳光晒制的烟叶，我国栽培历史较久，因晒制方法和晒后颜色不同，而分为晒黄烟和晒红烟。③晾烟，将烟叶挂在阴凉通风场所晾制而成，分浅色晾烟和深色晾烟。④白肋烟，由原名Burley的译音兼译意而来，茎、叶呈乳白色。⑤香料烟，又称土耳其烟或东方型烟，植株及叶片小，芳香。⑥黄花烟，在植物学分类上，黄花烟与以上5种烟草类型的区别在于它属于不同的“种”，生育期短，耐寒。生产上栽培的烟草品种按基因型分家系品种和杂种品种。

我国有计划地广泛而深入地开展烟草育种工作，始于20世纪50年代初。开始主要是农家品种评选和国外引进品种的鉴定。在此基础上，开展了自然变异选择育种和杂交育种，至60年代育成了辽烟3号、辽烟8号、金星6007、许金4号等品种。70年代，烟草杂交育种成为主要育种途径，先后育成春雷3号、中烟14、中烟15、红花大金元、革新2号等品种。同期，花粉单倍体育种取得了突破性进展，育成单育1号、单育2号和单育3号，并首次应用于生产。80年代，育种目标进一步明确和完善，我国烟草育种进入新的发展时期，品质育种和抗病育种相结合，育成中烟90、中烟9203、辽烟15等品种。在“吸烟与健康”争论的推动下，首次培育成低毒、少害、含医药成分的紫苏型烟、罗勒型烟等新型烟草，并应用于生产。继之，用细胞融合技术进行体细胞杂交育种，育成86-1、88-4，有特异香气的烟草新品系，在生产中试种。进入90年代，生物技术飞速发展，我国先后获得抗TMV、CMV、PVY等抗病、虫的转基因烟草。在新的发展时期中，要求培育烟草新品种应具备：优质、丰产、多抗、低毒、少害的特点，这就需要继续密切多学科的协作，加强新基因资源的发掘和创造，探索新的育种技术，提高育种效率，实现新时期的育种目标。

二、国内外烟草育种的主要进展

近年来，国内外随着种质资源的深入研究，优质源和抗源的不断被发现，生理、生化以及分子生物学等现代生物技术的飞速发展，许多国家通过遗传工程和常规育种紧密结合，烟草育种取得了快速的进展，培育了一批优质、高产、抗多种病、虫害的烟草品种。例如，美国南卡罗来纳州克来姆森（Clemsen）大学Pee Dee研究与教育中心，利用抗源TI112培育出抗虫兼抗病的烤烟品种CU263，该品种抗烟天蛾，中抗烟夜蛾、低抗黑胫病和青枯病，抗根结线虫病，开创了培育烟草品种多抗的先河。对PVY抗性的研究与品种选育已取得较大的进展，培育成功的品种NC95具有这种特性。并鉴定出一批抗烟青虫的材料，如TI165、TI163、TI168、TI170等，为培育抗烟青虫的烟草品种奠定了基础。据分析，这些材料含黑松三烯二醇和蔗糖脂等物质，烟青虫厌恶这些物质，不在含这类物质的叶上取食和产卵。而TI1223、TI170、TI1421、Nc744等皆抗烟蚜。烟蚜是TMV、CMV等病毒的传播媒介。因此，抗烟蚜育种的作用和意义远超过抗烟蚜本身。日本对基础理论和应用基础研究高度重视，这是技术创新的基石。盘田烟草试验站等研究机构，对搜集的国内外种质资源及资源的谱系研究得较细而透彻，并发现抗白粉病的抗源“国分”，已被世界广泛利用。伴随基础理论与应用基础研究的深入，将有利于种质资源的开发与利用，对提高品种改良效率，拓宽烟草遗传育种基础，都有重要作用。法国在烟苗苗龄10～25d进行育种选择，已选出抗霜霉病、白粉病的烟草品种。这种苗期选择抗病材料的方法对提高选择效率，加速抗病育种的进程是值得借鉴的。

近代，在“吸烟与健康”争论的推动下，国内外烟草育种围绕优质、丰产、多抗、易烤育种目标放在首位的前提下，逐渐向低毒、少害，“安全性”方向发展。加拿大利用生物技术与常规育种方法相结合，培育的品种Delgold，具有优质、抗病和“安全性”的特点，即低焦油、高烟碱，焦油烟碱比值低，对健康危害较小。目前，该品种占加拿大烟田面积的60%以上。利用花培、体细胞杂交、组织培养等技术，把 *Nicotiana debneyi*、*Nicotiana rustica*、*Nicotiana meglosiphon* 的抗性转移到烟草中，探索烟草性状基因的调节作用，以确定专性酶指标，作为选择抗性材料的工具，为培育突破性的品种奠定了基础。津巴布韦烟草研究院（TRB）的专家，利用生物技术与常规育种相结合的方法，打破抗病性与劣质性状之间的基因连锁，使抗病与优质集于一个品种中，育成的品种Kutsage35、Kutsage Rk6、Kutsage Rk8 占其烟草种植面积50%以上。事实证明，生物技术与常规育种相结合，已逐步发展成为现代培育优质、多抗烟草新品种的重要手段。

近几年，各主要产烟国家，积极创造胞质雄性不育系，转育不育系，以利用杂种一代优势。美国1996—1997年，推荐使用的杂交种5个，占推荐品种的45%以上，足见其对杂交种的重视程度。我国龚明良等（1981）利用普通烟草与粉蓝烟草原生质体融合的杂种后代中，筛选获得了稳定的烟草胞质雄性不育系86-6，已转育成几个栽培品种的不育系，并配制杂种一代，已在生产中种植。利用烟草杂种，能综合双亲不同的抗性基因于一体，对环境适应性强，可以控制自由繁种，提高种子纯度，易于做好品种产区定位生产。因此，各主要产烟国相继研究和利用烟草不育系和保持系，并在生产上应用。

随着分子生物技术的迅速发展，利用基因工程手段，将来源于动物、植物、微生物的多种外源基因导入烟草，培育出抗TMV、CMV、抗虫及除草剂的烟草。在世界范围内已有近百例转基因烟草进入大田试验，一种转基因烟草被批准进行商业化生产。烟草作为一种模式植物，在分子生物技术和常规育种相结合的研究中，将会推动烟草育种的飞速发展。

第二节　烟草育种目标及主要性状遗传

一、烟草育种目标

制定育种目标，直接关系到能否选出理想的品种，是育种工作的方向和成败的关键。育种的具体目标应因时、因地、因制烟工业的要求而有所区别和变化。但是，优良的烟草品种必须具备优质、高产、抗性强3个优点。但烟草类型不同，产区条件、品种现状的区别及对晒烟和晾烟品质的特殊要求，这3大目标的主次排列和指标要求，应分别突出重点，有的放矢。从我国烤烟品种现状和生产水平看，其育种目标应在抗性的基础上主攻品质性状。

（一）烤烟品种烟叶质量　烟叶质量主要包括外观质量、内在质量和可用性3个方面。

1. 外观质量　这是指人的感官可以做出判断的外在质量特征。与品种选择有关的因素是颜色和身份适中，结构疏松，油分多，叶表面有微粒物凸起，不平滑，成熟度好。对外观质量的综合评价，当前按国家标准分级前提下，要求新品种的上等烟、上中等烟比率或烟叶均价比现有推广良种有明显提高。

2. 内在质量　这是指烟叶通过燃烧所产生烟气的特征特性。衡量烟气质量的因素主要是香气和吃味。而香气包括香气质、香气量和杂气；吃味指劲头、刺激性、浓度、余味等。其鉴定品质方法，目前，世界上仍以感官评吸为主要手段。新品种在香气、吃味上应相当或超过标准品种。重视烟叶主要化学成分的协调性。其协调比值是尼古丁与还原糖为1∶8～12；尼古丁与总氮为1∶1；总氮与烟碱比为1∶1，糖与烟碱比为10∶1，施木克值为2～3。当今世界上衡量烟叶品质，以评吸为主要方法，以化学成分分析为客观控制标准，以外观物理性状为快速简单鉴别手段，这在一定程度上，存在着局限性，今后，需要改进。

3. 可用性　这是指卷烟工业对烟叶利用价值的综合评价而言的。它是制约烟叶质量概念演变的重要因素。可用性对烤烟品种有关的有两项内容：其一，在烟叶颜色及其他质量相同情况下，要求叶片较大，身份适中，含梗率低，组织疏松，油分多，弹性好，填充值高。其二，要求烟叶化学成分协调，如尼古丁、糖分、总氮等有关比例与香气、吸味以及焦油含量，都与可用性有密切关系。其中，焦油含量以低为宜，焦油与烟碱比值以 10：1 较佳。

（二）产量要求　在把品质放在首位的前提下，协调产量与品质的矛盾。长期以来，烟草育种对株型与产量、品质的关系有所忽略。据研究，烟草品种的株型与截取太阳光能有密切关系。株高、叶数的多寡、叶片角度及着生姿态等性状与其产量、品质都有一定关系。新育成品种的性状结构，要求植株封顶后株高 120～130 cm，单株着生叶数 23 片左右，茎围 7～9 cm，节距 4 cm 上下，整株平均单叶重 6～8 g，产量达2 250～2 625 kg/hm²（亩产 150～175 kg）。

（三）抗逆性　主要指抗病、抗虫、耐旱、耐寒能力。育种目标应根据各地具体情况而制定。

1. 抗病性　应把抗当地主要病害作为育种目标。掌握抗源及抗性的遗传背景、特点是培育多抗品种的关键。

2. 耐肥性　品种耐肥力与其产量、品质有关。耐肥力强兼易烤特性应作为优质烤烟育种目标之一。

3. 耐旱性　干旱造成烟叶产量不稳，品质难以提高。耐旱性作为培育新品种应具备的条件。发达的根系是耐旱品种应具备的特征之一。

4. 抗虫性　抗虫育种必须同品质育种紧密结合。因为烟叶的香气、吃味与烟草抗虫性有联系。一般烟叶香气浓，害虫会多些。

二、烟草主要经济性状的遗传

烟草的经济性状通常分为两类：其一，质量性状，由少数基因控制，性状表现为不连续变异，易明确分组，不易受环境条件的影响；其二，数量性状，由微效多基因支配，性状表现为连续变异，不易明确分组，易受环境条件的影响。质量性状与数量性状的区分是相对的。因此，在育种过程中，对有关烟草主要经济性状的遗传应有深刻的认识，以便根据性状的遗传特点，采用不同的育种方法和措施，达到事半功倍的效果。

（一）单株叶数的遗传　烟草单株叶数属数量遗传性状，贵州烟草研究所用小壳折烟与黔福 1 号杂交组合的研究表明，F_1平均叶数（29.1 片）非常接近双亲中值（30.1 片）；F_2群体的叶数为钟形分布，平均叶数（28.9 片）几乎与 F_1相等，但其方差却远大于 F_1。这说明，决定叶数遗传的多基因以加性效性为主。该杂交组合的广义遗传率高达 92.9%。国内外研究其他材料的叶数广义遗传率为 57.10%～98.4%。单株叶数广义遗传率高，受环境影响较小，在早期世代单株叶数的选择，可收到良好的效果。这些结果还表明，叶数有较高的一般配合力，在杂交育种中注意亲本的选配可收到较好的改良效果。

（二）短日照反应型的遗传　短日照敏感型即"多叶型"，"巨型"烟。它受隐性的巨型基因（*m*）所制约，间接影响植株叶片数。短日照反应型品种（*mm*）与中性品种杂交的 F_1（*Mm*）一律是中性的，单株叶数同中性亲本一样多。F_2群体有 3/4 植株是中性的（*MM* 和 *Mm*）；1/4 的植株是短日照反应型的（*mm*），表现出多叶的特征。育种实践表明，在普通烟草种内，巨型基因可以通过杂交在不同品种之间转移，不曾发生基因效应的改变。例如，烤烟的巨型基因转移给白肋型，可使白肋型成为巨型，也能转移给其他类型的烟草品种以及少数野生种，使之成为巨型，即多叶型。

（三）烟碱含量的遗传　烟属大多数种主要含烟碱、降烟碱和新烟碱三者的一种或两种。种间杂交试验和分析指出，新烟碱型×降烟碱型，新烟碱型×烟碱型，其 F_1都以合成新烟碱型为主，表明新烟碱型是降烟碱型和烟碱型的显性或部分显性。降烟碱型×烟碱型的 F_1则主要合成降烟碱型，可见降烟碱型又是烟碱型的显性或部分显性。两个栽培种的各品种以含烟碱为主，也含有一定数量的降烟碱。从烟碱的合成而言，受两个不同的遗传体系的影响。其一，烟草鲜叶内植物碱含量的多少，其遗传决定于加性效应为主的 2～3 对基因；其二，烟碱能转化为降烟碱，其转化过程由一个显性基因（C_1）或两个显性基因（C_1 和 C_2）所制约。当品种的基因型内存在有两个显性转化基因中的一个，叶内的烟碱在调制过程中，则转化为降烟碱；隐性的等位基因 c_1 不能使烟碱转化。当烟碱含量不同的两个亲本杂交时，F_1烟碱含量一般为双亲中值左右。F_2群体植株烟碱含量表现为常规分布，其广义遗传率为 26.6%～78.6%，狭义遗传率为 3.6%～88%。

（四）叶绿素含量的遗传　缺少叶绿素对烟草有其特殊的利用价值。而白肋型、灰黄型、黄绿型是烟草叶绿素欠缺的变异型。据国外研究，白肋 21 品种每克叶片干物质的叶绿素含量 7.2 mg，而正常绿色品种赫克斯则为 20.1 mg，即前者为后者的1/3。白肋型受两对独立遗传的隐性重叠基因控制。正常绿色基因 Y_{b1} 和 Y_{b2} 为白肋型 y_{b1} 和 y_{b2} 的完全显性。其 F_1 一律是正常绿色。F_2 表现型比例因杂交时绿色亲本的基因型之不同而异。如果杂交组合是 [$y_{b1}y_{b1}y_{b2}y_{b2}$（白肋型）$\times Y_{b1}Y_{b1}Y_{b2}Y_{b2}$]，则 F_2 群体的正常绿株与白肋株的比例为 15：1，如果杂交组合是（$y_{b1}y_{b1}y_{b2}y_{b2}\times Y_{b1}Y_{b1}y_{b2}y_{b2}$）或（$y_{b1}y_{b1}y_{b2}y_{b2}\times y_{b1}y_{b1}Y_{b2}Y_{b2}$）；则 F_2 群体的正常绿株与白肋株的比例都是 3：1。曾出现过一些由胞质基因决定的叶绿素欠缺的变异，只能通过母体遗传。

（五）叶形的遗传　叶形决定于叶长和叶宽，长而窄为披针形，短而宽为心形，有 3 对独立遗传的基因决定叶形的遗传：P_t-p_t、P_d-p_d、B_r-b_r。披针形是其他各种叶形的显性，而心形是其他各种叶形的隐性。一般窄叶形的香气优于宽叶形。

（六）叶片色泽的遗传　烟草正常色泽为绿色。有时也会出现紫色，它是受一个显性基因制约的，红铜色是由两个隐性重叠基因决定的；橘红色是受一对隐性基因支配的。

（七）侧翼的遗传　普通烟草品种中，烟叶有侧翼称无叶柄，无侧翼称有叶柄，这种叶柄有无的遗传，主要受两对累加效应基因决定，有柄为无柄的显性或部分显性。

第三节　烟草种质资源研究和利用

一、种质资源的重要性及其意义

种质资源包括古老的地方品种、人工创造选育的新品种和高代品系、野生种等各种不同的遗传类型以及可供利用和研究的一切材料，是育种工作的物质基础。世界各国对作物种质资源搜集、储存、研究与利用工作都十分重视。因为突破性成就的出现，取决于对种质资源占有数量和研究的深度，以及关键基因的发现和利用。迄今，我国有烟草种质资源 3 637 份。并从中筛选、鉴定出一批抗源、优质源，对今后我国烟草育种的发展奠定了良好的基础。

品种资源工作的最终目的在于为生产、科研，特别是为育种服务。20 世纪初，美国从大量的栽培品种和野生种中筛选出并利用抗青枯病的种质 TI448A，选育出第一个抗青枯病的品种牛津 26（Oxford 26）。利用抗普通花叶病（TMV）的野生种 *Nicotiana glutinosa* 和香料烟品种 Samsun 杂交，选育出抗普通花叶病的沙姆逊品种。利用优质品种 Hicks 选育出一批优质新品种，如 Coker319、NC2326 等，这些品种被世界广泛种植，对世界烟草生产做出了重要贡献。我国利用高抗赤星病品种净叶黄杂交，选育出抗赤星病的单育 2 号、中烟 90 等；台湾省利用耐黄瓜花叶病的 Holems 品种杂交选育出耐黄瓜花叶病的烤烟品种台烟 6 号、台烟 7 号、台烟 8 号等。烟草育种史表明，不断发掘优异种质和抗源，对保证育种工作，提高效率是至关重要的。

目前，美国以及我国选用的种质资源越来越广泛，优异种质资源的发现仍不能满足当前育种的需要。利用仅有的几个主体亲源选育的品种所载基因类同，大量推广这一系列品种，难以抵抗大范围的自然灾害。例如，抗普通花叶病的烤烟品种的抗病基因主要来自野生种 *Nicotiana glutinosa*，一旦这些抗病基因丧失抗病性或产生致病性的新生理小种，用其选育的品种难免受害。为避免上述现象发生，今后应多搜集、发掘和利用遗传多样性的种质。以便选育遗传基础更广泛的品种，为生产服务。因此，种质资源工作任重道远。

二、烟草栽培种及其起源

烟草属于茄科（Solanaceae）烟属（*Nicotiana*）。迄今，烟草属分普通烟、黄花烟和碧冬烟 3 个亚属。亚属又分组，共有 14 个组 66 个种。现在栽培的为普通烟草（*Nicotiana tabacum* L.）和黄花烟草（*Nicotiana rustica* L.）两个种。均原产于南美洲。其余的种均为野生种。普通烟草又称红花烟草，如烤烟、晒烟、晾烟、香料烟、白肋烟等。黄花烟均为晒烟，前苏联地区和印度较多。我国西北、东北部分省（区）栽培的晒烟中，有一小部分是黄花烟草。

近年来，通过同功酶谱带和植物固醇含量等生化分析及细胞质中特有同功酶的检测，较多的学者认为，普通烟草起源于二倍体种 *Nicotiana sylvestris*×*Nicotiana tomentosiformis* 的天然杂种 F_1 经染色体自然加倍而形成的异源四倍体。亲本中，前者 $2n=24$，染色体组为SS；后者 $2n=24$，染色体组为TT。因而 F_1 的染色体组为ST；自然加倍形成的普通烟草 $2n=48$，其染色体组是SSTT。

黄花烟（*Nicotiana rustica* L.）的体细胞染色体数目也是 $2n=48$。据细胞遗传学研究分析，它可能是（*Nicotiana paniculata*×*Nicotiana undulata*）天然杂交种的染色体数加倍而形成的。因为将这两个种杂交的 F_1 的未减数花粉授给黄花烟后，产生的形态特征完全像黄花烟子代植株，间接地证明黄花烟的染色体组成分是UUPP。

探明烟草栽培种的起源及其染色体的组成，可以有预见性地采用种间杂交等措施，更好地选育优质、抗病、适产的烟草新品种。

三、国内外烟草育种利用的亲本系谱

国内外烟草育种无论采用杂交育种、自然变异选择育种还是花粉单倍体育种等方法培育的新品种，对亲缘谱系及主体亲缘的利用都比较重视。因为它是构成优良性状的遗传基础。从国内外烟草育种史和现状看，主攻目标是优质、高产和抗病3大性状，如美国的烤烟育种目标是优质、高产、多抗，并重视易烤性。在烤烟生产上应用的品种中，其高产及易烤性两个性状的亲缘，77%是来自Coker139；品质性状亲缘的94%来自Hicks，因而71%的品种来自Coker139和Hicks两者。Hicks是由Orinoco衍生的，即Orinoco是品质性状的祖先。Coker139是高产和易烤性的主体亲缘。

在抗病育种方面，对主体亲缘的选配更为重视。例如，抗黑胫病（*Phytophthora parasitica* var. *nicotianae*）育种的主体亲源是Florida301，由其育成的抗病品种有Bu49、Va509等。抗根结线虫病（*Meloidogyne incognita*）的主体亲源来自TI448A，由其育成具有抗病基因的品种Coker139和Speight G-28。抗TMV育种是来自黏烟草（*Nicotiana glutinosa*）的*NN*抗病基因。它首先转移到香料烟和白肋型抗TMV。随着抗病育种的进展，又相继育成抗TMV的烤烟品种VA088、VA528、VA770、Coker86等。美国在不同的发展时期有不同的主体亲本，先后达10余个。这都反映了对种质资源研究的深入程度。

我国烤烟育种对品种的亲缘利用也很重视，因为它能增加育种的预见性，有利于加速育种的进程。从20世纪50年代至90年代，杂交育成的品种和品系约158个。对其全部的亲缘了解的尚不完整和透彻，仅分析了育成的75个烤烟品种的亲缘关系，它们来源于3大主体亲缘：金星亲缘系统（含滕县金星亲缘的品种）、特字400号系统和大金元系统，分别占育成品种数的28%、46.6%和18.67%。以上3大亲缘系统对我国烟草育种起过重要作用，可称为3大主体亲缘。处于次要地位的亲本有小黄金、大黄金、长脖黄等。近年来，G-28品种，在杂交育种中显示出了重要性，在近年育成的品种中，绝大部分有其亲缘，曾用其育成中烟86、辽烟13号、中烟90、中烟14、中烟15、云烟2号等烤烟品种。

我国抗黑胫病育种的抗源是从美国引进的具有抗性的DB101及其衍生物Coker139、Coker319、G-28，它们是近代抗黑胫病的主体亲本（而DB101的抗性则来源于抗病亲缘Florida 301）。我国采用DB101育成了革新1号、革新4号和春雷3号。我国抗烟草普通花叶病毒病（TMV）的抗源，主要是从美国引进的具有TMV抗性的白肋烟类型转移过来的抗源，如辽烟10号、辽烟12号、台烟7号、台烟8号等品种（白肋烟抗TMV抗源从*Nicotiana glutinosa* 转移而来）。我国抗赤星病（*Alternaria alternata*（Fries）Keissler）的抗源是净叶黄烤烟品种，由其育成中烟15、中烟86、许金4号、单育2号、中烟90等品种。因此，净叶黄品种是国内抗赤星病育种的主体亲本。广东省地方晒烟品种塘蓬，是抗白粉病（*Erysiphe cichoracearum* DC.）抗源，我国已由其育成广红单100号、81-26等抗白粉病品种。

在烟草育种中，选配主体亲缘是极为重要的，它关系到育成品种的品质与抗性。我国20世纪50～70年代的育种目标以高产、抗病为主，所以亲本也突出了这些性状。金星和大金元之所以成为主体亲缘，前者主要利用其丰产性及抗逆性；后者除做亲本外，又因含有多叶亲缘Mammoth Gold的血缘，由其通过基因突变选出了若干个多叶品种，如寸茎烟、云南多叶烟等。特字400号之所以成为主体亲缘，主要是利用其品质优良的性状。20世纪80年代，我国烟草育种目标以优质、抗病为主，G-28逐渐成为主要的亲缘，主要是利用其品质优良及抗病（黑胫病、青枯病、根结线虫病等）。因此，深入研究，掌握并选配优质、抗病的亲本及亲缘是育成优质、抗病品种的关键。但必须明确指出，我国烟草育种，仍存在着遗传基础狭窄问题。因此，扩大基因源，势在必行。

第四节　烟草育种途径和方法

一、自然变异选择育种

自然变异选择育种，它是根据育种目标，以自然变异为基础，通过选择单株鉴定其后裔育成新品种，是选育烟草品种的最基本的方法。据统计（1983），用此方法育成的烟草新品种约占全国育成烟草品种总数的40%左右。足以说明其重要性。如净叶黄、金黄柳、螺丝头、潘园黄、金星6007、红花大金元、永定1号等，都是利用自然变异选育出来的。

（一）烟草自然变异的来源　烟草自然变异的来源是天然杂交和基因突变。烟草虽是自花授粉作物，其天然杂交率因环境与品种诸因素不同而异，一般为1%～3%，高的可达10%以上。因此，烟草不同品种或类型之间的天然杂交和杂种后代的分离，从而产生一些与本品种典型性不同的变异株，为单株选择创造了条件。基因突变在烟草中只起次要作用，因大多数突变并无经济价值。

（二）单株选择与选择性状的依据　正确地鉴定性状是实施有效选择的前提，而快速准确的鉴定手段，是提高选择效率的保证。单株选择对象就是把烟草群体内综合育种目标的优良自然变异株选出来，入选单株的种子分别脱粒保存，并于下年使每一单株后代种植一小区，经几年不断地单株和株系鉴定，从中选出符合育种目标的基因型纯合的株系。

对个体的选择，有时根据目标性状本身的表现直接决定取舍，即直接选择；有时根据各性状之间的相关性，从其他性状的表现来推测某性状的优劣，间接决定某单株的取舍，即间接选择。但是，性状间的相关关系，由于选材设计的不同，波动较大，品种在栽培水平改变情况下，相关关系可能随之发生变化。烟草性状间的相关关系比较错综复杂，有时并不呈直线相关。这是间接选择所要注意的。育种工作者，需要权衡几种性状的要求，所以一个优良品种的选育成功，必然是对产量、品质、抗性三者有关的性状进行综合选择的结果。

1. 产量性状的选择　构成烟草单株产量的因素是单叶重和单株叶数。单叶重是由叶片大小和厚薄决定的。因此，选择产量较高的品种，需要选择叶数较多、叶片大而厚的烟株，但烟叶产量超过一定限度，烟叶质量会下降。例如，烟叶产量同它的生物碱总量之间呈负相关，表型相关（r_p）可达－0.59，基因型相关（r_g）最高可达－0.850。因此，只有根据当地生长条件确定适产范围，才能保证质量。而单株叶数与烟碱含量之间也呈负相关，其表型相关（r_p）为－0.56，基因型相关（r_g）为－0.70。所以限制单株叶数又要提高产量，应依靠与提高单叶重有关的单叶面积和株型（受光态势）的选择。而单株叶面积与单株烟叶产量之间呈正相关，相关系数为0.95～0.99。因此，选单株应选叶片较厚，叶肉组织细致，含水量低的叶片，其烤后单叶重量大。但叶片不宜太厚，因为这种叶片采收成熟度稍差，烤后叶片贪青，降低工业使用价值。对株型的选择，理想的株型是烟株稍高，节距稍稀，烟株上、中、下各部节距长而均匀，茎叶角度适中，叶片稍倾斜而挺直，受光条件较佳。因此，对产量、质量有关的性状的选择与株型选择结合起来，对提高烤烟的产量和质量是有一定潜力的。

2. 烟叶品质性状的选择　决定烟叶品质的因素较多而且复杂。通常需要卷制后评吸鉴定和烟叶化验分析，再确定其内在质量。因此，对烟叶品质的选择只能进行间接选择。烤烟烟叶的烟碱含量是随烟叶身份的不同而变化的。叶片厚是身份重的重要标志之一；而身份重的品种，烟碱含量高，二者呈正相关。同时，烟碱与水溶性酸含量之间也呈正相关（r=0.92），大约80%的烟碱含量变化和水溶性酸类的变化联系着。可以看出，烟叶身份同水溶性酸也有密切联系。例如，草酸和水溶性酸含量高则身份重，香气和吃味都好；含量低则身份轻，香气、吃味都差。所以，重视叶片厚度的选择，对改进烟叶品质，提高单株产量是有帮助的。

当前，根据卷制成品评吸与化学成分测定结果，比较一致的看法是化学成分含量及其协调性直接关系到烟叶香气和吃味的好坏。而烟叶的香气和吃味的优劣是其使用价值的决定因素。但烟叶类型不同，对其化学成分的要求也有区别。烤烟要求总糖含量为18%～23%，还原糖为15%～20%，烟碱为2%～2.5%，总氮为1.5%～2.5%，蛋白质为7%～8%，钾为3%左右（钾含量高有利于燃烧性），氯含量1%以下（含量低对烟叶燃烧有利）。钾与氯之比为4∶1，最高可达10∶1。总氮与烟碱之比为1∶1，糖与烟碱之比为10∶1，施木克值为2～3。烟气中烟碱和焦油均有害于人体健康。焦油含有致癌物质，危害最大。烟碱对心脏有刺激作用。焦油与烟碱比值以10∶1为佳。

3. 抗性选择 烟草育种初期阶段，在田间自然发病条件下进行单株抗病性能的选择最重要。有病株一律不选。在分株系种植时，对病害严重者一律淘汰，也不在该株系内选单株。选育耐旱能力强的品种时对当选单株或株系放在干旱地区种植，并在大田生长期间，根据单株或株系当天萎蔫的时间、程度、傍晚恢复正常的速度及程度等，确定其耐旱能力。在育种的初期这样鉴定和选择是必要的。一般而言，耐旱品种原生质黏度和弹性较大，通过对其测定可以作为筛选耐旱单株的依据。

（三）程序和方法 烟草自然变异选择育种程序包括选单株、分离株系、品系比较试验、生产试验和区域试验5个步骤。

1. 选择优良变异株 根据育种目标在大田推广品种或引进品种的群体中选择优良变异株，在烟草整个生育期内分阶段观察，多次评选，一般分3次进行，第一次，在现蕾期，入选单株不封顶，挂牌；第二次，在腰叶成熟前，淘汰劣株（封顶），并分株系采收烘烤入选单株成熟的叶子；第三次，在种子成熟时，对根、茎、叶无病害者，分株收种。

发现变异株，紧扣主要目标性状的综合选择至关重要。当目标性状是抗病时，应在病害严重或病害流行的地块选无病烟株，但要兼顾其品质和产量性状的综合选择，以免顾此失彼。入选单株应编写登记卡，注明其来源、品种名称、当选时间、地点、性状及烤后特点等。

2. 分离优良株系 烟草分离优良株系是指把符合育种目标的单株自交子代选出来，实行个体选择，直到当选单株的子代群体达到株间性状整齐一致为止。分离株系之始，应分类编号，分别种植，各株系分种在规格一致的小区，40株左右。来源于同一品种的株系小区相邻，每隔4～5小区插入当地最优良的品种为对照。分离株系阶段的主要任务是鉴定各株系的性状优劣和稳定程度，不进行产量比较，而对照小区的作用是为个体选择树立标准，其小区面积可小些。

各株系生育期间，应分期观察记载其主要农艺性状，并以株系为单位选优系汰劣系。优于对照品种者，对其性状整齐一致的株系入选。烟草繁殖系数大，每个株系一般可选留3～5株，分别套袋自交，收种后混合，构成一个品系，参加品系比较试验与鉴定。

3. 品系比较试验 参加的品系，其遗传性已稳定，形态特征表现整齐。因此，不再进行系统内的选择，而是不同品系之间及其与当地推广品种之间的比较。并从中选优异品系供生产试验和区域试验等，这将在本章第六节介绍。

二、杂交育种

杂交育种是烟草育种最主要、最有成效的途径。我国20世纪80年代以来育成的品种多数是由杂交育成。美国的优质、多抗的品种亦均由杂交育成。

（一）杂交亲本的选配 杂交育种的遗传基础是基因重组，而重组育种中，正确选配杂交亲本，是杂交育种成功的关键。烟草杂交亲本选配的原则是亲本优点多，缺点少，亲本间优缺点互补。由于烟草许多经济性状不同程度地属于数量遗传性状，杂种后代群体的性状表现与亲本平均值有密切关系。所以，要求亲本优点要多。同时，在许多数量性状及产量上，双亲平均值大体上可用来预测杂种后代平均表现的趋势。而亲本间优缺点互补，是指亲本间在若干优良性状综合起来应能满足育种目标要求的前提下，一方的优点能在很大程度上克服对方的缺点。例如，烤烟品种400号，具有早熟、丰产、优质、抗根黑腐病等优点，其缺点是叶子薄、身份较轻、叶脉较粗。针对400号的缺点，选定烤烟品种Cash同它杂交。Cash品质优良，最突出的优点是叶子厚、身份重、叶脉较细，缺点是叶子较窄小、产量低。从（400×Cash）的后代中选育而成401烤烟品种，它的叶子厚度、身份都有改进，叶脉较细，并保存了400号的早熟、抗根黑腐病、叶片宽大和易烘烤等优点，兼备了双亲的优质、丰产、抗病的优点。

（二）杂交方式

1. 单交 在多数杂交组合中，正交或反交后代性状差别不大，如果出现差别，也不致影响杂种二代及其后继世代的分离选择。但也有正反交不同的实例。因此，正反交皆做，F_1表现相同时可弃其一。我国多数烟草品种是利用单交方式育成的。例如，辽烟12号×Coker86育成了辽烟14号。

2. 多元（复合）杂交 当育种目标涉及面广，必须多个亲本性状综合起来才能达到要求时，可采用复合杂交。与单交相比，复交所需年限长，由于复交可以丰富杂种的遗传基础，并能出现超亲类型，所以已被广泛使用。参加复交的亲本其综合性状不能太差，并注意杂交中使用的先后顺序。例如，抵字27号是用（TI448A×400）×特黄A三交育成的。特黄A具有优质、抗根黑腐病等较多的优点。需要指出的是上述三交杂种亲本之一是（A×B）F_1，所以三交杂种是A和B两个亲本基因型的重组配子与C亲本配子受精产生的。据此，在对三交杂种进行选择时，应注意A和B性状的重组和分离，要在三交杂种子代才能表现出来。

利用（C×A）×（C×B）三亲双交方式育成的辽烟1号烤烟品种，它是（来风大钮子×风城黄金）×（风城黄金×沙姆逊）的杂种后代中选育出来的。风城黄金是三交组合中优点最多，缺点最少的亲本。多元杂交育成的品种，如我国晒烟品种晋太7629是从［蛟河晒烟×（晋太33×厚节巴）］×［晋太33×（马合烟×黏烟草）］后代群体中选出的。美国南卡58是从{［特黄×（301×万尼尔）］×（400×TI448A）}的杂种后代群体中选出来的。

（三）杂种后代的选育程序 对杂种后代的选择一般采用系谱选择法，较少利用混合选择法。杂种后代的选育程序是指从杂种一代至育成新品种，所经过的一系列环节，包括选择培育圃（杂种圃）、株行试验、品系比较试验、初选品种的区域试验、生产试验等。

1. 选择培育圃（又称杂种圃） 利用系谱法杂种圃内种植F_1和F_2。F_1按组合种植一小区，每个单交和复交的F_1，一般种植20～30株，相邻F_1对比观察，每隔若干小区设一对照区。在F_1主要淘汰不良组合，在当选各组合内选2～3株，套袋分株留种，对其成熟的腰叶按组合分收烘烤，评其产量和品质，并观察其抗性。

F_2按组合分别种植一小区，各小区一般40～60株，亲本基因型差异大的一般F_2小区种200～300株。小区中的入选率一般控制在小区总株数的5%左右。当选株各套袋留种，分别脱粒储藏。

F_2阶段，设对照（品种）小区单行种植，若F_2中，若育种目标是质量性状，无论是显性的还是隐性的，都可以严格选择。如色泽、形状、某些抗病性等，这些性状通常由少数基因支配，同时，质量性状凡是在晚代能出现的分离，在F_2群体中同样会出现。对多基因控制的数量性状，如果遗传率大，对环境变化不十分敏感，在早代进行严格选择，一般不会发生严重错误。对遗传率小的数量性状，一般应在晚代选择，即F_4或更晚。

对杂种圃应加强管理，使F_1、F_2的特点最大限度地表现出来，以利人工选择。采收腰叶1～2次，为选择提供参考依据。

若采用混合选择，F_1～F_3按组合种植混选的单株，F_4以后按上述措施处置。

2. 株系试验（又称株系选择圃） 株系是指同一植株的子代。在株系试验中，主要包括F_3和F_4，甚至F_5。用系谱法，每一小区种植的就是一个株系。来源于同一组合的株系，相邻种植，每小区40株，隔若干小区设一对照品种，株系小区不设重复。株系试验是比较各株系间的优劣，对分离的优系，继续进行株选和株系试验。既优良又不分离的株系则参加下年品系比较试验，入选3～5株，套袋留种混收，成为一个品系。

3. 品系比较试验 初选品种的区域试验和生产试验与自然变异选择育种相同（参见本章第六节）。

三、回交与烟草抗病育种

回交的实质是核遗传物质进行置换。近代，许多国家利用回交育种方法，普遍是为了提高烟草优良品种的抗病性能，并以丰产、优质而感病的普通烟草品种为回交亲本，以抗病的烟属某野生种为非轮回亲本，进行杂交和回交。例如，美国的赫克斯烤烟良种曾被许多国家种植，但不抗黑胫病，为提高其抗病性，进行了回交，并在回交的自交后代中选出了麦克乃尔品种。回交过程是（白金×224G）×（赫克斯）^{4}（相当BC_4代）。白金与赫克斯很相似，麦克乃尔是从其BC_4的S_3群体内选育的。

（一）烟草抗病性的来源 国际上多年来的烟草育种，实际上是以抗病育种为中心开展的。因为在生产中栽培的普通烟草种中只有中等抗病性能。所以，只有在烟草野生种中去找抗源。而烟属不少野生种的抗病性能具有两个特点：其一，抗病性受显性单基因支配；其二，对某种病害有免疫力的抗病性，或至少也是高抗型。例如，*Nicotiana glutinosa* 抗普通花叶病的性能受显性单基因支配，*Nicotiana longiflora* 对野火病免疫、*Nicotiana debneyi*

抗根黑腐病、*Nicotiana repanda* 抗普通烟草花叶病、*Nicotiana plumbaginifolia* 抗黑胫病的性能都受显性单基因制约。

迄今，能通过种间杂交转移给普通烟草的野生种抗病性，大多数受显性单基因支配，如果是多基因的抗病性，也是受部分显性基因支配。

（二）烟草抗病性的转移方法　利用烟属野生种的抗病性，通常采用远缘杂交和回交方法，以优质高产而感病的普通烟草品种为轮回亲本，以抗病的烟属野生种为非轮回亲本，进行种间杂交和回交，把野生种的抗病性转移给普通烟草。例如，*Nicotiana glutinosa* 抗普通烟草花叶病（TMV）的显性单基因转移给香料烟品种沙姆逊；其后又通过杂交和回交将沙姆逊的该显性单基因转移给白肋型烟草品种 Ky56。辽烟 11 号抗普通花叶病，就是以 Ky56 为亲本之一育成的。杂种和回交子代都必须种植在诱发致病或病害严重的环境内进行严格鉴定。但应注意以下几个问题。

①抗病性受显性单基因支配，免疫型或高抗型的容易通过种间杂交和回交转移给普通烟草。比较成功的是将 *Nicotiana glutinosa* 抗普通花叶病的性能转移给普通烟草。*Nicotiana glutinosa* 抗普通烟草花叶病的性能受显性单基因（*N*）的支配。首次得到这个显性单基因的普通烟草是东方型的 Samsun。据研究，在转移过程中，Samsun 品种的 24 Ⅱ 染色体当中的一对 H 染色体，被载有抗病基因的一对 *Nicotiana glutinosa* 染色体（Ig^N）所替换。抗病沙姆逊虽然抗病，却同时获得了一些连锁在 Ig^N 染色体上的 *Nicotiana glutinosa* 野生性状的基因（如叶片小等）。

自从将 *Nicotiana glutinosa* 抗普通花叶病的显性单基转移给普通烟草之后，相继有许多烟属野生种的抗病显性单基因转移给普通烟草。例如，*Nicotiana longiflora* 抗野火病和角斑病的显性单基因的转移、*Nicotiana debneyi* 抗根黑腐病显性单基因的转移、*Nicotiana plumbaginifolia* 抗黑胫病的显性单基因的转移、*Nicotiana megalosiphon* 抗根结线虫病基因的转移、*Nicotiana repanda* 抗花叶病显性单基因的转移等。所有这些种间转移的抗病性均为免疫型的或高抗型的。

②双亲杂交可孕和杂种可育时，可以从 F_1 回交转移；当杂交可孕而杂种不育时，可以使 F_1 的染色体数加倍成双二倍体，然后从双二倍体开始回交转移；当杂交不孕时，可将染色体数较少的亲本变为同源多倍体，使其再与另一个亲本杂交，从 F_1 开始转移。也可以利用桥梁亲本法，即先找一个桥梁亲本品种与其中一个亲本杂交，然后使该杂种与另一个亲本杂交，并从这次所得杂种开始回交转移。例如，*Nicotiana repanda*（$2n=24$ Ⅱ r），抗根结线虫病和 TMV 等 8 种病害，它与普通烟草杂交不孕，有碍抗病性的转移。而 *Nicotiana sylvestris* 同普通烟草和 *Nicotiana repanda* 都能杂交可孕。于是用 *Nicotiana sylvestris* 作中间亲本进行桥交，将 *Nicotiana repanda* 的显性抗 TMV 性能转移给普通烟草。

③烟属种间抗病性转移，一般需连续回交 3～4 次，就可以开始自交分离。

④回交过程中，应重视抗病性、品质、产量综合性状的选择。因普通烟草的抗病性常受多基因支配，与低产、劣质基因有连锁遗传的可能性。

⑤抗病性属于隐性遗传的，每回交一次的子代应自交一次，待抗病的隐性纯合体在自交子代群体内分离出来，再与普通烟草回交。

（三）烟草抗病性的遗传　据研究，普通烟草的抗病性绝大多数是受多基因支配，所以在杂交育种过程中，其杂种后代群体内的抗病分离不多，为选择造成困难；抗病基因常与低产、劣质基因连锁遗传，也可能抗病基因本身同时具有降低产量和品质的效应，即一因多效。尤其是不同抗源抗性遗传方式不同，采取的育种措施也应有区别。因此，培育抗病、优质、丰产的品种，的确是一件艰巨又富有创造性的工作。

1. 黑胫病的抗性遗传　烟草黑胫病（*Phytophthora parasitica* var. *nicotianae*）抗源主要有 4 个：雪茄型品种 Florida301、宾哈特 1000 号（Beinhart 1000 - 1）、蓝茉莉烟草（*Nicotiana plumbaginifolia*）和长花烟草（*Nicotiana logiflora*）。Florida301 的抗源是由隐性多基因决定的累加效应，多基因中有一个抗病效应较大的主基因。宾哈特 1000 号品种高抗黑胫病，其抗病性能是部分显性因子所制约。*Nicotiana longiflora* 和 *Nicotiana plumbaginifolia* 抗病基因都是显性的。曾利用 *Nicotiana longiflora* × *Nicotiana plumbaginifolia* 及其反交的 F_2 群体进行分析，未发现一株感病分离，说明这两个种的抗病基因在同源染色体上，或在节段同源染色体上，基因座是等位的。

Chaplin 和 Apple 对 *Nicotiana plumbaginifolia* 的黑胫病抗性研究都表明，其由部分显性单基因所控制。

2. 普通烟草花叶病的抗性遗传　烟草花叶病的病原是普通烟草花叶病毒（tobacco mosaic virus，TMV）。据报道，TMV 抗源主要有 3 类表现型：耐病、过敏坏死与抗浸染。最早（1933）发现烟草品种 Ambalema 抗 TMV，Valleau（1952）报道，Ambalema 抗性为一种耐病性，是隐性等位基因 mt_1 和 mt_2 控制的，并与不利基因有连锁关系。

Nicotiana glutinosa 是抗 TMV 育种的主要抗源，抗性为过敏坏死反应，其抗性是由显性抗病单基因控制的。

3. 烟草黄瓜花叶病的抗性遗传　黄瓜花叶病毒 1936 年首先发现于美国，已成为我国烟草生产上最严重的病毒病害。烟草黄瓜花叶病的病原是黄瓜花叶病毒（cucumber mosaic virus，CMV）。烟属野生种 *Nicotiana benthamiana*、*Nicotiana bonriensis* 和 *Nicotiana raimondii* 对 CMV 表现过敏坏死反应。利用来自 *Nicotiana tomentosa*、*Nicotiana tomentosiformis*、*Nicotiana otophora* 和 *Nicotiana raimondii* 这些抗病性的双倍体种与普通烟草杂交，结果表明，其抗性由隐性基因控制。Wan（1966）利用 Holmes 抗源，其抗性由 5 个基因控制，其中，N 基因来自 *Nicotiana glutinosa*，r_{m1} 和 r_{m2} 来自 Ambalema，t_1 和 t_2 来自 TI2450，该抗病基因型为 $NNr_{m1}r_{m1}r_{m2}r_{m2}t_1t_1t_2t_2$，表现过敏性枯斑。

4. 烟草赤星病的抗性遗传　目前赤星病［*Alternaria alternata*（Fries）Keissler］抗性有 3 个来源，美国利用 Beinhart 1000-1 和 Nc89，我国利用净叶黄。前两者的抗性是显性单基因控制，后者由部分显性的加性基因制约。

5. 烟草白粉病的抗性遗传　普通烟草种对白粉病（*Erysiphe cichoracearum* DC.）的抗性，是由两个隐性重叠基因（hm_1 和 hm_2）决定的，中抗型。据研究，hm_1 与 hm_2 和雌性不育的隐性重叠基因 st_1、st_2 分别连锁在 I 染色体及 H 染色体上。*Nicotiana gultinosa* 和 *Nicotiana goodspeedii* 的抗白粉病性能分别转移到烟草上，前者为显性单基因制约，后者是隐性遗传。我国抗白粉病的晒烟品种塘蓬，也是隐性遗传。

6. 抗炭疽病的遗传　普通烟草中尚未发现抗炭疽病（*Colletotrichum nicotianae* Averna）的品种。曾成功地把野生种 *Nicotiana debneyi* 和 *Nicotiana longiflora* 的抗性转移给普通烟草，前者为隐性多基因遗传，后者为单基因遗传。

四、雄性不育系的利用、创造和转育

烟草雄性不育系是生产烟草杂交种子利用杂种优势的最佳办法。同时因为烟草的产品是叶子，所以烟草杂交种的育性是不必考虑的。

雄性不育系的创造与转育，都是利用种间远缘杂交和回交创造出来的，即利用核置换法，用普通烟草的核置换野生种烟草的核。以野生种烟草为母本，普通烟草品种为父本进行远缘杂交，使杂种一代具有野生种的细胞质，然后用其父本（普通烟草）品种作轮回亲本连续回交，并注意选择雄性不育株，一般至 BC_6 阶段，就可选到野生种细胞质与普通烟草核相结合的雄性不育系。已创造出的质核互作雄性不育系所使用的烟属野生种有 10 余个。其中，广泛使用的为 *Nicotiana suaveolens*。美国、日本及我国烟草雄性不育系的胞质多来源于该野生种。

利用原始雄性不育系作母本，用任何一个优良栽培品种为轮回父本，再连续回交多代，该回交后代就成为雄性不育同型系。而栽培品种（轮回父本）本身就成为该雄性不育系同型系的保持系。例如，利用从美国引进的雄性不育系杂种 MSBurley21×Ky56，F_1 为非轮回亲本（母本），用 G-28、Nc2326 和金星 6007 分别为轮回父本，经 4～5 代回交，已分别转育成这些品种的雄性不育同型系。

第五节　花培技术在烟草育种中的应用

花培技术是将未成熟的花药接种在人工培养基上，分化成为植株的过程。但花药是植物体上的一个器官，而花粉属于细胞范畴。在花培过程中，二者常相提并论。

花药（花粉）培养技术是目前产生单倍体的一种主要方法，该方法实质上是选择杂种产生孢子时的分离机会，不等小孢子进一步产生精子，就让小孢子直接发育成单倍体植株。再经染色体加倍后，形成纯合的二倍体，经过选择培育成烟草新品种。这种方法减少了杂种后代分离；可缩短育种年限，便于隐性基因选择；排除显性等位基

因的掩盖作用，提高选择效率。远缘杂交通过花药培养，常发生染色体断裂和重组，借以导入外源基因和直接获得异源附加系、异源代换系、异染色体易位系。

我国1974年首次用花培方法育成单育1号烤烟品种，后来相继育成单育2号、单育3号，并应用于生产，居世界领先地位。

近年来，烟草花培育种，已得到国内外广泛应用，但有些主要技术，包括高效、简便的适合于各种不同基因型的培养基、染色体加倍技术、变异诱导频率的提高等仍有待进一步改进和补充。

一、花培育种的4个环节

花培育种的4个环节是：①按育种目标的要求组配杂交组合或确定其变异材料；②培养杂种或变异材料的小孢子发育成单倍体植株；③将单倍体植株的染色体数加倍成双倍体；④通过试验、鉴定，把符合育种目标要求的双倍体优良株系选出来，进一步示范种植。推广品种通过花培可达到提纯选优，提高其纯度。目前，多采用杂种一代花药进行培养。

二、花培的技术要点

供试材料的基因型、生长条件、生理状况、花粉发育时期、培养基、培养条件等对提高花培的成功率都有重要影响。但是烟草花粉培养的发育形式与小麦有区别，它是花粉产生胚状体，并直接发育成小植株。

试验表明，供试材料不同，诱导愈伤组织和单倍体植株的频率差别很大。有些供试材料甚至诱导不出愈伤组织。生长在短日照高强度下的供试材料，花药培养胚胎发生的质量最高，用盛花期以前的花药进行离体培养，花药出苗率和出苗数都多。花粉发育时期一般以单核靠边后期的花药，培养效果最好。稍早或稍晚，效果差。过早或过迟，不易培养出苗。

花药接种培养前，进行低温预处理（3～10 ℃，处理3 d），能显著提高胚状体的诱导频率。培养基和培养条件对提高花培的成功率有较大的影响。在诱导烟草花药长成植株的过程中，先后用两种培养基：诱导烟草长成愈伤组织的培养基和诱导愈伤组织分化成幼苗的分化培养基。第一种培养基直接关系到花粉植株诱导频率的高低，而分化培养基与单倍体植株的诱导频率关系很大。因此，选用适当的培养基是花培成功的关键。目前，采用的诱导花粉愈伤组织的培养基主要是加以修改后的MS培养基，即尼许H培养基以及我国研制的烟基1号和烟基2号培养基。培养过程中需要在无菌条件下进行一次分苗移植，转移到小苗用的培养基为分化培养基。尼许T（Nitsh T 1967）培养基用于烟草效果很好。提高生长素的浓度和较低的激动素，对根的分化有利。在培养过程中，应注意温度和光照的调节。烟草花药培养适宜温度是25～28 ℃，低于15 ℃，培养物生长缓慢或停止。高于35 ℃对培养物的分化和生长不利。光照对胚状体形成小苗植株及小植株正常生长很重要。不同基因型对光照反应是不尽相同的。当花粉形成胚状体及出苗后，若光照不足，小苗弱而黄，光照采用荧光白炽灯，强度1 000～2 000 lx。

胚状体受光变绿，并逐渐分化出具有根、茎、叶的烟草单倍体小苗。此时，要及时安全地从培养基瓶里移到盆钵土壤中，一般要掌握过渡的原则，以便使幼苗逐渐适应自然条件。移植后应加强管理。其中，栽后浇足水并酌情覆盖玻璃，保持较高湿度，以利小苗成活生长。当小苗长出8～9片真叶时，即达到类似生产上的成苗期，便可移植到大田。

烟草单倍体植株高度不育，虽然有时在花培过程中有些植株染色体自然加倍，但其频率非常低。必须把单倍体植株的染色体数加倍，才能获得能育的纯合二倍体植株。一般采用秋水仙碱，其浓度为0.2%～0.4%，浸泡根48～72 h，再将小苗转移到尼许T培养基上继续培养。据广东农科院戴冕研究表明，当花药培养至药室裂开，肉眼能见白色胚状体时，将花药移植到0.2%的秋水仙碱溶液的无菌脱脂棉上，处理72 h或稍长时间，再移回尼许H培养基上，进行染色体加倍，效果更好。

染色体经自然加倍和人工加倍的植株为纯合的二倍体，其后代不再分离，但同一杂交组合不同花粉，代表了不同的遗传重组体。因此，培养的纯合二倍体植株间有很大不同，需要根据育种目标选择优良植株进行培育。根据上述情况，花培的纯合二倍体植株，不同的个体在染色体加倍和移植过程中受到的影响不同，此时不进行选择，在下一年株行试验（即花粉植株二代）开始选择，以花培当代入选株系为单位纳入常规育种的株系试验、品系比较试验、品种比较试验程序。

第六节　烟草育种试验技术

在烟草育种过程中，对种质资源和变异材料的研究与利用、杂种后代的选择和处理、新品系及品种的评价，均需要经过一系列的田间试验以及室内鉴定和选择，以对其产量、品质、抗病虫性、抗逆性和适应性进行深入研究，为生产上利用提供准确、可靠的依据。

一、品系鉴定与品种比较试验

（一）品系鉴定试验　品系鉴定试验也称初级品系比较试验，参加试验的是遗传性已稳定的品系，鉴定的内容包括烟叶产量、品质、抗逆性、抗病性、抗虫、成熟期等，并进行化学分析和评吸鉴定。每个品系一小区，双行，40 株左右，重复 2～3 次，每隔若干小区设一对照区，其株数与品系相同，株行距按当地规范化栽培标准。品系鉴定试验一般一年，通过与对照品种比较，选优系汰劣系。在当选小区内，选 2～3 株套袋自交，其余株封顶。种子成熟后按其自交株的种子混合，代表该品系参加下年的高级品系（品种）比较试验。

（二）品种比较试验　品种比较试验也称高级品系比较试验，参试品种各种植成小区，随机排列，每小区面积不少于 55.6 m^2，重复 3～4 次，根据重复小区的表现综合衡量，选优系汰劣系。在不同地区设置较多的试验点，以检查各品种及上一年选出的优系在不同气候、土壤和栽培条件下的反应。一般进行 1～2 年在设置品种比较试验的同时，应设留种小区，严禁在品种比较试验小区套袋留种，以免因留种造成减产、降质。当一个新品种在通过比较试验而被肯定之后，就需要有一定量的种子，分别在一些试验点上进行区域试验及生产试验，为推广做准备。

二、区域试验和生产试验

（一）区域试验　区域试验分为全国和地方两级。在全国、省或地区统一安排下，统一试验设计，分别安置在不同试验点上。区域试验的目的是确定各个初选品种和引进品种的最适宜栽培地区范围。各试验项目按统一规定记载，栽培管理按优质适产技术规范要求进行。单独烘烤，参试品种以不多于 10 个为限。设置对照品种，目前，我国烤烟对照品种，南方烟区为 K326，北方烟区为 Nc89，全国第二对照品种为红花大金元。区域试验一般进行 3 年。供试品种第一年由原育种单位负责供种，以后由承担试验单位自繁自供。

（二）生产试验　将区域试验中表现最好的品种，进行大面积生产试验，每个试验点的参试品种一般不超过 3 个。每个品种小区面积不少于 1 334 m^2（2 亩）。栽培管理与大田生产相同，严禁两个品种同炉烘烤，良种良法配套推广。

第七节　烟草种子生产

一、烟草种子繁育体系

烟草种子繁育是烟草种植业的一个重要环节，新育成的品种经过区域试验鉴定和认定推广后，需要连续地做好种子繁育工作，直到该品种被更换为止。世界各产烟国对烟草种子都有健全的管理制度，如美国以法律形式颁布严格种子法，足见其对烟草种子生产的重视程度。

我国种子生产上开始实行育种家种子、原原种、原种、良种四级制。烟草种子生产正待接轨，其繁殖系数大，目前仍实行原种、良种二级繁育制度。原种繁育工作，原则上是由品种选育或引进单位向良种繁育单位供给原种；

承担良种繁育的单位，必须具有相应的技术力量和生产条件。一般在良种场、种子生产基地、特约专业户负责繁育烟草良种，供生产用（图 26 - 1）。烟草原种和良种繁育必须遵守“烟草种子繁育技术操作规程”，给以良好的栽培措施，并加强管理。

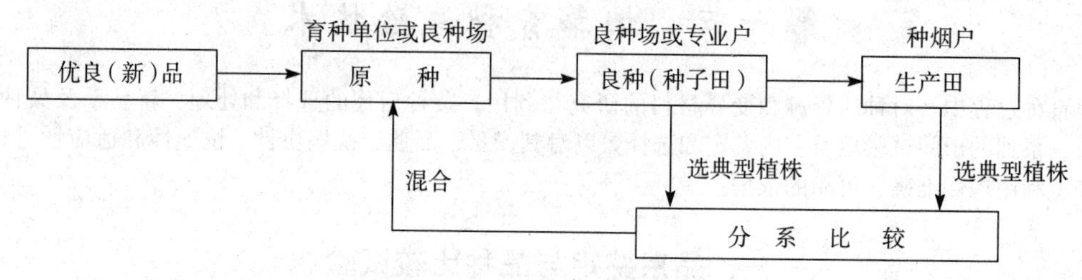

图 26 - 1　烟草良种繁育程序

二、烟草品种的混杂退化与提纯

品种混杂退化是指在种子繁育过程中，纯度降低，失去品种典型性、抗逆性减退、产量降低、品质变劣。引起烟草品种混杂退化的原因较复杂，主要是：①机械混杂。烟草种子小而轻，千粒重 0.06～0.08 g，1 g 种子 1.2 万粒左右。在种子繁育的各环节中，易混入其他品种的种子。烟草繁殖系数大，如混进一粒种子，下年又在这株混杂烟株上留种，则后年混杂株会成千上万。品种纯度严重降低，从而造成烟叶减产降质并降低卷烟工业对其利用价值。②天然杂交。烟草是自花授粉作物，但天然杂交率有时高达 9%以上。天然杂交后，则引起性状分离，品种的一致性、典型性遭到破坏。③不正确人工选择的影响。不熟悉品种典型性，不了解选择方向而进行了不正确的选择，从而加速了品种的混杂退化。如云南曲靖县，20 世纪 60 年代引入纯度高的红花大金元，因选择不当，6 年后田间变异株达 33.4%，混杂株率达 8.4%，降低了良种生产效能。④环境条件选择作用的影响。烟草主要经济性状受多基因支配，主要是累加效应，易受环境影响而引起变异。例如，有些品种长期在某一地区种植，抗病力减退，这可能是品种抗病性的遗传发生了变异，或者是病菌的分化，出现了新的生理小种。后者与环境条件改变有直接关系。上述退化变劣的原因，或单一因素或综合因素，但往往互相联系。因此，健全制度，加强人工选择是关键。

烟草品种提纯，又称选优更新。目前采用分系选择法，包括选择单株、分系比较、混系繁殖 3 个步骤，即二圃制提纯法。此法与下面介绍的原种生产的方法相同。

三、烟草原种生产

烟草的原种是指育成品种的原始种子以及经过选优提纯后，具有该品种典型性的种子，是种子繁殖的基础材料。在生产原种中，选择是主要手段，防杂去劣是保证，纯度高、质量好是主要目的。原种的标准特别高，原种由品种的选育单位、原种场或指定单位负责生产。生产原种的数量依该品种的推广面积和种子田面积而定。一般用以下两种方法。

1. 混合选择法　此法一般在某品种的种子田中选择具有该品种典型性的健壮植株，入选株严格套袋自交，收种后混合脱粒，下年边鉴定边供种子田使用。选株数量根据需要与可能而定。混合选择法由于入选株的后代缺乏系统鉴定，只根据表现型选择，对遗传性不良的后裔难以去掉，选择效果差。

2. 分系选择法　其程序是：第一年选优良单株；第二年进行株系间的比较鉴定（株系圃），将入选的各优良株系的种子混合起来，成为原种。

（1）单株选择　通常在种子田选择具有该品种典型的优良单株百株左右。分 3 次选：①在现蕾前，对入选株分别挂牌，注明品种名称、地点等项目；②在开花始期，对第一次入选株进行次复选，入选者套袋自交，严防杂交；③在青果期，对第二次入选株剪去晚期花蕾和蒴果，每株留果不超过 50 个，蒴果成熟后分株采收，分株脱粒、装袋、储藏，参加下年株系比较鉴定。

(2) 株系比较　将上年当选的单株种子，种植在相同条件下的株行圃，比较各株系的表现，每一株系种一行，每行30～40株，每隔10～15行设一行同品种的原种作对照。从株系比较中选出具有原品种典型性的整齐一致的优系，在每一入选的优系中精选3～5株套袋自交留种，果熟收获后混合脱粒成为原种。

(3) 混系繁殖　在株系圃采收的原种，供良种繁殖场或种子专业户的种子田繁育良种。烟草繁殖系数大，一般株行圃采收的原种能满足种子田的需要。

四、种子田的规划与要求

种子田用原种繁殖种子，供大田用。种子田的种子产量为150～225 kg/hm^2（每亩10～15 kg），而每公顷烟田只需要良种种子0.075 kg左右。因此，每2 000 hm^2 烟田需设1 hm^2 种子田。要在种子田中去杂去劣，选具有品种典型性的植株留种，将种子混合起来，代表该品种，从而使该品种的全部基因型在群体结构中得到保存。

种子田要求土地肥沃，地势平坦，环境条件均匀一致，阳光充足，排灌方便，便于管理，实行轮作。种子田的品种间隔500 m以上，一个良种场或种子专业户，以繁殖一个品种为宜。种子田附近最好种植与种子田相同的品种，并及早封顶，以防天然杂交。

种子田要适时育苗，一次移栽保全苗。行株距与施肥水平优于大田。果熟前迟采上二棚和顶叶，以满足种子所需营养，保证其产量与质量，中下部叶照常采收。

种子田在现蕾前和开花前各进行一次选株。做到严格去杂去劣，对混杂株、变异株、病株、劣株，一律封顶，保证种子纯度。一般选留70%～80%的植株；纯度低病害重，酌情降低选株比例。保留每株最初两周开放的花果，种子质量佳。烟草开花至蒴果成熟约1个月，采收晒干脱粒，利用风选或烟种子精选机精选，清除杂秕，种子均匀纯净。

五、烟草种子质量检验与储藏

烟草种子质量分级标准，现在我国执行的是“烤烟良种工作试行方案”中提出的种子质量标准（表26-1）。该标准对晒烟和晾烟也适用。需要指出的是，随着生产的发展，烟草种子分级急需改进。种子田由专人负责，不合格的种子严禁入库，收种后晒干，储藏在干燥低温条件下，生产用种的储藏不超过两年。其间定期曝晒，保持种子干燥。制种单位保留一定量的后备种子，并每年更换。种子入库专人管理，品种、等级、标记清楚，分放，常检查。

表26-1　烟草种子的分级标准

种子级别	纯度(%)	净度(%)	发芽率大于(%)	水分(%)	成实度	色泽
原种	99.9	99	95	7～8	子粒均匀、饱满，搓捻无粉屑	深褐色，有油光，色泽一致
一级良种	99.5	98	90	7～8	子粒均匀、饱满，搓捻无粉屑	深褐色，有油光，色泽一致
二级良种	99	96	85	7～8	子粒均匀、饱满，搓捻稍有粉屑	色泽稍杂，油光稍差

第八节　烟草育种研究动向和展望

一、新型烟草品种的选育

“吸烟与健康”的争论，促进了烟草育种目标的更加完善。低毒、少害、“安全性”，甚至培育含有对人体有益的医药成分的品种，已成为当前及今后烟草育种的重要研究课题之一。20世纪80年代初，我国利用燃、熏、吸中草药医治人体某些疾病的中医理论，以及遗传育种知识，山西农业大学魏治中等采用无性嫁接与有性杂交相结合的方法，利用药用植物中的紫苏（唇形科，*Perilla frutescens* Britt）、罗勒（唇形科，*Coimun bailicum* L.）、光曼陀罗（茄科，*Datura metel* L.）、薄荷（唇形科）、黄芪（豆科）及土人参（马齿苋科）与烟草进行科、属间的远缘杂交，首次培育出了含医药成分的紫苏型烟、罗勒型烟、曼陀罗型烟、薄荷型烟、黄芪型烟和人参型烟新型烟草品系，含有对人体有益的医药成分，低毒，少害，有特殊香气（1993，1995，1999）。前3种新型烟草已应用于生产。国内外尚无先例，属首创。已被卷烟工业用来制作“保健型”烟制品，试销市场。

随着禁烟之声日益高涨，我国烟草育种家已开始从“安全烟”入手，注重低焦油，化学成分协调及其合理比值的研究，重视生物技术与常规杂交育种的紧密结合，抓紧药用植物有益基因的转移研究，利用多种途径，培育出多种低毒、安全型，具有保健或疗效型的新类型烟草，已为期不远。这将极大地促进世界烟草的发展。

二、烟草生物工程研究的新进展

烟草生物工程研究开展得最早，取得的成绩也最大。自1962年MS培养基问世以来，世界各国相继开展了单倍体育种研究，而我国是世界上应用花培技术（1974）育成单育1号、单育2号和单育3号烤烟品种，并用于生产最早的国家。近年，利用原生质体融合进行烟草与人参等科间体细胞杂交的研究也取得了进展。利用原生质体融合，已成为烟草育种打破科、属、种间不亲和性障碍，创造和扩大变异的重要手段。

烟草作为植物基因工程的模式植物，已首先在生物技术用于育种研究中，显示出诱人的前景。自从1983年通过基因工程技术首次获得了转基因烟草植株后，美国科学家将TMV的复制酶（成分之一）基因导入烟草，并获得了可以完全抗TMV侵染的转基因烟草，这是迄今构建抗病工程烟草研究最成功的例子。世界各国把某些抗病虫基因导入烟草，获得转基因烟草，主要有两类：①外源抗病基因的转入，如法国把一种马铃薯Y病毒cDNA染色体片段导入烟草，获得了抗或耐马铃薯Y病毒转基因烟草；德国把大麦的3种蛋白质CHL、GLU和RLP转移到烟草中，抗真菌病害。②外源抗虫基因的转入，如用苏云金杆菌杀虫活性最高的δ内毒素基因导入烟草植株中，培育出抗鳞翅目害虫的烟草。

目前，利用生物工程技术研究不同抗性，设法将多种抗性基因聚为一体，以致形成一个具有多抗性渠道转基因烟草。研究构建基因杀虫抗病的工程植物已是各国研究的热点。目前，国际上对于转基因烟草的应用，还存在不少争论。但导入了抗病虫基因的转基因烟草，对防治病虫是非常明显的。可以兼有抗病性和高效抗虫性，其快速简便的操作程序，也是常规育种无法比拟的，近年美国利用 *Nicotiana longiflora* 对野火病、炭疽病、根黑腐病、白粉病等抗性，并获得抗野火病基因与孢囊线虫病基因相连锁的抗源。

自William和Welsh（1990）在PCR基础上分别创立RAPD技术以来，已得到各国广泛应用。我国利用RAPD分子标记检测种质遗传多样性、对种质资源亲缘和遗传背景、烟草种质变异评价、烟草核心种质的筛选、构建遗传图谱、目标基因定位和分离，都取得了成绩。尤其是按性状遗传标记进行辅助育种，不但提高选择效率和准确性，而且为选择多种综合性状优良品种提供了可能性。利用目标质量性状紧密连锁分子标记，进行质量性状的选择是有效的途径。分子生物技术在育种上的应用，展现了广阔的前景。

复习思考题

1. 在考虑“吸烟与健康”的前提下试讨论烟草育种的方向和目标要求。
2. 试评述我国烟草育种研究的主要进展，讨论其动向。
3. 试述国内外烟草重要数量性状的遗传研究进展及其对烟草育种的意义。
4. 试述收集、保存、研究烟草种质资源的现状，讨论其对于烟草育种的意义。
5. 试评述烟草育种的主要方法。各有何特点？
6. 试述烟草品质育种的主要目标性状，并提出一项烟草优质育种的建议方案。

7. 试述生物技术在烟草育种中的作用及发展的趋势。

附　烟草主要育种性状的记载方法和标准

一、生育期

1. 催芽期：开始催芽的日期，以日/月表示。

2. 播种期：播种的日期，以日/月表示。

3. 出苗期：全区50%幼苗子叶完全平展的日期，以日/月表示。

4. 小十字期：全区50%的幼苗第三真叶肉眼能见时，第一真叶和第二真叶与子叶大小相仿，呈十字形的日期。

5. 大十字期：全区50%的幼苗的第五真叶肉眼能见时，第三真叶和第四真叶与第一真叶和第二片真叶大小相仿而呈十字形的日期。

6. 四真叶期：全区50%幼苗出现第六片真叶，并与第五片真叶大小相仿的日期。

7. 竖叶期：全区50%的烟苗出现第七片真叶后，第四真叶和第五真叶明显上竖的日期。

8. 成苗期：烟苗达到当地适宜移植标准的日期（日/月）。

9. 移植期：实际移植的日期（日/月）。

10. 团棵期：全区50%植株达到当地团棵标准的日期。此时，一般叶片12～13片（心叶2 cm以下不计在内），株高30 cm左右，株形近似球形时，称为团棵。

11. 现蕾期：全区50%的植株可见花蕾时为现蕾期。

12. 开花期：全区10%的植株中心花开放时为开花始期。达到50%时为开花盛期。

13. 第一蒴果成熟期：全区50%植株的第一蒴果成熟时期。

14. 蒴果成熟期：全区50%植株的半数蒴果变成褐色的日期。

15. 叶片成熟期：以工艺成熟为标准，烤烟分别记载脚叶、腰叶和顶叶。

16. 生育期天数：包括以下几项：①苗期天数，自出苗至移植的天数；②大田期天数，自移植至采收的天数；③移植至现蕾盛期的天数；④移植至第一花的天数；⑤移植至开花盛期的天数；⑥移植至第一蒴果成熟的天数；⑦开花盛期至蒴果成熟的天数。

二、生物学性状（长度单位以cm表示）

17. 苗期生长势：一般以六真叶后记载，分强、中和弱3级。

18. 苗色：一般在成苗期记载，分深绿、绿、浅绿和黄绿4级。

19. 大田生长势：分别在团棵期和现蕾期观察，分强、中和弱3级。

20. 株型：于现蕾期观察，分塔型、筒型、橄榄型3种。塔型，叶片自下而上逐渐缩小；筒型，上、中、下三部叶片大小近似；橄榄型，上、下部叶片较小，中部较大。

21. 株高：不封顶的植株在第一青果期测量，自垄背或地表量至第一青果柄基部的高度；封顶的植株在封顶后茎部生长定型时进行测量，自垄背或地表量至顶端，又叫茎高。

22. 茎围：第一青果期自垄背起测茎高的1/3处茎的周长。

23. 节距：采收后在茎高的1/3处测量5节或10节的平均长度。

24. 茎叶角度：在现蕾期于上午10时前测量中部叶片在茎上着生的角度，分甚大（90°以上）、大（60°～90°）、中（30°～60°）和小（30°以内）4级。

25. 叶序：以分数表示。在茎上着生方位相同的两上叶节之间的叶数为分母，两叶节间着生叶片的圈数为分子。一般叶序有2/5、3/8、5/13等几种。

26. 叶数：封顶的指实际叶数，不封顶的叶数指可采收叶。

27. 叶片大小：分别测量脚叶、腰叶、顶叶的长和宽。长度系指茎叶连接处至叶尖的距离，有柄叶减去柄长。宽度以最宽处为准。

28. 叶形：根据中部定型叶片长宽比例和最宽位置分为以下8种：①宽椭圆形，长宽比为1∶1.6～1.9；②椭圆形，长宽比为1∶1.9～2.2；③长椭圆形，长宽比为1∶2.3～3（椭圆形，叶片的最宽处在中部）；④宽卵圆形，长宽比为1∶1.2～1.6；⑤卵圆形，长宽比为1∶1.6～2；⑥长卵圆形，长宽比为1∶2～3（卵圆形最宽处在基部）；⑦披针形，叶片窄而长，长宽比为1∶3以上；⑧心脏形，长宽比为1∶1～1.5（心脏形叶片最宽处在基部）。

29. 叶柄：分有和无两种。

30. 叶耳：分大、中、小和无4种。

31. 叶面：分平、较平、较皱和皱4种。

32. 叶尖：分钝尖、渐尖、急尖和尾状4种。

33. 叶缘：分较平、波浪和皱褶3种。

34. 叶耳：分大、中、小和无4种。

35. 叶肉厚度：分较厚、中和较薄3种。

36. 叶肉组织：分粗糙、中和细致3级。

37. 叶色：分深绿、绿、黄绿和黄白4种。

38. 叶脉颜色：分绿、黄绿和黄白3种。

39. 主脉粗细：分粗、中和细3级。

40. 主侧脉角度：测叶片最宽处主脉与侧脉的角度。

41. 花序特征：在花序盛花期记载，一般以松散、紧凑和较紧凑3级表示，或以大、中和小3级表示。

42. 花的颜色：开花盛期，以花冠的实际颜色表示，一般为深红、粉红和白3种。

43. 蒴果特征：在蒴果长成而尚呈青色时，记载品种间的相对特征。

44. 种子特征：记载成熟的种子颜色、光泽及大小特征。

45. 种子千粒重：以g表示。

三、烟叶产量、质量和收益的计算

46. 产量：以kg/亩表示（1 kg/亩＝15 kg/hm^2）。

47. 均价：以元/kg表示。

48. 级指：即品级指数。在科学试验中，常为消除地区间或年份间价格差别的影响，采用级指作为品质指标。级指愈高，商品价值愈高，烟叶品质愈好。计算级指首先要算出各级烟价指数，即以当地一级烟的价格为1进行推算。例如，烤烟中一级价格2.80元的烟价指数为1，中二级价格2.15元的烟价指数为2.15/2.80＝0.768。余类推。算出各级烟价指数后便可计算级指（表26-2）

表26-2　级指计算示例

烟叶等级	各等级重量	重量×烟价指数
中一级	30	30×1＝30.00
中二级	20	20×0.768＝15.36
总计	50	45.36

$$级指=\frac{\sum（某级重量\times某级指数）}{各级重量}=\frac{45.36}{50}=0.972$$

$$级指=\frac{均价}{一级烟价格}$$

均价＝级指×一级烟价格。

49. 产值：产值＝产量×均价，以元/亩表示（1元/亩＝15元/hm^2）。

50. 产指：产指＝产量×级指。

四、原烟品质记载项目

51. 外观质量：颜色分柠檬黄、橘黄、红棕、微带青、青黄、杂色等。

52. 油分：分多、较多、有、稍有和少。

53. 身份（厚薄）：分厚、稍厚、中等、稍薄和薄。

54. 化学成分：烟叶化学成分一般取中二或中三级。主要测烟碱、总氮、还原糖、总糖、蛋白质等，以%表示。并从中算出总糖与蛋白质比值、总糖与烟碱比值、全氮与烟碱比值，借以反映化学成分的协调性。

55. 结构：分疏、稍疏、稍松、松、稍密和密。

五、原烟卷制评吸项目

56. 香气：分足、有、少和平淡。

57. 吃味：分纯净、尚纯净、辣和苦。

58. 杂气：分无、稍有、较重和重。

59. 劲头：分适中、较大、小和大。

60. 刺激性：分无、微有、有、较大和大。

61. 燃烧性：分中等、强和熄火。

62. 灰色：分白灰、灰白和黑。

六、抗逆性

63. 抗病性：分诱发鉴定与自然发病两种，前者分高抗、抗病、中抗、中感和感病；后者分轻、较轻、中、较重和重。

（1）高抗：病情指数小于5.00%。

（2）抗病：病情指数5.01%～25.00%。

（3）中抗：病情指数25.01%～50.00%。

（4）中感：病情指数50.01%～75.00%。

（5）感病：病情指数大于75.00%。

64. 耐旱耐涝性：分耐旱涝和不耐旱涝。

参　考　文　献

[1] 艾树理．我国烤烟现状．烟草科技．1992（3）：32～35
[2] 白元等．经济作物新品种选育论文集．上海：上海科学技术出版社，1990
[3] 蔡旭主编．植物遗传育种．第二版．北京：科学出版社，1988
[4] 陈延俊．综述烟草细胞突变的研究．烟草科技．1992（2）：36～39
[5] 康兴卫，魏治中．我国烟草史的回顾与展望．中国烟草．1979（1）
[6] 康兴卫，魏治中．烟草杂交育种．太原：山西科学技术出版社，1986
[7] 骆启章，于梅芳．烟草育种及良种繁育．济南：山东科学技术出版社，1988
[8] 牛佩兰，佟道儒．烟草几个主要农艺性状的基因效应分析．中国烟草．1989（1）：7～10
[9] 佟道儒．烤烟育种工作的回顾．中国烟草．1986（1）：17
[10] 佟道需，王恩沛编著．烟草良种与繁育技术．北京：北京科学技术出版社，1992
[11] 佟道儒主编．烟草育种学．北京：中国农业出版社，1997
[12] 汪泳涛，魏治中．药烟育种初步研究．全国首届青年农学学术会论文集．北京：中国科学技术出版社，1992
[13] 魏治中等．新型烟草优质、高产、高效益综合技术研究．农业科学技术研究进展与展望（中国科学技术协会第二届青年学术论文集）．北京：中国科学技术出版社，1995
[14] 魏治中等．药用植物与烟草远缘杂交诱导育种的研究．跨世纪烟草农业科技展望和持续发展战略研讨会论文集．北京：中国商业出版社，1999
[15] 魏治中主编．药烟栽培技术．北京：金盾出版社，2002
[16] 杨静等．生物技术在烟草育种上的应用．烟草科技．1992（1）：38～40
[17] 中国农业科学院烟草研究所主编．中国烟草栽培学．上海：上海科学技术出版社，1987

[18] 中国农业科学院烟草研究所主编．中国烟草品种志．北京：农业出版社，1987
[19] 中国农业科学院烟草研究所主编．中国烟草品种资源．北京：中国农业出版社，1997
[20] Wearnsman E A，Rufty R C. Tobacco. In：W. R. Fehr（ed）. Principles of Cultivar Development. Vol. 2. New York：MacMillan Publishing Company，1987

（魏治中原稿，魏治中修订）

第八篇　牧草类作物育种

第二十七章　黑麦草育种

第一节　国内外黑麦草育种概况

黑麦草（ryegrass）属黑麦草属（*Lolium* L.），该属植物原产地中海地区，包含多年生黑麦草（*Lolium perenne*）、多花黑麦草（*Lolium multiflorum*）、硬黑麦草（*Lolium rigidum*）、毒麦（*Lolium temulentum*）、远穗黑麦草（*Lolium remotum*）、波斯黑麦草（*Lolium persicum*）、那利黑麦草（*Lolium canariense*）和锥形黑麦草（*Lolium subulatum*）8个种。其中，多年生黑麦草和多花黑麦草最为重要，前者1677年首先在英国栽培，后者13世纪已在意大利北部栽培。多年生黑麦草和多花黑麦草已成为全世界温暖湿润地区广为栽培利用的牧草。此外，多年生黑麦草与多花黑麦草的种间杂交种［通常称为杂种黑麦草（*Lolium hybridium*）］及苇状羊茅或草地羊茅与黑麦草的属间杂交种（通常称为羊茅黑麦草）亦在生产实践中有较多的应用。

一、生育特性及栽培利用概况

黑麦草（图27-1）喜温暖湿润的气候条件，适于在年降水量1 000～1 500 mm，冬无严寒、夏无酷暑的地区栽培。其最适生长发育温度为20 ℃左右，难耐－15 ℃以下的低温，不耐35 ℃以上的高温。黑麦草为长日照植物，具有春化特性，但不同产地、不同种和品种的春化性强弱不同。多年生黑麦草需要秋播，或春播前将萌芽的种子进行低温处理后才能在播种当年抽穗结实，而一些来自温度较高地区的多花黑麦草品种则早春播种亦可在播种当年抽穗结实。多年生黑麦草、多花黑麦草和硬黑麦草为异花授粉植物，自花不育，但品种间或品种内植株间杂交结实正常。毒麦、波斯黑麦草、远穗黑麦草、那利黑麦草和锥形黑麦草为自花授粉植物。

黑麦草具有分蘖力强、生长快、产量高、品质好、各种畜禽和草食鱼类喜食等优点，亦易于加工调制，为调制优质干草的重要牧草。除畜牧利用之外，黑麦草还应用于水土保持、城镇绿化、土壤改良等方面。

在一些畜牧业发达的国家，如英国、法国、荷兰、丹麦、新西兰、美国、澳大利亚、日本等，饲料作物和人工草地都十分重视黑麦草的生产。1974—1980年，欧共体各年禾本科牧草播种面积中，黑麦草播种面积达37.9%～45.1%。英国黑麦草播种面积高达6.7×10^{6} hm^{2}。

20世纪40年代，黑麦草传入我国，目前在长江流域及以南部分地区栽培较多，被认为是这些地区畜牧业和淡水养殖业中最有发展前途的牧草。多花黑麦草因根系具有通气组织而较耐潮湿，苗期生长快，植株较高，拔节抽穗整齐，产量高，适于水田与水稻接茬栽培。随着农区种植业和养殖业结构的调整，广东、广西、四川、湖南、江西、浙江、江苏、安徽等省区利用压缩劣质小麦等夏熟作物的耕地和冬闲地种植多花黑麦草养猪、养羊、养牛、养鹅，取得了很好的经济效益和改良土壤的生态效益，栽培面积正在逐年扩大。多花黑麦草秋播至次年盛夏前刈割3～4次，鲜草产量可达60～90 t/hm^{2}，小面积高产田块甚至超过120 t/hm^{2}。多年生黑麦草多年生，分蘖能力和再生能力强，为优质刈牧兼用牧草。因其抗寒性和耐热性均差，目前只在四川、云南、贵州及湖南等省海拔1 300 m以下的地区用于建植人工草地。在良好的栽培管理条件下，可连续放牧利用4～5年。多年生黑麦草在南京秋播至第二年盛夏前刈割3～4次，鲜草产量50～60 t/hm^{2}。此外，多年生黑麦草叶片柔软、叶色鲜艳、耐踏抗压，因而也被较多地用于草坪绿化。

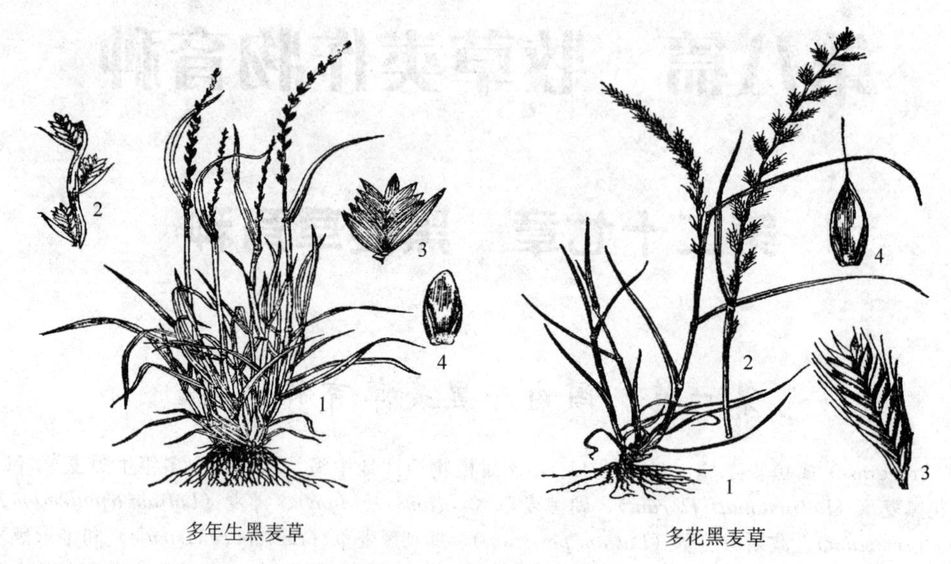

图 27-1　黑麦草的形态特征
1. 植株　2. 穗　3. 小穗　4. 种子
（引自南京农学院主编，饲料生产学，1980）

二、育种研究概况

1919 年起，英国率先开展多年生黑麦草的选育，并由威尔士植物育种站育成了最早的黑麦草品种。随后，美国、澳大利亚、新西兰、丹麦、荷兰、日本等国也陆续展开了黑麦草的育种及相关的基础研究工作，并获得了丰硕的成果。目前，美国、英国、新西兰、澳大利亚等国的黑麦草育种工作处于世界领先水平。

早先的黑麦草育种主要致力于产量的提高和品质的改良，育种手段亦主要是自然变异选择育种和杂交育种等常规的技术。随着基础研究的深入和育种技术的进步，黑麦草的育种目标逐步细化、多元化，一些现代的植物育种技术也逐渐应用到黑麦草育种工作之中。经过育种工作者数十年的艰苦努力，通过倍性育种和远缘杂交等手段育成的新品种已用于生产实践；应用 DNA 转移技术已获得了可育的多年生黑麦草和多花黑麦草转基因植株。

天然的黑麦草属植物为二倍体（$2n=14$）。20 世纪 70 年代开始，育种家运用染色体加倍技术来改善黑麦草的产量和品质，并成功地育成了四倍体（$2n=28$）黑麦草品种用于生产。如今，已人工合成 $2n=42$ 和 $2n=70$ 的同源及异源多倍体。

黑麦草的种间杂交和属间杂交开展得较早。多年生黑麦草和多花黑麦草自交不育，但两者间的天然杂交率较高，育种家试图通过两者的杂交将多年生黑麦草的强分蘖力和多花黑麦草的高产性组合到杂种黑麦草中。已培育出了产量高、持续性好、耐旱能力强，适于集约化栽培的杂种黑麦草新品种。如新西兰的黑麦草品种马纳瓦（Manawa）即是以多花黑麦草为母本，多年生黑麦草为父本杂交育成的。此外，人们对黑麦草属中自花授粉物种间的杂交可交配性也做了深入的研究，发现自花授粉植物种间的不可交配性较高，难于获得可育的杂种。但在自花授粉植物与异花授粉植物种间却有较高的可交配性，并产生了具有活力的 F_1 杂种。为了改善黑麦草的抗逆性，也为改善羊茅属（*Festuca*）等其他禾本科牧草的饲草品质，育种家于 20 世纪 30 年代开始尝试黑麦草属与其他禾本科牧草的属间杂交育种，并在 20 世纪 50～60 年代开展得较为广泛。由于远缘杂交不实或杂种不孕，黑麦草与其他禾本科牧草的属间杂交育种常需要采用组织培养来完善。一些研究认为，黑麦草与羊茅属植物染色体组部分同源。因此，在黑麦草与其他禾本科牧草的属间杂交育种中，黑麦草与羊茅属牧草的远缘杂交最有成效，已育成羊茅黑麦草品种。

我国的黑麦草育种起步较晚。虽然黑麦草早在20世纪40年代就引入我国，但一直没有引起人们足够的重视。直到20世纪70年代，我国才真正开始进行黑麦草育种及有关的基础研究。几十年来，我国的科研工作者从引进国外品种中筛选适合当地生态条件的品种入手，开展了选择育种、杂交育种、诱变育种、远缘杂交育种等工作，育成并通过全国牧草品种审定委员会审定登录了一批具有自主知识产权的黑麦草品种。如江苏省沿海地区农业科学研究所的科技人员经多年选育，育成了盐城多花黑麦草新品种；江西省畜牧技术推广站采用物理和化学诱变因素处理，育成了耐酸性和盐碱性土壤、抗病性强的四倍体赣选1号多花黑麦草；江西省饲料研究所利用自然突变成功选育抗冬性和耐热性较好的赣饲3号多花黑麦草；南京农业大学的研究人员针对黑麦草不耐我国南方夏季炎热的气候条件，不能越夏或越夏不良的问题，用具有广泛适应性的苇状羊茅与多花黑麦草进行有性杂交，选育出了耐热性较好、光合效率和干物质产量得到明显改善的南农1号羊茅黑麦草新品种。此外，一些研究人员在改良黑麦草的蛋白质含量、种子产量和品质等方面进行了积极的探索，并取得了一些新的进展。

虽然我国的科技工作者已在黑麦草育种工作中取得了很大的成绩，但目前我国的黑麦草育种与国外先进水平还有很大的差距。每年有许多国外黑麦草品种涌入国内，生产上使用的黑麦草品种多数为国外品种，也是不争的事实。加速开发具有自主知识产权的新品种，扩大我国自己的育成品种的市场，是我国科技工作者义不容辞的责任。

第二节 黑麦草育种目标

黑麦草虽经几十年的遗传改良，在产量和品质上都有了很大的提高，但产量的不断提高和品质的改良依然是育种的重要目标。此外，为适于集约化生产、与水稻等粮经作物接茬种植等，抗逆性、速生等逐渐被纳入育种目标。

(一) 高产 高产是牧草生产追求的重要目标之一。生产实践中，只有高产品种才能更充分地利用耕地资源和自然资源，才能发挥出最大的经济效益。黑麦草鲜草产量和干物质产量的品种间变异很大。当前，我国南方农区种植的多花黑麦草品种中，国外引入的品种（如 Tetragold 等）在良好的栽培管理条件下具有鲜草产量超过 120 t /hm^{2}的生产潜力，而国产品种的鲜草产量一般不超过 90 t/hm^2。育成适于各地生态条件的高产品种是当前我国黑麦草育种的重要目标之一。

南京农业大学的一些研究结果表明，出叶速度快，叶面积增长迅速，叶面积指数高是黑麦草高产的重要性状；草层高度、茎粗、抽穗期分蘖数及春季第一、二次刈割的产量与黑麦草的产量呈显著正相关，其中，草层高和茎粗具有较高的广义遗传率和相对遗传进度，可作为选育高产黑麦草品种的目标性状。

据沈益新等（1993）的研究，黑麦草在南京地区秋播条件下，地上部干物质产量的80%在春季4～5月间形成，产草集中在春季较短的时期内。为了能在早春至初夏均衡地给畜禽提供优质青饲料，育种目标除了着重产量外，还需考虑黑麦草早春生长快和初夏再生性好、产量高等特性。

(二) 稳产 对于多年生黑麦草来说，一次播种后连续利用数年，需要较好的持续生产性，并在遇到气候条件变化和病虫害侵袭时能够充分发挥稳产潜能。多年生黑麦草的稳产性与它的生活力和分蘖能力密切相关。黑麦草生产力取决于每一植株的分蘖数和单位土地面积的分蘖总数。其分蘖的速度可随着时间的延续而降低，它往往会影响第二年的生长及随后几年干物质产量和草地更新的频度。因此，多年生黑麦草需要生育年限较长，而且在整个生命周期内分蘖旺盛、干物质产量高而稳定的品种。

(三) 品质 黑麦草在抽穗前柔嫩多汁，适口性佳，消化率高，品质较好。但在抽穗以后，则茎叶迅速老化，中性洗涤纤维和木质素含量快速增加，消化率随之降低，品质下降。培育营养价值高、消化率高，且老化进程缓慢的品种是目前黑麦草品质育种的重点和难点。

一些研究报道称，黑麦草茎叶组织中的糖分含量与消化率呈显著正相关。原产于海拔高度较高地点的黑麦草茎叶组织中的糖分含量较高，干物质消化率较高。

(四) 耐逆性 黑麦草耐热和耐寒性差，在我国在南方炎热地区不能越夏，北方寒冷地区不能越冬。这一特性限制了黑麦草在我国更大区域内的推广利用。我国南方培育耐热性好的品种，尤其是提高多年生黑麦草的越夏率，对南方低海拔地区建立优质人工草地具有重要意义。耐寒性好的品种不仅是北方地区进行黑麦草生产的需要，而且，对南方黑麦草早春供草亦有积极的意义。改良黑麦草的耐热性和耐寒性十分困难。有关研究工作开展得很多，但至今尚未有令人振奋的突破。相信在今后较长的一段时间里，改良黑麦草耐热性和耐寒性仍是育种工作者的重要目标。

此外，耐刈割性和耐践踏性是良好的黑麦草刈牧兼用草地的重要性状，用于建立多年生人工草地和草坪的多年生黑麦草品种需较强的耐刈割性和耐践踏性。

（五）抗病性　黑麦草在长期大面积种植下容易发生病害，导致生长受阻，品质下降，种子产量和质量降低。据 Wilkins（1985）报道，黑麦草至少受到16种有害真菌和1种有害细菌的危害，如锈病、叶斑病、枯萎病、瞎子病、麦角病等。其中，锈病和枯萎病的危害较重，在夏季高温多雨的地区常常会使黑麦草遭受毁灭性的侵害。据英格兰、威尔士和欧洲其他地区报道，当地的黑麦草也曾受到花叶病毒的侵害，该病可使种子和牧草的产量显著降低，品质变劣。我国在黑麦草病害方面的报道不多，但随着农业生产结构调整的深入，黑麦草种植面积不断扩大，抗病性必将成为我国黑麦草育种的重要目标。

（六）抗倒伏性　黑麦草在多雨季节易倒伏。倒伏不仅可使种子产量降低5%～33%，影响种子产量和品质；也影响饲草的产量、品质，并给收割带来极大麻烦。抗倒伏性是黑麦草高产优质和集约化生产必需的重要育种目标。

第三节　黑麦草育种途径和方法

一、自然变异选择育种与轮回选择

多年生黑麦草和多花黑麦草是较严格的异花授粉植物，因而群体在开放传粉的情况下是一个异质杂合群体。对于这样的群体，采用混合选择法来改良某些性状，往往会取得良好的效果。在具体实践中，需根据育种目标的要求来确定选择方法。单株选择法、改良混合选择法和轮回选择法均可采用。在创造新品种方面，常采用单株选择法。符合育种目标的优良单株在隔离区内连续进行几代繁殖和选择，可选育出优良的品种。

在群体改良方面，常采用轮回选择法。具体做法是，在隔离区内种植杂合植株的群体，次年对其进行评价，选择配合力好的优良亲本构成基本群体。再经过2～3个周期的天然杂交与选择，不断选出配合力高的植株，最后一年待种子成熟后混合收获，构成一个轮回。在轮回选择中，可采用表型轮回选择法，也可采用半同胞家系轮回选择法。一般而言，采用表型轮回选择法要选择合适的对照，而半同胞家系轮回选择可直接评价小区的产量与持续性。

我国已在引种国外黑麦草品种方面做了许多工作，国外的品种在我国不同的生态条件下往往会产生一些优良的变异植株。因此，国外引入品种可作为选择育种的重要资源。

二、杂交育种

（一）黑麦草的花器构造及开花习性　黑麦草为穗状花序，穗长15～25 cm，少数可达33 cm。多年生黑麦草每穗有12～24个小穗，多花黑麦草每穗有20～34个小穗。小穗互生于主轴两侧，扁平，除花序顶端的1个小穗外，其余小穗仅具1枚颖片，近轴面的颖片缺失。多年生黑麦草每小穗含6～9朵小花，多花黑麦草每小穗含7～15朵小花，穗轴中部的小穗含小花数较多。小花外稃较长，多年生黑麦草短芒或无芒，多花黑麦草长芒。

黑麦草的抽穗需要11～20 d，抽穗速度与环境和水分有关，干旱时抽穗慢，反之则快。多年生黑麦草抽穗较少且不整齐，多花黑麦草抽穗较多、整齐。就1个小穗而言，一般是靠近穗轴的小花先开，以后则交替开放。就整个花序而言，通常是中上部的小穗先开花，以后逐渐向顶部和基部发展。阴雨天开花少而迟。正常发育的花序，其花期一般为12～14 d。在一天中，开花时间为上午7:30～10:30。开花时，花丝和花药伸出稃外。遇到风雨，花丝易被折断，影响授粉。

（二）品种间和种间杂交　黑麦草品种间、多年生黑麦草与多花黑麦草之间的杂交比较容易进行，且F_1杂种可育。国外的许多黑麦草品种是通过杂交育种育成的。由于多年生黑麦草和多花黑麦草的天然异交率很高，杂交育种需要做好品种和种间的隔离工作。黑麦草为杂合植株，在F_2代中性状分离严重。加强杂种后代的选择、诱导四倍体等为稳定杂种优良性状的有效方法。

有关黑麦草属内异花授粉种与自花授粉种间的杂交工作在国外已广泛开展，并已获得可育的F_1杂种，具有良好的育种应用前景。

（三）属间杂交　属间杂交是改善黑麦草某些抗逆性的有效手段。由于黑麦草属与羊茅属有较近的亲缘关系，因而可充分利用这一特点广泛开展两属间的远缘杂交工作。在国外，有关两属间杂交获得羊茅黑麦草复合种群的报道很多。其中，黑麦草属的异花授粉物种与羊茅属Bovinae组的杂交最为成功。多年生黑麦草、多花黑麦草与苇状羊茅（*Festuca arundinacea*）间的杂种以及多年生黑麦草、多花黑麦草与大羊茅（*Festuca gigantea*）间的杂种，均表现出完全的雄性可育；雌性的可育性虽较低，但它们基本上可与亲本回交。然而，有些种的远缘杂交则不太成功。例如，黑麦草与紫羊茅（*Festuca rubra*）等几种羊茅属植物的杂交，其杂种F_1代完全不育。因此，在远缘杂交时有必要配置较多的杂交组合，探讨其杂交的可交配性和杂种的可育性。

三、倍性育种

根据Morgan（1976）的研究，二倍体黑麦草经秋水仙素处理较易加倍得到同源四倍体。四倍体黑麦草较二倍体黑麦草茎叶大，鲜草产量高，蛋白质含量高。因此，黑麦草的多倍体育种在国外广为开展。从遗传角度来看，同源四倍体可以遮盖二倍体不能完全遮盖的不利隐性基因的影响。假如不利的等位基因以较低的频率、较多的位点在二倍体群体中出现时，那么就有望在相应的四倍体群体中降低其自交衰退的程度，并减少特殊配合力的变异。其次，四倍体的遗传可减少后代性状的分离，容易使不同种群间杂交后代的性状趋于稳定。

此外，属间杂交后诱发异源多倍体，还可稳定目标性状的遗传，培育出优良的黑麦草新品种。例如，经过多年生黑麦草与草地羊茅（*Festuca pratensis* Huds.，$2n=28$）杂种的倍性育种，成功地获得了稳定的双二倍体（Lewis，1983），育成Prior新品种，不仅在英国表现高产，而且由于具有较强的抗寒性，在加拿大的生长表现也很好。为了稳定多年生黑麦草与多花黑麦草的杂种，人们也采用了倍性育种的方法，从而减少了在种子繁殖期间的分离现象。

然而，在黑麦草的倍性育种中，其同源四倍体也表现出一些不足之处。与二倍体相比，茎叶的生长速度、分蘖密度、干物质含量及抗寒性等都有所降低。尽管如此，倍性育种仍不失为黑麦草育种的有效方法之一。

复习思考题

1. 试述黑麦草作为牧草的主要育种目标，评述国内外的育种进展。
2. 试述黑麦草的分类学地位。其有哪些近缘物种？其生物学特性如何？对育种有何意义？
3. 试讨论耐逆性在黑麦草育种中的意义。如何改良？
4. 试举例说明黑麦草育种的主要方法。
5. 试举例说明属间杂交在黑麦草育种中的应用。
6. 试述倍性育种在黑麦草育种中的作用。

附　禾本科牧草主要育种性状的记载方法和标准

一、物候期

1. 播种期：实际播种日期，以月、日表示。
2. 出苗期：全区50%以上幼芽出土的日期。
3. 分蘖期：全区50%以上植株长出分蘖的日期。
4. 拔节期：全区50%以上植株生殖枝基部第一节间拔长的日期。
5. 始穗期：全区20%以上植株抽穗的日期。
6. 成熟期：全区80%以上植株或花序种子成熟，有少量种子容易脱落时的日期。

二、生长和生产性能

7. 株高：全区 10 点测量地面至拉直的植株最大叶片高度，抽穗后为地面至穗顶的高度。

8. 草层高：全区 10 点测量地面至叶层最密集处的自然高度。

9. 分蘖数：区内（除边行）随机取 10 株生长正常植株计数 1 叶以上的分蘖（含主茎）；或区内（除边行）生长均匀地段调查 3～5 个 20 cm×20 cm 样方内植株的总分蘖数，以 *N* 个/m^2 表示。

10. 出叶速度：区内（除边行）定点 10～20 株调查完全展开 1 片新叶需要的天数；或单位时间内新展开的叶片数，以 *N* 叶/周表示。

11. 叶面积指数（LAI）：区内（除边行）生长均匀地段调查 3～5 个样方内植株的全部绿叶面积，LAI＝绿叶面积/样方面积。

12. 生长速度：定期随机取 6～10 点调查区内植株（除边行及缺株旁植株）株高或地上部干物重，计算单位时间内植株株高或干物重的增长量，以株高增长 *N* cm/周或植株地上部增重 *N* g 干物质/（周・m^2）表示。

13. 再生性：刈割或放牧利用后 7～10 d 调查区内再生植株（除边行及缺株旁植株）的百分率，并调查再生植株的生长速度，以再生植株百分率和生长速度表示。

14. 鲜草产量：始穗期全区去 20～40 cm 边行后，留茬 3～5 cm 刈割、称重，计各次刈割的产量及全生长季（年）的总产量，以 *N* g /m^2 或 *N* kg /hm^2 表示。

15. 干物质产量：测定鲜草产量后，各区随机抽取 500 g 左右新鲜样，塑料袋密封、低温带回实验室精确称重，通风干燥箱 65～70 ℃烘干至恒重。计算出干物质率，以鲜草产量乘干物质率求得。

三、品质

16. 粗蛋白质含量：用凯氏半微量定氮法分析测定牧草样品的氮含量，以氮含量×6.25 计算得到。常用百分率或 *N* g/kg 干物质表示。

17. 中性和酸性洗涤纤维含量：采用范氏（Van-Soest）法分析测定。常用百分率或 *N* g/kg 干物质表示。

18. 消化率：采用瘤胃网袋法、瘤胃液体外发酵法或胃蛋白酶-纤维酶法分析测定。常用干物质或有机物消失百分率表示。

参 考 文 献

[1] 李建农．黑麦草主要农艺性状的遗传变异及其相关分析．南京农业大学学位论文．1990
[2] 南京农学院主编．饲料生产学．北京：农业出版社，1980
[3] 日本草地学会编．草地科学实验・调查法．日本：畜产技术协会，2004
[4] 沈益新等．南京地区黑麦草若干生育特性的研究．南京农业大学学报．1988，11（3）：85～89
[5] 沈益新等．两个黑麦草种生产性能的比较．南京农业大学学报．1993，16（1）：78～83
[6] 王栋原著．任继周等修订．牧草学各论．新一版．南京：江苏科学技术出版社，1989
[7] 云锦凤主编．牧草育种学，北京：中国农业出版社，2000
[8] Heath M E，Barnes R F，Metcalfe D S. Forages. 4th edition. USA：The Iowa State University Press，1985

（沈益新编）

第二十八章　苏丹草育种

第一节　苏丹草育种概况

苏丹草（sudan grass），学名 *Sorghum sudanense*（Piper）Stapf.，为禾本科高粱属一年生牧草，原产非洲北部苏丹（高原）地区。按其分蘖生长形式分两种：直立型，适于刈割利用；披散型，适于放牧利用。

苏丹草分蘖力强，丛生，茎细叶多，生长快，品质好；可用作青饲料，亦是调制干草的优质饲草。我国南自海南省北至内蒙古均可栽培。

一、生育特性及栽培利用概况

苏丹草属于喜温、不耐寒植物，温度条件是决定它分布区域与产量高低的主要因素。种子发芽最低温8～10 ℃，最适生长温度 20～30 ℃，植株在 12～13 ℃时几乎停止生长。春播时，播种后 4～5 d 即能出苗，幼苗期对低温敏感，气温下降至 2～3 ℃时即受冷害。成长的植株，具有一定耐寒能力。苏丹草根系发达，耐旱力强，干旱季节如地上部分因刈割或放牧而停止生长，雨后即可很快恢复生长。苏丹草对土壤要求不高，沙壤土、黏重土、微酸性土壤和盐碱土，均可栽培。但是如果土壤过于贫瘠，则生长不良。盐碱土如能合理施肥，可以旺盛生长，这是在生产上很有价值的特性。苏丹草幼苗期较长，幼苗期主要生长根系。当植株长高至 18～25 cm，出现 5 片叶片时，开始分蘖。此后茎叶生长加速，在夏季高温潮湿条件下，一昼夜茎秆可伸长 6～9 cm。

苏丹草具有饲草产量高、耐刈割、营养价值丰富、适口性好、耐贫瘠、抗逆能力强、适应范围广等优点。其中，饲草产量高、适应范围广是苏丹草最突出的优点。在气候和水肥条件适宜的地方，栽培管理得当，苏丹草全年可以刈割 6～10 次，鲜草产量可达 150 000 kg/hm^2。苏丹草的耐旱能力特别强，在夏季炎热的干旱地区，一般的牧草均枯萎，苏丹草却能旺盛生长。苏丹草茎叶比青刈用玉米和高粱柔软，可以青刈、晒制干草、青贮，是牛、羊、鱼的优质饲料。由于苏丹草具有多种优点，在世界各地栽培甚广，从 20 世纪 50 年代苏丹草大量引入我国以来，在北方地区作为夏季青饲草及冬季青贮草的栽培面积不断扩大，内蒙古及西北地区种植面积目前已达万余公顷，并已成为我国苏丹草的主要种子生产基地，年产种子达 2.0×10^5 kg 左右；在南方地区，苏丹草是夏季家畜及草食鱼类的优质饲草之一，因其栽培管理简便，种植区域覆盖了我国淡水草食性鱼类产区。随着农村产业结构的调整，苏丹草在我国的种植面积呈逐年增长的趋势。

二、育种研究概况

苏丹草从原产地引种到世界各地后，已经培育了许多品种。

1909 年，苏丹草传入美国后，很快成为美国最重要的夏季饲草，早在 20 世纪 20～30 年代就已经开始了苏丹草的育种工作。目前在美国广泛应用的育成品种主要有：以苏丹草和甜高粱杂交培育而成的甜茎多叶品种甜苏丹草（sweet sudan grass），这类品种的适口性好，并对潮湿地区危害严重的叶片病害具有较强的抗耐能力；佐治亚 Tifton 农业试验站培育成 Tifton 苏丹草对多种叶片病害具有抗性，且比普通类型的苏丹草更适合于美国东南部的气候条件；加利福尼亚 23 号苏丹草高产，适合于美国西南部灌溉地区栽培；在威斯康星培育的 Piper 品种适应较凉爽和湿润的气候条件，在美国北部和东南部得到较大的应用。日本利用的高粱属牧草多是苏丹草型高粱品种，培育出的格林埃斯苏丹草高粱杂交种，是非常优良的青贮品种。日本研究者还利用高粱胞质型不育系 2098A 与苏丹草自交系 2098（对叶斑病抗性强）培育出中抗叶斑病的杂种 Green Ace 和 Green Top 等品种。俄罗斯1995 年培育出一种适合俄罗斯寒冷气候条件下栽培的戈都奴夫中早熟品种，适合寒温带地区栽培利用。

我国的苏丹草育种工作起步较晚，直至20世纪80年代中期，苏丹草在畜牧业及渔业生产中显出其不可比拟的优势后，才真正引起我国草业工作者的重视。最近数年在苏丹草研究及育种方面的工作取得了较好的成绩。

我国从国外引入苏丹草的确切年限尚无详细资料，但我国草原学界著名学者王栋教授在其早年的著作中就有对苏丹草物候学及生活习性的论述。20世纪90年代以前，我国作为大面积推广的栽培品种有4～5个，大多数是各地长年栽培驯化而来的地方品种。

1986年，宁夏盐池草原试验站对苏丹草的生长发育规律、主要性状的遗传特性、种子发芽特性等方面进行了较为系统的研究。1994年度该站又对分别来自吉林和内蒙古的两个中秆类型、来自甘肃的高秆类型、来自广西的矮秆类型、来自新疆的耐旱型和宁夏的黑壳早熟型苏丹草的主要性状的遗传做了系统的研究。研究结果表明，遗传变异系数以叶宽为最大，抽穗期最小；遗传率以单株干重最低，抽穗期最高；株高和叶宽的遗传率也很高，与株重的正向遗传系数达到显著水平，对株高的直接和间接效应最大。这些研究为苏丹草的选育种工作奠定了理论基础。

1992年前，我国审定通过的苏丹草品种不多，主要有：宁草2号、宁草3号、杂种苏丹草、奇台苏丹草、新苏2号等。1992年后，全国牧草品种审定委员会评审通过的苏丹草品种有：美国苏丹草（1994年从美国引进）、宁农苏丹草、盐池苏丹草、乌拉特1号苏丹草等。

我国从20世纪80年代末90年代初开始苏丹草与高粱属内的种间杂交育种工作。如南京农业大学的陈才夫报道过苏丹草×拟高粱种间杂种主要特性及细胞学的分析，哲里木畜牧学院孙守钧进行的高粱苏丹草杂交种茎秆糖锤度的分布及与其他性状、杂种优势关系的分析，等等。

随着我国农区畜牧业的发展和淡水养鱼对苏丹草的需求，苏丹草的育种工作将越来越受到人们的重视。

第二节　苏丹草育种目标

我国南北各地生态条件不同，饲草利用方式也有所差异。因此，在我国不同的地区，苏丹草的育种目标不完全一样。目前，我国苏丹草育成品种中最缺少的是高产多抗的品种。从苏丹草本身的遗传特性来说，耐旱性能较强，在生产实践中基本上不存在什么问题，但是由于苏丹草是喜温类植物，其耐寒性能却普遍较差，早春季节的倒春寒及晚秋季节的早霜经常对饲草生产、种子生产构成极大的危害。近年来，苏丹草生产中由于长期连作，出现了一些病害，并有逐年扩大的趋势。解决这些实际问题的有效方法之一就是选育或引进高产多抗的苏丹草新品种。因此，育种工作中应以高产、抗病、耐刈割、矮秆抗倒伏、耐旱等综合性状为主要育种目标。

（一）高产　苏丹草主要利用其营养体部分，即茎叶。苏丹草鲜草产量高产者已达到150 000 kg/hm^2，但各地因品种和栽培条件的差异，产草量亦存在很大差异。影响苏丹草高产性能的因素很多，就其形态学和生物特性而言，苏丹草的分蘖能力、植株高度、生长速度、刈割后的再生速度等性状直接影响其产草量。这些性状是可遗传的。因此，苏丹草育种中应以培育分蘖性强、植株高大、生长迅速、再生性好和极度耐刈割的品种为目标。

（二）优质　苏丹草含有丰富的可消化营养物质。从其干草来看，开花期刈割调制的干草干物质中含粗蛋白质11.2%，脂肪1.5%，可溶性碳水化合物41.3%，纤维素26.1%，矿物质9.5%，显著优于其他夏季生长的禾本科牧草。在影响苏丹草品质的诸多因素中，氰化物含量是极重要的一个。氰化物不仅影响牧草的适口性，而且对动物有毒害作用。因此，降低苏丹草茎叶中的氰化物含量成为提高其适口性和改善其品质的重要目标之一。有研究表明，植物饲料中HCN的浓度超过200 mg/kg时对动物有毒。且一些研究指出，不同品种相同生育期的植株氰化物含量存在很大差异。在相同生长条件下，筛选氰化物含量较低的特殊基因资源，通过杂交转移到其他高产品种中，从而降低苏丹草氰化物对牲畜的毒害作用。高粱与苏丹草杂交种的氰化物含量最高时也远未达到200 mg/kg这一数值。因此，高粱与苏丹草的远缘杂交是改善苏丹草品质的重要手段之一。

（三）耐逆性　苏丹草抗逆性育种是目前的研究重点。由于苏丹草具有强大的根系，能利用土壤深层水分和养分，耐旱性很强，在干旱年份也能获得较高的产量，因此苏丹草的抗逆性选育主要集中于耐寒性、耐涝性、耐盐碱性和抗倒伏性。

1. 耐寒性　苏丹草是一种喜温的春夏季栽培牧草。在内蒙古西部气温较高地区，在正确的农业技术措施下，施肥充足，及时灌溉，干草产量可达7 500 kg/hm^{2}左右，种子产量750 kg/hm^{2}左右。但在海拔较高、生育期较短、积温不足的地区，则种子不能成熟。低温是影响苏丹草早春和晚秋生长及产草量的重要因素。因此，苏丹草的耐寒性是我国西部、北部气温较低地区的重要育种目标。

2. 耐涝性、耐盐碱性　苏丹草对土壤要求不严，在弱酸和轻度盐渍土壤上（可溶性氯化钠0.2%～0.3%）均能生长，但在潮湿、排水不良或过酸过碱的土壤上生长不良。因此，培育耐涝、耐盐碱的苏丹草品种成为我国南方水网低洼地区、沿海滩涂及北方盐碱土地区育种的主要目标，也是充分利用我国土地资源的要求。高粱是我国一种非常古老的作物，具有耐旱、耐涝、耐盐碱的能力，适应性很强。通过高粱与苏丹草杂交，组合高粱叶片宽大、茎秆较粗，苏丹草分蘖能力强、再生好等优点的同时，结合两者耐旱、耐涝、耐盐碱等方面的优点，可改良苏丹草的抗逆性。

3. 抗倒伏性　苏丹草植株高大，在南方多风雨的夏季容易倒伏，影响生长发育和收获。因此，抗倒伏性也是我国南方高产育种的重要的育种目标之一。

（四）抗病虫性　苏丹草由于茎叶中含有较高糖分，因此很容易遭受害虫的危害。近几年来，苏丹草生产中由于缺乏合理的轮作技术，出现了一些比较严重的病虫害。病虫害的发生不仅影响苏丹草产草量，而且严重影响苏丹草饲草品质，牲畜食用感病的苏丹草后体质变弱，食草性鱼类食用大量感病的苏丹草后甚至会死亡。苏丹草叶斑病，目前尚无特效药物防治，即便使用农药，效果也不佳，且农药富集在食物链上，对人、畜和环境十分不利。并且，如果长期使用农药还会使病虫害产生抗性，降低药效。因此，最直接、最有效的防治病虫的途径就是培育抗病虫性强的苏丹草品种。一些近缘种如将森草（*Sorghum halepense*）等抗病虫性较好，可否通过远缘杂交或基因工程将抗性基因导入苏丹草值得研究。

（五）抗落粒性　苏丹草种子成熟极不一致，同一花序中下部的花正在开放，而在上部的小穗已处于乳熟期。因此往往等不到下部的种子成熟，中上部的种子早已脱落许多甚至脱落殆尽。因此，如何通过品种选育使花序上下部种子成熟一致或接近一致，是解决苏丹草落粒的根本方法。

第三节　苏丹草育种途径和方法

一、自然变异选择育种

自然变异选择育种，是利用苏丹草栽培品种群体中的变异株为材料，进行一次至几次单株选择育成新品种的方法。选择育种与杂交育种相比，方法简便，是选育新品种的重要手段之一。

由于苏丹草为常异花授粉植物，加上自然界突变的发生和育成品种在不同生态环境条件下表现出某些优异性状，使苏丹草的推广品种中比其他自交作物有更多的变异。这些变异为育种提供了丰富的选择基础。选择育种的本质是利用变异，进行单株选择，分系比较，从中选出优良的纯系品种。在选育方法上可因具体情况而定。在材料较少时可采用一穗传方法，即在苏丹草生长周期中，对苏丹草进行细致的田间观察，选取优良的单株分别收获其成熟种子，建立株系；再根据分离情况或继续单株选择，或收获穗子混合脱粒，形成新品系；然后与当地的推广品种比较。如果新品系比对照表现优越且稳定，即可进行繁殖推广。在材料较多时可以采取五圃制法，即建立原始材料圃、选育圃、鉴定圃、预试圃和品种比较试验圃，展开选择育种工作。

苏丹草选择育种需要注意以下几点：①育种目标要明确，对材料要熟悉；②开始收集材料时群体应尽可能大些，并应更多地重视从当地种植的优良地方品种或育成品种中选择变异株；③选育后期可将农艺性状一致的株系混合，以提高品种的适应性并缩短育种年限；④对于优异的材料可以不受程序限制越圃提升，加速育种进程。

二、种间杂交育种

（一）开花习性　苏丹草一般抽穗后3～4 d始花，圆锥花序顶端最上边2～3朵花完全开放后逐渐向下开放，最后开放的是穗轴基部枝梗下边的花。每个圆锥花序花期7～8 d，个别长达10 d以上。由于分蘖较多，且分蘖生长不整齐，整个植株的花期延续很长时间，有时直到霜降为止。苏丹草小花开放多在清晨和温暖的夜间，以早晨

3～5 时开花最盛，日出后还有个别花开放，每朵小花开放过程持续 1.5～2 h。苏丹草开花所需温度不低于 13.6～14 ℃，相对湿度不低于 55%～60%；最大量开花在气温 20 ℃左右，相对湿度不低于 80%～90%时。大雨天小花不开放，露水大时也妨碍小花的开放，温度愈低，小花开放愈晚。

（二）杂交育种技术 苏丹草杂交育种目前大多集中在高粱与苏丹草的种间杂交上。高粱和苏丹草的染色体数均是 $2n=20$，两者杂交不存在遗传障碍，且高粱与苏丹草杂种优势非常明显。高粱具有耐旱、耐涝、耐盐碱的能力，适应性很强。苏丹草耐旱力强，再生性好，茎柔叶多，饲草品质优于青刈玉米和高粱。高粱与苏丹草杂交种可将双亲的高产因子和优质性状较完善地结合在一起。F_1 代在生长状况、株高、叶长、叶宽、单株鲜重、分蘖等产量性状方面均高于双亲平均值，甚至高于或接近于高亲；单位面积产量显著高于苏丹草，营养品质与苏丹草相近，适口性甚至优于苏丹草。

苏丹草与高粱的杂交育种，需要选育高粱胞质型不育系作为不育系，苏丹草自交系作为恢复系。例如，江苏省农业科学院利用高粱胞质型不育系 2098A 和保持系 2098B，在隔离区用保持系 2098B 对不育系 2098A 扩繁，扩繁后的 2098A 作为制种不育系（母本）。苏丹草自交系 2098 在田间扩繁并经抗叶斑病筛选后作为恢复系，培育出苏丹草与高粱的抗叶斑病杂交后代。

杂交育种的田间试验和实验室技术与一般作物相似，但苏丹草与高粱种间杂交应注意如下一些问题。

1. 小区设计 苏丹草植株高大，一般在 1 m 以上，高者达 2～3 m，且苏丹草的边行效应十分明显。因此，苏丹草育种试验要注意不同株高品种的田间排列，尽量做到株高相差不大的品种相邻种植。做产量试验的小区至少需要 40 m^2，行数不少于 6 行。

2. 套袋隔离 苏丹草为常异交植物，为了保持品种或试材的纯度以及杂交后代自交纯合性，都要采用套袋隔离，即在抽穗开花前套上纸袋。为了防止穗子发霉和长蚜虫，开花后 10 d 可摘去纸袋或打开纸袋的下口放风。

3. 测定茎秆含糖量 苏丹草与甜高粱杂交，其杂种茎秆的含糖量提高。检测杂种茎秆含糖量可用手持糖度仪测定茎秆汁液的锤度（BX）。具体做法为：用钳子夹茎秆，汁液流出后，取其汁液在糖度测定仪上测定，读锤度数字。如此可一节一节地夹压汁液测定之。亦可用压榨机压榨出整株茎秆的汁液，测出整株汁液的锤度。

4. 育性鉴定 在开花期可以直接观察花粉的多少和花粉发育情况，用 KI 溶液染色，显微镜观察记数。在育种上最简便有效的鉴定方法是用套袋自交结实率测定法，即在抽穗后开花前严格套袋，收获后记数每穗结实率，然后计算结实数。

三、诱变育种

诱变育种是利用理化因素诱发变异，再通过选择育种育成新品种的方法。此种方法在农作物上应用较多。

苏丹草诱变育种主要是应用 γ 射线，部分也开始应用快中子和慢中子（即热中子）作为诱变剂。由于射线处理所产生的突变体大部分是不理想的，而使研究工作者期望应用化学诱变剂（如 NMU，即 N-亚硝基-N-甲基脲烷）。诱变处理中，在一定的照射剂量范围内，突变率与照射剂量呈正相关，但照射的损伤效应也相应提高。

复习思考题

1. 试述国内外苏丹草育种研究进展及发展趋势。
2. 试述我国苏丹草育种的主要育种目标。
3. 试述苏丹草自然变异选择育种的方法及技术要点。
4. 举例说明种间杂交在苏丹草育种中的应用方法。
5. 试讨论可用于苏丹草高产、优质育种的新技术及应用策略。

参考文献

[1] 逯晓萍等．高丹草（高粱×苏丹草）主要农艺性状的遗传参数研究．华北农学报．2004，19（3）：22～25

[2] 南京农学院主编．饲料生产学．北京：农业出版社，1980
[3] 庞良玉等．苏丹草、高丹草生物性状研究．西南农业学报．2004，17（2）：160～163
[4] 王栋原著．任继周等修订．牧草学各论．新一版．南京：江苏科学技术出版社，1989
[5] 云锦凤主编．牧草育种学．北京：中国农业出版社，2000
[6] 詹文秋等．高粱和苏丹草杂种优势利用的研究．作物学报．2004，30（1）：73～77
[7] Heath M E，Barnes R F，Metcalfe D S. Forages. 4th edition. USA：The Iowa State University Press，1985

（沈益新编）

第二十九章　紫花苜蓿育种

第一节　紫花苜蓿育种概况

紫花苜蓿（alfalfa），学名 *Medicago sativa* L.，简称苜蓿，为豆科苜蓿属多年生草本植物。苜蓿属全世界约有 65 种，其中 25 种可作为饲料和绿肥栽培利用，但只有紫花苜蓿栽培最为广泛，以“牧草之王”著称。紫花苜蓿公元前 700 年就已开始在波斯（今伊朗）种植，是世界上最早的栽培牧草。紫花苜蓿产量高，品质好，适应性广，经济价值高，因而从欧洲西北部、加拿大、阿拉斯加等高寒地区至亚热带、热带高海拔地区均有栽培。全世界紫花苜蓿的栽培面积估计达 3.3×10^7 hm^2，其中以美国栽培面积最大，达 1.08×10^7 hm^2，约占其栽培草地面积的 44%。美国、加拿大、智利、澳大利亚和新西兰为目前世界紫花苜蓿产品的主要出口国，日本则是紫花苜蓿产品的主要进口国。

一、生育特性及栽培利用概况

紫花苜蓿（图 29-1）根系发达，主根粗大，入土很深。根部上端略膨大处为根颈，是分枝及越冬芽着生的地方，位于表土下 3～8 cm 土层内。根颈随栽培年限的延长而向土中延伸，紫花苜蓿具较强的耐寒、耐牧能力与此有关。茎直立，光滑，高 100～150 cm 或更高。根颈上一般有 25～40 个分枝，多者可达 100 个以上。叶量多，全株叶片约占鲜草重量的 45%～55%。总状花序，由 20～30 朵小花组成，花紫色或深紫色。异花授粉植物，虫媒为主，也有借机械力量的碰撞促使龙骨瓣开放的，温度达 30 ℃左右时，龙骨瓣也能自行开放。荚果螺旋形，2～4 回，不开裂，每荚有种子 2～8 粒。种子肾形，黄色，千粒重 1.5～2 g。

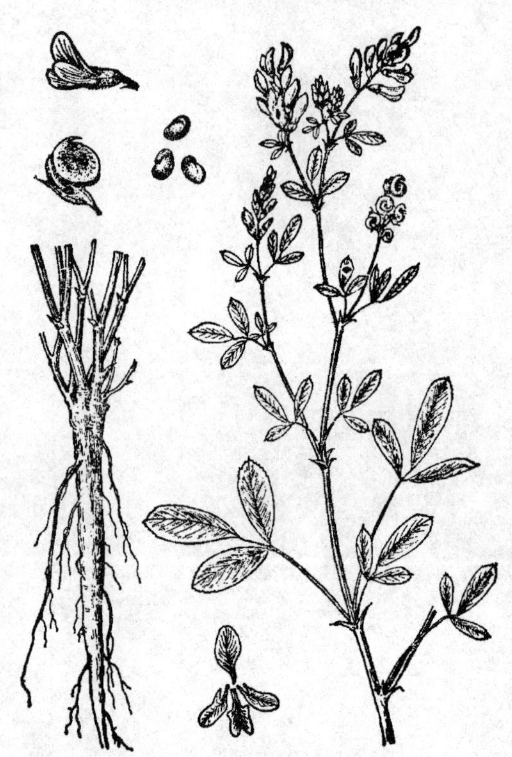

图 29-1　紫花苜蓿的形态特征
（引自《中国饲用植物志》，1987）

紫花苜蓿喜温暖半干燥气候，生长最适宜温度为 25 ℃左右。夜间高温对生长不利，可使根部的储存物质减少，再生力降低。根系在 15 ℃时生长最好。紫花苜蓿耐寒性很强，5～6 ℃即可发芽并能耐受－5～－6 ℃的寒冷，成株在雪的覆盖下可耐－44 ℃的严寒。喜土层深厚的石灰性土壤，不耐潮湿。紫花苜蓿一般在播种后的 2～4 年生长茂盛，第 5 年以后生产力逐渐下降，但其寿命可达 20～30 年。

我国栽培紫花苜蓿的历史悠久。公元前 126 年汉武帝遣张骞出使西域，紫花苜蓿和大苑马同时输入，距今已 2 000余年。目前在西北、华北、东北、内蒙古等地均广泛栽培，南方各地也有栽种，为我国栽培面积最大的牧草。据 2000 年统计，我国紫花苜蓿的栽培面积已达 1.83×10^6 hm^2，栽培面积居世界第五位。

北方在墒情较好的情况下春播后 3～4 d 出苗，幼苗生长较缓慢，但根系生长较快。播后 30～40 d 株高低于 10 cm，而根长则可达 20～50 cm。播后 80 d 株高 50～70 cm，根长已达1 m以上。北方冬季严寒地区迟秋播者不能越冬。南京 9 月下旬播种，当年分枝可达5个左右，次年4月生长最盛并现蕾开花，6月种子成熟。南方3月下旬播，5月下旬至6月上旬开花。南方地区夏季高温多雨，紫花苜蓿多生长不佳，病虫害严重，越夏率较低。

紫花苜蓿不仅用作畜禽的优质饲料，而且，因其根系强大，共生根瘤菌的固氮能力极强，改良和培肥土壤的作用十分显著。紫花苜蓿也是一种很好的蜜源植物。

二、育种研究概况

紫花苜蓿原产于中东、小亚细亚、外高加索、伊朗、土库曼高地，1850年传入美国加利福尼亚州后便很快在美国扩散，逐渐形成了适于美国各地生态条件的地方品种。这一类品种在美国统称为普通苜蓿（common alfalfa），是一个具有优良经济性状和广泛遗传基础的群体。19世纪中后期至20世纪前期，美国先后从土耳其引入了抗病力强的土耳其（Turkistan）苜蓿，从德国引入了耐寒性较好的格林（Grimm）苜蓿，分别从印度克什米尔和前苏联哥萨克地区引入了适于寒冷干燥气候条件下生长的拉达克（Ladak）苜蓿和哥萨克（Cossack）苜蓿，分别从秘鲁、印度和埃及引入了生长和再生迅速、适应南部灌溉地区栽培的Peruvian苜蓿、Indian苜蓿和Egyptian苜蓿，丰富了紫花苜蓿的种质资源。经育种家近1个世纪的努力，美国育成了许多著名的紫花苜蓿品种。如从普通苜蓿中选育出了Buffalo、Willianmsburg、Cody等适宜在温暖湿润地区生长，生长迅速，产草量高的优良品种；从土耳其苜蓿中选育出了Marlboough、Hardistan、Nemastan、Orstan、Lahentan、Washoe等适于干旱地区栽培，且抗病和抗虫能力均较强的品种；从格林苜蓿、拉达克苜蓿和哥萨克苜蓿中选育出了栽培应用甚广的Ranger品种。当今美国紫花苜蓿的育成品种中，有一半以上是从土耳其苜蓿、格林苜蓿、拉达克苜蓿和哥萨克苜蓿中选育出来的。丰富的种质资源成为了美国紫花苜蓿育种的一根重要支柱，并为美国成为紫花苜蓿生产大国铺就了道路。

由于紫花苜蓿的经济价值极高，世界各国均十分重视苜蓿资源的引入和研究。除美国以外，欧洲、加拿大等每年亦有不少紫花苜蓿新品种上市。

我国栽培紫花苜蓿的历史悠久，种质资源较丰富。在长期的自然选择和人工栽培条件下，形成了许多适应我国各地生态条件的紫花苜蓿地方品种，如北疆苜蓿、新疆大叶苜蓿、河西苜蓿、陇东苜蓿、陇中苜蓿、天水苜蓿、关中苜蓿、陕北苜蓿、晋南苜蓿、偏关苜蓿、沧州苜蓿、无棣苜蓿、肇东苜蓿、内蒙古准格尔苜蓿、敖汉苜蓿、淮阴苜蓿等。据耿华珠等在《中国苜蓿》一书中的划分，我国紫花苜蓿品种可分为东北平原生态型、华北平原生态型、黄土高原生态型、江淮平原生态型、汾渭平原生态型、新疆大叶生态型和内蒙古高原生态型共7个生态型。甘肃农业大学李逸民、曹致中依据55个紫花苜蓿品种的生育期试验结果，又将我国紫花苜蓿品种划分为早熟、中熟、中晚熟和晚熟4个类型。并指出，早熟品种（如关中苜蓿）具有植株矮小、基生分枝少、茎细叶小、基生分枝产生花序节位低、花序紧凑、花较少等特性；晚熟品种（如新疆大叶苜蓿）具有植株高大、基生分枝多、茎粗壮、叶宽大、基生分枝产生花序节位高、花序长而花多等特性。

自20世纪50年代以来，我国有关农业科学研究院所、高等农业院校在对我国紫花苜蓿种质资源搜集整理、评价研究和引进国外育种资源的同时，开展了针对我国北方各地生态条件紫花苜蓿育种工作，获得了一批研究成果。中国农业科学院畜牧研究所已搜集了国内外苜蓿种质材料400余份；选育了丰产性、再生性和持久性较好，抗逆性和抗病虫性较强的保定苜蓿、耐盐的中牧1号等品种。吉林省农业科学院吴青年等选育的公农1号和公农2号紫花苜蓿，内蒙古农牧学院吴永敷、云锦凤等选育的草原1号和草原2号杂花苜蓿，甘肃农业大学曹致中、贾笃敬选育的甘农1号、甘农2号杂花苜蓿和甘农3号紫花苜蓿，内蒙古图牧吉牧场程渡等选育的图牧1号紫花苜蓿等品种则具有很好的耐寒性和越冬性，可以在生态环境较严酷地区种植，并有较高的产草量和种子产量。

近年，牧草生产，尤其是紫花苜蓿生产在农区发展很快。为适应农区生产高产高效的需要，我国从国外引进了许多适于温暖地区栽培的高产品种，如Acacia、Hunter River、Saranac等。随着紫花苜蓿种植面积的扩大、对产量等要求的提高及现代育种技术的应用，我国紫花苜蓿新育种工作必将跨上一个新的台阶。

第二节　紫花苜蓿育种目标

我国紫花苜蓿育种工作近半个世纪来已取得了显著成效，紫花苜蓿产量得到了很大的提高。随着农业产业结构调整的不断深入，我国紫花苜蓿的种植面积急速增加，向南方发展的速度加快。在生产实践中，产草量、病虫害等问题正在逐渐成为限制紫花苜蓿进一步发展的制约因素。紫花苜蓿的育种工作需要在如下的目标上下工夫。

（一）高产　丰产性是当前我国紫花苜蓿育种的主要目标。我国各地的地方品种和一些育成品种适应性好，但产量较低，鲜草产量普遍不及从美国和加拿大引进的品种，导致近年我国紫花苜蓿栽培品种的大面积“洋化”。目前世界上紫花苜蓿年鲜草产量一般可达 21 000～22 000 kg/hm^2。从紫花苜蓿的形态学和生物学特性来看，其根颈产生分枝的能力、植株高度、生长速度和刈割后的再生速度、年刈割次数及各次产量的均匀度、单位面积的茎叶密度以及春季返青的迟早，直接影响紫花苜蓿的产草量。

不同紫花苜蓿品种基生分枝的数量和粗细不同。稀植条件下，一般分枝较少的品种枝条较粗。而一些研究表明，分枝多而细的紫花苜蓿对产草量和品质有利；分枝节多，株高叶茂的品种亦有利于高产。

春季返青早，晚秋生长停止晚及生长速度快的品种年刈割次数多，产草量高。我国的地方品种生长速度慢，1年只能刈割 2～3 次，产草量较低；而国外引进的高产品种生长速度快，可年刈割 3～5 次，产草量较高。国外的一些研究表明，一年刈割 5 次的品种比一年刈割 4 次的品种产草量高。

（二）优质　紫花苜蓿饲草的品质较好，春季初花期刈割，饲草干物质中含粗蛋白质 18%～27%，无氮浸出物 34%～39%，粗蛋白质消化率为 75%～80%，但紫花苜蓿饲草品质在品种间存在较大差异。因此，近年来国内外均十分重视紫花苜蓿的品质育种。

牧草的品质主要表现在茎叶比例、化学组成和消化率方面。紫花苜蓿叶片的蛋白质含量显著高于茎，并且叶片含有比茎更高的色氨酸、组氨酸、赖氨酸等氨基酸。紫花苜蓿茎叶中还含有一些对家畜生长和繁殖不利的组分，如皂素、呼吸酶抑制剂、抗生素、拟雄性激素等。这些组分含量高低与品种有很大关系。在畜牧生产中，豆科牧草皂素含量过高可引起反刍家畜的臌胀病，也能降低鸡的生殖能力。因此，紫花苜蓿品质育种一方面需要重视可消化养分含量的提高，另一方面需要重视对畜禽生产不利化学成分的降低。

（三）耐逆性　紫花苜蓿传入我国后主要在畜牧业为主的省区种植，如西北、东北等省区种植历史悠久，种植面积较大。随着农业产业结构调整的深入，近年在北方及中原地区呈现了快速发展的局面。北方的气候因素（寒、旱）及部分地区土壤盐碱常是限制紫花苜蓿发挥生产性能的重要因素。如高纬度、高海拔地区，紫花苜蓿普遍存在着越冬率低，容易发生冻害和死亡现象。且由于无霜期短，积温低，不能结子或种子产量甚低，因此选育耐寒性强的紫花苜蓿品种是我国北方地区的重要目标。许多研究证明，紫花苜蓿的耐寒性与品种的形态、植株体可溶性碳水化合物含量、茎叶汁液 pH 高低等有关。有些鉴定认为，侧根发达，多细根的品种耐寒性强；反之主根发达的品种则不耐寒。茎叶汁液 pH 高，蛋白质的溶解度和稳定性、酶的活性、氨基酸及阳离子的浓度等提高，耐寒能力提高。茎叶及根系中可溶性糖分、可溶性蛋白质和氨基酸含量高，呼吸速率大的品种一般耐寒性较好。

一些研究还证明，紫花苜蓿的耐旱性与耐寒性有较强的相关。耐旱品种与耐寒品种的许多生理变化有一定相似性。

研究表明，紫花苜蓿为中等耐盐作物，适宜于在轻度盐碱地上种植。通过选育，提高其耐盐能力，对于开发利用盐碱地和滩涂资源及扩大紫花苜蓿生产都有重要意义。中国农业科学院畜牧研究所耿华珠等采用细胞培养和耐盐筛选技术已选育出了耐盐的紫花苜蓿品种。

随着南方畜牧业的发展，紫花苜蓿在南方丘陵地区及农田的种植面积正在不断增长。由于南方雨水多、土壤黏重、地下水位高等因素，不利于紫花苜蓿高产，南方农田、水网地区需要耐潮湿的紫花苜蓿品种。我国紫花苜蓿地方品种及近缘种中，淮阴苜蓿和金花菜（*Medicago polymorpha*）较耐湿，可作为紫花苜蓿的耐湿育种材料。

（四）抗病虫性　紫花苜蓿在同一地区长期大面积种植容易发生病虫害。病虫害不仅影响饲草的产量，而且影响饲草的品质，缩短紫花苜蓿草地的利用年限。选育紫花苜蓿抗病虫的品种可以降低饲草生产成本，并减少由于使用农药防治引起的环境和畜产品污染。

紫花苜蓿当前的主要病害有细菌性枯萎病［*Corynebacterium insidiosum*（McCll.）H. L. Jenesen］、叶斑病［*Pseudopeziza medicaginis*（Lib.）Sacc.］、褐斑病、镰孢凋萎病、衣霉根菌病、春季黑茎病（*Phoma medicaginis* Malbr. et Roum）、夏季黑茎病、蕾枝孢凋萎病、炭疽病和锈病（*Uromyces striatus* Schroet.）等。紫花苜蓿的抗病性在品种间和品种内植株间存在很大的变异。这主要是由于紫花苜蓿是四倍体和异花授粉，两者均有利于持续变异。紫花苜蓿至今还没有对病害免疫的品种，选育抗病品种只能增加群体中抗病植株的比例，并提高植株的抗病等级。

昆虫危害每年能给紫花苜蓿生产造成很大的经济损失。害虫不仅可通过损伤植株或消耗养分直接影响紫花苜蓿的生长发育，而且有些害虫还传播病害造成紫花苜蓿产量和品质的降低。紫花苜蓿的主要害虫有：苜蓿斑点蚜（*Therioaphis maculata* Buckton）、豌豆蚜（*Acyrthosiphon pisum* Harris）、苜蓿象虫（*Hypera postica* Gyllenhal）、马铃薯叶蝉（*Empoasca fabae* Harris）和一些草地螟（*Melanoplus sanguinipes* F.）及苜蓿子蜂（*Bruchophagus gibbus* Boh）。紫花苜蓿对害虫的抗性很复杂。形态学、解剖学、生物化学和生理学特性常常相互影响着害虫对紫花苜蓿的作用。抗虫育种和抗病育种一样，包括两个生物体相互作用以及环境条件影响植物抗虫性的程度。近年来的研究表明，许多抗性属于简单遗传，可用常规育种方法传递给后代。在自由授粉群体中，表型轮回选择对苜蓿斑点蚜、豌豆蚜、马铃薯叶蝉和苜蓿象虫抗性的选择是有效的。抗虫材料可在常受到害虫侵袭和危害，特别是某些能够维持高密度虫口的地方种植鉴定。

（五）耐牧性 我国天然草地面积约为农田总面积的3倍。天然草地不仅是畜牧生产的基地，也是生态建设的重要地区。选育匍匐或半直立型的特别耐放牧品种对改善天然草地的产草量和饲草品质及防风固沙均有重要意义。

紫花苜蓿品种经耐牧性选育后可显著改善耐牧性。美国在20世纪80年代中期对各品种紫花苜蓿进行连续2～3年强放牧，在存活植株中选择优秀植株杂交育成的品种表现出较其他品种高的耐牧性。洪绂曾和吴义顺的研究指出，根蘖型苜蓿具有大量匍匐根，能从母株上产生一级、二级乃至多级的大量分株，从而使单株的覆盖面积比非根蘖型苜蓿大几倍，甚至十几倍，其侵占性、竞争力都很强，具有持久耐牧特点。

第三节 紫花苜蓿育种途径和方法

一、自然变异选择育种和轮回选择

（一）混合选择法 紫花苜蓿品种在开放传粉的情况下为一个异质杂合体（heterogeneous heterozygote），采用混合选择法改良品种具有良好的效果。一般情况下，按照育种目标在各品种群体中选择符合标准的个体，将这些个体的种子混合脱粒。混合脱粒获得的种子作为新的品种参与当地优良品种的比较试验。通过品种比较确认某些性状得到改善，且优于推广品种，则可进入区域试验，直至推广使用。混合选择也可以采用无性繁殖法选择优良单株，混合种植在一起，收获混合群体的种子作为新的品系，其效果更显著。

混合群体虽然是由选择的单株构成的，但仍是一个具有广泛基因基础的群体。它可以减少近亲繁殖（inbreeding）的有害作用。因此，混合选择对一些简单的遗传性状具有明显的效果。通过自然选择和人工选择的结合，可以改善某些性状以适应当地的生态条件和社会经济发展的需要。但混合选择的改良进度较小，对提高产量和其他数量性状的效果不大。

（二）轮回选择 轮回选择是大部分异花授粉植物共同使用的育种方法。紫花苜蓿的轮回选择是一种改良的多次混合选择。选择在隔离区内进行，其选择程序如下。

第一年，在隔离区内种植1 000株以上的同一品种或杂种植株的群体，单株稀植以供选择。

第二年，在开花之前，根据育种目标要求的表现型特征，选定符合标准的个体，清除不良个体，令其自由开放传粉。待种子成熟后，分株收获和脱粒、编号、装袋。隔离区中的当选植株继续保留。

第三年，用上年当选植株的种子进行株系产草量比较试验，选择配合力高的母株个体，淘汰配合力低的母株个体。比较试验最少连续进行两年。

第五年，根据两年的株系产草量情况，在隔离区内保留配合力高的植株，清除配合力低的植株。

第六年，让隔离区内的保留植株相互授粉。待种子成熟后混合收种。这样收集的种子就可以用于生产，看做一次轮回。轮回选择一般需6年完成一个周期，以后每一次轮回都是在前一次轮回的基础上进行。经过3～4次轮回，就可以收到很好效果。

轮回选择能较快地选育出优良的杂合群体，而且能够继续进行选择，逐步提高目标性状。它与混合选择的不同点是，既注意表现型选择，也对各个单株的配合力进行选择。连续几次轮回，就可以使各方面的优良基因集中到选择群体内，并在选择中淘汰不良基因，同时还能避免近亲繁殖，增加重组机会。轮回选择对提高紫花苜蓿赖氨酸的含量、抗病性和改进其特殊配合力等方面，都有良好的效果。

二、杂交育种

(一) 开花结实特性 紫花苜蓿为总状花序，总花柄着生于茎 6～15 节以上的叶腋中。花序一般长 4.5～17.5 cm，小花 20～80 个。同一植株花序上的小花数，一般为基生分枝上的较多，侧枝上的较少；早期产生的较多，后期产生的较少。紫花苜蓿的花为蝶型花，开放时旗瓣、翼瓣先张开，花丝管被龙骨瓣里面的侧生突起包住，花药不易绽开。花药在花蕾阶段便开放散粉，花粉带黏性，容易黏附到昆虫的身上便于传粉。花粉储于花药之中，其生活力可保持两周。

花序上的开花顺序由下向上，一个花序开花的持续时间，随气候、品种及花的数目而异，一般 2～6 d。晴天开花多，而阴天开花少或不开。晴天 5～17 时内都有开花，但开花最集中是在 9～12 时，13 时后开花显著减少。苜蓿开花最适宜的温度为 20～27 ℃，最适相对湿度在 53%～75%之间。

紫花苜蓿柱头与花粉的生活能力在田间条件下可持续 2～5 d。花粉的生活力在 20%～40%的相对湿度下，能保持更长的时间，部分花粉甚至能达到 45 d 之久。在温度提高时，花粉的生活能力显著下降，而湿度达到 100%时，花粉的生活力最低。紫花苜蓿花粉人工储藏在－18 ℃的真空干燥箱中，相对湿度保持在 20%时，能保持活力 183 d。

在适宜条件下，紫花苜蓿授粉后 7～9 h，花粉发芽伸入到子房开始受精。在湿润而寒冷的气候中，可能延长到 25～32 h。授粉后 5 d 就可以形成螺旋荚果。由授粉到种子成熟需要 40 d 左右，授粉后 20 d 所结的种子即有发芽能力。

紫花苜蓿的自交结实率很低，即使在隔离情况下强迫自交，自交结实率也不过 14%～15%。通常情况下，紫花苜蓿的天然异交率在 25%～75%之间。影响紫花苜蓿自交的主要因素来自花的形态、花粉及花粉管生长等几个方面。

一般认为，紫花苜蓿开花时龙骨瓣没有张开的花是没有授粉的。绝大部分这样的花最后都衰败和凋谢。据观察，在高温干燥和阳光的照射下，部分花的龙骨瓣会自动张开，花药散开，柱头接受花粉，得到的种子大部分是自交种。紫花苜蓿的传粉主要依赖丸花蜂、切叶蜂、独居型蜜蜂等一些野生昆虫。当它们采访龙骨瓣未展开的花时，往往爬在龙骨瓣上，把喙伸进旗瓣和花粉管之间采蜜，同时以头顶住旗瓣，然后在翼瓣上不断运动，引起解钩作用，使得花粉弹到蜂的腿部和腹部，最终达到传粉的作用。蜜蜂也喜欢采集紫花苜蓿的蜜液，但常将喙伸在龙骨瓣和旗瓣之间的蜜腺处，龙骨瓣不易被撞开，以致传粉作用受到限制。

花粉中发育不良花粉的比例大和自交花粉在柱头不能萌发或花粉管生长受阻也是紫花苜蓿自交率低的重要原因。据观察，自交花粉管只有少数能伸到子房腔基部。紫花苜蓿授粉后 30 h，自交花粉管最长能达到第 4 个胚珠，而杂交的就能达到 8～9 个胚珠。48 h 后，自交花粉管达到第 5～6 胚珠，而杂交的则达到第 10 个胚珠。此外，有许多花粉管达到胚珠也不受精。一般情况下，自交和杂交的花粉管都能达到前 4 个胚珠，但是，能使这些胚珠受精的程度却不同，自交的只有 28%，杂交的为 80%。自交花粉管不进入胚珠的现象，是自交不亲和性的证明。

紫花苜蓿自交结实的种子硬实率高。一般可达 75%～80%，硬实种子经摩擦处理之后发芽正常，不经处理的种子发芽率很低。自交种子长出来的幼苗生活力和生长势都弱，而且自交下一代分离比较明显，饲草和种子的产量比亲本低。自交一代的产草量只有亲本的 80%～90%，自交二代为亲本的 70%～80%，自交三代为亲本的 50%～60%，以后就基本上稳定在一个水平上。种子产量也有同样下降趋势。紫花苜蓿培育自交系主要用于配制杂交种。

(二) 杂交技术

1. 去雄杂交 选基生分枝花序上的小花。当花冠从萼片中露出一半时，花药为球状，绿色的花粉还没有成熟。用镊子从花序上去掉全部已开放的和发育不全的花。用拇指和中指轻轻捏住花的基部，用镊子剥开旗瓣和翼瓣，食指将其压住；回转镊子，把龙骨瓣打开摘除雄蕊。去雄结束时，必须检查去雄是否彻底。去完花序上所有的小花雄蕊后，立即套上纸袋，以防杂交。同时系以标签，用铅笔注明母本名称及去雄日期。去雄最好在早上 6 时左右进行。也可采用吸收法和酒精浸泡法进行人工去雄。吸收法去雄：将橡皮球连接到吸管上，排除橡皮球中的空气，吸管尖端对准花药，轻轻放开橡皮球，花粉和花药就可以被吸去。酒精法去雄：将整个总状花序浸在75%的酒精溶液中约10 min，然后在水中清洗几秒钟。酒精法去雄比吸收法去雄容易，但是效果不如吸收法去雄。

去雄后的小花开放时即可进行授粉。根据开花的适宜条件，最好在晴天10～14时进行。采集父本植株上花已开放而龙骨瓣未弹出的花粉。用牛角勺伸到父本花的龙骨瓣基部轻微下按，雄蕊就会有力地将花粉弹出，留在小勺之上。将花粉授予已去雄的母本柱头，完成杂交。最后将父本名称和授粉日期登记在先前挂好的标签上。

2. 不去雄杂交　紫花苜蓿的自交率很低，而且自交后代生活力降低，所以也可以采用不去雄自交法。不去雄杂交方法简便，目前在实践中使用很多。在杂交之前，先收集大量已开放而龙骨瓣未开的父本花，用牛角勺取出父本花粉。用带有父本花粉的勺轻压母本小花龙骨瓣，母本柱头即可接受父本的花粉，完成杂交过程。必须注意的是，每杂交一个母本植株后，要将牛角勺用酒精消毒一次。授粉之后，为了防止其他花粉的传入，需要套纸袋隔离。授粉后，在标签上注明杂交组合名称及杂交日期，系在杂交过的花序上。

3. 天然杂交　天然杂交必须事先了解父母本选择授精（selective fertilization）的情况。只有在母本植株授以父本品种花粉，比本品种的花粉具有更大的选择性时才能采用，以保证获得高质量的杂交种子。这种方法简单易行，而且花费人力少，生产杂交种子的成本低。天然杂交需在隔离区内进行，以防止与其他品种杂交。隔离区距离不得少于1 200 m。杂交父本隔行播种，行距约为50 cm，或者在母本周围播种父本植株。

进行天然杂交时，若亲本花期不遇，可采用调节刈割期的方法解决。父本植株也可采用分期刈割的方法，以满足花粉的供应。

（三）杂种后代选育　由于紫花苜蓿为杂合体，F_1代便可能出现分离。因此，F_1代除按育种目标选择优良株系外，还应在株系中选择优良变异个体。判断杂种后代是否带有父母本优良性状时，紫花苜蓿花的形态、颜色等常可用作遗传标记。

一些符合育种目标的杂种后代株系或植株被确定后，为保证新育成品种具有较广泛的遗传基础，可按混合选择法进行新品种的选育。

三、回交育种

回交育种可以用于改良紫花苜蓿的某些特性，特别在抗病育种中应用较多。它对紫花苜蓿优良无性系或自交系以及一些优良品种的某些质量性状的改良较有效；而对数量性状的改良却不宜。

美国在20世纪50年代从加利福尼亚普通苜蓿中选择抗霜霉病和抗叶斑病植株作为轮回亲本，把抗萎蔫病的Turkistan苜蓿作为非轮回亲本进行杂交。经过4次回交后，将Turkistan苜蓿的抗萎蔫病性状转移给加利福尼亚普通苜蓿。以后在隔离条件下，再经自交和开放授粉，从后代中选出抗病植株。再将选出的这些抗病植株混合起来，育成了Caliverde品种。Caliverde品种既继承了加利福尼亚普通苜蓿的优良经济性状及抗霜霉病和抗叶斑病的特性，又具有了Turkistan苜蓿抗萎蔫病的特性。值得注意的是，为了保证育成品种继承轮回亲本的优秀经济性状，轮回亲本不能少于200株。

四、综合品种

综合品种是将由各种育种材料或品种中选出的综合性状良好，又具有某些优秀特性的优良植株组成的一个混合群体。综合品种能增加群体中基因重组的机会，因而产量比开放授粉的一般品种大有改进。虽然紫花苜蓿是多倍体，群体的后代分离不明显，但综合品种以4～12个自交系或无性繁殖系组成的产草量比较稳定。

紫花苜蓿综合品种的组成形式较多，有的如玉米那样，由入选的数个自交系种子等量混合而成，但由于紫花苜蓿选育自交系较困难，因此由自交系组成综合品种目前还有许多困难。当前运用最多的是由无性繁殖系组成综合品种。这在一些国家几乎已成为紫花苜蓿育种的标准方法。另外，也可以由入选的优良植株混合组成综合品种，如通过混合选择、集团选择等育种方式来进行，也是行之有效的方法。

甘农3号紫花苜蓿品种是由甘肃农业大学于20世纪90年代育成的综合品种，其选育程序见图29-2。

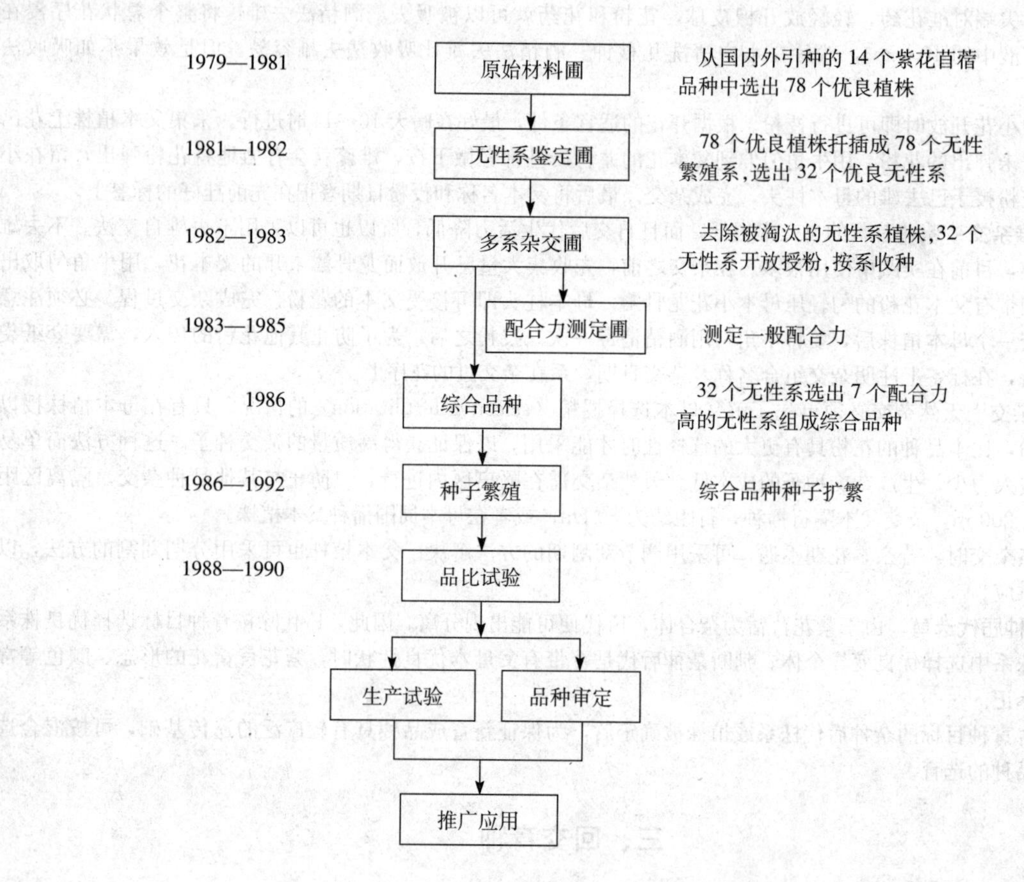

图 29-2　甘农 3 号紫花苜蓿育种程序示意图

五、远缘杂交

苜蓿属约有 65 个种，紫花苜蓿的近缘种很多。苜蓿属在我国有 12 个种，3 个变种，6 个变型。苜蓿属的某些种之间可天然杂交，如紫花苜蓿和黄花苜蓿种植在一起可形成天然的杂交种，且能把紫花苜蓿的高产优质和黄花苜蓿耐寒、耐旱的性状结合在一起。我国育成的苜蓿品种草原 1 号、草原 2 号、甘农 1 号、新牧 1 号、新牧 3 号等都是采用远缘杂交创造的新类型。

直接采用紫花苜蓿与黄花苜蓿杂交，利用杂种优势，也是一种简单可行的方法。

紫花苜蓿与扁蓿豆杂交已引起育种者的关注，黑龙江省畜牧研究所王殿魁等采用诱导扁蓿豆四倍体、杂交及辐射等方式选育紫花苜蓿与扁蓿豆的杂种，已取得一定进展。

复习思考题

1. 试述苜蓿育种的主要育种目标，评述国内外的育种进展。
2. 试举例说明苜蓿育种的主要途径和方法。
3. 试述苜蓿的杂交技术，应注意哪些问题。
4. 举例说明苜蓿轮回选择的程序。
5. 结合育种目标阐述紫花苜蓿远缘杂交研究的重点及应用前景。

附　豆科牧草主要育种性状的记载方法和标准

一、物候期

1. 播种期：实际播种日期，以月、日表示。

2. 出苗期：全区50%以上子叶出土的日期。

3. 分枝期：全区20%以上植株长出分枝的日期为始期，80%以上植株长出分枝的日期为盛期。

4. 始花期：全区20%以上植株开花的日期。

5. 盛花期：全区80%植株开花的日期。

6. 结荚期：全区20%植株带有绿色荚果的日期为始期，80%植株带有绿色荚果的日期为盛期。

7. 成熟期：全区80%以上植株荚果黑褐色，种子转硬，第一次收获种子的日期。

二、生长和生产性能

8. 株高：全区取10点测量地面至拉直的植株最大高度。

9. 草层高：全区取10点测量地面至叶层最密集处的自然高度。

10. 分枝数：区内（除边行）随机取10株生长正常植株计数；或区内（除边行）生长均匀地段调查3～5个20 cm×20 cm样方内植株的总分枝数，以 *N* 个/m^2 表示。

11. 叶面积指数（LAI）：区内（除边行）生长均匀地段调查3～5个样方内植株的全部绿叶面积，LAI＝绿叶面积/样方面积。

12. 生长速度：定期随机取6～10点调查区内植株（除边行及缺株旁植株）株高或地上部干物重，计算单位时间内植株株高或干物重的增长量，以株高增长 *N* cm/周或植株地上部增重 *N* g干物质/（周・m^2）表示。

13. 再生性：刈割或放牧利用后7～10 d调查区内再生植株（除边行及缺株旁植株）的百分率或单位土地面积上的再生茎数，并调查再生植株的生长速度，以再生植株百分率（或单位面积茎数）和生长速度表示。

14. 鲜草产量：盛花期全区去20～40 cm边行后，留茬3～5 cm刈割、称重，计各次刈割的产量及全生长季（年）的总产量，以 *N* g /m^2 或 *N* kg /hm^2 表示。

15. 干物质产量：测定鲜草产量后，各区随机抽取500 g左右新鲜样，塑料袋密封、低温带回实验室精确称重，通风干燥箱65～70℃烘干至恒重。计算出干物质率，以鲜草产量乘以干物质率求得。

三、品质

16. 粗蛋白质含量：用凯氏半微量定氮法分析测定牧草样品的氮含量，以氮含量乘以6.25计算得到。常用百分率或 *N* g/kg干物质表示。

17. 中性和酸性洗涤纤维含量：采用范氏（Van-Soest）法分析测定。常用百分率或 *N* g/kg干物质表示。

18. 消化率：采用瘤胃网袋法、瘤胃液体外发酵法或胃蛋白酶-纤维酶法分析测定。常用干物质或有机物消失百分率表示。

参考文献

[1] 耿华珠等．中国苜蓿．北京：中国农业出版社，1995

[2] 南京农学院主编．饲料生产学．北京：农业出版社，1980

[3] 孙建华等．中国主要苜蓿品种的产量性状及其多样性研究．应用生态学报．2004，15（5）：803～808

[4] 王栋原著．任继周等修订．牧草学各论．新一版．南京：江苏科学技术出版社，1989

[5] 王勇等．我国苜蓿研究现状、存在问题及对策．内蒙古农业科技．2004（6）：6～7

[6] 云锦凤主编．牧草育种学．北京：中国农业出版社，2000

[7] Herbert J. 美国的苜蓿生产．世界农业．2002（1）：26～27

[8] Heath M E, Barnes R F, Metcalfe D S. Forages. 4th edition. USA：The Iowa State University Press，1985

（沈益新编）

第三十章　白三叶育种

第一节　白三叶育种概况

白三叶草（white clover），学名 *Trifolium repens* L.，原产地中海地区，广泛分布于亚洲、非洲、大洋洲和美洲，是世界上分布最广的豆科牧草之一。在俄罗斯、英国、澳大利亚、新西兰、荷兰、日本、美国等均有大面积栽培。白三叶草在我国中亚热带及温暖带地区分布较广泛。四川、贵州、云南、湖南、湖北、广西、福建、吉林、黑龙江、新疆等省区均有野生种发现。在东北、华北、华中、西南、华南各省区均可栽培；新疆、甘肃等省区栽培后表现也较好。

一、生育特性及栽培利用概况

白三叶为多年生匍匐草本植物，寿命长，可达 10 年以上，也有几十年不衰的白三叶草地。叶层高一般为15～25 cm，高的可达 30～45 cm。主根较短，但侧根和不定根发育旺盛。株丛基部分枝较多，通常可分枝 5～10 个，茎匍匐，长 15～70 cm，一般长 30 cm左右，多节。叶互生，具长 10～25 cm 的叶柄，三出复叶，叶面具“V”字形斑纹或无。总状花序短缩呈头状，含小花 40～100 余朵；花冠蝶形，白色，有时带粉红色。荚果倒卵状长圆形，含种子 1～7 粒，常为 3～4 粒；种子肾形，黄色或棕色。千粒重 0.5～0.7 g。

白三叶喜温暖湿润气候，适应性较其他三叶草强，能耐－15～－20 ℃的低温。在东北、新疆有雪覆盖时，均能安全越冬。耐热性也很强，35 ℃左右的高温不会萎蔫。白三叶种子在 1～5 ℃时开始萌发，生长最适温度为19～24 ℃。喜光，在阳光充足的地方，生长繁茂，竞争力强。白三叶喜湿润，耐短时水淹，不耐干旱，生长地区年降水量不应低于 600～800 mm，最适于生长在年降雨量为 800～1 200 mm 的地区。适宜生长的土壤为中性沙壤，最适土壤 pH 6.5～7.0。pH 低至 4.5 也能生长，不耐盐碱。耐践踏，再生力强。

白三叶有很多天然类型及育成品种，按叶片的大小可分为大叶型、中叶型和小叶型 3 种类型。

大叶型：叶片大，草层高，长势好，产量高，但耐牧性差。亦可用于草坪，美观。美国、加拿大广为栽培，代表品种为拉丁诺。我国全国牧草品种审定委员会 1997 年审定通过的川引拉丁诺即为从美国引进，经选育推广的优良品种。

中叶型：代表品种为胡衣阿，亦是目前推广较多的品种，主要用于人工建植的放牧草地。

小叶型：代表品种为从美国引进的肯特，也可作草地地被植物利用，特别在公路、堤坝作为水土保持植物较好，生长慢，叶小，低矮，易管理。

白三叶营养丰富，粗纤维含量低，饲用价值高。干物质中含粗蛋白质 24.7%，无氮浸出物 47.1%，干物质消化率为 75%～80%。草质柔嫩，适口性好，牛、羊喜食。由于白三叶草丛低矮，最适宜放牧利用。但白三叶含皂素较多，单播草地上放牧牛、羊，采食过量会发生臌胀病。因此，白三叶适宜与禾本科的黑麦草、鸭茅、羊茅等混播，以利安全利用。白三叶草刈割也可以喂猪、兔、禽、鱼、鹿等。

此外，由于白三叶生长快，具有匍匐茎，能迅速覆盖地面，起到防冲刷和防风蚀的作用；且共生根瘤菌固氮能力强，具有改土肥田的作用，所以常用于坡地、堤坝、公路种植，防止水土流失，减少尘埃。另外，白三叶植株低矮，抗逆性强，叶色翠绿，花色美丽，也是近年来广泛应用的绿化美化植物之一。

二、育种研究概况

欧洲早在 3～4 世纪就已经开始栽培白三叶，先后在西班牙、意大利、荷兰、英国、德国等传播，后又传入美国。我国于19世纪末至20世纪初陆续从欧美和印度、埃及等国家引进白三叶品种。经过几百年的培育，世界各地均有适于本地的白三叶生态型、地方品种以及育成品种。我国野生白三叶主要分布在新疆天山北麓湿润的河滩草地，吉林省海拔50 m的珲春县的低湿草地、黑龙江的尚志县、内蒙古的呼伦贝尔盟、贵州、湖北、四川、湖南、山西、陕西等均有野生白三叶分布。

白三叶育种始于20世纪20年代初，1920年荷兰首先育出Dutch白三叶品种。1927年，丹麦育出Morso Otofee白三叶，进入20世纪40年代，荷兰、英国、芬兰、瑞典、法国、美国、加拿大、比利时先后选育出了Free、Perina、Tammninges等白三叶品种，这些品种大部分是通过自然选择法选育出的适应气候条件的生态型或通过混合法选育出的比当地生态型优良的品种。早期多采用自然选择和混合选择育种法，培育适合当地自然条件的生态型。随着育种工作的进展，生态型逐渐被各种育种途径选育的优良品种所代替。

白三叶是温带地区最重要的豆科牧草之一。我国草地大多分布在寒冷少雨的地区，不适宜种植白三叶，所以白三叶的育种工作很少。进入20世纪80年代后，随着我国南方草地畜牧业的发展，逐步从外国引入优良品种，并开展了我国地方品种的整理和野生白三叶的驯化工作。一些引进品种（如Haifa、Riverdale、Persistent、Huia、Ladino等），在牧草和绿化生产中应用较多。此外，20世纪80年代利用我国白三叶资源的育种工作亦在南方科研单位和大专院校展开，湖北省农业科学院畜牧兽医研究所应用综合品种法，培育出抗热耐旱并且比原品种增产约14.5%的鄂牧1号白三叶新品种；四川农业大学在对我国南方野生白三叶评价的基础上进行着白三叶新品种的选育。

第二节　白三叶育种目标

我国白三叶分布范围较广，各地区的气候条件、土壤类型、耕作制度、病虫害种类等都有一定差异，对白三叶品种的要求也就有所不同。因此，新品种的选育要因地制宜，制定明确的育种目标。从白三叶在实际生产中的应用和发展来看，应以高产（产草量高和产种量高）、优质、抗病虫、抗逆性强等综合优良性状作为主要目标。

（一）高产　高产是优良牧草品种最基本的条件。提高产草量是白三叶育种的最主要目标。我国南方单播草地鲜草产量虽已达到7 000 kg/hm^{2}左右，但是在栽培过程中产量不稳定，导致推广受到影响。在混播草地中，白三叶的产草量与其在草地中的侵占能力有很大的关系。

白三叶由于茎匍匐地面，产草量主要决定于单位土地面积上叶片的密度大小和叶柄的长度（草层高），叶片密度又与匍匐茎密度密切相关。有研究指出，当匍匐茎密度（每平方米草地上匍匐茎的长度）在20～100 m/m^{2}范围内时，春天的匍匐茎长度与当年白三叶产草量呈显著的正相关；当匍匐茎密度超过100 m/m^{2}时，白三叶产草量下降很快。所以，选育白三叶高产草量品种时，要选择侵占能力较强，单位面积匍匐茎长并且含叶量多的品种。

白三叶种子生产存在不少问题：花期长，不利于集中收种，而且种子成熟程度不均一；花枝弯曲、不整齐，在收获时不利于收割采种；种子易脱落，成熟收获不及时，种子很容易脱落损失。各国都致力于培育花梗长、壮，且不弯曲的品种，以便于用联合收割机在田间收获种子，减少种子产量的损失。此外，可以培育短花期或长花期的白三叶品种。短花期品种可以在适宜白三叶种子生产气候的地区种植，在一定时间内产出尽可能多的成熟花序；长花期品种可以在种子生产受多变天气影响的地区种植，可以保证较高的产种量。

（二）强固氮能力　提高白三叶的固氮能力，是保证混播草地有较高产量的一个重要的途径。一些白三叶品种能在不牺牲自身产量的前提下显著提高其他禾本科牧草产量的主要原因就在于固氮作用。所以，在白三叶育种过程中有必要选育高固氮能力的白三叶品种，从而提高混播草地的总产量，也有利于提高单播白三叶草地的产量。

（三）低皂素含量　白三叶植株内含有一定量的皂素（皂角苷）。皂素在反刍动物瘤胃内容易产生泡沫，牛、羊等反刍动物食入过多白三叶产生臌胀病，也是影响白三叶利用的一个不良因素。臌胀病虽然可以通过饲喂管理及防泡剂的使用来防止，但总会给白三叶利用带来许多不便。通过杂交或基因工程进行无泡沫白三叶品种的培育，可减少白三叶植株中皂素的含量。此外，也可以通过培育植物细胞在家畜瘤胃内降解慢的白三叶新品种，这样可以防止气体的大量集中产生，从而避免臌胀病的发生。

（四）耐牧性和持久性　传统的白三叶品种，小叶类型有密集而细的匍匐茎，一般用于绵羊的强放牧；叶片相对大一些的有较少但却较粗的匍匐茎，多用于刈割或牛的轻度放牧；通常用于牛羊放牧的白三叶是叶片中等大小的白三叶品种。白三叶叶片大小和匍匐茎密度与产草量稳定性之间存在着一定的关系：用于刈割饲喂时，产草量和叶片大小存在显著的正相关；用于羊粗放放牧时，叶片大小与产草量稳定性之间存在显著的负相关。在育种过程中要选育耐放牧性的大叶类型品种，必须考虑提高分枝能力，增加匍匐茎数量。耐放牧性强的品种需要选择节间短、茎节次生根多（这样匍匐茎可以与土壤更接近，不易移动）的品种。此外，可以选育提高产量而不影响白三叶草地的利用持久性的小叶型品种。

（五）与禾本科牧草谐调共生性　禾本科牧草和白三叶之间存在着不同的兼容性，兼容性的好坏影响着草地产草量。白三叶与禾本科牧草的混播草地经常是禾本科或白三叶二者之一占优势。保持禾本科牧草与豆科牧草一定构成比例的稳定性是极为重要的。然而，其比例常因环境、草地管理状态等变化而难以稳定。因此，选育既能稳定连续生产，又能与禾本科牧草谐调共存的白三叶品种显得尤为重要。

（六）抗病虫性　白三叶在长期大面积种植下容易发生病虫害。病虫害不仅影响单位面积的产草量，而且影响牧草或绿化的品质，缩短草地的利用年限，损失非常严重。选育抗病虫能力强的品种，可节约劳动力，减少病虫防治费用，降低成本，提高品质，并且可以减少因防治病虫而使用农药的污染（环境和畜产品污染）。

世界各国在栽培白三叶的过程中，常发生多种病害，如镰刀菌根腐病、炭疽病、白粉病、病毒病、锈病等。在我国白三叶草种植区的主要病害有黄斑病、白粉病、单孢锈病，最为严重的是白三叶白绢病，在贵州局部地区感染率高达15%～31%。

昆虫危害白三叶，每年能造成很大的经济损失。昆虫以多种方式危害白三叶，如某些昆虫可以使植株死亡并使草地退化，直接影响草地产草量；对白三叶绿地而言，直接影响景观效应。有些则消耗植株的某些部分或给植株注入毒素等，引起矮化或畸形生长，使饲草的产量和品质下降。还有一些则直接侵害花期和正在发育的种子，严重减少种子的产量。在我国南方一些省区，危害白三叶的虫害有小绿叶蝉、小长蝽、蝗虫等。而在北方一些省区，危害白三叶的虫害有小绿叶蝉、蝗虫、地老虎、蜗牛等。蜗牛危害极大，常使白三叶绿地被成片吃光，而且蜗牛繁殖快，不易防治。害虫的防治常通过使用杀虫剂和生物制剂，而最为理想的是培育抗虫品种。因为杀虫剂只能防治局部的群体，且化学药品在长期使用之后，可能使害虫产生抗性，降低杀虫剂的作用，同时在使用之后常有残毒积累，不仅影响环境，而且对牧草的品质也有很大的影响。抗虫品种能长期避害，而且没有残毒作用，对环境和草品质无不良影响。因此，抗病虫害育种已成为各国白三叶育种的主要方向。

（七）耐逆性　白三叶对低温有一定的抵抗力。但是，当早春气温相对较低、其他草生长迅速的时候，白三叶生长缓慢。一些研究表明，匍匐茎越冬存活率与白三叶的产草量存在显著的正相关：匍匐茎越冬存活越多，则白三叶的产量就越高；反之，白三叶产量就低。早春白三叶生长缓慢就是因为白三叶匍匐茎的越冬存活率低，从而影响了白三叶的年产草量。在育种工作中，可以选育对低温耐性强的白三叶品种。当冬天气温较低时，耐寒能力强的白三叶品种的匍匐茎越冬存活率较高，从而产草量也较高；当气温相对较高时，耐寒能力强的品种也能在一定低温下尽早萌发，叶片伸展较快，从而提高产草量。

常见白三叶品种对干旱的忍耐力有限。短时干旱对白三叶匍匐茎的存活和产量没有显著的影响，但当干旱较严重、干旱持续时间较长时就会产生显著影响，如澳大利亚的一些地区和临近地中海的一些地区，白三叶匍匐茎几乎都不能越夏存活。我国南方低海拔的丘陵山区应注意选择耐旱能力强的白三叶品种。

（八）低氢氰酸含量　白三叶混播时，其饲用价值在相当程度上决定于生氰葡萄糖苷的数量。生氰葡萄糖苷在反刍动物瘤胃中水解时产生对家畜健康有不利影响的氢氰酸。多数白三叶群体含有生氰植株和非生氰植株，并且产草量和持久性均较高的群体其生氰基因频率较高。20世纪70～80年代培育的品种生氰基因频率中等。氰化物主要在叶片中，当叶片受伤时，生氰植株释放HCN，可防止害虫，但饲草中含较多的氰化物，可使母羊所产羔羊患甲状腺肿。为此，需要选育氢氰酸含量极低（低于3%）、蛋白质含量高的白三叶品种。现已查明，白三叶受伤害叶片产生氰化物是由AC（亚麻苦苷和lotaustralin葡萄糖苷）和Li（水解酶linamarase）位点的两个显性等位基因所控制。

第三节　白三叶育种途径和方法

一、自然变异选择育种

集团选择是白三叶自然变异选择育种的一种方式，这种方法对不容易受环境影响而且遗传率高的性状选择是有效的。在不同类型的品种群体中，根据不同的性状（如开花期、叶片大小、茎粗、花序大小）分别选择属于各种类型的植株，经过室内考种，最后将同一类型植株的种子混收，组成几个集团进行鉴定和比较。经过1～2年的品种比较试验，表现好，主要经济性状稳定一致，产量高，并有一定特色的集团，就可作为新品种繁殖推广。只经过一次集团选择的，称为一次集团选种法。对表现好，但主要经济性状还不一致的，可再进行1～2次集团选择。但以后的选择，主要是选择具有本集团特点的个体，以加强集团的性状的聚合。这种经过2次以上集团选择的，称为多次集团选种法。集团选种法既能较快地从混杂群体中分离出优良的类型并获得较多的种子，又能避免单株选择而引起生活力衰退及不同类型植株间互相传粉。因此当一个良种已出现不同类型时，可采用集团选择。

集团选择在三叶草的早期育种中发挥了重要作用，这一方法至今仍有重要价值。例如，当某一地区引进的白三叶在当地不能良好适应时，以及选育抗某一病虫害或改良某一不良性状时均可采用集团选择法。

（一）选用适当的原始材料　集团选择育种，用当地种植历史较久的良种、远地引进的良种以及尚在分离的杂交品种（系）作原始材料比较有效。种植历史较久的品种，由于受环境条件和自然杂交的长期影响，会发生较多的变异；远地引进的品种，种植在新的生态条件下有可能出现原产地没有表现出的性状，增加选择的机会和效果；新育成的杂交品种，一般经济性状较好，异质性相对较高，容易出现优良的变异类型，选择的潜力较大。

（二）建立材料圃　将用于选择的材料播于选择圃内。白三叶匍匐生长，株、行距应适当加大，根据选择目的而确定。材料圃应建立在地势平坦，肥力较一致的地方，以使性状表现不因地力不同造成选择错误。

（三）选择　从播种之后的第二年或第三年开始进行选择。根据育种目标，把分别属于各种类型的优良单株选出，最后将同一类型的植株混合脱粒，组成一个集团。各集团分别在隔离条件下继续以种子繁殖或无性繁殖，每个集团内自由异花授粉。为选出最优良植株，从播种当年开始，每年都要对播种材料进行详细观察记载，并做适当标记。对表现特殊的穴播材料，如植株高大、抗病或有其他特殊变异的材料，可在隔离条件下单独进行无性繁殖。在整个选育过程中，随时都应将不良株剔除。连续进行2～3代的选择，当集团内性状相对稳定后，迅速扩大种子繁殖，便于品系比较试验。

（四）品系比较试验和区域试验　以当地推广的品种为对照，以一般大田栽培方式对入选品系进行品系比较试验和适当范围的区域试验。

二、杂交育种

杂交育种是人工创造白三叶新品种的重要途径。这是由于选择遗传性不同的品种进行杂交，使基因重新组合，不仅可以把不同亲本的优良基因集中于新品种中，使新品种比亲本具有更多的优良性状，而且因不同基因相互作用和累加的结果，还会产生亲本没有的优良性状。因此，杂交育种是白三叶育种中应用较普遍、成效又较大的方法之一。

（一）三叶草的花器构造及开花习性　白三叶为豆科蝶形花植物，花由花萼、花冠、1枚雌蕊和10枚雄蕊组成。白三叶子房里一般有1～4个胚珠，也有的多达10个。花聚集成头状或短总状花序，成熟时花瓣通常不裂，下弯。从播种至开花需70～85 d，每个花序有几十朵到百余朵花。白三叶的花期很长，开花是一个花序由基部向顶部顺序开放。异花授粉，虫媒花。

（二）杂交亲本选配　杂种后代的性状，是亲本性状的继承，或在亲本性状基础上加以发展的，因此正确选择亲本是杂交育种的关键。为了选配好亲本，首先应根据育种目标，有计划地征集一批亲本，通过2～3年的观察，熟悉这些材料的具体性状及性状间的关系，或根据有关资料，间接熟悉育种材料的性状，作为选择亲本的参考。以后在杂交育种过程中，应注意不断对各种亲本材料主要性状的遗传规律、突出的优缺点和遗传传递力、缺点克服的难易等进行观察，并分析总结。这样才能主动灵活地使用亲本，做好选配。杂交亲本的选配原则有以下几个。

1. 亲本应优点多、缺点少，优缺点互相弥补　白三叶的许多性状（如产量、品质等）大都属于数量性状。杂种后代群体某个性状的平均值大多介于双亲之间。因此，在很多性状上双亲的平均值可决定杂种后代的表现趋势。如果亲本优点多，则其后代性状表现的趋势也会较好，出现优良类型的机会将会增多。

2. 选用差异大的材料作亲本　选用地理上相距较远、生态类型差异较大、亲缘关系较远的材料作亲本。由于地理上相距远和生态类型差异大，杂种的遗传基础丰富，因此后代出现的变异类型较多，甚至出现一些两亲所没有的性状。

3. 考虑亲本对当地环境条件的适应性　品种是有地区性的，因此亲本中宜有一个适应当地条件的品种，以利于新品种育成后适应当地的自然和栽培条件。从世界各地白三叶杂交育种的成功经验看，利用当地推广品种作为亲本之一是育成适应性强和稳产新品种的有效方法。

4. 亲本的主要目标性状应突出，且亲本中应没有难于克服的不良性状　为了改良某品种的某一缺点，选用另一亲本时，要求在这个性状上最好表现很突出，并且遗传力强，以利于克服对方这个性状的缺点。如为了获得抗病的品种，抗病亲本应是高度抗病或免疫的。同时，应尽量避免选择具有难于克服的不良性状的品种作为亲本，以免杂种后代带有这种不良性状，不易育出符合要求的品种。

（三）杂交育种程序

1. 原始材料圃　白三叶的野生种、引进品种、育成品种均可作为原始材料种植于原始材料圃。应有目的地引种具有高产和一定抗性的材料，在圃内进行系统的观察记载，并根据育种目标对若干材料做重点研究，以备作杂交亲本之用。有些材料还需要在诱发条件下鉴定和进行品质分析。

2. 亲本圃　此圃种植杂交亲本，一般采用条播，并加大行距至 50 cm 以上，以便杂交操作。有条件的可将亲本种在温室或盆栽，以调节花期并进行杂交，提高种子产量。

3. 杂种圃　此圃用于种植杂种后代和进行选种。杂种具有双亲复杂的遗传性，对环境条件的反应比较敏感，它的一些优良性状往往只有在相应的培育条件下才能充分表现出来。所以，杂种后代从一开始就应放在育种目标所要求的条件下进行培育，使它的优良性状能充分表现出来，以便进行有效的选择。如要选育耐旱的品种，就要在干旱的条件下培育和选择；要选育抗病品种，就应在病区或接种病菌的诱发条件下培育。为了便于观察和选择，杂种第 1～3 代一般都采用穴播，株行距也适当放宽。

4. 鉴定圃　此圃种植杂种圃升级和上年鉴定圃留级的材料。在接近实际生产条件下，对这些材料进行产草量、产种量等性状的比较。因材料数目较多和每份材料种子数量较少，小区面积一般只有 15 m^2 左右；其中一半割草，一半留种。每隔 10 小区播种 1 区对照品种，重复 2～3 次。

5. 品系比较试验圃　此圃种植鉴定圃和上年品系比较试验留级的材料。采用随机排列，重复 3～5 次。年限一般 2 年。根据产草量、产种量、抗性、品质和田间观察记载等选出最优良的品系参加区域性试验。

三、综合品种

综合品种又称混合品种、复合杂种品种、合成品种等，它是由 4 个以上的自交系或无性系杂交、混合或混植育成的品种。一个综合品种就是一个小规模的在一定范围内随机授粉的杂合体。综合品种可以保持品种内很大的遗传变异。在发展中国家，综合品种留种稳定，并且农家有继代留种的习惯，富于变异的综合品种比高度纯化的一代杂种品种更符合牧草生产的实际情况，因而受到重视。综合品种高产稳产，留种简便，可以继代留种，在世界各国作物和牧草育种上广泛使用。目前在世界各国种植的三叶草品种中，有 80%以上为综合品种。

综合品种的配置过程见图 30－1。

1. 构成系统　这是指构成综合品种的基因型。这种基因型可以是自交系、无性繁殖系、混合选择的群体、单株选择的群体及其他材料。对构成系统来说，除具配合力高、性状优良外，本身还应杂合性强、产量高。否则，在留种上就有问题。由于白三叶长年累月遭受自然条件的影响，所以在各种生育条件下提高产量比在均一条件下获得最大产量更为重要。因此，在构成系统的群体内变异的程度越大越好。

2. 自交系或无性系的获得　采用自交分离出的优良高配合力的自交系配制综合品种，已被许多研究者的实践所证明。

（1）自交的方法　自交常用套袋法。用纱布或棉花将入选自交株花序包扎好，包扎前将开放尚早的小花剪掉，并挂上标签，写明自交日期、品种和号数。待套袋花序的花全部开过后将纸袋取下，以免发霉，影响自交效果。收获时要剔除那些由于纸袋破裂的花序。

（2）自交的选择　由于自交的花序很多，其中有好有坏，为了减少工作量，增强工作的准确性，要严格进行选择淘汰。自交当年复选一次自交花序，凡感病、发霉及怀疑非自交的种子应剔除掉，之后把入选株编号。第二

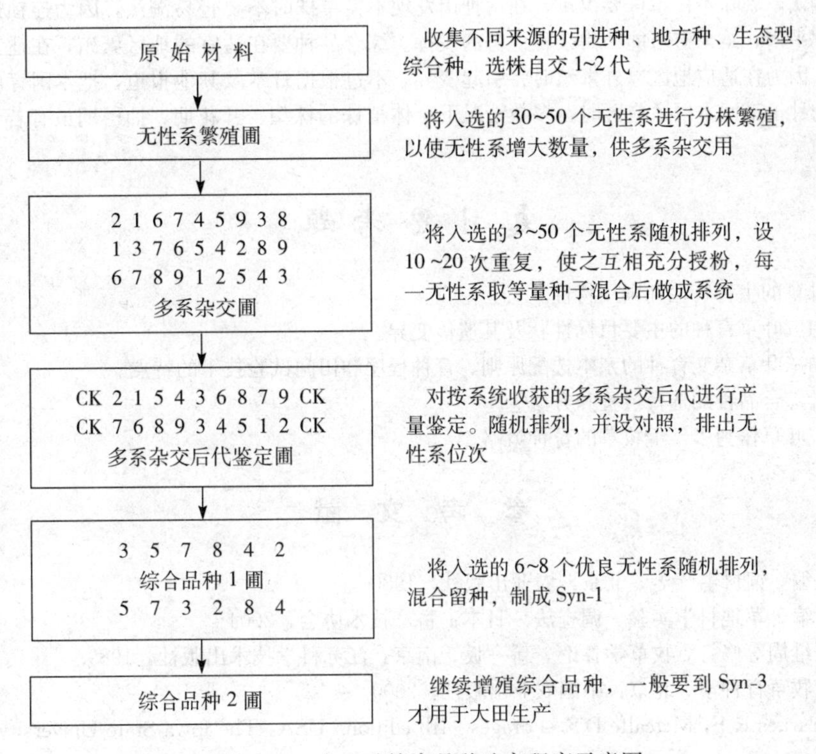

图 30-1　白三叶综合品种选育程序示意图

年将每一个入选的自交花序种植 1 行（1 系）。自交第一代分离明显，出现隐性变劣性状，要进行严格的系间和系内挑选和淘汰。但也不应过于严格，以免淘汰那些外表不好而具有良好配合力的材料。由于有时一个自交系的性状看来并不突出，但与另一个自交系杂交后产量很高。因此，自交株系的外在表现是作为选择考虑的根据之一，而选取自交系更主要的指标却是外表看不到的配合力。进行系间选择和系内选择，都应以育种目标为准。重点是生长势，性状整齐，优良性状突出，从幼苗至成熟期要进行全面观察、评定。

3. 无性系配合力的测验　在配制综合品种前，是否要进行无性系配合力的测验依情况不同而异。一般说，进行配合力测验选出的无性系稳妥可靠。国外所培育的综合品种多数进行无性系配合力测验。在白三叶育种起步较晚的国家，对所选无性系很少进行配合力的测验，简便易行，也能增产。

4. 综合品种的配置　大量实践证明，综合品种的成败与构成系统的数目有直接的关系。在一个品种内，丰富的遗传变异是育成综合品种的主要基础。构成系统越多，系统间的交配也越多，同系交配、兄妹交配、自交的比例下降。但综合品种构成系统过多，如 20～30 个或更多，效果也不好。因为选择比较多的高配合力的自交系或无性系并不是轻而易举的事。构成系统过多时，性状容易混杂。作为实用的综合品种来说，一般以 6～8 个优良的材料构成系统为宜。如白三叶综合品种 Louisiana Syn-1 仅用 6 个无性系，Regal 是 5 个无性系的综合品种，而 Merit 则是由 30 个无性系组成的综合品种。

在选出高配合力的构成系统后，不是随便将几个构成系统组合在一起，还必须选配优良组合。可以根据产量预测及自交系系统关系远近、生育期及其他优良性状等选出几个综合品种组合，最后根据实测综合品种产量选出生产上应用的综合品种组合。

综合品种的选配：经过多系杂交和成对异系杂交，选出具有最高配合力的 5～10 个无性系育成综合品种。把每个无性系的等量种子混合后种植在一个隔离区内，通过自由授粉繁殖几代来增繁综合品种。为加快综合品种的使用，也可将数个配合力高的单交种组合混合，以产生综合品种。对加入到综合品种中的原始构成系统应予以保留，以便经一定间隔期后再合成综合品种，并在任何时候可将新的无性系加入，以代替原有的无性系。

5. 综合品种的留种　综合品种在大田应用时，一般都在 Syn-3 以后。因此，最主要的是繁殖综合品种要保证随机杂交，防止淘汰。剔除不良单株要慎重，在留种田发现不良单株时不要轻易淘汰，因为连锁遗传的性状可能间接打破基因频率平衡，结果有可能妨碍杂种优势的发挥。综合品种要在适宜的地区繁殖，在适宜地区以外繁殖时需要选择环境。因为在适应地区以外繁殖时将引起变异。不过根据日本及其他报道，把本国育成品种拿到外国繁殖，再把繁殖的种子带回本国适应区时，多数情况下个体植株的株型、开花期、抽穗期虽有若干变异，但牧草的产量并未降低。

复习思考题

1. 试述白三叶草的生育特性和饲用特性。
2. 试述我国白三叶草育种的主要目标性状及其遗传变异。
3. 举例说明白三叶草杂交育种的亲本选配原则、育种程序和田间试验技术的特点。
4. 试述白三叶综合品种的选育过程和方法。
5. 试讨论白三叶草作为多年生牧草的育种策略。

参考文献

[1] 南京农学院主编．饲料生产学．北京：农业出版社，1980
[2] 日本草地学会编．草地科学实验·调查法．日本：畜产技术协会，2004
[3] 王栋原著．任继周等修订．牧草学各论．新一版．南京：江苏科学技术出版社，1989
[4] 云锦凤主编．牧草育种学．北京：中国农业出版社，2000
[5] Heath M E, Barnes R F, Metcalfe D S. Forages. 4th edition. USA：The Iowa State University Press，1985

（沈益新编）

附录Ⅰ　英汉名词对照表

A

abortive pollen　败育花粉
abortive seed　败育种子
acclimatization　气候驯化
adaptability　适应性
adaptability test of cultivar　品种适应性试验
additive effect　加性效应
adventitious embryony　不定胚
adzuki bean，Azuki bean，small bean　红小豆，小豆
alfalfa　紫花苜蓿
alien addition line　异附加系
alien chromosome addition line　异源染色体附加系
alien chromosome substitution line　异源染色体代换系
alien gene introgression　异源基因渗入
alien substitution line　异代换系
alkalinity tolerance　耐碱性
alkaloid　生物碱
allele　等位基因
allotetraploid　异源四倍体
allopolyploid　异源多倍体
aluminum toxin tolerance　耐铝毒
alveograph　吹泡示功仪
ambary hemp　红麻
amphidiploid　双二倍体
amplified fragment length polymorphism，AFLP　扩增片段长度多态性
α-amylase/subtilisin inhibitor，ASI　α-淀粉酶/枯草杆菌蛋白酶抑制蛋白
anabasine　新烟碱
androgenesis　孤雄生殖
aneuploid　非整倍体
anther　花药
anther culture　花药培养
antibiosis　抗生性
antibody-analogous substance　抗体类似物质
antigen-analogous substance　抗原类似物质
antigen-antibody analogous reaction　抗原抗体类似反应
antigen-antibody reaction　抗原抗体反应
antisense gene technology　反义基因技术
apogamy　无配子生殖
apomixis　无融合生殖
apospory　无孢子生殖
apparent quality　外观品质
aromatic tobacco，oriental tobacco　香料烟
aroma　香气
artificial mutagenesis　人工诱变
artificial pollination　人工授粉
artificial polyploid　人工多倍体
artificial selection　人工选择
asexual line　无性系
asexual reproduction　无性繁殖
asexual propagated line，clone　无性繁殖系
asexual propagated plant　无性繁殖植物
augment design　增广设计
auto-alloploid　同源异源多倍体
autohexaploid　同源六倍体
autopolyploid　同源多倍体
autoteraploid　同源四倍体
autotriploid　同源三倍体
average heterosis　平均杂种优势

B

backcross　回交
background selection　背景选择
back mutation　回复突变
basic medium　基本培养基
barely　大麦
basic seed　原种
biochemical marker　生化标记
biolistics　基因枪法
biological character　生物学性状
biomass　生物产量（生物量）
biotechnology　生物技术
biotype　生物型
biotype specific resistance　生物型专化（特异性）抗性

bitterness 苦味
black rot 黑斑病
blending inheritance 融合遗传
bolting 抽薹
botanical character 植物学性状
broad bean 蚕豆
bred variety 育成品种
breeder seed 育种家种子
breeding block 育种试区
breeding through hybridization 杂交育种
breeding for high oil content 高油分育种
breeding for quality 品质育种
breeding material 育种材料
breeding objective 育种目标
breeding plot 育种小区
breeding procedure 育种程序
breeding program 育种方案
bright tobacco，cured tobacco，flue cured tobacco 烤烟
brown bast 褐皮病
bud mutation 芽变
bud-pollination 蕾期授粉
bud wood 芽木
bulk method 混合法
bulked segregant analysis，BSA 集群分离分析法
bunch planting 丛植法
burning quality 燃烧性

C

cabfornia bay plant 月桂树
callus，callosity 愈伤组织
carotene 胡萝卜素
cefotaxime 氨噻肟头孢霉素
cell engineering 细胞工程
cellulase 纤维素酶
center of diversity 变异中心
centre of origin of crops 作物起源中心
certified seed 检定种子，良种
character 性状
chasmogamy 开花授粉
check plot 对照小区
check cultivar 对照品种
chemical hybridization agent，CHA 化学杂交剂
chemical mutagen 化学诱变剂
chilling injury 冷害
chimaera 嵌合体
chitin 几丁质
chlorophyll 叶绿素
chromosome 染色体
chromosome doubling 染色体加倍
chromosome segregation 染色体分离
cleanness 清洁度
cleistogamy 闭花授粉
climatic ecotype 气候生态型
clonal selection 无性（繁殖）系选择
clone 无性系
clonal cultivar 无性（繁殖）系品种
co-dominance 共显性
colchicine 秋水仙碱
cold tolerance 耐寒性
cold stress 寒害
combination breeding 组合育种
combining ability 配合力
comprehensive resistance 综合抗性
compatibility 亲和性
complete sterility 全不育
complex cross 复合杂交
component of fatty acids 脂肪酸组成
composite cross 合成杂交
composite strain 复合品系
contig 重叠群
control 对照
convergent cross 聚合杂交
convergent improvement method 聚合改良法
cotton 棉花
crop breeding 作物育种
cross breeding 杂交育种
cross combination 杂交组合
cross incompatibility 杂交不亲和性
cross-pollinated plant 异花授粉植物
cross pollination 异花授粉
cross compatibility 杂交亲和性
cross infertility 杂交不孕性
cross-sterile groups 杂交不孕群
cross-sterility 杂交不育性
cross-ability 可交配性
cultivar 栽培品种，品种
culture in vitro 离体培养
culture in vivo 活体培养

cybrid 体细胞杂种
cysteine 半胱氨酸
cytoplasmic inheritance 细胞质遗传
cytoplasmic male sterile line 细胞质雄性不育系
cytoplasmic male sterility，CMS 细胞质雄性不育性
cytoplasmic-nuclear male sterility，CNMS 质核互作雄性不育性

D

damage of cold 冻害
desaturase 去饱和酶
dehydration avoidance 免脱水
dehydration tolerance 耐脱水
determinate pod bearing habit 有限结荚习性
determinate type 有限类型，有限生长型
diallel cross 双列杂交
diallel selective mating system，DSM 双列选择交配体系
diclinous 雌雄异花
dihaploid，or double haploid 双单倍体
Dinkel 普通系小麦
dioecious 雌雄异株
diploid 二倍体
diploidization 二倍（体）化
directional selection 定向选择
disomic 二体
disease index 病情指数
disease resistance 抗病性
distant hybridization 远缘杂交
distant hybrid 远缘杂种
ditelosomic addition line 端体附加系
domestication 驯化
dominant-nuclear dwarf gene 显性矮秆核基因
dominant-nuclear male sterility 显性核雄性不育
dose of radiation 辐射剂量
double chromosome 染色体加倍
double cross 双交
double low breeding 双低育种
double reduction 双减数
drought escape 避旱
drought tolerance 耐旱性
dual purpose flax 油纤兼用亚麻
dwarf breeding 矮化育种

E

early maturity 早熟性
early progeny test，early generation testing 早代测验
ecological breeding 生态育种
economic coefficient 经济系数
ecosystem 生态体系
ecotype 生态型
edible and taste character 食用品质
effect 效应
Einkorn 一粒系小麦
electrophoresis 电泳
elimination 淘汰
emasculation 去雄
emasculation with gametocide 化学杀雄
embryo culture 胚培养
embryo rescue technical system 胚挽救技术体系
embryo sac 胚囊
embryoid 胚状体
emergence date 出苗期
Emmer 二粒系小麦
endemic plant 当地植物
endemic species 当地种
endosperm 胚乳
endosperm balance number 胚乳平衡数
environmental correlation 环境相关
enzyme linked immunosorbent assay，ELISA 酶联免疫吸附法
environmental deviation 环境偏差
epicotyl 上胚轴
epistasis 上位性
erucic acid 芥酸
escape cell 逃逸细胞
ethrel 乙烯利
ethyleneimine 次乙亚胺
ethylmethane sulfonate，EMS 甲基磺酸乙酯
euploid 整倍体
evaluation 评价，鉴定
explant 外植体
exploratory combination 试探性组合
extensograph 拉伸仪
expressed sequence tag，EST 表达序列标签

F

faba bean 蚕豆
falling number，FN 降落值
family 家系
family selection 家系选择
farinograph 粉质特性测定仪
fertility restoration 育性恢复
fertility restorer 育性恢复系
fiber content 纤维含量
fibre flax 纤用亚麻
field-plot technique 田间小区技术
field technology 田间技术
fingerprinting 指纹图谱
first division restitution 第一次分裂重组
flavoursome 香气浓
flax 亚麻
floral induction 成花诱导
flowering 开花
flowering date 开花期
flue curd，flue curing 烘烤
foundation seed 基础种子
foxtail millet 粟
freezing injury 冻害
full-sib mating 全同胞交配
full-sib recurrent selection 全同胞轮回选择

G

Galanthus nivali agglutinin，GNA 雪花莲凝集素
gamete 配子
gamete selection 配子选择
gametic sterility 配子不育
gametocide 杀雄剂
gametophyte 配子体
gametophyte sterility 配子体不育
gas chromatography（GC） 气相色谱
gene engineering 基因工程
gene library 基因文库
gene locus 基因座
gene mapping 基因定位
gene pool 基因库
gene resources 基因资源
gene sterility 基因不育
gene-pyramiding 基因累加
general combining ability 一般配合力
generation advance 加代
generic hybrid 属间杂种
generic cross 属间杂交
genetic advance 遗传进度
genetic correlation 遗传相关
genetic engineering 遗传工程
genetic gain 遗传增益
genetic improvement 遗传改进
genetic resources 遗传资源
genetic shift 遗传漂移
genetic transformation 转基因
genetic vulnerability 遗传脆弱性
genic male sterility，GMS 核基因雄性不育性
genome 基因组
genome survey sequence，GSS 基因组纵览序列
genotype-environment interaction 基因型-环境互作
genotypic correlation 基因型相关
genotypic value 基因型值
geographical race 地理种
germination 发芽
germplasm 种质
germplasm resources 种质资源
glucose-paper test 葡萄糖试纸法
glucosinolates 硫代葡萄糖苷
glutenin macropolymer，GMP 谷蛋白大聚合体
glycine 甘氨酸
gossypol 棉酚
grain-forage concurrent variety 粮草兼用品种
grain sorghum 高粱
granule bound starch synthase，GBSS 淀粉粒结合淀粉合成酶
green gram 绿豆
growth period 生育期

H

half-sib 半同胞
half-sib mating 半同胞交配
half-sib recurrent selection 半同胞轮回选择
half-seed technique 半粒法
haploid 单倍体
haploid breeding 单倍体育种
harvest date 收获期
harvest index 收获指数（经济指数）

herbicide　除草剂
herbicide tolerance　耐除草剂性
heritability　遗传率（力）
heritability in broad sense　广义遗传率（力）
heritability in narrow sense　狭义遗传率（力）
heterogeneity　异质性
heteroploid　异倍体
heterosis　杂种优势
heterozygote　杂合体
high-pressure liquid chromatography（HPLC）高压液相色谱分析
homologous chromosome　同源染色体
homeologous chromosomes　部分同源染色体
horizontal pathogenicity　水平致病性
horizontal resistance　水平抗性
hybrid　杂种
hybrid cultivar　杂种品种
hybrid nursery　杂种圃
hybrid rapeseed　杂种油菜
hybrid rice　杂交稻
hybrid seed production　杂种制种
hybrid sterility　杂种不育性
hybrid vigor　杂种优势
hybridization　杂交
hybridization between cultivar　品种间杂交
hybridization between subspecies　亚种间杂交
hydroxamic cid　氧肟酸
hypocotyl　下胚轴

I

immature microspore culture technique　未成熟小孢子培养技术
improved mass selection　改良集团选择
improved variety　改良品种
incompatibility　不亲和性
ideal plant type　理想株型
ideotype　理想型
inbred line　近交系（或自交系）
inbreeding　近交
inbreeding coefficient　近交系数
inbreeding depression　近交衰退
incomplete diallel cross　不完全双列杂交
independent culling　独立选择法
independent vascular supply　独立维管束供给
indeterminate pod bearing habit　无限结荚习性
indeterminate type　无限型
index of heterosis（IN）　杂种优势指数
index selection　指数选择法
individual germplasm　个体种质
individual selection　个体选择
indolyl glucosinolate　吲哚硫苷
induced mutation　诱发突变
induced mutation breeding　诱变育种
induced mutation by radiation　辐射诱变
induced resistance　诱发抗性
inheritance of resistance　抗性遗传
inner radiation　内照射
insect resistance　抗虫性
insensitive to photoperiod　光周期钝感
integument　珠被
intensity of selection　选择强度
interaction among genes　基因互作
intermating　互交
intermediary variety　桥梁品种
interspecific hybridization　种间杂交
introduction　引种
introgression　种质渗进
invertion　倒位
irradiation　辐射
isolation plot　隔离区
isoprene　异戊二烯
isoenzyme　同工酶
isoelectric focusing electrophoresis，IFE　等电聚焦电泳

J

jute　黄麻
juvenile self-rooting clone　幼态自根无性系
juvenile type　幼态

K

kanamycin　卡那霉素
karyotype　染色体组型，核型

L

land race　地方品种
late mature α-amylase，IMA　迟熟α-淀粉酶

lateral bud 腋芽
lauric acid 月桂酸
leaf story 叶篷
line cultivar 家系品种
linkage group 连锁群
linkage map 连锁图
linoleic acid (18:2) 亚油酸
linolenic acid (18:3) 亚麻酸
local variety 当地品种
locus, loci 位点，基因座
lodging resistance 抗倒伏性
long day plant 长日照植物
lutein 叶黄毒
lutoid 黄色体

M

maintainer 保持系
maize 玉米
major gene 主基因
major gene resistance 主效基因抗性
male fertility 雄性可育
male sterility 雄性不育
male sterile line 雄性不育系
male-sterile maintainer line 雄性不育保持系
male-sterile restorer line 雄性不育恢复系
margarine 人造奶油
marker-assisted selection, MAS 标记辅助选择
marker character 标志性状
marker gene 标志基因
mass selection 混合选择法，集团选择法
mass selection reservoir 集团选择库
maternal inheritance 母性遗传
maternal influence 母体影响
mature type 熟态
maturity 成熟期
meiotic nuclear restitution 减数分裂核重组
melting pot cross 熔炉杂交法
meristem culture 分生组织培养
Micronaire value 马克隆值
micropyle 珠孔
mixed hybrid 掺和型杂种
mixograph 面仪
modified backcross 修饰回交
moisture content 含水量
molecular marker 分子标记
molecular marker assisted breeding 分子标记辅助育种
molecular marker assisted selection 分子标记辅助选择
monoclinous 雌雄同花
monoecious 雌雄同株
monogene resistance 单基因抗性
monogerm seed character 单胚种
monosomic 单体
monosomic analysis 单体分析
morphological marker 形态标记
mother root 种根
multi-district clone trail 多点系比区
multigerm seed 多胚种
multiline cultivar 多系品种
multiple allele 复等位基因
multiple cross 多元杂交（复交）
multiple paternal pollination 多父本授粉
multiple resistance breeding 多抗性育种
mung bean 绿豆
mutagen 诱变剂
mutant 突变体
mutation 突变
mutation breeding 突变育种
mutation frequency 突变频率
mutation rate 突变率
mutual translocation 相互异位
myrosinase 芥子酶

N

natural cross-pollination population 异花授粉群体
natural selection 自然选择
near infrared reflector, NIR 近红外分析仪
new plant type 新株型
nobilization breeding 高贵化育种
non-biotype-spcific resistance 生物型非特异性抗性
nuclear magnetic resonance, NMR 核磁疗共振仪分析法
nuclear male sterility 细胞核雄性不育
nullisomic 缺体

O

often cross-pollinated plant 常异花授粉植物
oil content (%) 含油量
oil flax 油用亚麻

oleic acid (18:1) 油酸
oligogene 寡基因
open field wintering seed production 露地越冬采种
open pollination 自由授粉
open-pollinated population cultivar 自由授粉群体品种
outbreeding，outcrossing 异交
ovary culture 子房培养
overdominance 超显性
over-parent heterosis 超亲优势
ovule culture 胚珠培养
oxidative stability 氧化稳定性

P

palmitic acid (16:0) 棕榈酸
paper chromatography 纸层析法
parthenogenesis 孤雌生育
pea 豌豆
peanut 花生
pectolase 果胶酶
pedigree analysis 系谱分析
pedigree method 系谱法
percentage of cross pollination 异交率
phenotypic correlation 表型相关
photoperiod 光周期
photoperiod-sensitive cytoplasm male sterility，PCMS 光敏感型细胞质雄性不育
photoperiod -inducing bud differentiation 光周期引发芽分化
photoperiod-sensitive genic male sterile rice 光敏核不育水稻
photophase 光照阶段
photoreaction type 光反应型
photosensitivity 感光性
phytoalexin 植物保卫素
phytophthora leaf blight 季风性落叶病
pistil 雌蕊
planting date 播种期
plant height 株高
plant type 株型
plasmatic culture 原生质体培养
plasmid 质粒
pollen 花粉
pollen culture 花粉培养
pollinator parent 授粉亲本
polygene 多基因
polyembryonic seed 多胚性种子
polyisoprene 橡胶烃，橡胶粒子
polyploid 多倍体
polyploid breeding 多倍体育种
polyspermy 多精受精
population cultivar 群体品种
population germplasm 群体种质
population improvement 群体改良
post-zygotic barrier 后合子生殖障碍
potato 马铃薯
pre-basic seed 原原种
precoagulation 早凝胶
preculture 预培养
pre-harvest sprouting 收获前期穗发芽
pre-test plot 预备试验圃
pre-zygotic barrier 前合子生殖障碍
primary clone trail 初级系比区
primary trisome 初级三体
primitive variety 原始品种
percentage of cross 异交率
probability 概率
productional clone trial 生产性系比区
productive combination 生产性组合
productivity test 生产试验
progeny test 后代测验
progoitrin 甲状腺肿素
promoter 启动子
promoter prediction 启动子预测
protoplast culture 原生质体培养
protoplasm fusion 原生质体融合
pure line 纯系
pure line cultivar 纯系品种
pure line selection 纯系选择
pure line theory 纯系学说
pure seed 净种子
purity 纯度
purification and rejuvenation 提纯复壮
pyruvic acid 丙酮酸

Q

qualitative character 质量性状
quality 品质
quantitative character 数量性状

quantitative trait locus，QTL 数量性状基因位点

R

race 小种
race-specific resistance 小种专化性抗性
racial resistance 小种抗性
radiation breeding 辐射育种
ramee，ramie 苎麻
randomly amplified polymorphic DNA，RAPD 随机扩增多态性 DNA
random mating 随机交配
rape，rapeseed 油菜
rate of inbreeding depression 近交衰退率
reciprocal cross 正反交
reciprocal full-sib recurrent selection 相互全同胞轮回选择
reciprocal half-sib recurrent selection 相互半同胞轮回选择
reciprocal recurrent selection 相互轮回选择
recurrent parent 轮回亲本
recurrent selection 轮回选择
regeneration 再生
regenerated plant 再生植物
regional variety test 品种区域试验
registered seed 登记种子，注册种子
relative wild species 近缘野生种
renewed bark 再生皮
resiliency 弹性
resistance against ingression 抗侵入
resistance against damage 抗侵害
resistance against colonization 抗扩展
response to selection 选择响应
restoring gene 恢复基因
restorer line 恢复系
restriction fragment length polymorphism，RFLP 限制性片段长度多态性
ribozyme 核酶
rice 水稻
Roentgen 伦琴
rogue 劣种
rogue-elimination 去杂、去劣
root yield 根产量
rubber 橡胶
rubber elongate factor 橡胶延长因子
rubber transferase 橡胶转移酶
root-knot nematode 根结线虫
ryegrass 黑麦草

S

salinity tolerance 耐盐性
sampling 扦样
Schmuck's number，Sumi's coefficient 施木克值
scintillation counter 液闪计数仪
sesame 芝麻
secondary clone trail 高级系比区
second division restitution，SDR 第二次分裂重组
sedimentation value 沉淀值
seed vigor 种子活力
seedling 实生苗
selectable marker gene 选择标记基因
selection among lines 系间选择
selection among plants 株间选择
selection nursery 选种圃
selective fertilization 选择受精
self-and cross-incompatibility 自交和杂交不亲和性
self-compatibility 自交亲和性
self-incompatibility 自交不亲和性
self-incompatibility of gametophyte 配子体自交不亲和性
self-incompatibility of sporophyte 孢子体自交不亲和性
self-pollination 自花授粉
self-pollinated crop 自花授粉作物
selfing 自交
semi-determinate pod bearing habit 亚有限结荚习性
semi-determinate type 亚有限型
semi-dwarf plant 半矮秆株
semigamy 半配合，半配生殖
sexual isolation 有性隔离
sexual reproduction 有性繁殖
short day plant 短日照植物
shuttle breeding 穿梭育种
sib-mating 同胞交配
significance level 显著水准
simple sequence repeat，SSR 简单序列重复
single cell culture 单细胞培养
single cross 单交
single cross hybrid 单交杂种
single-line method 一系法
single seed descent，SSD 单子传法

sink　库
sink capacity　库容量
somatic incompatibility　体质不亲和
somatic cell　体细胞
somatic culture　体细胞培养
somatic fusion　体细胞融合
somatic hybridization　体细胞杂交
somatic mutation　体细胞突变
sorghum　高粱
Soxhlet extraction　索氏抽提法
soybean　大豆
spacing　行株距
species　种
specific combining ability　特殊配合力
specificity　专化性
special-purpose variety　专用品种
spontaneous mutation　自发突变
sporophyte sterility　孢子体不育
sport　芽变
springness　春性
stearic acid (18:0)　硬脂酸
stem nematode　茎线虫病
stem rot　茎腐病，蔓割病
stem tip culture　茎尖培养
sterile cytoplasm　不育细胞质
sterile flax　不育亚麻
stigma　柱头
strain　系（品系）
strength of fiber　纤维强度
stress tolerance　耐逆性
Sudan grass　苏丹草
substitution　替换
substitution line　替换系
sugar beet　甜菜
sunflower　向日葵
sweet potato　甘薯
synthesis or resynthesis　人工合成
synthetic hybrid　综合杂种
synthetic cultivar　综合品种
synthetic population　综合群体
systematic selection　系统选种

T

tandem selection　逐项选择法
tapping penal dryness　割面干涸
target trait　目标性状
targeted induced local lesions in genomes，TILLING　定向诱导基因组局部突变技术
temporary maintenance line　临保系
tertiary trisome　三级三体
test cross　测交
tetrad　四分体
tetraploid　四倍体
tetrazolium　四唑
the triangle of U　禹氏三角
three-way cross　三交
three-line method　三系法
tissue and cell culture　组织和细胞培养
in vitro culture　离体培养
tobacco　烟草
tolerance　耐性
top cross　顶交
topping　封顶、打顶
toxin tolerance　耐毒性
transformation　转化
translocation　易位
translocation line　易位系
transgenic plant　转基因植株
transgenic technique　转基因技术
transplanting　移栽
transplanting date　移栽期
transposon　转座子
triploid　三倍体
trisome　三体
two-line hybrid　两系杂交种
two-line method　两系法
two-way cross　单交
type of cultivar　品种类型

U

uniformity　纯度、均匀度

V

variability　变异性
variance　方差
variety　品种、变种
variety introduction　引种
vascular bundle ring　维管束环

vegetation period　生育期
vernalization　春化
vertical resistance　垂直抗性
virulence　毒性
virus　病毒

W

waterlogging tolerance　耐渍性
water-soaking emasculation　水浸泡去雄
waxy protein　糯蛋白
wheat　小麦
white clover　白三叶草
winter hardiness　越冬性
winterness　冬性
winter nursery　冬繁

Y

yield　产量
yield component　产量因素
yield potential　产量潜力
yield potential test　产量潜力试验
young embryo　幼胚

附录Ⅱ 汉英名词对照表

A

矮化育种 dwarf breeding
氨噻肟头孢霉素 cefotaxime

B

白三叶草 white clover
败育花粉 abortive pollen
败育种子 abortive seed
半矮秆株 semi-dwarf plant
半胱氨酸 cysteine
半配合，半配生殖 semigamy
半粒法 half-seed technique
半同胞轮回选择 half-sib recurrent selection
半同胞杂交 half sib mating
孢子体不育 sporophyte sterility
孢子体自交不亲和性 self-incompatibility of sporophyte
保持系 maintainer
背景选择 background selection
倍半萜 sesquiterpene
避旱 drought escape
闭花授粉 cleistogamy
变异性 variability
变异中心 center of diversity
标记辅助选择 marker-assisted selection，MAS
表达序列标签 expressed sequence tag，EST
表型相关 phenotypic correlation
标志基因 marker gene
标志性状 marker character
病毒 virus
病情指数 disease index
丙酮酸 pyruvic acid
播种期 planting date
葡萄糖试纸法 glucose-paper test
不定胚 adventitious embryony
部分同源染色体 homeologous chromosome
不完全双列杂交 incomplete diallel cross
不亲和 incompatibility
不育系 male sterile line
不育细胞质 sterile cytoplasm
不育亚麻 sterile flax

C

蚕豆 broad bean，faba bean
产量潜力 yield potential
产量因素 yield component
掺和型杂种 mixed hybrid
长青春期 long juvenile
长日照植物 long day plant
常异花授粉植物 often cross-pollinated plant
超显性 overdominance
超亲优势 over-parent heterosis
测交 test cross
沉淀值 sedimentation value
成花诱导 floral induction
成熟期 maturity
迟熟 α-淀粉酶 late mature α-amylase
重叠群 contig
抽薹 bolting
除草剂 herbicide
初级三体 primary trisome
初级系比区 primary clone trail
出苗期 emergence date
穿梭育种 shuttle breeding
吹泡示功仪 alveograph
垂直抗性 vertical resistance
纯度、均匀度 uniformity
纯度 purity
春化 vernalization
纯系 pure line
纯系品种 pure line cultivar
纯系选择 pure line selection
纯系学说 pure line theory
春性 springness

雌蕊　pistil
雌雄同花　monoclinous
雌雄同株　monoecious
雌雄异株　dioecious
雌雄异花　diclinous
次乙亚胺　ethyleneimine
丛植法　bunch planting

D

大豆　soybean
大麦　barely
单倍体　haploid
单倍体育种　haploid breeding
单基因抗性　monogene resistance
单交　single cross（two-way cross）
单交杂种　single cross hybrid
单粒型种子　genetic monogerm seed
单胚种　monogerm seed character
单体　monosomic
单体分析　monosomic analysis
单萜　monoterpene
单细胞培养　single cell culture
单子传法　single seed descent，SSD
当地品种　local variety
当地植物　endemic plant
当地种　endemic species
倒位　invertion
登记种子　registered seed
等电聚焦电泳　isoelectric focusing electrophoresis，IFE
第二次分裂重组　second division restitution，SDR
地方品种　land race
地理种系　geographical race
第一次分裂重组　first division restitution，FDR
α-淀粉酶/枯草杆菌蛋白酶抑制蛋白　α-amylase/subtilisin inhibitor，ASI
电泳　electrophoresis
定向选择　directional selection
定向诱导基因组局部突变技术　targeted induced local lesions in genomes，TILLING
顶交　top cross
冬繁　winter nursery
冻害　freezing injury，damage of cold
冬性　winterness
独立维管束供给　independent vascular supply
独立选择法　independent culling
毒性　virulence
多倍体　polyploid
多胚性种子　polyembryonic seed
短日照植物　short day plant
端体附加系　ditelosomic addition line
对照　control
对照品种　check cultivar
对照小区　check plot
多倍体育种　polyploid breeding
多点系比区　multi-district clone trail
多基因　polygene
多父本授粉　multiple paternal pollination
多精受精　polyspermy
多抗性育种　multiple resistance breeding
多胚种　multigerm seed
多胚性种子　polyembryonic seed
多系品种　multiline cultivar
多元杂交（复交）　multiple cross

E

二倍体　diploid
二倍（体）化　diploidization
二粒系小麦　Emmer
二体　disomic
二萜　diterpene
两系法　two-line method
两系杂交种　two-line hybrid

F

发芽　germination
反义基因技术　antisense gene technology
方差　variance
非加性效应　non-additive effect
非轮回亲本　nonrecurrent parent
非整倍体　aneuploid
分生组织培养　meristem culture
粉质特性测定仪　farinograph
分子标记　molecular marker
分子标记辅助选择　molecular marker assisted selection

封顶、打顶 topping
复等位基因 multiple allele
复合品系 composite strain
复合杂交 complex cross
辐射 irradiation
辐射诱变 induced mutation by radiation
辐射剂量 dose of radiation

G

改良集团选择 improved mass selection
改良品种 improved variety
概率 probability
感光性 photosensitivity
甘氨酸 glycine
高贵化育种 nobilization breeding
高级系比区 secondary clone trail
高粱 sorghum
高压液相色谱分析 high-pressure liquid chromatography，HPLC
高油分育种 breeding for high oil content
甘薯 sweet potato
甘蔗 sugarcane
隔离区 isolation plot
割面干涸 tapping penal dryness
个体选择 individual selection
个体种质 individual germplasm
根产量 root yield
根结线虫 root-knot nematode
共显性 co-dominance
谷蛋白大聚合体 glutenin macropolymer
孤雌生殖 parthenogenesis
孤雄生殖 androgenesis
寡基因 oligogene
光周期钝感 insensitive to photoperiod
光周期引发芽分化 photoperiod-inducing bud differentiation
光照阶段 photophase
光反应型 photoreaction type
光敏核不育水稻 photoperiod-sensitive genic male sterile rice
光敏感型细胞质雄性不育 photoperiod-sensitive cytoplasm male sterility，PCMS
光周期 photoperiod
广义遗传率（力） heritability in broad sense
果胶酶 pectolase
果糖 fructose

H

寒害 cold stress
含水量 moisture content
含油量 oil content（%）
行株距 spacing
合成杂交 composite cross
核磁共振 nuclear magnetic resonance，NMR
核酶 ribozyme
褐皮病 brown bast
核基因雄性不育性 nucleic male sterility genic male sterility，GMS
黑斑病 black rot
黑麦草 ryegrass
烘烤 flue curd，flue curing
红麻 ambary hemp
红小豆，小豆 adzuki bean，azuki bean，small bean
后代测验 progeny test
后合子生殖障碍 post-zygotic barrier
花药 anther
黄麻 jute
恢复系 restorer line
互交 intermating
胡萝卜素 carotene
花粉 pollen
花粉培养 pollen culture
花生 peanut
花药培养 anther culture
化学杀雄 emasculation with gametocide
化学诱变剂 chemical mutagen
化学杂交剂 chemical hybridization agent
环境偏差 environmental deviation
环境相关 environmental correlation
黄色体 lutoid
恢复基因 restoring gene
回复突变 back mutation
回交 backcross
混合法 bulk method
活体培养 culture in vivo

J

基本培养基 basic medium

基础种子 foundation seed
基因不育 gene sterility
基因定位 gene mapping
基因工程 gene engineering
基因互作 interaction among genes
基因库 gene pool
基因累加 gene-pyramiding
基因枪法 biolistics
基因文库 gene library
基因型-环境互作 genotype-environment interaction
基因型相关 genotypic correlation
基因型值 genotypic value
基因资源 gene resources
基因组 genome
基因组纵览序列 genome survey sequence，GSS
基因座 gene locus
季风性落叶病 phytophthora leaf blight
几丁质 chitin
集团选择法 mass selection
集团选择库 mass selection reservoir
集群分离分析法 bulked segregant analysis，BSA
加代 generation advance
家系 family
家系品种 line cultivar
家系选择 family selection
加性效应 additive effect
甲基磺酸乙酯 ethylmethane sulfonate，EMS
甲状腺肿素 progoitrin
减数分裂核重组 meiotic nuclear restitution
检定种子 certified seed
简单序列重复 simple sequence repeat，SSR
降落值 falling number，FN
芥酸 erucic acid
芥子酶 myrosinase
近等基因系 near isogenic line
近红外分析仪 near infrared reflector
经济系数 economic coefficient
茎尖培养 stem tip culture
净种子 pure seed
近交 inbreeding
近交衰退 inbreeding depression
近交系（或自交系） inbred line
近交系数 inbreeding coefficient
近缘野生种 relative wild species
茎腐病 stem rot
茎线虫病 stem nematode
聚合杂交 convergent cross
聚合改良法 convergent improvement method
聚异戊二烯 polyisoprene

K

卡那霉素 kanamycin
开花 flowering
开花期 flowering date
开花授粉 chasmogamy
抗病性 disease resistance
抗虫性 insect resistance
抗倒伏性 lodging resistance
抗扩展 resistance against colonization
抗侵害 resistance against damage
抗侵入 resistance against ingression
抗生性 antibiosis
抗体类似物质 antibody-analogous substance
抗选性 non-preference
抗源 source of resistance
抗性遗传 inheritance of resistance
抗原类似物质 antigen-analogous substance
抗原抗体反应 antigen-antibody reaction
抗原抗体类似反应 antigen-antibody analogous reaction
烤烟 bright tobacco，cured tobacco，flue cured tobacco
可交配性 cross ability
库 sink
库容量 sink capacity
苦味 bitterness
扩增片段长度多态性 amplified fragment length polymorphism，AFLP

L

拉伸仪 extensograph
蕾期授粉 bud-pollination
冷害 chilling injury
离体培养 culture in vitro
理想型 ideotype
理想株型 ideal plant type
连锁图 linkage map

连锁群 linkage group
粮草兼用品种 grain-forage concurrent variety
良种 certified seed
劣种 rogue
临保系 temporary maintenance line
硫代葡萄糖苷（简称硫苷） glucosinolates
露地越冬采种 open field wintering seed production
绿豆 mung bean，green gram
轮回亲本 recurrent parent
轮回选择 recurrent selection
伦琴 roentgen

M

马克隆值 Micronaire Value
马铃薯 potato
酶联免疫吸附法 enzyme linked immunosorbent assay，ELISA
蔓割病 stem rot
免脱水 dehydration avoidance
棉酚 gossypol
棉花 gotton
面仪 mixograph
目标性状 target trait
母性遗传 maternal inheritance
母体影响 maternal influence

N

耐除草剂性 herbicide tolerance
耐毒性 toxin tolerance
耐寒性 cold tolerance
耐旱性 drought tolerance
耐碱性 alkalinity tolerance
耐铝毒 aluminum toxin tolerance
耐逆性 stress tolerance
耐脱水 dehydration tolerance
耐性 tolerance
耐盐性 salinity tolerance
南美叶疫病 south American leaf blight
耐渍性 waterlogging tolerance
内照射 inner radiation
糯蛋白 waxy protein

P

配合力 combining ability
胚囊 embryo sac
胚乳 endosperm
胚乳平衡数 endosperm balance number
胚培养 embryo culture
胚挽救技术体系 embryo rescue technical system
胚状体 embryoid
配子 gamete
配子体 gametophyte
配子体不育 gametophyte sterility
配子体自交不亲和性 self-incompatibility of gametophyte
配子选择 gamete selection
胚珠培养 ovule culture
品质 quality
品种 cultivar
品种、变种 variety
品种间杂交 hybridization between cultivar
品质育种 breeding for quality
品种类型 type of cultivar
品种区域试验 regional variety test
品种适应性试验 adaptability test of cultivar
评价，鉴定 evaluation
平均杂种优势 average heterosis
葡萄糖 glucose

Q

启动子 promoter
启动子预测 promoter prediction
气候生态型 climatic ecotype
气相色谱 gas chromatography（GC）
气候驯化 acclimatization
前合子生殖障碍 pre-zygotic barrier
嵌合体 chimaera
扦样 sampling
桥梁品种 intermediary variety
亲和性 compatibility
清洁度 cleanness
秋水仙碱 colchicine
去饱和酶 desaturase
去雄 emasculation
区域试验 regional test
去杂、去劣 rogue-elimination
全不育 complete sterility
全同胞交配 full-sib mating

全同胞轮回选择 full-sib recurrent selection
缺体 nullisomic
群体改良 population improvement
群体品种 population cultivar
群体种质 population germplasm

R

染色体 chromosome
染色体分离 chromosome segregation
染色体加倍 chromosome doubling
染色体组型，核型 karyotype
燃烧性 burning quality
人工多倍体 artificial polyploid
人工授粉 artificial pollination
人工选择 artificial selection
人工诱变 artificial mutagenesis
人造奶油 margarine
融合遗传 blending inheritance
熔炉杂交法 melting pot cross

S

三倍体 triploid
三系法 three-line method
三级三体 tertiary trisome
三交 three-way cross
三体 trisome
色泽鲜明 brightness
杀雄剂 gametocide
上胚轴 epicotyl
上位性 epistasis
生产试验 yield potential test
生产性系比区 productional clone trial
生产性组合 productive combination
生化标记 biochemical marker
生态体系 ecosystem
生态型 ecotype
生态育种 ecological breeding
生物产量（生物量） biomass
生物技术 biotechnology
生物碱 alkaloid
生物型 biotype
生物型非特异性抗性 non-biotype-specific resistance
生物型专化（特异性）抗性 biotype specific resistance
生物学性状 biological character
生育期 growth period
生殖隔离机制 sexual isolating mechanisms
施木克值 schmuck's number，Sumi's coefficient
食用品质 edible and taste character
实生苗 seedling
试探性组合 exploratory combination
食味 taste quality
授粉亲本 pollinator parent
适应性 adaptability
收获期 harvest date
收获前期穗发芽 pre-harvest sprouting
收获指数（经济指数） harvest index
数量性状 quantitative character
数量性状基因位点 quantitative trait loci
熟态 mature type
双单倍体 double haploid，dihaploid
双低育种 double-low breeding
双二倍体 amphidiploid
双减数 double reduction
双交 double cross
双列选择交配体系 diallel selective mating system，DSM
双列杂交 diallel cross
随机交配 random mating
水稻 rice
水浸泡去雄 water-soaking emasculation
水平抗性 horizontal resistance
水平致病性 horizontal pathogenicity
索氏抽提法 Soxhlet extraction
四倍体 tetraploid
四分体 tetrad
四唑 tetrazolium
属间杂交 generic cross
属间杂种 generic hybrid
粟 foxtail millet
苏丹草 Sudan grass
随机扩增多态性 DNA randomly amplified polymorphic DNA，RAPD

T

弹性 resiliency
淘汰 elimination
逃逸细胞 escape cell
提纯复壮 purification and rejuvenation

替换 substitution
替换系 substitution line
体细胞融合 somatic fusion
体细胞培养 somatic culture
体细胞突变 somatic mutation
体细胞杂交 somatic hybridization
体细胞杂种 cybrid
体质不亲和 somatic incompatibility
田间技术 field technology
田间小区技术 field-plot technique
天然异花授粉群体 natural cross-pollination population
甜菜 sugar beet
特殊配合力 specific combining ability
同胞交配 sib-mating
同工酶 isoenzyme
同源多倍体 autopolyploid
同源六倍体 autohexaploid
同源染色体 homologous chromosome
同源三倍体 autotriploid
同源四倍体 autotetraploid
同源异源多倍体 auto-alloploid
突变 mutation
突变频率 mutation frequency
突变率 mutation rate
突变体 mutant
突变育种 mutation breeding

W

豌豆 pea
外观品质 apparent quality
位点，基因座 locus (loci)
未成熟小孢子粉培养技术 immature microspore culture technique
维管束环 vascular bundle ring
外植体 explant
无孢子生殖 apospory
无融合生殖 apomixis
无配子生殖 apogamy
无限结荚习性 indeterminate pod bearing habit
无限型 indeterminate type
无性繁殖 asexual reproduction
无性繁殖系 asexual propagated line (clone)
无性繁殖植物 asexual propagated plant
无性（繁殖）系品种 clonal cultivar
无性（繁殖）系选择 clonal selection
无性系 asexual line
无性系 clone

X

系（品系） strain
细胞 cell engineering
细胞分裂素 cytokinin
细胞质雄性不育系 cytoplasmic male sterile line
细胞质雄性不育性 cytoplasmic male sterility, CMS
细胞质遗传 cytoplasmic inheritance
系间选择 selection among lines
系谱法 pedigree method
系谱分析 pedigree analysis
系统选种 systematic selection
下胚轴 hypocotyl
狭义遗传率（力） heritability in narrow sense
显性矮秆核基因 dominant-nuclear dwarf gene
显性核雄性不育 dominant-nuclear male sterility
纤用亚麻 fibre flax
纤维含量 fiber content
纤维强度 strength of fiber
纤维素酶 cellulase
显著水准 significance level
限制性片段长度多态性 restriction fragment length polymorphism
相互半同胞轮回选择 reciprocal half-sib recurrent selection
相互轮回选择 reciprocal recurrent selection
相互全同胞轮回选择 reciprocal full-sib recurrent selection
香料烟 aromatic tobacco, oriental tobacco
香气 aroma
香气足 flavoursome
橡胶 rubber
橡胶粒子，橡胶烃 polyisoprene
橡胶延长因子 rubber elongate factor
橡胶转移酶 rubber transferase
向日葵 sunflower
小麦 wheat
小种 race
小种抗性 racial resistance
小种专化性抗性 race-specific resistance
效应 effect

新烟碱 anabasine
新株型 new plant type
形态标记 morphological marker
性状 character
修饰回交 modified backcross
雄性不育 male sterility
雄性不育保持系 male-sterile maintainer line
雄性不育恢复系 male-sterile restorer line
雄性不育系 male sterile line
雄性可育 male fertility
雪花莲凝集素 *Galanthus nivali* agglutinin，GNA
选择标记基因 selectable marker gene
选择强度 intensity of selection
选择授精 selective fertilization
选择响应 response to selection
选种圃 selection nursery
驯化 domestication

Y

芽变 bud mutation，sport
芽木 bud wood
亚麻 flax
亚麻酸 linolenic acid（18:3）
亚油酸 linoleic acid（18:2）
亚有限结荚习性 semi-determinate pod bearing habit
亚有限型 semi-determinate type
亚种间杂交 hybridization between subspecies
烟草 tobacco
烟碱 nicotine
氧化稳定性 oxidative stability
氧肟酸 hydroxamic acid
叶黄素 lutein
叶绿素 chlorophyll
叶篷 leaf story
液闪计数仪 scintillation counter
腋芽 lateral bud
乙烯利 ethrel
一般配合力 general combining ability
一粒系小麦 Einkorn
一系法 single-line method
遗传改进 genetic improvement
遗传脆弱性 genetic vulnerability
遗传工程 genetic engineering
遗传进度 genetic advance
遗传率 heritability
遗传漂移 genetic shift
遗传物质 genetic material
遗传相关 genetic correlation
遗传增益 genetic gain
遗传重组 genetic recombination
遗传资源 genetic resources
移栽 transplanting
移栽期 transplanting date
异倍体 heteroploid
异代换系 alien substitution Line
异附加系 alien addition Line
异花授粉 cross pollination
异花授粉植物 cross-pollinated plant
异交 outbreeding（outcrossing）
异交率 percentage of cross-pollination
异戊二烯 isoprene
异源多倍体 allopolyploid
异源基因渗入 alien gene introgression
异(源染色体）代换系 alien chromosome substitution line
异（源杂色体）附加系 alien chromosome addition line
异源四倍体 allotetraploid
异质性 heterogeneity
易位 translocation
易位系 translocation line
吲哚硫苷 indolyl glucosinolate
引种 variety introduction
硬脂酸 stearic acid（18：0）
诱变育种 induced mutation breeding
诱发抗性 induced resistance
诱发突变 induced mutation
诱变剂 mutagen
幼胚 young embryo
幼态 juvenile type
幼态自根无性系 juvenile self-rooting clone
油菜 rape，Rapeseed
油酸 oleic acid（18:1）
油纤兼用亚麻 dual purpose flax
油用亚麻 oil flax
有性繁殖 sexual reproduction
有限结荚习性 determinate pod bearing habit
有限（生长）型 determinate type
有性隔离 sexual isolation

玉米 maize，corn
原原种 pre-basic seed
育成品种 bred variety
育性恢复 fertility restoration
育性恢复系 fertility restorer
育种材料 breeding material
育种程序 breeding procedure
育种方案 breeding program
育种家种子 breeder seed
育种目标 breeding objective
育种试区 breeding block
育种小区 breeding plot
预备试验圃 pre-test plot
预培养 preculture
愈伤组织 callosity，callus
禹氏三角 the triangle of U
原生质体培养 protoplast culture
原生质体融合 protoplasm fusion
原原种 pre-basic seed
原种 basic seed
原始品种 primitive variety
远缘杂交 distant hybridization
远缘杂种 distant hybrid
越冬性 winter hardiness
月桂酸 lauric acid
月桂树 cabfornia bay plant

Z

杂合体 heterozygote
杂交 hybridization
杂交不亲和性 cross incompatibility
杂交不孕群 cross-sterile groups
杂交不育性 cross-sterility
杂交稻 hybrid rice
杂交孕性、杂交不结实性 cross-infertility
杂交亲和性 cross-compatibility
杂交育种 cross breeding
杂交育种法 breeding through hybridization
杂交组合 cross combination
杂种 hybrid
杂种不育性 hybrid sterility
杂种品种 hybrid cultivar
杂种圃 hybrid nursery
杂种油菜 hybrid rapeseed
杂种优势 heterosis (hybrid vigor)
杂种优势指数 index of heterosis (IN)
杂种制种 hybrid seed production
栽培品种 cultivar
再生 regeneration
再生皮 renewed bark
再生植株 regenerated plant
早代测验 early progeny test，early generation testing
早熟性 early maturity
早凝胶 precoagulation
增广设计 augment design
蔗糖 sucrose
正反交 reciprocal cross
整倍体 euploid
脂肪酸组成 component of fatty acids
纸层析法 paper chromatography
指数选择法 index selection
质粒 plasmid
质量性状 qualitative character
质核互作雄性不育性 cytoplasmic-nuclear male sterility，CNMS
芝麻 sesame
指数选择 index selection
指纹图谱 fingerprinting
植物保卫素 phytoalexins
植物核心 plant core
植物学性状 botanical character
种 species
种根 mother root
种间杂交 interspecific hybridization
种质 germplasm
种质渗进 introgression
种质资源 germplasm resources
种子活力 seed vigor
株高 plant height
珠孔 micropyle
株间选择 selection among plants
主基因 major gene
主效基因抗病性 major gene resistance
珠被 integument
珠心 nucellus
株型 plant type
柱头 stigma
苎麻 ramee，ramie

注册种子　registered seed
紫花苜蓿　alfalfa
子房培养　ovary culture
自发突变　spontaneous mutation
自花授粉　self-pollination
自花授粉植物　self-pollinated crop
自交　selfing
自交不亲和性　self-incompatibility
自交和杂交不亲和性　self-and cross-incompatibility
自交亲和性　self-compatibility
自交衰退率　rate of selfing depression
自然变异选择育种法　natural variant selection
自然选择　natural selection
自由授粉　open pollination
自由授粉群体品种　open-pollinated population cultivar
综合抗性　comprehensive resistance
综合品种　synthetic cultivar
综合群体　synthetic population
综合杂种　synthetic hybrid
棕榈酸　palmitic acid（16:0）
组织和细胞离体培养　tissue and cell in vitro culture
逐项选择法　tandem selection
组合育种　combination breeding
专化性　specificity
专用品种　special-purpose variety
转基因　genetic transformation
转基因技术　transgenic technique
转座子　transposon
转基因植株　transgenic plant
转化　transformation
作物育种作物起源中心　centre of origin of crops

附录Ⅲ　物种名称汉拉对照表

第一章

二化螟　*Chilo suppressalis* Walker
毛叶曼陀罗　*Datura innoxia*
禾本科　Gramineae
黑尾叶蝉　*Nephotettix cincticeps* Uhler
稻飞虱　*Nilaparvalta lugens* Stal.
稻瘿蚊　*Orseoia oryzae* Wood-Mansion
稻属　*Oryza* L.
高秆野生稻　*Oryza alta* Swallen
澳洲野生稻　*Oryza australiensis* Domin
非洲野生稻　*Oryza barthii* A. Chev.（曾名 *Oryza breviligulata*）
短药野生稻　*Oryza brachyantha* A. Chev et Rochr
紧穗野生稻　*Oryza eichingeri* A. Peter
紧穗野生稻组　*Coarctata* Roschev.
台湾野生稻　*Oryza formosa*
非洲栽培稻　*Oryza glaberrima* Steud
展颖野生稻　*Oryza glumaepatula* Steud（曾名 *Oryza perennis* subsp. *cubensis*）
重颖野生稻　*Oryza grandiglumis*（Docll）Prod
颗粒野生稻　*Oryza granulata* Nees et Arn ex Hook f.
阔叶野生稻　*Oryza latifolia* Desv
长护颖野生稻　*Oryza longiglumis* Jansen
长雄蕊野生稻　*Oryza longistaminata* A. Chev. et Roehr（曾名 *Oryza barthii*）
南方野生稻　*Oryza meridionslis* N. Q. Ng
疣粒野生稻　*Oryza meyeriana*（Zoll. et Morrill ex Steud）Baill
小粒野生稻　*Oryza minuta* J. S. Presl ex C. B. Presl
尼瓦拉野生稻　*Oryza nivara* Sharma et Shastry（曾名 *Oryza fatua*，*Oryza sativa* f. *spontanea*）
药用野生稻　*Oryza officinalis* Wall. ex Watt
斑点野生稻　*Oryza punctata* Kotschy ex Steud
长喙野生稻组　*Rhynchoryza* Roschev.
马来野生稻　*Oryza ridleyi* Hook
多年生野生稻　*Oryza rufipogon* W. Griffith（曾名 *Oryza perennis*，*Oryza* fatua，*Oryza perennis* subsp. *balunga*）
亚洲栽培稻　*Oryza sativa* L.
普通野生稻　*Oryza sativa* L. f. *spontanea* Roschev.
籼亚种　*Oryza sativa*. subsp. *hsien* Ting
印度亚种　*Oryza sativa* subsp. *indica* Kato
日本亚种　*Oryza sativa* subsp. *Japonica* Kato
粳亚种　*Oryza sativa* subsp. *keng* Ting
极短粒野生稻　*Oryza schlechteri* Pilger.
稻瘟病　*Pyricularia oryzae* Cav.
纹枯病　*Rhizoctonia solani* Kuhn
白背飞虱　*Sogatella furcifera* Horvath
稻粒黑粉病　*Tilletia barclayana*（Bref.）Sacc. et Syd.
三化螟　*Tryporyza incertulas* Walker
稻曲病　*Ustilaginoidea virens*（Cke.）Tak
白叶枯病　*Xanthomonas oryzae* pv. *oryzae*（Ishiyama）Comb. nov.
细菌性条斑病　*Xanthomonas campestris* pv. *oryzicola*（Fang et al）Comb. nov.

第二章

山羊草属　*Aegilops* L
冰草属　*Agropyron* Gaertn
野麦属，披碱草属，滨麦属　*Elymus* L.
茎锯蜂　*Cephus cinctus* Norton，*C. pygmaeus*（L.）
白粉病菌　*Erygsiphe graminis* DC.
镰刀菌　*Fusarium graminearum* Schw.
大麦亚族　Hordeinae
大麦属　*Hordeum*
黑麦属　*Secale* L.
小麦族　Triticeae
小麦亚族　Triticinae
小麦属　*Triticum* L.
黑森瘿蚊　*Mayetiola destructor* say.
麦叶甲　*Oulema melanopus* L.
麦二叉蚜　*Schizaphis graminum* Rondani
尾状山羊草　*Aegilops caudate* L.
柱穗山羊草　*Aegilops cylindrica*
高大山羊草　*Aegilops longissima*

沙融山羊草　*Aegilops sharonensis*
拟斯卑尔脱山羊草　*Aegilops speltoides*
偏凸山羊草　*Aegilops ventricosa*
偃麦草属　*Roegneria*
长穗偃麦草　*Elytrigia elongatum*
彭梯长偃麦　*Elytrigia pontica*
乌拉尔图小麦　*Triticum urartu* Tum.
野生一粒小麦　*Triticum boeoticum* Boiss.
栽培一粒小麦　*Triticum monococum* L.
野生二粒小麦　*Triticum dicoccoides* Koern.
栽培二粒小麦　*Triticum dicoccum* Schuebl.
科尔希二粒小麦　*Triticum paleocolchicum* Men.
伊斯帕汗二粒小麦　*Triticum ispahanicum* Heslot
波斯小麦　*Triticum carthlicum* Nevski
圆锥小麦　*Triticum turgidum* L.
硬粒小麦　*Triticum durm* Desf.
东方小麦　*Triticum turanicum* Jakubz.
波兰小麦　*Triticum polonicum* L.
埃塞俄比亚小麦　*Triticum aethiopicum* Jakubz.
斯卑尔脱小麦　*Triticum spelta* L.
马卡小麦　*Triticum macha* Dek. et Men.
瓦维洛夫小麦　*Triticum vauiloui* Jakubz.
密穗小麦　*Triticum compactum* Host
印度圆粒小麦　*Triticum sphaerococcum* Perc.
普通小麦　*Triticum aestivum* L.
阿拉拉特小麦　*Triticum araraticum* Jakubz.
提莫菲维小麦　*Triticum timopheevii* Zhuk.
茹科夫斯基小麦　*Triticum zhukovskyi* Men. et Er.
波兰小麦类　*Triticum turgidum*（L.）subsp. *turanidum* conv . *polonicum*（L.）

第三章

大麦　*Hordeum vulgare* L.
野生大麦　*Hordeum spontaneum*
球茎大麦　*Hordeum bulbosum* L.
灰毛大麦　*Hordeum murinum* L.
微芒大麦　*Hordeum muticum* Presl.
科多大麦（拟）　*Hordeum cordobense* Bothm. et al.
毛穗大麦　*Hordeum stenostachys* Godr.
智利大麦　*Hordeum chilense* Roem et Schult.
弯曲大麦（拟）　*Hordeum flexuosum* Nees
宽颖大麦（拟）　*Hordeum euclaston* Steud.
圣迭大麦（拟）　*Hordeum intercedens* Nevski
窄小大麦（拟）　*Hordeum pusillum* Nutt.
芒颖大麦　*Hordeum jubatum* L.
长毛大麦（拟）　*Hordeum comosum* Presl
毛花大麦（拟）　*Hordeum pubiflorum* Hook. f.
李氏大麦（拟）　*Hordeum lechleri*（Steud.）Schenck
硕穗大麦　*Hordeum procerum* Nevski
亚桑大麦（拟）　*Hordeum arizonicum* Covas et Stebbins
黑麦状大麦　*Hordeum secalinum* Schreb.
海大麦　*Hordeum marinum* Huds.
布顿大麦　*Hordeum bogdanii* Wil.
小药大麦　*Hordeum roshevitzii* Bowden
短芒大麦　*Hordeum brevisubulatum*（Trin.）Link
短药大麦　*Hordeum brachyantherum* Nevski
平展大麦　*Hordeum depressum*（Scribn. et Sm.）Rydb.
南非大麦　*Hordeum capense* Thunb.
帕氏大麦（拟）　*Hordeum parodii* Covas
毛稃大麦（拟）　*Hordeum mustersii* Nicora
巴哥大麦（拟）　*Hordeum patagonicum*（Haum.）Covas
内蒙古大麦　*Hordeum innermongolicum* Kuo et L. B. Cai
野生六棱　*Hordeum vulgare* ssp. agriocrithon
野生二棱　*Hordeum vulgare* ssp. *spontaneum*
栽培二棱　*Hordeum vulgare* ssp. *distichon*
栽培六棱　*Hordeum vulgare* ssp. *vulgare*
栽培六棱　*Hordeum vulgare* ssp. *vulgare*
中间型大麦　*Hordeum vulgare* ssp. *innermedium*
近缘野生大麦　*Hordeum vulgare* ssp. *sponteneum*
赤霉病菌　*Gibberella zeae*
禾蠕孢菌　*Helminthosporium gramineum*
麦类核腔菌　*Pyrenophora graminea*
黑麦　*Secale cereale*

第四章

流苏果属　*Chionachne*
薏苡属　*Coix*
大斑病　*Helminthosporium turcicum* Pass.
小斑病　*Helminthosporium maydis* Nisik et Miyake
玉蜀黍族　Maydeae
多裔黍属　*Polytoca*
硬颖草属　*Schlerachne*

丝黑穗病 *Sphacelotheca reiliana*（Kuhn）Clint
三裂果属 *Trilobachne*
摩擦禾属 *Tripsacum*
玉米属 *Zea*
玉米 *Zea mays* L.
甜粉型 *Zea mays*. L. *amylacea-saccharata* Sturt
粉质型 *Zea mays* L. *amylacea* Sturt
糯质型 *Zea mays* L. *ceratina kulesh* Sturt
爆裂型 *Zea mays* L. *everta* Sturt
马齿型 *Zea mays* L. *indurtata* Sturt
硬粒型 *Zea mays* L. *indurata* Sturt
甜质型 *Zea mays* L. *saccharata* Sturt
半马齿型 *Zea mays* L. *semidentata* Kulesh
有稃型 *Zea mays* L. *tunicata* Sturt
多年生玉米 *Zea perennis*
繁茂玉米 *Zea luxurians*
二倍体多年生玉米 *Zea diploperennis*
栽培玉米亚种 *Zea mays* ssp. *mays*
墨西哥玉米亚种 *Zea mays* ssp. *mexicana*
小颖玉米亚种 *Zea mays* ssp. *parviglumis*

第五章

甘蔗黄蚜 *Aphis sacchari* Zehnter
玉米螟 *Ostrinia furnacalis* Guenee
高粱 *Sorghum bicolor*（L.）Moench
丰裕高粱 *Sorghum almum* Parodi
麦二叉蚜 *Schizaphis graminum* Rondani
约翰逊草 *Sorghum halepense*（L.）Pers.
坚黑穗病 *Sphacelotheca sorghi*（Link）Clint.
散黑穗病 *Sphacelotheca cruenta*（Kühn）Pott.
丝黑穗病 *Sphacelotheca reiliana*（Kühn）Clint.
苏丹草 *Sorghum sudanense* Stapf.
突尼斯草 *Sorghum virgatum*（Hack）Stapf.
埃塞俄比亚高粱 *Sorghum aethiopicum*
轮生花序高粱 *Sorghum verticilliflorum*
漆姑草属 *Sagina*
黍属 *Panicum*
拟芦苇高粱 *Sorghum arundinaceum*
澳大利亚土生高粱 *Sorghum australiense*
绒毛草属 *Holcus*
粟草属 *Milium*

第六章

臂形草 *Brachiaria ramosum*
薏苡 *Coix lacryma-jobi* L.
马唐 *Digitaria* spp.
稗 *Echinochloa crusgalli*（L.）Beauv.
食用稗，日本稗 *Echinochloa frumentacea*
栽培稗，湖南稷子 *Echinochloa crusgalli*（L.）var. *frumentacea*（Roxb）Wright
圆果雀稗，鸭跖草 *Paspalum scrobiculatum*
龙爪稷，穇子 *Eleusine coracana*（L.）Gaertn
台麸 *Eragrostis* tef（Zucc.）Trotter
黍，糜 *Panicum miliaceum* L.
小黍 *Panicum sumatrense* Roth ex Roem. et Schult
御谷 *Pennisetum glaucum* R Br
珍珠粟 *Pennisetum typhoideum* Rich
粟 *Setaria italica*（L.）Beauv.
狗尾草 *Setaria viridis*（L.）Beauv.

第七章

豆科 Leguminosae
蝶形花亚科 Papilionoideae
栽培大豆 *Glycine max*（L.）Merrill
一年生野生大豆 *Glycine soja* Sieb. and Zucc.
大豆孢囊线虫病 *Heterodera glycines* Ichinohe
大豆蚜 *Aphis glycines* Mats.
灰斑病 *Cercospora sojina* Hara
大豆黑点病 *Diaporthe phaseolorum*（Cke. et Ell.）Sacc. var. *caulivora*
豆荚螟 *Etiella zinckenella* Treitschke
食心虫 *Leguminivora glycinivorella* Mats.
豆卷叶螟 *Lamprosema indicata* Fabricius
大造桥虫 *Ascotis selenaria* Schiffermuler et Denis
斜纹夜蛾 *Prodenia litura* Fabricius
根腐病 *Macrophomina phaseolina*（Tassi）Goid.
豆秆黑潜蝇 *Melanagromyza sojae* Zehntner
白粉病 *Microsphaera diffusa* Cke. et PK.
霜霉病 *Peronospora manchurica*（Nau.）Syd.
锈病 *Phakopsora pachyrhizi* Syd.
褐色茎腐病 *Phialophora gregatum* Allington et Chamberlain
疫霉根腐病 *Phytophthora megasperma* Drechs. f. sp. *glycinea* Kuan et Erwin
细菌性斑点病 *Pseudomonas glycinea* Coerper
菌核病 *Sclerotinia sclerotiorum*（Lib.）de Bary
细菌性叶烧病 *Xanthomonas phaseoli* var. *sojensis*（Hedgs）Starr et Burkh

第八章

蚕豆　*Vicia faba* L.
巢菜属　*Vicia*

第九章

豌豆　*Pisum sativum* L.
豌豆白粉病　*Erysiphe pisi* DC
豌豆野生亚种　*Pisum sativum* ssp. *elatius*
豌豆栽培亚种　*Pisum sativum* ssp. *sativum*
白花豌豆变种　*Pisum sativum* var. *sativum*
紫花豌豆变种，谷实豌豆　*Pisum sativum* var. *arvense*
软荚豌豆　*Pisum sativum* var. *macrocarpum* Ser.
早生矮豌豆　*Pisum sativum* var. *humile* Poiret

第十章

绿豆　*Vigna radiata*（L.）
尾孢菌叶斑病　*Cercospora canescens*
丝菌核根腐病　*Rhizoctonia solani*
豆蚜　*Aphis craccivora*
叶斑病　*Cercospora* spp.
白粉病　*Erysiphe polyponi*
立枯病　*Rhizoctonia solani*
炭疽病　*Marcrophomina phaseolina*
豆秆潜蝇　*Ophiomyia species*
豆荚螟　*Maruca testulalis*
豆象　*Callosobruchus chinensis*
根结线虫　*Meloidogyne incognita*

第十一章

小豆　*Vigna angularis* Ohwi et Ohashi，*Phaseolus angularis* Wight
栽培小豆　*Vigna angularis* Ohwi et Ohashi
野生小豆　*Vigna angularis* var. *nipponensis*

第十二章

白锈病　*Albugo candida*（Pers.）O. Kze
白菜型油菜　*Brassica campestris* L.
褐子沙逊　*Brassica campestris* var. *brown sarson*
托里亚　*Brassica campetris* var. *toria*
黄子粒逊　*Brassica campestris* var. *yellow sarson*
埃塞俄比亚油菜　*Brassica carinata* Braun.
南方油白菜　*Brassica chinensis* var. *oleifera* Makino
芥菜型油菜　*Brassica juncea* Coss
细枝芥油菜　*Brassica juncea* var. *gracilis* Tsen et Lee
甘蓝型油菜（欧洲油菜）　*Brassica napus* L.
黑芥　*Brassica nigra* Koch
芜菁　*Brassica rapa* L.
甘蓝　*Brassica oleracea* L.
白菜　*Brassica chinensis* L. 或 *Brassica campestris* var. *chinensis* L.
芝麻菜（芸芥，臭芥）　*Eruca sativa* Mill.
黑胫病　*Leptosphaeria maculans*（Desm.）Ces et de Not
霜霉病　*Peronospora parasitica*（Pers.）Debary
根肿病　*Plasmodiophora brassicae* Woronin
油用萝卜（或茹菜，或蓝花子）　*Raphanus sativa* var. *oleifera* Makino
菌核病　*Sclerotinia sclerotiorum*（Lib.）Debary
白芥　*Sinapis alba* Boiss
拟南芥　*Arabidopsis thaliana*

第十三章

山地花生　*Arachis monticola*
双倍体系　Amphiploides
一年生系　Annuae
花生　*Arachis hypogaea* L.
花生属　*Arachis* L.
交替开花亚种　*Arachis hypogaea* subsp. *hypogaea*
连续开花亚种　*Arachis hypogaea* subsp. *fastigiata* Waldron
密枝变种　*Arachis hypogaea* var. *hypogaea*
多毛变种　*Arachis hypogaea* var. *hirsuta* Kohler
疏枝变种　*Arachis hypogaea* var. *fastigiata*
普通变种　*Arachis hypogaea* var. *vulgaris* Harz.
原形组　Axonomorphae
纤根组　Caulorhizae
龙生型　Dracocarpa
直立形组　Erectoides
真根茎系　Eurhizomatosae
围脉组　Extranervosae
珍珠型　Microcarpa
多粒型　Multicarpa
多年生系　Perennes
匍匐系　Procumbensae
原根茎系　Prorhizomatosae
假原形组　Pseudoaxonmorphae
根茎组　Rhizomatosae

四小叶系 Tetrafoliolatae
三小叶系 Trifoliolatae
三子组 Triseminatae

第十四章

芝麻 *Sesamum indicum* L.
芝麻属 *Sesamum*
胡麻科 Pedaliaceae
野生芝麻 *Sesamum schinzianum*，*Sesamum radiatum*

第十五章

向日葵 *Helianthus annuus* L.
向日葵菌核病 *Sclerotinia sclerotiorum*（Lib.）de Bary
向日葵叶枯病 *Alternaria helianthi*（Hansf.）Tubaki et Nishi.
向日葵褐斑病 *Septoria helianthi* Ell. et Kell.
向日葵霜霉病 *Plasmopara halstedii*（Far.）Berl. et de Toni
向日葵锈病 *Puccinia helianthi* Schw.
向日葵黄萎病 *Verticillium dahliae* Xleb.
向日葵白粉病 *Sphaerotheca fuliginea*（Schlecht.）Poll.
向日葵黑斑病 *Alternaria alternata*（Fr.）Keissl.（A. Tenuis Nees.）
向日葵螟 *Homoeosoma nebulellum*（Denis et Schiffermuller
草地螟 *Loxostege stiiticatis* Linnaeus
桃蛀螟 *Dichocrocis punctiferalis*（Guenee）
黑绒金龟甲 *Maladera orientalis* Motschulsky
蒙古灰象甲 *Xylinophorus mongolicus* Faust
网目拟地甲 *Opatrum subaratum* Faldermann
蒙古拟地甲 *Gonocephalum reticulatum* Motschulsky
列当 *Orobanche cumana* Wallr.
小地老虎 *Agrotis ypsilon*（Rottemberg）
黄地老虎 *Euxoa segetum*（Schiffermuller）
白边地老虎 *Euxoa oberthuri*（Leech）
菊科 Compositae
向日葵属 *Helianthus*

第十六章

尖孢镰刀菌萎蔫专化型 *Fusarium oxysporum* f. sp. *vasinfec tumm*
鼠伤寒沙门氏菌 *Salmonella typhimurium*
大丽轮枝菌 *Verticillium dahliae*
棉属 *Gossypium* L.
异常棉 *Gossypium anomalum* Wawr. et Peyr.
非洲棉 *Gossypium herbaceum* L.
亚洲棉 *Gossypium arboreum* L.
亚雷西棉 *Gossypium areysianum*（Defl）Hutch.
旱地棉 *Gossypium aridum*（Rose et Standl）Skov
辣根棉 *Gossypium armourianum* Kearn
澳洲棉 *Gossypium australe* F. Muell
海岛棉 *Gossypium barbadense* L.
比克氏棉 *Gossypium bickii* Prokh
绿顶棉 *Gossypium capitis-viridis* Mauer
皱壳棉 *Gossypium costulatum* Tod
坎宁安氏棉 *Gossypium cunninghamii* Tod
达尔文氏棉 *Gossypium darwinii* Watt
戴维逊氏棉 *Gossypium devidsonii* Kell.
拟似棉 *Gossypium gossypioides*（Ulbr）Standl
哈克尼西棉 *Gossypium harknessii* Brandg.
草棉 *Gossypium herbaceum* L.
陆地棉 *Gossypium hirsutum* L.
灰白棉 *Gossypium incanum*（Schwartz）Hillc.
克劳次基棉 *Gossypium klotzschianum* Anderss
茅叶棉 *Gossypium lanceolatum* Tod
松散棉 *Gossypium laxum* Phillips
裂片棉 *Gossypium lobatum* Gentry
长萼棉 *Gossypium longicalyx* Hutch et Lee
黄褐棉 *Gossypium mustelinum* Miers ex Watt
纳尔逊氏棉 *Gossypium nelsonii* Fryx.
细毛棉 *Gossypium pilosum* Fryx
毛棉 *Gossypium tomentosum* Nutt. ex Seem.
杨叶棉 *Gossypium populifolium*（Benth）Tod
小丽棉 *Gossypium pulchellum*（Gardn.）Fryx.
雷蒙德氏棉 *Gossypium raimondii* Ulbr
鲁滨逊氏棉 *Gossypium robinsonii* F. Muell
索马里棉 *Gossypium somalense*（Gurke）Hutch.
斯托克西棉 *Gossypium stocksii* Mast. et Hook
斯托提棉 *Gossypium sturtianum* J. H. Willis
斯托提棉南德华棉变种 *Gossypium sturtianum* var. *nandewarence*（Derera）Fryx.
瑟伯氏棉 *Gossypium thurberi* Tod
毛棉 *Gossypium tomentosum* Nutt. ex Seem.
三裂棉 *Gossypium trilobum*（DC）Skov
三叶棉 *Gossypium triphyllum*（Harv. et Sand）Hochr.

特纳氏棉　*Gossypium turneri* Fryx.

第十七章

苎麻白叶种　*Boehmeria nivea*
苎麻绿叶种　*Boehmeria tenacissima*
荨麻科　Urticaceae
苎麻属　*Boehmeria*

第十八章

椴树科　Tiliaceae
黄麻属　*Corchorus*
圆果黄麻　*Corchorus capsularis* L.
长果黄麻　*Corchorus olitorius* L.

第十九章

红麻　*Hibiscus cannabinus* L.
玫瑰红麻　*Hibiscus sabdariffa*
木芙蓉　*Hibiscus mutabilis*
秋蜀　*Hibiscus esculentus*

第二十章

亚麻　*Linum usitatissimum* L.
大肠杆菌　*Escherichia coli*
农杆菌　*Agrobacterium tumefaciens*

第二十一章

黑斑病　*Ceratocystis fimbriata* Ellis et Halsted
旋花科　Convolvulaceae
甘薯属　*Ipomoea*
甘薯组　Section *Batatas*
甘薯小象甲　*Cylas formicarius* Fabricius
甘薯象甲　*Cylas puncticollis* Boh
蚁象　*Cylas formicarius* Fab.
线虫性糠腐病　*Ditylenchus destructor* Thorne
根腐病　*Fusarium solani*（Mart.）Succ. f. sp. *batatas* McClure
茎腐病　*Fusarium oxysporum* var. *batatas* Wr. Snyder et Hansen，*Fusarium bulbigenum* Cooke et Mass. var. *batatas* Wollenw
甘薯　*Ipomoea batatas* Lam.
牛皮消叶野牵牛　*Ipomoea cynanchifolia* Meisn
白花野牵牛　*Ipomoea lucantha* Jacq.
纤细野牵牛　*Ipomoea gracilis* R Br
多洼野牵牛　*Ipomoea lacunosa* L.
海滨野牵牛　*Ipomoea littoralis* Blune
野氏野牵牛　*Ipomoea ramoni* Choisy
大叶野牵牛　*Ipomoea randifolia*（Dammer）O'Donell
瘦弱野牵牛　*Ipomoea tenuissima* Choisy
椴树野牵牛　*Ipomoea tiliacea*（Willd.）Choisy
毛果野牵牛　*Ipomoea trichocarpa* Ell.
三浅裂野牵牛　*Ipomoea trifida*（H. B. K.）Don.
三裂叶野牵牛　*Ipomoea triloba* L
甘薯根结线虫病　*Meloidogyne incognita* var. *carita*（Kofoid et White）Chitwood
甘薯瘟病　*Pseudomonas batatae* Cheng et Fan.

第二十二章

无茎薯　*Solanum acaule*
秘鲁玻利维亚薯　*Solanum andigena* Juz. et Bulk
落果薯　*Solanum demissum*
马铃薯　*Solanum tuberosum* L.
富利加薯　*Solanum phureja*
窄刀薯　*Solanum stenotomum*
匍枝薯　*Solanum stoloniferum*
茄属　*Solanum*
晚疫病　*Phytophthora infestans*
青枯病　*Pseudomonas solanacearum*

第二十三章

蔗茅属　*Erianthus* Michx.
台湾蔗茅　*Erianthus formosanus* Stapf.
蔗茅　*Erianthus fulvus*
滇蔗茅　*Erianthus rockii*
芒属　*Miscanthus* Anderss
河八王属　*Narenga* Bor
甘蔗属印度种　*Saccharum barberi* Jesw.
甘蔗属热带种　*Saccharum officinarum* Linn.
甘蔗　*Saccharum officinarum* Linn.
甘蔗属大茎野生种　*Saccharum robustum* Grassl.
甘蔗属中国种　*Saccharum sinense* Roxb.
小茎野生种（甜根子草）　*Saccharum spontaneum* Linn.
斑茅　*Erianthus arundinaceum*（Retz.）Jeswiet
甘蔗属　*Saccharum*
栽培甘蔗　*Saccharum* spp.

第二十四章

滨藜叶甜菜　*Beta atriplicifolia* Rouy.

冠状花甜菜 *Beta corolliflora* Zoss.
多叶甜菜 *Beta foliosa* (Sensu Haussk)
单果甜菜 *Beta lomatogona* Fisch.
大果甜菜 *Beta macrocarpa* Guss
长根甜菜 *Beta macrorhiza* Stev
沿海甜菜 *Beta maritima* L.
矮生甜菜 *Beta nana* Bois et Hela.
宛状花甜菜 *Beta patellaris* Moq.
岔根甜菜 *Beta patula* Ait
平伏甜菜 *Beta procumbens* Chr. Sm.
三蕊甜菜 *Beta trigyna* Wald. et Kit.
普通甜菜 *Beta vulgaris* L.
栽培甜菜 *Beta vulgaris* var.
叶用甜菜 *Beta vulgaris* var. *cicla*
饲料甜菜 *Beta vulgaris* var. *crassa*
食用甜菜 *Beta vulgaris* var. *cruenta*
糖用甜菜 *Beta vulgaris* var. *saccharifera*
维比纳甜菜 *Beta webbiana* Moq
甜菜褐斑病 *Cercospora beticola* Saccardo
藜科 Chenopodiaceae
丛根病 *Rhizomania* spp.

第二十五章

巴西橡胶树 *Hevea brasiliensis* Muell. Arg.
橡胶树白粉病 *Oidium heveae*
桉树 *Eucalyptus* sp.
木瓜 *Carica papaya*
矮生小叶橡胶 *Hevea camargoana*
少花橡胶 *Hevea pauciflora*
边沁橡胶 *Hevea benthamiana*
光亮橡胶 *Hevea nitida*
坎普橡胶 *Hevea camporum*
硬叶橡胶 *Hevea rigidifolia*
圭亚那橡胶 *Hevea guianensis*
小叶橡胶 *Hevea microphylla*
色宝橡胶 *Hevea spruceana*
巴路多橡胶 *Hevea paludosa*
橡胶属 *Hevea*

第二十六章

烟属 *Nicotiana* L.
心叶烟 *Nicotiana glutiosa*
黄花烟草 *Nicotiana Rustica* L
普通烟草 *Nicotiana Tabacum* L
黑胫病 *Phytophthora parasitica* var. *nicotianae*
青枯病 *Pseadomonas solanacearum*
茄科 Solanaceae
炭疽病 *Colletotrichum nicotianae* Averna
曼陀罗 *Datura metel* L
黏烟草 *Nicotiana glutinosa*
紫苏 *Perilla frutescens*
白粉病 *Erysiphe cichoracearum* DC.
赤星病 *Alternaria alternata* (*Fries*) *keissler*

第二十七章

黑麦草属 *Lolium* L.
多年生黑麦草 *Lolium perenne*
多花黑麦草 *Lolium multiflorum*
硬黑麦草 *Lolium rigidum*
毒麦 *Lolium temulentum*
远穗黑麦草 *Lolium remotum*
波斯黑麦草 *Lolium persicum*
那利黑麦草 *Lolium canariense*
锥形黑麦草 *Lolium subulatum*
杂种黑麦草 *Lolium hybridium*
羊茅属 *Festuca*
苇状羊茅 *Festuca arundinacea*
大羊茅 *Festuca gigantea*
紫羊茅 *Festuca rubra*
草地羊茅 *Festuca pratensis* Huds.

第二十八章

苏丹草 *Sorghum sudanense* (Piper) Stapf.
将森草 *Sorghum halepense*

第二十九章

紫花苜蓿（简称苜蓿） *Medicago sativa* L.
金花菜 *Medicago polymorpha*
细菌性枯萎病 *Corynebacterium insidiosum* (McCll.) H. L. Jenesen
叶斑病 *Pseudopeziza medicaginis* (Lib.) Sacc.
春季黑茎病 *Phoma medicaginis* Malbr. et Roum
锈病 *Uromyces striatus* Schroet.
苜蓿斑点蚜 *Therioaphis maculata* Buckton
豌豆蚜 *Acyrthosiphon pisum* Harris
苜蓿象虫 *Hypera postica* Gyllenhal

马铃薯叶蝉　*Empoasca fabae* Harris
草地螟　*Melanoplus sanguinipes* F.
苜蓿子蜂　*Bruchophagus gibbus* Boh

第三十章

白三叶　*Trifolium repens* L.

图书在版编目（CIP）数据

作物育种学各论/盖钧镒主编 .—2 版 .—北京：中国农业出版社，2006.8（2019.11 重印）

普通高等教育“十一五”国家级规划教材 普通高等教育“十五”国家级规划教材 面向 21 世纪课程教材

ISBN 978 - 7 - 109 - 09797 - 1

Ⅰ. 作… Ⅱ. 盖… Ⅲ. 作物育种－高等学校－教材 Ⅳ. S33

中国版本图书馆 CIP 数据核字（2006）第 090308 号

中国农业出版社出版
（北京市朝阳区麦子店街 18 号楼）
（邮政编码 100125）
责任编辑 李国忠

中农印务有限公司印刷 新华书店北京发行所发行
1995 年 2 月第 1 版 2006 年 9 月第 2 版
2019 年 11 月第 2 版北京第 6 次印刷

开本：820mm×1080mm 1/16 印张：44
字数：1060 千字
定价：69.50 元